U0189599

三门湾自然环境特征与资源可持续利用

杨士瑛　陈培雄　编著

中国海洋大学出版社
·青　岛·

图书在版编目(CIP)数据

三门湾自然环境特征与资源可持续利用 / 杨士瑛，陈培雄编著．—青岛：中国海洋大学出版社，2018.9

ISBN 978-7-5670-1519-7

Ⅰ．①三…　Ⅱ．①杨…②陈…　Ⅲ．①海洋环境—生态环境保护—研究—浙江②海洋资源—资源管理—研究—浙江　Ⅳ．①X321.255②P74

中国版本图书馆CIP数据核字(2017)第166227号

出版发行	中国海洋大学出版社
社　　址	青岛市香港东路23号
邮政编码	266071
出 版 人	杨立敏
网　　址	http://www.ouc-press.com
电子信箱	youyuanchun67@163.com
订购电话	0532-82032573(传真)
责任编辑	由元春　冯广明
电　　话	0532-85902495
印　　制	青岛海蓝印刷有限责任公司
版　　次	2018年9月第1版
印　　次	2018年9月第1次印刷
成品尺寸	210 mm × 285 mm
印　　张	38.25
字　　数	878千
印　　数	1～1 000
定　　价	298.00元

序 一

倘若把海洋看作是生命的摇篮、资源的宝藏、风雨的故乡、贸易的通道和国防的屏障，那么海岛与海岸带可谓是摇篮的支框、宝藏的门库、温床的纽带、通道的航标和屏障的基地。其中海湾在海岸带中更有奇妙的贡献，它集岸线、港口航道、渔业、滩涂、海岛、海洋能和旅游等资源于一体，是人类走向海洋开发利用资源的起点，是当今最为发达的湾区经济的载体。如引人注目的浙江省三门湾，乃至全国典型的半封闭强潮型海湾，其形如如来佛伸展着五指的福音手掌，众多港汊呈指状深嵌内陆，湾内岛屿星罗棋布，水道纵横，潮滩发育，海域开阔。三门湾海洋资源丰富，早在唐、宋已经有涂田和盐田记载，距今已经历了1 000多年的开发利用历史，源源不断为人们提供“红利”，灿烂夺目。

海洋是人类开发利用的资源宝库，也是生态与环境最为敏感的海域。今天，智慧已让地球村的人民聚集到了海陆交互纽带上，聚焦到海湾。在开发利用的同时，渴望去摸清海湾生态与环境的变化，盘点海湾的资源，谋图建立一本为开发与保护海湾的家底账本，造福于人类。国家海洋局第二海洋研究所杨士瑛研究员担当了浙江省三门湾这一重任的带领人，她组织团队风里来雨里去，历经连续25年的三门湾实地调查，在大量第一手资料积累的基础上，持之以恒地集萃、梳理和分析了三门湾海洋水文气象、泥沙与沉积、地质地貌、岸滩稳定性、海洋化学、海洋生态等领域难能可贵的第一手调查资料。发现2004～2014年的10余年间，用完了三门湾原远期规划的最大围垦面积，环境的变化触目惊心。大规模的围填海，导致海湾面积缩小，蛇蟠岛和花鼓岛两大岛屿灭失，海湾形态改变，天然岸线减少，湿地面积萎缩与功能消失，湾内纳潮量减少，潮动力降低，海湾淤积加剧，猫头小深潭消失，猫头大深潭在2003～2013年间水深变浅12 m，三门核电站取水管道无奈外伸100余米。海湾生态环境功能减弱，生物多样性减少和环境质量下降等诸多生态与环境变化；最后从尊重自然、顺应自然、保护自然的生态文明建设高度，提出了有针对性、可操作性的海湾资源可持续利用对策。

25年的积累和坚持，众多科研人员的贡献，“宝剑锋从磨砺出，梅花香自苦寒来”。恰在2018年3月8日国际妇女节之际，喜见由杨士瑛女士和陈培雄先生的《三门湾自然环境特征与资源可持续利用》一书，现已定稿，正待出版。该书以海量的调查资料为根基，以系统的科学分析为依据，以建立一本开发与保护三门湾的家底账本为契机，将与读者分享1980～2014年，在全球气候变化与过度围涂的背景下，三门湾的水文气象、地质地貌、海岸线、岛屿、自然形态、流场流态、冲刷淤积、滩涂湿地、生态生境、生物多样性和环境质量等方面的演变过程，以及人与海湾和谐相处，协调绿色发展，造福子孙后代的海湾资源永续利用措施。专著的出版不仅可为海洋管理部门科学合理制定三门湾的保护与发展规划提供背景和科学依据，也可为我国其他海湾合理开发利用提供借鉴，对促进湾区经济健康发展、有力推动我国海洋生态文明建设具有重要的科学和实践意义。

著者集众贤之能，承实践之上，总结经验，挥笔习书，言理论、话技术、摆范例，编著了一本图文并茂，资料翔实，分析客观，集系统性与应用性于一体的佳作。犹如绽放在三门湾的一朵海洋科技之花，在海湾自然环境认知的史册上留下了重笔浓彩，甚是可歌可喜，以写此序祝贺。

中国工程院院士

潘德炉

2018年3月8日于杭州

序　二

三门湾位于浙江省沿海中部，是典型的半封闭强潮型海湾，其形状犹如伸开五指的手掌，港汊呈指状深嵌内陆。湾内岛屿众多，水道纵横，潮滩宽广，资源丰富。早在唐宋时期，就有围垦和晒盐的记载。三门湾的独特地理禀赋，在百余年前的近代就为有识之士赏识。据历史记载，孙中山先生曾在1916年8月间到此视察，对三门湾赞不绝口。新中国成立以后，对三门湾的各项调查研究依次展开，科学论文陆续刊登。

《三门湾自然环境特征与资源可持续利用》一书，是作者及众多科研人员历经25年艰苦细致的实地调查研究，在大量极其珍贵的第一手资料积累的基础上，总结凝聚而成。内容涉及湾区海洋水文气象、泥沙与沉积、地质地貌、海洋化学、海洋生态和岸滩稳定性等众多内容。作者从海洋动力和人类活动等方面入手，从三门湾海洋资源可持续利用的审视角度出发，阐述了近几十年来三门湾的岸线、岛屿、滩涂湿地、生态环境等演变过程。通过该书，读者可以看到，在过去无序、过度开发利用的影响下，导致三门湾的面积缩小，湾内的蛇蟠岛和花鼓岛两个较大的岛屿灭失，海湾形态改变，天然岸线缩短，湿地面积萎缩，生态功能降低，潮动力减弱，纳潮量不断减少，湾内淤积加剧。这一系列结果，导致生物多样性减少，环境质量下降等诸多生态与环境问题。

随着社会经济的高速发展，人类面临人口剧增、资源匮乏、生存环境变差、环境污染日趋严重等急需解决的问题，已引起国家的高度重视。而海岸、海湾的有序开发利用，自然成为国人高度关注的焦点。尤其是海湾，集岸线、滩涂、港口、航道、渔业、海洋能和旅游等资源于一体，它是资源的宝库，但也是生态与环境最为敏感的海域。因此，它的现状、演变和保护研究，必然要纳入各级政府和海洋科学工作者以及环境保护同仁们的重要议程。

本书资料翔实，内容齐全，分析有据，图文并茂。客观地反映了三门湾的动力环境、水质环境、地学环境和生态环境的历史演变和存在的问题；提出了人与海湾和谐相处，协调绿色发展，造福于子孙后代的海湾资源可持续利用对策。专著的出版可为有关部门科学合理制定三门湾的保护与发展规划提供重要的基础资料和理论依据，对三门湾的后续研究以及湾区经济健康发展具有重要的科学意义和应用价值。

21世纪是海洋的世纪。建设、开发、保护好海洋，才能实现中华民族的强国梦。“竹中一点曹溪水，涨起西江十八滩”，用一颗颗赤子之心，去开创我国海洋事业更加美好的明天！

在该书出版之际，谨表衷心祝贺！

中国科学院院士

杨树锋

2018年5月8日于杭州

2014 年，作者于三门核电厂址海洋站原址

通往三门核电厂址海洋站的小道（摄于 1995 年）

2014 年，作者和三门核电副总经理李远于厂址海洋站原址

三门核电厂址海洋站原貌

2013 年，作者于三门核电厂重件码头

2013 年，作者与三门核电相关领导在现场踏勘

2005 年，作者与三门核电总经理郑本文（左二）和专家们在一起

三门核电厂北区现状（摄于 2014 年）

目　录

Contents

第 1 章　自然形态演变

海湾是指“被陆地环绕且面积不小于以口门宽度为直径的半圆面积的海域”（GB/T 18190—2000）。根据定义，三门湾湾口宽为 22 km，三门湾的海域面积为 775 km^2，海域面积大于以口门宽度为直径的半圆面积（190 km^2），故可称为海湾。

三门湾位于浙江中部沿海，湾内岛屿众多，其中三门岛位于湾口，三山矗立，形成三条航门，故得名三门湾。

1.1　地理位置

三门湾居全国岸线之中心地带，地处浙江中部沿海，为浙东海疆门户。三门湾北与象山港接壤，南邻台州湾，东界（外界）为象山县南田岛南急流嘴与牛头门、宫北嘴连线，西与猫头洋毗邻。三门湾地理坐标介于 28°57′N～29°22′N，121°25′E～121°58′E[1-1]。行政区属于宁波市和台州市的象山县、宁海县和三门县三个县的 38 个乡镇。

1.2　海湾类型

海湾的基本类型主要有海湾的成因类型、海湾的水域率类型、海湾的形态类型、海湾的开敞度类型、海湾的动力参数类型和海湾的综合类型[1-2]。

（1）海湾的成因类型

所谓成因类型系指海湾初始形成的原因类型。根据海湾初始形成原因，可将海湾分为原生海湾和次生海湾两大类。原生海湾是指发生在全新世中期（大致在 6000 aB. P 的冰后期全球性海侵盛期），海水入侵近岸低洼地区形成的海湾（彼时海平面低于现实约 110 m）。次生海湾是指海侵高潮过后，海平面趋于稳定，因浪、潮、流及河流、生物等因素作用形成的海湾[1-3]。又根据海湾的具体形成原因，将原生海湾和次生海湾分为若干个亚类海湾和次亚类海湾，见图1. 2. 1。

根据海湾的成因类型分析表明：三门湾海湾类型属于原生海湾，亚类为基岩侵蚀湾-堆积海湾[1-3]。

（2）海湾的水域率类型

水域率是指海湾中理论最低潮面以下水域面积与全湾面积之比，以百分率计。根据水域率划分，海湾可分为以下 5 个类型。

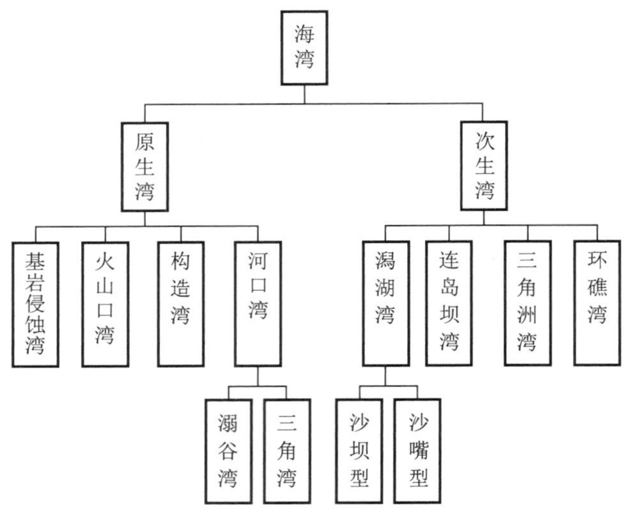

图 1.2.1　中国海湾的成因类型(引自夏东兴等，1990)

① 全水湾:水域率大于 80%。

② 多水湾:水域率为 60%～80%。

③ 中水湾:水域率为 40%～60%。

④ 少水湾:水域率为 20%～40%。

⑤ 干出湾:水域率小于 20%。

三门湾水域率为 62%,根据海湾的水域率类型划分可知:三门湾的水域率类型属于多水湾。

(3) 海湾的形态类型

海湾的形态类型是根据海湾的形态系数划分,海湾的形态系数是海湾的宽度与长度之比。根据海湾的形态系数将海湾分为以下 5 个类型。

① 狭长型:形态系数小于等于 0.5。

② 宽长型:形态系数为 0.51～0.90。

③ 方圆型:形态系数为 0.91～1.10。

④ 长宽型:形态系数为 1.11～1.50。

⑤ 短宽型:形态系数大于 1.5。

三门湾形态系数为 0.44,根据海湾的形态类型分析表明:三门湾的形态类型属于狭长型海湾。

(4) 海湾的开敞度类型

海湾的开敞度是指海湾口门宽度与海湾岸线长度之比。根据海湾的开敞度,将海湾分为以下 4 种类型。

① 开敞型海湾:开敞度大于 0.2。

② 半开敞型海湾:开敞度为 0.1～0.2。

③ 半封闭型海湾:开敞度为 0.01～0.1。

④ 封闭型海湾:开敞度小于 0.01。

三门湾的开敞度为 0.072，根据海湾开敞度类型分析可知：三门湾的开敞度类型属于半封闭型海湾。

（5）海湾的动力参数类型

海湾的动力参数是指海湾的平均潮差与海湾的平均波高之比。根据动力参数将海湾分为以下 5 个动力型。

① 浪控海湾：动力参数小于等于 2.0。

② 浪混海湾（以浪控为主）：动力参数 2.01～4.50。

③ 潮混海湾（以潮控为主）：动力参数为 4.51～6.00。

④ 潮控海湾：动力参数为 6.01～10.00。

⑤ 强潮海湾：动力参数大于 10.00。

三门湾的动力参数为 11.40，根据海湾动力参数类型分析：三门湾的动力参数类型属于强潮海湾。

（6）海湾的综合类型

根据海湾的不同参数对海湾进行分类，可较精确地描述海湾的不同特征，从而为科学研究、资源开发、环境保护和海湾的可持续利用提供科学依据。

实际上描述海湾特点的各种参数，特别是海湾的形态系数、开敞度和动力参数相互间有着密切关系。因此，将海湾类型参数进行综合分类研究，对海湾的描述必将更为全面和确切。经研究表明，海湾的开敞度和动力参数最能表征海湾的基本特征，如长宽型海湾多属于开敞型海湾，而狭长型海湾多属于半封闭型海湾。

根据上述原因，海湾的综合分类主要依据海湾的开敞度和动力参数两个指标。根据上述分类原则，将海湾主要分为以下 6 个综合类型。

① 开敞、半开敞浪控浪混型海湾。

② 开敞、半开敞潮混潮控型海湾。

③ 开敞、半开敞强潮型海湾。

④ 半封闭浪混型海湾。

⑤ 半封闭潮混潮控型海湾。

⑥ 半封闭强潮型海湾[1-3]。

综合上文分析表明，三门湾属于半封闭强潮型海湾。

1.3　自然形态

1.3.1　20 世纪 80 年代海湾自然形态

1.3.1.1　海岸地形

三门湾三面群山环抱，一面临海，沿岸有小块平原发育，通过东南湾口及石浦水道与猫头洋相通，海湾呈西北—东南走向，是浙江省三大半封闭型海湾之一，属于半封闭强潮型海湾。其形状犹如伸开五指的手掌，众多的港汊呈指状深嵌内陆，从湾口到湾顶部纵深约为 42 km，湾口宽约 22 km（青屿山与南山连线），从湾口到牛山嘴至花岙岛一线宽度缩窄约 10 km，往内又重新展宽。

三门湾其平面形态主要受原始地形控制[1-4]。岸线蜿蜒曲折，岬角纵生，湾内岛礁罗列、水道纵横，港汊与沙脊相间排列，地形特点为东北多浅滩，西南多深槽或潮汐通道。三门湾岸线总长约 304 km，其中人工岸线和淤泥质海岸 112 km，基岩岸线 186 km，河口岸线 6 km。三门湾海域面积（岸线以下）为 775 km^2，其中潮滩面积为 295 km^2，潮滩面积占三门湾海域面积的 38%。岸线至平均海平面的面积为 141 km^2，理论深度基准面以下的海域面积 480 km^2[1-1]。

三门湾海域宽阔，水深一般为 5～10 m，猫头山嘴前沿深潭最深处 2003 年曾接近 50 m。湾内岛礁罗列，其中三门岛、五子岛位于三门湾口门中部，岛屿两侧是进出三门湾的满山水道和猫头水道。而湾口门有南田岛、高塘岛和花岙岛等诸多岛屿构成一道天然屏障，有效地阻挡了外海波浪对岸滩的侵袭，成为我国近海天然的避风良港。

三门湾形态受孝丰—三门湾北西西向断裂带，石浦次级东西向断裂带及温州—镇海北北东向断裂带构造的联合控制，是受构造影响为主的构造湾。全新世以来，距今约 7 000 年前，海平面上升至 20 世纪 80～90 年代海面附近，海水直拍山麓，海湾成溺谷，面积远大于 80～90 年代。由于河流和海域泥沙不断充填，发育成为如今三门湾形态[1-5]。在自然状态下，岸线几乎全部为稳定的基岩海岸。海湾淤积十分缓慢，根据浅地层探测与钻孔资料分析表明：全新世地层厚度为 15～30 m，全新世年平均淤积小于 0. 5 cm[1-4]。至近代，特别是 1949 年后以及改革开放以来，人类活动将原有的动态平衡打破，岸线推移与海湾淤积呈现出加速的趋势。

岸线推移主要发生在内湾和口门汊道沿岸。湾顶北部的下洋涂沿岸是开发历史最早的区域，岸线推移最典型。明末至清初，胡陈港和车岙港还相通，通道后缘即为当时的基岩岸线。此后至 1930 年，岸线外推约 6. 4 km，1949 年至 20 世纪 80 年代岸线外推约 1. 6 km，明末清初至 80 年代，岸线共外推约 8 km。湾西北部的三山涂沿岸因 1968～1976 年围垦，岸线向外推移了约 4 km。三门湾岸线由于近代人类活动的加大而逐渐外推，海岸类型也由从前以基岩海岸为主，演变为目前以人工海岸为主的状态[1-4]。

根据 20 世纪 80 年代的卫星图片（图 1. 3. 1）和 2003 年的卫星图片（图 1. 3. 2）对比分析表明：在这段时间内，三门湾的平面形态总体而言较为稳定。

1.3.1.2　岛屿分布

海岛的定义以《联合国海洋法公约》规定为准，系指海洋中四面环水、高潮时高于海面、自然形成的陆地区域。包括有居民海岛和无居民海岛[1-6]。有居民海岛是指属于居民户籍管理的住址登记地的海岛；无居民海岛是指不属于居民户籍管理的住址登记地的海岛[1-7]；无居民岛（无人岛）系指无人常年居住的岛屿，但其中有少数季节性有人暂住的海岛[1-8～1-9]。

海岛的面积，由于受自然淤积和人工筑堤围垦影响，时有变化。历年来，对于浙江省陆域面积大于 500 m^2 的海岛数量，因不同部门运用不同的资料或不同的标准进行量算统计，其数字并

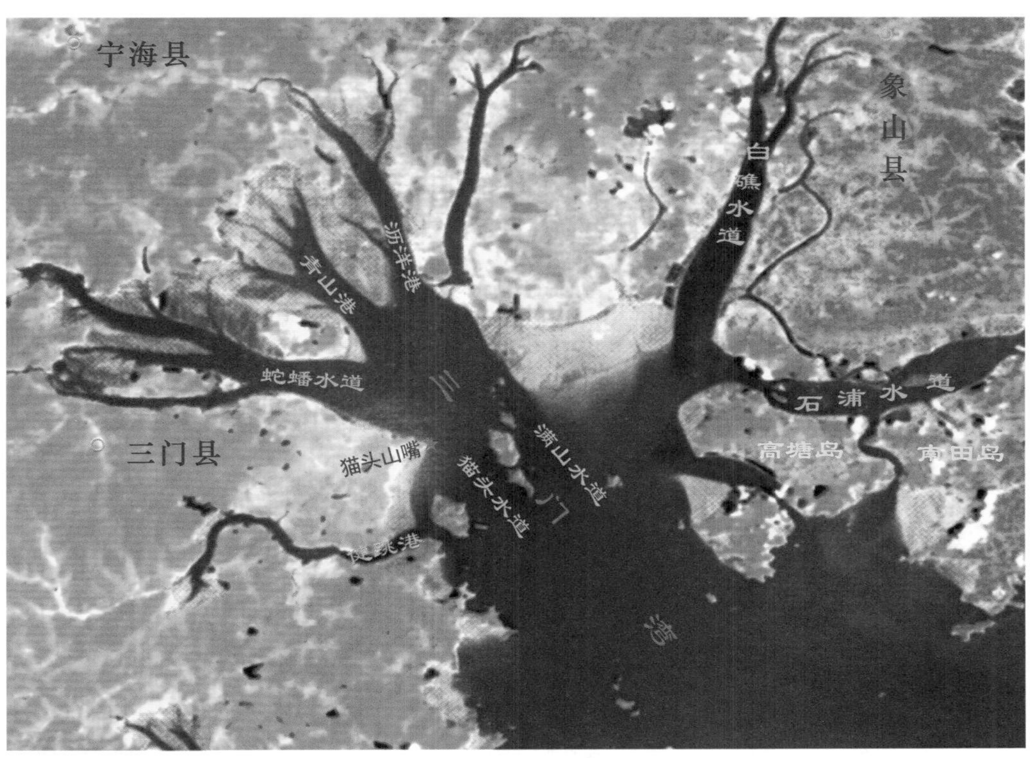

图 1. 3. 1　三门湾自然地理概貌卫星图片(20 世纪 80 年代)

图 1. 3. 2　三门湾自然地理概貌卫星图片(2003 年)

不相同。按照国发(1975)78 号文,浙江省面积大于 500 m^2 的海岛为 2 161 个;《中国海洋岛屿简况》(海军司令部航海保障证部, 1980)对面积大于 500 m^2 的海岛进行编号统计,则为 2 147 个;1981～1985 年进行的浙江省海岸带和海涂资源综合调查,按照《中国海洋岛屿简况》的编号数进行核查,扣除因围垦连接陆地或合并的海岛,其结果为 1 921 个;1990 年～1994 年浙江省海岛资源综合调查时,以 1:2 万航摄像片(1989 年摄制)及 1:10 000 地形图进行量算统计,浙江省共有陆域面积大于 500 m^2 的海岛 3 061 个 [1-10]。

三门湾诸岛是指健跳江口外～满山～坦塘一线以西海域的海岛。根据 1990 年～1994 年浙江省海岛资源综合调查成果统计,三门湾内陆域面积大于 500 m^2 的海岛有 63 个,如图 1. 3. 3 所示。分别属于象山县(岳井洋内外 14 个)、宁海县(25 个)、三门县(24 个)。其中面积大于 1 km^2 的海岛有 5 个,常住居民岛 6 个,乡级建制岛 1 个,共乡岛 2 个,无居民岛 57 个 [1-10～1-12]。

(1) 乡政府驻地岛(蛇蟠岛)概述 [1-10]

蛇蟠岛(岛号 1848)位于三门湾中南部,距三门县城 17. 5 km,南距大陆最近点约 800 m,是三门县于 1992 年重建的蛇蟠乡政府驻地,一岛一乡,蛇蟠乡范围即为蛇蟠岛。全岛陆域面积 14. 731 km^2,其中丘陵面积为 1. 896 km^2,平地面积 12. 835 km^2。海岸线长 17. 40 km,其中基岩岸线 2. 08 km,人工岸线 15. 32 km。最高点蛇蟠山海拔为 98. 7 m。

蛇蟠岛原为蛇蟠山和小蛇山两个岛,隔水而立,后因滩涂淤涨和人工筑堤围垦连成一岛。岛上陆域地貌以海积平地为主,占 82%,岛东部的蛇蟠山与西面的小蛇山均属低山丘陵。岛东侧的潮滩呈舌状,系泥沙在流影区沉积延伸而成;岛西侧潮滩为脊岭状滩,与三门湾顶部的大陆滩相连,滩涂均属粉沙质黏土。蛇蟠岛的东北面为青山港,南面为蛇蟠水道,水深介于 6 m～11 m 之间,底部平坦。港外有田湾岛、下万山等岛连形成屏障,可避 10 级北风,是天然避风良港。岛屿南岸有可建小型码头的岸线约 4 km,前沿水深介于 3 m～11 m。岛上有两座简易码头,并设了蛇蟠至巡检司的汽车渡轮。

蛇蟠岛深嵌于三门湾内,滩涂广阔,涂质柔软,营养盐和有机质含量高,海洋生物资源丰富。蛇蟠岛上的蛇蟠石色泽美观,质地细软,易雕易凿,岩石整体性好,是上好的建筑材料。经数百年的采石,留下众多的人工岩洞,成为宝贵的旅游景观。据调查,全岛有大、小岩洞 1 300 余个,其中旱洞 800 多个,水洞 500 多个,部分岩洞挖至海平面以下,洞连洞,洞内有洞,上下左右贯通如同迷宫。较大的如前山洞,洞内面积达 1 000 m^2 以上,成为岛民的天然会堂。

蛇蟠岛的开发历史悠久,但大规模开发始于 1971 年,三门县 6 个乡 51 个村的 3 000 多居民跨海登岛,建堤围垦。于 1978 年完成了蛇蟠一期、二期工程,围垦面积为 390 hm^2,使蛇蟠山和小蛇山两岛连成一岛。1990 年完成蛇蟠三期工程,建成标准海塘,堤长 11. 07 km,围涂面积 667 hm^2。岛上有 6 个行政村,据 1990 年统计,全岛常住人口 3 624 人。岛民大部分从事种植业和海水养殖业。岛上有小学 4 所 12 个班,并增办了中学 3 个班,但岛上没有医院。

(2) 乡以下有居民岛概述

乡以下有居民海岛共 5 个,分别为花鼓岛、田湾岛、龙山岛、崇塊岛和箬屿岛,其中 4 个陆域

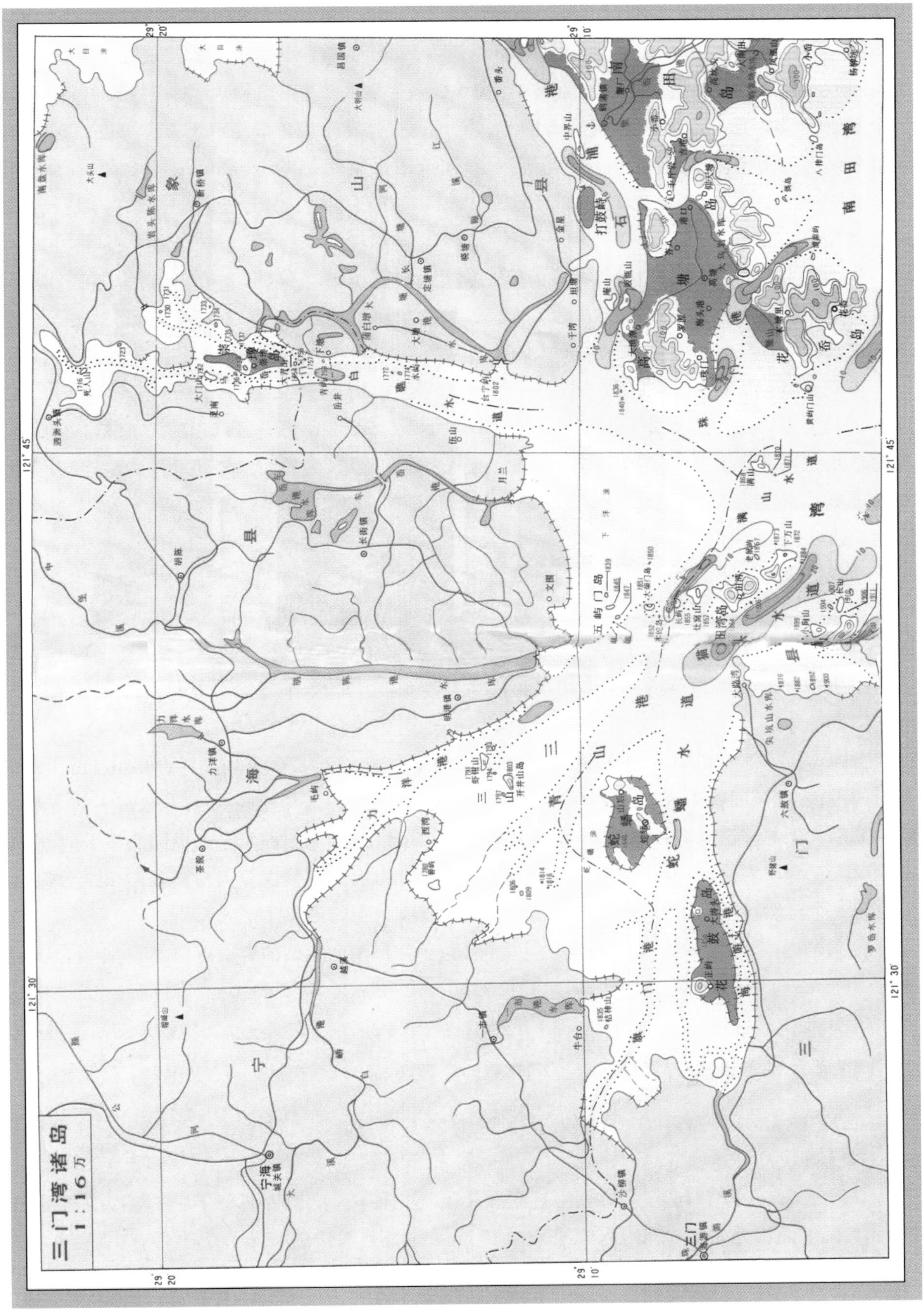

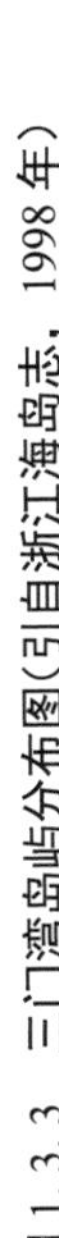

图1.3.3　三门湾岛屿分布图(引自浙江海岛志，1998年)

面积大于 1 km^2。

① 花鼓岛(岛号 1856)：隶属三门县浦西乡。位于三门湾西南部，南距大陆最近点为 220 m。全岛陆域面积 7. 542 km^2，其中丘陵面积 0. 729 5 km^2，平地面积 6. 813 km^2。海岸线长 16. 67 km，其中基岩岸线 1. 16 km，人工岸线 15. 51 km。滩地与大陆滩连接。最高点正峙山海拔 186. 3 m。花鼓岛南面为海游港水道，北面为正峙港水道，航道最小宽度 250 m，5 m 以上水深长 2 km，可锚泊 200 吨级船只 20 多艘。能避 10 级北、西、东风。1983 年建成一座简易码头，有与大陆巡检司的渡轮。

花鼓岛原为涛头山、正峙山和链枪山 3 个岛，相距约 3. 5 km，1966 年～1969 年围成花鼓漫塘，围垦面积 300 hm^2，使 3 个小岛围成花鼓岛。岛上有涛头、正峙两个行政村，辖 3 个自然村。1990 年常住人口 1 492 人，暂住人口约 400 人。岛民从事种植业和渔业。岛上有两所小学，共 6 个班。

② 田湾岛(岛号 1864)：隶属三门县六敖镇。西距大陆最近点 2. 6 km。岛屿陆域面积 1. 262 km^2，为基岩岛，无平地，海岸线长 7. 46 km，滩地面积 1. 582 km^2。最高点青门山海拔 196. 6 m。岛的东北面为满山水道，西南面为猫头水道，南面为青门水道，岛的西部与西北部滩涂较高，面积约 50 hm^2。岛上有简易码头一座。1992 年岛上建田湾行政村，常住人口约 200 余人，主要从事张网捕捞业。

③ 龙山岛(岛号 1909)：隶属三门县健跳镇，曾名狗头山。位于健跳港口外，陆域面积 1. 030 km^2，海岸线长 6. 84 km，滩地与大陆滩连接。最高点狗头山海拔 146. 8 m。龙山岛陆域均为低丘，无平地。龙山岛南面为狗头门，是进入健跳港的航道，岛上有简易码头一座。龙山岛上风能资源丰富，1985 年曾安装过两台风力发电机组。岛上设龙山行政村，有 5 个自然村，1990 年人口为 359 人。

④ 崇塊岛(岛号 1738)：隶属象山县新桥乡，位于白礁水道内，离大陆最近点 0. 46 km。崇塊岛形如舌状，陆域面积 1. 832 km^2，其中平地面积为 1. 415 km^2；海岸线长 8. 61 km，其中基岩海岸 1. 61 km，人工岸线 7. 6 km。最高峰稻桶山海拔 83. 2 m。平地为第四纪全新世的海积平地，岸滩地貌以人工海岸为主，海蚀地貌不发育。潮间带与大陆相连，沉积物主要为粉沙黏土和黏土粉沙。岛上有 3 个自然村，人口 267 人，有小学一所。交通靠小舢板不定期摆渡。

⑤ 箬屿岛(岛号 1780)：隶属宁海县七市乡，位于三门湾西北部的青山港内，西北距大陆最近点为 300 m。陆域面积 8. 616 hm^2，海岸线长 1. 50 km。最高点海拔 43. 0 m。潮间带滩涂与大陆滩涂相连，退潮时可步行通达。岛上有 1 个自然村，人口 207 人，主要从事海洋捕捞和海洋养殖。

(3) 无居民岛概述

三门湾内无居民海岛有 57 个[1-10]，其中象山县 13 个、宁海县 24 个、三门县 20 个。其中象山县 13 个无居民岛分述如下。

① 死人岛(岛号 1716)：隶属象山县泗洲头镇，位于白礁水道(岳井洋)顶部，距大陆最近点 280 m。陆域面积为 3. 560 hm^2，海岸线长 1. 18 km。最高点海拔 29. 5 m。岛上种有土豆、南瓜等农作物。

② 松树山(岛号1723):隶属象山县新桥镇,位于白礁水道内,距大陆最近点20 m。陆域面积为4.239 hm^2,海岸线长0.9 km。最高点海拔48.9 m。岛上种有甘薯、小麦等农作物。

③ 小老鼠山(岛号1730):隶属象山县新桥镇,位于白礁水道东溪港东侧潮滩上。陆域面积0.175 hm^2,海岸线长0.16 km。最高点海拔8.2 m。

④ 癞头山(岛号1731):隶属象山县新桥镇,位于白礁水道内,小老鼠山东南潮滩上。陆域面积0.262 hm^2,海岸线长0.199 km。最高点海拔8.0 m。植被以草丛为主。

⑤ 大门山(岛号1732):隶属象山县泗洲头镇,位于白礁水道内。陆域面积为15.238 hm^2,海岸线长2.76 km,滩地面积24.534 hm^2。最高点海拔47.8 m。植被以草丛为主。

⑥ 颈头山(岛号1733):隶属象山县新桥镇,位于白礁水道黄吉岙内的滩涂上,与大陆有礁坝连接。陆域面积0.319 hm^2,海岸线长0.23 km,最高点海拔9.8 m。

⑦ 老鼠山(岛号1734):隶属象山县新桥镇,位于白礁水道颈头山岛西南滩涂上,与大陆岸线相距90 m。陆域面积1.059 hm^2,海岸线长0.429 km,最高点海拔23.2 m。

⑧ 笔杆山(岛号1735):隶属象山县新桥镇,位于白礁水道玉印岛北面,东与大陆岸相距0.10 km。陆域面积为0.754 hm^2,海岸线长0.453 km,最高点海拔16.0 m。植被以草丛为主

⑨ 小猫山(岛号1736):隶属象山县新桥镇,位于白礁水道内。陆域面积为1.084 hm^2,海岸线长0.507 km,最高点海拔27.3 m。植被以草丛为主。

⑩ 玉印岛(岛号1737):隶属象山县新桥镇,位于白礁水道内。陆域面积为0.850 hm^2,海岸线长0.454 km,滩涂面积3.274 hm^2,最高点海拔25.0 m。

⑪ 台宁屿(岛号1802):隶属象山县定塘镇,位于白礁水道内。陆域面积为0.754 hm^2,海岸线长0.362 km,最高点海拔16.1 m。西端有灯柱,是船舶进出白礁水道的导航标志。

⑫ 牒屿山(岛号1840):隶属象山县新桥镇,位于白礁水道口外。陆域面积2.693 hm^2,海岸线长0.750 km,滩涂面积4.382 hm^2,最高点海拔25.4 m。岛上种有黑松、杜鹃等。

⑬ 小牒屿山(岛号1836):隶属象山县高塘乡。位于牒屿山东北侧。陆域面积0.121 hm^2,海岸线长0.131 km,最高点海拔不足5.0 m。植被以草丛为主。

宁海县无居民岛共计24个,分述如下。

① 大青山(岛号1754):隶属宁海县长街镇,位于白礁水道内。陆域面积2.388 hm^2,海岸线长0.643 km,最高点海拔35.0 m。植被以白茅草丛为主。岛屿周围水深5 m～10 m。

② 小青山(岛号1756):隶属宁海县长街镇,位于大青山南约130 m处。陆域面积0.679 hm^2,海岸线长0.312 km,最高点海拔14.4 m。长有白茅草和灌木。岛屿四周水深为5 m～10 m。

③ 牛轭礁(岛号1757):隶属宁海县长街镇,位于小青山东南约120 m处。陆域面积为0.302 hm^2,海岸线长0.257 km,滩涂面积2.055 hm^2。最高点海拔在5.0 m以下。岛周有较大的礁滩,为航行危险区。

④ 青屿山(岛号1759):隶属宁海县长街镇,位于大青山南约1.0 km处。陆域面积为1.196 hm^2,海岸线长0.435 km,滩涂面积26.079 hm^2。最高点海拔22.8 m。植被有白茅、灌木及少量松树。岛顶设导航三脚架。西面水深2 m～10 m。

⑤ 小水屿(岛号 1772):隶属宁海县长街镇,位于白礁水道内。陆域面积 0.320 hm^2,海岸线长 0.258 km。最高点海拔 9.8 m。

⑥ 水屿(岛号 1774):隶属宁海县长街镇,位于白礁水道中段。陆域面积 2.063 hm^2,海岸线长 0.606 km,滩涂面积 7.488 hm^2。最高点海拔 32.9 m。岛上土层薄,植被以草丛为主,并有人工种植的针叶林。岛顶设有灯桩。

⑦ 虾钳山(岛号 1791):隶属宁海县明港镇,位于沥洋港西侧大难上。陆域面积 15.627 hm^2,海岸线长 1.93 km。最高点海拔 62.2 m。植被以针叶林为主。南北为滩涂。

⑧ 秤锤山(岛号 1793):隶属宁海县明港镇,位于虾钳山东南约 300 m 处,处同一大陆滩上。陆域面积 4.911 hm^2,海岸线长 0.959 km。最高点海拔 49.8 m。植被以稀疏的针叶林和草丛为主。

⑨ 老鼠山(岛号 1794):隶属宁海县明港镇,位于三门湾北部的下洋涂大陆难上。陆域面积 1.368 hm^2,海岸线长 0.496 km。最高点海拔 26.0 m。植被以稀疏的针叶林为主。

⑩ 柴爿山(岛号 1797):隶属宁海县明港镇,陆域面积 3.000 hm^2,海岸线长 0.716 km。最高点海拔 36.1 m。植被以稀疏的针叶林为主。

⑪ 开井山(岛号 1803):隶属宁海县明港镇,位于青山港与沥洋港之间的大陆滩上。陆域面积 36.728 hm^2,海岸线长 2.81 km。最高点海拔 87.2 m。植被以针叶林为主。1986 年宁海县海水养殖场址迁岛,岛上有场员 20 人, 9 月～11 月忙季时有临时工多达 150 人。岛南部建有码头一座,有渡船通往胡陈港。

⑫ 橘柿山(岛号 1835):隶属宁海县一市镇,位于旗门港与一市港之间的大陆滩上,与大陆岸距约 200 m。陆域面积 1.377 hm^2,海岸线长 0.440 km。最高点海拔 18.2 m。植被以白茅草为主,间有少量针叶林。

⑬ 东五屿(岛号 1835):隶属宁海县青珠乡,位于三门湾北部的下洋涂大陆滩上。陆域面积 2.234 hm^2,海岸线长 0.616 km。最高点海拔 38.4 m。植被以草丛为主,间有针叶林。

⑭ 牛屎屿(岛号 1844):隶属宁海县明港镇,位于沥洋港与满山水道交汇处。陆域面积 0.558 hm^2,海岸线长 0.275 km。最高点海拔 15.5 m。植被以白茅草为主。岛周围水深在 7 m 以上,附近为进出明港镇的航道。

⑮ 西五屿(岛号 1845):隶属宁海县青珠乡,位于下洋涂大陆滩上。陆域面积 7.705 hm^2,海岸线长 1.29 km。最高点海拔 38.9 m。植被以针叶林为主。岛西为进出明港镇的航道。

⑯ 扁担礁(岛号 1846):隶属宁海县明港镇,位于西五屿岛西侧的水道中。陆域面积 0.138 hm^2,海岸线长 0.145 km,滩地面积 1.193 hm^2,最高点海拔 8.0 m。

⑰ 大壳岛(岛号 1847):隶属宁海县明港镇,位于西五屿岛西南约 350 m 处。陆域面积 1.682 hm^2,海岸线长 0.544 km。最高点海拔 31.0 m。滩涂与西五屿相连。

⑱ 孝屿(岛号 1850):隶属宁海县明港镇,位于下洋涂大陆滩上。陆域面积 2.329 hm^2,海岸线长 0.995 km。最高点海拔 22.5 m。植被以针叶林为主。岛上淡水充足,有季节性居民从事滩涂养殖。

⑲ 大柴门岛(岛号 1851):隶属宁海县明港镇,位于沥洋港与满山水道交汇处,临近大柴门水

道。陆域面积为 9. 078 hm^2，海岸线长 1. 43 km，滩地面积 9. 116 hm^2。最高点海拔 68. 0 m。岛上土层薄，植被以针叶林为主。

⑳ 木蛇岛（岛号 1852）：隶属宁海县明港镇，位于大柴门岛西南约 300 m 处。陆域面积为 2. 211 hm^2，海岸线长 0. 749 km，滩地面积 6. 895 hm^2。最高点海拔 31. 0 m。植被以针叶林为主。

㉑ 小麦山（岛号 1806）：隶属宁海县一市镇，位于青山港附近大陆滩上。陆域面积为 0. 131 hm^2，海岸线长 0. 147 km。最高点海拔 8. 7 m。岛上植被为白茅。

㉒ 大麦山（岛号 1809）：隶属宁海县一市镇，位于青山港附近大陆滩上。陆域面积 1. 661 hm^2，海岸线长 0. 606 km。最高点海拔 19. 8 m。植被以草丛为主。

㉓ 长礁（岛号 1814）：隶属宁海县一市镇，位于大麦山东南约 900 m 处，与大陆连滩。陆域面积 0. 203 hm^2，海岸线长 0. 179 km。最高点海拔 7. 2 m。

㉔ 韭屿（岛号 1816）：隶属宁海县一市镇，位于大麦山南约 1. 0 km 处。陆域面积为 0. 190 hm^2，海岸线长 0. 180 km。最高点海拔 9. 8 m。

三门县无居民海岛为 20 个，简述如下。

① 长屿（岛号 1855）：隶属三门县六敖镇，位于木蛇岛与灶窝山之间。陆域面积为 3. 813 hm^2，海岸线长 1. 03 km，滩地面积 3. 405 hm^2。基岩岛，无平地，最高点海拔 29. 2 m。植被为白茅草丛。岛上建有灯桩。

② 灶窝山（岛号 1857）：隶属三门县六敖镇，位于三门湾中部，田湾岛北侧约 250 m 处。陆域面积 28. 412 hm^2，海岸线长 3. 09 km，滩地面积 27. 572 hm^2。最高点海拔 81. 0 m。基岩岛，无平地。植被为芒萁、松树等稀树草丛。东侧为进出明港镇的航道。

③ 竹屿（岛号 1866）：隶属三门县六敖镇，位于三门湾中部田湾岛西侧约 370 m 处。陆域面积 1. 326 hm^2，海岸线长 0. 466 km，滩地面积 1. 082 hm^2。最高点海拔 31. 6 m。基岩岛，无平地。植被有芒萁、松树、草丛等。西南为猫头航道。

④ 老鼠屿（岛号 1867）：隶属三门县六敖镇，位于三门湾中部，田湾岛东南，下万山东北约 550 m 处。陆域面积 1. 240 hm^2，海岸线长 0. 499 km，滩地面积 5. 337 hm^2。最高点海拔 16. 0 m。基岩岛，无平地。植被为白矛草丛。

⑤ 满山（岛号 1868）：隶属三门县六敖镇，位于三门湾下洋涂南面，西侧海域为满山水道。陆域面积 23. 502 hm^2，海岸线长 3. 55 km，其中 0. 329 km 为砂砾岸线，其余为基岩岸线，滩地面积 45. 333 hm^2。最高点海拔 50. 9 m。岛上无平地。植被为芒萁、松树、草丛等。岛中部有砾石堤，长约 160 m，连接东西两山，堤南有宽阔的砾石滩发育。

⑥ 下万山（岛号 1872）：隶属三门县六敖镇，位于田湾岛东南侧，两岛岸距约 350 m。陆域面积 60. 375 hm^2，海岸线长 5. 87 km，滩涂面积 68. 004 km^2。最高点海拔 110. 3 m。基岩岛，无平地。植被以芒萁、松树等稀树草丛为主。

⑦ 三牙礁（岛号 1873）：隶属三门县六敖镇，位于下万山东侧，因有 3 个礁头而得名。陆域面积 0. 286 hm^2，海岸线长 0. 206 km，滩涂面积 0. 601 hm^2。最高点海拔 6. 0 m。基岩岛，无平地。基岩裸露，无高等植物。

⑧ 外海小山(岛号 1876):隶属三门县健跳镇,位于健跳北涂大陆滩上,紧临大陆。陆域面积 0.148 hm^2,海岸线长 0.156 km。最高点海拔 10.2 m。基岩岛,无平地。基岩裸露,无高等植物。

⑨ 癞头山(岛号 1882):隶属三门县健跳镇,位于健跳北涂上,紧临大陆。陆域面积 0.161 hm^2,海岸线长 0.153 km,滩涂与大陆滩连接。最高点海拔 14.0 m。基岩岛,无平地。基岩裸露,无高等植物。

⑩ 鳖鱼礁(岛号 1884):隶属三门县六敖镇,位于下万山西南侧。陆域面积 0.210 hm^2,海岸线长 0.183 km,滩涂面积 1.245 hm^2。最高点海拔 9.5 m。基岩岛,无平地,基岩裸露,无高等植物。

⑪ 青山(岛号 1892):隶属三门县健跳镇,位于健跳北面的大陆滩内。陆域面积 1.321 hm^2,海岸线长 0.507 km。最高点海拔 26.6 m。基岩岛,无平地。植被为白茅草丛。

⑫ 小狗山(岛号 1899):隶属三门县健跳镇,位于健跳北面的大陆滩内。陆域面积 22.370 hm^2,海岸线长 2.184 km。最高点海拔 75.0 m。基岩岛,无平地。植被为白茅草丛。

⑬ 黄岩岛(岛号 1900):隶属三门县健跳镇,位于健跳北面的大陆滩内。陆域面积 0.102 hm^2,海岸线长 0.144 km。最高点海拔 8.8 m。基岩岛,无平地,基岩裸露,无高等植物。

⑭ 木杓岛(岛号 1904):隶属三门县健跳镇,位于健跳江口外龙山岛东北。陆域面积 2.053 hm^2,海岸线长 0.615 km。最高点海拔 32.2 m。基岩岛,无平地。植被为白茅和柃木灌草丛。

⑮ 长山(岛号 1907):隶属三门县健跳镇,位于健跳江口外龙山岛东侧。陆域面积 12.909 hm^2,海岸线长 1.90 km,滩涂面积 26.707 hm^2,最高点海拔为 54.3 m。基岩岛,无平地。植被为白茅、柃木灌草丛。

⑯ 点灯岛(岛号 1910):隶属三门县健跳镇,位于健跳江口外长山岛东南。陆域面积 2.161 hm^2,海岸线长 0.682 km,滩涂面积 0.095 hm^2,最高点海拔 26.5 m。基岩岛,无平地。植被为白茅草丛。岛上建有灯桩。

⑰ 龙洞礁(岛号 1911):隶属三门县健跳镇,位于健跳江口外长山岛南侧。陆域面积 0.223 hm^2,海岸线长 0.201 km。最高点海拔 7.0 m。基岩岛,无平地。基岩裸露,无高等植物。

⑱ 1870 号无名岛:隶属三门县六敖镇,位于满山岛西南近旁。陆域面积 0.495 hm^2,海岸线长 0.282 km。最高点海拔 13.0 m。基岩岛,无平地。植被为芒萁草丛。

⑲ 1871 号无名岛:隶属三门县六敖镇,位于满山岛西南侧。陆域面积为 0.168 hm^2,海岸线长 0.159 km。最高点海拔 9.7 m。基岩岛,无平地。植被为芒萁草丛。

⑳ 1906 号无名岛:隶属三门县健跳镇,位于长山岛以西。陆域面积为 0.809 hm^2,海岸线长 0.111 km。最高点海拔 8.8 m。基岩岛,无平地。基岩裸露,无高等植物

1.3.2 海湾自然形态现状

1.3.2.1 海岸地形现状

三门湾潮滩总面积约为 295 km^2,其中沥洋港至健跳港口海域大面积的潮滩主要有:下洋涂、三山涂、蛇蟠涂、双盘涂、长塆涂和高泥塆涂,占三门湾潮滩面积的一半以上[1-5]。根据浙江省水

利志记载[1-13]，三门湾围涂早在唐至宋，元、明已有涂田、盐田记载。建国以后陆续开始高滩围垦和港汊围堵，至 2014 年三门湾已围涂（包括堵港的水面面积）面积为 222.36 km^2（33.36 万亩），占三门湾海域总面积的 28.69%，占总潮滩面积的 75.38%。

近 10 年（2004 年～2014 年）来，三门湾顶部区域开展了大规模、大面积的滩涂围垦造地工程。主要有下洋涂围垦工程，蛇蟠涂围垦工程和晏站涂围垦工程等。工程实施后蛇蟠岛已和大陆相连而成为半岛，正屿港与海游港之间的花鼓岛也已与大陆连接，蛇蟠岛和花鼓岛两大岛屿已消失。三门湾顶部区域竣工的围垦面积为 63.70 km^2（9.55 万亩），健跳港口南侧的洋市涂围垦面积为 4.065 km^2（0.61 万亩）。三门湾近 10 年来已竣工的围垦项目总面积高达 67.73 km^2（10.16 万亩），这是 60 年以来围垦规模和围垦面积增加最快的时期。由于大范围的围填海，使三门湾的大小和形态发生了很大变化，三门湾海湾形态现状如图 1.3.4 所示。

图 1.3.4　三门湾自然地理概貌卫星图片（2014 年）

1.3.2.2　岛屿分布现状

根据 908 专项浙江省海岛调查资料成果，在 1990 年～1994 年浙江省海岛资源综合调查资料成果基础上，按照国家海洋局 908 专项办公室《海岛调查技术规程（2005 年）[1-7]》和《海岛界定技术规程（2011）[1-8]》等技术要求，对浙江省海岛重新进行量算界定和统计。

（1）海岛界定的范围与基准时间

海岛界定的范围为浙江省大陆海岸线以外的全部海岛。大陆海岸线以浙江 908 专项海岸带调查确定的大陆海岸线为准。海岛界定的基准时间为 2008 年 12 月 31 日。

（2）海岛分类

① 首先按社会属性分类：将海岛划分为有居民海岛和无居民海岛；其次，将有居民海岛按照行政级别划分为县级岛、乡级岛、村级岛、自然村岛。

② 按面积大小分类：按照海岛面积的大小划分为五大类：特大岛（面积 ≥ 2 500 km^2）、大岛（2 500 km^2 > 面积 ≥ 100 km^2）、中岛（100 km^2 > 面积 ≥ 5 km^2）、小岛（5 km^2 > 面积 ≥ 500 m^2）和微型岛（面积 < 500 m^2）。

③ 按成因分类：按照成因海岛类型分为：基岩岛、火山岛、珊瑚岛、堆积岛。当一个海岛有多种成因时，按主要成因进行分类。

基岩岛：大陆地块延伸到海洋并露出海面、由岩石构成的海岛。

火山岛：海底火山喷发出的岩浆物质堆积并露出海面形成的海岛。

珊瑚岛：由海洋中造礁珊瑚的钙质遗骸和石灰藻类生物遗骸堆积形成的海岛。

堆积岛：由于泥沙运动堆积或侵蚀形成的海岛。

（3）海岛分布概况

根据 908 专项浙江省海岛调查资料成果统计表明，至 2008 年 12 月 31 日，浙江省共有海岛 3 820 个，分布于 27°05. 9′ ～30°51. 8′ N、120°27. 7′ ～123°09. 4′E，分布区南北跨距 420 km，东西跨距约 250 km，即北起灯城礁，南至横屿，西始木林屿，东迄东南礁 [1-14]。

1990 年～1994 年浙江省海岛资源综合调查资料成果，三门湾诸岛是指健跳江口外—满山—坦塘一线以西海域的海岛。908 专项浙江省海岛调查资料成果，三门湾诸岛指浦坝港口外—壳塘山岛南侧的六头屿—大小铁砖礁一线以西海域的海岛。显然，908 专项对浙江省海岛调查三门湾海域范围的界定远大于 1990 年～1994 年浙江省海岛资源综合调查界定的三门湾海域范围。同时，海岛调查所执行的技术规程和界定标准与 1990 年～1994 海岛资源综合调查时亦有所不同。因而要对三门湾海岛数量进行详细比较不尽客观。故这里主要阐述三门湾近年来消失的海岛。

（4）消失的海岛数量

自 1990 年海岛调查以来至 2008 年底，三门湾内共消失 5 个海岛，即蛇蟠岛、花鼓岛、箬屿、松树山和老鼠山 [1-15]。

（5）消失的海岛类型与原因

消失的 5 个海岛中，3 个为有居民海岛，2 个为无居民海岛。3 个有居民海岛中有 1 个为乡级岛（三门县的蛇蟠岛），蛇蟠岛陆域面积为 14. 731 km^2，属于中岛；2 个村级岛：花鼓岛（三门县）和箬屿（宁海县），花鼓岛陆域面积为 7. 542 km^2（中岛）；箬屿岛陆域面积为 8. 616 hm^2（小岛）。

2 个无居民海岛（松树山和老鼠山）均隶属象山县，松树山和老鼠山的陆域面积分别为 4. 239 hm^2 和 1. 059 hm^2，均为小岛。

三门湾内消失的 5 个海岛均是由围填海造地与大陆相连所致。三门湾内岛屿分布现状见图 1.3.5。根据海岛消失的时段分析表明，三门湾内消失的海岛主要发生在 2001 年～2008 年期间，由于三门湾顶部区域近 10 年来开展了大面积、大规模的围填海，海岛消失呈现出加快的态势。

1.3.2.3　岛屿开发与保护

岛屿是人类生产和生活的重要场所，也是人类文明的重要组成部分。岛屿的发展一直伴随着人类社会的进步，对人类进步和经济发展起着重要作用。浙江省是海洋大省，也是我国海岛数量最多的省份。众多的海岛构成了浙江省宽广的内水海域和丰富的海洋资源，对浙江省经济和社会发展起着不可替代的作用。

海岛具有丰富的海陆资源，每个岛屿都构成一个独立的小生境，由于面积小，地域结构简单，因此生态系统脆弱，生物多样性指数小，稳定性差。如不保护，盲目开发，极易带来大量的生态环境问题[1-17～1-18]。近年来，随着海洋经济的快速发展和土地资源的紧缺，开发利用海岛，特别是开发利用无居民海岛的情况在沿海地区越来越频繁。由于海岛远离大陆，交通不便，淡水资源短缺，生存条件与大陆沿岸相比差距大，导致某些无序、盲目、不合理的开发行为，破坏了海岛资源及其生态系统。因此，要保护海岛及其周边海域的生态环境，开展生态岛礁建设，以改善海岛生态环境质量和功能为核心，修复受损岛体，特别是对具有重要生态价值的海岛实施生态修复，促进生态系统的完整性，提升海岛的综合价值。具体包括：自然生态系统保育保全，珍稀濒危和特有物种及生境保护，生态旅游和宜居海岛建设，生态景观保护等，并同步开展海岛监视监测站点建设和生态环境本底调查等。科学、合理开发利用海岛资源，使海岛资源可持续利用，对促进沿海地区经济社会的可持续发展具有重要意义。

1.4　海塘现状

根据三门湾海堤现状调查表明：三门湾海堤防洪（潮）标准按 20 年和 50 年一遇设计，堤顶高程大部分介于 4.8～5.2 m 之间，防浪墙顶高程多数在 6.0～6.5 m 之间，少部分堤顶高程达 7.0 m 以上。其中设计堤顶高程最高的是洋市涂区域农业用海围涂工程，海堤堤顶高程介于 8.0～8.3 m 之间，防浪墙顶高程在 8.8～9.1 m 之间；其次为宁海县的下洋涂围垦工程，海堤堤顶高程介于 7.6～7.7 m 之间，防浪墙顶高程为 8.1 m[1-19]。三门县和宁海县的堤防现状如表 1.4.1 所示。近年来，随着极端天气出现的频率不断增加，由热带气旋所造成的自然灾害损失与日俱增。热带气旋是影响浙江沿海的主要灾害性天气系统，受其影响时常伴有狂风暴雨、巨浪和风暴潮。三门湾及其周边区域是受热带气旋影响较为频繁的地区之一。据此，近年三门湾建筑的海堤（一线堤）防洪（潮）基本上按 50 年一遇标准设计。

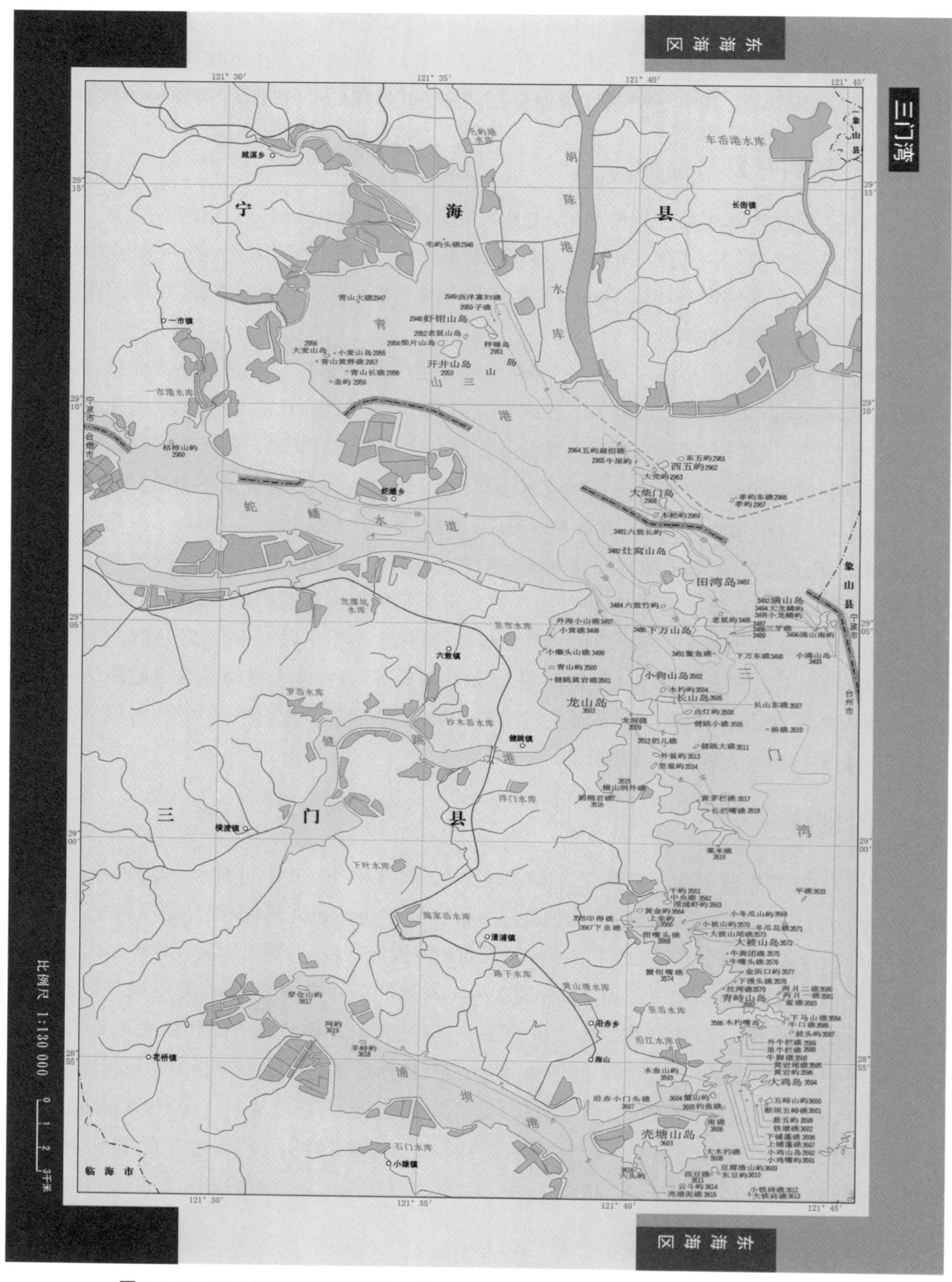

图 1.3.5　2008 年三门湾岛屿分布现状图(引自国家海洋局中国海岛(礁)名录，2012 年)

表1.4.1 三门县和宁海县堤防现状一览表

海堤名称	地理位置	海堤类型	工程建设时间(年、月)	级别	长度(m)	设计防护标准(年)	堤防设计水位或设计高潮位(m)	堤防尺寸(m)	堤顶和挡浪墙顶高程(m)
北沙塘海塘	沿赤乡	一线堤	2004.11	4	671	20	4.78	堤防高度6.5,堤顶宽度4.6	6.5
北岙塘海塘	花桥镇	一线堤	2011.08	4	748	20	4.79	堤防高度4.2,堤顶宽度4.5	6.1
从岙塘海塘	沿赤乡	一线堤	2008.11	4	604	20	4.79	堤防高度6.0,堤顶宽度4.6	6.0
东郭塘海塘	健跳镇	一线堤	1971.08	4	1 050	20	4.96	堤防高度5.9,堤顶宽度5.0	6.4
红旗塘海塘	花桥镇	一线堤	1974.12	3	1 608	50	5.14	堤防高度4.7,堤顶宽度5.0	6.7
红岩外塘海塘	蛇蟠乡	一线堤	2001.05	4	4 916	20	5.13	堤防高度4.5,堤顶宽度4.7	6.2
虎门孔塘海塘	浬浦镇	一线堤	1985.10	4	967	20	5.20	堤防高度7.2,堤顶宽度5.0	7.2
黄门塘海塘	健跳镇	一线堤	2006.11	4	2031	20	4.79	堤防高度5.0,堤顶宽度4.32	6.2
健跳塘海塘	健跳镇	一线堤	1998.10	3	1 552	50	5.20	堤防高度3.8,堤顶宽度5.45	5.8
六敖南塘海塘	六敖镇	一线堤	1977.01	3	3 366	50	5.20	堤防高度6.2,堤顶宽度5.1	6.2
梅岙塘海塘	健跳镇	一线堤	2011.11	4	3 162	20	4.96	堤防高度5.1,堤顶宽度4.0	6.3
浦坝港北岸闭合区海塘-工业城段	沿赤乡	一线堤	1959.10	3	5 477	50	5.14	堤防高度6.7,堤顶宽度5.0	6.7
铁强塘海塘	横渡镇	一线堤	2008.06	4	1 289	20	5.00	堤防高度6.4,堤顶宽度4.0	6.1
头岙塘海塘	海游镇	一线堤	2008.10	4	2 170	20	4.84	堤防高度5.5,堤顶宽度3.2	5.5
托岙塘海塘	横渡镇	一线堤	2008.06	4	720	20	5.00	堤防高度6.4,堤顶宽度4.0	6.1
下栏塘海塘	花桥镇	一线堤	1981.10	3	3 873	50	5.20	堤防高度4.2,堤顶宽度5.1	6.7
小渔西塘海塘	沿赤乡	一线堤	1989.10	4	740	20	4.82	堤防高度6.0,堤顶宽度4.0	6.0
巡检司塘海塘	六敖镇	一线堤	2008.12	4	2 334	20	5.14	堤防高度5.7,堤顶宽度4.9	6.52
六敖北塘海塘	六敖镇	一线堤	1976.04	3	10 670	50	5.20	堤防高度8.5,堤顶宽度5.0	6.5
芝岙塘海塘	花桥镇	一线堤	1999.12	4	700	20	4.78	堤防高度4.0,堤顶宽度4.6	6.1
芝岙外塘海塘	花桥镇	一线堤	1999.12	5	300	10	4.51	堤防高度4.0,堤顶宽度2.5	6.0

续表 1.4.1

海堤名称	地理位置	海堤类型	工程建设时间(年、月)	级别	长度(m)	设计防护标准(年)	堤防设计水位或设计高潮位(m)	堤防尺寸(m)	堤顶和挡浪墙顶高程(m)
岙口塘海塘	健跳镇	一线堤	1957.12	3	3 300	50	5.20	堤防高度 5.29,堤顶宽度 5.0	6.5
硖礁塘海塘	泗淋乡	一线堤	1985.10	3	3 369	50	4.82	堤防高度 5.0,堤顶宽度 5.0	6.48
枫坑塘海塘	海游镇	一线堤	2002.08	3	3 671	50	7.20	堤防高度 5.5,堤顶宽度 3.5	8.5
海游大坝海塘	海游镇	一线堤	1980.11	3	7 600	50	5.20	堤防高度 4.5,堤顶宽度 11.0	8.8
蛇蟠塘闭合区海塘	蛇蟠乡	一线堤	1980.04	3	11 131	50	5.28	堤防高度 7.0,堤顶宽度 5.26	7.0
松屿塘海塘	沿赤乡	一线堤	1948.12	4	300	20	4.80	堤防高度 6.0,堤顶宽度 4.0	6.0
园里塘海塘	海游镇	一线堤	2007.10	4	4 678	20	5.44	堤防高度 4.2,堤顶宽度 5.0	6.5
上下洋闭合区海塘	浬浦镇	一线堤	1977.12	4	1 860	20	4.80	堤防高度 5.5,堤顶宽度 3.6	6.5
大周外塘海塘	沙柳镇	一线堤	2002.05	4	1 570	20	5.45	堤防高度 4.0,堤顶宽度 5.0	6.7
浦坝港北岸闭合区海塘	沿赤乡	一线堤	1974.11	3	5 356	50	5.15	堤防高度 6.0,堤顶宽度 5.0	6.7
东头塘海塘	沙柳镇	一线堤	1978.03	5	850	10	4.51	堤防高度 4.5,堤顶宽度 4.0	6.0
洞港塘海塘	泗淋乡	一线堤	建设中 2009.11	3	740	50	5.18	堤防高度 7.0,堤顶宽度 4.5	6.7
花鼓漫海塘	海游镇	一线堤	1982.09	3	10 414	50	5.92	堤防高度 5.0,堤顶宽度 5.5	7.2
浦坝港北岸闭合区海塘-浬浦段	浬浦镇	一线堤	1969.10	3	7 714	50	5.20	堤防高度 4.5,堤顶宽度 4.5	6.5
浦坝塘海塘	小雄镇	一线堤	2000.12	3	3 174	50	5.14	堤防高度 4.7,堤顶宽度 5.0	6.7
七市塘海塘	健跳镇	一线堤	2000.11	4	2 460	20	4.82	堤防高度 4.05,堤顶宽度 3.7	6.2
葛岙片海塘	海游镇	一线堤	2009.11	3	5 100	50	7.40	堤防高度 5.5,堤顶宽度 5.0	8.5

续表 1.4.1

海堤名称	地理位置	海堤类型	工程建设时间(年、月)	级别	长度(m)	设计防护标准(年)	堤防设计水位或设计高潮位(m)	堤防尺寸(m)	堤顶和挡浪墙顶高程(m)
潺岙塘海塘	海游镇	一线堤	1999.10	4	2 041	20	6.09	堤防高度 5.0,堤顶宽度 4.5	7.0
晏站涂海塘	海游镇	一线堤	2007.10	3	9 025	50	5.54	堤防高度 4.0,堤顶宽度 5	6.7
旗门塘闭合区海塘-三门段	沙柳镇	一线堤	1982.05	3	3 359	50	5.52	堤防高度 4.0,堤顶宽度 5.3	6.6
长乐塘海塘	沙柳镇	一线堤	1950.01	5	1 750	10	4.84	堤防高度 5.0,堤顶宽度 6.0	6.5
三门洋市涂	健跳港南面	一线堤	建设中	3	1 923	50		堤防高度 8.0～8.3,堤顶宽度 6.0	8.8～9.1
下洋涂	宁海县	一线堤	2012	3	17 347	50		7.6～7.7	8.1
三山涂	宁海县	一线堤	将实施	3	17 080	50		6.2～6.8	7.0～7.6
双盘涂	宁海县	一线堤	将实施	3	6 520	50			6.9～7.1

参考文献

[1-1] 中国海湾志编纂委员会．中国海湾志：第五分册（上海市和浙江省北部海湾）[M]．北京：海洋出版社，1992.

[1-2] 陈则实，王文海，吴桑云．中国海湾引论 [M]．北京：海洋出版社，2007.

[1-3] 夏东兴，刘振夏．中国海湾的成因分类 [J]．海洋与湖沼，1990，21(2)：185-190.

[1-4] 夏小明，谢钦春．浙江三门湾海岸发育与持续利用 [J]．海洋通报，1996，15(4)：49-56.

[1-5] 潘存鸿，王敏，伍冬领．三门核电厂海水取排水工程岸滩稳定性问题研究总报告 [R]．2005.

[1-6] 中华人民共和国海岛保护法 [S]．北京：中国法制出版社，2010.

[1-7] 国家海洋局 908 专项办公室．海岛调查技术规程 [S]．北京：海洋出版社，2005.

[1-8] 国家海洋局 908 专项办公室．海岛界定技术规程 [S]．北京：海洋出版社，2011.

[1-9] 刘容子，齐连明．无居民海岛价值体系研究 [M]．北京：海洋出版社，2006.

[1-10] 周航，国守华，冯志高．浙江海岛志 [M]．北京：高等教育出版社，1998.

[1-11] 浙江省海岛资源综合调查领导小组．浙江省海岛资源综合调查专业报告 [R]. 1995.

[1-12] 浙江省海岛资源综合调查领导小组，浙江省海岛资源综合调查与研究编委会．浙江海岛资源综合调查与研究 [M]．浙江：浙江科学技术出版社，1995.

[1-13] 浙江省水利志编纂委员会．浙江省水利志 [M]．北京：中华书局 . 1998.

[1-14] 张海生，夏小明，潘建明，等．浙江省海洋环境资源基本现状 [M]．北京：海洋出版社，2013.

[1-15] 国家海洋局．中国海岛（礁）名录 [M]．北京：海洋出版社，2012.

[1-16] 杨义菊．《中华人民共和国海岛保护法》100 问 [M]．北京：海洋出版社，2010.

[1-17] 联合国教科文组织人与生物圈（MAB）．人类属于地球 [M]．北京：北京出版社 , 1988.

[1-18] 张耀光．中国海岛开发与保护—地理学视角 [M]．北京：海洋出版社，2012.

[1-19] 张俊彪，杨士瑛，杨万康，等．三门核电厂址设计基准洪水位复核研究报告 [R]. 2014.

第2章　气候特征

天气和气候，是两个既有联系又有区别的不同概念。天气是指某地或某海区，在某一瞬间（短时间）内风雨、冷暖、干湿、晴阴等大气状态及其变化[2-1]。也有讲，天气是在某一短时段内大气中各种气象要素的综合表现及其变化的总称[2-2]。而某一地区的气候则指的是在太阳辐射、下垫面性质、大气环流和人类活动长时期相互作用下所产生的天气综合，不仅包括该地多年来经常发生的天气状况，也包括某些年份偶尔出现的极端天气状况[2-3]。因此，要了解某地或某海区的气候特征，需作长时期的观测，通过该地区或该海区的各种气候要素反映出来。在多年观测到的天气基础上，对多种气候要素进行综合分析和概括，便可获得该地区或该海区的气候特征。

2.1　气候形成的主要因素

气候是极其复杂的自然地理现象之一，各地的气候多种多样。形成和导致气候变化的最基本因素是太阳辐射、大气环流和下垫面状况[2-3]。下垫面包括海陆、洋流、地形、植被、冰雪覆盖和土壤等。这些方面的作用都不是孤立的，而是互相影响和互相制约。此外，在气候形成和变化过程中，人类活动起着愈来愈大的作用。

2.1.1　太阳辐射

太阳辐射能是地球上一切热能的主要来源，又是大气中一切物理过程和物理现象形成的基本动力。因此，太阳辐射能是气候形成的基本因素。不同地区的气候差异及各地气候季节交替，主要是由于太阳辐射在地球表面分布不均及其随时间变化的结果。

太阳总辐射的分布主要受太阳高度角、云状、云量等因素影响。我国近海年太阳总辐射的分布总趋势随纬度增高而递减。三门湾附近海域所在的东海年太阳总辐射在5 000 MJ/(m^2·a)左右[2-4]，为我国四大海域的最低值，最高值出现在南海南部和赤道附近海域，年太阳总辐射在7 500 MJ/(m^2·a)以上。

太阳总辐射季节变化明显。冬季（1月），三门湾附近海域太阳总辐射为每月200 MJ/m^2以下。春季（4月）是由冬季向夏季过渡的季节，太阳总辐射量开始增大，太阳总辐射介于每月380～400 MJ/m^2之间。夏季（7月）太阳总辐射在每月650～680 MJ/m^2之间。秋季（10月）为夏季向冬季过渡的季节，太阳总辐射呈现出与冬季相近的分布态势，太阳总辐射为每月375 MJ/m^2。

2.1.2 大气环流

大气环流在气象学中没有明确的定义[2-5]。由于大气环流概念具有极其广泛的内涵，大气科学不同分支的专家对大气环流是什么存在不同认识。气候学家倾向于认为它是指大范围大气长时期的平均状态；天气学专家认为它是指全球范围内或某些较大区域里大气的瞬时变化；短期气候预测专家认为它是指永久性大气活动中心，季风以及赤道辐合带，高空急流，行星尺度波动等系统构成的整体。这些认识的分歧导致至今难以对大气环流做出严格的界定[2-6]。

按一般常规的说法，大气环流一般是指大范围大气运行的现象，它的水平空间尺度在数千千米以上，垂直空间尺度在 10 km 以上，时间尺度在 1～2 d 以上[2-6]。这种大尺度大气运行的基本状态不但影响天气的类型及其变化，也影响气候的形成。而一般的天气系统是大气环流的组成部分，特定的天气过程是以某种大气环流状态为背景的，大气环流的异常必然导致天气和气候的异常。

大气环流调节了海陆之间的热量。冬季，大陆是冷源，海洋是热源，热量由海洋输送给陆地。而夏季，大陆是热源，海洋是冷源，热量由大陆输送给海洋。这种海陆间的热量交换是造成同一纬度带上，沿海和内陆气温存在显著差异的重要原因。三门湾海域位于东海，受海洋气流的调节，气候比同纬度地区要温和。

2.1.3 下垫面状况

三门湾位于浙江沿海中部，属于亚热带季风气候区，下垫面状况以海陆及其湾口海流为主。海陆的热力性质差异是形成季风的最重要因素。因而，影响浙江沿海气候的下垫面主要为海陆分布和海流。

三门湾与宽广的东海大陆架相接，气候受外海流场影响较显著。东海潮波以协振波的形式进入三门湾，在三门湾口外，近海有一支由北向南流动的江浙沿岸流，沿岸流主要由江河入海的淡水与海水混合而成，以低盐为主要特征，沿岸流对局地气候有一定影响。而在外海又有一支由南向北流动强大的台湾暖流，台湾暖流具有高温、高盐、透明度大、水色深蓝等特点。其流速强、流向稳定，流层深厚，流路远长，流幅狭窄，携带着巨大的水量和热量。台湾暖流对气候的影响主要由海气热量相互交换体现。同时，三门湾受周围陆地的影响也较大，这些将给三门湾区域的气候状况带来影响，从而形成三门湾区域自身的气候特征。

2.2 气候概况

气候概况引用石浦气象站作为三门湾区域的代表站，采用 53 年（1960～2012 年）的地面气候资料，对三门湾区域累年各月主要气候要素进行统计分析，以 1 月、4 月、7 月和 10 月分别作为三门湾区域气候四季的代表月，阐述三门湾区域的一般气候特征及其诸要素的分布变化规律。

石浦气象站建于 1955 年，是国家基本气象站。气象站位于象山县石浦镇东门岛炮台山山顶，

地处三门湾石浦港口，地理坐标为 29°12′N，121°57′E。观测场海拔高度 128. 4 m，附近无任何丘陵山脉阻挡，四周空旷开阔，资料可信度很高，石浦气象站的地面气候资料对阐述三门湾区域的气候特征具有良好的代表性。

三门湾地处亚热带季风气候区，受季风气候影响，四季分明，气候温和。春季温凉多雨，夏季炎热湿润，秋季先湿后干，冬季寒冷干燥。冬、夏长，春、秋短。风向主要表现为季风特征，冬季盛行偏北风，夏季以偏南风居多。全年空气湿润，雨量充沛，总的气候条件较为优越。但受冷暖空气的交替影响，天气变化复杂，四季均会遇到各种不同程度的灾害性天气侵袭。

2.3　气候要素

2.3.1　气压

气压是指单位面积上所承受大气柱的重量，也称大气压力，它是 1 cm^2 面积上受到 1 000 百帕压力时的压强值。世界气象组织规定，气压单位为百帕(hPa)，100 个帕正好与 1 毫巴相当，即 1 百帕(hPa) = 1 毫巴(mba)[2-7]。

气压随高度和密度而变化，海拔越高，气压就越低。空气密度越大，气压就越高，反之则低。气压在水平方向分布的不均匀性，是产生风的直接因素。因而气压梯度越大，风速也就越大。气压的空间分布和变化，直接支配着天气系统的分布和演变。因此，了解和分析气压的时空分布和变化具有重要意义。

2.3.1.1　平均气压

我国近海的海面气压与整个亚洲的大气环流形势紧密相连，平均气压的年变化较大。冬季(1 月)：亚洲大陆因冷却而形成一个强大的蒙古冷高压，蒙古冷高压是一个半永久性冷高压，其水平范围可达 5 000 km。1 月海平面中心气压可超过 1 036 hPa[2-8]，它对我国大陆及其近海的天气、气候影响很大。浙江沿海中部的三门湾区域位于蒙古冷高压的东南边缘，受其影响，气压相对较高。石浦气象站累年平均气压为 1 001. 6 hPa，如表 2. 3. 1 所示，而 1 月平均气压为 1 010. 1 hPa[2-9]，为全年最高。

表 2. 3. 1　累年各月气压特征值(1960 ～2012 年)　　(单位:hPa)

项目	1 月	2 月	3 月	4 月	5 月	6 月	7 月	8 月	9 月	10 月	11 月	12 月	全年
平均气压	1 010. 1	1 008. 5	1 005. 2	1 001. 1	997. 0	992. 9	991. 7	992. 4	997. 7	1 004. 0	1 007. 8	1 010. 2	1 001. 6
最高气压	1 025. 1	1 024. 3	1 022. 3	1 017. 5	1 010. 0	1 004. 4	1 002. 4	1 003. 2	1 008. 7	1 016. 0	1 020. 8	1 023. 9	1 025. 1
最低气压	991. 1	986. 3	985. 2	982. 5	982. 2	975. 8	970. 3	954. 5	964. 4	981. 1	986. 3	992. 8	954. 5

春季(4 月)：受冷暖气团的交替影响，蒙古冷高压明显减弱并北退，太平洋副热带高压开始西

进，加强北上，印度低压逐渐加强，偏北气流减弱，偏南气流逐渐加强，气压开始下降，明显低于冬季。石浦气象站春季月平均气压为 1 001. 1 hPa。

夏季（7 月）：亚洲大陆因强烈受热而形成强大的热低压，气压形势分布与冬季恰好相反，亚洲大陆上的蒙古冷高压已消失，而印度低压逐渐发展并控制整个亚洲大陆，其中心气压低于 997. 0 hPa。太平洋副热带高压继续加强北上，高压脊到达 25°N 附近区域。夏季气压降至全年最低，石浦站夏季月平均气压为 991. 7 hPa。

秋季（10 月）：亚洲大陆蒙古冷高压又开始出现，且逐渐增强向东南移动，太平洋副热带高压减弱南撤。气压形势由夏季向冬季转换，气压开始回升。三门湾区域又处于蒙古冷高压的东南边缘，石浦站秋季月平均气压为 1 004. 0 hPa。

综上分析表明：三门湾区域气压年变化为单峰型，即冬季最高，夏季最低，春、秋两季为过渡期，但春季气压略低于秋季，如表 2. 3. 1 和图 2. 3. 1 所示。

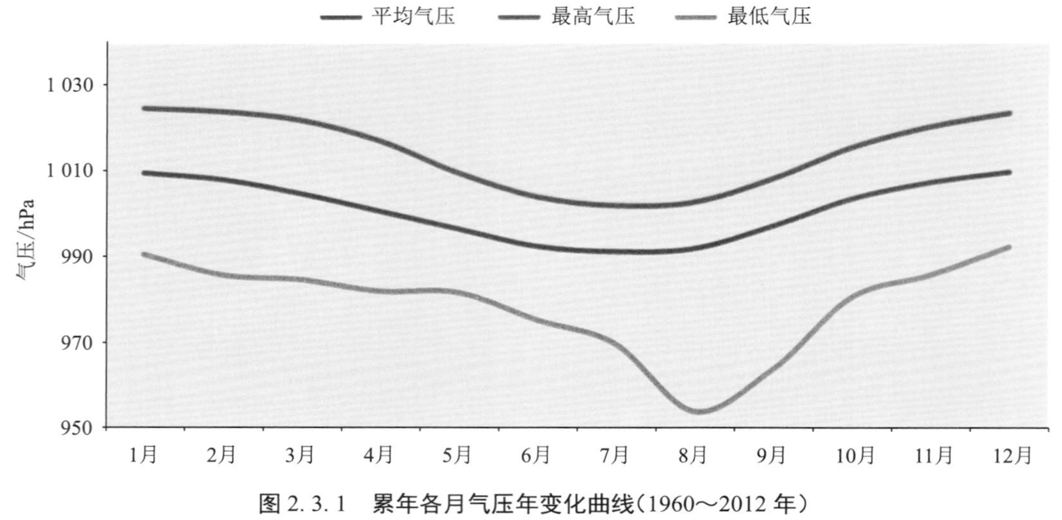

图 2. 3. 1　累年各月气压年变化曲线（1960～2012 年）

2.3.1.2　极端气压

气压变化与天气系统密切相关，当强冷空气过境时气压将会急剧上升；而当热带气旋和龙卷风等低压系统入侵时气压将迅速下降。石浦站累年极端最高气压为 1 025. 9 hPa，出现在 1970 年 1 月 5 日，系寒潮所致。极端最低气压为 954. 5 hPa，出现在 2012 年 8 月 8 日，由 1211 号强台风“海葵”所致。2012 年 8 月 8 日 3 时 20 分左右，1211 号强台风“海葵”在浙江省象山县鹤浦镇沿海登陆，登陆时近中心处最大风力 14 级（42 m/s），中心气压 965 hPa，成为多年来首个正面袭击浙江省的强台风，也是历史上影响浙江最严重的强台风之一。

2.3.2　气温

气温是表示空气冷、热程度的物理量，也是衡量一个地方、一个海区热量资源和自然生产力的重要指标[2-10]。与人类生活和生产活动关系密切。

2.3.2.1 平均气温

三门湾地处亚热带季风气候区，受季风气候影响，四季分明，气候适宜，多年平均气温为16.4 ℃[2-11]。气温的年较差较小，累年年较差为21.4 ℃（表2.3.2）。

气温的季节变化明显。冬季，太阳直射点位于南半球，此时，三门湾附近海域所在的东海太阳辐射量为全年最低。亚洲大陆受蒙古冷高压控制，三门湾处于冷高压东南边缘。气候干燥，天气寒冷，受冷空气影响时，其降温幅度大，持续时间长。最冷月出现在1月，月平均气温为5.7 ℃；月平均最高气温为8.2 ℃，月平均最低气温为2.2 ℃，见表2.3.2。当受强寒潮侵袭时，气温可降至0.0 ℃以下，并发生短时间的严重霜冻。

表2.3.2 累年各月气温特征值表（1960～2013年） （单位：℃）

项目	1月	2月	3月	4月	5月	6月	7月	8月	9月	10月	11月	12月	全年
平均气温	5.7	6.3	9.4	14.2	18.8	22.7	26.9	27.1	24.1	19.4	14.2	8.4	16.4
平均最高	8.2	10.2	13.0	16.9	21.0	24.5	29.0	28.6	26.5	22.2	17.0	11.7	17.8
平均最低	2.2	2.7	6.3	12.0	17.4	20.8	24.9	25.2	22.3	17.5	10.6	3.5	15.6
极端最高	22.3	24.5	26.9	29.9	30.6	34.8	38.1	38.8	35.4	31.7	28.1	25.7	38.8
极端最低	−7.5	−5.6	−2.3	1.6	8.6	12.9	17.8	19.2	12.3	6.3	−0.1	−6.4	−7.5

春季：春季是冬季转向夏季的过渡季节。太阳越过赤道开始直射北半球，我国近海太阳辐射量逐渐增加，气温明显上升。三门湾月平均气温为14.2 ℃，月平均最高气温为16.9 ℃，月平均最低气温为12.0 ℃。

夏季：太阳直射点在北半球，亚洲大陆因强烈受热而形成强大的热低压，我国近海位于亚洲大陆热低压的东南边缘，气温达到全年最高。三门湾月平均气温为26.9 ℃，月平均最高气温为29.0 ℃，月平均最低气温为24.9 ℃。

秋季：秋季是夏季转向冬季的过渡季节。此时太阳越过赤道开始直射南半球，我国近海太阳辐射量逐渐减少，气温明显下降。三门湾秋季月平均气温为19.4 ℃，月平均最高气温为22.2 ℃，月平均最低气温为17.5 ℃。

由以上分析表明：三门湾气温的年变化曲线呈单峰型，峰值出现在夏季，谷值出现在冬季，如图2.3.2所示。冬季气候干燥，天气寒冷，受强冷空气影响时，降温幅度大，持续时间长，最冷月出现在1月。夏季太阳直射点在北半球，由于夏季风的向岸作用，使得沿海地区表现出明显的海洋性气候特征，最热月出现在8月。春季受冷暖空气的交替影响，阴雨连绵，日照不足；秋季则大气层结较稳定，多晴朗天气，因而气温春季低于秋季。

2.3.2.2 极端气温

三门湾区域累年极端最高气温为38.8 ℃，出现在1971年8月20日，极端最低气温为−7.5 ℃，出现在1967年1月16日。

极端最高、最低气温的年变化与平均气温类同，曲线同样呈单峰型，峰值出现在夏季，谷值出现在冬季(图 2. 3. 2)。

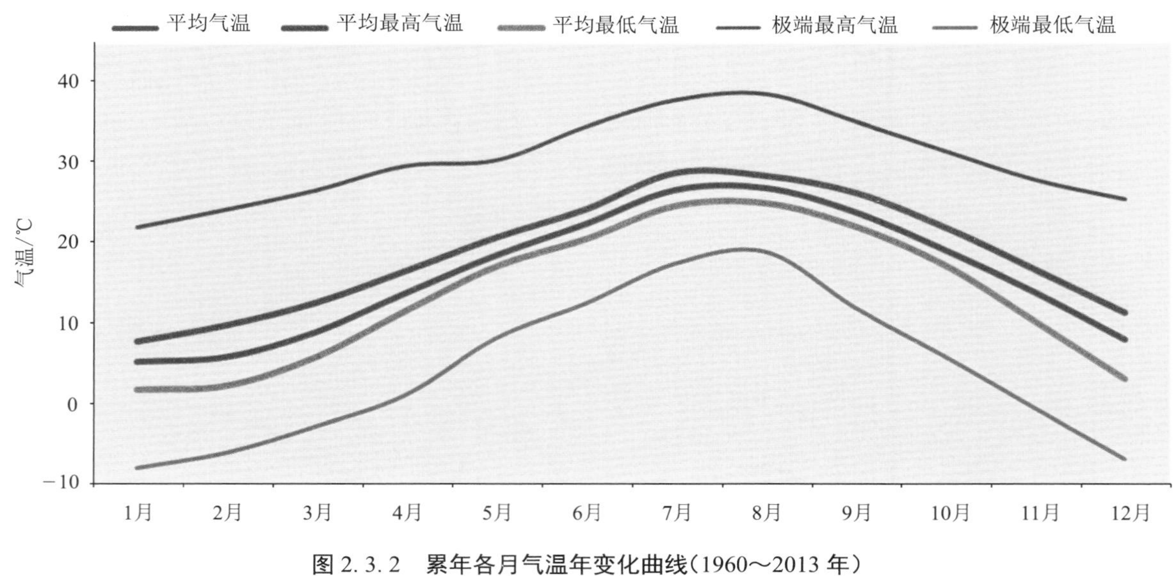

图 2. 3. 2 累年各月气温年变化曲线(1960～2013 年)

2.3.2.3 气温的年际变化

根据石浦气象站 54 年(1960～2013 年)的年平均气温分析表明：气温的年际变化在前 30 年(1960～1989 年)，历年年平均气温介于 15. 6 ℃～16. 9 ℃之间，最高年平均气温为 16. 9 ℃，出现在 1961 年；最低年平均气温为 15. 6 ℃，出现在 1976 年。而近 24 年(1990～2013 年)，历年年平均气温介于 16. 1 ℃～17. 9 ℃之间，最高年平均气温为 17. 9 ℃，出现在 2007 年；最低年平均气温为 16. 1 ℃，出现在 1993 年，石浦气象站历年(1960～2013 年)年平均气温的年际变化见表 2. 3. 3 和图 2. 3. 3。

表 2. 3. 3 历年年平均气温特征值(1960～2013 年) (单位：℃)

年份	平均气温	年份	平均气温	年份	平均气温	年份	平均气温	年份	平均气温	年份	平均气温
1960	16. 6	1969	15. 8	1978	16. 4	1987	16. 2	1996	16. 3	2005	16. 5
1961	16. 9	1970	15. 9	1979	16. 6	1988	16. 1	1997	16. 9	2006	17. 5
1962	16. 0	1971	16. 2	1980	15. 8	1989	16. 1	1998	17. 6	2007	17. 9
1963	16. 6	1972	15. 7	1981	15. 9	1990	17. 0	1999	16. 9	2008	17. 0
1964	16. 4	1973	16. 3	1982	16. 3	1991	16. 5	2000	16. 9	2009	17. 2
1965	16. 1	1974	16. 0	1983	16. 2	1992	16. 2	2001	17. 2	2010	16. 7
1966	16. 6	1975	16. 5	1984	15. 8	1993	16. 1	2002	17. 4	2011	16. 4
1967	16. 0	1976	15. 6	1985	16. 2	1994	17. 3	2003	17. 0	2012	16. 5
1968	16. 1	1977	16. 3	1986	16. 1	1995	16. 2	2004	17. 4	2013	17. 1

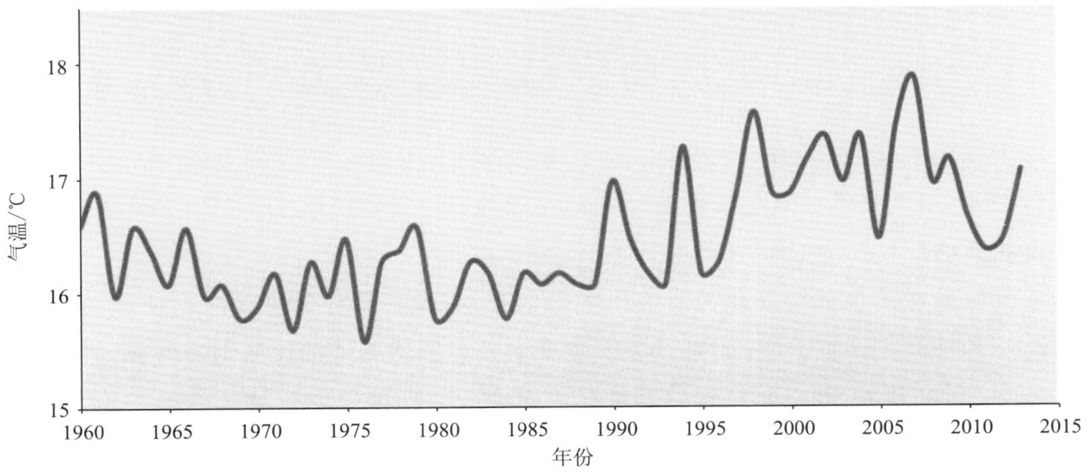

图 2. 3. 3　历年年平均气温的年际变化曲线(1960～2013 年)

由图 2. 3. 3、表 2. 3. 3 分析表明：石浦气象站历年年平均气温的年际变化具有明显年际间的波动性和长期趋势性变化特征。年平均气温呈现波动上升的趋势，特别是近 20 多年来，年平均气温呈现出明显的上升趋势。

2.3.2.4　气候变暖原因浅析

我们的地球正在不断变暖，这是毋庸置疑的。联合国政府间气候变化专门委员会(IPCC)第四次评估报告指出：最近 100 年(1906～2005 年)全球平均地表温度上升了 0. 74 ℃，50 年的升温速度几乎是过去 100 年升温速度的 2 倍，也就是说地球变暖的速度呈现加快的趋势。自 1850 年以来的 160 多年中，共出现最暖的 12 个年份，其中有 11 个年份出现在近期的 1995～2006 年之间[2-12]。

根据最新的评估结果，近百年来我国气温上升了 0. 5～0. 8 ℃[2-13]。三门湾区域年平均气温同样呈现出上升的趋势，特别是近 20 多年来，年平均气温上升趋势更为明显，且与全球出现的最暖年份相吻合。

气候变化是一种自然规律，目前已知地球历史上曾出现过多次变暖和变冷的过程。每一次气温的大幅度变化都必然带来生物系统的进化或退化，甚至灭绝。但 1750 年以来的气候变化不同于单纯自然的规律性变化，而是人类活动在其中起了决定性的作用。IPCC 第四次评估报告认为，20 世纪以来大部分的全球平均温度的升高，很可能(90％以上的可能性)是由于人类活动排放的温室气体浓度增高所致。

1750 年以来，由于人类活动的影响，全球大气中二氧化碳、甲烷和氧化亚氮的浓度明显增加，目前已远远超出了工业革命前几千年积累的浓度值。其中二氧化碳是最重要的人为温室气体。全球大气中的二氧化碳浓度已从工业革命前的约 280 ppm，增加到了 2005 年的 379 ppm，远远超出了 65 万年以来二氧化碳浓度的自然变化范围(180～330 ppm)。大气二氧化碳浓度在近 11 年(1995～2005 年)中增长速率为 1. 9 ppm/a[2-12]。可见，工业革命以来的温室气体排放的幅度和速度大大增加。

全球大气中甲烷浓度已从工业革命前的约715 ppb，增加到20世纪90年代初期的1 732 ppb，并在2005年达到1 774 ppb。2005年大气中甲烷浓度已远远超出了65万年以来甲烷浓度的自然变化范围(320～790 ppb)。

全球大气中氧化亚氮的浓度已从工业革命前的约270 ppb，增加到2005年的319 ppb，其增长速率自1980年以来已大致趋于稳定。氧化亚氮总排放量中超过1/3是人类活动所造成的，主要来自农业活动。

温室气体增加的总体效应是改变大气的辐射平衡，这种变化的净效应是使地面和低层大气有效增温。各种模式计算表明：如果以等于或高于当前的速率持续排放温室气体，则会导致气候进一步增暖，并引发21世纪全球气候系统的许多变化。即使温室气体浓度趋于稳定，人类活动引起的气候变暖和海平面上升仍将会持续数百年[2-12]。

2.3.2.5 全球气候变暖的影响

全球气候变暖将使某些极端天气事件越来越频繁。例如变暖的海洋会给大气提供更多的水汽，从而产生更多的降水；变暖的海洋将给热带气旋提供更多的能量，使热带气旋变得更强，对沿海地区造成的影响更为严重。目前观测到的严重干旱、洪涝和热带气旋等灾害性天气事件在全球具有明显增加的趋势。

全球气候持续变暖将导致冰川融化、海平面上升、生态环境恶化、热带气旋肆虐、热浪频袭、干旱与洪涝此起彼伏。全球气候持续变暖不仅影响人类的生存环境，而且也将影响世界经济发展和社会进步。因此，应从政治、经济、社会、科技等各个领域共同努力，既要努力实现科学发展，减缓气候变化，也应采取有效措施，积极应对气候变化所带来的威胁。

人类在气候变化问题上还有许多未知领域，需要继续深入研究；社会各个方面对气候变化的知识需求和认识尚无穷尽，需要持续不断地开展科学研究和宣传引导。让我们行动起来，从自身做起，从生产、生活的一点一滴做起，不断认识气候变化的危害，积极应对气候变化的影响，为经济社会可持续发展，为子孙后代的福祉安康，为保护人类共同拥有的美好家园——地球，做出应有的贡献。

2.3.3 降水

降水是指液态或固态的水汽凝结物从云中下降至地面的现象。雨、雪、霰、雹等都是降水现象[2-3]。降水是一种重要的天气现象，也是水量平衡的重要组成部分。降水使空气中的水汽含量增大、海上能见度降低，不仅影响航行视线，而且对海上作业和生活均会带来一定程度的影响。

降水量的多少取决于诸多因素，如地理位置、纬度高低、地形、迎风面和背风面、季风、冷暖锋面以及热带气旋等天气系统。而季风是我国近海海区气候的一个重要特征，也是影响三门湾海区降水的重要因素。冬、夏季风的进退变化与降水的时空分布关系密切，使雨季和雨带呈现出规律性的北进、南退现象[2-4]。

2.3.3.1 降水量的季节变化

三门湾地区降水充沛，累年平均年降水量为 1 390. 6 mm，见表 2. 3. 4。降水的季节变化较大，降水量主要集中在 3～9 月，降水量为 1 037. 6 mm，占全年降水量的 74. 6%。全年大致可分为两个雨季和两个相对干季。第一雨季包括 3～5 月的春雨和 6～7 月上旬的梅雨[1-1]。此时夏季风开始逐渐建立，春季石浦站以西南风居多，而夏季则盛行西南风，气流从海上携带大量水汽，与冷空气交汇的锋面停滞在我国东部沿海区域，形成本区的雨季。春雨期有时阴雨连绵天气可长达一个月之久，降雨量一般为小到中雨；而初夏（6～7 月上旬）的梅雨汛期雨量强度大，雨量较集中，容易造成洪涝灾害。第二个雨季出现在 8～9 月，两个月降水量 324. 3 mm，占全年降水量的 23. 3%。8 月份的降水量主要由台风所致，受强台风或超强台风影响时，降水强度大而集中；9 月份，暖气团南退，北方冷气团前进，在该地区交会形成锋面，降水量通常为小到中雨，偶有暴雨。8～9 月的降水主要为台风雨和锋面雨。

表 2. 3. 4 累年各月降水量（mm）和降水日（d）特征值表（1960～2012 年）

项目	1 月	2 月	3 月	4 月	5 月	6 月	7 月	8 月	9 月	10 月	11 月	12 月	全年
平均降水量	59. 7	68. 9	123. 3	124. 7	154. 8	209. 3	101. 2	150. 0	174. 3	88. 9	81. 9	53. 5	1 390. 6
最大降水量	201. 2	160. 3	310. 8	261. 0	442. 4	417. 4	319. 2	386. 1	498. 9	334. 1	213. 5	217. 1	1 974. 0
平均降水日	11. 2	11. 9	16. 9	16. 3	16. 5	17. 4	11. 1	13. 5	13. 1	9. 7	9. 7	9. 2	156. 4
最多降水日	19. 0	23. 0	27. 0	23. 0	24. 0	26. 0	20. 0	26. 0	22. 0	20. 0	19. 0	20. 0	187. 0

第一个相对干季出现在 7 月的中、下旬，从降水量来看似乎不算少，但此时降水强度大，时间短，多局部雷雨，流失多，蒸发强。因而易出现伏旱。第二个相对干季出现在 10 月到次年 2 月。此时，冬季风开始逐渐建立，石浦站秋、冬两季盛行偏北风，气流从西伯利亚和蒙古高原带来干燥寒冷空气，使我国东部沿海区域进入干燥少雨期。三门湾海域这 5 个月的降水量仅为 352. 9 mm，占全年降水量的 25. 4%。图 2. 3. 4 为石浦站累年各月平均降水量及最大降水量的年变化曲线。由图可见，月平均降水量的最高值出现在 6 月（209. 3 mm），其次为 9 月（174. 3 mm）。累年最大月降水量出现在 9 月，高达 498. 9 mm。冬季降水量最少，月平均最少降水量出现在 12 月，仅为 53. 5 mm。分析表明：夏季风在本区域盛行时，是本区域雨季开始之时；而冬季风盛行时，则是本区域的干燥期。

2.3.3.2 降水量的年际变化

图 2. 3. 5 为石浦气象站 1960 年至 2012 年平均年降水量年际变化曲线图。由图可见，三门湾降水量的年际变化较大，最多年（2010 年）降水量高达 1 974. 0 mm，是最少年（1967 年）降水量 766. 9 mm 的 2. 57 倍。

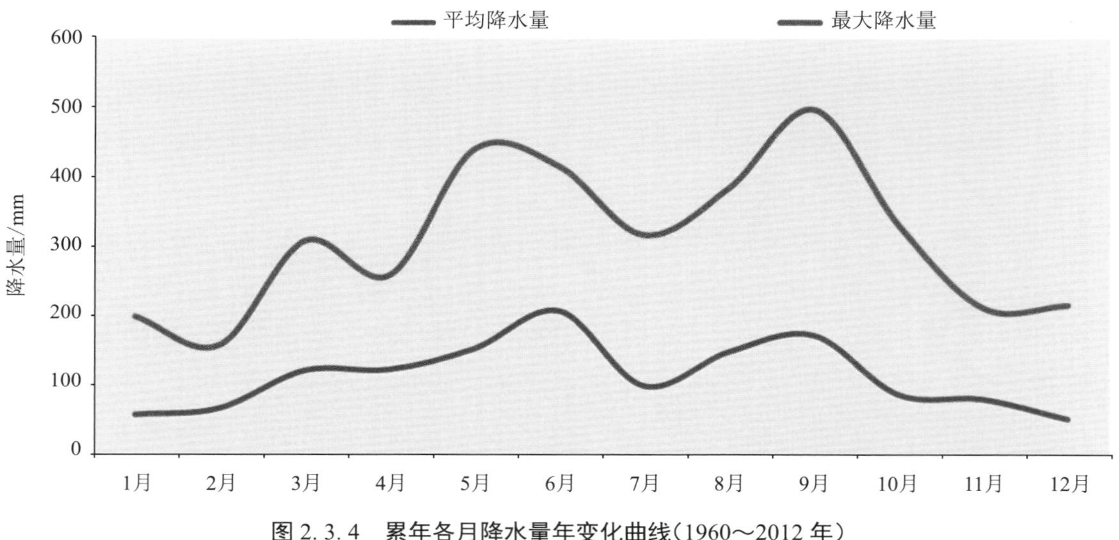

图 2.3.4　累年各月降水量年变化曲线(1960～2012 年)

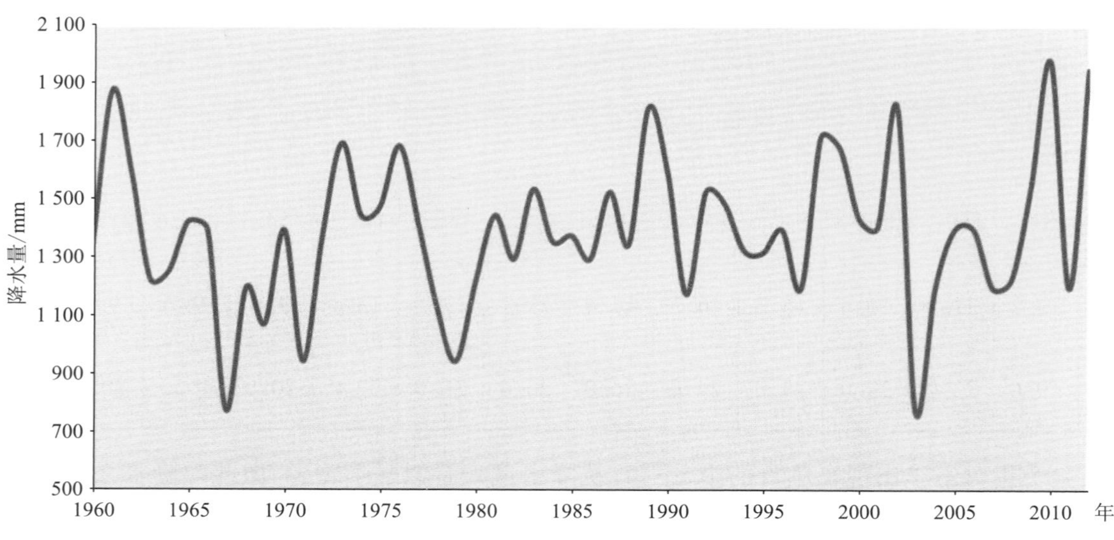

图 2.3.5　平均年降水量年际变化曲线(1960～2012 年)

2.3.3.3　降水日数的季节变化

降水日数(日降水量 ≥ 0.1 mm)的季节变化与降水量的季节变化略有不同,三门湾累年平均年降水日数为 156.4 d(表 2.3.4),3～6 月最多,累年平均各月降水日数介于 11.1～17.4 d 间,其中最多为 6 月,月平均降水日数达 17.4 d;10～12 月降水日数最少,累年各月平均降水日数仅为 9 d 左右。

累年最多年降水日数为 187 d(表 2.3.4),出现在 2012 年。累年各月最多降水日数均超过 19 d,其中 3 月最多,累年月最多降水日数高达 27 d,出现在 1992 年 3 月,相应的月降雨量为 265.4 mm;其次为 6 月和 8 月,累年月最多降水日数为 26 d;1 月和 11 月最少,累年月最多降水日数为 19 d,见图 2.3.6。

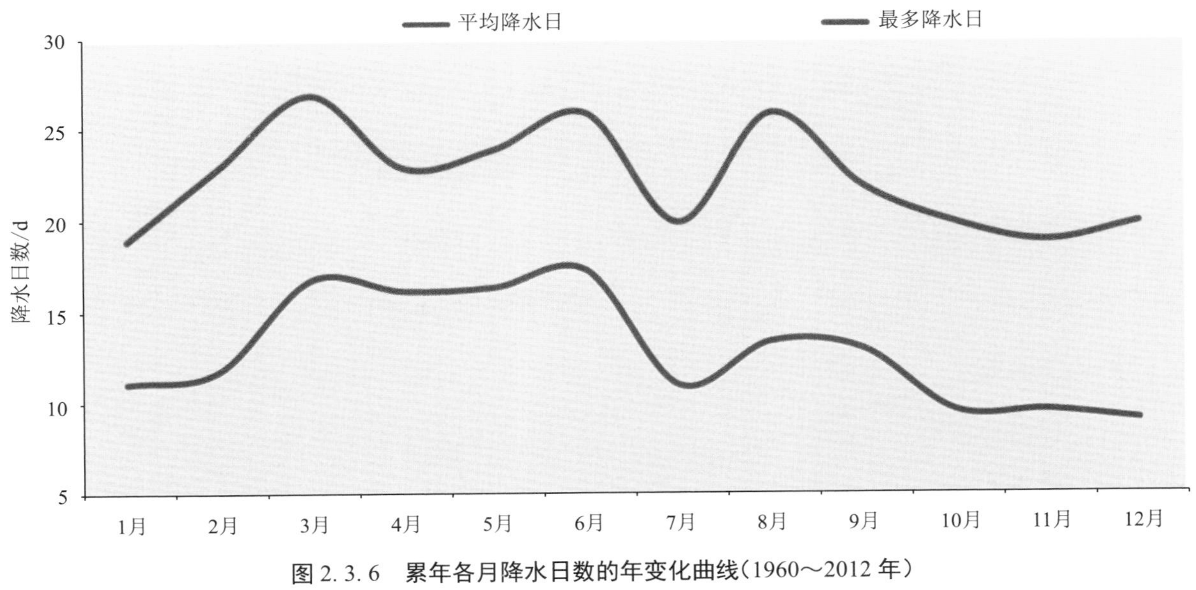

图 2.3.6　累年各月降水日数的年变化曲线（1960～2012 年）

2.3.3.4　最长连续降水日数及降水量

连续降水日数是指日降水量连续 ≥ 0.1 mm 的天数；连续降水量是指日降水量连续 ≥ 0.1 mm 的累积值。

统计分析表明：三门湾区域累年各月最长连续降水日数的分布与降水量分布类似，以 3～9 月连续降水日数最长，最长连续降水日数介于 14～23 d。最长连续降水日数为 23 d，出现在 2009 年 2 月 15 日至 3 月 9 日，相应的降水量为 126.8 mm；其次为 22 d，出现于 1960 年 7 月 29 日至 8 月 19 日，相应的降水量为 120 mm[2-9]；累年各月最长连续降水日数最少的为 9 d，出现在 2012 年 1 月 14 日至 1 月 22 日，对应的最大降水量为 76.9 mm，见表 2.3.5 和图 2.3.7。

三门湾区域 53 年（1960～2012 年）间连续降水日数大于 15 d 的情况共出现 9 次，除冬季以外，其余各季均有发生，见表 2.3.6。

三门湾累年各月连续最多降水量均在 100 mm 以上，累年连续最多降水量最高值达 487.6 mm，相应的降水日数为 15 d，出现在 1963 年 9 月 8 日至 9 月 22 日。53 年间连续降水量在 200 mm 以上的共出现 21 次，其中 300 mm 以上的有 6 次，400 mm 以上的为 3 次，见表 2.3.7。

2.3.3.5　降水时数

与降水日数分布相似，降水时数 3 月至 6 月最多，石浦站（1989～2012 年）累年各月降水时数 6 月最多，平均为 132.6 h，其次是 3 月，平均为 125.8 h。月最多降水时数达 247 h，出现在 1992 年 3 月，相应的降水量为 265.4 mm。

表 2.3.5 累年各月连续降水日数及降水量特征值(1960～2012 年)

月份	最长连续降水				连续最多降水			
	降水日数(d)	降水量(mm)	开始日期	终止日期	降水量(mm)	降水日数(d)	开始日期	终止日期
1	9	76.9	2012-1-14	2012-1-22	117.2	5	1998-1-13	1998-1-17
2	17	107.6	2005-2-3	2005-2-19	107.6	17	2005-2-3	2005-2-19
3	23	126.8	2009-2-15	2009-3-9	222.5	10	1996-3-12	1996-3-21
4	19	91.4	1981-3-28	1981-4-15	237.9	12	2002-4-16	2002-4-27
5	19	152.7	1977-4-29	1977-5-17	354.0	12	1976-5-18	1976-5-29
6	21	411.8	1961-5-26	1961-6-15	411.8	21	1961-5-26	1961-6-15
7	14	134.4	1992-7-1	1992-7-14	204.5	7	1993-6-30	1993-7-6
8	22	120.0	1960-7-29	1960-8-19	322.7	10	2012-7-31	2012-8-9
9	17	423.1	1990-8-30	1990-9-15	482.1	12	1963-9-8	1963-9-19
10	9	81.2	1995-9-28	1995-10-6	399.1	4	2009-9-28	2009-10-1
11	10	64.0	2006-11-18	2006-11-27	125.4	4	1982-11-26	1982-11-29
12	14	59.0	2001-11-30	2001-12-13	165.2	2	1972-12-21	1972-12-22
全年	23	126.8	2009-2-15	2009-3-9	482.1	12	1963-9-8	1963-9-19

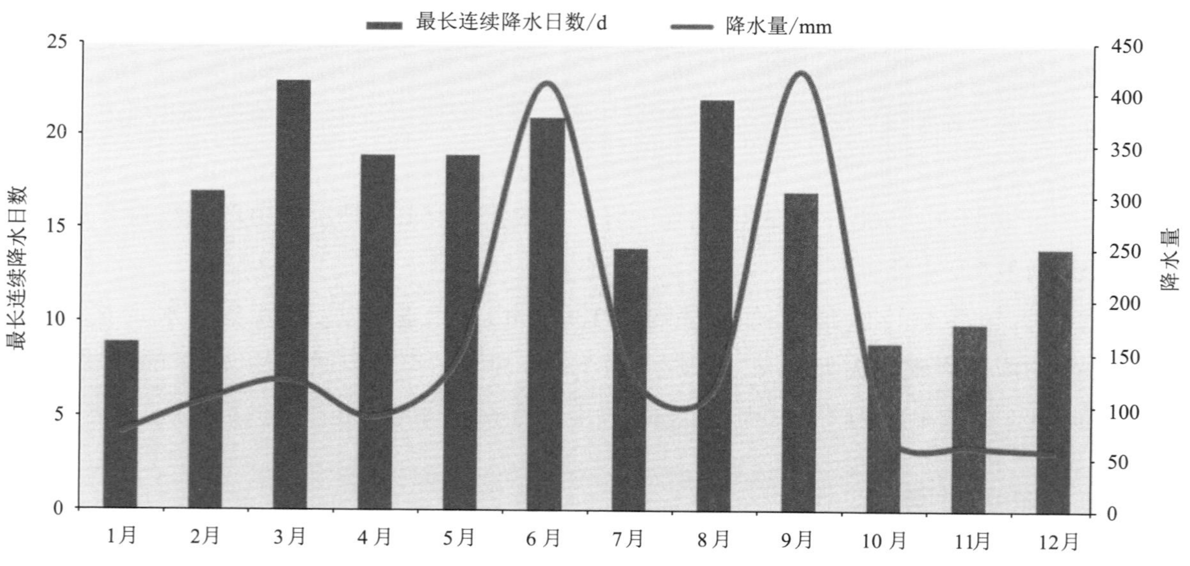

图 2.3.7 累年各月最长连续降水日数及相应的降水量(1960～2012 年)

表 2. 3. 6　累年最长连续降水日数大于 15 d 及其降水量和起止日期(1960～2012 年)

序号	最长连续降水日数(d)	降水量(mm)	开始日期	终止日期
1	23	126. 8	2009-2-15	2009-3-9
2	22	120	1960-7-29	1960-8-19
3	21	411. 8	1961-5-26	1961-6-15
4	19	255. 7	1998-6-8	1998-6-26
5	19	152. 7	1977-4-29	1977-5-17
6	19	91. 4	1981-3-28	1981-4-15
7	19	376. 7	1961-5-26	1961-6-13
8	17	107. 6	2005-2-3	2005-2-19
9	17	423. 1	1990-8-30	1990-9-15

表 2. 3. 7　累年最多连续降水量大于 200 mm 及其降水日数和起止日期(1960～ 2012 年)

序号	连续最多降水量(mm)	降水日数(d)	开始日期	终止日期
1	487. 6	15	1963-9-8	1963-9-22
2	423. 1	17	1990-8-30	1990-9-15
3	411. 8	21	1961-5-26	1961-6-15
4	399. 1	4	2009-9-28	2009-10-1
5	354. 0	12	1976-5-18	1976-5-29
6	322. 7	10	2012-7-31	2012-8-9
7	291. 4	3	2009-9-28	2009-9-30
8	258. 2	11	2012-6-17	2012-6-27
9	257. 0	7	1994-6-8	1994-6-14
10	255. 7	19	1998-6-8	1998-6-26
11	243. 8	6	1974-8-19	1974-8-24
12	237. 9	12	2002-4-16	2002-4-27
13	236. 1	6	1999-10-6	1999-10-11
14	226. 6	11	1962-6-10	1962-6-20
15	225. 9	9	1989-9-9	1989-9-17
16	223. 3	8	1964-10-11	1964-10-18
17	222. 5	10	1996-3-12	1996-3-21
18	219. 9	5	2010-9-9	2010-9-13
19	207. 9	7	1987-6-18	1987-6-24
20	204. 5	7	1993-6-30	1993-7-6
21	201. 5	10	1999-8-26	1999-9-4

2.3.4 风

大气的水平运动就是通常所说的风,它对于大气中水分、热量输送和天气、气候的形成、演变起着重要作用[2-3]。大风是海上最严重的灾害性天气之一,狂风导致的巨浪会对海上交通运输和海岸工程等造成严重破坏。

2.3.4.1 各风向频率、平均风速和最大风速

(1) 风向

三门湾位于亚热带季风气候区。季风是指大范围地区的盛行风随季节而有显著改变的现象。季风的形成主要是由于海陆间的热力差异以及这种差异的季节变化,或因行星风带移动所引起[2-3]。而这两者又互相联系、互相影响。夏季,大陆上的气温比同纬度的海洋高,亚洲大陆由强大的印度低压控制,气压比海洋上低,气压梯度由海洋指向大陆,所以气流分布是从海洋流向大陆,形成夏季风。冬季则相反,海洋上的温度高于陆地,亚洲大陆由强大的蒙古冷高压控制,气压比海洋上高,气压梯度由大陆指向海洋,气流分布是从大陆流向海洋,形成冬季风。

世界上季风区域分布很广,而东亚季风是世界上最著名的季风区。这主要是由于太平洋是世界上最大的海洋,而亚欧非是世界最大的大陆,东亚居于两者之间,海陆的气温对比和季节变化都比其他任何地区显著。因此,这一地区的季风是海陆热力差异引起的季风中最强的,包括我国东部、朝鲜和日本等地区。

由上述分析可知:浙江沿海地区位于世界上季风最显著的地区,三门湾地处浙江中部沿海,受季风的影响,风向主要表现为明显的季风特性,即冬季盛行偏北风,而夏季则以偏南风居多。

冬季:亚洲大陆为强大的蒙古冷高压所盘踞,三门湾位于蒙古冷高压的东南边缘,盛行偏北(NNW～NE)风, 4 个方位的频率合计为 64. 8%,其中最多风向为 N 风,频率高达 29. 5%,其次为 NNW 风和 NE 风,其频率分别为 16. 5%和 11. 2%。由于蒙古冷高压强大,从大陆指向海洋的气压梯度较为陡峻,因此偏北不仅风频率高,而且风力强。

春季:春季是由冬季风向夏季风转换的过渡季节,高空西风带低压槽活动频繁,冷暖空气交替影响,风向相对紊乱。三门湾区域风向较多分布于西南及东北方位,最多风向为 SW 风,其频率为 19. 8%,其次是 NE 风,频率为 16. 7%。

夏季:夏季气压场分布与冬季恰好相反,亚洲大陆为热低压所控制,同时太平洋副热带高压西伸北进。因此高、低压之间的偏南风就成为亚洲东部的夏季风。三门湾区域处于亚洲热低压的东南边缘,以偏南风居多,最多风向为 SW 风,频率为 30. 4%,其次是 NE 风,频率为 11. 6%。

秋季:秋季是由夏季风向冬季风转换的过渡季节,大陆蒙古冷高压又开始出现,且逐渐增强,三门湾区域又处于蒙古冷高压的东南边缘。风向的分布范围与冬季接近,以偏北(NNW～NE)风居多, 4 个方位的频率合计为 57. 6%,其中最多风向为 N 风,频率为 24. 6%,其次是 NE 风,频率为 17. 0%(表 2. 3. 8)。

表 2.3.8　累年各风向频率(1989～2012 年)　　(单位:%)

风向	春季	夏季	秋季	冬季	全年
N	13.4	4.2	24.6	29.5	17.8
NNE	5.2	2.4	5.2	7.6	5.1
NE	16.7	11.6	17.0	11.2	14.1
ENE	10.1	9.2	9.6	5.8	8.7
E	2.9	3.2	2.1	1.0	2.3
ESE	1.8	2.2	1.2	0.6	1.5
SE	5.5	7.8	3.1	1.1	4.4
SSE	2.3	4.1	1.6	0.5	2.2
S	2.4	4.9	1.5	0.6	2.4
SSW	3.1	9.4	2.1	0.7	3.8
SW	19.8	30.4	7.9	8.6	16.7
WSW	6.3	4.9	4.1	6.1	5.3
W	2.0	1.7	.3	1.4	1.6
WNW	0.7	0.5	1.0	1.0	0.8
NW	2.6	1.1	6.4	7.3	4.3
NNW	4.4	1.4	10.8	16.5	8.2
C	0.9	1.0	0.6	0.6	0.8

全年有两组主导风向,即偏北(NNW～N,NE～ENE)风和偏南(SSW～WSW)风,其中偏北风 4 个方位的频率合计为 48.8%,最多风向为 N 风,频率为 17.8%。偏南风 3 个方位的频率合计为 25.8%,最多风向为 SW 风,频率为 16.7%,见图 2.3.8。

由于夏季热低压的气压梯度比冬季冷高压前部的气压梯度小,所以夏季风比冬季风弱,这是东亚季风的一个显著特点。分析表明:三门湾海域的冬、夏季风也充分体现了这一重要特征。

(2) 各风向平均风速和最大风速

表 2.3.9 为石浦气象站 24 年(1989～2012 年)各风向的平均风速和最大风速,图 2.3.9 为各风向平均风速和最大风速玫瑰图。由图、表可见,三门湾区域全年各风向平均风速四季变化较小。总体而言,偏北风要略大于偏南风。全年以 N 风最大,平均风速 5.1 m/s,其次是 NE 风,平均风速 4.9 m/s,WNW 风平均风速最小,为 2.7m/s。各风向的最大风速均出现在夏、秋两季,主要为热带气旋所致。其中最大风速为 35.7 m/s,风向为 NE 风,其次为 33.7 m/s,风向为 ESE 风,WNW 风的最大风速值最小,仅为 15.1 m/s。

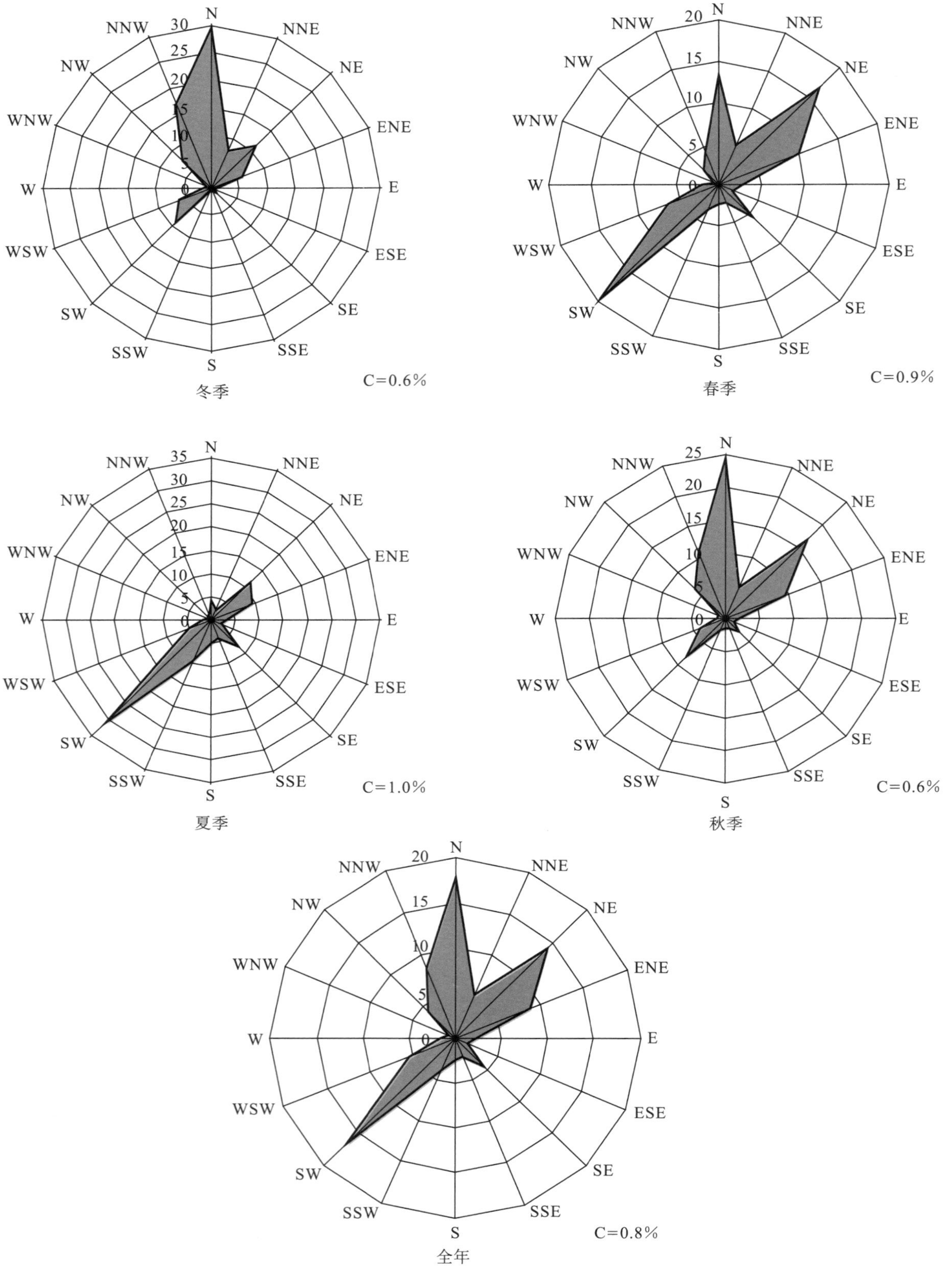

冬季 C=0.6%

春季 C=0.9%

夏季 C=1.0%

秋季 C=0.6%

全年 C=0.8%

图 2.3.8　各风向频率玫瑰图(每格为 5%;1989～2012 年)

表2.3.9 累年各风向平均风速和最大风速(1989～2012年)

风向	平均风速(m/s)					最大风速(m/s)				
	春季	夏季	秋季	冬季	全年	春季	夏季	秋季	冬季	全年
N	4.9	4.5	5.5	5.4	5.1	15.1	22.2	25.4	15.0	25.4
NNE	3.8	3.6	4.5	4.3	4.0	15.7	16.5	16.9	16.0	16.9
NE	4.7	4.9	5.4	4.8	4.9	15.0	35.7	27.0	17.3	35.7
ENE	3.9	4.3	4.3	4.0	4.2	13.6	32.0	31.5	12.7	32.0
E	3.2	3.9	3.6	2.9	3.4	12.8	27.0	29.3	9.2	29.3
ESE	2.7	3.7	3.2	2.5	3.1	7.8	33.7	25.2	7.7	33.7
SE	3.7	4.3	3.9	3.3	3.8	13.6	25.7	22.5	11.3	25.7
SSE	3.8	4.5	3.7	3.1	3.8	14.3	30.3	22.3	12.9	30.3
S	3.5	4.6	3.3	2.9	3.6	12.2	23.4	14.9	10.6	23.4
SSW	4.4	5.8	3.6	3.3	4.3	14.0	24.4	15.1	16.8	24.4
SW	5.2	5.6	3.9	4.3	4.7	17.2	21.2	18.0	14.1	21.2
WSW	4.1	4.1	3.3	3.8	3.8	13.7	15.0	17.7	11.0	17.7
W	3.4	3.7	2.4	2.5	3.0	11.4	15.6	14.9	7.4	15.6
WNW	2.5	3.1	2.9	2.4	2.7	10.9	15.1	12.7	10.0	15.1
NW	3.8	3.3	4.6	4.6	4.1	11.3	14.1	19.7	15.1	19.7
NNW	4.3	3.9	5.0	5.1	4.6	12.7	16.4	19.3	14.4	19.3

2.3.4.2 平均风速和最大风速

(1) 平均风速

三门湾多年平均风速为5.1 m/s。平均风速的年变化较小,夏季至初秋(7～10月)最大,月平均风速介于5.2～5.6 m/s之间，11月至翌年3月次之,月平均风速介于5.1～5.3 m/s之间,4～6月最小,月平均风速介于4.4～4.8 m/s之间,见表2.3.10。

(2) 最大风速

石浦气象站自1974年起开始有最大风速和极大风速记录,石浦站1974～2012年累年各月的最大风速和极大风速特征值如表2.3.11所示。由表可见,石浦累年各月最大风速均在20 m/s以上。最大风速的年变化为夏、秋两季(6～10月)最大,月最大风速在28.8～40.0 m/s,累年最大风速的最大值为40 m/s,风向为ENE风,出现在1979年8月24日;冬季最小,月最大风速介于20.0～21.0 m/s。

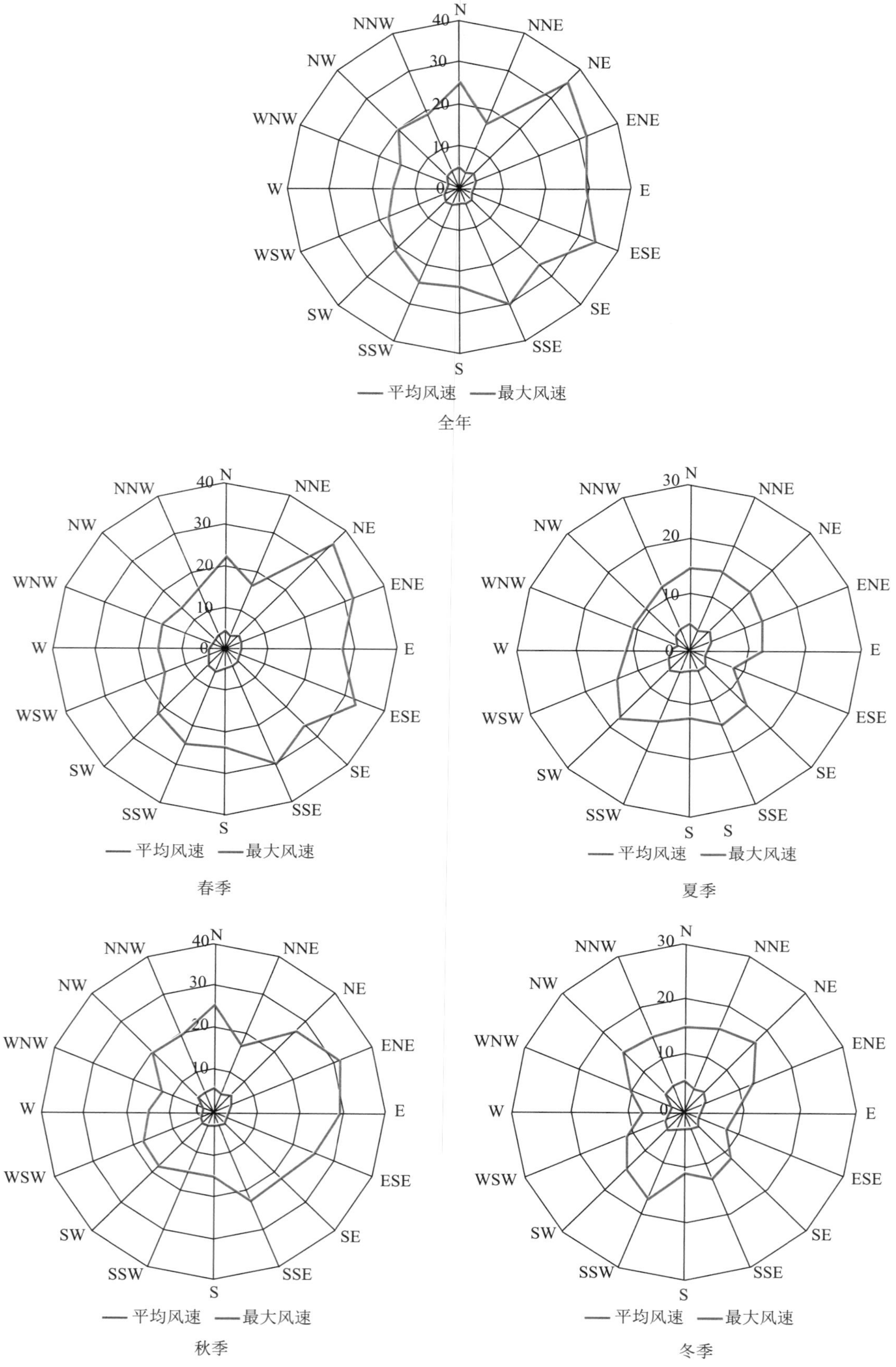

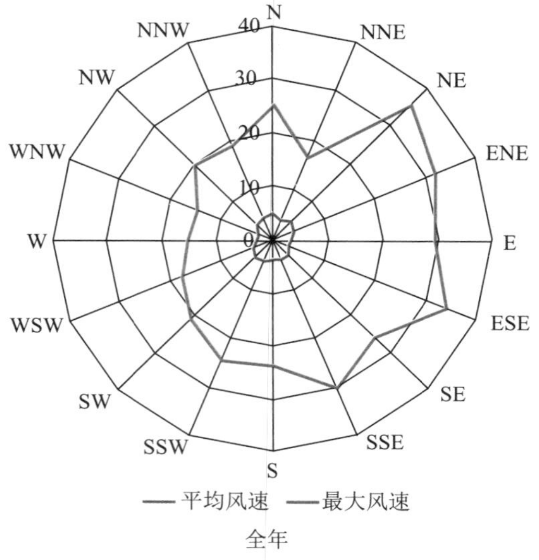

全年

春季

夏季

秋季

冬季

图 2.3.9　全年和四季各风向平均风速及最大风速玫瑰图（1989～2012 年）

表 2.3.10　累年各月风速特征值(1989～2012 年)　　(单位:m/s)

项目	1月	2月	3月	4月	5月	6月	7月	8月	9月	10月	11月	12月	全年
平均风速	5.2	5.3	5.2	4.8	4.4	4.7	5.6	5.3	5.2	5.3	5.1	5.1	5.1
最大风速	20.0	20.3	21.0	21.3	23.0	31.0	37.0	40.0	33.0	28.8	23.3	21.0	40.0
极大风速	30.6	30.1	31.7	32.0	35.8	44.4	57.9	54.1	47.2	52.3	32.7	33.5	57.9

表 2.3.11　累年各月最大风速和极大风速特征值(1964～2012 年)

月份	最大风速、风向			极大风速、风向		
	最大风速(m/s)	风向	出现时间	极大风速(m/s)	风向	出现时间
1	20.0	NNW	1980-1-30	30.6	N	1965-1-10
2	20.3	NNW	1974-2-23	30.1	NNW	1969-2-4
3	21.0	N	1988-3-15 1979-3-30	31.7	NNW	1972-3-31
4	21.3	N	1977-4-27	32.0	NW	1969-4-4
5	23.0	NNE	1981-5-2	35.8	N	1961-5-27
6	31.0	ESE	1990-6-24	44.4	ESE	1990-6-24
7	37.0	SSE	1978-7-23	57.9	ENE	1989-7-21
8	40.0	ENE	1979-8-24	54.1	ENE	1990-8-31
9	33.0	N	2005-9-11	47.2	ENE	2005-9-11
10	28.8	NE	1994-10-11	52.3	NNE	1961-10-3
11	23.3	N	1974-11-9	32.7	NE	1974-11-9
12	21.0	NNW	1982-12-5	33.5	NNW	1980-12-12
全年	40.0	ENE	1979-8-24	57.9	ENE	1989-7-21

(3) 极大风速

三门湾累年各月极大风速均大于 30 m/s(表 2.3.11),极大风速的最大值同样出现在夏季,累年极大风速为 57.9 m/s,风向为 ENE 风,出现在 1989 年 7 月 21 日,系 8909 号台风影响所致。8909 号台风在象山县登陆,登陆时最大风速 40 m/s,中心气压 975 hPa。极大风速与最大风速的年变化相似,夏半年(5～10 月)最大,月极大风速介于 35.8～57.9 m/s 之间,冬半年相对较小,月极大风速介于 30.1～33.5 m/s 之间。

2.3.4.3 大风日数

(1) 大风日数

大风日数为极大风速出现 ≥ 17.0 m/s 或风力 ≥ 8 级的日数。大风主要由冷空气、热带气旋、强对流(飑线、龙卷、雷雨)等天气系统所造成。按照大风天气现象记录，三门湾地区大风日出现较多，石浦气象站累年年平均大风日数高达 69.1 d（表 2.3.12)。全年各月平均大风日数均在 4 d 以上，最多为 3 月，月平均为 6.8 d，其次是 7 月和 1 月，平均大风日数分别为 6.6 d 和 6.4 d。其中 1965 年 7 月大风日数高达 19.0 d，5 月大风日最少，累年平均为 4.0 d。

表 2.3.12　全年各月平均大风日数(1960～2012 年)　(单位:d)

地点	1月	2月	3月	4月	5月	6月	7月	8月	9月	10月	11月	12月	全年
平均	6.4	5.4	6.8	6.1	4.0	4.6	6.6	6.0	5.9	5.5	5.7	6.0	69.1
最多	17	14	15	12	11	10	19	17	15	16	16	13	120
最少	0	0	0	0	0	0	0	1	1	0	0	1	22

大风日的年际变化较大，最多年(1975 年)大风日数高达 120 d，是最少年(2003 年) 22 d 的 5.45 倍，见表 2.3.12 和图 2.3.10。图 2.3.11 是石浦气象站历年(1960～2012 年)全年大风日数的年际变化曲线图。从历年大风日数的分布曲线可看出，近年来该地区大风日数呈明显下降的趋势，主要原因是近年来气候变化的综合影响所致(未排除石浦站测风仪器变更的影响)。

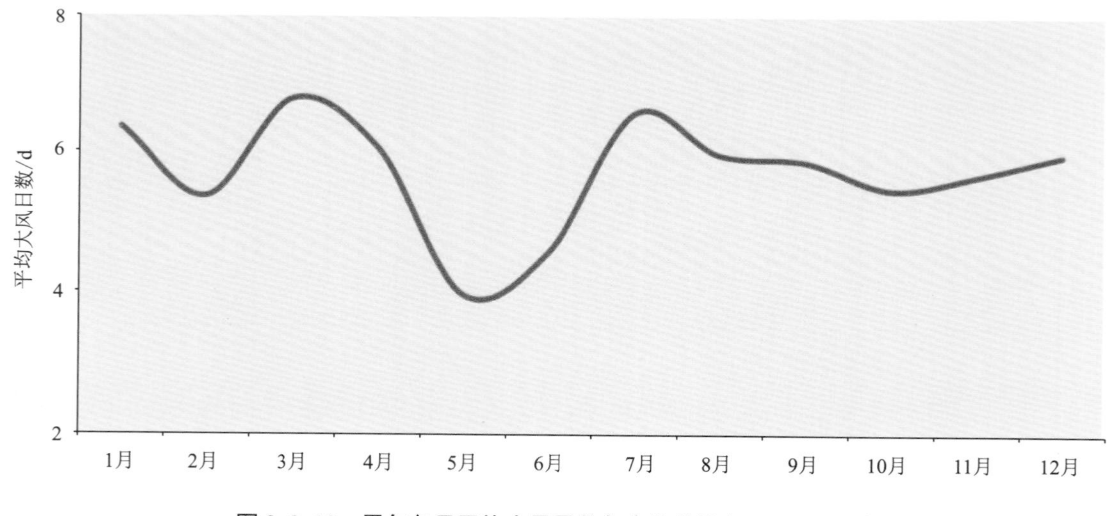

图 2.3.10　累年各月平均大风日数年变化曲线(1960～2012 年)

(2) 各级大风出现频率

三门湾区域 8 级以上大风日出现较多，累年平均高达 69.1 d，其中 9 级以上的大风日累年平均 22.5 d，10 级以上大风日累年平均 7.2 d，12 级以上大风累年平均仅 1.1 d。三门湾区域大风全年各月均有出现，以冬季冷空气大风出现最多，其次为 8～10 月的台风大风；10 级以上大风则以台风大风出现最多，53 年间(1960～2012 年)1 月～4 月从未出现 12 级以上大风天气，见表 2. 3. 13。

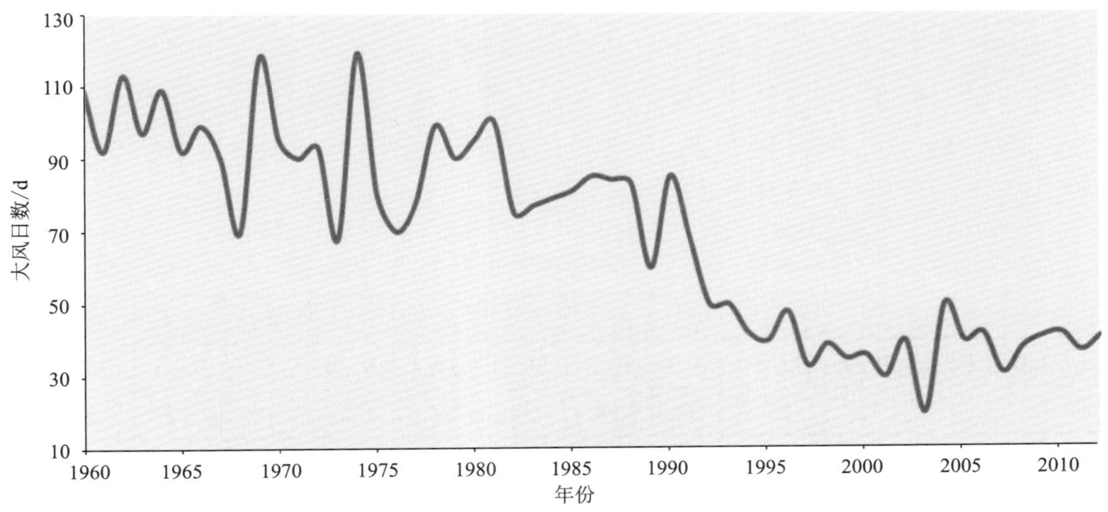

图 2. 3. 11　年大风日数的年际变化曲线(1960～2012 年)

表 2. 3. 13　各级大风各月出现日数(1960～2012 年)　(单位:d)

各级风速	≥ 8 级 $u \geqslant 17.2$ m/s	≥ 9 级 $u \geqslant 20.8$ m/s	≥ 10 级 $u \geqslant 24.5$ m/s	≥ 11 级 $u \geqslant 28.5$ m/s	≥ 12 级 $u \geqslant 32.7$ m/s
1 月	6. 19	1. 57	0. 34	0. 06	
2 月	4. 96	1. 47	0. 34	0. 06	
3 月	6. 32	1. 72	0. 30	0. 06	
4 月	5. 57	2. 15	0. 64	0. 08	
5 月	3. 89	1. 38	0. 34	0. 11	0. 02
6 月	4. 38	1. 47	0. 49	0. 08	0. 06
7 月	6. 38	2. 42	1. 02	0. 42	0. 13
8 月	5. 58	2. 89	1. 57	0. 87	0. 51
9 月	5. 53	2. 19	0. 89	0. 47	0. 21
10 月	5. 11	1. 60	0. 55	0. 17	0. 09
11 月	5. 45	1. 98	0. 40	0. 04	0. 02
12 月	5. 57	1. 68	0. 36	0. 06	0. 02
全年平均	64. 92	22. 51	7. 23	2. 45	1. 06
累年最多	112	48	18	9	5
出现年份	1974	1962	1962	1962	1962

2.3.5 湿度和蒸发

2.3.5.1 湿度

三门湾地区气候温和，空气湿润，空气中水汽含量较高，石浦站累年年平均相对湿度为80%，见表2.3.14。相对湿度的年变化为夏季高于冬季，月平均最大相对湿度出现在梅雨期的6月，月平均相对湿度为90.1%，冬季气候干燥，湿度为全年最低，月平均相对湿度最小值出现在12月，为70.6%。累年最小相对湿度为4%，出现在1963年2月26日。

表2.3.14 累年各月相对湿度特征值(1960～2012年) (单位:%)

项目	1月	2月	3月	4月	5月	6月	7月	8月	9月	10月	11月	12月	全年
平均	72.0	76.1	79.9	82.8	86.0	90.1	86.2	84.4	81.4	75.9	74.1	70.6	80.0
最小	11	4	12	13	16	18	38	42	24	18	17	7	4

2.3.5.2 蒸发

三门湾累年平均年蒸发量1 344.4 mm(表2.3.15)，蒸发量季节变化明显，最大蒸发量出现在气温高的夏季，其中7月蒸发量最多，月平均蒸发量为183.9 mm，其次8月平均蒸发量为180.5 mm；冬季为全年最低，最小蒸发量出现在2月，平均蒸发量为61.5 mm。累年日最大蒸发量为12.5 mm，出现在1976年9月10日。

表2.3.15 累年各月蒸发量和日最大蒸发量特征值(1960～2012年) (单位:mm)

项目	1月	2月	3月	4月	5月	6月	7月	8月	9月	10月	11月	12月	全年
平均	66.9	61.5	78.4	95.3	109.2	108.2	183.9	180.5	146.4	136.5	98.4	79.1	1 344.3
日最大	6.8	7.6	8.8	11.4	10.6	10.3	12.0	12.0	12.5	11.5	11.1	8.1	12.5

三门湾区域累年平均年降水量为1 390.6 mm，略大于累年平均年蒸发量1 344.4 mm，表明本区域空气较为湿润。

2.4 气象灾害

天气灾害指大范围或局地性、持续性或突发性、短时间强烈的异常天气而带来的灾害，如寒潮、台风等天气灾害与局地区域所发生的暴雨、冰雹、龙卷风等。气候灾害是指大范围的、长时间的、持续性的气候异常所造成的灾害，如长时间气温偏高或偏低，降水量偏多、洪灾，低温、冷害等。这两类灾害是传统意义上的气象灾害，主要包括了由天气和气候异常事件造成的社会、经济和人员等方面的损失和损害[2-13]。

近百年来，地球气候正经历一次以全球变暖为主要特征的显著气候变化。伴随全球气候变暖，极端天气和气候事件表现出了频率增多、程度增强的变化趋势，从而可能造成更严重的灾害，重灾、大灾和巨灾出现的可能性增大，灾害造成的损失更加严重[2-14]，将给国家安全、经济发展、生态环境以及人类健康带来严重威胁。随着我国社会经济发展进程的加快，气象灾害的风险越来越大，影响也越来越广。因此，人类面临的防灾减灾任务也更为艰巨。

2.4.1　气象灾害的特征与成因

2.4.1.1　气象灾害的特征

在人类与自然界长期斗争的过程中，气象灾害始终是社会经济发展和人民生产、生活提高的重要制约因素。它损毁建筑，中断交通，破坏生产，造成巨大的经济损失，并对人民生命财产安全及生态环境造成巨大威胁。

气象灾害是最频发的自然灾害，且大部分地区一年四季均可遇到不同程度的灾害性天气袭击，气象灾害及其次生、衍生灾害占各类自然灾害的 90%左右。据有关资料统计表明：世界上最常发生的自然灾害为热带气旋、水灾、地震和干旱，分别占灾害总量的 34%、32%、13%和 9%。显然，各类气象灾害占据了自然灾害的绝大部分，气象灾害造成的经济损失也是各种自然灾害中最大的。

对全球而言，亚洲的受灾损失和面积均列五大洲之首。亚洲的自然灾害损失占全球总量的 89%，而水灾、干旱和热带气旋又各占亚洲灾害损失总量的 55%、34%和 9%，灾害致死人数也是五大洲中最多的。

我国在东亚季风的影响下，频繁发生持续性大暴雨，进而造成严重的洪涝灾害，成为世界上洪涝灾害最严重的国家之一，如我国 1998 年的大洪水，使 1. 8 亿人(次)受灾，直接经济损失高达 2 550. 9 亿元[2-13]。同时我国也是世界上遭受热带气旋影响最为严重的国家之一，而浙江沿海又是我国遭受热带气旋影响最为严重的地区之一。

2.4.1.2　气象灾害的成因

造成气象灾害，特别是影响我国的重大高影响天气气候灾害发生的原因是多方面的，但归纳起来主要有自然因素、人类活动与社会经济因素两大类。

就自然因素而言，最为根本的是天气和气候的异常，异常气候背景下的异常天气持续就会导致灾害的发生。影响我国天气和气候及其异常的主要因子有亚洲季风、厄尔尼诺和南方涛动(ENSO)事件及青藏高原的影响[2-15]。

2.4.1.2.1　自然因素对气象灾害的影响

(1) 亚洲季风的影响

我国位于亚洲季风区，其天气和气候受到显著的季风环流影响，冬季盛行干冷的东北季风，而夏季盛行暖湿的西南季风。若冬季风很强，则强冷空气从寒冷的极地区域频繁南下而发生寒潮灾害，并由此带来强烈的降温、猛烈的大风等天气，易于引发极端低温和风灾，冬季风强盛将常引发雪灾等。若冬季风弱，则往往使得我国冬季气温偏高，出现暖冬，将会对农业造成次年的病虫害多等不利影响。此外,冬季风的强弱还可能会影响到次年沙尘暴的发生次数和强度等[2-16]。夏季风环流对我国的旱涝影响也极为显著。夏季风具有明显的季节性北进和南退的特点,首先在5月中旬到6月上旬影响我国华南地区,并在6月中旬北跳至长江中下游一带,在那里维持至7月上旬,然后再次北跳,影响华北和东北地区。从8月下旬开始,由于西伯利亚冷空气的加强和南侵,季风开始撤退,从北方迅速退至长江流域,在9月上旬又回到南海北部地区,完成了夏季风一次南北向的季节性进退过程。伴随着季风环流的进退,在季风前缘会形成季节性大雨带,雨带控制某个区域,则该地区进入雨季,而雨带移走,则降水迅速减少。因而夏季风影响的时期也就是我国东部降水最为丰沛的时期。然而夏季风来临的早晚、强度大小,向北推进的程度年际间具有非常显著的差异。夏季风的这种年际变化直接造成了每年季节性大雨带,即季风降水的时空分布,雨量的大小很不相同。在雨带持续时间长的地区,降水过多,容易发生暴雨洪涝灾害;而雨带影响不到的地区则降水量很少,易发生旱灾。一般而言,夏季风环流偏强,则大雨带位置偏南,南方地区容量发生涝灾,而北方地区容量发生旱灾。此外,东亚夏季风环流是热带气旋、雷暴等灾害的重要背景条件,对这些灾害的发生频率、强度和位置等具有显著作用。

(2)厄尔尼诺和南方涛动(ENSO)事件的影响

厄尔尼诺(El Nino)事件是一种海洋现象,它表现为赤道中东太平洋海表温度的异常季节性增幅,一般这个地区的海表温度从春季开始上升,到圣诞节前后达到最大值,以后逐渐降低。如果海表温度的增温值明显高于多年平均值,则称为发生了一次厄尔尼诺事件。拉尼娜(La Nina)事件正好相反,主要表现为赤道中东太平洋海表温度明显低于多年平均值。

当厄尔尼诺事件发生后,由于海洋表层水温上升,通过向大气释放大量的感热和潜热,使大气环流和世界各地的天气气候异常,带来各种自然灾害。厄尔尼诺和南方涛动(ENSO)事件对我国气候的影响非常显著,而且南方涛动事件循环的不同阶段对我国夏季季风和旱涝分布有着不同影响。20世纪长江流域三次特大洪涝,即1931年夏季、1954年夏季和1998年夏季,均发生在赤道太平洋厄尔尼诺和南方涛动事件的衰减期。1997年10月热带太平洋发生的厄尔尼诺和南方涛动事件达到成熟期,1997年冬和1998年春夏,我国江南、华南发生了严重洪涝。

(3)青藏高原的影响

青藏高原不仅在亚洲季风的形成和演变中起着非常重要的作用,而且通过热力和动力两方面的作用对我国天气和气候产生重要影响。青藏高原作为一个大尺度地形,对于周围大气而言是一个抬高的热源,可以不断向大气输送热量,从而影响其周围地区的大气环流、温度、降水和水汽输送。青藏高原的热力作用使得青藏高原上空高层在夏半年发展出一个强大的南亚高压。南亚高压是夏季北半球的主要活动中心,与我国长江流域的降水有密切关系。当南亚高压中心位于90°E以东(东部型)时,长江中下游地区少雨,易发生旱灾;当南亚高压中心位于90°E以西(西部型)时,长江中下游地区多雨,容易导致洪涝灾害。青藏高原除了作为大地形产生明显的热力作用和动力作用外,其本身的陆面状况和陆面过程也与我国气候有密切关系,会影响我国的气象灾害,尤其是旱涝灾害的发生。

除上述的自然因素外，人类活动和社会经济发展也是气象灾害发生的重要诱因。随着文明的进步和社会经济的发展，人类活动的影响已经不再是局部性问题；温室效应、生境破坏、环境污染等已经在对天气、气候及极端事件产生较大的影响，并影响和制约了全球气候变化。

2.4.1.2.2　人类活动对气象灾害的影响

（1）人口持续增长带来巨大的资源和环境压力

我国是世界人口最多的国家，并且还在继续增加。由于人口不断增长，城市不断扩大，土地的负荷越来越沉重。作为生命之源的水资源也面临日益严重的危机。我国目前人均水资源不足 2 400 m^3，仅相当于世界平均水平的 1/4。人口的增加使生产和生活用水需求不断增加，随着社会经济的高速发展，工业用水和农业用水量也大大增加。水资源危机造成地表水域萎缩，地下水位下降；加之巨量污水排放，都将引发多种生态和环境灾害。

（2）人类活动影响土地利用，造成生态与环境恶化，引发多种灾害

随着人口的不断增长，工农业生产的飞速发展，农垦区的扩大，造成天然植被不断被破坏。在最近 50 年，我国西部的草场面积大幅减少，1/3 的草场质量退化，而耕地面积不断扩大，居住和工矿用地成倍增长。人类活动使大量的河水消耗在支流与上、中游地区，造成下游河床干涸、大面积沙化。土地的不合理使用加剧了水土流失、土地沙漠化等，加剧了洪涝、干旱、沙尘暴及农业气象灾害的危害。此外，土地利用方式的改变会导致下垫面条件的变化，从而导致大气环流发生异常，使大范围的温度、降水等发生改变，对各种灾害的发生具有潜在性的影响。随着工业化和现代化的不断发展，污染也越来越严重。

（3）人类活动影响全球变暖，导致气象灾害频发

人类活动正在增加大气中温室气体的浓度，由此会改变地球大气的辐射平衡，使大气温度增高。在温室效应影响下，区域和全球的气候均发生了改变。气候变暖使气候带北移，将引起自然环境的变化，局地生态平衡遭到破坏，生物多样性发生改变，对灾害的发生具有潜在性的影响和威胁[2-17]。气候变暖、气温升高使极地和高山的冰川、积雪消融，海平面升高，加大了沿海地区发生海洋性气象灾害的风险。

（4）城市热岛效应造成城市灾害

随着城市的不断发展和扩大，热量的释放，城市平均气温高于郊区，称为热岛效应。加之空气污染和下垫面的改变使得城市地区的气候发生改变，并改变着城市周围地区的天气、气候状况，从而形成局地的天气系统，将导致城市灾害增多。

2.4.2　三门湾气象灾害概述

三门湾区域位于浙江沿海中部的亚热带季风区，濒临东海，天气和气候系统复杂。其气象灾害约占自然灾害总数的 70%。具有多发、频发，灾害种类较多的特点。三门湾区域的气象灾害主要有热带气旋灾害、暴雨洪涝灾害、龙卷风、雷暴和雾等，以及由这些灾害引发的次生灾害。其中热带气旋是影响三门湾区域最主要也是最严重的灾害性天气系统。

2.4.2.1 热带气旋

热带气旋是指生成于热带或副热带海洋上伴有狂风暴雨的大气旋涡，在北半球沿逆时针方向旋转，在南半球沿顺时针方向旋转。它在围绕自己中心旋转的同时，不断向前移动，其形状如旋转的陀螺。热带气旋主要是依靠水汽凝结时释放的潜热而形成和发展起来的[2-13]。

根据《热带气旋等级》国家标准（GB/T 19201—2006）：热带气旋分为热带低压、热带风暴、强热带风暴、台风、强台风和超强台风六个等级（表 2. 4. 1）。

表 2. 4. 1　热带气旋等级划分表

序号	热带气旋等级	底层中心附近最大平均风速（m/s）	底层中心附近最大平均风力（级）
1	热带低压	10. 8～17. 1	6～7
2	热带风暴	17. 2～24. 4	8～9
3	强热带风暴	24. 5～32. 6	10～11
4	台风	32. 7～41. 4	12～13
5	强台风	41. 5～50. 9	14～15
6	超强台风	≥ 51. 0	16 级或其以上

由表可见，当热带气旋达到台风强度以上时具有很强的破坏力，伴随着热带气旋而至的狂风暴雨，常掀翻船只、摧毁房屋和沿岸的港口工程设施等，狂风涌起的巨浪和风暴潮冲毁海堤，而暴雨引起洪涝灾害，给沿岸临港工业和人民生命财产造成严重危害。

热带气旋对我国的影响主要以东南沿海的广东、福建和浙江沿海最为严重。三门湾地处浙江沿海中部，是我国受热带气旋影响最严重的地区之一。因此，充分认识热带气旋对三门湾区域的影响程度，对三门湾沿岸的临港工业，海上航运，特别是对三门核电厂工程建设运行具有重要意义。

（1）热带气旋的时空分布

本书收集统计分析了 64 年（1949～2012 年）来影响三门湾区域的热带气旋资料及基本气候特征[2-9; 2-11]。统计范围为 25. 5°～32. 7°N， 117. 5°～125. 8°E，包括整个浙江省、上海市、江苏省南部、安徽省南部、江西省西部和福建省的东北部地区，统计范围见图 2. 4. 1。统计表明：64 年中除 1991 年、1993 年、1996 年三年外，其余各年均有热带气旋进入并影响三门湾区域，共有 193 个热带气旋 932 个时次，平均每年为 3. 02 个，最多年出现 7 个（1985 年），见图 2. 4. 2。按照《热带气旋等级》国家标准分类：在影响本区域的 193 个热带气旋中达到台风以上强度的有 78 个，影响该区域的热带气旋路径见图 2. 4. 3。

热带气旋发生的时间主要集中在 6～9 月，占总数的 91. 19%，见表 2. 4. 2，其中 8 月份最多，

9、7月份次之。受热带气旋影响最早的是5月18日(2006年第2号热带气旋)，结束最迟的为11月19日(1967年第51号热带气旋)。

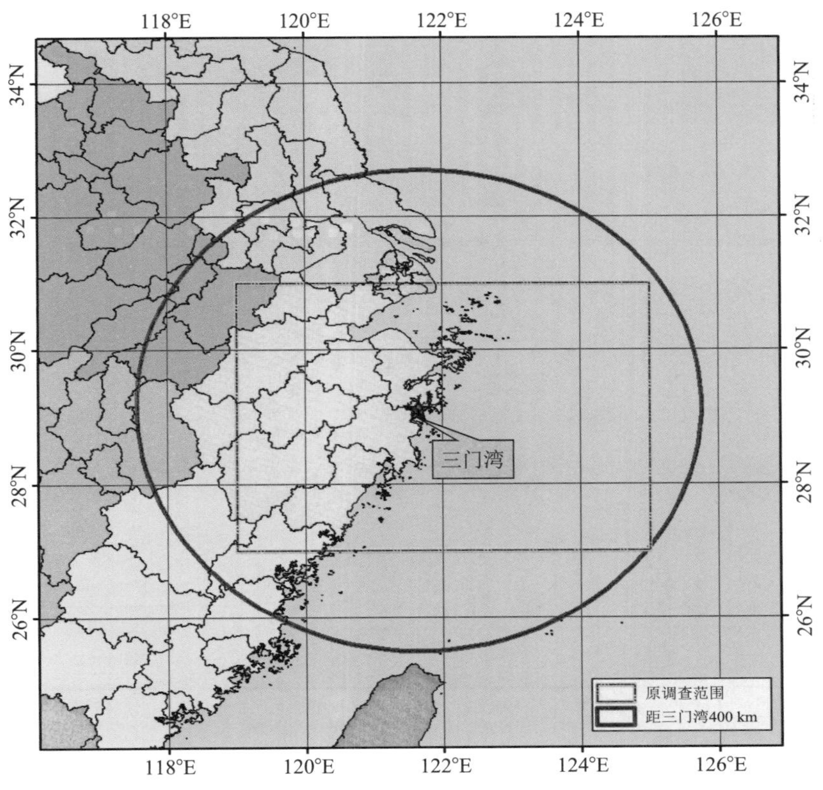

图2.4.1　热带气旋调查范围图

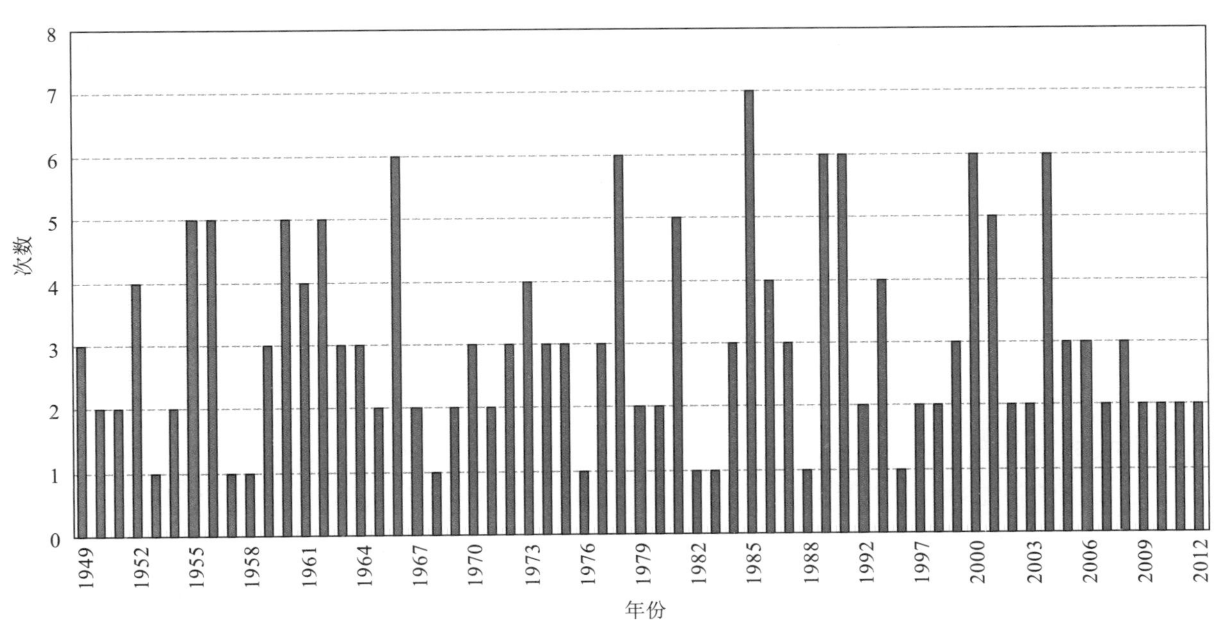

图2.4.2　影响调查范围热带气旋的频次分布图(1949～2012年)

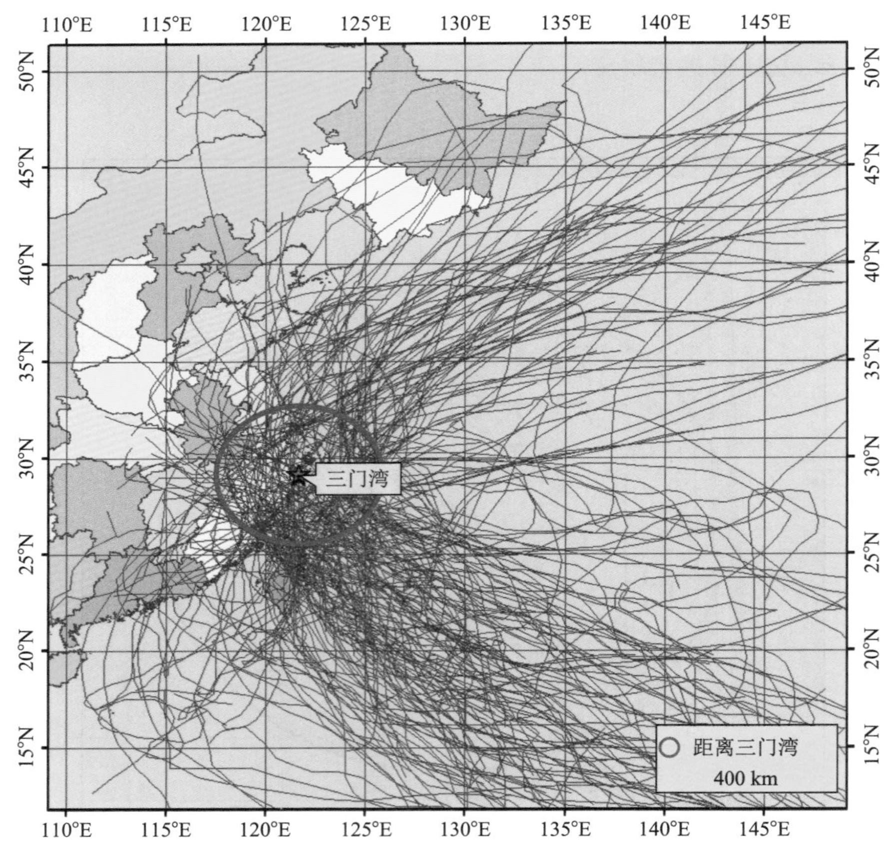

图 2.4.3　影响调查范围热带气旋路径示意图(1949～2012 年)

表 2.4.2　三门湾区域累年各月热带气旋出现个数及频率

月份	1	2	3	4	5	6	7	8	9	10	11	12	全年
次数(次)	0	0	0	0	4	19	42	72	43	8	5	0	193
百分率(%)	0.00	0.00	0.00	0.00	2.07	9.84	21.76	37.31	22.28	4.15	2.59	0.00	100.00

(2) 热带气旋的基本气候特征

表 2.4.3 和表 2.4.4 为三门湾区域热带气旋最大风速频率分布和中心气压频率分布。根据最大风速分布可见，三门湾区域热带气旋最大风速在 10～75 m/s 范围均可出现，但主要分布在 10～55 m/s，频率为 98.93%，其中 15 m/s 最多；而最大风速在 60 m/s 以上出现极少，仅 10 次；达到 75 m/s 的仅 1 次，频率为 0.11%，出现在 1959 年 9 月 16 日，1959 年第 19 号热带气旋，该热带气旋离三门湾较远，位于 27.2°N，124.9°E，其路径是海上转向型。从中心气压分布分析表明：三门湾区域热带气旋中心气压主要介于 915～1 020 hPa 之间，主要集中在 950～1 009 hPa，频率为 94.74%，且以 990～999 hPa 出现最多，920 hPa 以下仅出现 2 次，频率为 0.21%。中心气压最低的热带气旋出现在 2006 年 8 月 10 日 02、08 时，即 2006 年第 10 号超强台风“桑美”，中心

气压低至915 hPa，于8月10日17时25分在苍南县马站镇登陆，登陆时中心气压为920 hPa，近中心最大风力17级（60 m/s）。

表2.4.3 影响三门湾区域的热带气旋最大风速及频率分布表

最大风速（m/s）	10	15	20	25	30	35	40	45	50	55	60	65	70	75	合计
次数（次）	115	159	134	129	115	110	69	50	26	15	6	1	2	1	932
频率（%）	12.34	17.06	14.38	13.84	12.34	11.80	7.40	5.36	2.79	1.61	0.64	0.11	0.21	0.11	100.00

表2.4.4 影响三门湾区域的热带气旋中心气压及频率分布表

中心气压（hPa）	1 019～1 010	1 009～1 000	999～990	989～980	979～970	969～960	959～950	949～940	939～930	929～920	919～910	合计
次数（次）	5	158	290	189	118	68	60	26	11	5	2	932
频率（%）	0.54	16.95	31.12	20.28	12.66	7.30	6.44	2.79	1.18	0.54	0.21	100.00

（3）登陆热带气旋的影响分析

根据登陆热带气旋的统计分析表明：64年来在三门湾附近区域沿海登陆的热带气旋有48个，占影响三门湾区域热带气旋总数的24.9%，其中在三门县登陆的有3个，分别是“6126号”超强台风、“7413号”台风和“7805号”台风；登陆象山县的有5个，分别是“5612号”超强台风、“8807号”台风、“8808号”台风、“8909号”台风和“1211号”强台风。其登陆热带气旋各月出现频率和地理分布见表2.4.5和表2.4.6。登陆浙江的台风路径见图2.4.4。

表2.4.5 三门湾区域登陆热带气旋的累年各月分布表

月份	1	2	3	4	5	6	7	8	9	10	11	12	全年
次数（次）	0	0	0	0	1	1	12	21	10	2	0	0	47
百分率（%）	0.00	0.00	0.00	0.00	2.13	2.13	25.53	44.68	21.28	4.26	0.00	0.00	100.00

表2.4.6 三门湾区域登陆热带气旋登陆点位置分布表

登陆地点	舟山以北	象山～三门	临海～乐清	温州以南	合计
次数（次）	3	10	18	17	48
百分率（%）	6.38	21.28	38.30	34.04	100.00

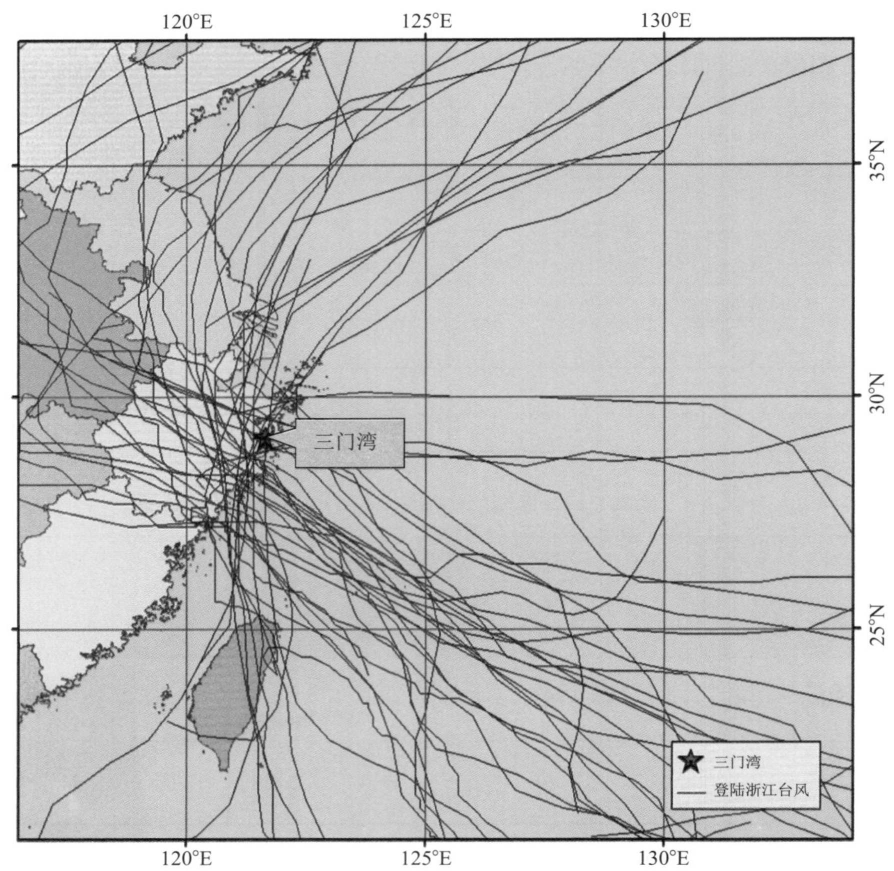

图 2.4.4 登陆浙江沿海的台风路径示意图

登陆时间主要集中在 7～9 月，其中以 8 月最多，频率为 44.6%，7 月、9 月相近，分别为 25.5%和 21.3%。热带气旋最早登陆浙江的时间为 5 月份，即“6104 号”强台风，于 1961 年 5 月 27 日 21～22 时在乐清登陆；最晚登陆时间在 10 月，即“6126 号”超强台风，于 1961 年 10 月 4 日 7～8 时在三门登陆；“0716 号”台风，于 2007 年 10 月 7 日 15 时 30 分在苍南登陆。

热带气旋登陆点主要在象山以南地区，其中在临海—乐清之间登陆的热带气旋最多，其次是温州以南地区和象山—三门之间。热带气旋登陆时的中心气压绝大多数在 955 hPa 以上；“0608号”超强台风（桑美）登陆时的中心气压最低，为 920 hPa；“5612 号”超强台风次之，登陆时中心气压为 923 hPa。

(4) 严重影响的热带气旋及其灾害

1）严重影响的热带气旋

自 1949 年以来，在浙江沿海区域登陆，且达到台风以上强度的有 25 个，如表 2.4.7 所示。受其影响，三门湾沿岸及其附近区域内各气象站的实测极大风速大多在 40 m/s 以上，其中最大值为 68.0 m/s，出现在苍南霞关，受“0608 号”超强台风（桑美）影响所致。

石浦气象站受登陆台风影响时，实测极大风速有 50%以上时间超过 40 m/s，极大风速的最大值为 57.9 m/s，相应的最大风速为 35 m/s，由“8909 号”台风影响所致。

表 2.4.7 严重影响浙江沿岸区域的热带气旋表(登陆浙江;1949～2012 年)

台风	登陆点	最大风速(m/s)	最低中心气压(hPa)	石浦		区域内极大风速	
				极大风速(m/s)	最大风速(m/s)	风速(m/s)	地点
4906	普陀	45	962				
5310	乐清	55	945				
5612	象山	65	921				
5901	平阳	35	980	38.4		38.4	石浦
6126	三门	55	945	52.3		52.3	石浦
7209	平阳	45	955	41.8		41.8	石浦
7413	三门	35	970	44.6	33.6	44.6	石浦
7504	温岭	40	970	37.0	33.3	43.9	玉环
7805	宁海—三门	35	992	45.8	37.0	45.8	石浦
8506	玉环	40	965	33.0	26.0	47.3	玉环
8807	象山	35	970	39.2	29.0	39.2	石浦
8909	象山	40	975	57.9	35.0	57.9	石浦
8923	温岭	35	975			45.0	下大陈
9015	椒江	45	955	54.1	35.0	54.1	石浦
9417	瑞安	45	950	43.8	32.5	55.0	温州机场
9711	温岭	40	955	23.1	15.3	41.3	嵊泗
0008	象山	35	970	31.0	21.3	32.9	嵊山
0216	苍南	40	960	35.6	25.5	46.3	玉环
0414(云娜)	温岭	45	950	41.9		58.7	下大陈
0509(麦莎)	玉环	45	950	41.2	29.3	45.2	普陀
0515(卡努)	路桥区	50	945	47.2	33.0	59.5	下大陈
0608(桑美)	苍南	60	915	26.2	18.0	68.0	苍南霞关
0713(韦帕)	苍南	55	925	27.8	17.0	55.3	苍南渔寮
0716(罗莎)	苍南	40	960	28.1	19.0	33.1	玉环
1211(海葵)	象山	48	945	50.9	36.8	56.0	临海东矶

2)严重影响的台风灾害。

“5612 号”超强台风:影响三门湾沿岸区域最严重的是“5612 号”超强台风,老一辈人都称之为“八一大台风”。1956 年 7 月 26 日在冲绳以东洋面形成后向西北方向移动,中心气压低至 905 hPa,中心风速高达 90 m/s[2-18]。8 月 1 日 24 时(农历六月廿五日)在象山县南庄登陆,登陆时中心气压 923 hPa,石浦站最大风速 ≥ 40 m/s,极大风速 ≥ 65 m/s(风力 ≥ 17 级)。超强台风所经之处狂风暴雨,天目山系的市岭站过程雨量高达 694 mm,日雨量达 564 mm。导致拔树倒房,海水倒灌,山洪暴发, 7 个水文站潮位超过历史最高水位。三门湾海域风力均在 12 级以上,由超强台风带来的风暴潮冲击海岸，尤其是超强台风登陆点的象山南庄区域，纵深 10 km 多一片汪洋。造成全省死亡 4 925 人[2-18]，伤 1.5 万余人，受淹农田 4×10^3 km^2 多，损毁房屋 71.5 万间，冲毁中小型水库 87 座，冲毁江堤海塘 869 km，沉毁渔船 902 艘，损坏 2 233 艘，占全省实有渔船总量的 1/3，浙赣铁路冲毁多处，干线公路 38.5%受损[1-19]，这次超强台风造成的损失为历史所罕见。

"6126 号"超强台风："6126 号"超强台风于 1961 年 10 月 4 日（农历八月廿五日）7～8 时在三门沿岸登陆，登陆时中心气压 945 hPa，最大风速 55 m/s。石浦站最大风速为 52.3 m/s，整个三门湾海域风力达 12 级，损失极为严重。

"7413 号"台风："7413 号"台风于 1974 年 8 月 20 日（农历七月初三）00 时在浙江三门沿海登陆。登陆时台风近中心最大风速 35 m/s，中心气压 970 hPa。受其影响，各省、市因灾死亡（含失踪）215 人，其中浙江省 147 人，失踪 53 人。浙江省钱塘江南岸一线海塘遭到严重破坏，江堤、海塘决口 2 641 处；受淹农田 5.3×10^2 km^2；损毁小渔船 2 340 艘；2.26 万间房屋、455 座桥梁倒塌。浙江沿海直接经济损失为 6.13 亿元。

"8506 号"台风："8506 号"台风于 1985 年 7 月 30 日在浙江玉环登陆，坎门最大风速达 47 m/s，3 天总雨量大于 200 mm 的有 7 个站，括苍山达 425 mm，温岭 405 mm，使台、绍、宁、杭、嘉、湖及温州地区北部洪涝，受灾农田 1.46×10^3 km^2，倒塌房屋 2.36 万间，死亡 213 人，经济损失 3.14 亿元。

"8923 号"台风："8923 号"台风于 1989 年 9 月 15 日 19 时在浙江省温岭县松门镇附近沿海登陆，登陆时近中心最大风速为 35 m/s，中心气压为 975 hPa。登陆后向西北方向行进，于 9 月 16 日 8 时左右离开本省进入安徽省境内。从登陆到离开本省仅 13 个小时左右，却对浙江省造成严重的灾害。由于台风登陆时正值农历八月十六日的中秋大潮，由台风产生的最大风暴潮增水时间恰巧与农历八月十六日的天文潮的高潮位相应，最大风暴潮增水与天文高潮位叠加，导致浙江省北起三门湾南至隘顽湾以北出现有实测潮位记录以来的最高高潮位，椒江海门站出现 6.90 m（吴淞基面）的特高潮位。由台风带来的巨浪使沿海地区海塘及江堤多遭越顶之灾，造成严重损毁，海潮涌入，冲毁房屋。据统计，"8923 号"台风造成全省江堤、海塘毁坏 496.9 km，山塘水库受损 344 座，受涝面积 3.17×10^3 km^2，倒塌房屋 3.39 万间，损毁房屋 7.19 万间，受灾人数达 681.29 万人，死亡 184 人，受伤 927 人，受灾农田 476.5 万亩，损毁船只 2 389 艘，以及大量的水利、交通设施受到破坏。造成全省直接经济损失 13.6 亿[2-19～2-20]。

"9417 号"强台风："9417 号"强台风于 1994 年 8 月 21 日 22 时在浙江省瑞安市梅头镇沿海登陆，登陆时中心气压 950 hPa，近中心最大风速大于 45 m/s。最大风速出现在温州机场，实测最大风速为 55.0 m/s。"9417 号"强台风登陆时风力强、影响范围广、影响时间长。风力在 9 级以上的范围占全省总面积的 1/2。从象山石浦到苍南沿海风力大于 12 级，影响时间长达 10 多个小时。历史上温州实测瞬时最大风速为 36.8 m/s，登陆时的风力之大、影响时间之长均属历史罕见。台风登陆时正值天文大潮夜高潮时（农历七月十五），台风增水与高潮位相叠加，使钱塘江闸口以下至苍南沿海的最高潮位均超警戒线，瓯江口、飞云江口的最高潮位超历史值。温州站最高潮位达 7.35 m（吴淞基面），比历史实测最高潮位（6.75 m）高出 0.6 m。潮凭风威，风助潮势。此台风

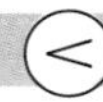

特点为风大、雨强、潮高，形成暴雨、洪水、大潮“三碰头”。造成温州、台州两市沿海暴雨倾盆、潮水暴涨、海浪滔天，其中温州乐清硑头站最大24小时雨量高达622.5 mm，致使海堤溃决，温州市区沿江一带潮水深达1.5～2.5 m，有108个城镇被夜潮涌进，一般水深约为2.0 m，其中平阳县的水头镇最深达5.5 m。民宅毁塌10万余间，损坏房屋80多万间。“9417号”台风在浙江造成了极大的人员伤亡和惨重的经济损失，死亡1 216人，直接经济损失高达124.4亿元[2-18]，对温州市造成的直接经济损失达91.4亿元[2-21]。

“9711号”台风：“9711号”台风于1997年8月18日晚在温岭市石塘镇沿海登陆，登陆时台风近中心最大风速在40 m/s以上，中心气压960 hPa，而椒江大陈岛最大风速达56.0 m/s。台风造成浙江中、北部普降大暴雨，局部为特大暴雨，降水量达417～653 mm，全省降水在100 mm降水量面积为5×10^4 km²，200 mm降水量面积为1.5×10^4 km²。台风登陆时正值农历七月十六日天文大潮汛高潮位，加上台风增水幅度大，最大增水出现在天文大潮高潮时刻，狂风、暴雨、高潮“三碰头”，造成浙江中、北部沿海各潮位站潮高超历史记录。其中健跳站最高潮位达5.50 m（85高程），为历史最高水位，台风增水达到2.41 m，三门县降雨量达350 mm。“9711号”台风在浙江省境内肆虐近12个小时。受其影响，浙江全省北至钱塘江两岸，南至闽浙交界处，巨浪狂涛排山倒海，千里海塘整段被冲毁，海水倒灌，沿海平原一片汪洋，其成灾范围之大，强度之强均十分罕见。浙江全省因灾死亡236人，11个地市、96个县1 141万人受灾，受灾农田6.87×10^3 km²，其中海水倒灌导致6.20×10^2 km²农田受淹；台州、宁波南部除少量新建50年一遇标准海塘外，基本全线损毁，共计2 005 km堤塘损坏（其中海塘776.2 km），8.5万余间房屋倒塌，水利设施、交通通信等基础设施损坏严重。毁坏路基1835 km，毁坏水文站29个，全省因灾造成的直接经济损失高达186亿元[2-22]。

“0414号”强台风：2004年14号强台风“云娜”，于8月12日晚20时在浙江省温岭市石塘镇登陆，登陆时中心气压950 hPa，近中心最大风速45 m/s。是48年来登陆浙江最强的台风，也是8年来登陆我国内地最强的台风。台风强度强、风雨大、范围广。登陆时大陈岛实测极大风速达58.7 m/s。三门沿海风力均在12级以上，浪高8～9 m。浙江、福建、江西、河南等省普降大到暴雨，部分地区降特大暴雨，其中最大雨量出现在温州乐清的硑头站，过程（8月11日8时至14日8时）暴雨量高达906.5 mm，其中最大1 h、3 h、6 h、12 h、24 h分别为95.6 mm、209.6 mm、367.5 mm、650.0 mm、864.0 mm，其中12 h和24h均超过浙江省历史实测最大暴雨记录[2-23]，导致特大洪涝灾害。强台风“云娜”共造成浙江省1 299万人受灾，死亡164人，失踪24人；农作物受灾面积7.0×10^3 km²；损坏堤防4 059处，堤防决口1 222处，长为88 km；损坏水产养殖面积4.4×10^2 km²；损失水产品为16×10^4 t；损坏水闸206座，损坏水文观测站99个，浙江全省直接经济损失181.28亿元以上[2-24]。

“0515号”强台风：2005年15号强台风“卡努”，于9月11日14点50分在浙江省台州市路桥区金清镇登陆。登陆时的中心气压达945 hPa，近中心最大风速达50 m/s以上。登陆后8个小时内风力一直保持在12级以上，大陈岛实测风速达59.5m/s，超过0414号台风的风力。

“0608号”超强台风：2006年08号超强台风“桑美”于8月10日17时25分在浙江省苍南

县马站镇登陆，登陆时中心气压 920 hPa，近中心最大风速达 60 m/s。“桑美”登陆时的中心气压低于“5612 号”超强台风登陆时的 923 hPa，成为 50 年来登陆我国大陆最强的台风。根据浙江省气象局自动站实时资料显示，共 5 个站测得极大风速在 12 级以上，分别为苍南霞关 68. 0 m/s、南麂岛 45. 2 m/s、小门岛 41. 0 m/s、新安 38. 5 m/s、瑞安市 33. 0 m/s。霞关出现 68. 0 m/s 极大风速纪录不仅破了浙江省的历史测得最大风速 59. 6 m/s，就是在登陆我国大陆的台风实测极大风速中也属罕见。受台风外围云系影响，从 8 月 10 日 5 时起，浙江东南沿海地区开始降雨，随着台风的逼近和登陆，降雨逐渐扩展到全省大部。其中最大暴雨出现在苍南昌禅站，最大 24 h 雨量高达 614. 8 mm。

“桑美”是近 50 年来登陆我国大陆最强的台风，破坏力极其巨大，由超强台风引起的狂风和巨浪，导致惨重的海难事故。特别受“桑美”正面袭击的福建福鼎沙埕港，其船只损毁和人员伤亡均为历史罕见。据不完全统计，浙江、福建两省因灾死亡（含失踪）576 人，其中浙江省死亡 193 人，失踪 11 人；福建省死亡 215 人，失踪 157 人。超强台风侵袭时，在沙埕港避风的福建和浙江两省渔船共计 4 800 多艘，沉没 1 950 艘，损毁 2 723 艘，海难死亡 225 人，失踪 146 人[2-25]。浙江省的温州、台州等地 345. 6 万人受灾；1. 03 × 10^3 km^2 农田受淹；674 处堤防决口，长为 81. 8 km， 5 180 处堤防损坏，长为 396. 4 km， 1 833 处护岸损毁；678 座塘坝被冲毁；海水养殖受灾面积 1. 06 × 10^2 km^2，损失水产品 20 × 10^3 t。

超强台风“桑美”具有四大特点：

① 强度极强，风力达到 17 级以上，中心最大风速达 68. 0 m/s，登陆后近 5 h 中心风力仍然达 13 级。

② 移动速度快，台风生成后，平均每小时移动速度达 20～30 km。

③ 破坏力极大，由台风引起的狂风、狂涛造成历史罕见的人员伤亡和船只沉损。

④ 降雨强度大而集中，超强台风影响期间苍南县 3 个站 1 h 实测雨量均超过 100 mm，其中云岩站 2 h 实测雨量高达 246. 9 mm；昌禅站 24 h 雨量高达 614. 8 mm，如此强度的降雨量亦为历史罕见。

“0716 号”台风：2007 年 16 号台风“罗莎”于 10 月 7 日在苍南霞关镇第三次登陆。登陆时近中心最大风速 33 m/s。登陆后在温州、台州地区滞留 17 小时以上。同时受冷空气共同影响，浙江省普降暴雨到大暴雨，造成全省直接经济损失达 86 亿余元。

“1209 号”台风、“1210 号”台风和“1211 号”强台风：2012 年是台风频繁袭击浙江省的一年，主要受台风“1209 号”强热带风暴“苏拉”及双台风“1210 号”台风“达维”和“1211 号”强台风“海葵”的影响。“1209 号”强热带风暴“苏拉”于 8 月 2 日 03 时 15 分，“苏拉”以强台风的强度在台湾省花莲市秀林乡沿海登陆，给台湾造成了 1 000 mm 以上强降雨。3 日 6 时 50 分左右在福建省福鼎市秦屿镇沿海登陆，登陆时中心最大风力 10 级（25 m/s），中心最低气压 985 Pha。

“1210 号”台风“达维”于 2012 年 08 月 02 日 21 时 30 分前后在江苏省响水县陈家港镇沿海登陆，登陆时中心最大风力 12 级（35 m/s），中心最低气压为 975 hPa。“苏拉”和“达维”呈现“双台风”效应，且两个台风在华东沿海登陆时间仅间隔一天，该情况历史罕见，典型的双台风云图如

图 2.4.5。受“达维”和“苏拉”的共同影响，8 月 3～4 日，浙江省部分地区出现 100～200 mm 的大暴雨，其中台州 83.3 mm、温州 80.7 mm、宁波 61 mm。全省累积雨量在 50 mm 以上的有 708 站，100 mm 以上的有 139 站，150 mm 以上的有 14 站，温州北林垟出现 185.9 mm 最大降水量。

图 2.4.5　双台风“苏拉”“达维”卫星云图

2012 年 8 月 7 日 18 时，距 11 号强台风“海葵”登陆不到 10 个小时。此时，浙江沿海已风大雨急，台州大陈岛已测出 16 级的风速，导致全岛断电，海浪从海底涌上，表明“海葵”在外海雨大。8 月 8 日 3 时 20 分左右，“1211 号”强台风“海葵”在浙江省象山县鹤浦镇沿海登陆，登陆时中心附近最大风速 42 m/s（风力 14 级），中心气压 965 hPa，为近 5 年来首个正面袭击浙江的强台风，也是历史上对浙江影响最强的台风之一。受强台风“海葵”影响，东海、台湾海峡、台湾以东洋面、浙江东部、杭州湾海域 12 级以上大风持续了 32 h，14 级以上大风持续 24 h，最大风速出现在东矶，为 56.0 m/s（16 级），大陈 53.0 m/s（16 级），石浦 50.9 m/s（15 级）。7～9 日浙江沿海普降大暴雨，局地特大暴雨。其中三门湾顶部的宁海站 297 mm，象山站 279 mm，三门站 243 mm。由于与前期双台风带来的强降水叠加，特别是安吉、临安降特大暴雨，平均降雨量 175 mm，最大降雨量出现在临安市岭，达 541 mm。灾害最严重的是临安太湖源镇白沙村、神龙村等地，多处出现山洪暴发、泥石流等地质灾害，数条道路被冲毁，电线杆被冲断，水电、交通中断。浙江全省 10 个市 86 个县（市、区）796.0 万人受灾，紧急转移 153.0 万人，农作物受灾面积 36.6×10^2 km^2，海葵造成浙江全省直接经济损失高达 272.9 亿元[2-26]。

（5）可能最大热带气旋

可能最大热带气旋是一种假想的平稳状态的热带气旋，它是根据可以在某一海岸地区发生最大持续风速所选择的气象参数值的组合。这些气象参数值能够导出可能最大热带气旋，并在假定可能最大热带气旋沿最不利途径逼近或登陆海岸的条件下，用于计算沿海岸指定点的可能最大风暴潮和台风浪[2-27]。

三门湾建有国家重大能源工程三门核电厂，即滨海核电厂。而对于滨海核电厂而言，可能最大热带气旋是指核电厂址所在海域可能出现的最强热带气旋，通常被用来作为“核电厂设计基准热带气旋”的依据。根据《核电厂设计基准热带气旋》HAD101/11 的相关规定，设计基准热带气旋是在充分收集资料和有关成果基础上，对可能最大热带气旋的相关参数及其组合进行分析与评价后，最终求得一种最不利状况而又合理的“设计基准热带气旋”参数[1-19]。这些参数包括：热带气旋边缘气压(P_n)、热带气旋中心气压(P_0)、热带气旋最大风速半径(R_0)、热带气旋移速(V_{tc})、热带气旋的运动方向(θ)和风向的入流角(φ)等参数。

① 热带气旋边缘的海平面气压(P_n)：可定义为热带气旋外层边界上的平均海平面气压。一般采用最外闭合等压值方法估算每个热带气旋的边缘海平面气压。

② 最低热带气旋中心气压(P_0)：热带气旋中心气压是表征热带气旋强弱的气象参数之一，一般热带气旋中心气压越低，其强度越大。采用确定论和概率论两种方法评价热带气旋中心气压最低值。

③ 最大风速半径(R_0)：热带气旋的风眼是相对平静的区域，同时热带气旋对风速的影响范围也是有限的。只有在热带气旋中心一定半径范围内才有较强的风，尤其在距中心某个距离处风速达到最大。最大风速点离热带气旋中心的距离称为最大风速半径。研究表明：热带气旋越强烈，其最大风速半径就越小，对于发生在北太平洋西部的热带气旋，该特性较典型。

通过综合计算分析获取了可能最大热带气旋参数特征值，同时比较了三门核电厂设计基准洪水位不同研究阶段推荐使用的可能最大热带气旋主要参数值。按照核安全导则 HAD101/11 要求，并从安全角度考虑，给出三门湾海域三门核电厂址设计基准洪水位计算所采用的可能最大热带气旋参数值(表 2.4.8)。

表 2.4.8　影响三门湾三门核电厂址区域的可能最大热带气旋主要参数值

主要参数	2014 年计算
边缘气压 P_n (hPa)	1 007.5
中心气压 P_0 (hPa)	888.82
最大风速半径 R_0 (km)	25
气旋平移速度 V_d (km/h)	25
气旋移动方向 θ (°)	东北、西北、偏西

2.4.2.2　龙卷风

龙卷风是一种破坏力极强的小尺度激烈旋转的空气旋涡，是积雨云底部下垂着象鼻状的漏斗云体，上大下小。下部直径最小的只有几米，一般为几百米，最大可达千米以上；上部直径则为数千米，最大可达 10 km[2-13]。龙卷风生消迅速，但持续时间差别很大，由几分钟到几小时不等。龙卷风中心气压极低，水平气压梯度很大，从而造成强风，一般为 50～150 m/s，最大风速可达 200～300 m/s。高强度龙卷风具有极大的破坏力，可将途经之地的所有物品，如桥梁、房屋和人畜一应卷走。除强烈的风速外，还由于其内部气压很低可使邻近的建筑物和车辆等发生爆炸。

(1) 龙卷风的等级标准

龙卷风一般采用其最大风速来表征其强度。由于种种原因，其最大风速的确切值实际上很难获取。通常主要根据龙卷风对灌木、树林和构筑物的最大破坏程度，按照富士达 F 等级对龙卷风强度进行分类，其中数字越大龙卷风强度越强[2-28]，龙卷风的分类标准详见表 2.4.9。

表 2.4.9　富士达 F 等级分类标准

等级	瞬时最大风速(m/s)	伴生的破坏
F0	＜33	轻度的破坏
F1	33～49	中等的破坏
F2	50～69	相当大的破坏
F3	70～92	严重的破坏
F4	93～116	摧毁性的破坏
F5	117～140	难以置信的破坏
F6～F12	141～330	不可思议的破坏

(2) 龙卷风的时空分布

龙卷风是一种小概率事件。根据浙江全省有史以来至 2012 年间的气象资料、调查报告、研究文献和各县志等材料进行了普查，重点对 1949 年至 2012 年的龙卷风资料进行统计分析。调查结果表明：64 年(1949～2012 年)间累年发生 107 次龙卷风，平均 1.67 次/年(表 2.4.10)。1984 年出现最多，全省共有 6 次。龙卷风发生具明显的季节变化，主要出现在春、夏季(4～9 月)，其中 7 月最多，有 35 次(0.61 次/年)，其次是 8 月 21 次(0.37 次/年)，11～12 月没出现。龙卷风具有明显的日变化，一般午后发生的最多。龙卷风最大强度为 F3 级，共 3 次(0.078 次/年)，F2 级出现 40 次(0.59 次/年)，F1 级出现 39 次(0.61 次/年)。

表 2.4.10　龙卷风出现次数(1949～2012 年)

等级	F0	F1	F2	F3	合　计	次/年
浙江全省	25	39	40	3	107	1.67
调查区域	19	29	23	1	72	1.13

龙卷风发生有两个强中心及多发地和两个低中心及少发地，前者分别为舟山—宁波部分地区，临海—温岭和平阳以南。其中宁波地区龙卷风出现最多，共 34 次，平均 0.60 次/年，F2 级出现 12 次；其次是台州地区 21 次，平均 0.37 次/年，F2 级有 4 次，F3 级有 2 次。两个低中心和少发地，分别为象山—三门和玉环附近区域。三门湾所在的三门县和象山两县，64 年中未发现有龙卷风记录和报告，说明三门湾附近区域是龙卷风少发地带。

2.4.2.3　暴雨

(1) 暴雨及其危害

单位时间内的降雨量称降雨强度，降雨强度用降雨等级来进行划分，但等级划分不同部门有不同的标准。气象部门降雨强度等级划分见表 2.4.11。由表可见，日降水量在 25 mm 以上的降水为大雨；日降水量在 50 mm 以上的降水为暴雨；日降水量达 100 mm 以上的降水为大暴雨，日降水量 ≥ 250. 0 mm 为特大暴雨[2-9]。暴雨的出现使短时间内降水集中，常造成洪涝灾害。一次洪涝灾害一般介于 3～5 d，梅汛期长时可达 7～10 d，个别年份可持续 2～3 个月(1954 年)。每次洪涝过程导致洪水泛滥、堤塘决口、山洪暴发、泥石流等灾害，使交通受阻、通信中断，对人民生命财产和经济建设造成极大损失。

表 2. 4. 11　降水量等级标准表

等级	24 小时降水量(mm)	12 小时降水量(mm)
小雨	0. 1～9. 9	0. 1～4. 9
中雨	10. 0～24. 9	5. 0～4. 9
大雨	25. 0～49. 9	15. 0～9. 9
暴雨	50. 0～99. 0	30. 0～9. 9
大暴雨	100. 0～249. 9	70. 0～39. 9
特大暴雨	≥ 250. 0	≥ 140. 0

表 2. 4. 12 为石浦气象站累年各月降水量 ≥ 25 mm 以上的月平均降水日数，其中降水量 ≥ 50 mm 以上的暴雨日数累年年平均为 3. 53 d。暴雨产生的主要物理条件是充足而源源不断的水汽、强盛而持久的气流上升运动和大气层结的不稳定。因此，暴雨主要出现在夏半年(5～10 月)，暴雨日数为 3. 09 d，占全年暴雨日的 87. 5%，冬季最少。最多年暴雨日数为 8 d，出现于 2012 年。

表 2. 4. 12　石浦气象站累年各月≥ 25 mm 以上降水日数(1960～2012 年)　(单位:d)

月份	1	2	3	4	5	6	7	8	9	10	11	12	年平均	累年最多
≥ 25 mm	0. 34	0. 26	1. 00	1. 02	1. 60	2. 92	1. 23	1. 83	2. 06	0. 89	0. 85	0. 32	14. 32	26 (1998 年)
≥ 50 mm	0. 00	0. 02	0. 09	0. 09	0. 30	0. 72	0. 32	0. 72	0. 75	0. 28	0. 17	0. 06	3. 53	8 (2012 年)

(2) 石浦站最大降水量

① 日最大降水量：石浦气象站累年各月一日最大降水量介于 46. 7～281. 6 mm。除 1 月 46. 7 mm 外，其余各月日最大降水量均在 50 mm 以上，即为暴雨。特别是 4 月至 10 月，日最大降水量均超过 100 mm，即为大暴雨，其中 5 月最大，累年日最大降水量高达 281. 6 mm，为特大暴雨，出现在 1976 年 5 月 25 日，其次为 9 月(239. 6 mm)。

② 一小时最大降水量：累年一小时最大降水量为 82. 1 mm，出现于 1991 年 8 月 13 日 5 时，其次为 63. 9 mm，出现于 2010 年 9 月 11 日 22 时，见表 2. 4. 13。

(3) 三门湾沿岸站日最大降水量

三门湾沿岸的海游站、巡检司站和健跳站 3 站前 10 位的日最大降水量及出现日期如表

2.4.14 所示。由表可见，3 站前 10 位暴雨均发生在台汛期，大暴雨和特大暴雨主要受台风影响所致。

表 2.4.13　石浦气象站累年各月日、小时最大降水量及出现日期（1960～2012 年）

月	日最大降水量(mm)	出现日期	最大小时降水量（mm）	出现时间
1	46.7	1998-01-14	5.4	2005-01-27 T 2:00
2	75.3	1998-02-18	19.0	2006-02-15 T 20:00
3	63.4	1981-03-18	22.0	1999-03-18 T 7:00
4	117.9	2002-04-22	49.3	2002-04-22 T 2:00
5	281.6	1976-05-25	32.2	1998-05-02 T 13:00
6	156.0	1960-06-10	53.7	2008-06-11 T 6:00
7	159.5	2002-07-7	58.6	2002-07-07 T 13:00
8	132.3	1991-08-13	82.1	1991-08-13 T 5:00
9	239.6	2009-09-30	63.9	2010-09-11 T 22:00
10	191.4	1964-10-15	39.8	1999-10-10 T 6:00
11	96.1	1982-11-29	23.5	1990-11-09 T 0:00
12	101.5	1972-12-22	15.6	1997-12-07 T 1:00
全年	281.6	1976-05-25	82.1	1991-08-13 T 5:00

表 2.4.14　海游站、巡检司站和健跳站累年前 10 位日最大降水量及出现日期

排序	海游站（1951～2012 年）		巡检司站（1956～2012 年）		健跳站（1975～2012 年）	
	日最大降水量（mm）	出现日期	日最大降水量（mm）	出现日期	日最大降水量（mm）	出现日期
1	367.2	1988-07-29	289.7	1981-09-22	354.8	1993-09-12
2	346.1	1977-09-21	274.3	1964-10-14	307.0	2012-08-07
3	317.7	1987-09-01	266.4	1987-09-01	278.5	1991-08-12
4	311.3	1997-08-18	261.4	1963-09-11	274.3	1981-09-22
5	292.1	1990-09-04	253.1	1966-09-07	218.5	2011-08-24
6	262.6	1963-08-18	228.2	1984-08-07	215.4	1987-09-01
7	260.5	2009-08-09	217.7	1991-08-12	213.5	2009-09-29
8	257.8	2005-09-01	211.0	1992-08-03	170.1	1997-08-18
9	253.4	1992-09-22	209.2	2000-08-01	169.1	2004-09-12
10	233.7	2004-08-12	203.6	1977-09-25	161.9	1992-09-22

2.4.2.4 雷暴

雷电是同时伴有闪电和雷鸣的一种自然现象，是雷暴云中正负电荷中心之间或云中电荷中心与地面之间的放电过程。雷电灾害主要表现为雷电所造成的直接雷击和感应雷击。雷击多发生在空旷的场地、高大物体的下面或导电体的附近。雷击使建筑和电力设备损坏，人畜毙命，树木击毁等。例如三门湾附近区域最严重的一次雷击事故发生于2004年6月26日下午2时左右，台州市临海市杜桥镇杜前村有30人在一块约100 m^{2}闲置地上的5棵大树下避雨，不幸惨遭雷击，当场就有11人被击死，死者被强大气流推出3 m多远，其余人员均被击伤，立即送往医院抢救，这次雷击最终造成17人死亡，13人受伤，直接经济损失超过百万元，这是台州市自1960年有历史记录以来最严重的一次雷击事故。

随着国民经济的高速发展，高层建筑大量增加和各类无线电设施、通信设备、家电器材等现代电子设备的广泛应用，雷击事件的发生率及损失率呈上升态势，给国家和人民生命财产造成了严重损失。雷电灾害是“联合国国际减灾十年”公布的最严重的自然灾害之一，也被国家电工委员会称为“电子化时代的一大公害”。

雷电一般产生于对流发展旺盛的积雨云中，常伴随有强烈的阵风和暴雨，有时还伴有冰雹和龙卷风。雷暴是在大气处于不稳定条件下产生的强对流剧烈天气，属于中小尺度的天气系统，生命史很短，发生范围较小。但所经之地，常伴随大风大雨，天气变化异常激烈，常给人们生产、生活带来灾害。

根据三门湾沿岸宁海、石浦两站10年(1995～2004年)的气象资料统计，每年的雷暴日平均大于35 d，雷暴出现的地理分布一般山区多于海岛。石浦站每年雷暴日平均为39.5 d，宁海站雷暴日平均为55.75 d。雷暴日数季节变化明显，主要集中在3～9月，一般占总日数的98%以上。特别是夏季最多，由于日照强烈，造成近地层大气的不稳定，容易形成热雷暴，而冬季近地面气温较低，大气层结稳定，不容易发展雷暴天气。雷暴常伴随强降水，统计表明，宁海站10年中雷暴日最大降水量为188.5 mm，石浦站为187.5 mm(表2.4.15)。

表2.4.15 宁海、石浦两站雷暴出现情况(1995～2004年)

月份	项目	宁海	石浦
1	总次数(次)	1	2
	次/年	0.1	0.2
	最大降水量(mm)	9.4	10.7
2	总次数(次)	2	1
	次/年	0.2	0.1
	最大降水量(mm)	16.7	14.7
3	总次数(次)	28	42
	次/年	2.8	4.2
	最大降水量(mm)	43.8	50.7

续表 2. 4. 15

月份	项目	宁海	石浦
4	总次数(次)	48	58
	次/年	4. 8	5. 8
	最大降水量(mm)	46. 6	117. 9
5	总次数(次)	41	40
	次/年	4. 1	4
	最大降水量(mm)	50. 6	44. 3
6	总次数(次)	72	52
	次/年	7. 2	5. 2
	最大降水量(mm)	130. 6	66. 3
7	总次数(次)	138	59
	次/年	13. 8	5. 9
	最大降水量(mm)	93. 3	159. 5
8	总次数(次)	174	86
	次/年	17. 4	8. 6
	最大降水量(mm)	155	83. 7
9	总次数(次)	42	34
	次/年	4. 2	3. 4
	最大降水量(mm)	64. 2	115. 3
10	总次数(次)	3	6
	次/年	0. 3	0. 6
	最大降水量(mm)	188. 5	187. 5
11	总次数	6	12
	次/年	0. 6	1. 2
	最大降水量(mm)	48. 2	50. 4
12	总次数(次)	2	3
	次/年	0. 2	0. 3
	最大降水量(mm)	14. 6	22. 5
全年	总次数(次)	557	395
	次/年	55. 7	39. 5
	最大降水量(mm)	188. 5	187. 5

2.4.2.5 雾

雾是悬浮在贴近地面的大气中的大量微细水滴(或冰晶)的可见集合体,使能见度降到 1.0 km 以下。雾中水平能见度小于 1.0 km 的称为雾,1.0 ~ 10.0 km 以内称为轻雾,小于 200 m 为浓雾,小于 50 m 为强浓雾。雾具有发生频率高,发生范围大,危害程度大等特点。浓雾影响交通,尤其是大范围的浓雾对海运危害很大,可能将造成船舶偏航、触礁、碰撞和搁浅等事故。

(1) 雾日的季节变化

雾是浙江沿海常见的一种重要天气现象,浙江海面发生的雾,主要是平流雾,其次是锋面雾,一年四季皆可出现[2-29]。三门湾区域处于浙江沿岸的多雾带内,石浦站累年平均年雾日为 56 d,见表 2.4.16。石浦站靠近沿海,年平均雾日数较高。雾日数的季节变化较大,春、冬季雾日较多,而夏、秋季则相对较少。雾主要集中在春季及夏初的 3~6 月,通常称为雾季或多雾月,这 4 个月的雾日占全年雾日的 67.9%,其中 4~5 月最多,均为 11 d, 8~11 月最少,称为少雾月,这 4 个月的雾日仅占平均年雾日的 7%,其中 8 月最少。雾的这种季节变化特征是由于海洋的滞后性和洋流的共同作用形成的。春季及夏初陆上升温快,海上升温慢,三门湾口又有台湾暖流北上,浙江省沿海海面是个冷水区,来自陆上或暖海面温度较高的气流,遇到冷水面时,低层空气中水汽就会凝结形成平流雾。因此,春、夏两季海面和沿海岸带雾就多;而秋、冬两季则相反,陆上降温快,海上降温慢,海面温度高于陆面温度,成雾概率少。

表 2.4.16 石浦气象站累年各月雾日数(1960 ~2005 年) (单位:d)

月份	1	2	3	4	5	6	7	8	9	10	11	12	全年
累年平均	3	4	7	11	11	9	4	0	1	1	2	3	56
最多年	3	6	7	11	10	18	10	0	3	3	7	2	80
最少年	0	2	3	10	14	2	1	0	1	0	5	0	38

(2) 雾日的年际变化

三门湾雾日数的年际变化显著,最多年雾日为 80 d,出现在 1993 年,最少年雾日仅为 38 d,出现在 1963 年和 2000 年。

(3) 雾日的生成、维持与消散

海面上雾的生成、维持与消散,既受天气系统的影响,也受局地下垫面的影响,是边界层内复杂的一种天气现象。系统性的雾其空间分布往往成片,范围也较大,维持与天气系统密切相关。而局地的雾,维持时间较短。

三门湾海域雾的日变化规律较为明显,雾的生成时间一般在下半夜前后到清晨日出之前,雾消散的时间一般在日出升温后 2~3 h。雾生消时间还具有季节性变化。在多雾的春季,虽然常有平流雾和锋面雾,但因白天气温升高,湍流发展,雾变稀薄或抬升成低层云或消散,到了夜间又会转浓或再生成。冬季辐射雾多，它总是在半夜到早晨形成，日出后在10:00左右消散。盛夏和秋季一般在下半夜形成，日出后很快消失。

三门湾区域的雾持续时间大多数都较短，持续4 h以内的雾占总数的79.5%，石浦站雾的最长持续时间为50 h，出现在1979年3月。

参考文献

[2-1] 中国人民解放军空军司令部．气象学教程[Z]. 1973.

[2-2] 刘振隆．天气学[M]．北京:气象出版社，1986.

[2-3] 周淑贞．气象学与气候学[M]．北京:人民教育出版社，1979.

[2-4] 孙湘平．中国近海区域海洋[M]．北京:海洋出版社，2006.

[2-5] 北京大学地球物理系气象教研室．天气分析和预报[M]．北京:科学出版社，1976.

[2-6] 李丽平,秦育婧．大气环流概论[M]．北京:科学出版社，2013.

[2-7] 陆忠汉,陈长荣,王婉馨．实用气象手册[M]．上海:上海辞书出版社，1984.

[2-8] 苏纪兰．中国近海水文[M]．北京:海洋出版社，2005.

[2-9] 蔡菊珍,何月,张小伟．浙江三门核电项目 3、4 号机组工程厂址区域气象资料统计和设计基准参数分析技术报告[R]. 2013.

[2-10] 全国海岸带办公室《海岸带气候调查报告》编写组．中国海岸带气候[M]．北京:气象出版社，1991.

[2-11] 杨士瑛,陈培雄,施伟勇,等．三门核电项目 3、4 号机组工程海域使用论证报告书[R]. 2015.

[2-12] 本书编写组编．气候变化——人类面临的挑战[M]．北京:气象出版社，2007.

[2-13] 李崇银,黄荣辉,丑纪范,等．我国重大高影响天气气候灾害及对策研究[M]．北京:气象出版社，2009.

[2-14] 蔡守华．论我国农业干旱特点[J]．中国减灾，1996，6(3):25-27.

[2-15] 丁一汇,张锦,徐影,等．气候系统的演变及其预测 // 秦大河．全球变化热门话题丛书[M]．北京:气象出版社，2003.

[2-16] 方宗义,朱福康,江吉喜,等．中国沙尘暴研究[M]．北京:气象出版社，1996.

[2-17] 高庆华,苏桂武,张业成,等．中国自然灾害与全球变化 // 秦大河．全球变化热门话题丛书[M]．北京:气象出版社，2003.

[2-18] 浙江省水文志编纂委员会．浙江省水文志[M]．北京:中华书局，2000.

[2-19] 浙江省防汛防旱指挥部办公室．浙江省 1989 年 23 号台风汛情总结[R]. 1989.

[2-20] 浙江省水文总站．浙江省“8923”号台风暴潮综合调查总结[R]. 1990.

[2-21] 浙江省围垦局．9417 号台风浙东海塘损毁情况调查与分析[R]. 1995.

[2-22] 浙江省海洋局．浙海信[1997]58 号,关于浙江省 9711 号台风灾害情况的报告[R]. 1997.

[2-23] 胡琳琳,蔡菊珍,陈焕宝,等．浙江三门核电厂可能最大暴雨补充分析报告[R]. 2013.

[2-24] 国家海洋环境预报中心. 我国近海海浪灾害现场调查报告[R]. 2009.

[2-25] 乔方利. 中国区域海洋学—物理海洋学[M]. 北京:海洋出版社，2012.

[2-26] 中国气象局. 中国气象灾害年鉴[G]. 北京:气象出版社，2013.

[2-27] 国家海洋局.《关于印发风暴潮、海浪、海啸、海冰、海平面上升灾害风险评估和区划技术导则的通知》(国海预字[2015]585号)——风暴潮灾害风险评估和区划技术导则[S].

[2-28] 蔡菊珍,苗长明,张小伟,等. 三门核电厂厂址区域气象资料统计和设计基准参数分析[R]. 2006.

[2-29] 浙江省海岸带资源综合调查队. 浙江省海岸带资源综合调查专业报告(之一)气候[R]. 1985.

第3章　海洋水文

海洋是全球生命支持系统的关键组成部分，在全球生态与环境中具有极其重要的地位和作用。海洋是保障社会可持续发展的宝贵物质基础，海洋文明和文化又为人类文明的相互交流、理解、合作，创造了无形永续的精神财富。

三门湾位于浙江中部沿海，三面环山，一面临海，是浙江省三大半封闭海湾之一，属于半封闭强潮型海湾，北邻象山港，南接浦坝港。海湾呈西北东南走向，其形状犹如伸开五指的手掌，众多港汊呈指状深嵌内陆。三门湾岸线深受NNE、WNW及东西向断裂构造控制，沟谷、溪流多循此方向发育。三门湾岸线蜿蜒曲折、岬角纵生，湾内岛礁罗列、水道纵横，港汊与沙脊相间排列，地形特点为东北多浅滩，西南多深槽或潮汐通道。湾内有众多的大、小岛屿，其中湾口有南田岛、花岙岛等诸岛屿构成一道天然屏障，有效地阻挡了外海波浪对湾内岸滩的侵袭，成为我国近海的天然避风良港。

三门湾内水深、流急，流路变化较为复杂。三门湾及其附近海域潮汐性质以正规半日潮为主，而湾顶浅海分潮的作用较大，呈现出非正规半日浅海潮特性。来自太平洋的潮波是维持浙江海域潮汐运动的基本能量[2-18]。太平洋潮波经琉球群岛间水道以前进波的形式传入中国海，大部分经东海传入黄海，其中一部分传向浙江近岸。太平洋潮波进入陆架后，由东南向西北挺进。进入浙江的潮波传至三门湾口附近外海，波峰突出，高潮首先在三门湾口附近发生，潮差大。

三门湾内水深一般介于5～10 m之间，局部水域受地形影响，尤其是受潮流的冲刷作用，水深相对大些，如三门湾西侧中部的猫头山嘴前沿的猫头大深潭，水深曾达50 m以上。

三门湾的流域面积约为3 160 km^2，入海河流虽有30多条，但均为短小的山溪性河流，源短流急，无大的河流注入。每年注入三门湾的年平均径流总量约为2.68×10^9 m^3，仅为钱塘江入海径流量的1/4。流域来沙少而粗，多沉积在溪流出口处，少量的细颗粒物质能随潮运移。显然，对整个三门湾而言，入海径流对三门湾水文状况的影响甚小。然而，三门湾与宽广的东海大陆架相接，受外海环境因子的影响比较显著。太平洋潮波通过东海陆架进入三门湾，而在三门湾口外近海有一支由北向南流动的江浙沿岸流，以及另一支与此平行流动、但方向相反（由南向北）的台湾暖流等。江浙沿岸流具有盐度低，水温年变幅大，水体混浊，透明度小的水文特征；而台湾暖流具有高温、高盐、透明度大的水文特征。这两支具不同水文特征的海流在其交接区域，各水文要素的水平梯度大，形成锋面。这些都给三门湾海域的海洋生态环境带来很大影响，从而构成了三门湾海域独特的海洋水文、泥沙和水化学等自然环境特征。

三门湾海域水文特征分析研究，主要采用三门核电海水取排水工程水文泥沙测验专题所获资料，即在三门湾及其附近海域实施的 3 个年份、6 个航次(1994 年的冬、夏两季，2003 年的春、秋两季和 2013 年的冬、夏两季)大规模水文泥沙测验及潮位同步观测资料及成果报告[3-1～3-3]，在 20 年(1994～2013 年)间，每相隔 10 年进行的一次大规模、大范围的水文泥沙测验。根据 3 个年份、6 个航次的现场调查实测资料成果，分析研究三门湾海域的水文特征及其诸要素的分布变化规律；并将前、后 3 个年份实测资料成果进行对比分析，以阐释三门湾海域水文特征及其诸要素的变化趋势。

3.1 潮汐

海水在月球、太阳引潮力作用下所产生的周期性涨落称潮汐。人们将白天海面的涨落叫“潮”，晚上的涨落叫“汐”，合起来就称潮汐[3-4]。潮汐现象最显著的特点是具有明显的规律，其变化周期约为 12 h(半日潮)或 24 h(全日潮)。海水在产生潮汐现象的同时，还产生周期性的水平运动，即潮流。潮汐和潮流是一对孪生兄弟：前者表现在垂直方向的潮位升降运动，后者表现为水平方向的潮流涨落。潮汐现象包括潮位的升降和潮流的涨退，两者的区别在于运动的方向不同；两者的联系对于海湾而言，涨潮流使潮位升高，而落潮流使潮位降低[2-4]。

潮汐与人类的海洋开发利用关系极为密切，如海水养殖、海洋捕捞、航海、临海工程建设、海洋开发、海洋生态与环境保护以及军事活动等，均受潮汐现象的影响。

3.1.1 资料概况

3.1.1.1 调查范围

调查海域范围介于 28°48′32″N 至 29°09′33″N、121°31′07″E 至 121°52′15″E 之间，总面积近 800 km^2 的三门湾及其附近海域。

3.1.1.2 站位布设与调查时间

(1) 1994 年测站布设与调查时间

在三门湾及其附近海域布设了 9 个临时潮位站[3-1]，进行了冬、夏两季各为期一个月(冬季：1994 年 2 月 22 日 08 时始至 3 月 24 日 08 时止；夏季：1994 年 7 月 1 日 0 时始至 7 月 31 日 23 时止)的潮位观测。同时收集了健跳水文站和石浦海洋站两个长期潮位站的同期潮位观测资料。各验潮站的地理位置见表 3. 1. 1 和图 3. 1. 1。

由于部分临时测站位于远离大陆的海岛上，当时尚无技术和条件进行水准联测。故为了比较起见，参照国标 GB 12327—90 的有关规定，把各站实测的潮汐特征值统一至同步期各站的平均海面起算。

基面关系：根据《浙江三门核电厂可行性研究阶段海平面和工程基准面关系分析研究报告》[3-5]，采用健跳水文站的潮位资料，用四种不同系列长度的潮位资料计算平均海平面。其计算结果为，健跳站历年平均海平面相对“1985 国家高程基准”的量值为 22～23 cm，如表 3. 1. 2 所示。在三门湾及其邻近海域的 11 个长、短期潮位站（包括 7 个海岛站）的潮高起算面基准尚未组成一个水准网、实施统一精度的水准联测与平差之前，这一量值（23 cm）可以代表三门湾及其邻近海域的平均海平面。

表 3. 1. 1　1994 年冬、夏两季潮位观测站位一览表

站号	地点	纬度	经度	潮位基面
W1	壳塘山	28°53′07″	121°41′06″	本站假定
W2	南田岛（金七门）	29°02′58″	121°56′26″	本站假定
W3	牛山嘴	29°00′37″	121°42′15″	本站假定
W4	花岙岛（大佛岛）	29°04′40″	121°47′11″	本站假定
W5	巡检司	29°06′20″	121°31′10″	本站假定
W6	鹁鸪头（白玉湾岛）	29°10′05″	121°47′19″	本站假定
W7	檀头山	29°10′16″	122°02′57″	本站假定
W8	雀儿岙岛（东矶列岛）	28°48′36″	121°50′48″	本站假定
W0	核电厂址站	29°06′00″	121°39′00″	本站假定
SP	石浦海洋站	29°12′00″	121°57′00″	本站假定
JT	健跳水文站	29°02′00″	121°38′00″	吴淞基面

表 3. 1. 2　健跳站历年平均海平面相对“1985 国家高程基准”的量值　（单位：cm）

海平面计算年限	1975. 5～1993. 12（18. 655 年）	1976～1993（18 年）	1989～1993（5 年）	1992～1993（2 年）	基面
计算量值	23	23	23	22	1985 国家高程基准

由于海平面是一个大尺度的物理量，它是在一个大尺度的潮波系统控制下，由海洋水文动力、沿岸陆地水文和气象、气候因子作用下的海洋平均海水面，它具有相当大的作用范围。而就一个范围不算大的三门湾及其邻近海域而言，与健跳站相距最远的雀儿岙岛或檀头山岛两站也仅为 40 km。根据国内外的研究成果表明：我国沿海海平面南高北低，经向每百公里平均相差约为 3 cm。因此，利用健跳站多年平均海平面代表三门湾及其邻近海域的平均海平面是合理、可行的。

（2）2003 年测站布设与调查时间

在三门湾及其附近海域布设了 8 个临时潮位站，进行了春、秋两季各为期一个月（春季：4 月 23 日始至 5 月 26 日止；秋季：10 月 24 日始至 11 月 23 日止）的潮位观测[3-2]。同时收集了健跳水文站和石浦海洋站两个长期潮位站的同步潮位资料，秋季航次临时潮位站的布设与春季航次大体相同，其中有一站（W6 站）由原白玉湾移到胡陈港，各验潮站的地理位置见表 3. 1. 3 和图 3. 1. 1。

潮位观测均采用了国际上较为先进的自动潮位计，采样时间间隔 10 分钟。临时潮位站的基准面均采用测站假定基面，并设有本站的潮高基准点。其中三门核电厂址站基准面由“浙江省测

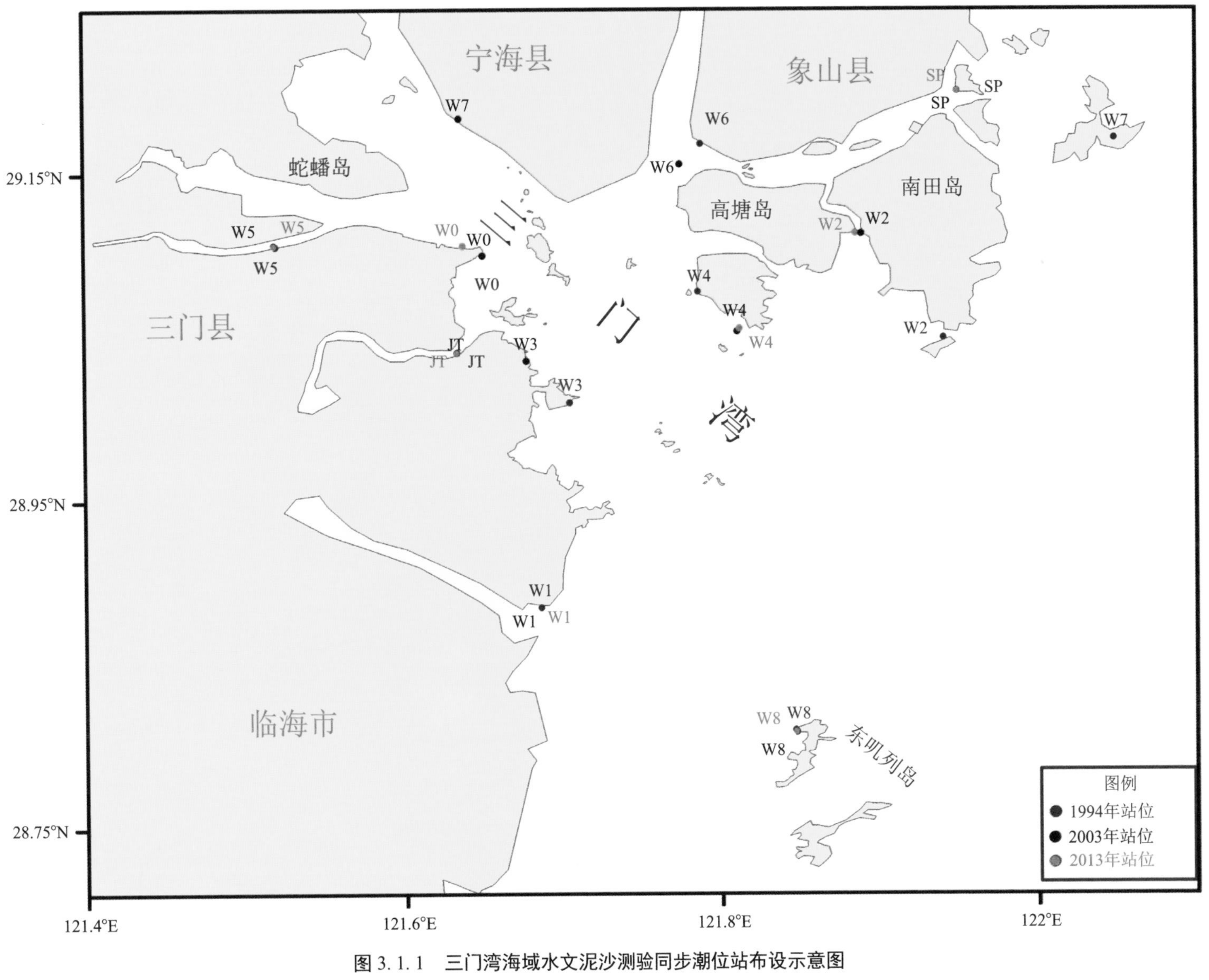

图 3.1.1　三门湾海域水文泥沙测验同步潮位站布设示意图

绘局"联测至1985国家高程。水准测量由国家一等水准点("1杭度南65")为起点,按三等水准精度引测至三门核电厂址,测量精度满足技术标准要求,其水准高程在"1985国家高程基准"以上14.404 m。后又将此点接测到核电厂址站验潮仪校核水尺(1号水尺)的零点上,计算出三门核电厂址站潮高起算面位于"1985国家高程基准"以下3.893 m。

表3.1.3 2003年春、秋两季潮位观测站位一览表

站名	纬度	经度	观测季节	潮位基面
巡检司(W5)	29°06′23″	121°31′07″	春 季	本站假定
核电厂址(W0)	29°06′00″	121°39′00″		本站假定
健跳(JT)	29°02′00″	121°38′00″		吴淞基面
鹁鸪头(W6)	29°09′20″	121°46′32″		本站假定
花岙岛(W4)	29°03′12″	121°48′41″		本站假定
牛山嘴(W3)	29°02′08″	121°40′36″		本站假定
南田岛(W2)	29°06′47″	121°53′22″		本站假定
壳塘山(W1)	28°54′33″	121°40′56″		本站假定
雀儿岙(W8)	28°48′32″	121°50′51″		本站假定
石浦(SP)	29°12′00″	121°57′00″		吴淞基面
胡陈港(W6)	29°11′01″	121°38′08″	秋 季	本站假定

因此,健跳水文站(JT)和三门核电厂址站(W0)的潮高基准面均为"1985国家高程基准",两站各基准面之间相互关系见图3.1.2。

(3)2013年测站布设与调查时间:

在三门湾及其附近海域布设6个临时潮位站,进行冬、夏两季各为期一个月(冬季:2013年1月25日始至2月24日止;夏季:2013年7月3日始至8月2日止)的潮位观测[3-3]。同时收集了健跳水文站和石浦海洋站两个长期站的同步潮位资料,各验潮站地理位置见表3.1.4和图3.1.1。

表3.1.4 2013年冬、夏两季潮位观测站位一览表

站名	纬度	经度	潮位基面
巡检司(W5)	29°06′23″	121°31′07″	85高程
核电厂址(W0)	29°06′21″	121°38′15″	85高程
健跳(JT)	29°02′00″	121°38′00″	85高程
花岙岛(W4)	29°03′18″	121°48′46″	85高程
壳塘山(W1)	28°54′33″	121°40′56″	85高程
南田岛(W2)	29°06′47″	121°53′07″	85高程
雀儿岙(W8)	28°48′33″	121°50′50″	85高程
石 浦(SP)	29°12′00″	121°57′00″	85高程

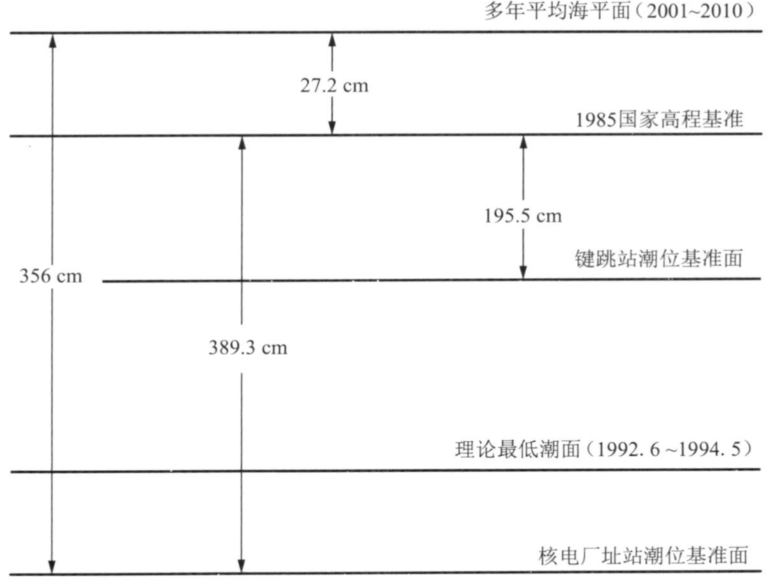

图 3. 1. 2 健跳站和核电厂址站各基准面之间相互关系示意图

巡检司（W5）、核电厂址（W0）、健跳（JT）、石浦（SP）等 4 个潮位站与国家水准高程系统进行了联测，花岙岛（W4）、壳塘山（W1）、南田岛（W2）、雀儿岙（W8）等 4 个测站位于海岛上，采用同期海平面传递的方法获得其平均海面与国家 85 基面的关系。

（4）三门核电海洋站

三门核电海洋站位于三门湾西南岸的猫头山嘴前沿，地理坐标 29°06′N，121°39′E。三门核电海洋站于 1992 年 5 月由国家海洋局第二海洋研究所承建，图 3. 1. 3 为三门核电海洋站现场照片。

图 3. 1. 3 三门核电厂海洋站现场照片

1992 年 6 月 1 日开始全潮水位观测，同时进行潮位资料整编。海洋站潮位观测时间为 1991 年 6 月 1 日至 1995 年 12 月 31 日，历时 3 年半。基本水准点"Ⅲ三电支-07"位于潮位观测站附近，水尺零点在 1985 国家高程以下 389.3 cm。潮位观测资料均已校准到水尺零点起算[3-6~3-7]。三门核电海洋站潮位观测资料是三门湾中部时间序列较长的潮汐观测资料，观测资料正确可靠，对研究三门湾海域潮汐具有良好的代表性。

(5) 健跳水文站（长期站）

健跳水文站位于三门湾内、健跳港北岸的螺丝山下，地理坐标为 29°02′N，121°38′E。健跳水文站于 1975 年 4 月由三门县水利局承建，当即开始全潮水位观测，潮位资料从 1975 年 5 月起开始整编；该站自 1980 年 10 月建成自记水位台，由浙江省水文总站（现浙江省水文局）管辖；健跳水文站为三门湾的长期潮位观测站。

健跳水文站在其自记水位台附近的山体基岩处设有固定水泥桩 5 根，附有水尺片作为验潮的校核水尺，按水尺桩高低排序为 P1～P5。在 P1 水尺处的基岩上设有刻石标志的工作水准点，点名为"健水—1"，高程取 4.869 m；另外，该站还建有铜质备用水准点一座，称"健跳水文站水准铜点"，高程取 8.001 m；两水准点均采用本测站假定的"吴淞高程基准"，故又称其为该站的"测站吴淞基面"；建站至今，潮位基准未变。于 1994 年，根据浙江省测绘局测绘大队实测资料，健跳水文站的"吴淞高程基准"，在"1985 国家高程基准"以下 197.7 cm[3-8]。2007 年 3 月，浙江省水文局正式在全省水利、水文系统发布并启用《浙江省水文站水位基面考证及历年水位资料订正》成果，其中明确"健跳水文站的测站基面高程：吴淞基面高程 − 195.5 cm = 1985 国家高程基准"[3-9]，测站基准面之间相互关系见图 3.1.2。

健跳水文站自记水位台稳固，井式结构；潮位基准稳定、验潮质量良好；自 1975 年至今，已连续观测 40 余年；其长序列潮汐观测资料，对于三门湾海域潮汐研究具有不可替代的代表意义。

3.1.2 潮位资料分析

潮位资料的分析计算主要包括了实测潮位资料分析、潮汐特征值统计分析和调和计算分析。为了计算分析各测站的潮位特征值，并便于比较，本书对 1994 年和 2003 年春季潮位资料进行分析计算，参照国家标准的相关规范、规定，将各站实测潮汐特征值统一至同步期各站的平均海面起算；而 2003 年秋季和 2013 年冬、夏两季潮位资料的分析计算，则将各站的潮位特征值统一归化至"1985 国家高程基准"起算。

3.1.2.1 实测潮位分析

三门湾内的潮振动主要由进入东海的太平洋潮波所致。由于三门湾地形、地貌比较复杂，当潮波由开阔海域进入三门湾后，受地形、地貌的影响，潮波主要沿海湾轴线方向传播。在地形、地貌、水深和底摩擦的作用下，原本比较正规的潮波开始变形，倍潮和复合潮明显增大，在湾内形成驻波，使得三门湾海域成为浙江省沿岸乃至中国沿海最大潮差区域之一。

根据1994年冬、夏两季11个潮位站的浅水分潮计算结果(表3.1.5)可见三门湾南、北两岸浅水分潮的沿程变化,主要浅水分潮从湾口外到湾顶区域逐渐增大。在湾口的檀头山站(W7)冬、夏两季分别为4.2 cm和5.7 cm,而到了湾顶的巡检司站(W5)冬、夏两季则分别为14.9 cm和20.5 cm,冬、夏两季增幅分别达10.7 cm和14.8 cm。在三门湾南、北两岸,浅水分潮亦有所不同,呈现出北岸大于南岸的趋势。如北岸的W4站,其主要浅水分潮的振幅冬、夏两季分别为9.6 cm和12.6 cm,而位于南岸的W3站其值则分别为5.5 cm和9.9 cm。

表3.1.5 1994年冬、夏两季浅水分潮振幅统计表 (单位:cm)

季节	站名 / 浅水分潮	W5	W6	W0	JT	W4	W3	W1	W2	W9	W7	W8
夏季	$H_{M4}+H_{MS4}+H_{M6}$	20.5	13.2	16.1	15.2	12.6	9.9	6.1	10.0	7.0	5.7	7.0
冬季	$H_{M4}+H_{MS4}+H_{M6}$	14.9	16.4	9.3	9.5	9.6	5.5	5.0	7.4	4.3	4.2	3.9

3.1.2.2 潮汐特征

(1) 1994年各站潮汐特征

根据11个站的潮汐日、月变化过程曲线分析可知,三门湾潮汐具有明显的变化规律,即每天呈现两次高潮和两次低潮,且在一个月中,潮汐出现两次大潮和两次小潮。尽管三门湾海域的潮高和潮差沿程有较大变化,但却始终不失其两高两低(每日)和两大两小(每月)的变化规律。

1) 冬季航次

三门湾及其邻近海域1994年冬季航次月平均高潮位介于169～233 cm之间,月最高高潮位介于261～355 cm之间;月平均低潮位在−220～−164 cm之间,月最低低潮位介于−351～−264 cm之间,见表3.1.6A。三门湾口外的檀头山(W7)站月平均高潮位为169 cm,而湾顶的巡检司站(W5)则为233 cm,可以看出,月平均高潮位由三门湾口外向湾顶区域沿程逐渐递增,至湾顶达到最大,两者相差64 cm;而低潮位则相反,其值由湾口外向湾内递减,至湾顶区域出现最低低潮位。以位于湾口外的檀头山站和湾顶的巡检司站为例,两站的最高高潮位和最低低潮位差分别达92 cm和87 cm。

2) 夏季航次

三门湾及其邻近海域的夏季月平均高潮位介于169～241 cm之间,月最高高潮位介于268～358 cm之间,月平均低潮位介于−224～−161 cm之间,月最低低潮位介于−348～−250 cm之间(表3.1.6B)。三门湾口外的檀头山站月平均高潮位为169 cm,而湾顶的巡检司站则为241 cm,可以看出,月平均高潮位由三门湾口外向湾顶区域沿程逐渐递增,至湾顶达到最大,两者相差72 cm;而低潮位则相反,其值由湾口外向湾内递减,至湾顶区域出现最低低潮位。夏季航次以位于湾口外的檀头山站和位于湾顶的巡检司站为例,两站的最高高潮位和最低低潮位分别差86 cm和88 cm。

表 3. 1. 6A 三门湾海域 1994 年冬季实测潮汐特征值一览表

特征值＼站名	巡检司（W5）	核电厂址（W0）	健跳（JT）	鹁鸪头（W6）	花岙岛（W4）	牛山嘴（W3）	壳塘山（W1）	南田岛（W2）	雀儿岙（W8）	石浦（SP）	檀头山（W7）
月平均高潮位（cm）	233	216	210	203	201	201	195	183	181	172	169
月最高高潮位（cm）	355	322	319	308	304	307	298	277	276	261	263
月平均低潮位（cm）	−220	−211	−202	−182	−193	−197	−197	−175	−180	−166	−164
月最低低潮位（cm）	−351	−329	−325	−280	−304	−312	−305	−284	−285	−264	−264
月平均潮差(cm)	454	427	413	386	395	398	393	359	362	339	334
月最大潮差(cm)	701	651	641	583	608	607	600	554	551	525	527
月最小潮差(cm)	162	155	149	140	138	144	144	127	110	121	116
月平均涨潮差（cm）	455	426	413	385	394	397	392	258	361	338	333
月平均落潮差（cm）	453	428	414	387	396	399	394	360	363	340	335
月平均涨潮历时（h:min）	6:13	6:16	6:19	6:07	6:17	6:14	6:16	6:16	6:14	6:11	6:12
月平均落潮历时（h:min）	6:13	6:09	6:06	6:17	6:08	6:11	6:10	6:10	6:11	6:14	6:13
平均海面(cm)	10	399	208	519	345	330	361	267	333	362	291
相对基面	各站水尺零点										

注：表中的特征潮位均相对于各站同步期的平均海平面。

表 3.1.6B　三门湾海域 1994 年夏季实测潮汐特征值一览表

站名 特征值	巡检司（W5）	核电厂址（W0）	健跳（JT）	鹁鸪头（W6）	花岙岛（W4）	牛山嘴（W3）	壳塘山（W1）	南田岛（W2）	雀儿岙（W8）	石浦（SP）	檀头山（W7）
月平均高潮位（cm）	241	219	214	204	207	204	199	189	191	172	169
月最高高潮位（cm）	358	335	324	311	308	309	301	287	288	268	272
月平均低潮位（cm）	−224	−211	−203	−184	−197	−198	−198	−177	−183	−164	−161
月最低低潮位（cm）	−348	−317	−313	−283	−298	−299	−302	−268	−277	−250	−260
月平均潮差(cm)	466	432	418	390	406	403	399	366	375	338	331
月最大潮差(cm)	706	648	636	593	606	599	601	555	563	514	532
月最小潮差(cm)	232	222	213	201	203	201	195	179	186	163	155
月平均涨潮差（cm）	467	433	419	391	407	404	400	367	376	339	333
月平均落潮差（cm）	465	430	417	388	404	402	397	365	374	336	330
月平均涨潮历时（h:min）	6:25	6:21	6:25	6:18	6:22	6:20	6:20	6:17	6:17	6:13	6:18
月平均落潮历时（h:min）	5:59	6:04	6:00	6:06	6:02	6:04	6:04	6:07	6:08	6:12	6:07
平均海面(cm)	466	19	217	533	415	476	17	278	319	380	289
相对基面	各站水尺零点										

注:表中的特征潮位均相对于各站同步期的平均海平面。

（2）2003 年各站潮汐特征

根据 10 个潮位站 31 天的实测潮位过程曲线表明，三门湾区域潮汐具有明显的变化规律，在一个月中潮汐出现两次大潮和两次小潮，其中 5 月 16～18 日的大潮要远大于 5 月初的大潮，说明本次水文泥沙测验具有较好的代表性。而潮位在一日中有规律地出现两次高潮、两次低潮，但潮汐的日不等现象较为明显。

根据各站一个月的实测潮位资料，计算得出潮汐特征值（表 3.1.7），以了解三门湾海域的实测潮位特征，从而探讨三门湾海域潮位的时空分布与变化规律。

1）春季航次

三门湾及其邻近海域的月平均高潮位介于 166～225 cm 之间，三门湾口外的雀儿岙站月平均高潮位为 179 cm，而湾顶的巡检司站则为 225 cm，显然月平均高潮位由三门湾口外向湾顶部沿程逐渐递增，两者相差 46 cm。月平均低潮位介于 −215～−157 cm 之间（表 3.1.7A），月平均低潮位则由三门湾口外向湾顶部区域逐渐递减，愈向湾顶区域，潮位值愈低。巡检司站的月平均低潮位为 −215 cm，到湾口门外的雀儿岙站为 −173 cm，雀儿岙的低潮位量值高于巡检司站 42 cm。

月最高高潮位和月最低低潮位的变化与月平均高、低潮位类似，但在湾内和湾外相应潮位的极值增大，如湾内的巡检司站月最高高潮位 366 cm，而湾口门外的雀儿岙站仅为 300 cm，相差 66 cm；月最低低潮位两站相差 72 cm。

2）秋季航次

为了更直观地了解各测站的潮汐特征，将各站的潮位特征值统一归化至“1985 国家高程基准”起算（下同）。

三门湾及其邻近海域秋季的月平均高潮位介于 209～269 cm 之间（表 3.1.7B），月平均高潮位由三门湾口外向湾顶区域逐渐增大，湾口门外的雀儿岙为 222 cm，而湾顶区域的巡检司站则为 269 cm，相差 47 cm；月平均低潮位介于 −179～−130 cm 之间，其变化规律与月平均高潮位变化相反，由三门湾口外向湾顶区域沿程递减，如巡检司站月平均低潮位 −179 cm，到湾口门外的雀儿岙站为 −138 cm，雀儿岙站高于巡检司站 41 cm。

月最高潮位和月最低潮位呈现出与月平均高、低潮位相似的变化规律，即月最高高潮位由三门湾口外区域向湾顶部逐渐增大，如湾内的巡检司站月最高高潮位为 386 cm，到湾口门外的雀儿岙站仅为 317cm，相差 69 cm；两站的月最低低潮位相差 75 cm。

综合上文分析表明，2003 年春、秋两航次水文测验期间的潮汐变化规律基本相同，但月平均高潮位和月最高高潮位秋季略高于春季。

（3）2013 年各站潮汐特征

根据 8 个测站冬、夏两季一个月的潮位过程曲线分析表明：三门湾海域的潮汐特征具有相当一致的变化规律，即在一个月中，潮汐出现两次大潮和两次小潮；而在一周日中，也会出现两次高潮及两次低潮，但潮汐的日不等现象较为明显。

表 3.1.7A 三门湾海域 2003 年春季实测潮汐特征值一览表

特征值 \ 站名	巡检司（W5）	核电厂址（W0）	健跳（JT）	鹁鸪头（W6）	花岙岛（W4）	牛山嘴（W3）	壳塘山（W1）	南田岛（W2）	雀儿岙（W8）	石浦（SP）
月平均高潮位*（cm）	225	205	203	194	192	187	189	184	179	166
月平均低潮位*（cm）	−215	−195	−195	−181	−181	−186	−187	−171	−173	−157
月最高高潮位*（cm）	366	341	341	320	319	313	313	311	300	289
月最低低潮位*（cm）	−357	−325	−321	−298	−298	−304	−306	−275	−285	−298
月平均潮差（cm）	434	400	399	374	372	374	375	355	352	323
月最大潮差（cm）	717	664	661	616	614	616	618	583	580	546
月最小潮差（cm）	204	136	139	147	147	128	132	121	121	107
平均涨潮历时（h:min）	6:14	6:15	6:12	6:13	6:13	6:14	6:12	6:12	6:13	6:07
平均落潮历时（h:min）	6:07	6:09	6:09	6:07	6:11	6:11	6:10	6:05	6:04	6:12
月平均潮位（cm）	497	467	219	454	440	372	374	262	340	340
相对基面	各站水尺零点									

注：* 表中的特征潮位均相对于各站同步期的平均海平面而言。

表 3.1.7B　三门湾海域 2003 年秋季实测潮汐特征值一览表

特征值＼站名	巡检司（W5）	胡陈港（W6）	健跳（JT）	核电厂址（W0）	牛山嘴（W3）	花岙岛（W4）	亮塘山（W1）	南田岛（W2）	雀儿岙（W8）	石浦（SP）
月平均高潮位（cm）	269	258	250	248	240	232	230	226	222	209
月平均低潮位（cm）	−179	−171	−170	−170	−161	−153	−160	−144	−138	−130
月最高高潮位（cm）	386	372	360	355	343	329	325	319	317	298
月最低低潮位（cm）	−342	−293	−321	−322	−310	−292	−298	−272	−267	−254
月平均潮差（cm）	448	429	420	417	402	385	391	370	359	339
月最大潮差（cm）	722	659	672	673	650	620	620	589	581	550
月最小潮差（cm）	137	133	131	128	125	119	128	115	106	105
平均涨潮历时（h:min）	6:07	6:11	6:08	6:11	6:10	6:09	6:01	6:09	6:11	6:05
平均落潮历时（h:min）	6:19	6:14	6:17	6:14	6:15	6:15	6:25	6:13	6:11	6:14
月平均潮位（cm）	35	35	35	34	34	34	34	34	34	34
相对基面	1985 国家高程基准									

根据各站实测潮位资料计算的潮汐特征值(表 3.1.8),分析探讨三门湾海域潮汐的地理分布特征和变化规律,各站的潮汐特征值均统一至“1985 国家高程基准”。

1) 冬季航次

三门湾及其邻近海域冬季航次的月平均高潮位介于 186～249 cm 之间(表 3.1.8A),各站的月平均高潮位由三门湾口外向湾顶区域逐渐增高,位于湾口外的雀儿岙站为 204 cm,到湾顶区域的巡检司站为 249 cm,由湾口外向湾内增高了 45 cm;月平均低潮位介于 −191～−138 cm 之间,月平均低潮位的沿程变化则与月平均高潮位相反,由三门湾口外向湾顶区域沿程降低,如雀儿岙站为 −156 cm,到巡检司站为 −191 cm,由外向内降低了 35 cm;同样,月最高高潮位和月最低低潮位亦有相似的变化规律,如最高潮位由湾口外向湾顶区域增高了 76 cm,而最低潮位则降低了 63 cm(表 3.1.8A)。

2) 夏季航次

三门湾及其邻近海域夏季航次的月平均高潮位介于 192～259 cm 之间(表 3.1.8B),夏季航次特征潮位量值的分布基本与冬季航次相似,如平均高潮位雀儿岙站为 212 cm,到湾顶区域的巡检司站为 259 cm,增高了 47 cm。月平均低潮位介于 −181～−129 cm 之间,月平均低潮位由三门湾口外向湾顶区域沿程降低,如月平均低潮位雀儿岙站为 −151 cm,巡检司站为 −181 cm,降低了 30 cm。同样,月最高潮位和月最低潮位,亦有相似的变化规律,月最高潮位由湾口外向湾顶区域增高了 66 cm;而最低潮位则降低了 33 cm。

三门湾海域月平均高潮位和月最高潮位夏季略高于冬季,而月平均低潮位则冬季低于夏季。冬、夏两季潮汐变化规律基本一致,除月最低潮位夏季的内、外互差较小以外,其他特征潮位的量值两季均有相似的地理分布特征及变化规律。

(4) 三门核电海洋站潮汐特征

三门核电海洋站多年平均高潮位为 239 cm,最高高潮位为 410 cm,平均低潮位为 −187 cm,最低低潮位为 −360 cm[3-7]。潮位的季节变化显著,月平均高潮位和月最高高潮位夏、秋两季略高于春、冬两季,而月平均低潮位和月最低低潮位春、冬两季低于夏、秋两季。平均潮差为 426 cm,最大潮差达 752 cm,出现在 1992 年 8 月。最大涨潮潮差 752 cm,最大落潮潮差为 741 cm,最小涨潮潮差为 123 cm,最小落潮潮差为 163 cm,平均涨落潮差为 426 cm。平均潮差和最大潮差的极值均出现在夏、秋两季,如表 3.1.9 所示。

(5) 健跳水文站潮汐特征

健跳水文站是三门湾内唯一的长期潮位站,其观测规范、资料可靠、序列长、资料代表性好。健跳水文站多年平均高潮位为 238 cm,平均低潮位为 −181 cm;最高高潮位为 550 cm,出现在 1997 年 8 月 18 日 21 时 20 分,系“9711 号”台风所致,最低低潮位为 −373 cm,出现在 1990 年 12 月 3 日 3 时 22 分,由强冷空气所致。平均潮差 417 cm,最大潮差达 723 cm。平均涨潮历时为 6 h 17 min,平均涨潮历时为 6 h 8 min,见表 3.1.10。

表 3.1.8A　三门湾海域 2013 年冬季实测潮汐特征值一览表

站名 特征值	巡检司（W5）	核电厂址（W0）	健跳（JT）	花岙岛（W4）	壳塘山（W1）	南田岛（W2）	雀儿岙（W8）	石浦（SP）
月平均高潮位（cm）	249	233	227	216	213	200	204	186
月平均低潮位（cm）	−191	−183	−175	−163	−172	−152	−156	−138
月最高高潮位（cm）	379	352	338	321	315	328	303	278
月最低低潮位（cm）	−320	−295	−287	−253	−273	−269	−257	−237
月平均潮差（cm）	445	416	403	378	385	364	348	324
月最大潮差（cm）	694	642	620	567	583	597	543	508
月最小潮差（cm）	132	123	124	109	126	61	97	86
平均涨潮历时（h:min）	6:06	6:12	6:11	6:08	6:12	6:12	6:15	5:59
平均落潮历时（h:min）	6:19	6:13	6:13	6:16	6:13	6:13	6:10	6:25
月平均潮位（cm）	21	20	21	20	20	20	21	21
相对基面	1985 国家高程基准							

表 3.1.8B　三门湾海域 2013 年夏季实测潮汐特征值一览表

特征值＼站名	巡检司（W5）	核电厂址（W0）	健跳（JT）	花岙岛（W4）	壳塘山（W1）	南田岛（W2）	雀儿岙（W8）	石浦（SP）
月平均高潮位（cm）	259	243	237	223	221	217	212	192
月平均低潮位（cm）	−181	−178	−170	−154	−163	−148	−151	−129
月最高高潮位（cm）	399	385	374	355	346	342	333	307
月最低低潮位（cm）	−313	−325	−315	−256	−259	−277	−280	−249
月平均潮差（cm）	450	419	407	377	384	364	363	321
月最大潮差（cm）	702	710	686	608	606	597	613	548
月最小潮差（cm）	199	184	180	162	170	157	152	131
平均涨潮历时（h:min）	6:11	6:14	6:13	6:08	6:00	6:12	6:12	6:05
平均落潮历时（h:min）	6:14	6:11	6:11	6:17	6:25	6:13	6:13	6:21
月平均潮位（cm）	27	26	27	26	26	26	27	27
相对基面	1985 国家高程基准							

表 3.1.9　三门核电海洋站实测潮汐特征值一览表(1992.6～1995.12)

项目＼月份	1	2	3	4	5	6	7	8	9	10	11	12	全　年
平均高潮位（cm）	227	224	230	233	233	242	240	254	263	257	237	227	239
最高高潮位（cm）	344	347	344	359	357	373	382	410	407	386	360	356	410
平均低潮位（cm）	−194	−200	−202	−190	−185	−178	−184	−187	−177	−175	−186	−188	−187
最低低潮位（cm）	−344	−355	−334	−331	−326	−317	−337	−343	−325	−320	−360	−346	−360
平均潮差（cm）	422	424	432	423	419	418	422	440	439	432	423	416	426
最大潮差（cm）	622	675	678	677	686	679	704	752	712	705	691	678	752
平均涨潮历时（h:min）	6:18	6:17	6:16	6:17	6:16	6:21	6:20	6:24:6	6:24	6:306	6:20	6:18	6:20
平均落潮历时（h:min）	6:05	6:08	6:09	6:07	6:08	6:04	6:07	6:03	6:04	6:05	6:08	6:06	6:07
平均海平面（cm）	13	9	10	14	15	24	22	27	36	36	20	15	20
基　面	1985 国家高程基准												

表 3.1.10　健跳水文站实测潮汐特征值一览表

特征值	健跳水文站	资料年限
平均高潮位(cm)	238	1990～2008 年
平均低潮位(cm)	−181	1990～2008 年
最高潮位(cm)	550	1975～2012 年
最低潮位(cm)	−373	1975～2012 年
平均潮差(cm)	417	1990～2008 年
最大潮差(cm)	723	1990～2008 年
平均涨潮历时(h:min)	06:17	1990～2008 年
平均落潮历时(h:min)	06:08	1990～2008 年
平均海平面(cm)	27.2	2001～2010 年
基面	1985 国家高程基准	

3.1.2.3　实测潮差

(1) 1994 年实测潮差

三门湾为强潮型海湾，湾内潮差普遍较大，1994 年夏季航次实测最大潮差为 706 cm；冬季最大潮差为 701 cm，最大潮差均出现在巡检司。分析表明：潮差的季节变化为夏季略大于冬季。

1) 冬季航次

三门湾 1994 年冬季航次月平均潮差介于 334～454 cm 之间，月最大潮差介于 527～701 cm 之间(表 3.1.6A)。最大潮差 701 cm。潮差的沿程变化呈现出湾顶区域大于湾口的分布趋势。如檀头山站(W7)平均潮差为 334 cm，牛山嘴站(W3)为 398 cm，巡检司站(W5)则为 454 cm，从口门外至湾顶区域平均潮差增加了 120 cm。平均涨、落潮潮差大体相近。分析表明：三门湾内的月平均潮差具有明显的地理分布特点，即从三门湾口外向湾内区域逐渐增大。

2) 夏季航次

三门湾 1994 年夏季航次月平均潮差介于 331～466 cm 之间，月最大潮差介于 532～706 cm 之间(表 3.1.6B)。最大潮差达 706 cm，略高于冬季(701 cm)。潮差沿程变化与冬季相同，呈现出湾顶区域大于湾口的分布趋势。如檀头山站(W7)平均潮差为 331 cm，牛山嘴站(W3)为 403 cm，巡检司站(W5)则为 466 cm，从口门外至湾顶区域平均潮差增加了 135 cm。平均涨、落潮潮差大体相近，与冬季略有不同的是涨潮差要略高于落潮差 2～3 cm。

实测潮差资料分析表明：三门湾内的月平均潮差具有明显的地理分布特点，即从三门湾口外向湾内区域逐渐增大；月平均潮差的另一特点为夏季略大于冬季。

(2) 2003 年实测潮差

三门湾春季航次最大潮差为 717 cm，秋季航次最大潮差(722 cm)略高于春季，最大潮差均出现在湾顶的巡检司。

1）春季航次

三门湾内月平均潮差介于 323～434 cm 之间，月最大潮差介于 546～717 cm 之间，月最大潮差为 717 cm（巡检司）。由表 3. 1. 7A 可知，月平均潮差、月最大潮差、月最小潮差均由三门湾口外向湾内区域逐渐增大。就月平均潮差而言，三门湾口门外的雀儿岙站为 352 cm，到湾内的巡检司站则为 434 cm。月最大潮差和月最小潮差的变化规律与月平均潮差的变化规律颇为一致。

2）秋季航次

秋季月平均潮差在 339～448 cm 之间，月最大潮差达 722 cm，出现在巡检司站（表 3. 1. 7B）。潮差具有明显的地理分布特点：从三门湾口外向湾内逐渐递增，越靠近湾顶潮差越大。由表 3. 1. 7B 可见，月平均潮差、月最大潮差、月最小潮差的量值均从三门湾口外向湾内逐渐递增。就月平均潮差而言，三门湾口门外的雀儿岙站量值为 359 cm，到核电厂址站为 417 cm，再往湾内的巡检司站为 448 cm，潮差由外向里明显增加。潮差的年变化为 8～10 月份潮差最大，12 月、1 月份潮差最小。本次调查分析表明：秋季航次的潮差略大于春季，最大潮差秋季（722 cm）大于春季（717 cm）5 cm。

（3）2013 年实测潮差

2013 年冬季航次三门湾最大潮差为 694 cm（巡检司），夏季航次最大潮差 710 cm（核电厂址站），夏季最大潮差高于冬季 16 cm。

1）冬季航次

三门湾海域月平均潮差在 324～445 cm 之间，月最大潮差出现在巡检司站（694 cm），见表 3. 1. 8A。由表可见，月平均潮差、月最大潮差、月最小潮差的量值均从三门湾口外向湾内逐渐递增。三门湾口门外的雀儿岙站月平均潮差量值为 348 cm，到巡检司站为 445 cm，潮差由外向里明显增加。

2）夏季航次

月平均潮差介于 321～450 cm 之间，月最大潮差为 710 cm，出现在核电厂址站，由表 3. 1. 8B 可见。月平均潮差、月最大潮差、月最小潮差等皆由湾口向湾内递增。夏季观测月最大潮差为 710 cm（厂址），大于冬季观测月最大潮差 694 cm（巡检司）。

综上分析表明：三门湾为一强潮型海湾，核电厂址站实测最大潮差达 752 cm，出现在 1992 年 8 月，最大涨潮潮差（752 cm）大于最大落潮潮差（741 cm）11 cm。核电厂址站潮差的季节变化为秋季最大（705 cm），夏季次之（704 cm），春季为 677 cm，冬季最小（622 cm）。

三门湾潮差的地理分布皆由湾口向湾内逐渐增大，20 年内 3 个年份、6 个航次（1994 年、2003 年和 2013 年）的调查资料显示，最大潮差的季节变化为秋季（722 cm）略大于春季（717 cm），夏季（710 cm）略大于冬季（694 cm）。

3.1.2.4　实测涨、落潮历时

(1) 1994 年实测涨、落潮历时

冬、夏两航次的实测潮位分析表明：三门湾海域涨潮历时普遍长于落潮历时，短到 1 min，长则 26 min。在靠近湾口及湾口外区域，涨落潮历时差较小，一般在 16 min 以下，而愈往湾顶则差异愈大。例如在靠近湾顶的巡检司站(W5)上，夏季涨潮历时为 6 h 25 min，落潮历时仅为 5 h 59 min，其差值为 26 min。冬、夏两季相比，夏季的涨、落潮历时差要大于冬季。在冬季测验期间，观测到的最大涨、落潮历时差仅为 13 min（健跳站）。然而，夏季航次健跳站的涨、落潮时差达 25 min（表 3. 1. 6）。

(2) 2003 年实测涨、落潮历时

由表 3. 1. 7 可知，各站的涨、落潮历时差不超过 30 min。春、秋两航次的实测潮位分析结果表明：平均涨、落潮历时相差无几。而秋季各站观测月份的平均落潮历时均略长于平均涨潮历时，差值小的仅 2～3 min，如胡陈港站和核电厂址站；差值大的在 25 min 以内，如壳塘山站落潮历时比涨潮历时长 24 min。

(3) 2013 年实测涨、落潮历时

2013 年冬、夏两季实测潮位资料计算分析表明：三门湾海区平均涨、落潮历时较为接近，历时差甚小。除象山县沿海的石浦站和夏季调查期间的壳塘山站外，调查海域冬季平均涨潮历时与落潮历时的差值仅为 1～7 min；夏季仅为 1～9 min，见表 3. 1. 8。以核电厂址站为例：冬季平均落潮历时仅长于涨潮历时 1 min；而夏季平均涨潮历时却仅长于落潮历时 3 min。可见涨、落潮历时相差甚微。测区涨、落潮历时差最大的为石浦站和壳塘山两站，石浦站的平均落潮历时可长于涨潮历时 16～26 min；夏季，壳塘山站的平均落潮历时长于涨潮历时 25 min。

3.1.2.5　高低潮位出现时刻

根据 2013 年同步实测潮位资料分析三门湾海域高、低潮位的出现时刻，由图 3. 1. 4 可见，从湾口区域的雀儿岙站到湾中部的健跳站，再到核电厂址站、湾顶区域的巡检司站，其高、低潮位的出现时刻相当接近。

3.1.2.6　潮位资料对比分析

(1) 测量时间

1994 年、2003 年和 2013 年进行过 3 个年份、6 个航次大规模水文泥沙测验和潮位同步观测。其中 1994 年潮位观测时间为 1994 年 2 月 22 日至 3 月 24 日(冬季)和 1994 年 7 月 1 日至 7 月 31 日(夏季)；2003 年潮位观测时间为 2003 年 4 月 24 日至 5 月 25 日(春季)和 2003 年 10 月 21 日至 11 月 25 日(秋季)；2013 年潮位观测时间为 2013 年 1 月 25 日至 2 月 24 日(冬季)和 2013 年 7 月 3 日至 8 月 2 日(夏季)。

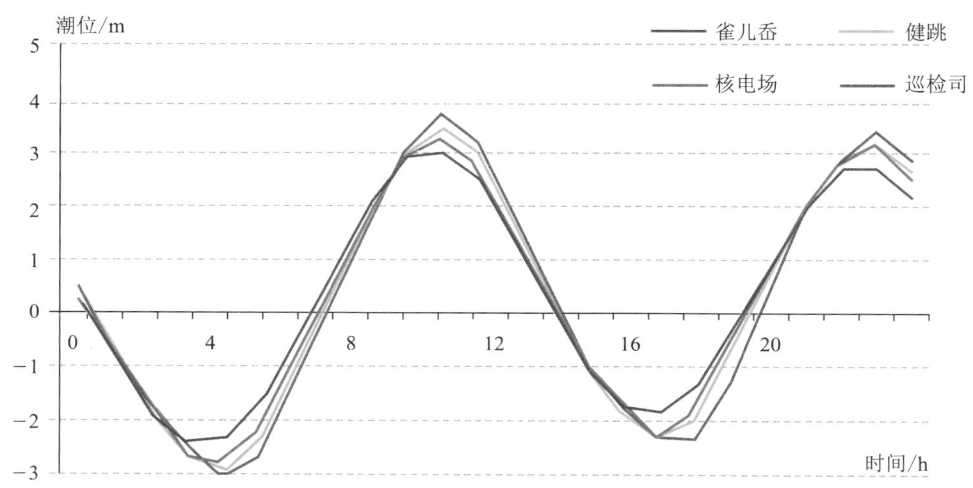

图 3.1.4　不同测站潮位过程曲线图

1994 年与 2013 年的观测季节相同，均为冬、夏两季，观测月份也较为接近，从而具备了较好的可比性。因此，本书主要将 2013 年与 1994 年的实测潮位资料进行对比分析。

(2) 实测资料对比分析

1）潮差

根据 1994 年冬、夏两季的潮位观测资料分析：冬季各站月平均潮差介于 334～454 cm 之间，最大潮差 701cm（巡检司站）；夏季月平均潮差介于 331～466 cm 之间，最大潮差 706 cm（巡检司站）；最大潮差夏季大于冬季 5 cm。

根据 2013 年冬、夏两季的潮位观测资料分析：冬季各站月平均潮差介于 324～445 cm 之间，夏季在 321～450 cm 之间；冬季最大潮差为 694 cm（巡检司站），夏季最大潮差为 710 cm（核电厂址站）；最大潮差夏季大于冬季 16 cm。

不难看出，2013 年冬、夏两季与 1994 年冬、夏两季测验期间的各项潮差、量值相差无几，变化范围相近，且具有一致的地理分布特征，即潮差从湾口到湾顶区域呈现出逐渐增大的趋势。但需注意的一点是 2013 年冬季各站的最大潮差均小于 1994 年的最大潮差；而夏季，除了巡检司外，各站 2013 年的最大潮差均大于 1994 年的最大潮差。

表 3.1.11　三门湾 1994 年和 2013 年最大潮差对比表　（单位：cm）

站位	夏　季		冬　季	
	1994 年	2013 年	1994 年	2013 年
巡检司	706	702	701	694
核电厂址	648	710	651	642
健 跳	636	686	641	620
雀儿岙	563	613	551	543

2）潮位特征

在上文资料概况(3.1.1)分析中已有详细说明:1994年冬、夏两季的特征潮位是相对于各站观测期间的平均海平面，而三门湾海域的平均海平面(当时)与1985国家高程基准相差23 cm;而2013年观测期间特征潮位均统一至“1985国家高程基准”。

1994年冬季，各站月平均高潮位在169～233 cm之间，月平均低潮位在 −220～−164 cm之间;月最高高潮位和月最低低潮位分别为355 cm、 −351 cm，均出现于巡检司站。

1994年夏季，月平均高潮位在169～241 cm之间，月最高高潮位介于268～358 cm之间;月平均低潮位在 −224～−161 cm之间;月最低低潮位介于 −348～−250 cm之间;月最高、最低潮位分别为358 cm和 −348 cm，均出现于湾顶区域的巡检司站。

2013年冬季，三门湾海域各站月平均高潮位介于186～249 cm之间，月最高高潮位介于278～379 cm之间;月平均低潮位介于 −191～−138 cm之间，月最低低潮位介于 −320～−237 cm之间;月最高高潮位和月最低低潮位分别为379 cm和 −320 cm(巡检司站)。

2013年夏季:月平均高潮位介于192～259 cm之间，月最高高潮位介于307～399 cm之间;月平均低潮位介于 −181～−129 cm之间，月最低低潮位介于 −325 ～−249 cm之间;月最高高潮位和月最低低潮位分别为399 cm(巡检司站)和 −325 cm(核电厂址站)。

表3.1.12　三门湾1994年和2013年高低潮位对比表　(单位:cm)

站位	夏季				冬季			
	1994年		2013年		1994年		2013年	
	最高高潮位	最低低潮位	最高高潮位	最低低潮位	最高高潮位	最低低潮位	最高高潮位	最低低潮位
巡检司	358	−348	399	−313	355	−351	379	−320
核电厂址	335	−317	385	−325	322	−329	352	−295
健跳	324	−313	374	−315	319	−325	338	−287
雀儿岙	288	−277	333	−280	276	−285	303	−257

分析表明:2013年冬、夏两季与1994年冬、夏两季观测期间的特征潮位量值相差无几，变化范围相近，亦具有相似的地理分布特点。

应当指出:由于观测年份与月份各不相同，各项实测潮汐特征的数据之间出现微小差异也是自然的;从理论机制上看，有潮汐的年调制作用;从实际分析可看出还受不同天气条件的影响等。

3）涨、落潮历时

1994年冬季各站的月平均涨、落潮历时基本上是涨潮历时略长于落潮历时，见表3.1.6A。时隔20年后的2013年冬季潮汐测量成果则明显不同，表3.1.13为1994年冬季和2013年冬季相同站位的涨、落潮历时对照表，可见三门湾内除个别测点外，基本上是落潮历时略长于涨潮历时。

表 3.1.13　三门湾 1994 年冬季和 2013 年冬季涨、落潮历时对比表　　（单位：h:min）

站位	1994 年冬季			2013 年冬季		
	涨潮历时	落潮历时	落潮历时 − 涨潮历时	涨潮历时	落潮历时	落潮历时 − 涨潮历时
巡检司	6:13	6:13	0:00	6:06	6:19	0:13
核电厂址	6:16	6:09	−0:07	6:12	6:13	0:01
健跳	6:19	6:06	−0:13	6:11	6:13	0:02

为了进一步分析三门湾海域的涨、落潮历时变化，这里将位于三门湾中部的健跳站（长期潮位站）的涨、落潮历时列于表 3.1.14。由表可见，2002 年以前健跳站均为涨潮历时长于落潮历时。随着时间的推移，两者的历时差值不断缩小，涨、落潮历时差从 1975～2000 年的 10 min 减小到 2002 年的 1 min；而从 2003 年起，涨潮历时进一步缩短，落潮历时相应变长，演变为落潮历时长于涨潮历时。分析表明：以 2002 年为界，涨、落潮历时由之前的涨潮历时长于落潮历时演变为涨潮历时短于落潮历时，1975～2000 年期间的涨潮历时长于落潮历时 10 min，到了 2012 年，涨潮历时短于落潮历时 10 min，涨、落潮性质已有明显变化。

涨潮历时从长于落潮历时转变为短于落潮历时，这在很大程度上应归因于湾内的大范围围涂填海造地、堵港、建库等人类活动的影响。

表 3.1.14　健跳潮位站历史涨、落潮历时统计表　　（单位：h:min）

1975～2000 年		2001 年		2002 年		2003 年		2004 年		2005 年		2006 年		2012 年	
涨潮历时	落潮历时	涨潮历时	落潮历时	涨潮历时	落潮历时	涨潮历时	落潮历时	涨潮历时	落潮历时	涨潮历时	落潮历时	涨潮历时	落潮历时	涨潮历时	落潮历时
6:18	6:08	6:14	6:11	6:13	6:12	6:10	6:14	6:12	6:13	6:12	6:13	6:09	6:16	6:07	6:17

3.1.3　潮汐调和分析

潮汐的调和分析是潮汐资料分析的主要内容，从中可给出测区各站的潮汐调和常数，进而阐明潮汐性质（潮汐类型）、潮汐的理论特征等，并可对实测的潮汐现象予以理论上的解析。

3.1.3.1　潮汐性质

（1）1994 年潮汐性质

潮汐性质（即潮汐类型）通常是以主要全日潮和主要半日潮振幅的比值 $[(H_{K1}+H_{O1})/H_{M2}]$ 进行划分。三门湾及其附近海域 1994 年冬、夏季两季各站的潮汐特征示于表 3.1.15。由表可知，各站 $[(H_{K1}+H_{O1})/H_{M2}]$ 比值介于 0.26～0.38，均小于 0.50，可见测验海区各站潮汐性质应属正规半日潮。但主要浅海分潮（H_{M4}）和主要半日分潮（H_{M2}）振幅之比，大部分测站的 H_{M4}/H_{M2} 比值均在 0.01～0.03 之间，但湾顶区域的巡检司、鹁鸪头和健跳 3 站其振幅比介于 0.04～0.05 之间，表明浅海分潮对该三站影响较大，呈现非正规半日浅海潮的性质。分析可知，H_{M4}/H_{M2} 比值从湾口外区域向湾顶区域逐渐增大；同样主要浅海分潮 $H_{M4}+H_{MS4}+H_{M6}$ 之和在湾口外雀儿岙站冬季为 3.9 cm，到了湾顶巡检司站则为 14.9 cm，增至原来的 3.8 倍，表明三门湾海域潮汐受地形地貌影响极为显著。

表 3.1.15A　三门湾 1994 年冬季各站潮汐型特征一览表

站名＼类型判据	$(H_{K1}+H_{O1})/H_{M2}$	H_{M4}/H_{M2}	$H_{M4}+H_{MS4}+H_{M6}$ (cm)
巡检司(W5)	0.29	0.04	14.9
核电厂址(W0)	0.29	0.02	9.3
健跳(JT)	0.31	0.03	9.5
鹁鸪头(W6)	0.32	0.04	16.4
大佛岛(W4)	0.31	0.03	9.6
牛山嘴(W3)	0.33	0.02	5.5
壳塘山(W1)	0.31	0.01	5.0
金七门(W2)	0.33	0.03	7.4
雀儿岙(W8)	0.32	0.01	3.9
石浦(W9)	0.33	0.01	4.3
檀头山(W7)	0.38	0.02	4.2

表 3.1.15B　三门湾 1994 年夏季各站潮汐型特征一览表

站名＼类型判据	$(H_{K1}+H_{O1})/H_{M2}$	H_{M4}/H_{M2}	$H_{M4}+H_{MS4}+H_{M6}$ (cm)
巡检司(W5)	0.30	0.05	20.5
核电厂址(W0)	0.26	0.03	16.1
健跳(JT)	0.28	0.04	15.2
鹁鸪头(W6)	0.31	0.05	13.2
大佛岛(W4)	0.29	0.03	12.6
牛山嘴(W3)	0.29	0.03	9.9
壳塘山(W1)	0.31	0.01	6.1
南田岛(W2)	0.31	0.03	10.0
雀儿岙(W8)	0.32	0.02	7.0
石浦(W9)	0.33	0.02	7.0
檀头山(W7)	0.38	0.02	5.7

(2) 2003 年潮汐性质

三门湾及其附近海域春、秋两季各站的潮汐特征示于表 3.1.16。由表可知，各站 $[(H_{K1}+H_{O1})/H_{M2}]$ 比值介于 0.26～0.40，均小于 0.50，可见测验海区各站潮汐性质均属正规半日潮。表 3.1.16 同时呈现出主要浅海分潮从湾口外向湾顶区域逐渐增大，如 H_{M4}/H_{M2} 比值湾口外的雀儿岙站两季均为 0.02，到湾顶区域巡检司站两季均为 0.04，增大了一倍；同样主要浅海分潮 $H_{M4}+H_{MS4}+H_{M6}$ 之和在湾口外雀儿岙站春季为 6.5 cm，到了湾顶巡检司站则为 15.7 cm，是湾口的 2.4 倍。

表 3.1.16A　三门湾 2003 年春季各站潮汐型特征一览表

类型判据 / 站名	$(H_{K1}+H_{O1})/H_{M2}$	H_{M4}/H_{M2}	$H_{M4}+H_{MS4}+H_{M6}$ (cm)
巡检司(W5)	0.26	0.04	15.7
核电厂址站(W0)	0.28	0.03	10.6
健跳(JT)	0.28	0.03	8.7
白玉湾(W6)	0.28	0.04	10.3
花岙岛(W4)	0.38	0.03	9.9
牛山嘴(W3)	0.39	0.03	9.7
壳塘山(W1)	0.29	0.02	9.6
南田岛(W2)	0.40	0.03	4.0
雀儿岙(W8)	0.31	0.02	6.5
石浦(SP)	0.31	0.02	6.6

表 3.1.16B　三门湾 2003 年秋季各站潮汐型特征一览表

类型判据 / 站名	$(H_{K1}+H_{O1})/H_{M2}$	H_{M4}/H_{M2}	$H_{M4}+H_{MS4}+H_{M6}$ (cm)
巡检司(W5)	0.27	0.04	16.5
胡陈港(W6)	0.28	0.03	10.5
健跳(JT)	0.28	0.02	7.2
核电厂址(W0)	0.29	0.02	7.4
花岙岛(W4)	0.30	0.02	6.9
牛山嘴(W3)	0.29	0.02	6.2
壳塘山(W1)	0.30	0.02	6.1
南田岛(W2)	0.31	0.03	8.0
雀儿岙(W8)	0.31	0.02	8.0
石浦(SP)	0.33	0.02	5.8

(3) 2013 年潮汐性质

三门湾及其附近海域冬、夏两季各站的潮汐特征示于表 3.1.17。由表可知：各站的 $[(H_{K1}+H_{O1})/H_{M2}]$ 介于 0.28～0.36，均小于 0.50，因此，测区各站的潮汐性质均属正规半日潮类型。然而，由浅海分潮(M_4)的比值 H_{M4}/H_{M2} 可知，冬、夏两季的巡检司站，夏季的南田岛站、健跳站、核电厂址站，比值均≥ 0.04；且主要浅海分潮（M_4、MS_4、M_6）的振幅之和（$H_{M4}+H_{MS4}+H_{M6}$）较大，达 12.3～18.5 cm；故浅海分潮的效应较大，湾顶附近巡检司站的潮汐性质，严格而论应归属为“非正规半日浅海潮”类型。

表 3.1.17A 三门湾 2013 年冬季各站潮汐型性质一览表

类型判据 站名	$(H_{K1}+H_{O1})/H_{M2}$	H_{M4}/H_{M2}	$H_{M4}+H_{MS4}+H_{M6}$ (cm)
巡检司(W5)	0.29	0.04	15.5
核电厂址(W0)	0.30	0.03	9.2
健跳(JT)	0.30	0.03	8.6
花岙岛(W4)	0.31	0.03	8.1
壳塘山(W1)	0.31	0.03	8.3
南田岛(W2)	0.32	0.03	8.1
雀儿岙(W8)	0.32	0.01	3.4
石浦(SP)	0.35	0.02	5.0

表 3.1.17B 三门湾 2013 年夏季各站潮汐型性质一览表

类型判据 站名	$(H_{K1}+H_{O1})/H_{M2}$	H_{M4}/H_{M2}	$H_{M4}+H_{MS4}+H_{M6}$ (cm)
巡检司(W5)	0.28	0.06	18.5
核电厂址(W0)	0.30	0.04	13.1
健跳(JT)	0.31	0.04	12.4
花岙岛(W4)	0.29	0.03	8.5
壳塘山(W1)	0.31	0.03	8.8
南田岛(W2)	0.33	0.05	12.3
雀儿岙(W8)	0.34	0.03	6.6
石浦(SP)	0.36	0.03	6.4

根据三门湾及其附近海域 3 个年份、6 个航次大规模的潮位观测资料分析表明：三门湾中部和口门区域大部分测站的潮汐性质均为正规半日潮类型，而湾顶区域部分测站的潮汐性质呈现出非正规半日浅海潮的性质。

3.1.3.2 主要分潮的调和常数

根据对实测潮位资料进行的潮汐调和分析，从而得出 12 个主要分潮的调和常数，其中全日分潮簇 4 个，半日分潮簇 4 个，浅水分潮簇 4 个。主要分潮的调和分析表明，测区各站主要分潮的调和常数均较稳定，变化甚少，各分潮之间比例合理，潮汐变化呈现良好规律。

3.1.4 海平面变化

海平面，通常是指在一足够长时期内的理想海面。由于近代海平面变化的主要依据是根据潮位资料计算获得，这样得到的海平面升降率是以陆地为参照观测得到的某地海平面的升降量，即相对海平面变化。而因地壳垂直运动和沿岸地面沉降等原因，使得作为参照物的陆地，也在不断地作垂直运动。因此，相对海平面变化中，既包括全球性的绝对海平面上升，也包括陆地的垂直运动；而绝对海平面上升，是指由于全球气候变暖所引起的全球性海平面上升[3-8]。

近百年来，气候变暖引发的海平面上升尽管是缓慢的，但由于它是持续、长期累积的效应，正在和将要对沿海一带居民的生存环境造成不可忽视的影响。这一全球性的环境变化，已引起世界有关国家政府和科学家的广泛关注。政府间气候变化专门委员会（IPCC）在 1995 年的评估报告中指出，过去 100 年，全球海平面上升了 18 cm（不确定范围为 10～25 cm），即海平面上升率为 1. 8 mm/a 左右，略高于 1990 年 IPCC 给出的估计值[3-10]。过去的几十年来，太平洋相对海平面的平均年上升率约为 1. 2 mm/a[3-11]。

我国东南沿海地区是当今人口最为集中、经济发达的地区。随着经济建设的发展，地下水被过量开采，导致局部地表下陷，在全球海平面上升的背景下，相对海平面上升也很严重。尤其是长江三角洲等经济高速发展地区，已成为难以抵御海平面上升的海洋灾害风险脆弱区，潜在威胁我国沿海地区经济的持续发展，这一趋势已引起国家有关部门和科学家的重视。近 20 多年来，我国对海平面变化进行了较全面的研究。国家海洋局从 1991 年起，定期发布中国海平面变化公报。科学家结合以往海平面上升的研究成果和国家海洋局发布的中国海平面公报得出：近 50 年中国相对海平面的上升趋势为 1. 0～2. 0 mm/a，这一上升趋势与全球及太平洋海平面上升速率基本一致。本书主要研究浙江沿海中部三门湾海域的相对海平面变化。

3.1.4.1 平均海平面变化

（1）健跳水文站

健跳水文站位于三门湾内，于 1975 年 4 月开始全潮水位观测，是三门湾内的长期潮位观测站。而平均海平面是海洋要素中气候学尺度的物理量，同一海域、相距较近的测站对气候尺度变化的响应应当是一致的。因而三门湾海域的平均海平面状况，完全可以由健跳水文站的平均海平面予以表征[1-19]。

（2）平均海平面变化

鉴于平均海平面是重要的参考面之一，具有多方面的应用价值。表 3. 1. 18 给出了健跳潮位站不同年份（年限）平均海平面的统计结果。可见，2012 年是三门湾海域自 1975 年以来年平均海平面最高的年份（34. 9 cm），比 2011 年上升了 7 cm，是最近 40 年来的最高值。对此，国家海洋局发布的《2012 年中国海平面公报》[3-12] 中已有论述。健跳水文站的测值，亦有力地支持了国家海平面公报的论述。本书将以 21 世纪首轮年代（2001～2010 年）的海平面量值，作为近期“多年平均海平面”的量值，即“1985 国家高程基准”以上 27.2 cm[1-19]。这里必须强调：不管如何采用海平面的量值，必须注明引用的年份与年限，否则将是无效或无意义的数据。

表 3.1.18 三门湾海域健跳站各年份平均海平面统计表 （单位：cm）

平均海平面取值年份	相对测站自身基面	相对“1985 国家高程基准”
历年最高（2012 年）	230.4	34.9
近 2 年（2011～2012 年）	226.9	31.4
21 世纪首个年代（2001～2010 年）	222.7	27.2
21 世纪以来（2001～2012 年）	223.4	27.9
近 19 年（1994～2012 年）	222.1	26.6
国家公报常年（1975～1993 年）	217.9	22.4
建站以来（1975～2012 年）*	220.0	24.5
建站初始的日历年份（1976 年）	218.1	22.6

注 *：健跳站 1975 年 1～4 月平均海面数据，系与邻近长期站相关插补而得。

根据多年海平面资料分析表明：三门湾海域的相对海平面具有明显的长期、趋势性特征和年际波动性特征的变化。趋势性表示海平面长期变化的总体趋势，波动性则由若干周期性及随机变化（“噪音”）组成。图 3.1.5 为健跳站 1976～2012 年平均海平面的变化曲线。由图可见：健跳站的平均海平面呈波动、上升趋势。计算表明：三门湾海域 1976～2012 年平均海平面上升速率为 2.4 mm/a，这与已有的研究成果基本接近。如《2012 年中国海平面公报》中发布的“1980～2012 年，中国沿海海平面上升速率为 2.9 mm/a”；以及浙江省重点科技项目《浙江沿海海平面上升预测及影响对策研究》[3-8] 成果给出的量值：从 20 世纪 50 年代到 20 世纪末，整个浙江沿海海平面的平均上升速率约为 2.75 mm/a。

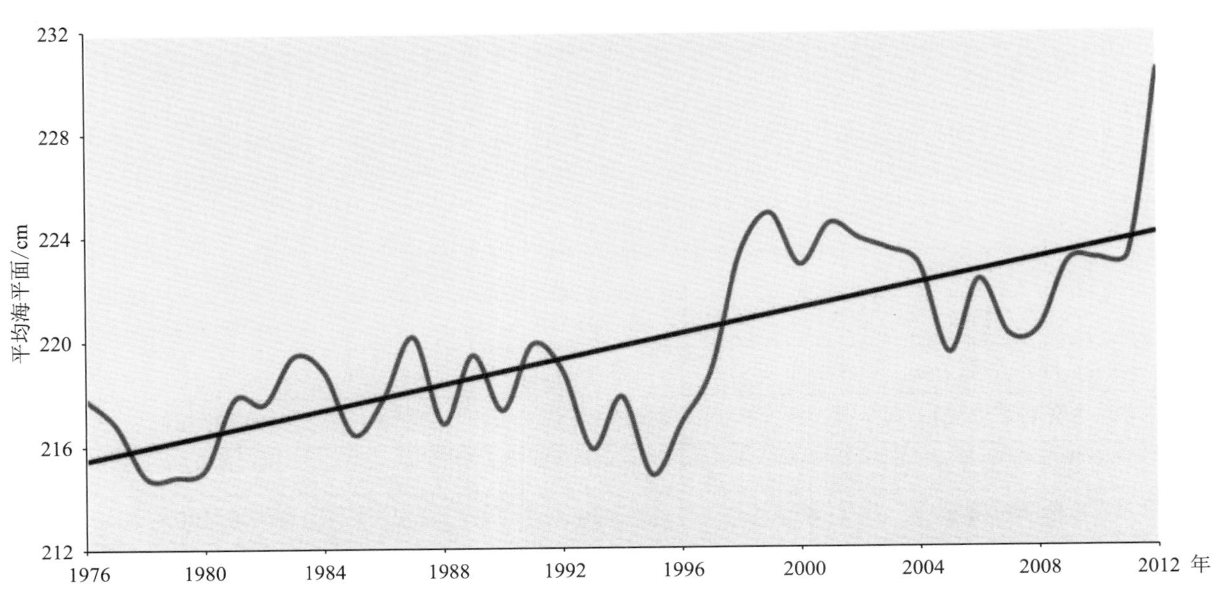

图 3.1.5 三门湾海域（健跳站）平均海平面年际变化曲线（测站基面）

在三门湾水域海平面的波动、上升过程中，1979 年、1995 年、2005 年为波动的谷值年份，极小值为 19 cm（1985 国家高程基准，下同）；1987 年、1999 年、2012 年为波动的峰值年份，极高值为 34. 9 cm；37 年中，极差为 15. 9 cm。海平面序列的最大熵谱分析显示：海平面序列存在周期为 12. 6 年、9. 5 年和 2. 53 年的波动。

3.1.4.2 海平面变化的模型分析

本书采用了三种模型对健跳站（三门湾海域）的海平面变化进行分析。其中线型模型分别以“年海平面”样本和“19 年滑动”样本进行分析；带周期项的非线性模型和灰色模型，采用“月海平面”样本进行分析。

（1）线性模型分析

由于线性模型具有简易、直观与实用的优点，至今仍在国际上作为海平面上升最基本的评估手段。

设有线性回归方程：

$$\hat{y}_i = a + bT_i, \qquad (i = 1, 2, 3, \cdots, n) \tag{3-1}$$

式中，$\hat{y}_i$ 为某一测站第 i 年的“年平均海面”，T_i 为由起始年份起算至第 i 年的年份数，a、b 为线性回归系数，而其中 b 即为海平面的平均上升速率。

在 1976～2012 年的海平面序列中：“年海平面”样本，称“样本一”；“19 a 滑动”样本，称“样本二”。表 3. 1. 19 所列，即为这两种样本、线性模型的分析结果。分析结果表明：三门湾水域海平面上升速率为 2. 387～2. 410 mm/a；统计参数显示，两种样本的回归分析，均通过显著性水平 $\alpha = 0.01$ 的 F 检验。

表 3. 1. 19 三门湾海域海平面线性模型分析结果表

统计参数	样本一	样本二
回归系数 a（cm）	215	217
上升速率 b（mm/a）	2. 387	2. 410
拟合标准差（cm）	2. 410	0. 249
系数 a 的标准差（cm）	0. 841	0. 119
系数 b 的标准差	0. 371	0. 104
相关系数 R	0. 736	0. 984
样本个数	37	19
方差检验 F 值	41. 371	532. 569
显著性水平 α	0. 01	0. 01
F 检验临界值	7. 419	8. 400
样本序列起、止年份	1976～2012	1985～2003

(2) 带周期项的非线性模型分析

研究表明;浙江沿海的海平面具有波动、加速上升的特征。为此,本书亦采用了非线性模型对海平面序列进行分析;同时还加入了周期项的分析,以更好地拟合本海域海平面波动、上升的特征[3-13]。

对非线性趋势项 $T(t)$,可用多项式表示:

$$T(t) = a_0 + a_1 t + a_2 t^2 + a_3 t^3 + a_4 t^4 + a_5 t^{-1} + a_6 t^{-2} + a_7 t^{1/2} + a_8 t^{-1/2} + a_9 \mathrm{e}^{-t} + a10 \ln t + \varepsilon \quad (3\text{-}2)$$

式中,t 为时间序列,a_i($i = 0, 1, 2, \cdots, 10$)为待定系数,ε 为残差。

对于一元非线性回归问题,经常可以化为多项式回归问题来处理,而多项式回归问题又可化为多元线性回归问题予以解决。因此,自然有下列变换:

$$X_1 = t, X_2 = t_2, X_3 = t^3, \cdots\cdots, X_9 = \mathrm{e}^{-t}, X_{10} = \ln t$$

故又有:

$$T(t) = a_0 + a_1 X_1 + a_2 X_2 + a_3 X_3 + \cdots + a_{10} X_{10} + \varepsilon$$

这样可利用逐步回归技术,通过引入与剔除式中的因子(计算方差贡献并实施 F 检验),选取其中有显著影响的预报因子,从而构成可反映非线性趋势项的最优方程。对于健跳站的海平面序列,非线性模型逐步回归得出的海平面非线性趋势项表达式,由原来的十个因子筛选为以下三个因子

$$T(t) = a_0 + a_1 t + a_2 t^2 \quad (3\text{-}3)$$

周期性变化非线性组成项的表达式可写为

$$P(t) = \sum_{i=1}^{K}\left[A_i \cos\left(\frac{2\pi t}{T_i}\right) + B_i \sin\left(\frac{2\pi t}{T_i}\right)\right] \quad (3\text{-}4)$$

从式(3-4)可看出,式中包含两种未知变量:其一为待定系数 A_i、B_i,另一为周期性变化的周期 T_i。健跳站月平均海面样本序列的最大熵谱分析显示:本站海平面变化存在 12. 6 年、9. 5 年、2. 53 年、12 个月和 6 个月的显著周期性波动。

根据上述分析计算,可得健跳站月平均海面变化的表达式如下:

$$Y(t) = T(t) + P(t) = a_0 + a_1 t + a_2 t^2 + \sum_{i=1}^{5}\left[A_i \cos\left(\frac{2\pi t}{T_i}\right) + B_i \sin\left(\frac{2\pi t}{T_i}\right)\right] \quad (3\text{-}5)$$

式中,各项系数如表 3. 1. 20 所示。

(3) 带周期项的灰色模型分析。

本书还采用了一种新的含有周期项海平面变化的灰色分析模型(GCMP 模型[3-14]),进行计算分析。该模型的最大特点在于:它保持了一般一阶一元灰色模型 GM(1, 1),能较好反映海平面非线性变化趋势的优点。即不仅可求出海平面的变化速率,也可求出海平面变化的加速度;同时,还能较好地模拟海平面变化中的周期现象。其海平面的连续函数形式为

$$\hat{S}^{(0)}(t) = [u - aT^{(1)}(0)]\mathrm{e}^{-at} + \sum_{i=1}^{k}(A_i \cos \omega_i t + B_i \sin \omega_i t) \quad (3\text{-}6)$$

分析、计算结果如表 3. 1. 21 所示。

表 3.1.20　带周期项的非线性模型分析结果表

T_i(月)	151.2	114.0	30.4	12	6
A_i	1.91	−0.03	−0.75	−3.00	−3.31
B_i	−0.43	−1.19	0.60	−14.64	−2.30
a_0:217 cm					
a_1:5.85×10^{-3}					
a_2:2.80×10^{-5}					
月均方差:5.52 cm					
年均方差:1.54 cm					

表 3.1.21　带周期项的灰色模型(GCMP)分析结果表

T_i(月)	151.2	114.0	30.4	12	6
A_i	1.90	−0.15	−0.55	−12.76	−2.66
B_i	−0.55	−1.18	0.85	−8.67	3.82
T_0:215.2					
a:-8.36×10^{-5}					
u:215.8					
月均方差:5.56 cm					
年均方差:1.57 cm					

通过 GCMP 模型求得的公式,即可实现对周期性显著的月平均海面序列的模拟及预测。通过每年 12 个月预测值的累加、平均,亦可对年平均海面序列进行相应的模拟、预测。

3.1.4.3　海平面上升预测

根据上述的三种模型,可分别求得三门湾海域未来若干年海平面上升、变化的趋势。图3.1.6中的直线与曲线,即直观地显示了三种模型模拟与预测的情况。

由线性模型(样本一)的预测可知:未来 30 年,本海域海平面在 2000～2012 年平均海平面的基础上,将升高 8 cm;未来 60 年,将升高 15 cm。而线性模型(样本二)的预测结果,则与线性模型(样本一)完全一致。

由带周期项的非线性模型预测可知:未来 30 年,本海域海平面在 2000～2012 年平均海平面的基础上,将升高 18 cm,未来 60 年将升高 36 cm。

由带周期项灰色模型预测可知:未来 30 年,海平面在 2000～2012 年平均海平面的基础上,将升高 10 cm,未来 60 年将升高 15 cm。具体结果如表 3.1.22 所列。

在国家海洋局发布的《2012 年中国海平面公报》中,对浙江省沿海给出了未来 30 年海平面将上升 6.7～13.5 cm 的预测。这一结果与本书的线性模型及带周期项灰色模型的分析预测结果相当接近。而本书带周期项非线性模型的预测,与公报相比则明显偏大。考虑到截止到目前,可供分析的资料序列长度仅 37 年（1976～2012 年），且海平面变化的机制与影响因素等均较为复杂，许多因子仍处于研究、探讨阶段；故本书认为未来 30 年海平面上升幅度为 8 cm；未来 60 年海平面上升幅度 15 cm 的量值较为合理[1-19]。

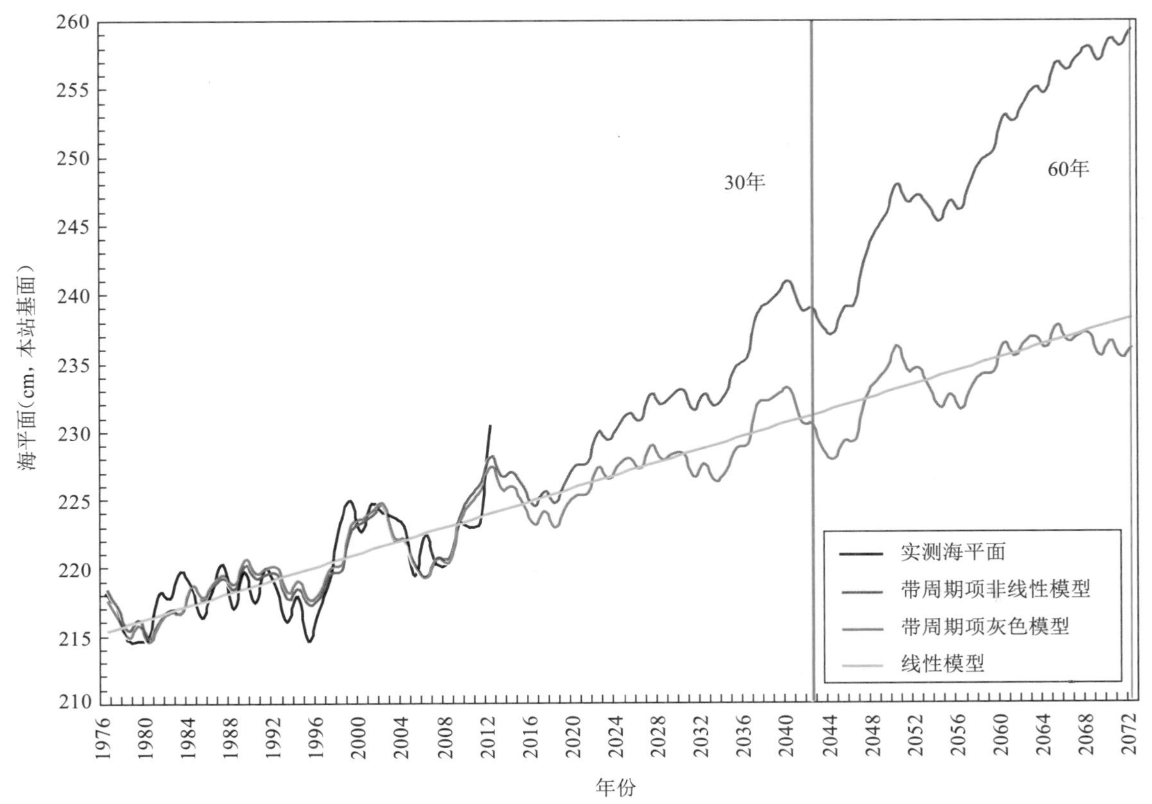

图 3.1.6　三门湾海域年平均海平面变化预测过程曲线

表 3.1.22　三门湾海域三种模型海平面上升幅度预测表

预测的未来年限	线性模型（样本一）	线性模型（样本二）	带周期项非线性模型	带周期项灰色模型
未来 30 年上升值	8 cm	8 cm	18 cm	10 cm
未来 60 年上升值	15 cm	15 cm	36 cm	15 cm

注：表中预测的海平面上升幅度，按照的是相对于 2000～2012 年的平均海平面计。

3.2　潮流

海面除了每天有一次或两次的周期性升降现象之外，还伴随着海水的水平流动，前者称为潮汐，后者称为潮流。潮汐和潮流是同一潮波现象的两种不同表现形式。除无潮点外，其变化的周期与当地的潮汐周期相同。在半日潮周期的地方，约为 12 h 25 min，在全日潮周期的地方，约为 24 h 50 min。潮汐和潮流的变化都与月球和太阳相对于地球的位置有关，它们是海水运动的两个不同侧面[3-4]。在多数情况下，潮汐升降与潮流涨退的类型是一致或相似的，即潮汐上升是由外海海水涨潮流流入引起的，而潮汐下降是海水由湾内、内海向外海流动的结果[2-8]。

潮流的运动形式常以潮流流向的变化来划分，可将潮流分为往复流和旋转流两种。海峡、水道和狭窄港湾内的潮流，因受地形限制，一般为往复流，它主要在两个方向上变化。在外海或广阔海域，一般为旋转流。旋转流的流速和流向不断随时间而变化，在北半球，流向向右偏转。

三门湾流域面积为3 160 km^2，多年平均径流总量约为2.68×10^9 m^3。入湾河流虽有30多条，但均为短小的山溪性溪流，其中以宁海县的白溪、清溪和三门县的珠游溪最大。三门湾径流量仅占潮量的0.2‰（三门湾一次进潮、出潮量可达1.7×10^9 m^3）。所以三门湾的水动力主要为潮流。

3.2.1 资料概况

3.2.1.1 调查站位与时间

三门湾及其附近海域共实施了3个年份、6个航次（1994年冬、夏两季，2003年春、秋两季和2013年冬、夏两季）的大规模水文泥沙测验和潮位同步观测。其中1994年在三门湾及其邻近海域布设了26个潮流周日连续观测站[3-1]。1994年如此大规模、大范围的水文泥沙测验和潮位同步观测项目，在当时我国同类型海洋工程中尚属首次。冬季调查时间为1994年2月26日至3月7日；夏季调查时间为1994年7月14日至24日。

2003年布设15个潮流周日连续观测站[3-2]，春季潮流调查时间为2003年5月16日至24日；秋季为2003年10月26日至11月2日。

2013年布设13个潮流周日连续观测站[3-3]，冬季调查时间为2013年1月27日至2月4日；夏季为2013年7月24日至8月1日，三门湾及其附近海域水文泥沙测验测流站位布设如图3.2.1所示。

3.2.1.2 调查内容与方法

（1）1994年调查内容与方法

潮流观测仪器采用SLC9-2型和ZSX-3型直读式流速流向仪。观测层次按六点法（表层、0.2H、0.4H、0.6H、0.8H、底层）；当水深小于3 m时，用三点法（0.2H、0.6H、底层）。观测项目为流速、流向和水深。

（2）2003年调查内容与方法

潮流观测仪器在关键断面和水域的7个测站（N02、N05、N06、N07、N11、N16和N17）使用ADCP（Nortek声学多普勒流速剖面仪）测量，另外8个测站采用SLC9-2型直读式海流计测量。观测层次和观测项目与1994年相同。

（3）2013年调查内容与方法

2013年潮流观测仪器均采用ADCP实施观测。测量的流向误差为±1°，流速误差为

±0.5%;采样记录间隔为 10 分钟。观测层次和观测项目 3 个年份、6 个航次调查均相同。

3.2.2 实测潮流场特征

大洋潮波经琉球群岛间水道,几乎以平顶前进波传入东中国海后,大部分经东海传向黄海,其中一部分伸向浙江近岸。由 M_2 分潮同潮图可知:大洋的半日潮波进入陆架后,以前进波的形式由东南向西北挺进。进入浙江近岸的潮波,传至三门湾附近外海,波峰线突出。所以浙江沿海的高潮在三门湾口附近最早发生,此点可从各地的 M_2 分潮迟角得到证实,如表 3.2.1 所示。

浙闽沿岸有着许多半封闭式的港湾,如浙江的象山港、三门湾、乐清湾和福建的沙埕港、三都澳等,都有着一种普遍且惊人相似的潮流运动规律,即落潮流流速大于涨潮流流速,涨潮流历时长于落潮流历时的现象。这一规律,三门湾多次水文泥沙测验中已有印证。

表 3.2.1 浙江沿海各站 M2 分潮迟角统计表

站名	绿华	朱家尖	南韭山	檀头山	北渔山	下大陈	披山	南几	沙埕
gM_2	285°	254°	250°	249°	244°	247°	252°	265°	277°

东中国海的潮波,以协振波进入三门湾海域,故三门湾的半日潮波多具有驻波的特征。外海潮波主要经口门(三门岛—花岙岛之间)进入湾内,然后沿猫头水道和满山水道两水道进入蛇蟠水道、青山港和力洋港等各支港汊;进入港汊的涨潮流大多依港汊走势上溯。因港汊顶部区域多为宽阔的潮滩,纳潮空间较大,涨潮时水流漫滩、扩散,故涨潮流相对较缓;落潮时湾顶区域滩水下泻、归槽,故落潮流相对较急。

为了更全面地论述水文测验所得认识结果,本书在2003年(15个测站)和2013年(13个测站)两次调查中将测站的潮流状况分成几个断面(区域)进行论述。其中,① 口门断面,即通常所说的封口断面;② 湾顶断面,即湾的顶端水域;③ 两条纵向断面,即满山水道和猫头水道;④ 猫头山嘴附近水域,如图 3.2.2 所示。

3.2.2.1 实测潮流场特征(1994 年)

(1) 冬季航次

这里需指出的是,冬季航次测验期间,N1、N8 和 N21 三站由于水深较浅或受地形影响,观测因落潮露滩面间断,故未参与统计。

三门湾为强潮海湾,潮流流速较大。1994 年冬季实测最大涨潮流流速 143 cm/s,出现在 N2 站、N23 两站;最大落潮流流速为 169 cm/s,出现在 N9 站,实测最大潮流流速均发生在落潮流中,见表 3.2.2、表 3.2.3。流速的地理分布为:最大涨、落潮流流速湾口处最大,往湾内沿程逐渐减小;此外,岬角、水道附近大于开阔、浅滩海域。实测流速的另一特点为:大潮流速大于中潮,中潮流速大于小潮。最大涨、落潮流流速一般出现在表层或次表层,随着深度的增加而逐渐减小,即表层或次表层最大、中层次之,底层最小。

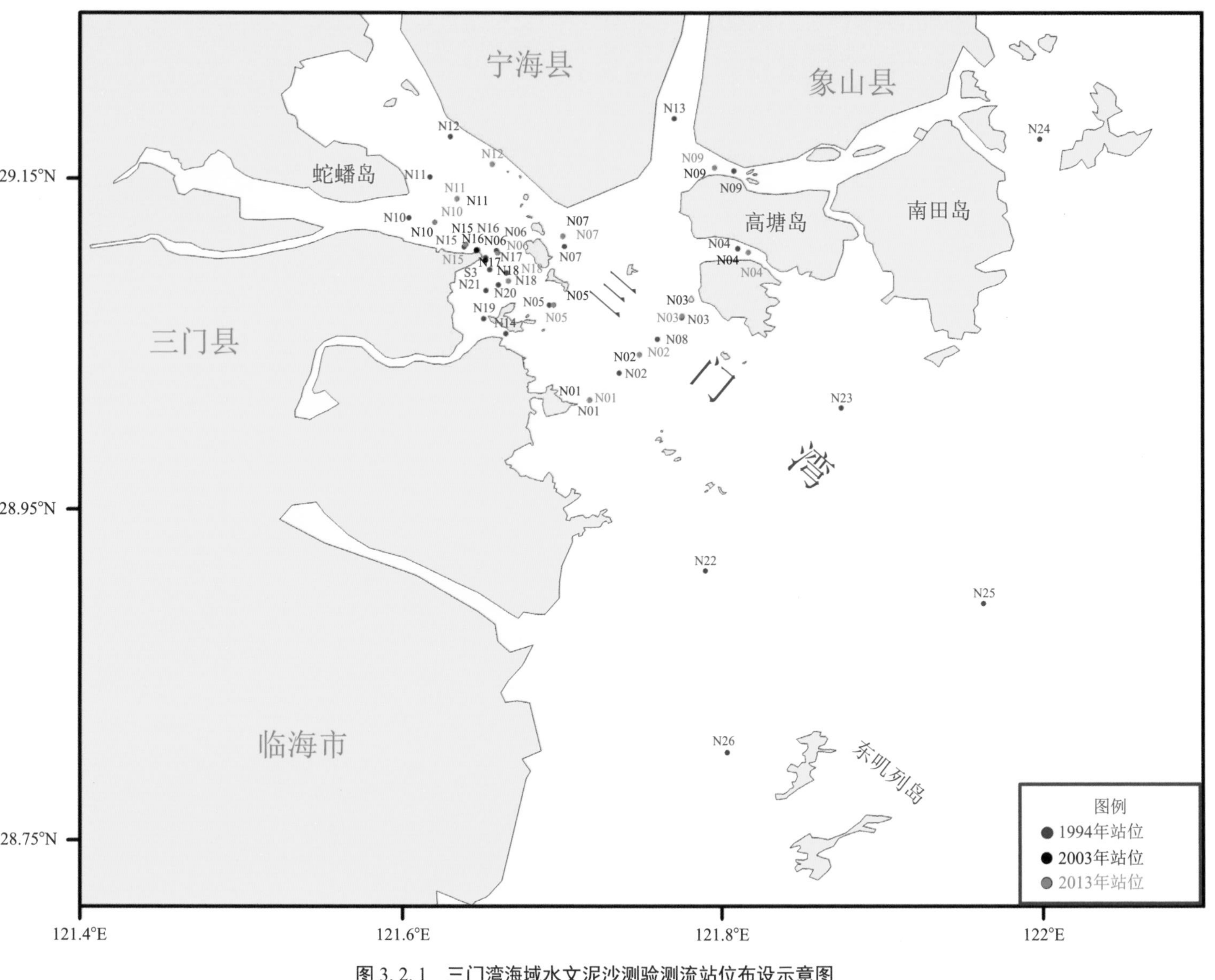

图 3.2.1　三门湾海域水文泥沙测验测流站位布设示意图

图 3.2.2 三门湾海域水文泥沙测验潮流站断面位置示意图

表 3.2.2　1994 年冬季大潮期间实测最大流速(cm/s)、流向(°)统计表

层次	站号 要素	N2	N3	N4	N5	N6	N7	N9	N10	N11	N12	N13	N14	N15	N16	N17	N18	N19	N20	N22	N23	N24	N25	N26
表层	涨潮流速	143	135	124	110	133	/	93	122	82	99	128	94	89	122	95	108	72	96	100	143	114	109	52
	涨潮流向	300	318	282	323	306	/	306	280	331	332	337	303	269	281	003	326	332	352	294	272	004	296	339
	落潮流速	151	160	155	168	166	/	169	144	154	125	139	90	137	145	122	146	111	119	123	145	119	119	75
	落潮流向	129	142	115	147	134	/	121	111	135	153	166	122	92	103	161	154	156	163	145	119	197	120	142
中层	涨潮流速	116	124	124	110	119	93	82	104	78	91	123	99	90	122	94	93	67	86	91	133	110	95	46
	涨潮流向	307	312	287	343	326	331	303	283	349	331	341	295	270	279	8	325	331	328	312	284	3	292	317
	落潮流速	122	123	138	150	132	102	130	123	113	108	131	85	115	121	105	113	90	93	99	121	108	97	61
	落潮流向	130	144	118	157	131	142	113	116	135	158	168	110	095	093	163	148	152	152	136	104	200	112	126
底层	涨潮流速	105	101	111	90	96	82	71	94	73	92	107	70	73	117	82	85	65	83	82	106	90	84	44
	涨潮流向	308	324	287	335	331	324	307	283	339	337	334	297	276	281	353	318	328	330	312	284	2	298	320
	落潮流速	106	106	111	117	130	86	91	111	81	89	118	84	100	97	78	96	86	73	77	85	92	83	56
	落潮流向	116	143	100	149	134	138	115	110	101	157	164	110	96	92	181	151	149	148	130	114	187	118	132

表 3.2.3 1994 年冬季小潮期间实测最大流速(cm/s)、流向(°)统计表

层次	站号/要素	N2	N3	N4	N5	N6	N7	N9	N10	N11	N12	N13	N14	N15	N16	N17	N18	N19	N20	N22	N23	N24	N25	N26
表层	涨潮流速	59	58	60	54	49	/	72	54	47	43	61	/	48	62	39	45	29	39	30	81	89	46	38
	涨潮流向	312	324	275	346	352	/	292	279	296	309	356	/	270	290	336	313	343	315	316	289	19	301	269
	落潮流速	60	66	55	52	66	/	57	69	53	57	59	/	66	60	66	59	68	53	47	61	52	56	51
	落潮流向	133	145	94	147	137	/	113	109	111	134	165	/	92	84	161	155	164	155	134	89	206	85	101
中层	涨潮流速	69	56	61	55	45	60	47	50	37	44	59	29	42	45	36	43	31	43	35	67	71	54	30
	涨潮流向	307	322	267	350	358	308	298	285	290	314	352	318	251	271	347	311	341	329	309	295	12	293	275
	落潮流速	58	57	58	53	47	55	59	41	44	59	57	46	57	64	54	49	46	46	40	62	41	52	31
	落潮流向	109	142	109	136	173	120	114	114	124	123	164	110	96	101	171	152	154	151	139	113	259	101	91
底层	涨潮流速	48	49	52	47	39	53	38	48	40	42	48	28	36	58	37	38	26	37	30	62	68	44	26
	涨潮流向	309	327	275	332	348	313	292	281	293	333	352	309	281	259	351	329	340	330	302	284	31	295	282
	落潮流速	44	46	42	35	30	44	43	37	33	36	43	41	53	63	42	43	35	39	27	46	37	32	28
	落潮流向	136	141	99	134	158	120	142	148	122	155	167	117	95	88	162	152	152	145	110	114	242	89	85

实测流向湾内大部分测站大体与水道的轴线方向平行，矢量分布线比较集中，而处于湾口附近区域的测站，特别是N25、N26两站矢量线较为分散。其平均涨、落潮流流速和历时见表3.2.4。

（2）夏季航次

三门湾海域1994年夏季实测最大涨潮流流速155 cm/s（N23站表层），最大落潮流流速179 cm/s（N6站表层），夏季实测最大涨、落潮流流速略大于冬季。猫头山嘴前沿海域实测最大落潮流流速为162 cm/s，最大涨潮流流速为111 cm/s，均出现在N16站，见表3.2.5、表3.2.6。绝大多数测站落潮流流速大于涨潮流流速，只有湾外个别站涨潮流流速大于落潮流流速，如N24（大潮）和N26站；也有些站表层落潮流流速大于涨潮流流速，底层则反之，大、小潮期间均有此现象，如N11、N12、N23等站。流速随潮汛的变化与冬季相同，即大潮流速大于中潮，小潮最小。垂向分布为一般表层流速最大，流速随深度递减。

实测最大涨、落潮流的方向代表了海流涨、落潮流的主流向，三门湾口外N25、N23两站基本上是东—西向，由于三门湾的走向为西北—东南向，故三门湾内除岸边、岬角以及岛屿间水道外，其主流向均符合此特征。然而由于三门湾复杂的自然环境以及潮流强弱配置的制约，即使在同一位置，不同潮汛、不同时刻、不同层次主流向也不完全相同。

三门湾海域大潮平均落潮流流速最大为101 cm/s（N3），最小为34 cm/s（N14），平均涨潮流流速最大为91 cm/s（N6），最小为32 cm/s（N19），小潮平均落潮流流速最大为69 cm/s（N16），最小为16 cm/s（N22）；平均涨潮流流速最大为52 cm/s（N3），最小仅为16 cm/s（N22）。大、小潮期间绝大多数测站表层平均落潮流流速大于平均涨潮流流速，但小潮期间，底层有一半以上测站平均涨潮流流速大于平均落潮流流速，见表3.2.7。

平均涨、落潮流历时统计结果如表3.2.7所示，大、小潮汛表层均有一半站平均落潮流历时长于涨潮流历时，而底层绝大多数站涨潮流历时长于落潮流历时，这说明表、底层转流时刻不同，从表、底层流速矢量图上可以看出落潮流转涨潮流，往往底层早于表层约一小时，此时在同一垂线上，表层仍是落潮流而底层已为涨潮流。根据三门湾的潮量平衡分析，似乎表层出多进少，而底层进多出少，此现象可能与表层温度差引起的密度流有关。

3.2.2.2 实测潮流场特征(2003年)

3.2.2.2.1 口门断面潮流特征

（1）春季航次

春季航次水文测验由N01～N04和N09等5个测站组成封口断面，目的是为控制进出三门湾内的水量，其中N01、N02、N03为三门湾口的控制站位，N04为珠门港控制站位，N09为石浦港控制站位。总体而言，口门断面各测站是本次测验中实测最大潮流流速所在区域。大潮汛时，N01、N02和N03站实测到最大潮流流速分别为144 cm/s、175 cm/s和182 cm/s（出现在0.2H层），见表3.2.8。这符合浙闽沿岸港湾水域潮流流速的特征，潮流流速由港湾的口门处最大，往

表 3.2.4 1994年冬季平均涨、落潮流流速(cm/s)和涨、落潮历时(h:min)统计表

潮次	层次	要素＼站号	N2	N3	N4	N5	N6	N9	N10	N11	N12	N13	N14	N15	N16	N17	N18	N19	N20	N22	N23	N24	N25	N26
大潮	表层	平均涨潮流速	94	91	76	60	84	37	85	57	67	83	33	63	81	58	78	37	47	58	78	78	61	33
		平均落潮流速	75	99	94	86	85	64	76	68	78	75	52	76	82	69	69	36	59	69	96	72	75	41
		平均涨潮流历时	5:51	6:25	5:19	5:44	5:38	7:10	5:49	5:37	5:32	5:56	4:40	5:39	5:31	5:47	5:58	6:00	5:47	5:29	6:10	6:55	6:23	4:06
		平均落潮流历时	6:38	5:57	7:12	6:30	6:46	5:08	6:27	6:45	6:55	6:48	8:00	6:34	6:57	6:32	6:19	6:36	6:42	6:27	6:25	5:32	6:03	8:03
	底层	平均涨潮流速	64	69	69	60	54	40	69	50	54	78	38	54	77	58	53	30	46	42	65	53	48	26
		平均落潮流速	59	64	59	67	52	47	64	42	57	53	39	47	53	48	46	33	40	49	65	53	49	31
		平均涨潮流历时	6:08	6:48	5:28	6:25	7:04	7:16	6:08	6:03	5:45	6:18	5:19	5:44	6:43	6:19	6:35	6:24	6:34	6:10	6:15	6:54	6:29	6:38
		平均落潮流历时	6:45	6:01	7:00	5:51	5:39	5:05	6:22	6:16	6:51	6:08	7:15	6:38	5:22	6:23	5:58	5:54	5:54	6:16	6:17	5:36	6:05	8:06
小潮	表层	平均涨潮流速	33	39	32	21	16	28	33	22	25	/	/	27	39	22	25	12	26	14	33	29	22	19
		平均落潮流速	39	36	27	34	38	32	37	25	31	/	/	37	31	35	26	24	25	18	36	51	34	21
		平均涨潮流历时	5:41	6:27	6:48	5:39	5:31	8:54	5:31	6:33	5:36	6:36	/	6:07	5:39	5:26	5:12	5:36	5:26	6:29	5:45	7:56	5:54	4:57
		平均落潮流历时	6:54	6:33	5:28	7:19	7:11	4:58	6:53	6:01	7:02	6:05	/	5:54	6:49	6:49	7:43	6:35	7:03	5:09	7:13	4:18	7:14	7:27
	底层	平均涨潮流速	27	27	28	23	18	26	23	22	22	/	15	21	24	24	18	15	20	15	31	30	28	19
		平均落潮流速	25	28	23	23	13	25	21	21	21	/	22	27	40	22	16	17	20	16	28	43	19	17
		平均涨潮流历时	6:18	6:39	6:45	7:10	6:33	8:44	7:45	6:04	6:38	5:51	5:55	5:47	6:22	6:33	6:10	6:53	6:16	6:32	5:52	7:58	6:21	5:21
		平均落潮流历时	6:41	6:20	6:00	5:53	6:13	5:39	5:40	6:11	6:10	6:56	7:52	6:51	6:17	:623	7:13	5:53	6:59	6:44	7:04	4:02	7:03	8:01

表 3.2.5　1994 年夏季大潮期间实测最大流速(cm/s)、流向(°)统计表

层次	站号/要素	N1	N2	N3	N4	N5	N6	N7	N8	N9	N10	N11	N12	N13	N14	N15	N16	N17	N18	N19	N20	N22	N23	N24	N25	N26
表层	涨潮流速	121	123	141	125	130	142	110	139	61	103	127	114	107	82	103	110	108	108	84	100	91	155	120	95	85
	涨潮流向	345	312	307	246	328	316	324	297	287	278	335	307	345	291	278	251	346	315	342	321	309	265	17	274	321
	落潮流速	157	163	164	164	173	179	129	157	131	145	163	149	125	99	138	162	135	155	111	133	121	157	92	114	85
	落潮流向	144	136	129	99	145	127	130	120	117	90	138	137	171	110	63	85	168	151	175	152	145	93	199	108	125
中层	涨潮流速	118	121	109	117	107	124	110	104	67	90	110	103	92	88	114	103	95	97	78	81	71	126	107	96	70
	涨潮流向	344	311	317	237	337	306	314	296	272	283	338	318	342	277	273	257	0	318	352	325	311	264	19	285	320
	落潮流速	133	120	148	146	142	150	129	126	126	108	118	125	115	86	124	132	127	108	97	104	92	127	84	107	64
	落潮流向	150	136	133	103	153	132	140	117	105	102	144	137	173	111	96	95	173	150	175	145	145	97	194	102	131
底层	涨潮流速	97	94	86	101	81	110	87	78	63	74	96	93	87	77	99	111	89	77	68	69	61	100	87	80	62
	涨潮流向	344	312	314	244	332	305	298	298	267	279	335	316	337	299	277	247	2	327	352	323	312	263	24	287	322
	落潮流速	86	91	126	113	114	145	104	90	106	86	89	90	93	69	120	122	113	79	93	77	63	92	61	87	56
	落潮流向	144	129	136	99	148	136	144	122	115	100	146	141	164	117	89	90	171	150	170	140	159	97	215	105	150

表 3.2.6　1994 年夏季小潮期间实测最大流速(cm/s)、流向(°)统计表

层次	要素＼站号	N1	N2	N3	N4	N5	N6	N7	N8	N9	N10	N11	N12	N13	N14	N15	N16	N17	N18	N19	N20	N22	N23	N24	N25	N26
表层	涨潮流速	88	77	91	84	82	88	66	82	49	83	93	79	73	60	85	81	62	76	48	73	67	96	65	80	48
	涨潮流向	330	321	312	265	342	305	11	313	318	287	297	321	300	309	257	258	334	312	317	315	318	304	50	258	308
	落潮流速	97	107	118	104	115	90	101	121	85	96	93	100	104	77	122	124	103	119	67	102	62	120	80	69	52
	落潮流向	139	156	123	96	144	110	138	127	103	86	131	146	193	103	60	95	163	148	171	151	133	93	200	98	108
中层	涨潮流速	66	55	75	62	64	82	87	65	56	53	58	64	60	69	44	64	59	60	43	59	42	92	57	63	35
	涨潮流向	300	322	301	273	328	303	263	298	321	262	303	302	352	249	259	253	347	322	343	317	307	276	48	268	291
	落潮流速	83	89	83	82	77	74	81	86	79	61	67	67	66	67	85	93	80	73	64	70	43	74	59	76	43
	落潮流向	145	153	139	100	145	138	129	120	106	87	128	136	169	98	76	90	167	143	166	142	127	97	211	114	114
底层	涨潮流速	54	46	50	52	62	58	72	55	40	40	48	53	46	50	41	43	51	52	37	43	30	59	52	53	32
	涨潮流向	344	321	301	240	335	268	349	316	328	267	302	287	345	307	258	245	10	321	346	312	309	272	30	287	293
	落潮流速	65	59	62	61	47	53	69	62	70	40	47	45	52	62	75	73	68	64	67	58	28	56	46	58	31
	落潮流向	153	139	141	94	144	127	143	123	106	79	125	141	165	118	68	77	168	147	166	144	130	94	222	114	106

表 3.2.7　1994 年夏季平均涨、落潮流速(cm/s)和涨、落潮历时(h:min)统计表

潮次	层次	要素＼站号	N1	N2	N3	N4	N5	N6	N7	N8	N9	N10	N11	N12	N13	N14	N15	N16	N17	N18	N19	N20	N22	N23	N24	N25	N26
大潮	表层	涨潮流速	73	84	79	78	70	91	70	81	37	69	74	65	69	41	73	65	54	65	37	62	54	83	65	58	42
		落潮流速	72	84	101	89	96	98	71	90	64	82	72	68	77	48	65	78	68	84	45	66	55	82	55	69	56
		涨潮历时	6:13	6:21	6:44	5:32	5:48	5:51	6:16	6:10	5:17	6:11	6:41	5:54	6:10	5:42	5:53	5:55	6:20	6:10	5:56	6:30	5:45	6:01	6:33	6:41	6:03
		落潮历时	6:23	6:04	5:40	6:49	6. 33	6:25	6:11	6:19	6:56	6:20	5:56	6:22	6:19	6:38	6:33	6:25	5:52	6:11	6:16	5:36	5:52	6:01	5:46	5:49	6:16
	底层	涨潮流速	62	52	53	60	56	53	46	52	33	44	50	42	47	39	60	61	47	46	32	42	32	46	51	47	33
		落潮流速	47	60	68	55	52	68	49	52	56	46	40	42	59	34	53	52	52	49	46	46	38	52	38	48	38
		涨潮历时	6:54	6:23	6:42	5:41	5:51	7:18	6:25	6:07	5:48	6:11	7:02	6:15	6:09	6:15	6:11	5:46	6:59	6:21	6:43	6:31	5. 59	6:10	6:04	6:28	5:36
		落潮历时	5:38	5:58	5:37	6:43	6:22	5:05	5:48	6:07	6:37	6:09	5:43	6:13	6:20	6:26	6:05	6:21	5:41	6:03	5:56	5. 40	6. 24	6:01	6:01	5:49	6:40
小潮	表层	涨潮流速	41	34	52	51	34	45	40	50	23	40	36	37	36	29	48	45	33	49	24	39	32	46	39	42	29
		落潮流速	54	49	54	46	61	48	45	64	48	50	43	46	42	31	51	69	41	49	38	40	27	67	47	39	31
		涨潮历时	6:20	5:18	7:00	5:17	5:29	6:27	5:49	5:44	6:15	6:18	6:29	5:28	6:00	5:59	6:20	6:06	6:01	6:13	7:00	6:21	6:39	6:11	6:12	5:56	6:45
		落潮历时	5:43	7:19	5:37	6:56	7:01	6:55	6:49	6:53	6:11	6:13	6:03	7:00	6:22	6:42	6:20	6:37	6:22	6:13	5:47	6:19	6:03	6:21	6:19	6:40	6:07
	底层	涨潮流速	30	25	37	35	34	34	29	36	25	23	26	27	31	25	21	22	25	28	20	22	16	36	31	27	22
		落潮流速	37	28	34	31	30	31	27	31	38	24	24	27	29	23	36	38	34	37	29	34	16	30	28	34	22
		涨潮历时	8:04	6:12	6:52	6:20	6:28	6:35	7:55	6:09	6:26	7:03	6:55	7:14	6:41	5:57	6:16	6:34	6:00	6:08	6:33	6:07	6:52	7:16	6:09	6:23	5:48
		落潮历时	3:57	6:04	5:56	6:20	6:03	6:18	4:44	5:55	5:41	5:34	5:41	5:19	6:16	6:26	5:35	5:37	6:15	6:39	6:10	6:34	5:52	5:24	6:31	5:45	6:45

里沿程逐渐递减的规律。由表可见，实测最大潮流流速都发生在落潮流中，这一特点不仅仅只是口门处存在，特别是在大潮汛期间，可以说整个三门湾内都是这样，其差异仅是量值的不同而已。实测流速的另一特点为：大潮流速大于中潮，中潮流速大于小潮。最大涨、落潮流流速一般出现在表层或次表层，随着深度的增加而逐渐减小，即表层或次表层最大，中层次之，底层最小。

表 3.2.8 口门断面 2003 年春季实测最大涨、落潮流流速(cm/s)、流向(°)统计表

潮汛	层次	表层				0.6H				底层			
	项目	落潮		涨潮		落潮		涨潮		落潮		涨潮	
	测站	流速	流向	流速	流向	流速	流向	流速	流向	流速	流向	流速	流向
大潮	N01	144	97	141	335	125	111	120	332	103	120	96	323
	N02	175	109	137	337	127	116	103	332	81	153	66	9
	N03	178	113	157	327	172	116	133	300	140	126	116	312
	N04	161	123	115	296	143	124	111	292	122	125	94	290
	N09	142	91	70	275	141	89	77	267	115	103	57	258
小潮	N01	70	96	60	337	57	125	48	329	42	137	38	327
	N02	60	119	69	328	38	147	49	328	30	146	36	325
	N03	73	112	65	319	61	128	54	306	47	126	47	304
	N04	63	106	48	282	59	123	47	287	56	128	42	287
	N09	63	78	47	290	56	89	45	270	32	79	33	251

控制三门湾口的 3 个测站(N01～N03 站)的流速由口门西南侧的 N01 站依次往东北侧渐渐增大，以大潮汛时表层流速为例，N01、N02 和 N03 站表层两个全潮的平均流速分别为 84 cm/s、88 cm/s 和 101 cm/s；平均落潮流流速依次为 94 cm/s、95 cm/s 和 103 cm/s；平均涨潮流流速依次为 73 cm/s、80 cm/s 和 98 cm/s，见表 3.2.9。

图 3.2.3～图 3.2.6 为春季大、小潮期间表、底层的流速、流向矢量图。由图可见，N01、N02 和 N03 站的最大涨潮流速方向与三门湾的轴线基本平行，顺着其水道的方向，即最大涨潮流方向为 NNW；而最大落潮流方向为 ESE，与三门湾主轴有一偏角，N01 和 N02 站尤为明显。

控制珠门港水道的 N04 站和位于石浦港处的 N09 站，由于两处水道较为狭窄，实测潮流流速也较大，大潮汛时其表层实测最大潮流流速分别为 161 cm/s 和 146 cm/s（出现在 0.4H 层），它们对下涂洋一带滩涂潮量增减和岳井洋的潮量(白礁水道)起着重要作用，特别是 N09 站，白礁水道的退潮水主要从该处经石浦港流去。N04 站和 N09 站，因位于较窄的水道内，其涨、落潮流流向与水道走向颇为一致，即最大涨潮流流向为 W—WNW，最大落潮流流向为 E—ESE。

表 3.2.9　口门断面 2003 年春季大、小潮平均涨、落潮流流速统计表　（单位:cm/s）

潮汛	层次	表层			0.6H			底层		
	测站	平均	落潮	涨潮	平均	落潮	涨潮	平均	落潮	涨潮
大潮	N01	84	94	73	76	77	75	54	57	52
	N02	88	95	80	76	78	73	38	42	34
	N03	101	103	98	94	95	92	77	78	76
	N04	74	79	66	69	74	60	64	69	57
	N09	61	73	43	61	73	44	49	59	32
小潮	N01	34	34	33	32	33	32	26	25	26
	N02	40	43	37	27	22	30	16	16	16
	N03	44	48	42	39	40	38	30	31	29
	N04	29	35	23	32	36	28	19	14	22
	N09	33	34	31	32	38	27	18	18	20

无论是涨潮流转为落潮流，还是落潮流转为涨潮流，三门湾口的3个测站转流都是先南后北，中间水域最迟发生。表 3.2.10 为各测站平均涨、落潮流历时统计。由表可看出涨潮流历时要明显长于落潮流历时。这里必须指出的是，在 15 个测站中，唯有 N04 和 N09 两测站在大潮时例外，它们是落潮流历时长于涨潮流历时，如 N09 测站表层，落潮流历时为 6 h 44 min，而涨潮流仅仅为 5 h 40 min。究其原因，可能是因下涂洋宽广滩地和白礁水道的潮水位之故。

表 3.2.10　口门断面 2003 年春季平均涨、落潮流历时统计表　（单位:h:min）

潮汛	层次	表层		0.6H		底层	
	测站	涨潮	落潮	涨潮	落潮	涨潮	落潮
大潮	N01	6:23	6:02	6:25	6:00	6:35	5:50
	N02	6:23	6:01	6:27	5:55	6:22	6:02
	N03	6:17	6:09	6:20	6:04	6:38	5:50
	N04	5:52	6:26	5:59	6:20	6:00	6:18
	N09	5:40	6:44	5:50	6:34	6:00	6:22
小潮	N01	6:50	5:30	6:48	5:36	6:42	5:38
	N02	6:50	5:33	6:40	5:47	6:18	6:06
	N03	6:30	5:31	6:22	6:02	6:25	6:00
	N04	6:27	5:55	6:23	6:01	6:17	6:08
	N09	6:26	6:02	6:24	6:02	6:16	6:09

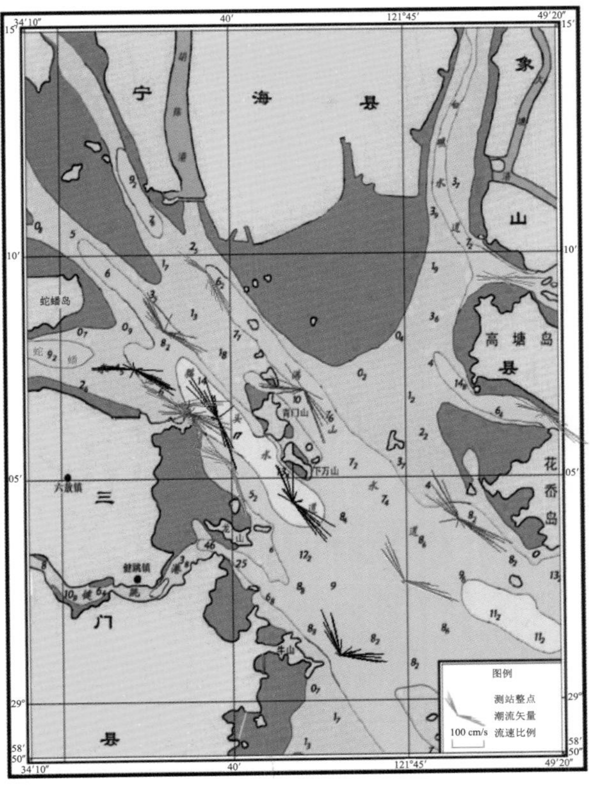

图 3.2.3 春季大潮(2003 年 5 月 16～17 日)表层流速、流向矢量图

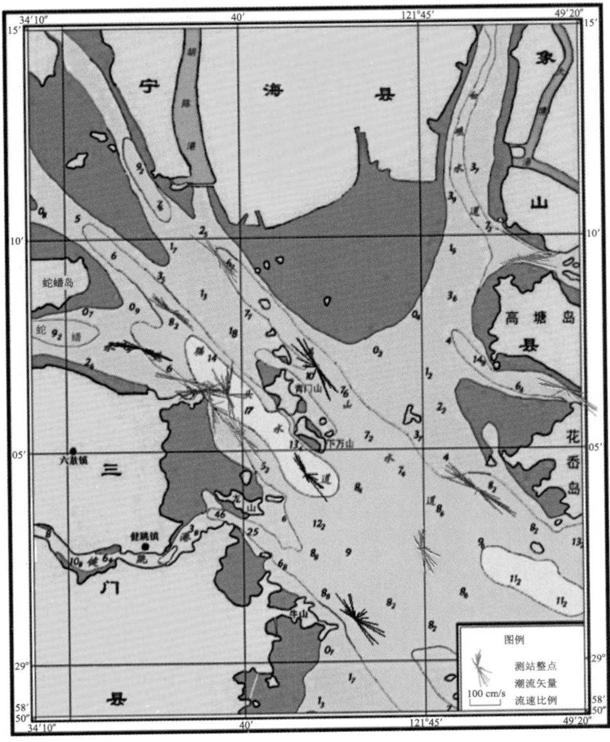

图 3.2.4 春季大潮(2003 年 5 月 16～17 日)底层流速、流向矢量图

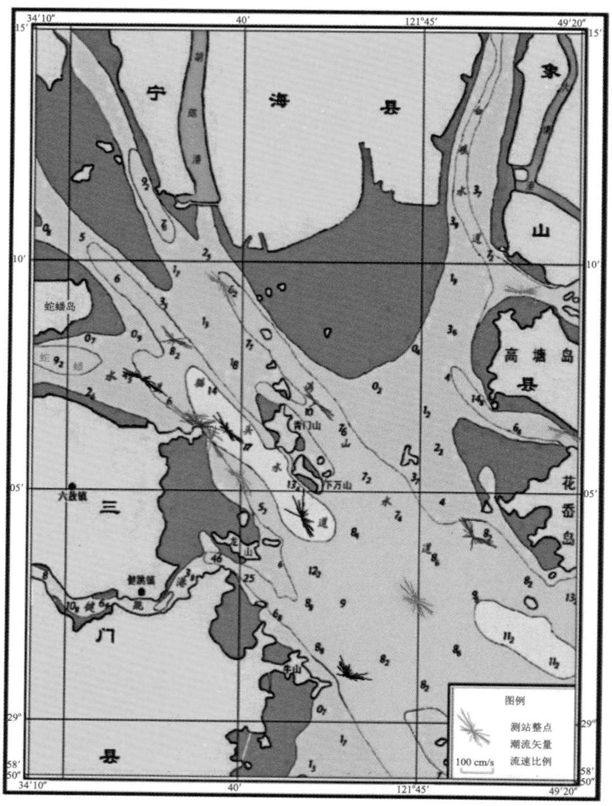

图 3.2.5　春季小潮(2003 年 5 月 23～24 日)表层流速、流向矢量图

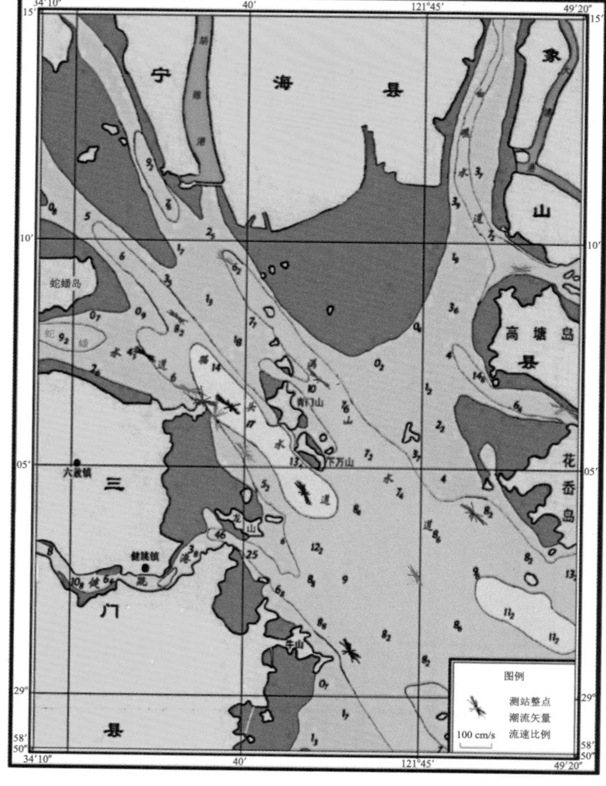

图 3.2.6　春季小潮(2003 年 5 月 23～24 日)底层流速、流向矢量图

(2) 秋季航次

秋季航次口门断面各站实测最大流速略大于春季，N01、N02 和 N03 站实测最大潮流流速分别为148 cm/s、188 cm/s和202 cm/s，如表3. 2. 11所示。潮流流速同样呈现出由湾口门区域最大，往里沿程逐渐递减的规律。最大潮流流速皆发生在落潮流流速中，整个三门湾内均是这样，其差异仅是量值的大小不同。最大潮流流速一般出现在表层或次表层，随着深度的增大而逐渐减小，即表层或次表层最大，中层次之，底层最小的垂向分布特征。

表 3. 2. 11 口门断面 2003 年秋季实测最大涨、落潮流流速(cm/s)、流向(°)

潮汛	层次	表层				0. 6H				底层			
	项目	落潮		涨潮		落潮		涨潮		落潮		涨潮	
	测站	流速	流向	流速	流向	流速	流向	流速	流向	流速	流向	流速	流向
大潮	N01	148	118	130	352	138	130	116	330	120	144	92	4
	N02	188	106	164	330	136	112	118	334	74	110	60	348
	N03	202	148	176	286	160	134	148	302	100	130	97	302
	N04	117	132	111	296	123	162	104	294	104	172	88	292
	N09	148	78	75	260	156	86	67	254	132	90	52	252
小潮	N01	62	112	66	352	63	148	50	351	60	46	46	338
	N02	53	100	85	328	53	130	62	339	38	101	35	325
	N03	75	148	62	286	70	134	63	298	51	108	40	298
	N04	56	102	65	286	48	96	49	290	33	100	38	276
	N09	67	58	57	260	77	66	57	260	64	68	39	256

控制三门湾口的 3 个测站(N01～N03 站)的潮流流速是由口门西南处的 N01 站依次往东北渐渐增大，以大潮汛时表层潮流流速为例，N01、N02 和 N03 站表层两个全潮的平均潮流流速分别为 79 cm/s、115 cm/s 和 117 cm/s；平均落潮流流速依次为 82 cm/s、119 cm/s 和 126 cm/s；平均涨潮流流速依次为 76 cm/s、112 cm/s 和 111 cm/s，见表 3. 2. 12。

图 3. 2. 7至图 3. 2. 10 分别为秋季航次大、小潮表、底层流速、流向矢量图。由图可见：N01、N02 和 N03 站的最大涨潮流方向基本与三门湾的轴线走向相一致，顺其水道方向；而最大落潮流方向为 ESE，与三门湾主轴线有一偏差，N03 站尤为显著。

与春季航次调查分析结果对比，无论涨潮流还是落潮流，其最大潮流流速的流向都存有一个偏角，如 N01 站，秋季最大涨、落潮流的流向分别为 352°、118°，而春季为 335°、97°，它们之间约有 20° 夹角。究其原因，可能与传入三门湾区域的外海潮波强弱有关，秋季航次实测最大潮流流速比春季略大就是一个佐证。

无论涨潮流转为落潮流，还是落潮流转为涨潮流，三门湾口的断面都是先南后北。表 3. 2. 13 是各站平均涨、落潮流历时的统计。由表可知：涨潮流历时要明显长于落潮流历时，如 N01 站表层大潮汛时，涨潮流历时为 6 h 29 min，而落潮流历时只有 5 h 55 min。这里需指出的是：在 15 个测站中，唯有 N04 和 N09 两站在大潮汛时例外，两者均为落潮流历时长于涨潮流历时，如 N09 站表层落潮流历时 6 h 41 min，而涨潮流历时却只有 5 h 43 min。

秋季航次与春季调查资料分析结果进行比较表明：总体而言，其规律颇为一致。

表 3. 2. 12　口门断面 2003 年秋季大、小潮平均涨、落潮流流速　（单位：cm/s）

潮汛	层次	表层			0. 6H			底层		
	测站	平均	落潮	涨潮	平均	落潮	涨潮	平均	落潮	涨潮
大潮	N01	79	82	76	71	76	66	63	68	58
	N02	115	119	112	82	86	77	45	51	41
	N03	117	126	111	99	108	93	63	67	59
	N04	40	43	35	42	44	39	39	39	39
	N09	60	77	40	58	64	45	50	59	34
小潮	N01	41	42	41	35	35	34	32	36	28
	N02	38	37	38	33	37	31	22	26	18
	N03	45	46	45	40	42	39	29	34	26
	N04	35	39	34	30	28	31	25	26	24
	N09	37	50	32	36	42	31	30	37	25

表 3. 2. 13　口门断面 2003 年秋季平均涨、落潮流历时统计表　（单位：h：min）

潮汛	层次	表层		0. 6H		底层	
	测站	涨潮	落潮	涨潮	落潮	涨潮	落潮
大潮	N01	6：29	5：55	6：20	6：05	6：16	6：11
	N02	6：42	5：43	7：18	5：15	7：04	5：19
	N03	7：13	5：12	7：15	5：11	7：17	5：09
	N04	5：56	6：30	6：02	6：22	6：17	6：18
	N09	5：43	6：41	5：33	6：50	5：37	6：47
小潮	N01	6：43	5：42	6：18	6：06	6：38	5：46
	N02	6：27	5：58	6：29	5：55	6：21	6：05
	N03	6：47	5：40	6：42	5：44	6：33	5：52
	N04	6：36	5：48	6：23	6：00	6：16	6：09
	N09	6：28	6：56	6：22	6：03	6：22	6：02

3.2.2.2.2　湾顶断面潮流特征

（1）春季航次

湾顶断面由 N10、N11 和 N12 站 3 个测站组成，称其为断面，因它们在三门湾顶端水域中呈一直线，其实它们各自处在各自的港汊之中。它们的潮流流速主要取决于港汊顶部滩地面积的大小，即纳潮容量的多寡；它们的潮流流向，特别是落潮流的流向，则取决于港汊的走向。表 3. 2. 14至表 3. 2. 15 是该 3 个测站实测最大潮流流速（流向）与平均涨、落潮流流速统计。

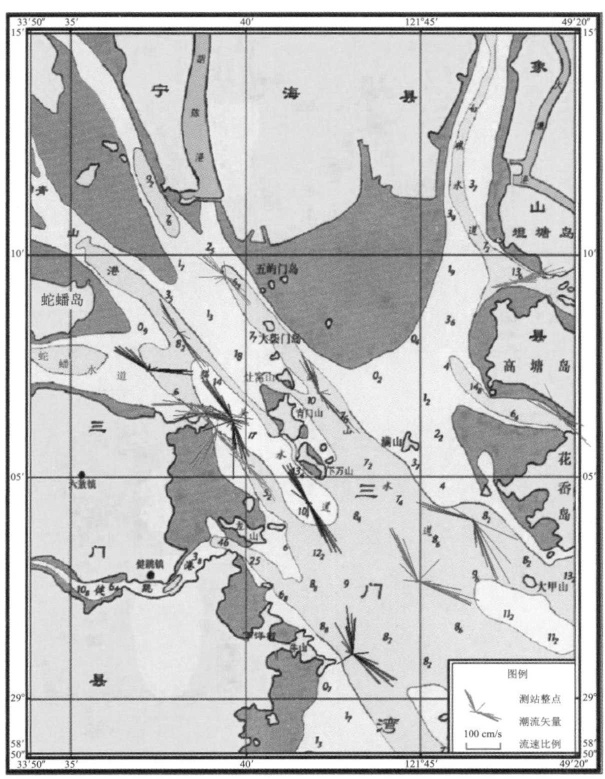

图 3. 2. 7　秋季(2003 年 10 月 26～27 日)大潮表层流速、流向矢量图

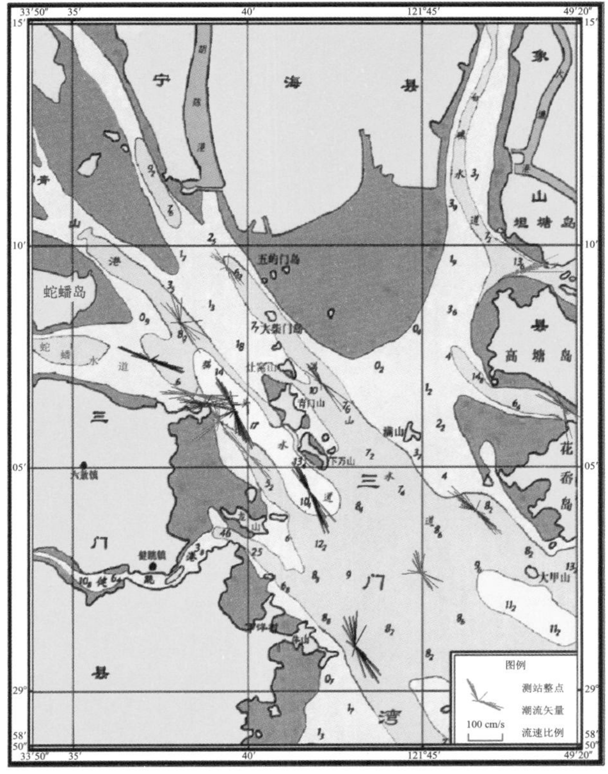

图 3. 2. 8　秋季(2003 年 10 月 26～27 日)大潮底层流速、流向矢量图

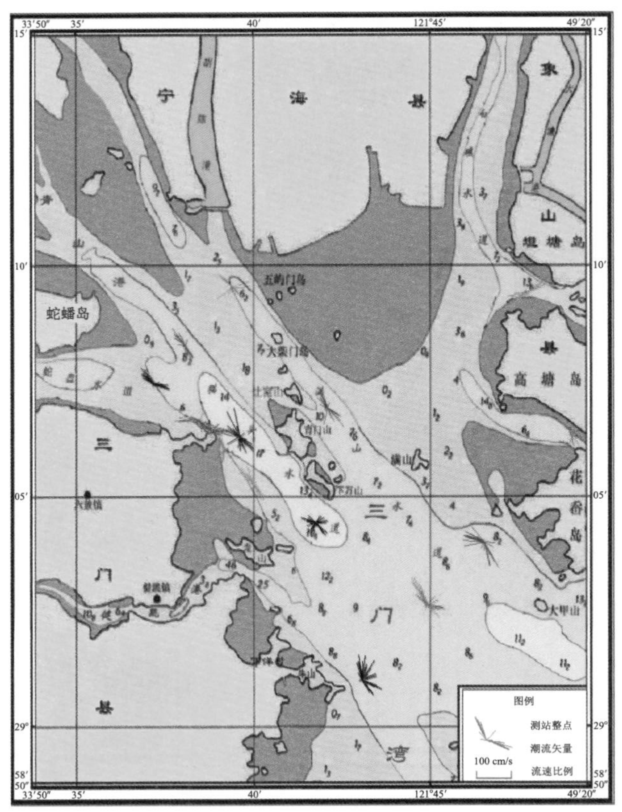

图 3. 2. 9　秋季小潮(2003 年 11 月 1～2 日)表层流速、流向矢量图

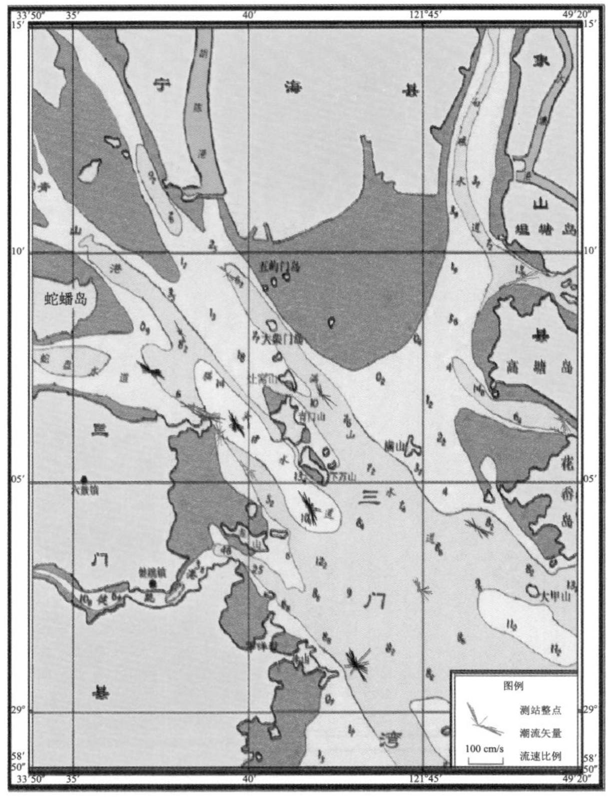

图 3. 2. 10　秋季小潮(2003 年 11 月 1 ～ 2 日)底层流速、流向矢量图

表 3. 2. 14　湾顶断面 2003 年春季实测最大涨、落潮流流速(cm/s)、流向(°)统计表

潮汛	层次	表层				0. 6H				底层			
	项目	落潮		涨潮		落潮		涨潮		落潮		涨潮	
	测站	流速	流向	流速	流向	流速	流向	流速	流向	流速	流向	流速	流向
大潮	N10	142	120	130	272	118	120	112	280	96	112	93	276
	N11	145	112	118	336	100	128	96	314	84	130	79	300
	N12	122	150	116	304	102	154	110	304	89	146	108	308
小潮	N10	91	121	62	294	50	117	50	282	34	130	40	292
	N11	60	111	52	316	46	106	46	292	32	108	34	294
	N12	74	146	55	298	46	124	38	298	30	114	34	330

表 3. 2. 15　湾顶断面 2003 年春季大、小潮平均涨、落潮流流速统计表　(单位:cm/s)

潮汛	层次	表层			0. 6H			底层		
	测站	平均	落潮	涨潮	平均	落潮	涨潮	平均	落潮	涨潮
大潮	N10	87	90	83	75	79	71	62	63	62
	N11	74	83	68	64	67	63	50	52	49
	N12	75	80	68	65	69	60	54	55	51
小潮	N10	38	38	38	28	30	26	23	23	22
	N11	29	29	29	28	29	27	19	18	19
	N12	32	33	31	26	29	23	18	20	17

由表可知:最大潮流流速均出现在表层落潮流流速之中,即表层落潮流流速大于涨潮流流速,如 N10 站表层最大涨、落潮流流速分别为 130 cm/s 和 142 cm/s,表层平均涨、落潮流流速分别为 83 cm/s 和 90 cm/s。再是此 3 个测站潮流流速值要比前述封口断面小些。另外,在实测资料中还显示出一个现象:在上层的水层中,涨潮时流向较为分散,这应该是潮水漫滩所造成;下层的水层,无论涨、落潮,其流向都较上层稳定,这应是测站位于港汊的深水处之故,这些都可从流速、流向矢量图上清楚地看出。3 个站的涨、落潮流流向绝大多数时间里都是指向港汊或水道方向,几乎与等深线平行。N10 站潮流流速较其他两站为大,这应是蛇蟠水道内的滩涂面积较其他两站顶部的滩地大得多之故。换言之,N10 站顶部区域蓄潮量要比其他两站的多。

在湾顶 3 个测站中,涨、落潮流转换发生时刻,都是 N10 站最迟。表 3. 2. 16 是各站平均涨、落潮流历时统计,可见,湾顶涨潮流历时比落潮流历时长得多。如 N10 站表层大潮时,平均涨潮历时为 6 h 33 min,而平均落潮流历时仅为 5 h 50 min。

(2) 秋季航次

表 3. 2. 17至表 3. 2. 18 是湾顶断面 3 个测站秋季实测最大潮流流速、流向与平均涨、落潮流流速统计。由表可知:大潮期间,最大潮流流速出现在表层的落潮流之中,即表层落潮流流速大

于涨潮流流速。如N10站表层最大涨、落潮流流速分别为116 cm/s和132 cm/s，表层的平均涨、落潮流流速分别为76 cm/s和89 cm/s。湾顶断面3个测站的潮流流速值要比口门断面测站小些。另外，在实测资料中还显示另一现象：上层的水层中，涨潮时流向较为分散，特别是N10和N12两测站，这是由于潮水漫滩造成的，可从表层流速、流向矢量图上直观地看出。

表3.2.16　湾顶断面2003年春季平均涨、落潮流历时统计表　（单位：h：min）

潮汛	层次	表层		0.6H		底层	
	测站	涨潮	落潮	涨潮	落潮	涨潮	落潮
大潮	N10	6:33	5:50	6:26	5:58	6:24	5:58
	N11	6:35	5:47	6:41	5:43	6:31	5:50
	N12	6:27	5:58	6:24	6:00	6:22	6:01
小潮	N10	6:23	6:02	6:24	6:01	6:40	5:39
	N11	6:41	5:41	6:33	5:50	6:44	5:39
	N12	6:43	5:41	6:31	5:56	7:01	5:13

表3.2.17　湾顶断面2003年秋季实测最大涨、落潮流流速（cm/s）、流向（°）统计表

潮汛	层次	表层				0.6H				底层			
	项目	落潮		涨潮		落潮		涨潮		落潮		涨潮	
	测站	流速	流向	流速	流向	流速	流向	流速	流向	流速	流向	流速	流向
大潮	N10	132	92	116	302	116	102	108	292	104	108	100	290
	N11	129	144	105	328	113	142	94	334	100	115	80	340
	N12	105	136	102	302	93	132	84	300	70	136	62	324
小潮	N10	46	108	56	316	50	110	50	308	46	114	46	300
	N11	41	156	58	320	39	145	39	321	26	148	36	327
	N12	49	74	51	308	47	134	42	318	39	132	38	306

表3.2.18　湾顶断面2003年秋季大、小潮平均涨、落潮流流速统计表　（单位：cm/s）

潮汛	层次	表层			0.6H			底层		
	测站	平均	落潮	涨潮	平均	落潮	涨潮	平均	落潮	涨潮
大潮	N10	82	89	76	74	80	69	62	67	58
	N11	70	71	69	62	63	60	41	47	36
	N12	66	67	65	59	60	59	43	44	42
小潮	N10	30	31	29	28	32	26	24	28	21
	N11	29	31	28	24	26	23	16	17	16
	N12	29	28	29	26	27	26	21	23	20

与春季调查分析结果相比，秋季航次湾顶水域的潮流流速普遍要略小于春季。其涨、落潮流

的流向，绝大多数的时间里，都是顺着港汊或水道的方向，几乎和等深线平行。实测资料同时表明：N10站潮流流速大于其他两个测站，这是因为蛇蟠水道内的滩地面积较其他两站顶部的滩地大得多之故。秋季航次最大涨、落潮流的流向与春季调查结果有一定差异，两者之差为30°左右。但以流态而言，特别是落潮流的流向，秋季更为顺蛇蟠水道的走向。

在湾顶区域3个测站中，涨、落潮流转换发生时刻都是N10站最迟。表3.2.19是各站平均涨、落潮流历时的统计，由表中可看到涨潮流历时要比落潮流历时长许多。如N10站表层，大潮汛时，平均涨潮流历时为6 h 43 min，而平均落潮流历时仅为5 h 41 min。

表3.2.19 湾顶断面2003年秋季平均涨、落潮流历时统计表 （单位：h：min）

潮汛	层次	表层		0.6H		底层	
	测站	涨潮	落潮	涨潮	落潮	涨潮	落潮
大潮	N10	6:43	5:41	6:50	5:34	6:41	5:44
	N11	6:29	5:55	6:29	5:26	6:57	5:28
	N12	6:27	5:59	6:33	5:52	6:54	5:30
小潮	N10	6:38	5:48	6:38	5:46	6:39	5:45
	N11	7:20	5:05	6:40	5:45	6:45	5:42
	N12	7:12	5:12	6:34	5:51	6:55	5:28

对春、秋两航次调查资料分析可知：湾顶区域的潮流特征其规律是一致的，仅是涨、落潮流历时之差不同而已。

3.2.2.2.3 两条纵断面的潮流特征

（1）春季航次

本书将N02、N07和N12站3个测站视为纵贯满山水道的纵断面，又把N02、N05、N06和N11站4个测站视为纵贯猫头水道的纵断面。这里着重分析N07站和N05、N06站，并与其两端测站进行分析比较。表3.2.20至表3.2.23是两条纵断面的实测最大涨、落潮流流速（流向）和平均涨、落潮流流速统计。由表可知，满山水道断面N02、N07站和N12站3个站实测最大潮流流速分别为175 cm/s、158 cm/s和122 cm/s，均发生在落潮流之中，这也证实了湾内流速是由口门往里沿程逐渐递减的规律。如大潮汛时，满山水道和猫头水道各测站的表层，最大实测落潮流流速分别为175 cm/s、158 cm/s、122 cm/s和175 cm/s、161 cm/s（出现在0.2H层）、148 cm/s、145 cm/s；满山水道和猫头水道各测站实测最大涨潮流流速分别为137 cm/s、136 cm/s、116 cm/s和137 cm/s、113 cm/s、137 cm/s、118 cm/s。这也充分说明了落潮流流速大于涨潮流流速这一潮流特征。而水道内的涨、落潮流流向总体上与水道的走向相当一致。

满山水道和猫头水道断面各测站平均涨、落潮流历时统计如表3.2.24、表3.2.25所示。由表可知，大潮汛时两水道平均涨潮流历时长于平均落潮流历时约20 min左右，小潮汛时要更长些。

表 3.2.20 满山水道断面 2003 年春季实测最大涨、落潮流流速(cm/s)、流向(°)统计表

潮汛	层次	表层				0.6H				底层			
	项目	落潮		涨潮		落潮		涨潮		落潮		涨潮	
	测站	流速	流向	流速	流向	流速	流向	流速	流向	流速	流向	流速	流向
大潮	N02	175	109	137	337	127	116	103	332	81	153	66	9
	N07	158	156	136	278	123	146	121	296	94	140	103	324
	N12	122	150	116	304	102	154	110	304	89	146	108	308
小潮	N02	60	119	69	328	36	147	49	328	30	146	36	325
	N07	68	134	58	316	67	130	54	314	42	128	49	314
	N12	74	146	55	298	46	124	38	298	30	114	34	330

表 3.2.21 满山水道断面 2003 年春季大、小潮平均涨、落潮流流速统计表 (单位:cm/s)

潮汛	层次	表层			0.6H			底层		
	测站	平均	落潮	涨潮	平均	落潮	涨潮	平均	落潮	涨潮
大潮	N02	88	95	80	76	78	73	38	42	34
	N07	92	93	92	75	78	73	60	64	57
	N12	75	80	68	65	69	60	54	55	51
小潮	N02	40	43	37	27	22	30	16	16	16
	N07	33	43	26	33	37	30	27	24	28
	N12	32	33	31	26	29	23	18	20	17

表 3.2.22 猫头水道断面 2003 年春季实测最大涨、落潮流流速(cm/s)、流向(°)统计表

潮汛	层次	表层				0.6H				底层			
	项目	落潮		涨潮		落潮		涨潮		落潮		涨潮	
	测站	流速	流向	流速	流向	流速	流向	流速	流向	流速	流向	流速	流向
大潮	N02	175	109	137	337	127	116	103	332	81	153	66	9
	N05	149	137	113	334	139	129	113	342	100	141	70	332
	N06	148	158	137	324	106	165	122	325	85	160	96	9
	N11	145	112	118	336	100	128	96	314	84	130	79	300
小潮	N02	60	119	69	328	36	147	49	328	30	146	36	325
	N05	60	145	61	333	50	144	66	340	34	146	41	314
	N06	61	124	57	328	50	132	66	320	33	125	52	302
	N11	60	111	52	316	46	106	46	292	32	108	34	294

表3.2.23　猫头水道断面2003年春季大、小潮平均涨、落潮流流速统计表　（单位:cm/s）

潮汛	层次	表层			0.6H			底层		
	测站	平均	落潮	涨潮	平均	落潮	涨潮	平均	落潮	涨潮
大潮	N02	88	95	80	76	78	73	38	42	34
	N05	83	100	64	76	82	69	37	42	32
	N06	85	88	83	68	69	66	51	54	49
	N11	74	83	68	64	67	63	50	52	49
小潮	N02	40	43	37	27	22	30	16	16	16
	N05	36	37	35	32	28	36	19	14	22
	N06	32	37	26	34	40	28	27	33	20
	N11	29	29	29	28	29	27	19	18	19

表3.2.24　满山水道断面2003年春季平均涨、落潮流历时统计表　（单位:h:min）

潮汛	层次	表层		0.6H		底层	
	测站	涨潮	落潮	涨潮	落潮	涨潮	落潮
大潮	N02	6:23	6:01	6:27	5:55	6:22	6:02
	N07	6:35	5:50	6:41	5:41	6:53	5:38
	N12	6:27	5:58	6:24	6:00	6:22	6:01
小潮	N02	6:50	5:33	6:40	5:47	6:18	6:06
	N07	6:20	6:04	6:16	6:07	6:16	6:09
	N12	6:43	5:41	6:31	5:56	7:01	5:13

表3.2.25　猫头水道断面2003年春季平均涨、落潮流历时统计表　（单位:h:min）

潮汛	层次	表层		0.6H		底层	
	测站	涨潮	落潮	涨潮	落潮	涨潮	落潮
大潮	N02	6:23	6:01	6:27	5:55	6:22	6:02
	N05	6:28	5:56	6:25	5:59	6:22	6:01
	N06	6:20	6:01	6:28	6:00	6:43	5:48
	N11	6:35	5:47	6:41	5:43	6:31	5:50
小潮	N02	6:50	5:33	6:40	5:47	6:18	6:06
	N05	6:31	5:52	6:26	5:59	6:14	6:11
	N06	6:15	6:07	6:18	6:06	6:30	5:53
	N11	6:41	5:41	6:33	5:50	6:44	5:39

（2）秋季航次

秋季航次满山水道N02、N07和N12站3个站实测最大落潮流流速分别为188 cm/s、

150 cm/s 和 105 cm/s（表 3. 2. 26），猫头水道各站表层实测最大落潮流流速分别为 188 cm/s、170 cm/s、158 cm/s、129 cm/s（表 3. 2. 27）；满山水道和猫头水道各站实测最大涨潮流流速分别为 164 cm/s、121 cm/s、102 cm/s 和 164 cm/s、125 cm/s、146 cm/s、105 cm/s，这无疑充分证明了除小潮外，小潮期间规律不符湾内落潮流流速大于涨潮流流速这一潮流特征，同时也证实了湾内流速是由口门往里沿程逐渐递减的规律。总体而言，水道内的涨、落潮流的流向与水道的走向相当一致。

表 3. 2. 26　满山水道断面 2003 年秋季实测最大涨、落潮流流速(cm/s)、流向(°)统计表

潮汛	层次	表层				0. 6H				底层			
	项目	落潮		涨潮		落潮		涨潮		落潮		涨潮	
	测站	流速	流向	流速	流向	流速	流向	流速	流向	流速	流向	流速	流向
大潮	N02	188	106	164	330	136	112	118	334	74	110	60	348
	N07	150	137	121	333	140	131	95	327	109	123	66	318
	N12	105	136	102	302	93	132	84	300	70	136	62	324
小潮	N02	53	100	85	328	53	130	62	339	38	101	35	325
	N07	67	135	48	330	72	131	44	321	52	124	34	333
	N12	49	74	51	308	47	134	42	318	39	132	38	306

表 3. 2. 27　猫头水道断面 2003 年秋季实测最大涨、落潮流流速(m/s)、流向(°)表

潮汛	层次	表层				0. 6H				底层			
	项目	落潮		涨潮		落潮		涨潮		落潮		涨潮	
	测站	流速	流向	流速	流向	流速	流向	流速	流向	流速	流向	流速	流向
大潮	N02	188	106	164	330	136	112	118	334	74	110	60	348
	N05	170	144	125	323	161	150	112	330	121	153	98	327
	N06	158	179	146	322	154	156	130	323	115	154	103	328
	N11	129	144	105	328	113	142	94	334	100	115	80	340
小潮	N02	53	100	85	328	53	130	62	339	38	101	35	325
	N05	42	139	46	287	59	153	54	328	45	158	55	322
	N06	55	133	74	330	59	150	53	339	41	140	36	328
	N11	41	156	58	320	39	145	39	321	26	148	36	327

与春季调查资料相比，发现秋季航次满山水道涨、落潮流流速值均要小于春季，如 N07 站表层大潮汛，秋季航次调查平均涨、落潮流流速分别为 84 cm/s、83 cm/s 和 84 cm/s（表 3. 2. 28）；而春季分别为 92 cm/s、92 cm/s 和 93 cm/s（表 3. 2. 21）。而猫头水道却是秋季航次涨、落潮流流速值均要大于春季，如 N05 站表层大潮汛，秋季航次平均涨、落潮流流速分别为 91 cm/s、81 cm/s 和 100 cm/s（表 3. 2. 29），而春季分别为 83 cm/s、64 cm/s 和 100 cm/s（表 3. 2. 23）。这也说明猫头水道的水流要比满山水道活跃。

表 3.2.28 满山水道断面 2003 年秋季大、小潮平均涨、落潮流流速表 (单位:cm/s)

潮汛	层次	表层			0.6H			底层		
	测站	平均	落潮	涨潮	平均	落潮	涨潮	平均	落潮	涨潮
大潮	N02	115	119	112	82	86	77	45	51	41
	N07	84	84	83	70	74	66	46	53	38
	N12	66	67	65	59	60	57	43	44	42
小潮	N02	38	37	38	33	37	31	22	26	18
	N07	29	32	27	30	35	26	21	24	19
	N12	29	28	29	26	27	26	21	23	20

表 3.2.29 猫头水道断面 2003 年秋季大、小潮平均涨、落潮流流速表 (单位:cm/s)

潮汛	层次	表层			0.6H			底层		
	测站	平均	落潮	涨潮	平均	落潮	涨潮	平均	落潮	涨潮
大潮	N02	115	119	112	82	86	77	45	51	41
	N05	91	100	81	86	96	74	67	73	61
	N06	88	86	89	85	87	82	60	64	55
	N11	70	71	69	62	63	60	41	47	36
小潮	N02	38	37	38	33	37	31	22	26	18
	N05	26	29	25	33	40	27	26	30	23
	N06	36	36	35	30	37	26	20	24	17
	N11	29	31	28	24	26	23	16	17	16

无论春季还是秋季航次测验,都出现 N06 站涨潮流流速要比 N05 站大这一有悖规律的逆常现象。造成这一现象的真正原因是:三门湾内青门山、下方山等诸岛屿将水道过水面积束窄变小,迫使潮流增大涨潮流流速以保持进潮量不变造成的。这也可从离口门较 N05 站远得多的 N07 站得到证实。春季调查资料中,表层最大涨潮流流速,N05 站为 113 cm/s,N07 站为 136 cm/s;秋季测验:N05 站 125 cm/s,N07 站为 121 cm/s。

涨、落潮流转换发生的时刻,与春季调查分析结果相比,无本质差别,仅发生的时间上有些差异。这是因为春季为望期大潮,而秋季为朔期大潮之故。由涨、落潮流历时统计表中可知(表 3.2.30、表 3.2.31),大潮汛时,两水道表层平均涨潮流历时要比平均落潮流历时长约 30 min,小潮汛时要更长些。

与春季调查分析结果相比,大潮汛时,平均涨、落潮流历时无多大变化,而秋季小潮汛涨、落潮流历时之差要比春季大,湾顶的 N12 和 N11 两测站更为明显,如小潮汛时,表层 N12 站涨、落潮流历时之差为 2 h,N11 站为 2 h 15 min。而春季该两站涨、落潮流历时之差只有 1 h 30 min 和 1 h 2 min。

表 3.2.30　满山水道断面 2003 年秋季平均涨、落潮流历时统计表　（单位:h:min）

潮汛	层次	表层		0.6H		底层	
	测站	涨潮	落潮	涨潮	落潮	涨潮	落潮
大潮	N02	6:42	5:43	7:18	5:15	7:04	5:19
	N07	6:28	5:57	6:14	6:11	6:14	6:10
	N12	6:27	5:59	6:29	5:56	6:57	5:28
小潮	N02	6:27	5:58	6:29	5:55	6:21	6:05
	N07	6:25	6:00	6:29	5:55	6:18	6:06
	N12	7:12	5:12	6:34	5:51	6:55	5:28

表 3.2.31　猫头水道断面 2003 年秋季平均涨、落潮流历时统计表　（单位:h:min）

潮汛	层次	表层		0.6H		底层	
	测站	涨潮	落潮	涨潮	落潮	涨潮	落潮
大潮	N02	6:42	5:43	7:18	5:15	7:04	5:19
	N05	6:24	6:00	6:22	6:03	6:20	6:05
	N06	6:17	6:07	6:14	6:11	6:23	6:02
	N11	6:29	5:55	6:29	5:56	6:57	5:28
小潮	N02	6:27	5:58	6:29	5:55	6:21	6:05
	N05	6:44	5:40	6:22	6:04	6:26	6:00
	N06	6:48	5:37	6:18	6:09	6:15	6:10
	N11	7:20	5:05	6:40	5:45	6:45	5:42

3.2.2.2.4　猫头山嘴附近水域潮流特征

(1) 春季航次

本次测验围绕猫头山嘴布设了 5 个(N06、N15、N16、N17 和 N18 站)测站,其中一个布设在山嘴东南深槽中,该水域测站布设多且密,主要是为全面认识和了解猫头山嘴附近水域的潮流场情况。表 3.2.32 和表 3.2.33 是实测最大涨、落潮流流速(流向)与平均涨、落潮流流速统计。可见最大潮流流速出现在落潮流之中,以及落潮流流速大于涨潮流流速这一湾内的潮流规律。这里着重讨论本水域几个测站最大涨、落潮流的流向为何有这么大的差异。由表可知:涨潮时该水域 5 个测站,N17 站和 N16 站因其紧挨山嘴南北两侧,它们的最大涨潮流的流向分别为 WNW 和 W,N06 站处在深水槽中,它的最大涨潮流的流向顺着水道走向,为 NNW,另 2 个(N15 站和 N18 站)测站最大涨潮流的流向较为一致,均为 WNW 向。但最大落潮流的流向除 N18 站及处于深水槽的 06 站为 SSE 外,其余三站均各自不同,如 N15 站为 E,N16 站为 ESE,N17 站为 SSW。形成这一现象的根本原因是那条细长的猫头山嘴特殊的地形和它南面广阔的浅水滩地的作用。伸向三门湾中那条细长山嘴有 2 km 之长,犹如一条长长的堤坝。由于猫头山嘴的阻挡,使山嘴南部水域形成一片潮流的阴影区，潮流流速小，在缓流区内，悬浮泥沙极易落淤，故而造就山嘴南部那一片广阔的浅水滩地。涨、落潮时，又由于坝头的挑流作用，使紧贴着堤坝两侧的水流改变其原来的流向，乃至改变水流的结构，这充分说明了猫头山嘴附近水域潮流场的复杂性。

表 3.2.32　2003 年春季猫头山嘴周围水域实测最大涨、落潮流流速(cm/s)、流向(°)统计表

潮汛	层次	表层				0.6H				底层			
	项目	落潮		涨潮		落潮		涨潮		落潮		涨潮	
	测站	流速	流向	流速	流向	流速	流向	流速	流向	流速	流向	流速	流向
大潮	N06	148	158	137	324	106	165	122	325	85	160	96	9
	N15	162	87	123	296	123	103	116	290	102	104	92	280
	N16	135	122	98	274	101	110	83	272	91	105	74	268
	N17	131	191	110	306	108	173	84	356	82	175	61	348
	N18	145	162	118	292	120	146	95	313	101	142	77	327
小潮	N06	61	124	57	328	50	132	66	320	33	125	52	302
	N15	88	99	63	292	59	107	57	295	53	102	47	282
	N16	83	122	59	278	58	114	36	304	47	92	40	352
	N17	54	146	42	18	46	161	40	5	38	169	38	70
	N18	60	152	51	292	56	130	41	312	43	131	34	316

表 3.2.33 是该水域 5 个测站平均涨、落潮流流速统计，由表可知，有些测站的中、下层出现平均涨潮流流速大于平均落潮流流速，如大潮汛时 N17 站 0.6H 和底层都是如此，小潮汛时 N17 站和 N18 站中、下层也是这样。但从总体上言，仍是落潮流流速大于涨潮流流速。

表 3.2.33　2003 年春季猫头山嘴周围水域大、小潮平均涨、落潮流流速统计表　　(单位:cm/s)

潮汛	层次	表层			0.6H			底层		
	测站	平均	落潮	涨潮	平均	落潮	涨潮	平均	落潮	涨潮
大潮	06	85	88	83	68	69	66	51	54	49
	15	87	92	81	79	83	74	67	70	64
	16	73	85	59	55	58	52	48	52	44
	17	68	70	67	61	59	64	44	42	45
	18	79	81	75	63	68	59	48	45	51
小潮	06	32	37	26	34	40	28	27	33	20
	15	37	47	30	35	39	32	27	29	25
	16	37	43	32	28	31	25	26	34	22
	17	30	41	22	26	33	23	22	21	24
	18	33	41	25	26	25	26	20	20	20

表 3.2.34 是测站平均涨、落潮流历时的统计，由表可知，各测站底层涨潮流历时长于落潮流

历时的现象要比上层更长，小潮汛要比大潮汛更显著。

表 3.2.34　2003 年春季猫头山嘴周围水域平均涨、落潮流历时统计表　（单位：h:min）

潮汛	层次	表层		0.6H		底层	
	测站	涨潮	落潮	涨潮	落潮	涨潮	落潮
大潮	N06	6:20	6:01	6:28	6:00	6:43	5:48
	N15	6:14	6:09	6:17	6:05	6:18	6:03
	N16	6:23	6:00	6:25	6:00	6:28	5:58
	N17	6:22	6:01	6:26	5:56	6:24	5:59
	N18	6:37	5:50	6:40	5:40	6:34	5:44
小潮	N06	6:15	6:07	6:18	6:06	6:30	5:53
	N15	6:14	6:10	6:14	6:14	6:16	6:12
	N16	6:23	6:00	6:18	6:06	6:30	5:53
	N17	6:54	5:29	7:02	5:20	7:17	5:05
	N18	6:18	6:07	6:20	6:06	6:22	6:05

（2）秋季航次

表 3.2.35 和表 3.2.36 为秋季实测最大涨、落潮流流速、流向与平均涨、落潮流流速。由表可见最大潮流流速出现在落潮流之中和落潮流流速大于涨潮流流速这一浙闽沿岸港湾内普遍存在的规律，对此不再赘述。

秋季航次调查资料分析表明，猫头山嘴周围水域的潮流特征与春季航次类同，由于细长的猫头山嘴和它南面那广阔的浅水滩地起的作用，使得猫头山嘴附近水域潮流场更为复杂。

表 3.2.35　2003 年秋季猫头山嘴周围水域实测最大涨、落潮流流速(cm/s)、流向(°)统计表

潮汛	层次	表层				0.6H				底层			
	项目	落潮		涨潮		落潮		涨潮		落潮		涨潮	
	测站	流速	流向	流速	流向	流速	流向	流速	流向	流速	流向	流速	流向
大潮	N06	158	179	146	322	154	156	130	323	115	154	103	328
	N15	157	112	124	270	137	103	119	269	126	91	104	274
	N16	144	96	91	266	123	92	107	269	102	91	91	280
	N17	126	216	105	313	111	220	95	307	98	237	62	337
	N18	130	140	115	313	115	139	106	309	105	139	100	313
小潮	N06	55	133	74	330	59	150	53	339	41	140	36	328
	N15	70	109	73	270	60	114	58	271	47	113	43	274
	N16	65	103	29	300	56	103	53	300	53	97	66	297
	N17	58	201	68	328	65	194	51	333	66	205	53	360
	N18	54	144	65	314	45	139	47	316	40	137	34	315

表 3.2.36　2003 年秋季猫头山嘴周围水域大、小潮平均涨、落潮流流速　（单位：cm/s）

潮汛	层次	表层			0.6H			底层		
	测站	平均	落潮	涨潮	平均	落潮	涨潮	平均	落潮	涨潮
大潮	N06	88	86	89	85	87	82	60	64	55
	N15	96	101	91	88	94	83	74	78	70
	N16	69	81	59	68	76	62	62	67	57
	N17	77	78	75	67	73	62	35	50	25
	N18	81	84	78	75	75	75	65	67	64
小潮	N06	36	36	35	30	37	26	20	24	17
	N15	39	40	38	35	37	33	27	31	24
	N16	36	39	34	32	37	28	29	34	24
	N17	31	31	31	27	32	24	19	21	19
	N18	33	30	34	27	30	25	21	25	19

由表 3.2.37 可知：各测站底层涨潮流历时长于落潮流历时的现象要比上层更长，小潮汛要比大潮汛更显著。与春季调查分析结果相比，本次测验的结果与春季那次无实质性的差别。

表 3.2.37　2003 年秋季猫头山嘴周围水域平均涨、落潮流历时统计表　（单位：h：min）

潮汛	层次	表层		0.6H		底层	
	测站	涨潮	落潮	涨潮	落潮	涨潮	落潮
大潮	N06	6:17	6:07	6:14	6:11	6:23	6:02
	N15	6:49	5:35	6:37	5:48	6:35	5:55
	N16	6:55	5:30	6:53	5:32	6:59	5:25
	N17	6:24	6:01	6:16	6:09	6:42	5:43
	N18	6:35	5:51	6:28	5:57	6:19	6:06
小潮	N06	6:48	5:37	6:18	6:09	6:15	6:10
	N15	6:16	6:09	6:18	6:06	6:26	5:58
	N16	6:40	5:45	7:06	5:18	7:24	4:59
	N17	6:40	5:45	7:06	5:18	7:24	4:59
	N18	6:25	5:59	6:32	5:51	6:35	6:00

3.2.2.3　实测潮流场特征(2013 年)

3.2.2.3.1　口门断面潮流特征

2013 年水文泥沙测验口门断面同样由 N01、N02、N03、N04 和 N09 五个水文测站组成，其中 N01、N02、N03 为三门湾口的控制站，N04 为珠门港控制站，N09 为石浦港控制站。

(1)冬季航次

测验成果表明:口门断面各站流速较大,尤其是湾口东北侧的N03站,实测最大流速为调查期间测区最大(139 cm/s)。N01、N02和N03站冬季实测最大流速分别为125 cm/s、134 cm/s和139 cm/s(表3.2.38);珠门港N04站和石浦港N09站处的水道较为狭窄,流速也较大,两站实测最大流速分别为136 cm/s和132 cm/s。实测最大流速基本出现在表层,偶尔出现在次表层(0.2H层),流速呈现出从表层到底层递减的垂向变化特征。各测站实测最大流速均出现在落潮时段,最大涨潮流速小于最大落潮流速的特征毋庸置疑,只是各站涨、落潮流流速差值略有不同。其中湾口断面中N09号测站的涨、落潮最大流速差最大,其大、中、小潮期间落潮最大流速比涨潮分别大35 cm/s、63 cm/s、33 cm/s。

表3.2.38 口门断面2013年冬季实测最大涨、落潮流流速(cm/s)、流向(°)统计表

潮汛	站号	潮流	表层		0.2H		0.4H		0.6H		0.8H		底层		垂向平均	
			流速	流向	流速	流向	流速	流向	流速	流向	流速	流向	流速	流向	流速	流向
大潮	N1	落潮	113	146	109	148	102	149	92	144	84	147	75	158	94	149
		涨潮	94	325	94	317	92	314	84	318	76	325	63	324	84	316
	N2	落潮	111	135	107	121	105	124	103	126	110	157	86	122	100	130
		涨潮	109	302	105	312	106	304	103	301	105	332	82	335	1.0	311
	N3	落潮	125	149	122	150	111	139	100	142	94	148	94	146	107	149
		涨潮	107	305	107	316	105	305	98	312	92	312	82	305	97	304
	N4	落潮	120	119	117	111	112	113	102	119	92	110	74	112	99	117
		涨潮	106	291	104	289	101	289	100	278	108	303	85	282	99	288
	N9	落潮	107	120	112	100	110	106	114	101	115	109	83	111	106	106
		涨潮	072	282	71	282	71	278	74	280	65	280	54	287	65	281
中潮	N1	落潮	125	140	122	137	121	140	106	143	95	142	95	169	108	141
		涨潮	107	337	99	339	93	346	89	347	88	318	67	357	88	348
	N2	落潮	134	123	132	131	130	126	124	133	108	181	79	164	111	132
		涨潮	127	303	120	303	128	307	120	349	108	359	76	297	104	323
	N3	落潮	139	138	136	143	127	141	112	139	103	141	70	143	114	141
		涨潮	105	314	112	323	102	312	95	326	86	312	69	328	90	323
	N4	落潮	136	115	134	116	132	113	120	108	112	96	91	87	119	112
		涨潮	096	298	112	287	109	285	114	285	109	285	84	283	106	285
	N9	落潮	132	104	123	96	121	94	118	105	112	105	89	102	116	103
		涨潮	069	288	68	286	70	282	74	285	64	282	48	26	65	286

续表 3.2.38

潮汛	站号	潮流	表层		0.2H		0.4H		0.6H		0.8H		底层		垂向平均	
			流速	流向	流速	流向	流速	流向	流速	流向	流速	流向	流速	流向	流速	流向
小潮	N1	落潮	078	148	84	147	81	147	82	146	63	152	53	174	48	169
		涨潮	069	352	69	347	66	348	68	345	58	354	47	348	48	341
	N2	落潮	100	126	96	130	97	142	77	134	69	145	55	158	79	138
		涨潮	090	306	87	314	93	315	88	312	78	326	66	326	81	315
	N3	落潮	090	138	84	146	80	144	72	138	66	142	51	138	73	141
		涨潮	068	310	66	311	65	314	64	317	55	316	47	294	59	316
	N4	落潮	088	94	87	96	82	117	75	129	68	116	53	111	73	97
		涨潮	079	293	69	295	67	290	65	280	62	288	43	280	62	290
	N9	落潮	098	98	95	99	97	100	94	99	91	99	59	60	88	100
		涨潮	065	282	72	282	64	278	67	280	55	278	46	274	59	282

这里需指出的是：冬季大潮汛水文测验的时间是农历十六至十七（即为望之后一至两日），中潮测验时间是十九至二十。实测潮位显示，当月最大潮差发生于农历十八，即中潮测验时段潮差略大于大潮，这就使得流速也呈现出中潮汛实测流速略大于大潮的现象。严格来说，冬季观测中所述的“大潮”是从月相变化上来讲的，其潮差和潮流流速并不是最大。

从平均流速来看，位于口门中间的N02站流速大于两侧的N01、N03站。调查期间N01～N03站平均流速分别为49 cm/s、54 cm/s和52 cm/s（表3.2.39）。

表3.2.40是冬季各测站平均涨、落潮流历时的统计，由表可看出湾口3个测站涨潮流历时略长于落潮流历时；而珠门港水道N04站和石浦港N09站总是落潮历时长于涨潮历时。无论是涨潮流转为落潮流，还是落潮流转为涨潮流，三门湾口门处总是南北两侧先转流，中间水域最迟发生，N02站转流比N01和N03测站晚30 min左右。

图3.2.11、图3.2.12为冬季大、小潮观测期间各站垂向平均流速、流向矢量图，由图可见，N01至N03站的最大涨、落潮流方向与三门湾的走势对应，顺着其水道的方向，即最大涨潮流方向为西北向，而最大落潮流方向为东南向。N04站和N09站位于狭长的水道内，其涨、落潮流流向也与地形走向颇为一致，最大涨潮流方向基本为西北偏西向，最大落潮流方向基本为东南偏东向。

（2）夏季航次

夏季航次调查中湾口断面各站实测最大流速略大于冬季，N01至N03站实测最大流速分别为147 cm/s、153 cm/s和145 cm/s。珠门港N04站和石浦港N09站实测最大流速分别为145 cm/s、156 cm/s，如表3.2.41所示。流速同样呈现由表层至底层递减的垂向变化特征。

口门断面各站实测最大流速均出现在落潮时段，涨落差异最大的仍是N09站，其大、中、小潮期间落潮最大流速比涨潮分别大78 cm/s、35 cm/s、13 cm/s，该站大潮涨潮最大流速仅为落潮的一半。调查期间口门处平均流速分布特征与冬季相近，仍为口门中间站（N02站）流速较大，两侧较小（N01和N03站）。N01至N03站夏季平均流速分别为46 cm/s、50 cm/s和44 cm/s（表3.2.42）。

表 3. 2. 39　口门断面 2013 年冬季平均涨、落潮流流速统计表　（单位：cm/s）

潮汛	站号	潮流	表层	0. 2H	0. 4H	0. 6H	0. 8H	底层	垂线平均
大潮	N1	落潮	61	60	59	55	51	42	55
		涨潮	56	56	56	54	51	42	53
	N2	落潮	59	62	61	58	58	44	56
		涨潮	64	64	61	58	60	46	59
	N3	落潮	65	64	60	56	52	46	57
		涨潮	63	63	63	60	55	50	60
	N4	落潮	64	64	62	60	57	42	58
		涨潮	58	60	60	57	56	45	57
	N9	落潮	45	48	47	48	47	31	44
		涨潮	42	43	44	43	41	25	42
中潮	N1	落潮	68	66	64	59	57	49	60
		涨潮	61	62	60	57	52	40	56
	N2	落潮	74	69	69	65	59	44	62
		涨潮	75	75	72	71	63	48	67
	N3	落潮	72	71	68	61	54	39	62
		涨潮	63	69	65	63	57	42	60
	N4	落潮	67	73	71	65	60	44	64
		涨潮	63	65	66	66	63	47	62
	N9	落潮	53	58	57	58	54	41	56
		涨潮	40	41	43	43	39	24	38
小潮	N1	落潮	43	44	45	41	35	27	40
		涨潮	34	36	36	35	31	23	32
	N2	落潮	51	47	42	36	33	29	38
		涨潮	44	51	48	44	41	35	43
	N3	落潮	45	44	41	38	33	22	38
		涨潮	39	42	41	39	35	24	37
	N4	落潮	42	42	41	40	39	26	38
		涨潮	39	40	40	39	35	22	37
	N9	落潮	46	48	48	46	44	31	44
		涨潮	35	36	37	36	33	25	34

表 3. 2. 40　口门断面 2013 年冬季涨、落潮流历时统计表　（单位：h：min）

潮汛	站号	潮流	表层	0. 2H	0. 4H	0. 6H	0. 8H	底层
大潮	N1	落潮	6：10	6：05	6：00	6：00	6：05	6：00
		涨潮	6：15	6：20	6：25	6：25	6：20	6：25
	N2	落潮	6：10	6：10	6：10	6：10	6：10	6：10
		涨潮	6：15	6：15	6：15	6：15	6：15	6：15
	N3	落潮	5：50	5：50	6：00	6：05	5：55	6：00
		涨潮	6：35	6：35	6：25	6：20	6：30	6：25
	N4	落潮	7：05	7：10	7：10	6：50	6：45	6：40
		涨潮	5：20	5：15	5：15	5：35	5：40	5：45
	N9	落潮	7：25	7：20	7：20	7：05	7：05	7：15
		涨潮	5：00	5：05	5：05	5：20	5：20	5：10
中潮	N1	落潮	6：05	6：10	6：05	6：10	5：55	5：45
		涨潮	6：20	6：15	6：20	6：15	6：30	6：40
	N2	落潮	5：50	6：00	6：00	6：10	6：05	6：20
		涨潮	6：35	6：25	6：25	6：15	6：20	6：05
	N3	落潮	5：50	5：55	5：50	6：00	6：10	6：15
		涨潮	6：35	6：30	6：35	6：25	6：15	6：10
	N4	落潮	7：20	7：10	7：15	7：15	7：05	7：00
		涨潮	5：05	5：15	5：10	5：10	5：20	5：25
	N9	落潮	7：15	6：55	6：55	6：40	6：55	6：50
		涨潮	5：10	5：30	5：30	5：45	5：30	5：35
小潮	N1	落潮	5：15	5：15	5：00	5：00	4：50	4：25
		涨潮	7：10	7：10	7：25	7：25	7：35	8：00
	N2	落潮	5：35	6：00	5：50	5：35	5：45	5：40
		涨潮	6：50	6：25	6：35	6：50	6：40	6：45
	N3	落潮	5：55	5：55	5：50	5：50	6：05	6：10
		涨潮	6：30	6：30	6：35	6：35	6：20	6：15
	N4	落潮	7：25	7：25	7：30	7：30	7：20	7：40
		涨潮	5：00	5：00	4：55	4：55	5：05	4：45
	N9	落潮	6：10	6：05	6：05	6：10	6：10	6：10
		涨潮	6：15	6：20	6：20	6：15	6：15	6：15

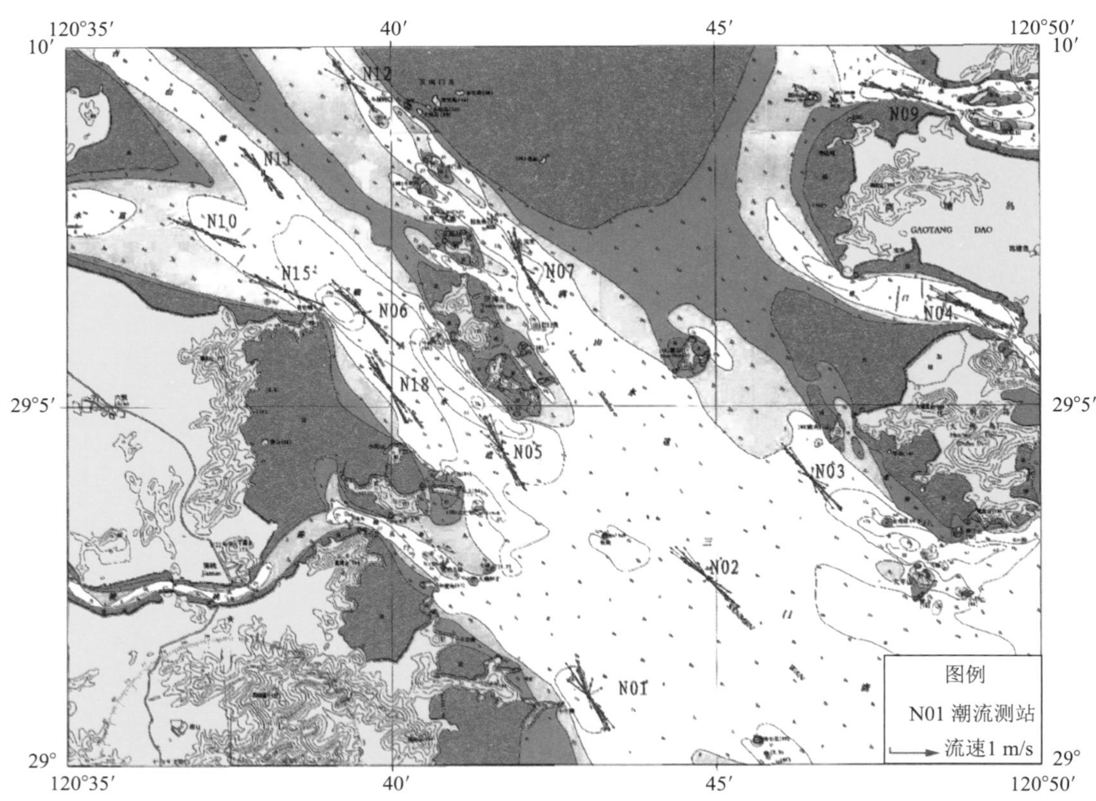

图 3.2.11　2013 年冬季大潮测站垂向平均流速、流向矢量图

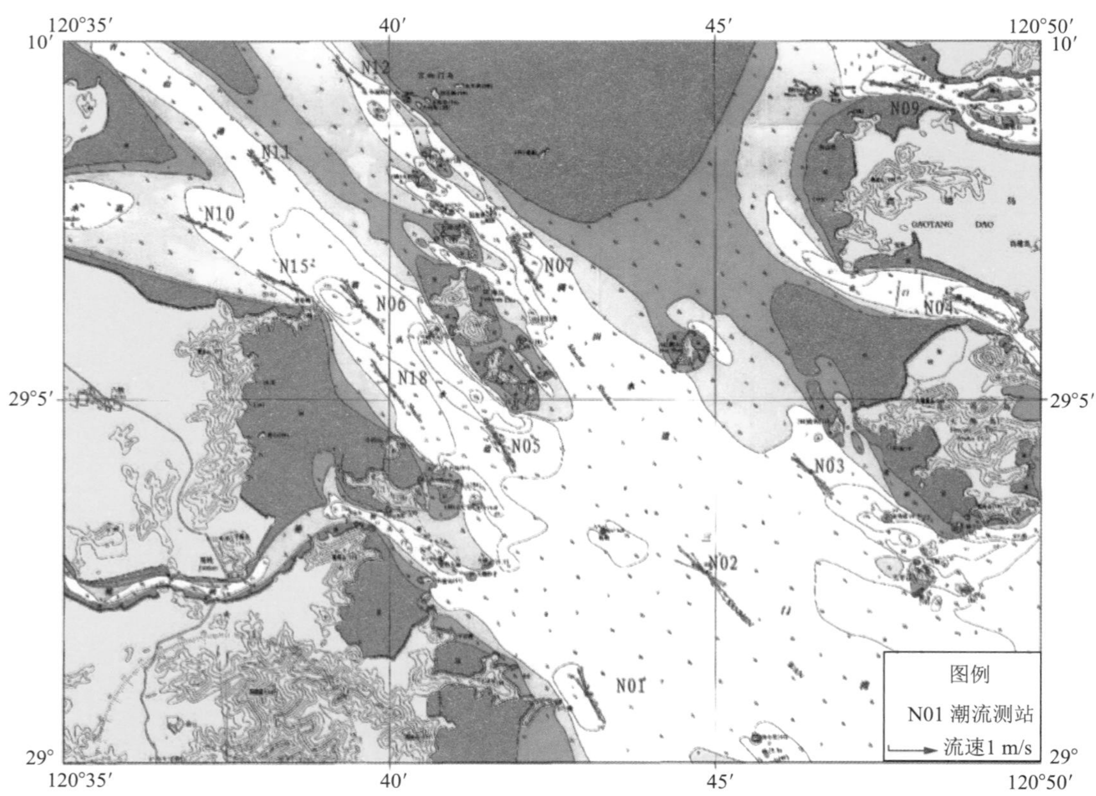

图 3.2.12　2013 年冬季小潮测站垂向平均流速、流向矢量图

表 3. 2. 41　口门断面 2013 年夏季实测最大涨、落潮流流速(cm/s)、流向(°)统计表

潮汛	站号	潮流	表层		0. 2H		0. 4H		0. 6H		0. 8H		底层		垂向平均	
			流速	流向	流速	流向	流速	流向	流速	流向	流速	流向	流速	流向	流速	流向
大潮	N1	落潮	146	144	147	145	135	154	124	155	118	154	96	152	125	147
		涨潮	121	351	123	341	118	326	120	335	107	357	95	4	115	337
	N2	落潮	153	123	152	131	140	135	129	133	108	135	94	122	123	132
		涨潮	128	312	137	315	131	306	133	316	115	309	85	304	118	311
	N3	落潮	129	120	145	122	135	124	117	128	111	124	89	126	121	122
		涨潮	120	304	115	301	116	303	112	308	103	304	85	326	107	304
	N4	落潮	130	119	145	117	138	122	123	122	102	126	89	142	121	122
		涨潮	113	294	121	301	129	298	125	294	104	305	91	299	114	301
	N9	落潮	156	90	142	93	137	98	135	91	124	89	114	78	134	91
		涨潮	78	253	70	257	68	268	70	272	59	279	51	194	61	271
中潮	N1	落潮	101	121	102	137	101	136	95	148	79	156	61	168	87	145
		涨潮	79	323	77	320	78	317	74	326	67	339	58	308	71	320
	N2	落潮	105	124	113	127	102	117	89	127	79	122	68	134	91	128
		涨潮	83	323	81	320	79	307	80	305	71	287	60	288	71	311
	N3	落潮	89	143	86	148	87	149	93	135	75	140	57	139	83	143
		涨潮	58	299	66	294	63	303	63	288	57	300	45	301	53	286
	N4	落潮	84	117	87	122	82	129	76	128	71	121	55	135	75	127
		涨潮	61	285	69	272	74	281	79	288	74	271	45	294	67	281
	N9	落潮	97	86	86	111	93	99	87	116	83	99	67	65	80	111
		涨潮	62	289	57	295	54	280	56	276	52	272	42	280	54	281
小潮	N1	落潮	55	141	52	157	53	154	51	152	49	160	37	151	49	156
		涨潮	50	335	50	348	51	340	50	341	43	324	32	4	45	341
	N2	落潮	57	124	55	115	48	123	40	137	39	138	32	286	39	128
		涨潮	57	335	53	331	59	287	57	305	51	283	44	305	49	320
	N3	落潮	45	140	44	152	50	143	58	167	56	159	34	135	46	159
		涨潮	42	282	39	279	43	299	47	315	38	297	30	307	38	305
	N4	落潮	52	140	55	92	51	108	55	119	44	128	35	130	48	105
		涨潮	49	291	47	303	49	313	44	294	39	281	29	288	40	304
	N9	落潮	56	90	54	84	51	107	56	110	54	114	44	81	52	106
		涨潮	43	276	44	280	42	283	45	290	35	258	30	292	39	280

表 3.2.42　口门断面 2013 年夏季平均涨、落潮流流速统计表　(单位:cm/s)

潮汛	站号	潮流	表层	0.2H	0.4H	0.6H	0.8H	底层	垂线平均
大潮	N1	落潮	75	76	73	68	64	52	68
		涨潮	70	72	71	68	63	55	67
	N2	落潮	97	91	82	76	65	48	77
		涨潮	74	83	80	72	66	45	71
	N3	落潮	75	73	71	65	58	44	64
		涨潮	85	76	74	72	65	51	71
	N4	落潮	69	73	67	61	58	48	62
		涨潮	62	70	71	72	63	43	65
	N9	落潮	64	63	65	66	62	55	62
		涨潮	49	41	36	35	31	22	34
中潮	N1	落潮	52	54	50	46	43	32	47
		涨潮	45	46	47	44	38	30	42
	N2	落潮	60	62	57	53	46	37	51
		涨潮	50	49	50	47	44	37	46
	N3	落潮	45	45	45	46	39	30	42
		涨潮	38	40	38	38	36	28	36
	N4	落潮	42	43	41	40	36	27	38
		涨潮	37	38	40	42	40	24	38
	N9	落潮	51	47	48	45	44	33	44
		涨潮	35	33	31	31	30	22	30
小潮	N1	落潮	29	29	30	30	25	17	27
		涨潮	28	28	27	26	25	18	25
	N2	落潮	32	34	28	22	21	17	24
		涨潮	29	27	34	33	28	21	28
	N3	落潮	27	25	24	27	27	18	25
		涨潮	27	27	29	29	25	19	26
	N4	落潮	30	25	26	26	23	18	24
		涨潮	31	29	29	28	26	19	26
	N9	落潮	35	32	30	31	29	24	30
		涨潮	27	26	26	25	22	16	24

表 3.2.43 是夏季口门断面测站平均涨、落潮流历时统计，各站涨落潮历时对比关系特征与冬季基本一致。湾口三站涨潮流历时略长于落潮流历时，而珠门港水道的 N04 站和位于石浦港处的 N09 站落潮历时长于涨潮历时。夏季航次落潮流转为涨潮流时，湾口两侧先于中间水域转流，由涨转落时，转流时刻则相差无几，这一点与冬季略有不同。

表 3. 2. 43 口门断面 2013 年夏季涨、落潮流历时统计表 (单位:h:min)

潮汛	站号	潮流	表层	0. 2H	0. 4H	0. 6H	0. 8H	底层
大潮	N1	落潮	5:50	5:45	5:45	5:40	5:40	5:45
		涨潮	6:35	6:40	6:40	6:45	6:45	6:40
	N2	落潮	6:05	6:10	6:10	6:10	6:15	6:00
		涨潮	6:20	6:15	6:15	6:15	6:10	6:25
	N3	落潮	6:10	6:00	5:50	5:50	5:50	5:55
		涨潮	6:15	6:25	6:35	6:35	6:35	6:30
	N4	落潮	7:00	7:10	7:10	7:20	7:10	7:00
		涨潮	5:25	5:15	5:15	5:05	5:15	5:25
	N9	落潮	7:55	7:20	6:55	6:40	6:50	6:30
		涨潮	4:30	5:05	5:30	5:45	5:35	5:55
中潮	N1	落潮	6:00	6:00	6:05	5:45	5:30	5:35
		涨潮	6:25	6:25	6:20	6:40	6:55	6:50
	N2	落潮	6:15	6:00	6:00	5:55	5:50	6:00
		涨潮	6:10	6:25	6:25	6:30	6:35	6:25
	N3	落潮	5:15	5:30	5:20	5:20	5:20	5:20
		涨潮	7:10	6:55	7:05	7:05	7:05	7:05
	N4	落潮	6:35	6:45	6:50	6:50	6:55	7:00
		涨潮	5:50	5:40	5:35	5:35	5:30	5:25
	N9	落潮	6:15	6:20	5:50	6:00	6:00	6:00
		涨潮	6:10	6:05	6:35	6:25	6:25	6:25
小潮	N1	落潮	5:55	5:55	5:50	5:45	5:50	5:50
		涨潮	6:30	6:30	6:35	6:40	6:35	6:35
	N2	落潮	6:45	6:20	6:25	6:15	5:55	5:55
		涨潮	5:40	6:05	6:00	6:10	6:30	6:30
	N3	落潮	6:00	5:55	5:50	5:55	5:45	5:50
		涨潮	6:25	6:30	6:35	6:30	6:40	6:35
	N4	落潮	6:40	6:45	6:55	7:00	6:50	6:55
		涨潮	5:45	5:40	5:30	5:25	5:35	5:30
	N9	落潮	5:40	5:40	5:40	5:40	5:40	5:40
		涨潮	6:45	6:45	6:45	6:45	6:45	6:45

图 3. 2. 13、图 3. 2. 14 为夏季大、小潮观测期间各站整点的垂向平均流速、流向矢量图，各测站的流向与冬季调查时基本一致，冬、夏两航次最大潮流方向的偏差基本都不超过 20°。

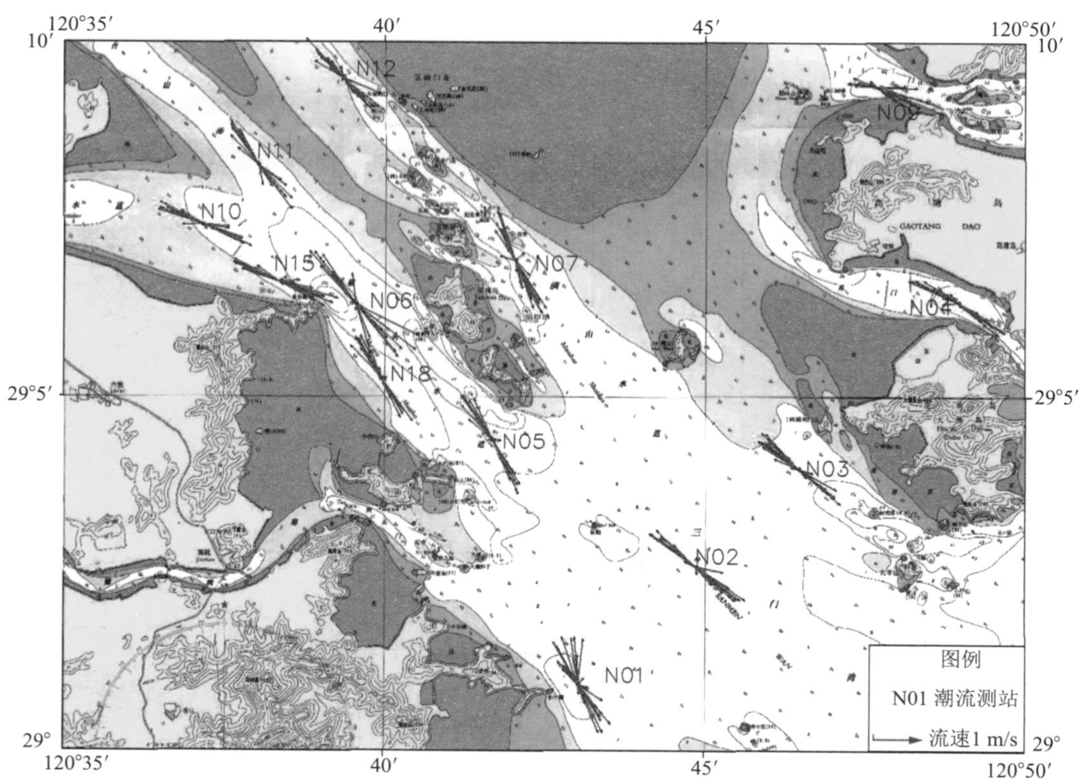

图 3. 2. 13　2013 年夏季大潮测站垂向平均流速、流向矢量图

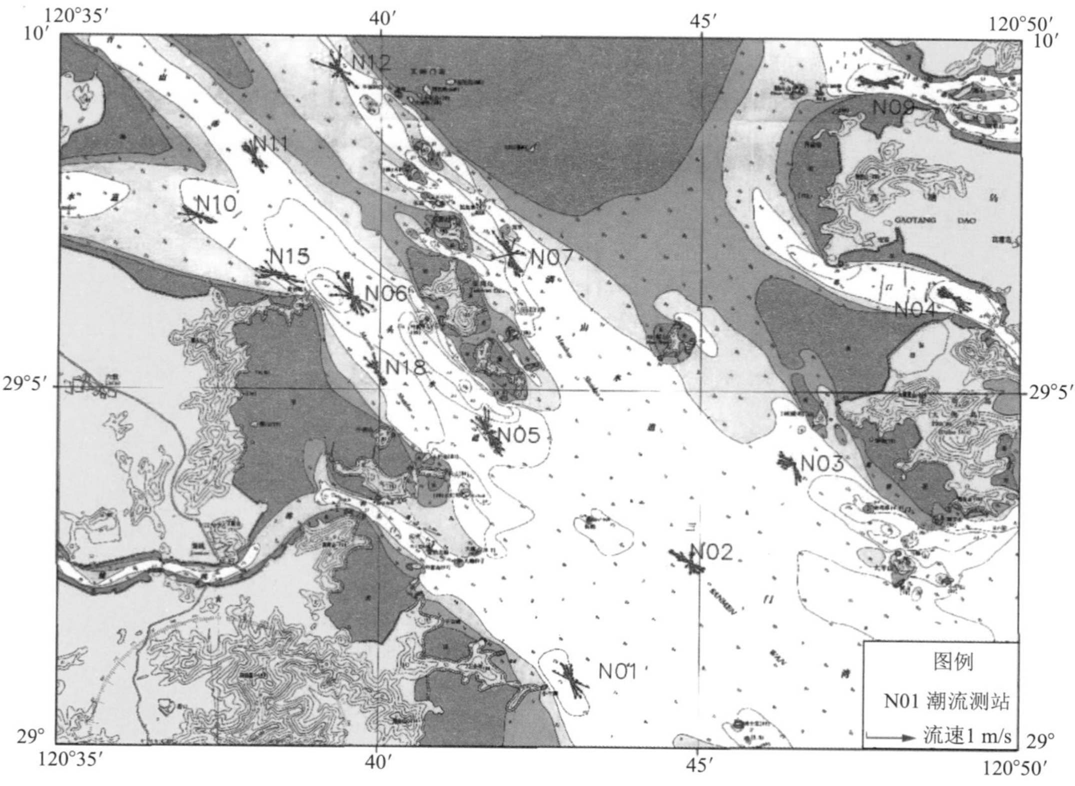

图 3. 2. 14　2013 年夏季小潮测站垂向平均流速、流向矢量图

3.2.2.3.2 湾顶断面潮流特征

湾顶断面由N10、N11、N12站三个测站组成，各站处于各自的港汊中。其潮流流速主要取决于港汊顶部滩地面积的大小，即潮容量的多寡；潮流流向也主要取决于港汊的走向。

(1) 冬季航次

表3.2.44至表3.2.46为湾顶断面冬季实测最大潮流流速(流向)、平均流速和涨、落潮流历时统计。N10～N12站实测最大流速分别为109 cm/s、94 cm/s、108 cm/s。各站最大流速均出现在落潮时段之中，与口门断面特征相一致，流速也同样呈现表层至底层逐渐减小的特性。但各站的实测最大潮流流速值要比前述口门断面小些，其平均流速也同样小于口门断面测站。N10～N12站冬季调查中平均流速分别为47 cm/s、41 cm/s、42 cm/s。

由表3.2.46可见，大潮和中潮期间N10、N12站落潮历时长于涨潮，N11站涨、落潮历时基本相当；而至小潮期间3个站涨潮历时均长于落潮。其流向绝大多数时间里都沿水道方向，即与等深线走向一致。

表3.2.44 湾顶断面2013年冬季实测最大涨、落潮流流速(cm/s)、流向(°)统计表

潮汛	站号	潮流	表层		0.2H		0.4H		0.6H		0.8H		底层		垂向平均	
			流速	流向	流速	流向	流速	流向	流速	流向	流速	流向	流速	流向	流速	流向
大潮	N10	落潮	98	110	90	111	86	112	80	109	80	113	68	108	81	110
		涨潮	99	291	96	291	92	294	88	294	81	288	70	294	87	291
	N11	落潮	93	140	81	149	83	141	74	145	65	147	53	144	73	145
		涨潮	73	306	84	300	80	318	71	304	68	297	61	316	69	318
	N12	落潮	94	139	89	140	88	142	82	140	77	315	73	137	81	140
		涨潮	92	312	92	313	91	314	84	325	84	324	65	314	82	323
中潮	N10	落潮	109	114	97	108	89	112	85	115	81	114	69	102	83	113
		涨潮	98	289	97	291	98	286	93	292	82	291	74	288	88	289
	N11	落潮	94	154	94	150	92	144	82	145	80	139	67	135	83	145
		涨潮	80	329	76	331	71	324	72	317	67	325	53	323	65	321
	N12	落潮	108	136	102	143	92	143	87	134	83	141	69	141	88	142
		涨潮	91	323	93	318	84	325	81	316	78	323	65	314	79	319
小潮	N10	落潮	83	113	77	112	71	110	70	116	55	119	53	122	67	113
		涨潮	69	296	70	296	70	300	65	294	58	296	56	291	63	295
	N11	落潮	72	142	74	140	66	140	59	144	50	134	43	145	56	146
		涨潮	52	323	43	339	55	310	55	322	49	308	40	310	45	322
	N12	落潮	73	138	68	139	66	139	56	134	51	119	41	135	55	141
		涨潮	68	322	60	315	58	315	60	335	50	318	37	319	51	319

表 3.2.45　湾顶断面 2013 年冬季平均涨、落潮流流速统计表　（单位:cm/s）

潮汛	站号	潮流	表层	0.2H	0.4H	0.6H	0.8H	底层	垂线平均
大潮	N10	落潮	56	56	54	49	47	41	51
		涨潮	55	56	54	52	49	36	51
	N11	落潮	55	49	49	45	42	36	46
		涨潮	49	46	45	44	41	35	43
	N12	落潮	50	51	48	46	42	36	45
		涨潮	52	49	48	45	41	33	45
中潮	N10	落潮	58	58	58	56	51	40	54
		涨潮	57	61	58	54	51	42	54
	N11	落潮	57	57	55	50	47	39	52
		涨潮	49	51	48	46	41	35	45
	N12	落潮	57	56	55	52	48	37	51
		涨潮	52	54	52	49	47	37	50
小潮	N10	落潮	44	43	38	35	33	28	36
		涨潮	37	36	37	32	28	25	33
	N11	落潮	39	33	34	33	29	25	31
		涨潮	32	26	31	29	27	23	28
	N12	落潮	37	35	34	31	30	21	30
		涨潮	33	33	33	31	27	22	30

表 3.2.46　湾顶断面 2013 年冬季平均涨、落潮流历时统计表　（单位:h:min）

潮汛	站号	潮流	表层	0.2H	0.4H	0.6H	0.8H	底层
大潮	N10	落潮	6:30	6:35	6:40	6:45	6:40	6:15
		涨潮	5:55	5:50	5:45	5:40	5:45	6:10
	N11	落潮	6:00	6:05	6:00	6:20	6:15	6:15
		涨潮	6:25	6:20	6:25	6:05	6:10	6:10
	N12	落潮	6:40	6:25	6:30	6:20	6:10	6:20
		涨潮	5:45	6:00	5:55	6:05	6:15	6:05
中潮	N10	落潮	6:10	6:30	6:25	6:15	6:20	6:25
		涨潮	6:15	5:55	6:00	6:10	6:05	6:00
	N11	落潮	6:10	6:15	6:10	6:15	6:10	6:15
		涨潮	6:15	6:10	6:15	6:10	6:15	6:10
	N12	落潮	6:10	6:30	6:15	6:20	6:25	6:30
		涨潮	6:15	5:55	6:10	6:05	6:00	5:55

续表 3.2.46

潮汛	站号	潮流	表层	0.2H	0.4H	0.6H	0.8H	底层
小潮	N10	落潮	6:05	5:35	5:50	5:45	5:35	5:50
		涨潮	6:20	6:50	6:35	6:40	6:50	6:35
	N11	落潮	5:45	5:30	5:50	5:40	5:35	5:35
		涨潮	6:40	6:55	6:35	6:45	6:50	6:50
	N12	落潮	5:35	5:45	5:50	5:40	5:35	5:45
		涨潮	6:50	6:40	6:35	6:45	6:50	6:40

(2) 夏季航次

表 3.2.47、表 3.2.48 是湾顶断面 3 个测站夏季实测最大潮流流速(流向)与平均涨、落潮流流速统计。N10、N11、N12 站实测最大流速分别为 132 cm/s、137 c m/s、143 cm/s。湾顶断面三站最大流速比较接近,且均出现在落潮时段。平均流速也较为接近,3 个站平均流速分别为 44 cm/s、43 cm/s、42 cm/s。

表 3.2.47 湾顶断面 2013 年夏季实测最大涨、落潮流流速(cm/s)、流向(°)统计表

潮汛	站号	潮流	表层		0.2H		0.4H		0.6H		0.8H		底层		垂向平均	
			流速	流向	流速	流向	流速	流向	流速	流向	流速	流向	流速	流向	流速	流向
大潮	N10	落潮	132	106	131	108	118	113	102	118	100	115	93	115	110	112
		涨潮	125	292	121	296	108	292	103	293	99	295	93	297	105	294
	N11	落潮	131	144	137	146	135	146	112	156	111	156	93	145	117	147
		涨潮	136	327	128	330	133	324	114	328	113	319	105	330	120	327
	N12	落潮	143	143	137	143	133	139	120	136	120	132	112	131	127	138
		涨潮	124	313	119	313	115	315	111	317	109	312	95	310	112	313
中潮	N10	落潮	84	120	83	120	77	128	77	126	63	137	63	126	72	125
		涨潮	75	287	72	299	68	278	62	295	57	292	54	291	64	294
	N11	落潮	94	152	99	164	86	158	74	146	65	154	55	185	71	163
		涨潮	93	336	91	303	89	317	80	343	66	342	58	323	77	312
	N12	落潮	86	134	77	138	74	136	65	141	59	128	52	135	66	127
		涨潮	73	317	70	320	68	321	65	321	58	327	51	331	62	322
小潮	N10	落潮	62	107	52	113	50	119	45	117	37	120	37	132	40	110
		涨潮	69	306	54	308	50	274	49	299	42	277	41	288	43	275
	N11	落潮	47	168	45	147	46	163	42	116	43	137	35	337	39	138
		涨潮	54	321	50	332	53	336	45	319	44	313	38	341	41	304
	N12	落潮	68	133	66	127	63	136	51	290	46	160	45	145	54	135
		涨潮	71	280	64	290	61	287	59	294	57	290	50	288	59	289

表 3.2.48 湾顶断面 2013 年夏季平均涨、落潮流流速统计表 （单位:cm/s）

潮汛	站号	潮流	表层	0.2H	0.4H	0.6H	0.8H	底层	垂线平均
大潮	N10	落潮	70	71	67	63	58	48	63
		涨潮	76	78	74	67	59	53	68
	N11	落潮	70	71	64	60	51	44	60
		涨潮	78	75	72	65	60	53	66
	N12	落潮	84	71	69	64	59	50	65
		涨潮	69	64	60	56	50	42	57
中潮	N10	落潮	51	50	47	42	38	34	43
		涨潮	48	46	42	39	35	33	40
	N11	落潮	46	48	46	42	36	28	41
		涨潮	54	51	48	45	41	31	44
	N12	落潮	46	43	41	38	34	27	38
		涨潮	45	42	41	37	33	27	37
小潮	N10	落潮	34	29	25	23	19	16	22
		涨潮	31	29	28	23	20	20	25
	N11	落潮	28	26	24	24	23	19	22
		涨潮	30	30	30	29	25	23	26
	N12	落潮	35	31	31	27	25	20	28
		涨潮	37	32	32	29	27	22	29

表 3.2.49 为夏季各测站平均涨、落潮流历时统计，由表可见大潮期间 3 个站落潮历时均长于涨潮；而至中、小潮期间涨潮历时长于落潮，尤其是 N10 站小潮期间底层涨潮历时比落潮长两个多小时。

表 3.2.49 湾顶断面 2013 年夏季平均涨、落潮流历时统计表 （单位:h:min）

潮汛	站号	潮流	表层	0.2H	0.4H	0.6H	0.8H	底层
大潮	N10	落潮	6:25	6:25	6:35	6:30	6:25	6:50
		涨潮	6:00	6:00	5:50	5:55	6:00	5:35
	N11	落潮	6:15	6:10	6:15	6:20	6:25	6:35
		涨潮	6:10	6:15	6:10	6:05	6:00	5:50
	N12	落潮	6:55	7:00	6:55	6:45	6:40	6:40
		涨潮	5:30	5:25	5:30	5:40	5:45	5:45

续表 3.2.49

潮汛	站号	潮流	表层	0.2H	0.4H	0.6H	0.8H	底层
中潮	N10	落潮	5:50	5:55	5:55	5:55	5:55	6:10
		涨潮	6:35	6:30	6:30	6:30	6:30	6:15
	N11	落潮	5:40	5:30	5:15	5:35	5:50	5:50
		涨潮	6:45	6:55	7:10	6:50	6:35	6:35
	N12	落潮	6:20	6:20	6:15	6:15	6:00	6:10
		涨潮	6:05	6:05	6:10	6:10	6:25	6:15
小潮	N10	落潮	6:35	6:20	5:50	5:20	4:50	4:50
		涨潮	5:50	6:05	6:35	7:05	7:35	7:35
	N11	落潮	6:00	5:40	5:50	6:10	5:55	6:00
		涨潮	6:25	6:45	6:35	6:15	6:30	6:25
	N12	落潮	6:15	6:00	5:55	5:45	5:45	5:45
		涨潮	6:10	6:25	6:30	6:40	6:40	6:40

3.2.2.3.3 两条纵断面潮流特征

本书将 N03、N07 和 N12 三个测站视为纵贯满山水道的纵断面，把 N02、N05、N06 和 N11 四个测站视为纵贯猫头水道的纵断面。这里着重讨论 N05 站、N06 和 N07 站，并与水道两端湾口、湾顶区域的测站资料进行比较分析。

（1）冬季航次

满山水道各站流速、流向特征值见表 3.2.50 和表 3.2.52；猫头水道各站流速、流向特征统计如表 3.2.51 和表 3.2.53 所示。由表可知，满山水道断面 3 个测站实测最大潮流流速分别为 139 cm/s、134 cm/s 和 108 cm/s。猫头水道 N05 和 N06 站实测最大流速分别为 130 cm/s 和 125 cm/s，而与其对应的口门测站 N02 站最大流速为 134 cm/s，湾顶区域 N11 站最大流速为 94 cm/s。两个水道断面的流速沿断面的变化特征表现为，湾口处流速最大，水道中段流速与湾口相当，湾顶区域流速最小。调查期间满山水道断面三个站的平均流速分别为 52 cm/s、52 cm/s、42 cm/s，猫头水道断面四个测站的平均流速分别为 54 cm/s、54 cm/s、54 cm/s、41 cm/s。分析表明：满山水道和猫头水道潮流流速相接近。

冬季调查期间满山水道断面除湾顶区域 N12 站外，其余测站涨潮历时均长于落潮历时。猫头水道断面除 N05 站大潮时段外，其余测站涨潮历时均长于落潮历时。总体而言，冬季两水道内涨潮历时长于落潮历时，大潮时历时差较小，中潮期间平均历时差在 20 min 左右，小潮时增大到 50 min 左右。水道中各测站的流向与水道走向基本一致，满山水道 N07 站的涨潮方向大致为西北偏北向，落潮为东南偏南向，猫头水道中各测站涨潮方向大致为西北向，落潮方向为东南向。

表 3.2.50　满山水道 2013 年冬季实测最大涨、落潮流流速(cm/s)、流向(°)统计表

潮汛	站号	潮流	表层		0.2H		0.4H		0.6H		0.8H		底层	
			流速	流向	流速	流向	流速	流向	流速	流向	流速	流向	流速	流向
大潮	N03	落潮	125	149	122	150	111	139	100	142	94	148	94	146
		涨潮	107	305	107	316	105	305	98	312	92	312	82	305
	N07	落潮	121	143	115	146	107	142	102	142	96	144	84	145
		涨潮	106	349	99	337	95	340	89	337	88	340	80	324
	N12	落潮	94	139	89	140	88	142	82	140	77	315	73	137
		涨潮	92	312	92	313	91	314	84	325	84	324	65	314
中潮	N03	落潮	139	138	136	143	127	141	112	139	103	141	70	143
		涨潮	105	314	112	323	102	312	95	326	86	312	69	328
	N07	落潮	134	146	131	146	118	144	108	145	100	148	95	142
		涨潮	100	336	97	338	94	331	89	335	87	335	79	333
	N12	落潮	108	136	102	143	92	143	87	134	83	141	69	141
		涨潮	91	323	93	318	84	325	81	316	78	323	65	314
小潮	N03	落潮	90	138	84	146	80	144	72	138	66	142	51	138
		涨潮	68	310	66	311	65	314	64	317	55	316	47	294
	N07	落潮	91	148	95	150	92	155	85	151	78	145	58	158
		涨潮	69	343	71	344	70	340	74	336	66	333	56	333
	N12	落潮	73	138	68	139	66	139	56	134	51	119	41	135
		涨潮	68	322	60	315	58	315	60	335	50	318	37	319

表 3.2.51　猫头水道 2013 年冬季实测最大涨、落潮流流速(cm/s)、流向(°)统计表

潮汛	站号	潮流	表层		0.2H		0.4H		0.6H		0.8H		底层	
			流速	流向	流速	流向	流速	流向	流速	流向	流速	流向	流速	流向
大潮	N02	落潮	111	135	107	121	105	124	103	126	110	157	86	122
		涨潮	109	302	105	312	106	304	103	301	105	332	82	335
	N05	落潮	122	152	114	148	111	152	104	150	105	153	86	148
		涨潮	115	326	111	341	102	327	103	327	97	344	81	347
	N06	落潮	122	119	125	127	110	137	108	139	94	136	84	155
		涨潮	112	313	115	322	109	322	107	311	90	319	76	329
	N11	落潮	93	140	81	149	83	141	74	145	65	147	53	144
		涨潮	73	306	84	300	80	318	71	304	68	297	61	316

续表 3.2.51

潮汛	站号	潮流	表层		0.2H		0.4H		0.6H		0.8H		底层	
			流速	流向	流速	流向	流速	流向	流速	流向	流速	流向	流速	流向
中潮	N02	落潮	134	123	132	131	130	126	124	133	108	181	79	164
		涨潮	127	303	120	303	128	307	120	349	108	359	76	297
	N05	落潮	130	122	122	135	119	134	118	135	106	132	80	197
		涨潮	115	319	120	321	114	319	103	314	100	318	71	318
	N06	落潮	122	120	122	135	119	134	118	135	106	132	77	156
		涨潮	115	319	120	321	114	319	103	314	100	318	71	318
	N11	落潮	94	154	94	150	92	144	82	145	80	139	67	135
		涨潮	80	329	76	331	71	324	72	317	67	325	53	323
小潮	N02	落潮	100	126	96	130	97	142	77	134	69	145	55	158
		涨潮	90	306	87	314	93	315	88	312	78	326	66	326
	N05	落潮	92	158	79	145	80	156	74	143	78	139	59	138
		涨潮	72	330	75	329	78	336	72	327	76	325	53	305
	N06	落潮	97	135	90	126	83	145	77	150	71	147	64	164
		涨潮	86	323	80	320	80	327	86	316	75	316	53	324
	N11	落潮	72	142	74	140	66	140	59	144	50	134	43	145
		涨潮	52	323	43	339	55	310	55	322	49	308	40	310

表 3.2.52　满山水道 2013 年冬季平均涨、落潮流流速统计表　（单位:cm/s）

潮汛	站号	潮流	表层	0.2H	0.4H	0.6H	0.8H	底层	垂线平均
大潮	N03	落潮	65	64	60	56	52	46	57
		涨潮	63	63	63	60	55	50	60
	N07	落潮	67	65	62	59	54	48	59
		涨潮	57	60	57	54	50	42	54
	N12	落潮	50	51	48	46	42	36	45
		涨潮	52	49	48	45	41	33	45
中潮	N03	落潮	72	71	68	61	54	39	62
		涨潮	63	69	65	63	57	42	60
	N07	落潮	74	74	69	65	57	47	64
		涨潮	63	60	58	54	51	46	55
	N12	落潮	57	56	55	52	48	37	51
		涨潮	52	54	52	49	47	37	50

续表 3.2.52

潮汛	站号	潮流	表层	0.2H	0.4H	0.6H	0.8H	底层	垂线平均
小潮	N03	落潮	45	44	41	38	33	22	38
		涨潮	39	42	41	39	35	24	37
	N07	落潮	50	51	47	44	41	34	45
		涨潮	37	38	38	36	31	26	34
	N12	落潮	37	35	34	31	30	21	30
		涨潮	33	33	33	31	27	22	30

表 3.2.53　猫头水道 2013 年冬季平均涨、落潮流流速统计表　　（单位:cm/s）

潮汛	站号	潮流	表层	0.2H	0.4H	0.6H	0.8H	底层	垂线平均
大潮	N02	落潮	59	62	61	58	58	44	56
		涨潮	64	64	61	58	60	46	59
	N05	落潮	76	71	66	61	57	46	63
		涨潮	59	61	59	60	56	45	57
	N06	落潮	70	68	66	65	57	49	62
		涨潮	62	66	65	60	56	44	59
	N11	落潮	55	49	49	45	42	36	46
		涨潮	49	46	45	44	41	35	43
中潮	N02	落潮	74	69	69	65	59	44	62
		涨潮	75	75	72	71	63	48	67
	N05	落潮	72	73	71	70	64	51	67
		涨潮	66	69	69	64	57	45	62
	N06	落潮	72	72	71	70	64	52	67
		涨潮	66	69	69	64	58	45	62
	N11	落潮	57	57	55	50	47	39	52
		涨潮	49	51	48	46	41	35	45
小潮	N02	落潮	51	47	42	36	33	29	38
		涨潮	44	51	48	44	41	35	43
	N05	落潮	49	42	40	38	34	29	37
		涨潮	38	41	38	36	34	25	35
	N06	落潮	54	47	42	38	34	26	39
		涨潮	37	40	42	43	38	24	37
	N11	落潮	39	34	34	33	29	25	31
		涨潮	32	26	31	29	27	23	28

表 3.2.54 满山水道 2013 年冬季平均涨、落潮流历时统计表 （单位:h:min）

潮汛	站号	潮流	表层	0.2H	0.4H	0.6H	0.8H	底层
大潮	N03	落潮	5:50	5:50	6:00	6:05	5:55	6:00
		涨潮	6:35	6:35	6:25	6:20	6:30	6:25
	N07	落潮	6:10	6:10	6:05	6:00	6:00	5:50
		涨潮	6:15	6:15	6:20	6:25	6:25	6:35
	N12	落潮	6:40	6:25	6:30	6:20	6:10	6:20
		涨潮	5:45	6:00	5:55	6:05	6:15	6:05
中潮	N03	落潮	5:50	5:55	5:50	6:00	6:10	6:15
		涨潮	6:35	6:30	6:35	6:25	6:15	6:10
	N07	落潮	6:05	5:55	6:00	6:00	6:05	6:10
		涨潮	6:20	6:30	6:25	6:25	6:20	6:15
	N12	落潮	6:10	6:30	6:15	6:20	6:25	6:30
		涨潮	6:15	5:55	6:10	6:05	6:00	5:55
小潮	N03	落潮	5:55	5:55	5:50	5:50	6:05	6:10
		涨潮	6:30	6:30	6:35	6:35	6:20	6:15
	N07	落潮	6:05	6:05	5:55	5:40	5:15	5:05
		涨潮	6:20	6:20	6:30	6:45	7:10	7:20
	N12	落潮	5:35	5:45	5:50	5:40	5:35	5:45
		涨潮	6:50	6:40	6:35	6:45	6:50	6:40

表 3.2.55 猫头水道 2013 年冬季平均涨、落潮流历时统计表 （单位:h:min）

潮汛	站号	潮流	表层	0.2H	0.4H	0.6H	0.8H	底层
大潮	N02	落潮	6:10	6:10	6:10	6:10	6:10	6:10
		涨潮	6:15	6:15	6:15	6:15	6:15	6:15
	N05	落潮	6:20	6:25	6:20	6:30	6:20	6:10
		涨潮	6:05	6:00	6:05	5:55	6:05	6:15
	N06	落潮	6:05	6:15	6:15	6:00	6:15	6:05
		涨潮	6:20	6:10	6:10	6:25	6:10	6:20
	N11	落潮	6:00	6:05	6:00	6:20	6:15	6:15
		涨潮	6:25	6:20	6:25	6:05	6:10	6:10
中潮	N02	落潮	5:50	6:00	6:00	6:10	6:05	6:20
		涨潮	6:35	6:25	6:25	6:15	6:20	6:05
	N05	落潮	6:15	6:05	6:10	6:00	6:05	6:00
		涨潮	6:10	6:20	6:15	6:25	6:20	6:25

续表 3.2.55

潮汛	站号	潮流	表层	0.2H	0.4H	0.6H	0.8H	底层
中潮	N06	落潮	6:15	6:10	6:10	6:00	6:05	6:00
		涨潮	6:10	6:15	6:15	6:25	6:20	6:25
	N11	落潮	6:10	6:15	6:10	6:15	6:10	6:15
		涨潮	6:15	6:10	6:15	6:10	6:15	6:10
小潮	N02	落潮	5:35	6:00	5:50	5:35	5:45	5:40
		涨潮	6:50	6:25	6:35	6:50	6:40	6:45
	N05	落潮	6:05	6:10	5:50	5:45	5:35	5:45
		涨潮	6:20	6:15	6:35	6:40	6:50	6:40
	N06	落潮	6:15	6:05	5:55	5:35	5:30	6:10
		涨潮	6:10	6:20	6:30	6:50	6:55	6:15
	N11	落潮	5:45	5:30	5:50	5:40	5:35	5:35
		涨潮	6:40	6:55	6:35	6:45	6:50	6:50

(2) 夏季航次

满山水道各站流速、流向特征统计见表 3.2.56 和表 3.2.57;猫头水道各站流速、流向特征统计见表 3.2.58 和表 3.2.59。满山水道断面 N03、N07 和 N12 三个测站夏季实测最大潮流流速分别为 145 cm/s、153 cm/s 和 143 cm/s。猫头水道中的 N05、N06 站实测最大流速分别为 165 cm/s、177 cm/s,而与其对应的口门站 N02 站最大流速为 153 cm/s,湾顶区域 N11 站最大流速为 137 cm/s。夏季调查时水道中段测站实测流速大于口门处,而冬季调查时两者基本相当,冬、夏两季流速的差异原因有待进一步探讨。

表 3.2.56　满山水道 2013 年夏季实测最大涨、落潮流流速(cm/s)、流向(°)统计表

潮汛	站号	潮流	表层		0.2H		0.4H		0.6H		0.8H		底层	
			流速	流向	流速	流向	流速	流向	流速	流向	流速	流向	流速	流向
大潮	N03	落潮	129	120	145	122	135	124	117	128	111	124	89	126
		涨潮	120	304	115	301	116	303	112	308	103	304	85	326
	N07	落潮	151	151	153	149	147	149	129	148	113	149	90	157
		涨潮	123	342	134	345	121	332	114	329	103	335	89	336
	N12	落潮	143	143	137	143	133	139	120	136	120	132	112	131
		涨潮	124	313	119	313	115	315	111	317	109	312	95	310
中潮	N03	落潮	89	143	86	148	87	149	93	135	75	140	57	139
		涨潮	58	299	66	294	63	303	63	288	57	300	45	301
	N07	落潮	110	152	101	148	96	158	89	146	79	143	65	156
		涨潮	92	339	88	336	85	315	84	309	74	310	70	320

续表 3.2.56

潮汛	站号	潮流	表层		0.2H		0.4H		0.6H		0.8H		底层	
			流速	流向	流速	流向	流速	流向	流速	流向	流速	流向	流速	流向
中潮	N12	落潮	86	134	77	138	74	136	65	141	59	128	52	135
		涨潮	73	317	70	320	68	321	65	321	58	327	51	331
小潮	N03	落潮	45	140	44	152	50	143	58	167	56	159	34	135
		涨潮	42	282	39	279	43	299	47	315	38	297	30	307
	N07	落潮	69	146	71	157	62	162	55	159	48	157	44	140
		涨潮	72	335	71	357	66	323	63	316	51	312	42	324
	N12	落潮	68	133	66	127	63	136	51	290	46	160	45	145
		涨潮	71	280	64	290	61	287	59	294	57	290	50	288

表 3.2.57 满山水道 2013 年夏季平均涨、落潮流流速统计表 （单位:cm/s）

潮汛	站号	潮流	表层	0.2H	0.4H	0.6H	0.8H	底层	垂线平均
大潮	N03	落潮	75	72	71	65	58	44	64
		涨潮	85	76	74	72	65	51	71
	N07	落潮	79	84	83	75	65	51	75
		涨潮	81	82	74	67	60	44	68
	N12	落潮	84	71	69	64	59	50	65
		涨潮	69	64	60	56	50	42	57
中潮	N03	落潮	45	45	45	46	39	30	42
		涨潮	38	40	38	38	36	28	36
	N07	落潮	55	55	52	48	45	38	49
		涨潮	56	54	51	46	40	35	45
	N12	落潮	46	43	41	38	34	27	38
		涨潮	45	42	41	37	33	27	37
小潮	N03	落潮	27	25	24	27	27	18	25
		涨潮	27	27	29	29	25	19	26
	N07	落潮	39	37	36	33	30	26	33
		涨潮	38	35	33	32	30	26	31
	N12	落潮	35	31	31	27	25	20	28
		涨潮	37	32	32	29	27	22	29

夏季调查期间满山水道断面除湾内北部 N7、N12 两站大潮期间落潮历时长于涨潮外，其余均为涨潮历时长于落潮历时(表 3.2.60)。猫头断面 N02 站涨潮历时长于落潮历时，N05 测站落潮历时长于涨潮;N06、N11 两测站大潮落潮历时长于涨潮，中小潮相反(表 3.2.61)。水道中各测站的流向与水道的走向基本一致，满山水道 N07 站的涨潮方向大致为西北偏北向，落潮为东南

偏南向，猫头水道中各站涨潮方向大致为西北向，落潮方向为东南向。

表 3.2.58 猫头水道 2013 年夏季实测最大涨、落潮流流速(cm/s)、流向(°)统计表

潮汛	站号	潮流	表层		0.2H		0.4H		0.6H		0.8H		底层	
			流速	流向	流速	流向	流速	流向	流速	流向	流速	流向	流速	流向
大潮	N02	落潮	153	123	152	131	140	135	129	133	108	135	94	122
		涨潮	128	312	137	315	131	306	133	316	115	309	85	304
	N05	落潮	162	155	165	152	145	156	130	157	125	156	101	133
		涨潮	145	321	143	314	130	334	128	325	110	332	89	304
	N06	落潮	174	105	174	130	177	120	163	132	156	148	135	116
		涨潮	160	329	163	322	159	327	157	318	140	325	117	326
	N11	落潮	131	144	137	146	135	146	112	156	111	156	93	145
		涨潮	136	327	128	330	133	324	114	328	113	319	105	330
中潮	N02	落潮	105	124	113	127	102	117	89	127	79	122	68	134
		涨潮	83	323	81	320	79	307	80	305	71	287	60	288
	N05	落潮	105	162	97	160	92	163	86	162	77	174	65	172
		涨潮	80	339	83	335	88	322	80	338	69	324	57	332
	N06	落潮	112	135	106	131	105	131	88	139	82	131	74	130
		涨潮	89	322	91	310	89	317	88	303	68	289	63	279
	N11	落潮	94	152	99	164	86	158	74	146	65	154	55	185
		涨潮	93	336	91	303	89	317	80	343	66	342	58	323
小潮	N02	落潮	57	124	55	115	48	123	40	137	39	138	32	286
		涨潮	57	335	53	331	59	287	57	305	51	283	44	305
	N05	落潮	63	190	58	152	64	193	59	213	51	169	47	167
		涨潮	60	14	59	9	59	352	56	343	49	328	42	352
	N06	落潮	66	140	60	138	61	132	57	135	55	288	48	136
		涨潮	68	332	65	337	61	282	62	328	59	322	49	296
	N11	落潮	47	168	45	147	46	163	42	116	43	137	35	337
		涨潮	54	321	50	332	53	336	45	319	44	313	38	341

表 3.2.59 猫头水道 2013 年夏季平均涨、落潮流流速统计表 (单位:cm/s)

潮汛	站号	潮流	表层	0.2H	0.4H	0.6H	0.8H	底层	垂线平均
大潮	N02	落潮	97	91	82	76	65	48	77
		涨潮	74	83	80	72	66	45	71
	N05	落潮	97	93	82	75	65	54	76
		涨潮	84	84	81	76	69	55	76

续表 3.2.59

潮汛	站号	潮流	表层	0.2H	0.4H	0.6H	0.8H	底层	垂线平均
大潮	N06	落潮	101	102	97	96	88	73	93
		涨潮	98	93	97	89	81	66	86
	N11	落潮	70	71	64	60	51	44	60
		涨潮	78	75	72	65	60	53	66
中潮	N02	落潮	60	62	57	53	46	37	51
		涨潮	50	49	50	47	44	37	46
	N05	落潮	60	60	52	46	44	35	49
		涨潮	51	53	49	47	44	31	45
	N06	落潮	63	60	54	50	44	36	50
		涨潮	52	50	49	48	44	35	46
	N11	落潮	46	48	46	42	36	28	41
		涨潮	54	51	48	45	41	31	44
小潮	N02	落潮	32	34	28	22	21	17	24
		涨潮	29	27	34	33	28	21	28
	N05	落潮	38	36	34	33	33	27	31
		涨潮	39	37	38	36	29	23	32
	N06	落潮	37	34	35	35	32	30	31
		涨潮	44	39	34	35	32	25	31
	N11	落潮	28	26	24	24	23	19	22
		涨潮	30	30	30	29	25	23	26

表 3.2.60　满山水道 2013 年夏季平均涨、落潮流历时统计表　（单位:h:min）

潮汛	站号	潮流	表层	0.2H	0.4H	0.6H	0.8H	底层
大潮	N03	落潮	6:10	6:00	5:50	5:50	5:50	5:55
		涨潮	6:15	6:25	6:35	6:35	6:35	6:30
	N07	落潮	7:00	6:40	6:25	6:15	6:20	6:10
		涨潮	5:25	5:45	6:00	6:10	6:05	6:15
	N12	落潮	6:55	7:00	6:55	6:45	6:40	6:40
		涨潮	5:30	5:25	5:30	5:40	5:45	5:45
中潮	N03	落潮	5:15	5:30	5:20	5:20	5:20	5:20
		涨潮	7:10	6:55	7:05	7:05	7:05	7:05
	N07	落潮	6:25	6:15	6:00	6:00	5:35	5:25
		涨潮	6:00	6:10	6:25	6:25	6:50	7:00
	N12	落潮	6:20	6:20	6:15	6:15	6:00	6:10
		涨潮	6:05	6:05	6:10	6:10	6:25	6:15

续表 3.2.60

潮汛	站号	潮流	表层	0.2H	0.4H	0.6H	0.8H	底层
小潮	N03	落潮	6:00	5:55	5:50	5:55	5:45	5:50
		涨潮	6:25	6:30	6:35	6:30	6:40	6:35
	N07	落潮	6:35	6:35	5:50	5:20	5:35	5:10
		涨潮	5:50	5:50	6:35	7:05	6:50	7:15
	N12	落潮	6:15	6:00	5:55	5:45	5:45	5:45
		涨潮	6:10	6:25	6:30	6:40	6:40	6:40

表 3.2.61　猫头水道 2013 年夏季平均涨、落潮流历时统计表　（单位：h:min）

潮汛	站号	潮流	表层	0.2H	0.4H	0.6H	0.8H	底层
大潮	N02	落潮	6:05	6:10	6:10	6:10	6:15	6:00
		涨潮	6:20	6:15	6:15	6:15	6:10	6:25
	N05	落潮	6:25	6:25	6:30	6:25	6:35	6:25
		涨潮	6:00	6:00	5:55	6:00	5:50	6:00
	N06	落潮	6:50	6:30	6:30	6:15	6:20	6:20
		涨潮	5:35	5:55	5:55	6:10	6:05	6:05
	N11	落潮	6:15	6:10	6:15	6:20	6:25	6:35
		涨潮	6:10	6:15	6:10	6:05	6:00	5:50
中潮	N02	落潮	6:15	6:00	6:00	5:55	5:50	6:00
		涨潮	6:10	6:25	6:25	6:30	6:35	6:25
	N05	落潮	6:35	6:30	6:15	6:15	6:15	6:20
		涨潮	5:50	5:55	6:10	6:10	6:10	6:05
	N06	落潮	6:10	6:10	5:40	5:20	5:25	5:20
		涨潮	6:15	6:15	6:45	7:05	7:00	7:05
	N11	落潮	5:40	5:30	5:15	5:35	5:50	5:50
		涨潮	6:45	6:55	7:10	6:50	6:35	6:35
小潮	N02	落潮	6:45	6:20	6:25	6:15	5:55	5:55
		涨潮	5:40	6:05	6:00	6:10	6:30	6:30
	N05	落潮	7:05	7:05	6:55	6:50	5:55	5:40
		涨潮	5:20	5:20	5:30	5:35	6:30	6:45
	N06	落潮	6:50	6:30	5:20	5:05	4:45	4:30
		涨潮	5:35	5:55	7:05	7:20	7:40	7:55
	N11	落潮	6:00	5:40	5:50	6:10	5:55	6:00
		涨潮	6:25	6:45	6:35	6:15	6:30	6:25

3.2.2.3.4 猫头山嘴附近水域潮流特征

2013 年水文测验围绕猫头山嘴邻近水域布设了 3 个测站，分别为 N06、N15 和 N18 站，其中 N06 站位于山嘴东南侧的深槽中。

(1) 冬季航次

表 3.2.62 是冬季实测最大涨、落潮流流速(流向)统计结果。N15、N18 站位于近岸浅水区，流速明显小于处于水道中的 N06 站。N06、N15 和 N18 站调查期间实测最大流速分别为 125 cm/s、115 cm/s、110 cm/s，均出现在落潮时段，符合落潮实测最大流速大于涨潮这一湾内的普遍规律。3 个站调查期间平均流速分别为 54 cm/s、49 cm/s、46 cm/s，同样是水道中的 N06 站较大，见表 3.2.63。

表 3.2.62 猫头山嘴水域 2013 年冬季实测最大涨、落潮流流速(cm/s)、流向(°)统计表

潮汛	站号	潮流	表层		0.2H		0.4H		0.6H		0.8H		底层	
			流速	流向	流速	流向	流速	流向	流速	流向	流速	流向	流速	流向
大潮	N06	落潮	122	119	125	127	110	137	108	139	94	136	84	155
		涨潮	112	313	115	322	109	322	107	311	90	319	76	329
	N15	落潮	104	110	99	113	102	110	98	109	97	111	76	121
		涨潮	112	294	106	295	106	295	100	294	94	298	80	311
	N18	落潮	97	150	92	140	90	154	84	152	82	148	70	155
		涨潮	91	330	97	326	97	325	95	328	90	327	81	330
中潮	N06	落潮	122	120	122	135	119	134	118	135	106	132	77	156
		涨潮	115	319	120	321	114	319	103	314	100	318	71	318
	N15	落潮	110	112	115	114	110	132	97	115	92	123	82	127
		涨潮	113	292	111	297	111	296	103	296	94	290	78	302
	N18	落潮	110	156	109	154	97	151	93	150	92	150	75	148
		涨潮	95	329	94	330	91	326	87	330	83	325	68	327
小潮	N06	落潮	97	135	90	126	83	145	77	150	71	147	64	164
		涨潮	86	323	80	320	80	327	86	316	75	316	53	324
	N15	落潮	91	120	84	115	77	111	72	111	64	110	50	116
		涨潮	71	291	74	287	72	296	67	290	59	282	46	291
	N18	落潮	85	156	85	150	75	148	65	148	59	142	52	135
		涨潮	63	316	67	322	67	322	62	330	60	328	48	333

表 3.2.63　猫头山嘴水域 2013 年冬季平均涨、落潮流流速统计表　（单位：cm/s）

潮汛	站号	潮流	表层	0.2H	0.4H	0.6H	0.8H	底层	垂线平均
大潮	N06	落潮	70	68	66	65	57	49	62
		涨潮	62	66	65	60	56	44	59
	N15	落潮	55	56	54	52	48	38	52
		涨潮	55	60	61	59	56	43	56
	N18	落潮	54	53	53	50	47	39	49
		涨潮	54	58	55	54	50	42	54
中潮	N06	落潮	72	72	71	70	64	52	67
		涨潮	66	69	69	64	58	45	62
	N15	落潮	52	61	61	59	55	44	56
		涨潮	59	69	66	63	58	43	61
	N18	落潮	57	55	54	51	47	38	50
		涨潮	55	62	61	58	55	43	55
小潮	N06	落潮	54	47	42	38	34	26	39
		涨潮	37	40	42	43	38	24	37
	N15	落潮	41	40	41	38	35	24	37
		涨潮	37	41	38	37	31	21	33
	N18	落潮	43	43	39	37	33	28	37
		涨潮	32	35	36	33	30	26	31

值得指出的是，由于细长的猫头山嘴突入猫头水道，使得岸线外凸，犹如一个“堤坝”伸入湾内，对水流产生了约束和阻碍作用，从而使局部流场变得较为复杂。N15、N18 两站的流向差异较大。涨潮时，猫头山嘴南侧水流为西北至西北偏北向，北侧则转为偏西向，N18 站涨潮流方向为 330° 左右，而 N15 涨潮流方向为 295° 左右。由表 3.2.63 可见，N15、N18 站大潮期间和中潮期间涨潮平均流速略大于落潮，小潮时落潮平均流速大于涨潮，这与此两站大、中潮期间明显的涨潮向余流有一定关系。表 3.2.64 为测站平均涨、落潮流历时的统计。本区域各测站涨潮流历时长于落潮流历时，且一般情况下底层历时差要大于表层。

（2）夏季航次

表 3.2.65 是夏季实测最大涨、落潮流流速、流向统计。与冬季类似，N15、N18 站流速明显小于水道中的 N06 站。N06、N15 和 N18 站实测最大流速分别为 177 cm/s、148 cm/s、145 cm/s，均出现在落潮时段，符合落潮最大流速大于涨潮这一湾内的普遍规律。N15 站最大涨潮流向 297°，最大落潮流流向 115°；N18 站最大涨潮流流向 338°，最大落潮流流向 146°，与冬季观测结果接近。

表3.2.64 猫头山嘴水域2013年冬季平均涨、落潮流历时统计表 （单位:h:min）

潮汛	站号	潮流	表层	0.2H	0.4H	0.6H	0.8H	底层
大潮	N06	落潮	6:05	6:15	6:15	6:00	6:15	6:05
		涨潮	6:20	6:10	6:10	6:25	6:10	6:20
	N15	落潮	6:10	6:10	6:15	6:10	6:15	6:10
		涨潮	6:15	6:15	6:10	6:15	6:10	6:15
	N18	落潮	6:10	6:15	6:00	6:05	6:00	6:10
		涨潮	6:15	6:10	6:25	6:20	6:25	6:15
中潮	N06	落潮	6:15	6:10	6:10	6:00	6:05	6:00
		涨潮	6:10	6:15	6:15	6:25	6:20	6:25
	N15	落潮	6:05	6:10	6:05	6:05	6:10	6:00
		涨潮	6:20	6:15	6:20	6:20	6:15	6:25
	N18	落潮	6:00	6:15	6:10	6:10	6:15	6:05
		涨潮	6:25	6:10	6:15	6:15	6:10	6:20
小潮	N06	落潮	6:15	6:05	5:55	5:35	5:30	6:10
		涨潮	6:10	6:20	6:30	6:50	6:55	6:15
	N15	落潮	6:05	6:05	5:45	5:50	5:55	6:00
		涨潮	6:20	6:20	6:40	6:35	6:30	6:25
	N18	落潮	6:10	6:05	6:10	6:00	5:55	5:50
		涨潮	6:15	6:20	6:15	6:25	6:30	6:35

表3.2.65 猫头山嘴水域2013年夏季实测最大涨、落潮流流速(cm/s)、流向(°)统计表

潮汛	站号	潮流	表层		0.2H		0.4H		0.6H		0.8H		底层	
			流速	流向	流速	流向	流速	流向	流速	流向	流速	流向	流速	流向
大潮	N06	落潮	174	105	174	130	177	120	163	132	156	148	135	116
		涨潮	160	329	163	322	159	327	157	318	140	325	117	326
	N15	落潮	148	115	146	117	145	115	128	111	119	117	110	106
		涨潮	131	297	132	303	119	298	112	297	104	290	98	303
	N18	落潮	145	146	131	150	129	154	116	158	109	157	101	149
		涨潮	121	338	117	332	113	330	102	327	105	325	99	336
中潮	N06	落潮	112	135	106	131	105	131	88	139	82	131	74	130
		涨潮	89	322	91	310	89	317	88	303	68	289	63	279
	N15	落潮	112	113	123	112	110	112	104	108	93	108	89	105
		涨潮	77	303	77	282	73	295	68	301	61	308	56	274
	N18	落潮	94	150	85	135	78	147	77	143	69	166	65	160
		涨潮	75	323	78	323	77	335	62	340	60	331	53	328

续表 3.2.65

潮汛	站号	潮流	表层		0.2H		0.4H		0.6H		0.8H		底层	
			流速	流向	流速	流向	流速	流向	流速	流向	流速	流向	流速	流向
小潮	N06	落潮	66	140	60	138	61	132	57	135	55	288	48	136
		涨潮	68	332	65	337	61	282	62	328	59	322	49	296
	N15	落潮	76	105	66	108	72	118	66	122	60	113	53	96
		涨潮	56	288	52	262	48	271	51	312	41	322	34	281
	N18	落潮	54	178	47	159	49	174	56	178	41	132	36	175
		涨潮	50	329	50	331	58	331	49	329	41	334	40	359

N06、N15和N18站平均流速分别为56 cm/s、46 cm/s、40 cm/s，同样是水道中的N06站较大。由表3.2.66可见，N15、N18站大潮期间涨、落潮平均流速相近，而中、小潮时涨潮平均流速大于落潮。表3.2.67是测站平均涨、落潮流历时的统计，调查期间N15、N18两站落潮流历时都长于涨潮流历时。

表3.2.66　猫头山嘴水域2013年夏季平均涨、落潮流流速统计表　（单位：cm/s）

潮汛	站号	潮流	表层	0.2H	0.4H	0.6H	0.8H	底层	垂线平均
大潮	N06	落潮	101	102	97	96	88	73	93
		涨潮	98	93	97	89	81	66	86
	N15	落潮	75	74	70	63	61	51	65
		涨潮	76	73	69	69	62	55	67
	N18	落潮	64	60	55	53	50	43	54
		涨潮	76	73	69	64	60	56	65
中潮	N06	落潮	63	60	54	50	44	36	50
		涨潮	52	50	49	48	44	35	46
	N15	落潮	56	53	50	44	44	36	45
		涨潮	46	46	46	41	36	30	41
	N18	落潮	50	49	47	44	41	35	44
		涨潮	42	41	41	37	34	29	35
小潮	N06	落潮	37	34	35	35	32	30	31
		涨潮	44	39	34	35	32	25	31
	N15	落潮	36	36	33	31	28	24	29
		涨潮	33	29	28	30	25	19	26
	N18	落潮	29	26	25	23	22	16	22
		涨潮	27	26	25	23	19	16	21

表 3.2.67 猫头山嘴水域 2013 年夏季平均涨、落潮流历时统计表 (单位:h:min)

潮汛	站号	潮流	表层	0.2H	0.4H	0.6H	0.8H	底层
大潮	N06	落潮	6:50	6:30	6:30	6:15	6:20	6:20
		涨潮	5:35	5:55	5:55	6:10	6:05	6:05
	N15	落潮	6:40	6:35	6:40	6:50	6:35	6:55
		涨潮	5:45	5:50	5:45	5:35	5:50	5:30
	N18	落潮	6:35	6:30	6:45	6:35	6:30	6:30
		涨潮	5:50	5:55	5:40	5:50	5:55	5:55
中潮	N06	落潮	6:10	6:10	5:40	5:20	5:25	5:20
		涨潮	6:15	6:15	6:45	7:05	7:00	7:05
	N15	落潮	6:15	6:20	6:15	6:35	6:15	6:35
		涨潮	6:10	6:05	6:10	5:50	6:10	5:50
	N18	落潮	6:25	6:20	6:15	6:25	6:10	6:10
		涨潮	6:00	6:05	6:10	6:00	6:15	6:15
小潮	N06	落潮	6:50	6:30	5:20	5:05	4:45	4:30
		涨潮	5:35	5:55	7:05	7:20	7:40	7:55
	N15	落潮	6:25	6:20	6:25	6:50	6:45	6:25
		涨潮	6:00	6:05	6:00	5:35	5:40	6:00
	N18	落潮	6:30	6:25	6:15	6:30	6:25	6:35
		涨潮	5:55	6:00	6:10	5:55	6:00	5:50

3.2.2.4 潮流流速与潮位的关系

东中国海的潮波进入三门湾海域后,受到封闭端的反射,从而产生驻波,使最大潮流流速发生的时间不是在最高(最低)潮位附近,而是在半潮面附近;最小潮流流速出现在最高(最低)潮位附近,如图 3.2.15 所示。这一现象的潮波通常称之为协振潮。三门湾海域的潮流流速与潮位的位相关系正是如此,故三门湾内潮波运动以驻波形式为主。

3.2.3 潮流调和分析

根据各站大、中、小潮汛测验所获潮流资料进行调和分析计算,从而得到调和分析结果:潮流类型、运动形式、最大可能潮流流速值及大、中、小潮各潮次的余流。

3.2.3.1 潮流类型

根据$(W_{O_1}+W_{K_1})/W_{M_2}$的比值大小来确定测验海区的潮流类型。其中 O_1 是主太阳分潮流,K_1 是太阴太阳赤纬日分潮流,M_2 是主太阴半日分潮流。

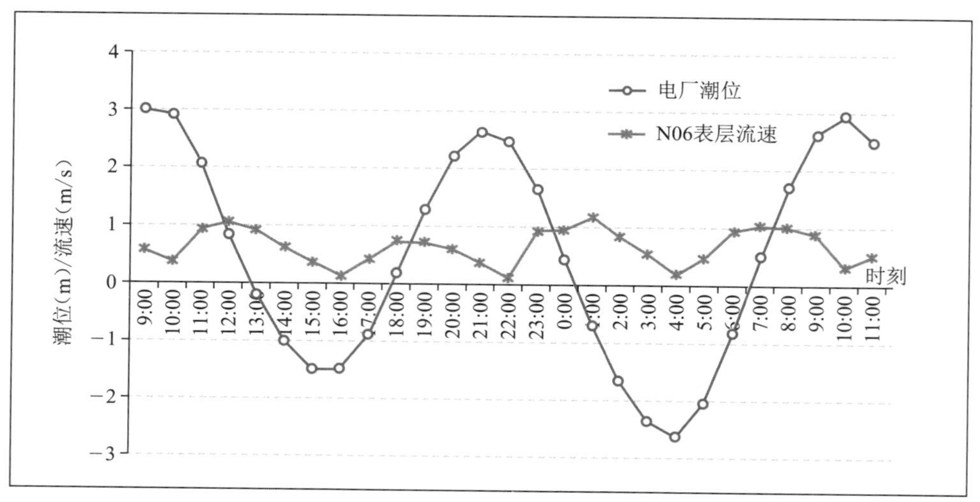

图 3.2.15　2013 年冬季大潮(1 月 27～28 日)表层流速和潮位过程曲线图

(1) 1994 年

冬季航次:26 个测站$(W_{O_1}+W_{K_1})/W_{M_2}$ 的比值均小于 0.50,介于 0.08～0.46 之间;W_{M_4}/W_{M_2} 比值除湾口附近的 N23、N25 两站小于 0.04 外,其余各站均大于 0.04。夏季航次:26 个站$(W_{O_1}+W_{K_1})/W_{M2}$ 的比值均小于 0.50,介于 0.05～0.32 之间;W_{M_4}/W_{M_2} 比值在 0.06～0.32 之间,多数站约为 0.15。

(2) 2003 年

春季航次:15 个测站$(W_{O_1}+W_{K_1})/W_{M_2}$ 的比值均小于 0.50,介于 0.13～0.42 之间;平均 0.21;W_{M_4}/W_{M_2} 比值都大于 0.04,介于 0.05～0.29 之间,平均为 0.13。秋季航次:15 个站除 N04 站外,其余 14 个站$(W_{O_1}+W_{K_1})/W_{M_2}$ 的比值均小于 0.50,介于 0.06～0.40 之间,平均为 0.15;W_{M_4}/W_{M_2} 之值都大于 0.04,平均 0.14。

(3) 2013 年

13 个站$(W_{O_1}+W_{K_1})/W_{M_2}$ 的比值同样均小于 0.50,介于 0.09～0.27 之间,平均 0.20;W_{M_4}/W_{M_2} 之值都大于 0.04,在 0.06～0.24 之间,平均 0.14。

根据三门湾海域前后相隔 20 年 3 个年份、6 个航次多个测站的潮流资料调和分析计算表明:整个三门湾海域均属正规半日潮流海区;但 W_{M_4}/W_{M_2} 比值均大于 0.04,所以三门湾海域潮流类型应属非正规半日浅海型潮流。

3.2.3.2　潮流运动形式

分析判断某海区潮流运动形式,可由主要分潮流的椭圆旋转率 K 来判定(半日潮流海区通常用 M_2 分潮流)。$0 \leqslant |K| \leqslant 1$,$|K|$ 值越大,潮流运动形式的旋转形态越强,反之则往复流性质

越显著。潮流的旋转方向是以 K 值的正负来表征，正为逆时针，负为顺时针。但对 $|K|$ 值很小的海区，即往复性很显著的海区，对旋转方向的讨论就不很重要了。

（1）1994 年

冬季航次：26 个测站的 K 值大部分站介于 −0. 1 ～−0. 24 之间；仅有口门外的 N25、N26 两站，这里海域开阔，M_2 分潮流的旋转率绝对值较大，在 −0. 27～−0. 50 之间。夏季航次大部分站 K 值基本上为 0. 0 左右，N25、N26 两站为 −0. 3，表明 N25、N26 两站附近海域的潮流具有旋转流的特性。

（2）2003 年

春季航次：15 个测站的 K 值介于 0. 00～0. 17 之间，平均 0. 06；秋季航次各站 K 值介于 0. 00～0. 23 之间，平均 0. 07。

（3）2013 年

13 个测站的 K 值介于 −0. 29～0. 03 之间，平均为 −0. 06。N09 位于水道交汇处，尤其是落潮时段流向较为散乱，因而值相对较大。但总体而言，三门湾内潮流运动形式以往复流为主，这与实测潮流资料相符。

3.2.3.3　最大可能潮流流速

根据《海港水文规范》中半日潮海区最大可能潮流流速的计算方法，进行最大可能潮流流速的计算。

（1）1994 年

冬季 N15、N16、N17 三个站最大可能潮流流速分别为 230 cm/s（99°）、251 cm/s（102°）和 202 cm/s（158°）；夏季三个站最大可能潮流流速分别为 248 cm/s（89°）、242 cm/s（81°）和 216 cm/s（169°）

（2）2003 年

2003 年春、秋两季最大可能潮流流速计算结果如表 3. 2. 68 和表 3. 2. 69 所示。

（3）2013 年

2013 年夏季最大可能潮流流速见表 3. 2. 70。

1994 年、2003 年和 2013 年三个年份、6 个航次大规模水文泥沙测验所获潮流资料计算表明，各站最大可能流速均大于实测流速，方向与实测最大流速对应的方向基本一致。

表 3.2.68　2003 年春季各站最大可能潮流流速(cm/s)和流向(°)

层次	项目＼测站	N01	N02	N03	N04	N05	N06	N07	N09	N10	N11	N12	N15	N16	N17	N18
表层	流速	195	210	213	163	186	188	188	138	186	175	155	193	161	164	187
	流向	125	142	124	102	148	149	126	87	116	127	137	102	104	173	145
0.6H	流速	165	171	186	148	167	159	159	127	151	137	126	160	124	118	133
	流向	131	103	127	107	143	136	127	94	99	119	135	104	94	179	137
底层	流速	116	84	154	137	84	122	129	106	121	102	99	127	101	84	100
	流向	148	150	124	111	140	103	129	101	110	131	133	105	95	181	131

表 3.2.69　2003 年秋季各站最大可能潮流流速(cm/s)和流向(°)

层次	项目＼测站	N01	N02	N03	N04	N05	N06	N07	N09	N10	N11	N12	N15	N16	N17	N18
表层	流速	171	249	243	110	179	183	159	132	165	132	122	189	146	159	152
	流向	163	146	128	105	146	152	141	75	104	147	135	103	109	191	139
0.6H	流速	147	175	185	123	171	166	140	128	137	119	100	161	139	141	137
	流向	145	148	132	104	141	149	136	71	113	146	136	101	107	197	138
层底	流速	136	99	116	93	130	125	95	90	118	86	83	136	117	63	120
	流向	160	143	123	103	146	153	137	71	112	143	141	104	103	211	132

表 3. 2. 70　2013 年夏季最大可能潮流流速(cm/s)和流向(°)

层次	测站 项目	N01	N02	N03	N04	N05	N06	N07	N09	N10	N11	N12	N15	N18
表层	流速	156	172	162	169	181	206	156	151	163	156	151	163	157
	流向	164	153	155	129	167	158	163	161	148	163	157	150	159
0. 6H	流速	137	159	145	165	147	188	140	134	138	136	136	137	139
	流向	166	149	155	132	159	154	165	159	155	162	161	153	160
底层	流速	104	115	107	115	105	146	108	102	103	103	107	103	103
	流向	164	157	162	122	157	163	163	161	154	161	156	158	160

3.2.3.4　余流

余流是指在实测海流中剔除周期性流(潮流)以外的水体运动。尽管它的量值不是很大,但它直接指示着水体的运移、交换,对海水中悬浮物质和可溶性物质的迁移、输送、稀释及扩散将起着十分重要的作用。但由于目前受到观测资料时间序列的限制,在实测海流中尚无法除去周期大于 25 h 的流动,故本书所指的余流实属潮余流。也就是说,余流的分布和变化仍然有部分潮流运动的特征。此外,影响余流的因素众多,它的季节性变化也很强。对于近岸水域而言,径流的多少、风场结构和强弱的变化,以及外海流系的消长等,都可以直接或间接地影响余流量值的大小和方向。

(1) 1994 年余流

冬季:余流一般介于 5～15 cm/s 之间,大多数站大潮期间余流最大、中潮次之、小潮最小,但有个别测站小潮余流流速大于中潮和大潮。夏季:大潮最大余流为 26 cm/s (N4 站 0. 2H 层),中潮为 29 cm/s (N23 站表层),小潮为 21 cm/s (N5 站表层),最小余流为 0。其余流量值有些站大潮余流大,而有些站小潮余流大,另有些站则是中潮余流大。余流的垂向分布:多数站表层最大,底层最小;但也有些站底层大,中层最小。余流方向变化较复杂,由于三门湾海域落潮流占优势,余流方向总体而言大都与落潮流方向相一致。

(2) 2003 年余流

春、秋两季三门湾余流量值见表 3. 2. 71 和表 3. 2. 72。由表可见,三门湾内余流有如下特点。

① 余流流速值随潮汛变化而变化,大潮大于中潮,中潮大于小潮。余流流速垂向分布为表层大于中层,中层大于底层。

② 余流流速平面分布,有两处流速较大,一是湾口门处,二为猫头山嘴南边。如秋季航次湾口区域 N02 站和猫头山嘴南部的 N17 站,表层余流值分别为 46 cm/s 和 47 cm/s。从整体上看,猫头水道余流量值要大于满山水道。

③ 余流流向的规律性不强。表层绝大多数测站是落潮流方向,中、下层有的测站为落潮流方向,有的测站却是涨潮流方向。即使同一测站,上层为涨或落潮流方向,下层却为落或涨潮流方

表 3.2.71　2003 年春季各站余流流速(cm/s)和流向(°)表

潮汐	层次	测站 项目	N01	N02	N03	N04	N05	N06	N07	N09	N10	N11	N12	N15	N16	N17	N18
大潮	表层	流速	46	27	16	16	26	11	40	20	14	24	22	21	15	33	34
		流向	37	38	67	160	92	293	220	95	189	16	208	35	155	246	220
	0.6H	流速	27	12	4	16	23	12	16	16	10	9	9	3	8	3	6
		流向	38	44	109	164	52	289	251	94	189	345	180	360	181	313	259
	底层	流速	16	11	3	16	6	19	11	19	8	5	4	2	6	2	5
		流向	31	70	249	163	52	4	282	96	220	341	163	297	203	346	342
小潮	表层	流速	15	2	9	7	5	13	5	5	9	2	10	10	9	10	16
		流向	16	79	54	136	104	117	146	36	141	82	224	51	67	109	197
	0.6H	流速	11	7	3	6	8	9	4	6	5	4	1	3	7	5	3
		流向	25	300	296	151	357	330	320	95	233	305	244	95	133	80	96
	底层	流速	5	3	3	5	5	13	6	2	6	5	4	3	5	6	2
		流向	354	273	247	150	308	297	311	231	288	303	346	38	118	78	52

表 3.2.72　2003 年秋季各站余流流速(cm/s)和流向(°)表

潮汐	层次	项目＼测站	N01	N02	N03	N04	N05	N06	N07	N09	N10	N11	N12	N15	N16	N17	N18
大潮	表层	流速	30	46	48	12	13	24	13	17	24	4	6	18	10	47	5
		流向	56	24	237	168	160	243	52	65	8	21	179	183	180	268	319
	0.6H	流速	12	32	13	13	15	16	9	21	7	4	9	3	11	38	4
		流向	93	34	263	109	148	232	66	85	4	65	183	225	204	265	341
	底层	流速	16	13	8	13	9	12	6	18	5	8	10	4	6	16	4
		流向	91	48	295	197	166	200	120	85	342	43	159	177	213	287	341
小潮	表层	流速	25	16	17	3	5	3	1	9	7	4	5	9	7	13	5
		流向	49	14	232	334	187	168	153	56	6	286	314	191	30	275	315
	0.6H	流速	13	13	6	8	5	8	6	6	3	3	1	5	6	8	1
		流向	43	41	205	325	163	144	97	32	44	245	241	129	61	269	229
	底层	流速	8	9	5	5	2	6	4	6	2	1	1	8	5	4	2
		流向	32	51	118	285	125	165	92	65	40	262	120	128	75	300	184

向，简言之，即上、下层余流的流向截然不同，这一现象主要出现在中、小潮汛时。但总体而言，绝大多数测站为落潮流方向。

(3) 2013 年余流

表 3.2.73 和表 3.2.74 为冬、夏两季各站的余流值，由表可知，三门湾内的余流有如下特点。

① 夏季调查期间余流流速值随潮汛变化规律明显，一般为大潮最大，中潮次之，小潮最小。以表层各站的平均值为例，大潮平均值为 10.6 cm/s，中潮为 7.3 cm/s，小潮为 4.8 cm/s。而冬季调查期间则是中潮余流大于大潮。各站大潮表层平均余流流速为 5.2 cm/s，中潮为 7.1 cm/s，小潮为 4.9 cm/s。

② 余流的垂向分布：表层大于中层，中层大于底层，以冬季大潮为例，表层平均为 5.2 cm/s，中层为 4.0 cm/s，底层为 3.6 cm/s。

③ 综合冬、夏两季的调查结果，测区夏季的余流值要大于冬季。石浦水道 N09 站的余流为测区最大，其夏季大潮表层余流流速达到 24.0 cm/s。

④ 珠门港和石浦港测站的余流方向较为稳定，一直指向落潮流方向。其余各站余流方向多有变化，规律不十分显著。

3.2.4 与历史潮流资料对比分析

3.2.4.1 测验时间

如前所述：在三门湾及其附近海域前后相隔 20 年共实施了 3 个年份、6 个航次(1994 年冬、夏两季，2003 年春、秋两季和 2013 年冬、夏两季)大规模水文泥沙测验和潮位同步观测。而 1994 年与 2013 年的测验时间均为冬、夏两季，观测月份相对而言也较接近，从而具备了可比性。据此，将 2013 年与 1994 年的测验资料成果进行对比分析。

(1) 1994 年测验时间

冬季测验时间：1994 年 2 月 26 日至 3 月 7 日。

夏季测验时间：1994 年 7 月 14 日至 7 月 24 日。

1) 冬季航次

大潮：1994 年 2 月 26 日 10 时至 27 日 13 时(农历一月十七至十八)。

中潮：1994 年 3 月 3 日 11 时至 4 日 14 时(农历一月廿二至廿三)。

小潮：1994 年 3 月 6 日 9 时至 7 日 12 时(农历一月廿五至廿六)。

2) 夏季航次

中潮：1994 年 7 月 14 日 17 时至 15 日 20 时(农历六月初六至初七)。

小潮：1994 年 7 月 17 日 8 时至 18 日 11 时(农历六月初九至初十)。

大潮：1994 年 7 月 23 日 13 时至 24 日 16 时(农历六月十五至十六)，潮差 606 cm。

表 3. 2. 73　2013 年冬季各站余流流速(cm/s)和流向(°)

潮汐	层次	项目＼测站	N01	N02	N03	N04	N05	N06	N07	N09	N10	N11	N12	N15	N18
大潮	表层	流速	4	3	4	12	11	6	7	9	3	3	3	1	1
		流向	116	284	243	135	154	82	110	116	73	168	146	180	298
	0. 6H	流速	5	1	4	9	4	1	5	9	2	3	2	4	3
		流向	57	333	274	162	122	202	69	105	97	211	134	303	334
	底层	流速	2	2	3	7	2	5	4	8	2	3	3	3	3
		流向	38	15	279	202	75	221	61	86	121	228	166	294	348
中潮	表层	流速	15	5	6	14	6	6	11	13	3	4	3	4	2
		流向	73	294	206	110	93	93	85	117	20	146	138	324	26
	0. 6H	流速	11	2	4	11	3	3	7	11	2	3	3	3	4
		流向	68	255	265	133	157	158	95	107	125	184	128	288	319
	底层	流速	7	8	2	6	10	9	4	11	1	4	2	1	2
		流向	75	241	297	171	221	215	64	96	161	186	150	4	349
小潮	表层	流速	5	2	3	9	5	10	10	6	3	1	0	2	8
		流向	68	236	209	111	124	113	102	124	82	173	6	170	190
	0. 6H	流速	8	8	3	9	3	6	3	5	2	2	2	1	1
		流向	38	295	269	142	25	308	73	94	245	230	317	242	220
	底层	流速	5	7	1	8	1	3	2	5	4	2	1	1	1
		流向	349	292	285	134	222	206	348	27	203	244	332	123	310

表 3.2.74 2013 年夏季各站余流流速(cm/s)和流向(°)表

潮汐	层次	项目＼测站	N01	N02	N03	N04	N05	N06	N07	N09	N10	N11	N12	N15	N18
大潮	表层	流速	8	13	12	12	10	17	9	24	2	6	16	7	3
		流向	55	90	11	109	152	79	132	121	353	332	148	69	290
	0.6H	流速	9	1	9	8	4	2	4	20	1	4	10	2	3
		流向	28	242	322	158	202	157	163	124	186	308	126	67	284
	底层	流速	9	1	5	10	4	11	3	18	2	4	7	2	4
		流向	21	286	319	164	201	75	158	120	96	339	127	95	313
中潮	表层	流速	12	11	11	7	8	6	8	9	2	9	3	3	6
		流向	65	63	235	137	119	106	73	78	265	327	208	133	132
	0.6H	流速	7	5	9	8	4	7	5	6	7	7	2	4	5
		流向	43	218	237	175	239	293	240	109	212	332	207	127	136
	底层	流速	6	5	8	7	4	5	4	5	8	3	2	5	3
		流向	29	230	241	166	213	275	264	80	205	14	218	116	150
小潮	表层	流速	9	6	11	4	6	3	7	1	4	2	1	4	4
		流向	49	80	232	185	145	142	113	120	96	253	99	151	206
	0.6H	流速	4	9	10	4	3	7	1	1	3	3	2	3	2
		流向	57	263	246	177	104	285	8	175	275	356	317	80	102
	底层	流速	1	5	7	2	2	6	2	2	6	3	1	3	2
		流向	315	254	240	164	200	271	350	113	286	12	338	105	199

（2）2013 年测验时间

冬季测验时间：2013 年 1 月 27 日至 2 月 04 日。

夏季测验时间：2013 年 7 月 24 日至 8 月 1 日。

1）冬季航次

大潮：2013 年 1 月 27 日 9 时至 28 日 11 时（农历腊月十六至十七），潮差 540 cm。

中潮：2013 年 1 月 30 日 11 时至 31 日 13 时（农历腊月十九至二十），潮差 565 cm。

小潮：2013 年 2 月 3 日 13 时至 4 日 15 时（农历腊月廿三至廿四），潮差 382 cm。

2）夏季航次

大潮：2013 年 7 月 24 日 9 时至 25 日 11 时（农历六月十七至十八），潮差 686 cm。

中潮：2013 年 7 月 28 日 12 时至 29 日 14 时（农历六月廿一至廿二），潮差 412 cm。

小潮：2013 年 7 月 31 日 9 时至 8 月 1 日 11 时（农历六月廿四至廿五），潮差 273 cm。

3.2.4.2　资料比较

（1）实测潮流基本特征

三门湾潮流的基本特征为落潮流速普遍大于涨潮流速，最大潮流流速皆发生在落潮流之中；潮流的平面分布为：湾口区域流速最大，向湾顶区域沿程逐渐减小。流速的垂向分布为：流速随着深度的增加而减小，即上层最大、中层次之，底层最小，最大流速一般出现在表层或次表层。流速季节变化为秋季略大于春季，夏季略大于冬季。

（2）实测潮流特征值比较

1994 年冬季调查期间：实测最大流速湾口略大于湾内，岬角、水道附近大于开阔、浅滩水域。整个测区实测最大流速出现在湾口门区域的 N09 站表层，为 169 cm/s，流向 ESE。夏季调查期间：测区实测最大流速出现在猫头水道中部的 N06 站，为 179 m/s，流向 SE，湾口断面流速略小于湾内水道中部测站的流速。

2013 年：冬季实测最大流速为 139 cm/s（湾口门处 N03 站），流向为 SE，湾内中部最大流速略小于口门，湾顶区域 N10 站的最大流速为 109 cm/s，流向 SE。而夏季实测最大流速则与 1994 年相一致，同样出现在猫头水道中部的 N06 站，为 177 cm/s，流向 ESE，对应湾口门的 N02 站，最大流速为 153 cm/s，流向 ESE；湾顶区域北部 N11 站的最大流速为 137cm/s，流向为 SE。

综合上文分析表明：1994 年和 2013 年两次调查资料成果分析显示，其夏季最大流速均出现在猫头水道中部的 N06 站，而且量值几乎相等、方向相近，均为落潮流，这充分表明其调查资料成果的正确可靠。

根据 1994 年和 2013 年两次调查资料成果分析表明：三门湾海域流速的平面分布冬季均为湾口略大于湾内，往湾内流速沿程逐渐减小；而夏季则为猫头水道中部（N06 站）的流速相对最大，湾口区域次之。由此可见，时隔 20 年的两次调查，流速的平面分布特征未发生较大变化。

但这里值得注意的是：2013 年夏季测验期间，大潮当日潮差（686 cm）比 1994 年夏季测验大潮当日潮差(606 cm)大13%的情况下(键跳水文站:1994年7月23～24日,潮差606 cm;而2013年7月24～25日,潮差686 cm),2013年大部分测站的最大落潮流速反而小于1994年的最大落潮流速,而最大涨潮流速2013年则比1994年略有增大,这反映了三门湾海域落潮流速大于涨潮流速的幅度呈现出减小的趋势。如N03、N04、N11三个测站的最大落潮流速比1994年夏季调查期间减小了11%～16%,N01、N02、N05、N06、N10、N11、N12、N18等8个测站比1994年夏季调查期间减小了3%～9%,仅有N07、N09、N15三站其落潮流速比1994年略有增大。

三门湾海域最大落潮流速减小的主要原因可能是由于三门湾内近10年来在湾顶区域大范围、大规模的围填海造地活动,使湾内滩涂湿地减少,纳潮量减小所致。

(3) 潮流调和分析

1994年和2013年潮流调和分析表明:测验海区属非正规浅海型半日潮流,三门湾海域潮流运动以往复流为主,M_2分潮流的椭圆长轴走向基本上与它所处水道走向一致,即与最大涨、落潮流流速的流向大体一致;潮波以驻波振动为主,最大涨、落潮流流速皆发生在半潮面附近,而最小潮流流速都发生在高、低潮面附近,湾内涨潮流历时长于落潮流历时。

三门湾内余流量较大,1994年夏季最大余流流速出现在中潮,为29 cm/s(N23站表层);2013年夏季大潮表层最大余流流速为24 cm/s(N09站表层)。可见,1994年和2013年所计算的余流流速最大值相近。

3.3 海水温度和盐度

对于沿岸海洋工程而言,海水温度和盐度是必须了解的海洋重要环境因子,特别是需要把海水作为冷却水源,进行温排水或需建造水下建筑物的海洋工程而言,了解工程区周围海洋环境中海水温度与盐度的分布状况十分必要。

3.3.1 资料概况

(1) 1994年测站布设与调查方法

冬季水文泥沙测验期间布置11个水温测点,在大、中、小潮期间进行全潮周日观测水温,时间间隔为2 h;布设19个盐度采样点,在大、小潮期间进行,除N5、N16、N17、N18、N19等5站为涨急、涨憩、落急、落憩四次采样外,其余测站均进行全潮观测,采样间隔为1 h。

夏季:夏季水文泥沙测验期间布置15个水温观测点,在大、中、小潮期间进行全潮周日观测,时间间隔为2 h;盐度采样点19个,在大、小潮期间涨急、涨憩、落急、落憩四次采样。

(2) 2003年测站布设与调查方法

2003年春、秋两季水文泥沙测验期间均布置10个水温观测点;盐度采样点春季布设12个,秋季14个。水温每隔2 h观测一次,在大、中、小潮期间进行了全潮周日观测,同时在ADCP测流点和水位观测点上也有部分水温观测资料。盐度采样分别在大、小潮期间第一次涨急、涨憩、落急、落憩时采样。

(3) 2013 年测站布设与调查方法

2013 年冬、夏两季水文泥沙测验期间共布置 10 个水温观测点，13 个盐度采样点。其中水温每隔 1 h 观测一次，在大、中、小潮期间进行了全潮周日观测，同时在 ADCP 测流点、水位观测点上也有部分水温观测资料。盐度采样在大、小潮期间第一次涨急、涨憩、落急、落憩时采样。1994 年、2003 年和 2013 年三个年份、6 个航次水温、盐度观测站位分布见图 3. 2. 1。

(4) 三门核电海洋站

三门核电海洋站水温和盐度观测时间为 1992 年 6 月 1 日至 1995 年 12 月 31 日，历时 3 年半[3-6～3-7]。其中水温观测时间间隔为每日三次，即 8 时、14 时和 20 时，观测表层水温；盐度观测时间为每日 14 时。这里需指出的是，由于测站没有设置栈桥，所以水温和盐度观测点均设在岸边。

3.3.2 海水温度

海水温度的分布与变化取决于海区的热量平衡状况外，还与地理环境(如地理纬度、海区形状、海岸类型)、潮流场强弱及气象条件等因子有关。

三门湾地处浙江中部沿海，是一个典型的半封闭强潮型海湾，由陆地和岛屿所环抱，易受大陆气象条件的影响，水温季节变化较大。同时，在三门湾口外近海有一支由北向南流动的江浙沿岸流，具有盐度低、水温年变幅大的水文特征；而另一支与江浙沿岸流平行流动但方向相反的台湾暖流，具有高温、高盐的水文特征，三门湾处于这两支具有不同水文特征海流的交汇区域。因而其温度状况受海流的影响也较大。

三门湾海域水温观测是在大、中、小潮期间进行的全潮周日观测，而对于时间尺度小于一个潮周日的水温分布及其变化来说，影响该海域热量和水量平衡的主要因子为太阳辐射、潮流和气温日变化。由于三门湾海域地域不大，南北纬度相差无几，因此，太阳辐射的地域性差异极小，对三门湾海域水温大面分布影响很小，但太阳辐射日变化对水温的影响却必须加以考虑。三门湾海域水深一般为 5～10 m，气温的日变化及天气状况对湾内水温的日变化将有一定影响。三门湾海域为半日潮水域，潮流为往复流的运动形式。在这种情况下，由于潮流作用引起的温度日变化十分明显，对湾内水温分布有着重要影响。

3.3.2.1 海水温度概况

3.3.2.1.1 海水温度概况(1994 年)

(1) 冬季航次

海水温度的空间分布：1994 年冬季调查期间三门湾海域平均水温为 8 ℃。日平均水温的区域分布为湾内低于口外区域，近岸区域高于远岸区，变化较小，一般在 0.5 ℃左右，见表 3.3.1。温度的垂向分布变化不甚明显，一般介于 0.1 ℃～0.5 ℃之间。大部分站表层温度略高于底层，即使在温差最大的小潮期间，也仅在 0.8 ℃以下。这里需指出的是，大潮期间由于受冷空气的影响，表层水温降低，从而在某些测站出现底层水温略高于表层水温的异常分布情形。

表 3.3.1　1994 年冬季周日全层平均、表底层平均水温统计值　（单位：℃）

潮次	要素＼站号	N01	N02	N05	N06	N10	N16	N17	N18	N19	N21	N26
大潮	平均	7.6	7.8	8.1	7.4	8.0	7.7	7.8	8.3	7.9	8.4	8.5
	表层	7.6	7.8	8.1	7.3	8.0	7.3	7.8	8.1	7.9	8.5	8.5
	底层	7.8	7.8	8.0	7.4	8.0	7.8	7.8	8.3	8.0	8.5	8.5
	差值	0.0	0.0	0.1	−0.1	0.0	−0.5	0.0	−0.2	−0.1	0.0	0.0
中潮	平均	7.5	7.4	7.6	6.9	7.6	7.5	7.5	8.0	8.0	8.4	8.2
	表层	7.6	7.4	7.7	7.0	7.7	7.6	7.6	8.1	8.1	8.6	8.4
	底层	7.4	7.4	7.6	6.9	7.6	7.5	7.5	8.0	8.0	8.3	8.2
	差值	0.2	0.0	0.1	0.1	0.1	0.1	0.1	0.1	0.1	0.3	0.2
小潮	平均	8.8	7.9	8.3	7.9	8.4	8.4	8.3	8.7	9.2	9.4	8.7
	表层	9.0	8.2	8.4	7.9	8.7	8.5	8.5	9.0	9.5	9.5	9.2
	底层	8.7	7.7	8.1	7.4	8.2	8.7	8.2	8.5	9.0	9.3	8.4
	差值	0.3	0.5	0.3	0.5	0.5	−0.2	0.3	0.5	0.5	0.2	0.8

海水温度的时间变化：1994 年冬季调查期间多阴雨天气，因而水温从表层到底层日变化较为一致，大、中、小潮各测点水温均有类似的分布趋势。统计表明，小潮平均温度最高，为 8.5 ℃，大潮次之（7.9 ℃），中潮最低（7.7 ℃）。而这一期间的气温是小潮最高，中潮次之，大潮最低。可见，水温的分布变化除受太阳辐射的影响外，外海域海水入侵对三门湾内水温变化起着重要作用。

（2）夏季航次

海水温度的空间分布：调查期间三门湾最高水温为 32.8 ℃，出现在 N14 站（大潮：7 月 10 日），最低水温为 22.5 ℃，出现在 N25 站（小潮），平均水温为 29.2 ℃。日平均温差较小，为 1.1 ℃，日平均水温的区域分布呈现湾内高于湾口及口门外海域，近岸水域高于离岸区，变幅为 3.0 ℃左右，大于冬季（表 3.3.2）。夏季由于太阳辐射强烈，海水表层水温较高，而下层水温则相对较低。海水温度的垂向变化普遍大于冬季。大、中、小潮期间，表、底层温差在 0.5 ℃以上的测站约占 45%，尤其是小潮期间，温差在 0.5 ℃以上的测站占 71%，个别站温差超过 1.0 ℃，最大则达到了 4.5 ℃（N25 站）。由于大多数测站水深较浅，因而垂直分布较均匀。部分水深较大的测站由于海表水体增温快，下层不能同时增温，造成上、下层温差大而形成温跃层。小潮期间出现温跃层的有 N3、N16、N17 和 N25 四个站。各站温跃层强度不一，以 N25 站强度最大，在每米 0.4 ℃～2.9 ℃之间。N16 站温跃层强度在每米 0.2 ℃～0.4 ℃，厚度为 3.9～8.7 m，底界深度在 10 m

以浅。大潮落潮期间，N3、N10、N11 和 N12 站也有温跃层出现。N10 站在中潮落潮期间有 7～8 小时出现温跃层，N16、N17 站在中潮期间有 1～2 小时出现温跃层，均出现在落潮期间。可见，温跃层的出现与潮水运动有着密切关系。

表 3.3.2　1994 年夏季周日全层平均、表底层平均水温统计值　（单位:℃）

潮次	站号 要素	N01	N02	N03	N05	N06	N07	N10	N11	N12	N14	N16	N17	N22	N25
大潮	平均	29.5	29.1	29.0	29.7	30.8	29.8	30.2	30.2	30.7	30.5	30.3	30.2	30.3	28.0
	表层	29.7	29.4	29.2	30.0	31.1	30.0	30.5	30.4	30.9	30.6	30.4	30.3	30.6	28.8
	底层	29.3	28.9	28.9	29.6	30.7	29.7	30.0	30.0	30.6	30.5	30.1	30.2	30.0	27.5
	差值	0.4	0.5	0.3	0.4	0.4	0.3	0.5	0.4	0.3	0.1	0.3	01	0.6	1.3
中潮	平均	28.2	28.0	27.6	28.8	30.0	28.8	29.2	29.3	29.5	29.3	29.3	29.6	28.8	26.7
	表层	28.2	28.4	27.8	29.0	30.3	29.0	29.6	29.4	29.8	29.3	29.5	29.7	28.9	29.0
	底层	28.2	27.7	27.3	28.7	29.7	28.7	29.0	29.1	29.4	29.3	29.2	29.5	28.8	24.7
	差值	0.0	0.7	0.5	0.3	0.6	0.3	0.6	0.3	0.4	0.0	0.3	0.2	0.1	4.3
小潮	平均	28.4	28.2	27.5	28.7	29.9	29.0	29.5	29.6	30.0	30.0	29.4	29.7	29.6	26.9
	表层	28.7	28.8	28.1	29.4	30.6	29.4	30.0	29.9	30.3	30.1	30.3	29.8	29.8	29.5
	底层	28.1	27.6	27.0	28.1	29.4	28.8	29.2	29.3	29.8	29.8	28.8	29.5	29.5	25.0
	差值	0.6	1.2	1.1	1.3	0.2	0.6	0.8	0.6	0.5	0.3	0.5	0.3	0.3	4.5

温度大面分布：大潮涨憩、落憩时，在三门湾轴线的左右两侧海区，温度分布是左侧区域（牛山嘴—猫头山嘴沿岸）高于右侧区域（南田岛—大佛岛—白玉湾岛沿岸），大潮落憩时，湾口处左（牛山嘴沿岸）、右（大佛岛沿岸）两侧水温高于中间区域，且高温舌朝西北向伸展。不论是大潮落憩还是小潮落憩时，在猫头山嘴附近海域均有一范围较小的高温中心。大潮落憩时，此高温中心水温高于 31 ℃。小潮落憩时，高温中心水温高于 30 ℃。

海水温度的时间变化：水温具有两高两低的半日周期变化，且小潮的变化较大潮明显，上层变化较下层明显，湾口较湾内明显。三门湾海区夏季平均水温为 29.2 ℃，大潮平均水温最高，为 29.9 ℃；小潮次之，为 29.0 ℃；中潮最小，为 28.8 ℃。

3.3.2.1.2　海水温度概况（2003 年）

（1）春季航次

春季是全年水温上升最快的季节，其分布态势正向夏季型演变。调查期间三门湾海域的垂线平均水温介于 16.7 ℃～22.9 ℃之间（表 3.3.3），近岸区域的水温略高，离岸区的水温相对较低，湾口东北部水域水温低，湾口西南部水温略高。大潮期间，处于湾口东北部的 N04 和 N09 站周日平均水温为 20.1 ℃，而处于猫头水道的 N10 和 N16 站的周日平均水温则分别为 21.5 ℃和 21.1 ℃。中潮和小潮期间也有相似的分布特征。另外，湾内水温日变化幅度不大，日较差在 3 ℃以下。大多数站的水温日较差介于 0.8 ℃～1.5 ℃之间，远小于湾内气温的日变化。观测期间日平均气温为19.5 ℃～24.3 ℃，湾内各站的大部分时间其气温高于水温，也就是由大气向海洋输送热量。在这种条件下，有利于海水增温。

表3.3.3 2003年春季周日全层平均、最高、最低水温统计值 （单位:℃）

潮次	站号 要素	N01	N02	N04	N05	N60	N09	N10	N16	N17	N18
大潮	平均	19.8	20.4	20.1	20.5	21.2	20.1	21.5	21.1	21.2	21.0
	最高	20.6	21.4	21.1	21.1	21.7	20.7	22.3	21.7	21.7	21.5
	最低	19.1	19.3	19.0	19.8	20.8	19.5	21.0	20.6	20.9	20.7
	日较差	1.5	2.0	2.0	1.3	0.9	1.3	1.3	1.1	0.8	0.8
中潮	平均	20.5	20.0	19.9	21.1	22.1	20.5	22.3	22.1	22.9	22.6
	最高	22.6	20.8	20.7	21.5	23.1	21.5	23.0	23.9	23.3	23.0
	最低	19.3	19.2	19.1	20.7	20.0	20.0	21.6	20.8	22.3	21.9
	日较差	3.3	1.7	1.7	0.8	3.1	1.5	1.4	3.1	1.0	1.1
小潮	平均	22.0	16.7	19.0	17.7	20.1	18.9	22.0	20.2	19.8	19.6
	最高	22.5	18.5	19.5	18.4	21.0	19.3	22.9	20.8	20.6	20.4
	最低	21.0	15.8	18.7	17.1	19.8	18.4	21.4	19.8	19.1	19.0
	日较差	1.5	2.7	0.8	1.4	1.2	0.9	1.6	1.0	1.5	1.4

（2）秋季航次

秋季随着频繁冷空气的入侵，气温不断下降，水温也随之下降，其分布形势逐渐向冬季特征转变。但2003年秋季调查期间却没有明显的冷空气活动，天气回暖。以N01站为例，大、中、小潮期间的日平均气温分别为20.1 ℃、20.3 ℃和21.0 ℃，而日平均水温则分别为19.9 ℃、20.0 ℃和19.9 ℃，气温反而略高于水温，这是2003年秋季观测期间的天气特点之一。其特点之二是长时间的干旱、少雨。由于2003年夏、秋两季的严重干旱，使流入三门湾的径流量很小，对湾内的水温变化几乎不产生影响。其特点之三是由于气温与水温差异较小，气温的日变化及其天气状况对湾内水温日变化影响也相应减小，致使外海区的水温与近岸的水温比较接近。在这种情况下，潮流作用对湾内水温的日变化和平面分布的影响也不如春季航次调查期间明显。表3.3.4为垂线平均水温的周日统计特征值。由表可知：调查期间三门湾海域垂线平均水温在19.5 ℃～20.9 ℃之间，测区水温变化范围介于18.0 ℃～21.6 ℃之间，最高水温为21.6 ℃，出现在N01站和N16站的中潮期，最低水温为18.0 ℃，出现在N17站中潮期。水温分布总特点是各测点间的水温差异不大，大潮期近岸区N01、N18和N16等测站的水温略高于离岸区与之大致相对应的N02、N05和N06站；而中、小潮期则是近岸区的水温略低于离岸区，湾口东北部水域水温略高一些，湾口西南部水温略低一些。例如，大潮期间，湾口东北部的N04和N09站周日平均水温为20.2 ℃和20.3 ℃，而处于猫头水道的N10和N16站周日平均水温则分别为19.8 ℃和20.0 ℃，中潮和小潮期间也有相似的分布特征，这与春季调查分析结果恰恰相反。

表 3. 3. 4　2003 年秋季周日全层平均、最高、最低水温统计值　（单位:℃）

潮次	要素＼站号	N01	N02	N04	N05	N06	N09	N10	N16	N17	N18
大潮	平均	19. 9	19. 6	20. 2	19. 5	20. 0	20. 3	19. 8	20. 0	20. 4	20. 0
	最高	20. 5	20. 7	20. 5	20. 1	20. 3	21. 5	20. 3	20. 8	21. 3	20. 6
	最低	19. 5	19. 2	19. 6	19. 1	19. 4	19. 8	18. 9	19. 3	19. 9	19. 4
	日较差	1. 0	1. 5	0. 9	1. 0	0. 9	1. 7	1. 4	1. 5	1. 4	1. 2
中潮	平均	20. 0	20. 5	20. 1	20. 0	20. 1	20. 9	19. 5	20. 4	19. 5	19. 9
	最高	21. 6	21. 4	20. 6	20. 4	20. 5	21. 5	20. 2	21. 6	20. 9	20. 9
	最低	19. 5	20. 2	19. 6	19. 7	19. 8	20. 6	18. 7	19. 7	18. 0	19. 3
	日较差	2. 1	1. 2	1. 0	0. 7	0. 7	0. 9	1. 5	1. 9	2. 9	1. 6
小潮	平均	19. 9	20. 4	20. 4	20. 0	20. 1	20. 8	19. 6	19. 8	20. 0	19. 8
	最高	20. 7	21. 4	20. 8	20. 7	20. 8	21. 4	19. 9	20. 8	20. 9	20. 6
	最低	19. 4	20. 1	20. 1	19. 6	19. 8	20. 3	19. 3	19. 1	19. 1	19. 6
	日较差	1. 3	1. 3	0. 7	1. 1	1. 0	1. 1	0. 6	1. 7	1. 8	1. 0

3.3.2.1.3　海水温度概况(2013 年)

（1）冬季航次

2013 年冬季调查期内三门湾海域的垂线平均水温周日平均介于 7. 95 ℃～9. 43 ℃之间(表 3. 3. 5)，周日最高垂线平均水温为 9. 64 ℃，出现在 N04 站小潮期；周日最低垂线平均水温为 7. 80 ℃，出现在 N10 站大潮期。水温分布总特点是近岸区水温略低，远岸区水温高，湾口东北部水温较高，湾口西南部水温较低。大潮期间，处于湾口东北部的 N04 和 N09 站周日平均水温分别为 8. 24 ℃和 8. 21 ℃，猫头水道 N05 和 N06 站周日平均水温则分别为 8. 00 ℃和 7. 98 ℃。

（2）夏季航次

2013 年夏季，浙江、宁波和上海等地经受了有气象记录以来的极端高温天气。杭州从 1951 年有完整气象记录以来，气温只有两天达到 40 ℃以上。而 2013 年夏季，杭州、宁波连续高温超过 40. 0 ℃的有一星期，连续高温超过 41. 0 ℃的同样有一周。2013 年 7 月 27 日，杭州气象站测得最高气温为 40. 5 ℃， 8 月 9 日，测得最高气温高达 41. 6 ℃；2013 年 7 月 24 日，宁波奉化气象站测到的最高气温高达 42. 7 ℃；2013 年 7 月 26 日，上海徐家汇气象站测得最高气温为 40. 6 ℃，是自上海气象站有气象记录 140 年以来出现的最高气温。

调查期间(7 月 24 日至 8 月 1 日)正值连续高温阶段，杭州市这一阶段的最高气温介于 39. 6 ℃～40. 5 ℃之间。测验海区测量期间日平均气温介于 29. 8 ℃～32. 0 ℃之间，最高气温为 35. 1 ℃(7 月 28 日)。湾内各站气温均明显高于水温，由大气向海洋输送热量，有利于海水增温。因此，2013 年三门湾海域的水温要略高于多年的平均水温。

表 3.3.5　2013 年冬、夏两季周日全层平均、最高、最低水温统计值　（单位：℃）

季节	潮次	要素 \ 站号	N01	N02	N03	N04	N05	N06	N09	N10	N15	N18
冬季	小潮	平均	9.35	9.27	9.41	9.08	9.17	9.15	9.43	9.28	9.21	9.15
		最高	9.54	9.48	9.60	9.64	9.46	9.27	9.57	9.52	9.36	9.26
		最低	9.27	9.15	9.34	8.93	9.08	9.07	9.33	9.07	9.06	9.05
		日较差	0.27	0.33	0.26	0.71	0.38	0.20	0.24	0.45	0.29	0.20
	中潮	平均	8.56	8.53	8.75	8.62	8.40	8.41	8.67	8.43	8.43	8.39
		最高	8.73	8.78	8.95	9.19	8.62	8.58	8.99	8.54	8.66	8.49
		最低	8.46	8.35	8.57	7.97	8.29	8.24	8.45	8.18	8.19	8.22
		日较差	0.26	0.42	0.38	1.22	0.33	0.34	0.54	0.36	0.47	0.28
	大潮	平均	8.03	8.19	8.37	8.24	8.00	7.98	8.21	7.96	7.95	7.98
		最高	8.17	8.38	8.60	8.33	8.15	8.05	8.30	8.10	8.10	8.18
		最低	7.85	8.00	8.23	8.15	7.85	7.91	8.13	7.80	7.81	7.88
		日较差	0.33	0.38	0.37	0.18	0.30	0.14	0.18	0.30	0.29	0.30
夏季	小潮	平均	29.07	27.92	27.81	28.25	29.30	29.42	29.15	30.04	29.65	29.51
		最高	29.54	28.51	28.98	28.81	29.73	29.79	29.59	30.67	30.55	29.93
		最低	28.39	26.98	27.03	27.71	28.89	29.02	28.89	29.26	29.02	29.06
		日较差	1.15	1.53	1.95	1.09	0.84	0.77	0.71	1.40	1.53	0.87
	中潮	平均	28.90	27.88	27.29	27.27	28.83	29.18	28.42	29.87	29.46	29.24
		最高	29.45	28.69	28.30	28.12	29.65	30.00	28.80	30.87	30.37	29.99
		最低	28.30	27.28	26.17	26.36	27.97	28.60	28.06	29.10	28.77	28.56
		日较差	1.15	1.41	2.13	1.76	1.68	1.39	0.75	1.77	1.59	1.44
	大潮	平均	28.81	27.45	26.79	26.72	28.44	28.91	28.16	29.33	29.20	28.98
		最高	29.62	28.89	28.65	28.25	29.22	30.10	29.28	30.66	30.31	29.89
		最低	28.16	26.30	25.60	25.37	27.48	28.15	27.32	28.53	28.38	28.30
		日较差	1.46	2.59	3.05	2.88	1.74	1.95	1.96	2.13	1.93	1.59

三门湾海域的垂线平均水温周日平均介于 26.72 ℃～30.04 ℃之间(表 3.3.5)，周日最高垂线平均水温为 30.87 ℃，出现在 N10 测站中潮期；周日最低垂线平均水温为 25.37 ℃，出现在 N04 测站大潮期。水温的平面分布变化恰好与冬季相反，则近岸区水温高，离岸区水温低，湾口东北部海域水温较低，湾口西南部水温较高。大潮期间，处于湾口东北侧的 N04 和 N09 站周日平均水温为 27.45 ℃和 26.72 ℃，而处于猫头水道的 N05 和 N06 站的周日平均水温则分别为 28.44 ℃和 28.91 ℃。

3.3.2.1.4　海水温度概况(三门核电海洋站)

三门核电海洋站多年平均水温为 18.4 ℃。水温的季节变化明显，最冷月为 2 月，月平均水温为 8.2 ℃，月最高水温为 11.6 ℃，月最低水温为 5.2 ℃；最热月大多为 7、8 月份，但观测期间的最高水温出现在 1995 年 9 月，为 32.6 ℃。春季平均水温（14.9 ℃）低于秋季（21.4 ℃），见表 3.3.6。如前所述，由于海洋站水温测点没有设栈桥，水温测点在岸边进行，易受陆地的影响，因而本站测得最高水温（32.6 ℃）和最低水温（4.6 ℃），与相应的三门湾大规模水文泥沙测验期间冬、夏两航次附近测站的最高、最低水温相比较，本站的最高、最低水温分别偏高和偏低 2.0 ℃左右。

表 3.3.6 三门核电海洋站各月表层海水温度特征值表（1992 年 6 月至1995 年 12 月） （单位：℃）

项目＼月份	1	2	3	4	5	6	7	8	9	10	11	12	全年
平均温度	8.7	8.2	10.6	14.9	20.5	23.8	27.6	29.3	26.6	21.4	16.9	11.7	18.4
最高温度	11.7	11.6	13.7	19.4	25.2	28.4	32.5	31.8	32.6	26.0	20.8	17.7	32.6
最低温度	4.6	5.2	7.7	12.1	16.4	20.3	23.4	26.8	22.1	17.6	12.2	7.2	4.6

3.3.2.2 海水温度的空间分布

3.3.2.2.1 水温的空间分布（2003 年）

（1）春季航次

由前述分析可知，决定三门湾海域水温大面分布和日变化最重要的因子是潮流，三门湾为 NW～SE 向的半封闭型海湾，NW 向的涨潮流使水温较低的外海水入侵，导致湾内水温降低，而 SE 向的落潮流使湾顶水域温度较高的海水流向下游，使下游海域的水温上升。此外，三门湾又属于强潮型海湾，潮差大，潮流强，强烈的潮混合作用使上下水层的水温趋于一致。

1）水温的平面分布

图 3.3.1 和图 3.3.2 为大潮涨急、涨憩、落急、落憩时刻中层（0.6H）水温的平面分布。由图可见：涨急时，外海的低温水主要通过珠门港、满山水道入侵三门湾，处于花岙岛西侧的冷水舌沿满山水道由东南向西北伸展，一派涨潮流的态势。此时，湾内各测点的水温迅速下降。涨憩时，水温平面分布的态势与涨急时相似，但冷水舌向西北方向伸展更明显、范围更大。此时湾内各测点的水温普遍达到一个相对的低值。落急时，湾内西北侧的沿岸高温水沿蛇蟠水道、猫头水道向东南方向伸展，形成一个由 NW 向 SE 扩展的暖水舌，一派落潮流的态势。此时，湾内各测点的水温升高明显。落憩时，湾内水温平面分布的态势与落急时相似，不过，暖水舌伸展更明显，范围也大。此时，湾内各测点的水温普遍达到一个相对高值。

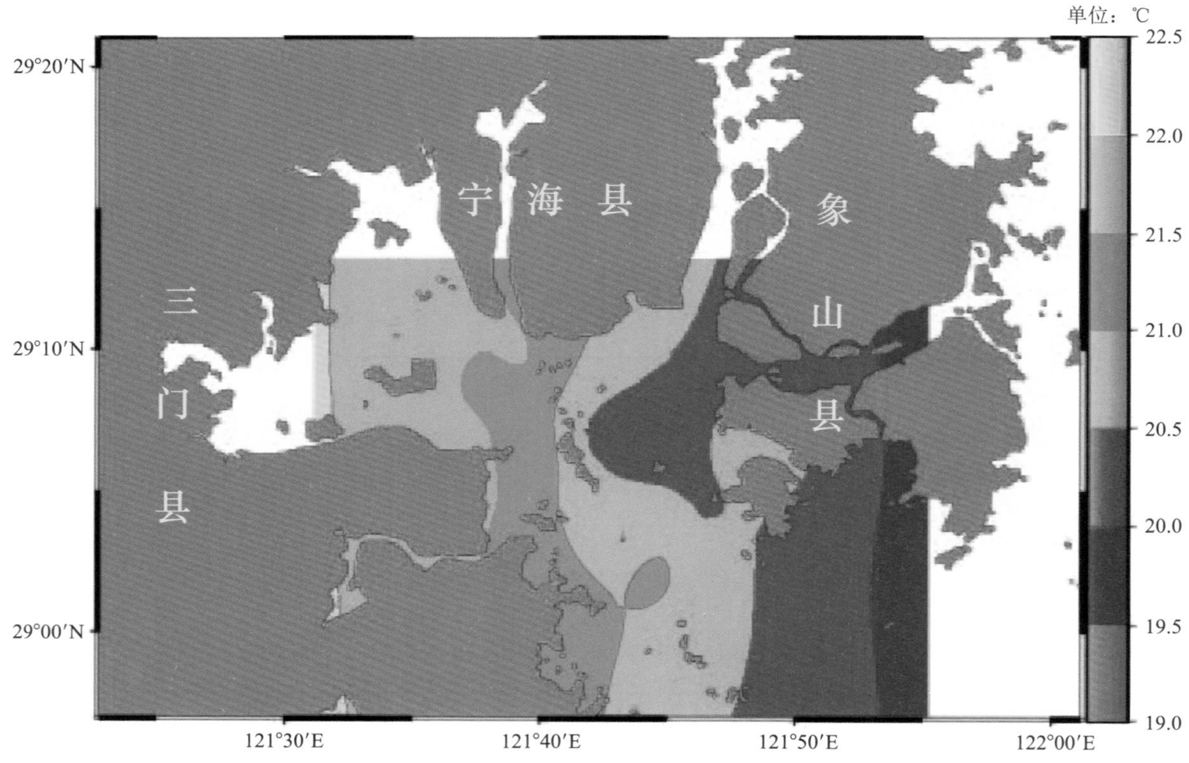

图 3. 3. 1A 春季大潮涨急时刻中层水温平面分布图(2003 年)

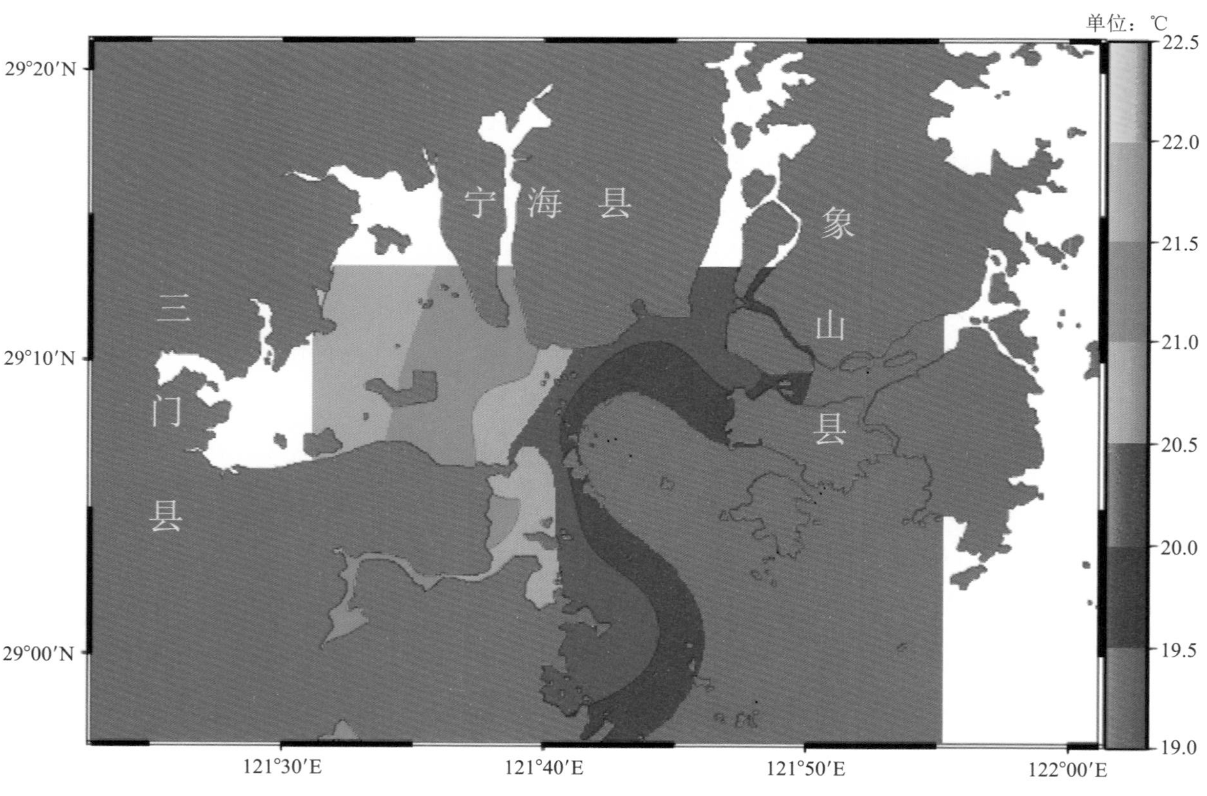

图 3. 3. 1B 春季大潮涨憩时刻中层水温平面分布图(2003 年)

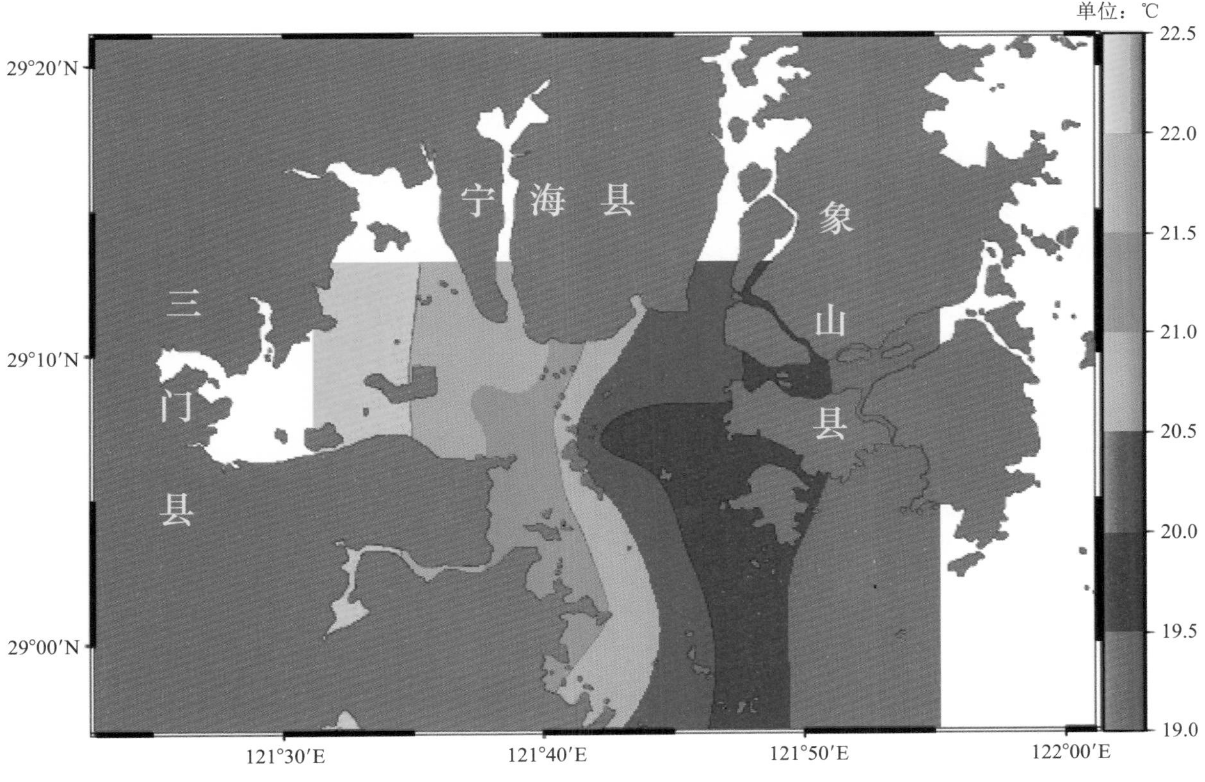

图 3. 3. 2A　春季大潮落急时刻中层水温平面分布图(2003 年)

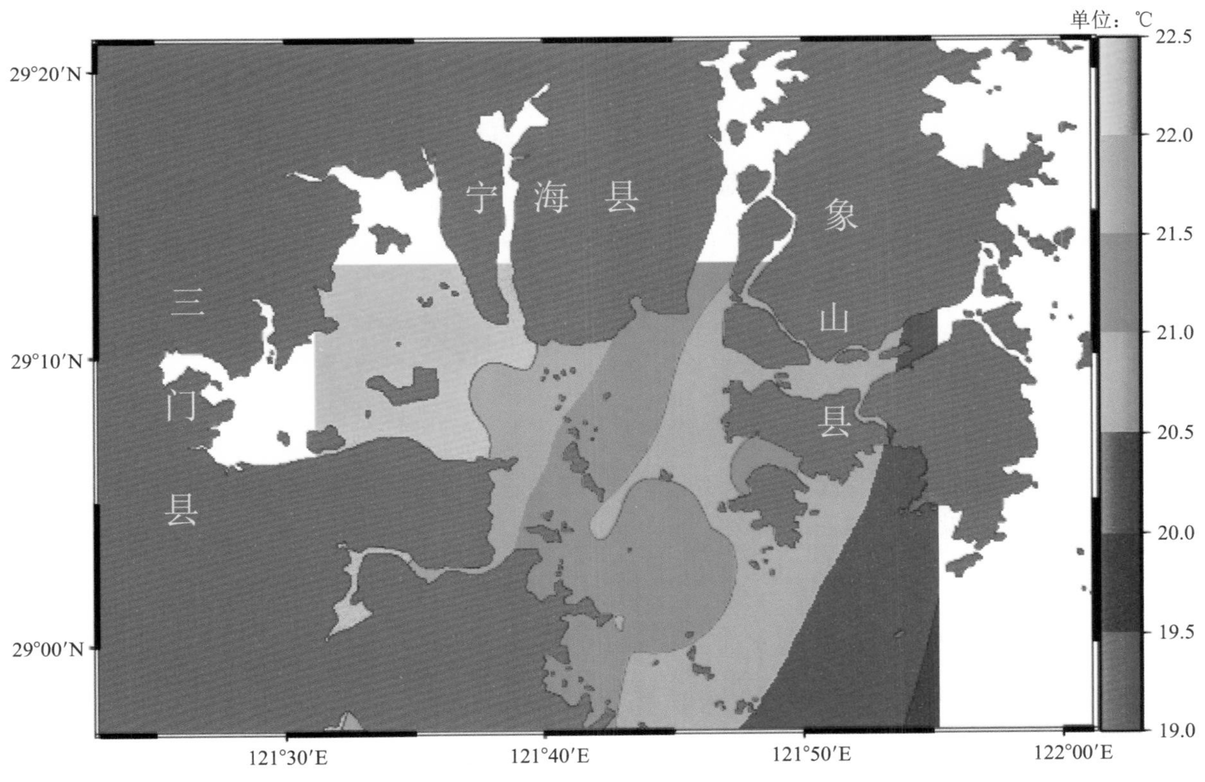

图 3. 3. 2B　春季大潮落憩时刻中层水温平面分布图(2003 年)

2）水温的垂直分布

三门湾海域各测点的表层水温比底层水温略高，但水温的垂向变化不甚明显。如上所述，这与三门湾海域水深较浅，以及强烈的潮混合作用有关。表 3.3.7 给出了大、中、小潮期间表、底层平均水温的周日统计特征值。由表可见：表、底层水温温差较小，一般介于 0.1 ℃～0.5 ℃之间。在大潮与中潮期间，表、底层温差较接近，而小潮期间的表、底层温差要大得多。这是由于小潮期间潮混合作用较弱所致。相对而言，潮流比较强的东侧海域，如 N04 和 N09 两站，其表、底层温差比较小。

表 3.3.7　2003 年春季表、底层平均水温的周日统计特征值表　（单位：℃）

潮次	站号 要素	N01	N02	N04	N05	N06	N09	N10	N16	N17	N18
大潮	表层	20.0	20.4	20.1	20.6	21.3	20.2	21.4	21.2	21.2	21.0
	底层	19.6	20.3	20.0	20.5	21.0	20.0	21.5	21.1	21.2	21.0
	差值	0.4	0.1	0.1	0.1	0.4	0.2	−0.1	0.1	0.0	0.0
中潮	表层	20.0	20.4	20.1	20.6	21.3	20.2	21.4	21.2	21.2	21.0
	底层	19.6	20.3	20.0	20.5	21.0	20.0	21.5	21.1	21.2	21.0
	差值	0.4	0.1	0.1	0.1	0.4	0.2	−0.2	0.1	0.0	0.0
小潮	表层	22.1	17.9	19.1	17.9	20.4	19.1	22.3	20.6	20.0	20.0
	底层	21.9	16.1	18.9	17.6	19.9	18.7	21.7	19.9	19.6	19.6
	差值	0.2	1.8	0.1	0.2	0.5	0.4	0.6	0.7	0.4	0.4

（2）秋季航次

如前所述，决定三门湾海域水温大面分布和日变化最重要的因子是潮流，太阳辐射的日变化也有一定作用。但由于 2003 年秋季水温分布的特殊性，外海水温仅略高于湾内水温。因此，NW 向的涨潮流引起外海水的入侵，仅使湾内水温略微升高，而 SE 向的落潮流仅使下游海域的水温略有下降，潮流的这种作用不如春季航次调查期那样明显，甚至还将被太阳辐射的日变引起的水温日变化所掩盖。

1）水温的平面分布

图 3.3.3 和图 3.3.4 分别给出了大潮涨急、涨憩、落急、落憩时刻中层（0.6H）水温的平面分布。从图上可明显看到：涨急时，外海的高温水主要通过猫头水道入侵三门湾，在猫头水道的南口，存在一个弱的暖水舌从东南偏南方向向西北偏北方向伸展，呈涨潮流的态势。此时湾内各测点的水温略有上升。涨憩时，暖水舌向西北方向伸展更明显，范围已扩展到满山水道，且其暖水舌的主轴已转移到满山水道。此时，湾内绝大多数测点的水温均已达到了一个相对的高值。

落急时，湾内西北侧的沿岸低温水沿蛇蟠水道、猫头水道向东南方向伸展，形成一个由 NW 向 SE 扩展的冷水舌，呈落潮流的态势。此时，湾内绝大多数测点的水温都略有下降。落憩时，湾内水温平面分布的态势与落急时相似，不过，蛇蟠水道的水温已明显下降，位于猫头水道的冷水舌主轴由它的西北部向 SE 伸展更明显。此时，湾内绝大多数测点的水温均达到了一个相对的低值。这种涨潮时升温、落潮降温的特点，反映了该海域的水温分布态势已发生了结构性的调整，这与春季涨潮时降温、落潮时升温的特点正好相反。

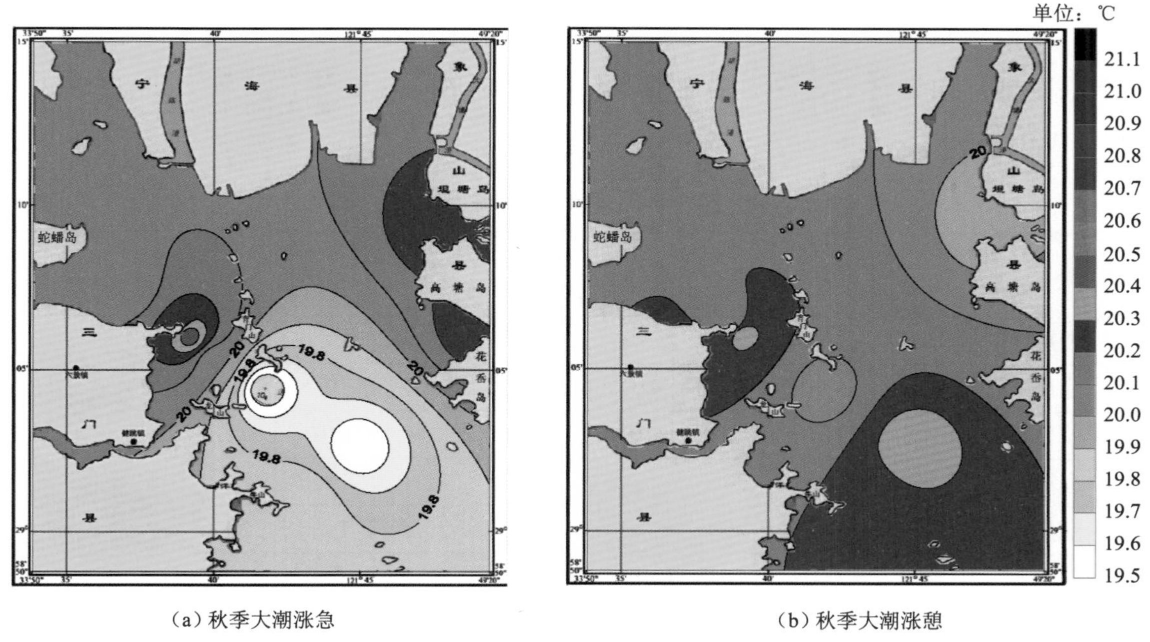

（a）秋季大潮涨急　　（b）秋季大潮涨憩

图 3. 3. 3　秋季大潮涨急、涨憩时刻中层水温平面分布（2003 年）

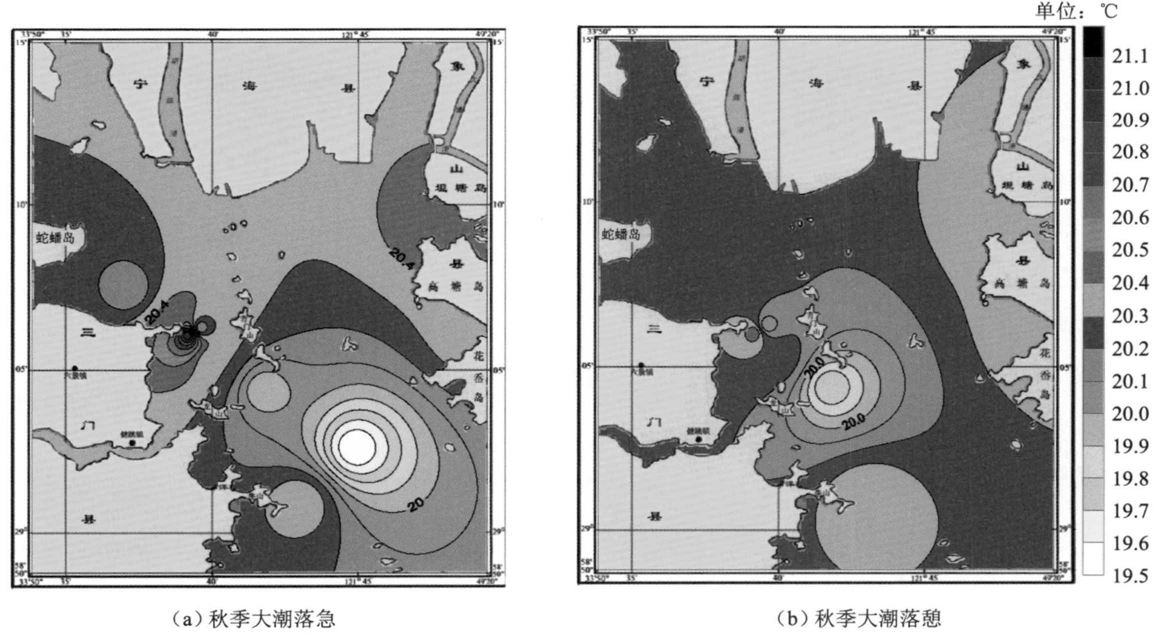

（a）秋季大潮落急　　（b）秋季大潮落憩

图 3. 3. 4　秋季大潮落急、落憩时刻中层水温平面分布（2003 年）

2）水温的垂直分布

三门湾海域秋季各测点的表、底层水温十分接近，水温的垂向分布几乎是均匀的。如上所述，这与三门湾海域水深不大，强烈的潮混合作用有关。表3.3.8为大、中、小潮期间表、底层平均水温的周日统计特征值。由表可见，就平均状况而言，表、底层水温差不大，绝大多数站介于0.0 ℃～0.2 ℃之间，没有超过0.3 ℃。在大潮期间，表、底层温差大多数为0.0 ℃，而中潮、小潮期间的表、底层温差要稍大一些，介于0.1 ℃～0.3 ℃之间。这是因为中、小潮期间潮混合作用相对比较弱。另外，表层冷却引起的对流混合作用也有助于上下层水温的均匀化，从而使秋季上下层水温的均匀化程度比春季高。

表3.3.8　2003年秋季表、底层平均水温周日统计特征值表　（单位：℃）

潮次	要素＼站号	N01	N02	N04	N05	N06	N09	N10	N16	N17	N18
大潮	表层	19.9	19.7	20.2	19.5	20.0	20.4	19.8	20.1	20.5	20.0
	底层	19.9	19.7	20.2	19.5	19.9	20.3	19.8	20.0	20.4	20.0
	差值	0.0	0.0	0.0	0.0	0.0	0.1	0.0	0.1	0.1	0.0
中潮	表层	20.1	20.6	20.1	20.1	20.1	21.0	19.5	20.5	19.7	20.0
	底层	19.9	20.4	20.1	20.0	20.1	20.9	19.5	20.4	19.4	19.8
	差值	0.2	0.2	0.0	0.1	0.0	0.1	0.0	0.1	0.3	0.2
小潮	表层	20.0	20.6	20.4	20.1	20.3	20.8	19.6	19.9	20.1	20.0
	底层	19.8	20.3	20.3	20.0	20.1	20.7	19.6	19.7	20.0	19.8
	差值	0.2	0.3	0.1	0.1	0.2	0.1	0.0	0.2	0.1	0.2

3.3.2.2.2　水温的空间分布(2013年)

(1)冬季航次

1)水温的平面分布

三门湾水域平面分布呈现出湾口水温较高，湾内水温较低的分布态势。观测期间湾口断面(N01、N02、N03、N04和N09站)周日垂线平均水温变化范围在7.85 ℃～9.64 ℃之间，平均为8.71 ℃；猫头水道(N05、N06站)周日垂线平均水温变化范围为7.85 ℃～9.46 ℃，平均为8.52 ℃；猫头山嘴附近水域(N15、N18站)周日垂线平均水温变化范围为7.81 ℃～9.35 ℃，平均为8.51 ℃；湾内北部部分水域(N10站)水温变化范围为7.79 ℃～9.52 ℃，平均为8.55 ℃。湾口断面水温较高，猫头山嘴附近水域水温较低。图3.3.5为冬季各站各潮次周日平均水温分布图，由图可知，位于湾口的N03站大、中、小潮时水温均较其他测站高，位于湾内猫头山嘴附近水域的N15和N18站的水温在各个潮次均较低。

2)水温的垂直分布

根据水温的垂直分布分析表明：三门湾海域各测点的表层水温略高于底层水温，冬季由于水温较低，水温的垂向变化不甚明显，表、底层水温差一般介于0 ℃～0.12 ℃之间(表3.3.9)。冬季大潮时因该海区整体水温较低，加之潮汐的混合作用，部分站点呈现出底层水温略高于表层的状况；小潮时表、底层温差较中潮时大，这是因小潮期间潮混合作用较弱所致。相对而言，潮流比较强的湾口东侧海域，如 N04 和 N09 两站，其表、底层温差较小。

表 3.3.9　2013 年冬、夏两季表、底层平均水温周日统计值　（单位：℃）

季节	潮次	站点 要素	N1	N2	N3	N4	N5	N6	N9	N10	N15	N18
冬季	小潮	表层	9.38	9.29	9.44	9.09	9.28	9.25	9.45	9.36	9.27	9.22
		底层	9.35	9.29	9.41	9.07	9.19	9.13	9.42	9.24	9.18	9.14
		差值	0.03	0.00	0.03	0.02	0.09	0.12	0.03	0.12	0.09	0.08
	中潮	表层	8.60	8.57	8.81	8.65	8.46	8.50	8.70	8.45	8.45	8.40
		底层	8.55	8.52	8.73	8.62	8.43	8.40	8.66	8.42	8.42	8.38
		差值	0.05	0.05	0.08	0.03	0.03	0.11	0.04	0.03	0.03	0.02
	大潮	表层	8.03	8.21	8.42	8.23	8.02	7.98	8.20	7.97	7.95	7.99
		底层	8.04	8.18	8.36	8.25	8.00	8.00	8.22	7.95	7.95	7.98
		差值	−0.01	0.02	0.06	−0.02	0.02	−0.02	−0.02	0.02	0.00	0.01
夏季	小潮	表层	29.58	29.20	28.34	28.75	29.76	30.11	29.35	30.53	30.13	29.93
		底层	28.44	26.92	27.44	27.85	28.85	29.04	29.07	29.81	29.45	29.22
		差值	1.14	2.28	0.90	0.91	0.90	1.07	0.28	0.72	0.67	0.72
	中潮	表层	29.23	28.95	27.55	27.65	29.44	29.85	28.65	30.21	29.87	29.66
		底层	28.67	27.61	27.15	27.04	28.40	28.81	28.31	29.76	29.32	28.93
		差值	0.56	1.34	0.39	0.61	1.03	1.04	0.35	0.45	0.55	0.73
	大潮	表层	28.95	28.00	27.12	26.99	28.97	29.33	28.39	29.46	29.46	29.17
		底层	28.75	27.20	26.65	26.55	28.22	28.72	27.96	29.27	29.09	28.85
		差值	0.20	0.79	0.47	0.44	0.75	0.61	0.43	0.20	0.37	0.32

（2）夏季航次

1）水温的平面分布

三门湾水域水温平面分布呈现出湾口水温较低、湾内水温较高的分布状态，分布态势恰好与冬季相反（图 3.3.6）。观测期间湾口断面周日垂线平均水温在 25.37 ℃～29.62 ℃之间，平均为 28.03 ℃；猫头水道周日垂线平均水温变化范围为 7.48 ℃～30.10 ℃，平均为 29.02 ℃；猫头山嘴附近水域周日垂线平均水温变化范围为 28.3 ℃～30.55 ℃，平均为 29.34 ℃；湾内北部部分水域水温变化范围为 29.26 ℃～30.67 ℃，平均为 30.04 ℃。湾口断面水温较低，猫头山嘴附近水域水温较高，湾内北部水温最高，位于湾口的 N03 站大、中、小潮时水温均较其他测站低，位于湾内北部的 N10 站的水温在各个潮次水温均较高。

2）水温的垂直分布

夏季水温较高，因而水温的垂向变化比冬季显著。夏季表、底层水温温差一般介于 0.2 ℃～

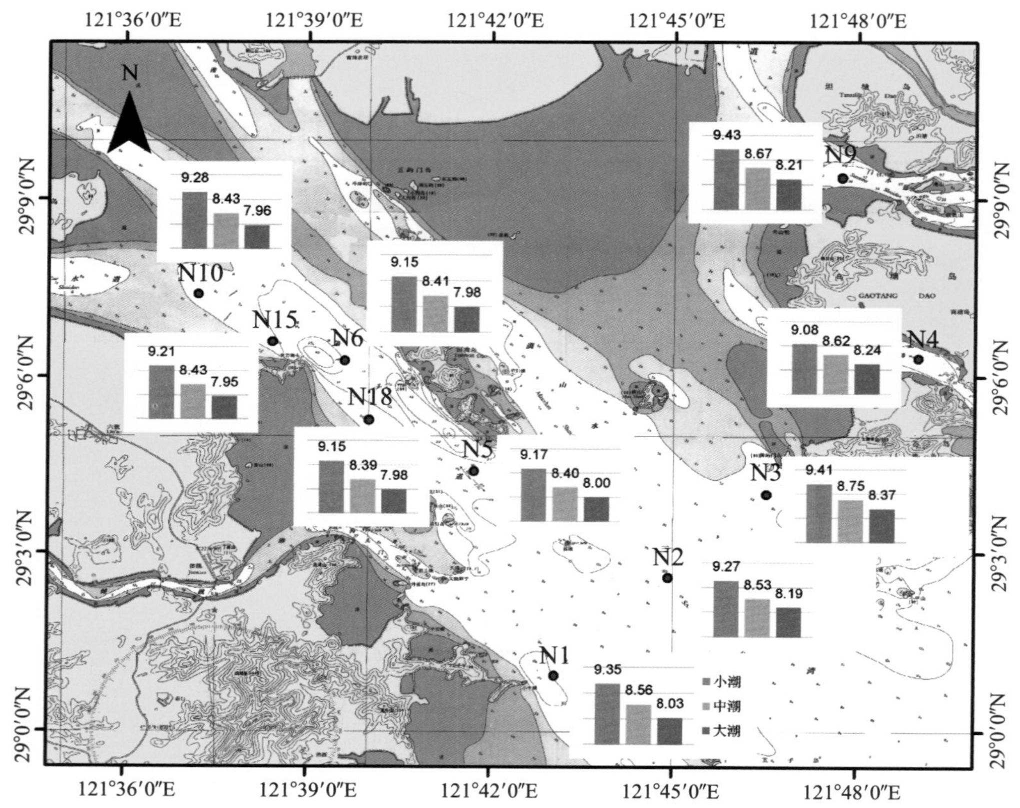

图 3.3.5　冬季大、中、小潮各站周日平均水温分布图(2013 年)

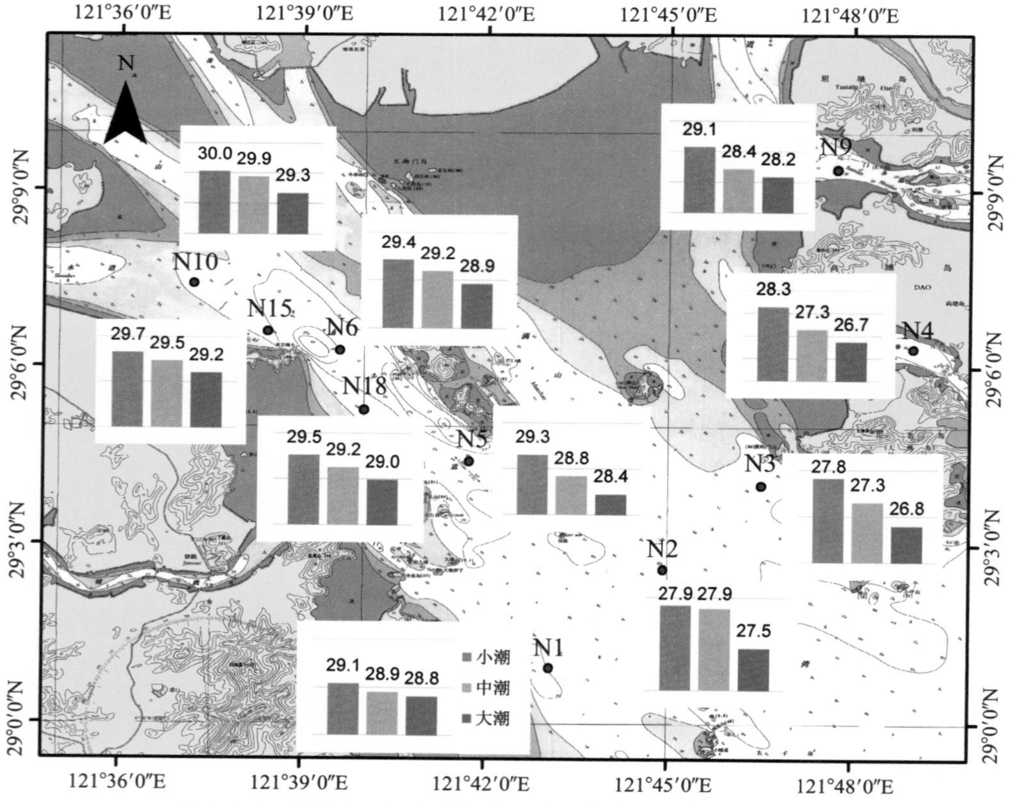

图 3.3.6　夏季大、中、小潮各站周日平均水温分布图(2013 年)

2.2 ℃之间。大潮时表、底层水温差较小潮和中潮时小，同样是由于大潮期间潮混合作用较强导致。夏季大、中、小潮时表、底层水温差平均值分别为 0.46 ℃、0.70 ℃和 0.96 ℃。

3.3.2.3　水温的周日变化

三门湾水温的周日变化主要受太阳辐射的日变化和涨、落潮流的影响。如前所述，三门湾潮流属非正规半日潮流，也就是说属于半日周期，潮流运动形式为往复流。由于该海域潮流比较强，因此，潮流对水温的日变化影响显著。一般而言，由太阳辐射所引起的水温变化在表层表现较明显，而潮流所引起的水温周期性变化则涉及整个水层。

3.3.2.3.1　水温的周日变化(2003 年)

（1）春季航次

分析表明：水温的周日变化为两高、两低型，即水温表现出随潮流呈半日周期变化的特征。大潮期间水温周日变化的振幅比小潮期间大得多，表明水温周日变化振幅与潮流的强弱有关。潮流强，则水温周日变化振幅大，反之潮流弱，则水温周日变化振幅小。水温周日变化白天出现的峰值比夜间大，且表层水温的峰值要比底层的峰值大。这种现象是由于太阳辐射的加热作用在表层比底层强的缘故所致，反映了太阳辐射日变化对水温的影响。

水温的周日变化与潮流有关，通过对比分析表明，水温周日变化呈双峰型，两个峰值出现在低平和落憩前后，两个谷值出现在高平和涨憩前后。水温周日变化速率最大出现的时间与中潮位和涨急、落急的时间大致对应。涨急时刻大致与降温速率最大出现的时间相对应；落急时刻大致与升温速率最大出现的时间相对应。水温周日变化的振幅大小与潮流变化的振幅相对应。大潮期间潮流变化的振幅大，则水温周日变化的振幅也大；小潮期间潮流变化的振幅小，则水温周日变化的振幅也小。

（2）秋季航次

水温的周日变化与春季相同，为两高、两低型，即水温随潮流呈半日周期变化。大潮期间水温周日变化的振幅大于小潮期间，说明水温周日变化的振幅与潮流的强弱有关。

秋季水温周日变化呈双峰型，两个谷值出现在低平(落憩)前后；两个峰值出现在高平(涨憩)前后。水温周日变化中变化速率最大出现的时间与中潮位(涨急、落急)的时间大致对应。涨急时刻大致与升温速率最大出现的时间相对应；落急时刻大致与降温速率最大出现的时间相对应。秋季水温的周日变化特征恰好与春季航次的水温周日变化特征相反，这是因为秋季水温平面分布的态势与春季刚好相反。水温周日变化的振幅大小与潮流变化的振幅相对应，这与春季航次水温周日变化特征相同。

3.3.2.3.2　水温的周日变化(2013 年)

根据 2013 年冬、夏两季大部分测站水温资料分析表明：水温周日变化呈双峰型，但夏季双峰比冬季显著。夏季水温周日变化的峰值大多出现在落憩和涨憩时刻，但冬季峰值出现的时刻各站略有不同。冬季在湾口断面水域(N01、N02、N03、N04、N09站)中两个站水温周日变化的峰值出现在涨憩前后；两个谷值出现在低平和落憩前后；而湾顶区域的N10站及猫头山嘴附近水域(N15和N18站)两个站水温周日变化的峰值出现在落憩前后；两个谷值出现在高平和涨憩前后。另外，部分测站周日变化并未呈现出双峰型，水温的周日变化不显著。这主要是由于潮流引起的水温日变化与潮流方向上的水温水平梯度有关。如果外海水与近岸水之间的水温差异明显，水温梯度大，在潮流强度一定的条件下潮流引起的水温日变化则大；反之，则小。

3.3.2.4 与历史资料的对比分析

（1）测验时间

如上所述：在三门湾及其附近海域共实施了3个年份，6个航次(1994年冬、夏两季，2003年春、秋两季和2013年冬、夏两季)大规模水文泥沙测验和潮位同步观测。而1994年与2013年的测验时间均为冬、夏两季，观测月份也较接近，从而具备了更好的可比性。据此，本书将2013年与1994年的测验资料成果进行对比分析。

（2）水温特征

1994年夏季航次周日平均最高水温为30.8 ℃，最高水温为32.8 ℃，出现在N14站大潮期间；周日平均最低水温为26.7 ℃，最低水温为22.5 ℃，出现在N25站小潮期间，平均水温为29.2 ℃。水温的平面分布呈现湾口水温低于湾内的特征。冬季航次周日平均最高水温为9.4 ℃，周日平均最低水温为6.9 ℃，平均水温为8.0 ℃。日平均水温的区域分布为湾内低于口外区域，近岸区域高于离岸区，垂向分布较均匀。

2013年夏季航次周日平均最高水温为30.04 ℃，最高水温为31.25 ℃，出现在N10站的大潮期间；周日平均最低水温为26.72 ℃，平面分布呈现湾口水温低于湾内的特征。冬季航次周日平均最高水温为9.43 ℃，周日平均最低水温为7.95 ℃，水温的平面分布呈现湾内低于口门外海域的特征，垂向分布较均匀。

3.3.3 海水盐度

几十亿年来，来自大陆的大量化学物质溶解并储存于海洋中，如果全部海洋都蒸发干，剩余的盐量将会覆盖整个地球达70 m厚。根据测定，海水中含量最多的化学物质有11种，即钠、镁、钙、钾、锶等5种阳离子；氯、硫酸根、碳酸氢根、溴和氟等5种阴离子和硼酸分子，其中排在前三位的是氯、钠和镁。为了表示海水中化学物质的多寡，通常用海水盐度表示。海水的盐度是海水含盐量的定量量度，是海水最重要的理化特征之一，它与沿岸径流量、降水及海面蒸发密切相关，盐度的分布变化也是影响和制约着其他水文要素分布和变化的重要因素[3-4]。实用盐度符号是无量纲的量。

3.3.3.1 盐度概况

盐度是相对比较保守的水文要素，影响海水盐度分布和变化的因素很多，有流系的消长、潮流、径流、降水和蒸发等。

3.3.3.1.1 1994年盐度概况

（1）冬季航次

三门湾海域1994年冬季调查期间的平均盐度为26.17。日平均最高盐度为27.74，出现在口门外的N25站，日平均最低盐度为24.37，出现在湾内的N10站，见表3.3.10。实测最高、最低盐度也有类似的分布趋势，N25站盐度最高(28.26)，N10站盐度最低(22.23)。可见，盐度的平面分布由湾内向口门外沿程递增。此外，沿三门湾轴线方向的左右两侧区域的盐度分布亦有不同，即左侧区域(牛山嘴—猫头山嘴沿岸)盐度低于右侧(南田岛—白玉湾岛沿岸)。以牛山嘴—南田岛断面(N01～N03站)为例，大潮期间左侧区域(N01站)平均盐度(25.86)比右侧区域(N03站，26.41)低0.55；小潮期间低1.12。可见盐度具有明显的区域分布特点。

（2）夏季航次

根据大潮涨憩、落憩时0.2H层盐度大面分布可知。湾口受外海水入侵影响，盐度较高。盐度最大值为33.67（N26站小潮涨憩），最小盐度值为23.54（N10站大潮落憩）。湾内受径流影响，盐度明显降低。因此，盐度的大面分布为湾内盐度低于口门处及湾外，大潮涨憩时，盐度从蛇蟠水道的25.55升高到湾口的30.00左右，口门外最高，为31.00～33.00。大潮涨憩和落憩时，以猫头山嘴(N15～N16站)附近海域为界，低盐舌向西北扩展，高盐舌向东南方伸展，但大潮落憩时的高盐舌轴线较涨憩时偏左。小潮涨憩和落憩时，在猫头山嘴海域以南等盐线的分布趋势与大潮类似。小潮落憩时蛇蟠水道至胡陈港水库附近海域，南北两侧盐度低，中间高。小潮落憩时的盐度较涨憩时低，蛇蟠水道(N10站)及胡陈港水库附近海域(N12站)约为26.00，口门处(N1、N3站)为31.00～32.00。

3.3.3.1.2 2003年盐度概况

（1）春季航次

2003年春季调查期间三门湾海域的垂线平均盐度介于21.3～28.1之间，盐度由湾口向湾顶区域逐渐递减。湾的东南侧水域为盐度的高值区，位于该水域的N03和N04站，其大、小潮的平均盐度均超过27(表3.3.11)。湾顶水域为盐度的低值区，如该水域的N10和N11站，其大、小潮的平均盐度均在25.6以下。小潮期湾内各站的盐度普遍比大潮期大，这可能与小潮期湾口及外海刮SE风，而在大潮期湾口及外海刮NE风有关。SE风产生的风生流有利于外海的高盐水向湾内输送，而NE风产生的风生流有利于湾西南部水域的低盐水向湾口输送。

表 3.3.10　1994 年冬季盐度的周日统计特征值表

潮次	要素＼站号	N01	N02	N03	N06	N07	N08	N10	N11	N12	N22	N23	N24	N25	N26
大潮	平均	25.86	26.24	26.41.	25.24	26.38	26.20	24.37	24.69	24.69	26.67	26.94	27.26	27.74	26.77
	表层	25.78	26.22	26.42	25.04	26.60	26.282 4	24.34	24.59	24.642 6	26.67	26.94	27.19	27.75	26.77
	底层	25.91	26.28	26.45	25.49	26.42	26.26	24.39	24.81	24.73	26.74	26.92	27.29	27.74	26.80
	差值	−0.13	−0.06	−0.03	−0.45	0.18	0.02	−0.05	−0.22	−0.09	−0.07	0.02	−0.10	0.01	−0.03
小潮	平均	25.78	26.10	26.90	25.37	26.14	26.692 4	24.80	24.99	25.38	26.55	27.03	26.83	27.57	27.21
	表层	25.73	25.76	26.82	24.56	26.22	26.89	23.95	24.37	25.02	26.55	26.96	26.83	27.26	27.12
	底层	25.68	26.47	26.93	25.70	26.15	26.74	25.15	25.37	25.54	26.55	27.10	26.85	27.86	27.27
	差值	0.05	−0.71	−0.11	−0.14	0.07	0.15	−1.20	−1.00	−0.52	0.00	−0.14	−0.02	−0.60	−0.15

表 3.3.11 2003 年春季各站大、小潮垂线平均盐度周日统计特征值

潮次	大潮			小潮		
站号	平均	最高	最低	平均	最高	最低
N01	26.64	27.10	26.23	26.54	26.64	26.44
N02	26.78	27.75	25.93	27.46	27.58	27.29
N03	27.42	27.75	26.84	27.82	28.01	27.63
N04	27.32	227.53	27.17	27.91	28.05	27.73
N05	26.00	27.05	25.09	26.56	26.76	26.31
N06	25.27	26.29	23.88	25.76	26.16	25.21
N07	26.43	27.59	25.66	26.78	27.28	26.24
N09	27.19	27.51	26.98	26.89	27.75	24.50
N10	24.42	25.77	22.36	25.34	25.90	24.90
N11	24.86	25.92	23.59	25.56	26.06	24.97
N12	24.74	26.73	21.38	25.56	25.86	25.51
N16	24.99	26.11	24.01	25.67	26.06	25.10
N17	25.21	25.95	24.36	25.64	26.20	25.04
N18	25.56	26.26	24.66	26.05	26.46	25.83

(2) 秋季航次

由于 2003 年夏、秋两季在测区和临近地区出现严重干旱，降水量比常年少得多，径流量大幅度减少，蒸发量增加，致使测区的盐度及其分布出现一些反常状况。调查期间三门湾海域的垂向平均盐度介于 25.6～27.2 之间(表 3.3.12)，最高盐度为 27.53，出现在 N10 站大潮期，最低盐度为 25.31，出现在 N03 站大潮期。测验期间其盐度区域分布的总趋势由湾口向湾顶方向增加，这与春季航次调查分析结果完全相反，也与秋季常年的一般状况相违。湾顶水域为盐度的高值区，如位于该水域的 N10 和 N16 站，其大、小潮的平均盐度均超过 27。湾口附近水域为盐度的低值区，如该水域的 N02 和 N03 站，其大、小潮的平均盐度均在 26.3 以下。大潮期湾内大多数测点的盐度均比小潮期大，而春季则相反，这是与春季调查分析结果的又一个不同之处。

3.3.3.1.3 2013 年盐度概况

2013 年冬、夏两季调查期间三门湾海域的垂线平均盐度分别介于 23.5～26.6 之间和 26.1～33.0 之间，如表 3.3.13 所示。夏季盐度大于冬季，盐度的区域分布是由湾口向湾顶沿程递减。冬季盐度最低值为 23.45，出现在湾顶区域的 N10 站大潮落憩时的中层；夏季盐度最高值为 33.2，出现在湾口区域的 N03 站小潮涨憩时表层。湾东南侧水域为盐度高值区，如湾口水域 N03、N04 两站，冬季大、小潮平均盐度均超过 25.8，夏季大、小潮平均盐度均超过 30.7；湾顶区域为盐度的低值区，如该区域的 N10 站，冬季大、小潮平均盐度均在 24.9 以下。

表 3.3.12　2003 年秋季各站大、小潮垂线平均盐度周日统计特征值

潮次	大潮			小潮		
站号	平均	最高	最低	平均	最高	最低
N01	26.70	26.96	26.40	26.42	26.53	26.21
N02	26.27	27.00	25.41	26.15	26.51	25.71
N03	25.61	26.18	25.31	25.84	26.04	25.70
N04	25.75	25.98	25.60	25.68	25.78	25.58
N05	26.74	27.35	25.65	26.60	26.83	26.24
N06	27.10	27.39	26.47	26.81	27.02	26.34
N07	26.49	27.09	25.89	26.30	26.57	26.05
N09	26.00	26.35	25.45	25.91	25.98	25.83
N10	27.21	27.53	26.71	26.91	27.09	26.77
N11	27.22	27.44	26.98	26.75	26.95	26.44
N12	26.77	27.00	26.39	26.53	26.69	26.45
N16	27.19	27.50	26.96	26.84	27.01	26.65
N17	27.11	27.37	26.80	26.79	26.90	26.64
N18	27.03	27.20	26.64	26.76	26.87	26.52

表 3.3.13A　2013 年冬季各站大、小潮垂线平均盐度特征值表

潮次	大潮				小潮			
站点	平均	最低	最高	较差	平均	最低	最高	较差
N01	25.67	25.50	25.84	0.34	25.51	25.16	25.70	0.54
N02	25.65	25.35	25.85	0.50	26.15	26.02	26.37	0.35
N03	25.82	25.72	25.99	0.28	26.39	26.35	26.45	0.10
N04	25.82	25.71	25.91	0.20	26.46	26.36	26.64	0.29
N05	25.40	25.02	25.71	0.69	25.43	25.09	25.71	0.62
N06	25.09	24.63	25.49	0.86	25.17	24.91	25.33	0.42
N07	25.40	25.10	25.76	0.67	25.58	25.16	25.86	0.70
N09	25.68	25.60	25.75	0.15	25.90	25.82	25.96	0.14
N10	24.59	23.51	25.16	1.65	24.82	24.59	25.17	0.58
N11	24.95	24.35	25.36	1.01	25.04	24.98	25.13	0.15
N12	24.74	23.85	25.21	1.35	24.82	24.59	25.00	0.41
N15	24.82	24.05	25.33	1.27	24.95	24.79	25.22	0.43
N18	25.15	24.72	25.38	0.67	24.97	24.73	25.21	0.48

表 3.3.13B　2013 年夏季各站大、小潮垂线平均盐度特征值表

潮次	大　潮				小　潮			
站点	平均	最低	最高	较差	平均	最低	最高	较差
N01	31.41	31.01	31.84	0.823	31.88	31.43	32.20	0.77
N02	31.61	30.00	32.67	2.67	32.46	32.08	32.74	0.66
N03	32.13	30.77	33.00	2.24	32.71	32.34	33.03	0.69
N04	31.93	31.18	32.82	1.64	32.72	32.60	32.93	0.33
N05	30.26	29.13	31.48	2.35	31.45	31.29	31.67	0.38
N06	29.70	28.10	30.56	2.44	31.17	30.60	31.48	0.88
N07	30.20	28.59	31.88	3.29	31.95	31.47	32.32	0.85
N09	31.29	30.81	31.75	0.93	32.24	31.93	32.39	0.46
N10	28.78	26.41	30.26	3.84	30.40	29.68	31.21	1.53
N11	28.51	26.99	29.63	2.64	30.43	30.04	31.05	1.01
N12	28.45	26.11	30.21	4.11	30.73	30.31	31.13	0.82
N15	28.83	26.54	30.20	3.66	30.54	29.41	31.12	1.71
N18	29.92	28.15	31.14	2.99	30.86	30.50	31.27	0.77

3.3.3.1.4　三门核电海洋站盐度概况

三门核电海洋站多年平均盐度为 26.5，最高盐度为 33.4（8 月），最低盐度为 17.3（6 月）。盐度的季节变化呈单峰型，峰值出现在温度高、蒸发大的 8 月，月平均盐度为 28.9，谷值出现在降水量较多的 6 月，月平均盐度为 23.5，春季平均盐度(26.4)低于秋季(27.4)，见表 3.3.14。

表 3.3.14　三门核电海洋站各月表层海水盐度特征值表(1992 年 6月至1995 年 12 月)

项目＼月份	1	2	3	4	5	6	7	8	9	10	11	12	全年
平均盐度	26.4	26.0	27.0	26.4	26.0	23.5	25.2	28.9	27.2	27.4	26.0	26.0	26.5
最高盐度	28.7	28.1	29.9	29.2	29.9	27.2	32.8	33.4	32.4	33.0	28.7	27.2	33.4
最低盐度	24.3	23.8	24.3	20.0	18.8	17.3	18.6	21.2	17.8	23.1	22.9	24.2	17.3

3.3.3.2　盐度的空间分布

三门湾海域盐度的分布和周日变化主要取决于潮流、余流、径流、降水和蒸发的综合作用。

3.3.3.2.1 盐度的空间分布(1994年)

(1) 冬季航次

根据盐度的大面分布:大潮落憩时,湾内的盐度从蛇蟠水道的23.00增到湾口的26.00,口门外盐度为27.00以上,且有湾北侧高于湾南侧的分布特点。低盐舌在猫头水道从西北指向东南,具有一派落潮的趋势。大潮涨憩时的盐度在口门区接近28.00,湾内盐度普遍增高,猫头水道和满山水道的盐度介于26.00~27.00之间,蛇蟠水道的盐度也在25.00以上。高盐舌在满山水道从东南指向西北,呈现出一派涨潮的趋势。

小潮落憩时,湾内盐度普遍比大潮落憩时高,低盐舌在猫头水道比大潮落憩时更明显。小潮涨憩时,口门和湾内盐度比小潮落憩时略高,高盐水舌在满山水道以北从东南指向西北。根据大、小潮期间落急、落憩、涨急、涨憩四个时刻的盐度分布表明,湾内盐度明显低于湾口外,且水平方向的盐度梯度较大,呈大潮落潮时大于涨潮时。小潮期间,较大盐度梯度带位于口门附近,且湾外的高盐水总是楔入湾内低盐水之下。

(2) 夏季航次

根据盐度的大面分布分析表明:大、小潮落憩时,调查区域湾内等盐线呈现出落潮趋势;而涨憩时,等盐线的舌状分布与涨潮方向相反。三门湾盐度的平面分布与海湾的常规分布有所差异,这可能与三门湾多港汊、多深槽、多沙脊等特殊地貌形态、潮波变形以及初涨时潮水由石浦港进入三门湾,使湾顶涨潮时间较湾口早1~2 h有关。

大、小潮期间涨急、涨憩、落急和落憩时沿三门湾轴线(纵向)断面上的盐度分布表明:湾内盐度明显低于湾口,外海高盐水楔入湾内低盐水之下。大潮时,口门处(N02站)的水平盐度梯度较大。小潮涨急时,断面盐度值介于26.00~33.00之间,由于外海水的不断入侵,小潮涨憩时整个断面的盐度值最高,介于30.00~34.00之间。从小潮落急至落憩,在N10~N06站附近海域表层层化逐渐明显。小潮落憩时,由于径流的作用,外海水不断向外退缩,盐度与涨急时分布类似,介于25.61~33.67之间。

3.3.3.2.2 盐度的空间分布(2003年)

(1) 春季航次

1) 盐度平面分布

图3.3.7为春季三门湾海域大潮期内涨急、涨憩、落急、落憩时0.6H水层盐度的平面分布,由图可以看出以下盐度分布特点。

涨急时,三门湾口东北水域,包括珠门港和花岙岛西侧水域为盐度高值区,湾的西北部水域为盐度低值区。其高盐舌自N03站沿满山水道向NW向伸展,湾内各站的盐度普遍升高,与水温分布的低温水舌相配合,呈现一股低温高盐水向NW向输送的涨潮流趋势。涨憩时,湾内盐度分布与涨急时刻的情况基本相似,湾内各站的盐度普遍达到一个相对高值,高盐舌发展更明显。

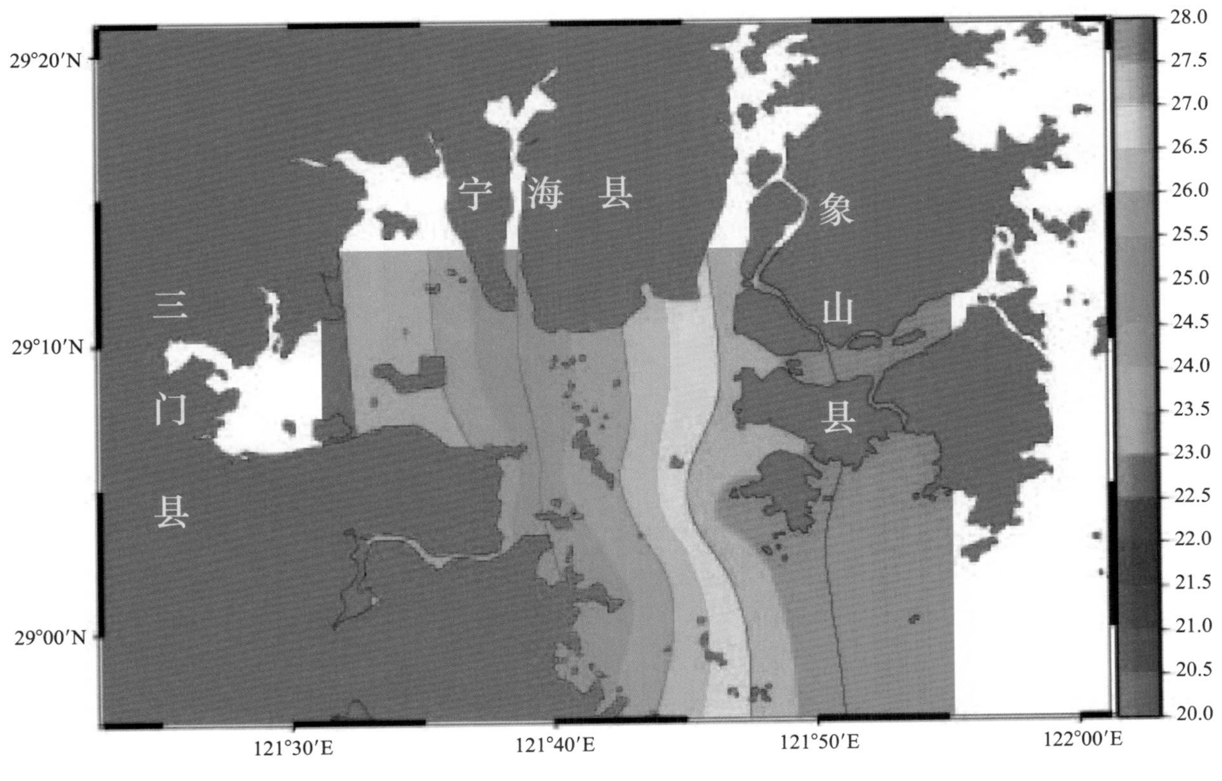

（a）大潮涨急

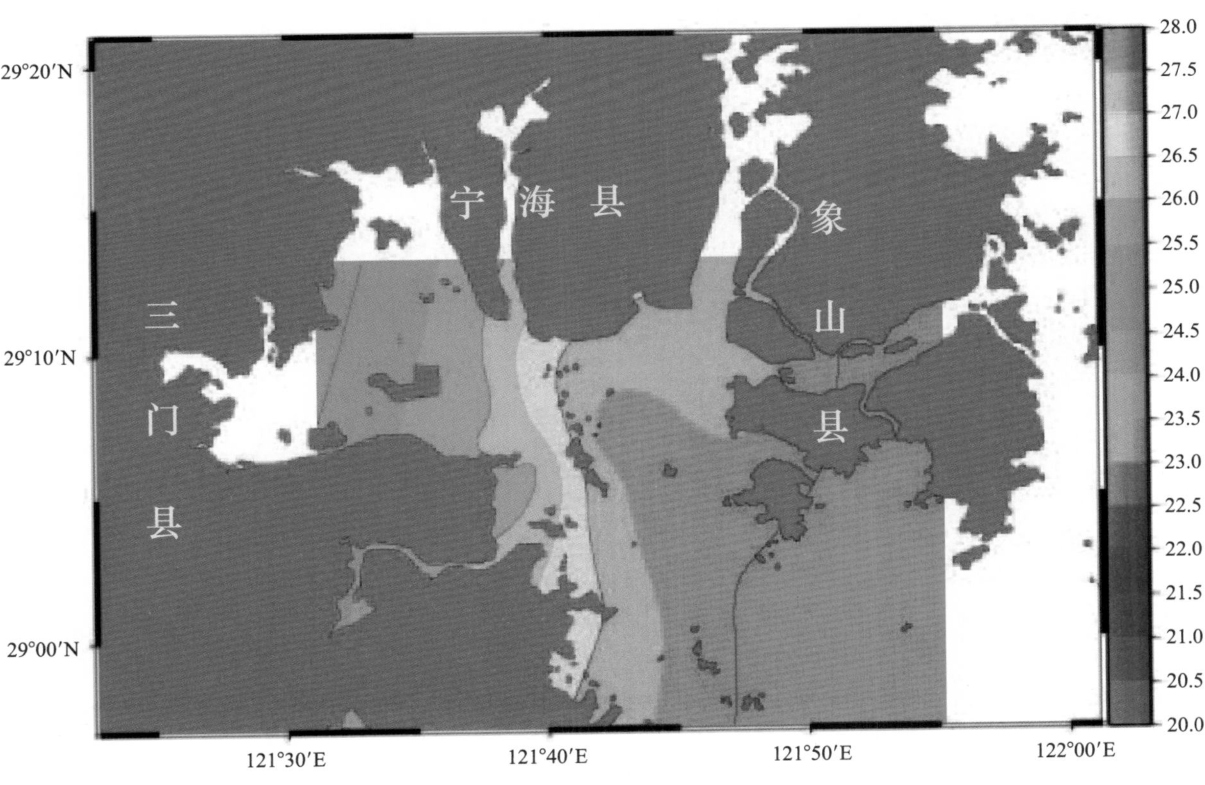

（b）大潮涨憩

图 3. 3. 7A　2003 年春季大潮涨急、涨憩时刻中层盐度平面分布图

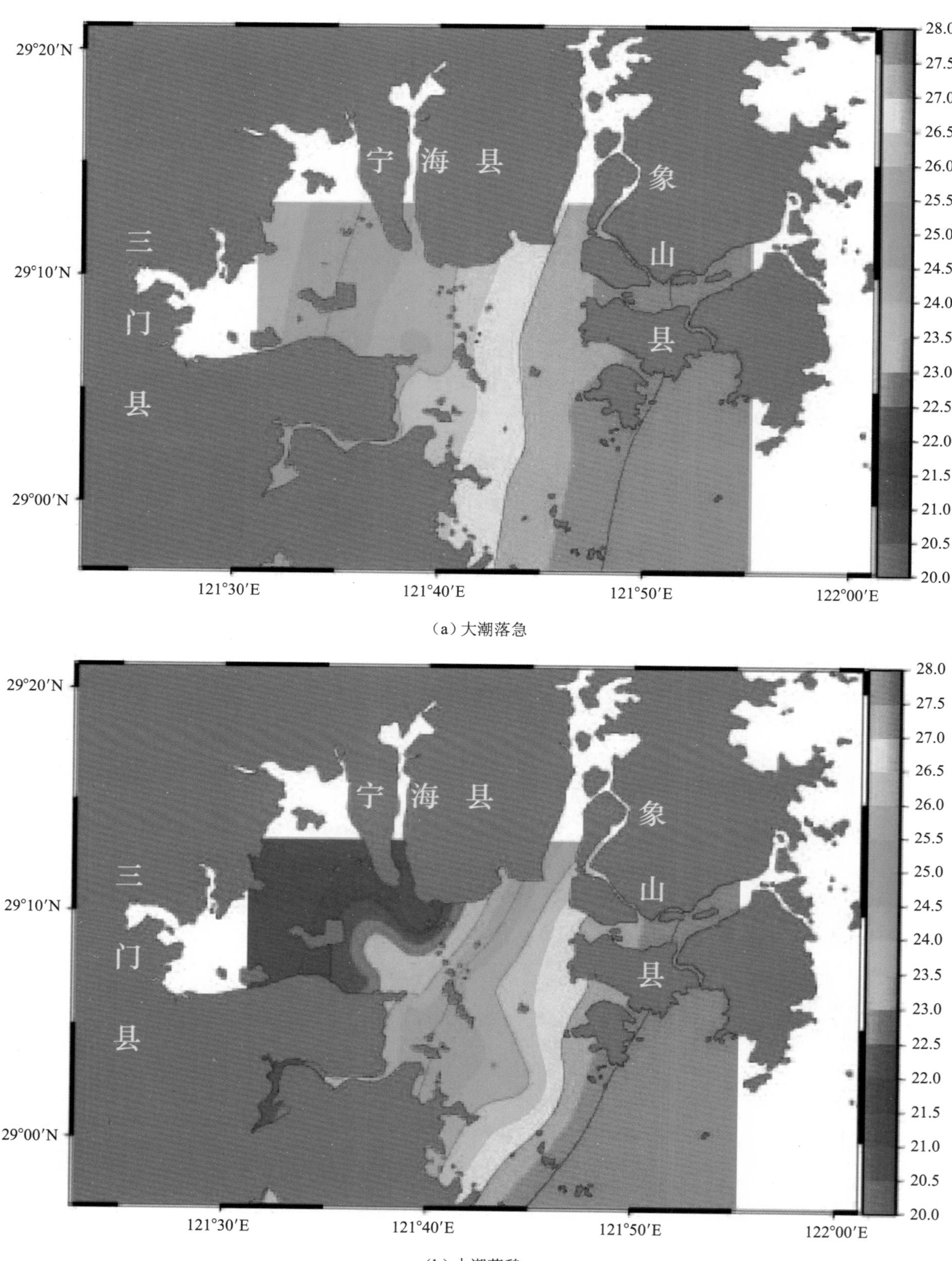

（a）大潮落急

（b）大潮落憩

图 3. 3. 7B　2003 年春季大潮落急、落憩时刻中层盐度平面分布图

此时,低温高盐水占据的范围也达到最大。落急时,蛇蟠水道一带的低盐水顺着猫头水道向东南方向扩展,形成一低盐舌,湾内各站的盐度普遍降低,低盐舌自N16站向SE方向伸展,呈现落潮流的态势。此时,低盐舌与水温分布中的高温水相配合。落憩时,其等盐度线的分布格局与落急时相似,不过此时低盐舌占据的范围达到最大,各测点的盐度普遍达到一相对低值。

由上分析表明:涨潮时,湾东侧满山水道的涨潮流势力相对占优势,高盐低温的外海水在此处入侵湾内的势力相对较强;落潮时,湾西侧猫头水道的落潮流势力相对占优势,低盐高温的沿岸水在此处向东南方向输送的势力相对较强。鉴于这种情况,三门湾东西两侧海水的温、盐度特征明显不同,即东侧低温高盐,西侧高温低盐。

表3.3.15 2003年春季潮周期内表、底层平均盐度特征值表

潮次	大潮			小潮		
要素	表层	底层	差值	表层	底层	差值
N01	26.53	26.65	−0.12	26.34	26.72	−0.38
N02	26.71	26.81	−0.10	26.98	27.78	−0.80
N03	27.31	27.49	−0.19	27.72	27.87	−0.15
N04	27.08	27.44	−0.35	27.91	27.90	0.02
N05	25.87	26.00	−0.12	26.29	26.88	−0.59
N06	25.24	25.37	−0.14	24.48	26.44	−1.96
N07	26.42	26.46	−0.04	26.16	27.14	−0.97
N09	27.24	26.99	0.25	26.86	26.91	−0.06
N10	24.33	24.37	−0.04	24.18	25.10	−1.82
N11	24.77	24.87	−0.10	24.90	25.92	−1.02
N12	24.71	24.77	−0.06	25.36	25.61	−0.26
N16	24.66	25.26	−0.60	24.44	26.38	−1.94
N17	25.15	25.22	−0.08	24.73	26.23	−1.50
N18	25.21	25.78	−0.57	25.76	26.28	−0.52

2)盐度的垂向分布

盐度的垂向变化不明显,表、底层盐度差在2之内;表层盐度略低于底层的盐度;小潮期间表、底层盐度的差值大于大潮,这是由于小潮的潮流强度弱,潮差小,潮混合作用较弱所致。

(2)秋季航次

1)盐度的平面分布

图3.3.8为秋季三门湾海域大潮期间涨急、涨憩、落急、落憩时刻中层(0.6H水层)盐度的平面分布,由图可见如下特点。

涨急时,三门湾口东北水域,包括珠门港和花岙岛西侧水域为盐度的低值区,湾的西北部水域为盐度高值区。其低盐舌自N03站向NW方向伸展,湾内各测点盐度普遍降低,与水温分布

的高温水舌相配合，呈现一股高温低盐水向NW方向输送的态势。涨憩时，湾内盐度分布与涨急时的情况基本相似，湾内绝大多数测点的盐度均达到相对的低值，低盐舌发展更明显。此时，高温低盐水占据的范围也达到最大。

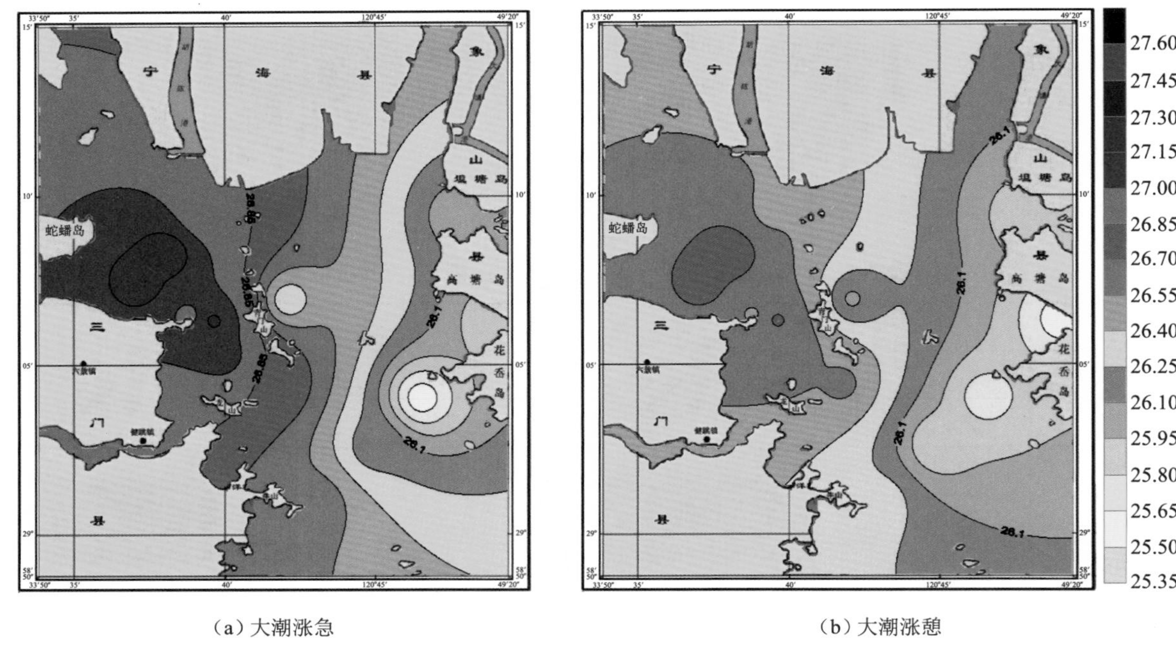

(a) 大潮涨急　　(b) 大潮涨憩

图 3. 3. 8A　2003 年秋季大潮涨急、涨憩时刻中层盐度平面分布图

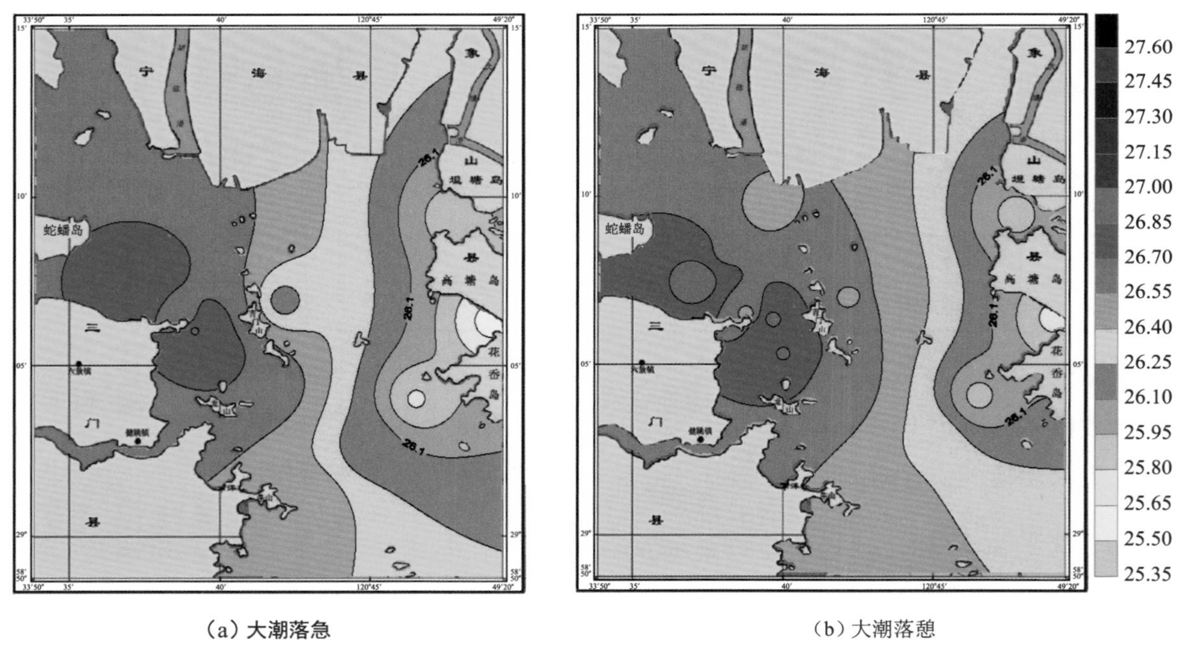

(a) 大潮落急　　(b) 大潮落憩

图 3. 3. 8B　2003 年秋季大潮落急、落憩时刻中层盐度平面分布图

落急时，蛇蟠水道及湾西侧一带的高盐水向西扩展，迫使原来的低盐舌向南退缩，湾内各测点盐度普遍升高。落憩时，其等盐度线分布格局与落急时相似，但此时低盐舌占据的范围达到最

小，绝大多数测点盐度达到相对的高值。

分析表明：涨潮时，高温低盐的外海水入侵湾内；落潮时，海湾西侧猫头水道的高盐低温的沿岸水向东南方向输送，这一特征恰好与春季相反。

2）盐度的垂向分布

表3.3.16为一个潮周期内表、底层平均盐度的特征值，用表、底层的盐度差来表征盐度的垂向分布特征。由表可见盐度的垂向变化极小，从平均情况看，表、底层盐度差在0.1之内；表层盐度略低于底层；小潮期间的表、底层盐度的差值略大于大潮，这由于小潮期间潮混合作用较弱所致。

表3.3.16　2003年秋季潮周期内表、底层平均盐度特征值表

潮次	大　潮			小　潮		
要素	表层	底层	差值	表层	底层	差值
N01	26.77	26.64	0.13	26.31	26.47	−0.15
N02	26.25	26.32	−0.06	25.95	26.29	−0.34
N03	25.48	25.75	−0.27	25.81	25.89	−0.07
N04	25.75	25.76	−0.01	25.69	25.68	0.01
N05	26.61	26.85	−0.24	26.49	26.67	−0.19
N06	27.00	27.16	−0.16	26.67	26.91	−0.24
N07	26.45	26.54	−0.09	26.22	26.40	−0.17
N09	25.91	26.08	−0.17	25.94	25.90	0.04
N10	27.17	27.22	−0.05	26.93	26.95	−0.02
N11	27.14	27.26	−0.12	26.75	26.71	0.05
N12	26.71	26.84	−0.13	26.48	26.58	−0.10
N16	27.21	27.24	−0.03	26.78	26.86	−0.09
N17	27.11	27.15	−0.04	26.80	26.80	0.00
N18	27.02	27.05	−0.02	26.70	26.78	−0.08
平均	26.61	26.70	−0.09	26.39	26.49	−0.10

3.3.3.2.3　盐度的空间分布(2013年)

(1)盐度的平面分布

三门湾冬季盐度平面分布呈现出湾口海域盐度较高，向湾顶海域沿程逐渐减小的趋势。图3.3.9为冬、夏两季三门湾海域大、小潮期间涨急、涨憩、落急、落憩时刻0.6H层的盐度分布图。由图可见，冬、夏两季盐度平面分布相近。

冬季，湾口断面大潮汛涨急、涨憩、落急、落憩时刻的平均盐度分别为25.81、25.77、25.65和25.46；夏季为32.55、32.09、31.61和30.82；均大于相应特征时刻的其他各站；在湾顶区域断面，涨急、涨憩、落急、落憩时刻的平均盐度，冬季分别为25.05、25.31、25.05与24.21；夏季

分别为29.16、30.26、29.31和26.41，小于相应特征时刻的其他各站。在三门湾中部的满山水道，其盐度一般大于猫头水道；而猫头水道，又略大于猫头山嘴附近水域。小潮时刻的盐度平面分布趋势与大潮相似。湾口断面南北方向上差别较大潮突出，位于珠门港水域的盐度最大，向南、北两侧盐度逐渐减小。

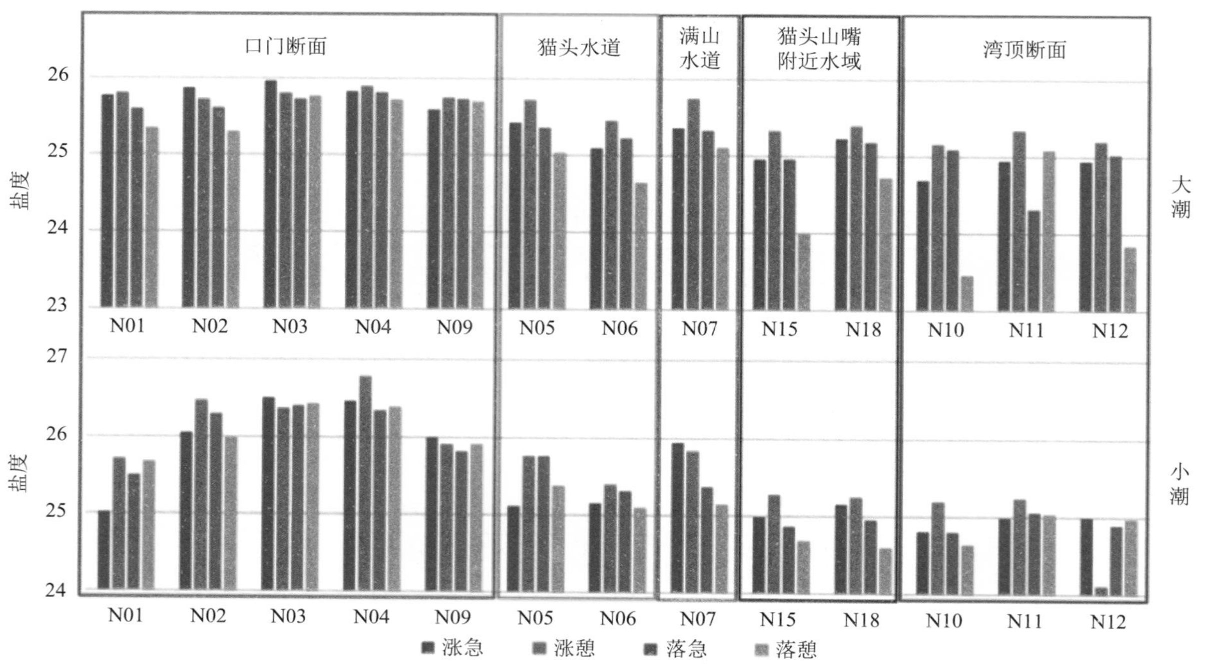

图3.3.9A　2013年冬季0.6H层盐度柱状图

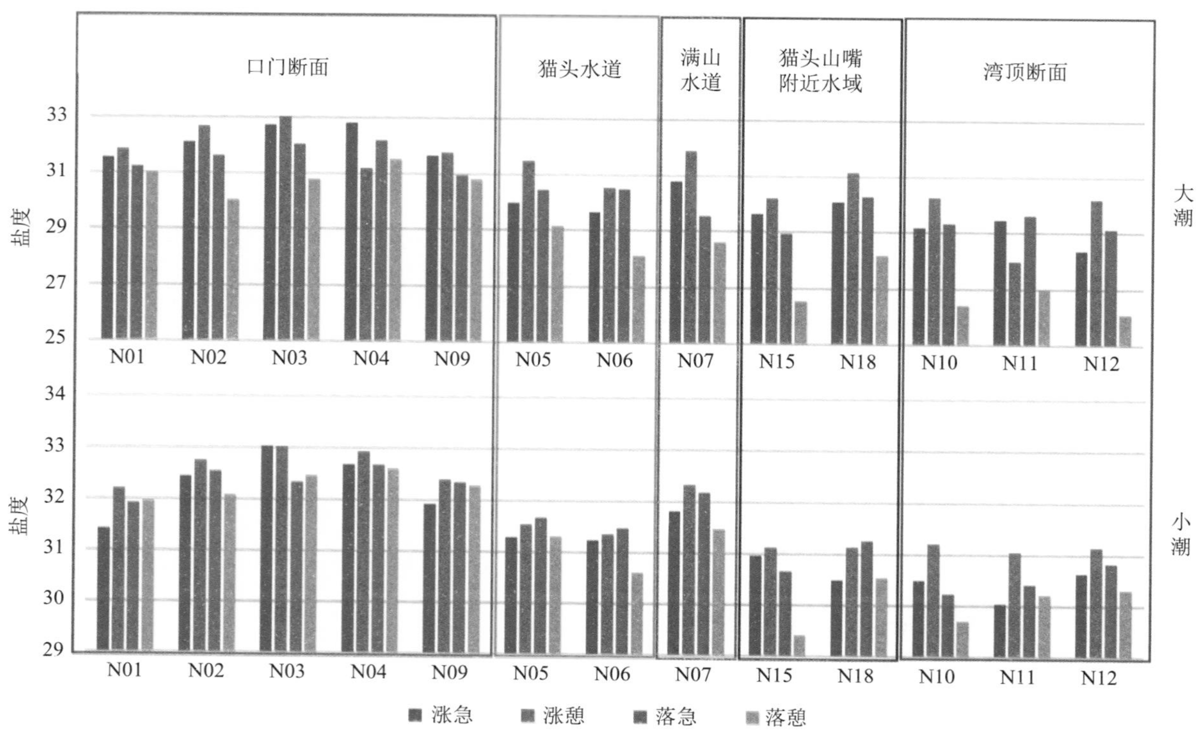

图3.3.9B　2013年夏季垂向平均盐度柱状图

（2）盐度的垂向分布

图3.3.10为各站大、小潮期间涨急、涨憩、落急、落憩时刻的盐度垂向分布图，由图可直观看出各站盐度在不同时刻的垂向分布状态。可见盐度的垂向变化不明显，冬季表、底层的盐度差在0.7之内，夏季表、底层的盐度差略大于冬季，但其差值也在1.3之内，表层盐度略低于底层盐度。

小潮期间的表、底层盐度的差值大于大潮，这是由于小潮期间潮混合作用较弱所致。冬季大潮期间，湾口区域的N01站涨急时刻表、底层的盐度差值最大，底层比表层大0.432；湾顶区域的N10站涨急时刻表、底层盐度差最小，底层仅比表层大0.001。冬季小潮期间，湾口区域的N02站落急时刻表、底层差值最大，底层大于表层0.652。

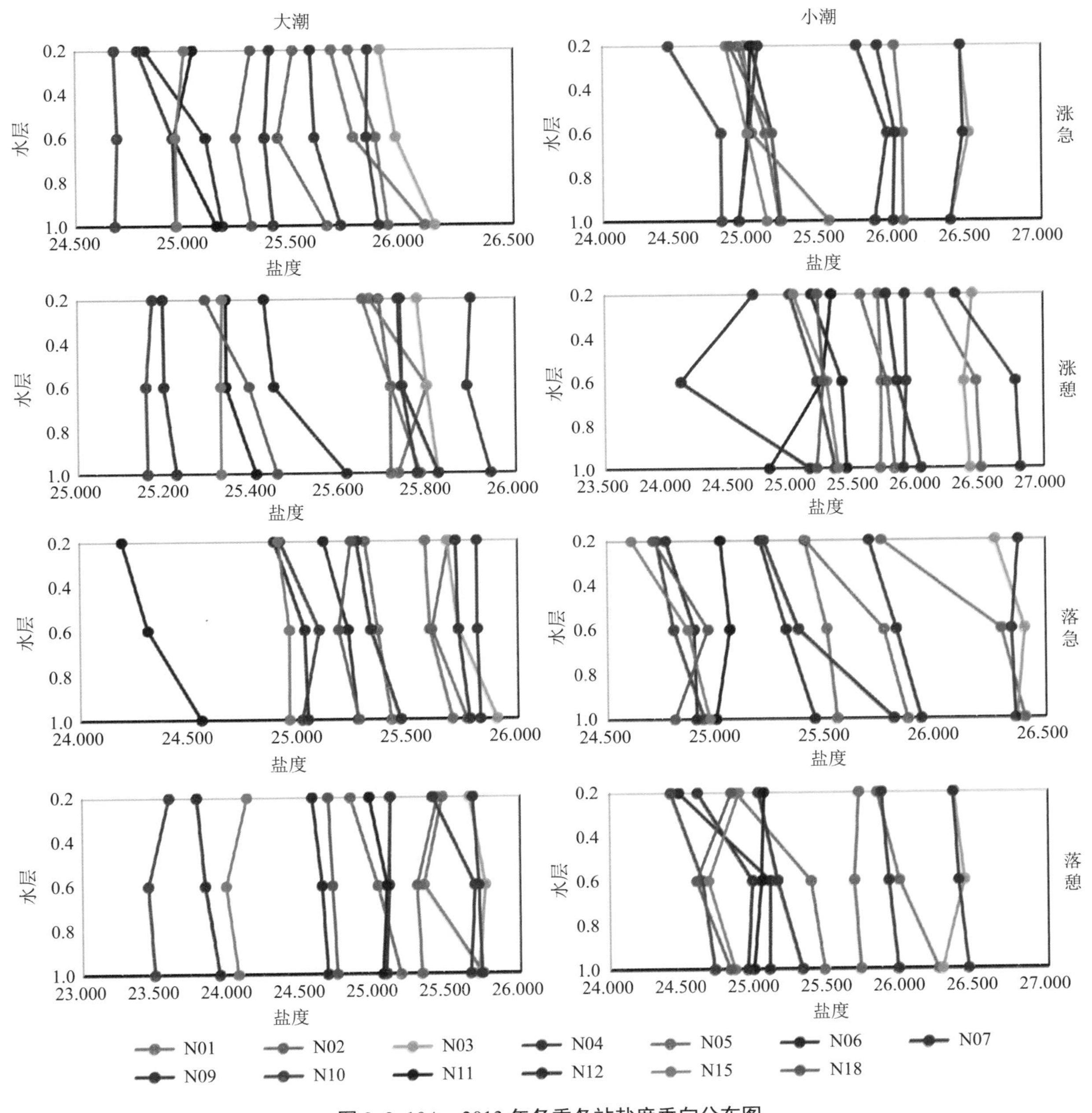

图3.3.10A 2013年冬季各站盐度垂向分布图

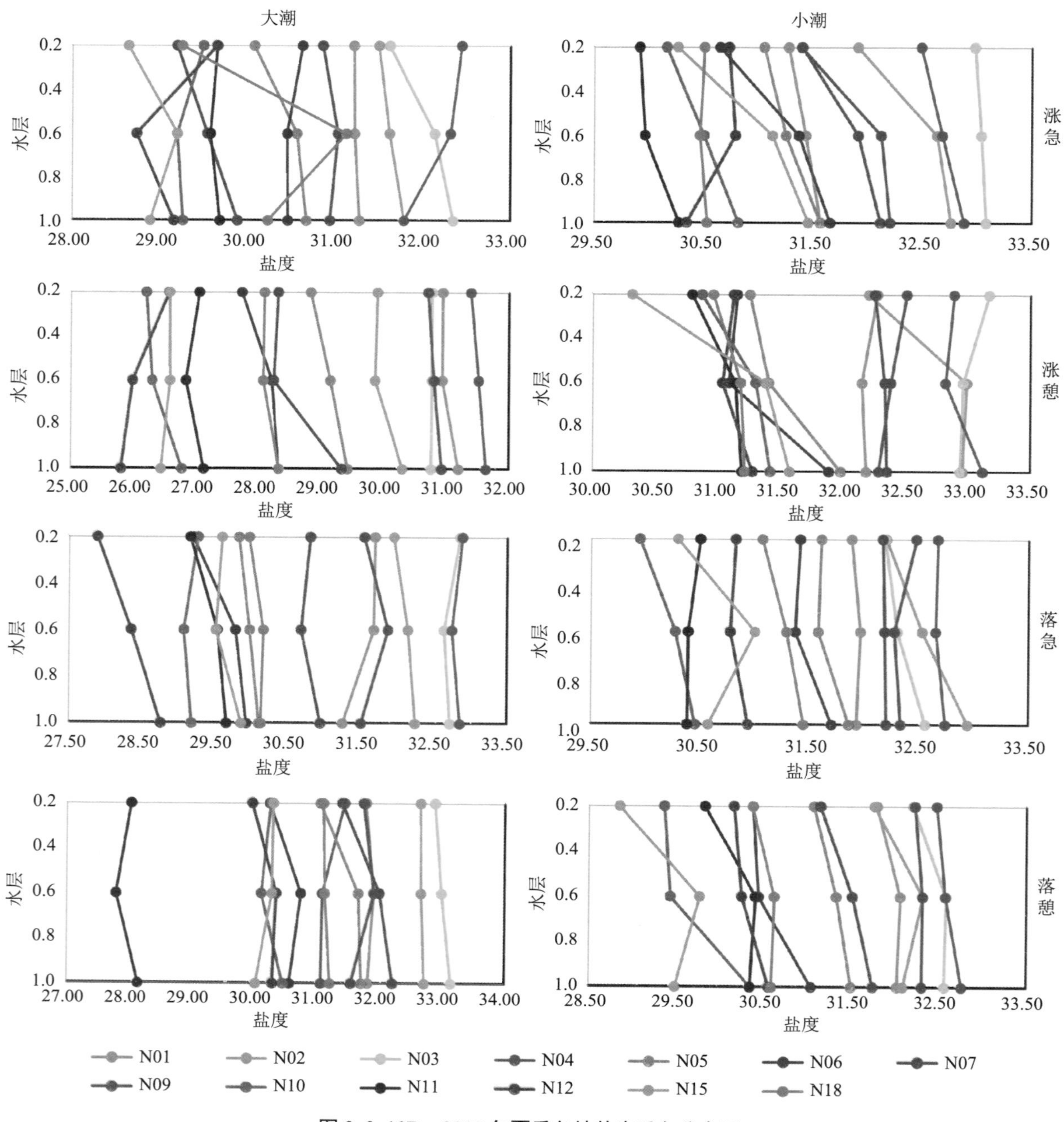

图 3. 3. 10B　2013 年夏季各站盐度垂向分布图

夏季大潮期间，N07 站落憩时刻表、底层的盐度差值最大，底层比表层大 1. 023；N03 站落憩时刻表、底层盐度差最小，表层仅比底层大 0. 003。夏季小潮时期，N15 站涨憩时刻表、底层差值最大，底层比表层大 1. 263；N18 站涨急时刻表、底层差值最小，底层仅比表层大 0. 024。

3.3.3.3　盐度的周日变化

3.3.3.3.1　1994 年盐度的周日变化

1994 年冬、夏两季调查期间平均盐度随潮汛变化不太明显。但盐度的日变化较为明显，日变化类似于潮位具有两高两低的变化趋势。大潮期间，盐度最大值出现在高潮憩流前后，最小值出现在低潮憩流前后。而在小潮期间，盐度日变化虽有起伏，但不如大潮明显。分析表明：三门湾海域，至少在冬季调查期间，径流并未对湾内海水盐度的分布和变化起到主导作用，而是湾外海水入侵扮演着极其重要的角色。

3.3.3.3.2　2003 年盐度的周日变化

（1）春季航次

三门湾海域盐度受潮流的影响，其周日变化与水温相似，呈双峰型，即在一个潮周日内，盐度值出现两高两低。由表 3. 3. 17 可知：出现盐度峰值的时间与涨憩相对应，出现盐度谷值的时间与落憩相对应，盐度的周日变化表现为，涨憩—落憩—涨憩—落憩对应于盐度的高—低—高—低。盐度的日变幅用涨憩与落憩时的盐度差表征，大潮期间盐度的日变幅大于小潮期盐度的日变幅。

表 3. 3. 17　2003 年春季不同流况下中层盐度特征值表

潮次	大　潮				小　潮			
流况	涨急	涨憩	落急	落憩	涨急	涨憩	落急	落憩
N01	26. 51	27. 17	26. 93	26. 26	26. 66	26. 47	26. 52	26. 58
N02	26. 38	27. 77	27. 11	25. 92	27. 72	27. 82	27. 38	27. 38
N03	27. 58	27. 76	27. 51	26. 95	27. 90	28. 03	27. 84	27. 65
N04	27. 34	27. 66	27. 51	27. 17	28. 10	27. 96	27. 87	27. 76
N05	25. 68	27. 09	26. 47	25. 18	26. 83	26. 48	26. 48	26. 36
N06	25. 14	26. 07	25. 60	24. 09	26. 10	26. 52	26. 25	25. 93
N07	25. 77	27. 59	26. 69	25. 67	27. 32	27. 47	26. 73	26. 35
N09	27. 30	27. 34	27. 53	27. 08	27. 65	27. 72	24. 50	27. 71
N10	24. 16	25. 97	25. 54	22. 48	25. 98	26. 27	25. 41	25. 25
N11	24. 59	25. 93	25. 59	23. 59	26. 09	26. 18	25. 68	25. 20
N12	25. 19	26. 72	25. 69	21. 39	25. 90	25. 84	25. 41	25. 56
N16	24. 59	25. 93	25. 59	23. 59	26. 45	26. 04	26. 06	25. 67
N17	24. 65	25. 94	25. 95	24. 45	25. 63	26. 01	26. 39	25. 51
N18	25. 39	26. 23	26. 17	24. 86	25. 66	26. 21	26. 64	25. 93

综上分析，我们可清楚地看到盐度的周日变化与潮、流之间的关系：盐度的周日变化类同于水温，呈双峰型，即盐度的两个峰值出现在高平和涨憩前后，两个谷值出现在低平和落憩前后。最大盐度变化出现在中潮位和涨急或落急前后。盐度变化的日振幅大小与潮况关系密切。大潮期盐度的日振幅大，而小潮期盐度的日振幅小。

(2)秋季航次

三门湾海域秋季盐度周日变化同样呈双峰型,即在一个潮周日内,盐度值出现两高两低。如表3.3.18可知:对于绝大多数的测站,出现盐度峰值的时间与落憩相对应,出现盐度谷值的时间与涨憩相对应,即在盐度周日变化中,涨憩—落憩—涨憩—落憩对应于盐度的低—高—低—高,其分布态势与春季相反。

表3.3.18　2003年秋季不同流况下中层盐度特征值表

潮次	大潮				小潮			
流况	涨急	涨憩	落急	落憩	涨急	涨憩	落急	落憩
N01	26.62	26.59	26.66	26.93	26.59	26.30	26.51	26.48
N02	26.18	25.43	26.440	26.97	26.46	25.81	26.16	26.38
N03	25.56	25.49	25.439	25.91	25.95	25.72	25.78	25.91
N04	25.81	25.62	25.60	25.95	25.73	25.59	25.60	25.77
N05	26.82	25.84	26.99	27.32	26.61	26.58	26.66	26.67
N06	27.19	26.73	27.19	27.36	26.95	26.72	26.75	26.90
N07	26.29	25.89	26.74	27.05	26.37	26.08	26.18	26.54
N09	26.02	25.96	25.83	26.29	25.88	25.88	25.88	25.92
N10	27.25	26.97	27.18	27.51	26.88	26.77	26.85	27.00
N11	27.27	27.03	27.33	27.32	26.87	26.83	26.77	26.68
N12	26.86	26.42	27.00	26.74	26.60	26.52	26.57	26.48
N16	26.96	27.05	27.17	27.37	26.60	26.52	26.57	26.48
N17	27.04	26.88	27.07	27.29	26.81	26.65	26.87	26.76
N18	27.05	26.67	27.14	27.18	26.82	26.65	26.80	26.87

从上面的分析中,我们可以清楚地看到盐度的周日变化与潮、流之间存在着如下的关系:即盐度的两个谷值出现在高平和涨憩前后,两个峰值出现在低平和落憩前后。最大盐度变化出现在中潮位(涨急或落急)前后。盐度变化的日振幅大小与潮况的关系为:大潮盐度的日振幅大,小潮盐度的日振幅小。

3.3.3.3.3　2013年盐度的周日变化

(1)盐度随潮汐变化

小潮期三门湾海域盐度普遍大于大潮期,但差值较小。冬季涨急时大、小潮的平均盐度分别为25.38和25.45,夏季涨急时大、小潮的平均盐度分别为30.61和31.42;冬季涨憩时分别为25.56和25.63,夏季涨憩时分别为31.09和31.85;冬季落急时分别为25.31和25.46,夏季落急时分别为30.45和31.58;冬季落憩时分别为24.91和25.36,夏季落憩时分别为28.78和31.15。冬季测量期间,N10站大、小潮期间落憩时刻的盐度差值最大,但其差值也仅有1.09,这可能与小潮期间有降雨，而大潮期间天气晴好有关，降雨使得小潮期各站的盐度略有减小，缩小了与大潮间的差值。夏季测量期间大、小潮盐度差值平均值为1.27，比冬季时盐度差值大得多，其中N12站大、小潮落憩时刻的盐度差值最大，为4.21。夏季测量期间天气晴好，且气温相当高，2013年夏季浙江省遭受了历史罕见的高温干旱天气，蒸发量大，气温引起的盐度变化也相对变大。

(2) 盐度的周日变化

如上所述，三门湾海域盐度受潮流的影响，周日变化呈双峰型，即在一个潮周日内，盐度值出现两高两低。由表3.3.19可知：出现盐度峰值的时间与涨憩相对应，出现盐度谷值的时间与落憩相对应，即在盐度的周日变化中，涨憩—落憩—涨憩—落憩对应于盐度的高—低—高—低。盐度的日变幅大潮期大于小潮期。

表3.3.19A 2013年冬季不同流况下垂线平均盐度特征值表

潮次	大潮				小潮			
流况	涨急	涨憩	落急	落憩	涨急	涨憩	落急	落憩
N01	25.84	25.74	25.62	25.50	25.16	25.70	25.48	25.70
N02	25.85	25.72	25.68	25.35	26.04	26.37	26.17	26.02
N03	25.99	25.80	25.77	25.72	26.45	26.40	26.35	26.36
N04	25.85	25.91	25.82	25.71	26.43	26.64	26.36	26.40
N05	25.51	25.78	25.36	25.02	25.09	25.71	25.69	25.25
N06	25.03	25.49	25.21	24.63	25.13	25.33	25.32	24.91
N07	25.38	25.76	25.35	25.10	25.86	25.86	25.45	25.16
N09	25.62	25.75	25.74	25.60	25.96	25.89	25.82	25.92
N10	24.68	25.16	25.02	23.51	24.70	25.17	24.82	24.59
N11	25.03	25.36	24.35	25.04	24.98	25.13	25.03	25.03
N12	24.90	25.21	24.99	23.85	25.00	24.59	24.86	24.85
N15	24.97	25.33	24.94	24.05	24.99	25.22	24.82	24.79
N18	25.27	25.38	25.23	24.72	25.09	25.21	24.89	24.73
平　均	25.38	25.56	25.31	24.91	25.45	25.63	25.46	25.36

由上文分析表明，盐度的周日变化与潮、流之间存在着如下关系：盐度的周日变化类同水温，呈双峰型，即盐度的两个峰值出现在高平和涨憩前后，两个谷值出现在低平和落憩前后。最大盐度变化出现在中潮位和涨急或落急前后。盐度变化的日振幅大小与潮况有密切的关系。大潮期盐度的日振幅大，小潮期盐度的日振幅小。

(3) 盐度的季节变化特征

夏季测量期间的盐度明显高于冬季。夏季各站平均盐度为30.86，冬季平均盐度为25.45，夏季高于冬季 5.41。这主要是由于冬季长江冲淡水顺岸南下，使得三门湾海域盐度偏低；而夏季台湾暖流势强，长江冲淡水转向，暖流带来了外海的高盐海水使得三门湾海域盐度升高。此外，2013 年夏季浙江遭受历史罕见的高温干旱天气，导致蒸发量大，盐度值比常年略有增大。

表 3.3.19B 2013 年夏季不同流况下垂线平均盐度特征值表

潮次	大潮				小潮			
流况	涨急	涨憩	落急	落憩	涨急	涨憩	落急	落憩
N01	31.55	31.84	31.24	31.01	31.43	32.20	31.93	31.97
N02	32.12	32.67	31.63	30.00	32.45	32.74	32.55	32.08
N03	32.73	33.00	32.04	30.77	33.03	33.01	32.34	32.46
N04	32.82	31.18	32.20	31.51	32.68	32.93	32.68	32.60
N05	29.96	31.48	30.45	29.13	31.29	31.53	31.67	31.30
N06	29.65	30.54	30.51	28.10	31.24	31.35	31.48	30.60
N07	30.80	31.88	29.54	28.59	31.82	32.32	32.18	31.47
N09	31.66	31.75	30.95	30.81	31.93	32.39	32.35	32.28
N10	29.16	30.26	29.31	26.41	30.49	31.21	30.23	29.68
N11	29.46	27.96	29.63	26.99	30.04	31.05	30.42	30.21
N12	28.33	30.21	29.14	26.11	30.64	31.13	30.84	30.31
N15	29.64	30.20	28.94	26.54	30.97	31.12	30.66	29.41
N18	30.09	31.14	30.30	28.15	30.50	31.13	31.27	30.53
平　均	30.61	31.09	30.45	28.78	31.42	31.85	31.58	31.15

3.3.3.4 资料的对比分析

(1) 测量时间

如前所述：在三门湾及其附近海域前后相隔 20 年共实施了 3 个年份，6 个航次(1994 年冬、夏两季，2003 年春、秋两季和 2013 年冬、夏两季)大规模水文泥沙测验和潮位同步观测。而 1994 年与 2013 年的测验时间均为冬、夏两季，观测月份相对而言也较接近，从而具备了可比性。据此，将 2013 年与 1994 年的冬、夏两季测量成果进行比较分析。

(2) 资料比较

1994 年夏季航次盐度最大值为 33.67(湾口区的 N26 站，小潮涨憩)，最小值为 23.54(湾顶区的 N10 站，大潮落憩)。冬季航次实测最高盐度 28.26(湾口区的 N25 站，小潮涨憩)，实测最低盐度为 22.23(N10 站，大潮落憩)。分析可见，三门湾海域 1994 年冬、夏两季盐度的地理分布均由湾顶区域向湾口门外递增，而垂向分布较均匀。

2013 年夏季盐度最高值为 33.2(湾口区的 N03 站，小潮涨憩)，最低值为 25.8 (湾顶区 N12 站，大潮落憩)；冬季盐度最高值为 26.81(湾口区 N04 站，小潮涨憩)，最低值为 23.45 (湾顶区的

N10 站，大潮落憩）。分析表明：三门湾海域 2013 年冬、夏两季盐度均由湾口区域向湾顶方向沿程递减，垂向分布较为均匀。

2013 年和 1994 年的盐度具有相似的分布特征，即盐度由湾口区域向湾顶方向沿程递减，垂向分布较为均匀，夏季盐度高于冬季。

由上比较分析表明：时隔 20 年（1994 年和 2013 年），冬、夏两季实测盐度量值相近，其分布特征和变化规律颇为一致，这也充分佐证了两次测验成果的精度。

3.4　波浪

海洋波动是海水运动的重要形式之一，从海面到海洋内部都存在着波动。波动的基本特点是，在各种外力作用下，水质点离开其平衡位置做周期性的运动，从而导致波形的传播[3-15]。因此，周期性、波动高度及波形传播等是海水波动的主要特征。海洋波动特征用波动要素来描述，最基本的波要素有：波峰、波谷、波高、波长、波周期、波速和波频[2-4]。

波浪是发生在海洋中的一种海水波动现象。这里阐述的波浪主要指由风产生的波动，其周期为 0. 5 s～25 s，波长为几十厘米到几百米，波高一般在几厘米至 20 m 范围，极大值达 30 m。波浪的空间尺度一般为几百千米至上千千米，时间尺度为几小时至几天[2-8]。

波浪包括风浪、涌浪和近岸浪。风浪系指在风的直接作用下产生的水面波动。当风浪离开风的作用区域（风区）后，在风力甚小或向无风海域传播的波浪称涌浪。风浪和涌浪在外形上存在明显的差异。风浪的特点：背风面较迎风面陡，两侧不对称，周期较小，波高和波长的大小参差不齐，波峰短，且波顶上常有破碎的浪花，此起彼伏，变化无常，似乎无规律可循。涌浪则不同，涌浪波面较为平缓，两侧对称，周期较大，波峰长，波顶上没有浪花，规律性显著。近岸浪是由外海的风浪或涌浪传播到海岸浅水海域，受地形影响而改变波动性质的波浪。随着海水深度变浅，波速和波长减小，致使波峰线转折，并逐渐和等深线平行，出现折射现象。由于能量集中，波高将增大，最后发生破碎。通过绕射，波浪可传入隐蔽的海域，在直壁或陡壁面前，波浪又产生反射。近岸浪的波峰前侧陡，后侧较平，波面随水深变浅而变得不对称，直到倒卷破碎[2-4]。

此外，在海洋上还经常遇到不同来源的波系，叠加而形成的波浪称为混合浪。风暴波浪和风暴潮，两者皆是由热带气旋和温带气旋或冷空气大风所引起，因而这两者可看作是一对孪生兄弟。风暴潮以其高水位在海岸带附近区域造成巨大灾难，而风暴波浪则以波形传播、波高袭击船舶、沿岸建筑物等方式造成巨大灾难，同时风暴波浪在岸边伴随风暴潮造成巨大灾难。一般而言，波高在 4～5 m 以上的波浪就容易造成恶性海难[3-16]。有记录以来，全球已有 100 多万艘船舶沉没于惊涛骇浪之中[3-17]。目前全世界的海难事故中，有 60%～80%是由大风和巨浪所致。

中国近海由波浪造成的海难事件，平均每年 70 次，死亡人数约为 500 人。据浙江、广东和海南三省防汛指挥部门统计，因台风浪沉损船只 3 408 艘，冲毁海堤 900 km，死亡 200 余人。

波浪传播到近岸，对岸边的冲击力是巨大的，时能激起几十米高的水柱。三门湾沿岸是受热带气旋影响较严重的区域，当受到台风以上强度的热带气旋影响时，常造成滔天巨浪。图 3. 4. 1 和图 3. 4. 2 是受 2015 年 09 号强台风“灿鸿”影响时浙江沿岸的巨浪照片。可见，波浪会给航海及沿岸建筑物等造成极大危害。因此，了解和掌握波浪的时空分布和变化规律极为重要。本篇采用三门湾西南沿岸猫头山嘴前沿三门核电海洋站 3.5 年的(1992 年 6 月～1995 年 12 月)实测波浪资料，阐述三门湾海域的波浪特征及其分布变化规律。

图 3.4.1　浙江省台州市应东码头巨浪照片(受 2015 年 09 号强台风“灿鸿”影响)

图 3.4.2　浙江省舟山市东极岛巨浪照片(受 2015 年 09 号强台风“灿鸿”影响)

3.4.1　资料概况

三门湾及其附近海域没有长序列的实测波浪资料，本书主要采用三门核电海洋站的实测波浪资料。测波点位于三门湾西南岸猫头山嘴前沿海域，地理坐标 29°06′N， 121°39′E，地理位置见图 3. 4. 3。采用 HAB-2 型岸用测波仪，海拔高度为 16. 0 m，测波浮标距离测波点水平距离 450 m，测点位于测波浮标 NNW 方向，测波浮标处水深为 17. 0 m，测波点开阔度为 270°[3-6]，所获实测波浪资料对分析研究三门湾海域的波浪状况具有良好的代表性。

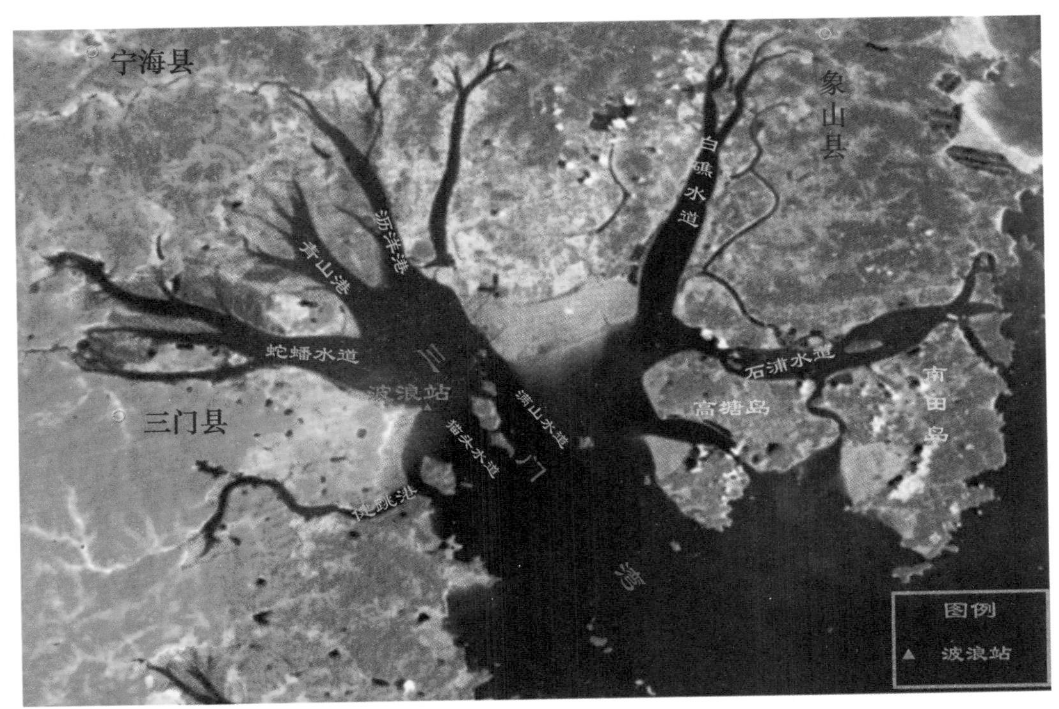

图 3. 4. 3 三门核电海洋水文站波浪测点位置示意图

本书利用 3 年半(1992 年 6 月～1995 年 12 月)的实测波浪资料，并以 1 月、4 月、7 月和 10 月分别作为三门湾海域波浪冬、春、夏、秋四季的代表月，分析阐述三门湾海域波浪的时空分布特征及其变化规律。

3.4.2 波浪基本特征

波浪观测站位于三门湾西南岸猫头山嘴前沿海域，三门湾内岛礁罗列，湾中部离猫头山嘴约 3 km 处有青门山、下万山、田湾岛和灶窝山等岛屿，岛屿两侧为猫头水道和满山水道；湾口由南田岛、高塘岛和花岙岛等诸多岛屿构成一道天然屏障。三门湾口青峙山至牛头山宽度约 22 km，到测站前沿猫头水道宽度仅为 3 km 左右。测波站邻近海域是一个近半封闭的水域，三门湾独特的自然环境使得外海的波浪较难传入湾内，当受到台风以上强度的热带气旋影响时，由东南方向传播而来的波浪由于受众多岬角、岛屿的阻挡和三门湾由宽变窄，能量消耗大，波能衰减快。湾内浪的生成主要是由风引起，常年几乎为小风区风浪。具有风吹浪起、风停浪息的波况特征。

3.4.2.1 波型

三门湾海域波浪类型主要为风浪和涌浪，观测时段全年各月的风浪和涌浪频率见表 3. 4. 1。

由表可见，风浪频率多年平均为83%，涌浪频率则为50%。实测波浪资料分析表明：三门湾邻近海域波浪以风浪为主。

波型的季节变化较小，冬、夏两季风浪和涌浪出现的频率相近，两季风浪频率介于87%～89%之间，涌浪频率介于47%～48%之间；春季风浪频率（80%）小于秋季（88%），而涌浪频率（46%）大于秋季（32%），如表3.4.1所示。

表3.4.1　全年各月风浪和涌浪频率表　（单位：%）

波型＼频率＼月份	1	2	3	4	5	6	7	8	9	10	11	12	全年
风浪	89	86	81	80	75	86	87	82	85	88	84	86	83
涌浪	47	32	47	46	42	76	48	43	31	32	54	55	50

3.4.2.2　波级

（1）波级

根据《海滨观测规范》波级查算表（表3.4.2），对全年各月出现的波高按波级查算表进行统计，统计结果如表3.4.3所示。由表可见，三门湾海域全年以有效波高≤0.5 m的波浪为主，波浪强度在0～2级之间的频率多年平均为87%，3级为13%，4级仅出现几次，频率小于1%。4级波浪频率虽低，但波高高，能量大，对水工建筑和海岸工程具有一定的破坏力。统计表明：三门湾海域波浪绝大多数以无浪、微浪和小浪为主。

表3.4.2　波级查算表

波级	波高/m	名称	波级	波高/m	名称
0	0	无浪	3	$0.5 \leqslant H_{1/3} < 1.25$ $0.5 \leqslant H_{1/10} < 1.5$	轻浪
1	$H_{1/3} < 0.1$ $H_{1/10} < 0.1$	微浪	4	$1.25 \leqslant H_{1/3} < 2.5$ $1.5 \leqslant H_{1/10} < 3.0$	中浪
2	$0.1 \leqslant H_{1/3} < 0.5$ $0.1 \leqslant H_{1/10} < 0.5$	小浪	5	$2.5 \leqslant H_{1/3} < 4.0$ $3.0 \leqslant H_{1/10} < 5.0$	大浪

（2）波级的季节变化

各级波浪频率的季节变化较大，春季以0～2级浪出现频率最高，为94%，3级浪频率仅7%；其次夏季0～2级浪出现频率为87%，3级浪频率为13%；而秋、冬两季0～2级浪出现频率均为77%，3级浪出现频率均为23%。分析可见，三门湾海域春、夏两季波浪较小，而秋、冬两季波浪相对略大。但需注意的是，如受到台风以上强度的热带气旋影响时，三门湾将会产生巨浪，对海工建筑物构成严重威胁。

表3.4.3 全年各月各级波浪频率表 （单位:%）

波级＼频率＼月份	1	2	3	4	5	6	7	8	9	10	11	12	全年
0～2级	77	90	90	94	93	97	87	87	87	77	84	73	87
3级	23	10	10	7	7	3	13	14	14	23	16	27	13
4级										1	1		<1

3.4.2.3 海况

海面状况（简称“海况”）是指海面在风的作用下波动的情况。海况等级是以肉眼所见海面状况而划分的，共分1～9级，分别称为无浪、微浪、小浪、中浪、大浪、巨浪、狂浪、狂涛、怒涛。

海况可从侧面反映波浪。三门湾海域海况总体较好，海面较为平稳，由表3.4.4可知，0～2级海况频率多年平均65%，3级海况频率多年平均23%，0～3级海况合计为88%，说明低海况（≤3级）占主导地位，表明三门湾海域全年基本处于无浪、微浪和小浪的状况。4级以上海况多年平均仅10%，6级海况多年平均小于1%。各级海况的年际变化不大，观测期间仅1993年出现3次7级海况，其余各年最高海况均为6级。低海况（≤3级）季节变化较小，高海况一般出现在秋、冬两季，春、夏两季较少出现，但如受台风以上强度的热带气旋影响时，将会出现高海况。

表3.4.4 全年各月各级海况频率表 （单位:%）

海况＼频率＼月份	1	2	3	4	5	6	7	8	9	10	11	12	全年
0～2级	54	67	71	80	64	80	65	58	67	60	70	54	65
3级	26	24	17	15	25	16	25	29	24	25	18	21	23
4级	16	8	10	5	11	4	10	9	8	12	9	15	10
5级	3	1	2	<1	<1		<1	4	3	3	2	4	2
6级								1		<1	2	1	<1

3.4.3 浪向分布及季节变化

3.4.3.1 风浪浪向分布及季节变化

（1）常浪向

根据3.5年（1992年6月～1995年12月）实测波浪资料统计表明：风浪全年有两组主导浪向，即偏南（ESE—SSE）向浪和偏北（NW—NNW）向浪，偏南向浪频率合计为35%；偏北向浪频率合计为33%，如表3.4.5和图3.4.4所示。表明三门湾海域全年的常浪向为偏南（ESE—SSE）向和偏北（NW—NNW）向。

表 3.4.5 多年四季各向风浪、涌浪、风频率和平均风速一览表

项目	方位	N	NNE	NE	ENE	E	ESE	SE	SSE	S	SSW	SW	WSW	W	WNW	NW	NNW	C
风浪（%）	春	4	4	3	5	4	6	26	10	3	2	1	1	1	3	7	6	22
	夏	2	3	4	8	5	12	42	9	6	4				2	4	5	14
	秋	6	5	4	5	2	4	9	2	1		1	1	6	6	19	30	8
	冬	6	2	3	1	1	2	4	5			1		3	6	29	32	11
	全年	4	3	3	3	3	7	21	7	2	1	1	1	3	4	16	17	13
涌浪（%）	春	3	2	2	11	2	4	9	15	2		3		1		2	2	51
	夏	2	2	3	13	11	7	12	12	2					1	2	1	52
	秋	3	5	5	7	2	1	4	2				3	5	4	6	6	64
	冬	6	4	2	1		2	4	3	1	1		1		2	14	19	54
	全年	2	3	2	6	6	3	7	7	1	1	1	1	1	1	6	7	52
风频率（%）	春	3	3	3	4	4	5	22	15	8	1	2	1	2	5	11	5	10
	夏	3	1	2	2	5	3	54	12	8	5	1		1	3	4	4	4
	秋	8	4	3	3	2	3	10	3	2				12	11	19	24	5
	冬	7	3	1	2	1	2	4	5	2	1	2		4	9	22	22	4
	全年	4	2	2	3	3	4	25	7	4	1	1	1	5	8	17	15	6
平均风速（m/s）	春	6.3	2.6	3.0	3.5	4.1	3.9	5.5	4.2	5.3	2.9	2.4	3.0	2.2	2.7	5.5	5.6	
	夏	2.6	3.2	2.0	3.9	2.5	3.8	7.2	5.2	4.4	5.2	2.0		1.0	3.2	2.7	3.9	
	秋	6.2	5.6	5.3	3.8	5.2	3.8	4.8	4.2	2.7				4.7	5.7	6.0	8.2	
	冬	6.9	5.7	2.0	3.2	2.4	1.8	5.3	3.2	2.5	4.0	2.0		3.7	5.0	6.6	9.1	
	全年	5.2	3.4	2.9	3.0	3.0	3.2	5.6	3.9	3.3	1.1	0.8	0.8	1.9	4.2	5.3	6.5	

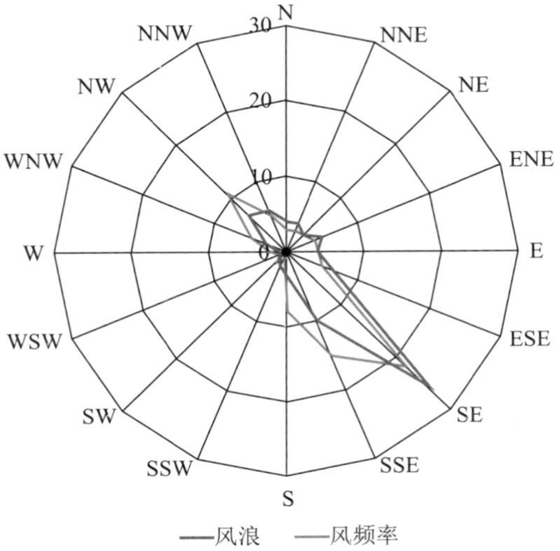

—风浪　—风频率

（a）春季：风和风浪频率

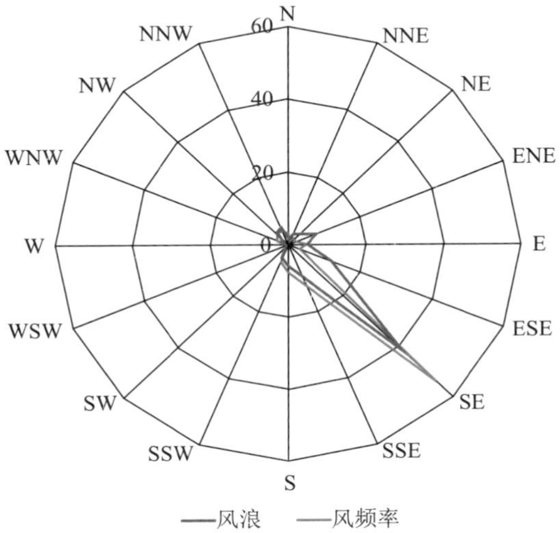

—风浪　—风频率

（b）夏季：风和风浪频率

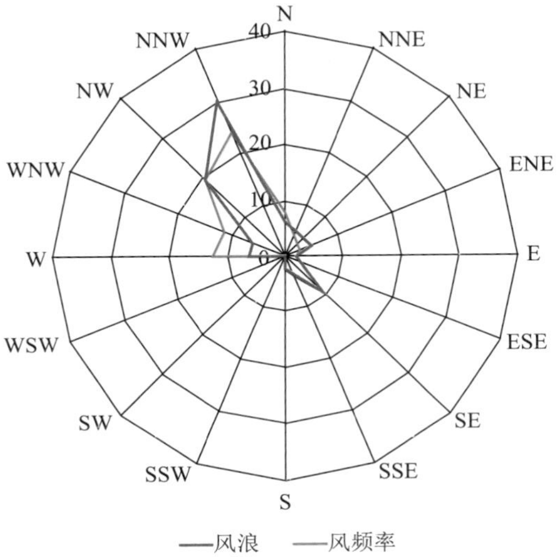

—风浪　—风频率

（c）秋季：风和风浪频率

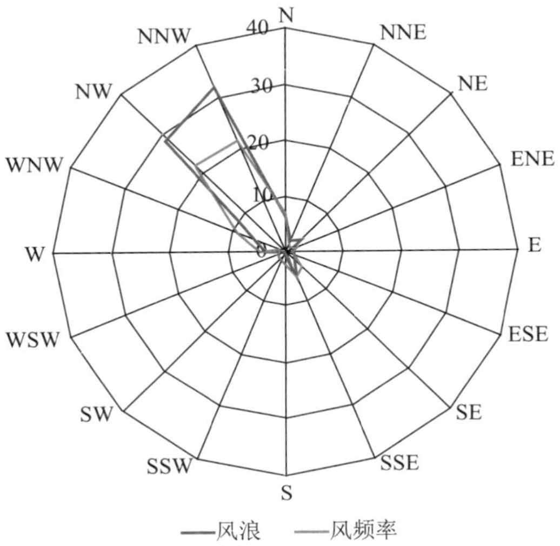

—风浪　—风频率

（d）冬季：风和风浪频率

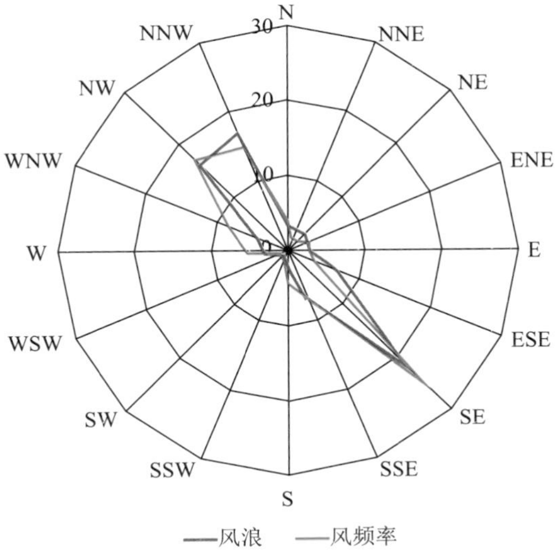

—风浪　—风频率

（e）全年：风和风浪频率

图 3.4.4　全年和四季各风向和风浪频率玫瑰图

（2）常浪向的季节变化

春、夏两季以偏南（ESE～SSE）向浪为主，其中春季偏南向浪频率为42%，夏季偏南向浪频率为63%；而秋、冬两季以偏北（NW～NNW）向浪为主，其中秋季偏北向浪频率为49%，冬季偏北向浪频率为61%（表3.4.5）。

（3）强浪向

波浪强度可用波高和周期两个主要特征量表征。由表3.4.6可见，平均周期（T）绝大多数介于2.0～3.0 s，小于2.0 s和大于3.0 s的不多，最大值4.3 s，出现在NNE向，最小值为0.3 s，出现在SSW向。表明三门湾海域长周期波浪出现较少，也印证了外海波浪难以传入湾内的特征。

1/10大波波高（$H_{1/10}$）方位分布与平均周期（T）方位分布颇为一致。偏西南（SSW、SW、WSW）向的波高（$H_{1/10}$）出现频率较小（表3.4.6）。与常浪向相对应，偏东南（ESE～SSE）向和偏西北（NW～N）向的$H_{1/10}$波高均要大于其他方位。因而偏东南向和偏西北向浪既是常浪向，又是强浪向。

（4）强浪向的季节变化

春季气候多变，强浪向不甚明显，夏季强浪向为偏南（ESE～S）向，秋、冬两季强浪向为偏西北（NW～N）向。

3.4.3.2 风向与浪向分布

三门湾位于亚热带季风气候区，风向主要表现为明显的季风特征，即夏半年盛行偏南（SE～SSE）风，冬半年以偏北（NW～NNW）风居多。其中春季偏南风频率为37%，夏季偏南风频率为66%（表3.4.5）；秋季偏北风频率43%，冬季偏北风频率44%。分析表明：常浪向和常风向分布相当吻合，说明三门湾海域的波浪以风浪为主，具有“风吹浪起，风停浪息”的基本特征，风向和浪向具有相似的季节变化规律。

3.4.3.3 涌浪浪向分布及季节变化

涌浪浪向分布：春、夏两季以偏东南（ENE～SSE）向的浪出现较多，其中春季5个方位的频率合计为41%，夏季频率合计为55%；秋、冬两季盛行偏北（NW～NNW）向浪，秋季两个方位的频率合计为12%，冬季两个方位的频率合计为33%，见表3.4.5和图3.4.5。

3.4.4 最大波高

（1）$H_{1/10}$波高

1/10大波波高（$H_{1/10}$）的多年月平均值介于0.1～0.5 m之间，最小值为0.1 m，出现在1994年的4月份，最大值0.5 m，出现在1994年10月。自1992年至1995年，月平均波高（$H_{1/10}$）0.1 m和0.5 m仅各出现一次，绝大多数介于0.2～0.3 m之间。$H_{1/10}$波高各月最大值介于

表 3.4.6　多年各向波高和周期分布表

项目	方位	N	NNE	NE	ENE	E	ESE	SE	SSE	S	SSW	SW	WSW	W	WNW	NW	NNW
T 平均值(s)	春	2.1	4.3	2.9	2.5	2.0	2.6	2.4	2.6	2.4		2.3		2.2	2.7	2.3	2.3
	夏	2.3	2.8	3.2	2.7	2.7	2.7	2.6	2.7	2.9	3.2				1.9	2.6	2.6
	秋	2.7	2.6	2.8	2.4	2.2	2.4	2.4	2.4	1.9		3.3	3.1	3.1	2.6	2.7	2.7
	冬	2.5	2.6	2.1	2.4	1.6	3.1	2.4	2.5	2.3	1.3		0.6	1.4	2.2	2.5	2.4
	全年	2.2	2.8	1.9	2.0	1.6	2.4	2.4	2.1	1.3	0.3	0.7	1.2	1.2	1.9	2.5	2.2
$H_{1/10}$ 平均值（m）	春	0.3	0.2	0.2	0.2	0.3	0.2	0.2	0.2	0.3		0.2		0.2	0.3	0.2	0.3
	夏	0.2	0.1	0.2	0.2	0.2	0.3	0.3	0.3	0.3	0.3				0.1	0.1	0.2
	秋	0.4	0.3	0.4	0.3	0.2	0.2	0.2	0.1	0.1		0.1	0.1	0.2	0.3	0.4	0.5
	冬	0.4	0.2	0.2	0.2	0.1	0.2	0.2	0.1	0.1	0.1		0.2	0.2	0.2	0.4	0.4
	全年	0.3	0.2	0.2	0.2	0.2	0.2	0.2	0.1	0.1		<0.1	0.1	0.2	0.2	0.3	0.3
H_{max} 平均值（m）	春	0.4	0.3	0.4	0.4	0.5	0.5	0.6	0.5	0.3		0.2		0.2	0.7	0.6	0.6
	夏	0.3	0.1	0.3	0.3	0.4	0.6	0.8	0.6	0.4	0.6				0.1	0.3	0.2
	秋	0.5	0.4	0.7	0.6	0.3	0.4	0.5	0.1	0.1		0.1	0.1	0.4	0.7	1.3	1.0
	冬	0.7	0.4	1.2	0.2	0.6	0.3	0.3	0.2	0.1	0.1		0.3	0.3	0.6	0.9	0.8
	全年	0.5	0.3	0.6	0.4	0.4	0.4	0.5	0.3	0.1		<0.1	0.1	0.2	0.5	0.8	0.9

0.4～2.4 m之间，最大值大多数为1.0 m左右，1/10大波波高($H_{1/10}$)最大值为2.4 m，出现在1994年10月11日。显然，三门湾海域波浪总体而言不大。

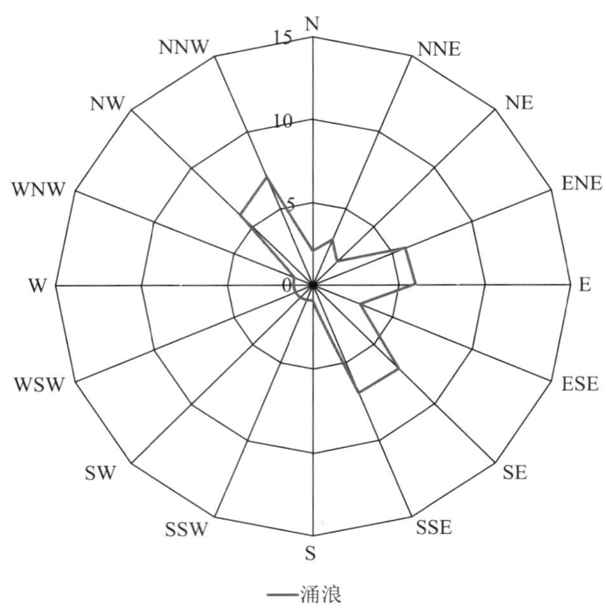

图3.4.5 全年各向涌浪频率玫瑰图

(2) 最大波高 H_{max}

最大波高 H_{max} 介于0.5～2.6 m之间，最大波高 H_{max} 极值为2.6 m，见表3.4.7。观测期间共出现两次，其中一次出现在1992年11月9日08时，波向为NNW，对应周期3.8 s，是受冷空气影响引起；另一次出现在1994年10月11日，对应周期5.7 s，受“9430号”台风影响所致。

表3.4.7 各月波高、周期变化与风的对应关系

月份		1	2	3	4	5	6	7	8	9	10	11	12	全年
风速(m/s)	平均	6.6	5.5	5.0	4.3	5.2	4.8	5.9	6.7	5.8	6.2	5.3	5.6	5.4
	最大	17	14	18	20	15	17	22	23	22	19	24	21	23
周期 T(s)	平均	2.4	2.2	2.4	2.2	2.4	2.7	2.2	2.4	2.4	2.7	2.5	2.3	2.4
	最大	4.7	5.0	5.0	5.1	4.5	6.1	5.7	5.2	5.2	5.7	6.1	5.4	5.7
$H_{1/10}$大波波高(m)	平均	0.3	0.2	0.2	0.2	0.2	0.2	0.3	0.3	0.3	0.3	0.3	0.3	0.3
	最大	1.0	0.8	1.2	1.1	1.2	0.7	0.8	1.0	1.0	2.4	2.2	1.0	2.4
最大波高(m)		1.2	1.0	1.3	1.1	1.4	0.9	1.1	1.4	1.2	2.6	2.6	1.6	2.6

(3) 热带气旋和冷空气影响下的波浪

在观测时段内，其中1992年、1993年和1995年3年未受到热带气旋的严重影响。但1992年11月9日受强冷空气的影响，在强大的偏北气流影响下，实测最大波高达2.6 m，波向NNW，

相应周期为 3.8 s。

1994 年，三门湾海域是受热带气旋影响较为频繁的一年。其中 7 月受“9406 号”台风影响，实测最大波高为 1.0 m，相应周期为 3.4 s；8 月受 9414 号台风影响时，实测最大波高为 1.1 m，相应周期 4.0 s；影响最大的是“9417 号”强台风，于 8 月 21 日 22 时在浙江省瑞安县梅头镇沿海登陆，登陆时近中心最大风速大于 45 m/s。温州机场实测最大风速达 55.0 m/s。9417 号强台风登陆时风力强、影响范围广、影响时间长。其中风力在 9 级以上的范围占浙江全省总面积的 1/2，从象山石浦到苍南沿海风力大于 12 级影响时间长达 10 h 以上。登陆时的风力之大、影响时间之长均属历史罕见。受其影响，本站实测最大波高为 1.4 m、相应周期为 4.3 s。这里需强调说明的是：由于“9417 号”强台风的极大风速出现在夜间，此时最大波高已难以观测（目测）到。因而，在极大风速作用下的海面，实际出现的波高比实测值要大。1994 年 10 月 11 日，受“9430 号”台风影响，实测最大波高达 2.6 m，相应周期为 5.7 s。1994 年受 4 次台风的外围影响，而未受正面袭击。如受超强台风正面袭击三门湾时，三门湾海域将会产生破坏性很大的巨浪。

（4）光学测波与遥控测波资料的对比分析

本站绝大多数波浪资料（连续 3 年半）均为光学测波资料，而遥控测波仪仅在 1994 年和 1995 年夏季进行，目的在于观测台风过程的波浪资料。因而于 1994 年的 8 月 27 日至 1994 年 10 月 31 日，采用国产的“949”型波浪仪观测，该波浪仪波感好，测得波高误差小，唯一的缺点就是无波向。遥控测波的观测时间为每天凌晨 2 时始，每隔 3 小时一次，白天与光学测波仪的测波时刻吻合。通过两种测波仪所测波高和周期的对比分析表明，两者吻合程度很好，非常相近。最可贵的是，1994 年的“9430 号”台风发生在 10 月，恰好使用“949”型遥控测波仪测得该台风过程的波浪资料，使得光学测波仪测得的波高极值得以验证，即 1994 年 10 月 11 日 08 时，光学测波仪测得最大波高为 2.6 m，同时遥控测波仪测得最大波高为 2.7 m，两者非常吻合。

3.5 海洋灾害

我国是世界上海洋灾害最严重、最频发的国家之一，而浙江沿海又是我国海洋灾害最严重、最频发的地区之一。海洋灾害主要包括风暴潮、海浪、海啸、海冰和海平面上升等，海洋灾害对沿海社会经济造成的损害，已成为制约沿海社会经济发展的重要因素。

3.5.1 海浪灾害

近岸海域有效波高大于等于 2.5 m，或近海海域有效波高大于等于 4 m 的海浪称为灾害性海浪[3-18]。

东海是我国近海热带气旋登陆频繁的海区之一，由热带气旋导致的异常严重海浪频率也较高。本书主要以“0414 号”强台风“云娜”和“0608 号”超强台风“桑美”所造成东海及邻近海域的异常严重海浪灾害作为两个实例进行分析[2-25;3-19]。

(1)“0414 号”强台风“云娜”特大海浪灾害分析

“0414 号”强台风“云娜”概况见 P53，强台风移动路径见图 3. 5. 1(a)。

1)“0414 号”“云娜”台风浪简况

强台风“云娜”影响东海期间，东海及邻近海域出现波高 9～10 m 和波高 10～12 m 的狂涛。强台风在温岭登陆时，浙江省外海波高为 8～10 m；强台风在浙江境内减弱为台风时，浙江外海波高为 6～9 m；当台风减弱为强热带风暴时，浙江外海仍维持波高为 6～8 m 的狂浪，直至强热带风暴减弱为热带风暴时，浙江外海波高仍为 6 m 的狂浪［图 3. 5. 1(b)、(c)］。“云娜”强台风影响期间，东海 9 号浮标(29. 5°N， 124. 0°E)实测最大有效波高为 8. 0 m，最大波高达 12. 0 m［图 3. 5. 1(d)］。大陈海洋站实测最大风速达 57. 8 m/s；南麂海洋站实测最大波高达 8. 5 m；浙江温岭至舟山沿岸近海出现波高为 4～6 m 的巨浪和狂浪。

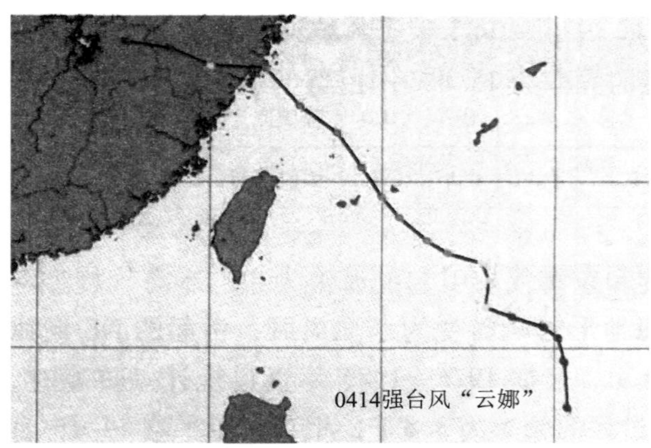

(a) 强台风移动路径

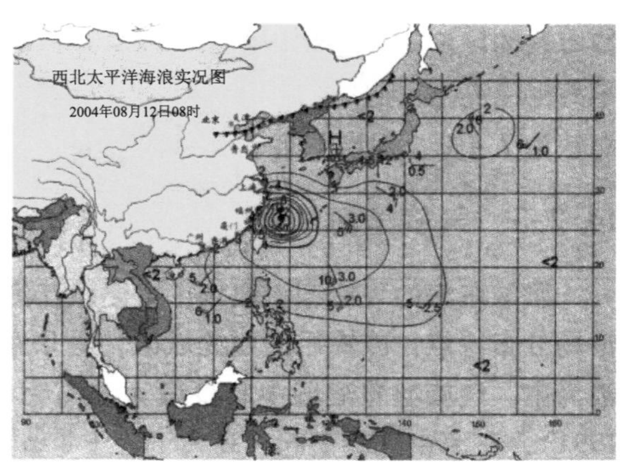

(b) 2004 年 8 月 12 日 08 时东海及邻近海域的波高分布

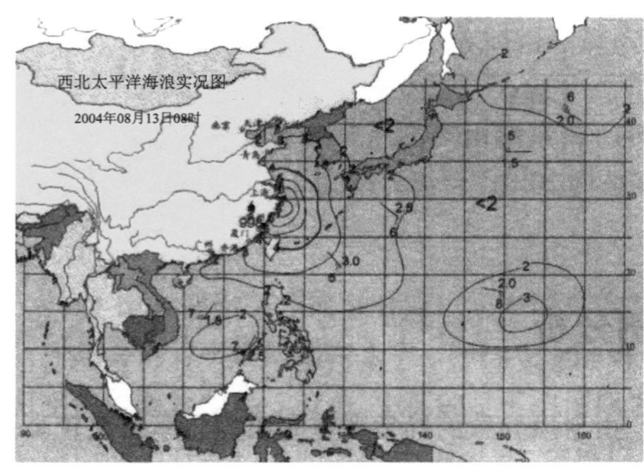

(c) 2004 年 8 月 13 日 08 时东海及邻近海域的波高分布

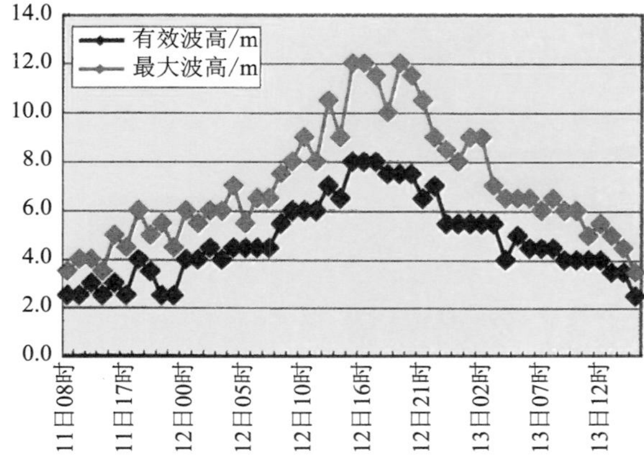

(d) 东海 9 号浮标(29. 5°N， 124. 0°E)实测波高过程曲线

图 3. 5. 1　0414 号“云娜”强台风造成的东海及邻近海域的海浪实况

2)“0414 号”“云娜”台风浪灾害特征

“云娜”台风浪主要表现为四大特点：

① 台风浪强度强：东海出现波高 10～12 m 的狂涛，东海 9 号浮标实测最大有效波高为 8. 0 m，最大波高达 12. 0 m。

② 台风浪持续时间长：波高 6～8 m 和 9～12 m 的狂浪和狂涛持续时间均较长，其中波高 6 m 的台风浪持续时间长达 5 d。

③ 台风浪引起 6～8 m 的狂浪影响范围大：从温州、台州至舟山整个浙江沿海都遭受巨大的经济损失和人员伤亡。

④ 强台风发生时间 8 月 8～13 日，为天文大潮期。

这都是造成浙江沿海地区发生特大海洋灾害的主要原因，“云娜”强台风造成的灾情见 P53。

(2) “0608 号” 超强台风 “桑美” 特大海浪灾害分析

2006 年 08 号超强台风“桑美”于 8 月 10 日 17 时 25 分在浙江省苍南县马站镇沿海登陆，登陆时中心气压为 920 hPa，近中心最大风速 60 m/s（17 级以上），浙江省苍南县霞关站实测最大风速达 68.0 m/s。“0608 号”超强台风“桑美”概况详见 P53、P54，超强台风移动路径见图 3.5.2(a)。

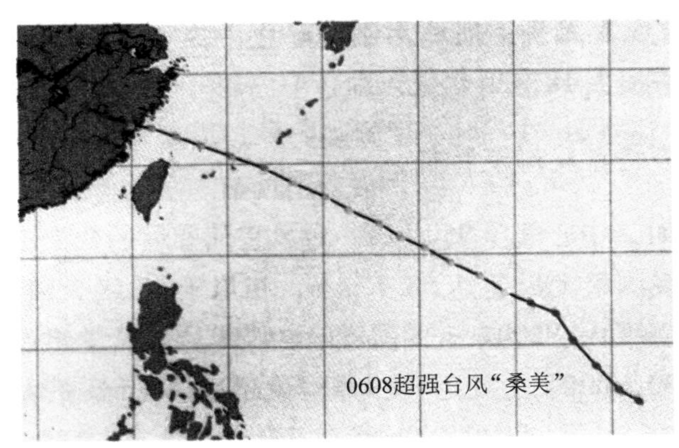

(a) 超强台风移动路径

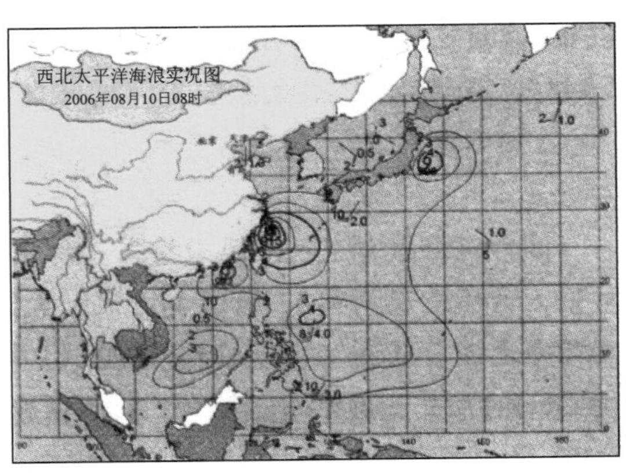

(b) 2006 年 8 月 10 日 08 时东海及邻近海域的波高分布

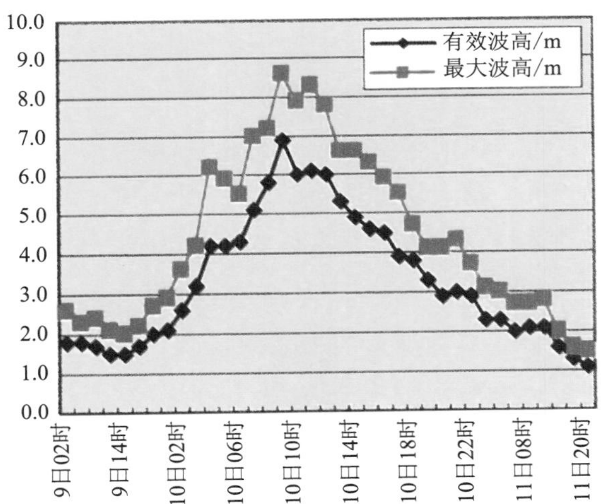

(c) 东海 18 号浮标(27.5°N，122.5°E)实测波高过程曲线

图 3.5.2 “0608 号”“桑美” 超强台风造成的东海及邻近海域的海浪实况

1)“0608 号”“桑美” 台风浪简况

0608 超强台风“桑美”在西北太平洋上生成时，中心附近海域出现波高 4～5 m 巨浪；7 日加强为台风时，中心附近海域出现波高 8～10 m 的狂浪和狂涛；9 日加强为强台风时，中心附近海

域出现波高 10～12 m 狂浪和狂涛；9～10 日“桑美”加强为超强台风阶段，超强台风中心所经过的海域均出现波高大于等于 14 m 的怒涛。10 日在浙江省苍南县登陆时，台湾海峡、东海南部仍维持波高 8～10 m 的狂涛。在福建境内减弱为台风时，台湾海峡、东海南部仍维持波高 6～9 m 的狂浪和狂涛。10 日在福建境内再度减弱为强热带风暴，台湾海峡、东海南部海区仍维持波高 5～7 m 的巨浪和狂浪。11 日在福建境内减弱为热带风暴时，台湾海峡、东海南部出现波高 4～5 m 的巨浪［图 3. 5. 2(b)］。0608 号超强台风“桑美”影响期间，东海 9 号浮标实测最大有效波高为 4. 5 m，最大波高为 6. 5 m；东海 18 号浮标(27. 5°N， 122. 5°E)实测最大有效波高为 6. 9 m，最大波高为 8. 6 m［图 3. 5. 2(c)］。南麂海洋站实测最大波高为 4. 4 m，温州海洋站实测最大波高为 5. 3 m。

2）0608 号“桑美”台风浪灾害天气形势特点

桑美”超强台风表现为四大特点：

① 强度极强：是近 50 年来登陆我国大陆的最强台风。台风登陆时实测最大风速达 68. 0 m/s，登陆后近 5 h 中心风力仍然维持在 13 级。

② 移动速度快：台风生成后平均移动速度为 20～30 km/h。

③ 破坏力大：造成的损失惨重。

④ 降水强度大，雨量集中：根据各类雨降水量分级标准：特大暴雨为 24 h 降水量≥250. 0 mm；12 h 降水量≥ 140. 0 mm。而“桑美”超强台风期间苍南县云岩站 2 h 内降雨量高达 246. 9 mm，如此降雨强度为历史罕见。

3.5.2 风暴潮灾害

风暴潮是自然界中的一种巨大的灾害现象。它是指由热带气旋、温带天气系统、海上飑线等风暴过境所伴随的强风和气压骤变而引起的局部海面振荡或非周期性异常升高(降低)现象。风暴潮叠加在天文潮之上，而周期为数秒或十几秒的风浪、涌浪又叠加在前二者之上，由前二者或前三者的结合引起的沿岸涨水造成的灾害，通称为风暴潮灾害[2-26]。

国际自然灾害防御和减灾协会主席 M. l. El-Sabh 于 1987 年时认为，风暴潮在世界自然灾害中居首位，甚至在人员死亡和破坏方面超过地震。他指出：“1875 年到 1987 年，全球范围直接和间接的风暴潮经济损失超过 1 000 亿美元，至少有 150 万人丧生；这些损失还不包括与风暴潮相关联的海岸和土地侵蚀的长期影响，死亡人数中的 90％以上是死于风暴潮，余下的不足 10％死于风的影响。绝大多数因热带气旋引起的特大自然灾害是由风暴潮引起的沿岸涨水造成的”。[3-20]

风暴潮灾害是我国最严重的海洋灾害，在西北太平洋沿岸国家中，登陆和影响我国沿海的台风频率最高，我国沿海遭受的台风风暴潮灾害最频繁也最为严重。而浙江沿海又是我国受风暴潮灾害影响最频繁、最严重的地区之一。因此，全面了解浙江沿岸的风暴潮灾害，对提高防灾减灾能力极为重要。

本篇主要依据《中国风暴潮灾害史料集》[3-20]，简述 60 年(1949～2009 年)以来浙江沿海风暴最大增水在 1. 0 m 以上且造成较为严重影响的风暴潮灾害。60 年来浙江沿海相对较为严重的风暴潮灾害约为58次，分述如下。

（1）4906 风暴潮灾害

“4906号”台风于1949年7月24日（农历六月廿九日）22时登陆浙江省舟山市普陀区沿海。登陆时台风近中心最大风力13级（40 m/s），中心气压968 hPa。25日4～5时又登陆上海市金山区至浙江省平湖市，登陆时台风近中心最大风力仍为13级，中心气压还是968 hPa。7月24～27日恰逢天文大潮，浙江、上海、江苏、山东和辽宁多个省、市遭受特大风暴潮灾害，因灾共死亡6 883人，其中浙江170人、上海1 670人、江苏4 556人、山东100人、辽宁387人。这是新中国诞生前我国沿海地区遭受的最严重的台风风暴潮灾害。

浙江的余姚、慈溪、舟山、嘉兴等11个县市受灾，2 111间房屋倒塌，受灾农田94.7×10^3 hm^2。

（2）5123 风暴潮灾害

“5123号”超强台风于1951年10月13日（农历九月十三日）进入东海海域并北向上行。13日20时近中心最大风速70 m/s，中心气压927 hPa。受其影响，浙江海门站最大增水1.06 m，最高潮位超过当地警戒水位0.32 m，温州站超过当地警戒水位0.14 m。未收集到沿海地区的灾情。

（3）5216 风暴潮灾害

“5216号”热带风暴于1952年9月1日（农历七月十三日）18时登陆福建省福清市沿海。登陆时台风近中心最大风力8级（20 m/s），中心气压为992 hPa。受其影响，江苏、浙江沿海2个潮位站最大增水超过1.0 m，其中温州站最大增水1.19 m，最高潮位超过当地警戒水位0.29 m。未收集到沿海区域的灾情。

（4）5310 风暴潮灾害

“5310号”超强台风于1953年8月17日（农历七月初八）02时登陆浙江省乐清市沿海。登陆时超强台风近中心最大风速55 m/s，中心气压为945 hPa。受其影响，浙江、上海、山东沿海有6个潮位站最大增水值超过1.0 m，浙江乍浦站增水最大，为1.76 m，其次是海门站最大增水为1.60 m。

浙江因灾死亡（含失踪）126人，除绍兴、湖州、嘉兴外，其他地区均遭受到不同程度的损失，共有68.7×10^3 hm^{2}农田受灾，0.7万多间房屋倒塌。

（5）5612 风暴潮灾害

“5612号”超强台风于1956年8月1日（农历六月廿六日）24时登陆浙江省象山县南庄沿海。登陆时超强台风近中心最大风速达65 m/s，最大风力超过17级，中心气压923 hPa，创1949年以来直至2006年的“0608号”超强台风“桑美”出现前登陆我国台风的最低气压。台风的6级风圈半径超过1 000 km，所经之处拔树倒房，严重摧毁了交通、通信设施。沿海因风暴潮破堤而海水倒灌，内地因山洪暴发而江河漫溢。超强台风引起从浙江到天津沿海大范围的风暴增水，实属罕见。台风范围大，强度强。从浙江到天津沿海有13个站最大增水超过1.0 m，6个站最大增水超过 2.0 m，浙江橄浦站增水最大，达 5.32 m， 4 个站的最高潮位超过当地警戒水位，其中橄浦站最高潮位超过当地警戒水位 0.45 m。

受其影响，各省、市因灾共死亡 4 948 人，其中浙江省死亡 4 925 人，直接经济损失 3.62 亿元。此次台风造成的死亡人数是新中国成立以来最多的一次，浙江省史称“八一”大台风，象山县人民政府于 2006 年 8 月 1 日立碑警示后人。

浙江全省有 75 个县(市)严重受灾，全省超过 4×10^5 hm^2 的农田受淹；71.5 万间房屋损毁；2 万余人受伤， 869 km 海塘江堤被冲毁；902 艘渔船沉没， 2 233 艘渔船损坏，两者占当时全省实有渔船总量的 1/3。最严重的是台风登陆点的象山县南庄区，海塘全线溃决，纵深 10 km 一片汪洋， 3 403 人死亡， 7 万多间房屋损毁。其中 80 km^2 的南庄平原全部被淹，平均水深在 1.0 m 以上，最深处达到 5.0 m，整个平原看不到一寸陆地，南庄区林海乡 2 432 人受淹而死， 241 户全家全部遇难， 1 161 人无家可归；象山港内无数避风渔船被海浪打沉。

(6) 5622 风暴潮灾害

5622 台风于 1956 年 9 月 3 日(农历七月廿九日) 11 时在台湾花莲登陆。登陆时台风近中心最大风力 12 级，中心气压 970 hPa；3 日 23 时又在福建省长乐市沿海登陆，登陆时台风近中心最大风速 38 m/s，中心气压为 976 hPa。受其影响福建、浙江、江苏和山东沿海有 8 个潮位站最大增水超过 1.0 m，其中温州站增水最大，为 1.92 m。6 个站的最高潮位超过当地警戒水位，其中福建沙埕站最高潮位超过当地警戒水位 0.70 m。

各省因灾共死亡(含失踪) 216 人，其中福建 52 人、浙江 87 人、江苏 77 人。浙江温州、台州、宁波、丽水、金华等地区 22 个县受灾，90.7×10^3 hm^2 农田受淹，300 余人受伤，3 万多间房屋倒塌；5 000 处水利工程、14 处水库受损。直接经济损失 0.725 亿元。

(7) 5822 风暴潮灾害

“5822 号”强台风于 1958 年 9 月 4 日(农历七月廿一日) 12～13 时在福建省福鼎市沿海登陆。登陆时强台风近中心最大风速为 45 m/s，中心气压 975 hPa。受其影响，福建、浙江、江苏沿海有 7 个潮位站最大增水超过 1.0 m，其中浙江鳌江站增水最大，达 2.39 m；2 个站的最高潮位超过当地警戒水位。

浙江因灾死亡(含失踪)105 人。温州、台州、宁波、舟山、嘉兴等地区遭受不同程度损失，共 1.09×10^5 hm^2 农田受灾， 2.63 万多间房屋倒塌。

(8) 5905 风暴潮灾害

“5905 号”台风于 1959 年 9 月 3 日(农历八月初一) 20 时在台湾花莲沿海登陆。登陆时台风近中心最大风力 12 级，中心气压 964 hPa。9 月 4 日 17 时再次登陆福建省连江县沿海，登陆时台风近中心最大风力 11 级，中心气压 992 hPa。受其影响，福建、浙江、山东沿海有 5 个潮位站最大增水超过 1.0 m，其中浙江温州站增水最大，为 1.88 m；9 个站的最高潮位超过当地警戒水位，温州站最高潮位超过当地警戒潮位 0.49 m。

福建、浙江两省因灾死亡（含失踪）149 人，其中福建死亡 14 人、浙江 135 人，受伤 206 人。浙江 2.24×10^5 hm^2 农田受淹，海塘江堤 300 多处损毁；1.4 万多间房屋倒塌，30 多万农户约 120 多万人被洪水围困。直接经济损失 2.12 亿元。

（9）5907 风暴潮灾害

"5907 号"超强台风于 1959 年 9 月 16～17 日（农历八月十三至十五日）在东海海域北上后转向东北行，16 日 8 时台风近中心最大风速达 75 m/s，中心气压为 922 hPa。受其影响，浙江、上海沿海 6 个潮位站最大增水超过 1.0 m，浙江龙湾站增水最大，为 1.30 m；4 个站的最高潮位超过当地警戒潮位（未收集到灾情）。

（10）6007 风暴潮灾害

"6007 号"台风于 1960 年 7 月 31 日（农历六月初八）21～22 时登陆台湾宜兰沿海。登陆时台风近中心最大风力 12 级，中心气压 940 hPa。之后 8 月 1 日再次登陆福建省连江县沿海，登陆时台风近中心最大风速 33 m/s，中心气压 980 hPa。受其影响，福建、浙江沿海有 3 个潮位站最大增水超过 1.0 m，其中温州站增水最大，为 1.93 m。

福建、浙江因灾死亡（含失踪）318 人，其中浙江死亡 309 人。浙江海塘多处损毁，大片农田受淹；1.1 万间房屋毁坏，32 600 户居民受灾，直接经济损失约为 186 万元。

（11）6008 风暴潮灾害

"6008 号"台风于 1960 年 8 月 8 日 9 时在台湾基隆沿海登陆，登陆时台风近中心最大风力为 12 级，中心气压为 965 hPa。之后于 8 月 9 日（农历六月十七日）再次登陆福建省漳浦县沿海，登陆时台风近中心最大风速 30 m/s，中心气压 980 hPa。受其影响，福建、浙江沿海有 8 个潮位站最大增水超过 1.0 m，福建白岩潭站增水最大，为 1.51 m。沿海 13 个站最高潮位超过当地警戒潮位，其中福建琯头站最高潮位超过当地警戒潮位 0.84 m。福建因灾伤亡 523 人；浙江永嘉县城受淹，积水深度达 1.82 m，6×10^3 hm^2 农田受淹。

（12）6126 风暴潮灾害

"6126 号"超强台风于 1961 年 10 月 4 日（农历八月廿五日）07～08 时登陆浙江三门沿海。登陆时超强台风近中心最大风速 55 m/s，中心气压 945 hPa。受其影响，浙江、上海和江苏沿海共有 10 个潮位站最大增水超过 1.0 m，浙江乍浦增水最大，为 1.86 m。镇海站最高潮位超过当地警戒潮位 0.01 m。

受其影响，沿海因灾共死亡（含失踪）605 人，其中上海 9 人、浙江 596 人，受伤 1 353 人。浙江受暴雨和风暴潮的共同影响，全省 333×10^3 hm^2 农田受灾，损失粮食数亿公斤；6 000 多处堤坝损毁；2 000 多个村庄被洪水包围；16.5 万间房屋倒塌；1 167 艘船只沉没，214 艘船只损坏。直接经济损失 4.79 亿元。

（13）6214 风暴潮灾害

“6214 号”台风于 1962 年 9 月 6 日（农历八月初八）03～04 时登陆福建莲江沿海。登陆时台风近中心最大风速 30 m/s，中心气压 978 hPa。受其影响，福建、浙江、上海、江苏沿海 14 个潮位站最大增水超过 1. 0 m，浙江温州增水最大，为 3. 53 m，龙湾站最大增水为 1. 46 m。浙江沿海 2 个站最高潮位超过当地警戒潮位，瑞安站最高潮位超过当地警戒潮位 0. 09 m。

受其影响沿海各省因灾死亡（含失踪）278 人，其中浙江 224 人、福建 54 人。浙江 6.85×10^5 hm^2 农田受灾，4. 1 万间房屋倒塌。直接经济损失 8. 2 亿元。

（14）6303 风暴潮灾害

“6303 号”台风 1963 年 6 月 19 日（农历四月十八）08 时近中心最大风速 35 m/s，中心气压 970 hPa。受其影响，浙江沿海有 2 个潮位站最大增水超过 1. 0 m，温州站最大增水为 1. 42 m，受陆域洪水的影响，坎门站最高潮位超过当地警戒 0. 25 m。（未收集到沿海地区灾情）

（15）6617 风暴潮灾害

“6617 号”台风于 1966 年 9 月 16 日（农历八月初二）08～ 09 时登陆台湾恒春沿海。登陆时台风近中心最大风速 35 m/s，中心气压 976 hPa。受其影响，浙江沿海 2 个站最大增水超过 1. 0 m，鳌江站最大增水为 1. 83 m。由于台风登陆时恰遇天文潮高潮位，导致福建、浙江两省沿海有 10 个潮位站超过当地警戒潮位。（未收集到沿海地区灾情）

（16）7123 风暴潮灾害

“7123 号”台风于 1971 年 9 月 22 日（农历八月初四）23 时登陆台湾宜兰沿海。登陆时台风近中心最大风力 12 级，中心气压 945 hPa；后于 23 日 13 时又登陆福建省连江县沿海，登陆时台风近中心最大风速 33 m/s，中心气压 970 hPa。受其影响，福建、浙江沿海 10 个站最大增水超过 1. 0 m，其中福建白岩潭站增水最大，达 2. 16 m；11 个潮位站超过当地警戒潮位。福建琯头站最高潮位超过当地警戒潮位 0. 75 m。

因灾死亡（含失踪）249 人，其中福建 216 人、浙江 24 人。浙江沿海农田受淹面积为 56×10^3 hm^2，1472 间房屋倒塌，直接经济损失 1. 07 亿元。

（17）7207 风暴潮灾害

“7207 号”台风于 1972 年 8 月 2 日（农历六月廿三日）02～03 时在浙江省平阳县沿海登陆。登陆时台风近中心最大风力 11 级，中心气压 990 hPa。受其影响，浙江沿海 3 个站最大增水超过 1. 0 m，其中鳌江站增水最大，达 1. 06 m。福建沿海有 2 个站超过当地警戒潮位，其中白岩潭站最高潮位超过当地警戒潮位 0. 21 m。（未收集到沿海地区灾情）

（18）7209 风暴潮灾害

“7209 号”强台风于 1972 年 8 月 17 日（农历七月十九日）15～16 时在浙江省平阳县沿海登陆。登陆时强台风近中心最大风速 45 m/s，中心气压为 955 hPa。受其影响，福建、浙江、上海沿海有 16 个站最大增水超过 1.0 m，其中浙江鳌江站增水最大，达 2.92 m。浙江沿海有 3 个站超过当地警戒潮位，鳌江站最高潮位超过当地警戒潮位 0.74 m。

浙江因灾死亡 79 人，受伤 269 人。防洪堤 5 000 余处损毁，1.62×10^5 hm^2 农田受淹，610 艘船只毁坏，3.87 万间房屋倒塌。

(19) 7413 风暴潮灾害

"7413 号"台风于 1974 年 8 月 20 日(农历七月初三) 00 时在浙江省三门县沿海登陆。登陆时台风近中心最大风速 35 m/s，中心气压 970 hPa。受其影响，浙江、上海和江苏沿海有 8 个站最大增水超过 1.0 m，其中浙江橄浦站增水最大，达 2.46 m；有 20 个站最高潮位超过当地警戒潮位，橄浦站最高潮位超过当地警戒潮位 1.15 m，16 个站的最高潮位超过当地警戒潮位 0.03 m。

各省、市因灾死亡(含失踪) 215 人，其中上海死亡 11 人、浙江 147 人，失踪 53 人。浙江钱塘江南岸一线海塘遭到严重破坏，江堤、海塘决口 2641 处，大片农田受淹，受淹农田 5.3×10^4 hm^2，受淹盐田 7.2×10^3 hm^2；撞毁和严重损毁的小渔船 2 340 艘，大量养殖的对虾、贻贝被冲走；2.26 万间房屋、455 座桥梁倒塌。浙江沿海直接经济损失为 6.13 亿元。

(20) 7504 风暴潮灾害

"7504 号"台风于 1975 年 8 月 12 日(农历七月初六)15 时在浙江省温岭市沿海登陆。登陆时台风近中心最大风速 40 m/s，中心气压为 970 hPa，登陆后西行。受其影响，浙江沿海 5 个站最大增水超过 1.0 m，其中海门站增水最大，达 1.82 m；浙江和福建沿海有 10 个站的最高潮位超过当地警戒潮位，其中浙江海门站最高潮位超过当地警戒潮位 0.39 m。

浙江因灾死亡(含失踪)179 人，受伤 301 人；台州、温州、丽水、金华等地区遭受不同程度的损失，137.7×10^3 hm^2 农田受淹；2.46 万间房屋倒塌；江堤、海塘多处被冲毁，冲毁长度 176 km；451 艘船只毁坏。直接经济损失为 4.07 亿元。

(21) 7617 风暴潮灾害

"7617 号"台风于 1976 年 9 月 11 日(农历八月十八日) 20 时登陆浙江，台风近中心最大风速 35 m/s，中心气压 960 hPa。受其影响，浙江、上海和江苏沿海有 6 个站最大增水超过 1.0 m，浙江海门站增水最大，达 1.18 m；浙江和福建沿海 2 个站的最高潮位超过当地警戒潮位，其中浙江海门站最高潮位超过当地警戒潮位 0.16 m。(未收集到受灾区灾情)

(22) 7708 风暴潮灾害

"7708 号"台风于 1977 年 9 月 11 日(农历七月廿八日) 07 时在上海崇明岛沿海登陆。登陆时台风近中心最大风速为 25 m/s，中心气压为 969 hPa。受台风和冷空气的共同影响，浙江、上海、江苏和山东沿海有 12 个站最大增水超过 1.0 m，5 个站最大增水超过 2.0 m，江苏吕四站增水最大，达 2.39 m。

各地因灾共死亡(含失踪) 107 人，其中上海 11 人、江苏 93 人、浙江 3 人，25 人受伤。浙江舟山 6.0×10^3 hm^2 农田受灾，损毁海塘 2.9 km，952 间民房、1 座水库倒塌；305 艘渔船损坏。

(23) 7910 风暴潮灾害

“7910 号”台风于 1979 年 8 月 24 日(农历七月初二)18 时在浙江省舟山市普陀登陆。登陆时台风近中心最大风速 25 m/s,中心气压 967 hPa。受台风和冷空气的共同影响,浙江、上海、江苏沿海有 16 个站最大增水超过 1.0 m,其中浙江橄浦站增水最大,达 1.95 m;福建、浙江和上海有 14 个站最高潮位超过当地警戒潮位,浙江乍浦站最高潮位超过当地警戒潮位 0.47 m。

沿海因灾共死亡(含失踪)56 人,其中浙江死亡 51 人,281 人受伤。多处海堤决口,1 600 处、长 147.7 km 的海堤损坏。海水倒灌,使舟山、宁波和台州三地区受灾严重。全省有 1.0×10^5 hm² 农田受灾;6.7 万间房屋倒塌;460 艘渔船和 32 座码头损毁。直接经济损失 4.25 亿元。

(24) 8114 风暴潮灾害

“8114 号”强台风于 1981 年 9 月 1 日(农历八月初四)靠近浙江、上海沿海后逐渐转向东北。9 月 1 日 02 时强台风近中心最大风速 45 m/s,中心气压 950 hPa。受其影响,浙江、上海、江苏和山东沿海有 19 个站最大增水超过 1.0 m,江苏燕尾站增水最大,达 2.43 m;沿海 21 个站最高潮位超过当地警戒潮位,其中上海吴淞站最高潮位超过当地警戒潮位 0.84 m。

沿海因灾共死亡(含失踪)63 人,其中上海死亡 8 人、浙江 42 人, 89 人受伤。2 198 处、长 307.3 km 的江堤、海塘决口, 397 处其他水利工程损坏;农田受淹面积 20.7×10^3 hm²;2.66 万间房屋倒塌, 1.22 万间房屋损坏;损坏船只 477 艘,冲坏桥梁 90 座。直接经济损失 0.3 亿元。

(25) 8310 风暴潮灾害

“8310 号”超强台风于 1983 年 9 月 24~27 日(农历八月十八至廿一日)沿台湾以东洋面和东海北上后转向东北方向移动。9 月 26 日 20 时超强台风近中心最大风速 55 m/s,中心气压 930 hPa。受台风和冷空气的共同影响,福建、浙江、上海、江苏和山东等沿海有 20 个站最大增水超过 1.0 m,浙江橄浦增水最大,达 2.16 m;沿海有 14 个站最高潮位超过当地警戒潮位,其中浙江坎门站最高潮位超过当地警戒潮位 0.86 m。

浙江因灾死亡(含失踪)58 人, 224 人受伤;全省 2.1×10^4 hm² 农田受淹;千余处海塘损毁,50 km 堤坝损毁;222 艘渔船损坏;5 785 t 原盐被冲走,4 800 间房屋倒塌。直接经济损失 1.0 亿元。

(26) 8506 风暴潮灾害

“8506 号”台风于 1985 年 7 月 30 日(农历六月十三日)23 时在浙江省玉环县沿海登陆。登陆时台风近中心最大风速 40 m/s,中心气压 965 hPa。受其影响,浙江沿海有 2 个站最大增水超过 1.0 m,坎门站增水最大,为 1.13 m;沿海有 4 个站最高潮位超过当地警戒潮位。

浙江因灾死亡(含失踪)213 人,1 524 人受伤;18.5×10^3 hm² 农田受淹;2.36 万间房屋倒塌;1 518 艘船只沉没;江堤、海塘冲毁 2 690 处,长为 272.5 km。直接经济损失 3.14 亿元。

(27) 8617 风暴潮灾害

“8617 号”强台风于 1986 年 9 月 19 日(农历八月十六日)11 时在台湾花莲沿海登陆,登陆

时强台风近中心最大风速45 m/s，中心气压946 hPa。受其影响，福建、浙江沿海有10个站最大增水超过1.0 m，其中福建琯头站增水最大，为1.31 m；沿海11个站最高潮位超过当地警戒潮位。琯头站最高潮位超过当地警戒潮位0.47 m。

浙江因灾死亡3人；全省133处堤防、海塘毁坏，长58.6 km；2.3×10^3 hm^2农田受灾；26座水闸损坏；1 082间房屋损坏；39艘渔船损毁。

(28) 8712风暴潮灾害

"8712号"台风于1987年9月10日（农历七月十八日）18时在福建省晋江市沿海登陆，登陆时台风近中心最大风速30 m/s，中心气压975 hPa。受其影响，福建、浙江沿海5个站最大增水超过1.0 m，浙江鳌江站增水最大，为1.52 m。受陆域洪水影响，沿海有16个站最高潮位超过当地警戒潮位，温州和鳌江两站最高潮位均超过当地警戒潮位0.40 m。

浙江因灾死亡（含失踪）74人，全省417 km江堤、海塘受损；5.01×10^5 hm^2农田受淹；496处水利设施损毁；4 730间房屋倒塌；13座桥梁损坏，受灾人口5.25万。直接经济损失5.39亿元。

(29) 8923风暴潮灾害

"8923号"台风于1989年9月15日（农历八月十六日）19～20时在浙江省温岭市沿海登陆，登陆时台风近中心最大风速35 m/s，中心气压975 hPa。受其影响，浙江、江苏沿海有6个站最大增水超过1.0 m，浙江海门站最大增水为1.67 m；由于8923号台风登陆时正值天文大潮，致使福建的闽江口至江苏的燕尾，有13个站最高潮位超过当地警戒潮位，浙江海门站最高潮位超过当地警戒潮位1.38 m。灾情请见P52：8923号台风。

(30) 9005风暴潮灾害

"9005号"台风于1990年6月23日（农历五月初一）13时在台湾花莲沿海登陆，登陆时台风近中心最大风速40 m/s，中心气压965 hPa；24日04时再次登陆福建省福鼎市沿海，登陆时台风近中心最大风速25 m/s，中心气压980 hPa。受其影响，浙江、江苏沿海有8个站最大增水超过1.0 m，浙江鳌江站增水最大，达2.04 m；沿海15个站最高潮位超过当地警戒潮位，浙江龙湾站最高潮位超过当地警戒潮位1.01 m。

沿海因灾共死亡（含失踪）43人，其中福建5人、浙江32人。浙江温州、台州、宁波和舟山部分地区共455万人受灾，8.8×10^4 hm^2农田受淹，4.9×10^4 hm^2农作物成灾；5 815间房屋倒塌，209 km江堤、海塘损坏；1 013艘船只损坏。直接经济损失4.6亿元。

(31) 9012风暴潮灾害

"9012号"强台风于1990年8月19日11时在台湾基隆沿海登陆，登陆时强台风近中心最大风速45 m/s，中心气压955 hPa；后于8月20日（农历七月初一）再次登陆福建省福清市沿海，登陆时台风近中心最大风速24 m/s，中心气压975 hPa。强台风登陆时正值天文大潮，受其影响，广东、福建、浙江沿海12个站最大增水超过1.0 m，浙江鳌江站增水最大，达2.38 m；沿海14个站最高潮位超过当地警戒潮位，福建白岩潭站最高潮位超过当地警戒潮位 0.54 m。

沿海因灾共死亡（含失踪）229 人，其中福建 121 人、浙江 108 人。浙江全省 66.1 km^2 农田受灾，5.07×10^4 hm^2 农田成灾；2.33 万间房屋倒塌；361 km 堤防被冲毁。直接经济损失 5.67 亿元。

（32）9015 风暴潮灾害

"9015 号"强台风于 1990 年 8 月 31 日（农历七月十二日）9～10 时登陆浙江省椒江沿海，登陆时强台风近中心最大风速为 45 m/s，中心气压 955 hPa。受其影响，浙江、江苏沿海 10 个站最大增水超过 1.0 m，海门站增水最大达 1.96 m，其次是健跳站，最大增水 1.95 m。沿海各站最高潮位均低于当地警戒潮位。

因灾共死亡（含失踪）195 人，其中江苏 106 人、浙江 89 人。浙江沿海 4.33 万间房屋倒塌；951 km 堤防被冲毁。直接经济损失 27.1 亿元。

（33）9018 风暴潮灾害

"9018 号"台风于 1990 年 9 月 7 日（农历七月十九日）21～22 时登陆台湾新港沿海，登陆时台风近中心最大风速 35 m/s，中心气压 970 hPa；之后于 8 日 16 时又登陆福建省晋江市沿海，登陆时台风近中心最大风速 25 m/s，中心气压 985 hPa。受冷空气和台风的共同影响，广东、福建、浙江沿海 13 个站最大增水超过 1.0 m，其中浙江温州站增水最大，达 2.43 m；沿海 16 个站最高潮位超过当地警戒潮位，福建的琯头站最高潮位超过当地警戒潮位 0.85 m。

沿海各省因灾死亡（含失踪）163 人，其中福建 110 人、浙江 53 人，240 人受伤。浙江温州、台州、宁波等地区遭受不同程度的损失，温州地区受灾最为严重。潮水沿江上溯，上游洪水下泄不及，造成温州地区洪水泛滥，平阳街心水深达 3 m。浙江全省 2.25×10^5 hm^2 农田受灾，1.19×10^5 hm^2 农作物成灾；1.18 万间房屋倒塌；1 146 km 江堤、海塘损坏。直接经济损失 14.2 亿元。

（34）9123 风暴潮灾害

"9123 号"超强台风于 1991 年 10 月 29 日（农历九月廿二日）在巴士海峡东转后向东北向移动，26 日 02 时超强台风近中心最大风速为 70 m/s，中心气压为 910 hPa。受冷空气和台风的共同影响，广东、福建、浙江沿海有 10 个站最大增水超过 1.0 m，其中浙江鳌江站增水最大，达 1.37 m；沿海有 8 个站最高潮位超过当地警戒潮位，福建东山站最高潮位超过当地警戒潮位 0.34 m。（未收集到受灾区灾情）

（35）9216 风暴潮灾害

"9216 号"台风于 1992 年 8 月 31 日（农历八月初四）06 时登陆福建省长乐市沿海，登陆时台风近中心最大风速 25 m/s，中心气压 978 hPa。9 月 1 日 14 时当台风中心位于江苏北部时，在高空遇高压坝阻挡，使黄渤海出现 8～9 级的偏北大风。受偏北大风和台风的共同影响，使福建、浙江至辽宁沿海 37 个站最大增水超过 1.0 m，5 个站最大增水超过 2.0 m，山东羊角沟站增水最大，达 3.04 m，温州站增水次之，为 2.55 m；同时受陆域洪水的影响，沿海有 38 个站最高潮位超过当地警戒潮位，鳌江站最高潮位超过当地警戒潮位 1. 1 m。温州、鳌江站最高潮位均创历史纪录。

在大海潮、巨浪共同影响下，沿海六省一市先后遭遇特大风暴潮灾害，其中受灾最严重的是浙江和山东。

沿海各省、市因灾死亡（含失踪）343 人，其中福建 13 人、浙江 157 人，300 余人受伤。浙江全省 11 个地市中有 58 个县受灾，1 032. 88 万人受灾，4.69×10^5 hm^2 农田受灾，2.79×10^5 hm^2 成灾；2. 92 万间房屋倒塌，546 km 江堤、海塘受损；由于海堤被毁，致使海水倒灌，沿海、沿江一片汪洋，温州市区以及永嘉、瑞安等 7 个县、市，台州地区临安市、椒江等城区进水，水深达 1. 2～2. 4 m；许多乡镇、村庄被潮水围困，大面积农田和虾塘等被淹，受淹时间近 48 h，沿海地区受淹时间长达 72 h。直接经济损失为 35. 2 亿元。

（36）9219 风暴潮灾害

“9219 号”台风于 1992 年 9 月 22 日（农历八月廿六日）12～13 时登陆台湾新港沿海，登陆时台风近中心最大风速 35 m/s，中心气压 975 hPa。23 日 06～07 时在浙江省平阳县再次登陆后北上，登陆时台风近中心最大风速 30 m/s，中心气压 980 hPa。受冷空气和台风的共同影响，使福建、浙江至山东沿海 9 个站最大增水超过 1. 0 m，浙江瑞安站最大增水为 1. 36 m。由于正值天文小潮，所以沿海各站最高潮位均未超过当地警戒潮位。

因灾死亡 55 人，其中浙江 53 人，全省 133. 8 万人受灾；3. 1 万间房屋倒塌；2.35×10^5 hm^2 农作物受灾，932 km 堤、塘受损。直接经济损失 37. 14 亿元。

（37）9417 风暴潮灾害

“9417 号”强台风于 1994 年 8 月 21 日（农历七月十五日）22～23 时在浙江省瑞安市沿海登陆，登陆时强台风近中心最大风速 45 m/s，中心气压 950 hPa。受其影响，福建、浙江、上海沿海有 19 个站最大增水超过 1. 0 m，浙江瑞安站增水最大，为 2. 94 m；沿海有 21 个站最高潮位超过当地警戒潮位，龙湾站最高潮位超过当地警戒潮位 1. 73 m。台风登陆期间正值天文大潮，风暴、大潮、巨浪并发，造成浙江沿海罕见的特大风暴灾害。

浙江因灾死亡 1 216 人，失踪 266 人，全省有 10 个地市的 48 个县遭到不同程度的损失，1 150 万人受灾，189 个城镇进水被淹，228 万人被海潮、洪水围困，5.0×10^4 hm^2 农田受淹，其中温州 4.2×10^4 hm^2、台州 8.1×10^3 hm^2；10 万余间房屋倒塌，86 万余间房屋损坏，520. 7 km 海塘损毁，3 421 处 243 km 堤塘决口；1 757 艘船只损坏，66 547 家企业停产，298 条公路中断，4 681 km 输电线路、2 397 km 通信线路损坏。温州沿海灾难惨重，温州市区沿瓯江一带平地水深达 1. 5～2. 5 m，位于瓯江口的七都岛、江心屿被潮水淹没，岛上水深 2. 0～3. 0 m，瑞安、乐清一带沿海潮水深达 1. 5～3. 0 m。全省直接经济损失 124. 4 亿元。

（38）9608 风暴潮灾害

“9608 号”强台风于 1996 年 7 月 31 日（农历六月十七日）22 时登陆台湾基隆沿海，登陆时强台风近中心最大风速 45 m/s，中心气压 950 hPa；8 月 1 日 10 时又登陆福建省福清市沿海，登陆时台风近中心最大风速 33 m/s，中心气压 970 hPa。福建、浙江、上海沿海有 20 个站最大增水超过 1. 0 m，有 2 个站最大增水超过 2. 0 m，福建梅花站最大增水达 2. 19 m；沿海有 23 个站最高潮位超过当地警戒潮位，浙江温州、鳌江，福建沙埕、三沙等 7 个站最高潮位超过当地警戒潮位 1. 0 m 以上。浙江坎门，福建沙埕、三沙、梅花、平潭等 8 个站的高潮位破历史纪录。

各省因灾死亡（含失踪）147 人，其中福建省 55 人、浙江 86 人。温州市受灾最为严重，299 个乡（镇）受灾，受灾人口 436. 55 万人；7. 36 万余间房屋倒塌；7.9×10^4 hm^2 农田受淹；141. 39 km 堤防损坏，冲毁桥梁 46 座，毁坏公路 500 km；直接经济损失 24 亿元；台州市 7 个县（市）受灾。浙江直接经济损失 33. 5 亿元。

（39）9620 风暴潮灾害

“9620 号”台风于 1996 年 9 月 28 日（农历九月廿二日）前后在台湾以东洋面北上，28 日 20 时近中心最大风速 40 m/s，中心气压 960 hPa。受冷空气和台风的共同影响，福建、浙江沿海有 9 个站最大增水超过 1. 0 m，浙江鳌江站增水最大，达 1. 87 m；沿海有 19 个站最高潮位超过当地警戒潮位，其中福建琯头站和鳌江站分别超过当地警戒潮位 0. 71 m 和 0. 70 m。（未收集到沿海地区灾情资料）

（40）9711 风暴潮灾害

“9711 号”台风于 1997 年 8 月 18 日（农历七月十六日）21～22 时在浙江省温岭市石塘镇沿海登陆，登陆时台风近中心最大风速 40 m/s，中心气压 955 hPa。受其影响，从福建到辽宁的 6 省 2 市均先后遭遇到特大风暴潮灾害。沿海共有 36 个站最大增水超过 1. 0 m，有 13 个站最大增水超过 2. 0 m，浙江澉浦站增水最大，达 3. 43 m，38 个站最高潮位超过当地警戒潮位，浙江海门站最高潮位超过当地警戒潮位 1. 90 m，最高潮位超过当地警戒潮位 1. 0 m 的还有 8 个站（浙江有乍浦、澉浦、健跳、坎门 4 个站），有 9 个站潮位值突破历史记录，浙江有健跳、海门、乍浦、镇海、定海 5 个站；经计算，健跳站和海门站潮位极值重现期为千年一遇，两站最高潮位超过历史极值 1. 0 m 左右。

各省、市因灾死亡（含失踪）444 人，其中浙江 236 人、上海 7 人、江苏 42 人、山东 159 人。直接经济损失高达 274. 1 亿元。浙江详细灾情见 9711 号台风（P53）。

（41）0012 风暴潮灾害

“0012 号”台风于 2000 年 8 月 30 日（农历八月初二）20 时在浙江省舟山市沿海登陆，登陆时台风近中心最大风速 35 m/s，中心气压 965 hPa。受冷空气和台风的共同影响，福建、浙江、上海、山东沿海有 13 个站最大增水超过 1. 0 m，其中上海黄浦公园站增水最大，为 1. 87 m；沿海 31 个站最高潮位超过当地警戒潮位，上海有吴淞、高桥和黄浦公园站最高潮位分别超过当地警戒潮位 1. 07 m、1. 03 m、1. 15 m，均为有记录以来的第二高潮位。

各省、市因灾死亡（含失踪）36 人，其中浙江 21 人。全省有 15 个县（市、区）的 122 个乡镇受灾，受灾人口达 120. 6 万；23.7×10^3 hm^2 农田受灾；1 100 余间房屋倒塌；海塘受损 240 处（长 123. 6 km），1 119 处决口（长 7. 3 km）；136 座水闸损坏，30 余座码头受损。直接经济损失 11. 56 亿元。

(42) 0121 风暴潮灾害

“0121 号”台风于 2001 年 10 月 16 日(农历八月三十一) 08 时进入东海东部,台风近中心最大风速 40 m/s,中心气压 965 hPa。受冷空气和台风的共同影响,福建、浙江、江苏沿海有 5 个站最大增水超过 1.0 m,其中浙江鳌江站增水最大,为 1.83 m;沿海有 19 个站最高潮位超过当地警戒潮位,鳌江站最高潮位超过当地警戒潮位 1.1 m。(未收集到沿海地区灾情资料)

(43) 0205 风暴潮灾害

“0205 号”台风于 2002 年 7 月 4～5 日(农历五月廿五至廿六)沿东海北上。4 日 14 时台风近中心最大风速 45 m/s,中心气压 950 hPa。受其影响,福建、浙江、上海、江苏沿海有 22 个站最大增水超过 1.0 m,上海高桥和黄埔两站最大增水分别为 1.71 m 和 1.66 m。沿海各站均低于当地警戒潮位。

浙江 6 个县(市、区) 160 个乡镇 160.05 万人受灾,其中舟山、宁波和台州为主要受灾区。9.27×10^3 hm^2 农田受灾, 4.59×10^3 hm^2 农作物成灾;7 500 间房屋倒塌,各类堤防损坏 36 km,决口 4 处长 300 m。直接经济损失 12.75 亿元。

(44) 0216 风暴潮灾害

“0216 号”台风于 2002 年 9 月 7 日(农历八月初一) 18 时登陆浙江省苍南县沿海,登陆时台风近中心最大风速 37 m/s,中心气压 965 hPa。受其影响,福建、浙江、上海沿海有 17 个站最大增水超过 1.0 m,其中鳌江站增水最大,达 2.89 m,有 26 个站最高潮位超过当地警戒潮位,鳌江站最高潮位 6.90 m (吴淞基面),超过当地警戒潮位 1.30 m,超过该站历史最高纪录。最高潮位超过当地警戒潮位 1.0 m 以上的还有澉浦、坎门和瑞安 3 站,分别为 1.03 m、1.02 m 和 1.08 m。玉环坎门港外出现有效波高 9～10 m 的狂涛,巨浪冲击堤岸时浪高达 30 m 余。

各省、市因灾死亡(失踪) 31 人,其中浙江 30 人。温州、台州两市受灾最严重,其次是宁波、舟山两市。浙江全省 37 个县、417 个乡镇的 733 万人受灾。1.87×10^5 hm^2 农田受灾, 8.83×10^4 hm^2 农作物成灾;0.81 万余间房屋倒塌;水产养殖损失 5.17×10^5 hm^2,损失水产品 2.09×10^5 t;堤坝 659 处损坏,长 231.6 km,堤防 443 处决口,长 25.3 km。经济损失 29.60 亿元。

(45) 0414 风暴潮灾害

“0414 号”强台风于 2004 年 8 月 12 日(农历六月廿七日) 20 时登陆浙江省温岭市石塘镇沿海,登陆时强台风近中心最大风速 45 m/s,中心气压 950 hPa,台风登陆时的强度为发展过程中的最强强度。受其影响,福建、浙江沿海有 12 个站最大增水超过 1.0 m,其中浙江海门站增水最大,达 3.22 m, 2 个站最高潮位超过当地警戒潮位,浙江海门站最高潮位超过当地警戒潮位 1.82 m,为历史第二高潮位。其灾情请见 0414 号台风(P53)。

(46) 0505 风暴潮灾害

“0505 号”强台风于 2005 年 7 月 18 日(农历六月初三)登陆台湾宜兰沿海, 19 日 17 时在福建省连江县沿海二次登陆，登陆时强台风近中心最大风速分别为 45 m/s 和 33 m/s，中心气压分别为 950 hPa 和 975 hPa。受其影响，福建、浙江沿海 9 个站最大增水超过 1.0 m，其中浙江瑞安站增水最大，为 2.34 m，沿海 5 个站最高潮位超过当地警戒潮位，温州站最高潮位超过当地警戒潮位 0.55 m。

浙江温州、台州两市共 2.46×10^4 hm^2 水产养殖受灾，损失水产品 3.49×10^4 t；海堤损毁 1.81 km；688 艘船只沉损。全省经济损失 6.07 亿元。

（47）0509 风暴潮灾害

“0509 号”台风于 2005 年 8 月 6 日（农历七月初二）03 时 40 分在浙江省玉环县干江镇沿海登陆，登陆时台风近中心最大风速 45 m/s，中心气压为 950 hPa。受其影响，从福建、浙江到河北沿海有 19 个站最大增水超过 1.0 m，其中浙江澉浦站增水最大，为 2.41 m，其次海门站增水 2.12 m；沿海 15 个站最高潮位超过当地警戒潮位，海门站最高潮位超过当地警戒潮位 0.74 m。受其影响，各省、市因灾直接经济损失 35.5 亿元，其中浙江 15.69 亿元、上海 13.58 亿元、江苏 1.47 亿元、山东 0.94 亿元、河北 0.92 亿元、天津 2.2 亿元、辽宁 0.7 亿元。上海死亡 7 人。这是继 9711 台风风暴潮后，影响我国东部沿海最严重的一次风暴潮过程。

浙江的台州、宁波、温州、舟山、嘉兴等市受灾，沿海大范围城区和经济重镇被淹。全省 2.33×10^5 hm^2 海洋水产养殖受损，损失水产品 7.86×10^4 t；2 324 处堤防损坏，长 453.5 km；583 处堤防决口，长 47.1 km；1 556 处护岸损坏；1 790 艘船只沉没或毁坏；297 座水闸损坏，560 座塘坝损毁，107 座小水电站损坏；459 条公路中断；60 911 家工矿企业停产。全省经济损失 15.69 亿元。

（48）0515 风暴潮灾害

“0515 号”强台风于 2005 年 9 月 11 日（农历八月初八）14 时 50 分登陆浙江省台州市路桥区金清镇沿海，登陆时强台风近中心最大风速 50 m/s，中心气压 945 hPa。受其影响，浙江、上海沿海有 11 个站最大增水超过 1.0 m，浙江的海门站增水最大，为 3.16 m，最高潮位超过当地警戒潮位 1.22 m。

浙江、上海、江苏和山东三省一市因灾死亡 18 人，其中浙江 3 人、山东 15 人，直接经济损失 22.2 亿元。浙江温州、台州、宁波、舟山等市受灾；5.39 km 堤防损毁；2 943 艘船只受损；全省 4.5×10^4 hm^2 海洋水产养殖受灾，损失水产品 6.59×10^4 t；110 间水产加工厂倒塌。直接经济损失 18.18 亿元。

（49）0604 风暴潮灾害

“0604 号”台风于 2006 年 7 月 13 日（农历六月十八日）22 时 20 分在台湾宜兰沿海登陆，登陆时台风近中心最大风速 30 m/s，中心气压 975 hPa；之后于 14 日 12 时 50 分在福建省霞浦县北壁镇沿海登陆，登陆时台风近中心最大风速为 30 m/s，中心气压为 975 hPa。受其影响，福建、浙江沿海有 14 个站最大增水超过 1.0 m，福建梅花站增水最大（1.87 m），沿海 16 个站最高潮位超过当地警戒潮位，福建琯头站最高潮位超过当地警戒潮位 1.08 m。

两省因灾直接经济损失29.08亿元，其中福建22.15亿元、浙江6.93亿元。浙江147.8万人受灾；5.48×10^{3} hm^{2}农田受淹；海水养殖受损面积4.6×10^{3} hm^{2}；685万间房屋损毁；420处堤防损坏，长52.9 km；2.13 km防波堤、护岸受损；50座码头毁坏；354艘渔船损坏。

（50）0608风暴潮灾害

“0608号”超强台风（“桑美”）于2006年8月10日（农历七月十七日）17时25分在浙江省苍南县马站镇沿海登陆，登陆时超强台风近中心最大风速为60 m/s，中心气压为920 hPa。0608号超强台风是1949年以来登陆我国大陆沿海最强的台风。受其影响，福建、浙江沿海有7个站最大增水超过1.0 m，浙江鳌江站增水最大（4.01 m），沿海9个站最高潮位超过当地警戒潮位，瑞安站最高潮位超过当地警戒潮位0.62 m。与5612号台风相比，“桑美”台风尺度明显偏小，台风最外围1 000 hPa闭合等压线南北跨度不足5个纬度，而5612号台风最外围990 hPa闭合等压线南北跨度超过10个纬度。与5612号台风相比，0608号台风影响范围也偏小很多，主要集中在浙江南部和福建北部沿海区域。超强台风引起的灾情详见P54。

（51）0709风暴潮灾害

“0709号”强台风于2007年8月18日（农历七月初六）05时40分登陆台湾花莲沿海，登陆时台风近中心最大风速50 m/s，中心气压940 hPa；之后19日02时再次登陆福建省惠安县崇武镇沿海，登陆时台风近中心最大风速33 m/s，中心气压975 hPa。福建、浙江5个站最大增水超过1.0 m，浙江澉浦站增水最大，为1.76 m；沿海各站最高潮位均没有超过当地警戒潮位。

浙江4.98×10^{3} hm^{2}海水养殖受灾，887 km防波堤受损，41座码头毁坏，直接经济损失0.69亿元。

（52）0713风暴潮灾害

“0713号”强台风于2007年9月19日（农历八月初九）02时30分在浙江省苍南县霞关镇沿海登陆，登陆时强台风近中心最大风速45 m/s，中心气压950 hPa。受其影响，福建、浙江、江苏沿海有6个站最大增水超过1.0 m，浙江鳌江站增水最大，为2.19 m，最高潮位超过当地警戒潮位0.03 m。

浙江全省24.12×10^{3} hm^{2}海水养殖受灾；8.29 km防波堤、1 599 km护岸受损；125座码头损坏；929艘船只沉没或毁损。直接经济损失7.79亿元。

（53）0716风暴潮灾害

“0716号”强台风于2007年10月6日（农历八月廿六）15时30分在台湾宜兰沿海登陆，登陆时强台风近中心最大风速为50 m/s，中心气压为940 hPa；7日15时30分再次登陆浙江省苍南县和福建省福鼎市交界处沿海，登陆时强台风近中心最大风速23 m/s，中心气压990 hPa。受其影响，福建、浙江、上海、江苏沿海16个站最大增水超过1.0 m，其中浙江澉浦站增水最大，为1.96 m；沿海2个站最高潮位超过当地警戒潮位。

浙江3.96×10^{4} hm^{2}海水养殖受灾；6.53 km防波堤受损，1.18 km护岸损坏；68座码头毁坏，

212 艘船只沉没或毁坏。全省直接经济损失约 86 亿元。

(54) 0815 风暴潮灾害

0815 号超强台风于 2008 年 9 月 28 日(农历八月廿二日)15 时 40 分登陆台湾宜兰沿海,登陆时超强台风近中心最大风速 51 m/s,中心气压 935 hPa。受其影响,福建、浙江沿海有 6 个站最大增水超过 1.0 m,福建石码站增水最大,为 1.43 m;沿海有 9 个站最高潮位超过当地警戒潮位。福建琯头站最高潮位超过当地警戒潮位 0.83 m。

浙江因灾直接经济损失 0.3 亿元。全省损失水产品 300 t;2.34 km 渔港防波堤损毁, 230 m 渔港护岸、25 座码头受损;92 艘渔船损毁。

(55) 0908 风暴潮灾害

0908 号台风于 2009 年 8 月 7 日(农历六月十六日)23 时 45 分在台湾花莲沿海登陆,登陆时台风近中心最大风速 40 m/s,中心气压 960 hPa;后于 9 日 16 时 20 分再次登陆福建省霞浦县北壁乡沿海,登陆时台风近中心最大风速 33 m/s,中心气压 970 hPa。受其影响,福建、浙江、上海沿海 16 个站最大增水超过 1.0 m,其中浙江鳌江站增水最大,为 2.43 m;沿海 11 个站最高潮位超过当地警戒潮位。福建白岩潭站最高潮位超过当地警戒潮位 0.88 m。

各省、市因灾死亡(失踪)7 人,其中福建 4 人、浙江 1 人、江苏 2 人,直接经济损失 32.65 亿元,其中福建 19.83 亿元、浙江 11.85 亿元。浙江 4.22×10^4 hm^2 围塘养殖受损,损失水产品 6.65×10^4 t;7.73 km 防波堤损坏,6.09 km 护岸受损;100 座码头毁坏,275 艘船只沉没,920 艘船只损毁。

(56) 1013 风暴潮灾害

1013 号超强台风“鲇鱼”中心气压 940 hPa,近中心最大风速 52 m/s。于 2010 年 10 月 23 日 12 时 55 分在福建省漳浦县六鳌镇登陆,登陆时近中心最大风力 13 级(38 米/秒),“鲇鱼”为 2010 年全球最强台风,受超强台风影响,沿岸风暴潮增水可达 1.0 m 到 2.8 m。

(57) 1211 风暴潮灾害

1211 号强台风“海葵”于 2012 年 8 月 8 日 3 时 20 分在浙江省象山县鹤浦镇沿海登陆,成为近 5 年首个正面袭击浙江的台风。“海葵”登陆时近中心附近最大风力有 14 级(42 m/s),中心气压 965 hPa,成为 2012 年登陆我国的最强台风。根据 2012 年中国海洋灾害公报(一), 1211 号强台风造成的风暴潮灾害直接经济损失达 42.38 亿元。强台风“海葵”造成浙江省最大区域降雨量高达 541 mm,导致浙江全省直接经济损失 272.9 亿元。

(58) 1323 风暴潮灾害

2013 年 23 号强台风“菲特”于 2013 年 10 月 7 日 1 时 15 分前后在福建省福鼎市沙埕镇沿海登陆,登陆时近中心最大风力 14 级(42 m/s),中心气压 955 hPa。受其影响,最大风暴增水发生在浙江鳌江站,达 3.75 m。风暴增水超过 1.0 m 的还有浙江坎门站(1.67 m)、橄浦站(1.66 m)、洞头站(1.21 m)、健跳站(1.07 m)以及福建省的琯头站(1.42 m)和沙埕站(1.33 m)。浙江省鳌江站、坎门站、橄浦站、镇海站、洞头站和健跳站 6 个潮位站的最高潮位超过当地警戒潮位，其中鳌江站最高潮位超过当地警戒潮位 1.48 m。受风暴潮和近岸浪的共同影响，福建、浙江两省因灾直接经济损失合计 34.92 亿元。其中浙江受灾人口 666.06 万人，毁坏渔船 811 艘，损坏渔船 572 艘，损毁海堤、护岸 5.87 km，直接经济损失 23.38 亿元[3-21]。

3.5.3 海啸灾害

海啸是指由水下地震、火山爆发或水下塌陷和滑坡等所激起的长周期小振幅的散射波，以每小时百千米速度传到岸边，形成的来势凶猛危害极大的巨浪[3-22]。

局地海啸是指海啸源距离受海啸破坏性影响的区域 100 km 以内(或海啸传播时间不超过 1 h)的海啸。区域海啸是指海啸源距离受海啸影响的区域 1 000 km 以内(或海啸传播时间不超过 1～3 h)的海啸。越洋海啸(远距海啸)是指海啸源距离受海啸影响的区域超过 1 000 km (或海啸传播时间超过 3 h)的海啸。

3.5.3.1 海啸成因及发生条件

海啸是海洋中迅速传播的一种长周期重力波，当其传播到近岸时可形成惊涛骇浪，造成严重的灾害损失。海啸亦称海吼，按其成因，海啸可分为 3 种类型，即地震海啸、火山海啸和滑坡海啸。发生较多的是地震海啸，它是一种由地表断裂、海底隆起或下沉导致的海底突然错位引起的近海或大洋的波浪。地震海啸的形成需要具备三个条件：

① 地震要发生在海底且地壳需大范围的急剧垂直升降；

② 地震强度需在 6.5 级以上且震源深度小于 50 km；

③ 地震发生海区的海水需达到足够深度，一般要在 1 000 m 以上。

3.5.3.2 三门湾海域发生海啸的可能性

(1) 我国沿海历史上遭受的地震海啸

我国沿海紧邻环太平洋地震带，既面临局地海啸的威胁，也受区域和越洋海啸的影响。其中台湾和南海是我国地震海啸的严重区。据不完全统计，从公元前47年到2004年，在2.5°N～32°N，99°N～131°E 区域内(此范围覆盖整个南海、东海及其以东邻近海域)共发生 145 次海啸事件(图 3.5.3)，其中我国沿海共发生 28 次地震海啸，如图 3.5.4 所示。

(2) 历史上我国近海局地海啸和区域海啸

① 1640 年 9 月 16 日～10 月 4 日广东揭阳、澄海、潮阳海啸：据乾隆揭阳县志、嘉庆二十年澄海县志记载：“崇祯十三年，秋八月，海溢，地屡震。”“崇祯十三年庚辰，地屡震，海潮溢。”根据海啸规模分级(表 3.5.1)：推断这次地震海啸规模 $m = 0$。

② 1645 年南中国海菲律宾一侧中部海域发生 8.0 级地震，引发的海啸造成 3 000 人死亡。

③ 1765 年在广州附近发生了 6 级地震，引发的海啸造成约 1 万人死亡。

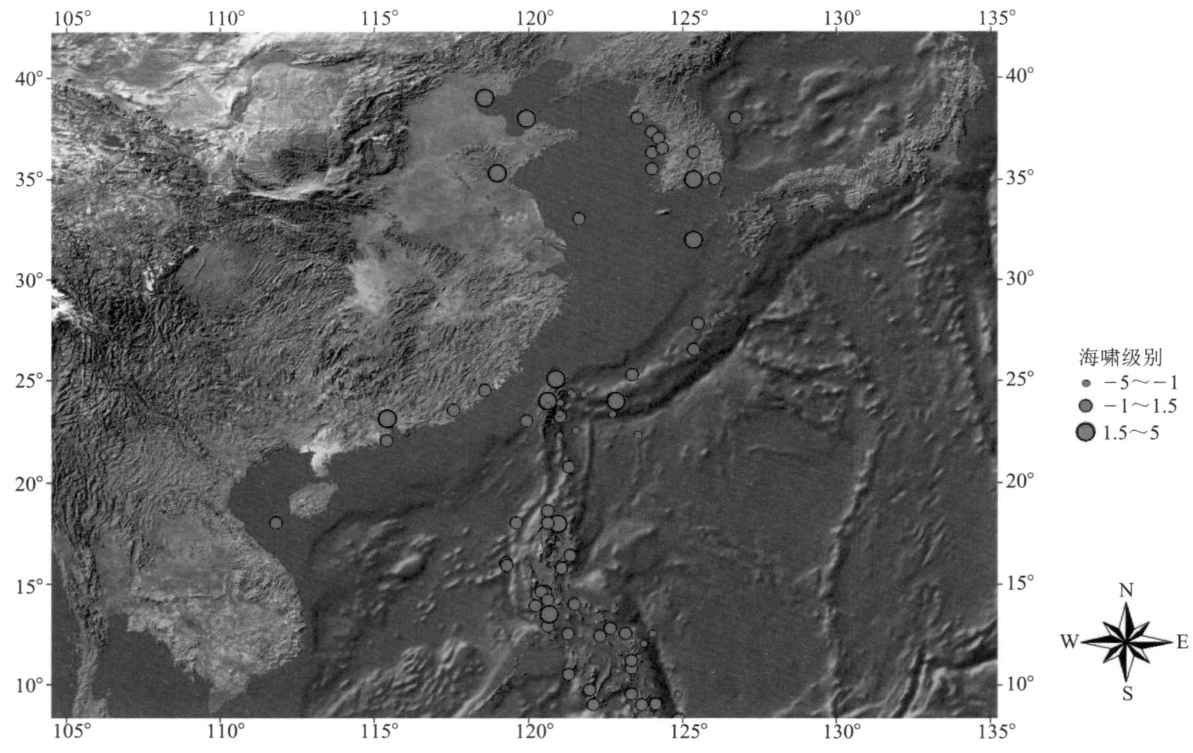

图 3.5.3　公元前 47 年至 2004 年历史海啸灾害分布

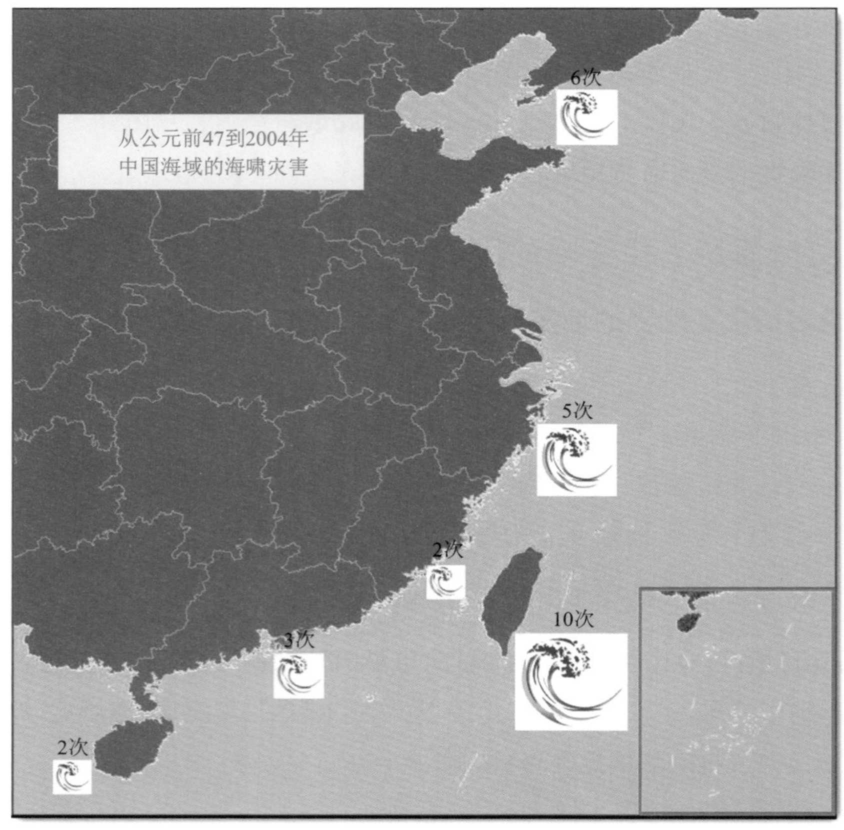

图 3.5.4　从公元前 47 年至 2004 年中国海域的 28 次地震海啸分布

表 3.5.1 海啸规模分级表(来自日本学者今村与饭田)

海啸规模(m)	说明
−1	波高 50 cm 以下,验潮站能观测到海啸痕迹,通常无灾害
0	波高 1 m 左右,渔船、水产设施有损坏。100 km 海岸范围内波高 50～80 cm。可能造成小灾害
1	波高 2～3 m,海滨低地房屋有损坏,船舶流失。200 km 海岸范围内波高约 1 m
2	波高 4～6 m,多数房屋浸水,人畜溺死。300 km 海岸范围内波高约 1.5 m
3	波高 10 m 左右,局部达到 5～20 m。受灾海岸带达 400 km,波高约 2.5 m,造成显著破坏
4	波高约 20 m 左右,局部超过 30 m。500 km 海岸范围内波高约 4 m。造成巨大的破坏和灾害损失

④ 1781年5月22日发生于台湾高雄地区的一次大海啸,持续了38 h,波高足以淹没竹林(3 m以上), 120 km长的海岸线被海水淹没,造成的死亡人数高达4～5万人,这是我国有史记载以来最严重的一次地震海啸灾害。日本历史学家羽鸟德太郎估算这次海啸规模 $m = 1$;而台湾学者游明圣评估这次海啸规模 $m \geqslant 2$[3-23]。

⑤ 1918年2月13日广东汕头、南澳发生7.3级地震,伴有海啸,推断这次海啸规模 $m = 1$。

⑥ 1969年7月18日渤海中部发生了7.4级地震,震中位置为38.2°N, 119.4°E。龙口海洋站记录到20 cm的海啸波,烟台海洋站记录到19 cm的海啸波。当海啸波传到河北唐山附近沿海时,淹没了昌黎附近沿海的农田和村庄。

⑦ 1992年1月4～5日,海南岛西南部海域(108°N, 18°E)海底发生群震,最大震级3.7级,震源深度8～12 km。受其影响,海南岛周围4个验潮站与北部湾内1个验潮站,完整地记录到这次地震引起的海啸波。海南岛南端的榆林站记录到这次地震海啸波的最大振幅达78 cm,三亚港内也出现50～80 cm的海啸波。当海啸发生时,三亚港内的潮水急涨急退,造成一些渔船相互碰撞、搁浅、损坏,港区附近居民因恐惧而弃家出走。

⑧ 1994年9月16日,台湾海峡(23°N, 18.5°E)发生7.3级地震,引发了海啸,台湾澎湖验潮站记录到海啸波高38 cm,福建省东山站海啸波振幅为26 cm,广东汕头验潮站记录到海啸波高47 cm。

⑨ 2006年12月26日台湾岛西南部海域发生7.1级地震,广东南澳、遮浪、汕尾,福建东山、崇武、三沙、厦门、平潭等潮位站记录到了此次地震海啸过程,东山站和崇武站分别监测到10 cm和7.8 cm的海啸波。

(3) 近年我国近海发生的越洋海啸

我国沿海处于环太平洋地震带边缘,环太平洋地震带是地震高发区,全球90%的地震发生在这里。东海与太平洋相连,发生在环太平洋地震带上的越洋海啸可以穿过太平洋传播到我国东南沿海。2010年和2011年两次大海啸事件在我国沿海都有海啸波记录。

① 2010年2月27日14时34分智利发生8.8级地震,引发了地震海啸。28日16时20分

海啸波穿越整个太平洋后进入我国东南沿海，这是我国首次仪器记录到越洋海啸。台湾东部沿岸监测到 6～19 cm 的海啸波；浙江沿海各潮位站监测到的海啸波高分别为石浦站 28 cm、椒江站 32 cm、坎门站 19 cm、大陈站 13 cm 和鳌江站 10 cm。

② 2011 年 3 月 11 日 13 时 46 分日本东北部近海发生 9.0 级地震，地震引发的海啸波在 6～8 h 传到我国东南沿海，浙江沈家门、大陈、坎门、石坪、石浦、健跳，福建东山、三沙、平潭、台山及广东汕头、汕尾等潮位站先后监测到振幅为 10～55 cm 的海啸波，其中最大海啸波振幅为 55 cm，发生在浙江沈家门站；其次石浦站为 52 cm；健跳站为 34 cm；镇海站为 8 cm；鳌江站的海啸波振幅超过 40 cm。

（4）三门湾海域发生海啸的可能性

三门湾地处浙江中部沿海，而我国东南沿岸一带未产生过显著海啸。中国海绝大部分 6 级以上的地震都集中在台湾南部和菲律宾一带海域，1897 年～1991 年间共发生 170 余次地震，在菲律宾海域曾引起 20 多次地震海啸，其中 4 次发生在吕宋岛和吕宋岛西海域，但均未产生显著海啸。

三门湾地处我国东部海域，其现代构造运动以水平剪切应力场作用下的走滑运动为主，且地形变化单调而平坦，这样的构造活动和地形不易产生大面积的地壳垂直升降。因此，不具备地震海啸形成的第一个条件，至于海底火山爆发和山崩这两个因素该海域都不存在。另外，三门湾海域平均水深不足 20 m，距发生地震海啸要求水深在 1 000 m 以上的条件相差甚远。综上分析认为，三门湾海域不具备地震海啸发生的条件。但根据历史资料分析表明：历史上在台湾海峡、台湾岛东北、琉球海沟都发生过地震海啸，地震海啸对三门湾区域有不同程度的影响。海啸源远在台湾、琉球群岛，甚至智利海域。因此，需注意外来地震海啸波传入的影响，特别是发生在上述地区的地震海啸对三门湾的灾害影响不可忽视。

（5）可能最大海啸波计算

根据国家核安全局 2011 年《对我国沿海核电站地震海啸风险论证成果》：基于中国地震局提供的潜在地震海啸源数据（图 3.5.5），可能引起黄海北部沿海潜在的地震源主要为琉球海沟的 6 个子断层及其 RL5+6 断层组合，采用数值模拟方法计算了这些组合引起的地震海啸值（图 3.5.6）。

该计算不考虑我国近海能够产生局地海啸的源地，仅考虑能够产生类似日本“0311”巨大地震海啸的源地，如琉球海沟，该海沟是亚欧板块与太平洋板块的交界处，是典型的地震潜没带，与日本本州东部的海沟类似，能够产生较大的海啸。计算结果为：琉球海沟各断层产生的海啸，除在浙江和福建沿海会遭受轻微海啸波以外，其他北部遭受的海啸波均为零。其中琉球海沟 RL4 断层在三门湾海域产生的海啸波最大为 0.38 m，如图 3.5.6 所示。

计算分析表明：三门湾海域不会发生显著的地震海啸。由太平洋传入的海啸波，因台湾岛和琉球群岛的阻隔，振幅急剧衰竭。因此，三门湾海域的海啸波振幅较小，可能最大海啸波振幅为 0.38 m。

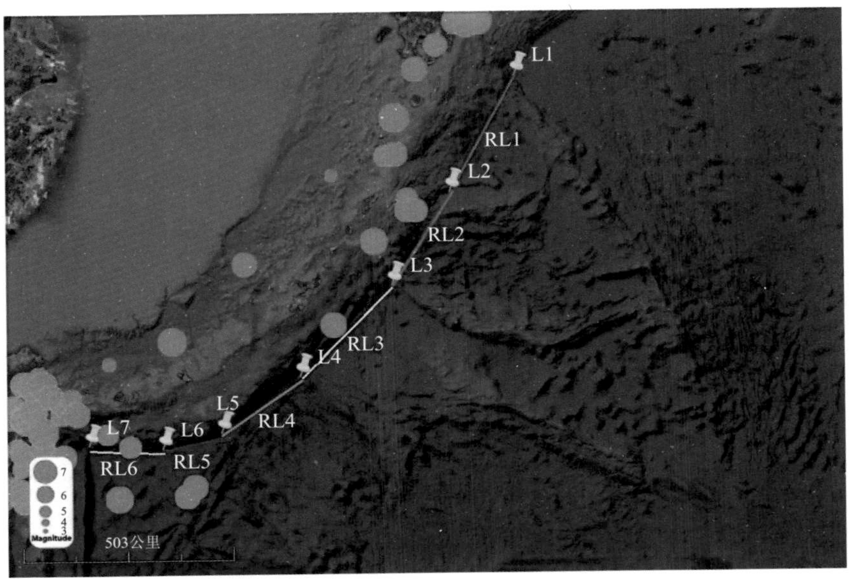

图 3.5.5　琉球海沟潜在地震海啸源

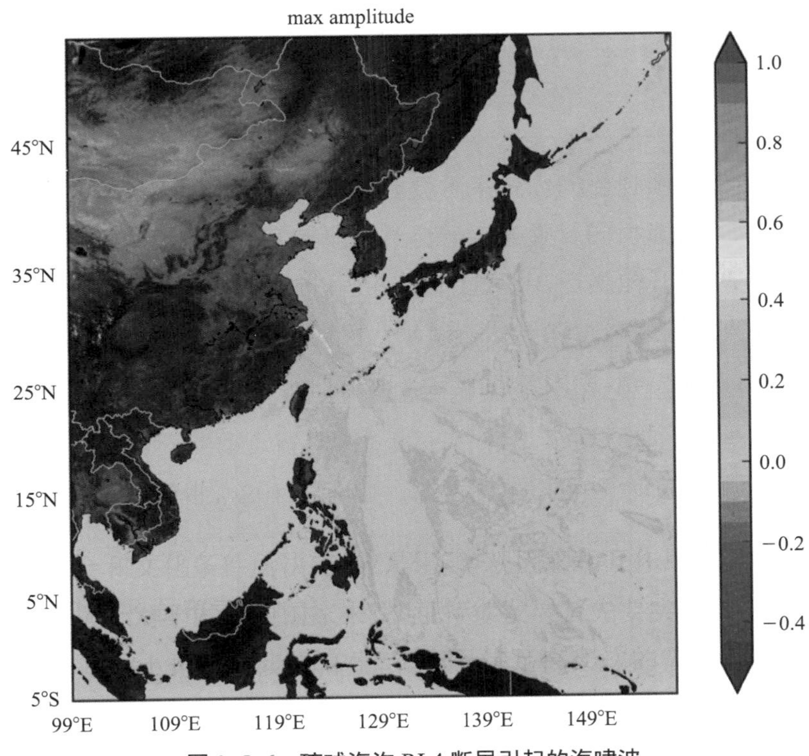

图 3.5.6　琉球海沟 RL4 断层引起的海啸波

(6) 潜在海啸影响

① 区域海啸影响：从地质构造来看，我国处在环太平洋地震带边缘，地震活动频繁，有发生区域海啸的地质条件。2006 年美国地质调查局(USGS)对整个太平洋俯冲带的地震源的潜在危险性进行了评估，认为我国海区存在 3 个风险较高的潜在海啸震源区，分别为琉球俯冲区、马尼拉俯冲区和苏拉威西俯冲区。

我国东海平均水深340 m。东海海底地形由西向东分为浅水大陆架、冲绳海槽、琉球岛弧和琉球海沟。冲绳海槽属于太平洋沟-弧-盆体系中一个扩张型半深海弧盆地，表现为明显的拉张裂陷性质。冲绳海槽内地壳热流量很高，表明该区地壳很不稳定，深部热物质上涌，至今冲绳海槽还处在裂陷作用的鼎盛期。据不完全统计，1934～1967年间，琉球岛弧处的地震90%的中震集中在冲绳海槽。可见，琉球海沟地震海啸对三门湾有较大潜在灾害影响。我国南海平均水深1 200 m，其中马尼拉海沟深达4 800～4 900 m，最深处达5 377 m，马尼拉海沟是亚欧板块向菲律宾板块的俯冲地带，北起巴士海峡，止于民都洛岛附近海域，呈近S—N向分布的向西突出的弧形深水槽地，长约1 000 km。马尼拉海沟两侧出现的地震有相当部分是浅源地震（震源深度0～70 km），还有部分是中深源地震。该区域板块活动剧烈，是USGS标识的地震高风险区。1987年中国地震局编制的中国邻近海域地震烈度区划图显示，马尼拉海沟、巴士海峡、台湾岛南边和东边海域有发生7级以上地震的可能，其中马尼拉海沟北部、巴士海峡发生的地震海啸可以影响到三门湾海域。

② 越洋海啸影响：三门湾位于浙江中部沿海，是我国容易遭受越洋海啸影响的海区之一。环太平洋地震带是全球最活跃的地震带，且强震多发。即使远在南半球太平洋东岸的智利，发生的大海啸也可以传播到我国东海，可见越洋海啸的影响不可忽视。我国东海外围虽有琉球岛弧作阻挡掩护，但琉球岛弧对波长很长的海啸波而言，仅能起到有限的阻挡作用，特别是当大地震发生在离我国东海较近的地震带上，如菲律宾东岸、关岛、日本南海海槽等地时，较强的海啸波能量将在我国东海沿岸地区形成灾害影响。

3.6 纳潮量和水交换

三门湾顶部近期可能将实施三山涂围垦和双盘涂二期围垦两项工程，由于两项围垦工程均位于三门湾顶部区域，且围垦范围较大，围垦总面积为2 827 hm^2（4. 240 5万亩），其中三山涂围垦面积1 788 hm^2，双盘涂二期围垦面积为1 039 hm^2。围垦区范围和位置如图3. 6. 1所示。本书主要针对三山涂、双盘涂两项围垦工程实施后，对三门湾海域潮流场、纳潮量和水交换的影响进行分析研究[3-24～3-28]。

3.6.1 数学模型建立

数学模型采用目前广泛应用的荷兰Delft3D（2003）模型，进行三门湾区域水流模拟。与其他所有水流数学模型相同，Delft3D模型是对流体动力学偏微分方程组进行求解。该模型有三大优点：一是计算稳定性好；二是采用曲线坐标网格离散技术，对多岛屿海岸线曲折区域应用适应性较好；三是模型具有模拟漫滩功能，能快速进行模型网格绘制及水深等参数的插值。此外，Delft3D模型还具有较强的计算后处理能力。

（1）模型控制方程

本书采用delft-3d模型中的二维计算模块。其水动力方程组为

图 3.6.1　三门湾顶部区域已围区块和近期规划围填海区块示意图

$$\frac{\partial \zeta}{\partial t}+u\frac{\partial uH}{\partial x}+v\frac{\partial vH}{\partial y}=0 \tag{3-1}$$

$$\frac{\partial u}{\partial t}+u\frac{\partial u}{\partial x}+v\frac{\partial u}{\partial y}-fv+g\frac{\partial \zeta}{\partial x}+\frac{1}{\rho H}\tau_{bx}=A_x\left(\frac{\partial^2 u}{\partial x^2}+\frac{\partial^2 u}{\partial y^2}\right) \tag{3-2}$$

$$\frac{\partial v}{\partial t}+u\frac{\partial v}{\partial x}+v\frac{\partial v}{\partial y}-fu+g\frac{\partial \zeta}{\partial y}+\frac{1}{\rho H}\tau_{by}=A_y\left(\frac{\partial^2 v}{\partial x^2}+\frac{\partial^2 v}{\partial y^2}\right) \tag{3-3}$$

式中，ζ ——潮位，m；

u, v ——x, y 方向上的垂线平均流速分量，m/s；

h ——水深，m；$H=\zeta+h$；

t ——时间，s；

c ——谢才系数，$c=\frac{1}{n}H^{\frac{1}{6}}$；

n —— 为糙率系数，$H=h+\zeta$；

f ——柯氏系数，$f=2w\sin\varphi$，w 为地转角速度，φ 为纬度；

g ——重力加速度，m/s^2；

τ_{bx}, τ_{by} ——x, y 方向底应力，$(\tau_{bx}, \tau_{by})=\dfrac{\rho g(U, V)\sqrt{U^2+V^2}}{c^2}$；

A_x, A_y ——水平涡动黏滞系数，m^2/s。

（2）曲线坐标系下的基本控制方程组

考虑边界及周边地形形态较复杂，为较好地模拟地形，对上述方程组求解采用正交曲线坐标。如对笛卡尔 $X-Y$ 坐标中的不规则区域 Ω 进行网格划分，并将区域 Ω 按保角映射原理，变换到新的坐标系 $\xi-\eta$ 中，形成矩形域 Ω'。这样在 Ω' 区域进行划分时得到等间距的网格，对应每一个网格节点可以在 $X-Y$ 坐标系中找到其相应的位置。

正交变换$(x, y)\rightarrow(\xi, \eta)$应用于方程(3-1)～方程(3-3)，流速取沿 ξ、η 方向的分量 u^* 和 v^*，其定义为

$$u^*=\frac{ux_\xi+vy_\xi}{g_\xi};\ v^*=\frac{ux_\eta+vy_\eta}{g_\eta}$$

其中，$g_\xi=\sqrt{x_\xi^2+y_\xi^2}=\sqrt{\alpha}$，$g_\eta=\sqrt{x_\eta^2+y_\eta^2}=\sqrt{\gamma}$ 分别对应于曲线网格的两个边长。

由于本研究区域采用的是平面二维模型，故垂向上的动量方程在此不予考虑。把方程组重新组合成关于 u^*、v^* 的方程，则变换后的控制方程为(略去新速度分量的上标“*”，仍记作 u, v)：

$$\frac{\partial \xi}{\partial t}+\frac{1}{g_\xi g_\eta}\left(\frac{\partial(Hug_\eta)}{\partial \xi}+\frac{\partial(Hvg_\xi)}{\partial \eta}\right)=0 \tag{3-4}$$

$$\frac{\partial u}{\partial t}+\frac{u}{g_\xi}\frac{\partial u}{\partial \xi}+\frac{v}{g_\eta}\frac{\partial u}{\partial \eta}=fv-\frac{g}{g_\xi}\frac{\partial \zeta}{\partial \xi}-\frac{g}{C^2H}u\sqrt{u^2+v^2}+\frac{v}{g_\xi g_\eta}\left(v\frac{\partial g_\eta}{\partial \xi}-u\frac{\partial g_\xi}{\partial \eta}\right)+A_\xi\left(\frac{1}{g_\xi^2}\frac{\partial^2 u}{\partial \xi^2}+\frac{1}{g_\eta^2}\frac{\partial^2 u}{\partial \eta^2}\right) \tag{3-5}$$

$$\frac{\partial v}{\partial t}+\frac{u}{g_{\xi}}\frac{\partial v}{\partial \xi}+\frac{v}{g_{\eta}}\frac{\partial u}{\partial \eta}=fu-\frac{g}{g_{\eta}}\frac{\partial \zeta}{\partial \eta}-\frac{g}{C^{2}H}v\sqrt{u^{2}+v^{2}}+\frac{u}{g_{\xi}g_{\eta}}\left(u\frac{\partial g_{\xi}}{\partial \eta}-v\frac{\partial g_{\eta}}{\partial \xi}\right)+A_{\eta}\left(\frac{1}{g_{\xi}^{2}}\frac{\partial^{2}v}{\partial \xi^{2}}+\frac{1}{g_{\eta}^{2}}\frac{\partial^{2}v}{\partial \eta^{2}}\right) \tag{3-6}$$

（3）模型初始及边界条件

① 潮流初始条件：$\begin{cases}\zeta(x,y,t)|_{t=0}=\zeta(x,y)=\zeta_{0}\\ u(x,y,t)|_{t=0}=v(x,y,t)|_{t=0}=0\end{cases}$

② 边界条件：开边界采用水位控制，即用潮位预报的方法得到开边界条件。开边界采用潮位预报边界条件，见图 3. 6. 2。

$$\zeta=A_{0}+\sum_{i=1}^{11}H_{i}F_{i}\cos[\sigma_{it}t-(v_{0}+u)_{i}+g_{i}]$$

式中，A_0 为平均海面，F_i，$(v_0+u)_i$ 为天文要素，H_i，g_i 为调和常数。调和常数选用 11 个分潮，其中全日分潮 4 个（Q1，O1，P1，K1），半日分潮 4 个（N2，M2，S2，K2），浅水分潮 3 个（M4，MS4，M6）。小区域计算的开边界条件由大范围计算结果得到。

（4）区域概化

采用曲线网格对计算域进行剖分，与一般的矩形网格剖分相比，曲线网格可以更好地贴近边界，从而可以较好地模拟边界处的流态，减小边界造成的影响。计算分别采用大范围计算网格，有针对性地小范围计算网格。

① 大范围网格在于把握大范围海域的流态和潮汐特征，并为小范围计算模型提供开边界条件。大范围计算网格：用曲线坐标网格对计算域进行剖分，计算域内剖分成 800 × 800（包括岸界上的废网格），共 64 万个网格，最大的网格边长取 200 m 左右，工程区附近的网格尺度控制在 30 m 左右，狭窄水道区域的网格步长控制在 15 m 左右（如健跳港），计算时间步长为 2 min。模型计算网格和水深如图 3. 6. 2至图 3. 6. 4 所示。

② 小范围网格计算：目的在于得到围区附近海域较精确的流场，并预测围区周围的潮流、冲淤变化等。小范围计算网格：用曲线坐标网格对计算域进行剖分，各网格计算域内剖分成 500 × 500（包括岸界上的废网格），总共有 25 万个网格，最大的网格边长取 120 m 左右，工程区附近的网格尺度控制在 15 m 左右，计算时间步长为 2 min。

（5）参数选取

数值模型中选取的参数见表 3. 6. 1。其中黏滞系数 A 的取值参考《Delft 3D-FLOW User Manual》，大范围网格取 20 m^2/s，小范围网格取 5 m^2/s。

（6）模型验证

采用三门湾海域潮位和潮流的实测资料对模型进行验证，从而评估模型的可靠性。

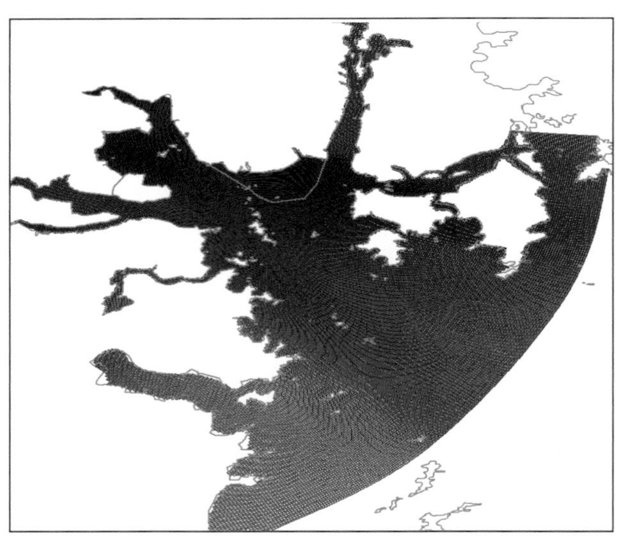

图 3. 6. 2　大范围数模计算网格布置图

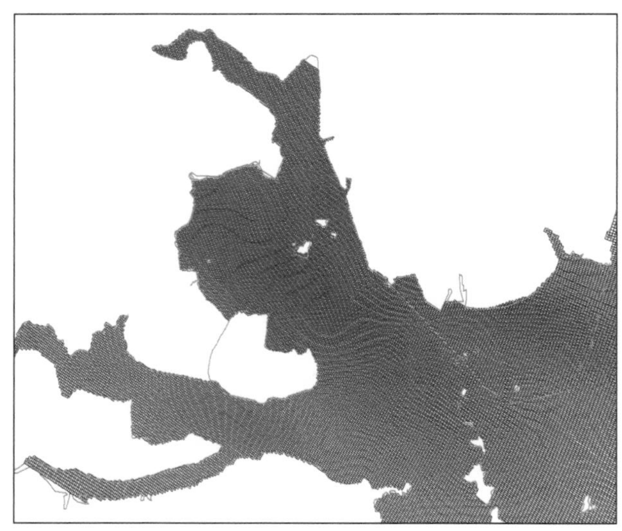

图 3. 6. 3　三门湾(沥洋港、蛇蟠附近)数模计算网格布置图

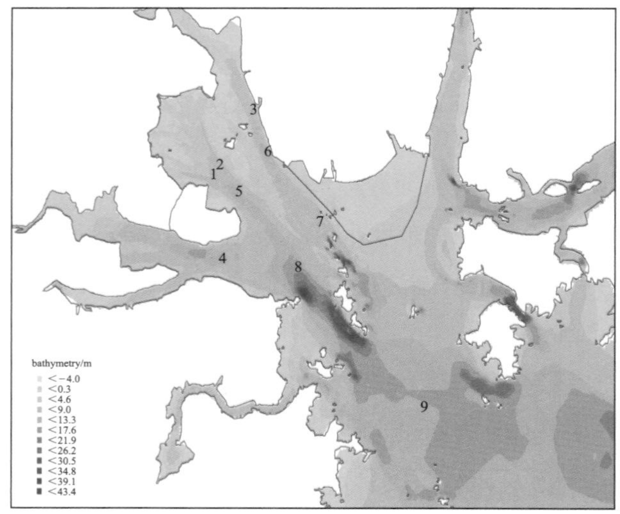

图 3. 6. 4 计算区域水深地形和潮流站位示意图

表 3.6.1 计算参数选取一览表

参数	取值	参数	取值
1. 柯氏力 f	$2\omega^{*}\sin(29.2°)\ s^{-1}$	3. 水容重 ρ	1 020 kg/m^3
2. 黏滞系数 A	20 m^2/s，5 m^2/s	4. 糙率系数 n	0.028

1）潮位验证

验证资料取用 2006 年 2 月水文测验期间进行的 4 个临时潮位站的实测资料。潮位验证结果表明：大、小潮期间实测潮位与模拟计算的潮位之间拟合得较好，最高、最低潮位的模拟误差一般在 0.05 m 以内，个别在 0.10 m 左右。可见潮位的模拟结果是令人满意的。

2）潮流验证

验证资料取用 2009 年 4 月水文测验期间 9 个潮流站资料，测站位置见图 3.6.4。潮流资料验证结果：

① 流向验证：流向验证拟合较好，除 3 号站小潮涨潮流向误差 13° 外，其他各站涨、落急流向误差均在 10° 以内，且多数站误差在 5° 以内。

② 流速验证：涨、落潮流的主峰拟合较好。平均流速、流速极值误差较小。

③ 大潮期间验证：各站实测和模拟涨、落急流速差值均在 0.10 m/s 以内，相对误差一般在 10%左右。涨急流向实测与模拟差值基本控制在 8° 以内，落急流向实测与模拟差值 5° 以内的占 80%。

④ 小潮期间验证：实测与模拟涨急流速差值均在 0.05 m/s 以内；仅 3 个站的落急流速误差超过 0.05 m/s（0.07～0.08 m/s）。涨急流向实测与模拟差值 5° 以内的占 67%，落急流向实测与模拟差值 5° 以内的占 67%；差值最大 13°，仅有一个站的涨急流向误差超过 10°。

验证结果表明：单站流速、流向模拟结果令人满意，模拟结果反映了三门湾区域的潮流场特征，模型可用于三门湾围垦工程实施后的潮流场、冲淤预测以及纳潮量和水交换计算分析。

3.6.2 潮流场分析

潮流模拟验证计算基本反映了三门湾海域潮流的实际变化。为进一步了解计算域（三门湾）内总体流场分布，给出了计算域（三门湾）内大潮时刻涨急、落急流矢分布（图 3.6.5）。由图可见，三门湾海域的涨、落潮流流路总体上呈现出如下特征。

（1）涨潮流

由东南－西北向传入的外海潮波主要从三门湾口门区域的三门岛～花岙岛之间进入三门湾内，然后经猫头水道和满山水道进入蛇蟠水道、青山港和沥洋港等各港汊，影响围垦工程区水域，进入港汊的涨潮流大致依港汊走势或岸线走向上溯，由于港汊顶部区域大多为宽阔的潮滩腹地，具有较大的纳潮空间，涨潮时水流漫滩呈扩散状态，故涨潮流相对较缓，如图 3.6.5(a)所示。

（2）落潮流

落潮时，湾顶的潮滩腹地水下地形为顺比降，滩水归槽下泻。该区还具有舌状沙嘴相间排列的地貌形态特征，沙嘴又与港汊相隔而存，即两港汊间必有一沙嘴，细长的沙嘴阻碍了水流的横向流动，且沙嘴舌尖潮滩指向深水区，故落潮流顺港汊走势下泄后形成向湾中深水处汇聚的趋势，如图 3. 6. 5(b)所示。

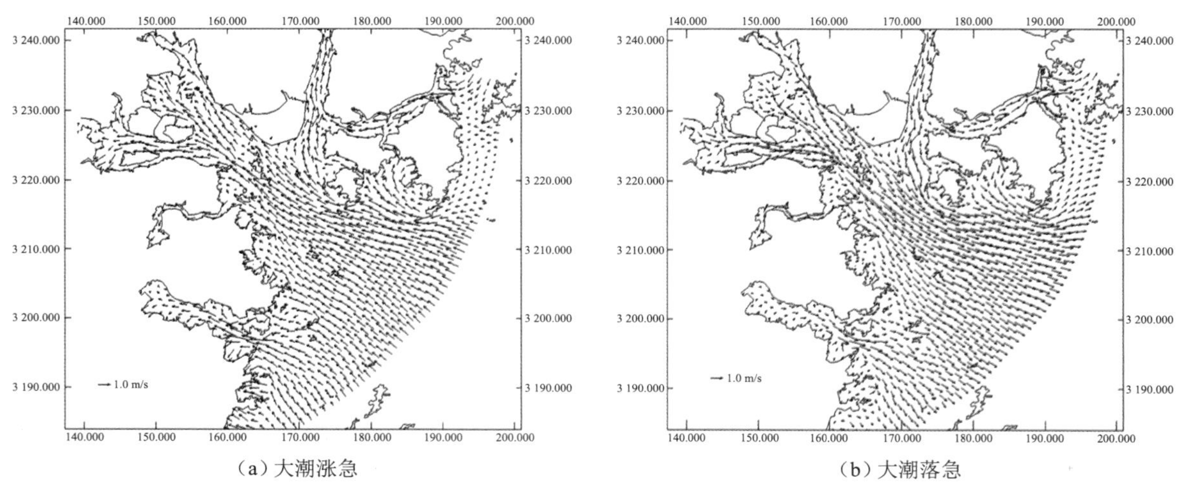

（a）大潮涨急　　（b）大潮落急

图 3. 6. 5　大区计算域范围流速矢量图

（3）工程区潮流矢量分布

由于围垦区域周围大部分为滩涂区。因此，只有在中、高潮位时刻才能得到较完整的涨、落潮流流矢。由图 3. 6. 5 可见，滩涂区的潮流主要指向深水区下泄，或向滩涂上漫滩；而深水区的潮流流向大致沿等深线走向，呈往复流状态。

3.6.3　潮流场变化预测

（1）双盘涂、三山涂工程后潮流场

涨潮流：围垦工程实施后使漫滩区域的面积减小，原本围堤附近的漫滩潮流较大，工程实施后漫滩潮流量减少，使得漫滩潮流动力减弱。青山港内水深较深区域的涨潮流态变化不大，涨潮流速略有减弱，见图 3. 6. 6(a)。落潮流：落潮流的趋势和涨潮流类似，滩涂上落潮流动力减弱，而水深较深区域的落潮流态变化不大，落潮流速略有减弱，见图 3. 6. 6(b)。

（2）工程后潮流流速变化预测

涨落潮流速变化见图 3. 6. 7。可见，涨潮流减弱范围包括满山水道、青山港和猫头水道。其中满山水道涨潮流速减小幅度在 10%～25%；青山港流速减小幅度在 20%～35%；而围堤前沿浅滩上，漫滩潮流减弱明显，减小幅度在 40%～50%；猫头水道的流速减小幅度在 5%～11%；沥洋港涨潮流速减小 5%～15%不等，沥洋港底部流速变化不大，而蛇蟠水道的潮流流速变化不

大，青山港的潮流减弱幅度较大。图 3. 6. 7(b)为落潮流速变化。可见落潮流速减弱范围和涨潮流速变化范围基本一致，满山水道落潮流速减小幅度在 10%～20%；青山港流速减小幅度在 20%～35%；而围堤前沿的浅滩上落潮流速减小幅度在 40%～50%；猫头水道流速减小幅度在 5%～12%；沥洋港落潮流速减小 5%～12%，而蛇蟠水道的落潮流流速变化不大，青山港的落潮流减弱幅度较大。

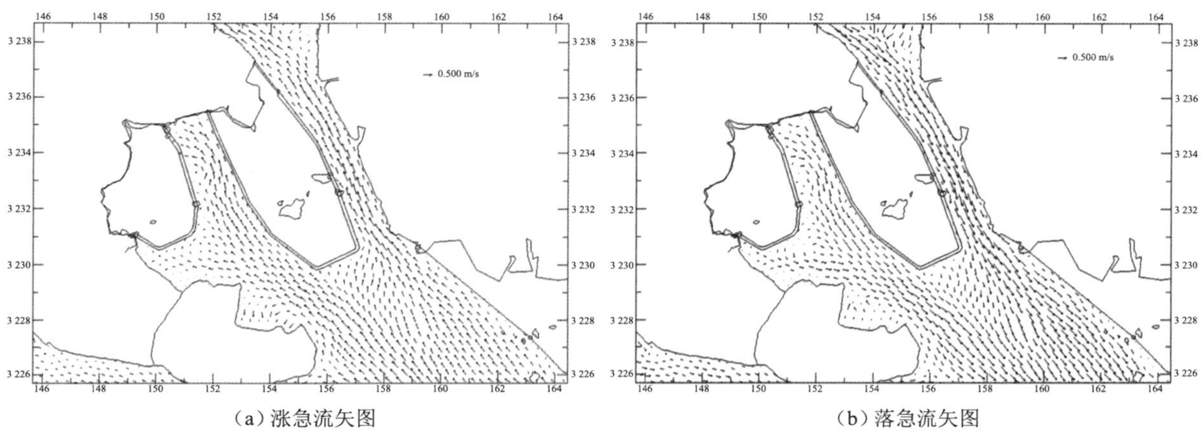

(a) 涨急流矢图　　(b) 落急流矢图

图 3. 6. 6　双盘涂和三山涂工程区附近工程后涨急流矢图

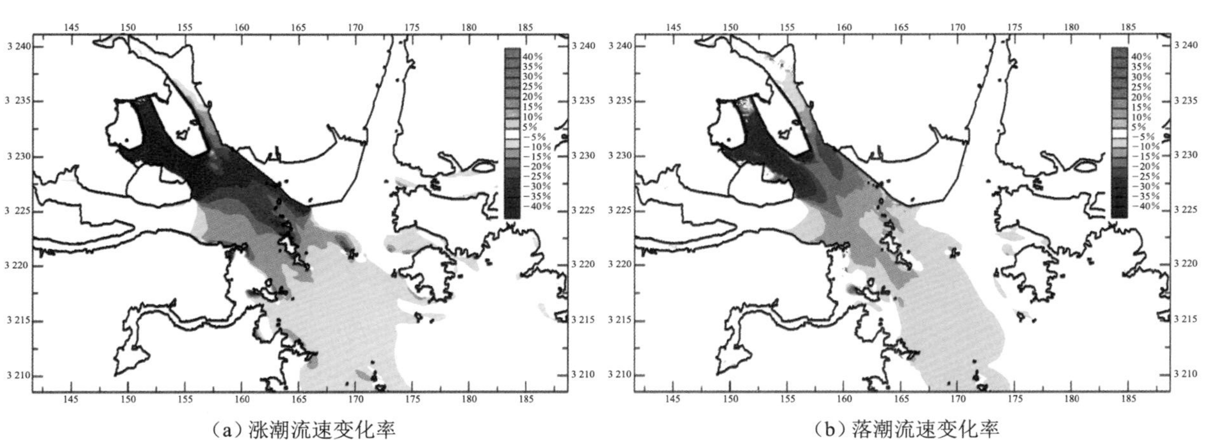

(a) 涨潮流速变化率　　(b) 落潮流速变化率

图 3. 6. 7　双盘、三山涂工程实施后平均流速变化率

3.6.4　纳潮量

纳潮量的大小可以直接影响到海湾与外海的水交换程度，从而制约着海湾内海水的自净能力。因此，纳潮量的多寡对维持海湾良好的生态环境至关重要。

根据纳潮量损失计算表明：双盘涂和三山涂围垦工程实施后，大潮期间 1 号断面纳潮量减小 1. 5%，2 号断面纳潮量减小 4. 8%；小潮期间 1 号断面纳潮量减小 1. 7%，2 号断面减小 4. 8%，纳潮量变化情况见表 3. 6. 2至表 3. 6. 6。可见大、小潮的纳潮量损失率相近。纳潮量统计断面见图 3. 6. 8，大潮纳潮量变化过程曲线如图 3. 6. 9 和图 3. 6. 10 所示。

表 3.6.2 大潮 1 号断面纳潮量表

双盘涂、三山涂	双盘涂、三山涂工程后	三山涂工程后	双盘涂工程后	工程前
断面号	1	1	1	1
落潮纳潮量	-3.37×10^9	-3.38×10^9	-3.38×10^9	-3.38×10^9
涨潮纳潮量	3.45×10^9	3.49×10^9	3.51×10^9	3.54×10^9
大潮平均纳潮量	3.411×10^9	3.432×10^9	3.445×10^9	3.463×10^9

表 3.6.3 大潮 2 号断面纳潮量表

双盘涂、三山涂	双盘涂、三山涂工程后	三山涂工程后	双盘涂工程后	工程前
断面号	2	2	2	2
落潮纳潮量	-1.28×10^9	-1.29×10^9	-1.31×10^9	-1.32×10^9
涨潮纳潮量	1.28×10^9	1.32×10^9	1.34×10^9	1.37×10^9
大潮平均纳潮量	1.281×10^9	1.305×10^9	1.322×10^9	1.345×10^9

表 3.6.4 小潮断面纳潮量表

双盘涂、三山涂	双盘涂、三山涂工程后		双盘涂、三山涂工程前	
断面号	1	2	1	2
落潮纳潮量	-1.47×10^9	-5.58×10^9	-1.45×10^9	-5.46×10^9
涨潮纳潮量	1.41×10^9	5.04×10^9	1.48×10^9	5.69×10^9
小潮平均纳潮量	1.439×10^9	5.310×10^9	1.464×10^9	5.575×10^9

表 3.6.5 大潮 1 号断面纳潮量变化率表

双盘涂、三山涂	双盘涂、三山涂工程后	三山涂工程后	双盘涂工程后
断面号	1	1	1
落潮纳潮	−0.4%	−0.2%	−0.1%
涨潮纳潮	−2.6%	−1.5%	−1.0%
大潮平均纳潮	−1.5%	−0.9%	−0.5%

表 3.6.6 大潮 2 号断面纳潮量变化率表

双盘涂、三山涂	双盘涂、三山涂工程后	三山涂工程后	双盘涂工程后
断面号	2	2	2
落潮纳潮	−3.2%	−2.0%	−1.0%
涨潮纳潮	−6.3%	−3.8%	−2.4%
大潮平均纳潮	−4.8%	−2.9%	−1.7%

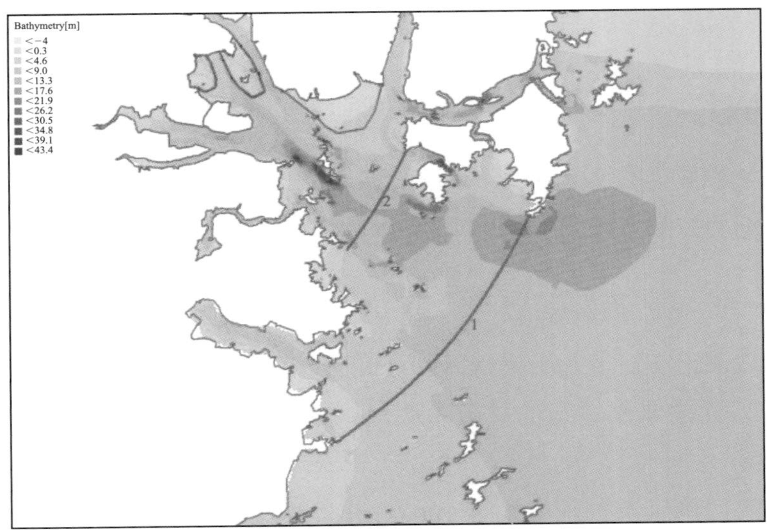

图 3.6.8　纳潮量统计断面示意图

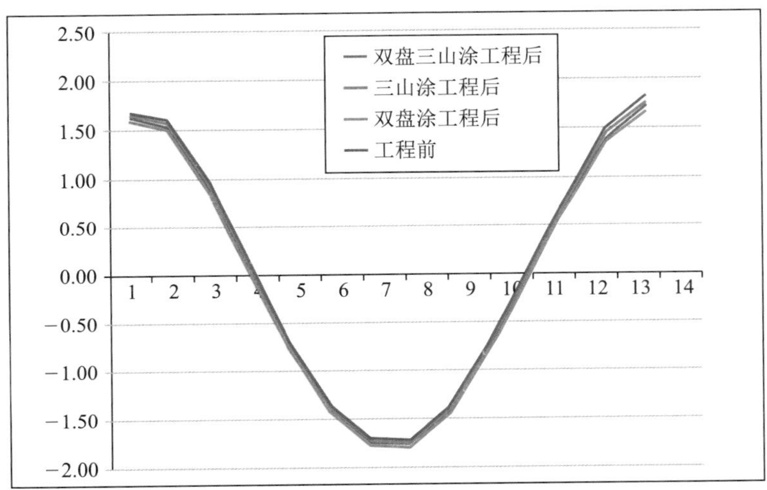

图 3.6.9　1 号断面纳潮量过程曲线(大潮)

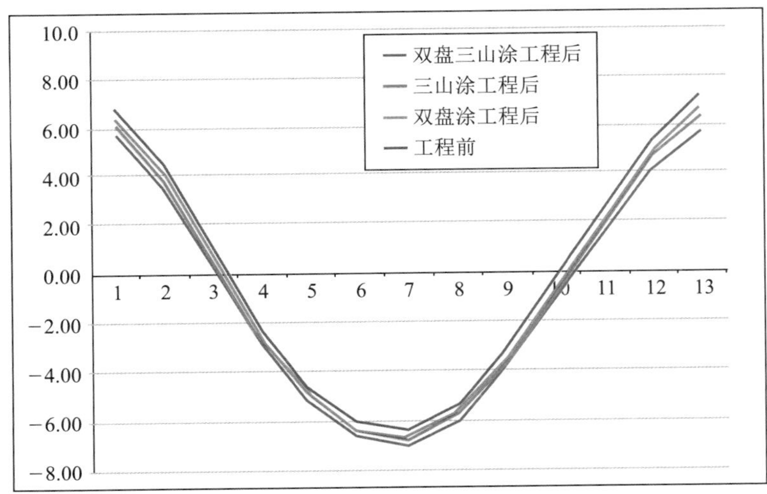

图 3.6.10　2 号断面纳潮量过程曲线(大潮)

3.6.5 水交换

3.6.5.1 计算方法

以溶解态的保守性物质作为湾内水的示踪剂，建立三门湾海域对流—扩散型的水交换数值模式。湾内水示踪剂的控制方程为

$$\frac{\partial c}{\partial t}+\frac{\partial}{\partial x_i}(u,v)=\frac{\partial}{\partial x_i}(k_i)\frac{\partial c}{\partial x_i}\quad (i=1,2) \tag{3-7}$$

式中，(u,v)深度平均流速在笛卡儿坐标(x,y)方向的分量；k为扩散系数：$k = kh + ks + kt$，kh为垂向结构的余环流引起的水平输运的扩散系数，ks为垂向剪切引起的水平输运的扩散系数，kt为紊流扩散系数。

初始条件设置三门湾示踪剂浓度均为100%，开边界设置输入示踪剂边界条件为常量 = 0，以此运行水动力扩散模型，运行时间设置100 d。

3.6.5.2 计算工况

为研究围垦工程对三门湾水交换的影响，针对双盘涂、三山涂围垦工程设置了5组工况计算水交换率，水交换代表性点位置见图3.6.11。

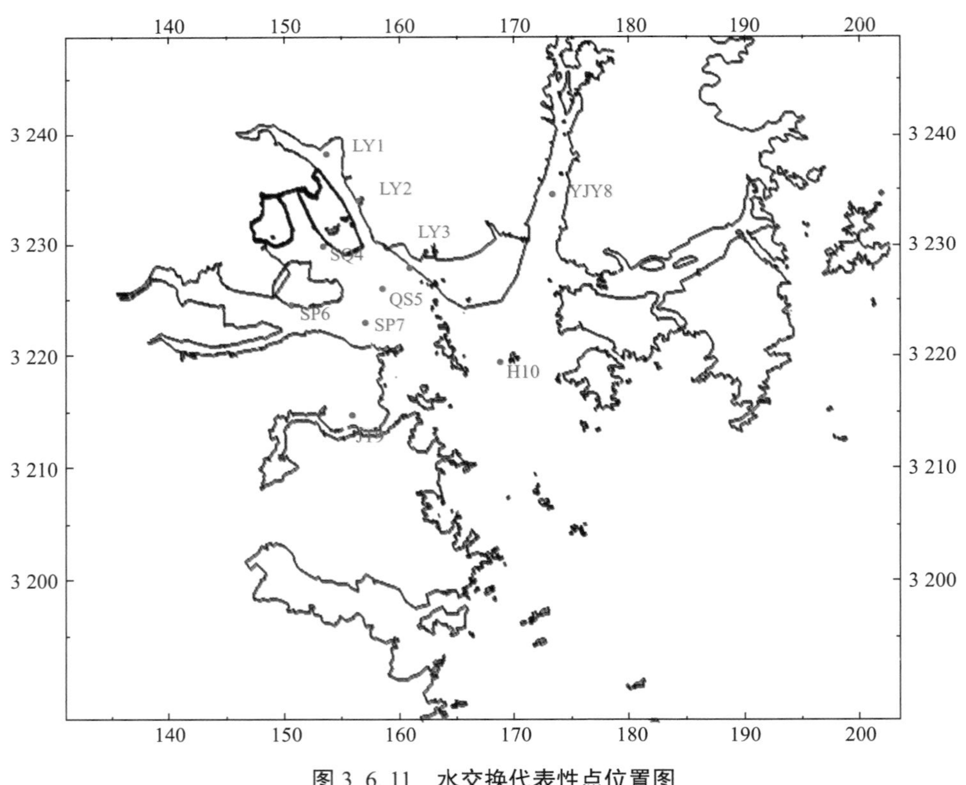

图3.6.11 水交换代表性点位置图

① 工况1：双盘涂、三山涂围垦工程建设前（下洋涂围垦工程已竣工，围垦面积35.87 km^2，计5.38万亩）。

② 工况 2:仅双盘涂围垦工程建成。

③ 工况 3:仅三山涂围垦工程建成。

④ 工况 4:双盘涂和三山涂围垦工程均建成。

⑤ 工况 5:已围垦工程(下洋涂围垦)对水交换的影响。

3.6.5.3　计算结果

三门湾在现状边界(工况 1:下洋涂围垦工程已经竣工)条件下,海湾顶部水体与外海水体 30 d 的水交换率为 50%～60%, 50 d 的水交换率为 85%～90%,如图 3. 6. 12(a)至图 3. 6. 14(a)所示。下洋涂、双盘涂围垦工程实施后,在海湾顶部水体与外海水体的交换速度仍然较快, 30 d 的水交换率为 45%～55%, 50 d 的水交换率约 85%左右,见图 3. 6. 12(b)至图 3. 6. 14(b)所示。

根据计算结果分析表明:双盘涂、三山涂围垦工程实施前,三门湾底部 98%的水交换周期约为 80 d;双盘涂、三山涂围垦同时实施后,三门湾底部 98%的水交换周期约 85 d,如图 3. 6. 15至图 3. 6. 18 所示。由于三门湾海域潮汐特征为半日潮型,潮流运动形式以往复流为主,即水体往复震荡,这里以“0. 5 d”为水交换计算单位表征水交换周期较为合适。由于工程实施后,水交换周期变化较小,以“0. 5 d”为计量单位不能显示 50%水交换周期变化。因此,本书以相同周期内水交换率的变化分析围垦工程对水交换的影响相对更为直观。

双盘涂、三山涂围垦工程各工况条件下 30 d 的水交换率统计见表 3. 6. 7。以 30 d 水交换周期为例,双盘涂、三山涂围垦工程对各代表点的水交换率的影响幅度平均为 2. 9%左右。其中对沥洋港、青山港和蛇蟠涂的影响相对略大,可达 3%～5%。总体而言,水交换影响主要集中在三门湾的西部水域。

为了研究三门湾顶部已竣工的下洋涂大面积围垦工程对水交换的影响,本书计算分析了下洋涂围垦工程实施前、后对三门湾水交换的影响。下洋涂围垦工程位于三门湾顶部区域,围垦面积 35. 87 km^2 (5. 38 万亩),工程堤线总长 17. 347 km^2,配套挡潮闸 8 座,总孔径为 162 m。下洋涂围垦工程是当时浙江省最大的一次性围垦工程,工程于 2007 年 12 月 18 日开工建设, 2010 年 5 月下洋涂围垦工程堤坝成功堵口合拢, 2014 年 5 月通过竣工验收。

根据 30 d 的水交换率分析表明:以 30 d 水交换周期为例,下洋涂围垦工程对各代表性点的水交换率影响幅度约 2. 3%左右。其中对青山港影响相对略大,为 4. 5%左右(表 3. 6. 8)。下洋涂围垦工程实施前,在海湾顶部水体与外海水体的交换速度较快, 30d 的水交换率为 55%～ 65%, 50 d 的水交换率约 90%。而双盘涂、下洋涂围垦实施前,三门湾顶部 98%的水交换周期约 73 d;下洋涂围垦实施后, 98%的水交换周期约需 80 d,见图 3. 6. 19至图 3. 6. 22。下洋涂围垦工程对水交换周期的影响要略大于双盘涂、三山涂围垦工程。下洋涂围垦工程使湾顶区域(主要是沥洋港顶部区域水交换周期变长) 98%的水交换周期延长了 7 d。而双盘涂、三山涂两项围垦工程使得湾顶区域 98%水交换周期仅延长 5 d。对海湾顶部水交换周期的影响均不超过 10%。

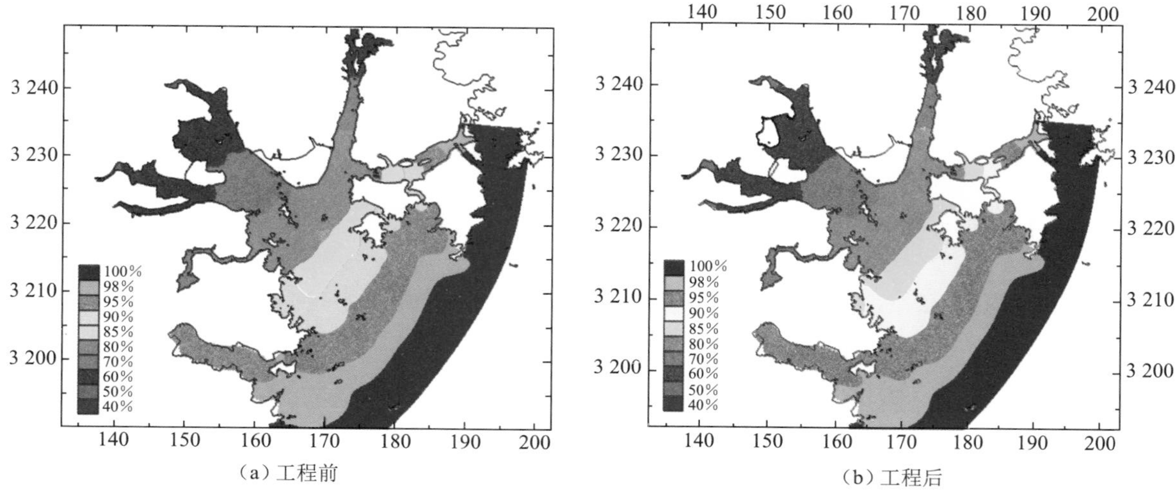

（a）工程前　　（b）工程后

图 3.6.12　双盘涂围垦工程前、后 30 d 水交换率

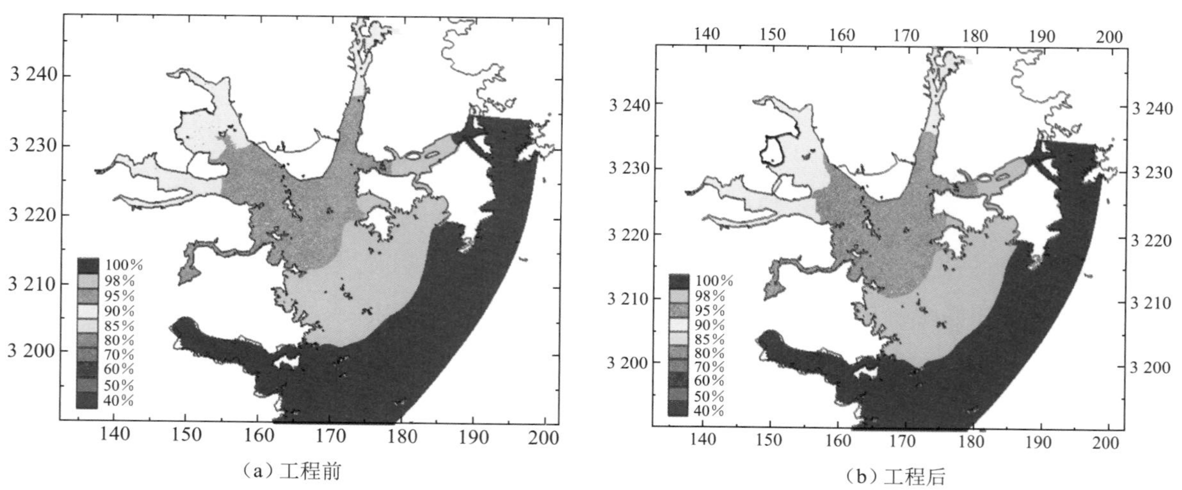

（a）工程前　　（b）工程后

图 3.6.13　双盘涂围垦工程前、后 50 d 水交换率

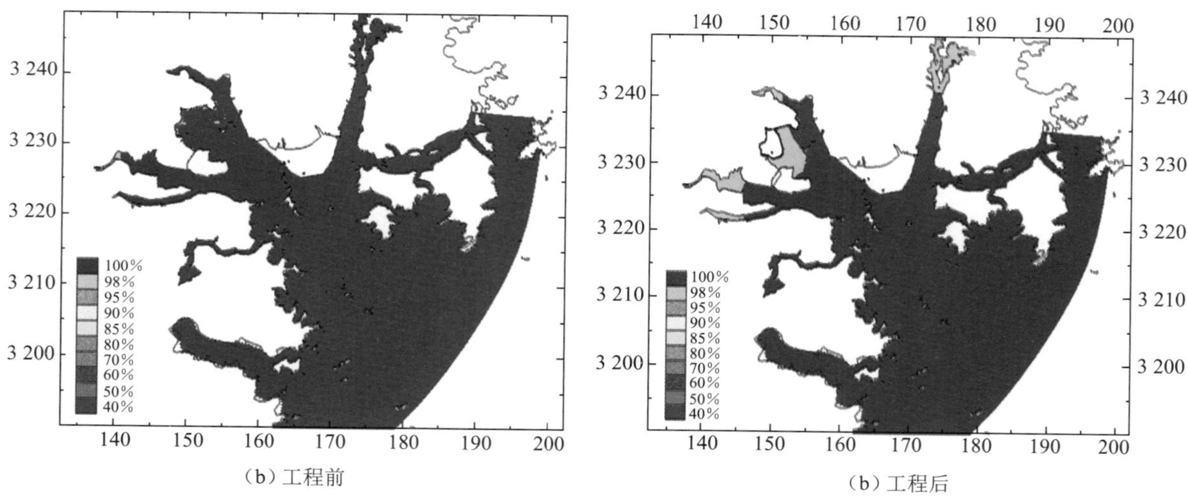

（b）工程前　　（b）工程后

图 3.6.14　双盘涂围垦工程前、后 80 d 水交换率

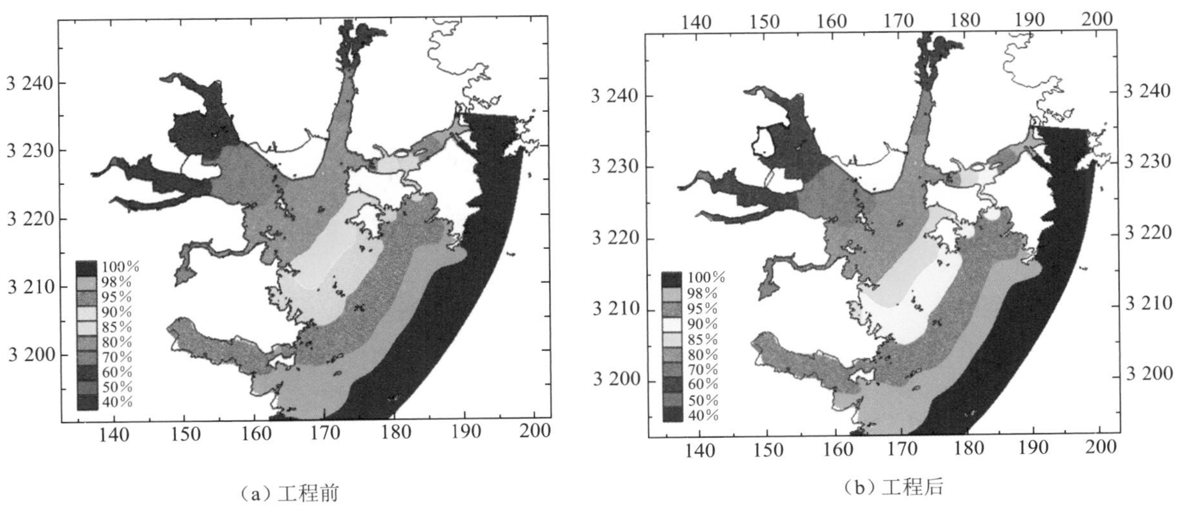

（a）工程前　　（b）工程后

图 3. 6. 15　双盘涂和三山涂围垦工程前、后 30 d 水交换率

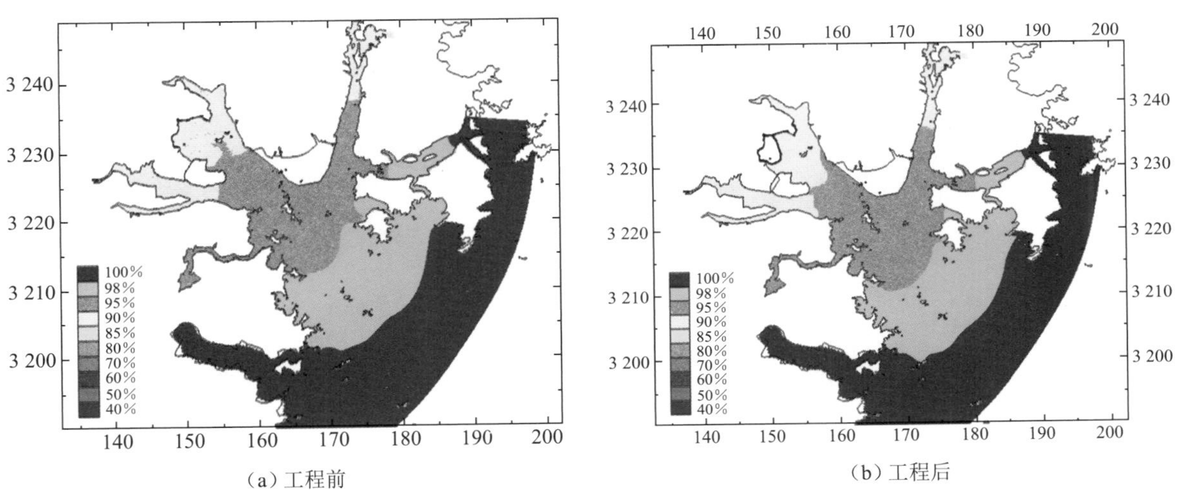

（a）工程前　　（b）工程后

图 3. 6. 16　双盘涂和三山涂围垦工程前、后 50 d 水交换率

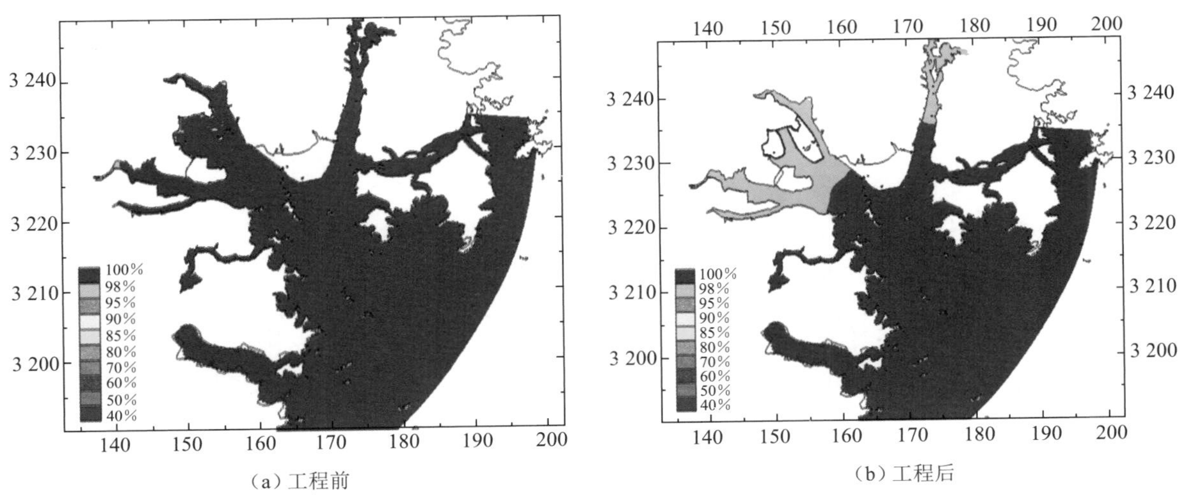

（a）工程前　　（b）工程后

图 3. 6. 17　双盘涂和三山涂围垦前、后 80 d 水交换率

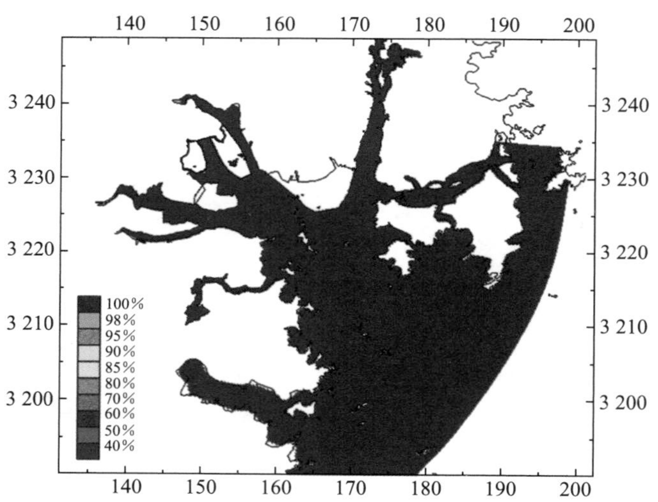

图 3. 6. 18　双盘涂和三山涂围垦工程后 85 d 水交换率

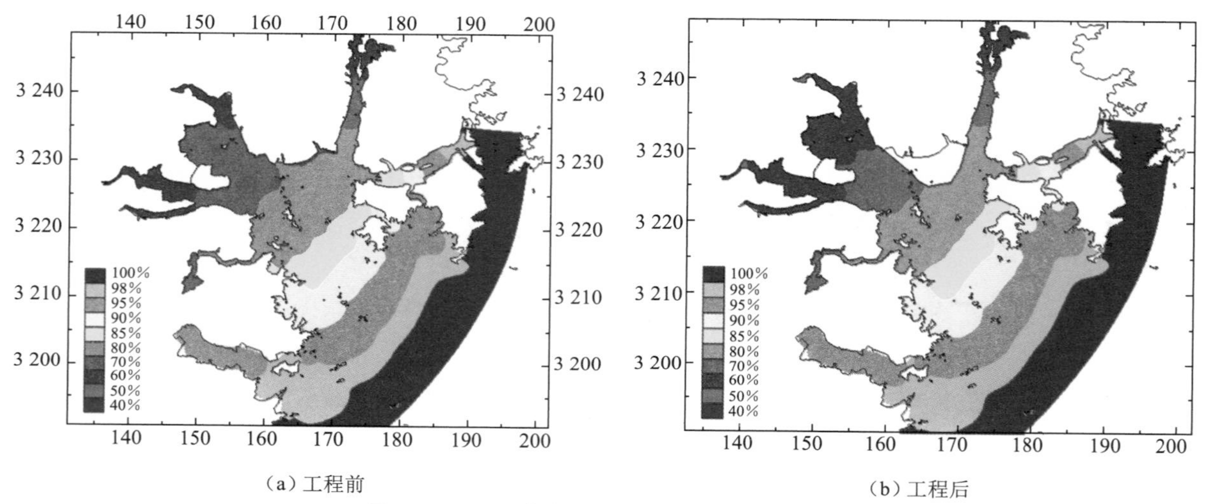

（a）工程前　（b）工程后

图 3. 6. 19　下洋涂围垦工程前、后 30 d 水交换率

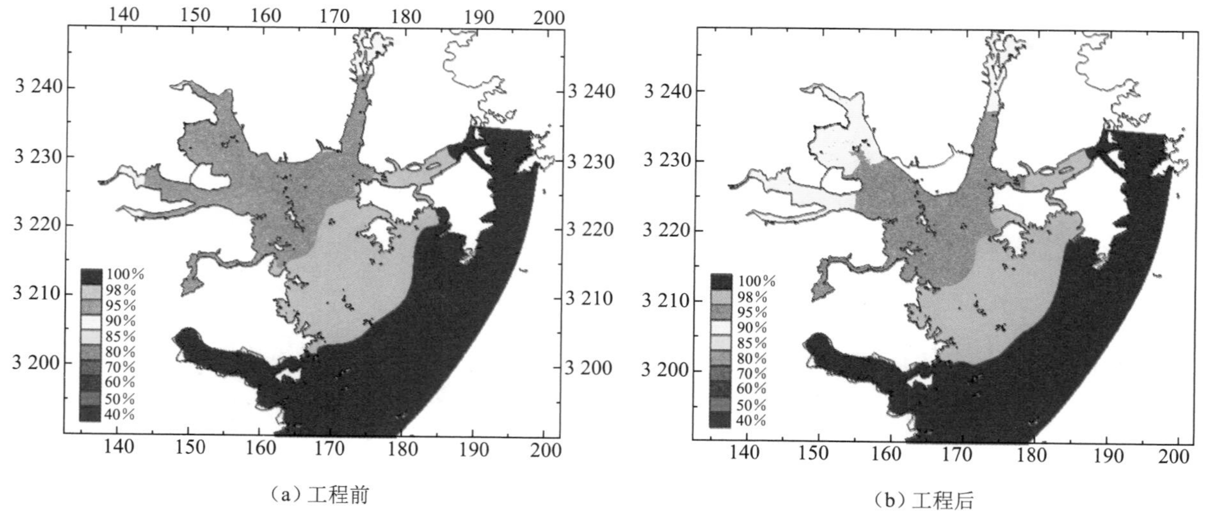

（a）工程前　（b）工程后

图 3. 6. 20　下洋涂围垦工程前、后 50 d 水交换率

表 3.6.7 双盘涂、三山涂围垦工程各工况条件下 30 d 的水交换率统计表

区块	代表点	30 d 水交换率(%)			
		工程前	双盘涂	三山涂	双盘涂、三山涂
沥洋港	LY1	53.1	51.2	47.9	47.2
	LY2	57.4	56.2	55.1	54.8
	LY3	63.5	62.0	61.3	60.5
青山港	QS4	57.8	56.1	55.9	54.1
	QS5	65.4	64.4	63.9	62.3
蛇蟠水道	SP6	57.5	54.2	54.5	52.7
	SP7	65.0	63.6	63.7	62.4
岳井洋	YJY8	69.4	69.2	69.1	69.0
健跳港	JT9	70.7	70.5	70.5	70.4
混合区	H10	78.1	76.9	76.5	75.6

表 3.6.8 下洋涂围垦工程前、后 30 d 的水交换率统计表

区块	代表点	30 d 水交换率(%)	
		下洋涂围垦工程前	下洋涂围垦工程后
沥洋港	LY1	55.9	53.1
	LY2	61.1	57.4
	LY3	66.7	63.5
青山港	QS4	63.3	57.8
	QS5	68.7	65.4
蛇蟠水道	SP6	58.5	57.5
	SP7	65.9	65.0
岳井洋	YJY8	70.1	69.4
健跳港	JT9	70.9	70.7
混合区	H10	79.9	78.1

综上所述，根据下洋涂、双盘涂、三山涂围垦工程对三门湾水交换条件影响的综合分析表明：由于下洋涂围垦工程面积大，对水交换周期的影响略大于双盘涂、三山涂两项围垦工程。双盘涂、三山涂围垦对水交换的影响主要集中在三门湾西侧水域，而下洋涂围垦工程则影响到整个三门湾海域的水交换情况。

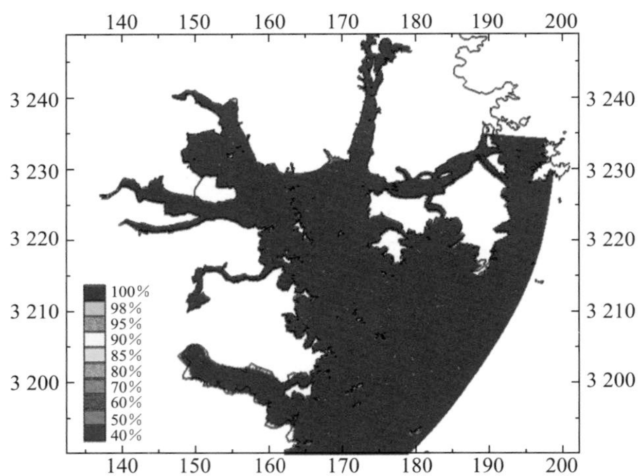

图 3. 6. 21　下洋涂围垦工程前 73 d 水交换率

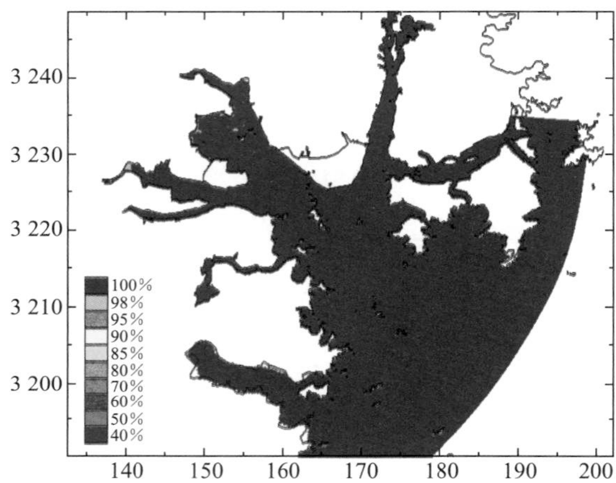

图 3. 6. 22　下洋涂围垦工程后 80 d 水交换率

参考文献

[3-1] 许建平，许卫忆，李金洪，等. 浙江三门核电厂海水取排水工程水文测验综合分析报告[R]. 1994.

[3-2] 杨士瑛，羊天柱，施伟勇，等. 浙江三门核电厂海水取排水工程水文测验综合分析报告[R]. 2003.

[3-3] 张俊彪，杨士瑛，施伟勇，等. 三门核电 3、4 号机组海水取排水工程水文泥沙测验综合分析报告[R]. 2013.

[3-4] 侍茂崇. 物理海洋学. 中国现代海洋科学丛书[M]. 济南：山东教育出版社，2004.

[3-5] 应仁方，周黔生. 浙江三门核电厂可行性研究阶段海平面和工程基准面关系分析研究报告[R]. 1994.

[3-6] 李金洪，杨士瑛，许建平，等. 三门核电厂海洋水文气象观测综合分析报告[R]. 1994.

[3-7] 李金洪，杨士瑛，刘振东，等. 三门核电工程海洋水文站资料综合分析报告[R]. 1996.

[3-8] 应仁方，伍远康，周黔生，等. 浙江沿海海平面上升预测及影响对策研究[R]. 2003.

[3-9] 浙江省水文局. 浙江省水文站水位基面考证及历年水位资料订正[R]. 2007.

[3-10] 杜碧兰，张锦文. 海平面上升对中国海地区的影响研究[J]. 海洋学报，2000，22(增刊)：1-12.

[3-11] 马继瑞，田素珍，郑文振，等. 太平洋水位站相对海平面升降趋势分析[J]. 海洋学报，1996，18(5)：14-21.

[3-12] 国家海洋局. 2012 年中国海平面公报[R/OL]. 2013.

[3-13] 陈宗镛. 潮汐与海平面变化研究陈宗镛研究文选[M]. 青岛：中国海洋大学出版社，2007.

[3-14] 夏华永，李树华. 带周期项的海平面灰色分析模型及广西海平面变化分析[J]. 海洋学报，1999，21(2)：9-17.

[3-15] 冯士筰，李凤岐，李少青. 海洋科学导论[M]. 北京：高等教育出版社，1999.

[3-16] 杨华庭，田素珍，叶琳，等. 中国海洋灾害四十年资料汇编(1949～1990)[G]. 北京：海洋出版社，1993.

[3-17] 包澄澜. 海洋灾害及预报[M]. 北京：海洋出版社，1991.

[3-18] 国家海洋局.《关于印发风暴潮、海浪、海啸、海冰、海平面上升灾害风险评估和区划技术导则的通知》(国海预字[2015] 585 号)—海浪灾害风险评估和区划技术导则[S]. 2015.

[3-19] 国家海洋环境预报中心. 我国近海海浪灾害现场调查报告[R]. 2009.

[3-20] 于福江，董剑利，叶琳，等．中国风暴潮灾害史料集［G］．北京：海洋出版社，2015．

[3-21] 国家海洋局．2013 年中国海洋灾害公报（一）［R/OL］．

[3-22] 国家海洋局《关于印发风暴潮、海浪、海啸、海冰、海平面上升灾害风险评估和区划技术导则的通知》（国海预字［2015］585 号）—海啸灾害风险评估和区划技术导则［S］. 2015.

[3-23] 张亦飞，叶钦，李尚鲁，等．浙江省平阳县鳌江海岸防护工程项目海洋灾害风险排查报告［R］，2017．

[3-24] 杨万康，许雪峰，潘冲，等．浙江宁海双盘、三山涂区域农业围垦用海规划数值模拟预测分析报告［R］. 2012.

[3-25] 冯士筰，孙文心．物理海洋数值计算［M］．河南：河南科学技术出版社，1990．

[3-26] 刘家驹，喻国华．淤泥质海岸浅滩促淤计算预报［J］，海洋工程，1990（1）：51-59.

[3-27] 窦国仁，董风舞，Xibing Dou，等．潮流和波浪的挟沙能力．科学通报，1995（5）：443-446.

[3-28] 窦国仁．潮汐水流中悬沙运动及冲淤计算[J]．水利学报 1963（4）：13-23.

第 4 章　泥沙与沉积

4.1　泥沙

海水含沙量受底质条件、潮流、径流、波浪、气象等诸多因素的影响，在近岸和近海的不同海域含沙量变化明显，同时在不同时间、不同位置上变化也较为剧烈。

4.1.1　资料概况

4.1.1.1　站位布设

三门湾及其附近海域曾实施 3 个年份，6 个航次（1994 年冬、夏两季，2003 年春、秋两季和 2013 年冬、夏两季）大规模水文泥沙测验和潮位同步观测[3-1～3-3]。其中泥沙采样点和观测时间与潮流观测点相同，具体请见 3. 2. 1. 1 节，调查时间与站位布置见图 3. 2. 1。

4.1.1.2　资料处理

（1）1994 年资料分析与处理

观测时间在整点前后 10 钟内完成，涨、落急和涨、落憩时进行加密观测。取样层次按六点法（表层、0. 2H、0. 4H、0. 6H、0. 8H、底层）进行。水样用 2 000 mL 的横式采水器采集，然后用 φ60、孔径 0. 45 μm 的微孔滤膜在现场过滤，泥沙样品立即在红外灯下烘干，使其中的有机物不会在短时期内发生繁殖和腐烂而影响重量。带回实验室后再在 40 ℃～45 ℃的烘箱中烘 6～8 h，使泥沙样品达到恒重。用万分之一电子天平称重，再用空白滤膜对膜进行失重校正，计算出海水中的悬沙浓度（kg/m^3）。

悬沙的粒径分析由滤后的悬沙样分析获得。在 12 个站大、小潮测次中取涨、落急和涨、落憩四个时刻的 0. 2H、0. 6H、底层三个层次的样品，经磷酸钠溶液浸泡，超声波分散后，由 TAII 型库尔特粒度分析仪测量。根据样品特点，分析统计窗口为 1. 59～50. 8 μm 共 16 个通道的颗粒体积百分比分布，据半对数坐标系上累积百分比分布，算出累积百分比 50%的粒径为中值粒径 D50。

底质样品在各站落憩时采集，个别站在涨、落急和涨、落憩时各采一个样。取表层 0～5 cm 厚的泥样。粒径级配分布按照海洋调查规范用沉析法和筛分法，然后进行中值粒径、分选系数和偏态系数的统计。

(2) 2003 年和 2013 年资料分析与处理

2003 年水文泥沙测验在三门湾及其附近海域布设 15 个周日连续观测站，进行春、秋两季大、中、小潮 27 h 连续采样；2013 年水文泥沙测验在其海域布设 13 个周日连续观测站，进行冬、夏两季大、中、小潮 27 h 连续采样。水样均按六点法(表层、0. 2H、0. 4H、0. 6H、0. 8H、底层)分层采样，采样时间在正点前后 10 钟内完成，取样时间间隔 1 h，并在涨、落潮转流(以 0. 6H 处流速最小为准)时加密观测。悬沙采样、烘干方法与 1994 年相同。

粒度分析使用国际先进的英国马尔文 MAM5005 型激光粒度分析仪进行分析。粒度大小依照体积直径计算。把载有悬浮体的孔径为 0. 45 μm 的薄膜样置于烧杯中，加水 30 mL，加浓度为 0. 5 mol 的六偏磷酸钠 5 ml，用不锈钢镊子使悬浮体和薄膜分离，夹出薄膜，用 KQ-50 型超声波清洗器超声 3～5 分钟使颗粒分散，经 24 h 后做粒度分析。表层沉积物粒度分析按《海洋调查规范(GB/T 13909—92)》要求进行，取湿沉积物样约 1 g 置烧杯中，加浓度为 0. 5 mol 六偏磷酸钠 5 mL，用 KQ-50 型超声波清洗器超声 3～5 分钟使颗粒分散，经 24 h 后进行粒度分析。悬浮体样和表层沉积物样粒级标准采用尤登-温德华氏等比制 φ 值粒级标准，其中每一相邻粒级的大小均为其前者的一半，换算公式为 $\varphi = \log_d^2$, d 为粒径(mm)。粒度参数采用福克-沃德公式计算出四种参数，即平均粒径(Mz)、分选系数(σ_1)、偏态(Sk_i)、峰态(Kg)和中值粒径(M_d)。沉积物分类和命名采用谢帕德三角图分类法。粒度分析有悬浮体样和表层沉积物样。其中悬浮体分别在大、小潮第一次涨急、涨憩、落急、落憩时取样，采样层次采用三点法(0. 2H、 0. 6H、底层)。每个测站采集 24 个悬浮体样品。表层沉积物在大、小潮落憩时各站取 1 个样品。

为更细致地论述分析结果，将 2003 年 15 个测站、2013 年 13 个测站的含沙量分布分成几个断面(区域)进行论述。① 口门断面，包括口门断面和珠门港、石浦港控制点；② 湾顶断面，即湾的顶端水域；③ 两条纵向断面，即满山水道和猫头水道；④ 猫头山嘴附近水域。断面划分与测流点相同。

4.1.2 含沙量统计分析

4.1.2.1 含沙量概况

(1) 1994 年含沙量概况

根据 1994 年冬季三门湾海域各站含沙量统计表明：最高含沙量为 7. 396 kg/m³(出现在滩地 S3 锚系观测站涨潮初期的底层)，最低含沙量为 0. 003 kg/m³。垂线平均含沙量的变化范围，大潮介于 0. 443～1. 237 kg/m³ 之间，中潮介于 0. 350～0. 988 kg/m³ 之间，小潮介于 0. 066～0. 228 kg/m³ 之间，见表 4. 1. 1。夏季三门湾海域最高含沙量为 3. 834 kg/m³(N04 站中潮底层)，最低 0. 001 kg/m³。垂线平均含沙量的变化范围，大潮介于 0. 080～0. 414 kg/m³ 之间，中潮介于 0. 083～0. 444 kg/m³ 之间，小潮介于 0. 037～0. 219 kg/m³ 之间。分析表明：平均含沙量随着潮汛的更迭而变化，即大潮最高，中潮次之，小潮最低，大、小潮的平均含沙量一般相差 2～3 倍之多，冬、夏两季大、小潮各站各层次含沙量特征值如表 4. 1. 2至表 4. 1. 5 所示。

表4.1.1 1994年冬、夏两季垂线平均含沙量特征值

季节	潮型	垂线平均含沙量(kg/m^3)		
		各站垂线全潮平均	变化范围	猫头山嘴附近N16
冬季	大潮	0.890	0.443～1.237	0.696
	中潮	0.597	0.350～0.988	0.823
	小潮	0.124	0.066～0.228	0.134
夏季	大潮	0.236	0.080～0.414	0.348
	中潮	0.240	0.083～0.444	0.367
	小潮	0.086	0.037～0.219	0.136

(2) 2003年含沙量概况

1) 春季航次

根据2003年春季三门湾海域各站含沙量统计表明：实测最大含沙量2.034 kg/m^3，出现在N15站中潮的底层，最小含沙量0.002 kg/m^3，出现在N16站小潮的表层。含沙量的分布范围大潮为0.031～1.674 kg/m^3，中潮为0.006～2.034 kg/m^3，小潮为0.002～0.226 kg/m^3。周日平均含沙量大、中、小潮分别为0.395～0.530 kg/m^3、0.265～0.464 kg/m^3和0.033～0.057 kg/m^3，大、小潮含沙量之比约为10∶1。三门湾海域春季航次各站含沙量特征值见表4.1.6和表4.1.7。由表可见，含沙量随潮汛变化而变化，即大潮含沙量最高，中潮次之，小潮最低。

2) 秋季航次

2003年秋季三门湾海域各站实测含沙量平均值变化范围介于0.137～0.503 kg/m^3之间(表4.1.8)；最大值变化范围介于0.580～3.469 kg/m^3之间，实测最大含沙量为3.466 kg/m^3，出现在N10站；最小值变化范围介于0.011～0.028 kg/m^3之间，最小含沙量为0.011 kg/m^3，出现在N05站，含沙量的最大值与最小值相差甚远。

(3) 2013年含沙量概况

2013年实测含沙量按每0.1 kg/m^3一个级别进行统计分析，根据获得含沙量在不同量值范围的分布状况，按含沙量的频率分布分析三门湾海域含沙量的变化特性。分析表明：夏季三门湾海域含沙量在低值区出现的频率要高于冬季。

1) 冬季航次

根据冬季观测结果分析：大潮期间含沙量在0.2～0.5 kg/m^3区间内出现频率较高，占大潮样品总数的48%，含沙量小于0.1 kg/m^3出现频率极小，仅占0.2%，含沙量大于1.0 kg/m^3出现的频率也仅占0.8%。中潮期间含沙量在0.4～0.7 kg/m^3区间内出现的频率较高，占到中潮样品总数的34.3%，含沙量小于0.1 kg/m^3出现频率极小，只占0.7%，而大于1.0 kg/m^3出现频率也仅占5.5%。小潮期间含沙量在0.1～0.4 kg/m^3区间内出现频率较高，占到小潮样品总数的36.0%，含沙量小于0.1 kg/m^3出现频率略大于大、中潮期间，占8.2%，含沙量大于1.0 kg/m^3出现频率占1.7%。

表 4.1.2　1994 年冬季大潮涨、落潮最大含沙量和平均含沙量特征值

（单位：kg/m³）

站号		N01	N02	N03	N04	N05	N06	N07	N08	N09	N10	N11	N12	N13	N14	N15	N16	N17	N18	N19	N20	N21	N22	N23	N24	N25	N26	S3
表层	最大涨	0.620	1.242	1.464	1.155	1.003	0.725	1.343	1.136	0.834	0.716	0.788	0.530	0.599	0.751	0.735	0.694	0.687	0.780	0.613	0.700		0.999	1.215	1.384	0.773	0.727	
	最大落	0.591	0.892	1.206	1.153	0.622	0.759	0.892	1.031	0.648	0.741	0.425	0.810	0.544	0.662	0.748	0.662	0.806	0.585	0.376	0.656		0.846	1.229	1.818	0.748	0.698	
	平均值	0.364	0.669	0.926	0.752	0.443	0.460	0.630	0.415	0.414	0.526	0.335	0.393	0.404	0.393	0.506	0.482	0.535	0.456	0.274	0.524		0.660	0.783	0.894	0.479	0.567	
0.2H	最大涨	1.658	1.215	1.689	1.312	0.920	0.975	1.387	1.397	0.904	0.902	0.801	0.492	0.917	0.761	0.773	0.887	0.738	0.711	0.654	0.758		0.932	1.275	1.249	0.622	0.754	
	最大落	0.647	0.847	1.324	1.420	0.750	0.810	0.957	1.100	0.891	0.817	0.617	0.787	0.657	0.609	0.901	0.750	0.853	1.017	0.361	0.789		0.861	1.457	1.204	0.754	0.707	
	平均值	0.416	0.669	1.093	0.979	0.532	0.571	0.805	0.610	0.598	0.555	0.401	0.409	0.508	0.430	0.571	0.578	0.630	0.567	0.280	0.492		0.667	0.867	0.918	0.495	0.567	
0.4H	最大涨	1.538	1.284	1.546	1.349	0.970	0.886	1.485	1.396	0.864	0.809	0.756	0.502	1.042	0.711	0.886	0.890	0.796	0.782	0.645	0.770		0.987	1.253	1.468	0.694	0.798	
	最大落	0.618	1.125	1.893	1.422	0.837	0.856	1.221	1.293	0.985	0.815	0.662	0.879	0.735	0.853	0.934	0.832	1.020	1.081	0.462	0.926		0.888	1.369	1.281	0.837	0.732	
	平均值	0.444	0.758	1.202	1.070	0.610	0.645	0.737	0.495	0.668	0.592	0.446	0.463	0.572	0.464	0.631	0.648	0.667	0.676	0.302	0.626		0.681	0.884	0.989	0.523	0.597	
0.6H	最大涨	1.294	1.284	1.593	1.338	1.070	1.079	1.505	1.393	0.962	0.994	0.774	0.761	0.955	0.808	0.877	0.989	0.815	1.108	0.717	1.017		0.985	1.183	1.307	0.821	0.813	
	最大落	0.711	1.041	1.719	1.595	0.959	1.073	1.423	1.675	1.062	0.873	0.823	0.890	0.952	0.761	0.820	0.861	1.099	0.352	0.496	1.202		0.947	1.423	1.460	0.810	0.742	
	平均值	0.454	0.782	1.344	1.151	0.730	0.742	0.970	0.802	0.720	0.651	0.502	0.497	0.631	0.475	0.646	0.692	0.747	0.761	0.321	0.603		0.770	0.967	0.979	0.536	0.629	
0.8H	最大涨	1.001	1.290	1.792	1.424	1.401	1.118	1.455	1.433	0.903	0.943	0.854	0.541	1.146	0.814	0.993	1.503	0.862	1.173	0.698	1.085		1.120	1.569	1.581	0.915	0.833	
	最大落	0.563	1.315	2.033	1.876	1.139	1.412	1.373	1.862	1.069	1.081	0.960	0.923	1.105	0.806	0.858	1.176	1.347	1.399	0.553	1.207		1.214	1.579	1.570	0.732	0.751	
	平均值	0.452	0.846	1.387	1.245	0.840	0.835	0.832	0.610	0.733	0.724	0.583	0.527	0.693	0.497	0.679	0.857	0.824	0.818	0.357	0.729		0.840	1.113	1.071	0.549	0.655	
底层	最大涨	1.065	1.355	1.769	1.423	1.285	1.335	1.512	1.312	0.881	0.945	0.939	0.681	1.501	1.501	1.025	1.519	0.990	1.266	0.733	0.954		1.292	1.637	1.701	0.851	0.988	
	最大落	0.860	1.917	1.959	2.230	1.260	1.956	1.395	1.778	1.371	1.536	1.116	1.126	1.137	0.697	0.903	1.617	1.487	1.388	0.588	1.274		1.386	3.089	2.438	0.733	0.797	
	平均值	0.535	0.896	1.392	1.274	0.889	1.021	1.063	0.789	0.819	0.797	0.645	0.579	0.729	0.573	0.702	0.928	0.868	0.897	0.396	0.628		0.923	1.245	1.151	0.563	0.659	
垂线平均		0.443	0.768	1.237	1.092	0.676	0.707	0.838	0.624	0.667	0.637	0.484	0.476	0.594	0.470	0.626	0.696	0.714	0.700	0.319	0.605	0.591	0.750	0.969	0.996	0.525	0.612	0.206

表 4.1.3　1994 年冬季小潮涨、落潮最大含沙量和平均含沙量特征值

（单位：kg/m^3）

站号			N01	N02	N03	N04	N05	N06	N07	N08	N09	N10	N11	N12	N13	N14	N15	N16	N17	N18	N19	N20	N21	N22	N23	N24	N25	N26	S3
表层	最大	涨	0.354	0.029	0.212	0.236	0.440	0.058	0.296	0.225	0.296	0.109	0.095	0.088	0.151	0.061	0.085	0.148	0.105	0.072	0.049	0.088		0.142	0.068	0.192	0.096	0.121	
		落	0.118	0.042	0.124	0.412	0.057	0.076	0.157	0	0.169	0.155	0.054	0.099	0.174	0.170	0.124	0.222	0.216	0.045	0.077	0.091		0.089	0.082	0.157	0.101	0.137	
	平均值		0.103	0.024	0.089	0.143	0.027	0.052	0.750	0.032	0.114	0.053	0.039	0.058	0.089	0.042	0.063	0.064	0.066	0.036	0.028	0.043		0.057	0.039	0.103	0.040	0.066	
0.2H	最大	涨	0.274	0.044	0.223	0.319	0.067	0.082	0.334	0.219	0.262	0.113	0.087	0.114	0.361	0.124	0.244	0.211	0.159	0.061	0.060	0.089		0.106	0.169	0.271	0.093	0.179	
		落	0.344	0.071	0.167	0.272	0.069	0.108	0.317	0.282	0.244	0.135	0.103	0.105	0.196	0.170	0.129	0.172	0.185	0.102	0.189	0.099		0.151	0.175	0.164	0.078	0.131	
	平均值		0.107	0.030	0.133	0.183	0.034	0.069	0.154	0.112	0.159	0.059	0.045	0.070	0.128	0.051	0.097	0.104	0.094	0.042	0.041	0.051		0.067	0.059	0.124	0.042	0.087	
0.4H	最大	涨	0.281	0.150	0.245	0.422	0.092	0.115	0.290	0.310	0.289	0.156	0.098	0.140	0.277	0.474	0.245	0.252	0.199	0.079	0.082	0.104		0.150	0.271	0.354	0.148	0.203	
		落	0.165	0.075	0.271	0.269	0.082	0.199	0.242	0	0.267	0.130	0.094	0.123	0.268	0.154	0.181	0.194	0.161	0.127	0.141	0.128		0.150	0.230	0.171	0.086	0.138	
	平均值		0.113	0.049	0.164	0.210	0.042	0.090	0.118	0.045	0.184	0.069	0.060	0.083	0.167	0.067	0.099	0.117	0.092	0.055	0.048	0.061		0.083	0.095	0.146	0.057	0.084	
0.6H	最大	涨	0.392	0.328	0.363	0.423	0.112	0.170	0.385	0.351	0.308	0.207	0.114	0.151	0.473	0.236	0.184	0.272	0.224	0.100	0.096	0.175		0.213	0.313	0.335	0.288	0.160	
		落	0.162	0.245	0.296	0.334	0.205	0.239	0.368	0.270	0.279	0.185	0.122	0.151	0.324	0.221	0.208	0.194	0.189	0.144	0.131	0.153		0.205	0.292	0.154	0.239	0.157	
	平均值		0.122	0.106	0.232	0.234	0.066	0.114	0.204	0.172	0.212	0.087	0.070	0.092	0.219	0.074	0.093	0.136	0.105	0.070	0.059	0.078		0.115	0.157	0.162	0.137	0.092	
0.8H	最大	涨	3.790	0.491	0.496	0.480	0.216	0.190	0.360	0.457	0.582	0.513	0.128	0.205	0.383	0.111	0.232	0.343	0.223	0.132	0.145	0.174		0.448	0.307	0.413	0.621	0.103	
		落	0.189	0.333	0.559	0.497	0.244	0.312	0.306	0.000	0.402	0.250	0.143	0.148	0.374	0.276	0.295	0.340	0.324	0.222	0.222	0.199		0.253	0.513	0.178	0.340	0.139	
	平均值		0.124	0.193	0.325	0.286	0.098	0.137	0.146	0.068	0.245	0.144	0.080	0.102	0.239	0.067	0.139	1.610	0.142	0.098	0.770	0.106		0.190	0.223	0.183	0.272	0.090	
底层	最大	涨	0.390	1.076	0.538	0.551	0.252	0.299	0.629	0.430	0.457	2.543	0.145	0.149	0.636	0.402	0.319	0.367	0.697	0.169	0.142	0.271		0.729	0.368	0.466	0.958	0.150	
		落	0.319	1.343	0.705	0.436	0.445	0.499	0.390	0.244	0.833	0.502	0.153	0.147	0.415	0.364	0.390	0.809	0.648	0.432	0.225	0.237		0.916	0.493	0.173	1.027	1.850	
	平均值		0.152	0.364	0.394	0.306	0.148	0.211	0.256	0.156	0.311	0.501	0.109	0.100	0.303	0.130	0.167	0.245	0.263	0.152	0.081	0.136		0.393	0.274	0.192	0.527	0.099	
垂线平均			0.119	0.114	0.219	0.228	0.065	0.108	0.158	0.098	0.202	0.127	0.066	0.085	0.190	0.069	0.108	0.134	0.120	0.072	0.660	0.770	0.207	0.136	0.138	0.138	0.161	0.087	0.362

表 4.1.4 1994 年夏季大潮涨、落潮最大含沙量和平均含沙量特征值

（单位：kg/m³）

站号			N01	N02	N03	N04	N05	N06	N07	N08	N09	N10	N11	N12	N13	N14	N15	N16	N17	N18	N19	N20	N22	N23	N24	N25	N26
表层	最大	涨	0.172	0.146	0.227	0.438	0.246	0.109	0.400	0.228	0.159	0.224	0.161	0.196	0.076	0.160	0.125	0.259	0.211	0.272	0.351	0.105	0.198	0.243	0.151	0.163	0.093
		落	0.170	0.219	0.255	0.221	0.126	0.096	0.172	0.154	0.099	0.157	0.230	0.151	0.119	0.252	0.663	0.203	0.328	0.258	0.107	0.506	0.167	0.209	0.197	0.076	0.097
	平均		0.067	0.079	0.116	0.114	0.061	0.055	0.139	0.081	0.059	0.093	0.083	0.069	0.061	0.098	0.161	0.110	0.126	0.095	0.092	0.091	0.083	0.078	0.075	0.032	0.043
0.2H	最大	涨	0.252	0.285	0.509	0.558	0.273	0.21	0.545	0.353	0.142	0.285	0.194	0.218	0.158	0.232	0.453	0.803	0.243	0.259	0.396	0.280	0.377	0.267	0.245	0.209	0.101
		落	0.276	0.301	0.465	0.270	0.266	0.317	0.425	0.697	0.107	0.176	0.304	0.192	0.128	0.272	0.721	0.557	0.685	0.655	0.157	0.610	0.239	0.519	0.233	0.131	0.122
	平均		0.110	0.144	0.263	0.196	0.107	0.128	0.241	0.214	0.067	0.137	0.109	0.101	0.088	0.127	0.246	0.253	0.220	0.175	0.109	0.139	0.118	0.156	0.110	0.052	0.055
0.4H	最大	涨	0.321	0.364	0.742	0.558	0.330	0.374	0.554	0.438	0.152	0.379	0.300	0.235	0.145	0.320	0.495	0.516	0.282	0.299	0.381	0.706	0.418	0.288	0.362	0.201	0.106
		落	0.283	0.353	0.581	0.283	0.356	0.281	0.479	0.715	0.356	0.212	0.401	0.272	0.138	0.307	0.796	0.652	0.673	0.861	0.242	0.676	0.556	0.667	0.398	0.226	0.135
	平均		0.134	0.193	0.332	0.236	0.156	0.171	0.289	0.286	0.100	0.174	0.156	0.131	0.104	0.154	0.247	0.282	0.262	0.257	0.123	0.226	0.195	0.193	0.146	0.083	0.068
0.6H	最大	涨	1.406	0.421	0.726	0.704	0.405	0.561	0.605	0.615	0.152	0.417	0.355	0.291	0.203	0.344	0.584	0.586	0.363	1.251	0.397	0.453	0.427	0.455	0.371	0.202	0.140
		落	0.555	0.422	0.753	0.406	0.434	0.263	0.543	0.695	0.461	0.266	0.615	0.307	0.154	0.278	0.801	0.766	1.502	0.956	0.311	0.668	1.023	0.845	0.597	0.357	0.133
	平均		0.248	0.246	0.446	0.308	0.212	0.244	0.326	0.360	0.132	0.198	0.204	0.159	0.127	0.167	0.300	0.353	0.353	0.374	0.156	0.245	0.279	0.282	0.188	0.118	0.083
0.8H	最大	涨	0.415	0.543	0.771	0.757	0.660	0.973	0.824	0.909	0.236	0.409	0.789	0.370	0.256	0.535	0.667	0.613	0.390	0.533	0.431	0.853	0.640	0.612	0.959	0.215	0.175
		落	0.578	0.564	1.281	0.948	0.678	0.954	0.665	0.775	0.552	0.338	0.577	0.318	0.160	1.179	0.782	1.074	1.629	1.631	0.410	0.744	1.206	1.085	0.647	0.407	0.210
	平均		0.227	0.335	0.556	0.421	0.310	0.409	0.440	0.476	0.156	0.223	0.264	0.188	0.142	0.292	0.396	0.455	0.423	0.453	0.186	0.319	0.373	0.359	0.286	0.163	0.100
底层	最大	涨	0.753	0.843	1.147	0.818	0.721	1.656	1.932	1.467	0.659	0.702	0.546	0.594	0.322	0.654	1.343	0.887	1.392	0.747	0.887	0.931	0.719	1.247	1.677	0.507	0.311
		落	1.374	0.866	1.462	1.248	0.825	2.693	1.362	1.157	0.919	0.636	0.679	0.488	0.275	1.602	0.948	1.771	1.750	2.875	0.918	1.187	1.289	1.530	0.936	0.447	0.326
	平均		0.534	0.427	0.829	0.575	0.433	0.916	0.698	0.690	0.225	0.309	0.290	0.270	0.170	0.372	0.516	0.686	0.586	0.727	0.303	0.463	0.466	0.588	0.453	0.254	0.142
平均值		涨	0.180	0.245	0.434	0.334	0.217	0.285	0.362	0.329	0.109	0.218	0.187	0.172	0.124	0.169	0.278	0.304	0.190	0.235	0.191	0.229	0.240	0.199	0.237	0.095	0.075
		落	0.234	0.223	0.388	0.270	0.196	0.293	0.323	0.359	0.130	0.156	0.181	0.132	0.106	0.221	0.335	0.395	0.479	0.442	0.124	0.257	0.256	0.318	0.163	0.128	0.083
垂线平均			0.204	0.234	0.414	0.301	0.206	0.287	0.343	0.344	0.120	0.186	0.184	0.149	0.115	0.194	0.305	0.348	0.323	0.334	0.154	0.241	0.248	0.264	0.199	0.112	0.080

表 4.1.5 1994 年夏季小潮涨、落潮最大含沙量和平均含沙量特征值

（单位：kg/m³）

站号		N01	N02	N03	N04	N05	N06	N07	N08	N09	N10	N11	N12	N13	N14	N15	N16	N17	N18	N19	N20	N22	N23	N24	N25	N26
表层	最大 涨	0.100	0.054	0.122	0.065	0.056	0.040	0.079	0.204	0.140	0.049	0.038	0.050	0.054	0.069	0.058	0.044	0.045	0.046	0.069	0.056	0.061	0.038	0.050	0.041	0.062
	最大 落	0.067	0.058	0.063	0.068	0.043	0.042	0.070	0.044	0.091	0.063	0.114	0.069	0.064	0.093	0.100	0.092	0.139	0.037	0.104	0.094	0.056	0.043	0.071	0.029	0.066
	平均	0.028	0.027	0.051	0.047	0.022	0.019	0.045	0.036	0.053	0.025	0.027	0.033	0.026	0.040	0.037	0.034	0.046	0.023	0.041	0.038	0.038	0.022	0.029	0.014	0.032
0.2H	最大 涨	0.081	0.057	0.171	0.112	0.073	0.055	0.138	0.109	0.111	0.047	0.066	0.074	0.080	0.051	0.155	0.094	0.050	0.035	0.062	0.080	0.186	0.091	0.065	0.038	0.059
	最大 落	0.073	0.237	0.103	0.339	0.049	0.096	0.102	0.100	0.118	0.047	0.087	0.058	0.137	0.087	0.137	0.093	0.130	0.054	0.087	0.082	0.101	0.068	0.057	0.034	0.073
	平均	0.032	0.042	0.066	0.085	0.030	0.026	0.065	0.046	0.069	0.028	0.031	0.037	0.042	0.038	0.063	0.056	0.050	0.023	0.041	0.041	0.054	0.030	0.035	0.014	0.035
0.4H	最大 涨	0.190	0.132	0.249	0.825	0.089	0.088	0.153	0.178	0.132	0.079	0.115	0.094	0.092	0.265	0.116	0.136	0.067	0.033	0.062	0.056	0.141	0.088	0.092	0.064	0.066
	最大 落	0.113	0.094	0.151	0.643	0.103	0.070	0.126	0.182	0.146	0.069	0.072	0.070	0.095	0.121	0.170	0.262	0.157	0.116	0.087	0.149	0.121	0.359	0.069	0.062	0.063
	平均	0.057	0.055	0.094	0.151	0.042	0.037	0.086	0.078	0.084	0.045	0.038	0.051	0.051	0.058	0.085	0.105	0.064	0.035	0.047	0.050	0.065	0.059	0.045	0.026	0.033
0.6H	最大 涨	0.330	0.174	0.262	0.903	0.217	0.139	0.220	0.353	0.147	0.159	0.088	0.128	0.130	0.084	0.166	0.192	0.112	0.054	0.240	0.077	0.108	0.240	0.095	0.098	0.083
	最大 落	0.141	0.114	0.190	1.743	0.141	0.084	0.218	0.236	0.167	0.072	0.080	0.111	0.098	0.127	0.275	0.311	0.184	0.153	0.090	0.120	0.114	0.387	0.091	0.072	0.080
	平均	0.079	0.077	0.137	0.249	0.075	0.051	0.116	0.126	0.095	0.060	0.049	0.061	0.066	0.050	0.136	0.148	0.074	0.055	0.058	0.053	0.073	0.106	0.060	0.043	0.043
0.8H	最大 涨	0.470	0.207	0.437	1.025	0.406	0.249	0.397	0.411	0.326	0.174	0.089	0.170	0.159	0.092	0.194	0.333	0.091	0.097	0.109	0.234	0.170	0.541	0.116	0.116	0.089
	最大 落	0.160	0.167	0.263	1.786	0.749	0.108	0.319	0.306	0.901	0.087	0.084	0.122	0.098	0.212	0.346	0.349	0.297	0.253	0.112	0.197	0.172	0.404	0.100	0.149	0.062
	平均	0.109	0.113	0.205	0.324	0.152	0.086	0.171	0.174	0.157	0.072	0.055	0.074	0.078	0.073	0.162	0.198	0.088	0.085	0.067	0.091	0.087	0.160	0.072	0.076	0.038
底层	最大 涨	0.327	0.587	0.660	1.782	1.832	1.314	0.570	1.274	0.670	0.194	0.147	0.164	0.204	0.238	0.386	0.794	0.451	0.165	0.506	0.304	0.291	0.816	0.160	0.136	0.077
	最大 落	0.274	0.335	0.793	2.088	2.481	0.354	0.329	1.752	1.055	0.111	0.122	0.149	0.136	0.204	0.355	0.461	0.272	0.484	0.513	0.237	0.282	0.566	0.216	0.180	0.071
	平均	0.167	0.215	0.330	0.523	0.573	0.334	0.231	0.384	0.273	0.094	0.076	0.096	0.096	0.094	0.204	0.312	0.126	0.132	0.136	0.120	0.129	0.273	0.112	0.100	0.042
平均值	涨	0.073	0.080	0.157	0.218	0.119	0.083	0.120	0.135	0.110	0.058	0.044	0.059	0.064	0.045	0.097	0.109	0.045	0.038	0.059	0.056	0.069	0.104	0.057	0.044	0.035
	落	0.079	0.080	0.118	0.219	0.116	0.057	0.107	0.119	0.117	0.046	0.046	0.055	0.054	0.067	0.130	0.160	0.099	0.072	0.064	0.068	0.079	0.095	0.056	0.043	0.039
垂线平均		0.075	0.082	0.139	0.219	0.119	0.075	0.115	0.127	0.113	0.053	0.045	0.057	0.060	0.057	0.114	0.136	0.072	0.055	0.060	0.063	0.073	0.101	0.056	0.043	0.037

表 4.1.6　2003 年春季大潮各站含沙量特征值

（单位：kg/m³）

断面	站号	层次	涨潮			落潮			日极值			垂向平均	
			最大	最小	平均	最大	最小	平均	最大	最小	平均	涨	落
口门断面	N01	0.2H	0.429 4	0.503 7	0.217 7	0.374 2	0.053 1	0.158 6	0.429 4	0.053 1	0.183 9	0.360 3	0.339 0
		0.6H	0.741 4	0.113 8	0.387 9	0.662 3	0.1048	0.321 5	0.741 4	0.104 8	0.349 9		
		底	0.879	0.306 7	0.566 9	1.246 0	0.297 6	0.661 5	1.246 0	0.297 6	0.620 9		
	N02	0.2H	0.718 3	0.2319	0.463 9	0.785 2	0.196 3	0.412 2	0.785 2	0.196 3	0.438 1	0.609 9	0.582 3
		0.6H	0.951 7	0.322 5	0.675 0	0.964 4	0.298 5	0.655 2	0.964 4	0.298 5	0.665 1		
		底	1.238 2	0.424 3	0.777 2	1.497 3	0.442 7	0.814 8	1.497 3	0.424 3	0.796 0		
	N03	0.2H	0.782 6	0.378 5	0.635 0	0.669 5	0.129 6	0.355 9	0.782 6	0.129 6	0.475 5	0.677 3	0.594 2
		0.6H	0.870 3	0.296 6	0.672 2	1.129 6	0.248 0	0.649 7	1.129 6	0.248 0	0.659 3		
		底	1.674 4	0.497 4	1.028 2	1.668 9	0.602 8	1.049 8	1.674 4	0.497 4	1.040 5		
	N04	0.2H	0.472 7	0.283 7	0.334 3	0.513 4	0.225 2	0.332 8	0.513 4	0.225 2	0.333 3	0.407 5	0.410 1
		0.6H	0.596 1	0.316 8	0.404 3	0.636 5	0.248 3	0.392 0	0.636 5	0.228 3	0.396 6		
		底	0.676 2	0.435 5	0.572 9	0.734 6	0.424 6	0.572 7	0.734 6	0.424 6	0.572 8		
	N09	0.2H	0.307 7	0.157 9	0.215 0	0.248 3	0.193 7	0.216 9	0.307 7	0.157 9	0.216 1	0.285 8	0.304 9
		0.6H	0.394 3	0.220 3	0.309 7	0.452 6	0.227 0	0.294 3	0.452 6	0.220 3	0.300 9		
		底	0.575 4	0.282 5	0.394 3	0.627 7	0.323 9	0.547 7	0.627 7	0.282 5	0.482 0		
满山水道	N02	0.2H	0.718 3	0.231 9	0.463 9	0.785 2	0.196 3	0.412 2	0.785 2	0.196 3	0.438 1	0.609 9	0.582 3
		0.6H	0.951 7	0.322 5	0.675 0	0.964 4	0.298 5	0.655 2	0.964 4	0.298 5	0.665 1		
		底	1.238 2	0.424 3	0.777 2	1.497 3	0.442 7	0.814 8	1.497 3	0.424 3	0.796 0		
	N07	0.2H	0.731 2	0.098 1	0.412 8	0.624 5	0.129 9	0.354 4	0.731 2	0.098 1	0.379 4	0.513 4	0.498 2
		0.6H	0.908 3	0.194 1	0.538 9	0.887 1	0.223 0	0.531 2	0.908 3	0.194 1	0.534 6		
		底	1.369 5	0.477 0	0.874 7	1.302 2	0.469 4	0.848 7	1.369 5	0.469 4	0.861 7		

续表 4.1.6

断面	站号	层次	涨潮			落潮			日极值			垂向平均	
			最大	最小	平均	最大	最小	平均	最大	最小	平均	涨	落
满山水道	N12	0.2H	0.611 7	0.062 0	0.282 4	0.525 3	0.062 9	0.289 8	0.611 7	0.062 0	0.286 1	0.354 3	0.337 0
		0.6H	0.666 5	0.080 1	0.366 3	0.560 7	0.178 2	0.357 8	0.666 5	0.080 1	0.361 8		
		底	1.133 8	0.086 1	0.473 0	0.775 2	0.210 6	0.428 0	1.133 8	0.086 1	0.448 9		
湾顶断面	N10	0.2H	0.370 6	0.193 6	0.279 2	0.391 0	0.182 3	0.302 3	0.391 0	0.182 3	0.292 4	0.370 2	0.384 1
		0.6H	0.527 2	0.314 2	0.417 1	0.477 5	0.340 9	0.409 5	0.527 2	0.314 2	0.412 7		
		底	0.577 2	0.424 3	0.514 0	0.594 2	0.441 5	0.527 1	0.594 2	0.424 3	0.521 0		
	N11	0.2H	0.538 6	0.041 9	0.273 5	0.743 5	0.096 7	0.316 9	0.743 5	0.041 9	0.292 1	0.369 9	0.379 5
		0.6H	0.644 5	0.081 6	0.409 4	0.762 4	0.170 6	0.413 9	0.762 4	0.081 6	0.411 4		
		底	0.952 0	0.134 4	0.491 1	0.908 5	0.264 2	0.559 9	0.952 0	0.134 4	0.528 0		
	N12	0.2H	0.611 7	0.062 0	0.282 4	0.525 3	0.062 9	0.289 8	0.611 7	0.062 0	0.286 1	0.354 3	0.337 0
		0.6H	0.666 5	0.080 1	0.366 3	0.560 7	0.178 2	0.357 8	0.666 5	0.080 1	0.361 8		
		底	1.133 8	0.086 1	0.473 0	0.775 2	0.210 6	0.428 0	1.133 8	0.086 1	0.448 9		
猫头水道	N02	0.2H	0.718 3	0.231 9	0.463 9	0.785 2	0.196 3	0.412 2	0.785 2	0.196 3	0.438 1	0.609 9	0.582 3
		0.6H	0.951 7	0.322 5	0.675 0	0.964 4	0.298 5	0.655 2	0.964 4	0.298 5	0.665 1		
		底	1.238 2	0.424 3	0.777 2	1.497 3	0.442 7	0.814 8	1.497 3	0.424 3	0.796 0		
	N05	0.2H	0.506 6	0.031 1	0.220 8	0.523 6	0.149 1	0.281 3	0.523 6	0.031 1	0.253 2	0.437 5	0.429 2
		0.6H	0.563 5	0.363 2	0.501 9	0.572 7	0.371 9	0.461 3	0.572 7	0.363 2	0.481 6		
		底	0.827 4	0.523 5	0.735 7	0.855 7	0.577 6	0.660 6	0.855 7	0.523 5	0.698 1		
	N10	0.2H	0.370 6	0.193 6	0.279 2	0.391 0	0.182 3	0.302 3	0.391 0	0.182 3	0.292 4	0.370 2	0.384 1
		0.6H	0.527 2	0.314 2	0.417 1	0.477 5	0.340 9	0.409 5	0.527 2	0.314 2	0.412 7		
		底	0.577 2	0.424 3	0.514 0	0.594 2	0.441 5	0.527 1	0.594 2	0.424 3	0.521 0		

续表 4.1.6

断面	站号	层次	涨潮			落潮			日极值			垂向平均	
			最大	最小	平均	最大	最小	平均	最大	最小	平均	涨	落
猫头山嘴附近水域	N06	0.2H	0.366 9	0.057 0	0.155 3	0.374 3	0.074 5	0.164 5	0.374 3	0.057 0	0.159 9	0.342 9	0.142 4
		0.6H	0.564 3	0.254 3	0.372 6	0.553 0	0.290 4	0.377 4	0.564 3	0.254 3	0.375 0		
		底	0.641 1	0.454 6	0.550 6	0.635 7	0.477 4	0.535 8	0.641 1	0.454 6	0.544 3		
	N15	0.2H	0.400 0	0.114 7	0.258 2	0.476 4	0.105 4	0.315 6	0.476 4	0.105 4	0.291 0	0.405 6	0.452 8
		0.6H	0.668 6	0.181 8	0.446 1	0.686 5	0.105 3	0.491 9	0.686 5	0.105 3	0.470 6		
		底	1.120 2	0.378 8	0.687 5	1.432 2	0.261 3	0.738 8	1.432 2	0.261 3	0.715 0		
	N16	0.2H	0.272 5	0.098 6	0.208 4	0.247 3	0.132 6	0.168 8	0.272 5	0.098 6	0.187 2	0.312 1	0.315 2
		0.6H	0.574 8	0.256 4	0.361 9	0.543 8	0.314 7	0.365 3	0.574 8	0.256 4	0.363 7		
		底	0.778 9	0.352 4	0.458 8	0.689 6	0.363 8	0.441 2	0.778 9	0.352 4	0.449 4		
	N17	0.2H	0.444 8	0.067 6	0.224 3	0.785 9	0.147 9	0.466 1	0.785 9	0.067 6	0.362 5	0.343 7	0.556 2
		0.6H	0.532 9	0.098 7	0.379 4	0.942 0	0.252 8	0.570 1	0.942 0	0.098 7	0.488 4		
		底	1.515 2	0.232 4	0.555 4	1.785 7	0.363 0	0.802 3	1.785 7	0.232 4	0.696 5		
	N18	0.2H	0.373 5	0.122 5	0.250 0	0.374 4	0.111 5	0.246 8	0.374 4	0.111 5	0.248 4	0.347 8	0.322 5
		0.6H	0.567 2	0.192 6	0.387 9	0.512 1	0.182 9	0.329 9	0.567 2	0.182 9	0.358 9		
		底	0.708 4	0.392 7	0.567 0	0.621 4	0.373 9	0.483 0	0.708 4	0.373 9	0.522 0		

表 4.1.7 2003 年春季小潮各站含沙量特征值

（单位:kg/m³）

断面	站号	层次	涨潮			落潮			日极值			垂向平均	
			最大	最小	平均	最大	最小	平均	最大	最小	平均	涨	落
口门断面	N01	0.2H	0.038 4	0.013 5	0.024 0	0.045 1	0.014 3	0.023 2	0.045 1	0.013 5	0.023 7	0.045 8	0.389 0
		0.6H	0.058 0	0.027 4	0.042 4	0.063 2	0.033 7	0.045 8	0.063 2	0.027 4	0.044 1		
		底	0.160 0	0.047 9	0.070 8	0.090 2	0.041 2	0.067 8	0.160 0	0.041 2	0.094 3		
	N02	0.2H	0.040 6	0.015 0	0.025 9	0.026 0	0.013 9	0.0178	0.040 6	0.013 9	0.022 1	0.039 9	0.032 5
		0.6H	0.067 0	0.020 9	0.040 7	0.049 6	0.021 8	0.034 5	0.067 0	0.020 9	0.037 6		
		底	0.098 1	0.031 8	0.061 5	0.160 8	0.042 3	0.067 9	0.160 8	0.031 8	0.064 0		
	N03	0.2H	0.063 7	0.024 9	0.036 1	0.063 4	0.016 3	0.029 4	0.063 7	0.016 3	0.032 5	0.052 5	0.047 2
		0.6H	0.117 7	0.027 2	0.053 5	0.072 3	0.027 3	0.049 0	0.117 7	0.027 2	0.051 4		
		底	0.179 7	0.039 0	0.102 6	0.175 2	0.050 7	0.100 3	0.179 7	0.039 0	0.101 5		
	N04	0.2H	0.054 2	0.022 1	0.034 6	0.077 4	0.027 2	0.044 3	0.077 4	0.022 1	0.039 5	0.047 4	0.050 2
		0.6H	0.072 0	0.024 7	0.048 5	0.079 4	0.023 8	0.051 4	0.079 4	0.023 8	0.049 9		
		底	0.127 0	0.030 5	0.065 6	0.089 5	0.039 2	0.067 1	0.127 0	0.030 5	0.066 3		
	N09	0.2H	0.067 4	0.020 4	0.045 5	0.070 2	0.022 4	0.042 7	0.070 2	0.020 4	0.044 1	0.052 8	0.056 7
		0.6H	0.081 7	0.025 1	0.050 3	0.098 4	0.030 5	0.052 7	0.098 4	0.025 1	0.051 5		
		底	0.146 1	0.035 5	0.080 9	0.155 0	0.028 2	0.090 3	0.155 0	0.028 2	0.085 6		
满山水道	N02	0.2H	0.040 6	0.015 0	0.025 9	0.026 0	0.013 9	0.017 8	0.040 6	0.013 9	0.022 1	0.039 9	0.032 5
		0.6H	0.067 0	0.020 9	0.040 7	0.049 6	0.021 8	0.034 5	0.067 0	0.020 9	0.037 6		
		底	0.098 1	0.031 8	0.061 5	0.160 8	0.042 3	0.067 9	0.160 8	0.031 8	0.064 0		
	N07	0.2H	0.056 8	0.015 3	0.032 9	0.052 9	0.020 5	0.031 7	0.056 8	0.015 3	0.032 3	0.049 9	0.045 3
		0.6H	0.137 1	0.024 4	0.054 4	0.096 3	0.023 9	0.047 9	0.137 1	0.023 9	0.051 1		
		底	0.152 3	0.030 1	0.082 2	0.225 8	0.045 8	0.086 0	0.225 8	0.030 1	0.109 0		

续表 4.1.7

断面	站号	层次	涨潮			落潮			日极值			垂向平均	
			最大	最小	平均	最大	最小	平均	最大	最小	平均	涨	落
满山水道	N12	0.2H	0.042 5	0.015 8	0.023 5	0.037 0	0.014 0	0.025 0	0.041 5	0.014 0	0.024 2	0.028 0	0.026 4
		0.6H	0.045 4	0.015 9	0.031 0	0.027 9	0.019 7	0.029 1	0.045 4	0.015 9	0.030 1		
		底	0.062 9	0.016 9	0.033 3	0.041 5	0.022 6	0.029 5	0.062 9	0.016 9	0.031 4		
湾顶断面	N10	0.2H	0.018 2	0.006 9	0.013 6	0.047 5	0.011 6	0.022 2	0.047 5	0.006 9	0.017 9	0.032 4	0.029 0
		0.6H	0.054 6	0.012 8	0.036 9	0.057 3	0.018 6	0.031 7	0.057 3	0.012 8	0.034 3		
		底	0.089 0	0.027 9	0.070 3	0.062 6	0.032 4	0.048 5	0.089 0	0.027 9	0.059 4		
	N11	0.2H	0.045 7	0.007 1	0.018 1	0.035 9	0.010 8	0.019 3	0.045 7	0.007 1	0.018 7	0.031 1	0.024 3
		0.6H	0.065 4	0.016 7	0.035 6	0.038 7	0.017 0	0.025 3	0.065 4	0.016 7	0.030 5		
		底	0.082 5	0.020 9	0.046 3	0.061 1	0.031 2	0.046 1	0.082 5	0.020 9	0.046 2		
	N12	0.2H	0.042 5	0.015 8	0.023 5	0.037 0	0.014 0	0.025 0	0.041 5	0.014 0	0.024 2	0.028 0	0.026 4
		0.6H	0.045 4	0.015 9	0.031 0	0.027 9	0.019 7	0.029 1	0.045 4	0.015 9	0.030 1		
		底	0.062 9	0.016 9	0.033 3	0.041 5	0.022 6	0.029 5	0.062 9	0.016 9	0.031 4		
猫头水道	N02	0.2H	0.040 6	0.015 0	0.025 9	0.026 0	0.013 9	0.017 8	0.040 6	0.013 9	0.022 1	0.039 9	0.032 5
		0.6H	0.067 0	0.020 9	0.040 7	0.049 6	0.021 8	0.034 5	0.067 0	0.020 9	0.037 6		
		底	0.098 1	0.031 8	0.061 5	0.160 8	0.042 3	0.067 9	0.160 8	0.031 8	0.064 0		
	N05	0.2H	0.044 9	0.011 3	0.025 4	0.041 1	0.007 8	0.024 3	0.044 9	0.007 8	0.024 8	0.055 6	0.046 3
		0.6H	0.049 9	0.019 2	0.038 7	0.086 6	0.020 3	0.040 1	0.086 6	0.019 2	0.040 0		
		底	0.154 1	0.043 0	0.045 0	0.166 7	0.042 2	0.053 2	0.166 7	0.042 2	0.049 1		
	N10	0.2H	0.018 2	0.006 9	0.013 6	0.047 5	0.011 6	0.022 2	0.047 5	0.006 9	0.017 9	0.032 4	0.029 0
		0.6H	0.054 6	0.012 8	0.036 9	0.057 3	0.018 6	0.031 7	0.057 3	0.012 8	0.034 3		
		底	0.089 0	0.027 9	0.070 3	0.062 6	0.032 4	0.048 5	0.089 0	0.027 9	0.059 4		

续表 4.1.7

断面	站号	层次	涨潮			落潮			日极值			垂向平均	
			最大	最小	平均	最大	最小	平均	最大	最小	平均	涨	落
猫山头嘴附近水域	N06	0. 2H	0. 036 5	0. 009 4	0. 018 3	0. 036 1	0. 010 0	0. 018 6	0. 036 5	0. 009 4	0. 018 4	0. 042 3	0. 034 1
		0. 6H	0. 058 2	0. 020 0	0. 036 3	0. 058 5	0. 018 4	0. 033 7	0. 058 5	0. 018 4	0. 035 0		
		底	0. 184 4	0. 035 1	0. 089 7	0. 130 7	0. 036 3	0. 083 4	0. 184 4	0. 035 1	0. 086 6		
	N15	0. 2H	0. 070 1	0. 018 5	0. 043 1	0. 081 3	0. 012 9	0. 026 9	0. 081 3	0. 012 9	0. 035 0	0. 061 9	0. 049 2
		0. 6H	0. 112 6	0. 020 1	0. 066 1	0. 114 1	0. 020 2	0. 052 2	0. 114 1	0. 020 1	0. 059 2		
		底	0. 208 0	0. 024 8	0. 103 6	0. 209 3	0. 055 8	0. 102 8	0. 209 3	0. 024 8	0. 104 5		
	N16	0. 2H	0. 063 1	0. 021 6	0. 040 5	0. 072 6	0. 002 2	0. 026 9	0. 072 6	0. 002 2	0. 033 7	0. 057 1	0. 057 2
		0. 6H	0. 131 4	0. 027 3	0. 064 5	0. 104 1	0. 031 2	0. 062 6	0. 131 4	0. 027 3	0. 063 6		
		底	0. 149 8	0. 047 3	0. 092 0	0. 122 6	0. 094 7	0. 111 8	0. 149 8	0. 047 3	0. 101 9		
	N17	0. 2H	0. 037 1	0. 008 8	0. 018 4	0. 044 5	0. 013 0	0. 033 3	0. 044 5	0. 008 8	0. 025 9	0. 043 0	0. 059 7
		0. 6H	0. 085 6	0. 008 6	0. 041 7	0. 089 4	0. 026 5	0. 060 5	0. 089 4	0. 008 6	0. 051 1		
		底	0. 221 8	0. 054 1	0. 100 8	0. 211 6	0. 039 4	0. 103 3	0. 221 8	0. 039 4	0. 102 1		
	N18	0. 2H	0. 039 2	0. 008 1	0. 018 4	0. 044 5	0. 017 6	0. 030 9	0. 044 5	0. 008 1	0. 024 6	0. 033 9	0. 045 3
		0. 6H	0. 053 5	0. 011 6	0. 031 7	0. 079 4	0. 029 2	0. 048 2	0. 079 4	0. 011 6	0. 039 9		
		底	0. 116 0	0. 039 4	0. 069 8	0. . 098 2	0. 049 9	0. 078 7	0. 116 0	0. 039 4	0. 074 3		

表 4.1.8　2003 年秋季各站全潮含沙量统计特征值　（单位：kg/m^3）

潮讯	断面	站号	最大	最小	平均
全潮	口门断面	N01	1.200 8	0.011 9	0.220 3
		N02	1.205 8	0.015 9	0.245 3
		N03	3.465 9	0.028 0	0.503 2
		N04	0.874 9	0.025 3	0.305 9
		N09	2.277 9	0.017 6	0.224 7
	湾顶断面	N10	3.469 1	0.011 8	0.165 1
		N11	0.745 9	0.011 4	0.136 5
		N12	0.784 3	0.010 8	0.172 4
	满山水道	N02	1.205 8	0.015 9	0.245 3
		N07	1.505 1	0.017 8	0.289 5
		N12	0.784 3	0.010 8	0.172 4
	猫头水道	N02	1.205 8	0.015 9	0.245 3
		N05	1.497 9	0.010 5	0.204 5
		N06	0.984 8	0.012 3	0.188 6
		N11	0.745 9	0.011 4	0.136 5
	猫头山嘴附近海域	N18	1.080 0	0.015 7	0.212 3
		N17	0.738 1	0.014 6	0.197 1
		N16	0.580 2	0.015 5	0.195 3
		N15	1.497 9	0.014 5	0.194 4
		N06	0.998 6	0.012 3	0.188 6

2）夏季航次

根据夏季观测结果分析表明：大潮期间含沙量介于 0.1～0.4 kg/m^3 区间内出现的频率较高，占大潮样品总数的 27.7%。中潮期含沙量小于 0.3 kg/m^3 出现频率最高，占中潮样品总数 55.2%，含沙量大于 1.0 kg/m^3 出现的频率较小，仅占 0.1%。小潮期间含沙量大部分都在 0.1 kg/m^3 以下，在此范围内的占小潮样品总数的 60%，大于 0.5 kg/m^3 的未出现。

4.1.2.2　含沙量平面分布

（1）1994 年含沙量平面分布

1）冬季航次

根据 1994 年冬季大、中、小潮平均含沙量的平面分布分析表明：大潮期间蛇蟠水道以北及健跳港以南至三门湾靠近三门县一侧为低值区，其量值在 0.5 kg/m^3 以下；猫头山嘴附近海域为相对高值区，其量值在 0.7 kg/m^3 左右；最高值在满山水道以东、大佛岛与尖洋岛以西的海域内，呈现出向南的舌状分布，最高值为 1.237 kg/m^3。含沙量的平面分布形式可能与地形及泥沙来源有关，高值区附近均有大片泥滩，特别是最高值区，它靠近下洋涂浅滩和三门湾诸水道，在风浪作用下能掀起浅滩上的底质沉积物，水道还能供给由浙闽沿岸流南下所带来的泥沙，含沙量呈现的舌状分布也指示了泥沙的输运途径。中潮的平面分布形式与大潮相类似，高、低区域分布基本相同，只是数值上中潮小于大潮；小潮含沙量较小，基本在 0.1 kg/m^3 以下，因而平面分布不甚明显，但仍可见与大潮相似的高、低值区的雏形。

2）夏季航次

根据 1994 年夏季大、中、小潮平均含沙量的平面分布分析表明：总体而言，三门湾东北区含沙量略高于西南区；湾顶部含沙量等值线基本呈东—西走向；珠门港口等值线呈舌状往猫头山嘴突出，西南部海域的等值线基本为西南—东北走向。含沙量在湾内的纵向分布呈现出两头低中间高的分布形式，湾口含沙量低，等值线稀疏，往里增高，到珠门港与猫头山嘴连线的断面达到最高，往里又逐渐降低，但湾顶含沙量比湾口高。含沙量在湾内的横向分布：珠门港与猫头山嘴断面有一条混浊带，在实地观察中此混浊带也较醒目，混浊带的分布形式又呈现出两头高中间低的哑铃状。三门湾含沙量高值中心分布在珠门港口的满山水道中，次高中心位于猫头山嘴以北海域。两个高值中心冬、夏两季比较稳定，且两处含沙量冬、夏两季的差异也较其他海区小。形成此两个高值中心的可能原因：一是该区存在着大片淤泥质浅滩，浪潮的掀沙作用增加了附近海区的含沙量；二是在矶头两侧形成不同旋转方向的涡旋，起积聚泥沙的作用。以上的分布形式以中潮期最为显著，大潮次之，小潮含沙量低、等值线稀疏而不明显。

（2）2003 年含沙量平面分布

1）春季航次

春季航次三门湾海域大、中、小潮的涨、落潮含沙量其分布特征为：口门断面和满山水道区域，大潮涨潮含沙量大于落潮含沙量，其他测站各潮汛落潮含沙量均大于涨潮。表明口门和满山水道涨潮含沙量占优势，而其他区域则为落潮含沙量占优势。由平均含沙量平面分布图可见，三门湾海域存在两个含沙量高值区，一个位于口门断面的 N03 站附近，平均含沙量为 1.041 kg/m^3；另一个位于猫头山嘴前沿水域的 N15 站附近，平均含沙量为 0.715 kg/m^3，均出现在大潮底层。满山水道和猫头水道断面居中，湾顶断面含沙量最小，见图 4.1.1。

两条横断面（口门断面和湾顶断面）：其含沙量差异较大。口门断面其周日平均含沙量为 0.502 kg/m^3，含沙量较高，其中 N03 站大潮周日垂向平均含沙量达 0.636 kg/m^3。湾顶断面为含沙量低值区，大潮日平均含沙量仅为 0.395 kg/m^3，其中 N12 站周日垂向平均含沙量仅为 0.346 kg/m^3。大、小潮日均含沙量比约 11∶1。

两条纵断面（猫头水道和满山水道断面），其含沙量比较相近。其中大、小潮的日平均含沙量变化范围分别为 0.507～0.530 kg/m^3、0.039～0.045 kg/m^3，大、小潮日平均含沙量之比约为 13∶1。

猫头山嘴附近海域为另一个高含沙量水域，中潮含沙量大于大潮，中潮日平均含沙量为 0.464 kg/m^3，N15 站实测含沙量高达 2.034 kg/m^3，出现在 5 月 19 日 13 时底层，为测验期间的最大含沙量。

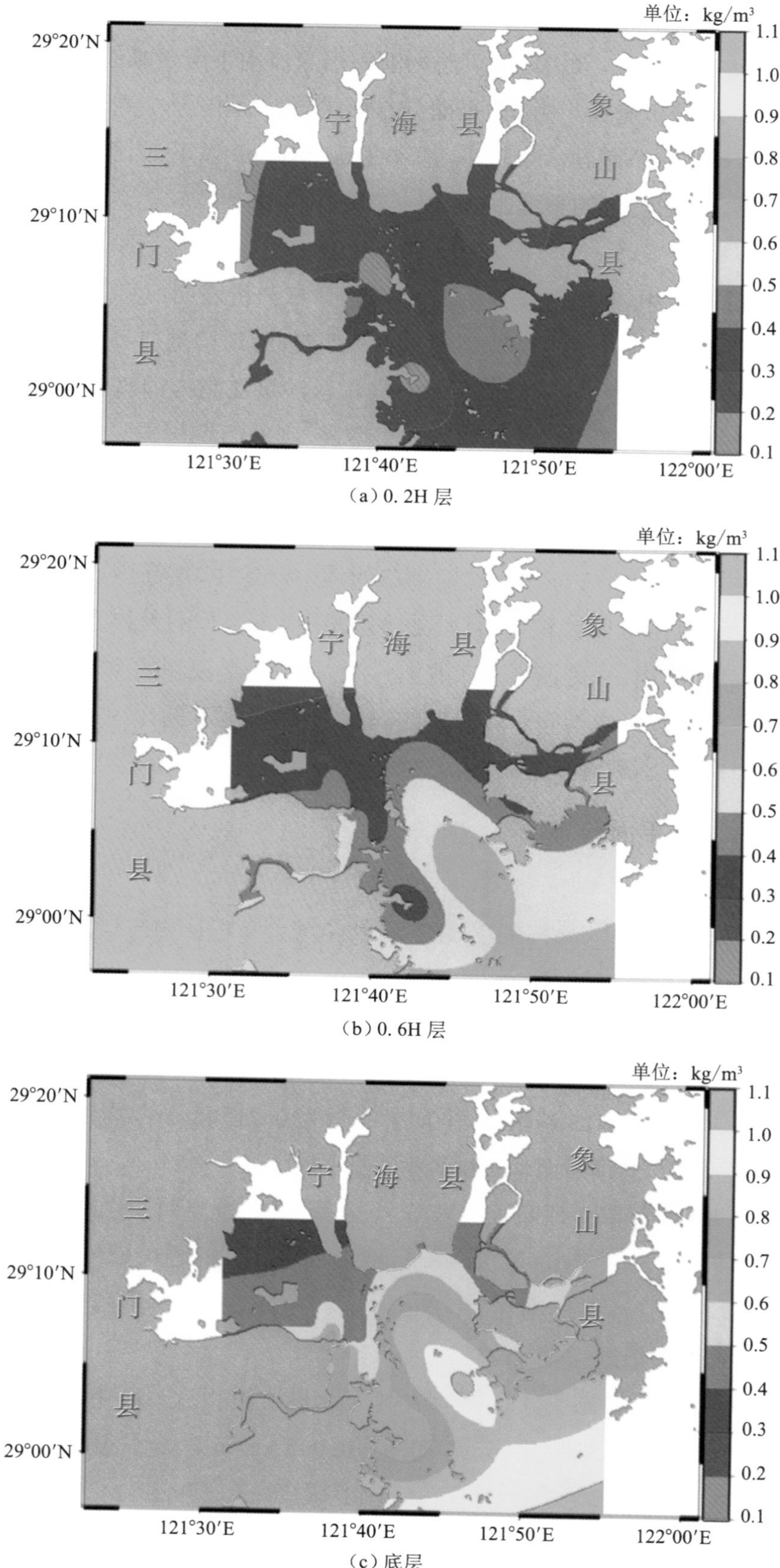

(a) 0.2H 层

(b) 0.6H 层

(c) 底层

图 4.1.1　2003 年春季航次大潮日平均含沙量分布图

2）秋季航次

秋季三门湾海域含沙量的平面分布具有两个显著特点：一是海域含沙量呈现出从湾口向湾顶逐渐递减的趋势。口门断面各站平均含沙量 0.300 kg/m^3，湾顶断面各站平均含沙量为 0.158 kg/m^3，减小近 50%；满山水道从湾口的 N02 站到湾顶的 N12 站平均含沙量减小近 30%；猫头水道从湾口的 N02 站到湾顶区域 N11 站，平均含沙量减小了 44%；猫头山嘴附近海域含沙量的变化也具这一特点，从猫头山嘴东侧的 N18 站到猫头山嘴西侧的 N15 站平均含沙量减小了 8%，其平均含沙量平面分布如图 4.1.2 所示。

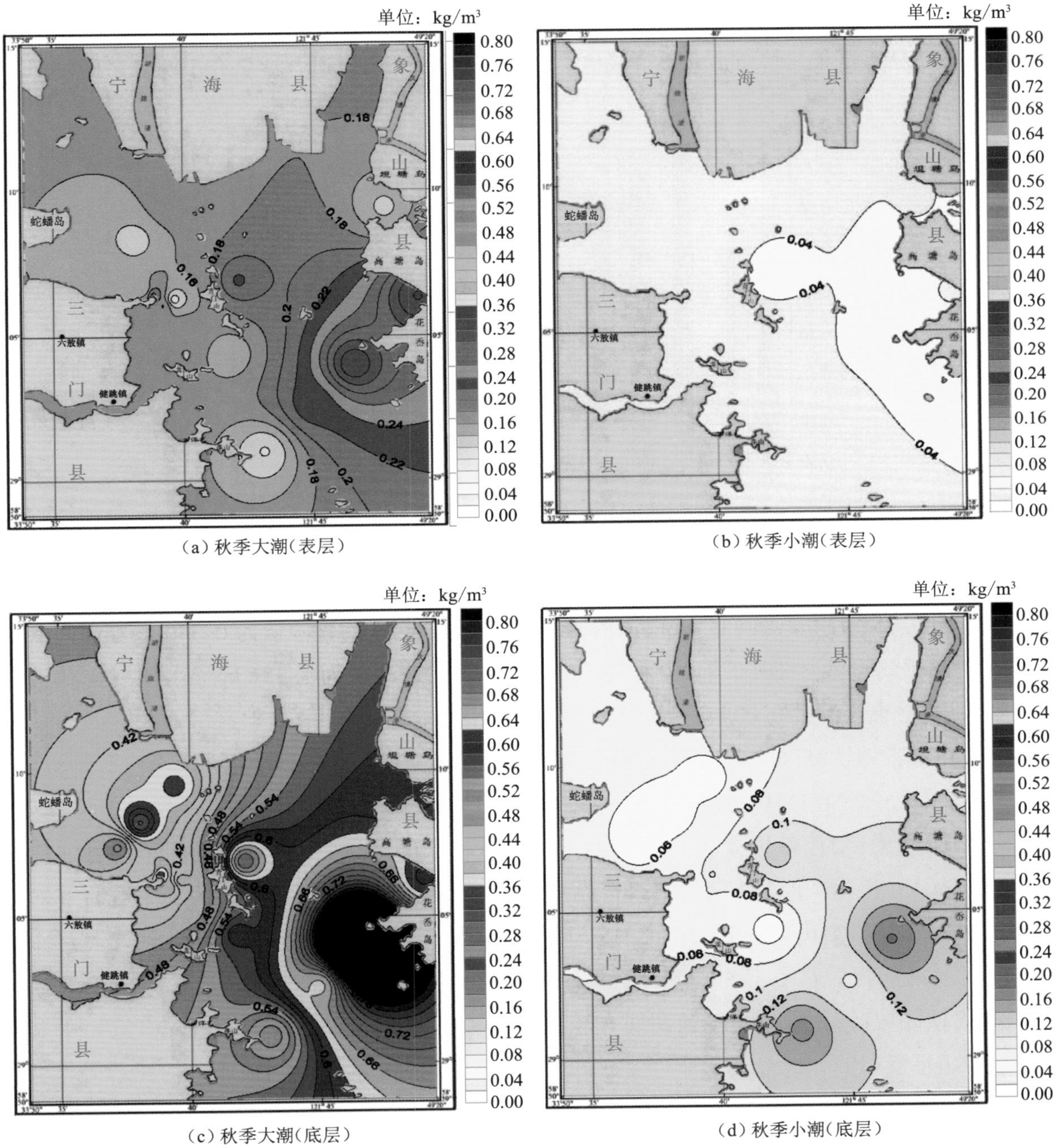

（a）秋季大潮（表层）

（b）秋季小潮（表层）

（c）秋季大潮（底层）

（d）秋季小潮（底层）

图 4.1.2　2003 年三门湾海域秋季日平均含沙量分布图

二是三门湾海域平均含沙量北侧略高于南侧。口门断面的N09站位于石浦港(湾口北侧),N03站平均含沙量最大值为0.503 kg/m³,向南北两侧递减,湾口南的N01站为0.220 kg/m³,北侧的N09站为0.225 kg/m³。在湾顶断面,北侧的N12站平均含沙量(0.172 kg/m³)高于南侧的N10站(0.162 kg/m³)。满山水道的平均含沙量(0.236 kg/m³)高于猫头水道(0.194 kg/m³)。厂址附近海域各站平均含沙量在0.187～0.212 kg/m³之间。

(3) 2013年含沙量平面分布

1) 冬季航次

冬季测验期间三门湾海域各站平均含沙量见图4.1.3。可见三门湾湾口断面珠门港附近是含沙量高值区,湾底北部断面是含沙量低值区,猫头水道和满山水道含沙量介于两者之间。

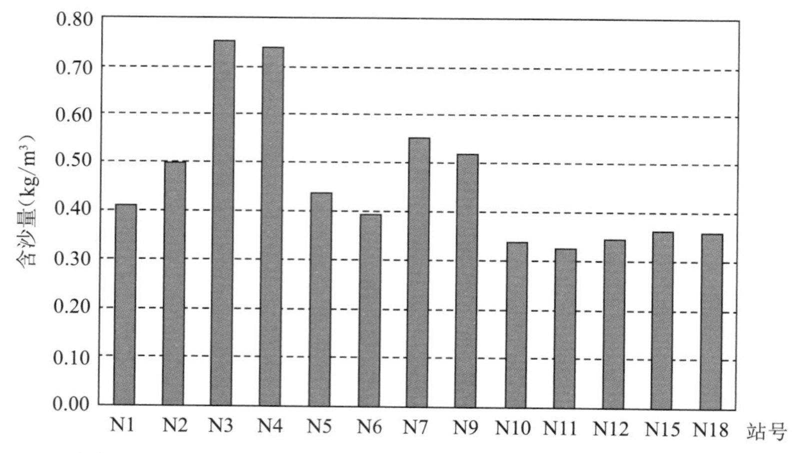

图4.1.3　2013年冬季调查期间三门湾各站平均含沙量柱状图

根据平均含沙量统计(表4.1.9)分析表明:冬季测验期间湾口东北侧N03站含沙量最大,平均含沙量为0.751 kg/m³,其次为珠门港的N04站,测验期间平均含沙量为0.740 kg/m³,湾底北部的N11站平均含沙量最小,为0.326 kg/m³。实测最大含沙量为1.982 kg/m³,出现在N04站中潮的底层;最小含沙量0.009 kg/m³,出现在N9站小潮的表层。

为了更细致阐述测区的含沙量分布变化特征,按照上文所划分的四个区域分析大、小潮含沙量的分布特征,见表4.1.10、表4.1.11。

① 口门断面:口门断面是本次调查期间含沙量较大的区域,冬季测验期间平均含沙量为0.584 kg/m³。口门含沙量以东北侧N03站和珠门港N04站最大,N01、N02、N03站的平均含沙量分别为0.410 kg/m³、0.510 kg/m³、0.751 kg/m³,珠门港N04站的平均含沙量较大,为0.740 kg/m³,石浦港则相对略小,为0.437 kg/m³。

② 湾顶区域:湾顶区域是测验期间含沙量最小区域,平均含沙量0.337 kg/m³,三站中含沙量又以青山港汉口的N11站为最小。

③ 两条纵断面(猫头水道和满山水道断面):含沙量小于口门处,但比湾顶区域要大。猫头水道平均含沙量0.556 kg/m³,满山水道平均含沙量为0.416 kg/m³,相比之下猫头水道的含沙量略大于满山水道。

④ 猫头山嘴附近水域：调查期间猫头山嘴附近水域含沙量不高，平均值为 0.361 kg/m^3，含沙量低于湾口断面和纵向水道断面，仅比湾顶水域略高。

表 4.1.9　2013 年冬季各站平均含沙量　　（单位：kg/m^3）

区域	站号	潮汛	表层平均	中层平均	底层平均	落潮垂向平均	涨潮垂向平均	周日垂向平均
口门断面	N01	大潮	0.268	0.382	0.397	0.363	0.370	0.366
		中潮	0.250	0.555	0.600	0.511	0.495	0.504
		小潮	0.090	0.302	0.497	0.395	0.325	0.359
	N02	大潮	0.353	0.506	0.561	0.470	0.512	0.490
		中潮	0.262	0.779	0.848	0.691	0.694	0.692
		小潮	0.072	0.202	0.512	0.301	0.337	0.321
	N03	大潮	0.499	0.778	0.836	0.702	0.768	0.736
		中潮	0.409	0.936	1.003	0.884	0.841	0.862
		小潮	0.273	0.591	0.842	0.635	0.671	0.654
	N04	大潮	0.499	0.749	0.805	0.728	0.720	0.724
		中潮	0.584	0.881	0.977	0.859	0.850	0.856
		小潮	0.241	0.569	0.856	0.626	0.661	0.640
	N09	大潮	0.329	0.480	0.511	0.460	0.470	0.464
		中潮	0.353	0.728	0.792	0.702	0.680	0.693
		小潮	0.215	0.364	0.502	0.418	0.390	0.405
猫头水道	N05	大潮	0.237	0.378	0.405	0.351	0.385	0.366
		中潮	0.255	0.658	0.740	0.595	0.620	0.607
		小潮	0.067	0.250	0.512	0.359	0.319	0.338
	N06	大潮	0.212	0.342	0.377	0.317	0.360	0.336
		中潮	0.231	0.545	0.632	0.499	0.537	0.517
		小潮	0.111	0.250	0.472	0.349	0.311	0.329
满山水道	N07	大潮	0.354	0.555	0.609	0.492	0.590	0.539
		中潮	0.307	0.744	0.834	0.645	0.719	0.683
		小潮	0.138	0.395	0.589	0.457	0.437	0.446
湾顶断面	N10	大潮	0.228	0.286	0.326	0.268	0.326	0.294
		中潮	0.316	0.495	0.549	0.452	0.481	0.466
		小潮	0.105	0.218	0.361	0.253	0.262	0.257
	N11	大潮	0.186	0.280	0.314	0.260	0.306	0.280
		中潮	0.248	0.438	0.481	0.407	0.435	0.421
		小潮	0.106	0.224	0.411	0.292	0.263	0.277

续表 4.1.9

区域	站号	潮汛	表层平均	中层平均	底层平均	落潮垂向平均	涨潮垂向平均	周日垂向平均
湾顶断面	N12	大潮	0.242	0.323	0.366	0.309	0.336	0.323
		中潮	0.278	0.458	0.516	0.444	0.445	0.444
		小潮	0.150	0.264	0.315	0.292	0.247	0.269
猫头山嘴附近水域	N15	大潮	0.212	0.340	0.382	0.327	0.330	0.329
		中潮	0.273	0.494	0.522	0.451	0.442	0.446
		小潮	0.124	0.286	0.418	0.311	0.316	0.314
	N18	大潮	0.222	0.314	0.327	0.300	0.307	0.304
		中潮	0.283	0.505	0.563	0.508	0.457	0.483
		小潮	0.080	0.242	0.435	0.365	0.222	0.291

表 4.1.10　2013 年冬季大潮各站含沙量特征值　（单位:kg/m^3）

潮汛	站号	层次	落潮			涨潮			周日
			最大值	最小值	平均	最大值	最小值	平均	平均
口门断面	N01	表层	0.874	0.095	0.249	0.425	0.129	0.288	0.268
		0.6H	0.491	0.278	0.390	0.515	0.254	0.374	0.382
		底层	0.600	0.156	0.432	0.618	0.280	0.463	0.397
		垂线平均	0.552	0.258	0.363	0.503	0.288	0.370	0.366
	N02	表层	0.426	0.174	0.288	0.604	0.232	0.422	0.353
		0.6H	0.739	0.317	0.511	0.739	0.289	0.501	0.506
		底层	0.948	0.417	0.629	0.857	0.409	0.644	0.561
		垂线平均	0.662	0.321	0.470	0.683	0.318	0.512	0.490
	N03	表层	0.646	0.192	0.383	0.802	0.382	0.607	0.499
		0.6H	0.894	0.616	0.758	0.904	0.606	0.796	0.778
		底层	1.155	0.719	0.899	1.071	0.728	0.921	0.836
		垂线平均	0.806	0.608	0.702	0.876	0.634	0.768	0.736
	N04	表层	0.732	0.180	0.444	0.783	0.370	0.567	0.499
		0.6H	0.955	0.540	0.784	0.906	0.410	0.707	0.749
		底层	1.189	0.638	0.963	1.069	0.510	0.840	0.805
		垂线平均	0.888	0.547	0.728	0.847	0.509	0.720	0.724
	N09	表层	0.672	0.156	0.332	0.453	0.240	0.323	0.329
		0.6H	0.923	0.308	0.480	0.562	0.398	0.480	0.480
		底层	0.897	0.169	0.564	0.778	0.523	0.622	0.511
		垂线平均	0.823	0.350	0.460	0.561	0.430	0.470	0.464

续表 4. 1. 10

潮汛	站号	层次	落潮			涨潮			周日
			最大值	最小值	平均	最大值	最小值	平均	平均
猫头水道	N05	表层	0. 270	0. 117	0. 184	0. 438	0. 157	0. 303	0. 237
		0. 6H	0. 484	0. 232	0. 362	0. 527	0. 308	0. 398	0. 378
		底层	0. 674	0. 381	0. 452	0. 782	0. 323	0. 517	0. 405
		垂线平均	0. 441	0. 302	0. 351	0. 486	0. 297	0. 385	0. 366
	N06	表层	0. 300	0. 108	0. 191	0. 325	0. 118	0. 235	0. 212
		0. 6H	0. 420	0. 248	0. 304	0. 438	0. 301	0. 376	0. 342
		底层	0. 635	0. 281	0. 435	0. 673	0. 402	0. 487	0. 377
		垂线平均	0. 391	0. 268	0. 317	0. 408	0. 327	0. 360	0. 336
满山水道	N07	表层	0. 427	0. 143	0. 277	0. 664	0. 185	0. 426	0. 354
		0. 6H	0. 883	0. 302	0. 524	0. 905	0. 329	0. 589	0. 555
		底层	1. 476	0. 476	0. 812	1. 106	0. 485	0. 764	0. 609
		垂线平均	0. 642	0. 280	0. 492	0. 885	0. 332	0. 590	0. 539
湾顶断面	N10	表层	0. 341	0. 106	0. 209	0. 415	0. 143	0. 253	0. 228
		0. 6H	0. 333	0. 113	0. 257	0. 417	0. 197	0. 322	0. 286
		底层	0. 481	0. 180	0. 358	0. 495	0. 190	0. 376	0. 326
		垂线平均	0. 324	0. 179	0. 268	0. 429	0. 210	0. 326	0. 294
	N11	表层	0. 233	0. 081	0. 150	0. 300	0. 136	0. 232	0. 186
		0. 6H	0. 341	0. 151	0. 267	0. 414	0. 186	0. 297	0. 280
		底层	0. 554	0. 205	0. 345	0. 478	0. 283	0. 390	0. 314
		垂线平均	0. 331	0. 175	0. 260	0. 398	0. 235	0. 306	0. 280
	N12	表层	0. 371	0. 100	0. 227	0. 368	0. 137	0. 258	0. 242
		0. 6H	0. 414	0. 221	0. 319	0. 499	0. 126	0. 327	0. 323
		底层	0. 641	0. 231	0. 432	0. 647	0. 208	0. 423	0. 366
		垂线平均	0. 394	0. 221	0. 309	0. 478	0. 152	0. 336	0. 323
猫头山嘴附近水域	N15	表层	0. 316	0. 115	0. 198	0. 325	0. 157	0. 225	0. 212
		0. 6H	0. 392	0. 247	0. 341	0. 422	0. 247	0. 338	0. 340
		底层	0. 570	0. 346	0. 469	0. 593	0. 387	0. 470	0. 382
		垂线平均	0. 422	0. 284	0. 327	0. 405	0. 270	0. 330	0. 329
	N18	表层	0. 330	0. 099	0. 212	0. 388	0. 112	0. 232	0. 222
		0. 6H	0. 378	0. 230	0. 315	0. 482	0. 129	0. 313	0. 314
		底层	0. 475	0. 319	0. 390	0. 520	0. 276	0. 397	0. 327
		垂线平均	0. 344	0. 237	0. 300	0. 442	0. 166	0. 307	0. 304

表 4. 1. 11　2013 年冬季小潮各站含沙量特征值表　（单位：kg/m^3）

潮汛	站号	层次	落潮			涨潮			周日
			最大值	最小值	平均	最大值	最小值	平均	平均
口门断面	N01	表层	0. 295	0. 037	0. 102	0. 130	0. 038	0. 077	0. 090
		0. 6H	0. 688	0. 207	0. 428	0. 535	0. 148	0. 384	0. 302
		底层	0. 957	0. 256	0. 648	0. 790	0. 168	0. 595	0. 497
		垂线平均	0. 607	0. 208	0. 395	0. 463	0. 180	0. 325	0. 359
	N02	表层	0. 092	0. 043	0. 056	0. 125	0. 029	0. 084	0. 072
		0. 6H	0. 580	0. 117	0. 294	0. 615	0. 141	0. 347	0. 202
		底层	1. 275	0. 339	0. 770	1. 572	0. 067	0. 802	0. 512
		垂线平均	0. 503	0. 155	0. 301	0. 529	0. 185	0. 337	0. 321
	N03	表层	0. 523	0. 061	0. 190	0. 592	0. 112	0. 351	0. 273
		0. 6H	0. 899	0. 452	0. 690	0. 973	0. 401	0. 717	0. 591
		底层	1. 176	0. 507	0. 968	1. 207	0. 769	1. 000	0. 842
		垂线平均	0. 788	0. 499	0. 635	0. 834	0. 332	0. 671	0. 654
	N04	表层	0. 509	0. 114	0. 234	0. 473	0. 079	0. 251	0. 241
		0. 6H	1. 024	0. 335	0. 722	0. 898	0. 493	0. 746	0. 569
		底层	1. 303	0. 728	1. 052	1. 157	0. 676	0. 943	0. 856
		垂线平均	0. 862	0. 399	0. 626	0. 819	0. 409	0. 661	0. 640
	N09	表层	0. 494	0. 084	0. 286	0. 233	0. 009	0. 127	0. 215
		0. 6H	0. 677	0. 281	0. 412	0. 607	0. 288	0. 441	0. 364
		底层	0. 752	0. 368	0. 528	0. 745	0. 309	0. 578	0. 502
		垂线平均	0. 670	0. 301	0. 418	0. 515	0. 234	0. 390	0. 405
猫头水道	N05	表层	0. 137	0. 022	0. 067	0. 138	0. 033	0. 067	0. 067
		0. 6H	0. 602	0. 156	0. 355	0. 546	0. 120	0. 349	0. 250
		底层	0. 898	0. 477	0. 714	1. 346	0. 451	0. 760	0. 512
		垂线平均	0. 503	0. 250	0. 359	0. 522	0. 194	0. 319	0. 338
	N06	表层	0. 234	0. 025	0. 110	0. 195	0. 047	0. 113	0. 111
		0. 6H	0. 586	0. 117	0. 317	0. 424	0. 140	0. 304	0. 250
		底层	1. 001	0. 540	0. 785	0. 933	0. 308	0. 677	0. 472
		垂线平均	0. 498	0. 224	0. 349	0. 406	0. 152	0. 311	0. 329
满山水道	N07	表层	0. 237	0. 051	0. 125	0. 279	0. 036	0. 151	0. 138
		0. 6H	0. 815	0. 212	0. 501	0. 792	0. 250	0. 469	0. 395
		底层	1. 127	0. 663	0. 837	1. 748	0. 277	0. 805	0. 589
		垂线平均	0. 687	0. 279	0. 457	0. 728	0. 190	0. 437	0. 446

续表 4.1.11

潮汛	站号	层次	落潮			涨潮			周日
			最大值	最小值	平均	最大值	最小值	平均	平均
湾顶断面	N10	表层	0.203	0.018	0.102	0.222	0.032	0.108	0.105
		0.6H	0.422	0.163	0.257	0.589	0.078	0.271	0.218
		底层	0.797	0.244	0.462	0.866	0.161	0.452	0.361
		垂线平均	0.367	0.128	0.253	0.502	0.096	0.262	0.257
	N11	表层	0.177	0.041	0.097	0.203	0.046	0.115	0.106
		0.6H	0.578	0.115	0.263	0.403	0.169	0.267	0.224
		底层	0.826	0.259	0.550	0.847	0.233	0.458	0.411
		垂线平均	0.425	0.194	0.292	0.384	0.163	0.263	0.277
	N12	表层	0.383	0.065	0.178	0.242	0.047	0.124	0.150
		0.6H	0.421	0.218	0.294	0.355	0.104	0.263	0.264
		底层	0.456	0.323	0.377	0.398	0.159	0.306	0.315
		垂线平均	0.437	0.219	0.292	0.329	0.118	0.247	0.269
猫头山嘴附近水域	N15	表层	0.307	0.044	0.142	0.230	0.056	0.104	0.124
		0.6H	0.532	0.150	0.325	0.472	0.241	0.363	0.286
		底层	0.633	0.422	0.515	0.633	0.323	0.501	0.418
		垂线平均	0.498	0.196	0.311	0.412	0.189	0.316	0.314
	N18	表层	0.307	0.047	0.093	0.207	0.019	0.065	0.080
		0.6H	0.827	0.184	0.457	0.408	0.129	0.248	0.242
		底层	0.981	0.295	0.630	0.704	0.158	0.453	0.435
		垂线平均	0.534	0.170	0.365	0.347	0.123	0.222	0.291

2）夏季航次

夏季含沙量的高、低分布与冬季略有不同，猫头山嘴外侧（N06 站）和北侧（N15 站）为含沙量高值区，湾口断面含沙量略高于湾顶断面。

根据平均含沙量统计结果（表 4.1.12）分析：夏季测验期间湾口断面 N06 站的含沙量为测区最大，平均含沙量为 0.442 kg/m^3，其次为 N15 站，平均含沙量为 0.392 kg/m^3，湾顶区域的 N11 站平均含沙量最小，为 0.172 kg/m^3。夏季实测最大含沙量为 3.130 kg/m^3，出现在 N15 站大潮的底层，最小含沙量 0.025 kg/m^3，出现在 N5 站小潮的表层。夏季航次同样以四个区域分析大、小潮含沙量的平面分布，含沙量特征值见表 4.1.12至表 4.1.14。

表 4.1.12 2013 年夏季各站平均含沙量 （单位:kg/m³）

区域	站号	潮汛	表层平均	中层平均	底层平均	落潮垂向平均	涨潮垂向平均	周日垂向平均
口门断面	N01	大潮	0.323	0.571	0.745	0.596	0.563	0.579
		中潮	0.118	0.187	0.200	0.179	0.174	0.177
		小潮	0.052	0.058	0.066	0.063	0.058	0.060
	N02	大潮	0.224	0.442	0.578	0.429	0.369	0.400
		中潮	0.090	0.177	0.251	0.170	0.183	0.177
		小潮	0.051	0.062	0.087	0.063	0.075	0.069
	N03	大潮	0.353	0.602	0.668	0.502	0.577	0.541
		中潮	0.173	0.265	0.324	0.228	0.280	0.259
		小潮	0.048	0.076	0.081	0.069	0.076	0.073
	N04	大潮	0.507	0.639	0.688	0.610	0.634	0.620
		中潮	0.216	0.373	0.413	0.344	0.348	0.346
		小潮	0.083	0.088	0.106	0.084	0.103	0.091
	N09	大潮	0.192	0.495	0.458	0.415	0.360	0.395
		中潮	0.122	0.243	0.277	0.227	0.237	0.232
		小潮	0.072	0.082	0.089	0.086	0.083	0.084
猫头水道	N05	大潮	0.167	0.513	0.667	0.443	0.495	0.468
		中潮	0.088	0.143	0.187	0.141	0.140	0.141
		小潮	0.062	0.078	0.081	0.080	0.073	0.077
	N06	大潮	0.627	1.189	1.219	0.997	0.975	0.987
		中潮	0.102	0.245	0.363	0.254	0.234	0.243
		小潮	0.062	0.092	0.137	0.100	0.094	0.096
满山水道	N07	大潮	0.241	0.656	0.780	0.550	0.640	0.597
		中潮	0.108	0.281	0.325	0.231	0.281	0.257
		小潮	0.076	0.108	0.111	0.086	0.105	0.096
湾顶断面	N10	大潮	0.230	0.630	0.732	0.512	0.630	0.564
		中潮	0.087	0.219	0.266	0.178	0.214	0.198
		小潮	0.056	0.063	0.073	0.058	0.068	0.064
	N11	大潮	0.174	0.346	0.437	0.326	0.342	0.334
		中潮	0.079	0.118	0.140	0.129	0.107	0.115
		小潮	0.059	0.063	0.071	0.064	0.068	0.066
	N12	大潮	0.281	0.409	0.498	0.377	0.446	0.405
		中潮	0.141	0.195	0.228	0.207	0.181	0.193
		小潮	0.060	0.061	0.068	0.062	0.063	0.062

续表 4.1.12

区域	站号	潮汛	表层平均	中层平均	底层平均	落潮 垂向平均	涨潮 垂向平均	周日 垂向平均
猫头山嘴附近水域	N15	大潮	0.214	0.768	1.097	0.772	0.743	0.759
		中潮	0.139	0.367	0.475	0.348	0.316	0.332
		小潮	0.072	0.083	0.100	0.080	0.092	0.085
	N18	大潮	0.203	0.458	0.534	0.470	0.316	0.396
		中潮	0.115	0.202	0.228	0.270	0.111	0.187
		小潮	0.053	0.053	0.061	0.056	0.053	0.054

表 4.1.13　2013 年夏季大潮各站含沙量特征值　（单位:kg/m^3）

潮汛	站号	层次	落潮			涨潮			周日
			最大值	最小值	平均	最大值	最小值	平均	平均
口门断面	N01	表层	0.509	0.101	0.267	0.878	0.085	0.376	0.323
		0.6H	1.150	0.344	0.593	1.133	0.137	0.551	0.571
		底层	1.880	0.440	1.064	1.990	0.088	0.892	0.745
		垂线平均	0.991	0.283	0.596	1.102	0.194	0.563	0.579
	N02	表层	0.474	0.089	0.188	0.714	0.094	0.257	0.224
		0.6H	1.364	0.104	0.493	0.666	0.123	0.388	0.442
		底层	1.798	0.240	0.810	1.071	0.146	0.601	0.578
		垂线平均	0.976	0.166	0.429	0.694	0.119	0.369	0.400
	N03	表层	0.544	0.043	0.285	0.750	0.106	0.416	0.353
		0.6H	1.043	0.185	0.597	1.205	0.118	0.607	0.602
		底层	1.967	0.170	0.813	1.405	0.384	0.846	0.668
		垂线平均	0.956	0.132	0.502	1.006	0.155	0.577	0.541
	N04	表层	0.873	0.206	0.473	0.844	0.352	0.549	0.507
		0.6H	0.866	0.414	0.623	0.965	0.421	0.662	0.639
		底层	1.240	0.537	0.848	1.114	0.443	0.744	0.688
		垂线平均	0.879	0.425	0.610	0.935	0.417	0.634	0.620
	N09	表层	0.617	0.039	0.202	0.355	0.074	0.166	0.192
		0.6H	1.293	0.156	0.504	0.647	0.247	0.398	0.461
		底层	1.224	0.048	0.616	1.012	0.288	0.543	0.493
		垂线平均	0.878	0.177	0.416	0.644	0.205	0.370	0.399

续表 4. 1. 13

潮汛	站号	层次	落潮			涨潮			周日
			最大值	最小值	平均	最大值	最小值	平均	平均
猫头水道	N05	表层	0. 520	0. 061	0. 177	0. 797	0. 025	0. 173	0. 175
		0. 6H	0. 840	0. 262	0. 524	1. 499	0. 137	0. 569	0. 546
		底层	1. 358	0. 579	0. 902	1. 584	0. 468	0. 942	0. 699
		垂线平均	0. 730	0. 283	0. 495	1. 012	0. 156	0. 488	0. 492
	N06	表层	1. 251	0. 221	0. 575	0. 973	0. 073	0. 499	0. 539
		0. 6H	2. 345	0. 326	1. 152	2. 711	0. 206	1. 177	1. 165
		底层	2. 687	0. 281	1. 262	3. 019	0. 228	1. 382	1. 213
		垂线平均	1. 921	0. 350	0. 944	1. 775	0. 178	0. 939	0. 941
满山水道	N07	表层	0. 531	0. 033	0. 193	0. 818	0. 040	0. 303	0. 241
		0. 6H	0. 984	0. 280	0. 596	1. 142	0. 153	0. 712	0. 656
		底层	1. 431	0. 445	0. 972	1. 474	0. 302	0. 979	0. 780
		垂线平均	0. 870	0. 328	0. 550	1. 076	0. 188	0. 640	0. 597
湾顶断面	N10	表层	0. 652	0. 095	0. 268	0. 647	0. 044	0. 183	0. 230
		0. 6H	0. 987	0. 169	0. 545	1. 148	0. 238	0. 735	0. 630
		底层	1. 396	0. 383	0. 851	1. 445	0. 268	0. 959	0. 732
		垂线平均	0. 915	0. 183	0. 512	0. 873	0. 235	0. 630	0. 564
	N11	表层	0. 352	0. 069	0. 150	0. 587	0. 051	0. 194	0. 174
		0. 6H	0. 664	0. 056	0. 310	0. 877	0. 091	0. 379	0. 346
		底层	0. 938	0. 111	0. 588	0. 898	0. 127	0. 512	0. 437
		垂线平均	0. 564	0. 089	0. 326	0. 625	0. 114	0. 342	0. 334
	N12	表层	0. 678	0. 032	0. 284	0. 580	0. 070	0. 276	0. 281
		0. 6H	0. 752	0. 092	0. 400	0. 768	0. 163	0. 421	0. 409
		底层	0. 816	0. 171	0. 519	0. 908	0. 205	0. 596	0. 498
		垂线平均	0. 678	0. 111	0. 377	0. 692	0. 141	0. 446	0. 405
猫头山嘴附近水域	N15	表层	0. 486	0. 079	0. 203	0. 345	0. 098	0. 228	0. 214
		0. 6H	1. 720	0. 236	0. 863	1. 174	0. 310	0. 711	0. 796
		底层	3. 130	0. 451	1. 713	2. 354	0. 357	1. 520	1. 108
		垂线平均	1. 459	0. 270	0. 789	1. 080	0. 270	0. 743	0. 768
	N18	表层	0. 404	0. 056	0. 226	0. 473	0. 061	0. 175	0. 203
		0. 6H	0. 886	0. 201	0. 515	0. 877	0. 079	0. 386	0. 453
		底层	1. 091	0. 389	0. 740	1. 064	0. 170	0. 478	0. 533
		垂线平均	0. 813	0. 201	0. 467	0. 793	0. 098	0. 316	0. 394

表4.1.14　2013年夏季小潮各站含沙量特征值　（单位:kg/m³）

潮汛	站号	层次	落潮			涨潮			周日
			最大值	最小值	平均	最大值	最小值	平均	平均
口门断面	N01	表层	0.090	0.033	0.051	0.079	0.032	0.053	0.052
		0.6H	0.082	0.033	0.062	0.074	0.033	0.055	0.058
		底层	0.104	0.045	0.076	0.098	0.034	0.066	0.066
		垂线平均	0.082	0.044	0.063	0.074	0.043	0.058	0.060
	N02	表层	0.071	0.030	0.051	0.102	0.015	0.052	0.051
		0.6H	0.089	0.023	0.050	0.117	0.025	0.076	0.062
		底层	0.138	0.058	0.098	0.183	0.053	0.129	0.087
		垂线平均	0.087	0.049	0.063	0.095	0.055	0.075	0.069
	N03	表层	0.060	0.020	0.042	0.085	0.020	0.053	0.048
		0.6H	0.104	0.028	0.071	0.172	0.020	0.079	0.076
		底层	0.155	0.052	0.107	0.217	0.063	0.107	0.081
		垂线平均	0.100	0.043	0.069	0.144	0.041	0.076	0.073
	N04	表层	0.152	0.038	0.079	0.113	0.064	0.088	0.083
		0.6H	0.115	0.060	0.084	0.144	0.039	0.094	0.088
		底层	0.149	0.072	0.113	0.226	0.046	0.128	0.106
		垂线平均	0.105	0.064	0.084	0.149	0.073	0.103	0.091
	N09	表层	0.112	0.039	0.074	0.089	0.046	0.070	0.072
		0.6H	0.114	0.054	0.080	0.115	0.033	0.088	0.084
		底层	0.161	0.062	0.105	0.188	0.028	0.116	0.092
		垂线平均	0.117	0.062	0.086	0.122	0.055	0.087	0.087
猫头水道	N05	表层	0.083	0.047	0.064	0.083	0.042	0.060	0.062
		0.6H	0.119	0.066	0.087	0.086	0.057	0.069	0.078
		底层	0.122	0.068	0.094	0.127	0.070	0.094	0.081
		垂线平均	0.098	0.067	0.080	0.081	0.061	0.073	0.077
	N06	表层	0.079	0.024	0.059	0.107	0.033	0.067	0.062
		0.6H	0.212	0.040	0.098	0.212	0.027	0.087	0.092
		底层	0.354	0.044	0.149	0.527	0.047	0.138	0.137
		垂线平均	0.178	0.068	0.100	0.177	0.065	0.094	0.096
满山水道	N07	表层	0.115	0.023	0.072	0.286	0.014	0.082	0.076
		0.6H	0.150	0.069	0.095	0.229	0.055	0.118	0.108
		底层	0.133	0.057	0.105	0.290	0.070	0.144	0.111
		垂线平均	0.109	0.069	0.086	0.180	0.061	0.105	0.096

续表 4.1.14

潮汛	站号	层次	落潮			涨潮			周日
			最大值	最小值	平均	最大值	最小值	平均	平均
湾顶断面	N10	表层	0.091	0.025	0.051	0.078	0.047	0.061	0.056
		0.6H	0.092	0.034	0.054	0.098	0.050	0.069	0.063
		底层	0.118	0.051	0.080	0.181	0.041	0.093	0.073
		垂线平均	0.082	0.045	0.058	0.102	0.046	0.068	0.064
	N11	表层	0.087	0.032	0.058	0.118	0.038	0.059	0.059
		0.6H	0.093	0.047	0.067	0.133	0.026	0.060	0.063
		底层	0.105	0.017	0.061	0.214	0.051	0.084	0.071
		垂线平均	0.079	0.048	0.064	0.115	0.037	0.068	0.066
	N12	表层	0.085	0.016	0.056	0.099	0.025	0.064	0.060
		0.6H	0.101	0.043	0.062	0.109	0.022	0.060	0.061
		底层	0.138	0.035	0.072	0.196	0.017	0.077	0.068
		垂线平均	0.089	0.042	0.062	0.115	0.029	0.063	0.063
猫头山嘴附近水域	N15	表层	0.099	0.044	0.067	0.131	0.042	0.077	0.072
		0.6H	0.132	0.043	0.080	0.129	0.039	0.087	0.083
		底层	0.247	0.067	0.122	0.221	0.062	0.131	0.100
		垂线平均	0.125	0.055	0.080	0.126	0.060	0.092	0.085
	N18	表层	0.076	0.040	0.054	0.067	0.028	0.052	0.053
		0.6H	0.077	0.033	0.052	0.096	0.032	0.054	0.053
		底层	0.100	0.043	0.062	0.108	0.040	0.058	0.061
		垂线平均	0.079	0.042	0.056	0.069	0.042	0.053	0.054

① 口门断面：口门断面平均含沙量为 0.274 kg/m³，其中 N04 站的含沙量较大，湾口中间测站 N02 较小，见图 4.1.4。

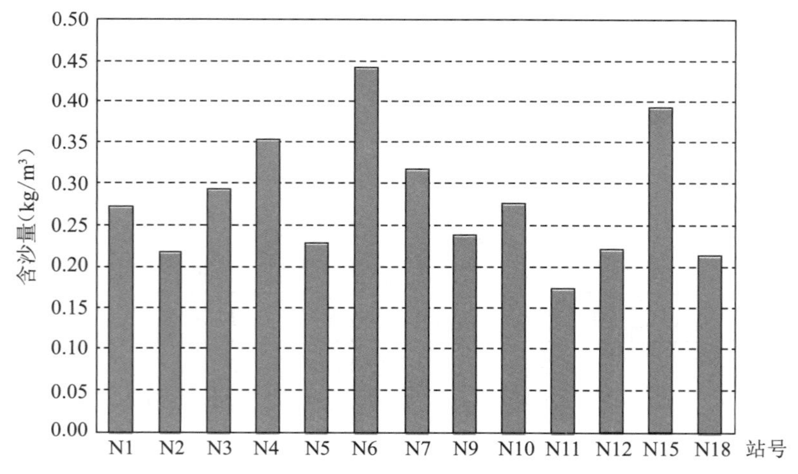

图 4.1.4　2013 年夏季调查期间三门湾各站的平均含沙量柱状图

② 湾顶水域：湾顶区域仍是测验期间含沙量最小的区域，其平均含沙量为 0.222 kg/m^3，三站中含沙量又同样以青山港汊口的 N11 站为最小。

③ 两条纵向断面：猫头水道平均含沙量为 0.335 kg/m^3，满山水道的平均含沙量为 0.317 kg/m^3，相对而言猫头水道的平均含沙量略大。

④ 猫头山嘴附近水域：猫头山嘴附近水域含沙量变化较大，猫头山嘴南侧 N18 站含沙量较小，而猫头山嘴北侧 N15 站含沙量较大。

4.1.2.3　含沙量垂向分布

(1) 1994 年含沙量垂向分布

总体而言，各站含沙量垂向分布随深度的增加而增大，大、中、小潮均有类似的分布特征。垂向含沙量的最大值一般出现在底层或 0.8H 层，表层含沙量最低。含沙量的垂向梯度因潮汛而异，中潮含沙量垂向梯度最大，小潮含沙量最低，垂向梯度也最小，大潮含沙量垂向梯度介于中潮和小潮之间。

(2) 2003 年含沙量垂向分布

1) 春季航次

含沙量随深度的增加而增大，即由表层逐渐向底层增加。但也有部分测站呈剧增型，上层含沙量较均匀，下层含沙量变幅大，多呈锯齿状分布。如 N15 站中潮，上层含沙量为 0.094～0.144 kg/m^3，中、下层由 0.4987 kg/m^3（0.4H）剧增至底层的 2.034 4 kg/m^3。而大部分测站则呈逐渐增加的势态。

2) 秋季航次

图 4.1.2(a)和(b)分别为秋季大、小潮表层日平均含沙量分布的平面分布图，图 4.1.2(c)和(d)分别为秋季大、小潮底层日平均含沙量分布的平面分布图。由图可见，日平均含沙量的变化具有两个明显的特点：日平均含沙量随着深度的增加而增加，即表层日平均含沙量较小，底层较大。二是日平均含沙量的变化随着潮汛的变化而变化，大潮期日平均含沙量明显大于小潮。由图还可以看出，无论是表层、中层还是底层均存在一个含沙量的相对高值区和一个相对低值区，相对高值区位于口门断面的 N03 站附近海域，且含沙量高值中心的范围随着深度的增加而增大；相对低值区位于湾顶断面的 N11 站附近海域。

表 4.1.15 为 2003 年秋季各站含沙量特征值。由表可见，调查海域各站垂向平均含沙量的变化范围在 0.137～0.503 kg/m^3 之间，高低变化 3.7 倍。其中表层平均含沙量变化在 0.073～0.209 kg/m^3 之间，变化 2.9 倍；中层在 0.141～0.489 kg/m^3 之间，变化 3.5 倍；底层在 0.183～0.836 kg/m^3 之间，变化 4.6 倍。统计表明，随着水深的增加，含沙量的变化随之增大，底层含沙量的差异较大。此外，无论是全潮各层平均含沙量还是大、中、小潮各层平均含沙量的垂向变化，含沙量高值区的垂向变化要明显大于低值区含沙量的垂向变化。如高值区附近海域的 N03 站，表、中、底层的平均含沙量分别为 0.189、0.489、0.836 kg/m^3，表、底层变化 4.4 倍；N11 站表、中、底层

表 4.1.15　2003 年秋季各站大、中、小潮含沙量特征值

（单位：kg/m³）

断面	站号	大潮				中潮				小潮				全潮			
		表层	中层	底层	垂向平均	表层	中层	底层	垂向平均	表层	中层	底层	垂向平均	表层	中层	底层	垂向平均
口门断面	N01	0.119	0.279	0.469	0.288	0.119	0.279	0.469	0.289	0.033	0.064 8	0.165	0.085	0.090	0.207	0.368	0.220
	N02	0.232	0.438	0.634	0.435	0.135	0.232	0.363	0.242	0.031	0.049 4	0.099	0.059	0.132	0.240	0.365	0.245
	N03	0.338	0.792	1.380	0.832	0.172	0.578	0.945	0.566	0.058	0.098 0	0.182	0.111	0.189	0.489	0.836	0.503
	N04	0.341	0.491	0.595	0.477	0.223	0.386	0.438	0.353	0.061	0.094 2	0.106	0.088	0.209	0.324	0.380	0.306
	N09	0.137	0.377	0.581	0.366	0.113	0.234	0.382	0.242	0.039	0.063 0	0.095	0.065	0.096	0.225	0.353	0.225
湾顶断面	N10	0.144	0.227	0.484	0.279	0.105	0.187	0.252	0.189	0.026	0.034 5	0.042	0.034	0.092	0.150	0.259	0.165
	N11	0.126	0.223	0.298	0.217	0.102	0.166	0.206	0.159	0.023	0.033 8	0.046	0.034	0.084	0.141	0.183	0.137
	N12	0.172	0.264	0.351	0.263	0.138	0.220	0.279	0.213	0.031	0.041 3	0.053	0.042	0.114	0.175	0.228	0.172
满山水道	N02	0.232	0.438	0.634	0.435	0.135	0.232	0.363	0.242	0.031	0.049 4	0.099	0.059	0.132	0.240	0.365	0.245
	N07	0.222	0.492	0.696	0.472	0.146	0.309	0.486	0.313	0.050	0.073 8	0.129	0.083	0.139	0.291	0.437	0.290
	N12	0.172	0.264	0.351	0.263	0.138	0.220	0.279	0.213	0.031	0.041 3	0.053	0.042	0.114	0.175	0.228	0.172
猫头水道	N02	0.232	0.438	0.634	0.435	0.135	0.232	0.363	0.242	0.031	0.049 4	0.099	0.059	0.132	0.240	0.365	0.245
	N05	0.145	0.413	0.591	0.386	0.084	0.195	0.296	0.192	0.022	0.036 7	0.049	0.036	0.084	0.215	0.312	0.205
	N06	0.110	0.277	0.451	0.279	0.083	0.172	0.452	0.231	0.027	0.042 6	0.103	0.056	0.073	0.164	0.337	0.189
	N11	0.126	0.223	0.298	0.217	0.102	0.166	0.206	0.159	0.023	0.033 8	0.046	0.034	0.084	0.141	0.183	0.137
猫头山嘴附近水域	N18	0.173	0.323	0.451	0.316	0.114	0.274	0.409	0.267	0.031	0.055 2	0.076	0.054	0.106	0.217	0.312	0.212
	N17	0.181	0.278	0.385	0.281	0.152	0.256	0.354	0.254	0.039	0.055 2	0.075	0.056	0.124	0.197	0.271	0.197
	N16	0.204	0.302	0.341	0.284	0.163	0.246	0.343	0.250	0.030	0.052 3	0.063	0.051	0.135	0.200	0.249	0.195
	N15	0.141	0.282	0.413	0.279	0.129	0.246	0.372	0.249	0.034	0.052 9	0.078	0.055	0.101	0.194	0.288	0.194
	N06	0.110	0.277	0.451	0.279	0.083	0.172	0.457	0.231	0.027	0.042 6	0.103	0.056	0.073	0.164	0.337	0.189

的平均含沙量分别为 0.084、0.141、0.183 kg/m^3，表、底层变化 2.2 倍。

(3) 2013 年含沙量垂向分布

测验资料分析表明：含沙量随深度的增加而增大，即由表层逐渐向底层增加的现象明显，但不同季节含沙量垂向变化幅度略有不同。2013 年冬季调查期间，大、中、小潮三个航次表、底层含沙量比值分别为 0.53、0.45、0.22 kg/m^3，均值为 0.4 kg/m^3；夏季三个航次的表、底层含沙量比值分别为 0.34、0.37、0.65 kg/m^3，均值为 0.45 kg/m^3。

4.1.2.4　含沙量随潮汐变化

(1) 1994 年含沙量随潮汐变化

含沙量是随机性极强的要素，影响它的因素众多，就单一因素而言，难以找出良好的相关关系。本书就平均状况而言，阐述流速与含沙量的关系。根据平均流速、平均含沙量及潮位的关系分析表明，大潮平均含沙量与平均流速有较好的对应关系，大多呈四峰四谷型，含沙量的峰值滞后于流速峰值 1～2 h，谷值基本一致；中潮差些，大部分测站基本对应；小潮较差，显得杂乱。从这个意义上说，夏季潮流对含沙量的变化起了相当作用。与冬季相比，夏季的对应关系明显优于冬季。这种对应关系的变化可能有两方面的原因：

① 含沙量的大小主要与流速的大小有良好的对应关系，大潮流速大，掀沙作用强，流速的大小直接影响了含沙量的大小。

② 与水体本底含沙量有关。冬季泥沙来量多，水体中含沙量较高，它掩盖了流速的掀沙作用，不能显示含沙量随流速变化，反而使含沙量显得没有规律。而夏季却相反，水体含沙量低，潮流的掀沙作用引起的含沙量变化超过了外海涨潮水体携入的含沙量变化，流速的作用主导了含沙量的变化；小潮时流速小，且流速变化小，不同水体中本底含沙量起主要作用，使流速与含沙量对应关系略差。

(2) 2003 年含沙量随潮汐变化

含沙量不仅随季节、潮讯而变化，且在同一潮讯中又随流速的变化而变化。绝大多数测站含沙量上层变化较小，下层变化较大。含沙量与流速变化存有一定的规律，尤其在大、中潮期间，多数测站周日过程曲线基本呈现四峰四谷型的变化特征。含沙量随流速的增大而逐渐增加，即流速大，含沙量增大，流速小则含沙量减小，憩流平潮时含沙量较小。一般而言，最大含沙量发生在涨、落急后的中、底水层中。最小含沙量发生在高平、低平潮附近。从流速与含沙量过程曲线图可看出，含沙量变化滞后流速 1～2 h。值得指出，含沙量随时间的变化具有一定随机性，个别站也有不符合上述规律的现象。

总体而言，含沙量的大、中、小潮变化较明显，大潮含沙量大于中潮，中潮大于小潮。如 2003 年秋季：大潮平均含沙量变化曲线呈现出明显的峰谷分布；中潮平均含沙量变化曲线同样呈现出多个峰值，但起伏不大；而小潮平均含沙量变化曲线则变化不大，几乎成一直线。

(3) 2013 年含沙量随潮汐变化

1) 含沙量随潮汐的变化特征

冬季大潮各站的平均含沙量介于 0.280～0.736 kg/m³ 之间，平均值为 0.427 kg/m³；中潮平均含沙量介于 0.421～0.862 kg/m³ 之间，平均值为 0.590 kg/m³；小潮平均含沙量介于 0.257～0.654 kg/m³ 之间，平均值为 0.354 kg/m³。冬季观测期间中潮含沙量最大，其次为大潮，小潮含沙量最小(图 4.1.5)。这种看似异常的现象，实际是由于 2013 年冬季观测期间中潮汛的潮流大于大潮，其原因在流场特征分析中已有说明，这里不再赘述。

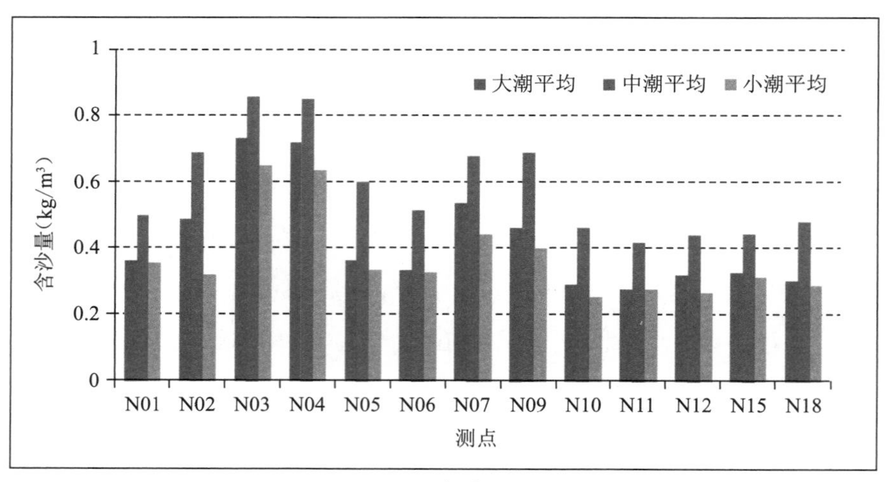

(a) 冬季

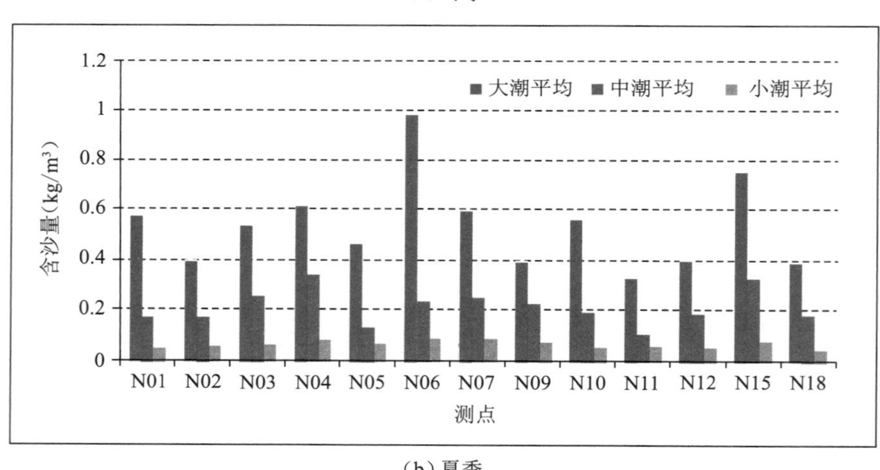

(b) 夏季

图 4.1.5 2013 年冬、夏季不同潮汛期各站含沙量平均值柱状图

夏季各站大潮含沙量分布范围为 0.334～0.987 kg/m³，平均值为 0.542 kg/m³；中潮为 0.115～0.346 kg/m³，平均值为 0.220 kg/m³，小潮为 0.054～0.096 kg/m³，平均值为 0.075 kg/m³。含沙量从大潮到小潮逐渐变小的特征十分明显，如图 4.1.5 所示。

相比而言，三门湾夏季的含沙量明显小于冬季，夏季测区平均含沙量约为冬季的 60%，冬、夏季含沙量的差异主要是由于两个季节外来泥沙量的变化所造成的。

2）含沙量随潮流的变化特征

一般来说含沙量不仅随季节、潮讯而变化，而且在同一潮讯中又随流速的变化而变化。图4.1.6为N03站含沙量与流速过程曲线。可见含沙量随流速的增大而逐渐增加，即流速大，含沙量增大，流速小则含沙量减小，憩流平潮时含沙量较小。含沙量变化滞后流速1～2 h。但需要指出的是，含沙量随流速的变化具有一定的随机性，观测中一些站点含沙量的变化不完全符合上述规律。

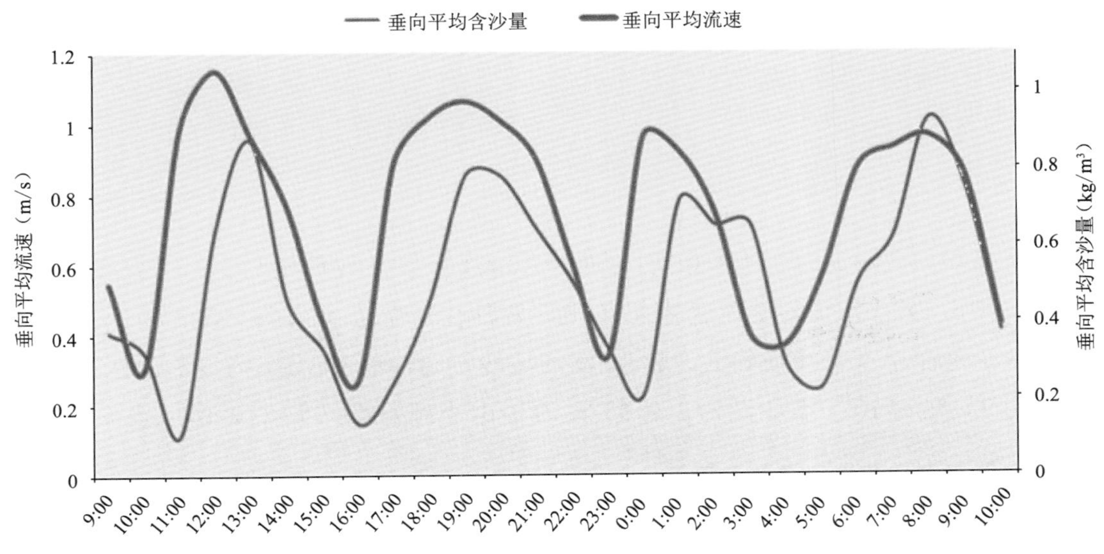

图4.1.6 N03站夏季大潮观测期间含沙量与流速过程曲线

3）涨、落潮含沙量对比

根据各站涨、落潮含沙量对比分析表明：冬、夏两季各潮次含沙量随涨、落潮的变化不尽相同。但总体而言，涨潮含沙量大于落潮。

4.1.2.5 含沙量季节变化

三门湾区域含沙量的季节变化显著。1994年夏季航次最高含沙量约为冬季航次的一半；平均含沙量也明显小于冬季，大、小潮一般2～3倍之多。

2013年三门湾海域的含沙量同样呈现出夏季明显小于冬季的特征，夏季航次三门湾海域平均含沙量约为冬季航次的60%。冬、夏两季含沙量的差异主要由两季泥沙来量的多寡所致。

4.1.3 输沙量与输沙方向

输沙量与输沙方向是指在一周日内（一个潮周期内）通过单位宽度为1 m、深度为实测水深的垂直断面上悬浮泥沙的输送量和输送方向。输沙量大小与潮流、含沙量、水深和时间成正比。参照河流水文测验规范，并考虑到海洋中流向的变化比河流更复杂。根据国标GB 12763.7—91相关规定：将潮流分解为北分量与东分量，分别进行计算，然后合成得到输沙量与输沙方向。

4.1.3.1 涨、落潮单宽输沙量

(1) 涨、落潮单宽输沙量(1994 年)

输沙量是流速和含沙量结合的产物。根据夏季资料计算结果分析表明:涨、落潮单宽输沙量各站各潮汛差异甚大,最大者为 275.2 t/(m·d),最小者不足 5 t/(m·d)。小潮输沙量最小,大、中潮各有千秋,有的站(N03 站)大潮净输沙量小于中潮,而有的站(N23 站)大潮净输沙量大于中潮,而有的站则两者相近。涨、落潮单宽输沙量的大小主要决定于各站的波浪与潮流的匹配,以及涨、落潮流路的差异。由表 4.1.6 可知,净输沙似乎主要有涨、落潮输沙不平衡所引起,其中既有潮流的作用,也有波浪的作用。如 N23 站,由于大潮流速大,产生的输沙量亦大,中潮虽然在台风后,但该站水面宽广,波浪相对平稳,其作用不明显,潮流起主要作用;而 N03 站处于三门湾口门收缩处,中潮又在台风后进行,波浪相对较大,外海传入的波浪在此区块发生强烈变形,波浪的作用助长了涨潮流的输沙能力,在波浪和潮流的双重作用下,使中潮净输沙量远大于大潮。净输沙量的高值区基本与含沙量的高值区相同,分布在各港汊和猫头山嘴附近海域,特别集中在猫头水道,见表 4.1.16。猫头水道落潮流速甚大,有利于泥沙往外输送,这是深槽能维持的重要原因。

断面输沙量是在单宽输沙基础上计算,港汊的输沙方向与单宽一致,湾口断面往湾底输送,其量值大潮为 93.56×10^3 t/d,中潮为 250.53×10^3 t/d,小潮为 49.95×10^3 t/d(表 4.1.16)。

(2) 输沙量与输沙方向(2003 年)

1) 春季航次

根据春季航次各个潮次资料计算分析表明:大潮输沙量最大,中潮次之,小潮输沙量最小,其量值之比为 28∶18∶1。大潮涨潮时最大输沙量达 387.86 t/(m·d),出现在 N03 站,小潮落潮时最小输沙量仅为 1.6 t/(m·d),出现在 N12 站。调查水域输沙量高值区出现在口门断面上,满山水道(N07 站)、猫头山嘴附近(N06、N15 和 N126 站)和猫头水道(N05 站),输沙量的最小值出现在湾顶断面的 N12 站。各站涨潮单宽输沙量:大、中、小潮分别为 48.34～387.86 t/(m·d)、25.57～233.84 t/(m·d)和 2.24～11.85 t/(m·d);落潮单宽输沙量:大、中、小潮分别为 66.55～341.01 t/(m·d)、33.21～258.67 t/(m·d)和 1.6～14.66 t/(m·d)。大、中潮多数测站,落潮输沙量大于涨潮,但亦有少数站(N03、N06 站)却相反,表现为涨潮输沙量强于落潮。

两条横断面;口门断面是三门湾水域输沙量最大所在。N01～N03 站大潮涨潮单宽输沙量达 220.63～387.86 t/(m·d),落潮的单宽输沙量达 210.10～341.01 t/(m·d);湾顶断面输沙量最小,涨潮单宽输沙量仅为 48.34～113.21 t/(m·d),落潮单宽输沙量仅为 66.55～105.08 t/(m·d),见表 4.1.17。可见输沙量向湾顶方向沿程逐渐递减。

两条纵断面:猫头水道和满山水道断面中段的 N05 站和 N07 站,大潮涨潮单宽输沙量分别为 175.54 t/(m·d)和 296.7 t/(m·d),落潮单宽输沙量分别为 169.62 t/(m·d)和 243.33 t/(m·d),输沙量较强。

表 4.1.16A　1994 年夏季大潮单宽及断面输沙量及输沙方向、断面潮量

断面	站号	单宽涨潮		单宽落潮		单宽净输沙		断面潮量（×10^6）(m^3)			断面输沙量（×10^3）(t/(m•d))		
		量值[t/(m•d)]	方向	量值[t/(m•d)]	方向	量值[t/(m•d)]	方向	涨(−)	落(+)	净进(−)量出(+)	涨(−)	落(+)	净进(−)量出(+)
口门断面	N01	78.2	339°	74.0	152°	9.3	44°	3 578.73	3 509.09	−69.64	1 154.18	1 060.62	−93.56
	N02	95.1	312°	71.9	133°	24.0	3075°						
	N08	92.4	302°	99.5	116°	11.1	65°						
	N03	147.9	313°	120.6	135°	28.6	304°						
	N04	113.0	256°	110.1	100°	47.9	181°	376.09	547.05	170.97	141.78	146.28	4.50
	N09	46.7	292°	105.0	108°	59.9	105°	341.01	765.41	424.40	38.37	102.86	64.50
湾顶断面	N10	50.4	286°	36.3	106°	14.7	283°	622.21	625.65	3.44	143.40	106.50	−36.90
	N11	48.7	331°	30.7	139°	20.7	351°	494.33	410.24	−84.09	106.06	75.66	−30.40
	N12	37.8	309°	35.8	140°	9.1	246°	299.97	374.00	74.03	59.09	50.80	−8.28
	N13	30.6	341°	24.5	168°	7.2	317°	405.76	401.56	−4.20	49.70	42.27	−7.43
其他测站	N05	94.4	334°	76.0	150°	19.6	351°						
	N06	236.2	306°	219.3	132°	28.9	255°						
	N07	154.6	316°	113.3	140°	43.3	306°						
	N14	54.3	292°	64.2	116°	9.8	135°						
	N15	70.6	276°	81.4	76°	28.3	14°						
	N16	153.8	261°	226.4	94°	85.7	121°						
	N17	48.7	357°	87.6	170°	40.9	163°						

续表 4.1.16A

断面	站号	单宽涨潮		单宽落潮		单宽净输沙		断面潮量($\times10^6$)(m^3)			断面输沙量($\times10^3$)(t/(m•d))		
		量值[t/(m•d)]	方向	量值[t/(m•d)]	方向	量值[t/(m•d)]	方向	涨(−)	落(+)	净进(−)量出(+)	涨(−)	落(+)	净进(−)量出(+)
其他测站	N18	53.2	319°	92.3	141°	38.9	142°						
	N19	25.6	177°	15.1	1°	10.6	171°						
	N20	40.7	325°	46.6	145°	5.7	140°						
	N21												
	N22	40.9	313°	44.0	142°	7.7	206°						
	N23	68.8	280°	138.0	98°	68.6	96°						
	N24	57.8	25°	26.4	199°	32.1	29°						
	N25	28.3	284°	38.6	110°	11.1	128°						
	N26	6.7	323°	12.1	135°	5.5	125°						
	S3												

表 4.1.16B 1994年夏季小潮单宽及断面输沙量及输沙方向、断面潮量

断面	站号	单宽涨潮		单宽落潮		单宽净输沙		断面潮量(×10⁶)(m³)			断面输沙量(×10³)(t/(m·d))		
		量值[t/(m·d)]	方向	量值[t/(m·d)]	方向	量值[t/(m·d)]	方向	涨(−)	落(+)	净进(−)量出(+)	涨(−)	落(+)	净进(−)量出(+)
口门断面	N01	17.2	332°	11.5	142°	6.3	352°	2 077.11	2 105.55	28.44	237.56	187.61	−49.95
	N02	10.5	312°	13.5	140°	3.5	168°						
	N08	25.3	305°	19.4	123°	6.1	310°						
	N03	33.5	306°	18.1	136°	16.2	295°						
	N04	35.2	266°	33.1	102°	10.8	195°	250.40	286.86	36.45	47.72	43.94	−3.78
	N09	43.3	301°	56.3	120°	12.8	120°	255.47	440.07	184.60	27.86	40.91	13.05
湾顶断面	N10	8.5	265°	4.8	88°	3.8	261°	349.68	294.29	−55.39	21.52	12.94	−8.58
	N11	6.4	300°	4.9	124°	1.5	291°	296.02	237.81	−58.21	13.38	10.19	−3.20
	N12	8.8	308°	6.3	139°	3.0	284°	207.77	190.40	−17.36	14.18	10.08	−4.10
	N13	10.9	347°	7.4	172°	3.6	334°	246.57	246.13	−0.43	17.97	13.46	−4.51
其他测站	N05	31.5	344°	21.4	138°	13.4	5°						
	N06	44.7	289°	15.9	122°	29.2	282°						
	N07	33.1	307°	21.7	134°	12.0	294°						
	N14	5.3	296°	8.5	115°	3.3	114°						
	N15	14.4	258°	18.2	75°	2.8	63°						
	N16	38.9	248°	34.2	82°	10.6	195°						
	N17	4.3	357°	16.1	162°	12.1	156°						

续表 4.1.16B

断面	站号	单宽涨潮		单宽落潮		单宽净输沙		断面潮量(×10^6)(m^3)			断面输沙量(×10^3)(t/(m•d))		
		量值[t/(m•d)]	方向	量值[t/(m•d)]	方向	量值[t/(m•d)]	方向	涨(−)	落(+)	净进(−)量出(+)	涨(−)	落(+)	净进(−)量出(+)
其他测站	N18	4.5	317°	11.4	146°	7.0	153°						
	N19	3.8	159°	2.7	335°	1.1	166°						
	N20	4.9	327°	7.5	145°	2.5	141°						
	N21												
	N22	6.0	308°	4.5	131°	1.6	298°						
	N23	28.7	271°	15.6	101°	14.0	260°						
	N24	6.2	33°	5.2	215°	1.2	17°						
	N25	7.0	282°	8.1	102°	0.9	89°						
	N26	2.2	298°	2.6	101°	0.9	46°						
	S3												

表 4. 1. 17A 2003 年春季大潮单宽输沙量(t/(m·d))与输沙方向(°)表

断面	站号	涨潮		落潮		净输沙	
		量值	方向	量值	方向	量值	方向
口门断面	N01	244. 74	325°	210. 10	111°	174. 98	26°
	N02	220. 63	330°	210. 21	116°	161. 33	39°
	N03	387. 86	320°	341. 01	128°	58. 27	326°
	N04	156. 06	292°	201. 89	130°	81. 48	178°
	N09	96. 79	260°	187. 58	103°	136. 65	95°
湾顶断面	N10	90. 07	280°	102. 53	120°	26. 07	184°
	N11	113. 21	310°	105. 08	122°	27. 60	17°
	N12	48. 34	315°	66. 55	141°	22. 62	150°
满山水道	N02	220. 63	330°	210. 21	116°	161. 33	39°
	N07	296. 70	310°	243. 33	146°	125. 17	251°
	N12	48. 34	315°	66. 55	141°	22. 62	150°
猫头水道	N02	220. 63	330°	210. 21	116°	161. 33	39°
	N05	175. 54	342°	169. 62	129°	91. 93	39°
	N10	91. 07	280°	102. 53	120°	26. 07	184°
猫头山嘴附近水域	N06	273. 73	330°	174. 16	165°	132. 62	300°
	N15	147. 84	285°	165. 90	100°	22. 47	50°
	N16	150. 99	268°	160. 01	110°	52. 54	162°
	N17	75. 05	352°	115. 05	173°	43. 84	183°
	N18	100. 42	315°	83. 54	143°	32. 48	289°

表 4. 1. 17B 2003 年春季小潮单宽输沙量(t/(m·d))与输沙方向(°)表

断面	站号	涨潮		落潮		净输沙	
		量值	方向	量值	方向	量值	方向
口门断面	N01	9. 26	336°	5. 20	120°	6. 09	342°
	N02	5. 46	316°	3. 69	128°	2. 09	301°
	N03	11. 85	300°	9. 69	132°	2. 92	276°
	N04	6. 20	282°	9. 72	114°	3. 92	134°
	N09	10. 06	262°	14. 66	88°	4. 54	95°
湾顶断面	N10	3. 44	266°	2. 78	121°	1. 52	251°
	N11	4. 73	294°	3. 17	100°	2. 03	302°
	N12	2. 39	302°	1. 60	116°	0. 56	230°

续表 4.1.17B

断面	站号	涨潮		落潮		净输沙	
		量值	方向	量值	方向	量值	方向
满山水道	N02	5.46	316°	3.69	128°	2.09	301°
	N07	13.95	314°	9.48	118°	4.84	315°
	N12	2.39	302°	1.60	116°	0.56	230°
猫头水道	N02	5.46	316°	3.69	128°	2.09	301°
	N05	11.19	340°	6.49	146°	5.62	306°
	N10	3.44	266°	2.78	121°	1.52	251°
猫头山嘴附近水域	N06	19.06	301°	10.49	122°	10.00	299°
	N15	10.17	277°	12.14	104°	2.59	75°
	N16	10.66	266°	16.28	114°	6.69	141°
	N17	3.56	356°	5.83	161°	2.73	134°
	N18	2.24	316°	4.19	140°	1.91	122°

猫头山嘴附近水域：N06、N15和N16站单宽输沙量为三门湾海域又一个高值区，其中N06站大潮涨潮单宽输沙量高达273.73 t/(m•d)，其他测站的单宽输沙量也为75.05～165.9 t/(m•d)。N15站、N16站和N17站大、中潮落潮输沙量占优势，猫头山嘴附近水域悬沙以向东南运移为主(图4.1.7)。

2）秋季航次

涨潮输沙量与输沙方向：三门湾海域秋季全潮周日单宽涨潮输沙量的变化范围较大，介于13.0～186.6 t/(m•d)之间，大、小相差高达14倍。最高值发生在口门断面的N03站[186.6 t/(m•d)]，最低值出现在湾底断面的N12站[13.0 t/(m•d)] 从涨潮输沙量的横向分布可见，口门断面远高于湾顶断面，且口门断面中、北侧区域N02、N03站的输沙量均在100 t/(m•d)以上；纵向分布则猫头水道高于满山水道，且从湾口向湾顶区域递减，而满山水道递减快于猫头水道，湾口到湾顶两水道各相差8.5倍和4.9倍；猫头山嘴附近海域则以N16站和N06站为高值区，两站分别为98.25 t/(m•d)和86.5 t/(m•d)(表4.1.18)。涨潮输沙方向较为集中，介于274°～345°(西北向)之间，即与涨潮流向相一致(图4.1.8)。

落潮输沙量与输沙方向：落潮输沙量的变化趋势与涨潮输沙量的变化趋势相似，但各区域量值有较大差异。分析表明：两横断面测站的输沙量，两个峰值区分别位于口门断面的N03[166.0 t/(m•d)]和N09站[117.3 t/(m•d)]。而湾顶断面的输沙量值差异较小，在23.7～36.6 t/(m•d)之间。从纵向断面的分布看，两水道落潮输沙量变化差较小，从湾顶向湾中部海域沿程增加，到中部海域达到极值后，向湾口海域又逐渐下降。而在猫头山嘴附近海域则存在两个峰值区，分别为125.2 t/(m•d)和127.7 t/(m•d)(N16和N06站)，落潮输沙方向与落潮流颇为一致，为偏东南(79°～150°)向，见图4.1.8。

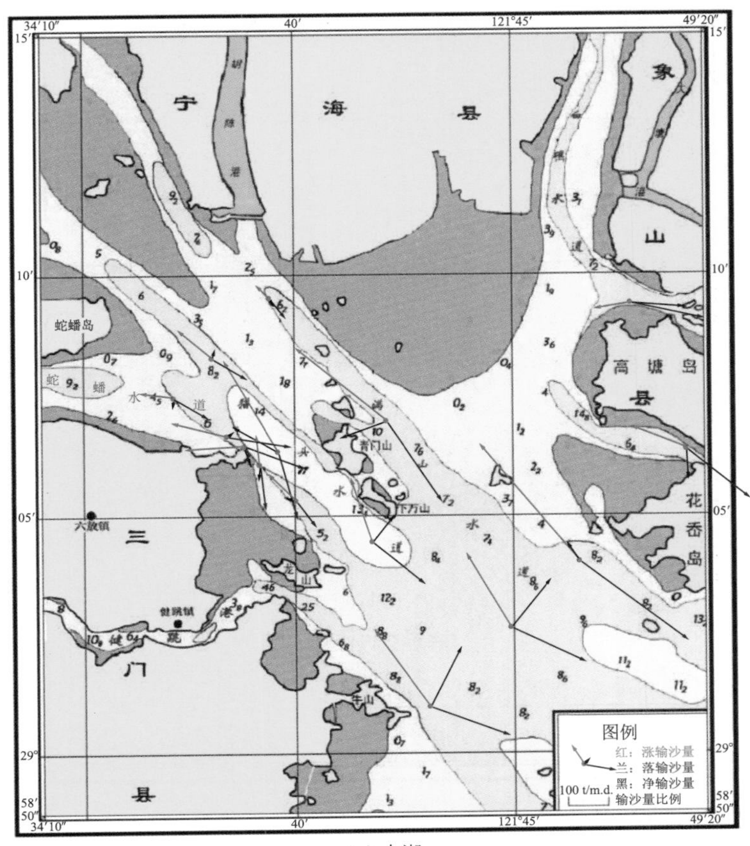

（a）大潮

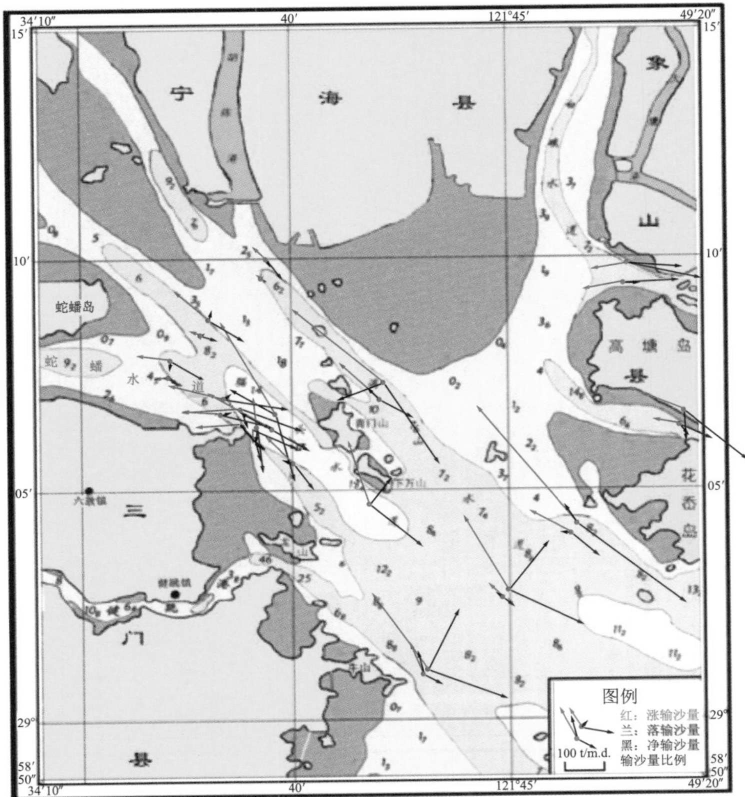

（b）小潮

图 4.1.7　2003 年春季大、小潮单宽输沙量矢量图

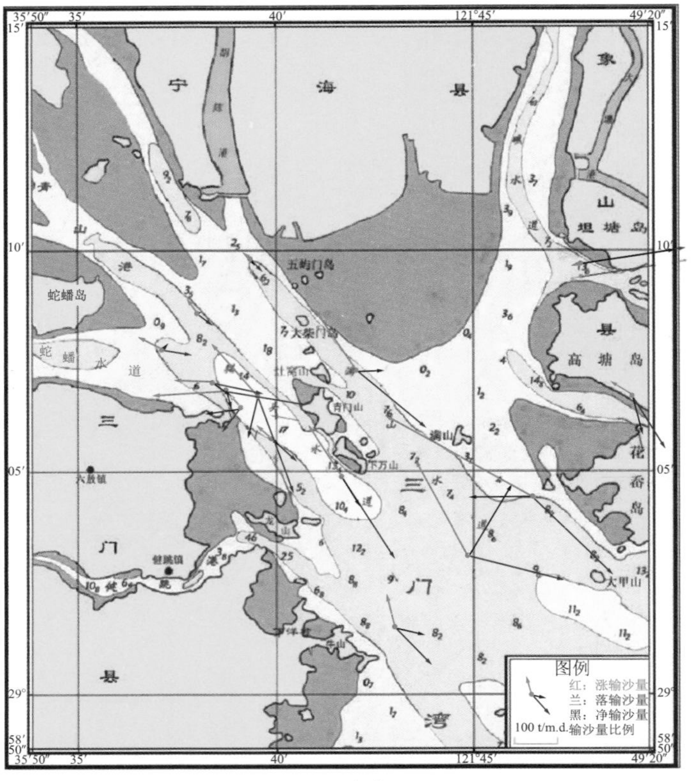

（a）大潮

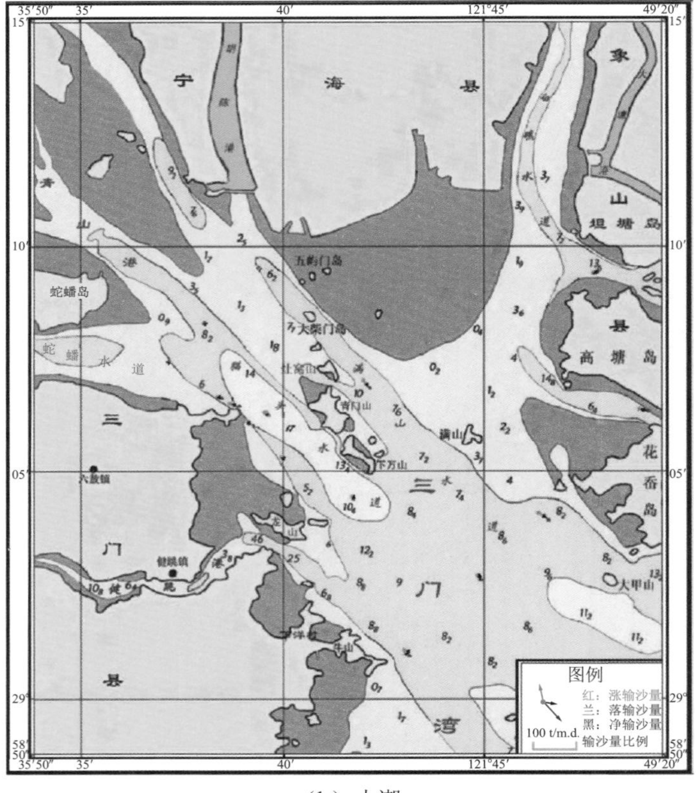

（b）小潮

图 4.1.8　2003 年秋季大、小潮单宽输沙量矢量图

表 4.1.18 2003 年春季各站全潮平均输沙量(t/(m·d))与输沙方向(°)

潮讯	断面	站号	净输沙		涨潮		落潮	
			量值	方向	量值	方向	量值	方向
全潮	口门断面	N01	45.8	90°	51.9	345°	78.0	130°
		N02	80.8	41°	110.7	333°	111.0	110°
		N03	53.7	237°	186.6	299°	166.0	135°
		N04	21.1	194°	63.9	290°	69.5	127°
	湾顶断面	N09	102.7	80°	14.6	256°	117.3	79°
		N10	11.0	48°	31.1	297°	36.6	101°
		N11	7.5	77°	22.7	328°	26.2	132°
		N12	10.9	142°	13.0	310°	23.7	135°
	满山水道	N02	80.8	41°	110.7	333°	111.0	110°
		N07	41.3	101°	87.1	330°	118.4	134°
		N12	10.9	142°	13.0	310°	23.7	135°
	猫头水道	N02	80.8	41°	110.7	333°	111.0	110°
		N05	35.5	158°	68.6	326°	103.6	150°
		N06	42.7	163°	86.5	324°	127.7	150°
		N11	7.5	77°	22.7	328°	26.2	132°
	猫头山嘴附近海域	N18	12.4	137°	31.3	315°	43.7	136°
		N17	44.3	259°	31.5	−38°	41.2	216°
		N16	32.2	132°	98.2	274°	125.2	104°
		N15	23.1	119°	50.2	277°	72.1	104°
		N06	42.7	163°	86.5	324°	127.7	150°

根据秋季航次各潮次资料计算分析表明:无论是净输沙量还是涨、落潮输沙量均呈现出两个特点:一是输沙量从口门海域向湾顶区域沿程迅速减小;二是输沙量随大、中、小潮的变化而减小,输沙量以大潮为主,小潮最小,见表 4.1.19。净输沙量随水深的增加而变大。

表 4.1.19A 2003 年秋季大潮各站周日单宽输沙量(t/(m·d))与输沙方向(°)

断面	站号	净输沙		涨潮		落潮	
		量值	方向	量值	方向	量值	方向
口门断面	N01	69.4	102°	81.6	347°	127.4	137°
	N02	200.5	30°	264.3	332°	229.0	105°
	N03	150.7	268°	397.4	300°	274.2	136°
	N04	98.9	167°	63.9	304°	151.9	150°
	N09	222.8	81°	25.2	255°	247.9	81°

续表 4. 1. 19A

断面	站号	净输沙		涨潮		落潮	
		量值	方向	量值	方向	量值	方向
湾顶断面	N10	22. 6	43°	65. 6	299°	74. 6	102°
	N11	14. 8	59°	46. 2	328°	48. 7	130°
	N12	18. 8	152°	24. 9	308°	42. 8	138°
满山水道	N02	200. 5	30°	264. 3	332°	229. 0	105°
	N07	65. 7	88°	177. 6	327°	218. 9	132°
	N12	18. 8	152°	24. 9	308°	42. 8	138°
猫头水道	N02	200. 5	30°	264. 3	332°	229. 0	105°
	N05	80. 9	151°	153. 5	328°	234. 4	149°
	N06	103. 6	193°	174. 7	322°	252. 8	161°
	N11	14. 8	59°	46. 2	328°	48. 7	130°
猫头山嘴附近海域	N18	19. 4	137°	55. 3	315°	74. 7	135°
	N17	85. 4	261°	59. 5	320°	74. 3	218°
	N16	51. 8	163°	172. 9	266°	191. 1	101°
	N15	36. 0	119°	90. 3	275°	124. 0	102°
	N06	103. 6	193°	174. 7	322°	252. 8	161°

表 4. 1. 19B　2003 年秋季小潮各站周日单宽输沙量(t/(m·d))与输沙方向(°)

断面	站号	净输沙		涨潮		落潮	
		量值	方向	量值	方向	量值	方向
口门断面	N01	11. 6	46°	13. 2	341°	13. 4	110°
	N02	10. 9	352°	13. 2	330°	5. 2	97°
	N03	5. 9	247°	19. 6	297°	16. 4	133°
	N04	10. 2	287°	19. 3	283°	9. 1	99°
	N09	8. 9	59°	4. 5	251°	13. 3	63°
湾顶断面	N10	0. 7	52°	2. 5	302°	2. 8	107°
	N11	1. 0	301°	3. 7	320°	2. 7	147°
	N12	0. 5	311°	2. 3	307°	1. 8	125°
满山水道	N02	10. 9	352°	13. 2	330°	5. 2	97°
	N07	4. 9	38°	16. 2	329°	15. 2	131°
	N12	0. 5	311°	2. 3	307°	1. 8	125°

续表 4. 1. 19B

断面	站号	净输沙		涨潮		落潮	
		量值	方向	量值	方向	量值	方向
猫头水道	N02	10. 9	352°	13. 2	330°	5. 2	97°
	N05	0. 9	248°	6. 4	323°	6. 2	151°
	N06	5. 7	201°	9. 5	291°	11. 0	142°
	N11	1. 0	301°	3. 7	320°	2. 7	147°
猫头山嘴附近海域	N18	0. 8	278°	4. 5	314°	3. 9	141°
	N17	3. 5	280°	5. 4	337°	4. 5	197°
	N16	4. 7	55°	13. 0	292°	16. 0	98°
	N15	3. 4	147°	6. 9	275°	9. 4	112°
	N06	5. 7	201°	9. 5	291°	11. 0	142°

(3) 2013 年输沙量与输沙方向

1) 冬季航次

根据冬季资料计算分析结果：三门湾区域各测站大、中、小潮落潮单宽输沙量分别为 44. 1～385. 9 t/(m•d)、67. 5～520. 5 t/(m•d)和 13. 4～197. 4 t/(m•d)；大、中、小潮涨潮单宽输沙量分别为 46. 4～320. 2 t/(m•d)、64. 4～391. 6 t/(m•d)和 12. 6～143. 0 t/(m•d)。

三门湾海域输沙量高值区出现在口门断面，满山水道和猫头水道，观测期最大输沙量达 520. 5 t/(m•d)(N04 站中潮)，其次为 337. 6 t/(m•d)(N09 站中潮)。输沙量低值区位于湾顶断面及猫头山嘴附近水域，如 N12 站最小输沙量仅 1. 6 t/(m•d)。

大潮期间落潮输沙量明显大于涨潮的有 N04、N09 两站，涨潮输沙量大于落潮的有 N02、N03、N06、N07 四站，其余站涨、落潮输沙比较接近；中潮期间 N04、N09 站仍然为落潮输沙量显著大于涨潮，其余测站涨、落潮输沙量比较接近或涨潮略大于落潮；小潮期间落潮输沙量显著大于涨潮的仍然为 N04、N09 测站，其余测站涨、落潮输沙量比较接近，或者是涨潮略大于落潮，见表 4. 1. 20。

2) 夏季航次

根据夏季资料计算分析结果，各断面的单宽输沙量列于表 4. 1. 21。三门湾海域各测站大、中、小潮落潮单宽输沙量分别为 39. 9～614. 5 t/(m•d)、11. 5～105. 5 t/(m•d)和 2. 3～19. 4 t/(m•d)；大、中、小潮涨潮单宽输沙量分别为 36. 2～753. 2 t/(m•d)、8. 6～100. 3 t/(m•d)和 1. 9～21. 1 t/(m•d)。输沙量最高值出现在猫头水道的 N06 站，观测期间大潮最大涨潮输沙量高达 753. 2 t/(m•d)；最低值区位于湾顶断面，N11 站的小潮落潮单宽输沙量仅为 2. 4 t/(m•d)。

表 4.1.20A　2013 年冬季大潮单宽输沙量(t/(m·d))与输沙方向(°)

区域	站号	落潮		涨潮		净输沙	
		量值	方向	量值	方向	量值	方向
口门断面	N01	91.4	147°	99.3	336°	16.6	33°
	N02	114.9	134°	162.8	313°	48.0	309°
	N03	172.7	139°	226.2	320°	53.6	323°
	N04	385.9	123°	320.2	292°	95.1	164°
	N09	186.4	104°	102.5	285°	84.0	102°
猫头水道	N05	133.3	153°	137.5	331°	6.7	280°
	N06	166.3	135°	212.5	316°	46.3	319°
满山水道	N07	142.6	146°	184.6	341°	59.4	19°
湾顶断面	N10	53.2	112°	63.6	295°	10.9	311°
	N11	54.1	145°	66.3	319°	13.8	295°
	N12	44.1	137°	46.4	318°	2.5	335°
猫头山嘴附近海域	N15	72.4	116°	86.8	295°	14.5	291°
	N18	56.2	148°	66.9	326°	10.8	319°

表 4.1.20B　2013 年冬季小潮单宽输沙量(t/(m·d))与输沙方向(°)

区域	站号	落潮		涨潮		净输沙	
		量值	方向	量值	方向	量值	方向
口门断面	N01	47.2	142°	47.2	345°	18.4	63°
	N02	37.2	136°	63.6	309°	27.0	301°
	N03	77.1	139°	101.2	312°	26.8	290°
	N04	197.4	119°	143.0	290°	61.4	142°
	N09	112.7	96°	69.9	277°	42.8	95°
猫头水道	N05	62.4	148°	64.7	326°	3.4	279°
	N06	97.8	133°	106.1	320°	16.1	16°
满山水道	N07	66.7	147°	68.0	341°	16.2	60°
湾顶断面	N10	19.5	113°	24.9	295°	5.4	299°
	N11	30.5	139°	27.9	317°	2.8	156°
	N12	13.4	134°	12.6	317°	1.1	92°
猫头山嘴附近海域	N15	30.7	114°	34.5	291°	4.3	265°
	N18	33.3	148°	17.2	318°	16.5	157°

大潮期间落潮输沙量显著大于涨潮的有 N09 站，涨潮输沙量显著大于落潮的有 N1、N3、N6、N7 等四站，其余测站涨落潮输沙比较接近；中潮期间 N04 站为落潮输沙量显著大于涨潮，其

余各站涨、落潮输沙量较为接近，涨、落潮单宽输沙量差值小于 20 t/(m·d)；小潮期间涨、落潮输沙量都较小，涨落差异不大。

表 4.1.21A 2013 年夏季大潮单宽输沙量(t/(m·d))与输沙方向(°)

区域	站号	落潮		涨潮		净输沙	
		量值	方向	量值	方向	量值	方向
口门断面	N01	149.5	147°	192.9	345°	69.2	27°
	N02	111.1	129°	124.1	309°	13.1	316°
	N03	100.4	127°	177.4	310°	77.2	314°
	N04	288.2	126°	274.8	296°	49.8	195°
	N09	160.8	114°	57.5	284°	104.6	120°
猫头水道	N05	184.7	152°	182.7	323°	29.0	233°
	N06	614.5	139°	753.2	323°	144.4	337°
满山水道	N07	147.3	153°	184.2	337°	38.6	353°
湾顶断面	N10	71.0	113°	105.9	294°	34.9	297°
	N11	60.5	140°	95.7	329°	37.1	343°
	N12	39.9	136°	36.2	319°	4.4	103°
猫头山嘴附近海域	N15	158.7	109°	157.7	294°	12.0	26°
	N18	57.2	148°	60.9	325°	5.1	283°

表 4.1.21B 2013 年夏季小潮单宽输沙量(t/(m·d))与输沙方向(°)

区域	站号	落潮		涨潮		净输沙	
		量值	方向	量值	方向	量值	方向
口门断面	N01	5.2	134°	5.1	338°	2.2	59°
	N02	4.9	137°	7.0	303°	2.6	274°
	N03	5.1	160°	6.4	298°	4.3	245°
	N04	14.9	127°	17.2	296°	3.9	246°
	N09	12.0	92°	12.9	275°	1.2	311°
猫头水道	N05	13.0	141°	10.0	338°	4.5	100°
	N06	19.4	146°	21.1	304°	8.0	237°
满山水道	N07	8.6	160°	10.4	329°	2.5	292°
湾顶断面	N10	12.0	92°	12.9	275°	1.2	311°
	N11	2.4	115°	3.8	291°	1.4	283°
	N12	3.9	145°	5.6	329°	1.7	337°
猫头山嘴附近海域	N15	2.3	142°	2.4	319°	0.2	291°
	N18	7.4	110°	6.0	279°	1.9	149°

4.1.3.2 净输沙量与输沙方向

(1) 净输沙量与输沙方向(2003 年)

1) 春季航次

① 湾顶断面:大、中潮的单宽净输沙量分别为 22.62～27.60 t/(m•d)和 8.50～31.88 t/(m•d)。输沙方向为落潮流方向。小潮单宽净输沙量极小,仅为 0.56～2.03 t/(m•d),输沙方向则为涨潮流方向。

② 两条纵断面:N05 站大、中、小潮的单宽净输沙分别为 91.93 t/(m•d)、13.55 t/(m•d)和 5.62 t/(m•d),大、中潮输沙方向为落潮流方向;N07 站大、中、小潮的单宽净输沙量分别为 125.17 t/(m•d)、23.24 t/(m•d)和 4.84 t/(m•d),输沙方向大、小潮为涨潮流方向,中潮为落潮流方向。这说明水道间的净输沙量较大。

③ 猫头山嘴附近水域:大、中潮的单宽净输沙量分别为 22.47～52.54 t/(m•d)和 50.8～102.49 t/(m•d)。其中 N15、N16 站中潮的单宽净输沙量达 102 t/(m•d),输沙方向均为落潮流方向。N06 站大潮单宽净输沙量较大,达 132.62 t/(m•d),中、小潮较小,仅为 5.05～10.00 t/(m•d),输沙方向为涨潮流方向。

④ 口门断面:大、中潮单宽净输沙量分别为 81.48～174.98 t/(m•d)和 41.64～104.66 t/(m•d)。输沙方向与落潮流方向大体一致,输沙方向为涨潮流方向。小潮单宽净输沙量仅为 2.92～6.09 t/(m•d),大、小潮单宽输沙量矢量图见图 4.1.7。

2) 秋季航次

净输沙量在三门湾海域变化较大,各站全潮(大、中、小潮)平均净输沙量介于 7.5～102.7 t/(m•d)之间,大致可分为2个高值区[净输沙量≥80.0 t/(m•d)],位于 N09 和 N02 站;9 个中值区[净输沙量 20.0～80.0 t/(m•d)],位于 N01、N03、N04、N07、N05、N06、N15、N16 和 N17 站;4 个低值区[净输沙量 7.5～2 0.0 t/(m•d)],位于 N10、N11、N12 和 N18 站。根据断面净输沙量分析表明:满山水道和猫头水道的净输沙量较大,尤以满山水道为最大,平均值分别为 44.0 t/(m•d)和 41.6 t/(m•d);猫头山嘴附近海域居中,平均值为 32.1 t/(m•d);口门断面高于湾顶断面,平均值分别为 20.5 t/(m•d)和 9.8 t/(m•d)。净输沙方向多变,受地形、流速、含沙量等多因素制约,测站净输沙方向各异,净输沙方向介于 41°～237°之间,其中偏东向有 7 个站,偏南向 7 个站,西南向仅 1 个站。2003 年秋季大、小潮单宽输沙量矢量图如图 4.1.8 所示。

(2) 单宽净输沙量(2013 年)

1) 冬季航次

① 口门断面:口门断面输沙量较大,大、中、小潮的单宽净输沙量分别为 16.6～95.1 t/(m•d)、31.9～186.2 t/(m•d)、18.4～61.4 t/(m•d)(表 4.1.20)。N02、N03 站净输沙方向为偏向于涨潮流方向,而 N01 站和珠门港 N04 站、石浦港 N09 站净输沙方向为落潮流方向。

② 两条纵断面:猫头水道 N05、N06 站大潮单宽净输沙量分别为 6.7 t/(m•d)和 46.3

t/(m·d)，中潮净输沙量分别为 20.9 t/(m·d) 和 22.6 t/(m·d)，小潮净输沙量分别为 3.4 t/(m·d)和 16.1 t/(m·d)。大、中潮期间 N05、N06 两站净输沙方向均偏向于涨潮流方向，小潮期间 N05 站净输沙量很小，方向指向岸侧。N07 站大、中、小潮的单宽净输沙量分别为 59.4 t/(m·d)、67.9 t/(m·d)和 16.2 t/(m·d)，净输沙方向指向东北。

③ 湾顶断面：湾顶断面是整个测区净输沙量最小的区域，大、中、小潮单宽净输沙量分别为 2.5～13.8 t/(m·d)、6.3～15.1 t/(m·d)、1.1～5.4 t/(m·d)。

④ 猫头山嘴附近海域：净输沙量很小，大潮期间 N15 和 N18 两站净输沙量分别为 14.5 t/(m·d)、10.8 t/(m·d)，中潮净输沙量均为 6.3 t/(m·d)，小潮净输沙量分别为 4.3 t/(m·d)、16.5 t/(m·d)。由于净输沙量值较小，其方向容易受到各种因素的影响而不稳定。

2）夏季航次

① 口门断面：口门断面输沙量较大，大、中、小潮的单宽净输沙量分别为 13.1～104.6 t/(m·d)、9.3～34.2 t/(m·d)、1.2～4.3 t/(m·d)。湾口 N01、N02、N03 站净输沙方向为偏向于涨潮流方向，珠门港 N04 站、石浦港 N09 站净输沙方向为落潮流方向。

② 两条纵断面：猫头水道 N05、N06 站大潮的单宽净输沙量分别为 2.9 t/(m·d)、144.4 t/(m·d)，中潮净输沙量分别为 2.6 t/(m·d)、12.3 t/(m·d)，小潮净输沙量分别为 4.5 t/(m·d)、8.0 t/(m·d)。N06 站净输沙方向偏向于涨潮流方向，N05 站净输沙量很小，方向指向岸侧。N07 站大、中、小潮的单宽净输沙量分别为 38.6 t/(m·d)、16.2 t/(m·d)和 2.5 t/(m·d)，净输沙方向偏向于涨潮方向。

③ 湾顶断面：是整个测区净输沙量较小的区域，大、中、小潮单宽净输沙量分别为 4.4～37.1 t/(m·d)、1.9～10.7 t/(m·d)、0.2～1.7 t/(m·d)，净输沙方向偏向于涨潮方向。

④ 猫头山嘴附近：本区域的净输沙量也很小，大潮期间两站净输沙量分别为 12.0 t/(m·d)、5.1 t/(m·d)，中潮净输沙量分别为 9.4 t/(m·d)、15.6 t/(m·d)，小潮净输沙量分别为 1.9 t/(m·d)、0.6 t/(m·d)。

4.1.4 悬沙运移的基本格局

(1) 1994 年悬沙运移的基本格局

根据 1994 年夏季三门湾海域泥沙净输送的运移途径分析表明：总体而言，悬沙运移的基本趋势是一条逆时针的主渠道和一条顺时针的小渠道，与三门湾大范围涨、落潮流路颇为一致。泥沙由湾口涨潮流输入到口门断面开始分叉，大部分泥沙通过满山水道往北偏西输送，沿途还吸收了因潮时差由珠门港和石浦港的涨潮流输入的泥沙及底质再悬浮物质，使含沙量沿程增加，其中小部分进入白礁水道和蛇蟠水道等各湾顶汊道，使各港汊缓慢、逐渐淤积，其余部分到猫头水道北端，折向南偏东，除小部分自然落淤外，绝大部分随落潮流在湾西南区输出，这就构成了三门湾海域泥沙运移的逆时针主通道。该通道的存在使湾顶部和西南岙湾及一些岛礁的流影区淤积了大片泥滩。口门断面分叉的小部分泥沙进入珠门港、再输向南田湾，又回到三门湾，形成了三门湾东北角泥沙运移的顺时针小通道。两者组合呈现出三门湾泥沙运移的基本格局。

（2）2003 年悬沙运移的基本格局

根据春季航次输沙量矢量图 4.1.7 可以看出，三门湾泥沙运移与涨、落潮流流路颇为一致。泥沙由湾口涨潮输入，到湾口断面开始分叉，大部分通过满山水道向西北偏西输送，另由珠门港、石浦港的涨潮流汇入，其中小部分进入白礁水道和蛇蟠水道等各湾顶汊道，其余部分到猫头水道北端，折向偏东，在湾西南随落潮流输出。湾口断面分出的小部分泥沙进入珠门港，再输向南田湾又回到三门湾。口门断面的涨、落潮输沙量北侧 N03 站大于南侧 N01 站，而净输沙量则是南侧强于北侧。这表明三门湾悬沙运移的趋势为涨潮由北、中侧输入，落潮从中、南侧输出。湾顶断面输沙量较小。纵向断面涨、落潮输沙量相近，满山水道各站净输沙有进有出，而猫头水道则呈现出由里向外输出的态势。猫头山嘴周围水域落潮输沙强于涨潮，净输沙以向外输出为主，这是猫头水道始终维持深槽的重要原因之一。

根据秋季航次周日单宽输沙量与输沙方向和各层输沙量与输沙方向的计算结果表明，输沙量主要集中在大潮汛期间，且中、底层输沙量占优势。图 4.1.8 为三门湾海域各潮次涨、落潮输沙量、净输沙量矢量图。以大潮为例，在口门断面，湾口南的 N01 站净输沙方向向湾外，以落潮输沙为主，湾口北的 N03 站，净输沙方向向湾里，以涨潮输沙为主；而中部的 N02 站，净输沙方向朝东南，涨潮稍大于落潮。因此，口门断面输沙量是北进南出。在湾顶断面，净输沙量量值不大，净输沙方向南北两侧各异，南侧 N10 站与中间的 N11 站净输沙方向为东北，北侧的 N12 站净输沙方向偏南。在猫头水道，净输沙方向除湾口的 N02 站外，输沙以落潮为主，朝向湾外。满山水道，N02 站向湾里，而 N07 和 N12 站向湾外。在猫头山嘴周围海域，猫头山东面的 N17 站，净输沙方向朝西。而猫头山嘴西面的 N15、N16 站净输沙以落潮输沙为主。而位于猫头水道深槽的 N06 站，净输沙方向朝南，以落潮输沙为主。以上分析表明，三门湾及其附近海域悬沙运移的基本格局：一是净输沙以大潮为主；二是净输沙中、底层占优势；三是净输沙北进南出。

（3）2013 年悬沙运移的基本格局

三门湾泥沙运移与涨、落潮流流路颇为一致，且冬、夏两季泥沙净输运的规律也基本一致。涨潮时泥沙由湾口输入，到湾口断面开始分叉，通过满山水道和猫头水道西北偏西向输送，另由珠门港和石浦港的涨潮流携沙进入；落潮时泥沙经满山水道、猫头水道下泄向湾口流出，也有一部分水流携带泥沙折向偏东，经珠门港和石浦港流向外海，如图 4.1.9、图 4.1.10 所示。根据泥沙净输运分析表明：三门湾海域悬沙运移的基本格局为，泥沙净输运主要由湾口进入，一部分向湾内输送至湾顶区域，另一部分又转向珠门港和石浦港海域输出。

4.1.5 与历史资料对比分析

4.1.5.1 测验时间

1994 年和 2013 年三门湾曾进行过 4 次大规模水文泥沙测验，1994 年水文测验季节为冬、夏两季，2003 年水文测验也是在冬、夏两季进行。1994 年的测验季节与 2013 年测验季节相同，1994 年冬季测验时间为 2 月 26 日至 3 月 7 日，夏季测验时间为 7 月 14 日至 7 月 23 日；2013 年

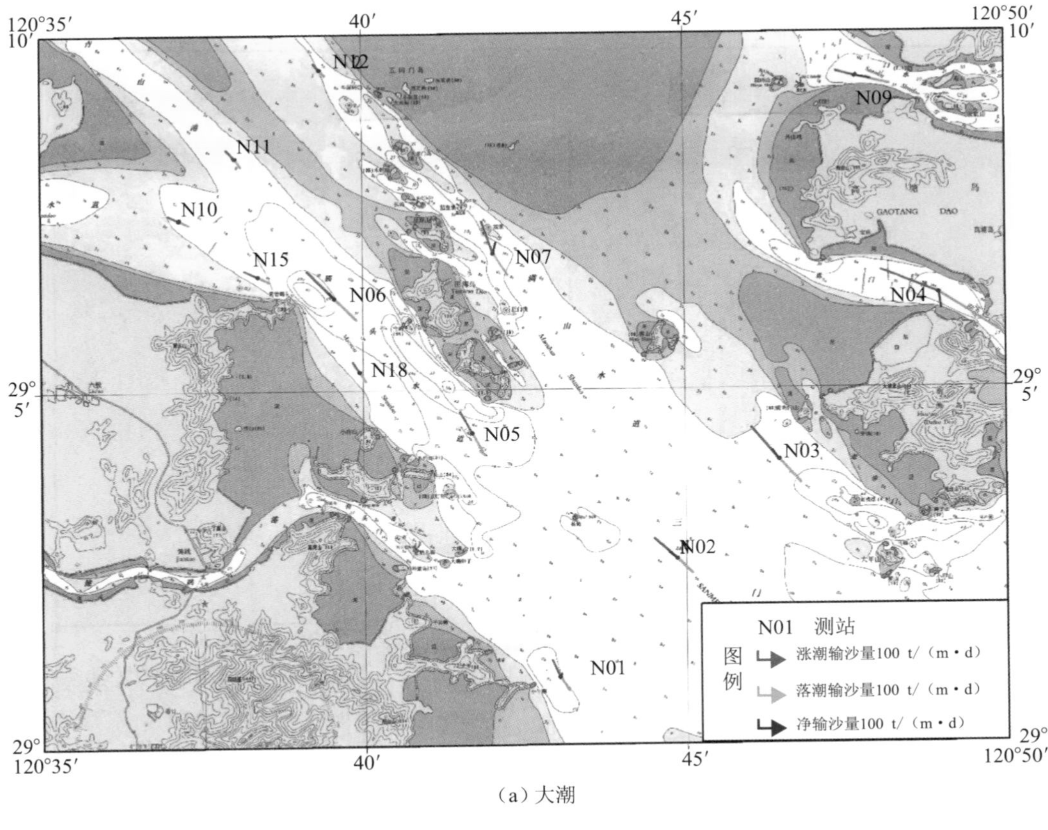

（a）大潮

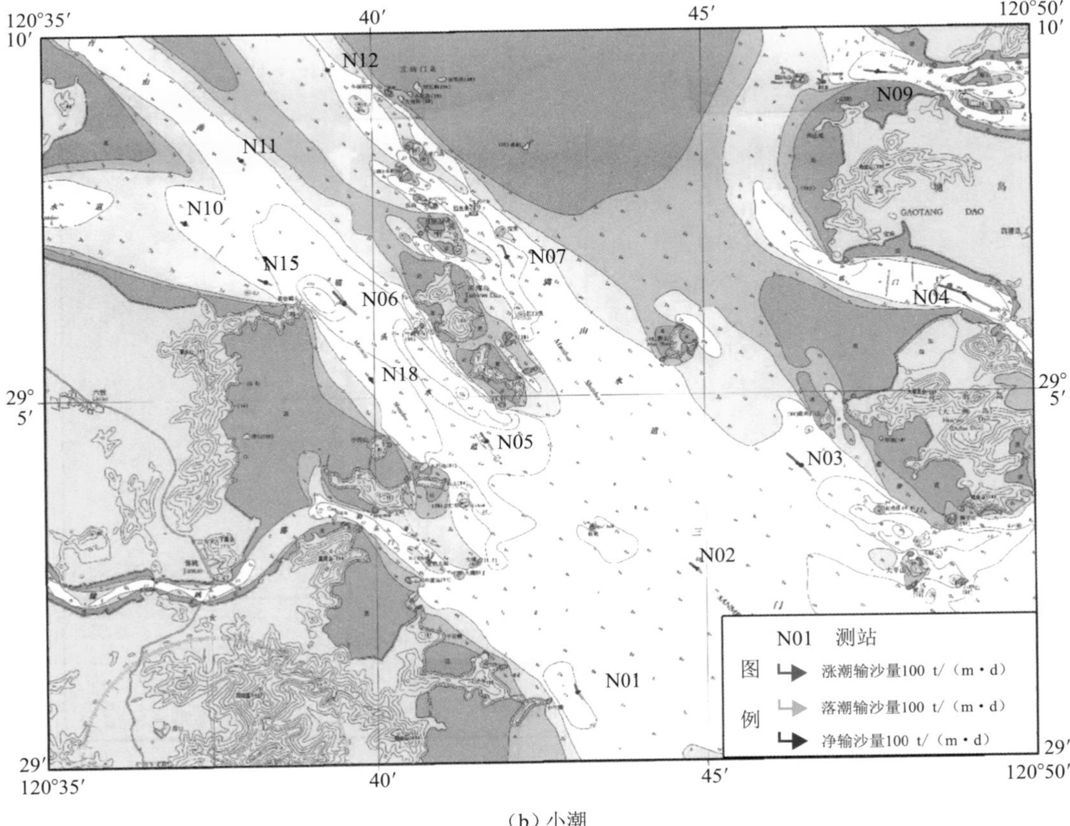

（b）小潮

图 4.1.9　2013 年冬季大、小潮单宽输沙量矢量图

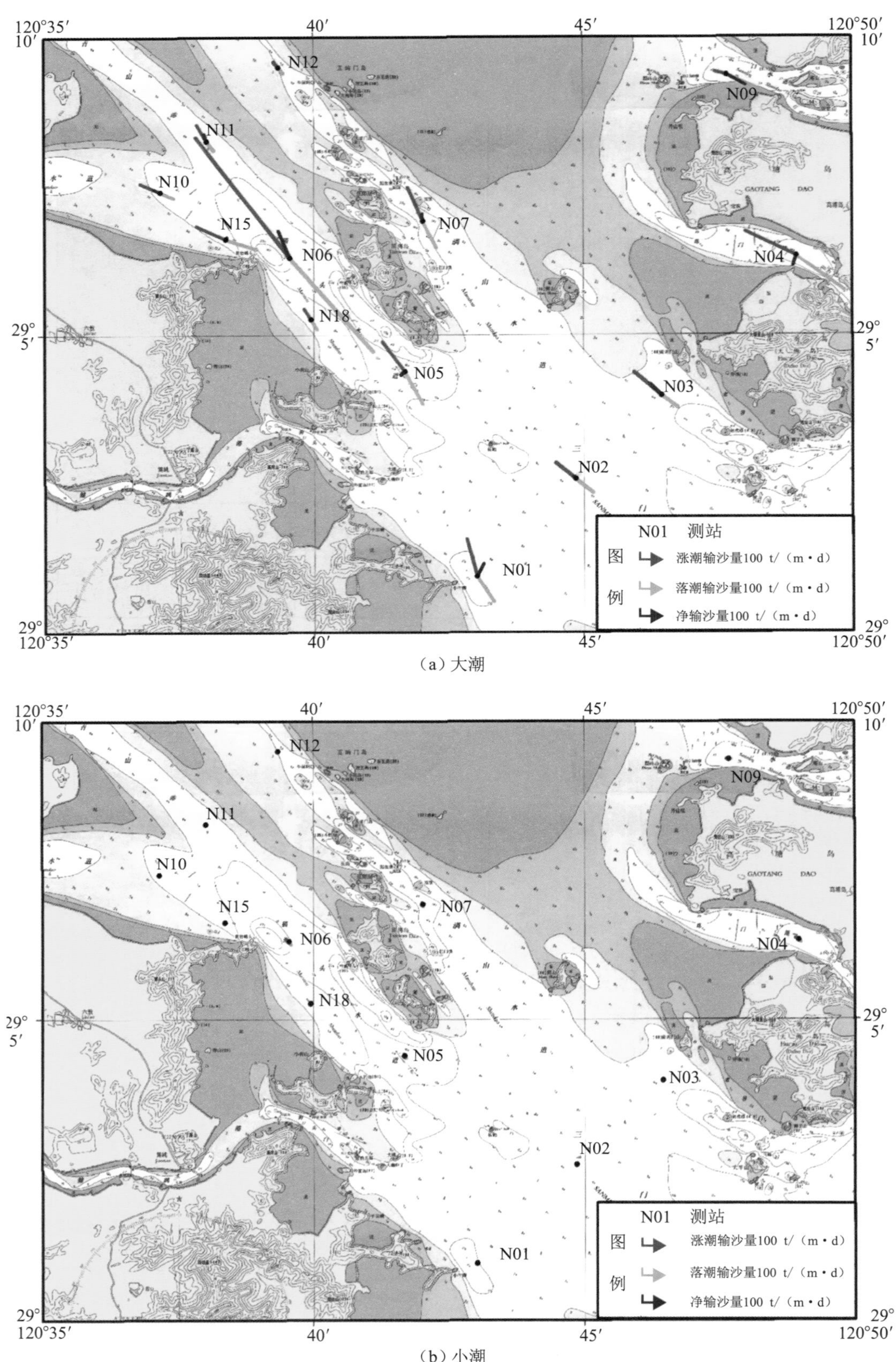

（a）大潮

（b）小潮

图 4.1.10 2013 年夏季大、小潮单宽输沙量矢量图

冬季测验时间为 1 月 27 日至 2 月 4 日，夏季测验时间为 7 月 24 日至 8 月 1 日，从而具备了更好的可比性。因此，主要对 2013 年测验成果与 1994 年的测验成果进行对比分析。

4.1.5.2　资料比较

1994 年冬季航次各站大潮平均含沙量介于 0.443～1.237 kg/m³ 之间，中潮平均含沙量介于 0.350～0.988 kg/m³ 之间，小潮平均含沙量在 0.066～0.228 kg/m³ 之间。夏季航次各站大潮平均含沙量为 0.080～0.414 kg/m³，中潮平均含沙量介于 0.083～0.444 kg/m³ 之间，小潮平均含沙量在 0.037～0.219 kg/m³ 之间。

2013 年冬季大潮各站的平均含沙量在 0.280～0.736 kg/m³ 之间，中潮平均含沙量在 0.421～0.862 kg/m³ 之间，小潮平均含沙量在 0.257～0.654 kg/m³ 之间。夏季各站大潮含沙量分布范围为 0.334～0.987 kg/m³，中潮为 0.115～0.346 kg/m³，小潮为 0.054～0.096 kg/m³。

两次大规模水文泥沙测验前后虽相隔 20 年，但含沙量分布的基本规律相似。首先是测区含沙量冬季大于夏季的规律没有变化。含沙量冬季高、夏季低的差异是由冬、夏季湾外江浙沿岸水流含沙量的季节变化所致，冬季江浙沿岸流挟带长江入海泥沙南下，致使三门湾口门外悬沙向南输运，部分悬沙随潮流从口门输入三门湾内。由于江浙沿岸流具有冬季强、夏季弱的特点，因此，三门湾水体含沙量亦呈现出冬季高、夏季低的变化趋势。其次，1994 年冬、夏两季调查中含沙量的高值中心在珠门港至满山水道的位置，次高值区在猫头山嘴以北区域；2013 年冬季含沙量高值区在口门东北和珠门港附近，夏季在猫头山嘴附近。两次测验中含沙量高值区的位置虽不完全一致，但基本接近。

1994 年的水文泥沙测验资料成果分析表明，悬沙运移的基本格局为：三门湾内泥沙净输运存在着一个逆时针的主通道和一个顺时针的局部通道，逆时针主通道是指泥沙从湾口进入后主要经满山水道向北偏西方向输送，小部分在湾底港汊落淤，绝大部分又经猫头水道从湾口西南区输出。顺时针局部通道是指在三门湾东北角，从口门断面分叉的小部分泥沙经珠门港向南田湾输运，后又回到三门湾。2013 年水文泥沙测验资料成果分析，泥沙净输运的逆时针主通道已不存在，泥沙净输运主要由湾口进入，一部分向湾内输送至湾顶区，另一部分又转向珠门港和石浦港输出。

4.1.6　悬浮体粒度

粒度参数采用福克-沃德公式计算出四种参数：即平均粒径（Mz）、分选系数（σ_i）、偏态（Sk_i）和峰态（Kg）。中值粒径（M_d，μm）是在绘制对数概率累积曲线图中读取含量 50%的对应 φ 值。

4.1.6.1　悬浮体粒度参数

（1）悬浮体粒度（1994 年）

1）级配曲线

三门湾海域悬浮泥沙粒径级配曲线冬、夏两季均以单峰态为主，少数样品呈双峰态或多峰态，但次峰十分扁平。冬季主峰粒径大部分在3.7 μm左右，各测站主峰粒径最大值为18.00 μm，最小值为1.78 μm，平均值为3.66 μm。夏季主峰粒径一般介于2.52～6.35 μm之间，大多在4.00 μm左右，最大主峰粒径12.7 μm、最小为2.00 μm。与冬季相比，中值粒径略粗，且在猫头山嘴附近海域粗粒物质含量相对较高，这是由于台风降水，加大溪流的径流量，增加了粗粒物质的输出，以及台风浪对基岩海岸的侵蚀作用之故。

2）中值粒径（M_d）

冬季各站中值粒径最大值为7.24 μm，最小为2.41 μm，平均为4.09 μm。垂线平均中值粒径介于3.21～5.97 μm之间。其中大潮平均粒径为3.84～4.91 μm，小潮平均粒径为3.55～3.96 μm。夏季各站中值粒径最大为9.78 μm，最小为3.72 μm。垂线平均中值粒径为4.70～6.70 μm，其中大潮平均粒径为5.11～6.70 μm，一般在6 μm左右；小潮平均粒径为4.70～5.51 μm，一般在5 μm左右。悬沙粒径变化较小，总的变化规律为冬、夏两季大潮粒径大于小潮，夏季粒径粗于冬季，但无论大潮或小潮，猫头山嘴附近海域的粒径均相对较粗。

（2）悬浮体粒度（2003年）。

1）中值粒径（M_d）

中值粒径是在绘制颗粒粒径分布概率累积曲线图中读取含量50%的对应粒径值。

根据春季大、小潮360个悬浮体样品进行的粒度分析结果表明，大潮落憩、涨急、涨憩、落急时悬浮体平均粒径（Mz，φ）分别为7.38 φ（6.0 μm）、7.32 φ（6.3 μm）、7.24 φ（6.6 μm）、7.29 φ（6.4 μm），总平均粒径为7.31 φ（6.3 μm）；小潮对应的悬浮体平均粒径分别为7.50 φ（5.5 μm）、7.49 φ（5.6 μm）、7.65 φ（5.0 μm）、7.70 φ（4.8 μm），总平均粒径为7.59 φ（5.2 μm）。秋季大潮涨憩、落急、落憩、涨急时悬浮体平均粒径（Mz，φ）分别为7.36 φ（6.1 μm）、7.31 φ（6.3 μm）、7.39 φ（6.0 μm）、7.33 φ（6.2 μm），总平均粒径为7.35 φ（6.1 μm）；小潮各潮次对应的悬浮体平均粒径分别为7.45 φ（5.7 μm）、7.44 φ（5.8 μm）、7.49 φ（5.6 μm）、7.45 φ（5.7 μm），总平均粒径为7.46 φ（5.7 μm）。

春季大潮悬浮体颗粒粒径比小潮时大1 μm左右，秋季大潮悬浮体颗粒粒径比小潮时大0.2～0.3 μm，其原因是大潮时水动力条件强，可搬运直径较大的悬浮颗粒。

2）粒度组成

春季悬浮体的主要粒级为0.016～0.002 mm，优势粒级为0.008～0.004 mm。大潮悬浮体细砂平均含量占0.74%，粉砂占65.68%，黏土占33.58%。秋季悬浮体的主要粒级介于0.016～0.002 mm，优势粒级为0.008～0.004 mm。大潮悬浮体中细砂平均含量占0.81%，粉砂占65.79%，黏土占33.40%。显然，粉砂是悬浮体主体，其次是黏土，细砂含量极少，悬浮体类型属黏土质粉砂。春季小潮悬浮体细砂平均含量为1.91%，粉砂为58.02%，黏土占40.07%，悬浮体类型也属黏土质粉砂。秋季小潮悬浮体中，细砂平均含量占0.26%，粉砂占65.66%，黏土占34.08%，悬浮体类型也属黏土质粉砂。

总体而言，春、秋两季大、小潮悬浮体粒级组成及其含量相似。相比之下，小潮悬浮体中粉砂含量比大潮的少，而黏土含量多。其原因同样因大潮时水动力强，可搬运直径较大的悬浮颗粒。

3）粒度参数

平均粒径（Mz）：春季大潮悬浮体粒径为 6.69～7.81 φ，平均为 7.31 φ（6.3 μm）。小潮悬浮体粒径范围为5.44～8.20 φ，平均值为7.59 φ（5.2 μm）。秋季大潮悬浮体平均粒径为7.00～7.63 φ，平均值为 7.31 φ（6.3 μm）；小潮悬浮体平均粒径为 6.61～7.91 φ，平均值为 7.46 φ（5.7 μm）。总体而言，春、秋两季大、小潮悬浮体平均粒径相近，小潮悬浮体颗粒比大潮的细。

分选系数（σ_i）：三门湾春季大潮悬浮体分选系数为 1.26～0.96 φ，平均为 1.63 φ。小潮悬浮体分选系数为 1.01～2.61 φ，平均为 1.49 φ。秋季大潮悬浮体分选系数介于 1.22～1.78 φ 之间，平均为 1.53 φ；小潮悬浮体分选系数为 0.99～1.83 φ，平均为 1.36 φ。春、秋两季小潮悬浮体颗粒比大潮的细，分选程度差，由于水深浅和搬运距离短，悬浮颗粒没有得到良好的分离。

偏态（Sk_i）：春季大潮悬浮体偏态为 −0.06～0.14，平均为 0.09；秋季大潮悬浮体偏态为 0.03～0.14，平均为 0.08，属近对称分布。春季小潮悬浮体偏态为 −0.34～0.42，平均为 0.05，秋季小潮悬浮体偏态为 0.02～0.17，平均为 0.11。总体上也是属于近对称分布，但是个别样品为负偏，即粒度分布曲线向粗颗粒偏斜，还有一些样品粒度频率分布为双峰态，其原因可能是较粗的生物颗粒所造成。

峰态（Kg）：春季大潮悬浮体峰态为 0.89～1.21，平均为 0.98。小潮悬浮体峰态为 0.62～1.56，平均为 1.04。秋季大潮悬浮体峰态为 0.92～1.03，平均为 0.98；小潮悬浮体峰态为 0.89～1.12，平均为 1.02。表明峰态值属中等程度峰态，个别样品为窄峰态。

（2）悬浮体粒度（2013 年）

1）中值粒径（M_d）

悬浮体各站中值粒径随潮汛间的变化表现为大潮大于小潮，季节变化表现为夏季大于冬季。冬季小潮期间，悬浮体中值粒径在 3.74～6.70 μm 之间，平均值为 4.95 μm；大潮期间悬浮体中值粒径在 4.66～6.04 μm 之间，平均值为 5.27 μm。夏季小潮期间，悬浮体中值粒径在 4.25～9.20 μm 之间，平均值为 5.35 μm；大潮期间悬浮体中值粒径介于 4.77～9.38 μm 之间，平均值为 6.11 μm。大部分站的悬浮体中值粒径在落急时刻较大，而落憩时刻较小。悬浮体中值粒径平面分布变化不大。冬季观测期间的悬浮体中值粒径平均为 5.11 μm，夏季观测期间为 5.27 μm。冬季三门湾海域全潮周期中值粒径平均值变化范围为 4.61～5.81 μm，最大值和最小值分别出现在 N03 和 N15 测站。夏季各测站全潮周期中值粒径平均值变化范围为 4.71～6.00 μm，最大值和最小值也分别出现在 N03 和 N15 测站。

冬、夏两季调查期间，悬浮体中值粒径在垂向上均呈现出表层颗粒较细，0.6H 层和底层较粗的分布状态。冬季表层悬浮体中值粒径变化范围为 3.74～6.70 μm，平均值为 5.05 μm；0.6H 层悬浮体中值粒径变化范围为 4.21～6.51 μm，平均值为 5.17 μm；底层悬浮体中值粒径为 3.78～7.10 μm，平均值为 5.12 μm。夏季表层悬浮体中值粒径变化范围为 4.43～9.38 μm，平均值为 5.64 μm；0.6H 层悬浮体中值粒径变化范围为 4.28～8.67 μm，平均值为 5.79 μm；底层悬浮体中值粒径为4.25～9.20 μm，平均值为5.76 μm。

2）粒度组成

三门湾水域各站悬浮体主要粒级在0.001～0.032 mm之间，优势粒级为0.004～0.016 mm。冬、夏两季各站粉砂含量介于46.91%～76.05%之间，平均为60.14%；黏土含量在23.38%～53.09%之间，平均为38.74%。但冬季的粉砂含量要低于夏季，而黏土含量则高于夏季；大潮粉砂含量较小潮的高，而黏土含量较小潮的低。根据组成成分类别分析表明：粉砂是悬浮体主体，其次是黏土，细砂占极少部分，悬浮体类型以黏土质粉砂为主，少量属粉砂质黏土和粉砂。

3）粒度参数

平均粒径（Mz）：冬季平均粒径φ值比夏季大，即冬季悬浮体较细，而夏季较粗。冬季三门湾海域平均粒径变化范围为7.03～8.07 φ，平均值为7.68 φ。夏季三门湾海域平均粒径变化范围为6.62～7.90 φ，平均值为7.50 φ。冬、夏两季小潮期间测区平均粒径在6.62～8.07 φ之间，平均值为7.64 φ；大潮期间测区平均粒径在6.80～7.89 φ之间，平均值为7.54 φ。大潮平均粒径φ值小于小潮，即大潮时悬浮体较粗。平均粒径平面分布特征不显著，垂向分布从表层向底层平均粒径φ值逐渐减小。

分选系数（σ_i）：冬、夏两季三门湾海域测量期间悬浮体分选系数变化范围为0.98～2.07 φ，平均值为1.54 φ，分选差。冬季分选系数小于夏季，即冬季分选性比夏季好。冬季分选系数平均值为1.50 φ，夏季为1.57 φ。大潮分选系数略比小潮大，即小潮时期分选性略比大潮好。小潮期间悬浮体分选系数在0.98～2.07 φ之间，平均值为1.52 φ；大潮期间悬浮体分选系数在1.26～1.95 φ之间，平均值为1.55 φ。由此可见，水动力增强使得悬浮体的分选系数增大，即使得悬浮体的分选性变差。

偏态（Sk_i）：冬、夏两季三门湾海域偏态系数变化范围为－0.20～0.18，平均值为0.06。悬浮体粒度分布基本为近对称分布，少部分为正偏或负偏。冬、夏两季的偏态平均值分别为0.08和0.05，夏季的偏态值更接近于“0”，即夏季时的悬浮体粒度分布更加对称。大潮时的偏态系数变化范围为－0.05～0.18，平均值为0.08；小潮时变化范围为－0.20～0.14，平均值为0.04。小潮时偏态值更接近于“0”，即小潮时悬浮体粒度分布更对称。

峰态（Kg）：冬夏两季三门湾海域峰态系数变化范围介于0.76～1.20，平均值为1.01。悬浮体粒度分布基本为中等峰态，少部分为窄尖分布或宽平分布。冬、夏两季的峰态平均值分别为1.00和1.02。冬季峰态值更接近于“1”，即冬季时峰态更趋于中等峰态分布。小潮峰态值略大于大潮。冬季小潮期间峰态系数介于0.85～1.19之间，平均值为1.00；大潮期间峰态系数介于0.91～1.04之间，平均值为0.99。夏季小潮期间峰态系数在0.76～1.20之间，平均值为1.05；大潮期间峰态系数介于0.84～1.14之间，平均值为0.98。

4.1.6.2 与历史资料对比分析

(1) 悬浮体粒径特征（1994年）

夏季航次大潮时悬沙中值粒径在5.11～6.70 μm之间，一般在6 μm左右；小潮悬沙中值粒径

在 4.70～5.51 μm 之间，一般在 5 μm 左右；冬季航次大潮时悬沙中值粒径介于 3.84～4.91 μm 之间，小潮悬沙中值粒径在 3.55～3.96 μm 之间。

(2) 悬浮体粒径特征（2013 年）

2013 年夏季航次大潮时悬沙中值粒径介于 4.77～9.38 μm 之间，平均值为 6.11 μm，小潮时悬沙中值粒径在 4.25～9.20 μm 之间，平均值为 5.35 μm；冬季航次大潮期悬浮体中值粒径在 4.66～6.04 μm 之间，平均值为 5.27 μm；小潮期间悬浮体中值粒径在 3.74～6.70 μm 之间，平均为 4.95 μm。

分析表明：两次测验反映出相似的变化规律，夏季悬沙颗粒略比冬季粗，大潮的悬沙颗粒略粗于小潮。

4.2 沉积

4.2.1 沉积物类型及分布

(1) 沉积物类型及分布（1994 年）

冬季根据沉积物粒度分析结果表明：三门湾海域 26 个站海底表层沉积物类型主要为黏土质粉砂和粉砂质黏土[3-1]。其中黏土质粉砂分布在猫头水道、三门湾口和猫头洋等区域，是三门湾分布最广的底质类型，其粉砂含量为 50%～73%，黏土含量为 20%～50%，中值粒径介于 4～24 μm。粉砂质黏土分布在猫头山嘴以西的汊道区域和狗头山以西的浅滩，其黏土含量为 50%～55%，粉砂含量 45%左右，中值粒径介于 3～4 μm。

夏季根据沉积物粒度分析结果表明：三门湾底质沉积物可分为三种类型，即黏土质粉砂、粉砂质黏土和含砂黏土质粉砂。与冬季相比，中值粒径略细，含泥量相当。粉砂质黏土是三门湾海域最细的底质沉积物，主要分布在猫头山嘴与胡陈港连线以西海域，即湾底宽广的浅滩上。黏土质粉砂是三门湾海域分布最广的沉积物，除去上述粉砂质黏土分布区以外，几乎都为黏土质粉砂的覆盖区，含泥量介于 26.93%～49.26%之间，大部分在 35%～48%之间。个别站点沉积物为含砂黏土质粉砂，1994 夏季测验期间仅见 N18 站。据历史资料分析，N18 站附近底质较粗，猫头山嘴以南有砾石，滩面有细砂分布；另外在港汊顶部溪流入口处及南田湾滩面上有砂—粉砂—黏土分布，其面积极小。

(2) 沉积物类型及分布（2003 年）

根据 2003 年春、秋两季沉积物粒度分析结果，结合现场采样时描述记录及水下地形特征和周边环境，三门湾海域 15 个测站（大、小潮 30 个样品）海底表层沉积物大都为黏土质粉砂[3-2]。该物质的物理特性呈灰黄色，含水过饱和，少数样品表面物质呈半流动状，有滑感，但亦微有砂质感，表面以下呈青灰色，稍密实，软的，黏性强，属于强可塑。由于人类活动频繁，很少见到微层理构造和生物虫孔痕迹。

春季沉积物粒度分析结果：三门湾海域黏土质粉砂其粉砂含量占 61%～73.33%，平均占

67.95%；黏土含量占18.71%～38.74%，平均占29.17%；另含有少量细砂占0.02%～7.96%，平均占1.7%，多数在1%～2%以内，最高站达7.96%。

秋季沉积物粒度分析结果表明：沉积物类型属黏土质粉砂，优势粒级为0.016～0.002 mm，核心粒级为0.008～0.004 mm。大潮表层沉积物：细砂平均含量占1.53%，粉砂占69.78%，黏土占28.69%。显然，粉砂是沉积物的主体，其次是黏土，细砂含量极少。小潮表层沉积物：细砂平均含量占1.50%，粉砂占70.89%，黏土占27.61%，沉积物类型属黏土质粉砂。总体而言，大、小潮沉积物粒级组成及其含量接近。相比之下，小潮沉积物中粉砂含量比大潮沉积物中粉砂含量略多，而黏土含量稍少。

调查分析表明：2003年春、秋两季三门湾海域海底表层沉积物绝大多数站为黏土质粉砂，除了湾底滩涂以外，几乎占据了三门湾所有潮滩与水域。

(3) 沉积物类型及分布(2013年)

三门湾13个测站(大、小潮26个样品)海底表层沉积物样品其物质的物理特性呈灰黄色，含水过饱和，半流动状，无明显生物虫孔痕迹。根据采样记录及激光粒度分析结果，三门湾海域海底表层沉积物类型为黏土质粉砂和粉砂[3-3]。表层沉积物的粒度分布如图4.2.1所示。表层沉积物主要粒级介于0.002～0.063 mm间，优势粒级为0.002～0.032 mm，沉积物中粉砂、黏土含量较高，砂含量很少。冬季粉砂含量介于61.25%～68.38%之间，平均值为65.13%，黏土含量介于23.01%～36.39%之间，平均值为31.89%。夏季粉砂含量在60.63%～77.52%之间，平均值为66.14%，黏土含量在22.43%～36.54%，平均值为30.92%。冬季全部测站大、小潮表层沉积物类型均为黏土质粉砂；夏季大部分测站表层沉积物为黏土质粉砂，仅有N18站的大、小潮的表层沉积物为粉砂。除个别站点大、小潮表层沉积物粒度分布曲线呈单峰型，大部分测站点表层沉积物粒度分布曲线均呈现双峰型，但其双峰峰值大小差别较大。较高的峰值对应粒径约为10 μm，较低峰对应粒径约为450 μm，主要由于沉积物物质来源不同所致。三门湾海域附近岛屿众多，较粗的颗粒可能来自附近岛屿冲蚀，较细的颗粒来自悬浮体沉积。

4.2.2 粒度参数特征

(1) 粒度参数特征(1994年)

冬季：三门湾海域最小中值粒径为2.98 μm，出现在狗头门西侧小潮期间，最大中值粒径为23.68 μm，出现在满山水道小潮期间。三门湾口和满山水道一带中值粒径普遍大于10.00 μm，是三门湾细粒沉积区中的中值粒径高值区。猫头水道及其湾顶方向的汊道和潮滩，中值粒径普遍小于5.00 μm，是三门湾细粒沉积区中的中值粒径低值区。

中值粒径大、小潮略有区别，小潮时中值粒径介于2.98～23.68 μm之间，大潮时中值粒径介于3.26～13.620 μm之间。猫头山嘴南侧滩涂等站以及下洋涂东侧水道等区域，大潮中值粒径明显大于小潮；而猫头山嘴西北部的汊道区、三门湾口和口外站，则小潮中值粒径明显大于大潮。

夏季：中值粒径大、小潮略有区别，小潮中值粒径略粗。大潮含泥量大都在50%以上，而

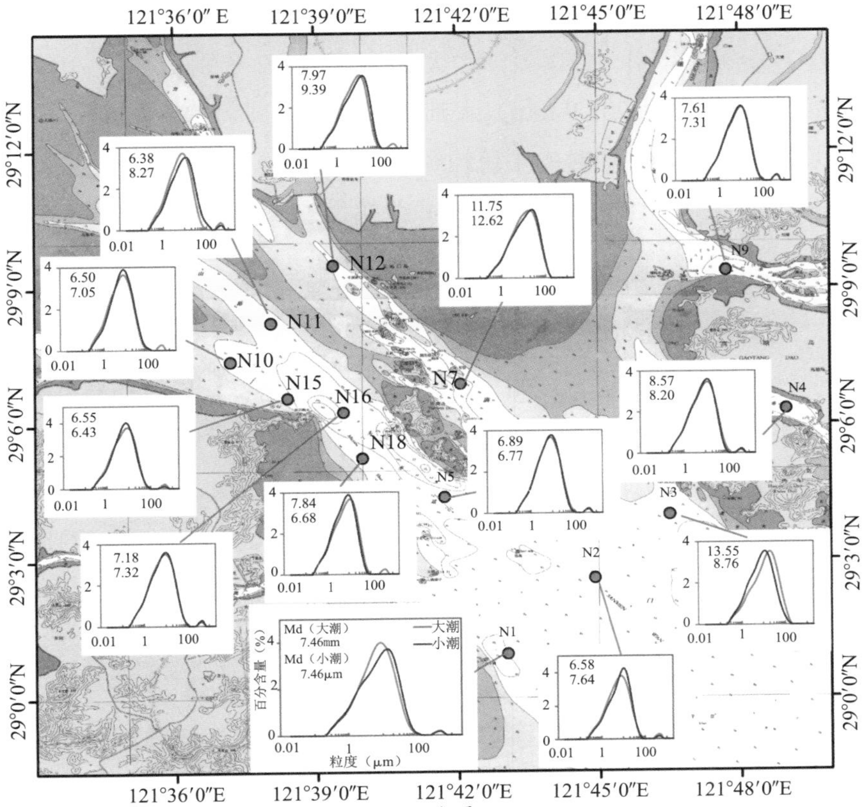

(a) 冬季

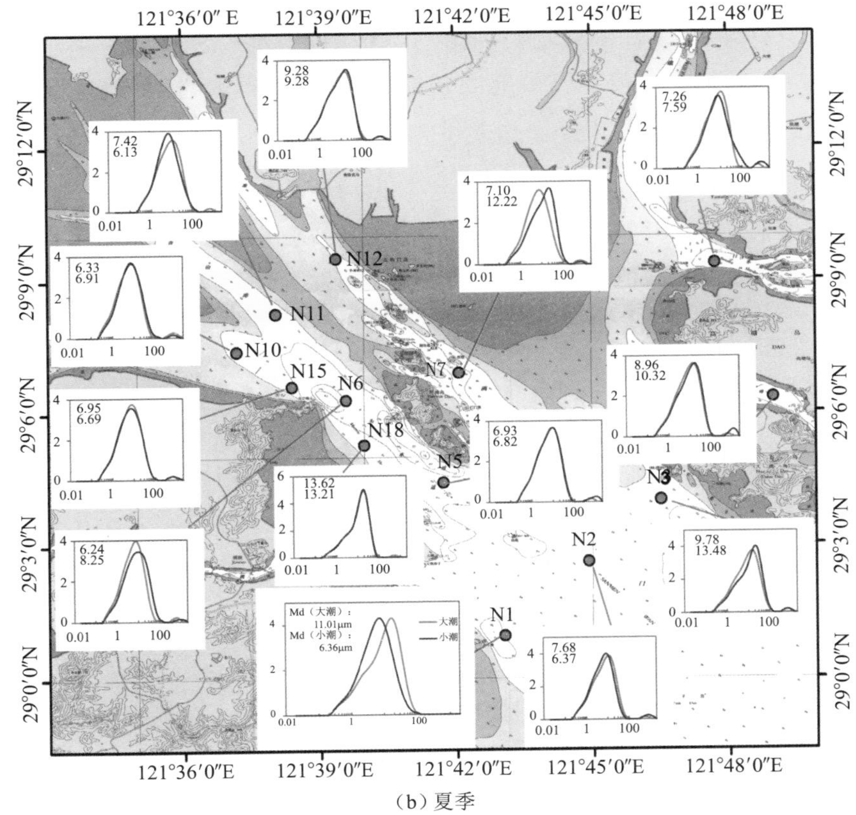

(b) 夏季

图 4.2.1　2013 年冬、夏季表层沉积物粒径分布图

小潮大都在50%以下；大潮中值粒径($M_d\ \varphi$)介于7.97～8.73 φ（0.004 0～0.002 4 mm)之间，分选差，分选系数($Q_d\ \varphi$)在1.41～2.00之间，大都为正偏态，个别负偏态；小潮中值粒径介于6.31～8.42 φ之间(0.012 6～0.002 9 mm)，大都在8 φ左右(即0.003 9 mm)，分选亦差，分选系数1.60～2.05，以负偏态为主；中潮时的中值粒径最小，分选最差，分选系数在1.14～2.14之间，绝大部分在1.50～2.00之间；一般为正偏态，少数为负偏态。

(2) 粒度参数特征(2003年)

1) 春季

平均粒径(Mz)：测区15个测站大、小潮时30个沉积物样品，平均粒径最小值为6.12 φ(N12站)，最大值为7.55 φ(N16站)，平均值为7.06 φ。各站沉积物平均粒径差异不大，最大值与最小值相差1.43 φ。

分选系数(σ_i)：分选系数最小值为1.62 φ(N16站)，最大值为1.88 φ(N12站)，平均值为1.68 φ。分选程度差。沉积物的分选系数与砂、粉砂、黏土含量三者关系密切。表明沉积物中砂含量越高分选越好，相反沉积物中粉砂和黏土含量越多，分选越差。沉积物分选程度与沉积物有密切的关系，沉积物分选程度可间接反映水动力活跃程度和搬运距离。

偏态(Sk_i)：偏态是沉积物粒度结构的重要参数之一，与其他粒度参数一起用来判别沉积环境及成因。一般而言，海滩砂多为负偏态，而沙丘与风坪砂则多为正偏态。三门湾沉积物偏态最小值为0.04，最大值为0.33，平均值为0.13，为正偏态。

峰态(Kg)：大多数峰态是度量粒度分布的中部和尾部展形之比。就是衡量分布曲线的峰凸程度。峰态正值时是窄峰态(尖峰态)，峰态负值时是宽峰态(低峰态)。峰态研究表明如峰态值很低和非常低时，说明该沉积物是未经改造就进入新环境，而新环境对它的改造又不明显。因此，它仍然代表几种物质(或总体)直接混合而成，其分布曲线则很可能是宽峰或鞍状分布，或多峰曲线。本测区沉积物峰态最小值为0.91，最大值为1.06，平均值为0.95，属于窄峰态(尖峰态)。说明测区沉积物混杂程度较高、分选程度差。

中值粒径(M_d)：三门湾区域沉积物中值粒径最小值为5.55 um(N16站)，最大值为18.97 um(N12站)，平均值为8.46 um。中值粒径最小值与最大值差距较悬殊。

2) 秋季

平均粒径(Mz)：三门湾海域平均粒径值范围为6.30～7.36 φ(12.7～5.1 μm)，平均值为6.97 φ(8.0 μm)。绝大多数站海底表层沉积物平均粒径差异很小，个别站(N17站)最大值与最小值(N16站)相差7.6 μm，相差较大。

分选系数(σ_i)：表层沉积物样品分选系数值为1.61 φ(N18站)至1.87 φ(N03站)，平均值为1.70 φ。分选程度差。沉积物分选程度与沉积物有密切的关系，沉积物分选程度可间接反映水动力活跃程度和搬运距离。

偏态(Sk_i)：三门湾沉积物偏态值为0.04～0.29，平均值为0.11，为正偏态。

峰态(Kg)：沉积物峰态值介于0.89～1.02之间，平均值为0.97，属于窄峰态(尖峰态)。表明三门湾区域沉积物混杂程度较高，分选程度差。

中值粒径(M_d)：沉积物中值粒径值介于 6.33～15.48 μm 之间，平均值为 8.64 μm 与平均粒径值(8.0 μm)较接近，个别站(N17 站)中值粒径最大值与最小值(N16 站)相差 9.15 μm，差异较大。可能因物质来源，成因环境不同所致。

(3) 粒度参数特征(2013 年)

冬季三门湾海域中值粒径介于 6.38～13.55 μm 之间，平均值为 8.07 μm。夏季测区中值粒径在 6.13～13.62 μm 之间，平均值为 8.55 μm。大部分站点夏季表层沉积物中值粒径大于冬季。冬、夏两季各站大、小潮表层沉积物无明显差异。冬季表层沉积物平均粒径(Mz, φ)的变化范围为 6.44～7.40 φ，平均为 7.13 φ；夏季变化范围为 6.53～7.44 φ，平均值为 7.08 φ，冬季平均粒径值略大，即冬季表层沉积物较夏季细。冬季分选系数(σ_i)变化范围为 1.69～2.03 φ，平均值为 1.83 φ；夏季分选系数(σ_i)变化范围为 1.61～2.05 φ，平均值为 1.81 φ，冬、夏两季表层沉积物分选性均较差，两季分选系数较为相近。冬季偏态(Sk_i)变化范围为 0.09～0.20，平均值为 0.13，沉积物粒度分布为近对称—正偏；夏季其变化范围为 −0.02～0.34，平均值为 0.14，夏季沉积物粒度分布差异较大，从近对称至极正偏均有分布。冬季峰态(Kg)变化范围为 0.90～1.00，平均值为 0.95；夏季其变化范围为 0.91～1.10，平均值为 0.97，冬、夏季均为中等峰态。

4.2.3　与历史资料对比分析

(1) 底质(表层沉积物)粒径特征(1994 年)

1994 年夏季航次大潮底质中值粒径介于 2.35～3.99 μm 之间，小潮期间底质中值粒径介于 2.92～12.60 μm 之间；冬季航次大潮底质中值粒径在 3.26～13.60 μm 之间，小潮时底质中值粒径介于 2.98～23.68 μm 之间，沉积物类型以黏土质粉砂为主。

(2) 底质(表层沉积物)粒径特征(2013 年)

2013 年夏季大潮期间悬浮体中值粒径在 4.77～9.38 μm 之间，平均值为 6.11 μm；小潮期间悬浮体中值粒径在 4.25～9.20 μm 之间，平均值为 5.35 μm。冬季大潮期间悬浮体中值粒径在 4.66～6.04 μm 之间，平均值为 5.27 μm；小潮期间悬浮体中值粒径在 3.74～6.70 μm 之间，平均值为 4.95 μm。沉积物类型以黏土质粉砂为主。

这里需指出的是：1994 年底质粒度分析以沉析法为主，辅以筛析法；2013 年底质粒度分析则采用马尔文 MASTERSIZER2000 型激光自动粒度分析仪。根据相关研究表明，激光衍射法测得粒径一般略大于沉析法。因此，两次测验的粒径大小不具备直接的可比性，但两次测验得出的沉积物类型分类结果相似，即均以黏土质粉砂为主。

4.2.4　表层沉积物的力学性质

(1) 猫头山嘴附近区域表层沉积物的力学性质[4-1～4-4]

根据三门湾猫头山嘴附近海底表层沉积物土力学性质试验分析表明：猫头山嘴附近海域浅

表部地层的沉积物由细颗粒物质组成，主要为粉砂质黏土和黏土质粉砂，内含粉砂纹层。局部区块见有薄层贝壳砂夹层，颜色由灰黄色为主向下变灰或青灰色。

猫头深槽（潭）浅部地层岩性明显分上、下两段。其中上段层厚 150～200 cm 不等，灰黄色与黑色粉砂质黏土互层沉积，中值粒径介于 0.002 2～0.008 4 mm 之间，含水量高（> 80%）、湿密度介于 12.9～16.1 kN/m^3 之间，干密度介于 5.3～9.0 kN/m^3 之间，孔隙比 2.002～2.523，压缩模量 0.078 MPa，属固结程序很低的活动层。下段为灰色或青灰色粉砂质黏土（0.002 2 mm），含水量 < 70%（最小为 48%），湿密度介于 15.9～16.3 kN/m^3 之间，干密度介于 9.0～10.7 kN/m^3 之间，孔隙比 1.403～1.723，属初步压实沉积层。

猫头山嘴西北岸坡：浅表部地层岩性与深槽区相似，分上、下两段。上段为未固结活动层；下段属初步压实沉积层。

猫头山嘴东南浅水区：浅表部地层沉积物由灰黄色、灰色粉砂质黏土或黏土质粉砂组成，缺失黑色泥层，粒径比上述两区略粗（0.004～0.006 mm），粉砂成分增多，岩性垂向变化不明显。

（2）健跳港表层沉积物的力学性质[4-5]

根据健跳港表层沉积物土力学性质试验分析表明：土力学性质指标因地而异，与沉积物中黏土含量关系密切。如湿密度从健跳港口门外 15.4 kN/m^3 渐增至口门为 16.1 kN/m^3，至港中部达 18.0 kN/m^3，然后渐减，至港顶部区域减为 14.6 kN/m^3，与黏土含量的沿程变化相一致。总体而言，港内沉积物具有含水量高，孔隙比大、高压缩性、抗剪强度小、土质较弱以及承载力低的特点，与港内沉积物中黏土含量高有关。

4.2.5 沉积物的浅层结构和沉积环境

4.2.5.1 沉积物的浅层结构

（1）三门湾海域沉积物的浅层结构[4-5～4-6]

根据三门湾海域 4 个柱状样分析沉积物浅层结构，4 个柱状样分别取自于三门湾口（H1）、猫头水道（H2）、满山水道（H3）和大路湾中潮滩（H4）。H1 柱状样长 371 cm，粉砂与黏土质粉砂互层，呈黄色。表层以下 140 cm 及 290 cm 处各有一层厚为 5～10 cm 的纯粉砂层，粉砂含量达 83.6%，中值粒径为 5.5 φ，四分位离差小于 0.5，分选很好，四分位偏态为正值。其余层段沉积物中值粒径为 6.8～7.8 φ，四分位离差为 1.5～2.0，分选一般，四分位偏态为正值。在 330 cm 及 350 cm 处，见有一层含贝壳细砂夹层。H2 柱状样长 377 cm，以黄灰色黏土质粉砂层为主，并与粉砂薄层互层，水平纹层理清晰，各层物质中值粒径介于 7.2～7.8 φ 之间，四分位离差约为 1.8，分选一般，四分位偏态为正值。柱状样中数处见有生物洞穴，216 cm 处见有一扇贝片。H3 柱状样为 344 cm，以黄灰色黏土质粉砂层为主，与薄粉砂层互层，粉砂层单层厚度一般小于 2 mm，沉积物中值粒径介于 6.8～7.2 φ 之间，四分位离差约为 1.8，分选一般，四分位偏态为正值。柱状样底层见有一含贝碎屑薄夹层。

综合上文分析表明：三门湾海域柱状沉积物特征为垂向变化较小，柱状底部沉积物与表层沉积物分布相一致，即从湾口向湾内以及从湾东侧向湾西侧逐渐细化。沉积物的另一特征为近期沉积环境基本稳定，陆域粗颗粒来沙影响较小，偶见的纯粉砂或细砂层可能是受热带气旋影响时的强动力沉积。

H4 柱状样取自于猫头山嘴南侧滩涂中潮滩，即三门核电厂排水口附近。H4 柱状样长 60 cm，为黏土质粉砂与细砂互层，表层为黏土质粉砂，向下每隔 15 cm 出现一厚约 5 cm 的细砂层。可见，滩地柱状沉积物较粗，受陆域和海域来沙的双重影响，与水域柱状沉积明显不同。

（2）猫头深槽附近海域沉积物的浅层结构[4-2]

猫头深槽（潭）：浅表部地层（1. 0～2. 3 m）浅层沉积结构最明显的特征是以厘米级厚泥层（夹丰富有机质泥层）为主，夹少量不规则的粉砂纹层或团块，并见有气孔状构造。厚泥层由灰黄色泥层与黑色泥层交互沉积，黑色泥层（2～6 层）占柱状样长的 22%～48%。在猫头大深槽西侧的小深潭，柱状样 148～160 cm 层段见薄层贝壳砂和泥掺杂层，显示了沉积间断界面，界面上、下沉积物性质和结构有明显差别。

猫头山嘴西北岸坡：浅表部沉积结构以厘米级厚泥层与毫米级泥与粉砂互层交互沉积。厚泥层中见不规则的粉砂纹层和团块，生物孔穴较多。泥与粉砂互层中水平层理较发育，黑色泥层较深槽薄（ < 10%）。

4.2.5.2　沉积环境

（1）沉积速率

沉积速率是沉积作用强度的标志，是海岸带开发和海岸工程建设设计的一个基本参数。

1）全新世沉积速率

根据全新世地层厚度，推算三门湾内全新世平均沉积速率约为 0. 3 cm/a，说明三门湾地貌沉积动态基本稳定，处于缓慢淤积状态。但沉积速率的时间序列分布和平面分布并不一致，一般全新世海侵初期沉积较快，而后沉积逐渐变慢；古水道充填堆积沉积速率较大，而狭窄水道沉积速率较小，甚至有基岩出露[1-1]。

根据猫头水道浅地层剖面资料和猫头山嘴南侧滩涂 20 世纪 90 年代的钻孔资料分析表明：表层至 12. 0 m 附近为含水量高的淤泥质黏土，其底界有粉细砂等粗粒沉积（可能为 7 000 a 前侵蚀改造层）。由此推算得 7000 a 来，猫头山嘴南侧滩涂平均沉积速率约 0. 2 cm/a。

2）近百年来沉积速率[4-1～4-2]

^{210}Pb 半衰期为 23. 4 a，利用 ^{210}Pb 比度的垂向变化可以测定沉积层的沉积年代，计算出平均沉积速率。

^{137}Cs 是人工放射性同位素，主要来源于大气中的核爆炸产生的大量放射性尘埃，通过降水过程进入海洋，并被海水中的悬浮物质吸附、运移、沉降，储存在沉积层中。由于每年核爆炸次数和量级不同，因而对应不同年代的沉积层位中的 ^{137}Cs 比度也不同。20 世纪 60 年代初核爆炸次数和量级最大，故当时形成的沉积层中的 ^{137}Cs 比度最高，通常认为此沉积层对应于 1964 年，起始

层位对应于 1948 年。因此，根据 ^{137}Cs 比度的垂向分布，可以估算 1948～1964 年、1964～1995 年、1948～1995 年的平均沉积速率。

根据沉积物原状土样沉积构造和放射性同位素(^{210}Pb、^{137}Cs)方法的沉积速率测定，猫头山嘴附近海域近百年来的沉积速度如表 4.2.1 所示。三门湾近百年来沉积速率有以下 3 个特征。

① 三门湾沉积缓慢：近百年来平均沉积速率在 0.6～2.8 cm/a，快于 7000 a 来的平均沉积速率(0.2 cm/a)。特别是近 50 a 来的沉积速率(2.9～3.7 cm/a)又快于近百年来的沉积速率。由表 4.2.1 亦可看出近 30 a 来的沉积速率有增快现象(3.1～4.4 cm/a)。

② 三门湾沉积速率自湾口向湾内递增，湾口 0.9 cm/a，至湾顶为 2.1 cm/a。

③ 猫头深槽浅表层出现快速沉积，近 30 年来，平均沉积速率大于 10.0 cm/a，表层混合活动层达 40～90 cm。

表 4.2.1　猫头山嘴附近海域百年的沉积速率统计表

(cm/a)

水深(m)	^{137}Cs 方法			^{210}Pb 方法		地貌部位
	1948～1964	1964～1995	1948～1995	(近 100 年 a)	本底深(cm)	
				2.8		大深潭附近岸坡
				1.5		小深潭
12.0				10.7*	148	大深潭
31.0	2.5	4.4	3.7	1.8		南潮滩外浅水区
47.0	3.4	3.1	3.2	2.1		蛇蟠水道
8.0		快速		0.9	210	猫头水道东口
11.5	2.5	3.1	2.9	1.0	90	南潮滩低潮滩
12.2				0.6		南潮滩中潮滩
				2.8		北潮滩低潮滩

* 近 30 a 的沉积速率。

(2) 沉积物来源

根据三门湾平面形态分析可见，三门湾呈指状滩嘴，且均沿涨、落潮流方向发育，港汊上游均有一条或数条溪流注入，有较大的纳潮空间。根据三门湾潮流特征和泥沙资料，结合三门湾地貌发育等资料分析表明：三门湾泥沙来源主要为三个方面。

1) 陆域来沙

三门湾陆域集水面积小，入海河流均为短小的山溪性河流，源短流细。注入三门湾的年平均径流量约为 2.68×10^9 m^3，只相当于 85 m^3/s 的流量，仅为钱塘江入海径流量的 1/14[4-7]。年平均输沙量也很有限，主要为砂砾质粗颗粒物质，仅分布在汊道顶部的溪流入海口处，使该处沉积物中值粒径较粗，极少量的细粒物质在水体交换过程中参与三门湾的泥沙运移。三门湾被低山丘陵所环抱，湾内岛屿众多，外海波浪难以传入，波浪作用较弱，基岩岸线与岛屿岸线的侵蚀速率

较低，侵蚀物质多分布在沿岸滩地。因而陆域来沙为次要的物质来源。

2）生物碎屑

湾内软体动物贝壳也是一种物质来源，但其量很少，在沉积物中 CaO 含量仅占3%左右，碳酸盐含量也只有7%左右。生物碎屑只是作为物质来源的补充。

3）海域来沙

三门湾地貌形态的发育无不与涨、落潮流相关联，潮流是塑造三门湾地貌的主要控制力量[4-8]。根据输沙量分析表明，涨潮流带来的外海泥沙相当可观，湾口断面冬、夏两季均向湾内输送泥沙，但冬季输沙量远大于夏季。主要由于夏季台湾暖流强盛，高温、高盐、高透明度水逼岸，输沙量较小；而冬季江浙沿岸流强盛，带来了高含沙量的冲淡水，使输沙量普遍高于夏季。

三门湾沉积物主要为黏土质粉砂和粉砂质黏土，其粒度特征、矿物组合特征及柱状结构均表明海域来沙是主要的物质来源，包括长江入海泥沙南下物质和东海内陆架再悬浮物质。长江入海泥沙随着江浙沿岸流向南输送，这一物源被认为是浙江沿海潮滩、海域细颗粒沉积物的主要来源。从长江口、杭州湾、宁波、台州沿海直到温州南部海域数百个样品的统计分析表明：由长江口向南存在粉砂含量比例逐渐减少，而黏土含量逐渐增加的趋势，符合沉积物从源头向远方粒径变细的分异规律。所以，浙江沿海的细颗粒物质主要是江浙沿岸流带来的长江入海泥沙，经过搬运、沉积、再悬浮、再沉积和再迁移的动力过程而形成，三门湾细颗粒沉积物的形成也是如此[4-9]。由于长江上游建坝和受水土保护的影响，近50年来，长江来沙呈现出逐年减少的趋势。以位于长江的大通站为例，1951～2000年间，多年平均输沙量约为 4.25×10^{8} t：1985年以前，大多数年份的输沙量均超过平均值；而1985年以后，所有年份的输沙量均低于平均值，特别是1994年和1997年甚至低于 3.0×10^{8} t。长江来沙的逐年减少对浙江沿海含沙量的变化具有重要影响。

长江来沙对浙江沿海的影响还具有较明显的季节变化，在5～10月间的洪水季节，长江输沙量占全年的87.4%，但受浙闽沿岸流北上和台湾暖流增强顶托的影响，长江入海泥沙主要沉积在长江口外的长江水下三角洲，部分随长江冲淡水向东、东北输送，因而浙江沿海含沙量普遍较小；而11月至翌年4月的枯水期，虽然输沙量仅占全年的12.6%，但偏北风盛行，在江浙沿岸流和强烈的再悬浮作用下泥沙向南输送，使浙江沿海含沙量普遍增大。三门湾湾外浑浊水体随潮从湾口向湾内输送。根据卫星照片分析表明：长江和钱塘江泥沙对三门湾具有明显的影响[4-10]。

东海内陆架沉积物主要由黏土质粉砂和粉砂质黏土组成，它们在15～30 cm/s的流速作用下可发生再悬浮，三门湾为强潮海湾，最大潮差为7.75 m；潮流急，实测最大表层流速达202 cm/s。冬季大潮底层平均流速一般介于0.35～0.50 cm/s之间，夏季大潮底层平均流速一般介于0.40～0.70 cm/s之间，底层流速较强，均大于粉砂级泥沙起动流速，无疑使内陆架表层沉积物会发生再悬浮，随潮向岸搬运。

三门湾与毗邻的东海畅通，受外海环境因子影响显著，且广泛发育的泥质指状滩嘴组成物质系外海悬移质随涨潮流输入海湾沉积而成，所以海域来沙是三门湾的主要物质来源[4-11]。

4.3 沿岸浑浊带泥沙输移

三门湾是一个典型的强潮型淤泥质海湾，细颗粒沉积物在潮流和波浪作用下容易产生再悬浮，常形成沿岸浑浊带。悬浮泥沙在岛屿岬角猫头山嘴附近海域呈现出一条清晰的清、浑水界线，浑浊的水带沿着岛屿作有规律的运移。本书通过现场观测与遥感资料的综合分析，结合实验室颗粒矿物分析和数值模拟等多种手段，研究浑浊带的成因、泥沙来源和生成条件，观测和研究浑浊带活动范围，泥沙输移特性及其变化规律[4-12]。

如上所述，海域来沙是三门湾的主要泥沙来源。猫头山嘴附近海域悬浮泥沙和海底表层沉积物同属黏土质粉砂类型。中值粒径均在 8 μm 左右，悬沙和底沙随着水动力条件强弱变化而处在不断交换运行的状态，涨、落潮低流速时段，悬沙落淤，随着流速的增大，新淤积物又被重新扬起，涨、落潮流冲刷滩面，细颗粒泥沙再悬浮是产生沿岸浑浊带的泥沙来源。

4.3.1 沿岸浑浊带泥沙输移

根据沿岸浑浊带现场观测分析表明：在垂直岸线方向上自岸边向近海有一条清浑水界线，线上泡沫、碎屑集中，线的向岸边一侧含沙量较高，向近海一侧则含沙量较低。根据 FACScan 流式细胞仪测定，向岸边一侧有机颗粒百分含量低，向近海一侧高。说明线的两侧水体性质不同。在顺岸方向，浑浊带泥沙锋线与水下地形等深线大致平行。涨潮初起锋线偏向岸边，涨急时刻锋线偏向近海，反映了涨潮过程中沿岸浑浊带的发生、发展过程。根据流式细胞仪测定，猫头山嘴区域近岸有机颗粒百分含量小于远岸，反映了涨潮期间沿岸浑浊带泥沙沿猫头山嘴向北输移。在落潮期间，自岸边向近海出现混水带次混水带、次混水和较清水间存在泡沫和芦苇碎屑线。

根据实测资料分析可知，猫头山嘴附近沿岸浑浊带在一个潮流周期中存在着形成、发展和衰减的过程。涨潮水流冲刷滩地，在边滩水边线附近首先出现含沙量较高的泥沙浑浊带，浑浊带发展迅速，涨急时段得以充分发育，锋线位置大致与4. 5 m等深线相近。涨潮后期，边滩区水流减弱，含沙量下降，浑浊带衰减，历时 3 h 左右。落潮水流急，靠近猫头山嘴的一股水流顺南侧边滩而下，在 N20 站到 N21 站出现有一定宽度的浑浊带，并向两侧扩展，波及 N18 站，锋线的位置在 5～6 m 等深线间。然后随着落潮流速减弱，含沙量降低，浑浊带衰减，历时 2 h 左右。此后在 N18 站垂线的 0. 4H 层以下出现浓度高于 1 kg/m^3 的高含沙量，这一现象直至落憩的低流速时段悬沙落淤才消失。

4.3.2 沿岸浑浊带形成机制

沿岸浑浊带的形成机制复杂，有“潮泵”作用，更主要的是滩槽流速切变锋引起的泥沙运动效应。涨潮时段，涨潮水流从猫头水道涌入，它与边滩水体之间产生明显的水流切变，泡沫、碎屑在锋面集中，锋线清晰。落潮时段，主槽水流湍急，猫头山嘴南侧滩涂水流缓慢，滩槽之间亦产生明显的流速切变，其杂物碎屑较涨潮期多。这条锋线，清浑水分界，位置一般在 N20 站和 N18 站之间变动，N20 站单宽输沙向岸边大于向近海，尤以底层输沙明显，N18 站单宽输沙落潮大于涨潮，但在底层涨、落潮输沙量比较接近，站位见图3.2.1。这表明上、中层水流输沙向近海为主。切变锋在滩、槽之间引起的泥沙呈螺旋形式进行交换运行，有部分泥沙向滩搬运，还有相当数量的泥沙沿着锋面向海输运，这就造成了在涨、落急后，N18站垂线的含沙量高于两侧，其中、下层含沙量达1 kg/m^3以上的原因。这清楚地揭示了流速切变锋起着阻挡沿岸浑浊带泥沙向深槽扩散，使浑浊带在沿岸一定范围内存在，从而形成独特的沿岸浑浊带泥沙运动的体系。

由于滩槽间的流速切变锋制约了浑浊带沿着岸的分布，其走向与水下地形走向相似。根据流迹观测和数值模拟结果显示，猫头山嘴南北两侧存在顺岸流。猫头山嘴南侧海滩涨潮时存在顺时针平面环流，而落潮时存在逆时针平面环流。采用MAC方法水质点跟踪数学模型得到猫头山嘴附近的流迹线图以及实测漂流图，均说明了涨潮流阶段南侧海滩浑浊带泥沙可以沿着猫头山嘴向北侧边滩运移，落潮流阶段北侧浑浊带泥沙也可以沿着猫头山嘴向南侧海滩输移，沿岸浑浊带的部分泥沙有向高滩涂输移的特点，在隐蔽岸段还能产生淤积。这种运行形式说明了涨、落潮过程中，常有一股含沙量较高的水流在猫头山嘴前沿流过。就以含沙浓度最大的冬季大潮而言，在浑浊带发育期间，猫头山嘴前沿N15站附近，在一个潮流周期中，表层含沙量大于0.5 kg/m^3的有6 h左右，大于0.6 kg/m^3的有3 h左右，最大含沙量为0.748 kg/m^3；底层含沙量在0.9～1.0 kg/m^3之间，实测最大值为1.638 kg/m^3。除大风天气引起的混浊水体外，其他季节和潮汛，沿岸浑浊带范围和浓度均小于冬季大潮汛。

参考文献

[4-1] 邓起东，张雪亮，张裕明，等. 浙江三门核电厂可行性研究阶段区域、近区域及厂址附近地质、地震调查和设计基准地震动确定专题工作报告[R]. 1995.

[4-2] 上海华东电力设计院. 浙江三门核电厂工程可行性研究工程地质勘测报告[R]. 1995.

[4-3] 张春霖. 浙江三门核电厂工程可行性研究厂址附近第四系覆盖区隐伏断层综合物化探测调查报告[R]. 1994.

[4-4] 魏文才. 浙江三门核电厂水文地质普查报告[R]. 1995.

[4-5] 夏小明，冯应俊，谢钦春. 三门湾海域底质与沉积环境 // 三门湾综合开发论文集[M]. 北京：海洋出版社，1992.

[4-6] 夏小明，谢钦春. 三门湾内细颗粒泥沙的沉积作用 // 三门湾综合开发论文集[M]. 北京：海洋出版社，1992.

[4-7] 杨士瑛，陈波. 三门湾悬移质输运特征[J]. 海洋湖沼通报，2007(4)：21-29.

[4-8] 胡方西，曹沛奎. 三门湾潮波运动特征与地貌发育的关系[J]. 海洋与湖沼，1981，12(3)：225-234.

[4-9] 许东峰，王俊. 强潮海湾水动力数值模型应用研究[R]. 2012.

[4-10] 何青，恽才兴. 遥感在海岸岸滩定性分析中的应用[J]. 海洋学报，1999，21(5)：87-94.

[4-11] 曹沛奎，谷国传，董永发，等. 杭州湾泥沙运移的基本特征 // 中国海岸发育过程和演变规律[M]. 上海：上海科学技术出版社，1989.

[4-12] 上海华东师范大学. 三门湾沿岸浑浊带泥沙输移报告[R]. 1996.

第 5 章　地质地貌

5.1　地质

三门湾位于江山—绍兴深断裂东南侧的华南褶皱系的华夏褶皱带[1-1]。三门湾地质分析研究主要依据了三门核电工程地震安全性评价复核报告、三门核电厂工程可行性研究工程地质勘测报告、三门核电厂址区地质填图(1∶1 000)成果报告、三门核电厂工程可行性研究厂址岩石工程特性室内测试报告、三门核电厂海水取排水工程岩土工程勘察报告、三门核电厂海水取排水工程水下地形测量技术报告和浙江省地质志等相关专题研究成果和志书[5-1～5-12]。

5.1.1　地层与沉积建造

5.1.1.1　大地构造

三门湾及其附近区域中生代火山岩、火山碎屑岩分布广泛,中、上新统玄武岩局部发育,河口和海湾小平原则以第四世纪陆相、滨海相碎屑堆积为主[1-1]。三门湾及其附近区域在大地构造位置上跨越了两个地质发展历史截然不同的构造单元,大致以东北走向的江山—绍兴深断裂带为界,西北为扬子准地台,东南为华南褶皱系。三门湾区域位于华南褶皱系的温州—临海坳陷(Ⅲ级构造分区)内[5-1]。

华南褶皱系(Ⅱ)位于扬子地台的东南边,由不同时期的褶皱带组成,研究三门湾区域的地质地貌仅涉及华南褶皱系中的浙东南褶皱带。

浙东南褶皱带($Ⅱ_1$)位于区域中部,是加里东运动使地槽褶皱回返而成,后与扬子地台拼合一起组成“新地台”。华力西和印支期,构造活动相对稳定,为缓慢的长期隆起剥蚀区,仅在一些低洼地区有沉积。印支运动后,其活动性急剧增大,以断块运动为主,构造格局有了很大变化。不同方向构造盆地的发育和大规模火山活动,是燕山期构造运动的一大特色。根据沉积建造和岩浆活动等特点,浙东南褶皱带在研究区域部分可以进一步分为丽水—宁波隆起($Ⅱ_{1-1}$)和温州—临海坳陷($Ⅱ_{1-2}$)2 个次级构造单元,如表 5. 1. 1 所示。

三门湾区域位于温州—临海坳陷($Ⅱ_{1-2}$),如图 5. 1. 1 所示。温州—临海坳陷是一个中生代的断坳型盆地,以断陷作用和火山活动为主要特征,堆积了巨厚的火山岩系,盆地基底岩系埋藏较深。新生代主要表现为间歇性掀斜抬升。

表 5.1.1　区域地质构造单元划分简表

一级	二级	三级
扬子地台（Ⅰ）	钱塘台褶带（Ⅰ$_1$）	常山—诸暨拱褶带（Ⅰ$_{1-1}$）
		余杭—嘉兴台陷（Ⅰ$_{1-2}$）
华南褶皱系（Ⅱ）	浙东南褶皱带（Ⅱ$_1$）	丽水—宁波隆起（Ⅱ$_{1-1}$）
		温州—临海坳陷（Ⅱ$_{1-2}$）
东海裂陷盆地（Ⅲ）	台北坳陷（Ⅲ$_1$）	

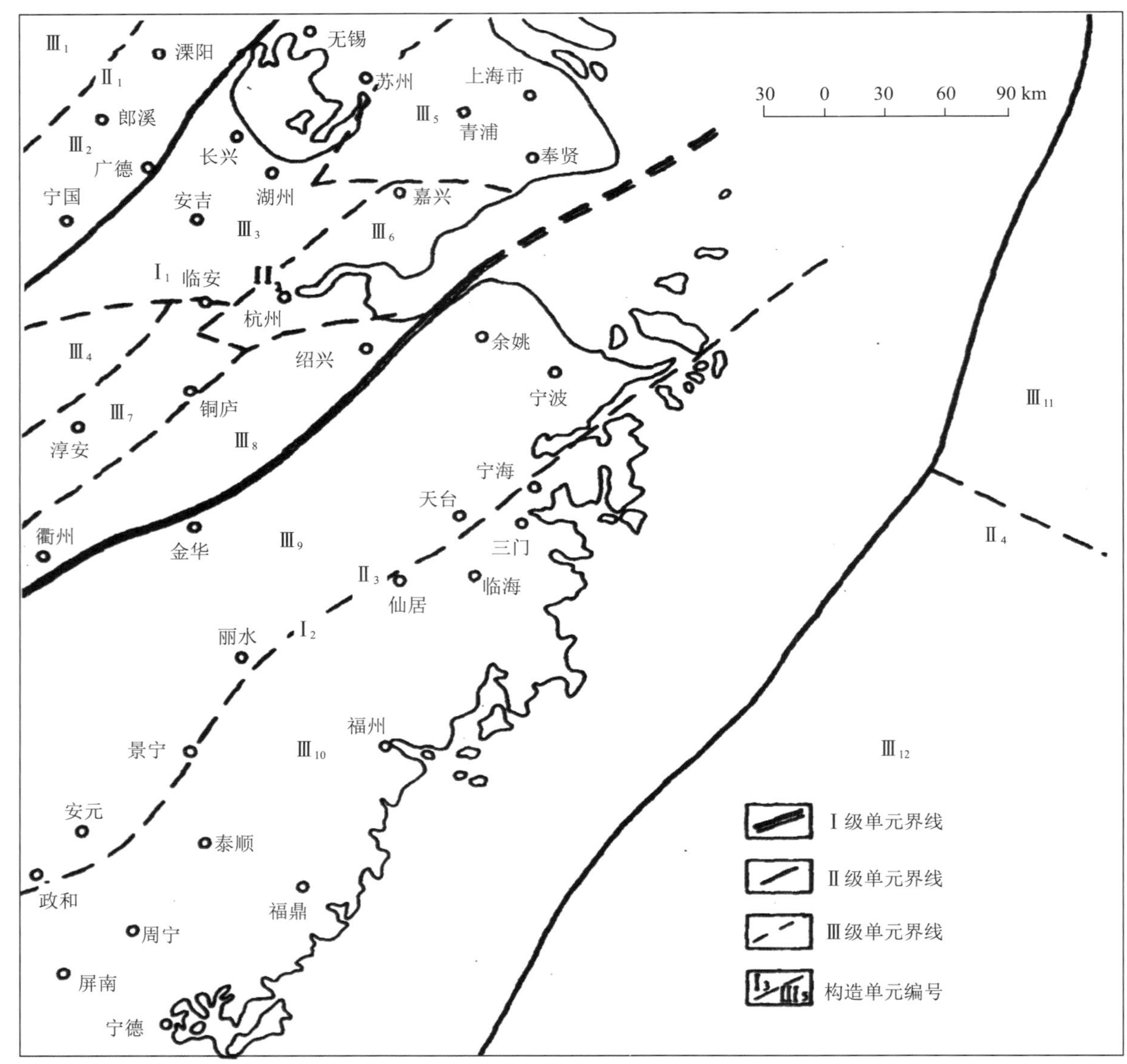

Ⅰ$_1$ 扬子准地台；Ⅱ$_1$ 下扬子台坳；Ⅲ$_1$ 沿江拱褶带；Ⅲ$_2$ 皖南陷褶带；Ⅱ$_2$ 钱塘台褶带；Ⅲ$_3$ 安吉—长兴陷褶带；Ⅲ$_4$ 中州—昌华拱褶带；Ⅲ$_5$ 上海台陷；Ⅲ$_6$ 余杭—嘉兴台陷；Ⅲ$_7$ 华埠—新登陷褶带；Ⅲ$_8$ 常山—诸暨拱褶带；Ⅰ$_2$ 华南褶皱系；Ⅱ$_3$ 浙东南褶皱带；Ⅲ$_9$ 丽水—宁波隆起；Ⅲ$_{10}$ 常州—临海坳陷；Ⅱ$_4$ 东海陆架盆地；Ⅲ$_{11}$ 浙东坳陷；Ⅲ$_{12}$ 台北坳陷

图 5.1.1　区域大地构造分区略图

5.1.1.2　地质发展史

三门湾及其附近区域自中元古代起，地壳构造的形成和发展经历了神功、晋宁、加里东、华力西—印支、燕山和喜马拉雅六个构造旋回，构成地槽、地台和地槽并存、拼合地台和活动大陆边缘构造带四个演化阶段，最终造就了现今的区域地质构造格局。纵观三门湾区域地质发展史，实际上是陆壳成生与演变的历史。陆壳成生与发展，自元古代以来经历了三大发展阶段，即地槽阶段、地台阶段和陆缘活动阶段。由于扬子准地台及华南褶皱系地史的差异，又可统一划分为四个地质发展时期，即前震旦纪扬子地槽发展及固结、华南地槽发生、发展并局部回返时期；震旦纪—志留纪扬子准地台及华南继承性地槽发展时期；晚古生代稳定地台发展时期；晚三叠世—第四纪陆缘活动时期。

5.1.1.3　地层

由于地槽—地台—陆缘活动三大发展阶段中多次构造旋回和构造活动作用，形成了三门湾及附近区域地层、沉积建造等方面在时间、空间上的不均匀性。以江山—绍兴深断裂为界划分为江南地层区和华南地层区。

(1) 江南地层区

江南地层区基底由前震旦系的两套变质岩系组成，厚度大于 7 000 m。震旦系和下古生界属准地台型建造，震旦系主要为碎屑岩建造，寒武系主要为碳酸盐建造，奥陶系主要为含硅、钙质泥岩建造，志留系为碎屑岩建造。从震旦系至志留系沉积建造总厚近 10 km。上古生界至下二叠统为典型地台型建造，其中上泥盆统为一套滨海—海陆交互相的单陆屑建造，石炭系为滨海—滨海沼泽相碎屑岩和浅海陆棚相碳酸盐建造，二叠系至三叠系分别为浅海相碳酸盐和含煤碎屑岩建造，总厚度约为 3 km。从晚三叠世始，包括中、新生代沉积受构造“活化”影响，以长石石英质砂岩为主的陆相碎屑岩建造和分布广泛、巨厚的火山岩建造。

(2) 华南地层区

华南地层区基底主要由两套变质岩系组成，前震旦纪陈蔡群为一套中深变质的片麻岩系，地层厚度大于 8 000 m。震旦纪－早古生代龙泉群为一套高绿片岩相变质的片岩，厚度大于 3 000 m。晚古生代泥盆系至二叠系为一套低绿片岩相变质的千枚岩－云母岩建造，厚度大于 700 m。中生代开始，上三叠统主要为陆相含煤碎屑岩建造，至晚侏罗世火山活动强烈，广为发育了巨厚的火山沉积岩系。

三门湾区域中生代的白垩纪地层受北北东及近东西向张性断陷盆地控制，盆地内部沉积以河湖相红色碎屑岩建造为主，夹薄层不一的火山岩。下第三系零星分布于北部平原区，常受断裂控制，主要为一套陆相—潮坪相的碎屑岩建造，含石膏及白云岩，局部夹有火山岩。上第三系以砂泥岩为主的细碎屑岩建造，并有以基性玄武岩为主的基性－超基性岩喷发。玄武岩主要分布于三门湾区域北部，大多受北东向断裂控制。第四纪地层在山地丘陵区以河流冲积相为主，其次为洪积和洞穴堆积；在北部的滨海平原区，下部以冲积为主(Q1)，中上部为滨海相、潟湖相、湖相、海相及海陆交互相的细碎屑岩沉积。三门湾及附近海域地层沉积建造见表 5. 1. 2；区域内陆地部分地层及沉积建造见表 5. 1. 3。

表 5. 1. 2　东海陆架盆地地层综合表

地层				沉积建造	地层厚度(m)		地震波	构造运行
地层层序					浙东坳陷	台北坳陷		
第四系		东海群		海相粉砂质黏土、粉砂、粉细砂互层、底部见砂砾岩	400～500	400～500		
第三系	上新统	三潭组		下部砂砾岩、砂岩，上部以泥质岩为主，夹煤层	500～1 600	200～1 000	T_1^1	冲绳海槽运动
	中新统	柳浪组		砂泥岩夹煤层	0～600	0～600	T_2^0	
		玉泉组	上段	以陆相为主的块状砂泥岩，夹少量煤及海相层	200～1 300	200～1 000	T_2^2	龙井运动
			下段		200～1 200	200～1 600	T_2^3	
		龙井组		以陆相为主，下段为河流相的砂岩、粉砂岩和泥岩互层夹煤。上段为河流相、滨湖－浅湖相泥岩、粉砂岩、砂岩、含砾砂岩	200～1 600	0～1 800	T_2^4	
	渐新统	花港组		砂泥岩，夹煤及碳酸盐岩	400～1 600	0～200	T_2^5	玉泉运动
	始新统	平湖组		上段为泥岩夹粉砂岩、细砂岩及煤，上部夹白云质泥岩；下段为灰质砂质泥岩、泥岩、粉细砂岩、含砾砂岩夹煤	500～3 000	500～3 500	T_3^0	
		欧江组		上段粉细砂岩夹泥岩；中段为粉细砂岩夹灰岩、泥岩；下段为含砾砂岩、砂岩、砂砾岩			T_4^0	欧江运动
	古新统	灵峰组		上段为深灰色—灰黑色泥岩、煤与粉细砂岩、中砂岩；下段为泥岩夹砂岩、粉砂岩，底部为生物灰岩	500～3000	500～3000	T_5^0	雁荡运动
上白垩统					1 000～3 500	1 000～6 000	T_6^0	基隆运动
元古界		温乐群		黑云母角闪片麻岩，原岩为闪长岩类				

表 5.1.3　区域内陆地部分地层及沉积建造综合表

地层区 地层层序		西北区	东南区	构造运动名称
第四系		山地丘陵区：以河流冲积相为主，其次为洪积和洞穴堆积的砂砾层、亚砂土、亚黏土等。 滨海平原区：下部以冲积为主(Q1)，中上部为滨海相、潟湖相、海相及海陆交互相的粉砂土、亚砂土及亚黏土等		喜马拉雅Ⅱ幕
第三系	上新统	泥岩、页岩、粉砂岩等细碎屑岩建造，以基性为主的基性—超基性火山岩建造		
	中新统 ～ 古新统		细砾泥岩为主，次为粉砂质泥岩，夹砂岩、砂砾岩的潮坪相碎屑建造，局部夹火山岩建造	喜马拉雅Ⅰ幕
白垩系		K2 为红色碎屑岩建造，夹有酸性火山岩喷发，盆地总体呈北北东—东西方向。 K1 以河湖相为主的红色碎屑岩建造夹火山岩，盆地总体受北北东向构造控制，个别为北西—南东向，各盆地厚度差异大、横向变化迅速		燕山Ⅴ幕 燕山Ⅳ幕
侏罗系	上侏罗统	紫红色、黄绿色碎屑岩夹中酸性火山岩建造，酸性熔岩。火山碎屑岩建造	中酸性、酸性火山碎屑岩建造，夹中酸性熔岩	燕山Ⅲ幕
	中侏罗统	河湖相砾岩，含砾砂岩、粉砂岩、泥岩等碎屑岩建造夹含煤建造。呈北东向分布	含火山岩的陆相含煤沉积	燕山Ⅱ幕
	下侏罗统		陆相含煤碎屑岩建造	燕山Ⅰ幕印支运动
三叠系	上三叠统 中三叠统		陆相含煤粗碎屑岩建造，呈北东—南西向分布	
	下三叠统	碳酸盐岩建造，生物碎屑岩建造		华力西运动
二叠系		开阔海台地相碳酸盐岩—陆相含煤碎屑岩建造和台地相碳酸盐岩—陆相碎屑岩建造	鹤溪群，为滨海相或滨海沼泽相的碎屑岩—含镁碳酸盐岩建造，受区域热动力变质作用影响，成为低绿片岩相的千枚岩—云母岩类建造。属地台型的沉积变质岩系	加里东运动
石炭系		开阔海台地相碳酸盐岩建造，滨海相碎屑岩建造及滨海沼泽相含煤建造		
泥盆系	上泥盆统	滨海沼泽—陆相碎屑岩建造、滨海石英质碎屑岩建造		
	中—下泥盆统			

（3）地层岩性

三门湾区域在大地构造上位于华南褶皱系的浙东南褶皱带，所属三级构造单元为温州—临海坳陷，四级构造单元为黄岩—象山断坳[5-2]。三门湾区域范围内的地层仅分布中生界和新生界，古生界及其以前地层缺失。从老至新计有上侏罗统、白垩系、上第三系和第四系。其中上侏罗统分布面积最大，占近区域陆地面积的一半以上，其次是白垩系和第四系，上第三系仅有零星分布。

上侏罗统（J_3）：区内可划分为四个岩性段，即 J_3^b、J_3^c、J_3^d、J_3^e，其中 J_3^c 段又可细分为 J_3^{c-1} 和 J_3^{c-2} 两个亚段。

J_3^b 段：岩性为紫灰色块状流纹质玻屑、晶屑熔结凝灰岩夹流纹质晶屑玻屑凝灰岩。仅出露于三门县长林一带，分布面积很小，区外所见厚度大于 1 000 m。

J_3^{c-1} 亚段：岩性以浅灰、青灰及紫灰色流纹质玻屑凝灰岩、玻屑熔结凝灰岩为主，常夹有凝灰质粉砂岩和沉凝灰岩，是分布最广的一个岩性段，三门湾周边均有出露。在区外见该段与 J_3^b 段呈整合接触，厚度大于 1 900 m，属喷发沉积相。

J_3^{c-2} 亚段：分布不广，主要出露于宁海县的一市、水车，三门县的巡检司等地，零星分布。岩性以青灰色沉凝灰岩、凝灰质粉砂岩，凝灰质砂砾岩夹硅质岩、粉砂岩和泥岩。与 J_3^{c-1} 亚段呈微角度不整合接触或断层接触。主要分布在宁海县南溪—三门县东岙、临海县小芝和三门县后林等地，厚 200～800 m，宁海县水车剖面厚 510. 27 m。

J_3^d 段：岩性以流纹岩和流纹斑岩为主，常含球泡，底部含角砾和集块，夹流纹质晶屑玻屑熔结凝灰岩，偶夹流纹质玻屑凝灰岩、英安岩、珍珠岩。与下伏 J_3^{c-2} 岩性段呈角度不整合接触或断层接触，出露局限，零星分布于三门县西洞至健跳、花桥和桥头西南，宁海县头峰、钱岙，象山县新桥等地，厚 400～800 m。

J_3^e 段：岩性为流纹质玻屑凝灰岩、流纹质玻屑晶屑熔结凝灰岩夹紫红色粉砂岩、砂砾岩和沉凝灰岩。与下伏 J_3^d 段呈整合接触。主要分布于宁海县城以东、三门县城以东及王岐庄、长加山等地。宁海县水车剖面出露厚度大于 383. 47 m。

白垩系（K）：可分二统三组，从下至上为下白垩统馆头组、朝川组，上白垩统塘上组。区域上的赖家组在区内没有出露。

馆头组（K_{1g}）：岩性为青灰、黄绿、灰紫色泥质粉砂岩、粉砂岩、凝灰质粉砂岩、钙质粉砂岩，夹砂砾岩和玻屑凝灰岩。与下伏上侏罗系呈不整合接触。区内出露于三门县城及其以西，宁海县城以东，另在胡陈港东、西两侧和健跳也有零星出露。厚 400～500 m，三门中学剖面厚 389. 6 m。

朝川组（K_{1c}）：岩性为紫红色粉砂岩、凝灰质粉砂岩、细砂岩、夹砂砾岩、角砾破屑凝灰岩。与下伏馆头组呈整合接触。区内零星分布于三门县头关西北、宁海县胡陈港以西等地。三门县岭根出露厚度约 435 m。

塘上组（K_{2t}）：岩性为流纹质含角砾玻屑凝灰岩、流纹质含角砾玻屑熔结凝灰岩、夹角砾沉凝灰岩、紫红色粉砂岩、砂砾岩、流纹岩、安山岩、安山玢岩、粗面斑岩等。与下伏地层呈不整合或断层接触。主要分布在三门县浦坝港以北岙底—浬浦街和宁海县上马岙及松岙、西岙一带。西岙剖面厚度 405. 3 m。

上第三系(N):以嵊县组(N1-2sh)为代表,岩性主要为一套铁灰色橄榄玄武岩、橄榄玄武玢岩,局部为橄榄辉基岩,橄榄霞石玄武玢岩和玄武质火山角砾岩,夹淡黄色薄层砂砾岩和砂岩、含砂砾粉质黏土,与下伏地层呈不整合接触。区内主要分布于宁海县竹林、茶院、上田以北、沥洋、岩头等地。区域上本组厚度变化较大,由几十到几百米,在宁海沥洋长山一带仅厚30 m。地貌上,嵊县组玄武岩常构成基岩平台。

第四系(Q):主要分布于滨海平原、河流和冲沟两岸及盆地、洼地、坳谷等。堆积类型主要有海积、海陆混合交互、冲积、洪积、冲洪积、残坡积等。分布最广的是全新统,中更新统和上更新统仅零星分布。

中、上更新统(Q_{2-3}):主要堆积类型为残坡积、冲洪积、坡洪积。冲洪积岩性为黄、灰相间的网纹土、淡黄色粉质黏土、灰褐色砂砾层。出露在宁海盆地、宁海县东岙、三门县花桥一带。残坡—冲洪积的岩性为浅灰色、橘红色含砾粉质黏土、淡黄色砂砾。出露零星,于三门县城一路边、浬浦街等地见到。

全新统(Q_4):主要堆积类型有海积、海陆混积、冲洪积及残坡积等。海积层主要为青灰、灰色淤泥质粉质黏土或黏质粉土。海陆混积层为青灰色、浅灰色含砾粉质黏土或黄褐色粉砂质粉质黏土。冲洪积层为各种黄色、黄褐色砂砾。残坡积层主要为表层土及砂砾。海积层分布在沿海平原和滩涂,如胡陈港,岳井洋东、西两侧,三门刘塘墩—健跳等地。海陆交互层则分布在大河入海口。冲洪积层分布在河流、冲沟及山麓地带。残坡积层分布虽广,但厚度薄。

5.1.2 岩浆活动和变质作用

5.1.2.1 岩浆活动和火山岩

三门湾周边区域的岩浆活动频繁,是东亚濒临西太平洋岩浆活动带的重要组成部分。岩浆活动为侵入岩体,火山岩和次火山岩广泛发育,岩体规模一般不大[1-1]。岩浆活动具多旋回性,可分成以下几期:即神功期、晋宁期、加里东期、印支期、燕山早期、燕山晚期和喜山期,而神功期、晋宁期和燕山期是最主要的岩浆活动期。

岩石类型复杂,超基性、基性、中性、中酸性和碱性各大岩类均有发育,以酸性和中酸性岩类为主;在活动方式上,除了侵入外,还有大面积的喷发,但均受区域性大断裂带的控制[5-1]。

(1) 侵入岩

① 神功期:神功期侵入岩主要沿江山—绍兴深断裂带分布,由超基性、基性和中性岩类组成。岩石化学分析表明,神功期侵入岩总体属亚碱性岩石系列。岩石普遍遭受混合岩化和区域变质,发育了与基底构造线一致的片理和片状构造,岩石成分与同期火山岩成分相近。因而两者属于同一岩浆源的不同形式产物。

② 晋宁期:晋宁期侵入岩集中出露在浙西北乌镇—马金断裂带西北侧的浙、皖、赣三省交界处,呈北东走向的条带,以花岗岩和花岗斑岩类占优势,伴有花岗岩、辉绿岩和伟晶岩等岩脉。花岗岩属钙碱性岩石系列,而辉绿岩则属于拉斑玄武岩系列,岩体均具片理和微片理构造。在东南

区，该期岩体均为混合花岗岩类，呈北东向断续出露于晋宁期的地槽褶皱带中，岩体发育了与区域构造线方向一致的片麻理构造。

③ 燕山期：燕山期分为燕山早期和燕山晚期。燕山早期是三门湾区域内规模最大、最强烈的一次岩浆活动，主要表现为大规模的火山喷发，与之伴随的是沿古构造线或火山活动中心发生侵入。燕山早期侵入岩在岩体个数、面积和岩类发育程度等诸方面均为各期侵入岩之冠，主要分布于江山—绍兴断裂带和余姚—丽水断裂带间，其中余姚—丽水断裂带之东仅少量出露。该期岩浆活动受北东向区域构造控制，形成了北东向的串珠状岩体群；它与侏罗纪火山岩具有时、空、源三方面的亲缘关系，据侵入与喷发活动的对应关系，可分成三个侵入阶段，即早—中侏罗世混合花岗岩、晚侏罗世早期和晚侏罗世晚期侵入岩；燕山早期侵入岩形成了由中性—中酸性—酸性—酸偏碱性的岩浆旋回，岩石类型有基性、中性、中酸性、酸性和酸偏碱性等岩类，以酸性岩为主，属钙碱性岩石系列，并有向碱性岩系列演化之趋势。

燕山晚期的侵入规模仅次于燕山早期，具有多阶段、多次活动的特点。根据岩体定位时代与穿插关系，可划分成两大阶段：即早白垩世阶段和晚白垩世阶段。前阶段(K_1)的多数岩体分布于北北东向区域构造带上，并沿北北东和北西向两组断裂的网络点侵入，有些岩体处于火山构造中；后阶段(K_2)侵入主要发生于北东东—北西向构造活动带上。两个阶段的侵入岩分别与同期火山岩的展布相吻合，这表明它们属同一岩浆旋回；并且从早期到晚期有中性—中酸性—酸性及酸偏碱性的演化规律，常形成杂岩体。岩石属钙碱性系列，并有向碱性系列过渡的趋势。空间分布上由西向东岩体渐趋发育，侵位深度逐渐变小、岩浆中壳源物质随之增加的变化规律。岩体以岩基为主，集中于余姚—丽水断裂带以东。

④ 海区侵入岩：按其侵入时代可分为燕山期和喜山期。燕山期的侵入岩主要分布于东海陆架盆地西缘和温州—临海凹陷的海域部分。岩石类型主要为花岗岩类和闪长岩类。喜山期侵入岩主要分布于东海陆架盆地内部，以酸性的花岗岩类侵入为主。

⑤ 近区域侵入岩：近区域共出露侵入岩体 6 个，它们都是燕山晚期的侵入岩。6 个侵入岩体以康谷石英二长岩岩体规模最大，面积达 73 km^2，呈似椭圆形，长轴方向为南北，区内仅包括其东半部。其余 5 个侵入岩体出露面积仅 0.05～0.8 km^2。它们的形状呈似圆形—似椭圆形。5 个侵入岩体的围岩时代属晚侏罗纪火山岩系，只有板沸花岗岩岩体的围岩是康谷石英二长岩体。它们分别是燕山晚期第一、第二和第三次的侵入岩体。侵入岩按岩性区分有花岗岩、钾长花岗岩、石英二长岩、闪长岩等。康谷石英二长岩岩体能明显地分出边缘相和内部相。

（2）火山岩

三门湾及周围区域火山岩发育广泛，火山活动具多旋回特点。它可分地槽、地台和大陆边缘活动三个岩浆活动阶段，神功、晋宁、加里东、华力西-印支、燕山、喜马拉雅六个火山活动旋回。

① 地槽阶段：以海相火山岩喷发为主，火山活动强度较大。神功旋回早期为细碧—角斑岩建造，晚期为安山岩-流纹岩建造，为海相喷发。晋宁旋回早期，火山活动强度较弱，晚期活动增强。为海、陆相喷发。加里东期旋回火山岩为中基性火山岩及部分细碧岩，均已变质成片岩、片麻岩类。

② 地台阶段：火山活动微弱，地壳较为稳定。

③ 大陆边缘活动阶段：燕山旋回火山活动极为强烈，始于中侏罗世，晚侏罗世为鼎盛时期，白垩纪渐趋减弱直至停息。以陆相爆发为主，为亚碱性钙碱系列火山岩。喜马拉雅旋回火山活动以上新世为主，局部中心喷溢，以铁镁质火山岩碱性系列为主，且受北西向孝丰—三门湾断裂和北北东向丽水—余姚、温州—镇海断裂控制。近区域内的火山岩广泛分布。根据火山岩的产状，可细分为喷出岩、次火山岩（浅成或超浅成侵入岩）和火山通道相岩石，其中又以喷出岩为主。根据喷出岩的岩石类型，区内分布最广的是火山碎屑岩，它是晚侏罗世及晚白垩世火山岩的主体。按其成分，分布最广的是中性—酸性岩，超基性—中基性出露较少。

次火山岩又称浅成侵入岩，分布零星。据统计共有大小 17 个岩体。次火山岩的岩石成分也是以中酸性为主。

火山通道岩体区域有 9 个，零星分布在北部和南部，以酸性为主，岩性与喷出的火山熔岩近似。其时代有晚侏罗世、白垩纪和晚第三纪，以晚侏罗世的最多。

5.1.2.2　变质作用和变质岩

三门湾及其附近区域自中、晚元古代以来，经历了多次不同性质和不同程度的变质作用，形成众多类型的变质岩，变质作用以区域动力和区域动力热流变质为主。区域动力变质岩主要分布于江山—绍兴深断裂西北侧的扬子变质地区内。而区域动力热流变质岩则发育于华南变质地区内。

扬子变质地区的中、晚元古代巨厚的地槽型沉积岩系和少量中基性—基性火山岩仅仅发生了区域动力变质作用，常见的变质岩有片理化砂、泥岩类，片理化火山岩类，千枚岩类和少量片岩类，以低绿片岩相为主，递增变质不明显。

华南褶皱系的区域动力热流分布不均衡，地热活动时间比较长，因而中低级、中级和中高级变质作用均有发育。常见的变质岩有属角闪岩相的片岩类、片麻岩类、斜长角闪岩类和变粒岩类等。与区域动力热流变质作用密切相关的混合岩化作用，三门湾及其附近区域到处可见，局部热点较高处发生花岗岩化作用，主要变质单元和变质作用类型详见表 5. 1. 4。

区域地层变质作用与区域构造运动旋回在时间上相互对应，亦大致划分为神功期、晋宁期、加里东期、华力西—印支期及燕山期五个变质时期。其中神功期和晋宁期的区域动力变质作用，使浙西北区中—晚元古代地层形成了绿片岩相的板岩、千枚岩及绿片岩，局部出现混合岩化。晋宁期和加里东期的区域动力热流变质作用，使浙东南区基底岩系形成角闪岩相—高绿片岩相的片岩、变粒岩、浅粒岩和大理岩等，局部发育混合岩及混合花岗岩。华力西—印支期变质作用较弱，基本上以低绿片岩相变质形成的千枚岩、片岩、大理岩为主，夹少量片麻岩。燕山早期在深断裂带通过地段发育了局部断裂型变质岩及混合花岗岩。

表 5.1.4　三门湾及其附近区域主要变质单元和变质作用类型表

<table>
<tr><th colspan="5">变质单元</th><th colspan="2">变质作用类型</th></tr>
<tr><th>Ⅰ级</th><th colspan="2">Ⅱ级</th><th colspan="2">Ⅲ级</th><th>Ⅰ</th><th>Ⅱ</th></tr>
<tr><td rowspan="4">华南变质地区</td><td rowspan="4">II_2</td><td rowspan="4">浙东南变质地带</td><td>III_6</td><td>燕山早期永嘉、镇海变质岩带</td><td></td><td>绿片岩相变质作用</td></tr>
<tr><td>III_5</td><td>华力西-印支期
泰顺—象山变质岩带</td><td rowspan="3">区域动力热流变质作用</td><td>绿片岩相变质作用</td></tr>
<tr><td>III_4</td><td>加里东期
查田—溪口变质岩带</td><td>绿片岩相、角闪岩相变质作用</td></tr>
<tr><td>III_3</td><td>晋宁期
陈蔡—章镇变质岩带</td><td>角闪岩相变质作用</td></tr>
<tr><td rowspan="2">扬子变质地区</td><td rowspan="2">II_1</td><td rowspan="2">浙西北变质地带</td><td>III_2</td><td>晋宁期
苏庄—顺溪变质岩带</td><td rowspan="2">区域动力变质作用</td><td>绿片岩相变质作用</td></tr>
<tr><td>III_1</td><td>神功期
常山—绍兴变质岩带</td><td>板岩—千枚岩相和绿片岩相变质作用</td></tr>
</table>

5.1.3　构造演化

三门湾及附近区域内自震旦纪以来共经历了六次大的构造运动旋回。神功旋回时期：扬子准地台处于优地槽发展阶段，经神功运动地槽第一次褶皱回返，形成“陆壳雏形”。晋宁旋回时期：扬子准地台为冒地槽发展阶段，华南褶皱系则进入优地槽发展阶段。晋宁运动使扬子地槽全面褶皱回返，固结形成扬子准地台，华南地槽的东北边缘也被牵动而发生局部褶皱隆起。加里东旋回时期：扬子准地台进入地台发展阶段，地台盖层沉积厚逾 10 000 m。华南褶皱系此时沉积了一套夹有中基性火山岩的砂泥质碎屑建造，具优地槽向冒地槽过渡的特征。加里东运动使华南地槽强烈褶皱回返，浙东隆起成陆，浙西上升形成大型的宽展型褶皱。至此扬子准地台和华南褶皱系构成统一的地台。印支运动以强烈褶皱的活动方式在区内形成一系列北东向褶皱和断裂构造，并使之进入另一个全新的地质历史时期，即陆缘活动阶段。由于太平洋板块与欧亚板块的相互作用，地壳运动十分剧烈。以断裂为主的剧烈构造形变（包括断陷盆地形成和发展）及大规模的酸性岩浆喷发和侵入活动是本阶段的最大特色。在燕山旋回和喜马拉雅旋回时期，沉积建造在时间和空间上都有很大变化和差别，各地层之间的假整合或不整合极为普遍，表明了三门湾及附近区域在这两个旋回时期独特的活动性。

5.1.4　地质构造

5.1.4.1　褶皱构造

三门湾及附近区域褶皱构造总体概括起来可分为三种类型：源自神功和晋宁旋回时期的基底褶皱，区域内发育了以北东—北东东向为主的紧密线性褶皱和以北东向为主的宽缓型褶皱构造。

在加里东—印支旋回时期，地台盖层褶皱极为发育。区域褶皱构造主体是西北部的北东向

为主兼具东西向的大型宽缓褶皱和紧密线型褶皱。区域东南部褶皱构造发育较弱，且为大面积中生代火山岩的覆盖及后期断裂的破坏，使褶皱构造面貌不清。至陆缘活动阶段（燕山—喜马拉雅构造旋回），以强烈的块断活动为主，褶皱构造不发育，区域东南部大多为不同方向展布的、小型宽缓型短轴褶皱构造。

5.1.4.2 断裂构造

中生代以来的构造变动以断裂形式主变为主，褶皱构造不发育[1-1]。根据区域地质构造特征分析表明，地槽、地台、陆缘活动三大发展阶段的地壳组构不同，断裂发育程度及断裂性质有着明显的差别。地槽阶段的神功期、晋宁期及浙东南的加里东期，地壳活动性很大、固结程度低，故而形变以褶皱为主，断裂一般不是很发育。地台阶段，区域地壳以振荡性升降为主，没有产生新的大断裂，只是沿着早期断裂产生滑动，这些断裂起着控制三、四级构造单元边界和控制沉积的作用。陆缘活动阶段，随着陆壳增厚和多次构造岩浆旋回及混合作用的固化，基底刚性程度明显增大。相比之下，浙西北固结程度较低，因而印支运动仍以线型褶皱为主，直到燕山期才有平行北东褶皱轴向的断裂及断陷盆地发育；而浙东南由于基底固结程度高，故从印支运动开始，直至喜马拉雅期，断裂活动十分发育。印支期及燕山早期，该区断裂承袭了基底断裂方向而呈北东向，部分为东西向及北西向；燕山晚期，断裂偏转为北北东向，同时北北西向及北东东向断裂也得到了发育；喜马拉雅期，随着陆壳上断裂网格的形成，除了部分早期断裂继续活动外，还形成了南北向断裂。虽然陆缘活动阶段浙东南断裂十分发育，但绝大多数断裂活动规模不大，切割较浅。

根据区域地质和物探资料分析表明：穿越三门湾的区域性大断裂主要有以下几条。

（1）杭州—宁海断裂（又称孝丰—三门湾断裂）

该大断裂由安吉障吴往南经临浦、嵊县盆地，到宁海以北伸入三门湾，走向 290° ～310°，全长约为 250 km。航磁反映为北西向强正异常带，卫星照片和地貌也有分段显示。该断裂明显地切断了北东、北北东向的构造线。两侧与不同时代地层接触，在港口和四明山一带更为显著。西北段主断裂东北侧，北西向断裂十分发育，这些断裂带控制了铁、多金属、萤石等矿床。东南段发育在上侏罗统和白垩系中，地表断裂连续延伸较长，破碎带中的擦痕和劈理显示右行张剪断裂。断裂可能形成于燕山早期，在燕山晚期和喜马拉雅期都有强烈的活动。

（2）衢州—平阳大断裂

该大断裂西起衢州之北，被江山—绍兴深断裂截切后，又经松阳、平阳延入东海海域，长约 200 km。走向约 320°，断面倾向不定，倾角 60° ～85°。断裂破碎带宽 40 m，为一系列的挤压透镜体、劈理、糜棱岩等发育，局部擦痕显示左旋扭动，沿断裂带充填的岩脉遭再度破碎。布格重力为密集的梯度带，是莫霍面南深北浅的转换地段。松阳盆地白垩系的沉积受其控制。该断裂形成于燕山中晚期，白垩纪后期活动较为强烈。

（3）温州—镇海大断裂

断裂总体走向为北东25°，自黄岩县长潭水库往北经临海、宁海、三门、镇海而潜没于灰鳖洋水域之下，这一段地表断裂十分醒目。南段地表显示较差，布格重力异常图上显示北北东向密集的梯度带，莫霍面西深东浅，故推测在长潭水库以南将继续南延经温州、矾山并伸入福建境内，全长约320 km。中段长潭水库 —宁海、三门一带，由一系列北北东向及北东向断裂组成宽5～10 km的断裂带，断面多向北西倾，倾角陡立。北段断裂带宽仅1～3 km，切割了袭村、西店等燕山期酸性岩体。该断裂直接控制宁波、宁海、临海以及宁溪等白垩纪盆地的形成和发育。因此，断裂可能形成于燕山中晚期。历史上温州、临海、镇海曾多次发生地震，南溪附近温泉一带的陡崖深谷，表明断裂于晚近时期尚在活动。

此外，三门湾尚有规模较小的断裂。根据走向，可分为北东、东西、北西向三组，其中以北东向断裂最为发育，组成两条北东向断裂带，一条分布在三门县城和宁海县城之间，另一条分布在三门健跳和宁海胡陈之间。第四纪以来，三门湾滨海小平原至少有三次以上的大规模海侵活动。全新世以来的海侵活动是规模最大的一次，在宁海县沥洋下长山等地，海拔20 m以下的不同高度上均见有海蚀洞遗迹。

5.1.4.3 地球动力学环境

三门湾位于我国东南沿海，在新生代构造分区中，地处华南构造区的东北部，北邻华北构造区，见图5.1.2。我国大陆位于欧亚板块的东南部，其东、南两边分别被太平洋板块和菲律宾海板块及印度洋板块所挟持。根据我国新生代地质构造和地震构造等大量研究成果表明：周围板块运动的联合作用，是造成我国大陆内部构造变形、建造发育和地震活动等的主要动力条件。

据研究，古近纪中期随着印度板块以约5 cm/a的速度持续向北运动，于45～40 Ma B. P. 印度次大陆与欧亚大陆碰撞使雅鲁藏布江一带的新特提斯残留洋最终封闭。此后在印度次大陆不断向北推挤的作用下，青藏地区地壳大规模挤压缩短。自35 Ma B. P. 起青藏地区的变形和运动方式由地壳挤压缩短和向北推移逐渐被地壳挤压增厚、隆升取代，青藏高原开始隆起，5. 3～3. 0 Ma B. P. 地壳快速增厚和隆起，之后以东西向伸展变形为特征。从青藏地区地壳开始挤压增厚和隆升时起，高原内部的构造块体逐渐被挤出，沿一些重要边界断裂带向相对约束较弱的东缘滑移，如阿拉善和祁连—柴达木地块向NE和NEE滑移，昆仑和川滇块体往SEE和SE滑移，它们推挤我国大陆东部并施以强大的挤压力。而我国大陆东部及沿海地区，40～34 Ma B. P. 太平洋板块由NNW转向NWW俯冲，22～5 Ma B. P. 菲律宾海板块转为NWW向俯冲；后者与欧亚板块的相互作用在台湾东部以碰撞推挤为主，对我国大陆东部的福建沿海一带产生一定的NW向挤压作用。这表明，我国大陆东部及沿海地区基本处于东西两侧地块和板块近于相向挤压或推挤的共同作用之中。

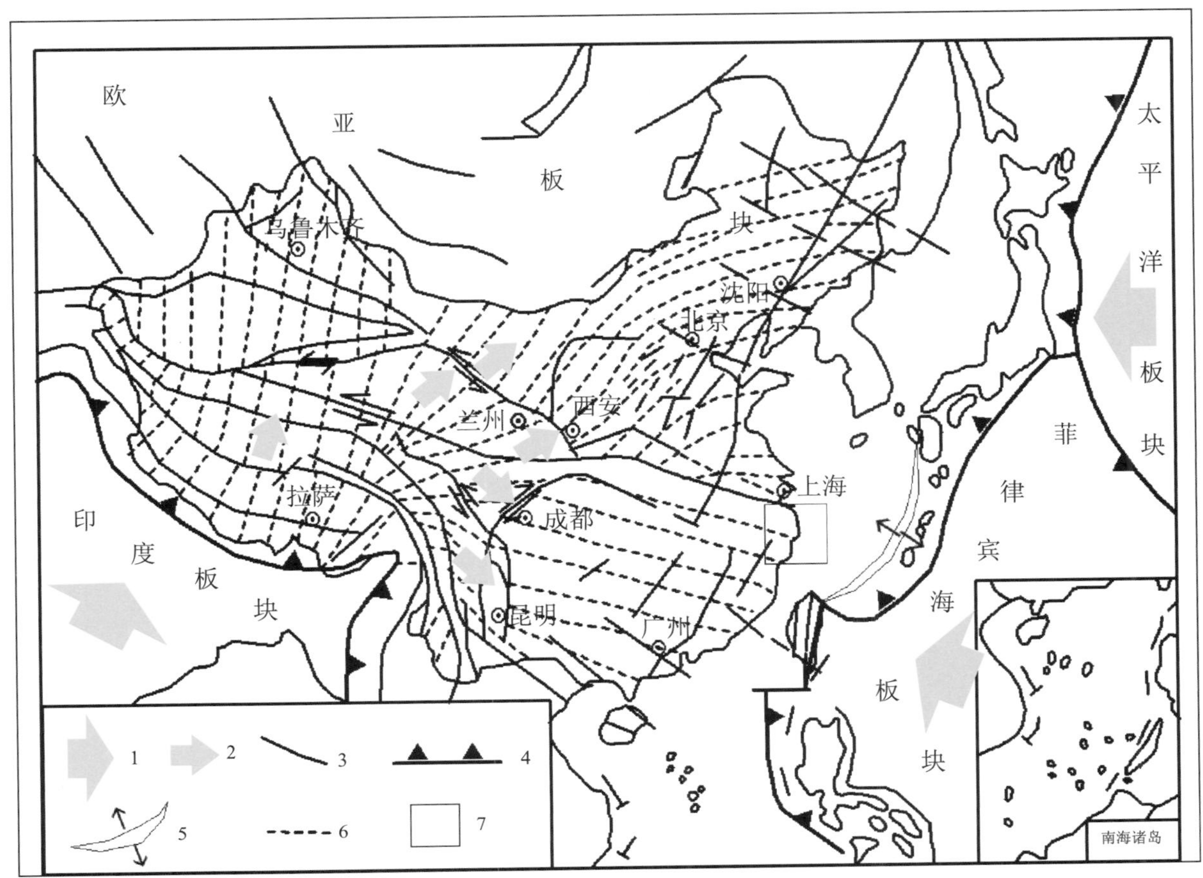

1—板块运动方向；2—青藏地区块体运动方向；3—主要断裂；4—板块汇聚边界；5—冲绳海槽及扩张方向；
6—现代构造应力场的压应力迹线；7—研究范围

图 5.1.2　我国新构造格局及与周围板块相互运动关系示意图

5.1.5　地球物理场和深部构造特征

5.1.5.1　重力场特征

根据三门湾及其周围区域布格重力异常图发现，重力场最醒目的特征是异常零值线呈“S”形自西北部向东南部斜穿全区，沿零值线展布着：宁国—安吉东西向重力梯级带，湖州—桐庐北北东向重力梯级带，富阳—镇海东西向重力梯级带和镇海—温州北东向重力梯级带。以重力梯级带为界把三门湾及其附近区域分成异常特征截然不同的两大异常区，即北部、东部正异常区和南部、西部负异常区。

(1) 正异常区

本区包括浙北平原和东部沿海及海域。陆区大致以富阳—镇海东西向重力梯级带为界，可分成北部正异常区和东部正异常区。北部正异常区，区域重力异常以东西向展布的重力高为特征，最高值达 25×10^{-5} ms^{-2}。此区域异常背景上叠加着六个正负镶嵌的线性异常带，它们是安吉—长兴北北东向正异常带，乌镇—嘉兴东西向正异常带，德清—平湖东西向负异常带，杭州—海盐北东东向至东西向正异常带，杭州湾东西向负异常带和慈溪东西向正异常带。

东部正异常区，区域重力场表现为重力梯级带，由于受东西向和北西向构造影响，使梯级带发生扭曲变形，梯级带走向自南向北由近南北向转为北东向至北北东向，异常等值线由密集变得稀疏。局部线性异常除受北东向区域重力场控制外，不同地段还受东西和北西向影响，使得线性异常轴向以东西向和北西向为主。

海区正异常区，布格重力异常变化不大，异常幅值为(15～50) $\times 10^{-5}$ ms^{-2}。大致以富阳—普陀近东西向重力梯级带向南东东方向延伸线为界，把海区分成南北两个异常区。北部异常区，异常以北西西向和东西向为主。南部异常区，异常以北东向为主，兼有北西向。沿舟山群岛—台州列岛—四礵列岛的东侧海域展布着一条北东向重力梯级带，可称为滨海重力梯级带，由于受到两条北西向异常带影响而发生扭曲。两条北西异常带分别位于长兴—奉化和金华—永嘉西北异常带向东南方向延伸线上。

(2) 负异常区

本区大致以江山—金华—余姚北东东向重力梯级带为界分成西北和东南两部分。

三门湾位于东部正异常区和舟山群岛—台州列岛北东向重力梯级带之间的象山—健跳—黄岩北东向正异常区。该区异常变化平缓，变化幅值为(5～10) $\times 10^{-5}$ ms^{-2}。

5.1.5.2 磁场特征

三门湾及其周围区域可分成两大磁场区，即西北部磁场区和东南部磁场区。其中东南部磁场区大致以丽水—奉化为界，可分成异常特征明显不同的两个异常区。其西侧是杭州湾—遂昌磁异常区，表现为大片低缓正异常，强度在 0～15 nT 之间变化，异常无一定规律。在深部磁场中，异常轴以北东和北北西向为主。丽水—奉化界线以东地区，是北东向的沿海火成岩磁异常区。本区表现为杂乱无规律的背景，展布着一些单个强磁异常，强度有的达几百或上千 nT；异常走向大多数为北东向，少数为北东东向，这是火山岩分布区磁场的突出特征。随着上延高度增加，磁场衰减很快，在上延 30 km ΔT 异常图上高磁异常已基本消失。说明该区磁异常主要是浅部岩浆岩引起的。深部磁场总体为北东向，它由北东、北北东、近东西和北西向异常构成。

海域部分磁异常变化平缓，磁场强度一般介于 −200～200 nT 之间变化。大致以余姚—普陀近东西向磁异常带向南东东方向延伸线为界，把本区分成南北两大异常区。北部磁异常区，异常以北西西和东西向为主。南部磁异常区，异常以北东、北北东向为主，兼有北西和南北向；区内沿舟山群岛—台州列岛东侧海域展布着一条北东向串珠状强磁正异常带；区内还存在两条北西向磁异常带，它们分别位于长兴—奉化和金华—永嘉北西向磁异常向南东方向的延伸线上。

三门湾区域位于象山—健跳— 黄岩北东向正磁异常区，说明三门湾区域深部磁性层稳定。

5.1.5.3 地壳厚度分布特征

(1) 地壳上地幔结构

三门湾及其周围区域地壳具有多层结构。表层速度为 4. 92 km/s，平均厚度为 1. 4 km，它反映中新生代沉积岩。第二层速度为6.13 km/s,平均厚度为20 km,反映前中生代沉积岩、变质岩、花岗岩和火山凝灰岩。第三层为地壳下层,平均速度为6.84 km/s,厚度为11.1 km,反映了基性和超基性玄武质性质。本区康氏面平均深度为21.5 km,连续性较差。整个地壳平均速度为6.28 km/s,厚度为32.5 km。莫霍界面虽有起伏,但比较平缓,略向南下倾。上地幔顶面Pn速度为8.03 km/s,各向稳定。

根据浙江省各地地层—岩石测定的密度、磁性、电性和弹性波速数据,将研究区域地壳—上地幔划分成五个物性层和四个物性界面,见表5.1.5。第一物性层以低速、低阻、低密度和微磁为特征,它相当于第四、第三和白垩系红层组合地层的特性反映。第二物性层中速、中阻、中等密度和强磁性,是中生代火山熔岩、火山碎屑岩相为主的地层岩性组合反映。第三物性层中速、中等密度、无磁性和高阻,是三叠系以下至前震旦系一套海相和海陆交互相及变质相岩石组合的地层物性反映。第四物性层以高速、强磁和高密为特征,是以玄武岩、基性、超基性为主的硅镁层。第五物性层高速、高密度,它是上地幔顶部固体相和塑性相物质层。

表5.1.5 浙江省地壳—上地幔物性层划分表

地球层圈	物质分层	最大厚度(km)	物性参数值				物性层划分
			密度(g/cm^3)	波速(km/s)	电阻率(Ω-m)	磁性	
地壳	表层:以砂、泥岩、红层为主	1.43	2.2	4.92	10～30	微磁性	第一物性层
	上硅铝层:以火山熔岩、火山碎屑,沉积岩为主	6.5	2.5	5.95	50～100	强磁性	第一界面 第二物性层
	下硅铝层:以灰岩、砂页岩和变质岩为主	14.6	2.7	6.13	120～ > 1 200	无磁性～ 弱磁性	第二界面 第三物性层
	康氏面	22.5					第三界面
	硅镁层:以玄武岩、基性、超基性岩为主	10.1	2.9	6.84		强磁性	第四物性层
	莫霍界面	32.6					第四界面
上地幔	顶部岩石层:由地壳下部和上地幔顶部组成的固体相和塑性相物质层		3.32～3.38	8.03			第五物性层

(2) 莫霍界面分布特征

地震测深资料表明:研究区域布格重力异常与地壳厚度之间存在明显的线性相关。根据杭州—永平地震测深资料和本区区域重力异常,求得二者线性回归方程:$H_M = 30.05 - 0.0719\Delta g$。利用此方程计算和编制了本区莫霍界面等深度图,反映出研究区域莫霍界面分布具有以下特征:一是研究区域陆地部分莫霍界面由东向西和由北向南逐渐加深。北部平原杭州湾一带地壳最薄,厚度为28.5 km；南部浙闽交界山区地壳最厚，厚度为33 km。东部沿海岛屿地壳薄，厚度为29 km，向西地壳增厚，到浙皖交界山区，厚度为32 km。莫霍界面总体方向以东、北东东和东西向为主，兼有北西和北北东向。

二是海域部分莫霍界面变化平缓，变化幅值介于29～27 km之间，走向呈北东向。在余姚—普陀，长兴—奉化，金华—永嘉向南东方向的延伸线上可能分布着三条北西向深部构造带。

三门湾区域莫霍界面变化不大，地壳厚度介于29～30 km之间。

5.1.6 新构造运动

新构造运动是出现在第三纪末至第四纪的构造运动。准确地说，新构造运动的始发时间为距今340～350万年。

5.1.6.1 新构造运动

三门湾区域新构造运动主要是继承燕山运动的构造格局和运动方式，但中生代的断块活动到新构造时期已逐渐收敛，代之以全面的轻度差异性和振荡性升降为主的构造运动。新构造初期，以地壳局部重熔而成的中生代酸性岩浆活动为主，至此已变为来自上地幔的基性、超基性熔浆的喷溢；在沉积作用方面结束了中生代以来陆相湖盆沉积为主的历史，而发展为以滨海相为主，兼以冲积、洪积、残坡积为主的陆相沉积。新构造运动表现特征主要反映在几个方面：即古剥夷面(峰顶面)的形成与变形；河流阶地；海滩岩；水下河谷、冲刷槽与堆积平地；火山活动。总体而言，新构造运动时期，三门湾区域范围构造活动稳定，不存在明显的差异性运动，在海域部分地壳存在缓慢下降。第四纪以来，未见有火山活动。

5.1.6.2 新构造分区

根据区域新构造运动类型、强度和发展过程等对区域进行新构造分区。研究区域的新构造运动可分为三个一级新构造区：东海大陆架盆地沉降区(Ⅰ)、浙—闽中—低山隆起区(Ⅱ)和杭嘉湖—长江三角洲平原沉降区(Ⅲ)。

东海大陆架盆地沉降区又可分为：东海北部凹陷区($Ⅰ_1$)和南部凹陷区($Ⅰ_2$)。浙—闽中—低山隆起区又可分为三个二级新构造区：即浙东—闽东北沿海低山隆起区($Ⅱ_1$)、浙南—闽北中山隆起区($Ⅱ_2$)和浙—苏—皖中—低山隆起区($Ⅱ_3$)。杭嘉湖—长江三角洲平原沉降区又可分为：杭嘉湖平原凹陷区($Ⅲ_1$)和水下三角洲凹陷区($Ⅲ_2$)。

三门湾区域位于浙东—闽东北沿海低山隆起区($Ⅱ_1$)内。

5.1.7 地震活动

5.1.7.1 地球物理场及深部结构与地震关系

华东地区虽有强震，但更多还是中等强度的地震，且具有明显的分区性。大致以30°N和

28°N 线为界分成三个区块。30°N 线以北地震活动性较强，28°N 线以南地震活动性较弱，中间地区地震活动性最弱，几乎是无震区。三门湾及其附近区域大部分处在无震区。根据区域重磁图和地震震中分布图分析，可获以下几点认识。

① $M \geqslant 4_{3/4}$ 级地震，特别是 $Ms \geqslant 5$ 级地震多发生在正负剩余重力异常线性交变带上。统计发现，发生在线性异常交变带上 $M \geqslant 5$ 地震有 5 个，占 90%，$M \geqslant 4_{3/4}$ 有 20 个，占 80%。一般中强地震区多位于不同方向线性异常的交汇部位。例如，溧阳中强地震区位于北东向与北西向线性异常交汇处；苏州—昆山地震区处在东西向和北西向线性异常交汇区；杭州—海盐地震区是北东向与东西向线性异常交汇区。

② $M \geqslant 4_{3/4}$ 级地震多发生在区域重力梯级带和磁场区分界线上。一般中强地震多位于重力梯级带发生扭曲部位和不同方向重力梯级带交汇地区。苏州—昆山地震区和杭州—海盐地震区都属于这种情况。

③ $M \geqslant 4_{3/4}$ 级地震多发生在地壳厚度变异带上，特别集中在不同方向地壳厚度变异带交汇处的上地幔隆起的一侧。上述三个地震区和镇海—舟山岛地震区都属于此种情况。

综上分析表明：28°N～30°N 之间的区域，地球物理场特征不十分明显，且这一地区几乎是无震区，三门湾海域恰好位于这一地区。

5.1.7.2　地震活动性

根据地震活动特征分析，本书地震活动研究区域介于 27. 57°N～30. 63°N、119. 90°E～123. 40°E 范围，东西长 340 km，南北宽 340 km 的正方形区域[5-1]。

（1）地震资料

地震资料主要包括两部分：第一部分是 $M \geqslant 4.7$ 级的历史地震目录，取自中国地震局编制的《中国历史强震目录（公元前 23 世纪至 1911 年）》和《中国近代地震目录（公元 1912 年至 1990 年）》；1990 年至 2007 年资料根据中国地震局地球物理研究所汇编的《中国地震台报告》续补。第二部分为现代地震目录，取自国家地震局分析预报中心汇编的《中国地震详目》。研究区域地处华东，陆域及海域各占约 1/2，西为浙江省的东部沿海、东为我国东海。因地处华北地震区及华南地震区的交界地带，研究区域地震活动总体较弱。据有关研究成果和地震资料分析表明，研究区域自 1523 年以来 $M \geqslant 4_{3/4}$ 级地震资料基本完整。

（2）地震活动概况

研究区域涉及华北地震区的长江下游—南黄海地震带及华南地震区的雪峰—武夷地震带，属于中强地震活动地区。自从公元 929 年至 2007 年，研究区域范围内共记录到破坏性地震（$M \geqslant 4.7$）6 次，其中 4. 7～4. 9 级地震 5 次、5. 0～5. 9 级地震 1 次。最大地震为 929 年发生在杭州的 5 级地震，如表 5. 1. 6 所示。1970 年以来研究区域范围内仪器记录小震为 733 次，其中 ML 2. 0～2. 9 级地震为 165 次、ML 3. 0～3. 9 级地震 66 次、ML 4. 0～4. 9 级地震 18 次。

表 5.1.6 研究区域范围内历史破坏性地震($M \geqslant 4.7$，929～2007 年)表

发震时间			震中位置		震级	震中烈度	沿北东向乌镇—马金断裂;萧山—球川断裂
年	月	日	经度	纬度			
929			120.2°E	30.3°N	5	VI	杭州
1523	8	24	121.7°E	30.3°N	$4_{3/4}$	VI	镇海海滨
1678	5	26	121.0°E	30.5°N	$4_{3/4}$	VI	海盐
1813	10	17	120.7°E	28.0°N	$4_{3/4}$	VI	温州
1855	12		120.0°E	30.1°N	$4_{3/4}$	VI	富阳
1867	9		120.5°E	30.4°N	$4_{3/4}$	VI	海宁盐官

(3) 地震活动的地理分布

根据研究区域历史地震震中分布图分析表明:研究区域为中强地震活动区。地震活动在研究区域内分布不均匀,总体呈现出北部强、南部弱的特征。中强地震多分布于研究区域西北部,即三门湾猫头山嘴 150 km 之外;南部只记载到 1 次 $4_{3/4}$ 级地震,位于区域的西南,距三门湾最近 150 km。在猫头山嘴外延约 150 km 范围内,仅记录到 1523 年 8 月 24 日发生在浙江镇海海滨的 $4_{3/4}$ 级地震 1 次,其震位处于猫头山嘴北部,震中距离三门湾约 100 km。

1970 年以来地震观测结果表明,区域现代小震活动相对频繁,仪器记录地震与历史破坏性地震空间分布特征基本一致,北部地震活动明显强于南部。此外,小震在局部成群,如奉化西北、文成西南等地。研究区域内仪器记录到的最大地震是 1994 年 9 月 7 日鄞县皎口 ML 4.7 级地震,该地 1983 年以来曾记载 ML 1.0～4.9 级小震 252 次;而大部分 ML ≥ 4.0 级地震发生在区域的西南——文成县境内，2006 年该处发生 ML 4.0～4.6 级地震 13 次,属珊溪水库地震。该震群自 2002 年以来已记载 ML 1.0～4.9 级小震 324 次。在三门湾猫头山嘴外延 40 km 范围内无任何地震记载,包括破坏性地震及现代仪器记录小震。

(4) 地震活动随距离的分布特征

统计表明，4.7 级以上历史破坏性地震在三门湾猫头山嘴 150 km 范围内只记载到 1 次,即 1523 年镇海海滨 $4_{3/4}$ 级地震,震中距猫头山嘴约 100 km;而其他 5 次破坏性地震分布在距离猫头山嘴 150～200 km 之间。自有现代仪器记录以来,猫头山嘴周围 25 km 范围内未记录到小震;在 $25 < d \leqslant 50$ km 范围内,记到 1 次 2.0～2.9 级地震,震中距离猫头山嘴约 45 km;在 $50 < d \leqslant 100$ km 范围内,小震明显增多,有 311 次 ML 1.0～4.9 级地震,其中 ML 1.0～1.9 级地震 228 次、ML 2.0～2.9 级地震 69 次、ML 3.0 ～ 3.9 级地震 12 次、ML 4.0～4.9 级地震 2 次;最大的小震为 1994 年 9 月 7 日 4.7 级地震;在 $100 < d \leqslant 150$ 距离范围内小震次数明显减少,共有 37 次 1.0～3.9 级地震。

（5）地震震源深度分布

地震震源深度介于1～19 km之间，大部分介于5～9 km之间，占总数的76%，表明研究区域范围内地震基本上是发生在地壳中、上层的浅源地震。震源深度总体呈现出南浅北深的特征，南部以文成西南小震群为代表，震源深度均小于10 km（2～9 km），研究区域北部震源深度范围介于3～19 km。天台北离猫头山嘴最近的地震震源深度范围介于5～15 km之间，震中距三门湾猫头山嘴为56～62 km，而奉化附近地震震源深度范围介于10～14 km之间。

（6）地震活动时间分布

根据研究区域范围内1500年以来4.7级以上地震的M–T图和应变释放曲线分析表明：研究区域内地震呈现出近于等间隔丛式分布特征，其间有3次地震发生期：即1523年浙江镇海海滨$4_{3/4}$级地震；1678年浙江海盐$4_{3/4}$级地震；1813～1867年温州、富阳、海宁$4_{3/4}$级的3次地震。无震期间隔分别为155 a，135 a。1867年海宁$4_{3/4}$级地震发生后，到2008年已有140 a区域内未发生M ≥ $4_{3/4}$级地震。1970年以来区域范围内曾发生ML 4.0～4.7级地震18次，其中5次为2004年之前记载，其余13次发生在2006年2月至8月，发震地点均在文成西南10～20 km处。

（7）地震趋势和未来地震活动水平分析

根据地震带地震活动的时间序列分析，在研究区域所涉及的地震带中，长江下游—南黄海地震带1846年至今的活跃期地震频数明显高于前一个活跃期。推测未来百年处于活跃期的尾声，并将转入相对平静期；雪峰—武夷地震带1989年在四川江北发生5.4级地震，估计该带剩余应变较少，发生较大地震的可能性较小，未来百年地震活动水平较低。研究分析表明：研究区域范围内地震活动在未来百年处于有记载以来的平均状态。

（8）地震活动综合评价

研究区域涉及华北地震区的长江下游—南黄海地震带及华南地震区的雪峰—武夷地震带，属于中强地震活动地区。历史上所遭受的破坏性地震影响总体较弱，根据史料记载：最大宏观影响来自1668年7月25日发生在山东郯城的8.5级地震，影响烈度达Ⅴ度[5-1]。在三门湾猫头山嘴外延40 km范围内无任何地震记载，包括破坏性地震及现代仪器可记录到的小震。研究区域范围内的发震构造主要集中在浙闽皖赣中—低山隆起区和杭嘉湖—长江三角洲平原区的过渡地带。镇海—温州断裂中镇海—东钱湖段和定海—岱山段发震构造是距离三门湾最近的发震构造，距三门湾猫头山嘴约80 km，最大潜在地震为6.5级。三门湾所在地震构造区断裂活动水平和地震活动强度均较低，弥散地震为5级。近区域范围内地表出露的主要断裂均为基岩断裂，未见断错第四纪地层的现象。历史上没有发生过破坏性地震，也没有现代仪器记录的地震，三门湾及其附近区域范围内不存在发生中强度地震的发震构造。

三门湾及其附近区域范围内断裂构造不发育，第四系覆盖区只发育1条长度为350 m的隐伏断裂。另在三门湾猫头山嘴半径5 km边缘地带分布着3条断裂。这些断层最新一次活动年代都在距今10万年以前，且未错断或扰动第四系沉积（Q_3），断层在地形地貌上无明显反映。三门湾附近区域范围历史上没有发生过破坏性地震，也没有仪器记录地震。综合三门湾附近范围和近区域地质地震特征判断，三门湾附近区域不存在能动断层，三门湾区域不发育断裂构造。因此，不存在潜在地表断裂的可能性，新近纪以来也没有发生过火山活动。

5.1.7.3 地壳稳定性

根据区域稳定性分析研究，三门湾处于稳定区的嵊县—丽水亚区内，具有区域地震地质稳定性条件。通过区域、近区域地质构造、新构造运动、地壳形变与现代构造运动、地震活动性等方面详细调查研究，近区域不存在发震构造；研究区域内地壳形变以缓慢上升为主，与第四纪以来构造活动较弱的特征一致；在新构造运动方面，三门湾位于健跳振荡升隆区，全新世中期以来该区为构造相对稳定地带；同时三门湾亦位于地震活动相对平静区。调查研究表明：三门湾具有良好的区域地震、地质稳定性条件。

5.1.8 水资源

5.1.8.1 地表水

三门湾周边无大的河流，仅西岸有洋溪、白溪、青溪、海游溪诸条小河流注入湾中。河流均是源短流急，其中白溪最长，全长约 65 km；青溪全长 40 余千米。

三门湾周边分布着诸多水库，宁海县有旗门港水库、沥洋水库、胡陈港水库、车岙港水库；象山县有仓岙水库、溪口水库、岩头陈水库、南北弄水库等。其中宁海县的胡陈港水库规模较大[1-1]，库容量为 $6.7 \times 10^7\ m^3$。

5.1.8.2 地下水

（1）地下水类型

三门湾地下水类型主要有两类，分别为松散岩类孔隙潜水和基岩裂隙水。其中基岩裂隙水发育于基岩出露区。

（2）地下水特征与分布

① 松散岩类孔隙潜水特征与分布：松散岩类孔隙潜水主要分布在三门湾西侧的白溪、青溪、海游溪等河谷滩涂区域。松散岩类孔隙潜水主要接受大气降水和附近丘陵基岩裂隙水的补给，在高潮位和长期干旱条件下，亦接受周围海水补给；一般情况下就近向附近海水排泄，表现为就地补给，就近排泄，无明显径流区的浅循环机制。通过对猫头山嘴南北两侧滩涂的钻孔水位测量，潜水位埋深一般介于 0.10～0.75 m 之间，由山脚向海边微倾，大致与高潮位持平。根据钻探资料分析表明：孔隙潜水的赋存介质主要是海相淤泥质黏土、粉砂质黏土及粉砂质黏土混砂砾石。通过土样室内测试和现场钻孔抽水试验，按透水性分类均为弱透水—不透水。

② 基岩裂隙水特征与分布：基岩裂隙水发育于基岩出露区。基岩裂隙水受大气降水补给，

其径流条件除受岩性、构造裂隙和风化裂隙发育程度控制外，还受局部地形、地貌的影响。猫头山嘴区域基岩出露区表层常有0.5～3.0 m的坡残积层，并有植被覆盖；基岩风化层中风化裂隙发育，但近地表基岩中的裂隙往往被黏性土充填，微风化—新鲜基岩节理裂隙不发育，岩石完整，少量的构造裂隙主要为闭合裂隙，少数张性构造裂隙又常为方解石、绿泥石等充填、胶结。故基岩裂隙水很少，只在局部赋存脉状裂隙水。因基岩节理裂隙不发育，岩石完整，大量降水沿山坡表面向山脚排泄，渗入山体的降水甚微。基岩裂隙水排泄方式主要是沿山坡向山脚渗流排向大海或以间歇性泉水的方式排泄。通过对基岩区钻孔稳定水位的测量，基岩区稳定水位较一致，说明岩石中节理裂隙有一定的连通性，但与周围海水的水力联系不大，仅表层与海水相通。通过钻孔压水试验，测得本区新鲜熔结凝灰岩的渗透系数为0.012 m/d，霏细斑岩及砂岩的渗透系数为0.002 m/d。渗透性等级为弱透水—微透水。

5.2　地貌

三门湾南、西、北三面皆峰峦叠嶂，海湾被低山丘陵所环绕，通过东南湾口及石浦水道与猫头洋相通，其形状犹如伸开五指的手掌，众多港汊呈指状深嵌内陆，三门湾大致呈北西—东南走向，纵深42 km，海湾主开口朝向东南[5-12]，口门宽约为22 km(青屿山与南山连线)。湾内岛屿罗列，滩涂发育。三门湾周边围垦造地历史悠久，因而沿岸大陆岸线以人工岸线占主体，三门湾地形现状见图1.3.4。

5.2.1　陆地地貌

三门湾三面陆地地貌以低山丘陵为主，地势以三门湾西南的湫水山最高，主峰王戏梁海拔882 m[1-1]。

(1) 侵蚀剥蚀低山

海拔500～1 000 m，浅切割，分布在三门湾西南的湫水山、西北面的茶山，岩性多由流纹岩、熔结凝灰岩之类的坚硬岩石组成，抗蚀能力强。

(2) 侵蚀剥蚀高、低丘

侵蚀剥蚀高丘：海拔200～500 m，分布在低山周围，如大明山、白岩山、野猪山等。南田岛、尖洋岛和花岙岛(大佛岛)也有高丘分布。岩性主要由凝灰岩等酸性火山岩、砂页岩组成，有部分花岗岩。

侵蚀剥蚀低丘：海拔在200 m以下，分布在低山、高丘外围和大部分岛屿。岩性主要由凝灰岩等酸性火山岩以及砂页岩组成，有部分花岗岩。

(3) 洪积、冲积平原(河谷平原)

分布在三门湾周边的溪流中、下游谷地，如白溪、青溪、海游溪和亭旁溪等河谷。物质由洪积物、冲积物组成。组成物质粒度较粗、分选较差。

（4）海积平原（滨海平原）

三门湾沿岸发育有许多小型的海积平原。北部青珠农场、南部六敖平原、沿江平原，这些平原均为经济作物的基地和“谷仓”。三门湾潮滩宽阔，滩涂处于缓慢淤涨状态，经不断围垦造地，海积平原将逐渐扩大。

5.2.2 岸滩地貌

（1）基岩海岸

① 岛屿基岩海岸：基岩海岸主要分布在三门湾口门的南田岛、高塘岛和花岙岛等岛屿的迎风面，因直接受到波浪的强烈冲蚀，海蚀地貌发育，海水直逼山麓，几乎无滩涂发育，见有海蚀崖、海蚀平台、海蚀穴等海蚀地貌。图 5.2.1 为南田岛、高塘岛和花岙岛 3 个岛屿的岸线变迁图。由图可见，靠近湾口迎风面，3 个岛屿的基岩海岸近 40 年来基本没有变化。表 5.2.1 为三门湾沿岸 3 个县的岛屿岸线类型与分布表[1-14]。可见象山县岛屿基岩岸线长 456.323 km，占岛屿岸线总长的 84%；宁海县岛屿基岩岸线长 36.114 km，占岛屿岸线总长的 93%；三门县岛屿基岩岸线长 111.370 km，占岛屿岸线总长的 93%。

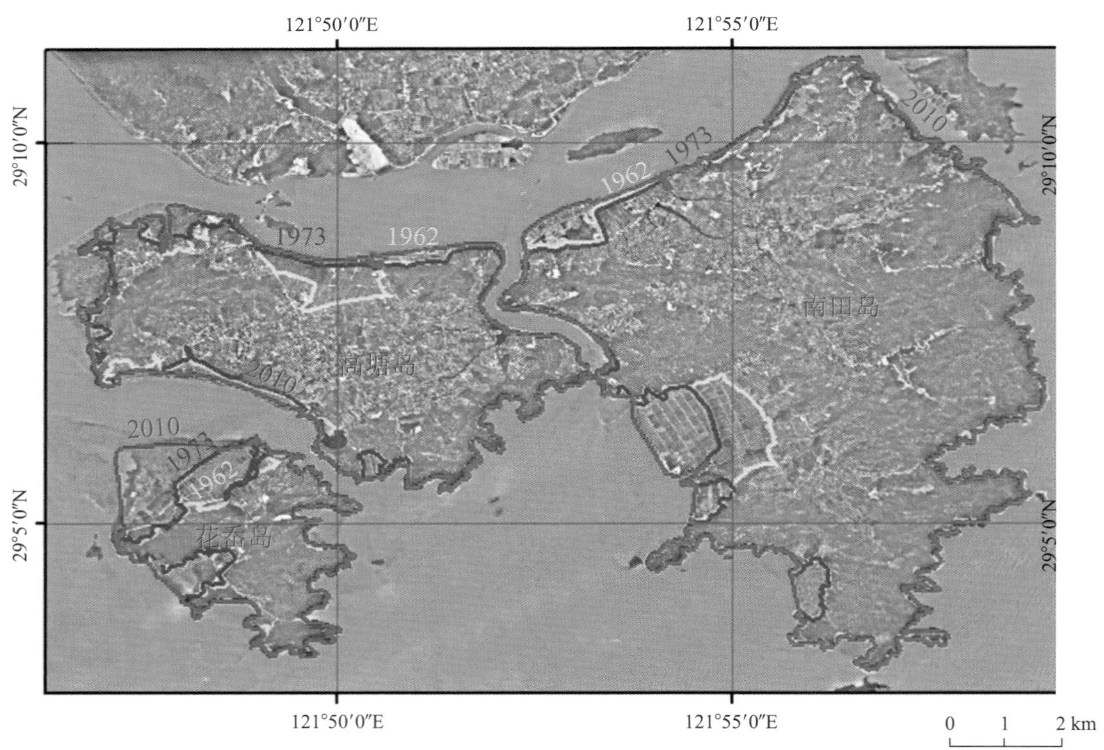

图 5.2.1 南田岛、高塘岛和花岙岛 3 个岛屿岸线变迁图

表 5.2.1　三门湾沿岸各县岛屿岸线类型与分布表(2008 年)

三门湾沿岸各县	岸线长度(km)				
	自然岸线		人工岸线	河口岸线	合计
	基岩岸线	砂砾质岸线			
象山县	456.323	5.400	78.704	0	540.427
宁海县	36.114	0	2.758	0	38.872
三门县	111.370	0.545	7.395	0	119.310

② 大陆基岩海岸：在海湾内部，波浪等动力作用相对较弱，仅在基岩岬角之间发育腹地狭小的海湾，有狭窄的砂砾滩、沙滩和淤泥滩。三门湾沿岸各县大陆岸线类型与分布如表 5.2.2 所示[1-14]。可见三门县大陆基岩岸线长约 88.82 km，占大陆岸线总长的 35%。基岩岸线主要分布于三门县东部沿海，其间发育着小型沙滩(大黄礁村沿岸)，沙滩呈南北走向，南北长约 200 m，宽约 55 m，滩面平缓，沙质良好，见图 5.2.2。象山县大陆基岩岸线长 164.39 km，占大陆岸线总长的 49%。象山县石浦镇皇城沙滩是浙江省大陆沿岸最长的砂质海岸，但目前岸线已被景区开发改造为人工岸线，象山县东部基岩岬角间沙质海岸现状见图 5.2.3，图 5.2.4 为三门湾沿岸大陆海岸线类型分布图[5-13]。

表 5.2.2　三门湾沿岸各县大陆岸线类型与长度(2010 年)　(单位:km)

三门湾各县	河口岸线	基岩岸线	砂质岸线	人工岸线	合计
象山县	0.51	164.39	8.96	159.52	333.38
宁海县	3.78	15.85		158.85	178.48
三门县	1.03	88.82	0.36	160.54	250.76

图 5.2.2　三门县东部沿海沙质海岸现状照片

图 5.2.3　象山县东部基岩岬角间沙质海岸现状照片

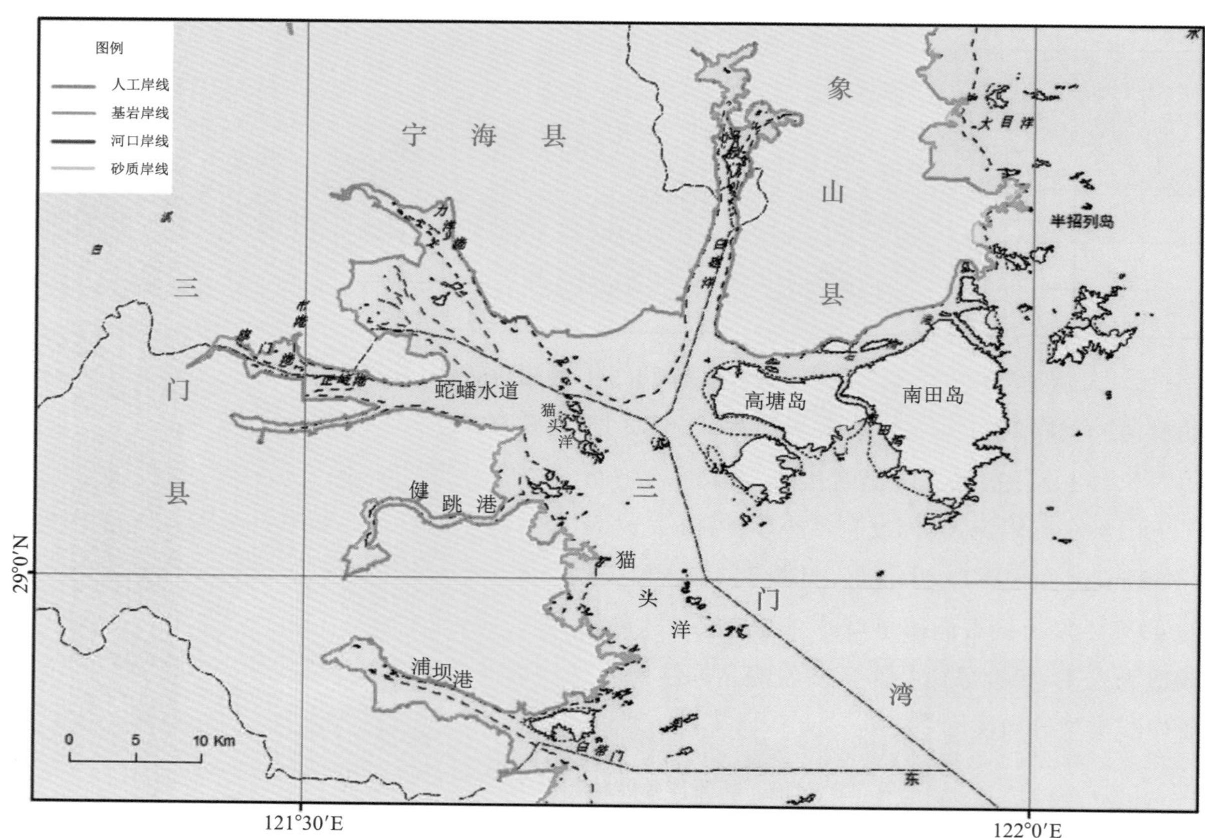

图 5.2.4 三门湾至浦坝港海岸线类型分布图

(2) 淤泥质海岸和人工海岸

三门湾岛屿罗列,外海波浪受岛屿的阻挡难以传入,湾内波浪作用相对较弱。又有一定的细颗粒物质来源,所以淤泥质海岸发育,潮滩宽阔。三门湾周边围垦造地历史悠久,近10年来围垦造地不仅规模范围大,而且速度快,造就了人工岸线占大陆岸线主体的现状。如三门县大陆人工岸线约为160.54 km,占大陆岸线总长的64%。主要分布于旗门港、海游港、蛇蟠水道和健跳港等港湾沿岸,见表5.2.2和图5.2.4。

5.2.3 水下地貌

(1) 河口水下平原

河口水下平原水下地形十分平坦,水深一般介于7~9 m之间。海底物质由黏土质粉砂组成,全新世沉积物厚度在25~28 m之间,水平层理发育。表明全新世以来(距今11 000年)三门湾不断发生淤积,逐渐形成湾口水下平原。湾口水下平原分布在湾口的五屿山、青门岛、狗头山一线以东海域。

(2) 冲刷槽[1-1]

冲刷槽是潮汐通道的一种类型。两端相通,是三门湾的主要航道。受潮流冲刷,水深明显大于四周海域，一般大于10 m。冲刷槽主要有蛇蟠水道、猫头水道、满山水道和石浦水道等4条水道。

1）蛇蟠水道

蛇蟠水道界于六敖岸滩和蛇蟠岛之间，西通旗门港、正屿港、海游港，东连猫头水道。水道呈东西走向，长约11 km，水深介于5～10 m之间。

2）猫头水道

猫头水道西北接蛇蟠水道，东南至下万山南端与点灯岛相通，从三门岛东北侧与猫头洋沟通，是三门湾西部诸港汊水域的出海主通道。水道呈西北—东南向，长约9.5 km，猫头水道最窄处位于猫头山嘴与青门山间，宽2.6 km。水深一般大于5 m，猫头深潭最深处水深曾达50 m以上，系三门湾海域最深之处。

3）满山水道

为贯通五屿门与三门岛东北侧的水道。水道基本呈南北向，长约9.0 km，宽约2.7 km，水深一般介于3～10 m之间，最深约40 m。西北端多礁石，系危险水道，不宜通航。而水道北端是进出石浦港的必经航道。

4）石浦水道

位于三门湾东北口，沟通了三门湾与大目洋的水体联系。水道呈北东东—南南西走向，长约15.0 km，宽约2.0 km，最窄处仅为800 m，平均水深介于8～10 m之间，最深处近50 m，位于下湾水道。水道有铜瓦门、东门、下湾门、林门、三门等5个航门，以铜瓦门和下湾门为主。

(3) 潮汐通道

潮汐通道是潮流作用所形成或维持水道的总称，当地称港汊，是三门湾内最典型的一种水下地貌类型[1-1]。港汊一般由三部分组成：即湾口、潮流水道和湾顶腹地。湾口主要类型有拦门浅滩或袋状潮滩，潮流水道受两岸山体控制，呈狭长型，是涨、落潮流的通道，潮流动能最集中的部位，水深较大；湾顶腹地是潮汐通道的纳潮水域，有宽阔的潮滩、潮下浅滩，呈现出高潮时一片水域，低潮时潮滩连片的景观。因腹地大、纳潮量大，因而能保持潮汐水道的水深。

三门湾潮汐通道主要有白礁水道（岳井洋）、车岙港、胡陈港、沥洋港、旗门港、海游港和健跳港等，见图5.2.5。

1）白礁水道（岳井洋）

位于三门湾北部，呈南北走向，长约20 km，伸入内陆，东南与满山水道连接。口门附近宽约2 km，一般水深4～5 m，在口门发育了大片浅滩，水深2～3 m。该区是石浦水道、珠门港和白礁水道汇合之处，潮流减缓，形成了潮汐通道口门的拦门浅滩。

2）车岙港

车岙港位于三门湾北部，白礁水道西侧，呈南北走向。1952年完成堵港蓄淡工程，水库总库容量为$1.5\times10^7\ m^3$，湾顶腹地成为车岙港水库。

3）胡陈港

胡陈港位于三门湾的西北部，呈南北走向，长约16 km，南端与猫头水道连接，口门宽约

800 m。1978 年完成堵港蓄淡工程，总库容量为 6.7×10^7 m^3，当时为浙江省最大的堵港蓄淡工程。

4）沥洋港

位于三门湾西北，呈西北—东南走向，东南与猫头水道连接，水深介于 3～10 m 之间。

5）旗门港

位于三门湾西部，呈东—西走向，东与蛇蟠水道相接，全长约为 10 km。港道最深处近 8 m，最浅处 3 m 左右。港顶区域 1970 年完成堵港蓄淡工程，总库容量为 2.1×10^6 m^3。

6）海游港

位于三门湾西部，呈东—西走向，东与蛇蟠水道连接，港道曲折，全长约为 19 km，最宽处为 650 m，最窄处仅为 50 m。低潮时最大水深 3 m 左右，最浅处小于 1 m。

7）健跳港

健跳港位于三门湾西南侧，近东—西走向，口门朝东北，全长约为 17 km，港口宽介于 300～500 m 之间，最窄处在王门峡，宽约 170 m。港内水深在 5 m 以上，最大水深约 47 m，港内多深潭，但口门存在浅区，水深小于 4 m。

此外，三门湾水下地貌又可以下洋涂（五屿门）—青门山—下万山连线为界分为东、西两水域，如图 5.2.5 所示。

东水域：主要由南片的水下平原和北片的水道组成。北片的水道主要有白礁水道（岳井洋）、珠门港、石浦港等，具有相对的独立性，主要通过石浦港航门和珠门港与外部水域交换；水深一般介于 5～20 m 之间。滩涂主要有下洋涂和花岙岛西北涂，下洋涂已于 2006～2010 年进行了围涂造地，大坝已于 2010 年合拢。南片水域与满山水道、猫头水道相衔接，水深 9 m 左右。

西水域：西北部湾顶以潮汐汊道与舌状滩涂相间排列最为典型，主要滩涂有三山涂、双盘涂、蛇蟠涂、晏站涂、高泥塊涂和洋市涂等，其中蛇蟠涂、晏站涂、洋市涂已于 2003～2014 年进行了围涂，三山涂、双盘涂围涂造地工程可能在近期实施。湾顶部区域主要港汊有沥洋港、青山港、旗门港、海游港等，以及汇聚、沟通诸港汊和内外海域的水道——蛇蟠水道及猫头水道等。水深一般在 5 m 以上，最深处位于猫头山嘴前沿的大深潭，大深潭于 2000 年前水深在 50 m 以上。

5.2.4 猫头山嘴附近地形地貌

5.2.4.1 猫头山嘴附近陆域地形地貌

猫头山嘴位于三门湾西岸中部，猫头山最高海拔约 272 m，山体主要呈南北走向，宽为 1.0～1.5 km，南北延伸约 7 km 多，西面为六敖平原。猫头山嘴为一向东偏北的半岛，宽为 100～500 m，绵延达 2.5 km，猫头山嘴最东头的山岗称娘娘殿岗。猫头山嘴东北侧岸线曲折，小海湾与八分嘴头、黄岩嘴头、老鹰嘴头三个山岬相间，以基岩海岸为主，濒临猫头大、小深潭。猫头山嘴南侧基岩海岸外为平坦开阔的潮滩，如图 5.2.6 所示。

图 5.2.5　三门湾海域水下地形概貌图

图 5.2.6　猫头山嘴南侧的基岩海岸及潮滩现状照片

5.2.4.2　猫头山嘴附近潮滩

（1）南潮滩

猫头山嘴南侧的南潮滩呈南北展布，直至健跳港口，长约 6 km，宽度为 2～3 km，中段与龙山岛西北侧潮滩连为一体，合称高泥塊涂，面积达 13.7 km^2。整个潮滩中、高滩较平坦，坡度在 $(1.5 \sim 3.0) \times 10^{-3}$ 左右，临近猫头山嘴的低滩，因濒临猫头水道，坡度明显变大，达 5×10^{-3} 左右，图 5.2.7(a)为猫头山嘴南潮滩原貌。

（2）北潮滩

指赤头山嘴—八分嘴头之间的潮滩，宽度不足 100 m。低滩濒临蛇蟠水道深槽，坡度较陡，图 5.2.7(b)为北潮滩原貌。

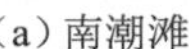
(a) 南潮滩

(b) 北潮滩

图 5.2.7　猫头山嘴南、北潮滩原貌照片

南、北潮滩的沉积物主要为黏土质粉砂，仅岸边高滩局部有砂和砾石分布，如大黄礁沙滩(图 5.2.2)以及猫头村岸边的砾石滩等。

5.2.4.3　猫头山嘴附近海域地形地貌

猫头山嘴的西北侧水域为蛇蟠水道，蛇蟠水道西通旗门港、正屿港和海游港，东连猫头水道。猫头山嘴东—东南水域为猫头水道，猫头水道西北接蛇蟠水道，下连猫头洋，为三门湾西部诸港汊水域的出海主通道。猫头水道在青门山与下万山岛的西南侧和猫头山嘴东侧有两个水深大于 20 m 的椭圆形深潭。前者称青门山深潭，后者称猫头深潭，两深潭延伸方向与水道方向一致。

猫头山嘴东北侧的猫头深潭，紧靠娘娘殿岗的三个山岬（八分嘴头、黄岩嘴头和老鹰嘴头）发育，其长约 1. 4 km、宽约 0. 75 km。分为大、小两深潭，大深潭中心最深点水深为 48. 8 m（2003 年测图[5-15～5-16]），位于黄岩嘴头正东，距岸约为 200 m。大深潭向西贴近岸边延伸至八分嘴头北侧，形成了一个以 30 m 等深线为封闭线的次椭圆形小深潭，小深潭长轴为 140 m，短轴为 120 m，小深潭最深点的水深为 31. 4 m（2003 年测图），距八分嘴头岸边约 110 m。

猫头山嘴附近海底沉积物主要为黏土质粉砂和粉砂质黏土，仅在小深潭底部采到一个含小砾石和杂草的贝壳砂，表明小深潭底部局部无细粒物质覆盖。

参考文献

[5-1] 北京中震创业工程科技研究院，中国地震局地球物理研究所．三门核电工程地震安全性评价复核报告[R]. 2008.

[5-2] 王耀忠．浙江三门核电厂厂址区地质填图(1∶1000)成果报告[R]. 1995.

[5-3] 中科院武汉岩土力学研究所．浙江三门核电厂工程可行性研究厂址岩石工程特性室内测试报告[R]. 1995.

[5-4] 华东电力设计院．浙江三门核电厂跨孔(检层)法波速试验报告[R]. 1995.

[5-5] 核工业第四勘察院．浙江三门核电项目回填区域工程地质勘察报告[R]. 2001.

[5-6] 核工业第四勘察院．浙江三门核电厂北护堤岩土工程勘察报告[R]. 2002.

[5-7] 浙江省工程勘察院．浙江三门核电厂南护堤工程地质勘察报告[R]. 2002.

[5-8] 浙江省工程勘察院．浙江三门核电项目回填区域补充工程地质勘察报告[R]. 2002.

[5-9] 核工业南京工程勘察院．浙江三门核电厂海水取排水工程岩土工程勘察报告[R]. 2003.

[5-10] 河北中核岩土工程有限责任公司．浙江三门核电厂可行性研究阶段补充工程地质勘察报告[R]. 2004.

[5-11] 浙江省地质矿产局．浙江省地质志[M]．北京：地质出版社，1982.

[5-12] 穆锦斌，刘旭，黄世昌，等．三门核电 3、4 号机组海域使用论证岸滩稳定性分析及数模计算专题之一：岸滩稳定性分析报告[R]. 2014.

[5-13] 夏小明，贾建军，时连强，等．浙江省海岸带调查海岸线专题调查研究报告[R]. 2011.

[5-14] 核工业第四勘察院．浙江三门核电厂址区域地形测量技术报告[R]. 2001.

[5-15] 陈铁鑫，顾重武，周小峰，等．浙江三门核电厂海水取排水工程水下地形测量技术报告[R]. 2003.

[5-16] 陈铁鑫，顾重武，周小峰，等．浙江三门核电厂海水取排水工程水下地形测量图件[G]. 2003.

第 6 章　岸滩稳定性

三门湾海域潮大流急，且落潮流流速大于涨潮流流速，这种水动力特征决定了泥沙运动和岸滩地貌发育的特征，导致三门湾内的舌状潮滩顺落潮流方向发育。同时又因湾顶区域滩涂腹地大，因而纳潮量也大，使得港汊保持良好的水深条件。三门湾自从有历史记录以来，其岸滩长期处于缓慢淤涨或稳定状态，特别是三门湾北部的下洋涂以及湾顶区域的舌状潮滩淤涨速度较快[1-1]。

三门湾岸滩稳定性分析研究主要引用穆锦斌等《三门核电 3、4 号机组海域使用论证岸滩稳定性专题分析报告》[5-12]、《三门核电 3、4 号机组海域使用论证岸滩稳定性分析及数模计算专题研究总报告》[6-1] 和《三门核电 3、4 号机组海域使用论证岸滩稳定性数学模型计算专题报告》[6-7] 以及相关历史调查研究成果。

6.1　人类活动

1949 年之前，三门湾沿岸区域人类活动相对较少，三门湾总体上处于自然演变的相对平衡状态。新中国成立后人类活动逐渐增多，于 20 世纪 60 年代至 80 年代以后，人类活动相对频繁，特别是 2000 年以后，人类活动高速发展，三门湾内大范围、大规模的围填海造地对三门湾海床演变影响较大。人类活动主要包括围涂造地、堵港和流域建库[6-1]。

6.1.1　围涂

6.1.1.1　围涂规模

三门湾海域面积为 775 km^2，其中水域面积约 480 km^2，潮滩面积约 295 km^2，潮滩面积占三门湾海域面积的 38%。从湾顶区域到健跳港口沿岸海域大面积的潮滩主要有：下洋涂、三山涂、蛇蟠涂、双盘涂、长塊涂和高泥塊涂等滩涂。根据《浙江省水利志》[1-13] 记载，三门湾围涂早在唐至宋，元、明已有涂田、盐田记载。明末清初，随着生产发展的需要，围涂筑塘工程进入发展期，主要在白礁水道（岳井洋）—胡陈港一带围涂，造就了长街平原。新中国成立后陆续开始高滩围涂和港汊围堵，至 2014 年，三门湾已围涂面积（包括堵港蓄淡中的水域面积）已高达 222. 36 km^2（33. 36 万亩），如表 6. 1. 1 所示，占三门湾海域总面积的 28. 69%，以及占潮滩总面积的 75. 38%。围涂 60 余年来，平均每 10 年占据 4. 8%的三门湾海域面积，以及 12. 6%的三门湾潮滩总面积。特别是近10年(2004～2014年)来,围涂面积高达67.87 km^2(10.18万亩),如表6.1.2所示,占已围涂总面积的30.52%,是围涂造地规模及范围增加最快的时段。

表6.1.1　三门湾围涂(包括堵港)面积一览表　(单位:亩)

时间	宁海县	象山县	三门县	合计	占围涂面积百分比(%)
20世纪50年代	6 110	1 190	5 700	13 000	3.9
20世纪60年代	26 603	7 646	8 430	42 679	12.8
20世纪70年代	57 330	45 138	15 643	118 111	35.4
20世纪80年代	18 075	3 240	17 450	38 765	11.6
20世纪90年代		750	12 600	13 350	4.0
2001～2010年	74 400	3 705	21 635	99 740	29.9
2011～2014年			7 900	7 900	2.4
总　计	182 518	61 669	89 358	333 545	100

表6.1.2　三门湾近10年(2004～2014年)围涂工程项目和围涂面积一览表

序号	建设年限	围涂工程项目	围涂面积(万亩)	属地
1	2004～2007年	宁海县蛇蟠涂围涂	2.08	宁海县
2	2006～2010年	宁海县下洋涂围垦	5.38	宁海县
3	2003～2007年	三门晏站涂围垦	1.91	三门县
4	2008～2010年	三门县六敖北塘多家船厂围垦	0.20	三门县
5	2010～2014年	三门县洋市涂围垦	0.61	三门县
合　计			10.18	

6.1.1.2　围涂工程进展

根据《浙江省滩涂围垦总体规划(2005～2020年)》[6-2],涉及三门湾的共有12个区块,规划围涂面积总计99.00 km^2(14.85万亩),见表6.1.3。截至2014年,除已经竣工的围涂面积67.87 km^2(10.18万亩)外,近期和中期将实施的围涂面积为40.73 km^2(6.11万亩),见表6.1.4和图6.1.1,预计到2020年,三门湾围涂总面积将达到263.33 km^2(39.50万亩)左右,将占三门湾海域总面积的33.95%,占总潮滩面积的89.19%,见图6.1.2。

6.1.2　堵港

三门湾伸入内陆的港汊有健跳港、海游港、旗门港、一市港、沥洋港支港—白峤港和毛屿港、胡陈港、岳井洋和大塘港等十条港汊。为了蓄淡,1951～1977年先后堵截了车岙港、毛屿港、一市港、大塘港和胡陈港等五条港汊[6-1]。各港汊特征、集雨面积、汇入地点及堵港时间见表6.1.5。

其中大塘港和胡陈港两港的堵港工程为当时浙江省内最大的堵港工程，主要用于蓄淡，解决淡水资源不足的问题。港汊堵截使三门湾（口门大断面）的纳潮量（$2.71\times10^{9}\ m^{3}$）减小 6%，其中一市港、毛屿港和胡陈港堵港工程减小了 22.3 km^{2} 的纳潮量面积，也减小了流入三门湾流域的径流量，该堵港蓄淡工程对三门湾海域的水动力条件影响较大。

表 6.1.3　三门湾规划围涂一览表

序号	时间	围涂工程	围涂面积（万亩）	属地
1	2004～2007 年	宁海蛇蟠涂围涂	1.78	宁海县
2	2006～2010 年	宁海下洋涂围垦	5.38	宁海县
3	2003～2007 年	三门晏站涂围垦	1.91	三门县
4	2007～2009 年	三门六敖北塘多家船厂围垦	0.20	三门县
5	2007～2011 年	三门高泥塊涂围垦	0.70	三门县
6	2008～2012 年	三门洋市涂围垦	0.59	三门县
7	2011～2015 年	三门崇岱涂围垦	0.70	三门县
8	2011～2015 年	三门牛山火电厂建设用地围垦	0.15	三门县
9	2011～2015 年	宁海三山涂围垦	1.45	宁海县
10	2011～2015 年	宁海双盘涂二期围垦	0.93	宁海县
11	2017～2021 年	宁海毛屿港二期围涂	0.45	宁海县
12	2014～2017 年	三门晏站涂围涂二期	0.61	三门县
合　计			14.85	

表 6.1.4　三门湾已竣工及近、中期计划实施围涂一览表（截至 2014 年）

序号	建设年限	围涂工程	围涂面积（万亩）	总计	属地	备注
1	2004～2007 年	宁海蛇蟠涂围涂	2.08	10.18	宁海县	已经竣工
2	2006～2010 年	宁海下洋涂围垦	5.38		宁海县	已经竣工
3	2003～2007 年	三门晏站涂围垦	1.91		三门县	已经竣工
4	2006～2009 年	三门六敖北塘多家船厂围垦	0.20		三门县	已经竣工
5	2011～2014 年	三门洋市涂围垦	0.61		三门县	已经竣工
6	2011～2015 年	三门崇岱涂围垦	0.70	5.05	三门县	近期实施
7	2011～2015 年	三门牛山火电厂建设用地围垦	0.15		三门县	近期实施
8	2011～2015 年	宁海三山涂围垦	2.66		宁海县	近期实施
9	2011～2015 年	宁海双盘涂二期围垦	1.54		宁海县	近期实施
10	2017～2021 年	宁海毛屿港二期围涂	0.45	1.06	宁海县	中期实施
11	2014～2017 年	三门晏站涂围涂二期	0.61		三门县	中期实施
	合　计		16.29	16.29		

三门湾内的堵港蓄淡工程对三门湾海域生态环境造成了不可逆的影响，严重影响了三门湾海域的生态环境。

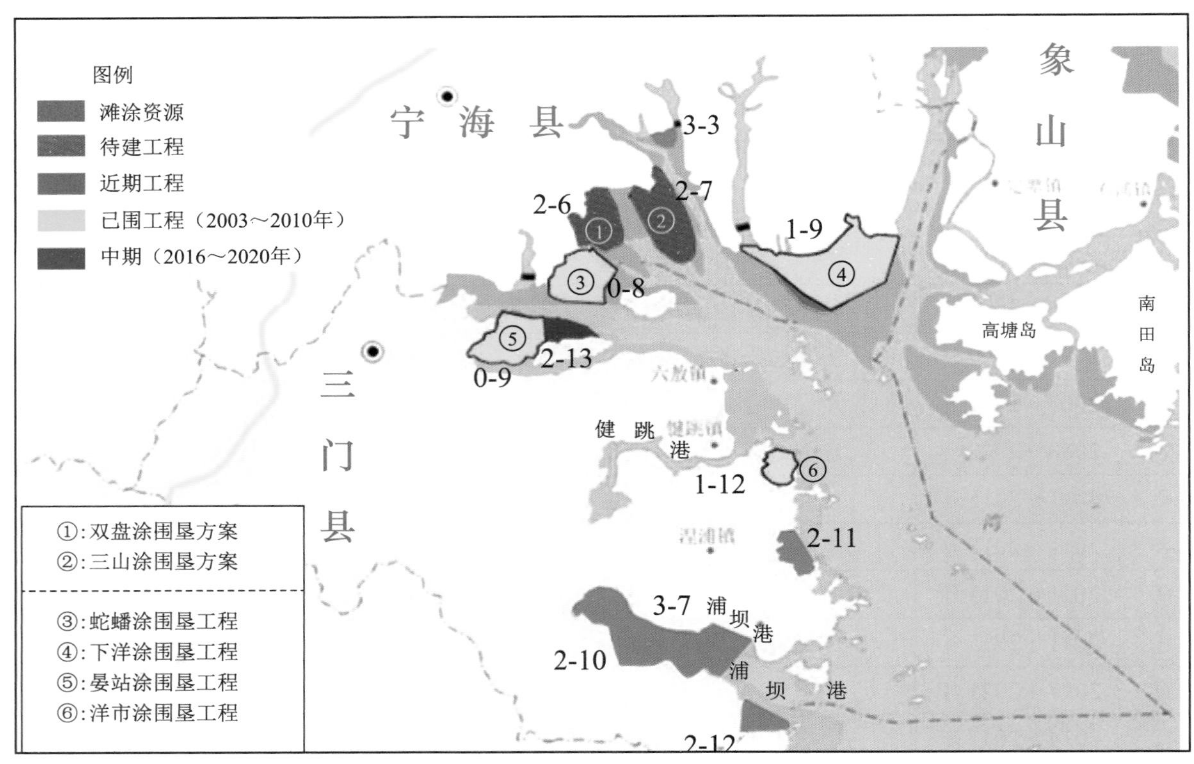

图 6.1.1 截至 2014 年已实施和计划围涂工程位置示意图

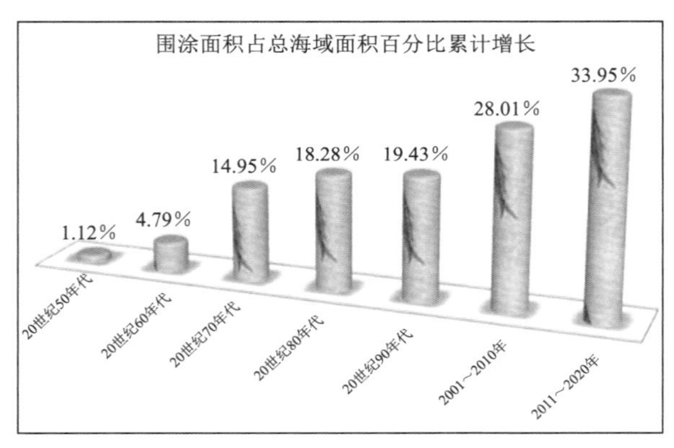

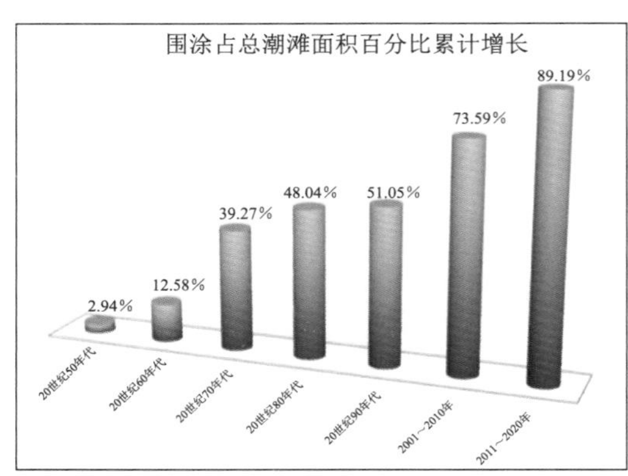

图 6.1.2 三门湾围涂造地(包括堵港蓄淡)面积累计增长图

表 6.1.5　三门湾堵港情况表

堵港名称	库容（$\times 10^4 m^3$）	主港长（km）	平均港宽（m）	港域面积（km^2）	集雨面积（km^2）	汇入地点	堵港时间
大塘港	2 600	18	400	14	134	岳井洋、石浦港	1973 年
车岙港	1 500	10	120	3. 3	81. 6	蛇蟠洋	1951～1952 年
胡陈港	6 700	16	800	16. 2	196	蛇蟠洋	1973～1977 年
毛屿港	6 000	12	500	3	93	沥洋港	1960～1961 年
一市港	210	5. 5	95	3. 1	25	旗门港	1967 年
合　计	17 010			39. 6	529. 6		

6.1.3　建库

三门湾流域面积 3 160 km^2，其中三门湾西海域，即胡陈港以西海域的流域面积约为 1 723 km^2。入湾河流 30 多条，其中以宁海县的白溪、清溪和三门县的珠流溪最大，白溪入沥洋港，清溪入旗门港，珠游溪入海游港。根据调查资料的不完全统计，三门湾西海域的流域蓄水建库（不包括已堵港流域的水库）大、小有 18 座。20 世纪 50～70 年代建库 15 座（不包括堵港内的水库），拦截了入珠游溪—海游港流域面积 21. 6 km^2 的径流，入青溪—旗门港流域面积 3. 2 km^2 的径流以及入白溪—沥洋港流域面积 114 km^2 的径流。1996～2003 年建成的白溪水库和沙池水库，均在白溪流域，其中白溪水库较大，拦截入白溪—沥洋港流域面积 266 km^2 的径流（约 5. 65 $\times 10^8 m^3$）。

流域建库拦截了径流量，减小了径流向外单向的输沙作用，尤其是减弱了洪水期的强输沙作用。建库以前，洪水期可把港汊非汛期淤积的泥沙冲起，通过港汊及猫头水道的落潮流带走，以此维持海湾港汊的冲淤平衡。建库引水后，尤其是跨流域引水，港汊则处于单向淤积，从而影响了三门湾海域的纳潮量。

大多数水库建成至今已有 40 多年，2003 年建成的白溪和沙池水库的影响至今也有 10 余年，这些工程对海域的淤积影响基本上已反映在了现有海床的变化上。

近 10 余年（2004～2016 年）来，三门湾内建库等水资源开发利用项目没有增加。根据《浙江省水资源保护与开发利用“十二五”规划》[6-3]：水资源开发利用总体布局主要建设项目中涉及三门湾的工程有“开展宁海辽车水库工程前期研究”。辽车水库拟建于宁海县桑洲镇辽车村，属于清溪流域中段，集雨面积约为 92. 5 km^2。在清溪流域综合规划中，考虑从辽车水库引水 4. 0 $\times 10^7 m^3$ 至 6. 0 $\times 10^7 m^3$，用于水资源开发利用。

表 6.1.6　三门湾流域建库一览表

水库名称	集雨面积（km^2）	正常库容（$\times 10^4 m^3$）	所在溪流	出口	建库年份（年）
龙皇殿	5.18	13	头岙溪	海游港	1959
大明寺	0.59	10	头岙溪	海游港	1963
龙头	1.13	27.4	珠游溪	海游港	1962
竹岭坑	5.5	8	珠游溪	海游港	1952
里毛洋	1.6	16	亭旁溪汇珠游溪	海游港	1962
团结	3.76	8.9	珠游溪	海游港	1977
石鼓牛	1	11.8	珠游溪	海游港	1963
山后周	2.08	17.5	珠游溪	海游港	1960
东孔	0.4	11	珠游溪	海游港	1960
大湾	0.35	12.6	珠游溪	海游港	1958
水平坑	0.2	8.5	清溪	旗门港	1978
大岙田	3	7	清溪	旗门港	1971
黄坛水库	114	650（设计总库容 1 063）	白溪	沥洋港	1958
白溪水库	266	（设计总库容 $1.7\times 10^8 m^3$ 供水流量 $6 m^3/s$）	白溪	沥洋港	1996～2003
沙池水库	黄坛水库上游	（设计总库容 $9.5\times 10^7 m^3$ 供水流量 $4 m^3/s$）	白溪	沥洋港	1999～2003
沥洋水库	16.1	420	沥洋溪	沥洋港	1980
西林水库	21.2	58	茶院溪	沥洋港	1981
西溪水库	黄坛水库上游	（设计总库容 $8.5\times 10^7 m^3$）	白溪	沥洋港	2006～2007
合计	404.8				

综合上文人类活动的统计分析表明：人类活动主要是围涂造地：三门湾内的围涂面积约 182 km^2，围涂滩面高程多数在 0.5 m 以上，初步估算因围垦减少三门湾纳潮量约为 $3.8\times 10^8 m^3$（平均潮）。近 10 年（2004～2014 年）围涂面积 67.87 km^2（10.18 万亩），是围涂面积增加较快的时期。按照浙江省滩涂围垦总体规划，规划围涂面积还将增加约 40.73 km^2（6.11 万亩）。其次是堵港：堵港一方面减少了三门湾进潮量的 7%～9%（大潮约 $2.4\times 10^8 m^3$，中潮约 $1.6\times 10^8 m^3$，小潮约 $0.8\times 10^8 m^3$）；另一方面也减少了入湾的径流量约 17%（约 $4.5\times 10^8 m^3$）。而围涂 + 堵港：减少水面面积为 221.60 km^2，占三门湾海域总面积的 28.6%，减少总纳潮量 $5.7\times 10^8 m^3$（平均潮），占平均潮进入三门湾（口门）总进潮量的 24%。

流域建库：流域建库减少集雨面积 404.8 km^2，占总陆地流域面积的 17% 左右，使流入三门湾的径流量减少 10% 左右。未来清溪流域宁海县辽车水库拟引水 $4\times 10^3 \sim 6\times 10^3 m^3$，将会减少集雨面积约 92.5 km^2。

建库 + 堵港：建库减少集雨面积 404. 8 km^2，堵港减少集雨面积 529. 6 km^2，两者共减少集雨面积 934. 4 km^2，占总陆地集雨面积 2 380 km^2 的 40%左右。

6.1.4　临海工程

在三门湾中部的猫头山嘴半岛建有三门核电厂，工程规划容量为 6 台百万千瓦级(6 × 1 250 MWe)压水堆核电机组，分三期建设，每期建设两台。核电厂取排水方案采用“北取南排”方案，即取水位于猫头山嘴半岛北侧的大深潭附近海域，排水在厂址南侧海域。6 台机组的取水均采用管道取水，每台机组设置一根 Φ 6. 2 m 取水盾构隧道，取水口位于水深 15～16 m 附近水域。排水一期工程(1、2 号机组)采用“北取南排(明排)”方案，即采用明渠导流离岸排水；二、三期工程(3～6 号机组)采用管道深排方案，即每台机组设置一根 Φ 6. 2 m 排水盾构隧道直至厂址东南侧 −10. 0 m 等高线附近海域，核电厂取排水方案总平面布置如图 6. 1. 4 所示。在猫头山嘴北侧已建成三门核电厂 5 000 吨级重件码头(图 6. 1. 5)。

6.2　岸滩稳定性

三门湾海域岸滩稳定性分析研究主要引用浙江省水利河口研究院《三门核电 3、4 号机组海域使用论证岸滩稳定性分析及数模计算专题之一：岸滩稳定性分析报告》[5-12] 和《三门核电 3、4 号机组海域使用论证岸滩稳定性分析及数模计算专题研究总报告》[6-1] 等研究成果。

6.2.1　历史演变概况

三门湾主要为山体构成的基岩海岸，海岸线非常曲折，基岩海岸外发育着深厚的淤泥滩，具有港湾淤泥质海岸特色。按照“中国大地构造纲要”划分，三门湾地区的地质构造为“华交台背斜”的北部，在中生代之前，它是一个隆起地带，燕山运动波及本区，使坚硬古老的基底明显破碎解体，以多次性规模巨大的火山喷溢活动为主要特征，火山碎屑覆盖全区。第三纪末至第四纪初，沿着 NNE 向断裂带发生了玄武岩的喷溢活动。区内发育着几组断裂构造，对海岸影响深刻：首先是 NNE 方向一组断裂，它制约着浙江附近整个海岸的走向；其次有一组 NNW 方向的断层，与 NNE 向断层互相交叉，构成 X 型断裂构造；沿岸岛屿也常有菱形的外形，港湾曲折多变，也深受其影响；此外，在东西向的构造基础上形成东西向的海湾和盆地，诸如三门湾和临海盆地等，这些断裂构造形成了现代海岸的基本轮廓。

世界洋面在第四纪随着冰期变化有多次升降运动，最后一次冰期(大理期、武木期)海面曾下降 130 m 左右。其后气候变暖，海面回升，海水入侵，海岸线内移，形成海湾，沉积了深厚的淤泥层。由于原来地表起伏，淤泥层厚度各地区不相一致。以浙东地区为例，镇海附近淤泥层厚度达 100 m 左右，总趋势是往南厚度逐渐减小。但三门湾青珠农场淤泥层厚度达 72 m，包括疏松层总厚度达 120 m。距今 6 000 年前，海平面基本上达到或接近现在的高程，海岸发育进入新阶段，三门湾的滨海平原即是那之后逐渐淤涨而成。根据《浙江省海岸带资源综合调查专业报告》[6-4]，三门湾海岸变迁情况为：在一万两千年前，海平面位于 50～60 m 等深线一带，9 000 年前大约位

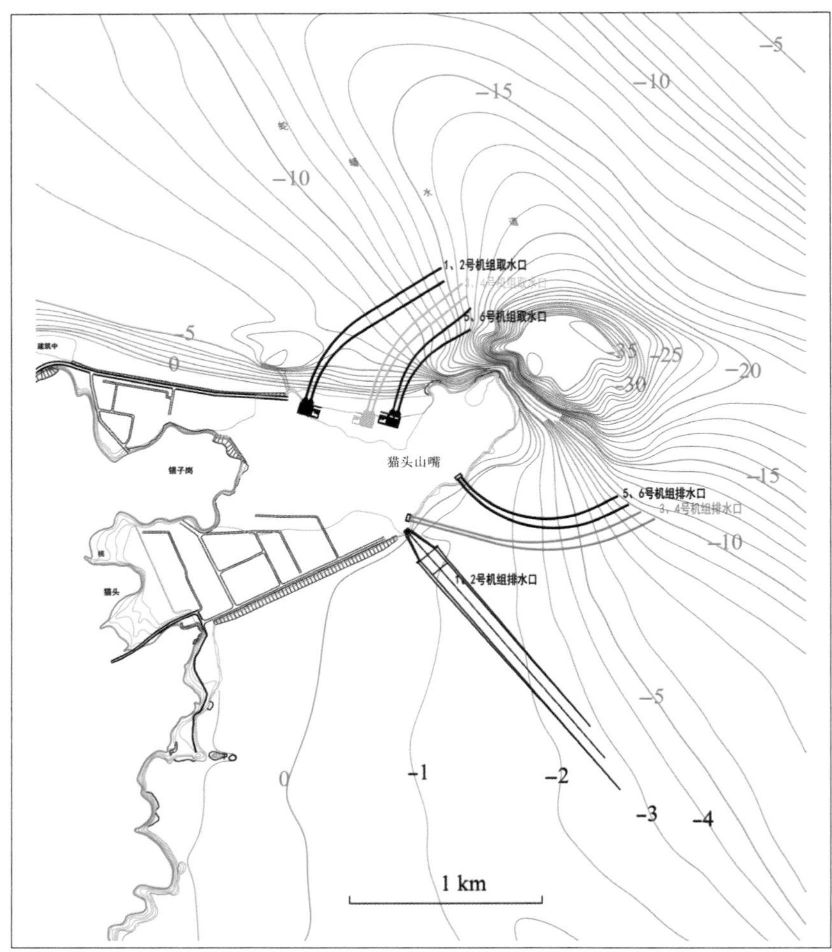

图 6.1.4　三门核电厂取排水工程总平面布置示意图(2013 年水下地形)

图 6.1.5　三门核电厂重件码头照片

于30 m等深线附近，8 000年前位于15～20 m等深线一带，7 000年前后(全新世)海平面上升，海岸线和20世纪80～90年代较为接近或略低。7 000年来海平面基本稳定，波动高差在正负2～3 m之间，在5 500～6 000年曾达到最高[2-18]。

三门湾基岩海岸长186 km。基岩海岸由坚硬的火山岩系组成，抗冲力强，海岸后退不明显。淤泥质海岸处于缓慢淤涨状态，以海湾北部下洋涂最显著。下洋涂以内青珠农场一带岸线，明末至今，已向海推移了8～10 km。湾顶及潮汐通道的淤泥质海岸，由于湾内泥沙来源量并不丰富，悬沙浓度较低，夏季小潮水色清澈，淤积缓慢，岸线也处于稳定状态；在小海湾、港汊，由于人工的堵港、围塘的影响，岸线才向海推进。

全新世以来，海面上升，海水入侵三门湾，泥沙随潮流进入湾内，在湾内海底和陆地边缘发生沉积。在潮汐通道中由于受强大的潮流动力作用泥沙难以沉积，只有在岛屿(如三山岛、蛇蟠岛、花鼓岛、满山岛等)的岛影区落淤，形成舌状潮滩(如三山涂、蛇蟠涂等)、水下浅滩(如花岙岛和满山—下洋涂水下浅滩、田湾岛—三山涂水下浅滩)。潮滩和水下浅滩的出现妨碍水流横向流动，加速了泥沙在缓流区淤积，同时加快了港汊和水道的流速，使潮滩与港汊、水下浅滩与水道的高程差逐渐增大，形成了现今的三门湾潮滩和港汊、水下浅滩和水道相间的分布格局。在自然条件下，三门湾海床受岛屿和山岬的控制，滩槽平面位置相对稳定，潮滩和水下浅滩呈微淤，水道一直维持良好的水深[5-12]。

根据夏小明等《港湾淤泥质潮滩的周期变化》[6-5]和谢钦春等《浙江三门湾猫头深潭风暴快速沉积研究》[6-6]的研究成果：采用1992年6月在猫头山嘴南、北潮滩采集的60 cm柱状样和1995年5月猫头深潭的5个原状土样(样长1. 5～2. 3 m)，取样站位见图6. 2. 1。利用放射性同位素(^{210}Pb和^{137}Cs)测定沉积物的年代。经放射性同位素^{210}Pb和^{137}Cs沉积物的年代测定，测得三门湾内大、小深潭和蛇蟠水道历史上近百年的淤积速率。近百年来猫头大深潭东南部位(N23、

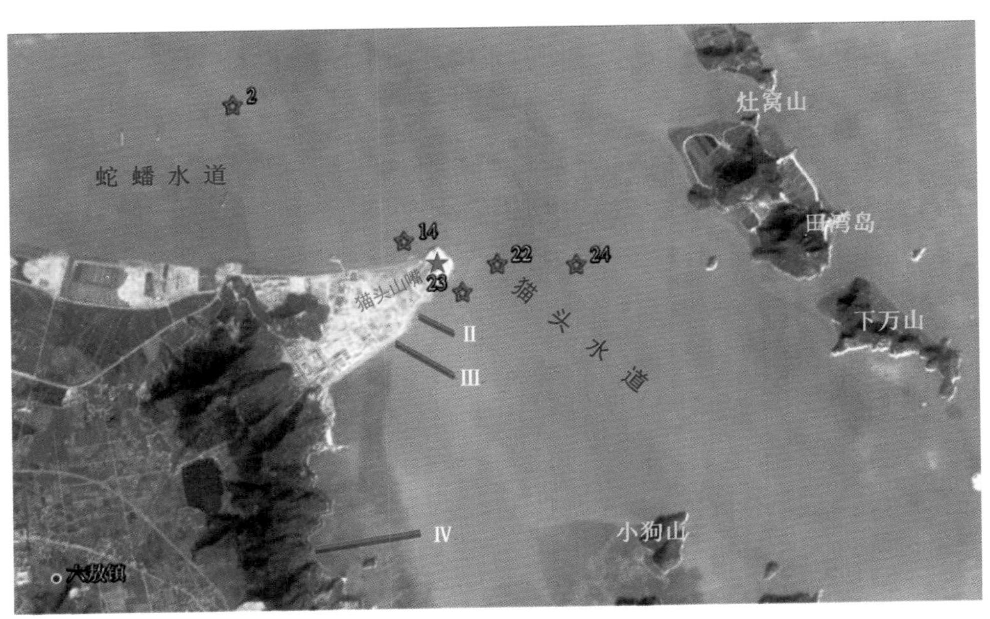

图6. 2. 1　深潭检测点和断面位置图

N24)的平均沉积速率为1.8 cm/a;西侧小深潭(N14)平均沉积速率为1.5 cm/a;蛇蟠水道(N02)平均沉积速率为2.1 cm/a。即在自然状态下,三门湾海域海床平均年淤积在2 cm左右。

6.2.2 近期海床冲淤

6.2.2.1 海床冲淤分布

近年来三门湾冲淤平面分布如图6.2.2所示。图6.2.2A为1964年至1994年三门湾冲淤平面分布。由图可见,三门湾海域海床有冲有淤,淤积主要发生在西北部的沥洋港上段、三山涂两侧、蛇蟠涂南侧和胡陈港以南、下洋涂潮滩、蛇蟠水道北侧、猫头水道中部以及下洋涂至花岙岛之间水域,平均淤积速率为2~3 cm/a。冲刷主要发生在沥洋港中部、青山港南侧、旗门港南侧、正屿港、海游港下端、大小深潭、猫头水道两侧以及石浦水道至珠门港一线,平均冲刷速率约2 cm/a。淤积区域大部分为 −5 m以浅水域,而冲刷部位主要为 −5 m以深水域。

近10年(1994 ~ 2003年)三门湾冲淤平面分布见图6.2.2B,淤积主要发生在蛇蟠水道南侧、石浦水道、满山水道中部,淤积幅度最高达2.0 m。冲刷主要发生在蛇蟠水道北侧,猫头水道及满山水道中部局部区域,冲刷幅度大部分不大于2.0 m,小部分区域冲刷幅度达2.0~5.0 m。

2003年至2006年冲淤分布见图6.2.2C,海床以淤积为主,淤积主要发生在下洋涂南侧、蛇蟠水道、猫头水道中部、满山水道中部、猫头山嘴北侧水域,淤积幅度最高可达2.0 m以上。冲刷主要发生在局部区域,如石浦水道西侧、珠门港西侧及猫头山嘴南侧局部区域,冲刷幅度小于1.0 m。

2006年4月至2013年冲淤分布见图6.2.2D,三门湾海床以淤积为主,下洋涂南侧、蛇蟠水道东北侧、猫头水道、满山水道、猫头山嘴北侧沿岸,淤积幅度平均在1.0 m左右,最高可达到2.0 m以上。冲刷主要发生在满山水道局部、猫头水道区域及沥洋港西侧,冲刷幅度基本小于1.0 m。

总体而言,三门湾历史上处于缓慢淤积过程。但1964年以前,三门湾潮滩变化较小。随着三门湾日益频繁的人类活动,三门湾淤涨速率不断加快。近40年(1964 ~2003年)三门湾海床有冲有淤,淤积主要发生在三山涂、双盘涂、蛇蟠涂、正屿涂潮滩和胡陈港至白礁水道间的下洋涂潮滩以及下洋涂与花岙岛之间的水下浅滩,淤积速率为2~3 cm/a。冲刷主要发生在蛇蟠水道、猫头水道和满山水道部分区域,平均冲刷速率为1~2 cm/a。最近10年(2003~2013年)来,由于三门湾顶部区域大范围、大规模的围涂造地,减少了海域的纳潮量,导致三门湾海床以淤积为主,淤积主要发生在下洋涂南侧、蛇蟠水道、猫头水道、满山水道、猫头山嘴北侧沿岸,淤积幅度在2.0 m以上;冲刷仅为局部地区,冲刷幅度总体小于1.0 m。

6.2.2.2 滩涂淤涨变化

三门湾内典型的潮滩有下洋涂和三山涂。一般用0 m线和 −2 m线表述中潮滩的变迁,1983年以前的测图由海图读取理论深度基准面0 m线(−3.5 m, 1985国家高程基面)表述潮滩外缘线的变迁。对比历次测图等高线的变化,分三个区域进行分析:即湾顶的三山涂潮滩、下洋涂潮滩和猫头山嘴南、北侧潮滩[5-12]。

单位:cm/a
3
2.5
2
1.5
1
0.5
0
−0.5
−1
−1.5
−2
−2.5
3 250 000
3 245 000
3 240 000
3 235 000
3 230 000
3 225 000
3 220 000
3 215 000
3 210 000
3 205 000
41 350 000
41 360 000
41 370 000
41 380 000
41 390 000
宁海县
象山县
三山涂
蛇蟠涂
蛇蟠岛
下洋涂
正屿涂
花鼓岛
高塘岛
猫头山嘴
花岙岛
三门县

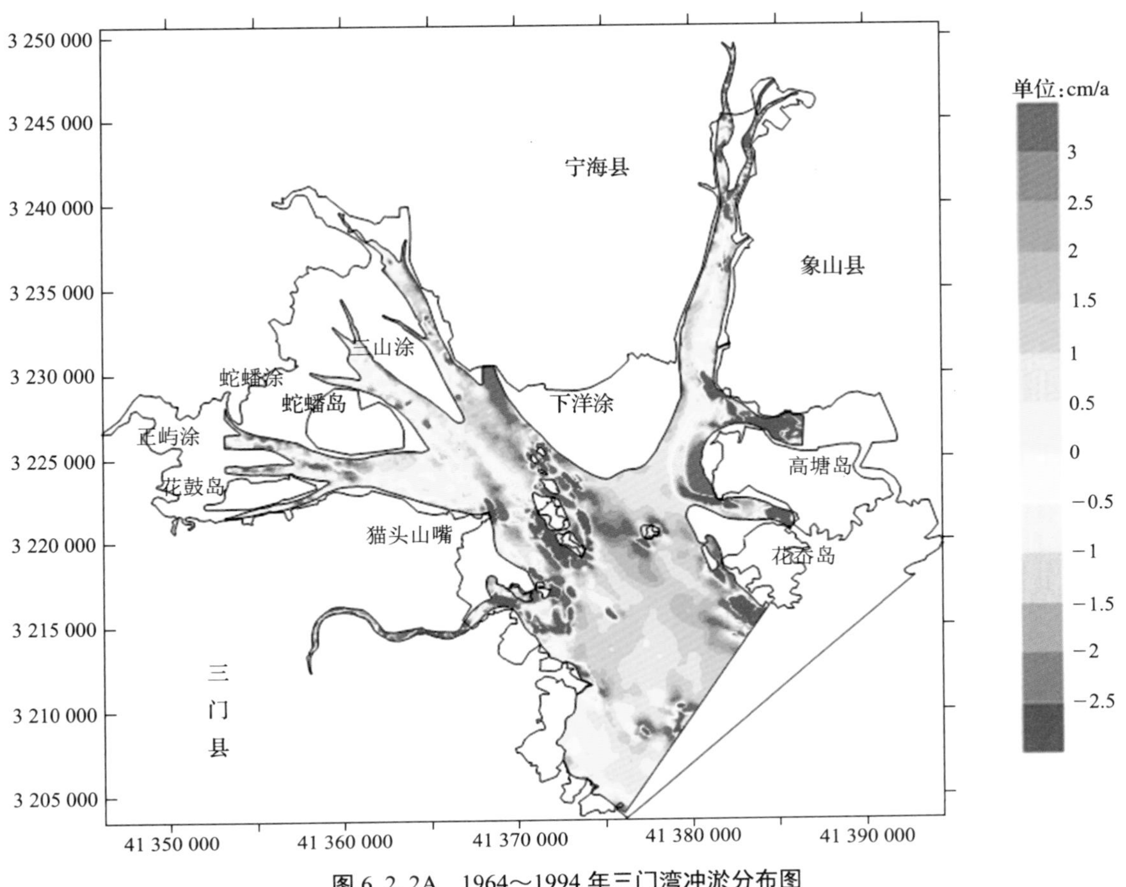

图 6. 2. 2A　1964～1994 年三门湾冲淤分布图

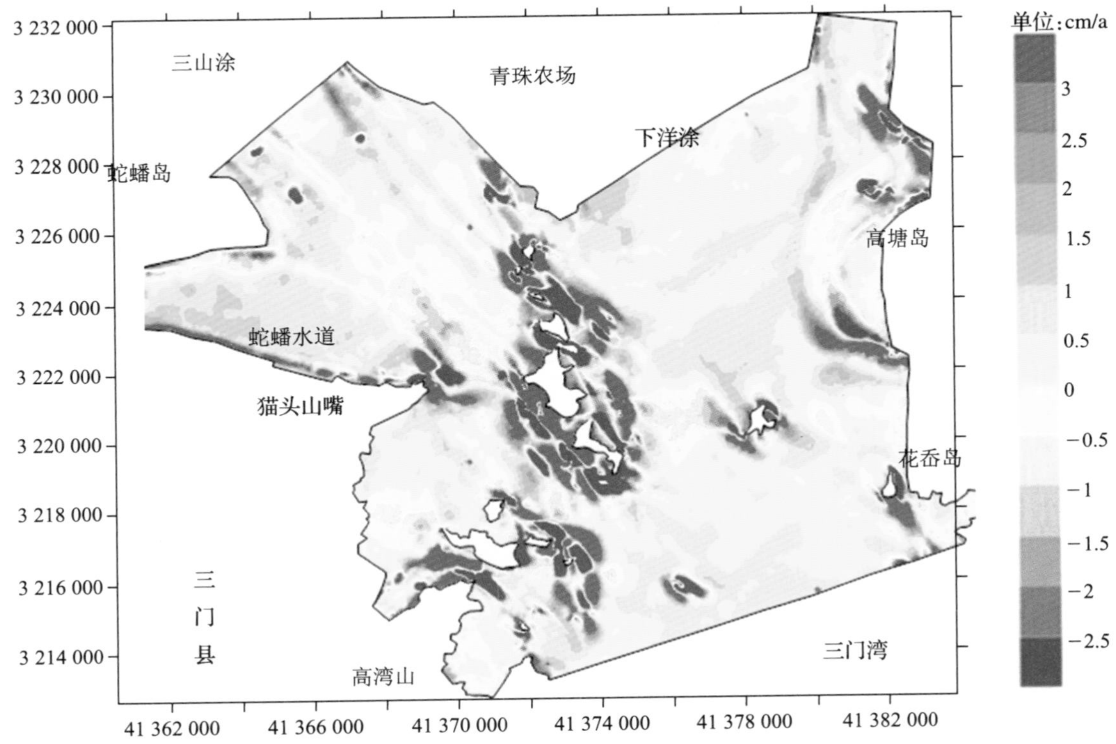

单位:cm/a
3
2.5
2
1.5
1
0.5
0
−0.5
−1
−1.5
−2
−2.5
3 232 000
3 230 000
3 228 000
3 226 000
3 224 000
3 222 000
3 220 000
3 218 000
3 216 000
3 214 000
41 362 000
41 366 000
41 370 000
41 374 000
41 378 000
41 382 000
三山涂
青珠农场
下洋涂
蛇蟠岛
高塘岛
蛇蟠水道
猫头山嘴
花岙岛
三门县
三门湾
高湾山

图 6. 2. 2B　1994 ～2003 年三门湾冲淤分布图

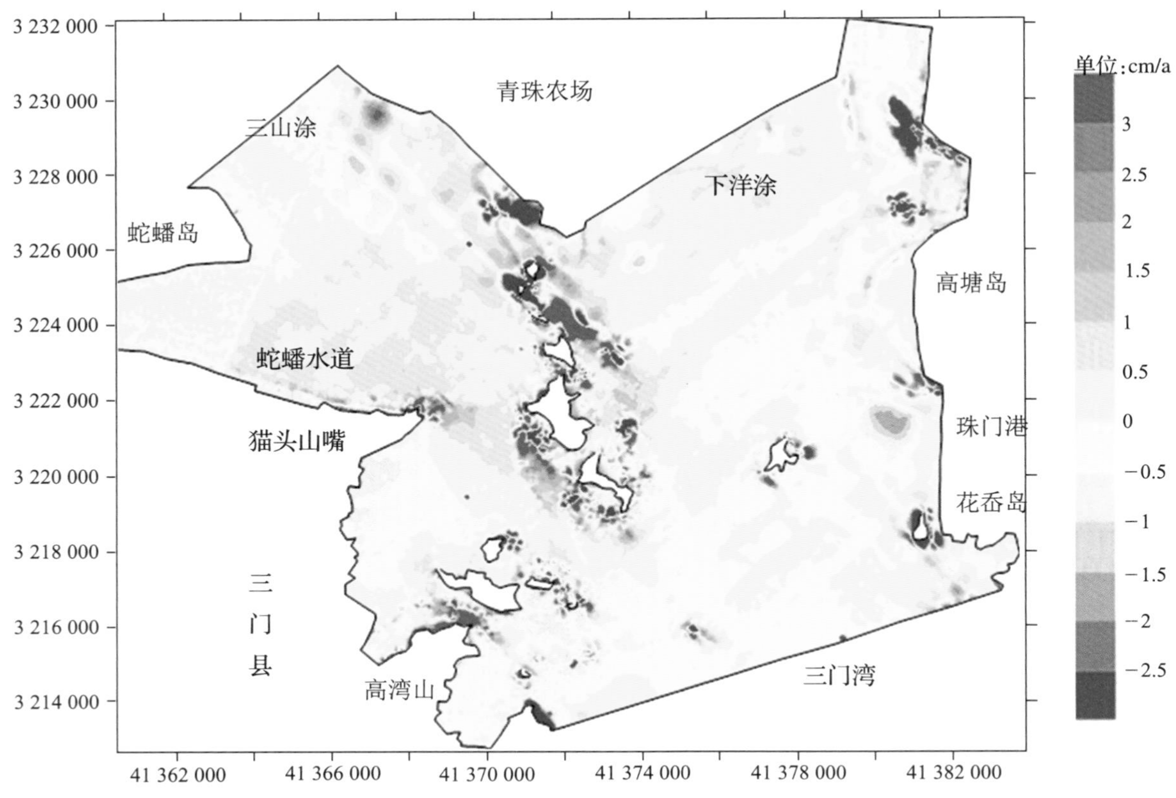

图 6.2.2C　2003～2006 年三门湾冲淤分布图

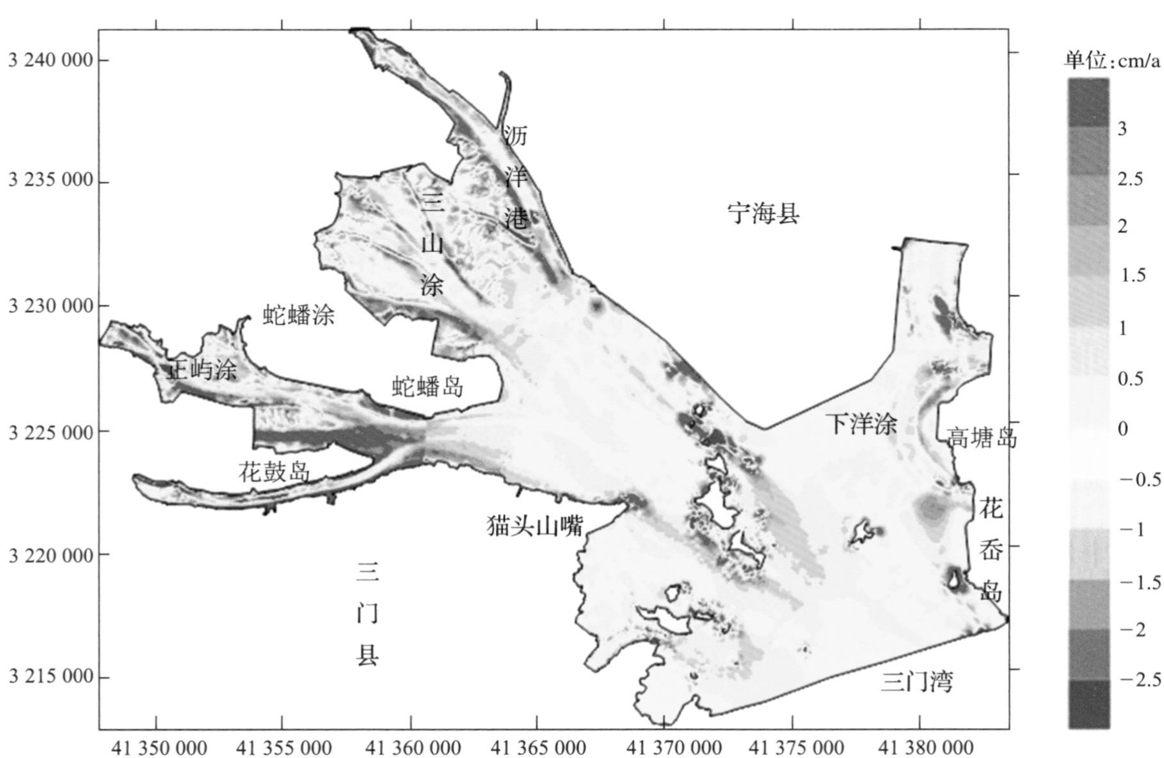

图 6.2.2D　2006～2013 年三门湾冲淤分布图

（1）三山涂潮滩

三门湾湾顶区域的三山涂潮滩呈缓慢淤涨状态，0 m 线向东南方向延伸，1914 年海图上潮滩围绕岛屿发育，互不连接。到了 1930 年海图上岛屿潮滩连成一片，呈舌状向东南方向延伸。50年（1914～1964年）内，0 m线外涨了3 km。1964～1983年，三山涂内连接涂面潮沟的汊道萎缩，但潮滩规模基本未变（图 6.2.3）。1994 年与 1983 年相比，1983 年三山岛周围与陆地延伸的 0 m 等高线不相连，1994 年淤高、扩大并相连，−2.0 m 等高线变化不大。1994 年至 2013 年，三山涂涂面不断往外淤涨，2006 年三山涂已开始筑堤围海养殖，2006 年与 1994 年测图相比，三山涂 −2.0 m 等高线最大外移 860 m，年平均外移 72 m。2013 年三山涂 0 m 线即为人工围堤堤线，2013 年与 2006 年测图比，三山涂东侧淤涨，相邻的沥洋港水域略有萎缩，0 m 等高线最大外移 480 m，年平均外移 68 m。三山涂西侧 0 m 线稳定未变。由于近年来滩面上大规模养殖，使得涂面潮沟大量发育。

（2）下洋涂潮滩

三门湾下洋涂潮滩与三山涂潮滩一样，同样处于缓慢淤涨状态。0 m 线（理论最低潮面）1930～1964 年外涨平均 500 m，外涨速率 15.0 m/a。由于车岙港 1952 年堵港，在其港口附近淤积 0 m 线外涨了约 3 000 m。1964～1983 年下洋涂 0 m 线继续整体外移约 1 000 m，外推速率约 50 m/a。期间胡陈港 1973 ～1976 年完成堵口。根据《宁海县水利志》记载，坝前出现大量淤积，在低潮时胡陈港坝前出露一片潮滩，港道深槽消失。至 1983 年潮滩等高线外移了 280 m，年平均外移约 60 m，滩地平均淤高 26 cm，年平均淤高 5 cm。1983 年与 1994 年测图对比，下洋涂潮滩变化不大，0 m、−2.0 m 等高线有所内移。2006 年与 1994 年测图对比，下洋涂 0 m、−2.0 m 等高线均外推，其中 −2.0 m 等高线平均外推 1 150 m，年平均外移 95 m。2013 年与 2006 年测图对比，下洋涂 0 m、−2.0 m 等高线均外推，0 m 等高线最大外移 1 250 m，年平均外移 179 m，−2.0 m 等高线最大外移 1 040 m，年平均外移 148 m。

（3）高塘岛和花岙岛潮滩

高塘岛和花岙岛西北一侧 0 m、−2.0 m 等高线也均外涨。其中 1983～1994 年高塘岛和花岙岛一侧 0 m、−2.0 m 等高线均外移，分别为 600 ～645 m 和 270 ～380 m，年平均外涨 67 ～72 m 和 30 ～42 m。1994～2006 年，淤积放缓平稳，等高线变化不大。2006～2013 年来淤积有增长加快的趋势，花岙岛 0 m 等高线最大外移约 1 200 m，年平均外移 170 m；高塘岛 0 m 等高线最大外移约 300 m，年平均外移 43 m。

（4）猫头山嘴南北潮滩

猫头山嘴南潮滩 1994 年前变化不明显，在 1986～1990 年期间，猫头山嘴南侧围涂造地 1 000 多亩，潮滩向外淤涨，但淤涨幅度不大。1994 年至 2013 年，0 m、−2.0 m 等高线均外移 300 m，年均外移约 15 m，有逐年减缓的趋势。猫头山嘴北侧潮滩 0 m 线变化不大。

综合上文分析表明：三门湾北部和西部潮滩处于缓慢淤涨状态，而西南部潮滩较稳定，近 10 年来下洋涂潮滩淤涨速率呈加快趋势。

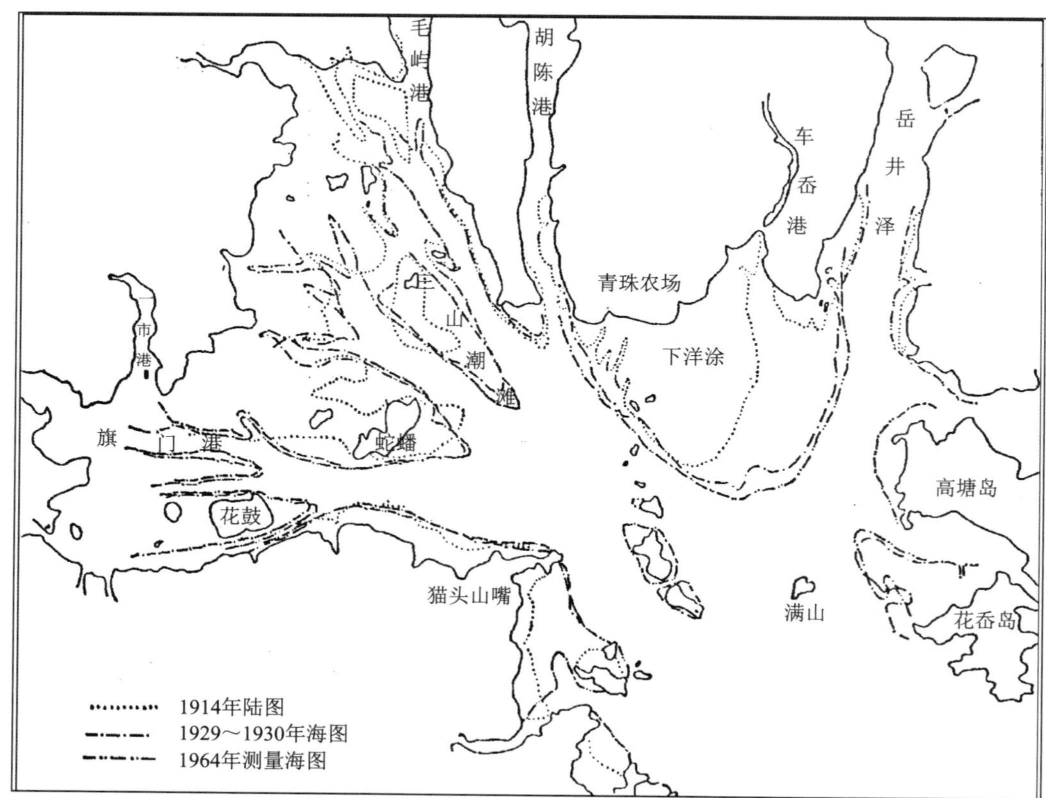

图 6.2.3A　三门湾潮滩 0 m 等高线（理论深度基准面）1914～1964 年演变图

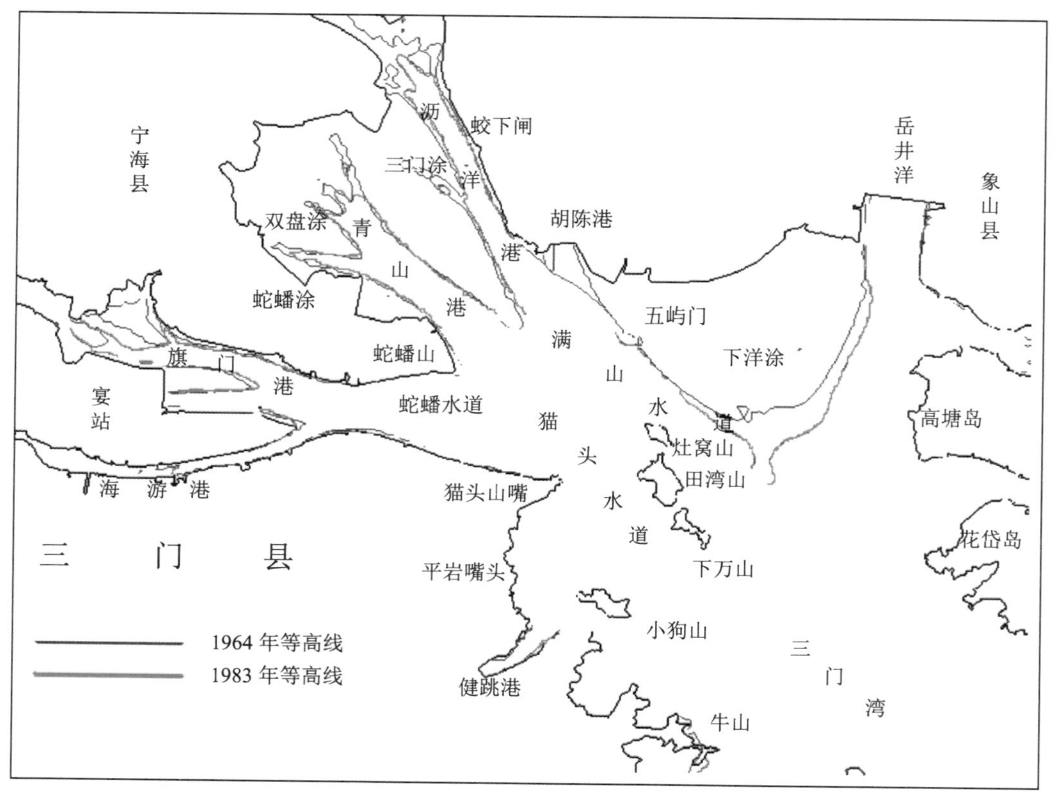

图 6.2.3B　三门湾潮滩 0 m 等高线（理论深度基准面）1964 ～1983 年演变图

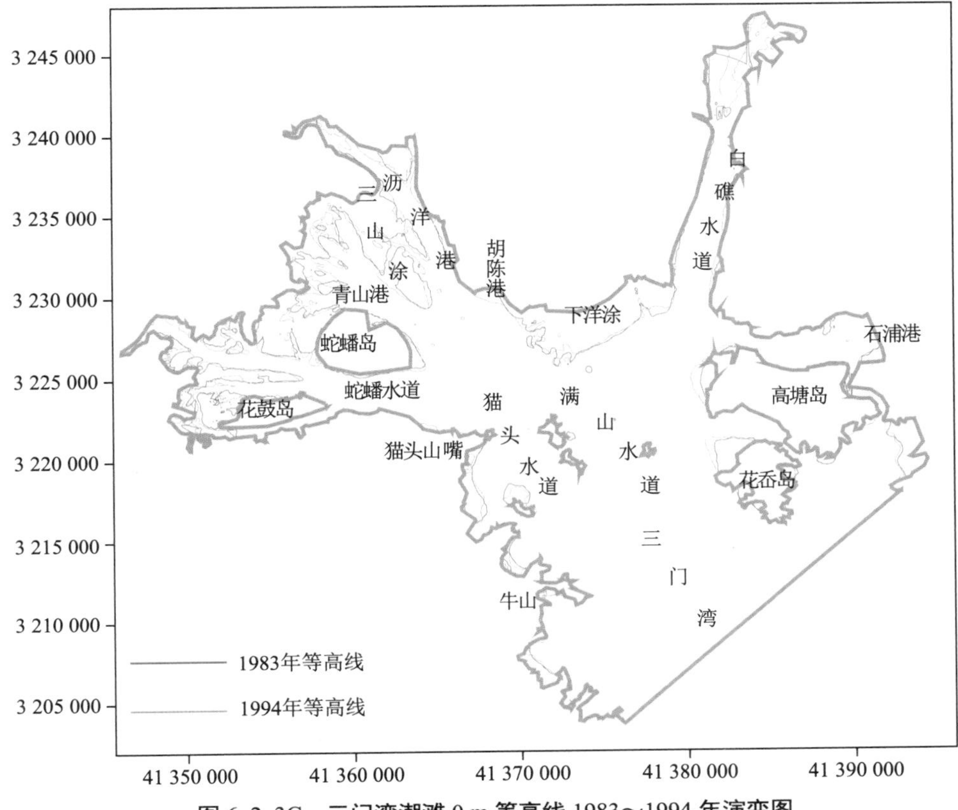

图6.2.3C　三门湾潮滩0 m等高线1983～1994年演变图

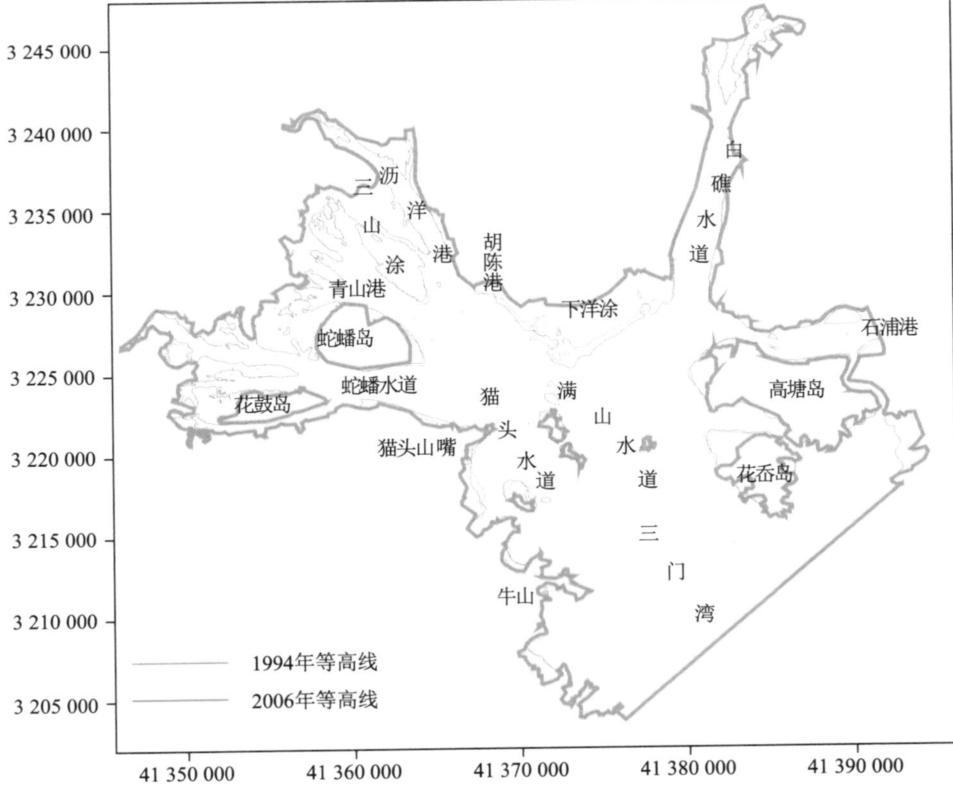

图6.2.3D　三门湾潮滩0 m等高线1994～2006年演变图

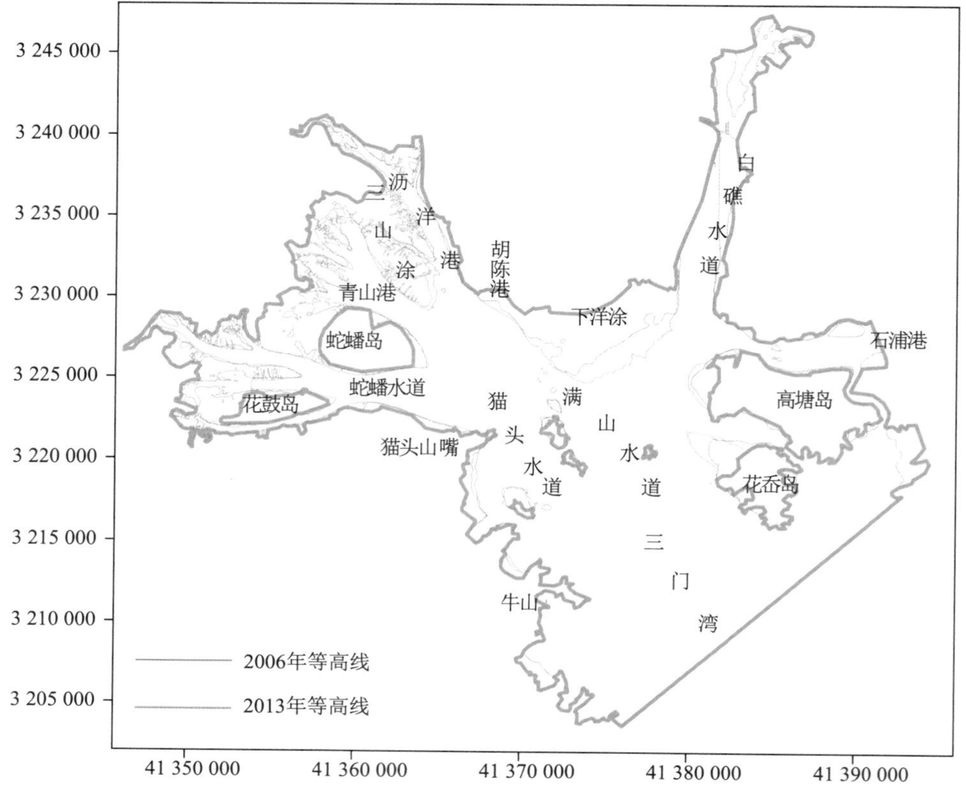

图 6.2.3E　三门湾潮滩 0 m 等高线 2006～2013 年演变图

6.2.2.3　深槽冲淤变化

三门湾内深槽主要有沥洋港、青山港、蛇蟠水道、猫头水道和满山水道等。深槽的冲淤变化幅度如表 6.2.1 所示[5-12]，本书按区域分析各深槽的冲淤变化。

(1) 满山水道—沥洋港

由于胡陈港、毛屿港的堵港和下洋涂—花岙岛浅滩淤积，使 −5.0 m 等高线向水道内移 100～500 m 不等。满山水道 1964 年 −10.0 m 等高线与水道口相通，到 1994 年满山水道在下万山的东南侧发生淤积，−10.0 m 等高线与口门不连通，只留下大柴门—下万山东侧有长 5 km、宽 1 km 左右的 −10.0 m 以下的深槽，由 2006 年和 2013 年测图分析可见，−10.0 m 以下深槽继续缩窄。根据 −5.0 m、−10.0 m 等高线变化分析表明:50 年来满山水道—沥洋港一直处于缩窄淤积状态，而近 10 年来缩窄速度呈加快趋势。

(2) 青山港—蛇蟠水道

青山港—蛇蟠水道 −5.0 m 等高线在 1964～1994 年港顶略有内移，但总体变化不大。1994 ～2006 年蛇蟠水道南侧、蛇蟠涂东南部因浅滩淤积，致使 −5.0 m 等高线向深槽内移 100 ～200 m。2006～2013 年蛇蟠水道变化较大，原伸入晏站涂潮滩的 −5.0 m 线退至花鼓岛以东，汊道消失，猫头山嘴北侧岸滩外移，−5.0 m 线外移 350 m，蛇蟠水道大幅度萎缩，这一大幅度变化的原因，主要是由晏站涂围涂造地减少潮滩纳潮量所致。

表 6.2.1 三门湾不同区域冲淤变化表 (单位:cm/a)

区域	冲淤变化	1964～1994年	1994～2003年	2003～2013年
珠门港西口	冲淤并存	−10	12	10～25
满山水道	强淤积带	5～15	6～10	10～15
沥洋港	淤 积	5～10	9	1～5
青山港东北边坡和口门	冲淤并存	5～10	−2～−7	−5～−10
青山港西南边坡	冲淤并存	−3	7～18	10～20
旗门港	淤积	5～13		5～10
海游港	港内淤积,口门微冲,深槽冲刷	10/−3～0		15/−1～−5
蛇蟠水道北边坡	冲淤并存	2～6	−6～−15	不冲不淤
蛇蟠水道南边坡	冲淤并存	−3～0	6～13	5～15
猫头水道中部主槽	以淤积为主	5～20		5～10
猫头深潭	强淤积	15.7		10～20
猫头深潭和青门山两侧	冲淤并存	−3～−5	45～80	20～40

注:表中负号表示冲刷,正号表示淤积。

(3)猫头水道

猫头水道 −5.0 m 等高线在 1964～1994 年期间总体变化不大，1994～2006 年间猫头水道西侧因浅滩淤积,使 −5.0 m 等高线向深槽内移 100～200 m，2006～2013 年间又内移 50 m 左右;−10.0 m、−15.0 m 等高线在 1994～2006 年间有些部位内移、有些部位外移,但总体变化较小。而 2006～2013 年间 −10.0 m 等高线变化较大,在猫头水道靠近湾口处有明显的大范围内移,并在花岙岛与牛山连线附近中断。猫头水道 −20.0 m 以下深槽 1964～1994 年间变化不明显，1994～2006 年间 −20.0 m 等高线内缩外伸,并在田湾山西侧中断,表明蛇蟠三期围涂和湾顶滩槽淤涨已影响到猫头水道的水深，2006～2013 年间 −20.0 m 等高线无明显变化,略有内移。猫头水道 −30.0 m、−40.0 m 以下深槽属于局部深潭,分别位于猫头山东侧、青门山和下万山西侧，1994～2013 年间深潭等高线总体呈淤积趋势。

综上分析表明:三门湾历史上处于缓慢淤积过程，1964 年以前由于人类活动相对较少,三门湾潮滩变化较小;但近十余年来潮滩和深槽总体表现为淤涨,且淤涨速率呈加快趋势,这主要由三门湾海域近年来大规模、大面积围涂造地所致。

6.2.2.4 深潭冲淤变化

(1) 深潭面积变化

根据历次测图比较分析表明：1964 年猫头深潭最深处存在水深低于 50 m 的区域，到了 1993 年水深低于 50 m 的区域消失，最深点淤高 4.7 m。1993 年以来，猫头大、小深潭 −10.0 m、−20.0 m、−30.0 m、−40.0 m、−45.0 m 等高线和 −30.0 m、−40.0 m、−45.0 m 等高线所包面积的变化见图 6.2.4、图 6.2.5 和表 6.2.2 所示。由图表可见，猫头大深潭 −10.0 m、−20.0 m、−30.0 m、−40.0 m、−45.0 m 等高线向深潭内移，面积逐渐减小，表示深潭以及边坡处于不断淤积状态。尤其是深槽西北边坡和深潭 −45.0 m 以下底部淤积更为明显。由表可见，7 月和翌年 1 月深潭面积大，4 月面积小。表明深潭在夏、秋两季和初冬因为潮大、含沙量小而冲刷，4 月以前晚冬和春季潮小、含沙量大而深潭淤积。

由图 6.2.4 可见，2003 年至 2013 年，−10.0 m、−20.0 m 等高程线往外推移，2013 年猫头山嘴北侧的小深潭消失，−20.0 m 等高线随着小深潭的消失，原突出冲刷槽退缩至大深潭边缘，而大深潭 −20.0 m 所围面积进一步缩小，−40.0 m 和 −45.0 m 等高线消失，大深潭萎缩十分明显。2003 年猫头大、小深潭最深处底高程分别为 −48.8 m 和 −31.4 m，到 2013 年 1 月，小深潭消失不见，大深潭大幅度淤浅，最深点高程淤积至 −36.7 m，淤积 12.1 m，如图 6.2.6 所示。同时，深潭的面积明显缩小，−30.0 m 以下深潭面积 50 年（1964 年至 2013 年 1 月）来减小约 41.8%，近 10 年（2003 年 4 月至 2013 年 1 月）−30.0 m 以下深潭面积减小加快，减小约 29.7%。−40.0 m 以下深潭面积从 1993 年 7 月至 2007 年 12 月已减小 43.2%，2007 年 −45.0 m 以下深潭消失。2013 年 −40.0 m 以下深潭消失。

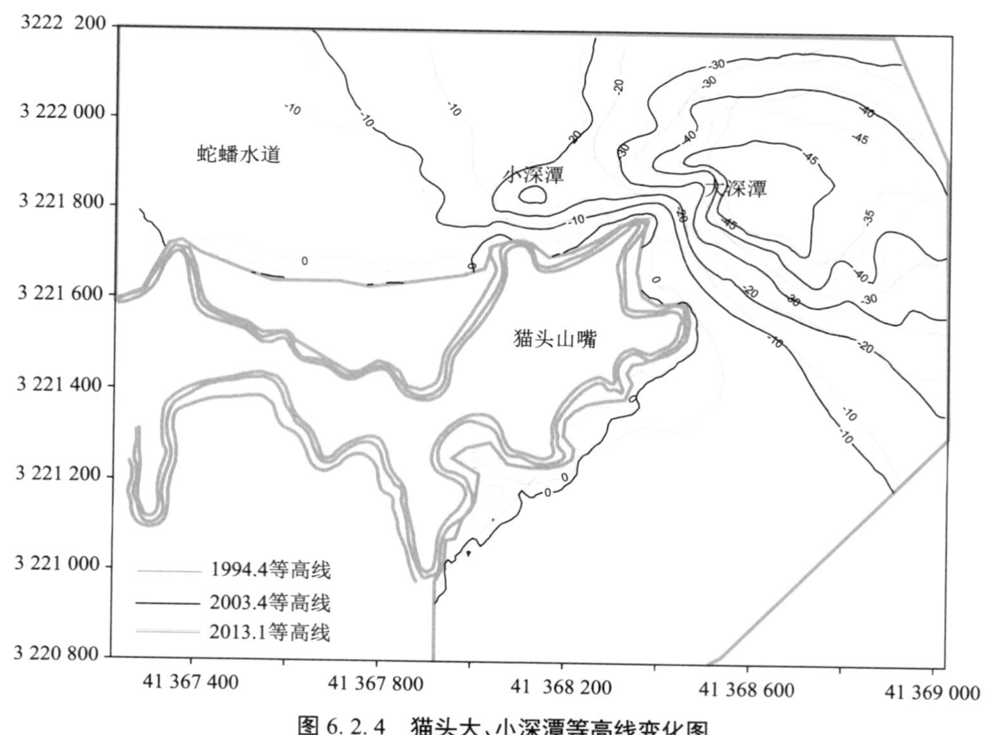

图 6.2.4 猫头大、小深潭等高线变化图

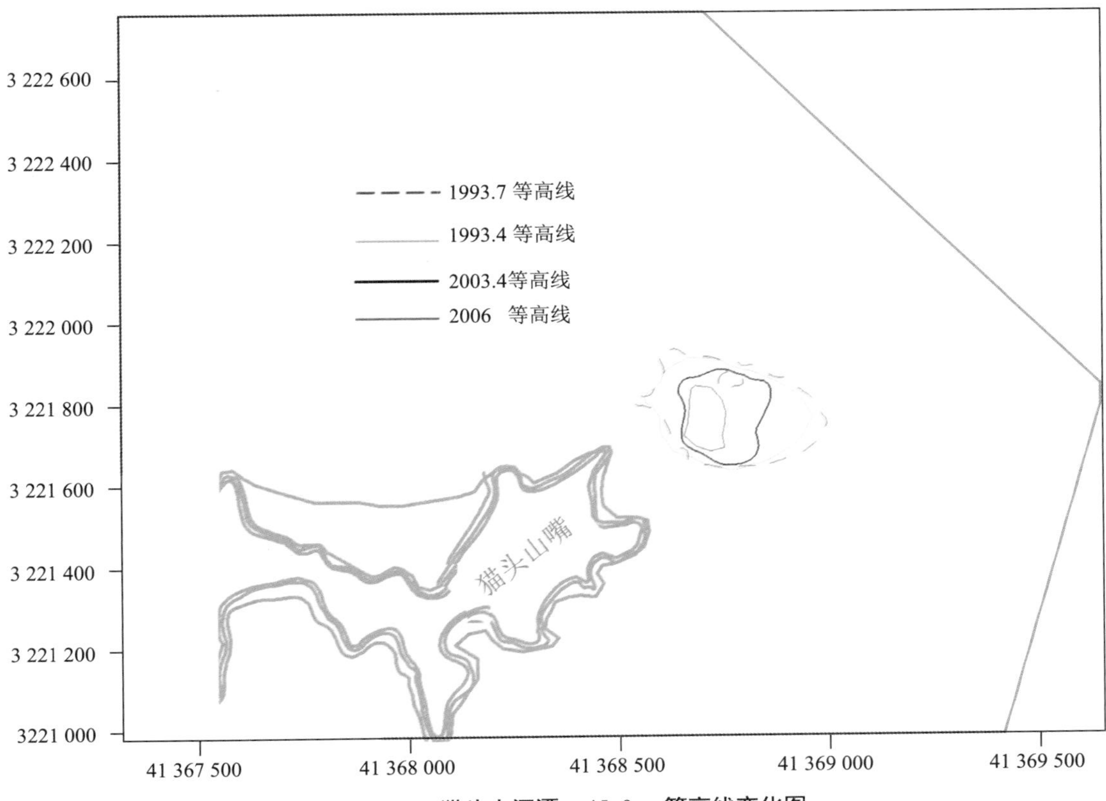

图 6.2.5A 猫头大深潭 −45.0 m 等高线变化图

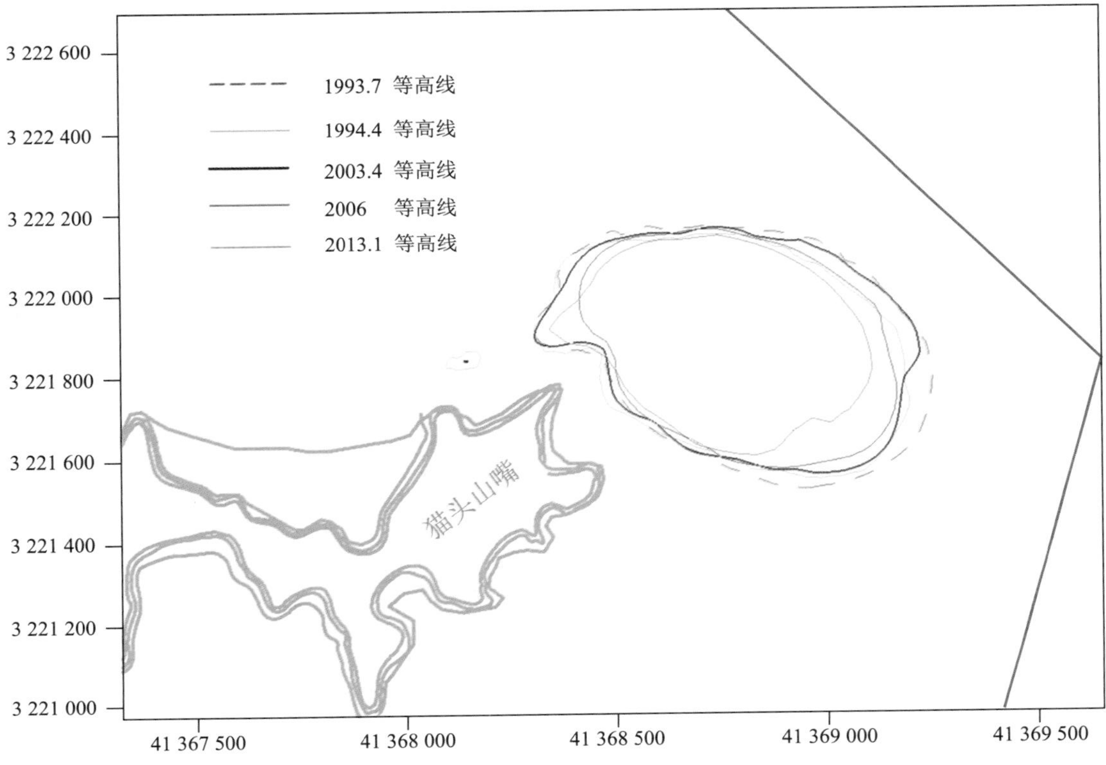

图 6.2.5B 猫头大深潭 −30.0 m 等高线变化图

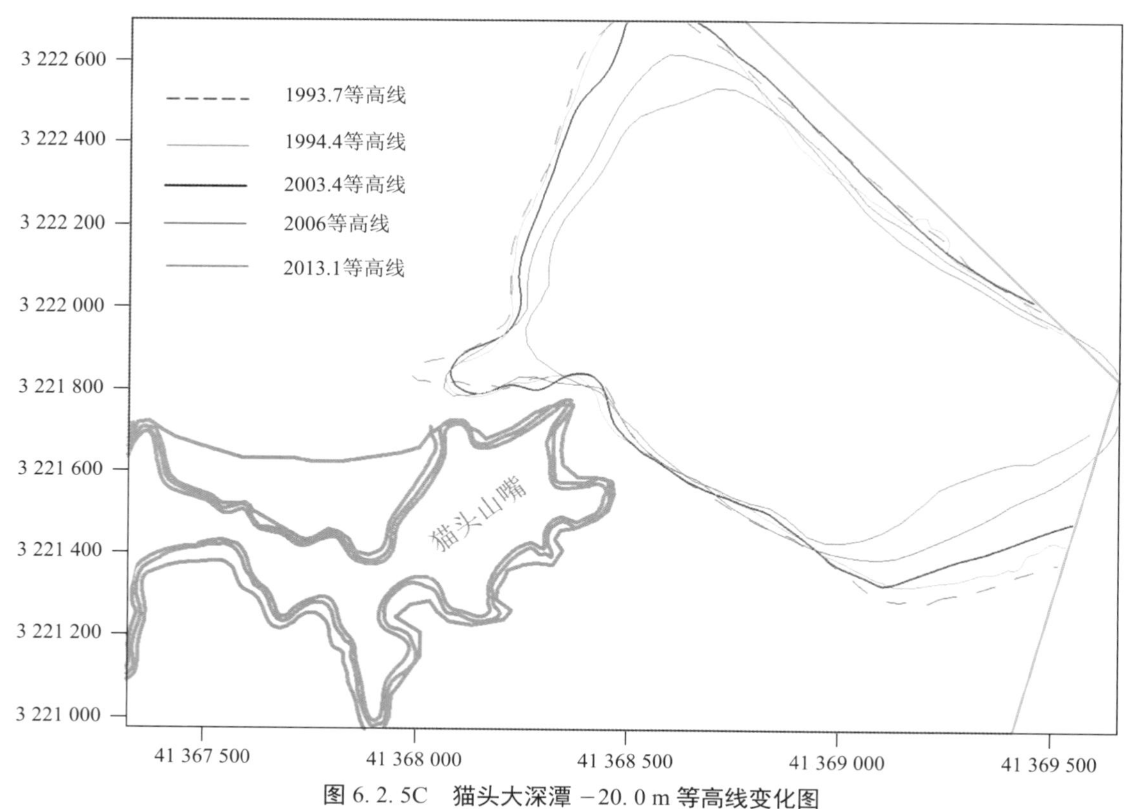

图 6.2.5C　猫头大深潭 −20.0 m 等高线变化图

表 6.2.2　猫头深潭 −30.0～−45.0 m 以下深潭面积变化一览表

年份	−30.0 m 以下深潭			−40.0 m 以下深潭			−45.0 m 以下深潭		
	面积（m²）	面积变幅（m²）	面积变化（%）	面积（m²）	面积变幅（m²）	面积变化（%）	面积（m²）	面积变幅（m²）	面积变化（%）
1964	459 700								
1993. 7	423 639	−36 061	−7. 8	182 583			102 878		
1994. 4	373 291	−50 348	−11. 9	171 993	−10 590	−5. 8	92 531	−10 347	−10. 1
1995. 1	423 525	50 234	13. 5	200 760	28 767	16. 7	127 744	35 213	38. 1
2003. 4	381 000	−42 525	−10	160 200	−40 560	−20. 2	48 128	−79 616	−62. 3
2003. 11	369 200	−11 800	−3	167 600	7 400	4. 6	35 981	−12 147	−25. 2
2006. 11	334 897	−34 303	−9. 3	120 558	−47 042	−28. 1	10 584	−25 397	−70. 6
2007. 12	336 464	1 567	0. 5	103 712	−16 846	−14. 0			
2013. 1	267 711	−67 186	−20. 1						
2003. 4～2013. 1		−113 289	−29. 7	2003. 4～2007. 12	−56 488	−35. 3	2003. 4～2006. 11	−37 544	−78. 0
1964～2013. 1		−191 989	−41. 8	1993. 7～2007. 12	−78 871	−43. 2	1993. 7～2006. 11	−92 294	−89. 7

注：表中面积变化“−”值表示减小。

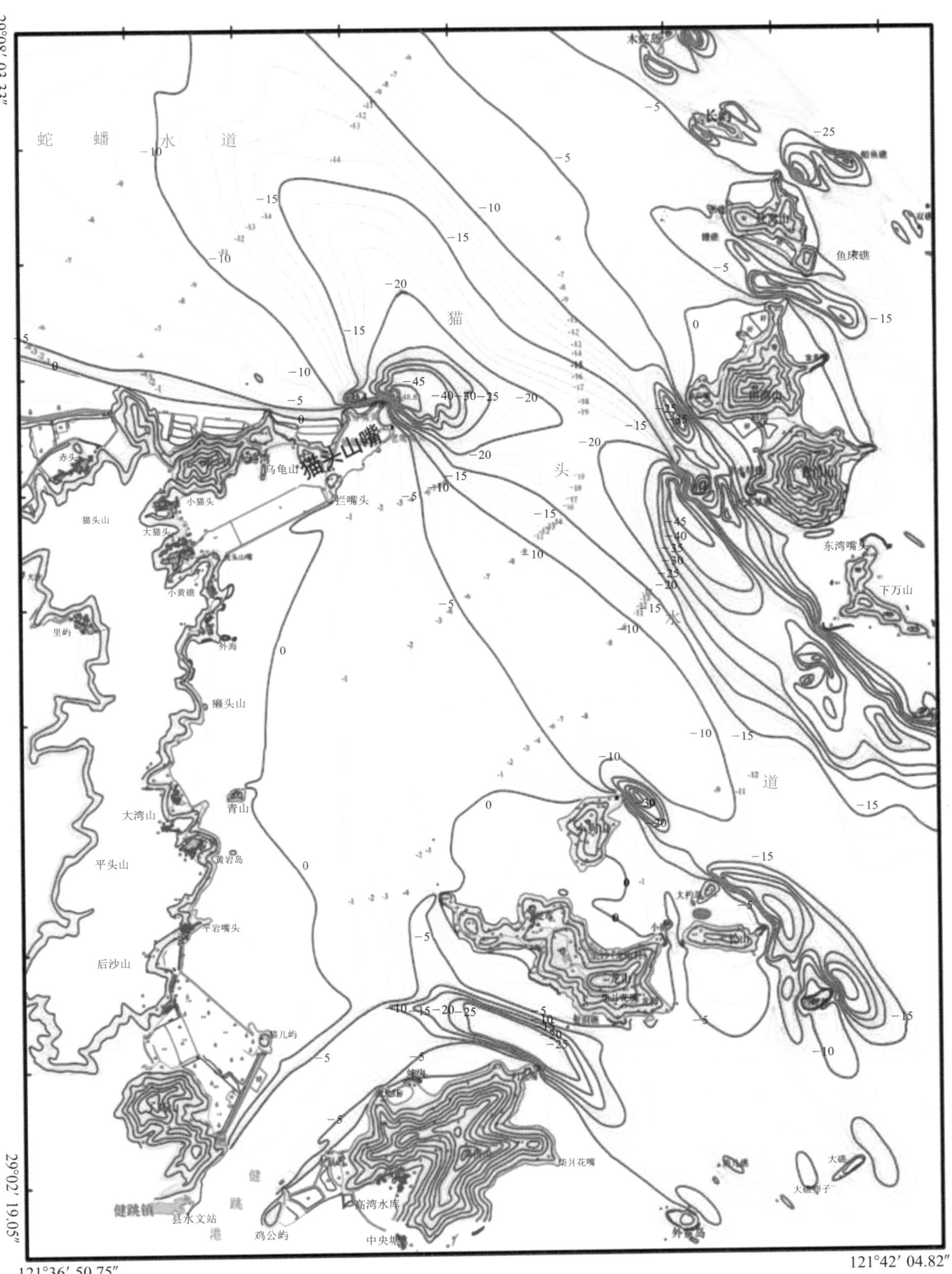

图 6.2.6A　三门湾海域水下地形图(2003 年)

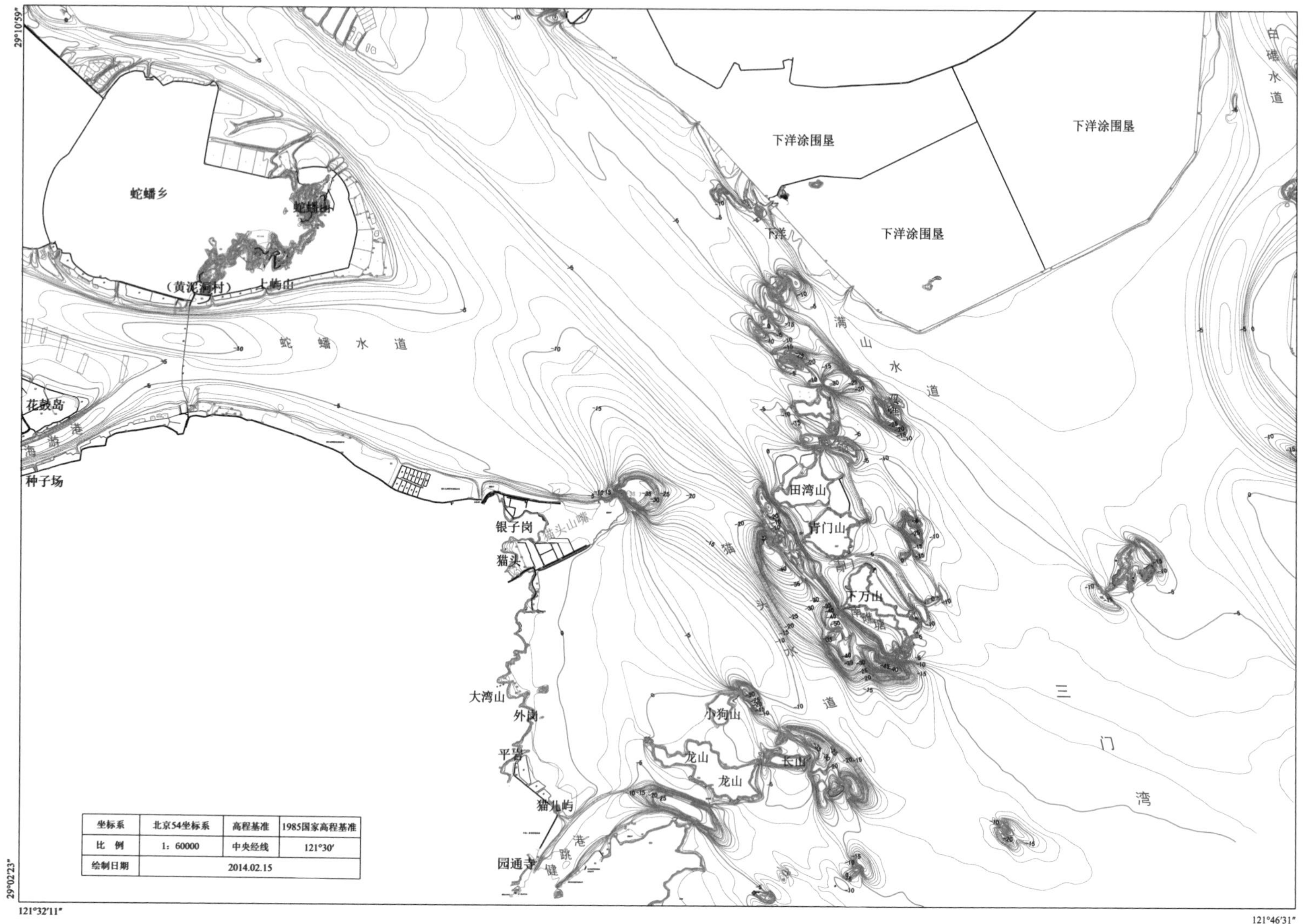

图 6.2.6B　三门湾海域水下地形图(2013 年)

(2) 深潭底高程季节冲淤变化

根据固定断面(图 6.2.7)检测资料统计表明:深潭季节冲淤变化明显,冬季深潭断面平均水深较大,底高程较低;夏季断面平均水深较小,底高程较高。深潭底高程季节变化呈现出明显的峰谷分布(图 6.2.8),7 月至翌年 2 月是深潭高程降低的过程,2 月至 6 月、7 月是高程抬高过程。表明深潭在 7 月至翌年 1 月、2 月的夏、秋、冬大潮期间深潭处冲刷;2 月至 6 月、7 月的春天至夏初梅雨期淤积。梅雨期溪流、山水下泄冲动淤积在潮滩上的泥沙,悬浮于水体中随落潮流归入深潭。由于深潭水流挟沙能力有限,泥沙停留在深潭,因而发生淤积。年内季节的冲淤变幅,在没有台风影响的情况下,断面平均高程变幅一般为 0.5~0.8 m,不超过 1.0 m。

(3) 深潭底高程年际冲淤变化

根据放射性同位素(^{210}Pb 和 ^{137}Cs)测年法测定:近百年来猫头大深潭东南部的平均沉积速率为 1.8 cm/a;西侧小深潭平均沉积速率为 1.5 cm/a;近 30 a 来猫头大深潭底部平均沉积速率为 10.7 cm/a[6-6]。

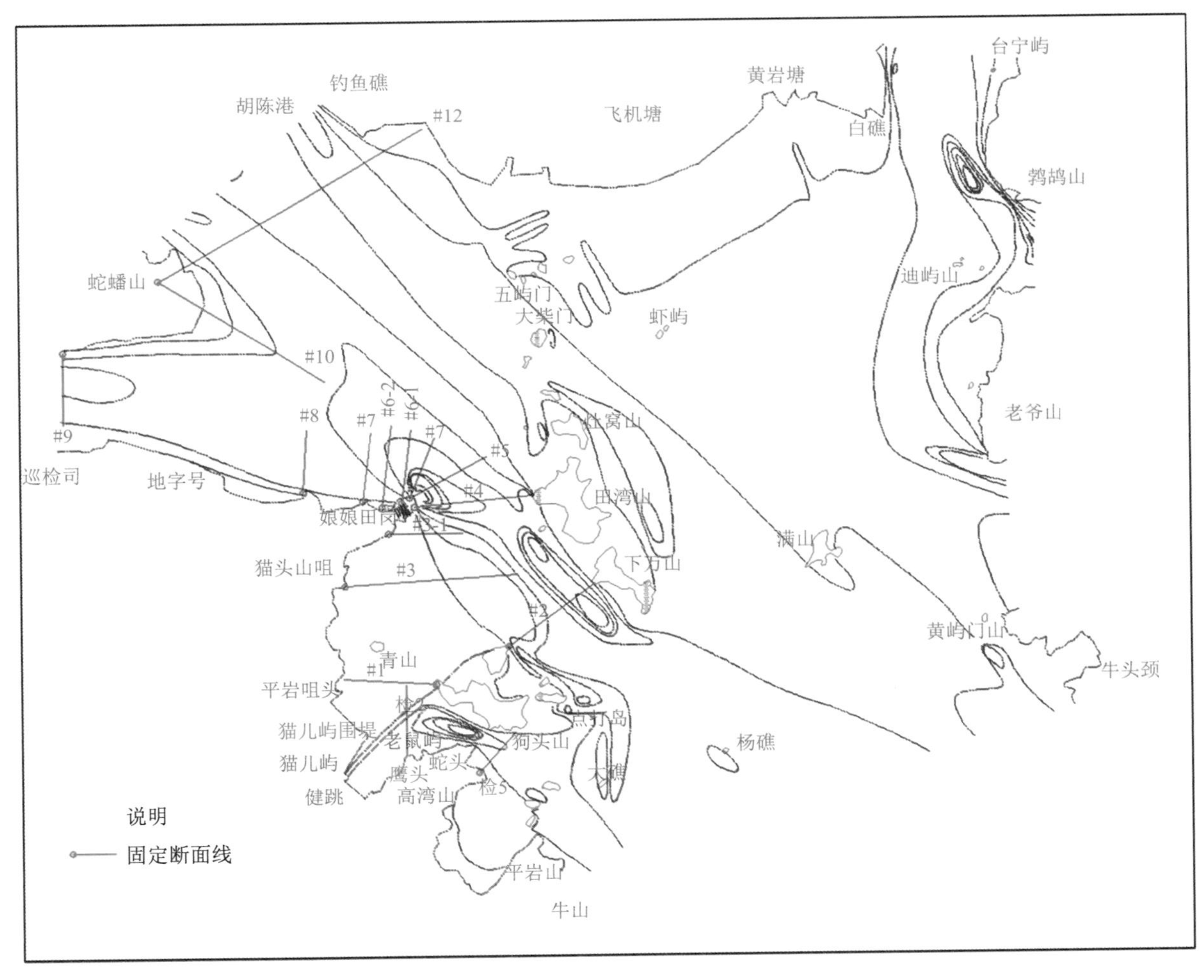

图 6.2.7 三门湾固定断面地形测量布置图

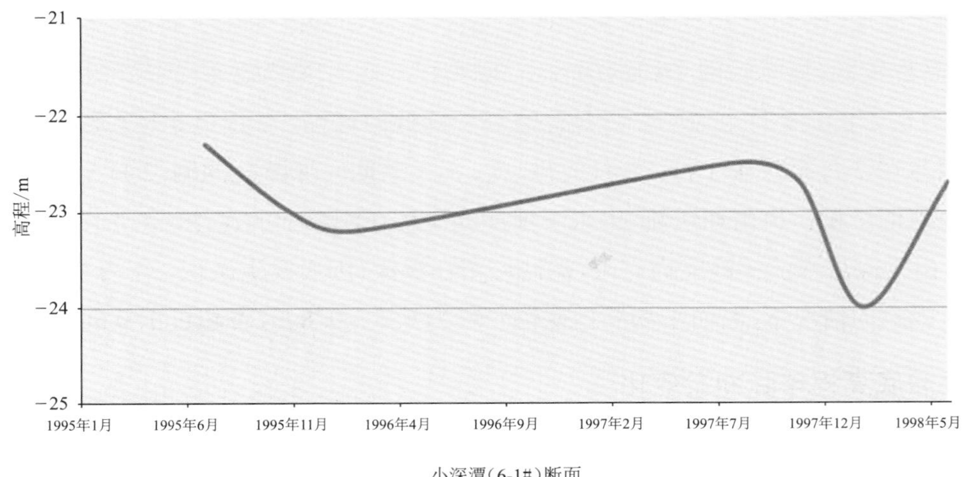

小深潭(6-1#)断面

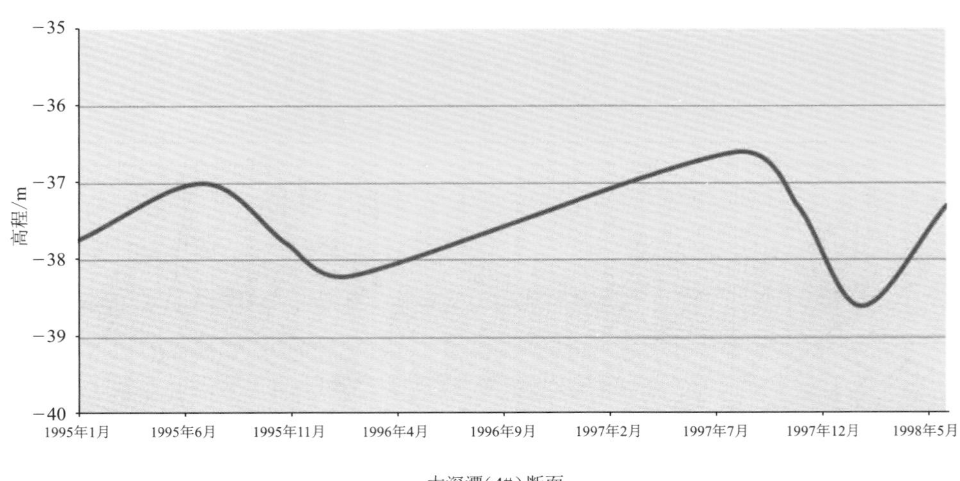

大深潭(4#)断面

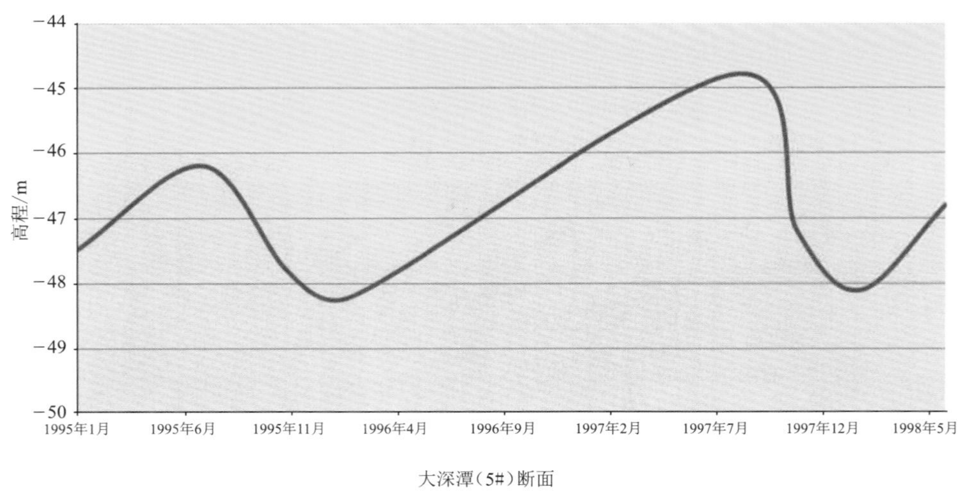

大深潭(5#)断面

图 6. 2. 8　各断面深潭最深点高程季节变化趋势图

表 6.2.3　深潭断面 2.5 m 以下平均水深和冲淤变幅

(单位:m)

断面号及位置	大深潭(4#)断面		大深潭(5#)断面		小深潭(6-1#)断面	
测期	高程	冲淤	高程	冲淤	高程	冲淤
1995.1	24.93		25.95			
1995.7	24.36	0.57	25.32	0.63	20.35	
1995.11	24.81	−0.45	25.97	−0.65	20.66	−0.31
1996.2	25.20	−0.39	26.26	−0.29	21.03	−0.37
1997.8	23.94		25.17		20.17	
1997.11	24.49	−0.55	25.62	−0.45	20.78	−0.61
1998.2	24.80	−0.31	26	−0.38	21.03	−0.25
1998.6	24.21	0.59	25.55	0.45	20.47	0.56
2003.4	23.69		25.3		20.34	
2003.11	23.91	−0.22	25.37	−0.07	20.51	−0.17
2013.1	21.99		23.02		19.07	
2013.8	22.11	−0.12	23.03	−0.01	19.19	−0.12
冬季平均水深	24.23		25.31		20.38	
夏季平均水深	23.47	0.76	24.51	0.80	19.90	0.48
多年平均水深	24.04		25.21		20.33	

注:以 1 月、2 月代表冬季，7 月、8 月代表夏季，下同;负号表示冲刷。

表 6.2.4　深潭最深点高程和冲淤变幅

(单位:m)

断面号及位置	厂区大深潭(4#)断面		厂区大深潭(5#)断面		厂区小深潭(6-1#)断面	
测期	高程	冲淤	高程	冲淤	高程	冲淤
1995.1	−37.7		−47.6			
1995.7	−37.0	0.7	−46.3	1.3	−22.3	
1995.11	−37.8	−0.8	−47.7	−1.4	−23.0	−0.7
1996.2	−38.2	−0.4	−48.2	−0.5	−23.2	−0.2
1997.8	−36.4		−44.9		−22.5	
1997.11	−37.2	−0.8	−47.1	−2.2	−22.7	−0.2
1998.2	−38.5	−1.3	−48.1	−1.0	−24.0	−1.3
1998.6	−37.3	1.2	−46.8	1.3	−22.7	1.3
2003.4	−35.5		−46.1		−23.1	
2003.11	−36.2	−0.7	−46.5	−0.4	−23.3	−0.2
2013.1	−33.0		−36.6		−18.6	
2013.8	−32.3	0.7	−37.2	−0.6	−18.3	0.3
冬季平均高程	−36.85		−45.13		−21.93	

续表 6.2.4

断面号及位置	厂区大深潭(4#)断面		厂区大深潭(5#)断面		厂区小深潭(6-1#)断面	
测期	高程	冲淤	高程	冲淤	高程	冲淤
夏季平均高程	−35.23	1.62	−42.80	2.33	−21.03	0.9
多年平均高程	−36.43		−45.26		−22.15	

1964～1994 年的淤积：根据两次测图比较，大深潭最深点淤积 4.7 m，淤积速率 15.7 cm/a，大深潭底部平均淤积速率 10 cm/a，边坡淤积速率 10.7 cm/a；小深潭淤积速率 10 ～ 15 cm/a。

1993～2003 年深潭的冲淤变化：固定检测断面资料年际变化见图 6.2.9，猫头深潭呈微淤状态。大深潭 4#、5# 断面最深点在 1993～2003 年的 10 年中分别淤高 1.8 m 和 2.1 m。在 2003～2013 年的 10 年中分别淤高 3.9 m 和 9.3 m；小深潭 6-1# 断面最深点在 2003～2013 年的 10 年中淤积 5.0 m。近 10 年的深潭淤积速率呈加快的趋势，见表 6.2.5，1993～2003 年大深潭底部淤积速率介于 18～21 cm/a 之间，2003～2013 年则加快到 39～93 cm/a，近 10 年淤积速率是 1993～2003 年的 2～4 倍。分析表明：年际淤积量大于年内冲淤变化。

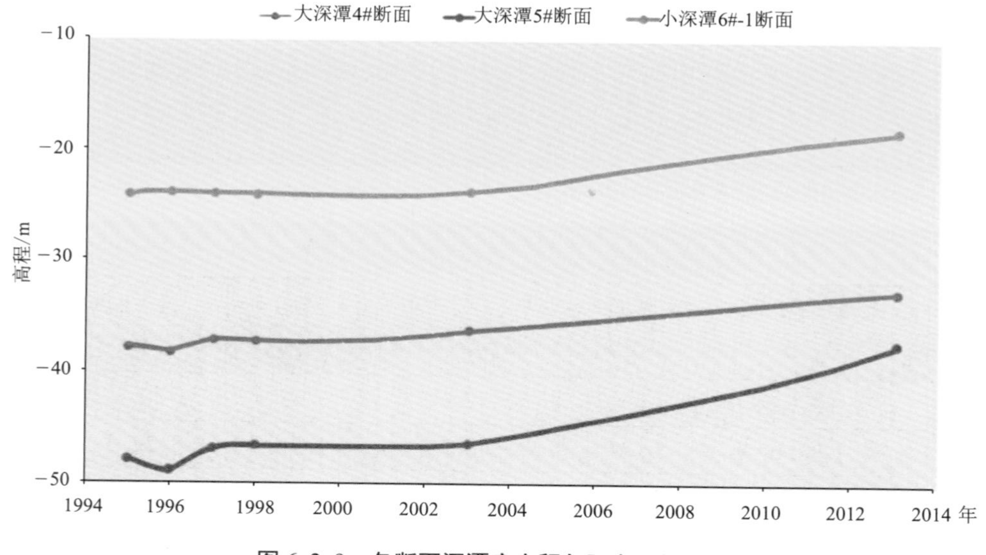

图 6.2.9 各断面深潭底高程年际变化趋势图

深潭的淤积厚度和淤积速率与深潭的深浅有关，深潭越深淤积越大，大深潭的累积淤积和淤积速率与小深潭的相比，为 1.2～2.5 倍。

淤积速率加快的原因主要是三门湾海域堵港蓄淡、流域建水库和围涂造地工程等人类活动所致。六七十年代三门湾海域胡陈港、毛屿港和一市港堵港减小了 7.7×10^4 m^3 纳潮量，约占入湾潮量的 6%；流域建水库包括堵港拦截了入湾径流的 25%；围涂包括堵港减小了本海域纳潮面积的 24%，纳潮量的 22%。因此，猫头深潭 1964～1994 年的淤积速率是近百年来的 10 倍。20 世纪 80 年代以后，虽然堵港和流域建库没有开展，但围涂造地还在继续，20 世纪 90 年代初蛇蟠涂三期和旗门港内围涂近 13.33 km^2。特别是近 10 年来，三门湾进行了大规模、大范围的围涂填海活动，近 10 年来围涂填海面积见前表 6.1.2。因此，猫头深潭近 10 年淤积速率呈加快趋势。

表 6.2.5 各断面深潭最深点淤积厚度和淤积速率

部位	断面号	淤积厚度(m)		淤积速率(cm/a)		20 年淤积速率(cm/a)
		1993.11～2003.11	2003.11～2013.8	1993.11～2003.11	2003.11～2013.8	
大深潭	4#	1.8	3.9	18.0	39.0	28.5
	5#	2.1	9.3	21.0	93.0	57.0
小深潭	6-1#	1.0 (1995.1～2003.11)	5.0	12.5	50.0	22.0

围涂对海床淤积的影响一般前期较快，以后逐渐衰减，然后趋向平衡。但由于三门湾水体含沙量相对较小，围涂对海床淤积的影响持续时间较长；另外，三门湾围涂区块较多，工期较长，跨时间多则十余年，且陆续进行，前一区块围涂淤积尚未达到平衡，后一区块又开始实施；此外，围涂后海堤外侧滩涂又淤涨，因此，实测资料反映六七十年代大范围围涂后至今，大部分床面的淤积呈缓慢淤涨趋势。

6.2.2.5 台风暴潮对滩槽冲淤的影响

三门湾海域开阔，特大台风暴潮条件下的海床会发生强烈的滩槽泥沙交换及冲淤变化。根据以往对台风期的研究成果，台风引起的淤积主要发生在深槽 −20 m 以下的床面，一般秋、冬大潮后可基本恢复到台风前的床面高程。

本书采用“9417 号”“9711 号”和“0414 号”台风前后固定断面的实测资料以及 1992 年 6 月至 1995 年 6 月在猫头山嘴南潮滩现场观测的台风前后冲淤资料，分析在台风暴潮影响下对滩槽冲淤的影响。

(1) 台风期滩地冲淤变化

台风引起的潮滩冲刷幅度如表 6.2.6 所示，冲刷幅度为 4～16 cm 左右。冲刷幅度与台风引起的波浪大小有关，一般波浪大冲刷幅度大。此外，冲刷幅度大小与大浪时水深大小也有一定关系，如“9711 号”台风恰遇天文大潮，大浪时水深较大，虽 9711 号台风强度大于 9417 号台风，但引起的冲刷反而小。

(2) 台风期深槽冲淤变化

“9417 号”强台风于 1994 年 8 月 21 日 22 时在浙江省瑞安市梅头镇沿海登陆，登陆时中心气压 950 hPa，近中心最大风速大于 45 m/s。本书采用 1994 年 6 月和 1994 年 8 月固定断面资料对比，分析台风期间深槽淤积变化，采用 1995 年 1 月固定断面资料分析台风期后的深槽变化。

表 6.2.6　实测台风期间南潮滩冲刷幅度　(单位:m)

台风编号	9216	9407	9414	9417	9430	9711
登陆时间	8 月 28 日～31 日	7 月 11 日～13 日	8 月 3 日～5 日	8 月 21 日～23 日	10 月 9 日～11 日	8 月 18 日
浪向	ENE	ESE	SE	NE～ESE	NE	ESE
平均波高	0.6	0.41～0.73	0.46～0.8	0.45～0.96	0.47～1.39	
最大波高	1.0	0.99	1.13	1.43	2.54	2.93
南潮滩Ⅱ	−0.042		−0.16		−0.017	
南潮滩Ⅲ	−0.046				−0.024	
南潮滩Ⅳ			−0.156			−0.10(3#)

"9711 号"台风于 1997 年 8 月 18 日晚在温岭市石塘镇沿海登陆，登陆时台风近中心最大风速在 40 m/s 以上，中心气压 960 hPa，而椒江大陈岛最大风速达 56 m/s。由于"9711 号"台风前没有测量资料，而 1995 年、1996 年台风对三门湾没有显著影响，故采用 1995 年 7 月的断面作为台风前的资料与 1997 年 8 月进行对比，分析台风期间深槽的淤积变化，采用 1997 年 11 月固定断面资料分析台风期后的深槽变化。

2004 年 14 号强台风"云娜"，于 8 月 12 日晚 20 时在浙江省温岭市石塘镇登陆，登陆时中心气压 950 hPa，近中心最大风速 45 m/s。是 48 a 来登陆浙江最强的台风，也是 8 a 来登陆我国内地最强的台风。本书采用 2003 年 11 月和 2004 年 8 月固定断面资料对比，分析台风期间的深槽淤积变化，台风后因缺少资料故不做台风期后的深槽变化分析。

由台风暴潮引起的深槽淤积影响见表 6.2.7。由表可见，台风暴潮引起的淤积主要发生在深潭 −20 m 以下的床面，"9711 号"台风时期，猫头大深潭底部淤积 1.1～2.9 m，大深潭最深点骤淤幅度在 3.0 m 左右，大于多年的冲淤变幅。台风在深潭底部引起的骤淤幅度大于多年的冲淤变幅。

表 6.2.7　台风暴潮对深槽最深点淤积影响一览表　(单位:m)

断面	"9417 号"强台风				"9711 号"台风				"0414 号"强台风		
	1994 年 6 月	1994 年 8 月	1995 年 1 月	淤积	1995 年 7 月	1997 年 8 月	1997 年 11 月	淤积	2003 年 11 月	2004 年 8 月	淤积
4#	−38.5	−35.4	−37.7	3.1	−37.0	−36.4	−37.2	0.6	−36.2	−36.1	0.1
5#	−48.4	−45.7	−47.6	2.7	−46.3	−44.9	−47.1	1.4	−46.5	−43.5	3.0
6#	−45.4	−43.3	−45.1	2.1	−44.2	−42.6	−44.0	1.6	−43.3	−42.4	0.9
2#	−49.5	−47.1	−49.6	2.4	−48.5	−49.0	−48.4	−0.5			
6-1#					−22.3	−22.5	−22.7	−0.2	−23.3	−22.5	0.8
9#	−13.9	−13.8	−14.4	0.1	−13.8	−12.3	−13.6	1.5			
12#1	−9.4	−9.6	−9.9	−0.2	−9.5	−9.3	−9.2	0.2			
12#2	−7.7	−7.9	−8.2	−0.2	−7.8	−8.0	−7.9	−0.2			

注:4#～6# 代表大深潭，2# 代表下万山深潭，6-1# 代表小深潭，9# 代表蛇蟠水道，12#1 代表青山港，12#2 代表沥阳港。

台风对深槽淤积影响与水深有关，水深越大淤积越大，反之则小。蛇蟠水道深槽淤得较少；水深较浅的港汊主槽甚至出现冲刷，如青山港和沥洋港两次台风均发生不同程度的冲刷，冲刷幅度相当于年际冲淤变幅。

台风期间引起的深潭底部骤淤，由于大范围的潮滩和较浅的港汊均发生冲刷，台风过后，来自湾顶港汊区域和潮滩的泥沙较少，水体泥沙补给不足，台风后深潭在潮流的作用下又会发生较强的冲刷。一般情况下，秋冬大潮后可基本恢复到台风前的床面高程。如“9711 号”台风在 1997 年 11 月测量的断面地形中各深槽已经基本恢复台风前（1995 年 7 月）的床面高程。“9417 号”强台风后又受“9430 号”台风（1994 年 10 月 9 日）影响，故直至 1995 年 1 月尚未恢复到台风前（1994 年 6 月）的床面高程。

（3）实测深潭底部浮泥厚度及浮泥存在时间

三门湾悬沙和底沙颗粒较细，台风期落淤深潭的泥沙不易沉积，在底部形成高含沙水体，或称浮泥。根据实测“9711 号”台风过后 10 d，且经历半个大潮期冲刷，底部还有 2.2 m 的高含沙水体（含沙量 119～285 kg/m^3），估计台风作用期浮泥厚度超过 3.0～4.0 m。由此推测，强台风作用下，深潭骤淤厚度若包括浮泥可达 6.0～7.0 m。

台风骤淤及浮泥持续时间，从“9417 号”“9430 号”和“9711 号”三个台风实测资料分析表明：根据淤积部位和淤积物容重的差异，其存在的时间略有不同。对于骤淤在深潭底部的泥沙，需经历 3～6 个月才能被潮流逐步带走；对于滞留在深潭底部、但容重较小的浮泥（高含沙水体），最多不超过 2 个月就能被潮流带走。以“9430 号”台风为例，1994 年 12 月曾用低频和双频测深仪对深潭浮泥进行试测，未发现骤淤浮泥存在于大深潭。

6.3　猫头山嘴近域岸滩稳定性

根据 2003 年测图分析，猫头山嘴北侧八分嘴头前沿约 1 km 处，即三门核电一期工程取水头附近海床标高为 −16 ～−15 m；至 2013 年 1 月北侧取水口附近海床标高淤积至 −14.6 ～ −13.6 m，南侧取水口附近海床标高淤积至 −14.5 ～−13.5 m。而一期排水口附近床面变化不大，2003 年海床标高约为 −3.0 m，至 2013 年为 −2.9～−2.7 m。2003 年和 2013 年猫头山嘴南北两侧附近水下地形测图如图 6.3.1 所示，区域冲淤变化见图 6.3.2。

6.3.1　猫头山嘴北侧附近滩槽冲淤变化

（1）猫头山嘴北侧附近滩槽年际冲淤变化

根据 2003 年和 2013 年两次测图对比分析表明：2003 年猫头山嘴东北侧的猫头大、小深潭底高程分别为 −48.8 m 和 −31.4 m，水下地形如图 6.3.1A 所示；2006 年淤浅至 −45.5 m 和 −25.2 m，到了 2013 年 1 月，小深潭消失不见，大深潭进一步大幅度淤浅，深潭最深点底高程淤至 −36.7 m，见图 6.3.1B。

2003 ～2013 年，猫头山嘴北侧附近滩槽 −10.0 m、−15.0 m、−20.0 m 等高线往外推移，

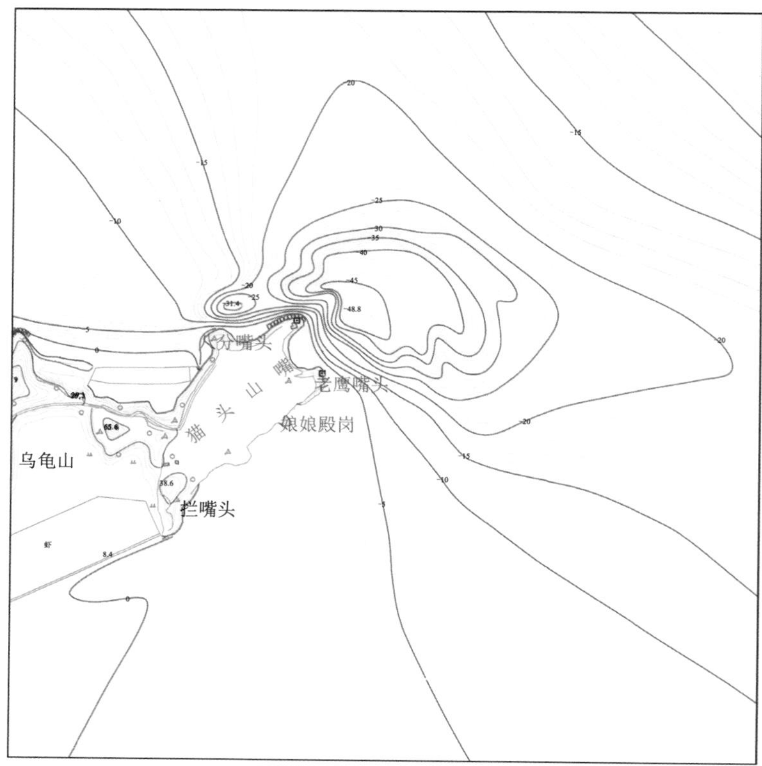

图 6. 3. 1A　猫头山嘴南北两侧滩槽附近海床高程图(2003 年 4 月)

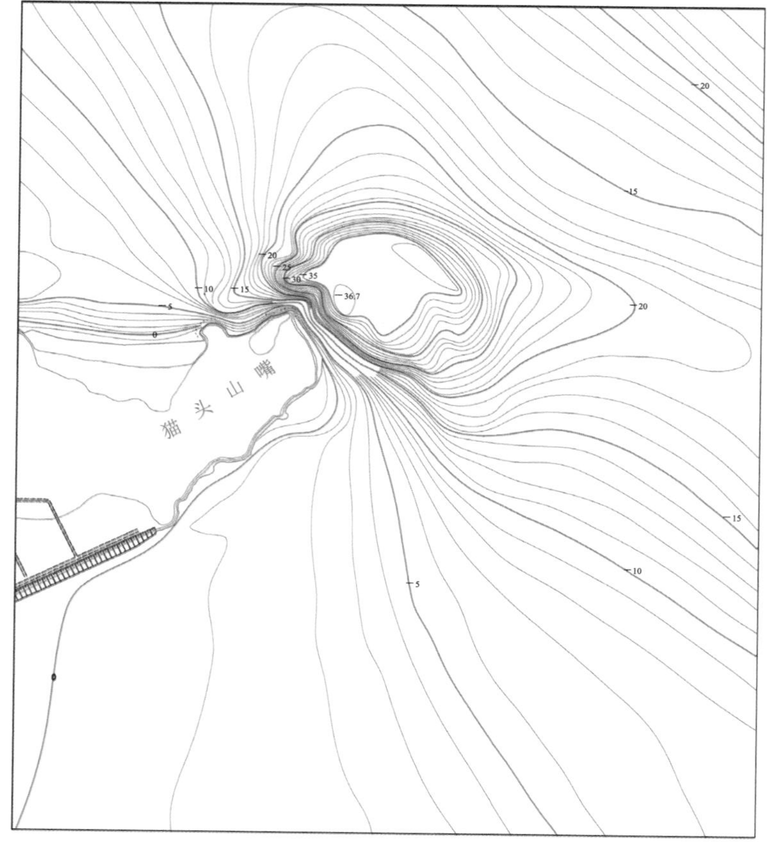

图 6. 3. 1B　猫头山嘴南北两侧滩槽附近海床高程图(2013 年 1 月)

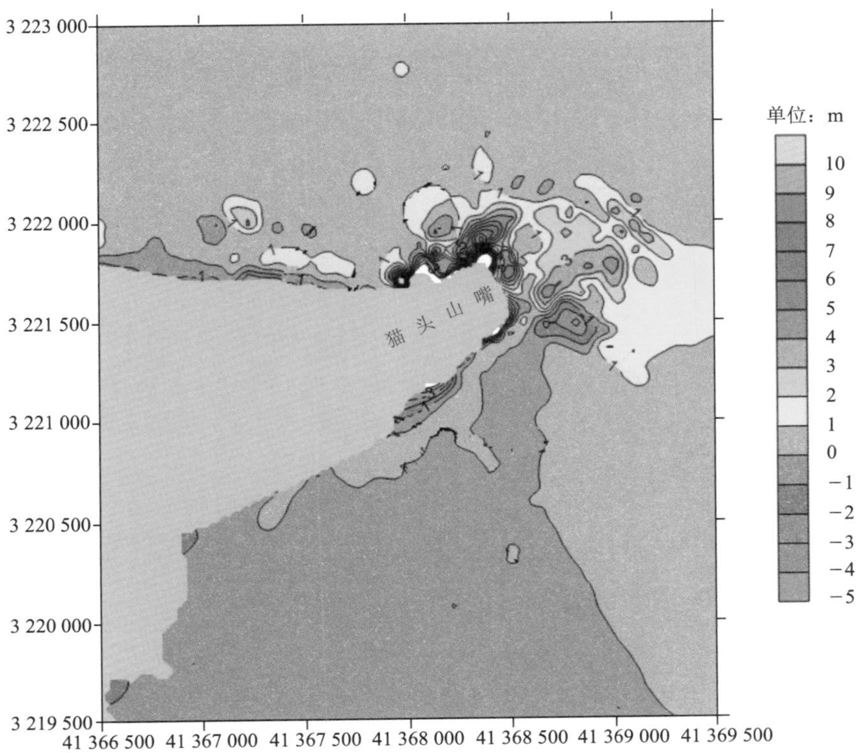

图 6.3.2A 猫头山嘴南北两侧附近区域冲淤图(2003.4～2006.11)

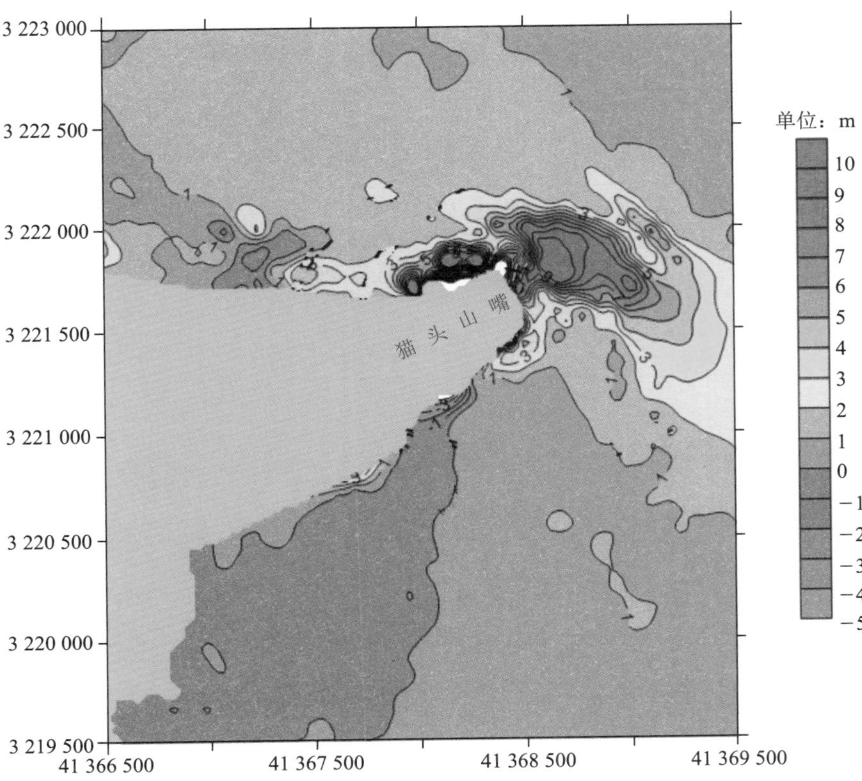

图 6.3.2B 猫头山嘴南北两侧附近区域冲淤图(2003.4～2013.1)

其中 −10.0 m 和 −15.0 m 等高线分别往外推移约 150 m 和 100 m；而 −20.0 m 等高线随着小深潭的消失，原突出的冲刷槽退缩至大深潭边缘，而大深潭 −20.0 m 等高线所围面积进一步缩小，大深潭萎缩十分明显。

根据 2003 年至 2013 年区域冲淤变化（图 6.3.2）分析表明：猫头山嘴北侧附近区域普遍处于淤积状态，深潭及邻近深槽区域淤积在 2.0 m 以上，西北区域淤积相对较轻，淤积在 1.0 m 以内。

（2）猫头山嘴北侧滩槽季节冲淤变化

处于 6-1# 和 6-2# 断面之间，靠近 6-1# 断面的 525 ～600 m 处，同样呈现出秋、冬两季冲刷，而春、夏两季淤积的情况。自 1995 年以来，6-1# 断面 525 ～600 m 处的点高程见表 6.3.1，估计猫头山嘴北侧滩槽季节性冲淤变化幅度在 0.6 m 左右。

表 6.3.1　6-1# 断面年内 525～600 m 处冲淤变幅　（单位：m）

测期	525 m			600 m		
	高程	冬季冲刷	夏季淤积	高程	冬季冲刷	夏季淤积
1995.7	−19.9			−19.3		
1995.12	−20.2			−19.8		
1996.2	−20.6	−0.7		−20.2	−0.9	
1997.8	−19.5			−19.2		
1997.11	−20.4			−19.9		
1998.2	−20.5	−1.0		−20.1	−0.9	
1998.6	−20.0		0.5	−19.6		0.5
2003.4	−19.32			−19.23		
2003.11	−19.68	−0.36		−19.47	−0.24	
2004.8	−19.06		0.62	−18.82		0.65
2013.1	−18.04			−17.84		
2013.8	−18.07			−17.85		
平均变幅	−0.68	0.56		−0.68	0.58	

6.3.2　猫头山嘴南侧附近滩槽冲淤变化

（1）猫头山嘴南侧附近滩槽年际冲淤变化

根据 2003 年和 2013 年测图比较分析可见：2003～2006 年地形变化幅度不大，而 2013 年相对于 2006 年则有明显变化。2003 年至 2013 年，猫头山嘴南侧附近滩槽 −5.0 m、−10.0 m 等高线分别往外推移约 60 m 和 100 m，外推基本发生在 2006 年 11 月以后；−15.0 m、−20.0 m 等高线近 10 年来逐步外推，大深潭萎缩十分明显。根据区域冲淤变化图（图 6.3.2）分析表明，2003 年至 2013 年猫头山嘴南侧附近潮滩区域有冲有淤，与北侧潮滩相比，变化相对较缓。

猫头山嘴近岸西侧有 1.0 m 左右的冲刷，猫头山嘴中部近岸区域目前基本处于稳定状态，而

距离深槽越近，则淤积越大，邻近深槽区域淤积在 2.0 m 以上，如图 6.3.2 所示。

（2）猫头山嘴南侧附近滩槽季节冲淤变化

猫头山嘴南侧 3-1# 断面附近同样呈现出受季节和风浪影响较明显的特点，梅雨期和台风期为滩地冲刷期，台风后至冬季为滩地淤积期。3-1# 断面季节平均变化幅度在 0.1 m 以内，这里对 3-1# 断面的 1 200～1 300 m 处进行季节变幅统计，估计季节性冲淤变化幅度约为 0.3 m 左右，见表 6.3.2。

表 6.3.2　3-1# 断面年内 1 200～1 300 m 处冲淤变幅　（单位：m）

测期	1 200 m			1 300 m		
	高程	冬季冲刷	夏季淤积	高程	冬季冲刷	夏季淤积
1995.7	−9.6			−10.8		
1995.12	−9.7			−11.1		
1996.2	−10.0	−0.4		−11.3	−0.5	
1997.8	−9.4			−10.7		
1997.11	−9.8			−11.0		
1998.2	−10.1	−0.7		−10.9	−0.2	
1998.6	−9.6		0.5	−11.0		
2003.4	−9.28			−10.7		
2003.11	−9.48	−0.20		−10.8	−0.10	
2004.8	−9.29		0.19	−10.53		0.27
2013.1	−8.30			−9.34		
2013.8	−8.60			−9.30		0.06
平均变幅		−0.43	0.34		−0.37	0.16

6.4　围涂造地及核电涉海工程对流场和冲淤的影响

潮流是泥沙运动的载体，岸滩和水下地形对流场的分布和变化有直接的影响，而潮流是造成泥沙输运，导致海床冲淤变化，从而对地貌形态进行再塑造的最根本原因。因此，研究人类活动引起的海床冲淤变化，关键就是对水动力场和含沙量场的模拟，两者分布及其变化是海域泥沙运动的主导因素。

6.4.1　潮流泥沙数值模型简介

本书采用荷兰 Delft 水利研究所开发的 Delft-3D 的 Delft-Flow 模块，该模型既能模拟三维水动力，也能模拟二维流场。本书通过平面二维数学模型计算分析三门湾内的围垦工程建成前后三门湾潮流场的变化。结合经验公式，预测湾内围垦工程和三门核电厂取排水工程后，三门湾海域和三门核电厂取排水口附近海域海床的冲淤变化[6-1, 6-7～6-9]。

正交曲线坐标系下二维潮流泥沙数学模型的控制方程包括水流运动方程、悬沙不平衡输移方程及底床变形方程。

6.4.1.1 水动力模块

水流连续方程：

$$\frac{\partial H}{\partial t}+\frac{1}{C_\xi C_\eta}\frac{\partial}{\partial \xi}(huC_\eta)+\frac{1}{C_\xi C_\eta}\frac{\partial}{\partial \eta}(huC_\xi)=0 \tag{6-1}$$

ξ 方向动量方程

$$\begin{aligned}\frac{\partial u}{\partial t}+\frac{1}{C_\xi C_\eta}\left[\frac{\partial}{\partial \xi}(C_\eta u^2)+\frac{\partial}{\partial \eta}(C_\xi vu^2)+vu\frac{\partial C_\eta}{\partial \eta}-u^2\frac{\partial C_\eta}{\partial \xi}\right]=-g\frac{1}{C_\xi}\frac{\partial H}{\partial \xi}+\\ fv-\frac{u\sqrt{u^2+v^2}n^2g}{h^{4/3}}+\frac{1}{C_\xi C_\eta}\left[\frac{\partial}{\partial \xi}(C_\eta\sigma_{\xi\xi})+\frac{\partial}{\partial \eta}(C_\xi\sigma_{\eta\xi})+\sigma_{\xi\eta}\frac{\partial C_\xi}{\partial \eta}-\sigma_{\eta\eta}\frac{\partial C_\eta}{\partial \xi}\right]\end{aligned} \tag{6-2}$$

η 方向动量方程

$$\begin{aligned}\frac{\partial u}{\partial t}+\frac{1}{C_\xi C_\eta}\left[\frac{\partial}{\partial \xi}(C_\eta vu)+\frac{\partial}{\partial \eta}(C_\xi v^2)+vu\frac{\partial C_\eta}{\partial \xi}-u^2\frac{\partial C_\eta}{\partial \eta}\right]=-g\frac{1}{C_\eta}\frac{\partial H}{\partial \eta}-\\ fu-\frac{v\sqrt{u^2+v^2}n^2g}{h^{4/3}}+\frac{1}{C_\xi C_\eta}\left[\frac{\partial}{\partial \xi}(C_\eta\sigma_{\xi\eta})+\frac{\partial}{\partial \eta}(C_\xi\sigma_{\eta\eta})+\sigma_{\eta\xi}\frac{\partial C_\eta}{\partial \xi}-\sigma_{\xi\xi}\frac{\partial C_\xi}{\partial \eta}\right]\end{aligned} \tag{6-3}$$

式中，ξ、η——正交曲线坐标系中二个正交曲线坐标；

u、v——沿 ξ、η 方向的流速；

h——水深；

H——水位；

C_ξ、C_η——正交曲线坐标系中拉梅系数：

$$C_\xi=\sqrt{x_\xi^2+y_\xi^2}\ ,\ C_\eta=\sqrt{x_\eta^2+y_\eta^2}\ ;$$

$\sigma_{\xi\xi}$、$\sigma_{\xi\eta}$、$\sigma_{\eta\xi}$、$\sigma_{\eta\eta}$ 表示紊动应力：

$$\sigma_{\xi\xi}=2v_t\left[\frac{1}{C_\xi}\frac{\partial u}{\partial \xi}+\frac{v}{C_\xi C_\eta}\frac{\partial C_\xi}{\partial \eta}\right]$$

$$\sigma_{\eta\eta}=2v_t\left[\frac{1}{C_\eta}\frac{\partial v}{\partial \eta}+\frac{u}{C_\xi C_\eta}\frac{\partial C_\eta}{\partial \xi}\right]$$

$$\sigma_{\xi\eta}=\sigma_{\eta\xi}=v_t\left[\frac{C_\eta}{C_\xi}\frac{\partial}{\partial \xi}\left(\frac{u}{C_\eta}\right)+\frac{C_\xi}{C_\eta}\frac{\partial}{\partial \eta}\left(\frac{u}{C_\xi}\right)\right]$$

v_t 表示紊动黏性系数，$v_t=C_\mu k^2/\varepsilon$，可采用 k—ε 模型计算 v_t；一般情况下，$v_t=\alpha u_* h$，$\alpha=0.5\sim1.0$，u_* 表示摩阻流速，t 表示时间，ρ 表示海水密度。

6.4.1.2 泥沙输运及海床冲淤模块

(1) 泥沙输运模块

Delft3D 把泥沙输运分为泥(黏性悬沙输运)、沙(非黏性悬沙及床沙输运)以及床沙(非黏性床沙或者全沙输沙)。二维条件下的输沙是求解二维水平对流扩散方程得出,考虑水流和河床相互作用、重力对泥沙沉降的影响、泥沙对水流密度影响、泥沙对湍流阻尼影响以及泥沙扩散输移影响等,其正交曲线坐标系下方程为

$$\frac{\partial hS_L}{\partial t}+\frac{1}{C_\xi C_\eta}\left[\frac{\partial}{\partial \xi}(C_\eta huS_L)+\frac{\partial}{\partial \eta}(C_\xi hvS_L)\right]=\frac{1}{C_\xi C_\eta}\left[\frac{\partial}{\partial \xi}\left(\frac{\varepsilon_\xi}{\sigma_s}\frac{C_\eta}{C_\xi}\frac{\partial hS_L}{\partial \xi}\right)+\frac{\partial}{\partial \eta}\left(\frac{\varepsilon_\eta}{\sigma_s}\frac{C_\eta}{C_\xi}\frac{\partial hS_L}{\partial \xi}\right)+E-D\right] \tag{6-4}$$

式中,S_L 表示泥沙含量(kg/m^3),$E-D$ 表示源汇项。

Delft3D 中划分黏性和非黏性泥沙的界定标准是特征中值粒径是否大于 0.065 mm,根据对实测悬沙测站数据分析,三门湾海域中值粒径大约在 0.004～0.007 mm,符合黏性泥沙范围,本次泥沙模型采用均匀黏性泥沙,中值粒径 0.005 mm。泥沙侵蚀率以及泥沙沉积率使用经典的 Partheniades-Krone 方程模拟:

$$E^{(l)}=M^{(l)}S(\tau_{cw},\tau_{cr,e}^{(l)}) \tag{6-5}$$

$$D^{(l)}=w_s^{(l)}c_b^{(l)}(\tau_{cw},\tau_{cr,d}^{(l)}) \tag{6-6}$$

$$c_b^{(l)}=c^{(l)}\left\{\sigma=\frac{\Delta\sigma_b}{2},t\right\} \tag{6-7}$$

其中,$E^{(l)}$为泥沙冲刷通量,$M^{(l)}$为冲刷系数,$D^{(l)}$为淤积通量,$w_s^{(l)}$为泥沙沉降速度,$c_b^{(l)}$为近底层平均泥沙浓度,而 $S(\tau_{cw},\tau_{cr,e}^{(l)})$和 $S(\tau_{cw},\tau_{cr,d}^{(l)})$可表示为

$$S(\tau_{cw},\tau_{cr,e}^{(l)})=\begin{cases}\left(\dfrac{\tau_{cw}}{\tau_{cr,e}^{(l)}}-1\right), & \tau_{cw}>\tau_{cr,e}^{(l)}\\ 0 & \tau_{cw}\leqslant\tau_{cr,e}^{(l)}\end{cases} \tag{6-8}$$

$$S(\tau_{cw},\tau_{cr,d}^{(l)})=\begin{cases}\left(1-\dfrac{\tau_{cw}}{\tau_{cr,d}^{(l)}}\right), & \tau_{cw}<\tau_{cr,d}^{(l)}\\ 0\quad, & \tau_{cw}\geqslant\tau_{cr,d}^{(l)}\end{cases} \tag{6-9}$$

其中,$\tau_{cr,e}^{(l)}$ 和 $\tau_{cr,d}^{(l)}$ 分别为泥沙冲刷临界切应力和淤积应力,τ_{cw} 为计算的底床切应力,在本报告的模型中,$\tau_{cr,e}^{(l)}$ 和 $\tau_{cr,d}^{(l)}$ 均按全场分布式给定。

(2) 海床冲淤模块

工程建设改变了局部水流条件和含沙量分布,从而引起海床变化。本研究拟采用曾在三门湾和杭州湾水域已有广泛应用的半经验半理论的回淤强度公式进行冲淤估算,该计算模式基于工程实施后流场的变化来进行河床冲淤预估。年冲淤量为

$$\Delta\xi_b(\Delta t)=0.5\left[(H_1+\beta\Delta tK_S)-\sqrt{(H_1-\beta\Delta tK_S)^2+4\beta\Delta tH_1K_F}\right] \tag{6-10}$$

式(6-10)中,当冲淤时间 $\Delta t\to\infty$ 时,可以得到海床冲淤终极平衡状态的量值:

$$\Delta\xi_b = \left(1 - \frac{H_F}{H_S}\right)H_1 \tag{6-11}$$

其中：$K_F = \left(\frac{V_2}{V_1}\right)$, $K_S = 1 - \left(\frac{S_1 - S_2}{S_{*1}}\right)$, $\beta = \left(\frac{\alpha\omega S_{*1}}{\gamma_S'}\right)$

式中，ω——泥沙沉速；

α——泥沙落淤速率；

γ_S'——泥沙干密度；

H_1——工程实施前计算水深；

H_2——工程实施后计算水深；

V_1——工程实施前计算流速；

V_2——工程实施后计算流速；

S_1——工程实施前计算含沙量；

S_2——工程实施后计算含沙量；

S_{*1}——工程实施前挟沙力；

S_{*2}——工程实施后挟沙力。

6.4.1.3 计算条件及参数选择

（1）计算基面和地形

计算的水准基面为“1985 国家高程基准面”，三门湾内水下地形采用 2013 年 1 月的实测地形资料，湾外区域则由 2007 年海图拼接而成。

（2）计算范围和网格布置

计算范围为整个三门湾、海游溪及亭旁溪，外边界为雀儿岙至韭山列岛一线，如图 6.4.1 所示，计算域总面积约为 3 268 km^2。模型采用正交曲线网格，为保证数模计算精度，在水流和地形变化梯度较大的区域适度加密网格，在围垦区域和三门核电厂取、排水口附近对网格进一步细化，最小网格 5 m，总网格数为 480 × 522，网格布置见图 6.4.2。

（3）边界条件及参数选取

1）初始条件和边界条件

模型水位设为海域平均潮位值；流场采用冷启动，初始值设为 0；悬沙浓度取海域实测含沙量平均浓度作为初始值。对于流场计算，岸边界采用不可滑移条件，即流速为零，边界滩地采用动边界处理干湿交换过程。计算域共有南、东、北 3 条水边界（图 6.4.1），采用潮位边界条件。考虑潮波在东海陆架上的传播特性，根据经验对雀儿岛实测潮位过程加以振幅和位相修正，从而确定南边界的东端和西端潮位过程，中间各点水位由东、西端水位线性内插给出；北边界西端采用大目涂站实测潮位过程，东端同样由大目涂站实测潮位过程加以振幅和位相修正后确定，中间各点水位由东、西端水位线性内插给出；东边界水位由南、北边界东端的水位线性内插给出。

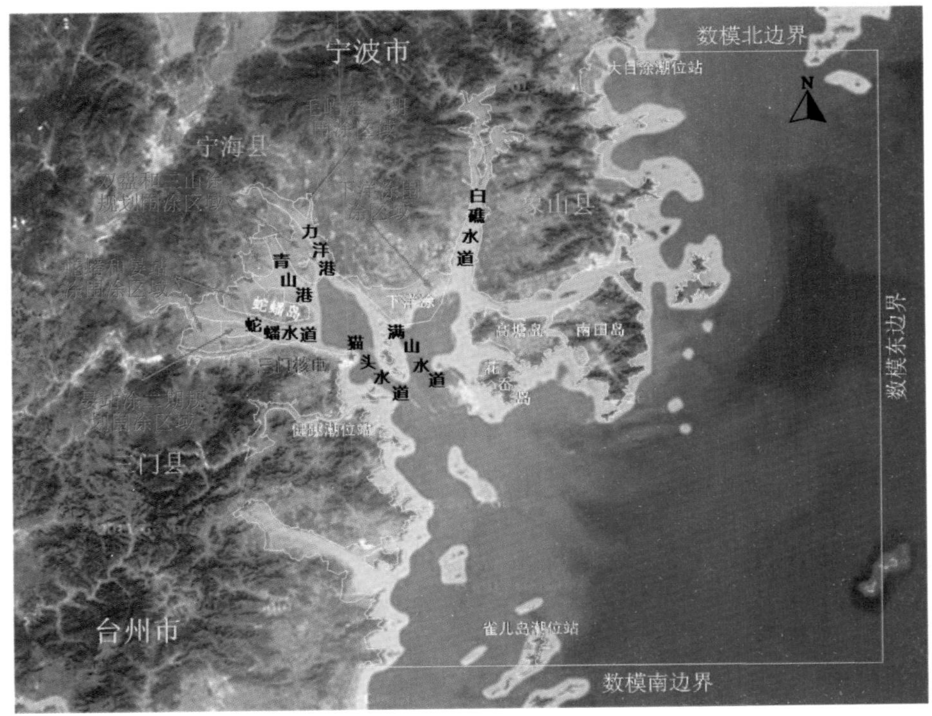

图 6. 4. 1　三门湾数值模拟计算范围图

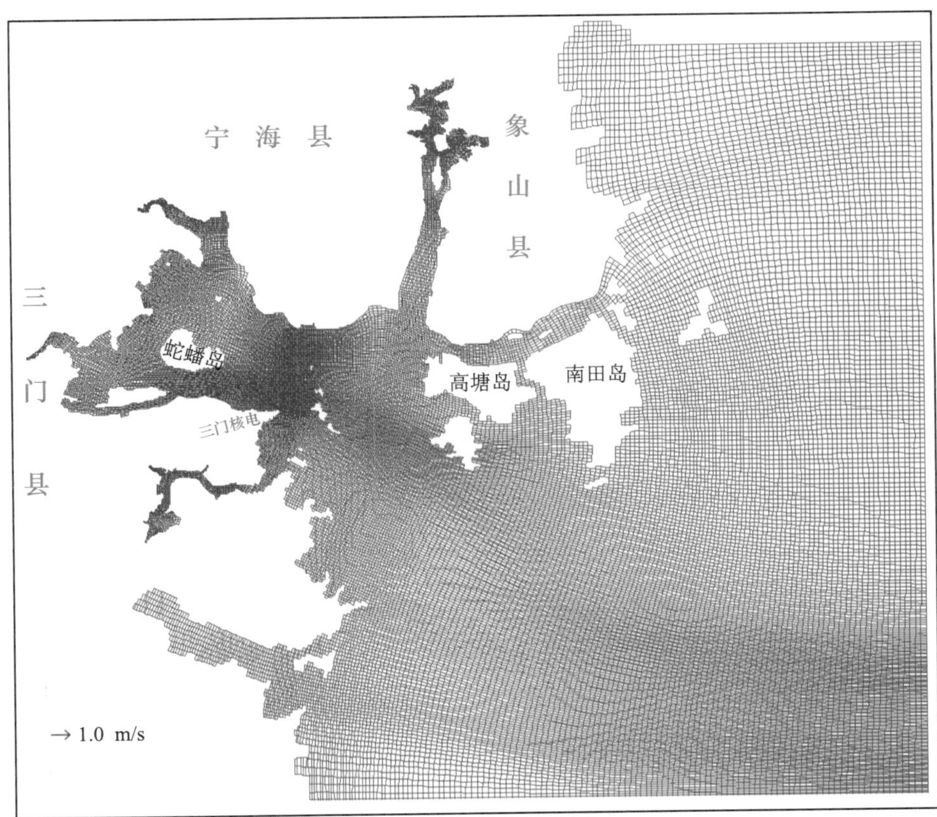

图 6. 4. 2　模型网格布置图

由于模型水边界缺乏实测含沙量资料，用挟沙力关系给定入流时泥沙的边界条件，采用这种方法给定的泥沙边界条件是合理的。

2）时间步长和底床糙率

时间步长按 CFL 条件进行设置为 30 s，确保模型计算稳定进行。底床糙率通过曼宁系数进行控制，经调试曼宁系数 n 取 0.015～0.02。

3）泥沙沉降速度

三门湾的泥沙属于细颗粒泥沙，其中值粒径为 0.004～0.007 3 mm。计算如此细的泥沙颗粒在咸水中的沉降时，必须考虑絮凝作用。细颗粒泥沙在天然水体中悬浮时，在绝大多数情况下均呈絮凝状态的团粒状，其沉速远远超过分散颗粒的沉速。絮凝作用的机制复杂，影响因素众多。在一定的含沙量及含盐度的范围内，原始颗粒越细，浓度越大，颗粒周围水体含盐度高，则絮凝越快。但就具体海域而言，由于水体中悬沙的中值粒径大致接近，故可将其絮凝沉降速度近似地按常量处理，本次计算取絮团颗粒极限粒径的沉速为 0.000 4 m/s。

4）底床临界冲刷和淤积切应力

临界冲刷切应力计算式为

$$\tau = \rho(u_{cr,e})^2 \tag{6-12}$$

式中，$u_{cr,e}$——泥沙起动流速；

ρ——海水的密度。

经过调试，模型的临界冲刷切应力取值范围为 0.2～1.0 N/m^2，临界淤积切应力取 4/9 倍的临界冲刷切应力，冲刷系数取 5×10^{-5} kg/(m^2•s)。

6.4.1.4 潮流泥沙模型验证

（1）潮位、潮流和含沙量验证

模型验证分别采用冬季（2013 年 1 月 27 日～2 月 2 日）和夏季（2013 年 7 月 24 日～8 月 1 日）大、中、小潮实测潮流资料。潮流及含沙量采用 13 个站的实测潮流和含沙量资料。

潮位资料采用三门核电厂址、壳塘山、巡检司、南田岛和花岙岛等五个临时潮位站实测潮位和健跳水文站的实测潮位，测流点和潮位站位置见图 3.1.1 和图 3.2.1。

1）流场合理性分析

以夏季大潮为代表，图 6.4.3 为三门湾海域涨、落急全域流场分布。可见，涨潮流从三门湾口门、珠门港和石浦港进入三门湾，涨潮流主体自东南向西北沿猫头水道和满山水道向湾内推进，然后沿深槽进入湾内各港汊。猫头水道的涨潮流主要流入蛇蟠水道和青山港，并有一小部分进入力洋港，满山水道的涨潮流则全部流入了力洋港。落潮时，水流在各港汊归槽，顺各深槽汇入猫头水道、满山水道、石浦港流出湾外，蛇蟠水道、青山港和力洋港的落潮流基本沿涨潮流路原路退回，在三门核电厂厂址处，受水流惯性力和猫头山嘴局部地形的影响，落潮主流不是贴南岸，而是被挑离岸边再折向南。中潮和小潮的流场分布大体相似，仅是流速大小有所差别，大潮流速大于中潮，中潮流速大于小潮。可见，模型计算得出的流场特征与实测流场相符合。

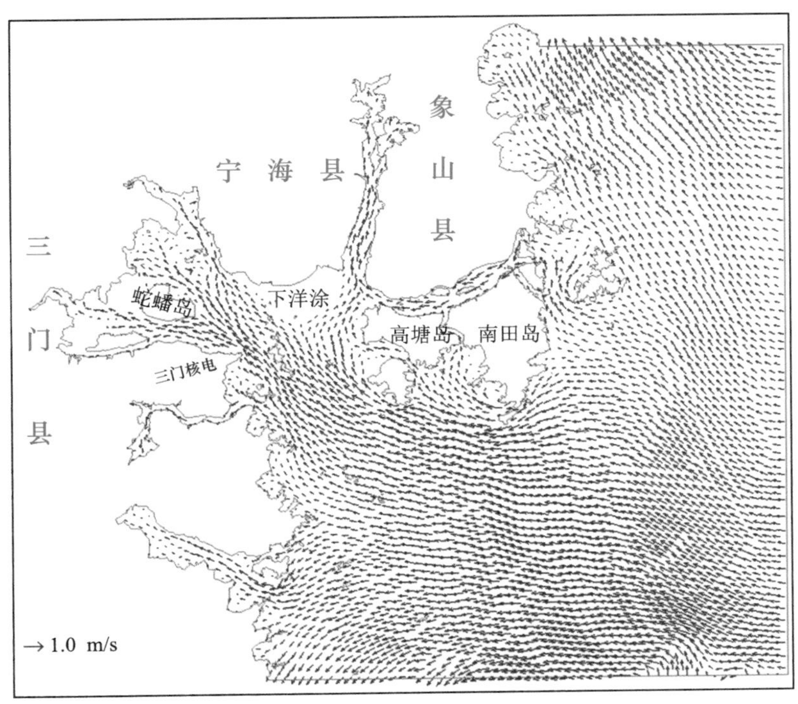

图6.4.3A 三门湾海域涨急流场图(夏季大潮)

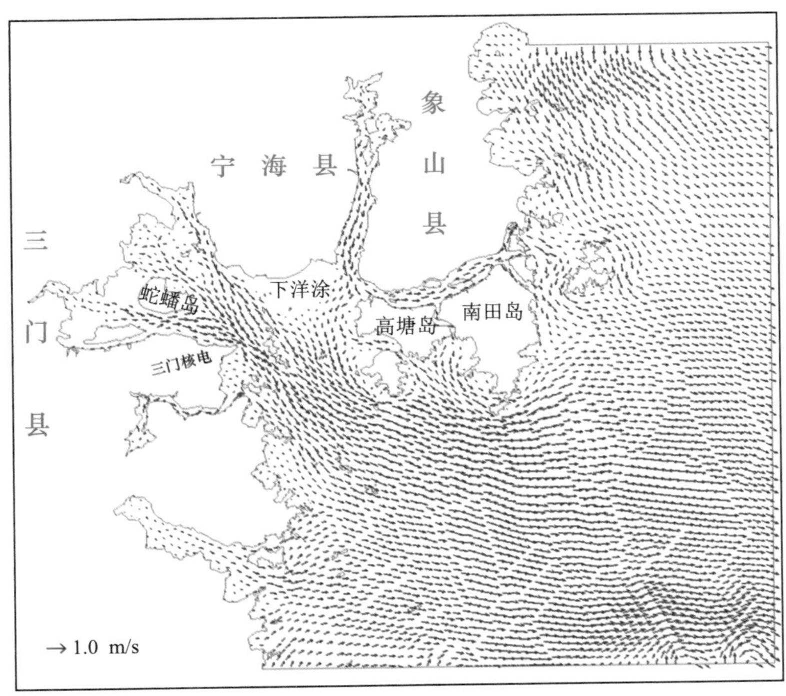

图6.4.3B 三门湾海域落急流场图(夏季大潮)

2)潮位验证

冬季验证高潮位平均计算误差为0.08 m,低潮位平均计算误差为0.02 m,高、低潮位平均误差为0.05 m,误差在0.10 m以内的点占据79%。夏季验证高潮位平均计算误差为0.13 m,低潮位平均计算误差为0.04 m,高、低潮位平均误差为0.09 m,误差在0.10 m以内的点占据

78%。高、低潮位出现时间与实测值吻合较好，冬、夏两季潮位验证结果表明，无论是潮位过程还是高、低潮位值，计算与实测均符合良好，说明模型计算的相位较准确。

3）潮流验证

潮流验证包括 13 个测流站（图表略），冬季验证全域流速误差小于 10%的测站为 45%，小于 20%的测站为 75%，小于 30%的测站为 85%；夏季验证全域流速误差小于 10%的测站为 42%、小于 20%的测站为 71%，小于 30%的测站为 80%。潮流验证表明：无论是流速过程还是涨、落潮流速特征值，计算值与实测值都基本吻合，说明计算的潮流与实测情况吻合较好。

4）含沙量验证同样为 13 个测站，验证结果表明

各站涨、落潮垂向含沙量与实测资料基本吻合，含沙量模拟的准确度比潮流模拟要略低，但能基本反映含沙量的时空分布概况，可用于海床冲淤数值模拟计算。

（2）海床冲淤模型验证

海床冲淤模型采用 7 年（2006～2013 年）三门湾实际冲淤状况进行验证。由于三门湾近 10 年（2003 ～2013 年）较大规模的围垦工程有蛇蟠涂围垦、晏站涂围垦和下洋涂围垦，对三门核电厂附近影响较大的有核电厂重件码头。根据围垦工程堤坝合龙时间，采用 2006 年实测地形，计算蛇蟠涂围垦和晏站涂围垦工程 7 年（2006 ～2013 年）间产生的冲淤影响；计算一期工程（1、2 号机组）取水口、重件码头和下洋涂围垦工程在 7 年间产生的冲淤影响。然后将两者线性叠加，得到三门湾海域 7 年间的冲淤变化，将这与 7 年间的实际冲淤情况进行对比分析，如图 6.4.4 所示。由图可见，实际冲淤分布与计算得到的冲淤分布基本一致：猫头水道、满山水道、蛇蟠水道等均发生了不同程度的淤积，猫头水道内深潭淤积量较大，三门核电重件码头前沿、小深潭和大深潭都发生了较大程度的淤积。模型基本复演了验证区域的地形变化、冲淤特性，且变化量级相当，这表明海床冲淤模型能较好地模拟出三门湾海域的实际冲淤情况。

表 6.4.1　各断面及敏感点冲淤幅度验证结果　（单位：m）

断面及敏感点	断面平均冲淤			敏感点冲淤	
	断面 1	断面 2	断面 3	1#	2#
实测	1.6	0.7	1.2	1.2	1.2
计算	1.8	0.6	1.6	1.4	1.5

选取 3 条断面和 2 个敏感点进行验证，断面和敏感点布置见图 6.4.5，计算值与实测值比较见表 6.4.1。可见各断面、敏感点计算与实测的冲淤趋势基本一致，冲淤幅度也较接近，这充分表明海床冲淤模型较好地模拟了三门湾海域的实际冲淤状况。经验证，泥沙模型中主要参数取值为：沉降概率为 0.2，沉降速度为 0.000 5 m/s，泥沙干密度 γ = 725 kg/m^3，区域含沙量取本次验证计算冬、夏季平均值。

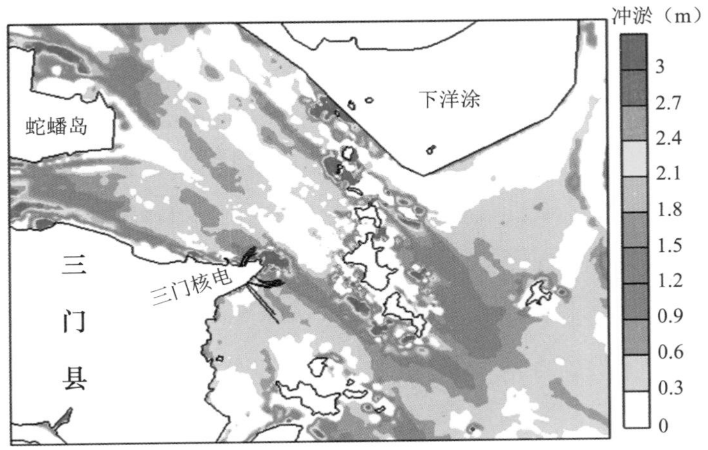

图 6.4.4A　2006 年至 2013 年实际冲淤分布图

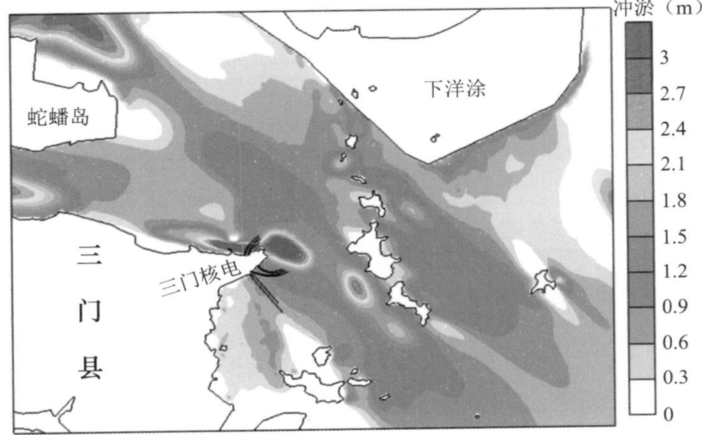

图 6.4.4B　2006 年至 2013 年预测冲淤分布图

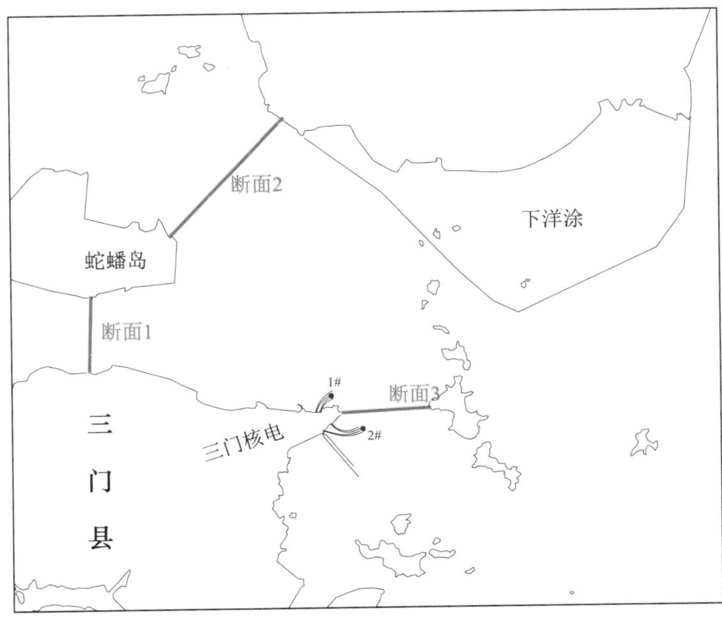

图 6.4.5　冲淤验证断面及敏感点布置图

6.4.2 围涂及核电涉海工程对流场和冲淤的影响

6.4.2.1 规划围涂工程对流场和冲淤的影响

根据浙江省滩涂围垦总体规划[6-2]：三门湾内规划围垦主要包括三山涂、双盘涂、晏站二期和毛屿港二期4个围垦项目，围垦项目具体位置见图6.4.6。本书计算在2013年1月水下地形基础上，分别考虑规划单个围垦工程影响和规划总围垦工程的综合影响。计算分析围垦工程建设前后三门湾海域及三门核电工程取排水口附近的潮流流速、潮量和海床冲淤变化状况，具体计算方案组次见表6.4.2。

表6.4.2 围涂工程方案组次表

方案号	方案内容	备注
1	三山涂围涂工程	2.66万亩
2	双盘涂围涂工程	1.54万亩
3	双盘涂、三山涂围涂工程	4.20万亩
4	晏站二期围涂工程	0.61万亩
5	毛屿港二期围涂工程	0.45万亩
6	三山涂、双盘涂、晏站二期、毛屿港二期围涂工程	5.26万亩

考虑到三门湾围垦工程对三门核电厂取排水口的影响以及三门核电厂涉水工程本身对周边海域的影响。本书选取3条断面和5个敏感点进行验证，敏感点主要布置在三门核电厂取排水口附近海域，包括重件码头、一期工程、二期工程(1～4号机组)取水口、二期工程(3、4号机组)排水口和大深潭，断面和敏感点位置如图6.4.7所示。

(1)围垦工程实施后潮流场变化

围涂工程实施后，由于海域纳潮量变化，将导致海域流场不同程度的变化。

1)三门湾及三门核电附近海域流场变化

各围涂工程共同实施前、后三门湾海域大潮涨、落潮流场见图6.4.8和图6.4.9，大、中、小潮平均流速变化如图6.4.10所示。由图可见，围涂后对猫头水道、满山水道、蛇蟠水道、力洋港和青山港的潮流均有一定影响。其中猫头水道平均流速减小0.04～0.07 m/s，满山水道平均流速减小0.02～0.04 m/s，蛇蟠水道平均流速减小0.04～0.14 m/s，力洋港平均流速减小0.08～0.12 m/s，青山港平均流速减小0.06～0.11 m/s。

2)各敏感点平均流速变化

表6.4.3为各个敏感点平均流速变化，可见工程后码头前沿平均流速减小约0.03 m/s，一期工程(1、2号机组)、二期工程(3、4号机组)取排水口平均流速均减小约0.07 m/s，大深潭平均流速减小约0.05 m/s。

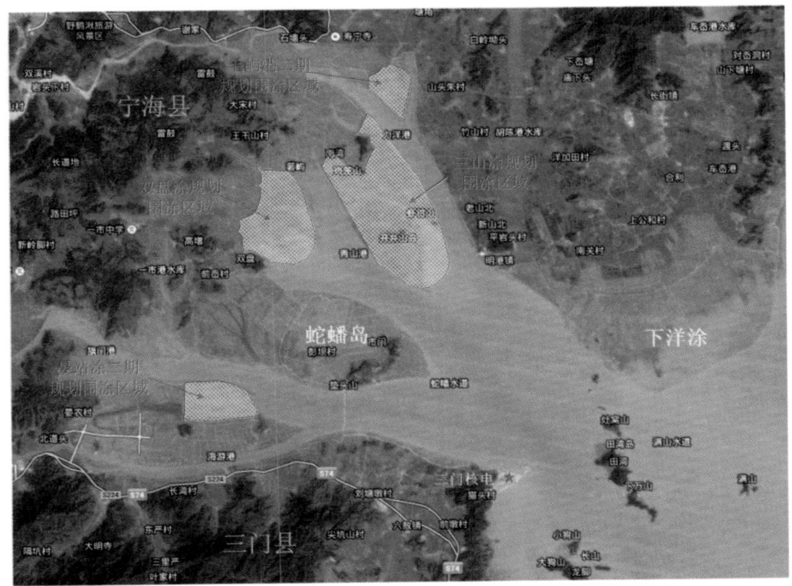

图 6.4.6　规划围涂项目位置和范围示意图

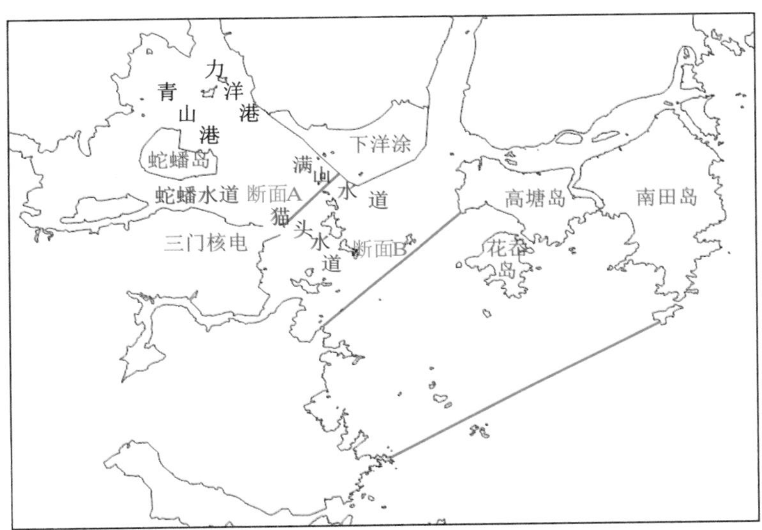

图 6.4.7A　潮量统计断面布置图

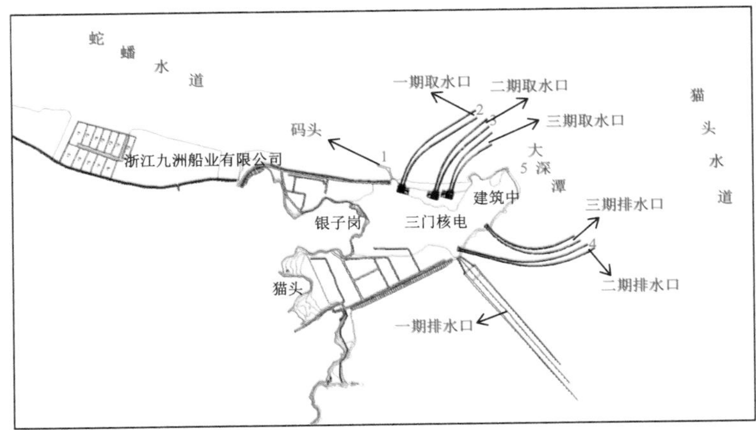

图 6.4.7B　三门核电厂取排水口附近敏感点布置图

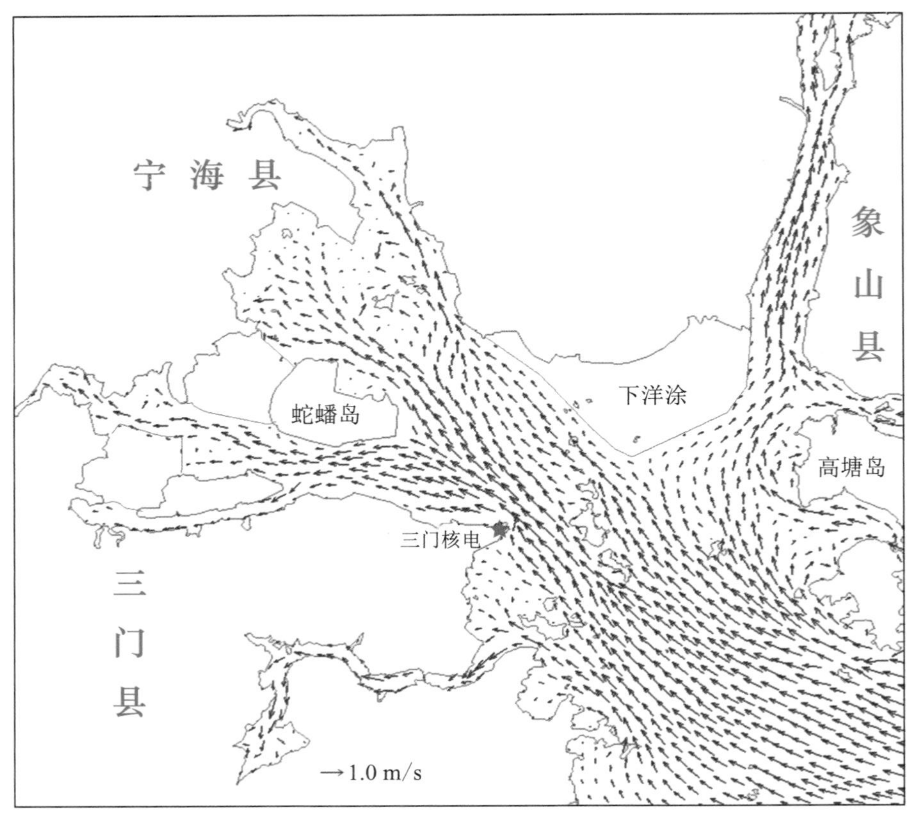

图 6.4.8A　规划围涂项目实施前的涨潮流场图(大潮)

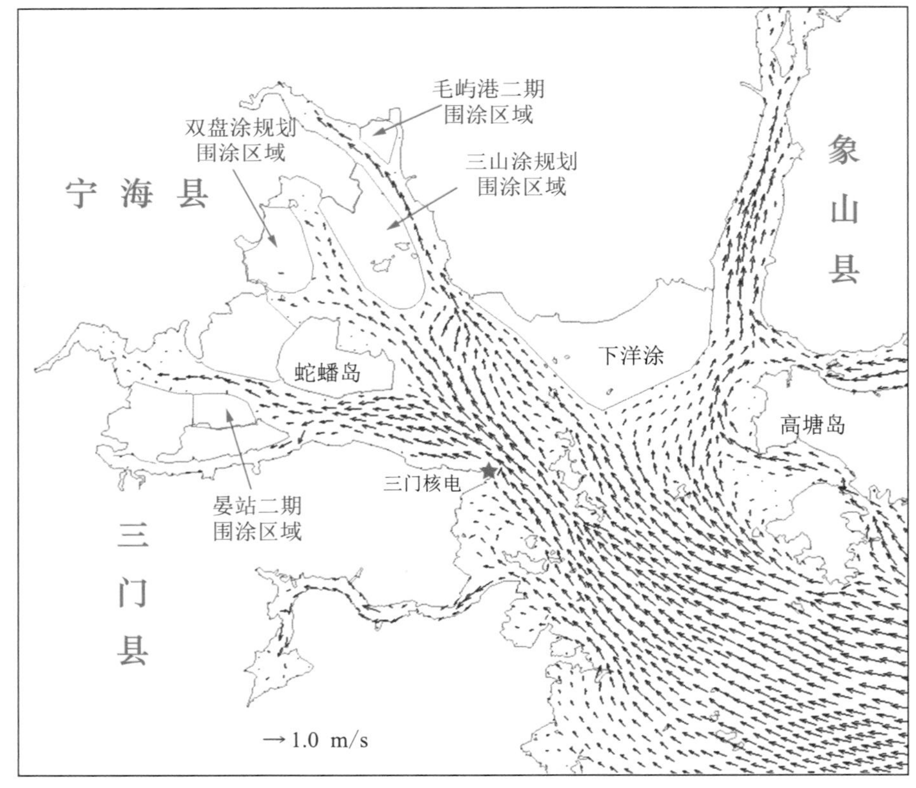

图 6.4.8B　规划围涂项目共同实施后的涨潮流场图(大潮)

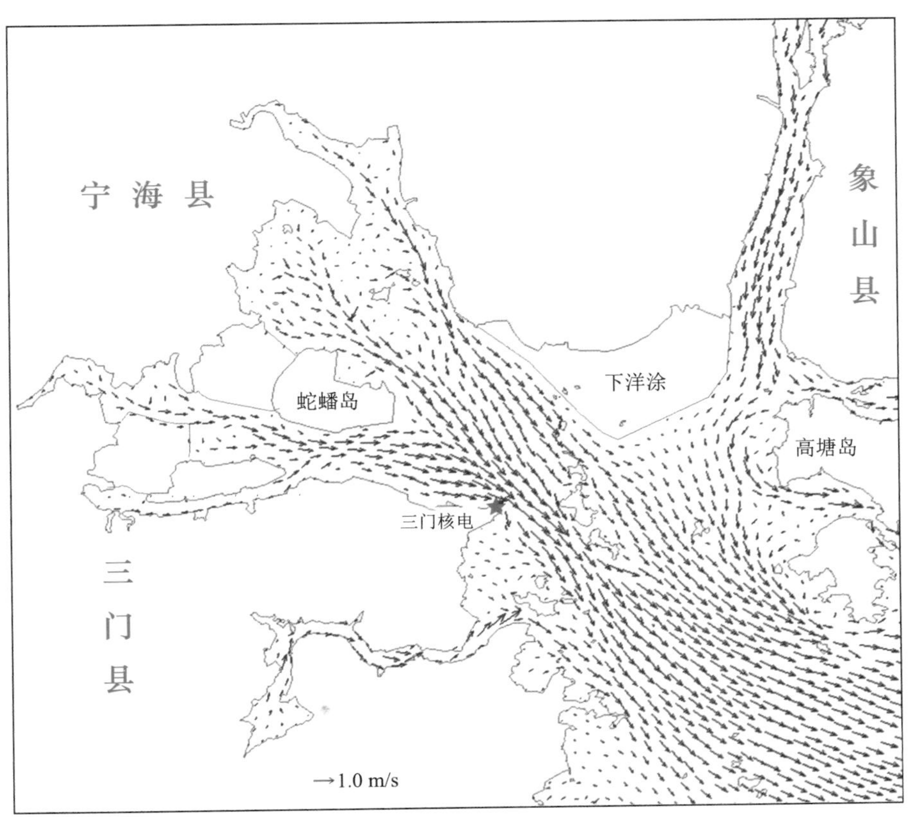

图 6.4.9A 规划围涂项目实施前的落潮流场图(大潮)

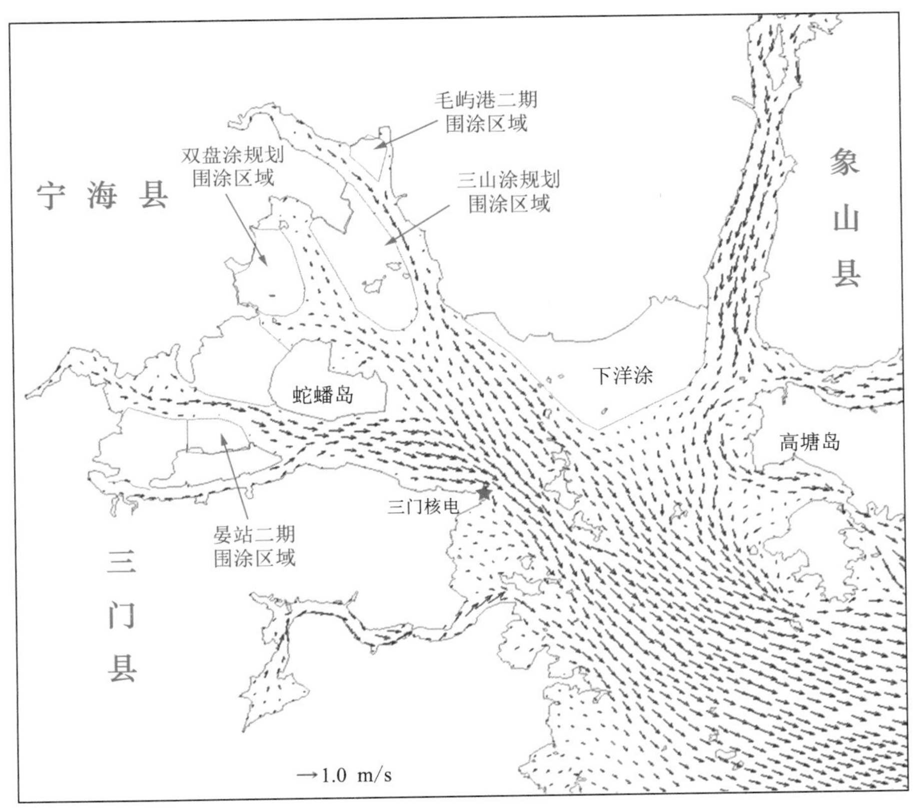

图 6.4.9B 规划围涂项目共同实施后的落潮流场图(大潮)

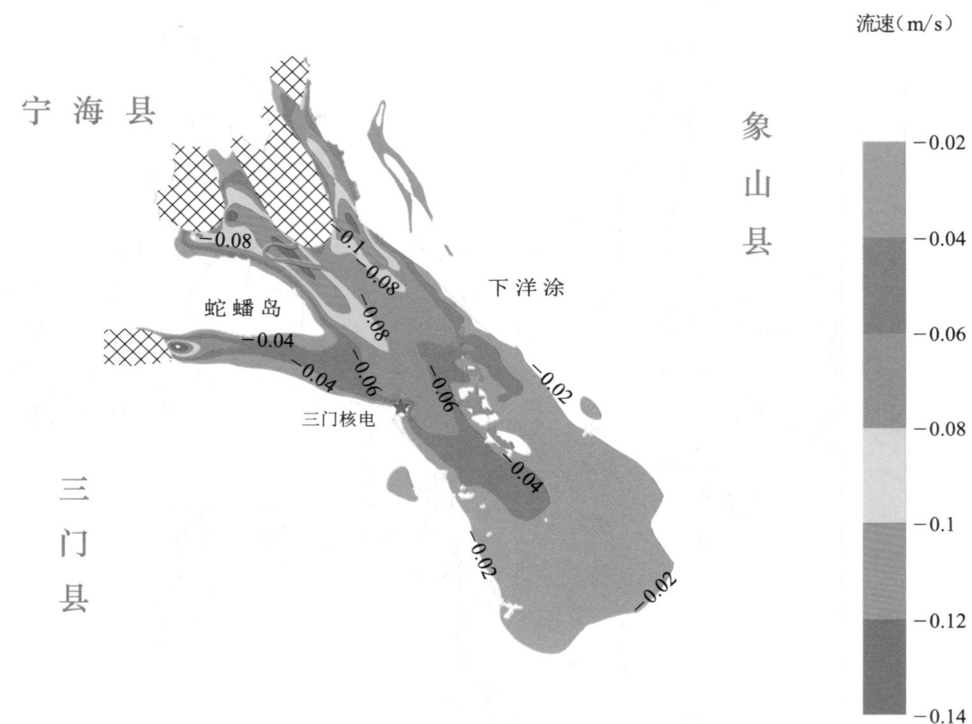

图 6.4.10A　规划围涂项目共同实施前、后三门湾海域平均流速变化

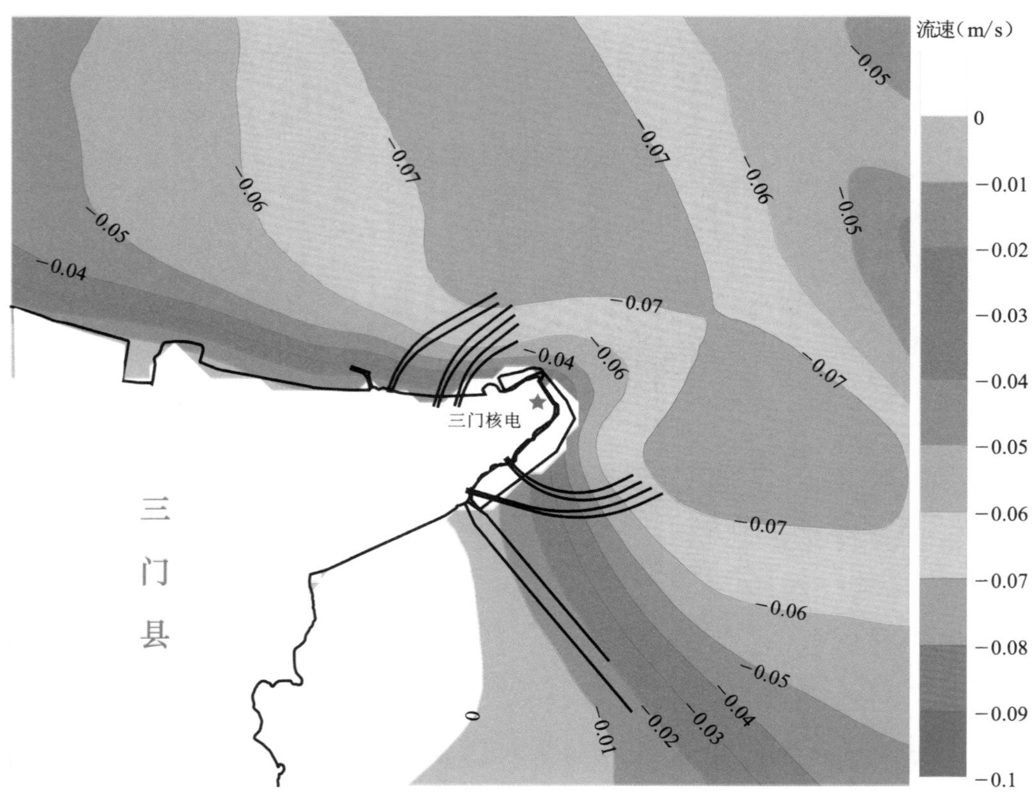

图 6.4.10B　规划围涂项目共同实施前、后三门核电厂附近海域平均流速变化

表 6.4.3　各敏感点平均流速变化情况表　（单位：m/s）

敏感点	重件码头	一期取水口	二期取水口	二期排水口	大深潭
工程前流速	0.25	0.60	0.59	0.51	0.44
工程后流速	0.22	0.53	0.52	0.44	0.39
流速变化	−0.03	−0.07	−0.07	−0.07	−0.05

（2）围垦工程实施后的潮量变化

潮量统计见表 6.4.4 至表 6.4.9，由表可知，各围涂工程实施后三门湾海域潮量呈现明显降低的趋势，其中湾顶断面潮量减小 13.0%左右，湾中断面潮量减小 7%左右，湾口断面减少 3%左右，从湾顶向湾外潮量变化率呈现逐渐减小趋势。表明围涂工程对三门湾海域的影响由湾顶向湾外逐渐减小。根据大、中、小潮型影响分析表明：各潮型对海域潮量变化率相差不大。

表 6.4.4　三山涂围涂后各断面潮量统计表

断面	潮型	涨潮（$\times 10^8 m^3$）			落潮（$\times 10^8 m^3$）			平均减少百分比	大、中、小潮平均变化率
		围垦前	围垦后	变化率	围垦前	围垦后	变化率		
断面 A（湾顶）	大潮	8.66	8.15	5.9%	7.57	7.19	5.0%	5.5%	5.6%
	中潮	5.39	5.08	5.8%	5.10	4.83	5.3%	5.5%	
	小潮	3.39	3.20	5.6%	2.70	2.53	6.3%	6.0%	
断面 B（湾中）	大潮	15.30	14.90	2.6%	13.60	13.20	2.9%	2.8%	2.9%
	中潮	9.63	9.35	2.9%	9.16	8.91	2.7%	2.8%	
	小潮	6.17	5.99	2.9%	4.82	4.65	3.5%	3.2%	
断面 C（湾口）	大潮	34.00	33.50	1.5%	30.40	30.00	1.3%	1.4%	1.4%
	中潮	21.10	20.76	1.6%	20.10	19.85	1.2%	1.4%	
	小潮	13.60	13.50	0.7%	10.50	10.30	1.9%	1.3%	

表 6.4.5　双盘涂围涂后各断面潮量统计表

断面	潮型	涨潮（$\times 10^8 m^3$）			落潮（$\times 10^8 m^3$）			平均减少百分比	大、中、小潮平均变化率
		围垦前	围垦后	变化率	围垦前	围垦后	变化率		
断面 A（湾顶）	大潮	8.66	8.39	3.1%	7.57	7.39	2.4%	2.7%	3.4%
	中潮	5.39	5.19	3.7%	5.10	4.95	2.9%	3.3%	
	小潮	3.39	3.26	3.8%	2.70	2.58	4.4%	4.1%	
断面 B（湾中）	大潮	15.30	15.10	1.3%	13.60	13.39	1.5%	1.4%	1.7%
	中潮	9.63	9.45	1.9%	9.16	9.02	1.5%	1.7%	
	小潮	6.17	6.05	1.9%	4.82	4.71	2.3%	2.1%	

续表 6.4.5

断面	潮型	涨潮(×10^8 m^3)			落潮(×10^8 m^3)			平均减少百分比	大、中、小潮平均变化率
		围垦前	围垦后	变化率	围垦前	围垦后	变化率		
断面C（湾口）	大潮	34.00	33.70	0.9%	30.40	30.20	0.7%	0.8%	0.9%
	中潮	21.10	20.93	0.8%	20.10	19.96	0.7%	0.8%	
	小潮	13.60	13.50	0.7%	10.50	10.30	1.9%	1.3%	

表 6.4.6　三山涂、双盘涂围涂后各断面潮量统计表

断面	潮型	涨潮(×10^8 m^3)			落潮(×10^8 m^3)			平均减少百分比	大、中、小潮平均变化率
		围垦前	围垦后	变化率	围垦前	围垦后	变化率		
断面A（湾顶）	大潮	8.66	7.88	9.0%	7.57	6.91	8.7%	8.9%	8.9%
	中潮	5.39	4.90	9.1%	5.10	4.66	8.6%	8.9%	
	小潮	3.39	3.08	9.1%	2.70	2.46	8.9%	9.0%	
断面B（湾中）	大潮	15.30	14.60	4.6%	13.60	12.91	5.1%	4.8%	4.7%
	中潮	9.63	9.18	4.7%	9.16	8.75	4.5%	4.6%	
	小潮	6.17	5.87	4.9%	4.82	4.60	4.6%	4.7%	
断面C（湾口）	大潮	34.00	33.20	2.4%	30.40	29.81	1.9%	2.1%	2.2%
	中潮	21.10	20.60	2.4%	20.10	19.70	2.0%	2.2%	
	小潮	13.60	13.30	2.2%	10.50	10.25	2.4%	2.3%	

表 6.4.7　晏站二期围涂后各断面潮量统计表

断面	潮型	涨潮(×10^8 m^3)			落潮(×10^8 m^3)			平均减少百分比	大、中、小潮平均变化率
		围垦前	围垦后	变化率	围垦前	围垦后	变化率		
断面A（湾顶）	大潮	8.66	8.42	2.8%	7.57	7.38	2.5%	2.6%	2.8%
	中潮	5.39	5.23	3.0%	5.10	4.95	2.9%	3.0%	
	小潮	3.39	3.30	2.7%	2.70	2.62	3.0%	2.8%	
断面B（湾中）	大潮	15.30	15.10	1.3%	13.60	13.40	1.5%	1.4%	1.4%
	中潮	9.63	9.49	1.5%	9.16	9.02	1.5%	1.5%	
	小潮	6.17	6.08	1.5%	4.82	4.75	1.5%	1.5%	
断面C（湾口）	大潮	34.00	33.70	0.9%	30.40	30.20	0.7%	0.8%	0.8%
	中潮	21.10	20.90	0.9%	20.10	20.00	0.5%	0.7%	
	小潮	13.60	13.50	0.7%	10.50	10.40	1.0%	0.8%	

表 6.4.8　毛屿港二期围涂后各断面潮量统计表

断面	潮型	涨潮（$\times 10^8\ m^3$）			落潮（$\times 10^8\ m^3$）			平均减少百分比	大、中、小潮平均变化率
		围垦前	围垦后	变化率	围垦前	围垦后	变化率		
断面 A（湾顶）	大潮	8.66	8.55	1.3%	7.57	7.49	1.1%	1.2%	1.1%
	中潮	5.39	5.32	1.3%	5.10	5.04	1.2%	1.2%	
	小潮	3.39	3.36	0.9%	2.70	2.67	1.1%	1.0%	
断面 B（湾中）	大潮	15.30	15.20	0.7%	13.60	13.50	0.7%	0.7%	0.6%
	中潮	9.63	9.58	0.5%	9.16	9.11	0.5%	0.5%	
	小潮	6.17	6.14	0.5%	4.82	4.79	0.6%	0.6%	
断面 C（湾口）	大潮	34.00	33.90	0.3%	30.40	30.30	0.3%	0.3%	0.3%
	中潮	21.10	21.05	0.2%	20.10	20.08	0.1%	0.2%	
	小潮	13.60	13.59	0.1%	10.50	10.40	1.0%	0.5%	

表 6.4.9　规划围涂共同实施后各断面潮量统计表

断面	潮型	涨潮（$\times 10^8\ m^3$）			落潮（$\times 10^8\ m^3$）			平均减少百分比	大、中、小潮平均变化率
		围垦前	围垦后	变化率	围垦前	围垦后	变化率		
断面 A（湾顶）	大潮	8.66	7.53	13.0%	7.57	6.74	11.0%	12.0%	13.0%
	中潮	5.39	4.65	13.7%	5.10	4.47	12.4%	13.0%	
	小潮	3.39	2.95	13.0%	2.70	2.30	14.8%	13.9%	
断面 B（湾中）	大潮	15.30	14.40	5.9%	13.60	12.69	6.7%	6.3%	6.7%
	中潮	9.63	8.98	6.7%	9.16	8.58	6.3%	6.5%	
	小潮	6.17	5.75	6.8%	4.82	4.44	7.9%	7.3%	
断面 C（湾口）	大潮	34.00	32.80	3.5%	30.40	29.50	3.0%	3.2%	3.4%
	中潮	21.10	20.34	3.6%	20.10	19.59	2.5%	3.1%	
	小潮	13.60	13.29	2.3%	10.50	9.90	5.7%	4.0%	

(3) 围垦工程实施后的冲淤变化：

1）三门湾海域冲淤变化

图 6.4.11、图 6.4.12 和表 6.4.10 为三门湾海域的冲淤变化。由图表可见，围涂工程实施后随着海湾纳潮量减小，海湾各潮汐汊道均有所淤积，由于不同围区所处潮汐汊道不同，海床淤积区和大小略有差异，与水动力相对应，一般离围垦工程区较近的区域淤积量相对较大。图 6.4.12 为各个围涂项目共同实施后的海床冲淤分布图。由图可见猫头水道淤积厚度为 0.8～2.0 m，满山水道淤积厚度为 0.2～2.2 m，蛇蟠水道淤积厚度为 0.6～2.3 m，青山港内淤积厚度为 1.0～2.4 m，力洋港内淤积厚度为 0.6～2.8 m。

2）三门核电厂近域各敏感点冲淤变化

规划围垦共同实施后三门核电厂重件码头最终淤积 0.6 m，一期工程取水口淤积 1.3 m，二

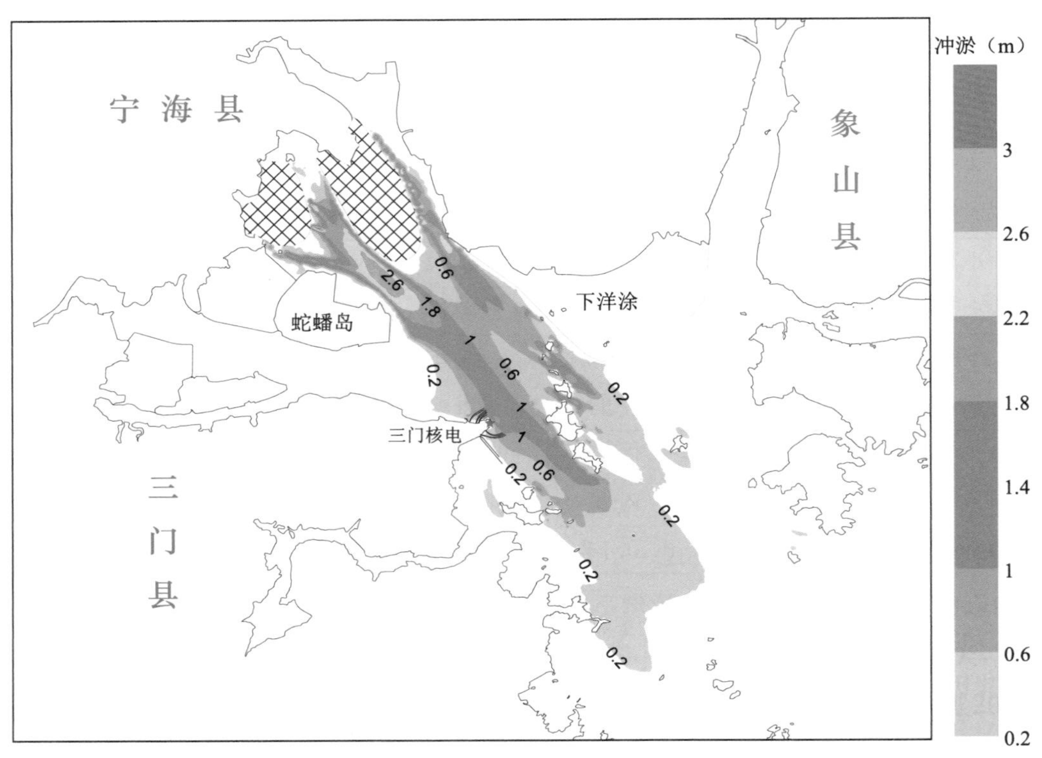

图 6.4.11A　三山涂和双盘涂围涂工程影响下三门湾海域最终冲淤变化

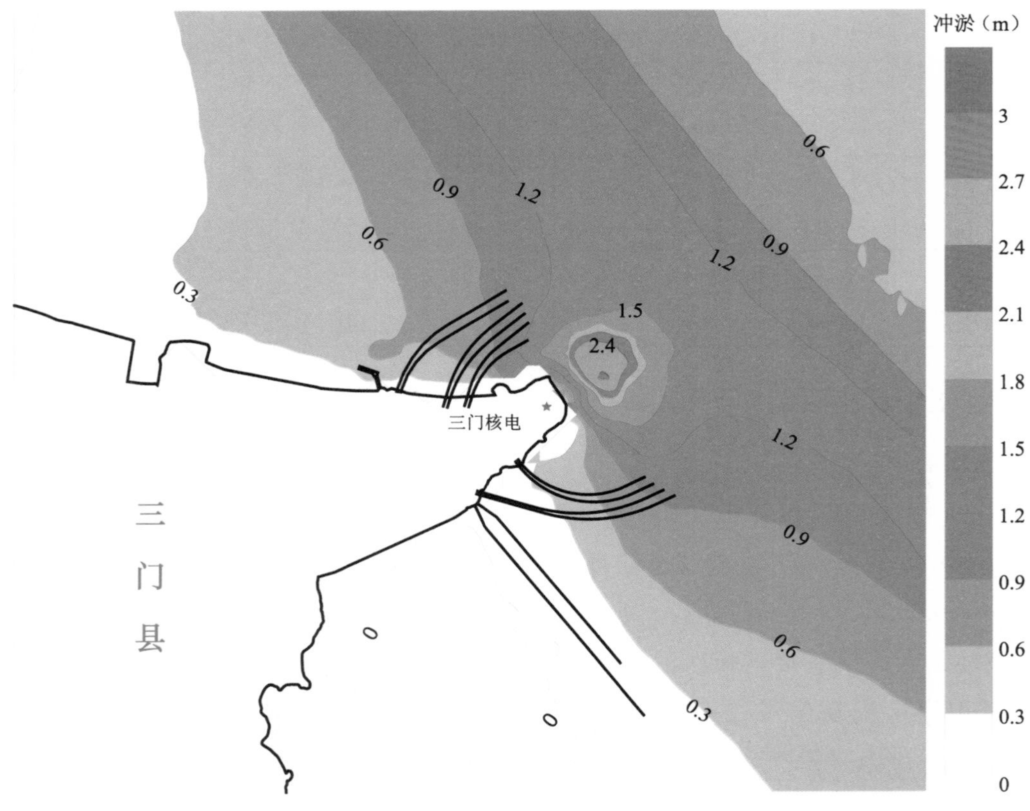

图 6.4.11B　三山涂和双盘涂围涂工程影响下三门核电厂附近海域最终冲淤变化

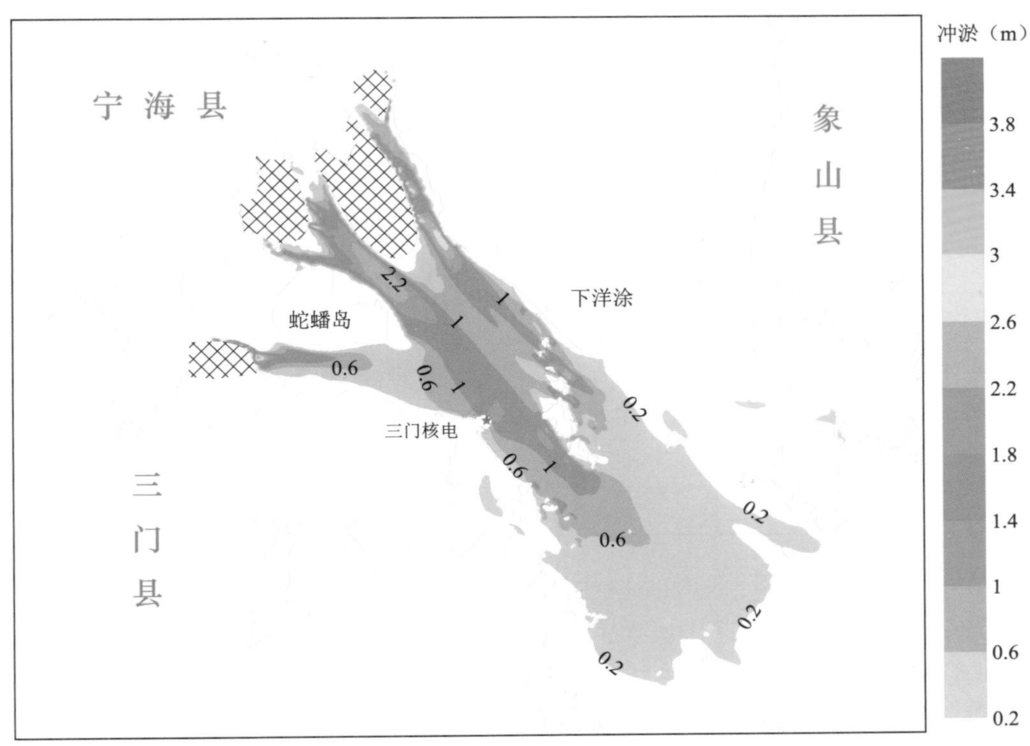

图 6.4.12A　各项围垦项目共同实施影响下三门湾海域最终冲淤变化图

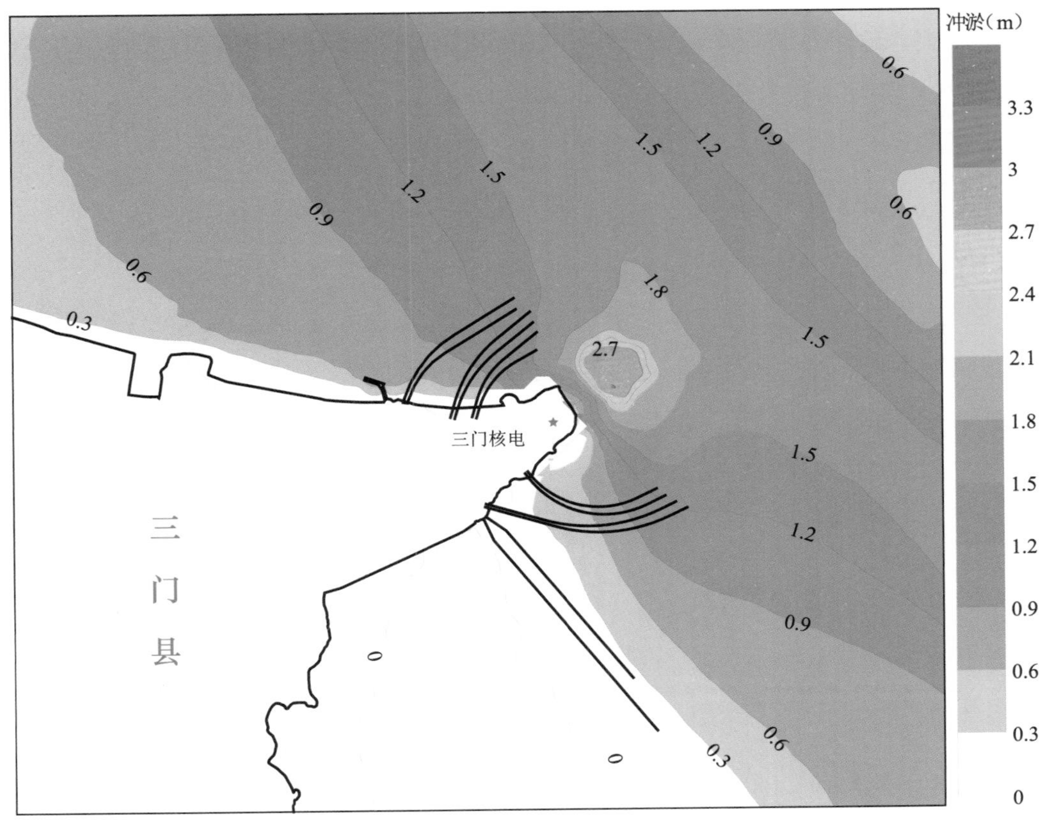

图 6.4.12B　各项围垦项目共同实施影响下三门核电厂附近海域最终冲淤变化图

期工程取水口淤积 1.4 m，二期排水口淤积 1.2 m，大深潭淤积 3.0 m。如考虑各项围涂工程共同影响的线性叠加，则各敏感点影响略有增加，但相差甚微，见表 6.4.10。

表 6.4.10　三门核电厂各敏感点最终淤积量(m)统计表

敏感点	重件码头	一期取水口	二期取水口	二期排水口	大深潭
三山涂	0.3	0.6	0.7	0.6	1.7
双盘涂	0.2	0.4	0.4	0.4	0.3
三山、双盘涂	0.4	0.95	1.0	0.95	2.5
晏站二期	0.2	0.3	0.3	0.20	0.8
毛屿二期	0.0	0.1	0.1	0.1	0.2
综合围涂	0.6	1.3	1.4	1.2	3.0
线性叠加	0.7	1.4	1.5	1.3	4.0

图 6.4.13 为 4 项规划围垦工程共同实施后主要敏感点淤积过程。由图可见，海床淤积主要发生在工程实施后的前 10 年，其中前 5 年淤积速率较快；到了第 10～15 年间淤积曲线已趋于平缓。分析表明：取水口处海床到了 15 年后已基本达到淤积平衡状态。

6.4.2.2　核电厂涉海工程对流场和冲淤的影响

三门核电厂涉水工程主要包括重件码头和取排水工程。重件码头工程已在 2009 年竣工，其影响已基本结束。这里计算仅考虑对一期、二期取排水口工程和防撞墩引起的影响。计算时一期、二期取排水口处地形抬升至取水窗下沿，由于防撞墩均高于平均高潮位，仅支撑的 PHC 防撞墩桩基位于水面以下，且直径较小，模型采用局部加糙处理(加糙至 0.1)，计算分析工程前、后三门核电厂附近海域的涨、落潮潮流场和海床冲淤变化情况。

(1) 水动力变化

一期、二期取排水口工程实施前后流矢和流速变化见图 6.4.14至图 6.4.16。由图可见，电厂涉海工程实施后对区域涨、落潮流路基本无影响，但引起局部区域流速量值改变。工程后所引起的涨、落潮流平均速变化主要分布在三门核电厂附近的猫头水道，受到取排水口垂直顶升立管和防撞墩影响，一期取水口西侧、大深潭、一期和二期排水口之间海域流速减小约为 0.02～0.04 m/s；由于排水口排水影响，引起排水口局部区域流速增大约 0.02 m/s。核电厂涉海工程对海域其他水道基本无影响。

各个敏感点平均流速变化见表 6.4.11。可见，工程实施后码头前沿平均流速未受到影响，一期取水口平均流速增大约 0.05 m/s，二期取水口平均流速增大约 0.04 m/s，二期排水口平均流速增大约 0.10 m/s，大深潭平均流速减小约 0.01 m/s。

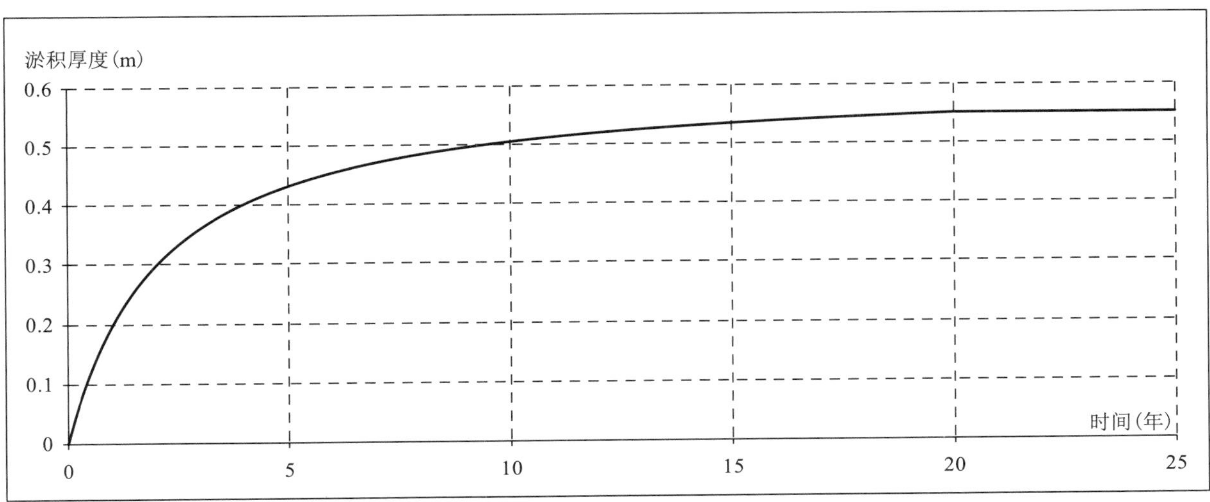

图 6.4.13A　各围涂项目共同实施影响下码头前沿冲淤变化

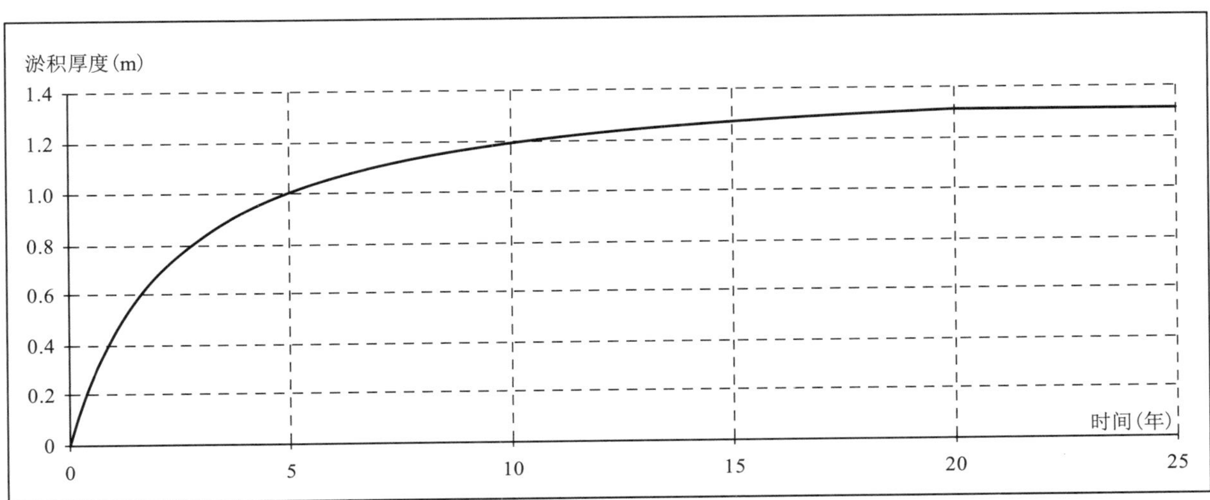

图 6.4.13B　各围涂项目共同实施影响下一期工程(1、2 号机组)取水口冲淤变化

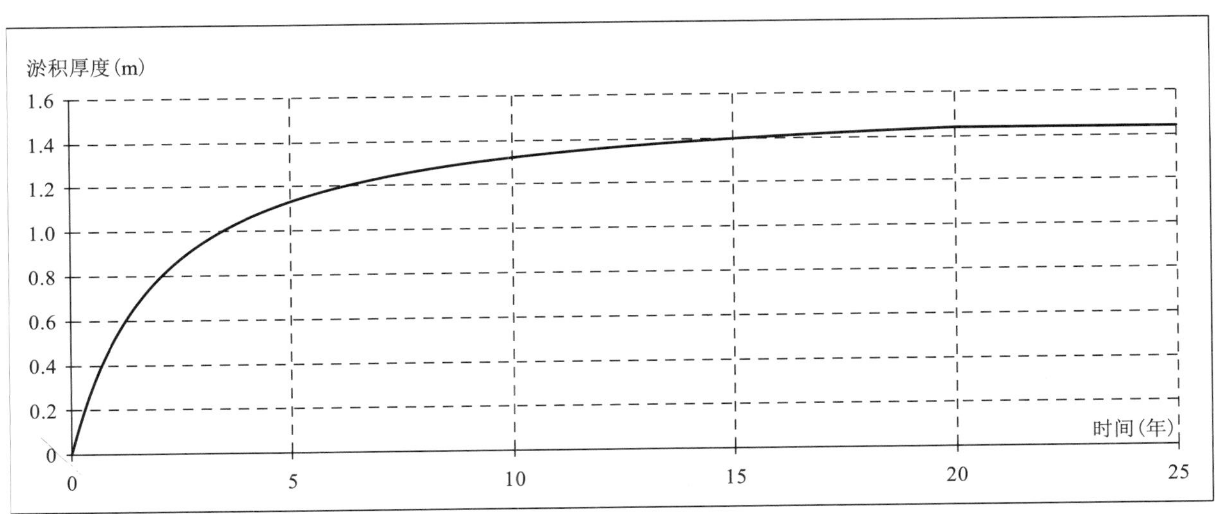

图 6.4.13C　各围涂项目共同实施影响下二期工程(3、4 号机组)取水口冲淤变化

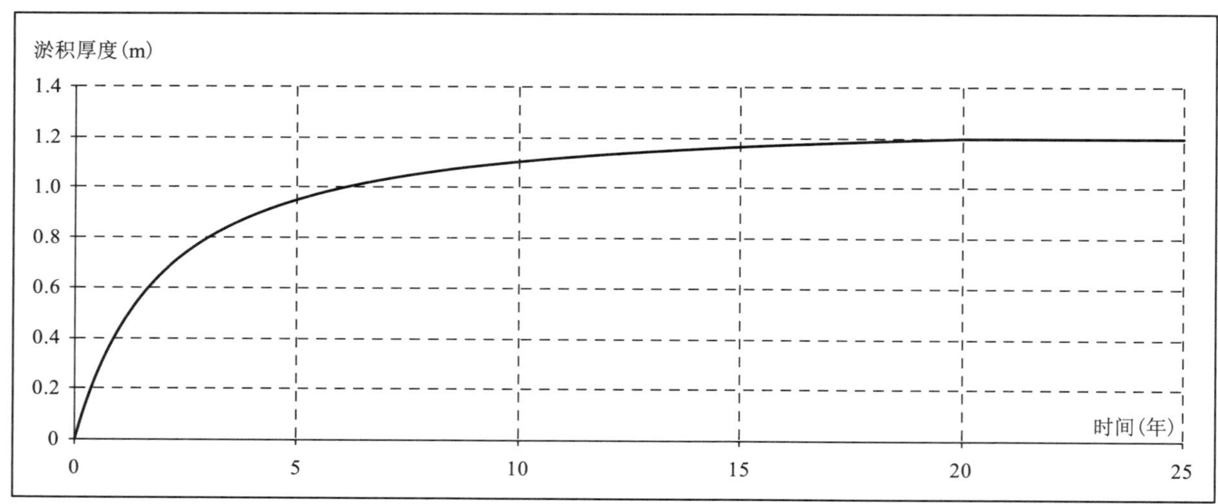

图 6.4.13D　各围涂项目共同实施影响下二期工程(3、4 号机组)排水口冲淤变化

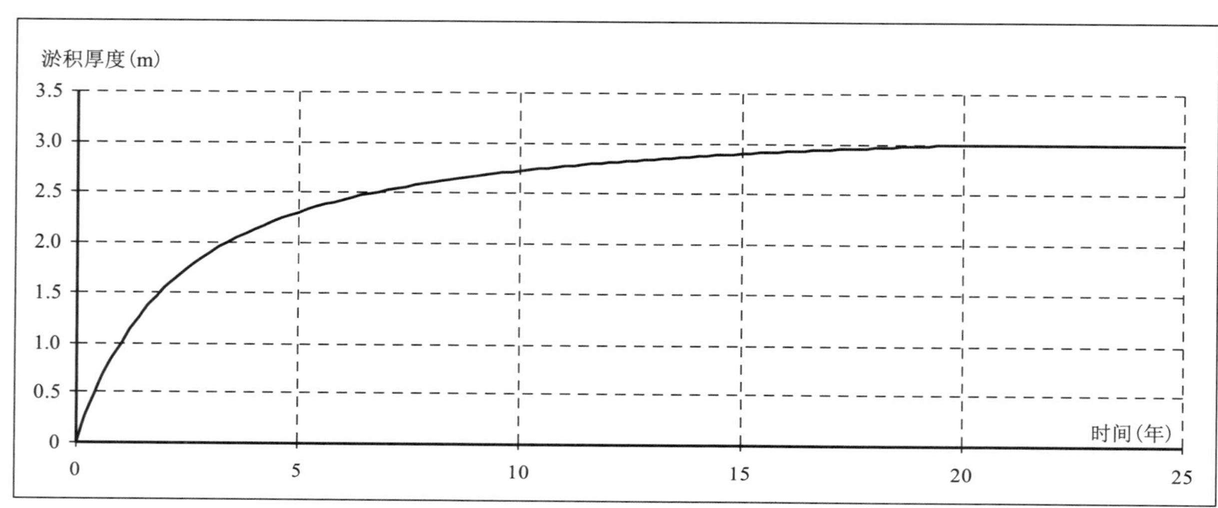

图 6.4.13E　各围涂项目共同实施影响下大深潭冲淤变化

表 6.4.11　各敏感点平均流速变化情况　(单位:m/s)

敏感点	码头	一期取水口	二期取水口	二期排水口	大深潭
工程前流速	0.25	0.60	0.59	0.51	0.44
工程后流速	0.25	0.65	0.63	0.61	0.43
流速变化	0	0.05	0.04	0.10	-0.01

(2) 海床冲淤变化

在核电取排水口工程影响下,三门核电附近海域的最终冲淤变化如图 6.4.17 所示。可见,与涨、落潮平均流速变化区域对应,淤积区主要分布在一期取水口西侧、大深潭、一期和二期排水口猫头水道,淤积厚度为 0.2～1.5 m。核电厂涉水工程建设对三门湾其他港汊和主要水道基本无影响。

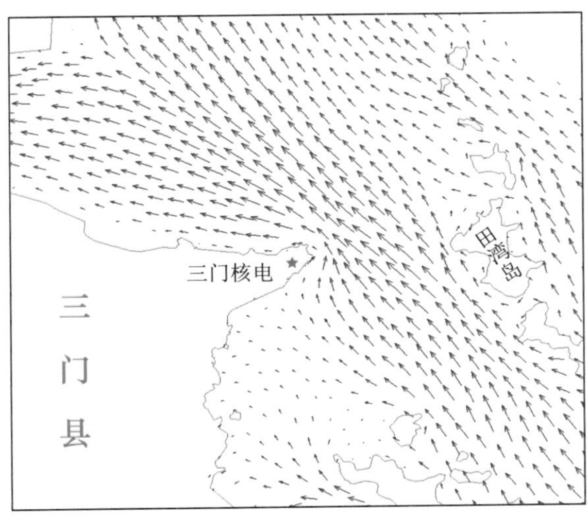

图 6.4.14A　一期、二期取排水口和防撞警示墩工程实施前涨潮流场图（大潮）

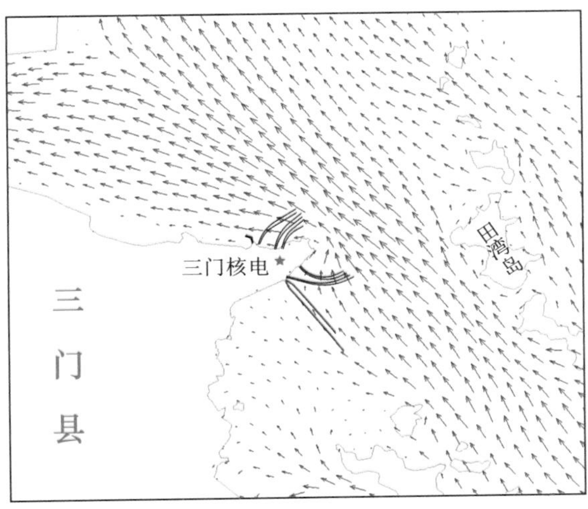

图 6.4.14B　一期、二期取排水口和防撞警示墩工程实施后涨潮流场图（大潮）

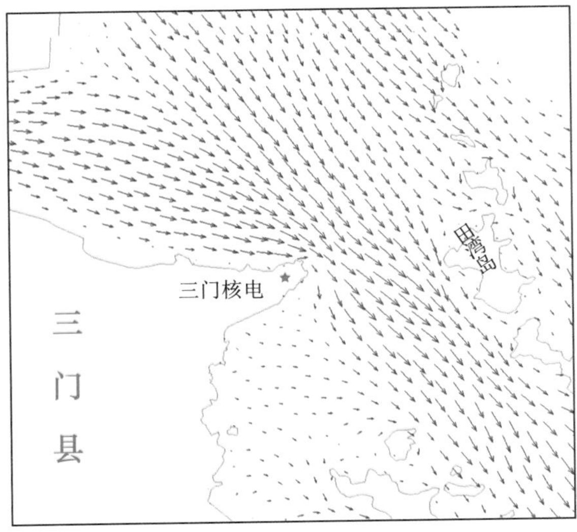

图 6.4.15A　一期、二期取排水口和防撞警示墩工程实施前落潮流场图（大潮）

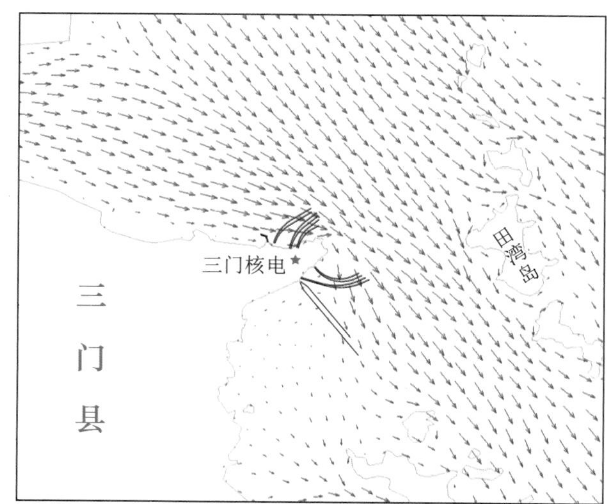

图 6.4.15B　一期、二期取排水口和防撞警示墩工程实施后落潮流场图(大潮)

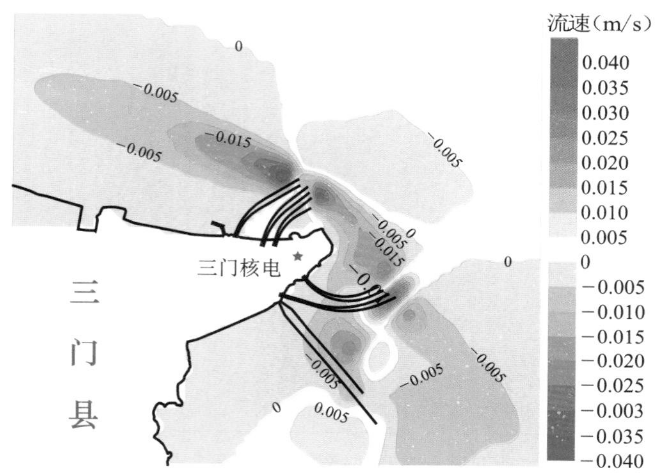

图 6.4.16　一期、二期取排水口工程前后三门核电厂近域平均流速变化图

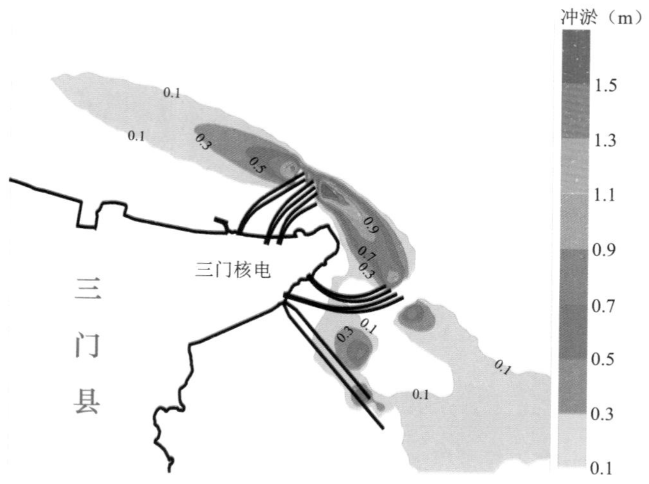

图 6.4.17　一期、二期取排水口工程影响下三门核电厂近域最终冲淤变化图

各敏感点最终冲淤变化见表 6.4.12。可见在工程影响下，码头前沿未发生淤积，大深潭内最终淤积量约 0.8 m；取排水口处流速虽略有增加，但由于顶管距离海床有 2～3 m 距离，取排水时基本不会引起底部海床的冲刷。

表 6.4.12　各敏感点最终冲淤量统计表　（单位：m）

敏感点	码头	一期取水口	二期取水口	二期排水口	大深潭
淤积量	0	0	0	0	0.8

6.4.2.3　核电厂取排水口和码头附近床面可能淤积厚度

上文分析了核电厂工程海域及电厂涉水工程附近床面历史及现状的冲淤变化，用各种方法和途径分析计算了今后规划围涂工程和核电厂涉海工程对取排水口工程附近床面的冲淤影响。三门湾围涂工程对区域的影响一般需 10～15 年才能基本达到冲淤平衡。因此，2006 年竣工的晏站涂、蛇蟠涂围涂工程和 2010 年竣工的下洋涂围涂工程对区域冲淤还存在后续的影响。三门湾是个半封闭型海湾，自然条件下海湾处于缓慢淤积状态，且海床地形存在季节性变化。根据核电厂设计运行 60 年寿期，预估核电厂取排水口工程和码头附近床面，在自然淤积和人类活动影响下，60 年后的可能淤积厚度。

（1）自然淤积和过去围涂影响的余留淤积

1）自然淤积

三门湾近百年的自然淤积速率为 1.5～2.5 cm/a。按此推算 60 年后取水口头部附近床面自然淤积厚度为 1.0～1.5 m，一般水深大的地方淤积量大，猫头水道南侧淤积略小。由于近年来长江入海泥沙的锐减，加之湾内高滩大量围垦，未来三门湾海域含沙量将呈现减少趋势，三门湾自然淤积的速率有可能呈现变缓趋势。另一方面，工程海域海床高程存在季节性变化，一般冬季水深相对较大，夏季水深相对较小，年内变幅取水口处在 0.6 m 左右，排水口在 0.2 m 左右，深潭在 1.5 m 以内。

2）已围涂工程后续影响

三门湾内自 2003 年以来已实施的较大规模的围垦主要有晏站涂围垦（2003～2007 年）、蛇蟠涂围垦（2004～2007 年）和下洋涂围垦（2006～2010 年）。计算得到各围涂工程引起工程海域的海床淤积，依据海床淤积发展过程，扣除晏站涂、蛇蟠涂 2006～2013 年淤积影响和下洋涂 2010～2013 年淤积影响，得到围涂工程对工程海域的后续影响，见表 6.4.13。由表可知，围涂工程对主要敏感点后续影响分别为：码头 0.2 m、一期取水口 0.2 m、二期取水口 0.3 m，二期排水口 0.2 m、大深潭 0.5 m。

表 6.4.13　各敏感点后续淤积量统计表　（单位:m）

敏感点	码头	一期取水口	二期取水口	二期排水口	大深潭
蛇蟠涂、晏站涂	0.1	0.1	0.15	0.1	0.3
下洋涂	0.05	0.05	0.1	0.1	0.2
围涂后续影响	0.2	0.2	0.3	0.2	0.5

（2）规划围涂的最终淤积影响

数模计算了单个规划围涂工程和各个围涂工程共同实施的影响，为了考虑到最不利因素，采用单个规划围涂淤积影响的线性叠加和围涂工程共同实施淤积影响的较大值作为数模计算结果；并与演变分析中预测围涂工程对取排水口淤积影响相比较，取两者中较大值作为围涂工程淤积影响的推荐值，如表 6.4.14 所示。由表可知，数模计算与演变分析得到围涂工程对取排水口处淤积影响总体相近，演变分析值略大于数模计算值，以演变分析结果作为规划围涂对取排水口处淤积影响的值，即由规划围涂造成的工程处海床淤积分别为：重件码头淤积 0.6 m，一期取水口淤积 1.4 m，二期取水口淤积 1.8 m，二期排水口淤积 1.6 m，大深潭淤积 4.0 m。

表 6.4.14　规划围涂工程淤积量统计表　（单位:m）

敏感点	码头	一期取水口	二期取水口	二期排水口	大深潭
数学模型	0.6	1.4	1.5	1.3	4.0
演变分析	/	/	1.8	1.6	/
推荐值	0.6	1.4	1.8	1.6	4.0

（3）取排水口工程和流域建库引起的淤积影响

1）取排水口工程引起的淤积影响

电厂取排水口工程引起的淤积区域主要分布在一期取水口西侧、大深潭、一期和二期排水口之间，淤积厚度约 0.2～1.5 m；取排水口处流速略有增加，将引起取水管附近的局部冲刷。

2）流域建库引起的淤积影响

2003 年建成的白溪和沙池水库，距今已 10 年时间，工程对海域的影响基本结束。未来三门湾内还规划在清溪流域建设宁海辽车水库，考虑从辽车水库引水 $4\times10^7\ m^3$～$6\times10^7\ m^3$，用于水资源开发利用。该建库引水工程将引起猫头深潭淤积 0.6 m 左右，二期取水口附近床面将淤积约为 0.2 m，二期排水口附近床面将淤积 0.1 m 左右。

（4）核电厂取排水口附近床面的可能淤积厚度

大深潭、取水口头部和码头前沿床面 60 年后的可能淤积厚度，包括自然淤积（约 2 cm/a）和人类活动引起的淤积。综合各因素影响如表 6.4.15 所示，将各影响线性叠加，60 年后工程区海床可能的淤积厚度预测值为：重件码头 2.2 m，一期取水口 3.0 m，二期取水口 3.5 m，二期排水口 2.9 m，大深潭 7.4 m。

表 6.4.15　各敏感点 60 年后总淤积厚度统计表　　（单位:m）

方案	码头	一期取水口	二期取水口	二期排水口	大深潭
前期围涂的后续淤积	0.2	0.2	0.3	0.2	0.5
规划围涂工程	0.6	1.4	1.8	1.6	4.0
取排水工程	0	0	0	0	0.8
流域建库	0.2	0.2	0.2	0.1	0.6
自然淤积(60 年预估)	1.0～1.2	1.0～1.2	1.0～1.2	0.8～1.0	1.2～1.5
60 年后可能的淤积	2.2	3.0	3.5	2.9	7.4

参考文献

[6-1] 穆锦斌，刘旭，周维，等. 三门核电3、4号机组海域使用论证岸滩稳定性分析及数模计算专题研究总报告[R]. 2014.

[6-2] 浙江省发展和改革委员会. 浙江省滩涂围垦总体规划(2005～2020年)[Z]. 2006.

[6-3] 浙江省人民政府. 浙江省水资源保护与开发利用"十二五"规划[Z]. 2012.

[6-4] 浙江省海岸带资源综合调查队. 浙江省海岸带资源综合调查专业报告[R]. 1985.

[6-5] 夏小明，谢钦春，李炎，等. 港湾淤泥质潮滩的周期变化[J]. 海洋学报，1997，19(4)：99-108.

[6-6] 谢钦春，马黎明，李伯根，等. 浙江三门湾猫头深潭风暴快速沉积研究[J]. 海洋学报，2001，23(5)：79-85.

[6-7] 穆锦斌，刘旭，黄世昌，等. 三门核电3、4号机组海域使用论证岸滩稳定性分析及数模计算专题之二：数学模型计算专题报告[R]. 2014.

[6-8] 穆锦斌，刘旭，黄世昌，等. 三门县海游港大闸工程海域影响分析专题——海床演变分析[R]. 2008.

[6-9] 穆锦斌，刘旭，黄世昌，等. 宁海县双盘三山涂农业围垦对三门核电取水口冲淤影响专题研究报告[R]. 2013.

第 7 章　海洋化学

三门湾海域水环境质量和沉积物环境质量既受到湾外海水的影响，又受到沿岸陆地径流的作用，表现出较明显的区域分布特征。三门湾内潮混合较强，水交换条件良好。目前三门湾海域水环境质量总体状况较好。本书主要根据 2013 年三门湾海域实施的冬、春、夏、秋四季调查资料成果[7-1]以及历史调查研究成果，分析阐述三门湾海域水化学要素的时空分布特征及其变化规律。

7.1　资料概况

7.1.1　调查范围与站位

（1）调查范围与频次

水质环境、生物生态、渔业资源的调查范围覆盖了整个三门湾海域。调查时间为 2012 年 12 月到 2013 年 12 月，大面站每季调查一次，分别为 2 月（冬季）、5 月（春季）、8 月（夏季）和 10 月（秋季），共进行四个季度代表月的现场调查。其中冬季、春季和秋季在大潮时调查，夏季为大、小潮调查，共 5 个航次调查；冬、夏季增加海洋水质和浮游生物定点连续观测；海洋沉积物质量调查在冬、夏两季进行[7-1]，调查时间与内容见表 7. 1. 1。

表 7. 1. 1　调查时间与调查内容

调查季节	调查时间	调查内容
冬季	2013. 02. 24～2013. 02. 26	水质（大面站）、沉积物、海洋生物生态
	2013. 02. 27～2013. 02. 28	水质（连续站）、浮游生物
春季	2013. 05. 11～2013. 05. 13	水质（大面站）、海洋生物生态
夏季	2013. 08. 07～2013. 08. 09	水质（大面站、大潮）、海洋生物生态
	2013. 08. 10～2013. 08. 11	水质（连续站）、浮游生物
	2013. 08. 14～2013. 08. 16	水质（大面站、小潮）、沉积物
秋季	2013. 11. 03～2013. 11. 05	水质（大面站）、海洋生物生态
全年	2012. 12～2013. 12	污损生物

（2）调查站位与层次

调查站位：水质调查设置大面站 30 个，定点连续站 1 个。沉积物调查设置大面测站 15 个，定点连续测站 1 个以及 5 条潮间带断面。调查站位见表 7.1.2 和 图 7.1.1。

表 7.1.2 水质环境、海洋生态调查站位与内容一览表

站位		纬度(N)	经度(E)	调查内容
水体	S01	29°07′52.8″	121°34′43.1″	水质、沉积物
	S02	29°09′51.5″	121°36′16.1″	水质、生物生态
	S03	29°11′02.1″	121°37′20.3″	水质、沉积物、生物生态
	S04	29°07′11.1″	121°36′57.8″	水质环境
	S05	29°08′24.9″	121°38′18.0″	水质、生物生态
	S06	29°09′48.3″	121°39′28.6″	水质、沉积物、生物生态
	S07	29°06′51.8″	121°38′34.1″	水质、沉积物
	S08	29°07′27.1″	121°39′12.6″	水质、生物生态
	S09	29°07′56.0″	121°39′51.1″	水质、沉积物、生物生态
	S10	29°08′44.1″	121°40′32.8″	水质环境
	S11	29°05′54.1″	121°39′35.0″	水质、生物生态
	S12	29°06′27.7″	121°40′21.2″	水质、沉积物、生物生态
	S13	29°07′04.7″	121°40′58.4″	水质、沉积物
	S14	29°08′02.4″	121°41′59.4″	水质、生物生态
	S15	29°04′24.3″	121°40′03.9″	水质、沉积物、生物生态
	S16	29°05′31.6″	121°41′33.7″	水质、沉积物
	S17	29°07′01.5″	121°43′16.4″	水质、生物生态
	S18	29°09′06.6″	121°46′16.0″	水质、沉积物、生物生态
	S19	29°02′54.4″	121°40′45.6″	水质环境
	S20	29°04′14.7″	121°42′34.7″	水质、生物生态
	S21	29°05′50.9″	121°44′43.0″	水质、沉积物、生物生态
	S22	29°00′32.1″	121°42′56.5″	水质环境
	S23	29°01′45.7″	121°45′20.7″	水质、生物生态
	S24	29°03′15.5″	121°47′54.5″	水质、沉积物、生物生态
	S25	28°57′23.0″	121°45′04.7″	水质、沉积物
	S26	28°58′49.5″	121°48′04.1″	水质、生物生态
	S27	29°00′19.2″	121°51′13.1″	水质、沉积物、生物生态
	S28	29°01′39.3″	121°55′00.6″	水质环境
	S29	28°55′02.1″	121°51′00.3″	水质、生物生态
	S30	28°56′41.4″	121°54′51.0″	水质、沉积物、生物生态
	S31(A)	29°06′33.0″	121°39′03.0″	水质(连续站)

续表 7.1.2

站位		纬度(N)	经度(E)	调查内容
潮间带	T1	29°06′31.0″	121°38′57″	潮间带生物(岩礁)
	T2	29°05′32.0″	121°38′05.0″	潮间带生物(泥滩)
	T3	29°04′29.0″	121°38′03.0″	潮间带生物(泥滩)
	T4	29°06′27.0″	121°38′04.0″	潮间带生物(岩礁)
	T5	29°06′31.0″	121°37′26.0″	潮间带生物(泥滩)

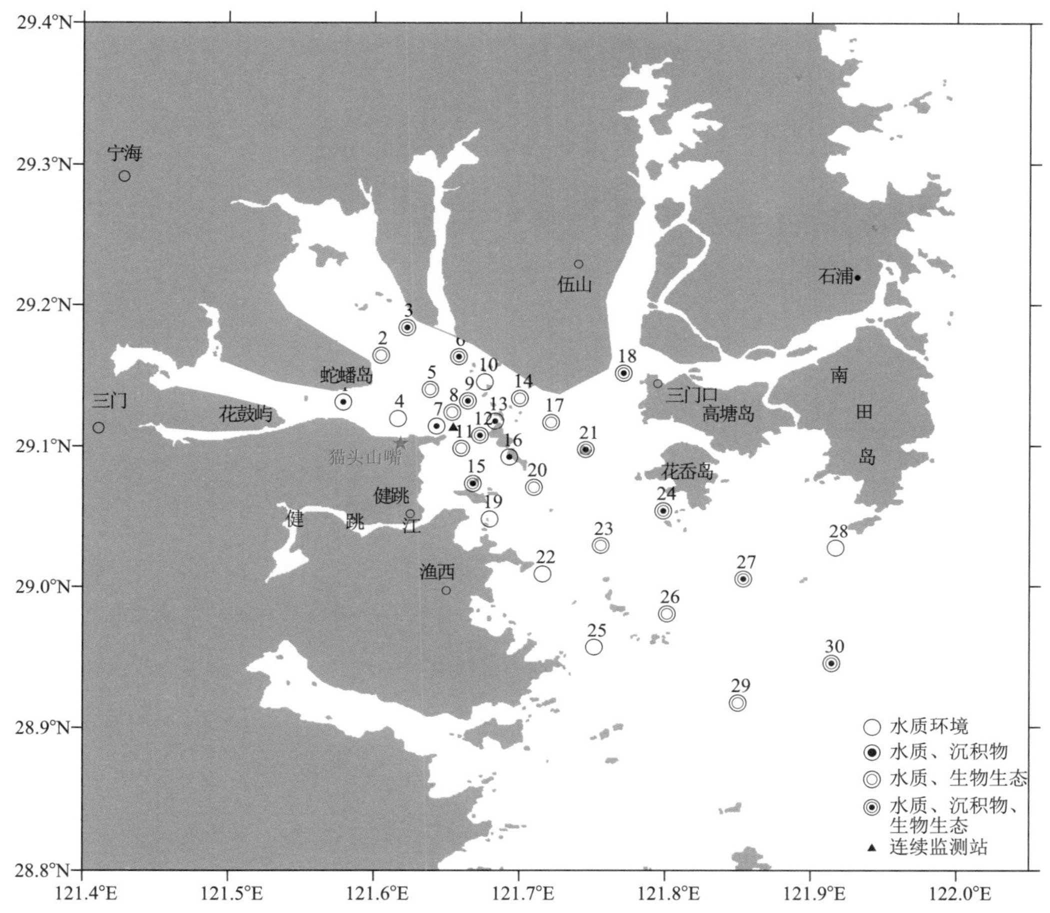

图 7.1.1　三门湾海域水质环境、海洋生态调查站位布设示意图

采样层次：水质调查中石油类、Cu、Pb、Zn、Cd、Cr、Hg、As、B、Mn、Ag 和 K 等 12 项要素仅采集表层水样。水质调查其他要素采样层次为：水深浅于 5 m 采表层水样；水深 5～10 m 采表、底两层水样；水深大于 10 m 采表、中、底三层水样。沉积物调查仅采集沉积物表层样。

7.1.2　调查内容与方法

(1) 水质调查要素(大面站)

溶解氧(DO)、pH、COD、BOD_5、总碱度(TA)、总悬浮物(SS)、油类(Oil)、硝酸盐(NO_3^--N)、亚硝酸盐(NO_2^--N)、氨氮(NH_4^+-N)、活性磷酸盐(PO_4^{3-}-P)、硅酸盐(SiO_3^{2-}-Si)、总氮(TN)、总磷(TP)、总有机碳(TOC)、余氯、阴离子洗涤剂、氰化物、氯化物、氟化物、硫酸根、挥发性酚、Cu、Pb、Zn、Cd、总 Cr、Hg、As、B、Mn、Ag、K。

(2) 水质调查要素(连续站)

DO、pH、COD、总碱度、硝酸盐、亚硝酸盐、氨氮、磷酸盐、氯化物、余氯、阴离子洗涤剂。

(3) 沉积物调查要素

底质类型、粒度、pH、Eh、含水率、硫化物、石油类、挥发性酚、有机质、Cu、Pb、Zn、Cd、Cr、Hg、As、B、Mn、Ag。

(4) 调查方法

海洋环境调查过程中的样品采集、贮存、运输、预处理及分析测定过程均按照《海洋调查规范》GB12763—2007 和《海洋监测规范》GB17378—2007 相关要求执行。

7.2 海水化学特征

7.2.1 海水化学

7.2.1.1 大面站水体调查分析

三门湾海域环境化学大面站四季调查分析结果见表 7.2.1。根据调查结果分析表明:活性磷酸盐、硝酸盐、亚硝酸盐和铵盐的浓度四季平均值与 2006 年调查结果无显著差异。非离子氨含量四季平均为 0.417 mg/L,季节变化为夏季 > 春季 > 冬季 > 秋季。总氮、总磷的四季平均值分别为 0.710 mg/L、0.093 mg/L,季节变化均表现为秋季 > 冬季 > 春季 > 夏季。

表 7.2.1 大面站水体调查结果

调查项目(33 项)	季节	春季	夏季		秋季	冬季
	潮时	大潮	大潮	小潮	大潮	大潮
DO (mg/L)	范围	7.26~8.40	5.79~6.78	5.04~6.69	7.67~8.09	9.15~10.14
	均值	7.73	6.10	6.13	7.84	9.80
COD (mg/L)	范围	0.24~1.63	0.53~1.71	0.22~1.50	0.46~3.48	0.40~3.84
	均值	0.88	0.97	0.66	1.67	2.10
BOD_5 (mg/L)	范围	0.40~1.07	0.11~1.40	0.29~1.61	0.30~0.88	0.56~1.80
	均值	0.65	0.68	0.69	0.57	1.26
总碱度 (mmol/L)	范围	2.13~2.48	2.10~2.88	2.26~2.60	2.05~2.44	2.11~2.44
	均值	2.33	2.44	2.37	2.16	2.19
pH	范围	7.95~8.12	7.94~8.10	7.84~8.06	8.08~8.11	8.08~8.15

续表 7.2.1

调查项目（33 项）	季节	春季	夏季		秋季	冬季
	潮时	大潮	大潮	小潮	大潮	大潮
悬浮物（mg/L）	范围	12～488	19～530	21～260	100～1 269	110～853
	均值	177	130	69	516	320
PO_4^{3-}-P（mg/L）	范围	0. 022～0. 034	0. 018～0. 052	0. 021～0. 050	0. 043～0. 051	0. 025～0. 035
	均值	0. 032	0. 035	0. 038	0. 047	0. 031
NO_2^--N（mg/L）	范围	0. 001～0. 025	0. 010～0. 031	0. 007～0. 060	0～0. 005	0. 001～0. 009
	均值	0. 009	0. 021	0. 023	0. 001	0. 005
NO_3^--N（mg/L）	范围	0. 393～0. 710	0. 258～0. 431	0. 259～0. 655	0. 578～0. 853	0. 549～0. 720
	均值	0. 548	0. 354	0. 421	0. 729	0. 613
NH_4^+-N（mg/L）	范围	0. 006～0. 034	0. 005～0. 023	0. 003～0. 022	0. 004～0. 011	0. 006～0. 036
	均值	0. 011	0. 013	0. 008	0. 007	0. 017
TP（mg/L）	范围	0. 049～0. 100	0. 037～0. 124	0. 048～0. 089	0. 099～0. 252	0. 081～0. 125
	均值	0. 080	0. 074	0. 067	0. 142	0. 104
TN（mg/L）	范围	0. 551～0. 930	0. 358～0. 784	0. 378～0. 787	0. 792～1. 040	0. 642～0. 952
	均值	0. 754	0. 522	0. 593	0. 893	0. 788
非离子氨（μg/L）	范围	0. 190～1. 008	0. 289～1. 299	0. 168～1. 311	0. 140～0. 452	0. 104～0. 690
	均值	0. 336	0. 749	0. 431	0. 266	0. 305
氯化物（g/L）	范围	12. 16～15. 01	16. 20～18. 21	14. 93～18. 97	13. 50～15. 42	13. 52～16. 44
	均值	14. 07	17. 10	16. 68	14. 12	14. 81
挥发性酚（μg/L）	范围	0. 23～3. 90	1. 27～4. 25	0. 67～3. 96	0. 45～3. 73	0. 39～4. 49
	均值	2. 17	2. 63	2. 55	1. 95	1. 74
阴离子洗涤剂（mg/L）	范围	0. 010～0. 050	0. 006～0. 055	0. 005～0. 071	0. 004～0. 056	0. 003～0. 124
	均值	0. 028	0. 024	0. 019	0. 018	0. 056
SO_4^{2-}（g/L）	范围	17. 69～20. 77	21. 92～25. 14	22. 25～25. 01	18. 37～20. 10	20. 28～25. 34
	均值	19. 59	23. 64	23. 80	19. 21	21. 58
氟化物（mg/L）	范围	0. 87～1. 11	1. 24～1. 50	1. 21～1. 46	0. 73～1. 40	0. 95～1. 12
	均值	1. 03	1. 36	1. 34	1. 20	1. 06
余氯（mg/L）	范围	0. 011～0. 033	0. 008～0. 027	0. 008～0. 027	0. 008～0. 059	0. 011～0. 056
	均值	0. 019	0. 018	0. 014	0. 031	0. 028
氰化物（μg/L）	范围	0. 08～0. 26	0. 06～0. 21	0. 10～0. 21	0. 07～0. 18	0. 12～0. 24
	均值	0. 13	0. 15	0. 15	0. 13	0. 17
石油类（mg/L）	范围	0. 008～0. 046	0. 014～0. 040	0. 014～0. 030	0. 008～0. 038	0. 018～0. 041
	均值	0. 026	0. 025	0. 022	0. 018	0. 029

续表 7.2.1

调查项目（33 项）	季节	春季	夏季		秋季	冬季
	潮时	大潮	大潮	小潮	大潮	大潮
总有机碳（mg/L）	范围	1.62～6.03	1.19～5.42	1.53～3.33	2.51～9.44	2.47～8.20
	均值	3.25	2.58	2.22	5.00	4.28
铜（μg/L）	范围	0.91～1.63	1.27～4.89	nd～2.48	0.98～3.80	0.81～2.83
	均值	1.24	3.41	1.69	1.62	1.30
铅（μg/L）	范围	0.06～0.98	nd～0.96	nd～0.78	nd～0.89	nd～0.95
	均值	0.39	0.39	0.25	0.38	0.40
锌（μg/L）	范围	1.03～3.50	nd～11.60	nd～7.48	1.02～14.64	nd～4.19
	均值	2.15	3.38	2.47	5.64	1.89
镉（μg/L）	范围	nd	nd～0.219	nd～0.197	nd～0.285	nd
	均值	-	0.076	0.080	0.120	—
铬（μg/L）	范围	0.12～0.59	0.22～0.70	0.15～0.54	0.23～0.57	0.16～0.79
	均值	0.29	0.41	0.32	0.36	0.41
汞（μg/L）	范围	0.010～0.063	0～0.060	0～0.040	0.013～0.053	0.014～0.082
	均值	0.032	0.014	0.009	0.030	0.038
砷（μg/L）	范围	1.01～3.50	0.66～2.24	0.66～2.04	0.82～2.29	1.41～3.19
	均值	2.39	1.40	1.36	1.58	2.49
硼（mg/L）	范围	2.04～3.50	2.62～3.47	2.52～3.52	1.46～3.32	0.90～2.16
	均值	2.85	2.91	3.00	2.38	1.46
锰（mg/L）	范围	nd～0.46	0.05～0.31	0.05～0.41	0.11～0.36	0～0.46
	均值	0.10	0.15	0.17	0.19	0.15
银（μg/L）	范围	0.020～0.110	0.024～0.110	0.027～0.086	0.011～0.114	0.036～0.144
	均值	0.070	0.049	0.048	0.040	0.093
钾（mg/L）	范围	330.43～376.38	342.94～368.50	342.62～368.47	360.38～368.94	333.96～386.41
	均值	357.71	358.28	358.54	364.78	360.31

(1) 活性磷酸盐(PO_4^{3-}-P)

三门湾海域春季活性磷酸盐含量在 0.022～0.034 mg/L 之间(表 7.2.1)；夏季大潮介于 0.018～0.052 mg/L 之间；小潮在 0.021～0.050 mg/L 之间；秋季介于 0.043～0.051 mg/L 之间；冬季介于 0.025～0.035 mg/L 之间。活性磷酸盐含量四季的最高值以夏、秋两季较大，而春、冬两季的最高值相对较小，秋季的活性磷酸盐含量变化范围较小，其最低值较其他三季略大。由活性磷酸盐的四季分布图(图 7.2.1)可看出，春、夏两季的活性磷酸盐含量自湾顶向湾外呈现出下降的趋势，且表、底层表现较为一致，而秋季湾口区域的活性磷酸盐含量则上升较快。

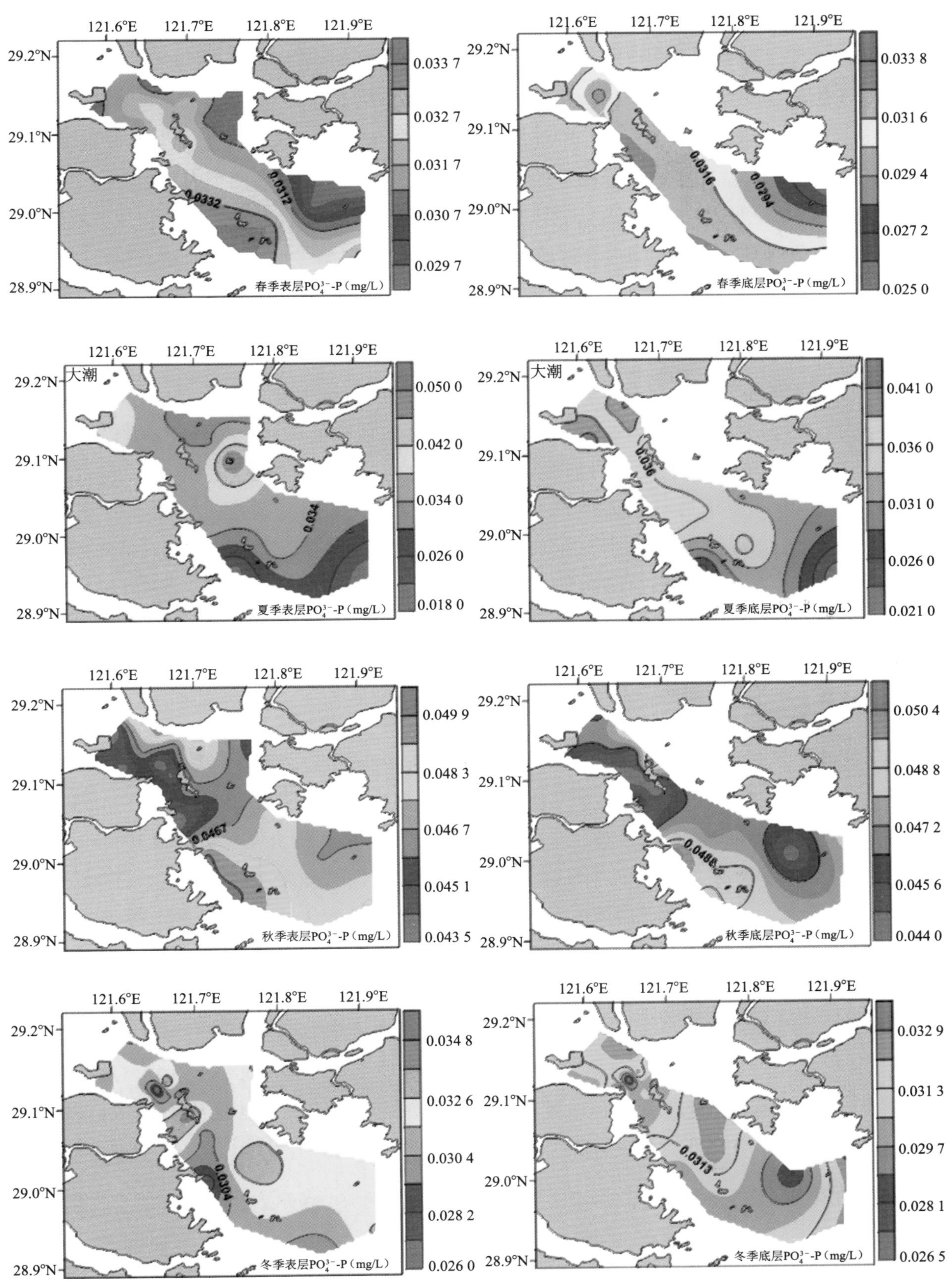

图 7.2.1　三门湾海水 PO_4^{3-}-P 四季分布图

（2）亚硝酸盐（NO_2^--N）

春季三门湾海域亚硝酸盐态氮含量介于 0.001～0.025 mg/L 之间（表 7.2.1）；夏季大潮介于 0.010～0.031 mg/L 之间；夏季小潮介于 0.007～0.060 mg/L 之间；秋季在 0.000～0.005 mg/L 之间；冬季在 0.001～0.009 mg/L 之间。亚硝酸盐态氮含量以秋季的变化范围最小，夏季变化范围最大，总体含量分布高于其他季节，其中夏季小潮出现了四季的极大值（0.060 mg/L）。由图 7.2.2 可见，夏季大潮表、底层的海水亚硝酸盐态氮含量均较高，湾内和湾中部区域含量高于湾口区域；夏季小潮时湾内含量最高，这一分布趋势与春、冬两季相同；秋季整个海湾的含量均很低。亚硝酸盐态氮含量的垂向分布为底层略高于表层。

（3）硝酸盐（NO_3^--N）

春季三门湾海域硝酸盐态氮含量介于 0.393～0.710 mg/L 之间；夏季大潮介于 0.258～0.431 mg/L 之间；夏季小潮在 0.259～0.655 mg/L 之间；秋季在 0.578～0.853 mg/L 之间；冬季介于 0.549～0.720 mg/L 之间。四季硝酸盐态氮含量的极大值出现在秋季（0.853 mg/L），极小值则出现在夏季大潮（0.258 mg/L）。海水中硝酸盐态氮含量季节变化表现为：秋季 > 冬季 > 春季 > 夏季，见表 7.2.1。四季的平面分布如图 7.2.3 所示，由图可见，春、夏、秋三季的硝酸盐态氮含量呈现出自湾内向湾外，自西向东逐渐下降的变化趋势；而冬季则略有不同，在湾中部与外部出现了小范围的高值区，其他区域含量较低，这一变化趋势表、底层较为一致。而硝酸盐态氮含量的垂向分布表、底层较为接近。

（4）铵氮（NH_4^+-N）

春季三门湾海域铵盐态氮含量介于 0.006～0.034 mg/L 之间；夏季大潮介于 0.005～0.023 mg/L 之间；夏季小潮介于 0.003～0.022 mg/L 之间；秋季介于 0.004～0.011 mg/L 之间；冬季介于 0.006～0.036 mg/L 之间。四季铵盐态氮含量的极大值出现于冬季（0.036 mg/L），极小值则出现于夏季小潮（0.003 mg/L）。秋季变化范围最大，而冬季最小，春、冬两季的铵盐态氮含量总体水平高于夏、秋两季。三门湾区域铵盐态氮含量的季节变化表现为：冬季 > 春季 > 夏季大潮 > 夏季小潮 > 秋季（表 7.2.1）。由四季平面分布图（图 7.2.4）可见，春季表层海水的铵盐态氮含量整体较低，底层较高。夏季大潮期，整个三门湾海区表层海水的铵盐态氮含量自北向南呈下降趋势，而底层却呈现东西两端高，中部低的特征。夏季小潮的铵盐态氮含量整体较低，相对而言，底层高于表层。秋季铵盐态氮含量平面分布无明显差异。冬季平面分布则呈现出自西向东下降的趋势，其高值区集中在湾内小范围区域内，湾中部与外部的铵盐态氮含量都较低，表、底层表现较为一致。

（5）无机氮

春季三门湾海域无机氮含量介于 0.419～0.770 mg/L 之间；夏季大潮介于 0.284～0.468 mg/L 之间；夏季小潮介于 0.275～0.701 mg/L 之间；秋季在 0.585～0.858 mg/L 之间；冬季在 0.574～0.734 mg/L 之间。四季无机氮含量极大值出现在秋季（0.858 mg/L），极小值出

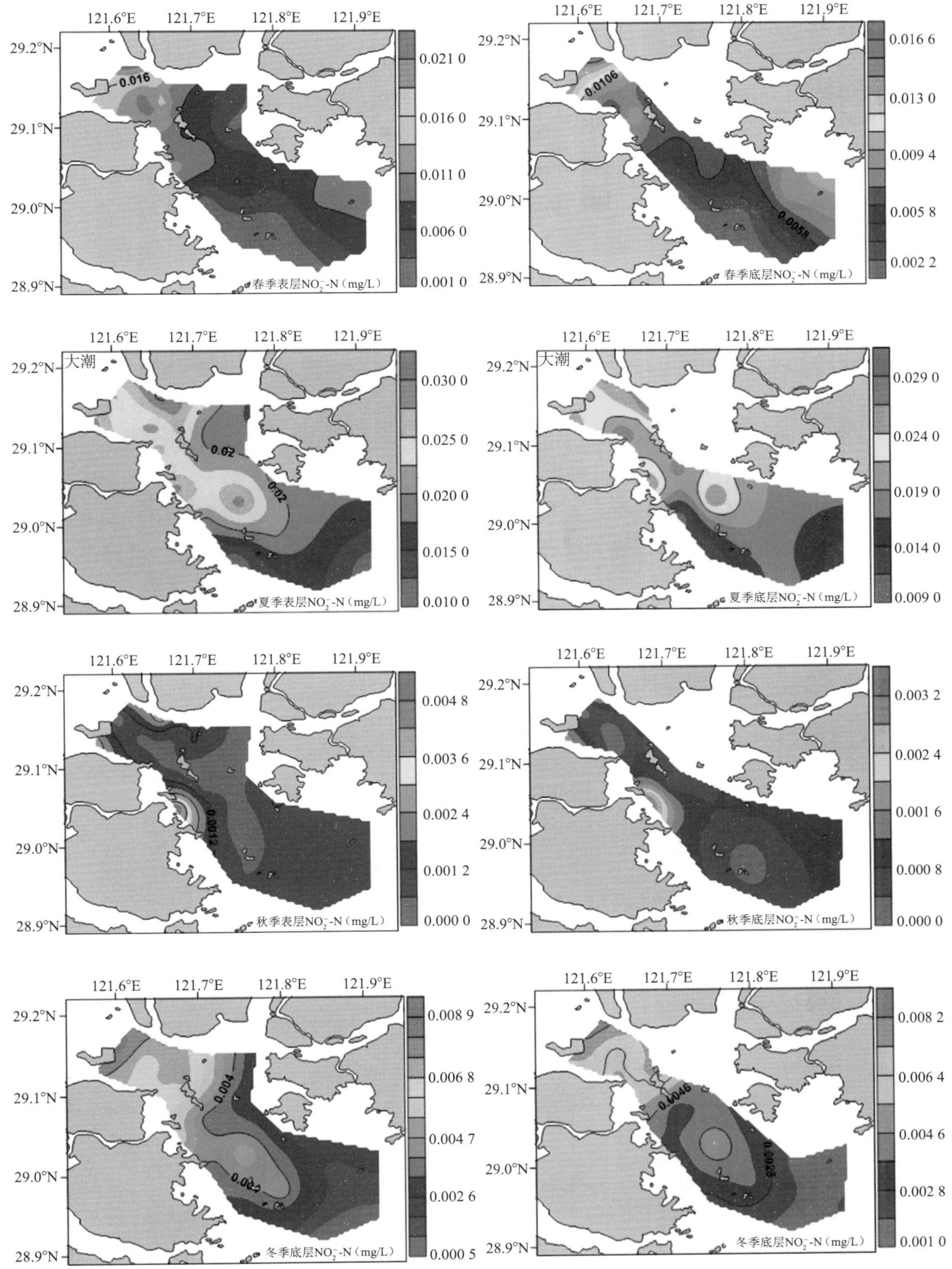

图 7.2.2　三门湾海水 NO_2^--N 四季分布图

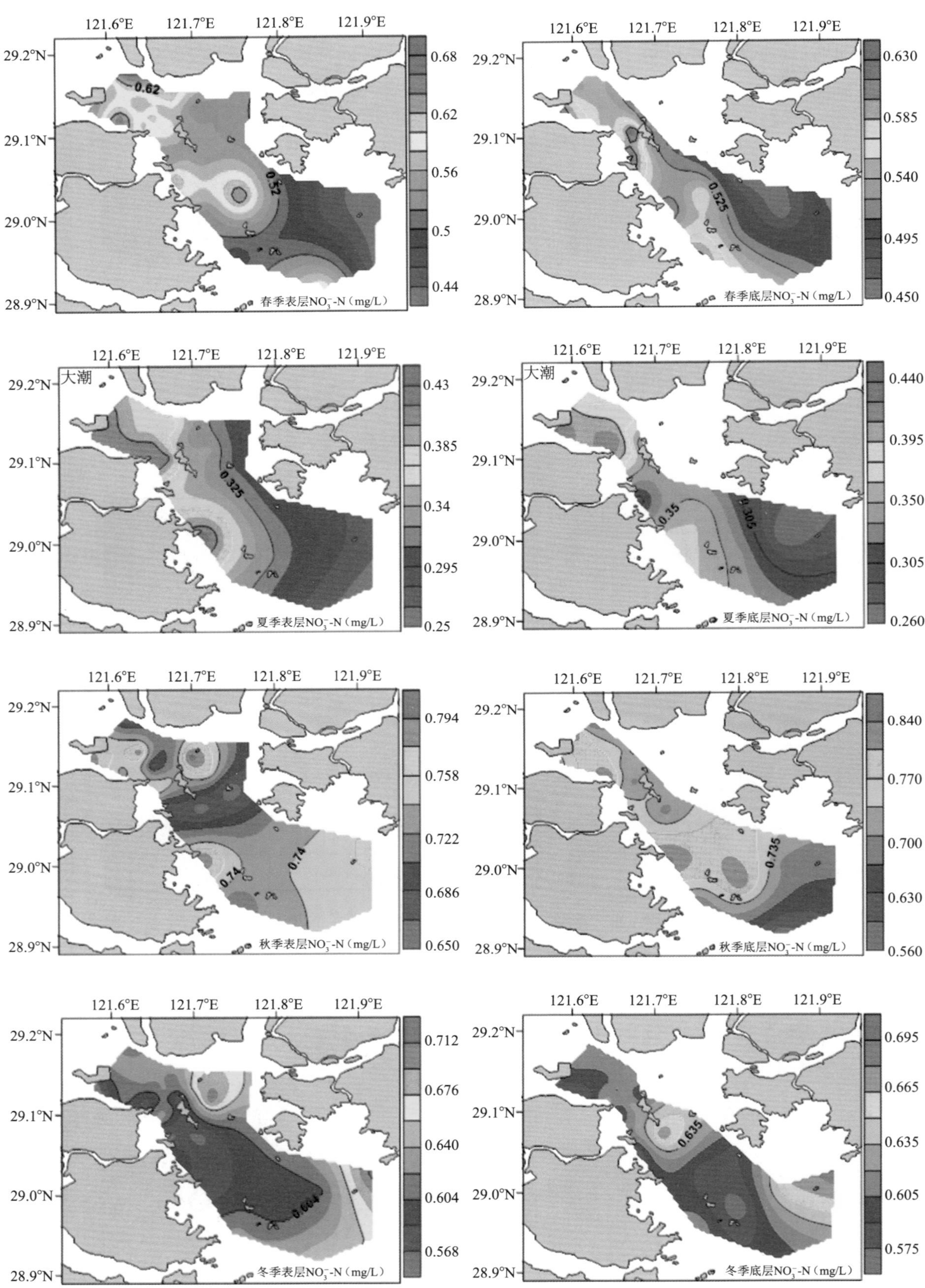

图 7.2.3　三门湾海水 NO_3^--N 四季分布图

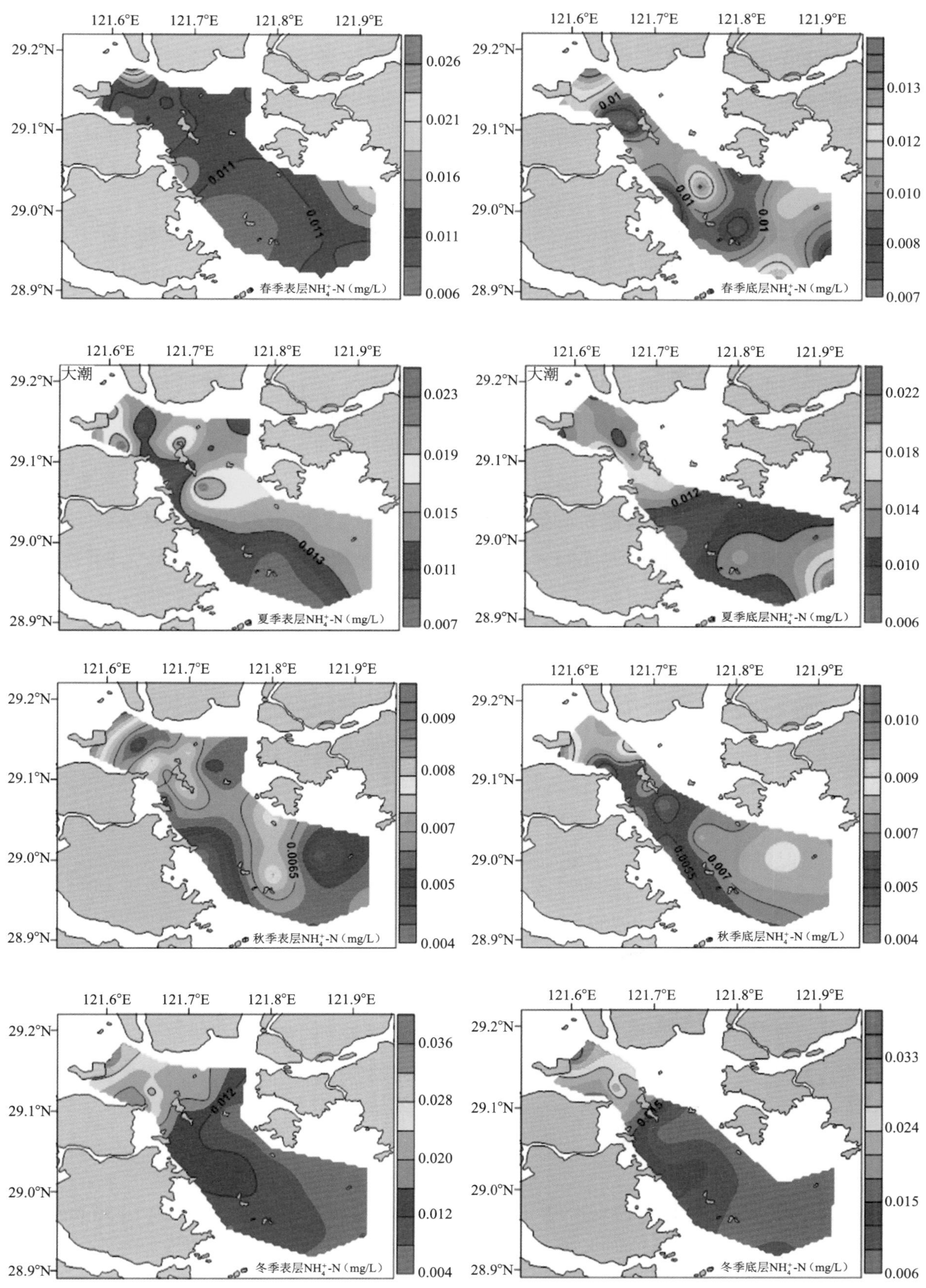

图 7.2.4 三门湾海水 NH_4^+-N 四季分布图

现在夏季小潮(0.275 mg/L),夏季小潮的变化范围最大,而冬季最小,夏季无机氮含量总体水平较低。无机氮含量的季节变化表现为:秋季 > 春季 > 冬季 > 夏季(表 7.2.1)。由图 7.2.5 四季平面分布图可见,春、夏两季湾口区的无机氮含量较低,湾顶区域含量较高,秋季表层在海湾中部出现降低趋势,底层无机氮含量高于表层。

(6) 非离子氨

春季三门湾海域非离子氨含量介于 0.190～1.008 μg/L 之间;夏季大潮介于 0.289～1.299 μg/L 之间;夏季小潮在 0.168～1.311 μg/L 之间;秋季在 0.140～0.452 μg/L 之间;冬季在 0.104～0.690 μg/L 之间。四季非离子氨含量的极大值出现在夏季小潮(1.311 μg/L),极小值则出现在冬季(0.104 μg/L),夏季小潮的变化范围最大,秋季最小,夏季非离子氨含量总体较高(表 7.2.1)。由图 7.2.6 可见,春季的非离子氨含量底层高于表层,而夏季则表层高于底层,秋季湾口区域含量略高于其他区域,而冬季则呈现出自湾顶区域向湾外下降的分布特征。

(7) 总磷(TP)

春季三门湾海域总磷含量在 0.049～0.100 mg/L 之间;夏季大潮介于 0.037～0.124 mg/L 之间;夏季小潮介于 0.048～0.089 mg/L 之间;秋季在 0.099～0.252 mg/L 之间;冬季在 0.081～0.125 mg/L 之间(表 7.2.1)。四季总磷含量的极大值出现在秋季(0.252 mg/L),极小值出现在夏季大潮(0.037 mg/L)。秋季变化范围最大,夏季小潮变化范围最小。其含量季节变化为秋季最高,总体而言,秋、冬两季大于春、夏两季。春季海水中的总磷含量以湾内最低,夏季大潮时其平面分布表现为自湾内向湾外呈下降的趋势,小潮时其底层的总磷含量呈现出自湾顶向湾外上升的趋势,秋季总磷含量在湾中部区域存在一个极高值区(图 7.2.7)。总磷的垂向分布底层高于表层。

(8) 总氮(TN)

春季三门湾海域总氮含量介于 0.551～0.930 mg/L 之间;夏季大潮在 0.358～0.784 mg/L 之间;小潮在 0.378～0.787 mg/L 之间;秋季介于 0.792～1.040 mg/L 之间;冬季在 0.642～0.952 mg/L 之间。四季总氮含量的极大值出现在秋季(1.040 mg/L),极小值出现在夏季大潮(0.358 mg/L),夏季大潮的变化范围最大,而秋季变化范围最小,总体而言,秋季的总氮含量高于其他三季,其季节变化为:秋季 > 冬季 > 春季 > 夏季。四季分布为夏季总氮含量较高值集中在湾内区域,小潮湾外也有小范围的高值区,秋季总氮含量总体较高,底层的总氮分布较均衡(图 7.2.8)。总氮的垂向分布与总磷相同,均为底层高于表层。

(9) 悬浮物

春季三门湾海域悬浮物含量介于 12～488 mg/L 之间;夏季大潮介于 19～530 mg/L 之间;小潮介于 21～260 mg/L 之间;秋季介于 100～1269 mg/L 之间;冬季在 110～853 mg/L 之间(表 7.2.1)。四季悬浮物含量的极大值出现在秋季(1 269 mg/L),极小值出现在春季

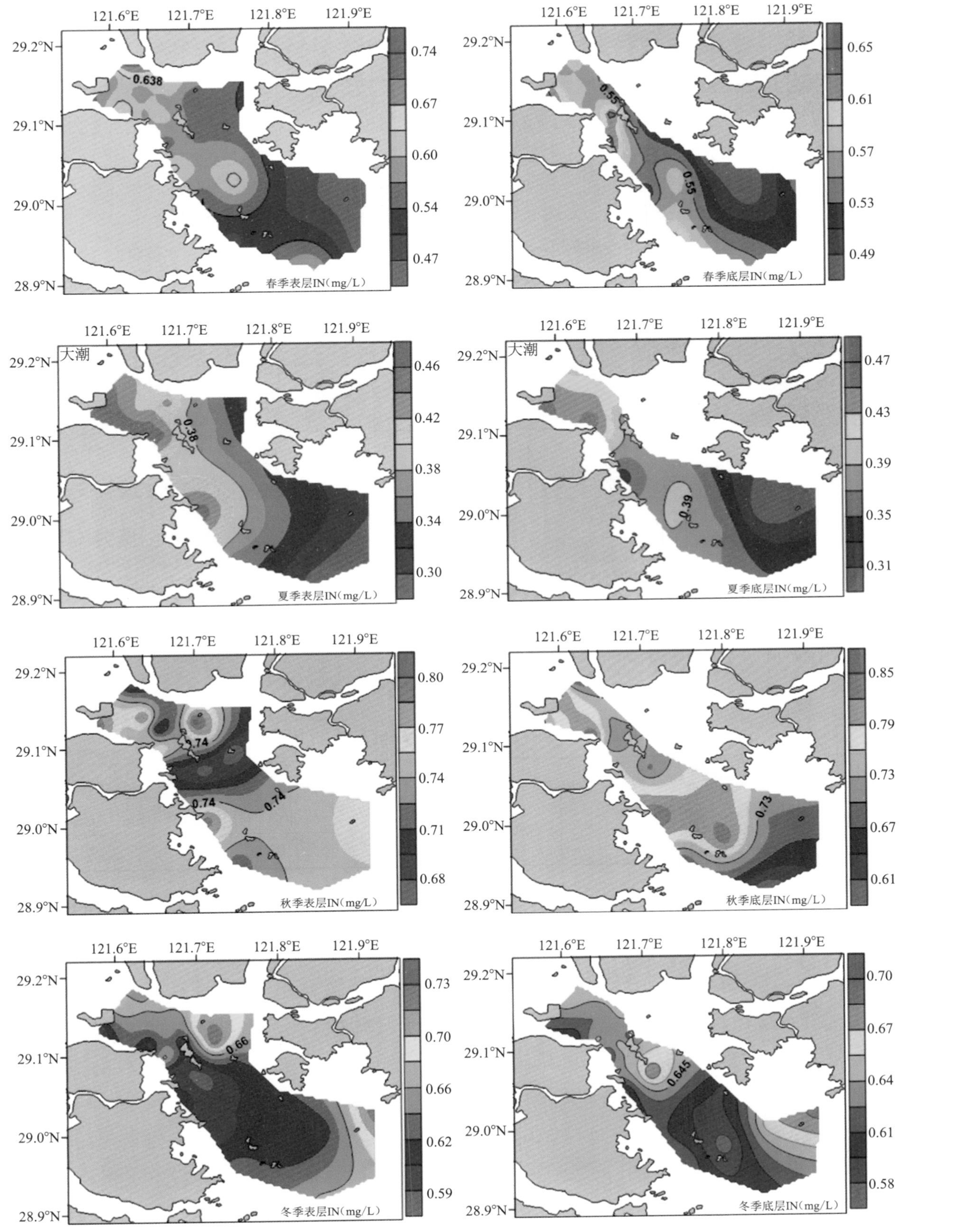

图 7.2.5 三门湾海水无机氮四季分布图

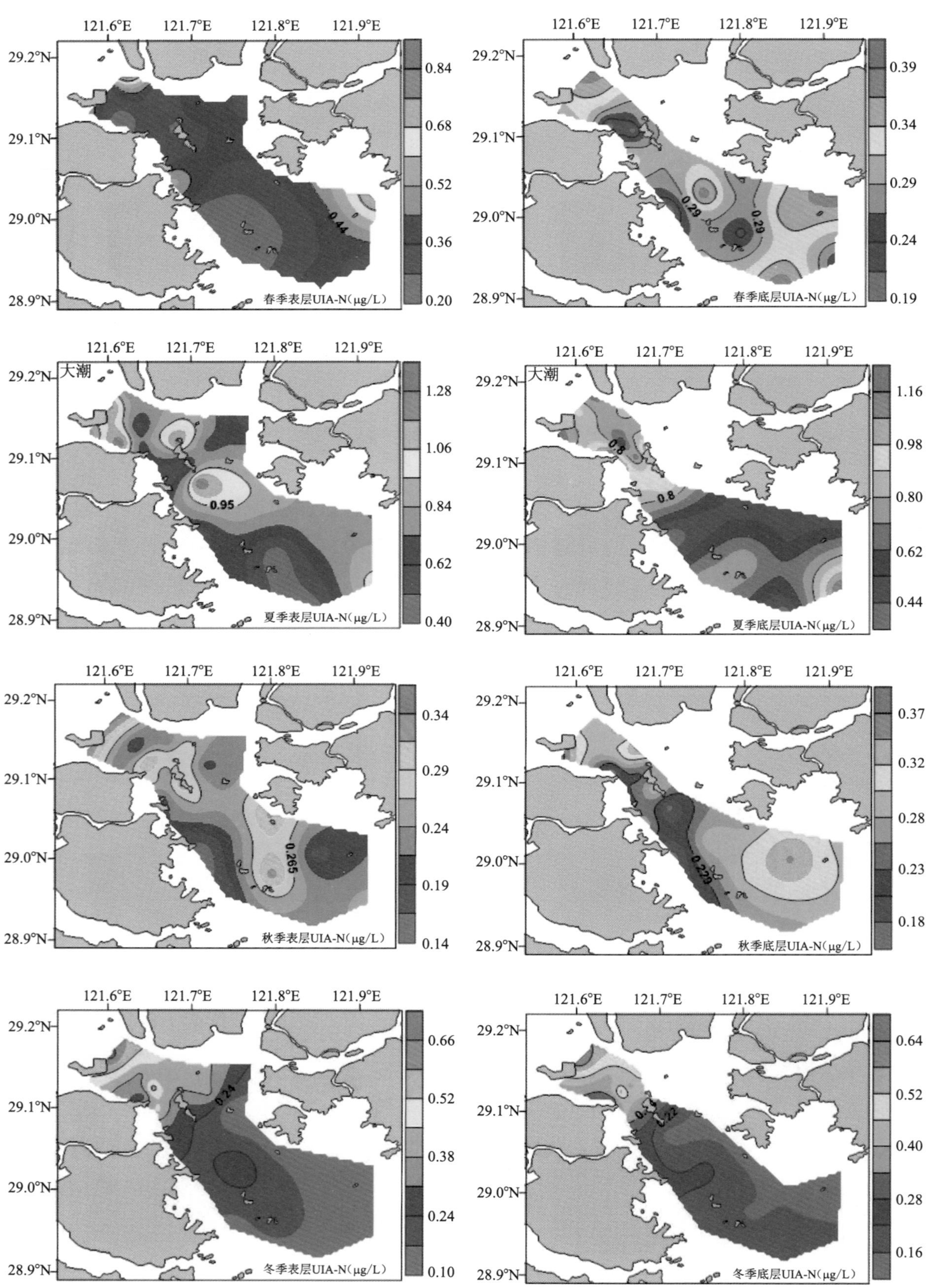

图 7.2.6　三门湾海水非离子氨四季分布图

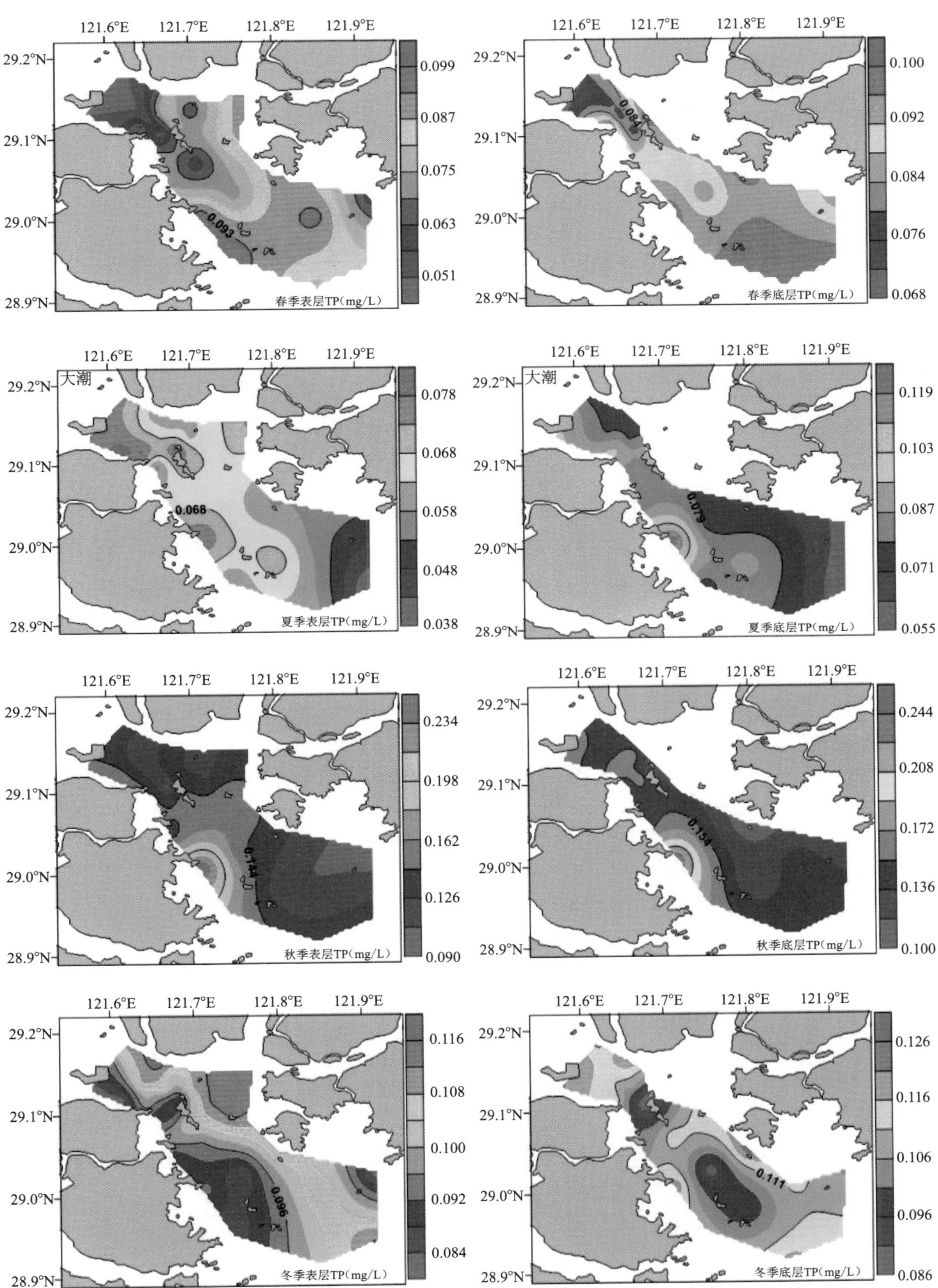

图 7.2.7 三门湾海水总磷四季分布图

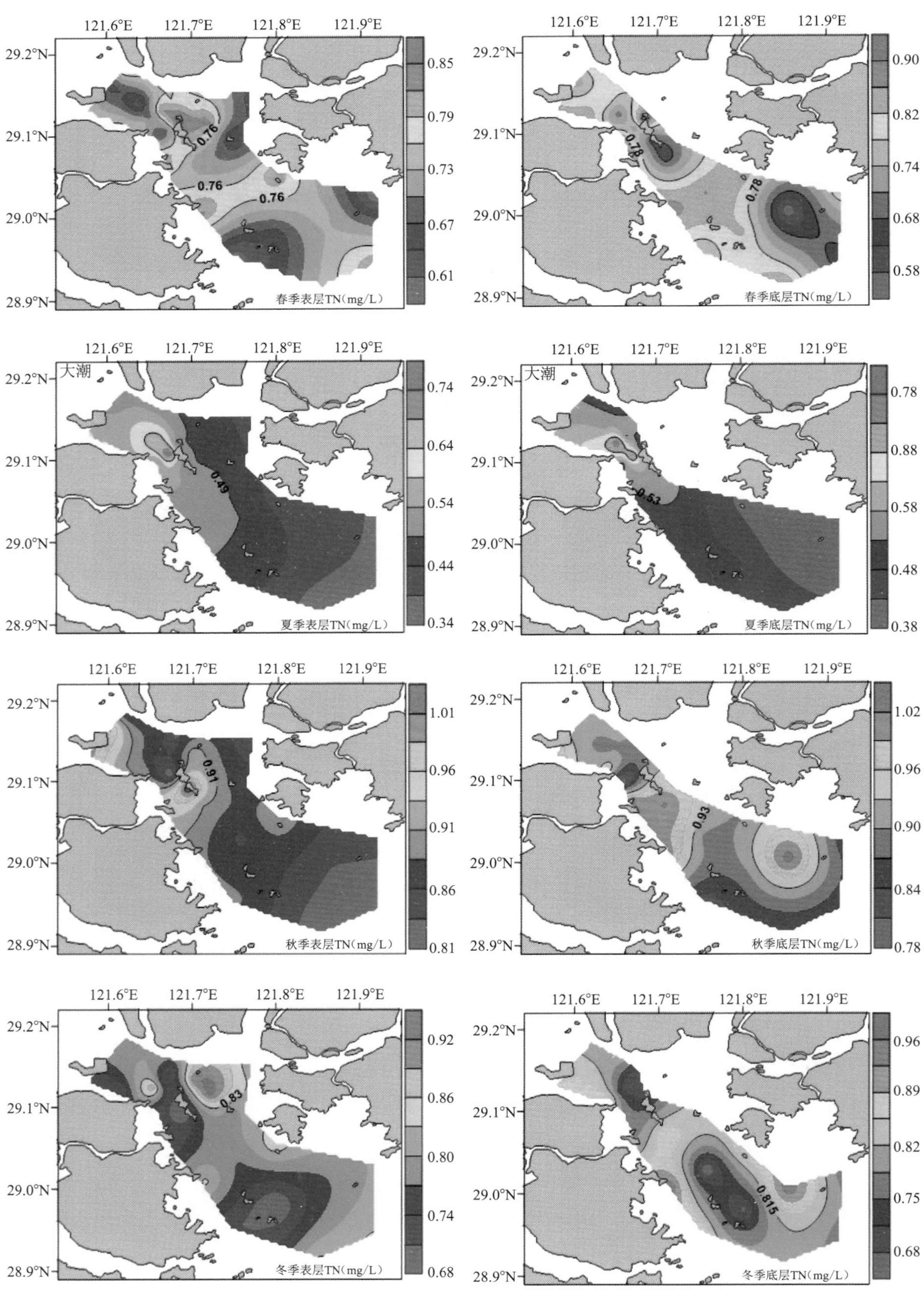

图 7.2.8　三门湾海水总氮四季分布图

（12 mg/L），秋季变化范围最大，而夏季小潮变化范围最小。悬浮物含量的季节变化总体上表现为秋季较高，冬季次之，春、夏季丰水期悬浮物含量相对较低。其平面分布见图7.2.9，悬浮物含量基本呈现出湾内外两端低、中部高的分布特征。悬浮物含量随着深度的增加而增加，即底层的悬浮物含量高于表层。

（10）溶解氧（DO）

春季三门湾海域溶解氧含量介于7.26～8.40 mg/L之间；夏季大潮介于5.79～6.78 mg/L之间；小潮在5.04～6.69 mg/L之间；秋季介于7.67～8.09 mg/L之间；冬季介于9.15～10.14 mg/L之间（表7.2.1）。全年溶解氧含量的极大值出现在冬季（10.14 mg/L），极小值出现在夏季小潮（5.04 mg/L）。溶解氧含量季节变化总体表现为冬季高，夏季相对较低的特征。四季平面分布如图7.2.10所示，春季溶解氧含量呈现自西向东逐渐上升的变化趋势，夏季大潮在湾口存在小范围的高值区，而小潮则相反，冬季溶解氧含量总体较高，其平面分布在湾顶区域存在小范围的相对低值区。溶解氧含量的垂向分布为底层低于表层。

（11）化学需氧量（COD）

春季三门湾海域COD含量在0.24～1.63 mg/L之间；夏季大潮介于0.53～1.71 mg/L之间；小潮介于0.22～1.50 mg/L之间；秋季介于0.46～3.48 mg/L之间；冬季介于0.40～3.84 mg/L之间（表7.2.1）。极大值出现在冬季（3.84 mg/L），极小值出现在夏季小潮（0.22 mg/L）。其含量季节变化为秋、冬两季高于春、夏两季。这可能因为海水中化学需氧量的降解与温度有关，温度越高，降解速率越快，海水中化学需氧量的含量就越低。化学需氧量的平面分布见图7.2.11，春季表层COD含量呈自西向东逐渐上升的变化趋势，以湾口区域含量最高；底层的COD含量则在湾口与湾内同时存在低值区。夏季大潮时湾口的高值区范围较大，而小潮湾口区域则呈低值区。秋季低值区出现在湾口区域，冬季低值区域则出现在中部，且范围较小。COD含量的垂向分布，除春季外，总体为底层略高于表层。秋、冬两季个别站悬浮物含量较高，超二类水质标准。

（12）生物需氧量（BOD_5）

春季三门湾海域生物需氧量（BOD_5）含量在0.40～1.07 mg/L之间；夏季大潮在0.11～1.40 mg/L之间；小潮在0.29～1.61 mg/L之间；秋季在0.30～0.88 mg/L之间；冬季在0.56～1.80 mg/L之间，见表7.2.1。生物需氧量的季节变化为：冬季 > 夏季 > 春季 > 秋季。四季分布特征为：春、夏、冬三季湾内区域BOD_5含量较湾口区域低，而秋季分布趋势则相反，如图7.2.12所示。BOD_5含量的垂向分布，除春季外，总体表现为表层高于底层。

（13）总碱度（TA）

三门湾海域总碱度春季介于2.13～2.48 mmol/L之间；夏季大潮在2.10～2.88 mmol/L之间；夏季小潮在2.26～2.60 mmol/L之间；秋季在2.05～2.44 mmol/L之间；冬季在2.11～2.44

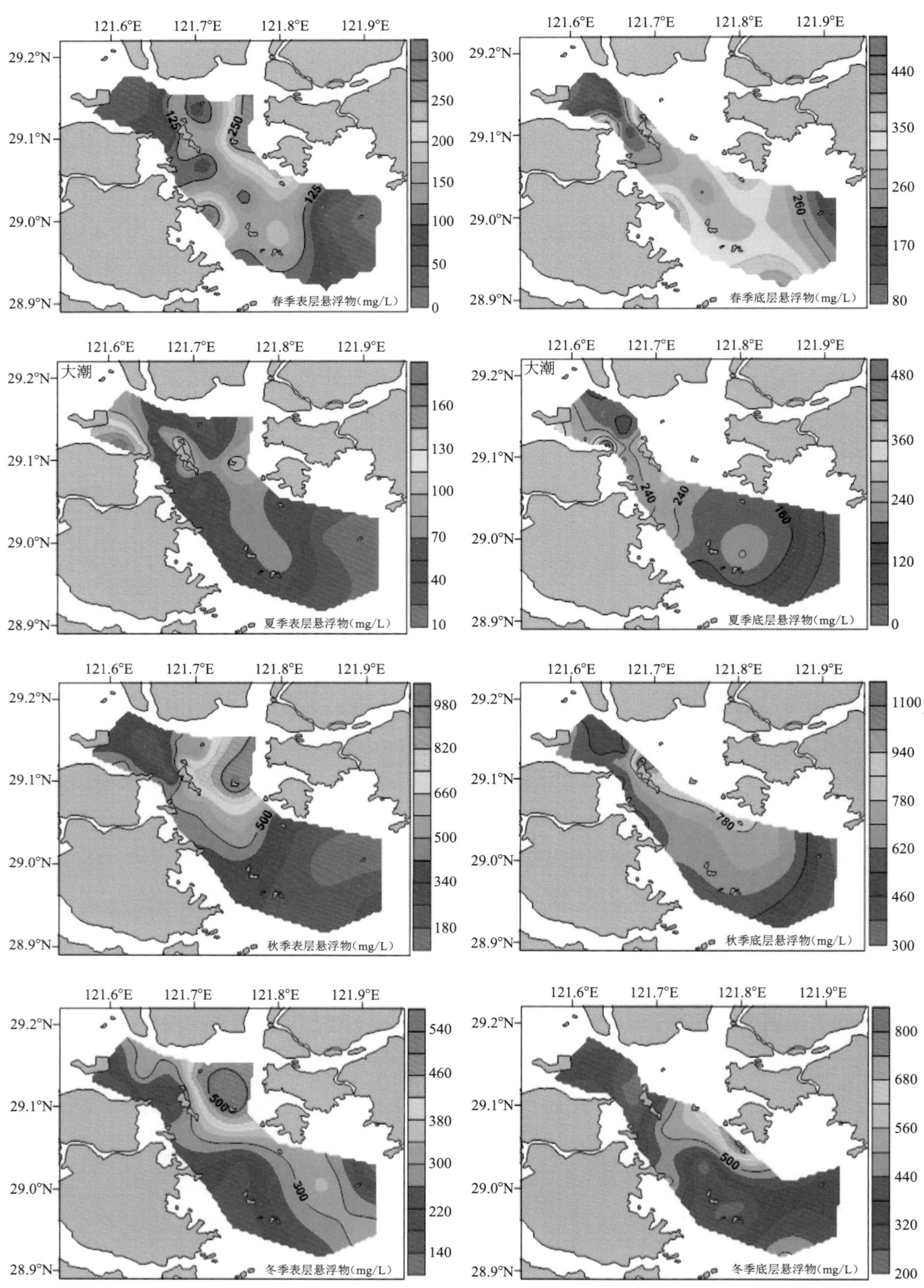

图 7.2.9　三门湾海水悬浮物四季分布图

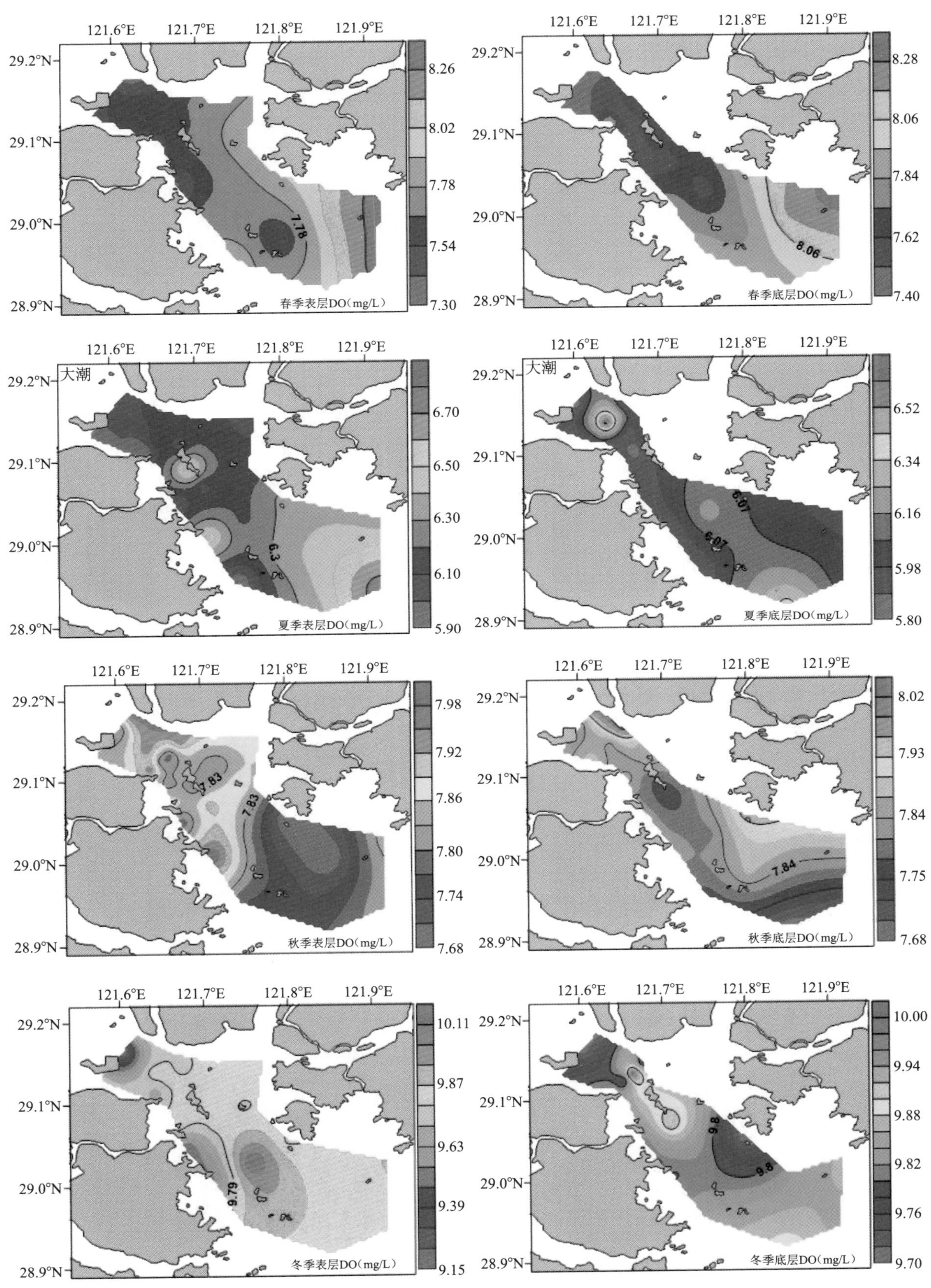

图 7. 2. 10　三门湾海水 DO 四季分布图

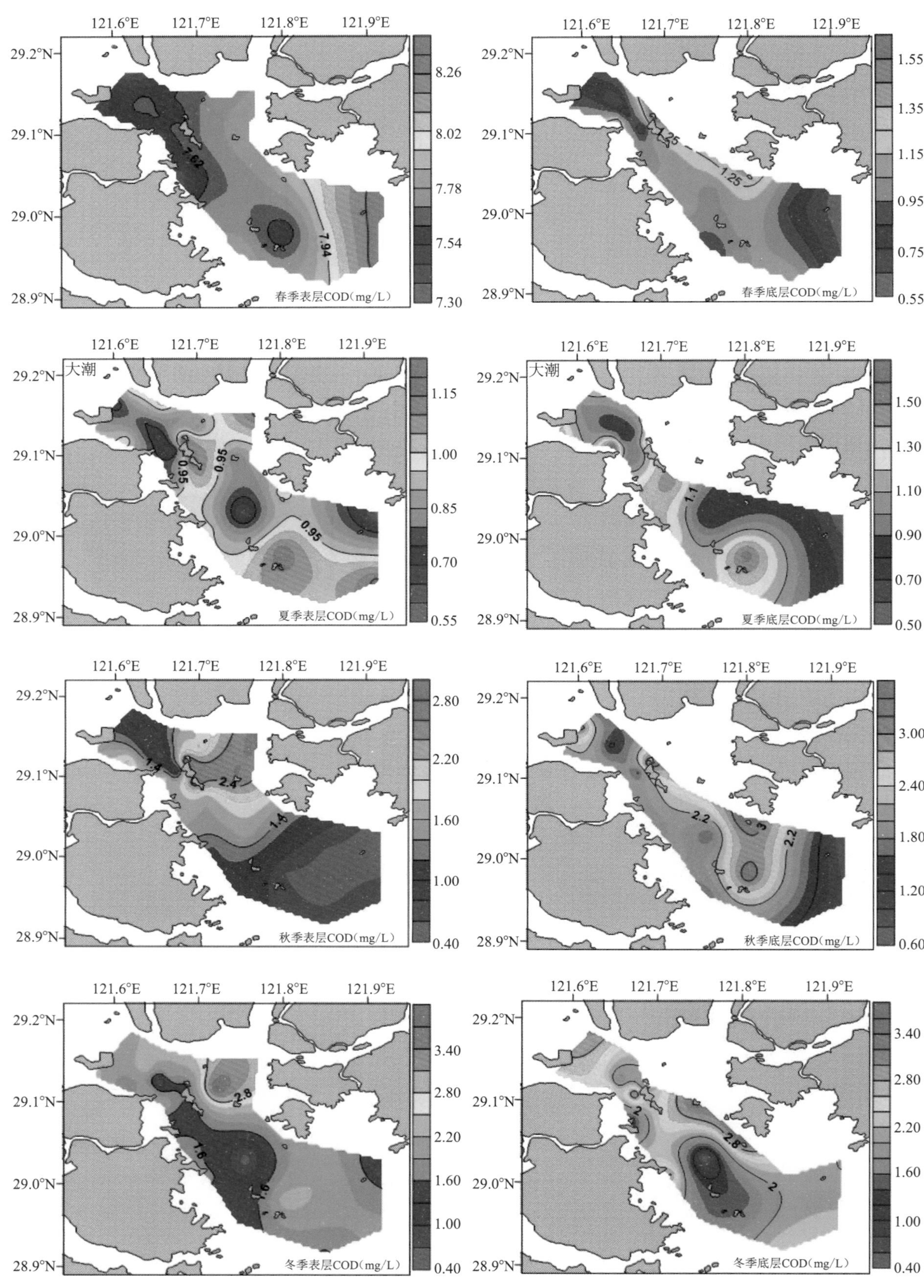

图 7. 2. 11　三门湾海水 COD 四季分布图

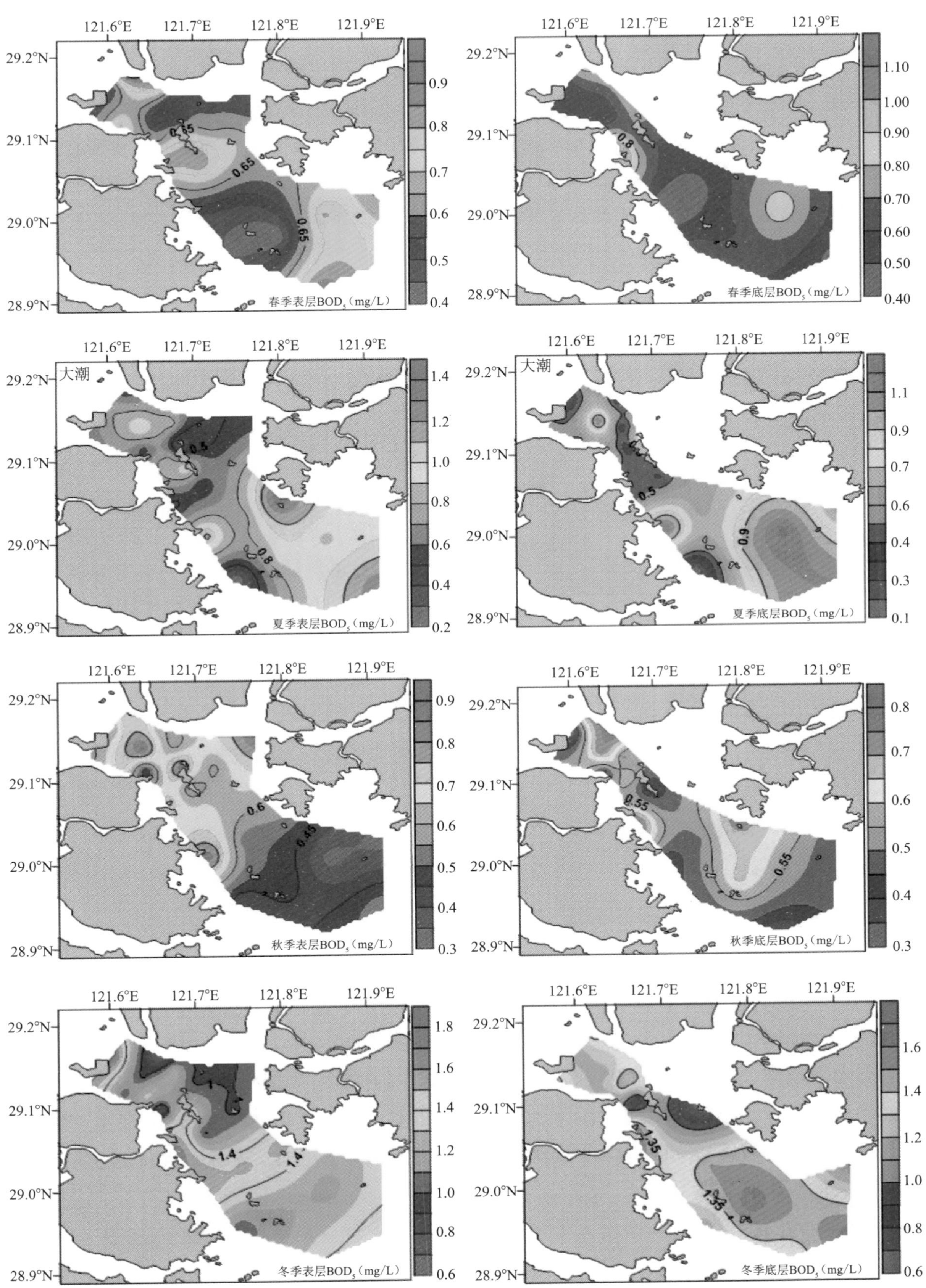

图 7.2.12　三门湾海水 BOD_5 四季分布图

mmol/L 之间(表 7. 2. 1)。总碱度极大值出现于夏季大潮(2. 88 mmol/L),极小值出现于秋季(2. 05 mmol/L),夏季大潮的变化范围最大,而春季最小,总碱度的季节变化为:夏季 > 春季 > 冬季 > 秋季。总碱度的平面分布为夏季小潮表、底层的分布趋势相反,表层高值区出现在湾内区域,而底层高值区则出现在湾口,其他三季表、底层的总碱度平面分布趋势基本一致。春季在湾内存在小范围的低值区,夏季大潮时其湾内区域的总碱度反而较高,秋季较大范围的高值区位于湾口区域,冬季在湾中部出现小范围的高值区,见图 7. 2. 13。其垂向分布底层高于表层。

（14）pH

三门湾海域春季 pH 在 7. 95～8. 12 之间;夏季大潮在 7. 94～8. 10 之间;夏季小潮在 7. 84～8. 06 之间;秋季在 8. 08～8. 11 之间;冬季在 8. 08～8. 15 之间(表 7. 2. 1)。pH 的极大值出现在冬季(8. 15),极小值则出现在夏季小潮(7. 84)。pH 的季节变化为冬季最高,春、秋季次之,夏季最低,夏季无论大小潮,大部分海域 pH 均在 8. 0 以下。四季的平面分布见图 7. 2. 14,除秋季外,其他三个季节 pH 的平面分布均呈现出自湾内向湾外逐渐上升的趋势,湾口区域 pH 最高。各季表、底层平面分布趋势较为一致。pH 的垂向分布表、底层无明显差异。

（15）**氯化物**

三门湾海域氯化物含量春季在 12. 16～15. 01 g/L 之间;夏季大潮在 16. 20～18. 21 g/L 之间;夏季小潮在 14. 93～18. 97 g/L 之间;秋季在 13. 50～15. 42 g/L 之间;冬季在 13. 52～16. 44 g/L 之间(表 7. 2. 1)。四季氯化物含量的极大值出现在夏季小潮(18. 97 g/L),极小值出现在春季(12. 16 g/L)。氯化物含量的季节变化为:夏季 > 冬季 > 秋季 > 春季。四季的平面分布特征与 pH 分布相似,除秋季外,其他三个季节氯化物含量均表现出湾内低于湾口的特征,而秋季的低值区则出现在湾中部,见图 7. 2. 15。氯化物含量的垂向分布为,夏季大、小潮底层高于表层,而春、秋、冬三季则是底层略低于表层。

（16）**余氯**

由表 7. 2. 1 可见,春季三门湾海域总余氯含量介于 0. 011～0. 033 mg/L 之间;夏季大潮在 0. 008～0. 027 mg/L 之间;夏季小潮在 0. 008～0. 027 mg/L 之间;秋季在 0. 008～0. 059 mg/L之间;冬季在0. 011～0. 056 mg/L之间。四季总余氯含量的极大值出现于秋季(0. 059 mg/L),极小值则出现在夏、秋季(0. 008 mg/L)两季,秋季的变化范围最大,而夏季最小。总体而言,秋、冬两季海水的总余氯含量较高,夏季较低。四季的平面分布情况见图 7. 2. 16,春季湾口区的总余氯含量低于湾顶区域,而在夏季大潮与秋季的总余氯含量在湾口区出现高值区,冬季表、底层的分布趋势相反,湾口区的表层出现低值区,底层则出现高值区。总余氯含量的垂向分布表现为表层低于底层。

（17）**氟化物**

由表 7. 2. 1 可见,春季三门湾海域氟化物含量在 0. 87～1. 11 mg/L 之间;夏季大潮在

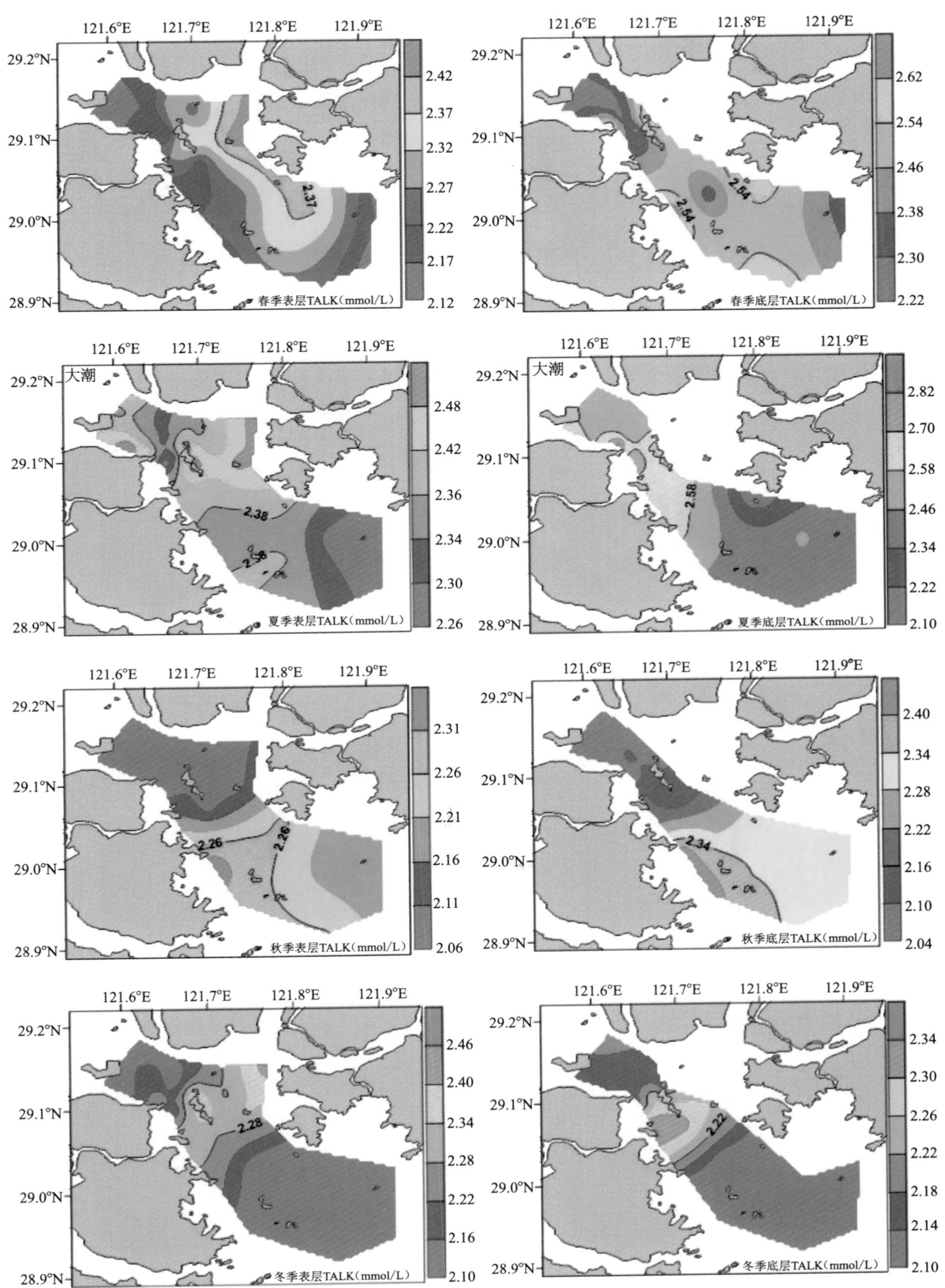

图 7.2.13　三门湾海水总碱度四季分布图

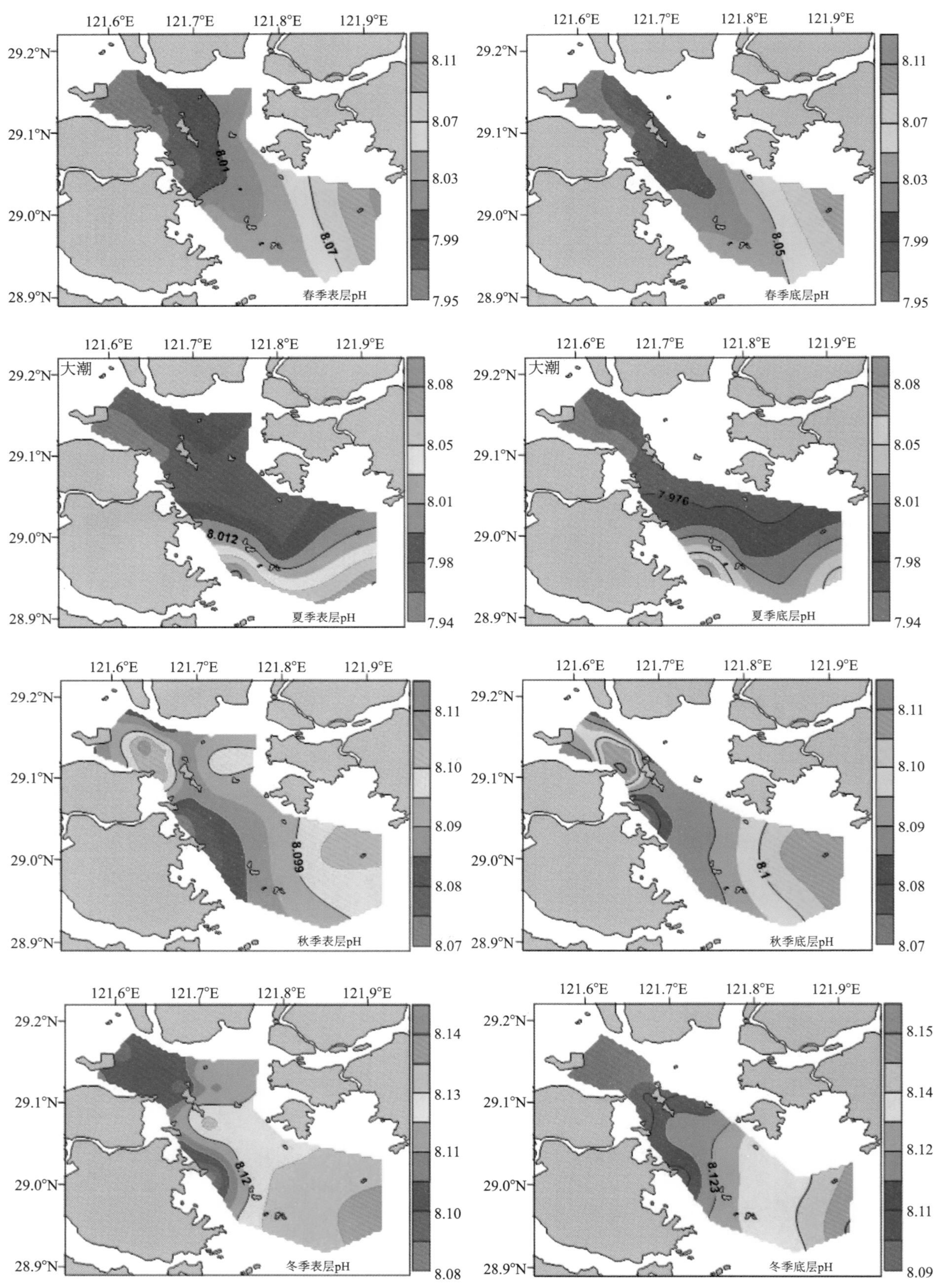

图 7.2.14　三门湾海水 pH 四季分布图

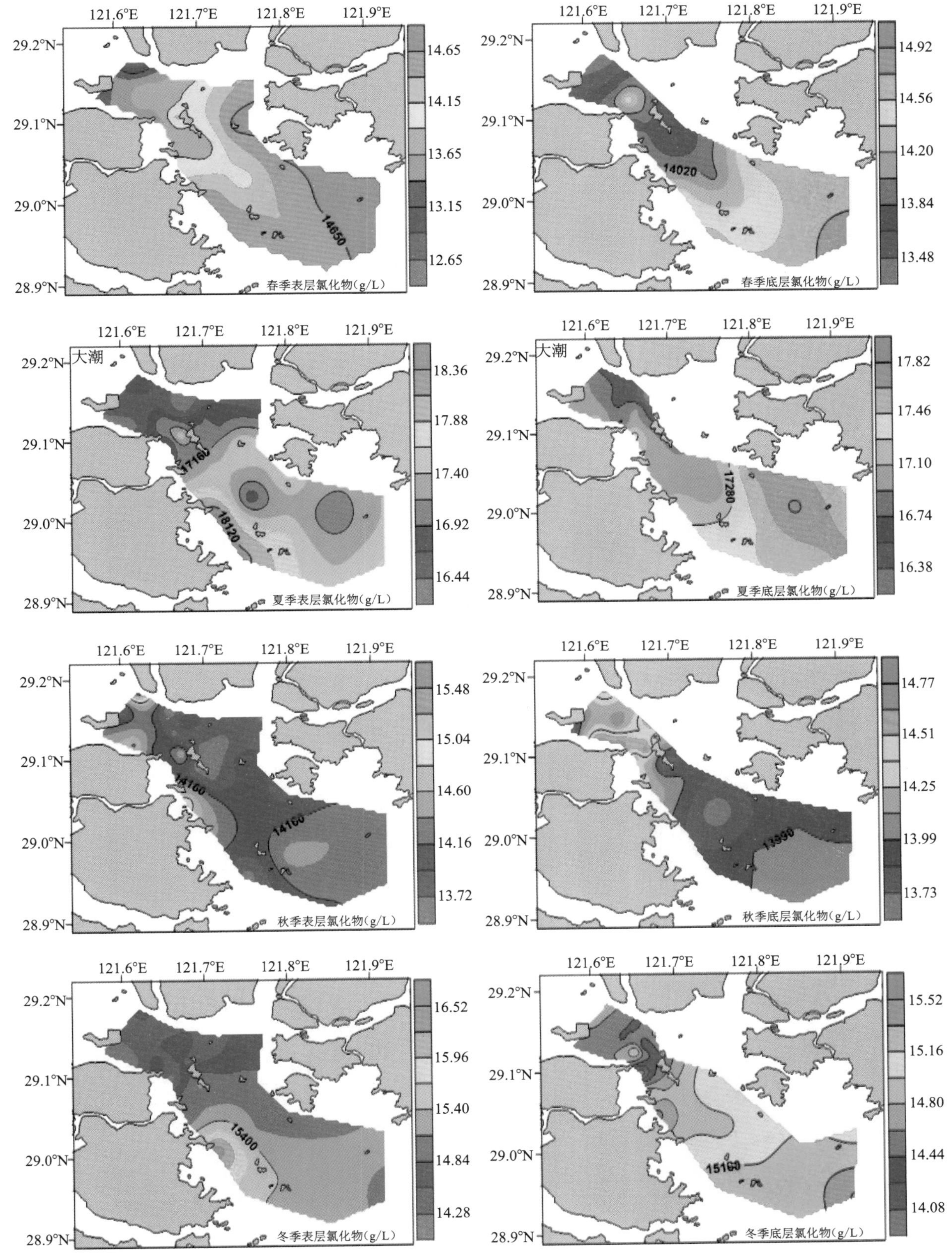

春季表层氯化物(g/L)

春季底层氯化物(g/L)

大潮
夏季表层氯化物(g/L)

大潮
夏季底层氯化物(g/L)

秋季表层氯化物(g/L)

秋季底层氯化物(g/L)

冬季表层氯化物(g/L)

冬季底层氯化物(g/L)

图 7. 2. 15　三门湾海水氯化物四季分布图

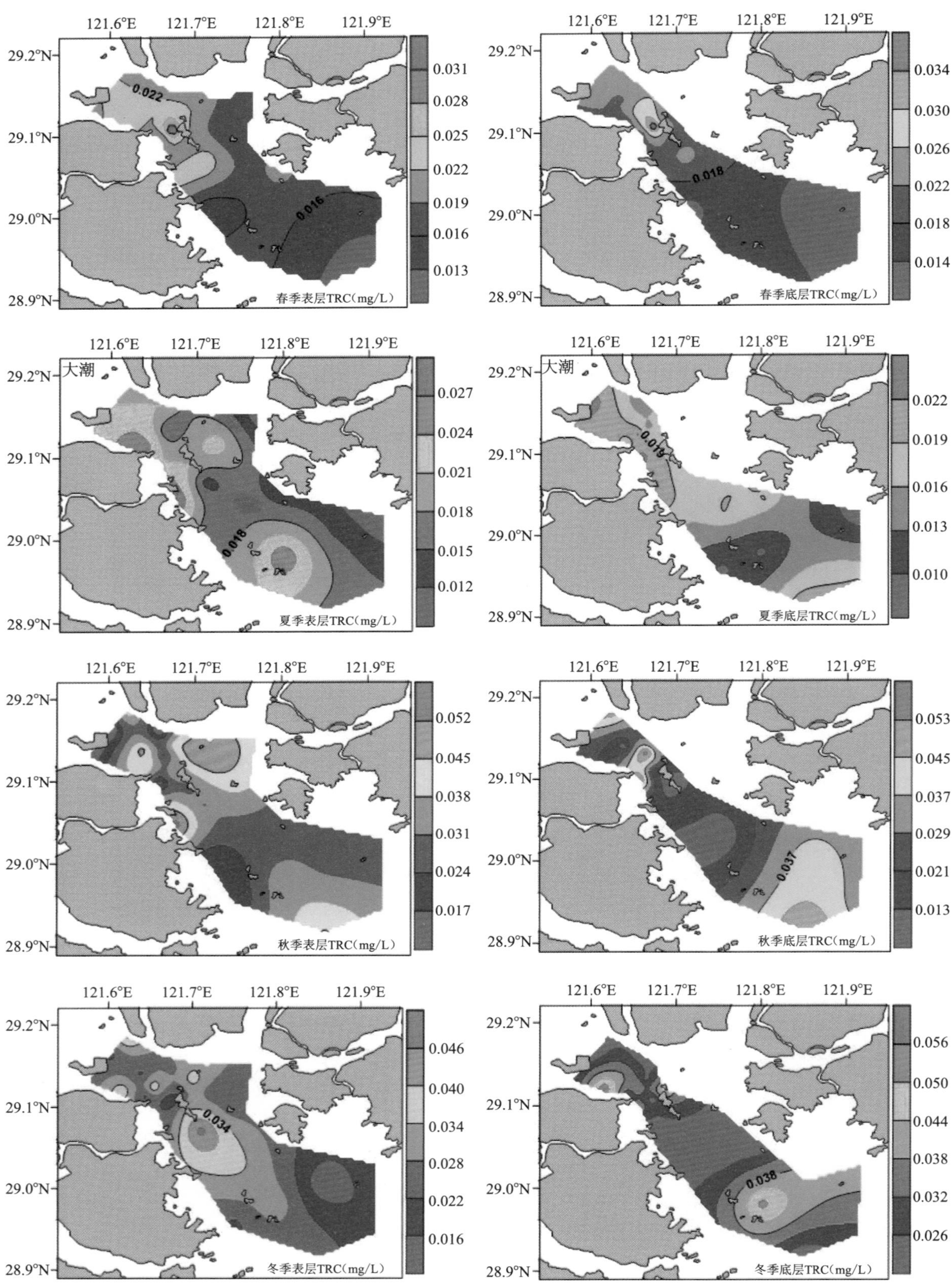

图 7.2.16　三门湾海水总余氯四季分布图

1.24～1.50 mg/L 之间；夏季小潮在 1.21～1.46 mg/L 之间；秋季在 0.73～1.40 mg/L 之间；冬季在 0.95～1.12 mg/L 之间。氟化物含量极大值出现于夏季大潮（1.50 mg/L），极小值则出现于秋季（0.73 mg/L），秋季的变化范围最大，而冬季最小。氟化物含量的季节变化为夏季最高，冬季其次，春、秋两季相近。其平面分布情况见图 7.2.17，氟化物含量在湾中部较低，湾口区域较高。氟化物含量的垂向分布，总体表现为表层略高于底层。

（18）氰化物

由表 7.2.1 可见，春季三门湾海域氰化物含量介于 0.08～0.26 μg/L 之间；夏季大潮在 0.06～0.21 μg/L 之间；夏季小潮在 0.10～0.21 μg/L 之间；秋季在 0.07～0.18 μg/L 之间；冬季在 0.12～0.24 μg/L 之间。氰化物含量的极大值出现在春季（0.26 μg/L），极小值出现在夏季大潮（0.06 μg/L），春季的变化范围最大，而夏季小潮与秋季最小。冬季海水的氰化物含量高于其他三季。平面分布情况如图 7.2.18 所示，除冬季外，其他三季的分布趋势总体表现为湾内区域的氰化物含量高于湾口区域，而冬季在湾口区也同时存在着高值区，湾中部海域出现低值区。氰化物含量的垂向分布为表层略高于底层。

（19）硫酸盐

春季三门湾海域硫酸盐含量在 17.69～20.77 g/L 之间；夏季大潮在 21.92～25.14 g/L 之间；夏季小潮在 22.25～25.01 g/L 之间；秋季在 18.37～20.10 g/L 之间；冬季在 20.28～25.34 g/L 之间（表 7.2.1）。硫酸盐含量的极大值出现在冬季（25.34 g/L），极小值出现在春季（17.69 g/L），冬季的变化范围最大，而秋季最小，全年夏季海水的硫酸盐含量较高。其平面分布情况见图 7.2.19。春季与冬季的分布呈湾内区域向湾外递增的趋势，而夏季大潮的底层海水硫酸盐含量低值区则位于海湾中部的小范围区域，表层的低值区范围则向湾口方向扩大，秋季湾口区域硫酸盐含量相对较低。垂向分布为底层高于表层。

（20）阴离子洗涤剂

春季三门湾海域阴离子洗涤剂含量介于 0.010～0.050 mg/L 之间；夏季大潮介于 0.006～0.055 mg/L 之间；夏季小潮介于 0.005～0.071 mg/L 之间；秋季在 0.004～0.056 mg/L 之间；冬季在 0.003～0.124 mg/L 之间（表 7.2.1）。极大值与极小值均出现于冬季，冬季海水的阴离子洗涤剂含量大体上较高。四季的平面分布情况见图 7.2.20，春季表层海水的阴离子洗涤剂含量在湾中部区域较低，而底层其低值区范围进一步扩大。秋季整体含量较低，相对较高值区集中于湾内区。夏季与冬季则表现出湾内低、湾口高的分布趋势。阴离子洗涤剂含量的垂向分布为表层高于底层。

（21）挥发性酚

春季三门湾海域挥发性酚含量介于 0.23～3.90 μg/L 之间；夏季大潮在 1.27～4.25 μg/L 之间；夏季小潮在 0.67～3.96 μg/L 之间；秋季介于 0.45～3.73 μg/L 之间；冬季在 0.39～4.49

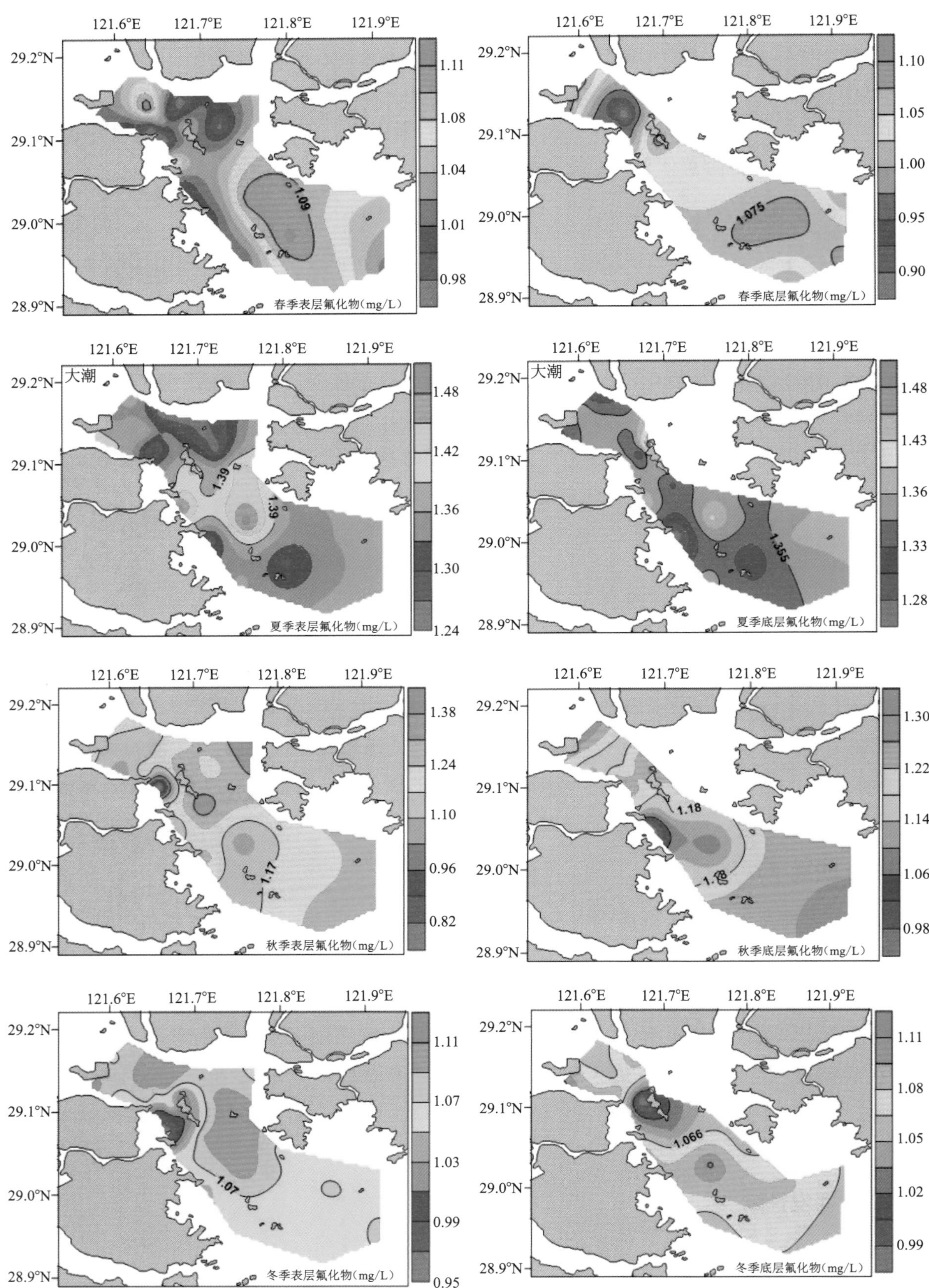

图 7.2.17　三门湾海水氟化物四季分布图

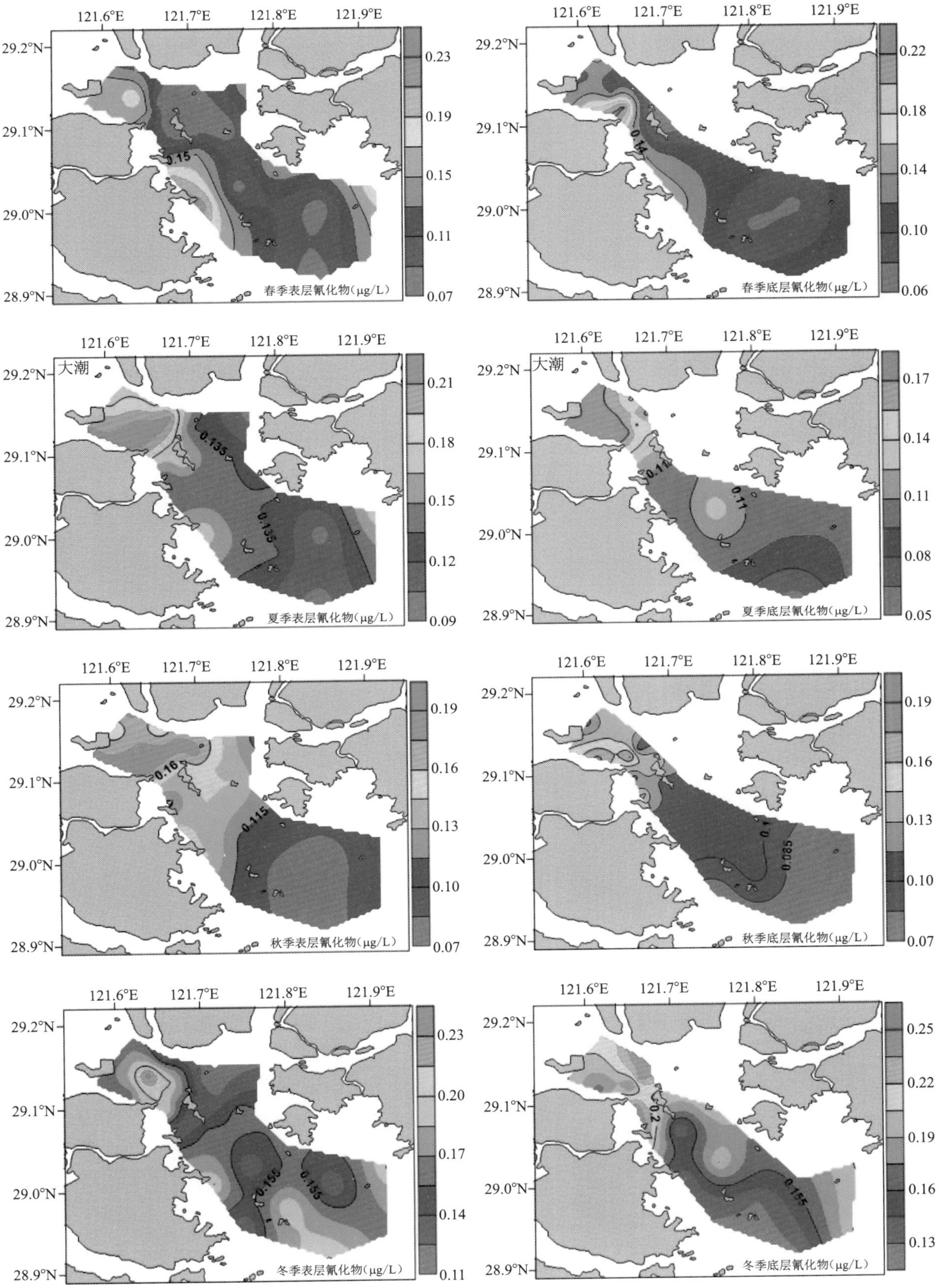

图 7.2.18　三门湾海水氰化物四季分布图

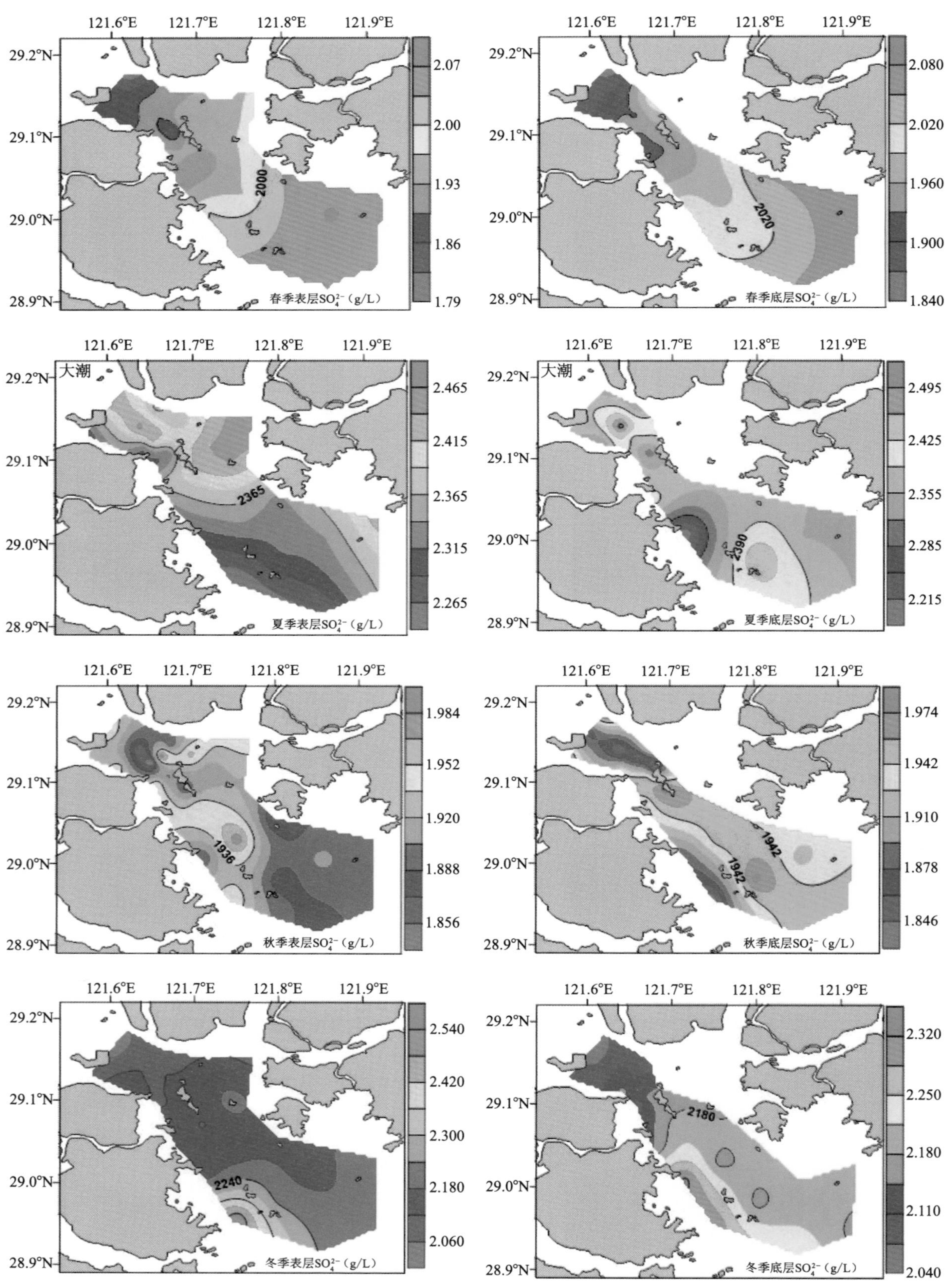

图 7.2.19　三门湾海水 SO_4^{2-} 四季分布图

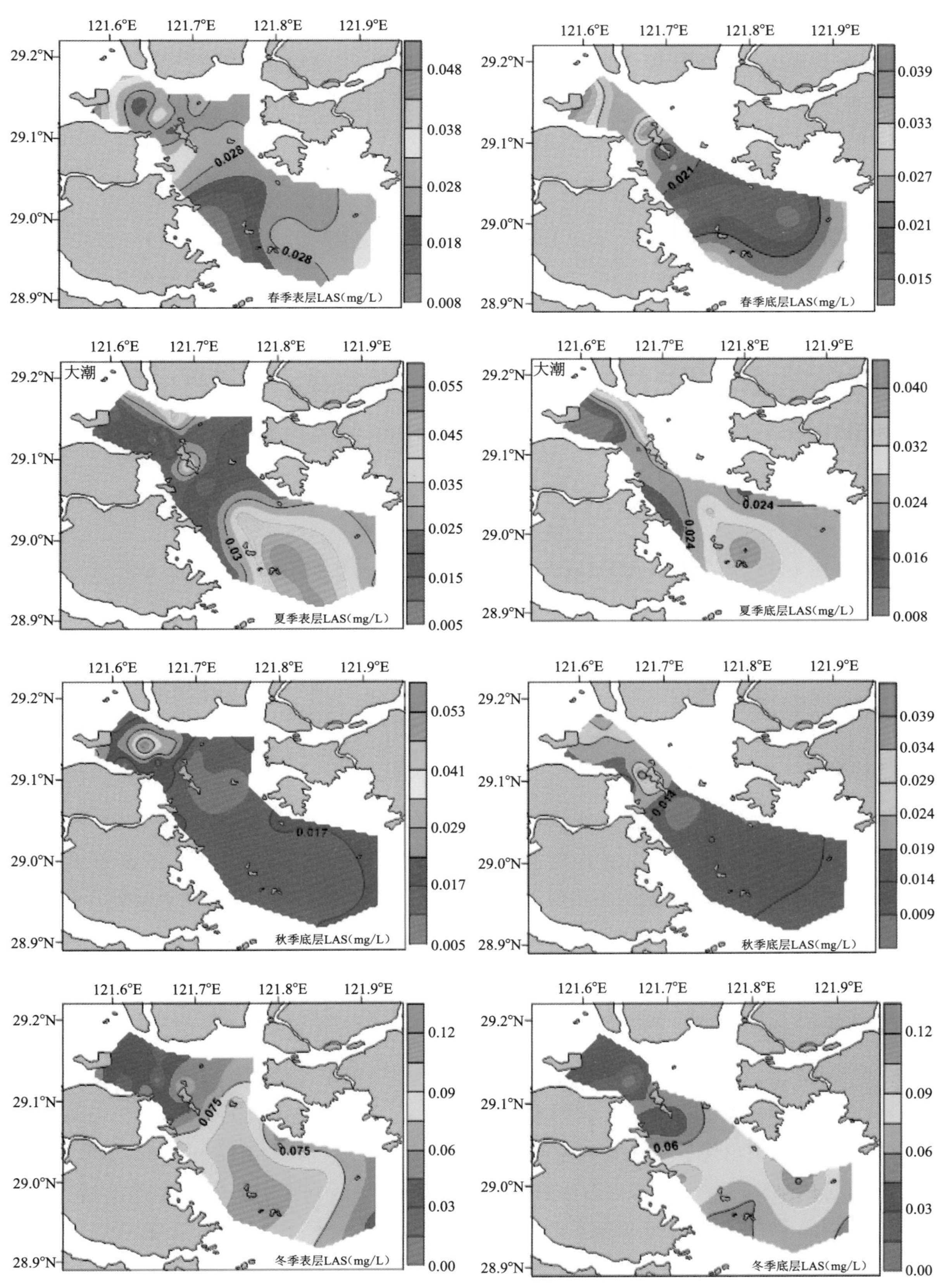

图 7.2.20　三门湾海水阴离子洗涤剂四季分布图

μg/L 之间(表 7.2.1)。极大值出现在冬季(4.49 μg/L),极小值出现在春季(0.23 μg/L),夏季大潮的挥发性酚含量总体较高。四季的平面分布情况见图 7.2.21,春季挥发性酚含量在湾口区较低,夏季大潮则在湾内区含量较低,夏季小潮与秋季其含量平面分布在调查区域无较大差异。挥发性酚含量垂直分布为表层高于底层。

(22) 总有机碳(TOC)

春季三门湾海域总有机碳含量在 1.62~6.03 mg/L 之间;夏季大潮在 1.19~5.42 mg/L 之间;夏季小潮在 1.53~3.33 mg/L 之间;秋季在 2.51~9.44 mg/L 之间;冬季在 2.47~8.20 mg/L 之间(表 7.2.1)。四季总有机碳含量的极大值出现在秋季(9.44 mg/L),极小值出现于夏季大潮(1.19 mg/L),其季节变化总体表现为秋季量高,冬季次之,夏季较低。平面分布情况见图 7.2.22,春季表层总有机碳含量在湾中部区域较高,底层的高值区范围进一步扩大至湾口区。夏季大潮湾内区域较高,而秋、冬两季高值区则位于海湾中部。海水的总有机碳含量垂向分布为表层低于底层。

(23) 石油类

由表 7.2.1 可见,春季三门湾海域表层石油类含量介于 0.008~0.046 mg/L 之间;夏季大潮介于 0.014~0.040 mg/L 之间;夏季小潮介于 0.014~0.030 mg/L 之间;秋季在 0.008~0.038 mg/L 之间;冬季在 0.018~0.041 mg/L 之间。极大值出现于春季(0.046 mg/L),极小值出现于春、秋季(0.008 mg/L)。其季节变化总体表现为冬季石油类含量高于其他三季。海水中石油类含量的平面分布情况见图 7.2.23,低值区基本集中在三门湾中部区域。

(24) 铜

春季三门湾海域表层铜含量在 0.91~1.63 μg/L 之间;夏季大潮在 1.27~4.89 μg/L 之间;夏季小潮在 nd~2.48 μg/L 之间;秋季在 0.98~3.80 μg/L 之间;冬季在 0.81~2.83 μg/L 之间(表 7.2.1)。极大值出现于夏季大潮(4.89 μg/L),极小值出现于夏季小潮(nd),季节变化为夏季大潮表层海水的铜含量较高,春季较低。平面分布情况如图 7.2.24 所示,春季湾口区表层海水的铜含量较低,夏季小潮和秋季在湾口区较高,冬季仅在湾内部较高。

(25) 铅

春季三门湾海域表层铅含量在 0.06~0.98 μg/L 之间;夏季大潮介于 nd~0.96 μg/L 之间;夏季小潮在 nd~0.78 μg/L 之间;秋季在 nd~0.89 μg/L 之间;冬季在 nd~0.95 μg/L 之间(表 7.2.1)。极大值出现于春季(0.98 μg/L),其他三季均有站位未检出铅含量,春、冬季的变化范围较大,总体而言,夏季小潮表层海水的铅含量较低,春、冬两季相对较高。平面分布情况见图 7.2.25,表层海水中铅含量较高值基本集中在海湾内部区域,夏季小潮大部分调查区域的铅含量均未检出,秋季则在湾口个别站位铅含量较高。

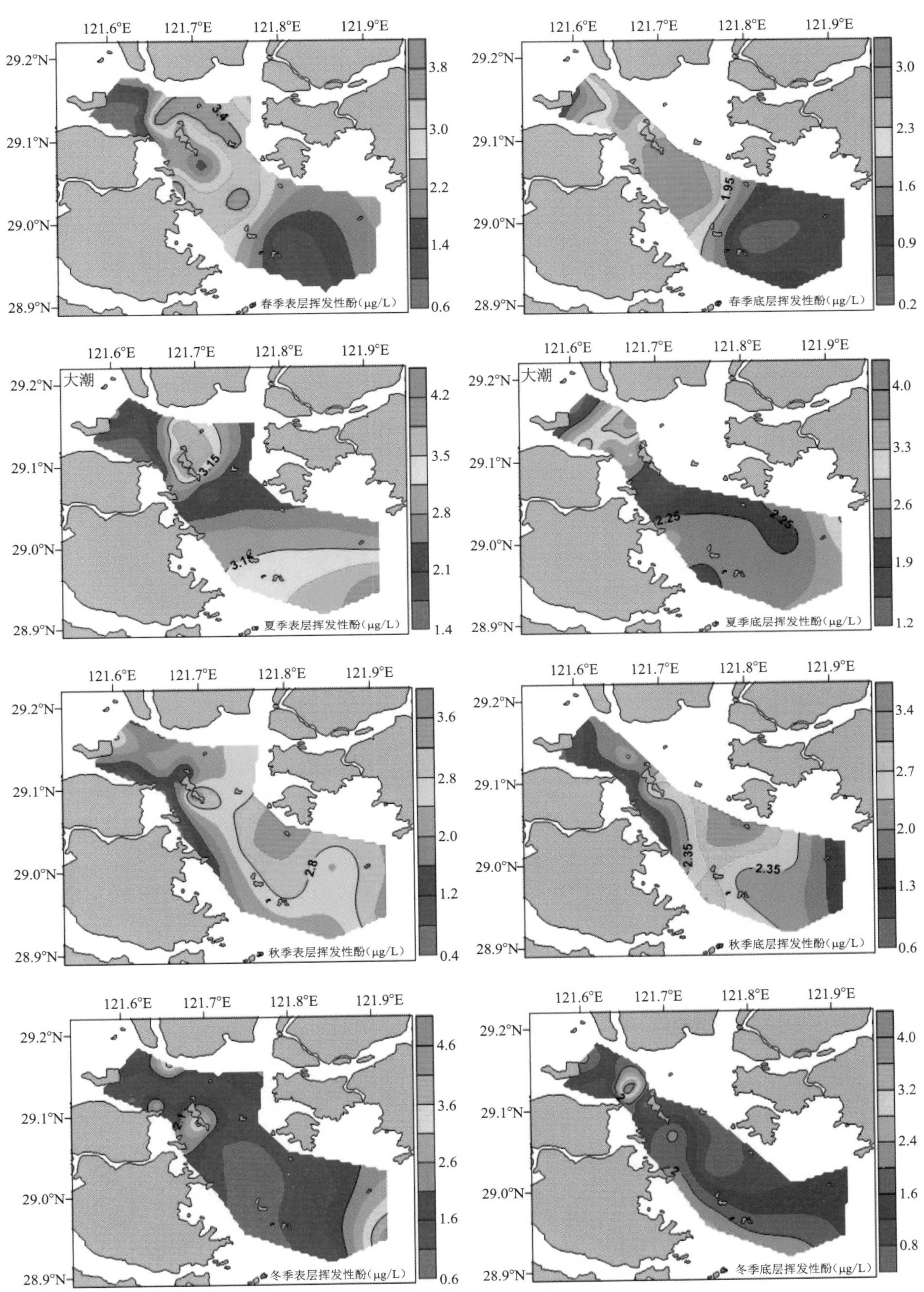

图 7.2.21 三门湾海水挥发性酚四季分布图

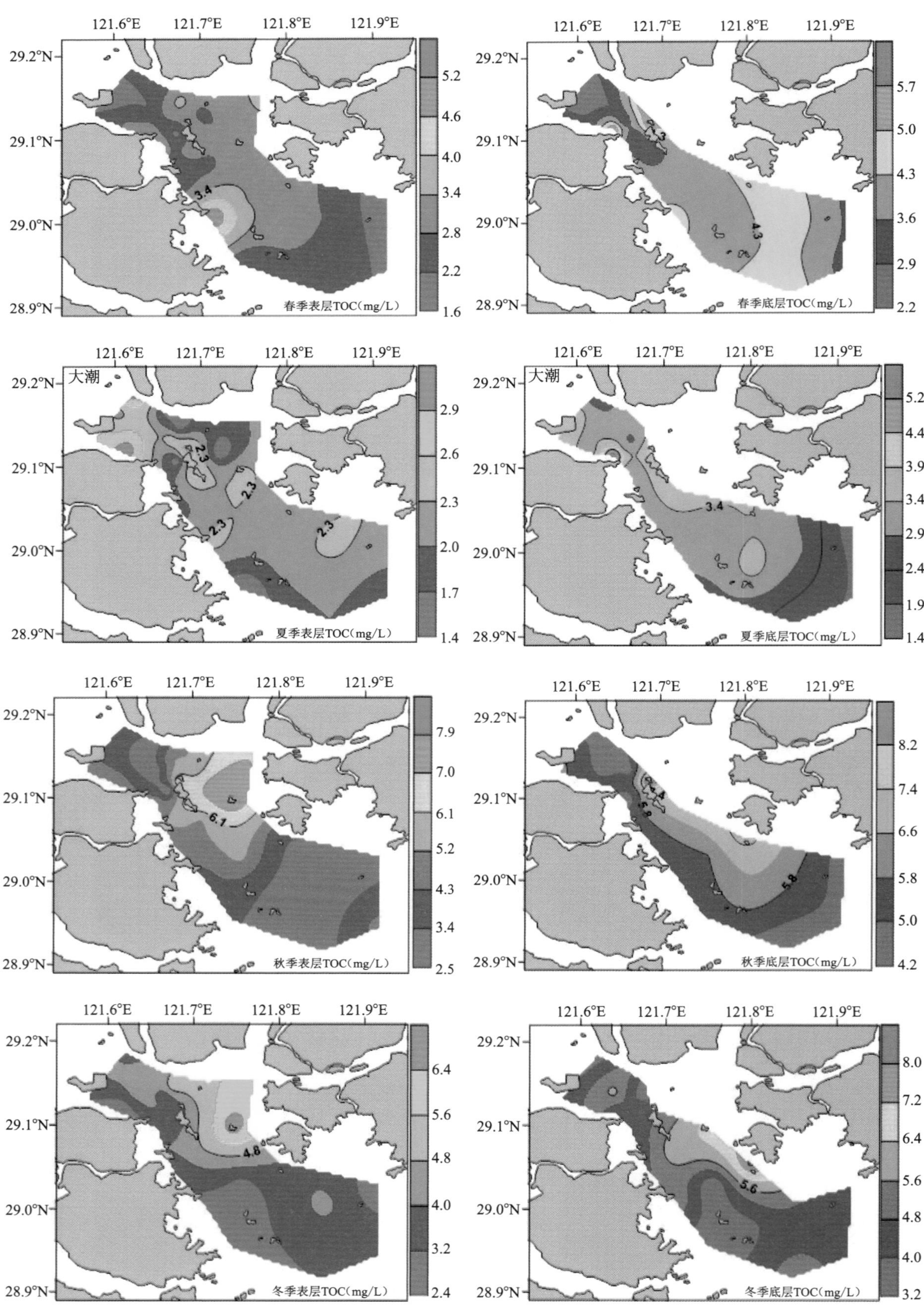

图 7.2.22　三门湾海水总有机碳四季分布图

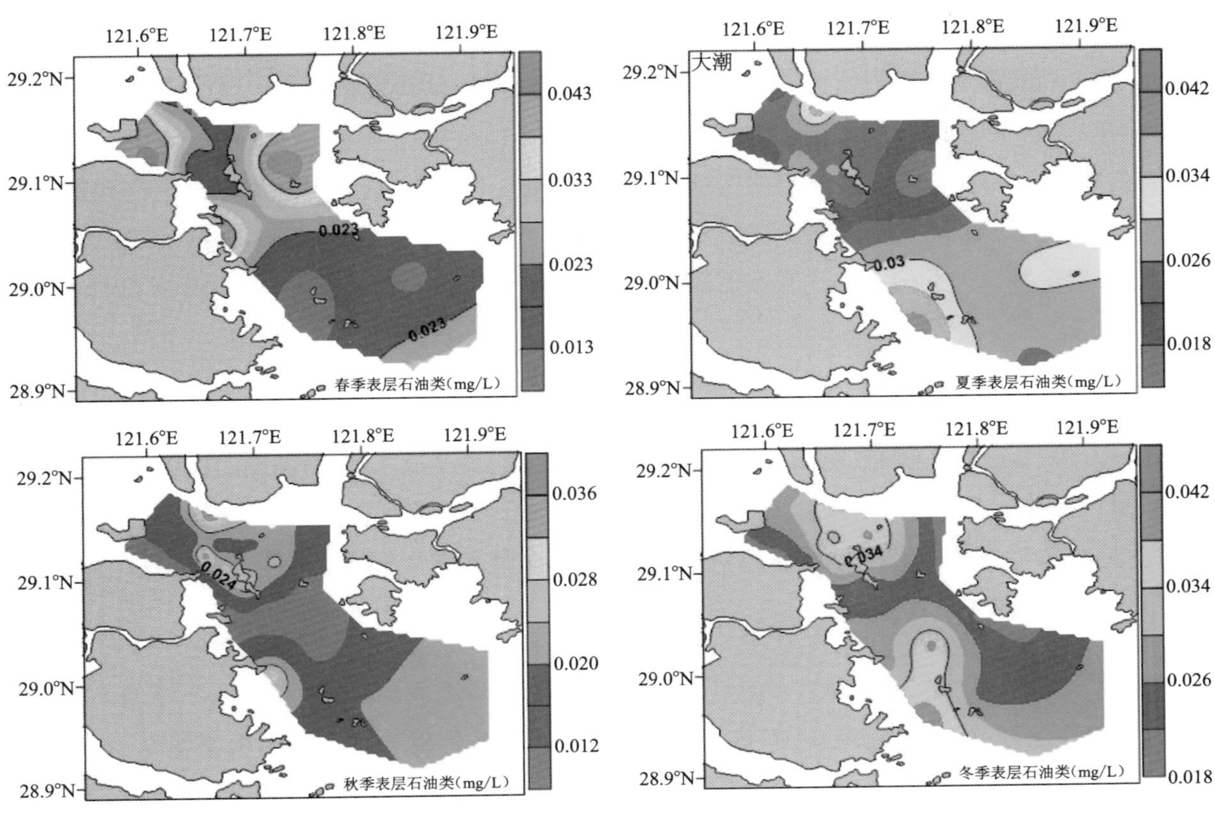

图 7.2.23　三门湾海水石油类四季分布图

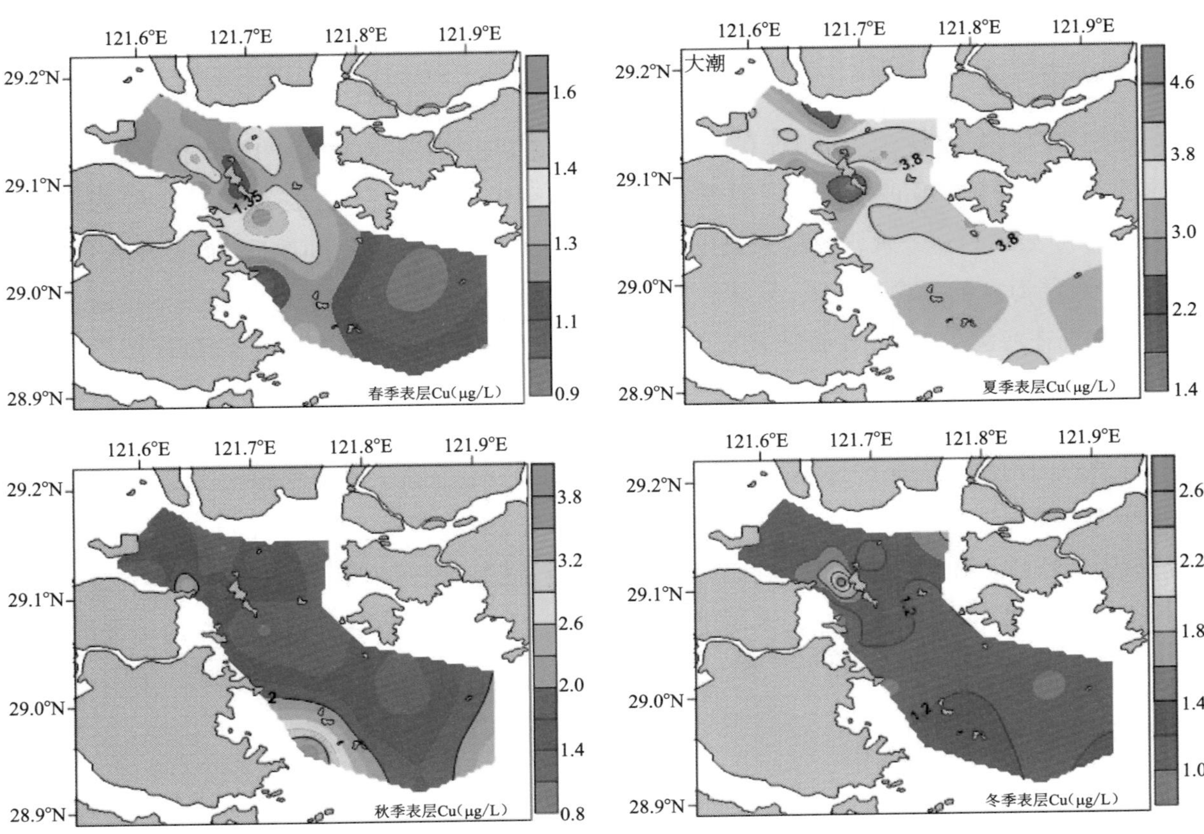

图 7.2.24 三门湾海水铜四季分布图

（26）锌

春季三门湾海域表层锌含量在 1.03～3.50 μg/L 之间；夏季大潮在 nd～11.60 μg/L 之间；夏季小潮在 nd～7.48 μg/L 之间；秋季在 1.02～14.64 μg/L 之间；冬季在 nd～4.19 μg/L 之间（表 7.2.1）。锌含量的极大值出现在秋季（14.64 μg/L），夏、冬季均有站位未检出锌含量。锌含量的季节变化总体表现为秋季较高，春、冬两季相对较低。平面分布情况见图 7.2.26，春季在整个三门湾海域自西北向东南均存在着高值区，而夏季小潮、秋、冬季其高值区出现在湾口南部。

（27）镉

春、冬两季三门湾海域表层镉含量均未检出；夏季大潮介于 nd～0.219 μg/L 之间；夏季小潮在 nd～0.197 μg/L 之间；秋季在 nd～0.285 μg/L 之间（表 7.2.1）。镉含量的极大值出现于秋季（0.285 μg/L），且变化范围最大。镉含量的季节变化为秋季较高，春、冬两季为零。其平面分布情况见图 7.2.27，夏、秋两季分布趋势相似，表层镉含量高值区集中于海湾内部区域。

（28）总铬

春季三门湾海域表层总铬含量介于 0.12～0.59 μg/L 之间；夏季大潮在 0.22～0.70 μg/L 之间；夏季小潮在 0.15～0.54 μg/L 之间；秋季介于 0.23～0.57 μg/L 之间；冬季在 0.16～0.79 μg/L 之间（表 7.2.1）。总铬含量的极大值出现于冬季（0.79 μg/L），极小值出现于春季（0.12 μg/L），冬季的变化范围最大，而秋季最小。总铬含量的季节变化为冬季与夏季大潮表层较高，春季与夏季小潮相对较低。四季表层海水的总铬含量平面分布相似，高值区均出现在湾内（图 7.2.28）。

（29）汞

春季三门湾海域表层汞含量在 0.010～0.063 μg/L 之间；夏季大潮在 0～0.060 μg/L 之间；夏季小潮在 0～0.040 μg/L 之间；秋季介于 0.013～0.053 μg/L 之间；冬季在 0.014～0.082 μg/L 之间（表 7.2.1）。汞含量极大值出现于冬季（0.082 μg/L），极小值出现于夏季（0.000 μg/L），冬季表层海水的汞含量较高，夏季较低。其平面分布为：春、秋、冬三季表层海水的汞含量高值区均出现在海湾内部区域，而夏季的高值区则出现于湾中部及湾口的小范围区域（图 7.2.29）。

（30）砷

春季三门湾海域表层砷含量在 1.01～3.50 μg/L 之间；夏季大潮在 0.66～2.24 μg/L 之间；夏季小潮在 0.66～2.04 μg/L 之间；秋季在 0.82～2.29 μg/L 之间；冬季在 1.41～3.19 μg/L 之间（表 7.2.1）。砷含量的极大值出现于春季（3.50 μg/L），极小值出现于夏季（0.66 μg/L），春季的变化范围最大，而秋季最小。其季节变化与汞相似，总体而言，冬季表层海水的砷含量较高，夏季较低。砷含量的平面分布为冬季表层在湾口区较高，而秋季高值区则位于湾内（图 7.2.30）。

（31）硼

春季三门湾海域表层硼含量在 2.04～3.50 mg/L 间；夏季大潮在 2.62～3.47 mg/L 之间；夏季小潮在 2.52～3.52 mg/L 间；秋季在 1.46～3.32 mg/L 间；冬季在 0.90～2.16 mg/L 之间

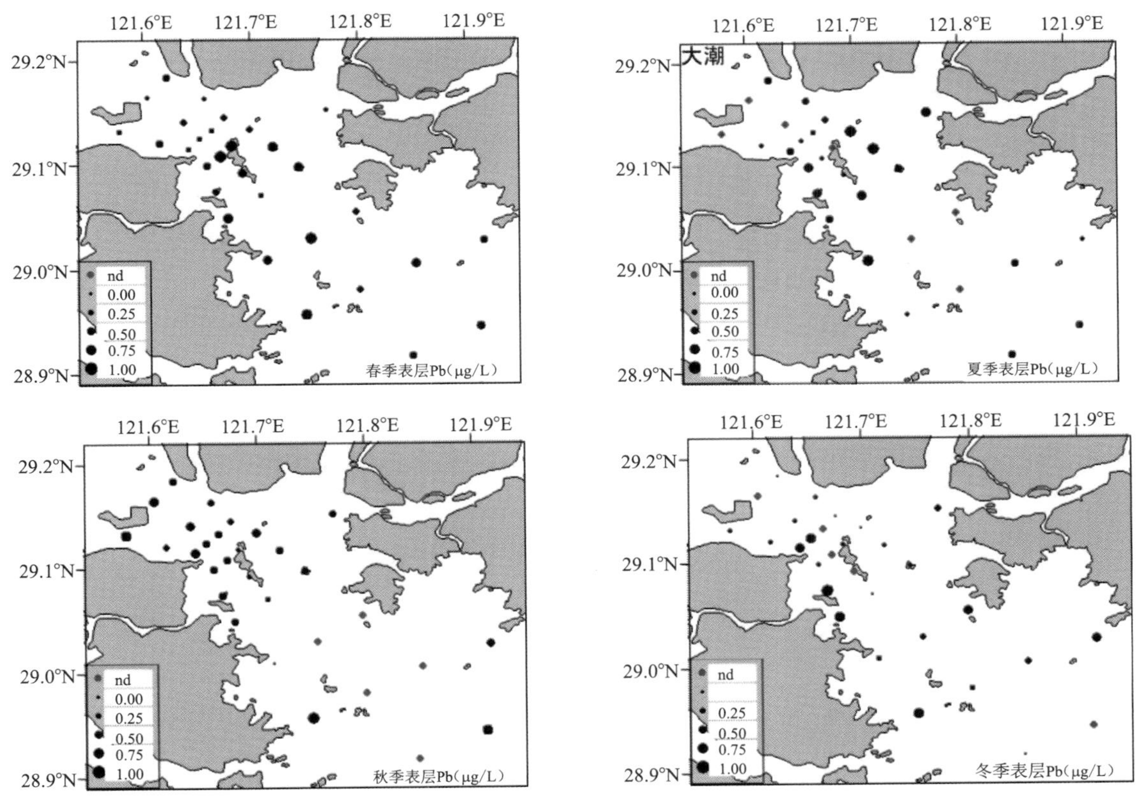

图 7.2.25　三门湾海水铅四季分布图

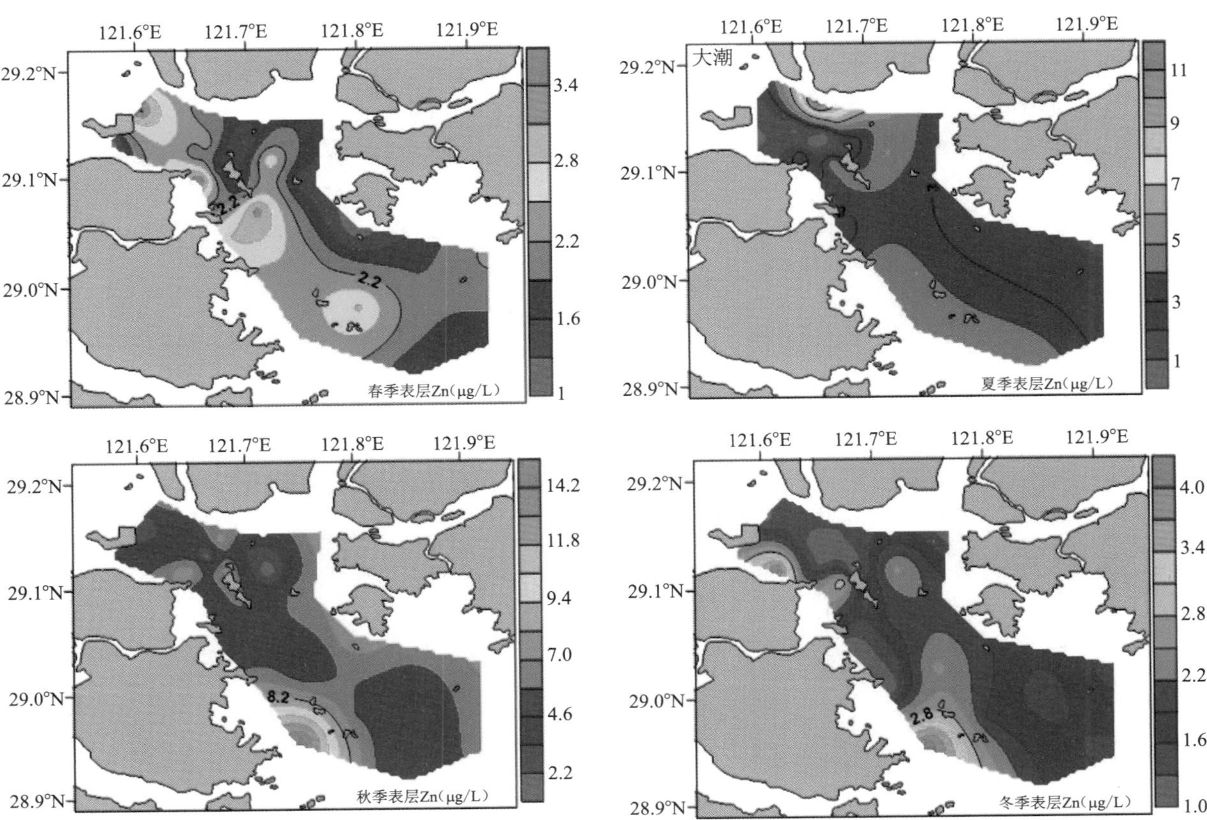

图 7.2.26　三门湾海水锌四季分布图

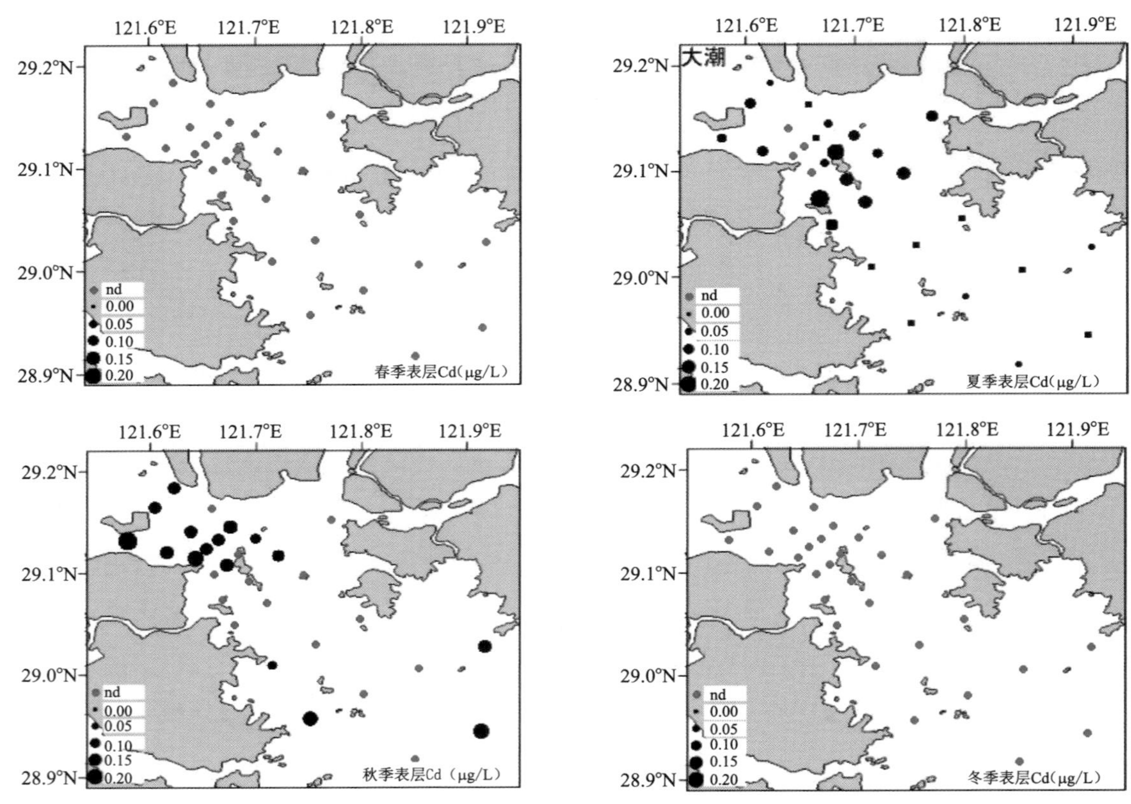

图 7.2.27　三门湾海水镉四季分布图

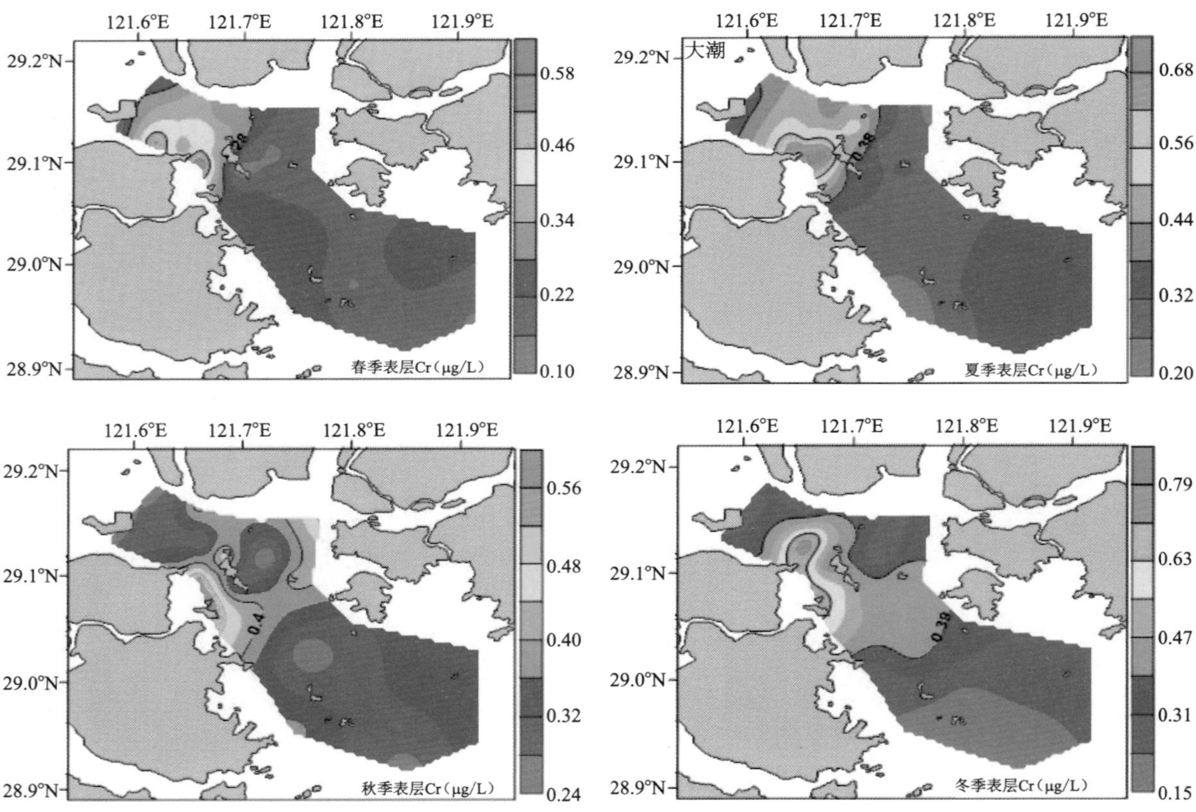

图 7.2.28　三门湾海水总铬四季分布

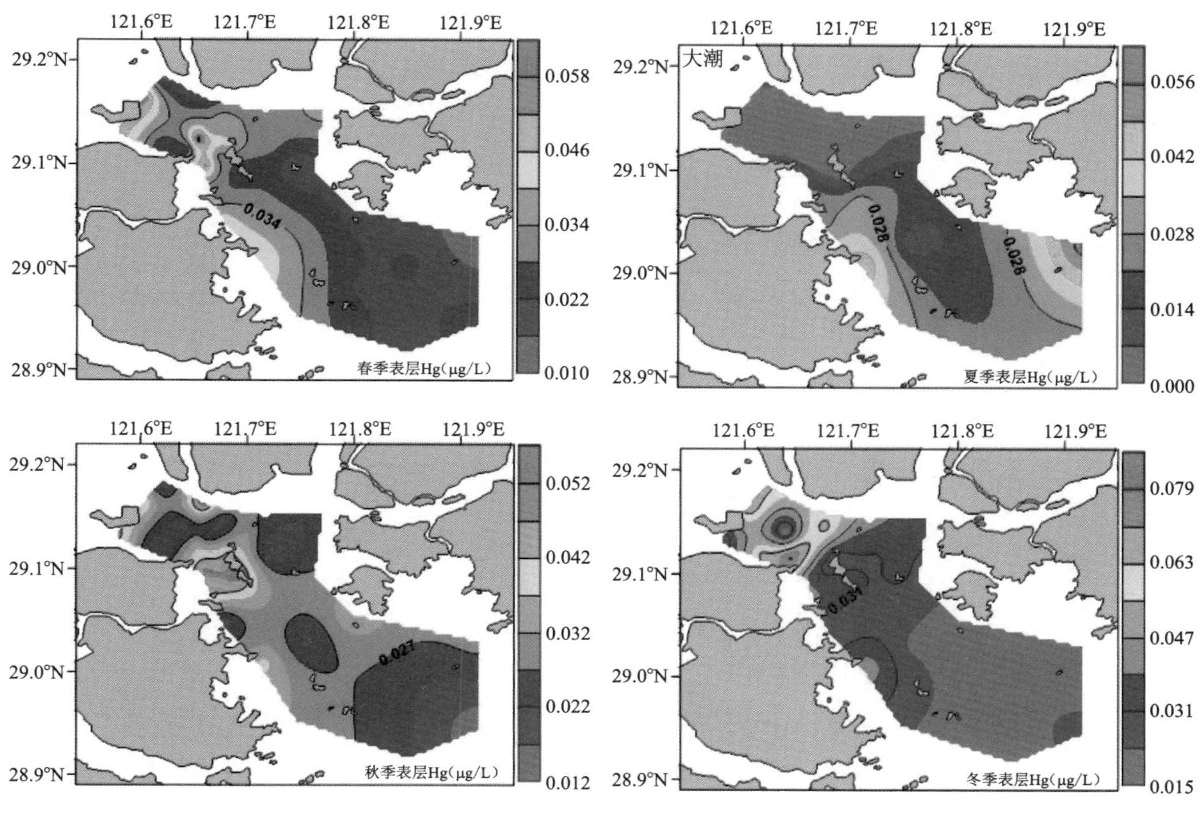

图 7.2.29　三门湾海水汞四季分布图

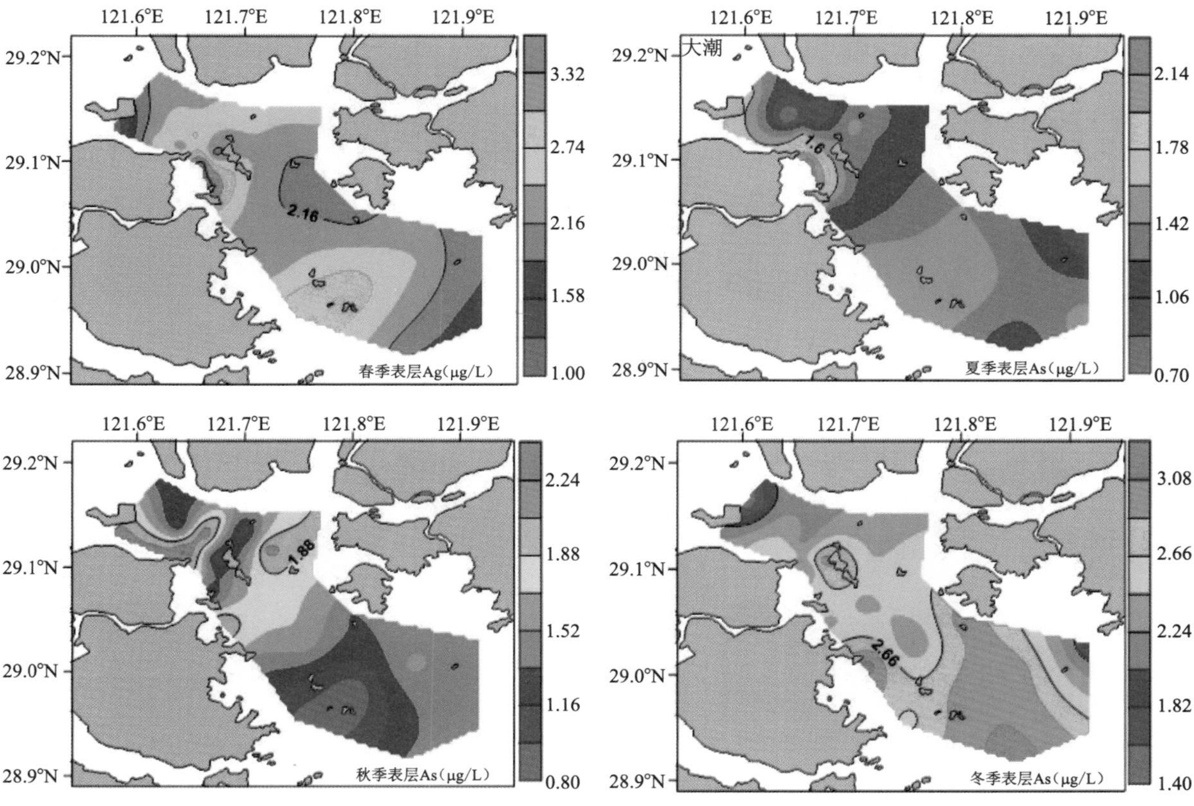

图 7.2.30　三门湾海水砷四季分布图

（表 7. 2. 1）。硼含量的极大值出现于夏季小潮（3. 52 mg/L），极小值出现于冬季（0. 90 mg/L），秋季的变化范围最大，而夏季大潮最小，夏季表层海水的硼含量较高，冬季最低。其平面分布为：春、冬两季湾口区表层海水的硼含量高于湾内，而秋、夏两季的高值区则位于湾内区域（图 7. 2. 31）。

（32）锰

春季三门湾海域表层锰含量在 nd～0. 46 mg/L 之间；夏季大潮在 0. 05～0. 31 mg/L 之间；夏季小潮在 0. 05～0. 41 mg/L 之间；秋季在 0. 11～0. 36 mg/L 之间；冬季在 0～0. 46 mg/L 之间（表 7. 2. 1）。锰含量的极大值出现于春、冬季（0. 46 mg/L），春季有站位未检出锰含量，春、冬季的变化范围大，而秋季最小，秋季表层海水的锰含量总体较高。平面分布情况见图 7. 2. 32，除春季外，其他三个季表层海水的锰含量高值区均出现在湾顶区域，而春季的高值区则位于湾中部海域。

（33）银

春季三门湾海域表层银含量在 0. 020～0. 110 μg/L 之间；夏季大潮在 0. 024～0. 110 μg/L 之间；夏季小潮在 0. 027～0. 086 μg/L 之间；秋季在 0. 011～0. 114 μg/L 之间；冬季在 0. 036～0. 144 μg/L 之间（表 7. 2. 1）。四季表层银含量的极大值出现于冬季（0. 144 μg/L），极小值出现于秋季（0. 011 μg/L），冬季的变化范围大，而夏季小潮最小，总体上冬季表层海水的银含量较高，

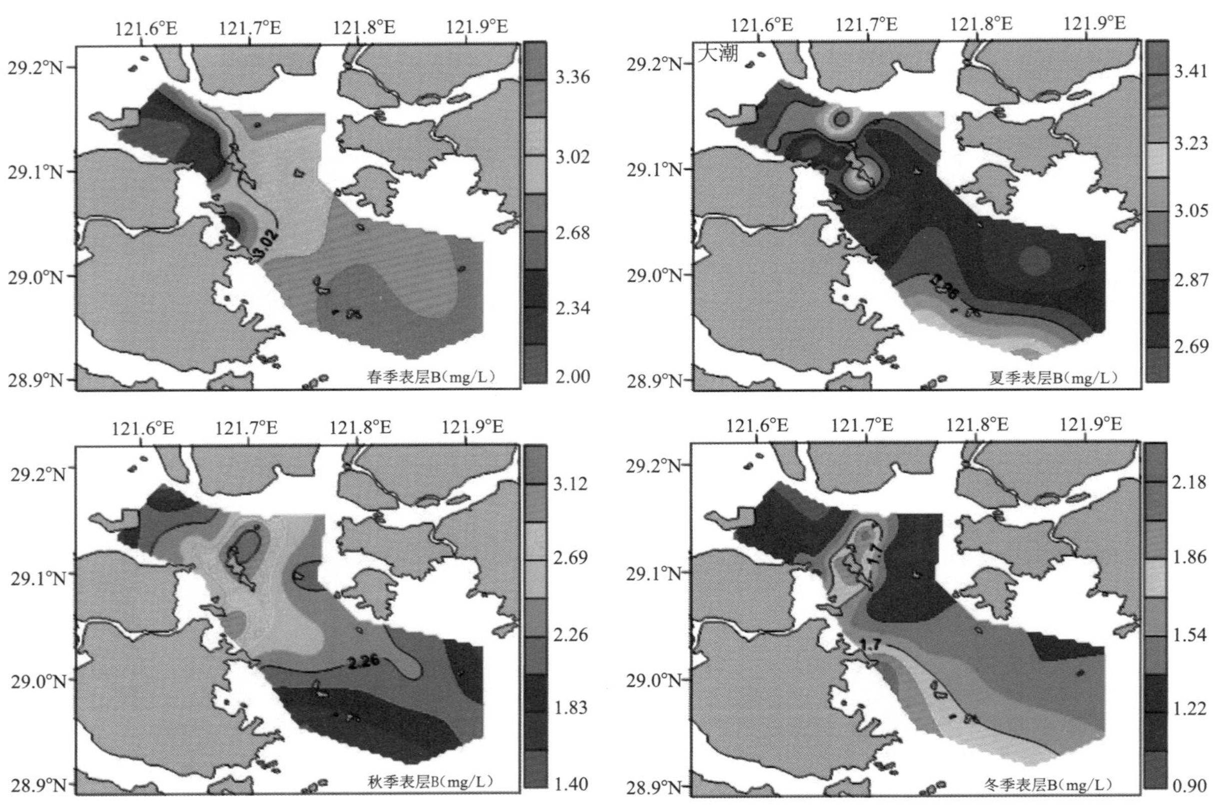

图 7. 2. 31　三门湾海水硼四季分布图

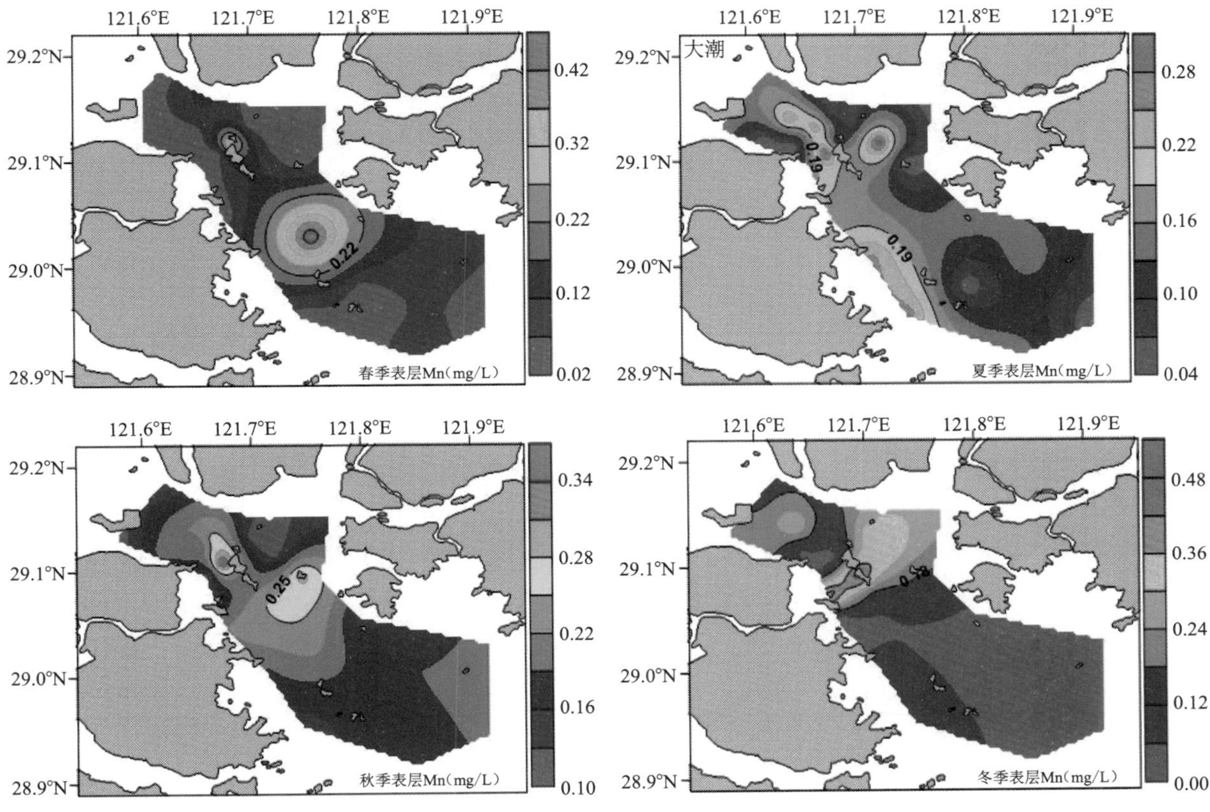

图 7.2.32　三门湾海水锰四季分布图

秋季最低。其平面分布为春、冬两季表层海水的银含量整体较高，高值区范围基本覆盖整个三门湾海域，而夏、秋两季的高值区则存在于海湾中部的小范围海域内，如图 7.2.33 所示。

（34）钾

春季三门湾海域表层钾含量在 330.43～376.38 mg/L 之间；夏季大潮在 342.94～368.50 mg/L 之间；夏季小潮在 342.62～368.47 mg/L 之间；秋季在 360.38～368.94 mg/L 之间；冬季在 333.96～386.41 mg/L 之间（表 7.2.1）。钾含量的极大值出现于冬季（386.41 mg/L），极小值出现于春季（330.43 mg/L）。其季节变化为秋季表层海水的钾含量较高，冬季次之。钾含量的平面分布，除秋季外，其他三季表层海水的钾含量高值区均位于湾口的较大范围内，而秋季湾口区则出现低值区，高值区仅位于海湾中部较小的范围内（图 7.2.34）。

7.2.1.2　连续站水体调查分析

三门湾海域环境化学冬、夏两季连续站水体观测各要素分析结果如表 7.2.2 所示。

表 7.2.2 连续站水体调查结果统计表

项目	夏季		冬季	
	范围	均值	范围	均值
PO_4^{3-}-P(mg/L)	0.035～0.043	0.039	0.027～0.041	0.035
NO_2^--N(mg/L)	0.007～0.037	0.015	0.004～0.009	0.006
NO_3^--N(mg/L)	0.361～0.485	0.418	0.588～0.697	0.653
NH_4^+-N(mg/L)	0.004～0.009	0.006	0.012～0.033	0.021
IN(mg/L)	0.375～0.522	0.439	0.611～0.733	0.680
DO(mg/L)	5.74～6.47	6.14	9.60～9.89	9.75
COD(mg/L)	0.78～2.64	1.21	0.86～2.87	1.91
pH	7.90～7.97	7.93	8.08～8.11	8.09
总碱度(mmol/L)	2.36～2.84	2.60	2.10～2.60	2.33
余氯(mg/L)	0.013～0.021	0.018	0.024～0.051	0.036
氯化物(g/L)	14.44～17.67	16.62	14.16～15.93	14.87
阴离子洗涤剂(mg/L)	0.003～0.027	0.015	0.004～0.080	0.026

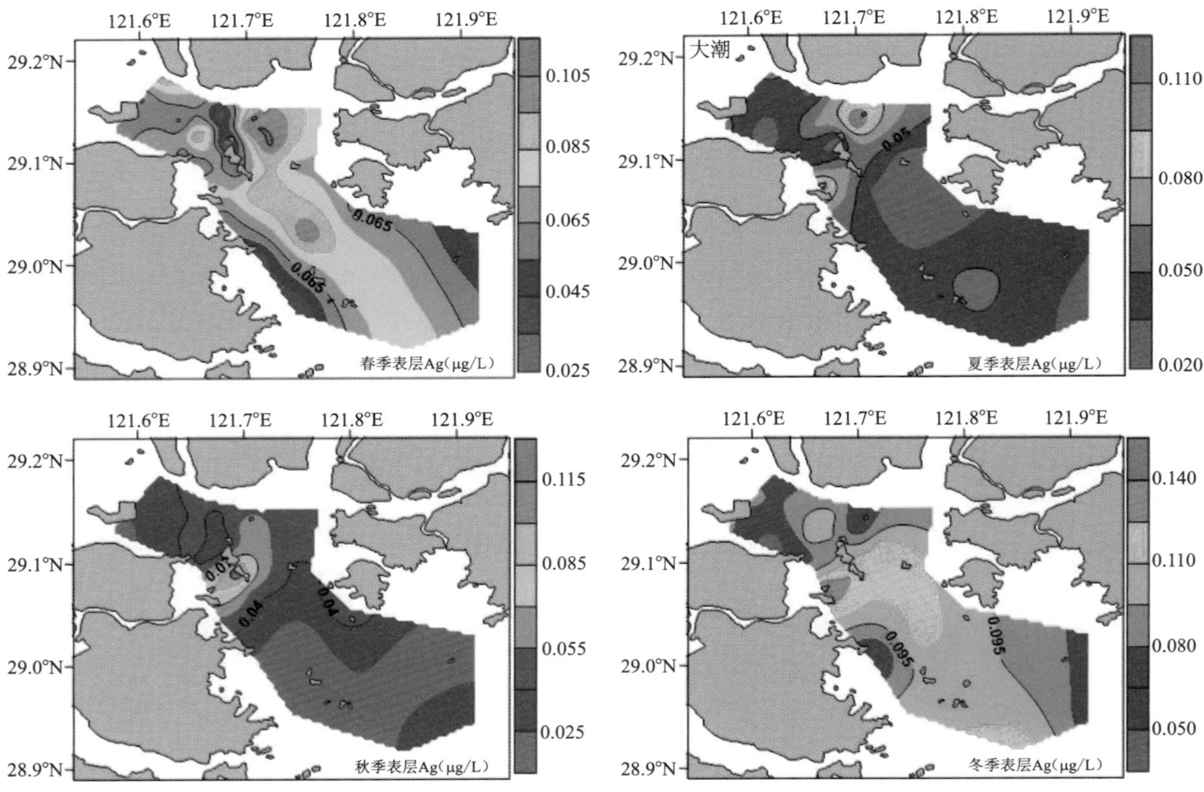

图 7.2.33 三门湾海水银四季分布图

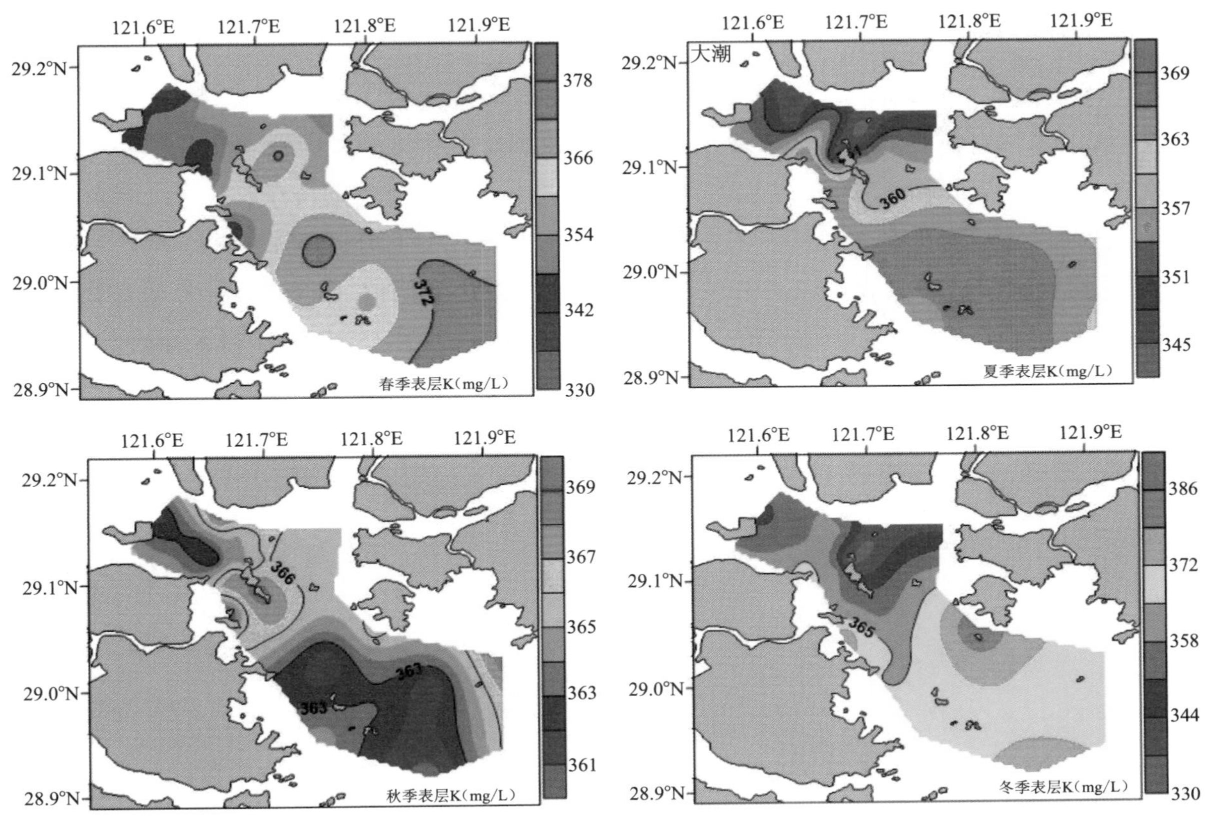

图 7.2.34 三门湾海水钾四季分布图

(1) 活性磷酸盐(PO_4^{3-}-P)

三门湾连续站活性磷酸盐的日变化如图 7.2.35 所示。活性磷酸盐含量的日变化范围夏季介于 0.035～0.043 mg/L 之间,平均为 0.039 mg/L,冬季日变化范围介于 0.027～0.041 mg/L 之间,平均为 0.035 mg/L。该站夏季活性磷酸盐平均水平高于冬季,变幅则略小于冬季。夏季活性磷酸盐含量的日变化具有两高两低的特点,于夜晚的 21:00 和早上 9:00 达到低值,而在下午的 18:00 与凌晨的 6:00 上升至高值。冬季的日变化趋势则表现为缓慢波动上升的趋势。表、底层的含量水平无明显差别。

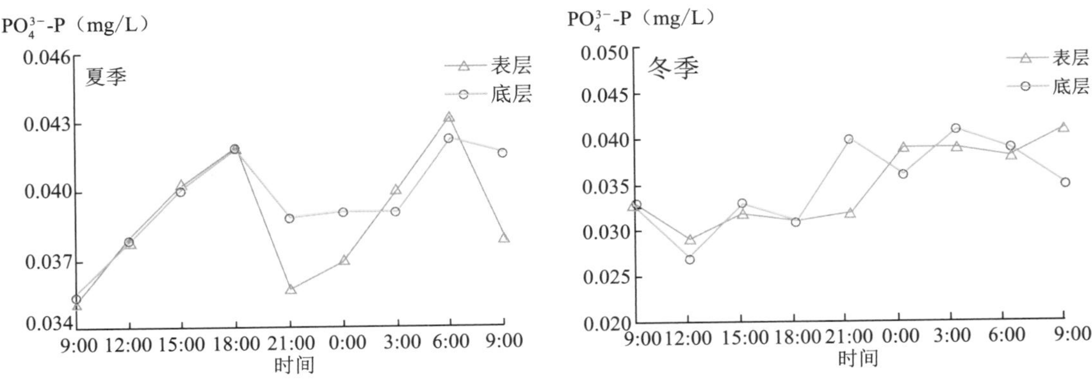

图 7.2.35 三门湾连续站 PO_4^{3-}-P 日变化曲线

(2) 亚硝酸盐(NO_2^--N)

亚硝酸盐的日变化见图 7.2.36。亚硝酸盐态氮含量的日变化范围夏季介于 0.007～0.037 mg/L 之间,平均为 0.015 mg/L,冬季日变化范围介于 0.004～0.009 mg/L 之间,平均为 0.006 mg/L。两季亚硝酸盐态氮含量的日变化趋势均具有两高两低的特点。其中夏季表、底层变化趋势十分一致,均在中午 12:00 与凌晨 0:00 达到低值,在下午 18:00 与凌晨 6:00 达到高值。冬季表层的亚硝酸盐态氮含量在上午 9:00 与夜晚 21:00 达到低值,在下午 18:00 与凌晨 6:00 达到高值;底层则在中午 12:00 与夜晚 21:00 达到低值,而在下午 15:00 与凌晨 6:00 达到高值。总体而言,该站夏季亚硝酸盐态氮含量平均水平与变幅均高于冬季,表层略高于底层。

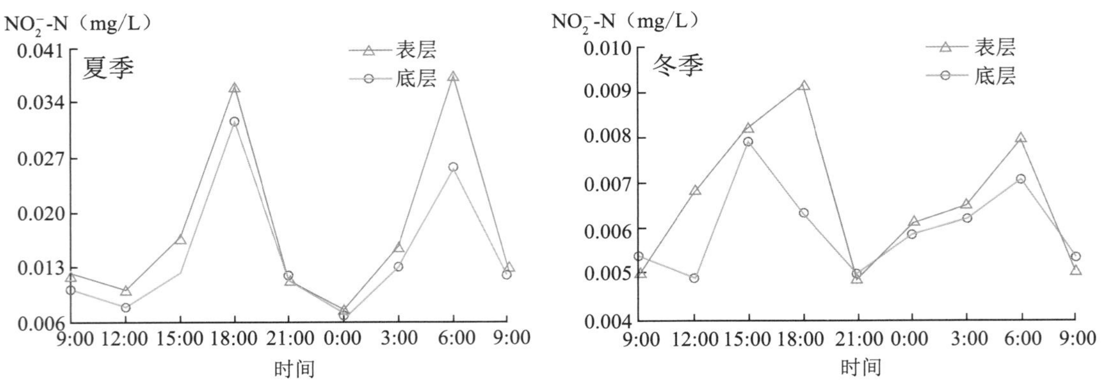

图 7.2.36 三门湾连续站 NO_2^--N 日变化曲线

(3) 硝酸盐(NO_3^--N)

连续站硝酸盐的日变化见图 7.2.37。硝酸盐态氮含量的日变化范围夏季为 0.361～0.485 mg/L,平均为 0.418 mg/L,冬季日变化范围为 0.588～0.697 mg/L,平均为 0.653 mg/L。夏季的硝酸盐态氮含量平均水平与变幅均小于冬季。夏季表层的硝酸盐态氮含量在上午 9:00 与凌晨 0:00 达到低值,而下午 15:00 与凌晨 6:00 达到高值;底层在中午 12:00 与凌晨 0:00 达到低值,而下午 18:00 与凌晨 6:00 达到高值。冬季硝酸盐态氮含量的日变化波动较大,无明显规律。

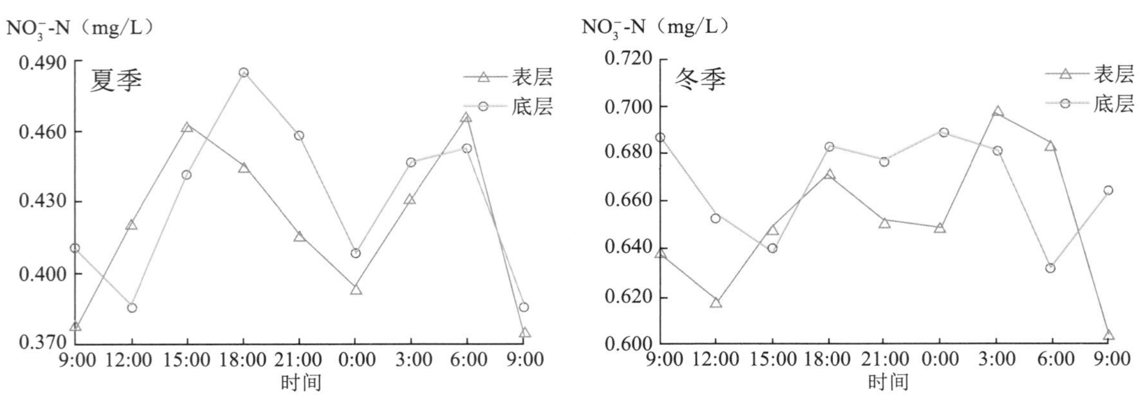

图 7.2.37 三门湾连续站 NO_3^--N 日变化曲线

(4) 铵氮(NH_4^+-N)

连续站铵盐的日变化见图7.2.38。铵盐态氮含量的日变化范围夏季为0.004～0.009 mg/L,平均为0.006 mg/L,冬季日变化范围为0.012～0.033 mg/L,平均为0.021 mg/L。该站夏季的铵盐态氮含量平均水平与变幅远小于冬季。夏季表、底层铵盐态氮含量的日变化趋势较相似,均在稳定水平上波动,表、底层的铵盐态氮含量较为接近。冬季表层的铵盐态氮含量在上午9:00与夜晚21:00达到低值,而在下午15:00与凌晨6:00达到高值;底层同样在上午9:00与夜晚21:00达到低值,而在18:00与凌晨3:00达到高值。冬季表层铵盐态氮含量略高于底层。

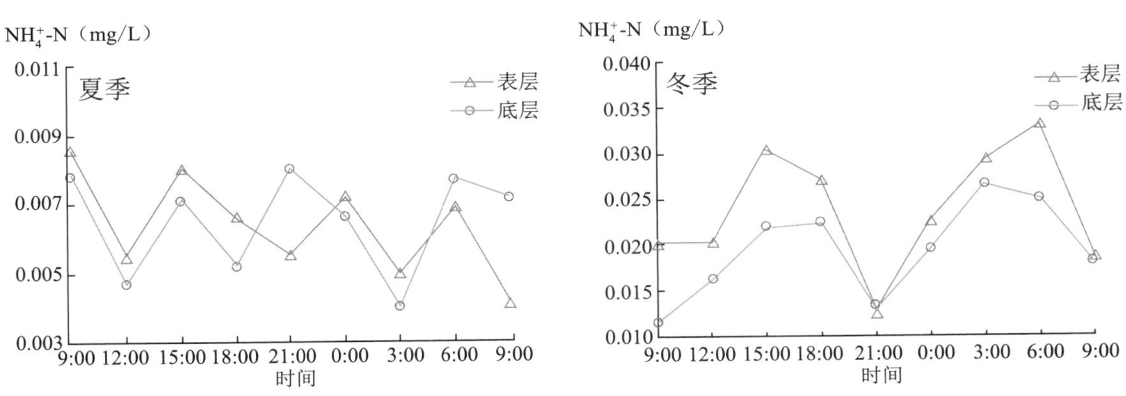

图7.2.38 三门湾连续站NH_4^+-N日变化曲线

(5) 无机氮

三门湾连续站无机氮的日变化见图7.2.39。无机氮含量的日变化范围夏季为0.375～0.522 mg/L,平均为0.439 mg/L,冬季日变化范围介于0.611～0.733 mg/L之间,平均为0.680 mg/L。该站夏季的无机氮含量平均水平远小于冬季,变幅则略大于冬季。夏季表、底层无机氮含量的日变化趋势较为一致,均呈两高两低的变化特征,在上午9:00与夜晚00:00达到低值,而在下午15:00～18:00之间与凌晨6:00达到高值。冬季无机氮含量日变化起伏较大,且无明显规律。

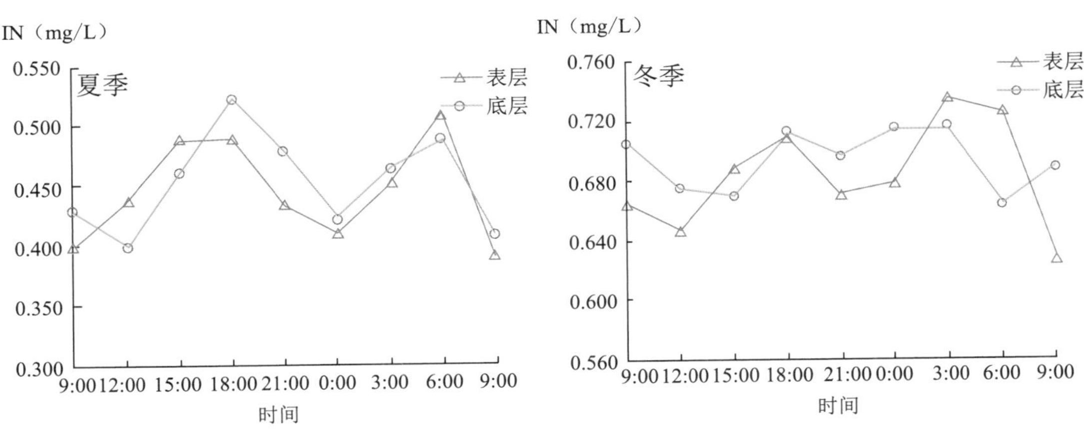

图7.2.39 三门湾连续站无机氮日变化曲线

（6）溶解氧（DO）

连续站溶解氧的日变化见图 7. 2. 40。溶解氧含量的日变化范围夏季为 5. 74～6. 47 mg/L，平均为 6. 14 mg/L，冬季日变化范围为 9. 60～9. 89 mg/L，平均 9. 75 mg/L。该站夏季的溶解氧含量平均水平低于冬季，变幅则较冬季大。夏季于中午 12：00 时溶解氧含量上升至最高值，之后缓慢下降，至凌晨 6：00 时下降至最低点。冬季表层的溶解氧含量在下午 18：00 与凌晨 6：00 达到低值，而在上午 9：00 与凌晨 0：00 达到高值；底层同样在下午 18：00 与凌晨 6：00 达到低值，而在下午 15：00、晚上 21：00 与上午 9：00 达到高值。夏、冬两季在白天表层溶解氧含量略低于底层，在晚间表层则略高于低层。

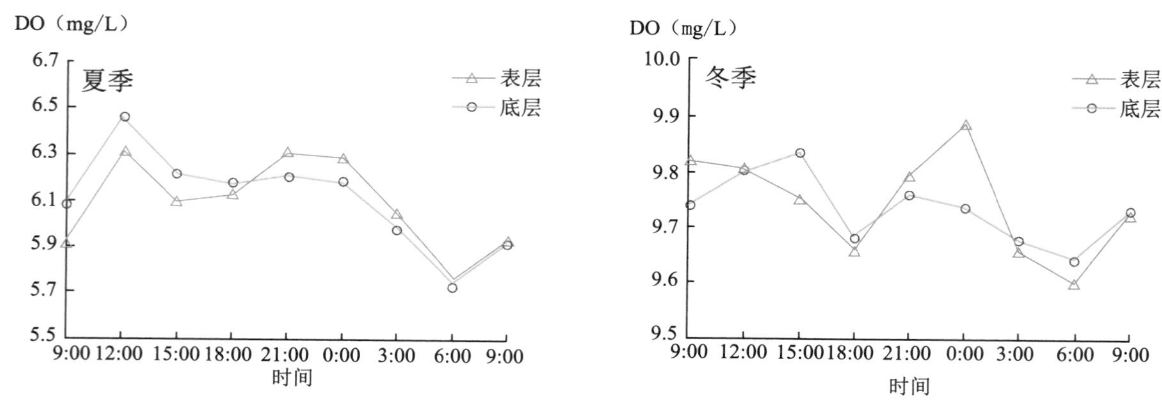

图 7. 2. 40　三门湾连续站溶解氧日变化曲线

（7）化学需氧量（COD）

三门湾连续站 COD 的日变化见图 7. 2. 41。COD 含量的日变化范围夏季为 0. 78～2. 64 mg/L，平均为 1. 21 mg/L，冬季日变化范围为 0. 86～2. 87 mg/L，平均为 1. 91 mg/L。夏季 COD 含量平均水平与变幅均略低于冬季。COD 含量的日变化趋势较为波动，两季均表现为底层 COD 含量高于表层。

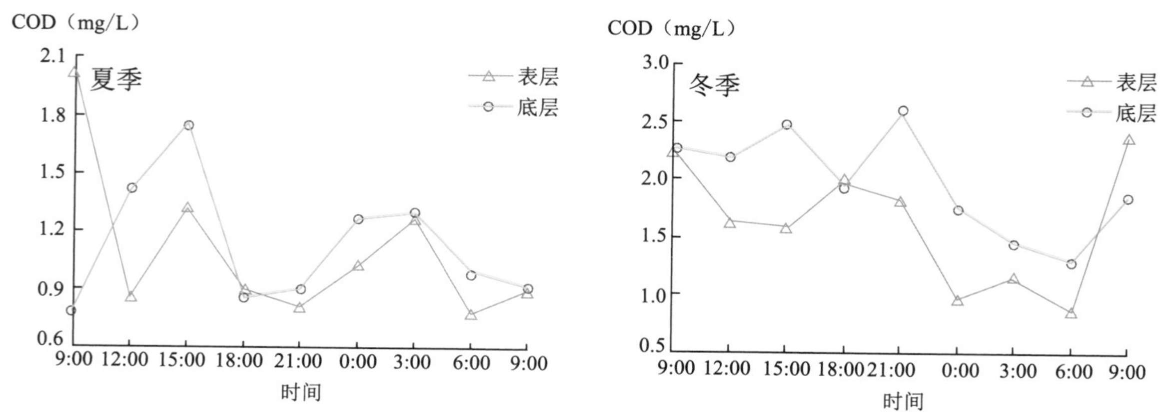

图 7. 2. 41　三门湾连续站 COD 日变化曲线

（8）pH

连续站 pH 的日变化见图 7.2.42。pH 的日变化范围夏季介于 7.90～7.97 之间，冬季介于 8.08～8.11 之间。夏季的 pH 平均水平低于冬季，变幅则较高。夏季表、底层海水的 pH 基本一致，均在下午 18:00 与凌晨 6:00 达到低值，而上午 9:00 与凌晨 0:00 达到高值。冬季表、底层海水的 pH 也较为一致，均在下午 15:00 与凌晨 3:00 达到低值，但表层出现高值的时间为夜晚 21:00 与凌晨 6:00，此时底层 pH 却呈下降趋势，底层的高值则出现在上午 9:00 与下午 18:00。

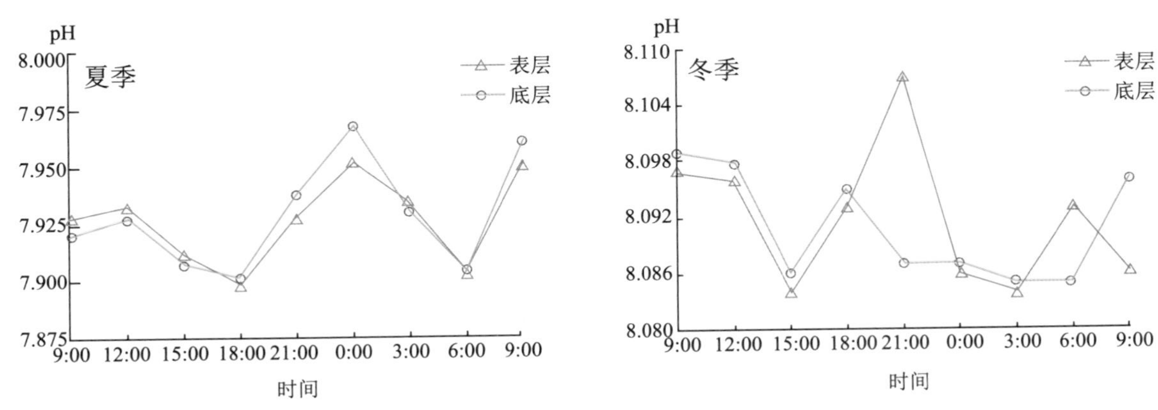

图 7.2.42 三门湾连续站 pH 日变化曲线

（9）总碱度（TA）

三门湾连续站总碱度的日变化见图 7.2.43。总碱度含量日变化范围夏季为 2.36～2.84 mmol/L，平均为 2.60 mmol/L，冬季日变化范围介于 2.10～2.60 mmol/L 之间，平均为 2.33 mmol/L。夏季的总碱度含量平均水平高于冬季，变幅低于冬季。夏季表、底层海水总碱度含量的日变化趋势较为一致，均在下午 18:00 与凌晨 6:00 达到低值，而在下午 15:00 与凌晨 3:00 达到高值。冬季表、底层海水的总碱度含量日变化相似，均在上午 9:00 与夜晚 21:00 达到高值，但表层出现低值的时间点为下午 18:00 与凌晨 3:00，底层的高低值则出现在下午 18:00 与凌晨 0:00。夏、冬两季的底层总碱度均高于表层。

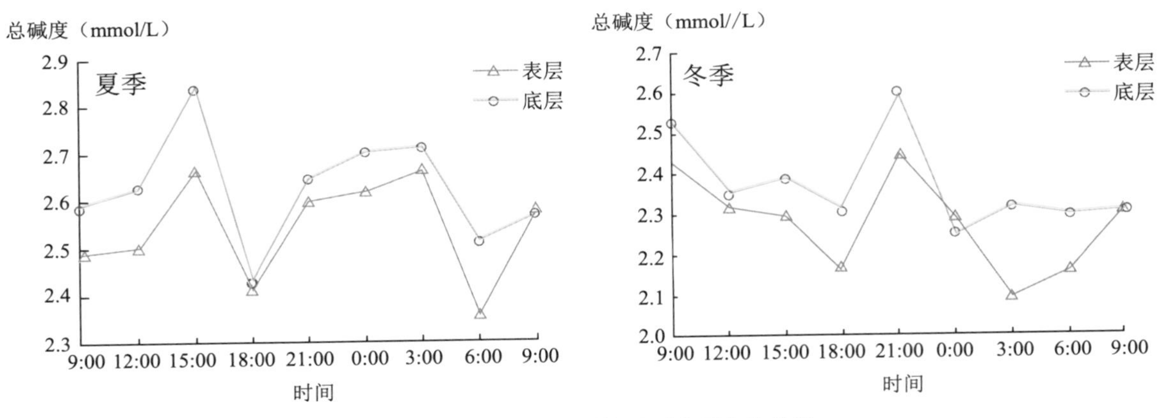

图 7.2.43 三门湾连续站总碱度日变化曲线

（10）余氯

三门湾连续站余氯的日变化见图 7.2.44。夏季余氯含量的日变化范围为 0.013～0.021 mg/L，平均为 0.018 mg/L，冬季介于 0.024～0.051 mg/L 之间，平均为 0.036 mg/L。夏季余氯含量平均水平与变幅均低于冬季。夏、冬两季海水中余氯含量的日变化较为波动，无明显规律。表、底层的含量差异较小，夏季表、底层余氯含量相差较大的时间点出现在凌晨 6:00，而冬季则出现在夜晚 21:00～0:00 之间，此时表层余氯含量高于底层。

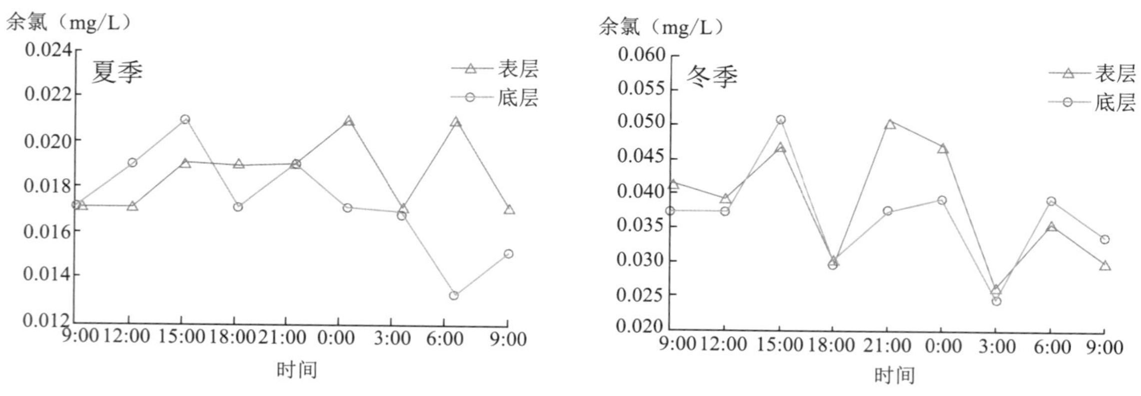

图 7.2.44　三门湾连续站余氯日变化曲线

（11）氯化物

连续站氯化物的日变化见图 7.2.45。夏季氯化物含量日变化范围在 14.44～17.67 g/L 之间，平均为 16.62 g/L，冬季日变化范围在 14.16～15.93 g/L 之间，平均为 14.87 g/L。夏季余氯含量平均水平与变幅均高于冬季。夏季海水中氯化物含量日变化大，无规律。冬季白天变化较大，夜晚波动较小，大致稳定在同一水平。

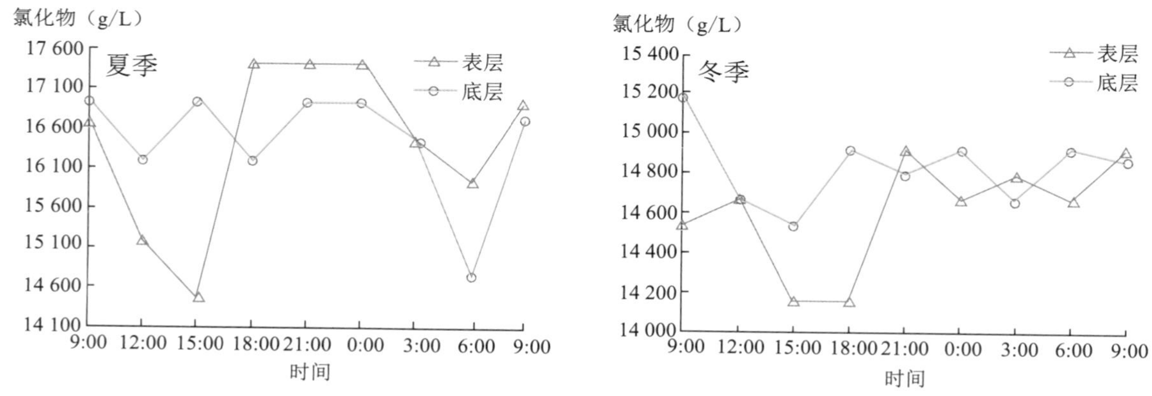

图 7.2.45　三门湾连续站氯化物日变化曲线

（12）阴离子洗涤剂

连续站阴离子洗涤剂的日变化见图 7.2.46。夏季阴离子洗涤剂含量的日变化范围介于 0.003～0.027 mg/L 之间，平均为 0.015 mg/L，冬季日变化范围介于 0.004～0.080 mg/L 之间，平均为 0.026 mg/L。该站位夏季的阴离子洗涤剂含量平均水平与变幅均低于冬季。夏、冬两季海水中阴离子洗涤剂含量的日变化波动大，无明显规律。

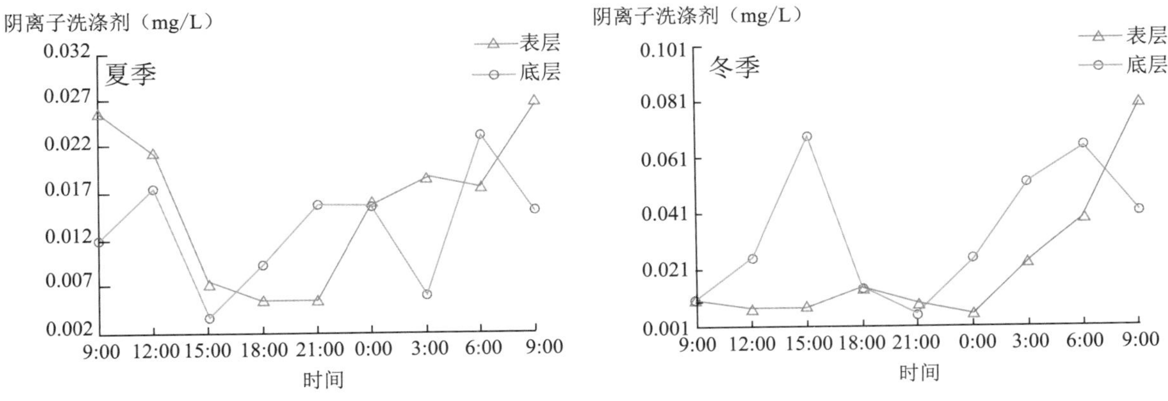

图 7.2.46　三门湾连续站阴离子洗涤剂日变化曲线

7.2.1.3　海水富营养化评价

水体营养盐含量多少对区域环境的影响可以用富营养化指数评价，本书用营养状态指数(E)值的大小来表示三门湾海域富营养化水平。

$$E = \mathrm{COD} \times \mathrm{DIN} \times \mathrm{DIP} \times 10^6/4500$$

当 $E \geqslant 1$ 时，表明水体已达到富营养化。

表 7.2.3 显示了 2013 年三门湾海域四季的海水 E 值和与历史资料的比较，由评价结果分析可见，2013 年三门湾海域四季水体均呈现出明显的富营养化状态，E 值介于 2.85～15.56 之间，底层水体富营养化程度大于表层水体。富营养化程度的季节变化为：秋季最为严重，冬季次之，秋、冬两季 E 值明显高于春、夏两季，夏季最低。与历史资料对比分析表明：三门湾海域水体富营养化程度呈现出加重的趋势，2013 三门湾海域四季 E 值都明显高于 2002～2003 调查期间的 E 值[7-2]；与 2005～2006 年度调查结果[7-3] 比较，仅夏季 E 值略低，其他三季 E 值均明显升高。值得注意的是，2013 年调查期间，秋、冬两季 E 值较前两次调查增幅明显，均为近三次调查资料的最高值，尤其是秋季，底层水体 E 值平均为 15.56，远远高于历史同期数据，充分反映出三门湾海域不仅富营养化程度逐渐加重，且季节变化差异显著，秋季富营养化程度为一年中最大，冬季次之，春、夏两季稍弱。造成这种现象的原因可能是，每年春、夏两季海洋生产力逐渐增加，大量消耗水体中的营养盐，而且夏季汛期，对海水起到一定的稀释作用，夏末开始，浮游植物生长减弱，大量有机质沉降降解，释放出营养盐，造成秋季水体富营养化状态最为严重，随后冬季富营养状态逐渐减弱，如此年复一年地循环。由表 7.2.1 也可看出，水体中无机氮和磷酸盐含量均为秋季最高，COD 含量同样是秋、冬两季明显高于春、夏两季。

表 7.2.3　水体富营养化指数及与历史资料比较表

年度	层次	春季	夏季	秋季	冬季	备注
2002～2003	表层	2.70	1.80	2.60	2.30	宁修仁等，2005 年
	底层	3.70	1.30	3.00	3.70	
2005～2006	表层	2.08	3.04	5.32	5.95	三门核电一期调查（2005～2006 年）
	底层	2.70	3.56	6.51	7.17	
2013	表层	3.28	2.85	10.86	8.66	三门核电二期调查（2012～2013 年）
	底层	4.00	3.17	15.56	9.95	

7.2.2　与历史资料对比分析

（1）大面站水体化学

2005～2006 年调查分析结果表明：三门湾海域四季大面站水体悬浮物变化范围较大，变化范围介于 18～4534 mg/L，总体表现为表层含量低于底层。pH、总碱度变化范围分别介于 7.84～8.22 和 1.72～2.45 mmol/L 之间。DO、COD 和 BOD_5 含量分别在 5.02～10.82 mg/L、0.29～3.78 mg/L 和 0.14～2.91 mg/L 之间。夏季 DO 垂向分布表现为表层高、底层底的特征，其他三季垂向变化较为均匀。表层海水石油类浓度变化范围在 6.5 μg/L（或低于检测限）至 29.4 μg/L 间。硝酸盐态氮、亚硝酸盐态氮、铵盐态氮和活性磷酸盐磷浓度变化范围分别为 0.289～0.678 mg/L、0～0.055 mg/L、0.007～0.245 mg/L 和 0.006～0.075 mg/L。与 2005～2006 年调查成果相比，2013 年三门湾海域悬浮物的变化范围为（12～1269）mg/L，总体悬浮物含量略有下降，垂向分布同样为表层低于底层。pH、总碱度变化范围分别为 7.84～8.15 和 2.05～2.88 mmol/L，pH 最大值略有降低，而总碱度则略有上升。DO、COD 和 BOD_5 含量分别为 5.04～10.14 mg/L、0.22～3.84 mg/L 和 0.11～1.88 mg/L，DO 最大值有所升高、COD 含量变化范围略有扩大，BOD_5 含量最大值有所下降。表层海水石油类浓度变化范围介于 0.008～0.046 mg/L 之间，含量略有上升。硝酸盐态氮、亚硝酸盐态氮、铵盐态氮和活性磷酸盐磷的浓度变化范围分别为 0.258～0.853 mg/L，0.000～0.060 mg/L、0.003～0.036 mg/L 和 0.018～0.052 mg/L，与历史调查资料无显著差异。

2005～2006 年三门湾海域调查显示四季水体中重金属含量范围为：铜的四季变化范围为 0.37～2.40 μg/L，铅为 0.03～0.97 μg/L，锌为 5.00～13.24 μg/L，镉为 0.027～0.474 μg/L，汞为 0.008～0.183 μg/L，砷为 1.62～10.05 μg/L。

2013 年三门湾海域调查分析显示：四季水体中重金属含量范围为：铜的四季变化范围为 nd～4.89 μg/L，铅为 nd～0.98 μg/L，锌为 nd～14.64 μg/L，镉为 nd～0.285 μg/L，汞为 0～0.082 μg/L，砷为 0.66～3.50 μg/L。比较分析表明：水体中铜含量略有上升，镉、汞和砷含量略有下降。

(2) 连续站水体化学

2005～2006年三门湾海域调查结果显示:连续站pH的变化范围夏、冬两季分别为7.84～7.93和8.14～8.20;DO夏、冬两季变化范围分别为5.34～8.44 mg/L和9.16～10.60 mg/L,平均为5.86 mg/L和9.92 mg/L。夏季连续站活性磷酸盐与硝酸盐(平均值)分别为0.024 mg/L和0.508 mg/L;冬季分别为0.035 mg/L和0.590 mg/L。

2013年三门湾海域调查结果显示:连续站pH日变化范围夏季为7.90～7.97;冬季为8.08～8.11。DO含量日变化范围夏季为5.74～6.47 mg/L,平均为6.14 mg/L;冬季为9.60～9.89 mg/L,平均为9.75 mg/L。活性磷酸盐含量日变化范围夏季为0.035～0.043 mg/L,平均为0.039 mg/L;冬季日变化范围为0.027～0.041 mg/L,平均为0.035 mg/L。硝酸盐含量的日变化范围在夏季为0.361～0.485 mg/L,平均为0.418 mg/L;冬季日变化范围为0.588～0.697 mg/L,平均为0.653 mg/L。与2005～2006年调查结果比较表明:DO含量、pH与营养盐含量无较大差异。

7.2.3 水质环境现状成因及趋势分析与评价

活性磷酸盐与无机氮含量总体上秋季较高,其他三季的平面分布基本为湾顶区域高于湾口,而秋季湾口区域的含量则有所上升。秋季的总氮、总磷含量总体也较高,而非离子氨含量则在秋季较低。春季的活性磷酸盐含量达到海水水质标准Ⅱ～Ⅳ类,夏季大潮有一个站为劣Ⅳ类,夏季小潮符合Ⅱ～Ⅲ类的比例占15.9%,其余为Ⅳ类及以上(劣Ⅳ类),秋季均在Ⅳ类及以上,冬季则有27.0%的样品符合Ⅱ～Ⅲ类标准,其余为Ⅳ类。春季无机氮含量均为Ⅳ类及以上,夏季大潮符合Ⅱ类、Ⅲ类和Ⅳ类的样品比例分别为6.1%、45.5%和48.4%,夏季小潮符合各类标准的样品比例分别为6.3%(Ⅱ类)、36.5%(Ⅲ类)、23.8%(Ⅳ类)和33.4%(劣Ⅳ类),秋季与冬季的无机氮含量均为劣Ⅳ类。调查期间三门湾海域的氮、磷含量总体较高,水质评价较差,浙江沿海水体的氮、磷水平背景值本身较高,与陆源输入有较大关系。非离子氨含量则四季均符合海水水质Ⅰ类标准。

溶解氧总体上冬季高于其他三季,夏季海洋生物活动对溶解氧的消耗较大,含量相对较低,湾顶区域的溶解氧含量较湾外低。化学需氧量含量水平冬季较高,夏季低,夏季湾顶区域的化学需氧量水平高于湾外,而冬季湾外的化学需氧量含量则较高。秋、冬两季个别站悬浮物含量较高,致COD含量超Ⅱ类水质标准。生物需氧量则秋季较低,且相对于湾顶区,湾外的生物需氧量更低,而夏季则相反,湾外区域高于湾顶。溶解氧含量水平在春、秋、冬三季均符合海水水质Ⅰ类标准,仅在夏季存在超Ⅰ类现象,夏季大潮有30.3%略超Ⅰ类,但均符合Ⅱ类水质标准,夏季小潮有27.0%符合Ⅱ类标准,符合Ⅲ类标准的占4.8%,其余均为Ⅰ类。化学需氧量在春、夏两季均符合Ⅰ类水质标准,秋季有19.4%超Ⅰ类,但符合Ⅱ类标准,冬季符合Ⅰ类水质标准的有41.3%,其余均符合Ⅱ类水质标准。生物需氧量在春、秋两季均符合Ⅰ类水质标准,夏季大、小潮与冬季符合Ⅱ类标准的样品比例分别为15.1%、12.7%和17.5%。海域的溶解氧、化学需氧量与生物需氧量的含量变化主要与生物活动的季节变化有关，水流、地势等造成的海水扰动、盐度变化以及四季的水温变化对溶解氧含量水平略有影响。此外，悬浮物的附着对化学需氧量的变化也有一定影响。总体而言，上述指标春季呈现出优于其他季节的趋势。

阴离子洗涤剂四季变化的极值均出现在冬季，冬季的含量变化范围与总体水平高于其他三季，且湾口区域含量水平较湾顶高。四季阴离子洗涤剂含量符合Ⅰ～Ⅱ类标准，其中符合Ⅰ类标准的比例分别为60%（春季）、77.3%（夏季大潮）、85.7%（夏季小潮）、93.1%（秋季）和12.7%（冬季）。

表层海水的重金属汞含量总体上夏季大潮较高，春季较低，四季符合海水Ⅰ类标准的比例分别为86.7%（春季）、96.7%（夏季大潮与秋季）、100%（夏季小潮）、80%（冬季），仅个别站位略超Ⅰ类标准，但均符合Ⅱ类标准。

其余水质参数均符合海水水质Ⅰ类标准，有些参数的调查结果总体上远小于Ⅰ类标准限值，如非离子氨、氰化物、铅、锌、镉、总铬、砷等，水体中背景值小，对水质无影响。

7.3 沉积物化学

7.3.1 沉积物化学调查结果

夏、冬两季调查区域海洋沉积化学观测要素分析结果统计如表7.2.4所示。

（1）底质类型

夏季三门湾沉积物湾内以粉砂和砂质粉砂为主，湾口基本为粉砂。冬季除了湾口个别站为泥质外，整个三门湾海域的沉积物均为粉砂。

（2）中值粒径

夏季三门湾沉积物中值粒径的变化范围为5.35～12.61 μm；冬季变化范围为4.97～10.32 μm。夏季的沉积物中值粒径总体高于冬季。夏季沉积物的中值粒径以湾顶区域最高，而冬季则在中部出现高值，同时在湾口区域也有部分沉积物中值粒径较高。

（3）氧化还原电位

夏季三门湾沉积物氧化还原电位的变化范围介于268～461 mV之间；冬季变化范围介于166～491 mV之间。沉积物氧化还原电位夏季略低于冬季。三门湾海域的氧化还原电位夏季的平面分布总体较为一致，而冬季则在湾顶区域相对较高，湾口区域较低。

（4）pH

夏季三门湾沉积物pH的变化范围介于7.50～7.79之间；冬季变化范围介于7.86～8.28之间。夏季沉积物pH总体略低于冬季。夏、冬两季沉积物pH的平面分布为：湾内区域沉积物的pH均较高，湾口区域冬季pH也较高，但夏季则有所下降。

表 7.2.4　沉积物调查结果统计表

调查项目	夏季	冬季
	范围	范围
D50(μm)	5.35～12.61	4.97～10.32
Eh(mV)	268～461	166～491
pH	7.50～7.79	7.86～8.28
硫化物($\times10^{-6}$)	3.49～14.59	2.07～22.75
挥发性酚($\times10^{-6}$)	0.005～0.072	0.002～0.077
含水率(%)	36.69～54.34	39.40～56.72
石油类($\times10^{-6}$)	2.28～40.49	1.42～29.53
有机碳(%)	0.33～0.72	0.35～0.89
Cu($\times10^{-6}$)	18～40	17～39
Pb($\times10^{-6}$)	27～39	24～37
Zn($\times10^{-6}$)	51～116	65～103
Cd($\times10^{-6}$)	0.11～0.20	0.15～0.21
Cr($\times10^{-6}$)	48.9～85.1	53.0～91.2
Hg($\times10^{-6}$)	0.03～0.06	0.04～0.06
As($\times10^{-6}$)	11.5～15.9	10.0～14.4
B($\times10^{-6}$)	145～589	92～637
Mn($\times10^{-6}$)	888～1 505	825～1 528
Ag($\times10^{-6}$)	0.34～13.00	0.31～10.90

(5) 含水率

夏季三门湾沉积物含水率的变化范围介于36.69%～54.34%之间;冬季变化范围介于39.40%～56.72%之间。沉积物含水率夏季总体略低于冬季。三门湾沉积物含水率的平面分布为:夏季海湾中部沉积物含水率较高,而冬季则在湾顶区域较高。

(6) 有机碳

夏季三门湾沉积物有机碳含量变化范围介于0.33%～0.72%之间;冬季变化范围介于0.35%～0.89%之间,夏季沉积物有机碳含量略低于冬季。夏季三门湾海域沉积物有机碳含量平面分布无明显差异,而冬季的高值区集中在湾顶区域,湾口区域有机碳含量较低。

(7) 挥发性酚

夏季三门湾沉积物挥发性酚含量的变化范围介于$(0.005\sim0.072)\times10^{-6}$之间;冬季变化范围介于$(0.002\sim0.077)\times10^{-6}$之间。两季的沉积物挥发性酚含量较相近。其平面分布为:两季的挥发性酚含量自湾内向湾外均呈现出高值—低值—高值—低值的分布特征。

(8) 硫化物

夏季三门湾沉积物硫化物含量变化范围介于(3.49～14.59)$\times 10^{-6}$之间;冬季变化范围为(2.07～22.75)$\times 10^{-6}$之间。两季的硫化物含量平面分布无较大差异,均在海湾中部存在较高值,冬季的最大值则远高于夏季,但湾内和湾外的大范围区域出现低值区。

(9) 石油类

夏季三门湾沉积物石油类含量变化范围介于(2.28～40.49)$\times 10^{-6}$之间;冬季变化范围为(1.42～29.53)$\times 10^{-6}$之间。夏季沉积物石油类在湾顶区与湾口处均有个别站含量较低,其极大值(40.49×10^{-6})出现在海湾外测站。冬季石油类含量与夏季无显著差异,但最大值(29.53×10^{-6})则远低于夏季。

(10) 铜

夏季三门湾沉积物铜含量的变化范围为(18～40)$\times 10^{-6}$;冬季变化范围为(17～39)$\times 10^{-6}$。夏、冬两季沉积物中铜含量较为接近。沉积物铜含量的平面分布为湾顶海域的铜含量高于湾口区域。

(11) 铅

夏季三门湾沉积物铅含量的变化范围为(27～39)$\times 10^{-6}$;冬季变化范围为(24～37)$\times 10^{-6}$。两季沉积物中铅含量相近。其平面分布整个海湾较均匀。

(12) 锌

夏季三门湾沉积物锌含量的变化范围为(51～116)$\times 10^{-6}$;冬季变化范围为(65～103)$\times 10^{-6}$。沉积物锌含量夏季平面分布在三门湾区域均较为接近,冬季则湾口区域低于湾顶区域。

(13) 镉

夏季三门湾沉积物镉含量的变化范围为(0.11～0.20)$\times 10^{-6}$;冬季变化范围为(0.15～0.21)$\times 10^{-6}$。其平面分布:夏季湾顶和湾外均有个别站镉含量较低;而冬季湾顶区域镉含量较高,而湾口区域较低。

(14) 铬

夏季三门湾沉积物铬含量变化范围为(48.9～85.1)$\times 10^{-6}$;冬季变化范围为(53.0～91.2)$\times 10^{-6}$。夏季沉积物铬含量总体水平低于冬季。其平面分布:夏季的沉积物铬含量低值区位于海湾中部;冬季的低值区则位于湾口区,但总体而言,海域的铬含量差异较小。

(15) 汞

夏季三门湾沉积物汞含量变化范围介于(0.03～0.06)$\times 10^{-6}$之间;冬季变化范围为(0.04～0.06)$\times 10^{-6}$。沉积物汞含量冬、夏两季相近。沉积物汞含量平面分布为:夏季海湾中部大范围的沉积物汞含量较高；而冬季其相应区域的沉积物汞含量则较低，沉积物汞含量较高值集中于湾顶区域的几个测站。

（16）砷

夏季三门湾沉积物砷含量的变化范围为（11.5～15.9）$\times 10^{-6}$；冬季变化范围为（10.0～14.4）$\times 10^{-6}$。沉积物砷含量冬、夏两季相近。其平面分布：两季的低值区范围均较小，夏季的低值区出现在海湾中部，而冬季则出现在湾口最外缘海域。

（17）硼

夏季三门湾沉积物硼含量变化范围为（145～589）$\times 10^{-6}$；冬季变化范围为（92～637）$\times 10^{-6}$。冬季硼含量变化范围大于夏季。沉积物硼含量的平面分布为：夏季在海湾中部与外部存在小范围的低值区，而冬季则在海湾中部个别测站硼含量较高，湾顶区域硼含量较低。

（18）锰

夏季三门湾沉积物锰含量的变化范围为（888～1 505）$\times 10^{-6}$；冬季变化范围为（825～1 528）$\times 10^{-6}$。沉积物锰含量夏季总体略低于冬季，湾内区域的沉积物锰含量夏、冬两季均相对较高，而湾外相对较低。

（19）银

夏季三门湾沉积物银含量的变化范围为（0.34～13.00）$\times 10^{-6}$；冬季变化范围为（0.31～10.90）$\times 10^{-6}$。夏季在湾内与湾外存在个别测站的较高值区，而海湾中部至湾口区域，其银含量较低。

7.3.2 与历史资料对比分析

2005～2006 年调查结果显示[7-3]，铜的变化范围为（20～31.5）$\times 10^{-6}$，均值为 23.3 $\times 10^{-6}$；铅的变化范围为（23～36）$\times 10^{-6}$，均值为 31.7 $\times 10^{-6}$；锌的变化范围为（96～119.5）$\times 10^{-6}$，均值为 107.8 $\times 10^{-6}$；镉的变化范围为（0.1～0.28）$\times 10^{-6}$，均值为 0.14 $\times 10^{-6}$；汞的变化范围为（0.05～0.1）$\times 10^{-6}$，均值为 0.08 $\times 10^{-6}$；砷的变化范围为（10.8～14.2）$\times 10^{-6}$，均值为 11.8 $\times 10^{-6}$。

2013 年调查结果显示，铜的变化范围为（17～40）$\times 10^{-6}$，均值为 27 $\times 10^{-6}$；铅的变化范围为（24～37）$\times 10^{-6}$，均值为 32 $\times 10^{-6}$；锌的变化范围为（18～103）$\times 10^{-6}$，均值为 71 $\times 10^{-6}$；镉的变化范围为（0.11～0.21）$\times 10^{-6}$，均值为 0.17 $\times 10^{-6}$；汞的变化范围为（0.03～0.06）$\times 10^{-6}$，均值为 0.05 $\times 10^{-6}$；砷的变化范围为（10.0～15.9）$\times 10^{-6}$，均值为 13.6 $\times 10^{-6}$。两次调查结果比较，沉积物重金属含量无显著差异。

7.3.3 评价结果

沉积物除铜、总铬外，其他重金属参数与石油类均符合海洋沉积物质量Ⅰ类标准。夏季沉积物调查中，共有 4 个站铜含量略超Ⅰ类，冬季则仅有 1 个站略超Ⅰ类。总铬含量调查期间夏季有 3 个站略超Ⅰ类标准，冬季则有 8 个站位超Ⅰ类。铜、总铬含量最大超标（Ⅰ类）指数分别为 1.14（夏季 S24 站铜）与 1.14（冬季 S05 站总铬），但均符合沉积物Ⅱ类标准。

参考文献

[7-1] 曾江宁，于培松，寿鹿，等．三门核电 3、4 号机组工程邻近海域水质环境、海洋生态调查报告[R]. 2014.

[7-2] 宁修仁，胡锡钢，高爱根，等．乐清湾、三门湾养殖生态和养殖容量研究与评价[M]．北京：海洋出版社，2005.

[7-3] 胡锡钢，高爱根，陈建芳，等．三门核电厂邻近海域生态环境调查综合报告[R]. 2006.

[7-4] 郑锡建，顾峰．三门湾海域水化学要素的分布特征及其相互关系[J]．海洋通报，1993（3）：30-36.

第8章　海洋生物生态

人口日益增长和经济高速发展造成的海洋生态与环境问题，引起了人类的关注[8-1]。国际组织联合国也十分重视生态环境问题。1970年联合国教科文组织主持成立了“人与生物圈”（MAB），目前已有100多个国家加入了该组织，我国于1997年参加了这个组织。MAB规划是一个国际性、政府间的多学科综合研究计划。主要任务是研究在人类活动的影响下，地球上不同区域各类生态系统的结构、功能及其发展趋势，预报生物圈及其资源的变化和这些变化对人类本身的影响，其目的是通过自然科学和社会科学两个方面，共同研究人类今天的行为对未来世界的影响，为阐述全球人与环境的相互关系提供科学依据，确保在人口不断增长的情况下，合理管理与利用环境与资源，保障人类社会持续协调地向前发展[8-2]。而海洋是全球生命支持系统的一个基本组成部分，是地球之肾。随着海洋经济的高速发展，海洋生态、资源和环境在为人类创造了巨大的经济效益的同时，由于海洋资源的不尽科学、不尽合理的开发利用，产生了一系列破坏海洋生态与环境的问题，使海洋生态与环境呈现出不断恶化的趋势。海洋基础调查是正确认识海洋生态与环境现状，为合理开发利用海洋和有效管理与保护海洋提供科学依据的基础性工作[8-3]。

本章主要依据2013年在三门湾及其邻近海域进行的四季海洋生物生态调查资料[7-1]、历史调查研究资料成果及相关参考文献[8-4]，分析阐述三门湾海域海洋生物要素的时空分布特征及其变化规律。

8.1　资料概况

（1）调查范围

水生生态的调查范围覆盖了整个三门湾海域。具体调查时间、季节和调查内容见表7.1.1。调查站位：海洋生物生态调查设置大面观测站20个，定点连续测站1个和5条潮间带断面。调查站位信息见表7.1.2、图7.1.1和图8.1.1。

（2）调查内容

海洋生物生态调查项目：叶绿素a、浮游植物、浮游动物、底栖生物、潮间带生物和污损生物（前3项进行大、小潮和连续站调查）。生物体质量调查项目：Cu、Pb、Zn、Cd、总Cr、Hg、As和石油类。

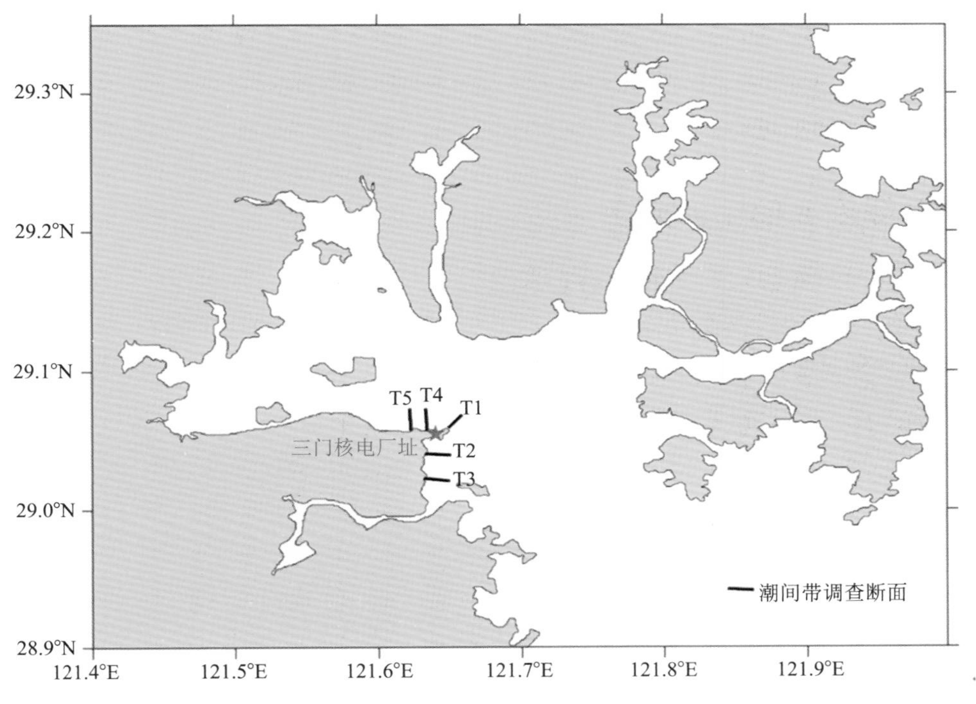

图 8.1.1　潮间带调查站位示意图

（3）污损生物挂板和收板时间

挂板时间从 2012 年 12 月起至 2013 年 12 月止。

季板（冬季 1～3 月、春季 4～6 月、夏季 7～9 月、秋季 10～12 月），各个潮带放 2 组板，每季 6 块，共 24 块。

半年板（2012 年 12 月放板，2013 年 6 月取板、挂板，2013 年 12 月取回最后一批半年板），各个潮带放 2 组板，每半年 6 块，共 12 块。

年板（2012 年 12 月放板，2013 年 12 月取板），各个潮带挂 2 组板，共 6 块。

8.2　调查结果与分析

8.2.1　叶绿素 a

叶绿素 a 浓度表征海域中光合浮游生物现存生物量，是海域基础饵料生物多寡、水域肥瘠程度和可养育生物资源能力的直接指标，也是估算海区初级生产力的重要参数之一。调查研究三门湾海域叶绿素 a 浓度的分布特征，为评价海区营养水平和评估海域水产资源潜在生产能力提供基础素材，其分布特征与变化规律能较好地反映浮游植物的区域分布与盛衰程度，可为评估海域生态环境特征提供重要参数。

8.2.1.1　材料与方法

叶绿素 a 浓度分析的水样采集用球盖式 HQM-1 型有机玻璃采水器，量取水样 100 cm^3 经 Whatman GF/F 玻璃纤维膜负压过滤，截留有光合浮游生物的滤膜立即冷冻保存直至分析。叶绿素 a 浓度分析测定采用萃取荧光法，萃取液为 90％丙酮，萃取后的样品用 Turner Designs Fluorometer，Model 10 测定。样品的采集、贮存、运输、预处理和分析测定及计算等过程均严格按《海洋调查规范》的要求进行。

8.2.1.2 叶绿素 a 的平面分布

三门湾海域大面观测站四季叶绿素 a 浓度的分布范围介于 0.32～10.52 μg/dm^3 之间，大小相差 2 个数量级，平均为 2.94 μg/dm^3。最小值出现在春季 S28 站中层，最大值出现在夏季大潮期 S29 站表层。四季表层平均叶绿素 a 浓度为 3.16 μg/dm^3，中层平均叶绿素 a 浓度为 2.52 μg/dm^3，底层平均叶绿素 a 浓度为 2.82 μg/dm^3。为便于分析比较，将三门湾海域分为湾顶、湾中、湾口海域进行描述，其中湾顶区域 6 个站（S02、S03、S05、S06、S08、S09 站）；湾中区域 18 个站（S01、S04、S07、S10～S22、S25、S28 站）和湾口区域 6 个站（站）。

叶绿素 a 浓度的平面分布为：表层的叶绿素 a 浓度湾顶区域高于湾中区域高于湾口区域；底层的叶绿素 a 浓度湾顶区域与湾中相近，略高于湾口区域（表 8.2.1），

表 8.2.1 三门湾海域各层平均叶绿素 a 浓度表 （单位：μg/dm^3）

海区	表层		中层		底层	
	平均	*n*	平均	*n*	平均	*n*
湾顶	3.75	30	1.84	4	2.82	28
湾中	3.07	90	2.60	30	2.92	66
湾口	2.81	30	2.55	18	2.59	28

8.2.1.3 叶绿素 a 的季节变化

三门湾海域叶绿素 a 浓度的季节变化为：夏季 > 春季 > 冬季 > 秋季（表 8.2.2）。

冬季：表层浓度的变幅范围为 0.47～2.64 μg/dm^3，最大值出现在湾顶海域的 S01 站，最小值出现在湾中海域的 S16 站，表层浓度湾顶 > 湾中 > 湾口，底层浓度的变幅介于 0.57～2.57 μg/dm^3 之间，最大值出现在湾顶海域的 S03 站，最小值也出现在湾口海域的 S27 站。

春季：表层浓度变化较大，介于 1.34～5.04 μg/dm^3 之间，最大值出现在湾顶的 S06 站，最小值出现在湾中海域的 S21 站。底层浓度变化范围介于 1.40～3.49 μg/dm^3 之间，最大值出现在湾顶的 S03 站，最小值出现在湾中的 S12 站，春季表、底层叶绿素 a 浓度均呈现出湾顶向湾口减少的趋势。

夏季：海水温度升高促进了光合浮游生物的生长繁殖，三门湾海域处于相对高叶绿素 a 浓度范围。大潮表层叶绿素 a 浓度分布范围为 3.07～10.52 μg/dm^3，最大值出现在湾口海域的 S29 站，最小值出现在湾口海域的 S23 站。表层叶绿素 a 浓度呈现出不规则的分布状态，可能与大潮期水体浑浊、海流强劲有关。底层叶绿素 a 浓度分布范围介于 2.52～9.62 μg/dm^3 之间，最大值出现在湾口海域的 S30 站，最小值出现在湾中海域的 S19 站，底层叶绿素 a 浓度呈现不规则的

分布状态。小潮期表层叶绿素 a 浓度分布范围介于 2.68～8.56 μg/dm^3 之间，浓度最大值出现在湾顶的 S03 位，最小值位于湾中海域的 S21 站。底层叶绿素 a 浓度分布范围介于 1.39～8.45 μg/dm^3 之间，最大值出现在湾中海域的 S25 站，最小值出现在湾口海域的 S23 站。

表 8.2.2　三门湾海域叶绿素 a 浓度各层季节分布　（单位：μg/dm^3）

季节	特征值	表层	中层	底层
		叶绿素 a 浓度		
春季	均值	2.82	2.44	2.31
	分布范围	1.34～5.04	1.74～3.20	1.40～3.49
夏季大潮	均值	5.62	5.30	5.24
	分布范围	3.07～10.52	2.95～9.31	2.52～9.62
夏季小潮	均值	5.44	3.24	4.45
	分布范围	2.68～8.56	1.63～4.78	1.39～8.45
秋季	均值	0.72	0.71	0.75
	分布范围	0.39～1.02	0.45～1.09	0.38～1.63
冬季	均值	1.19	0.94	1.35
	分布范围	0.47～2.64	0.32～1.30	0.57～2.57
四季	均值	3.16	2.52	2.82
	分布范围	0.39～10.52	0.32～9.31	0.38～9.62

秋季：表层叶绿素 a 浓度分布范围介于 0.39～1.20 μg/ 之间，最大值出现在湾中海域的 S19 站，最小值出现在湾口的 S26 站；底层叶绿素 a 浓度范围为 0.38～1.63 μg/dm^3，最大值出现在湾口的 S24 站，最小值在湾口的 S30 站。

8.2.1.4　与历史资料比较

根据 2013 年三门湾海域调查资料与历史调查资料比较表明：2013 年春季三门湾海域表层海水叶绿素 a 的浓度（2.82 μg/dm^3）低于 2002～2003 年春季（3.50 μg/dm^3）和 2005～2006 年春季（4.52 μg/dm^3）；夏季表层海水叶绿素 a 浓度（5.53 μg/dm^3）高于 1994 年（3.18 μg/dm^3）和 2005～2006 年（3.31 μg/dm^3），但低于 2002～2003 年夏季的叶绿素 a 浓度（7.54 μg/dm^3）；而秋、冬两季的表层海水叶绿素 a 的浓度则均低于历史调查值（表 8.2.3）。分析研究表明：三门湾海域叶绿素 a 含量随着调查时间的不同，年际变化较大，但处于同一量级内波动。

8.2.2　浮游植物

浮游植物是海洋中的初级生产者和一切生物赖以生存的物质基础[7-1]。浙江沿岸浮游植物已做过多次调查研究，但至 2004 年还没有详细、密集的大面调查研究。海洋二所曾于 2005～2006 年在三门湾海域进行了浮游植物的密集大面调查及详细研究[7-3]，其测站布设见图

8.2.1。为进一步了解三门湾海域生态环境现状及其变化，2013年又进行了三门湾海域生态环境现状详细、密集的大面调查研究。旨在查明三门湾海域浮游植物和赤潮生物的种类组成、丰度分布及多样性特征，了解三门湾海域近几年来生态环境的变化。

表 8.2.3　三门湾海域表层叶绿素 a 浓度与历史数据的比较表　（单位：μg/dm³）

时间	春季	夏季	秋季	冬季	文献
1987年	—	—	1.47	—	刘镇盛等，2003a[8-5]
1994年	—	3.18	—	—	刘镇盛等，2003b[8-6]
2002～2003年	3.50	7.54	2.87	2.27	宁修仁等，2005[7-2]
2005～2006年	4.52	3.31	1.67	1.73	胡锡钢等，2006[7-3]
2013年	2.82	5.53	0.72	1.19	曾江宁等，2013[7-1]

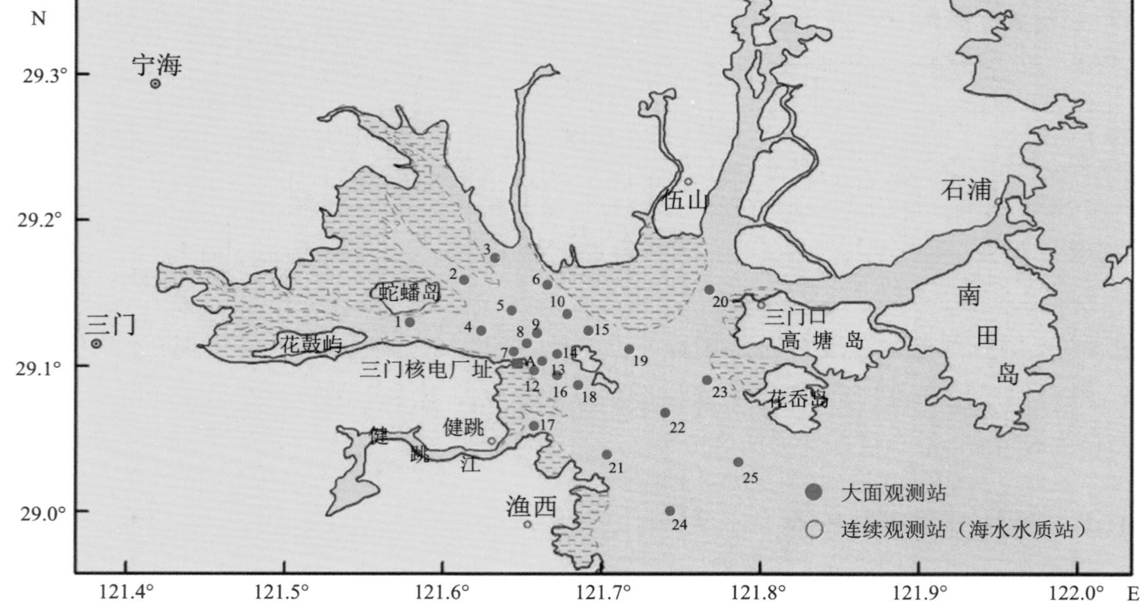

图 8.2.1　三门湾海域生态环境调查站位图(2005～2006)

8.2.2.1　材料与方法

浮游植物样品采集于三门湾海域20个大面站和1个冬、夏两季25 h的连续站，其中夏季分别进行大、小潮样品采集，其余季节均于大潮期采集样品。站位布设见前图7.1.1。大面站用有机玻璃采水器采集0.5 m表层水样500 mL用作定量分析，用装有流量计的浅水Ⅲ型浮游生物网自底至表层作垂直拖网采集一次，用于分析种类组成等。连续站每间隔3 h采集一次0.5 m层的水样。样品选用中性甲醛固定；样品经浓缩后用日本产Nikon显微镜观察、鉴定和计数。浮游植物的样品采集、保存、鉴定和计数均严格按规范进行。

8.2.2.2 种类组成、分布及季节变化

三门湾海域采集到的浮游植物样品经显微镜观察、鉴定，共有浮游植物9门110属343种[7-1]。其中冬季采集到浮游植物为7门71属169种；春季采集到浮游植物9门65属156种；夏季采集到浮游植物8门78属236种；秋季调查采集到浮游植物7门67属164种。浮游植物样品鉴定分析表明：浮游植物的季节变化为夏季（236种）>冬季（169种）>秋季（164种）>春季（156种）。

8.2.2.3 优势种和生态类型

（1）优势种

三门湾海域主要浮游植物优势种均为中肋骨条藻。其次细胞丰度较高的种类为海链藻、锥状斯克里普藻、菱形海线藻等。

冬季：三门湾海域主要浮游植物优势种为中肋骨条藻、锥状斯克里普藻和具槽帕拉藻（表8.2.4），平均细胞丰度分别为35.46 $\times$ 10^3 个/dm^3、3.64 $\times$ 10^3 个/dm^3 和3.02 $\times$ 10^3 个/dm^3，分别占该区浮游植物总丰度的59.98%、6.15%和5.1%。

春季：主要浮游植物优势种为中肋骨条藻、伸长斜片藻、锥状斯克里普藻、具槽帕拉藻、东海原甲藻和微小原甲藻，平均细胞丰度分别为8.44 $\times$ 10^3 个/dm^3、4.48 $\times$ 10^3 个/dm^3、3.75 $\times$ 10^3 个/dm^3、3.58 $\times$ 10^3 个/dm^3、0.98 $\times$ 10^3 个/dm^3、0.91 $\times$ 10^3 个/dm^3，分别占该区浮游植物总丰度的22.53%、11.89%、9.52%、9.94%、2.62%和2.41%。

夏季：小潮期间三门湾海域主要浮游植物优势种为中肋骨条藻、锥状斯克里普藻、菱形海线藻、海链藻，平均细胞丰度分别为281.72 $\times$ 10^3 个/dm^3、8.53 $\times$ 10^3 个/dm^3、7.61 $\times$ 10^3 个/dm^3、7.09 $\times$ 10^3 个/dm^3，分别占该区浮游植物总丰度的76.29%、2.31%、2.06%、1.92%；大潮期间主要浮游植物优势种为中肋骨条藻、海链藻、盾卵形藻、旋链海链藻、锥状斯克里普藻、伸长斜片藻、叉角藻、菱形海线藻、*Eutreptiella gym*、盔状舟形藻，平均细胞丰度分别为21.56 $\times$ 10^3 个/dm^3、11.62 $\times$ 10^3 个/dm^3、8.03 $\times$ 10^3 个/dm^3、5.72 $\times$ 10^3 个/dm^3、4.72 $\times$ 10^3 个/dm^3、3.40 $\times$ 10^3 个/dm^3、2.96 $\times$ 10^3 个/dm^3、2.57 $\times$ 10^3 个/dm^3、2.56 $\times$ 10^3 个/dm^3、2.51 $\times$ 10^3 个/dm^3，分别占该区浮游植物总丰度的20.08%、10.83%、7.49%、5.33%、4.40%、3.17%、2.75%、2.39%、2.38%、2.34%。

秋季：主要浮游植物优势种为锥状斯克里普藻、中肋骨条藻、海链藻、菱形海线藻、原多甲藻、伸长斜片藻（表8.2.4），平均细胞丰度分别为2.82 $\times$ 10^3 个/dm^3、3.52 $\times$ 10^3 个/dm^3、2.94 $\times$ 10^3 个/dm^3、1.55 $\times$ 10^3 个/dm^3、1.31 $\times$ 10^3 个/dm^3、1.17 $\times$ 10^3 个/dm^3，分别占该区浮游植物总丰度的6.61%、8.26%、6.90%、3.65%、3.08%、2.75%。

表 8.2.4　三门湾海域浮游植物优势种类组成表

季节	优势种类
冬季	中肋骨条藻、锥状斯克里普藻和具槽帕拉藻
春季	中肋骨条藻、伸长斜片藻、锥状斯克里普藻、具槽帕拉藻、东海原甲藻和微小原甲藻
夏季	中肋骨条藻、海链藻、盾卵形藻、旋链海链藻、锥状斯克里普藻、伸长斜片藻、叉角藻、菱形海线藻、*Eutreptiella gym*、盔状舟形藻
秋季	锥状斯克里普藻、中肋骨条藻、海链藻、菱形海线藻、原多甲藻、伸长斜片藻

（2）生态类型

浮游植物生态类型大致可划分为三类：一是广温广布性类群，该类群是本区的优势类群，出现种数和丰度均较高。代表种如中肋骨条藻、锥状斯克里普藻、菱形海线藻等。二是温带性类群，本类群夏季稀少或不出现，或出现丰度很低，代表种如弯菱形藻等。三是暖水性类群，该类群夏季随外海高温高盐水进入沿岸内湾，代表种如叉角藻、太阳漂流藻、太阳双尾藻等。

8.2.2.4　数量组成、分布及季节变化

（1）数量组成与分布

三门湾海域浮游植物细胞丰度范围介于 2.13×10^3个/dm^3 至 1.89×10^6 个/dm^3 之间，平均细胞丰度为 9.44×10^4 个/dm^3。冬季浮游植物细胞丰度在 1.59×10^4 个/dm^3 至 2.08×10^5 个/dm^3 之间，平均细胞丰度为 5.91×10^4 个/dm^3，见图 8.2.2。春季浮游植物细胞丰度在 1.88×10^4个/dm^3 至1.62×10^5 个/dm^3 之间，平均细胞丰度 3.77×10^4 个/dm^3。夏季大潮期间浮游植物细胞丰度在 2.13×10^3个/dm^3 至 3.63×10^5 个/dm^3 之间，平均细胞丰度为 1.07×10^5 个/dm^3。小潮期间细胞丰度变化范围在 4.19×10^4个/dm^3 至 1.89×10^6 个/dm^3 之间，平均细胞丰度为 3.69×10^5 个/dm^3；秋季浮游植物细胞丰度分布较均匀，细胞丰度变化范围在 1.40×10^4 个/dm^3 至 9.94×10^4 个/dm^3 之间，平均细胞丰度为 4.26×10^4 个/dm^3。

季节变化：浮游植物细胞丰度的季节变化为：夏季(2.38×10^5 个/dm^3) > 冬季(5.91×10^4 个/dm^3) > 秋季(4.26×10^4 个/dm^3) > 春季(3.77×10^4 个/dm^3)。

根据三门湾海域浮游植物种类和数量分布的季节变化分析表明：浮游植物种类数在夏季最高，其他季节种类数较接近；浮游植物细胞丰度最高值也出现在夏季，其次是冬季、秋季和春季。浮游植物种类数和丰度均在夏季最高，主要由于夏季随着暖流势力的增强，一些外海暖水性浮游植物类群随着外海水系进入三门湾海域，丰富了浮游植物的种类数，其次三门湾海域夏季浊度相对较低，充足的光照外加丰富的营养盐，均有利于浮游植物的生长。

8.2.2.5　昼夜变化

根据三门湾海域浮游植物昼夜连续观测分析表明：由于白天光合作用强，浮游植物丰度在下午至傍晚较高；而夜间光合作用减弱，浮游植物丰度较低。可见光周期是影响浮游植物丰度昼夜变化的主要因子。

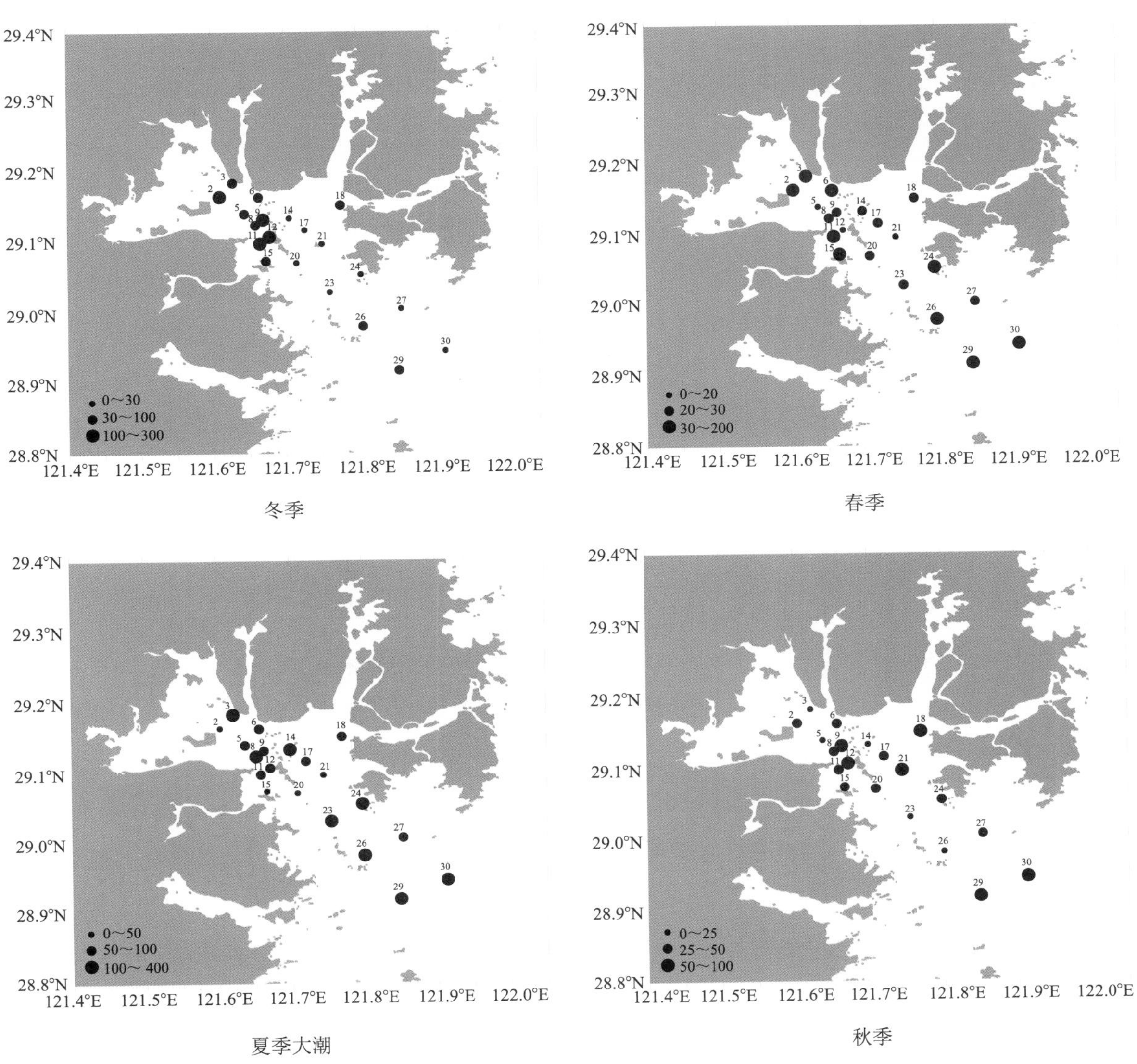

图 8.2.2　三门湾海域四季浮游植物细胞丰度（$\times10^3$ 个/dm^3）分布图

8.2.2.6　生物多样性

三门湾海域浮游植物多样性指数介于 0.86～5.05 之间，平均 3.86。冬季浮游植物多样性指数介于 1.38 ～ 4.62 之间，平均 3.48，主要是由中肋骨条藻、锥状斯克里普藻和具槽帕拉藻等组成的群落；春季浮游植物多样性指数介于 2.43～4.73 之间，平均 4.03，主要是由中肋骨条藻、伸长斜片藻、锥状斯克里普藻、具槽帕拉藻和东海原甲藻等组成的群落；夏季小潮期间，浮游植物多样性指数介于 0.86～4.89 之间，平均 2.93，主要是由中肋骨条藻、海链藻、旋链海链藻、锥状斯克里普藻等组成的群落；夏季大潮，浮游植物多样性指数介于 2.72～5.03，平均 4.36，主要是由中肋骨条藻、海链藻、旋链海链藻、锥状斯克里普藻、伸长斜片藻、叉角藻等组成的群落；秋季浮游植物多样性指数介于 3.94～5.05 之间，平均 4.48，主要是由中肋骨条藻、锥状斯克里普藻、海链藻、菱形海线藻、原多甲藻、伸长斜片藻等组成的群落。

8.2.2.7 赤潮生物

三门湾海域共发现赤潮生物 53 种(包括原生动物的红色中缢虫)。其中硅藻 23 种,甲藻 26 种,裸藻、黄藻、金藻以及原生动物各 1 种。赤潮生物主要优势种为中肋骨条藻,其次为锥状斯克里普藻、具槽帕拉藻、叉角藻、长菱形藻、条纹环沟藻、海链藻、微小原甲藻等。三门湾海域主要赤潮生物的平均细胞丰度介于 3.9×10^2 个/dm^3 ~ 9.05×10^3 个/dm^3 之间。

冬季:三门湾海域主要赤潮生物优势种为中肋骨条藻,其平均细胞丰度为 3.55×10^4 个/dm^3 出现频率为 100%,占总丰度的 59.98%。其次细胞丰度和出现频率较高种类为锥状斯克里普藻和微小原甲藻,平均细胞丰度分别为 3.63×10^3 个/dm^3 和 0.79×10^3 个/dm^3,分别占总丰度的 6.15%和 1.35%。

春季:三门湾海域主要赤潮生物优势种为中肋骨条藻,其平均细胞丰度为 8.48×10^3 个/dm^3,出现频率为 100%,占总丰度的 22.53%。其次细胞丰度和出现频率较高种类为锥状斯克里普藻和具槽帕拉藻,平均细胞丰度分别为 3.74×10^3 个/dm^3 和 3.59×10^3 个/dm^3,分别占总丰度的 9.94%和 9.52%。

夏季:大潮期间三门湾海域主要赤潮生物优势种为中肋骨条藻,其平均细胞丰度为 2.15×10^4 个/dm^3,出现频率为 95%,占总丰度的 20.08%。其次为锥状斯克里普藻、叉角藻、条纹环沟藻和诺氏海链藻,平均细胞丰度分别为 4.72×10^3 个/dm^3、2.96×10^3 个/dm^3、1.78×10^3 个/dm^3 和 1.26×10^3 个/dm^3;小潮期间三门湾海域主要赤潮生物优势种为中肋骨条藻,其平均细胞丰度为 2.82×10^5 个/dm^3,出现频率为 90%,占总丰度的 76.29%。其次为锥状斯克里普藻、长菱形藻、细弱海链藻,分别占总丰度的 2.31%、1.23%和 0.56%。

秋季:三门湾海域主要赤潮生物优势种为锥状斯克里普藻,平均细胞丰度为 3.52×10^3 个/dm^3,出现频率为 90%,占总丰度的 8.26%。其次为锥状斯克里普藻、琼氏圆筛藻,分别占总丰度的 6.61%和 3.34%。另有些赤潮种类出现频率不高,出现的种类有奇异棍形藻、尖刺伪菱形藻、东海原甲藻、叉分原多甲藻、纤细裸藻和小等刺硅鞭藻等。这些赤潮种类的存在具有潜在的危害,一旦水环境如透明度、温度、盐度等条件发生变化,赤潮生物极易爆发。

8.2.2.8 与历史资料比较

三门湾海域曾于 2005~2006 年进行了浮游植物种类数、细胞丰度以及主要优势种的调查研究[7-3],调查时间为 2005 年春季(4 月)、夏季(7 月)、秋季(10 月)、2016 年冬季(1 月)四季,与 2013 年调查时间类同。因此,具有一定的可比性。通过 2013 年调查资料与 2005~2006 年历史调查资料比较分析表明:三门湾海域浮游植物主要优势种未发生显著改变,主要优势种同样为中肋骨条藻,四季浮游植物丰度除夏季出现较高值以外,其余三季浮游植物丰度变化均在历史调查资料波动范围内(表 8.2.5),主要与 2013 年夏季调查期间天气晴朗,水体浊度较低以及湾内丰富的营养盐,促进了浮游植物优势种大量繁殖,形成数量高峰有关。

表8.2.5　三门湾海域浮游植物种数、细胞丰度和主要优势种与历史资料比较表

调查时间	2005.4	2005.7	2005.10	2006.1	2013.2	2013.5	2013.8	2013.11
调查范围	29°07′47″～29°02′02″N 121°34′43″～121°47′06″E				29°11′02.1″～28°55′02.1″N 121°34′43.1″～121°54′51.0″E			
细胞丰度范围（个/dm^3）	1.60×10^3～1.36×10^5	1.08×10^3～1.51×10^4	9.6×10^3～1.39×10^5	9.0×10^3～2.8×10^5	1.59×10^4～2.08×10^5	1.88×10^4～1.62×10^5	2.13×10^3～1.89×10^6	1.40×10^4～9.94×10^4
种数（种）	101	96	96	85	169	156	236	164
主要优势种	中肋骨条藻	中肋骨条藻	中肋骨条藻	中肋骨条藻	中肋骨条藻	中肋骨条藻	中肋骨条藻	锥状斯克里普藻;中肋骨条藻

8.2.3 浮游动物

浮游动物是海洋食物网的关键环节之一，在海洋生态系统的物质循环和能量流动中起着重要作用。浮游动物是一类自己不能制造有机物的异养性浮游生物，是海洋次级产量的重要组成部分。浮游动物的种类组成比浮游植物复杂得多，包括无脊椎动物的大部分门类——从最低等的原生动物到较高等的尾索动物（被囊动物），差不多每一类都有永久性浮游生物的代表，其中以种类繁多、数量很大、分布又广的桡足类最为突出。此外，还有阶段性浮游生物，包括各种底栖动物的浮游幼虫及游泳动物的仔稚鱼。浮游动物是经济水产动物，是中、上层鱼类和一切幼鱼的饵料基础。近年来的研究表明，浮游动物的分布与渔场分布关系密切。

三门湾是浙江省重要的海水增养殖基地和贝类苗种基地，湾内水域宽阔，滩涂宽广，风平浪静，是海洋生物生长繁衍的优良场所。本书主要根据2013年在三门湾海域进行的四季海洋生态调查资料，分析探讨三门湾海域浮游动物的种类组成、丰度分布及多样性特征，并与历史资料进行对比分析，研究阐释三门湾海域浮游动物的动态时空变化。

8.2.3.1 材料与方法

三门湾海域大面站和定点连续站位布设见前图7.1.1。采用浅水Ⅰ型浮游生物网（网口内径50 cm，网长145 cm，筛绢孔径为505 μm）自底至表层垂直拖网采集一次样品，装入容积为600 cm^3的塑料瓶中，加5%甲醛溶液固定保存。以湿重法称量浮游动物生物量（包括水母类）。显微镜和体视镜下对样品进行鉴定和计数。分析方法按《海洋调查规范》“第6部分：海洋生物调查”（GB/T 12763.6—2007）的要求进行。

丰富度指数（d）、多样性指数（H'）、均匀度指数（J'）、优势度指数（c）和优势度（Y）计算公式分别为

$$d = (S-1)/\ln^{N}$$
$$H' = -\sum(n_i/\mathrm{N})\ln^{(ni/N)}$$
$$J' = H'/H'_{\mathrm{Max}} = H'/\ln^{S}$$
$$c = \sum n_i(n_i-1)/[N(N-1)]$$
$$Y = n_i \cdot f_i/N$$

式中，S——样品中的种类总数；

N——样品的总个体数；

n_i——样品中第i种的个体数；

f_i——该种浮游植物在样品中的出现概率。

8.2.3.2 种类组成、分布及季节变化

三门湾海域全年共鉴定出浮游动物物种14类共107种，其中春季12类61种，夏季14类67种，秋季11类50种，冬季6类29种，见表8.2.6。三门湾海域浮游动物种类最多的为桡足类，共

45 种，占 42.06%；其次为浮游幼体 17 种，占 15.89%；水螅水母 12 种，占 11.22%，其余各类种类相对较少。

表 8.2.6　三门湾海域浮游动物种类组成和季节分布表

序号	类别	春季	夏季	秋季	冬季
1	水螅水母类	11	9	0	0
2	管水母类	3	2	3	0
3	栉水母	1	2	1	0
4	桡足亚纲	24	26	22	16
5	糠虾目	3	1	2	1
6	端足目	1	2	2	2
7	介形类	0	1	0	0
8	涟虫目	2	1	1	1
9	磷虾目	1	1	1	0
10	十足目	1	3	2	0
11	毛颚动物门	2	5	4	1
12	尾索动物门	2	2	2	0
13	软体动物	0	1	0	0
14	幼体	10	11	10	8
小计		61	67	50	29

8.2.3.3　优势种和生态类型

(1) 优势种

三门湾海域四季共出现浮游动物优势种(优势度≥0.02) 15 种，其中桡足类 10 种、毛颚动物 1 种、磷虾 1 种以及浮游幼体 3 类。优势种及主导优势种随季节变化而变化。其中针刺拟哲水蚤为春、夏、秋三季的共有优势种；真刺水蚤和中华哲水蚤为春、秋两季的共有优势种；短尾类和长尾类幼体在春、夏、秋三季均为优势种，其余种类为季节单一性优势种(表 8.2.7)。

(2) 生态类型

三门湾海域浮游动物可分为 3 个生态类群：

1) 近岸低盐类群

出现频率和数量变化常受沿岸水影响，主要种有腹针胸刺水蚤、真刺唇角水蚤、虫肢歪水蚤、细巧华哲水蚤、太平洋纺锤水蚤、中华假磷虾等。

2) 暖温带近海种

该类群为三门湾海域的主要类群，丰度高，种类多，主要种有平滑真刺水蚤、中华哲水蚤、针刺拟哲水蚤、中华带箭虫等。

3）暖水性外海类群

本类群种类较少，主要有肥胖软箭虫、双生水母、宽尾刺糠虾、双手水母、卡玛拉水母等。

表 8.2.7 三门湾海域浮游动物四季优势种及优势度表

序号	物种	春季	夏季	秋季	冬季
1	针刺拟哲水蚤	0.020	0.075	0.031	
2	拟哲水蚤			0.021	
3	太平洋纺锤水蚤		0.080		
4	克氏纺锤水蚤				0.127
5	纺锤水蚤				0.114
6	背针胸刺水蚤			0.268	
7	真刺水蚤	0.042		0.060	
8	中华哲水蚤	0.380		0.208	
9	大眼水蚤	0.020			
10	长腹剑水蚤				0.063
11	百陶带箭虫			0.062	
12	中华假磷虾			0.021	
13	短尾类溞状幼体	0.023	0.046		
14	长尾类幼体	0.059	0.009		
15	桡足幼体				0.023

8.2.3.4 数量组成、分布及季节变化

三门湾全年浮游动物湿重生物量平均为 72.61 mg/m^3，浮游动物湿重生物量季平均为：夏季（160.80 mg/m^3）> 春季（67.17 mg/m^3）> 秋季（43.37 mg/m^3）> 冬季（19.11 mg/m^3）。

全年丰度平均为 144.74 ind/m^3，季平均为：夏季（265.91 ind/m^3）> 春季（249.55 ind/m^3）> 秋季（47.89 ind/m^3）> 冬季（15.59 ind/m^3）。

冬季：浮游动物生物量介于 1.39～125.56 mg/m^3 之间，浮游动物丰度介于 3.85～40.28 ind/m^3 之间，海域分布趋势与生物量基本一致，在浦坝港与石浦港以西的湾中和湾口海域丰度较以东海域低，如图 8.2.3(a)所示。

春季：三门湾浮游动物生物量介于 15.28～362.96 mg/m^3 之间，以健跳港与白礁水道连线为界，连线以西海域的浮游动物生物量明显高于该线以东海域。浮游动物丰度为 31.94～2 180.25 ind/m^3，全湾浮游动物丰度与生物量基本一致，在健跳港与白礁水道以外海域丰度明显高于该线以内的海域，如图 8.2.3(b)所示。

夏季：分别进行了大小潮调查，浮游动物生物量介于 4.17～629.90 mg/m^3 之间。大潮生物量平均为 146.43 mg/m^3，小潮生物量平均为 175.17 mg/m^3。全湾浮游动物生物量由湾底到湾口

沿程逐渐升高。夏季浮游动物丰度为 56. 94 ～ 647. 22 ind/m^3，全海湾浮游动物丰度分布趋势与生物量基本一致，呈现出湾口高，湾底区域最低的分布趋势，见如图 8. 2. 3（c）。

秋季：浮游动物生物量为 5. 83 ～ 381. 48 mg/m^3，各站生物量差异较小。浮游动物丰度为 15. 86 ～ 109. 77 ind/m^3，三门湾海域浮游动物丰度分布较均匀［图 8. 2. 3（d）］。

三门湾海域的生物量和丰度的区域分布趋势基本一致，春、夏两季均表现为湾口 > 湾中 > 湾底，而秋、冬两季则表现为湾中 > 湾底 > 湾口（图 8. 3. 4）。

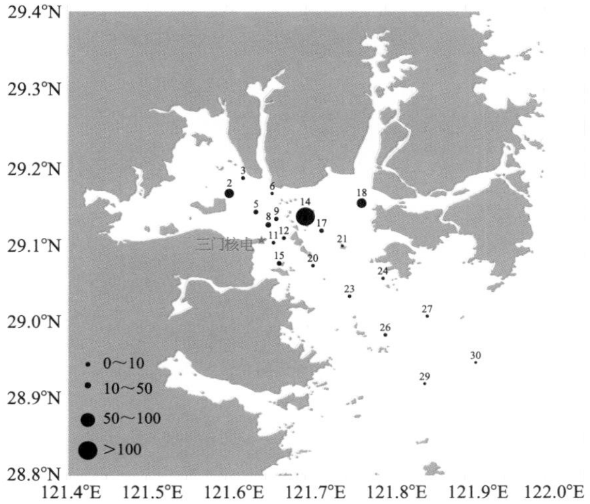

冬季：生物量（mg/m^3） 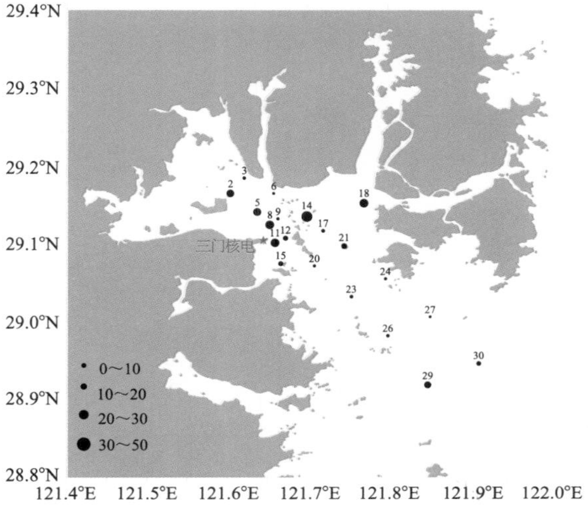　　冬季：丰度（ind/m^3）

（a）冬季

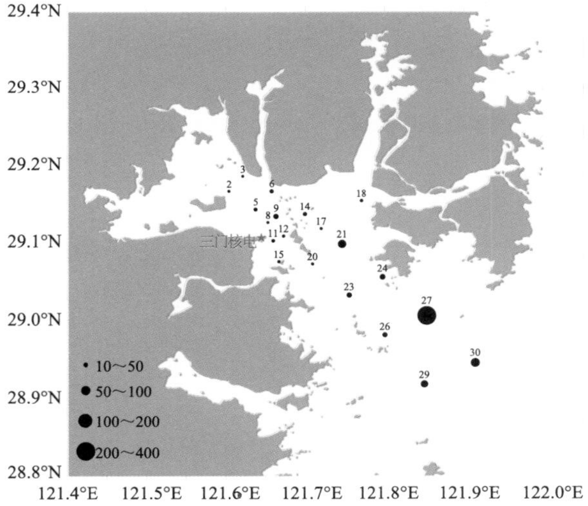

春季：生物量（mg/m^3） 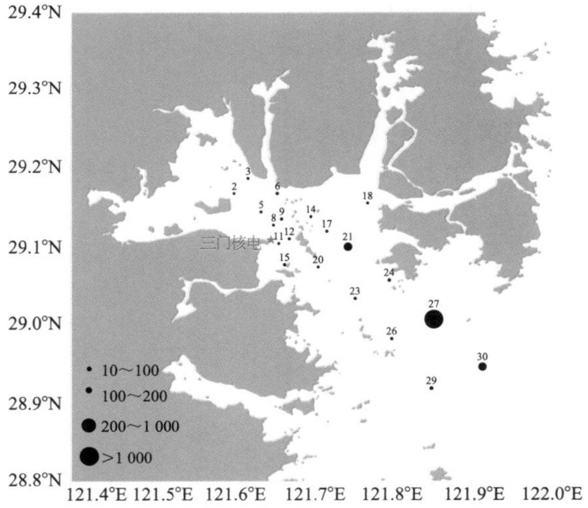　　春季：丰度（ind/m^3）

（b）春季

图 8. 2. 3　三门湾海域四季浮游动物数量和丰度平面分布图

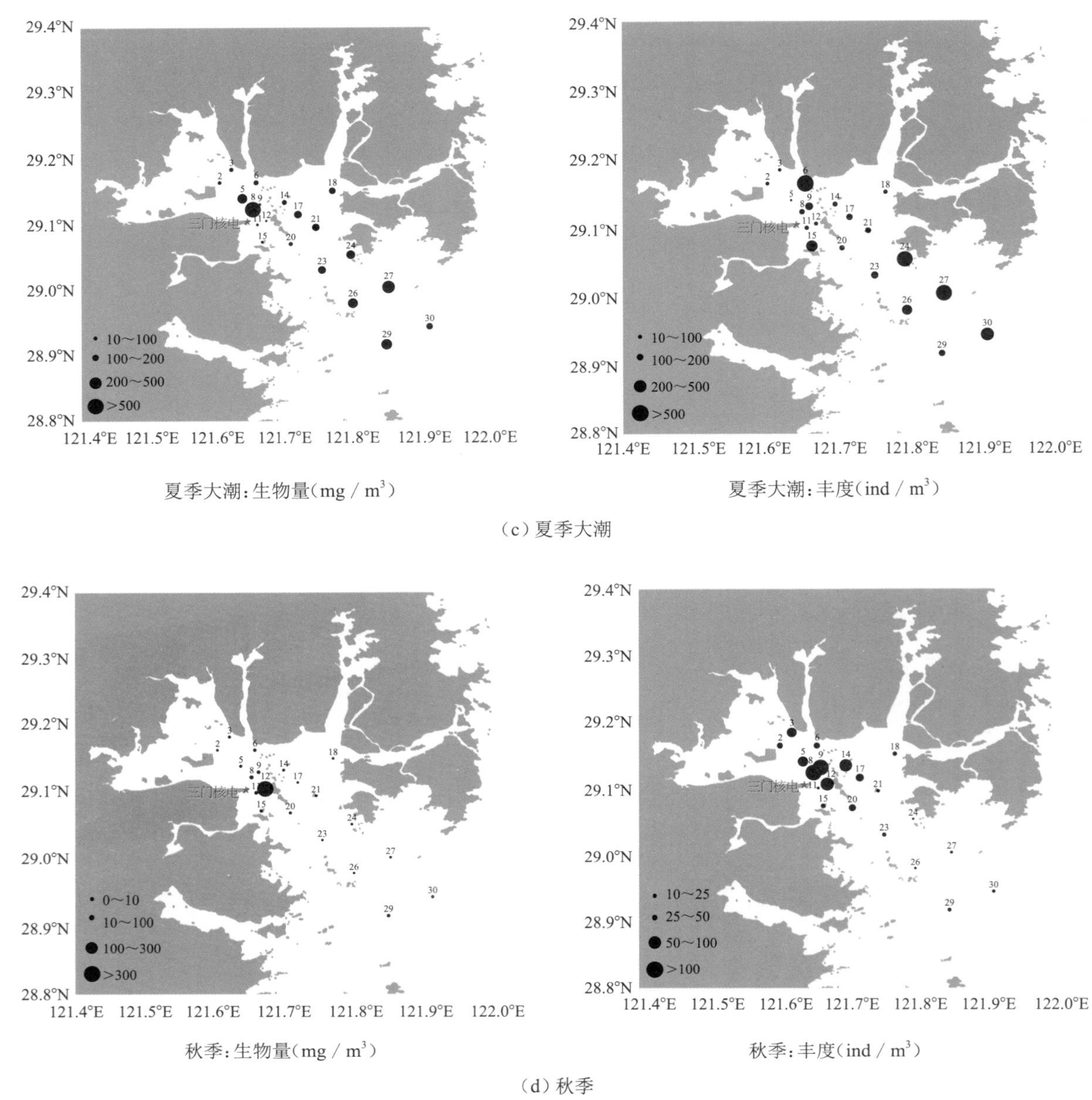

夏季大潮：生物量（mg / m³）　　夏季大潮：丰度（ind / m³）

（c）夏季大潮

秋季：生物量（mg / m³）　　秋季：丰度（ind / m³）

（d）秋季

图 8. 2. 3（续）　三门湾海域四季浮游动物数量和丰度平面分布图

8.2.3.5　昼夜变化

夏季：浮游动物生物量最高值出现在深夜 0:00，最低值出现在凌晨 3:00，之后生物量逐渐增加，至中午 12:00 达到次高值，下午 3:00 至晚间 0:00 呈逐步增长趋势。浮游动物丰度在中午 12:00 和晚间 0:00 较高，傍晚 18:00 时丰度最低。

冬季：浮游动物生物量最高值出现在傍晚 18:00，最低值出现在次日 9:00，其他时段夜间（21:00～6:00）生物量略高于白天（9:00～15:00）。浮游动物丰度最高值和最低值出现时间与生物量一致，白天（9:00～18:00）逐步上升，18:00 后丰度回落，至 0:00 点后又逐步呈上升趋势。

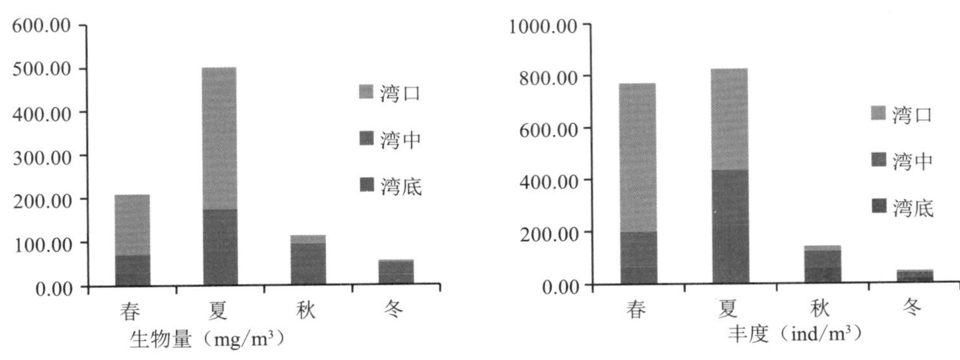

图 8.2.4 三门湾海域浮游动物数量区域分布柱状图

8.2.3.6 生物多样性

三门湾浮游动物生物多样性指数见表 8.2.8，其中 Margalef's 指数表示群落物种丰富度，Pielou 指数反映群落均匀度，Shannon-wiener 指数反映群落种类多样性，Simpson 指数 λ 表示群落中的物种优势度，1-λ 表示群落中物种多样性程度。根据计算结果分析表明：三门湾浮游动物物种丰富度为春季 > 夏季 > 冬季 > 秋季，均匀度指数为冬季 > 春季 > 秋季 > 夏季；Shannon-Wiener 指数为冬季 > 秋季 > 夏季 > 春季；Simpson 指数为冬季 > 春季 > 夏季 > 秋季。

表 8.2.8 三门湾海域浮游动物生物多样性指数表

多样性指数		春季	夏季	秋季	冬季
d *Margalef's*	最小值	2.63	1.38	1.68	0.87
	最大值	6.16	4.17	2.39	3.11
	平均值	4.29	2.86	2.03	2.09
J' *Pielou's*	最小值	0.11	0.38	0.62	0.64
	最大值	0.93	0.87	0.87	0.98
	平均值	0.77	0.70	0.77	0.84
H' *Shannon-Wiener*	最小值	0.48	1.77	2.43	1.25
	最大值	4.41	4.54	3.45	3.10
	平均值	3.32	3.26	2.93	2.25
1-λ *Simpson's Diversity* （*1-Dominance*）	最小值	0.10	0.47	0.71	0.51
	最大值	0.95	0.94	0.88	0.95
	平均值	0.80	0.81	0.82	0.77

8.2.3.7 与历史资料比较

2013 年三门湾海域四季调查共鉴定出浮游动物种类 89 种 15 类幼体，较 2005 年 79 种 12 类幼体和 2003 年 89 种 16 类幼体相比没有明显差异。各类群组成差异较小，均以桡足类最多，其次为浮游幼体，再次为水螅水母，其余类群物种较少。各季物种数量和组成有一定变化，特别是春季物种数量差异较明显，这主要与不同航次的采样时间和站位分布密切相关。2013 年春季采样时间为 5 月，2005 年春季采样时间为 4 月，2013 年最低水温较 2005 年最高水温还高 2.0 ℃。因此，前后两次调查物种数量差异较大(表 8.2.9)。

表 8.2.9　三门湾浮游动物种数、生物量和丰度、优势种与历史资料比较表

项目	年度	春季	夏季	秋季	冬季
温度	2013	17.4～21	25.3～31.4	19.2～20.4	8.5～9.9
	2005～2006	13.6～15.4	28.0～30.3	24.1～25.4	8.3～11.1
	2003	19.2～23.6	27.2～29.7	17.1～18.1	9.5～10.8
盐度	2013	23.2～27.7	31.6～33.8	24.8～26.0	24.9～26.9
	2005～2006	24.9～27.4	29.5～30.7	25.5～27.5	27.5～28.4
	2003	25.4～28.9	23.8～30.5	24.2～27.1	23.4～26.0
平均生物量	2013	67.17	160.80	43.37	19.11
	2005～2006	77.54	170.09	90.94	139.00
	2003	133.30	378.30	138.2	37.00
平均丰度	2013	249.55	265.91	47.89	15.59
	2005～2006	224.21	206.58	46.60	25.29
	2003	153.28	383.68	153.28	46.85
物种数	2013	61	67	50	29
	2005～2006	30	56	53	24
	2003	45	87	36	15
主要优势种	2013	中华哲水蚤	针刺拟哲水蚤、太平洋纺锤水蚤	中华哲水蚤	腹针胸刺水蚤
	2005～2006	腹针胸刺水蚤	汤氏长足水蚤	真刺水蚤	腹针胸刺水蚤
	2003	中华哲水蚤	驼背隆哲水蚤	中华哲水蚤	腹针胸刺水蚤

2013 年调查期间三门湾浮游动物年平均生物量为 72.61 mg/m^3，与 2005～2006 调查期间的年平均生物量 101.0 mg/m^3 相比略有下降，主要是因为冬季生物量差异大。2013 年冬季为 19.11 mg/m^3，最高值仅 125.56 mg/m^3，而 2005 年冬季局部站位生物量大于 400 mg/m^3。2013 年与 2005～2006 年调查资料比较，浮游动物丰度年均值差异不大，各季节变化较小(表 8.2.9)。

2013 年、2005～2006 年和 2003 年调查研究资料成果分析比较表明：浮游动物的主要优势种有显著差异，主要是由物种对温、盐度的适应性不同所致。前后 3 次调查期间的温、盐度存在较大差异，因而其优势种发生了较明显的改变。2013 年春季调查以中华哲水蚤为主，与前两次调查基本相似。而 2013 年夏季气温破有气象记录以来的最高气温，所以 2013 年夏季水温高于常年。导致物种多样性高，各物种丰度均较高，优势种的优势度差异较小。2013 年进行了大、小潮和连续站的观测，持续时间最长，其水温差为 6.1 ℃，比 2005～2006 年和 2003 年调查期间的水温差

高 3 ℃左右；同时 2013 年调查时盐度很高，盐度最低值高于前两次调查的最高值。因此，优势种与前两次调查相比有明显不同。2013 年秋季与 2003 年调查分析结果较接近，与 2005～2006 年调查结果差异较大。2005～2006 年调查期间最低水温比 2013 年调查期间的最高水温还要高出 4 ℃左右，较 2003 年则高出 6 ℃左右，因此，其主要优势种仍偏向夏季种。冬季各航次水温和盐度的差异较小，因此优势种差异较小。

8.2.4　大型底栖生物

大型底栖生物是海洋生态系统的重要组成部分，它通过参与碳、氮、硫等元素的生物地球化学循环，共同维系着海洋生态系统的结构与功能。大型底栖生物通过摄食、掘穴和建管等活动与周围生态与环境发生相互影响，其群落变化常作为评价海域生态与环境质量状况的重要指标。

大型底栖生物生活于海洋底层水域、海底表面、海底泥沙内和潮间带水域。生活方式较游泳生物、浮游生物稳定。近岸区域的底栖生物种类繁多、资源丰富，许多种类是海洋捕捞和养殖的重要对象，而个体较小的则是经济生物的天然饵料，一些潜在的底栖生物资源也正在被开发挖掘。三门湾是浙江省的重要海湾之一，同时又是重要的海水增养殖基地和贝类苗种基地，也是某些鱼类洄游、产卵的重要海湾。海湾周边经济的高速增长对湾内的水环境产生明显影响。因此，在调查研究三门湾海域的底栖生物物种、资源量及群落结构的基础上，结合与历史调查资料的对比分析，掌握近年来环境变化对底栖生物的影响和底栖生物群落对环境变化的响应，对了解三门湾海域的生态环境变化具有重要意义。

8.2.4.1　材料与方法

三门湾海域底栖生物调查共设 20 个站位，站位布置如前图 7. 1. 1 所示。样品用 0. 1 m^2 Van Veen 型采泥器采集沉积物，经 0. 5 mm 套筛冲洗，捡出全部生物样品，用 5%甲醛溶液现场固定，带回实验室称重(湿重)、鉴定。海上取样，室内样品分析、称重、计算和资料整理均按《海洋调查规范》进行。

8.2.4.2　种类组成、分布及季节变化

(1) 种类组成与分布

三门湾海域四季调查期间共鉴定出底栖生物 217 种，其中多毛类 82 种居首，占所有种类的 38%，其次是软体动物 63 种，占所有种类的 29%，甲壳类、棘皮动物和其他类的种类数比较接近，见表 8. 2. 10 和图 8. 2. 5。

底栖生物种类呈不均匀分布，站位种类数基本上都在 20 种以内，位于湾顶部区域种类分布相对较多，为 15 种/站左右，而湾口和湾中的种类数分布则相对较少，在 10 种/站上下。

表 8.2.10　三门湾海域大型底栖生物种类表

类群	冬季		春季		夏季		秋季		四季总种数	
	种数	比例（%）	种数	比例（%）	种数	比例（%）	种数	比例（%）	种数	比例（%）
多毛类	29	47	50	42	37	37	38	37	82	38
软体动物	16	26	33	28	25	25	37	36	63	29
甲壳类	3	5	16	13	14	14	8	8	26	12
棘皮动物	8	13	12	10	11	11	16	16	23	11
其他类	6	10	9	8	13	13	4	4	23	11
合计	62	100	120	100	100	100	103	100	217	100

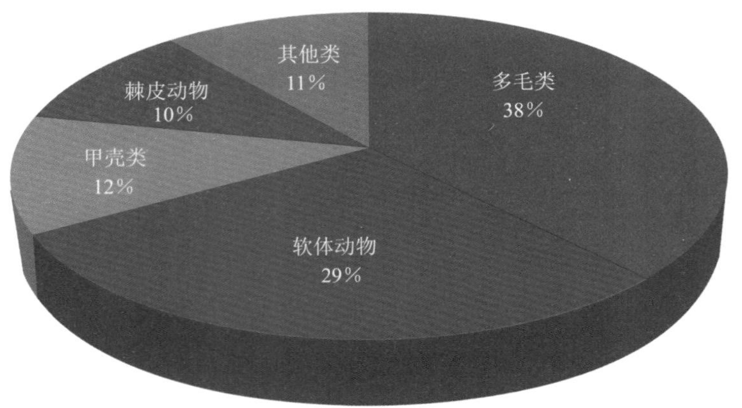

图 8.2.5　三门湾海域大型底栖生物物种组成图

（2）季节变化

底栖生物种类的季节变化为春季（120 种）> 秋季（103 种）> 夏季（100 种）> 冬季（62 种），见表 8.2.10。4 个季节中多毛类的物种数均居首位，其次为软体动物，多毛类和软体动物在各个季节种类的百分比中均在 60%以上，而甲壳类动物、棘皮动物以及其他类动物种类分布较少。

8.2.4.3　优势种

结合种类数量和出现频率（按照优势度指数值 Y 取前十位），三门湾海域的主要优势种为不倒翁虫、多鳃卷吻沙蚕、后指虫、梳鳃虫、双鳃内卷齿蚕、双形拟单指虫、索沙蚕未定种、西方似蛰虫、小头虫、异蚓虫、棒椎螺、薄云母蛤、马丽瓷光螺、圆筒原盒螺、棘刺锚参、日本倍棘蛇尾、屠氏拟海笔等（表 8.2.11）。

表 8.2.11　三门湾海域底栖生物主要优势种表

序号	冬季		春季		夏季		秋季	
	物种	Y	物种	Y	物种	Y	物种	Y
1	异蚓虫	1.81	不倒翁虫	3.14	不倒翁虫	2.10	双鳃内卷齿蚕	2.22
2	双鳃内卷齿蚕	1.54	异蚓虫	1.65	屠氏拟海笔	1.11	异蚓虫	2.10
3	马丽瓷光螺	0.89	西方似蛰虫	1.24	双鳃内卷齿蚕	0.79	不倒翁虫	1.04
4	多鳃卷吻沙蚕	0.54	多鳃卷吻沙蚕	0.91	异蚓虫	0.77	双形拟单指虫	0.41
5	不倒翁虫	0.53	双鳃内卷齿蚕	0.73	圆筒原盒螺	0.54	圆筒原盒螺	0.40
6	棘刺锚参	0.52	薄云母蛤	0.65	棘刺锚参	0.13	多鳃卷吻沙蚕	0.24
7	小头虫	0.21	圆筒原盒螺	0.43	双形拟单指虫	0.11	屠氏拟海笔	0.24
8	双形拟单指虫	0.19	马丽瓷光螺	0.25	马丽瓷光螺	0.10	棘刺锚参	0.21
9	圆筒原盒螺	0.16	棘刺锚参	0.24	后指虫	0.08	索沙蚕未定种	0.18
10	棒椎螺	0.12	索沙蚕未定种	0.15	梳鳃虫	0.08	日本倍棘蛇尾	0.17

8.2.4.4　数量组成、分布及季节变化

（1）数量组成

三门湾海域大型底栖生物年均生物量为 37.02 g/m^2，年均栖息密度 117 个/m^2。生物量棘皮动物居首位，约占 75%；其次为软体动物，约占 16%；多毛类、甲壳类以及其他类的生物量较低，三者约占 9%。栖息密度多毛类最大，约占 59%；软体动物居第二位，约占 21%；甲壳动物、棘皮动物和其他类栖息密度较低，约占 20%（表 8.2.12）。

表 8.2.12　三门湾海域大型底栖生物各类群数量组成

数量	多毛类	软体动物	甲壳类	棘皮动物	其他类	合计
生物量(g/m^2)	1.59	5.75	0.19	27.65	1.83	37.02
栖息密度(个/m^2)	69	24	4	11	9	117

（2）数量分布

三门湾海域底栖生物四季平均生物量分布范围为 0.68 g/m^2 至 120.70 g/m^2，见图 8.2.5(a)。高生物量区主要分布于猫头山嘴周围区域，生物量高达 99.21～110.77 g/m^2；另一个较高生物量区位于湾口的花岙岛附近，生物量高达 120.70 g/m^2。可见，三门湾海域底栖生物生物量分布呈不均匀的特征。三门湾海域底栖生物栖息密度分布范围介于 66 个/m^2 至 216 个/ m^2 之间，见图 8.2.5(b)。高密度区主要位于猫头山嘴周围区域（S06、S09 和 S12 站），这三个站位密度分别高达 164 个/m^2、216 个/m^2 和 180 个/m^2，其中 S06 站春季多毛类密度可达 290 个/m^2，主要构成种为不倒翁虫、异蚓虫等；S09 站春季多毛类密度达 175 个/m^2，构成种为不倒翁虫、双鳃内卷齿蚕等；夏季其他类密度可达 175 个/m^2，主要构成种为屠氏拟海笔；而 S12 站秋季棘皮动物密度达到 230 个 /m^2，主要构成种为日本倍棘蛇尾。

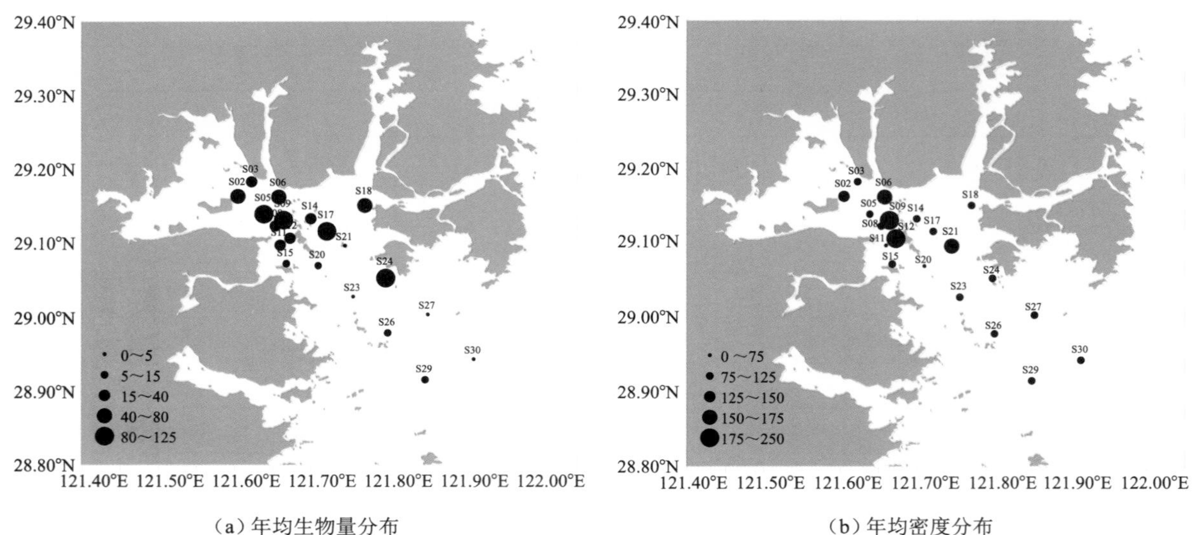

图 8.2.5　三门湾海域底栖生物年均生物量(g/m^2)和年均密度(个/m^2)分布图

根据年均生物量和密度的地理分布分析表明:数量由湾顶向湾口沿程逐渐递减,见图 8.2.6,湾顶海域生物量年平均为 60.58 g/m^2,年均密度为 144 个/m^2,高于湾中(年均生物量为 33.09 g/m^2,年均密度为 112 个/m^2)和湾口(年均生物量为 18.68 g/m^2,年均密度为 95 个/m^2)。

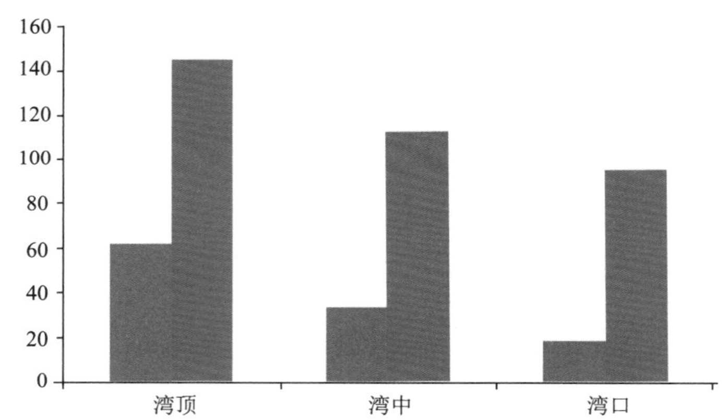

图 8.2.6　三门湾海域底栖生物年均生物量(g/m^2)和年均密度(个/m^2)地理分布图

(3) 数量季节变化

冬季:三门湾海域底栖生物的平均生物量为 68.57 g/m^2、平均栖息密度为 73 个/m^2。高生物量区主要分布在猫头山嘴附近海域,最高站可达 314.9 g/m^2,其他区域生物量较低。冬季密度较高区域也位于猫头山嘴附近海域,但更靠近湾口,最高站达到 180 个/m^2,其他区域的密度介于 20 个/m^2 至 155 个/m^2,见图 8.2.7。

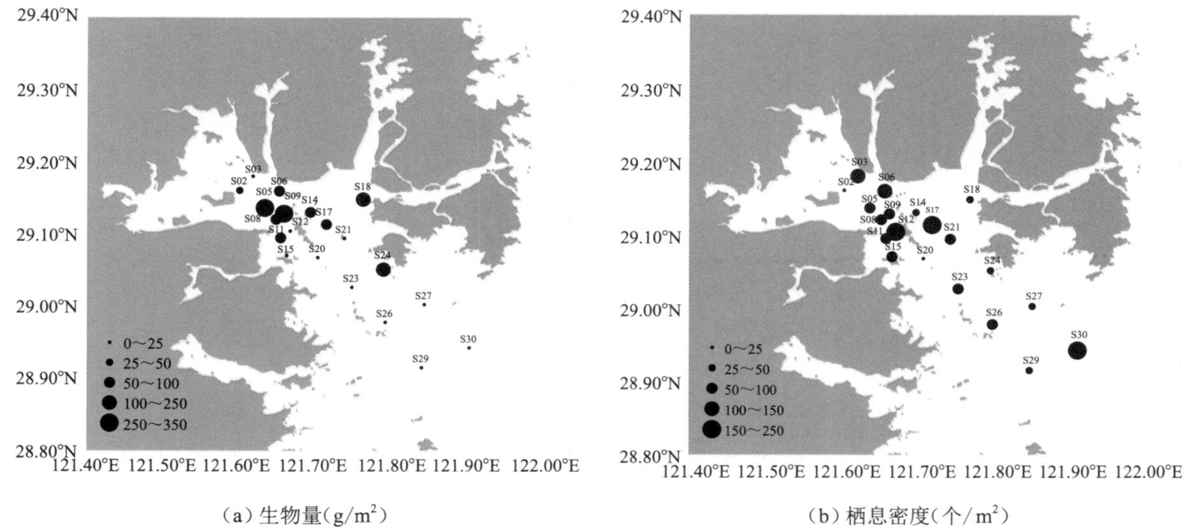

（a）生物量（g/m²）　　（b）栖息密度（个/m²）

图 8. 2. 7　三门湾海域冬季底栖生物量和栖息密度平面分布图

春季：三门湾海域底栖生物平均生物量为 34. 40 g/m²，平均栖息密度为 164 个/m²。较高生物量位于湾口伍山与高塘花岙岛一带海域，最高站达 253. 91 g/m²。春季栖息密度分布较为均匀，最高站可达 325 个/m²（图 8. 2. 8）。

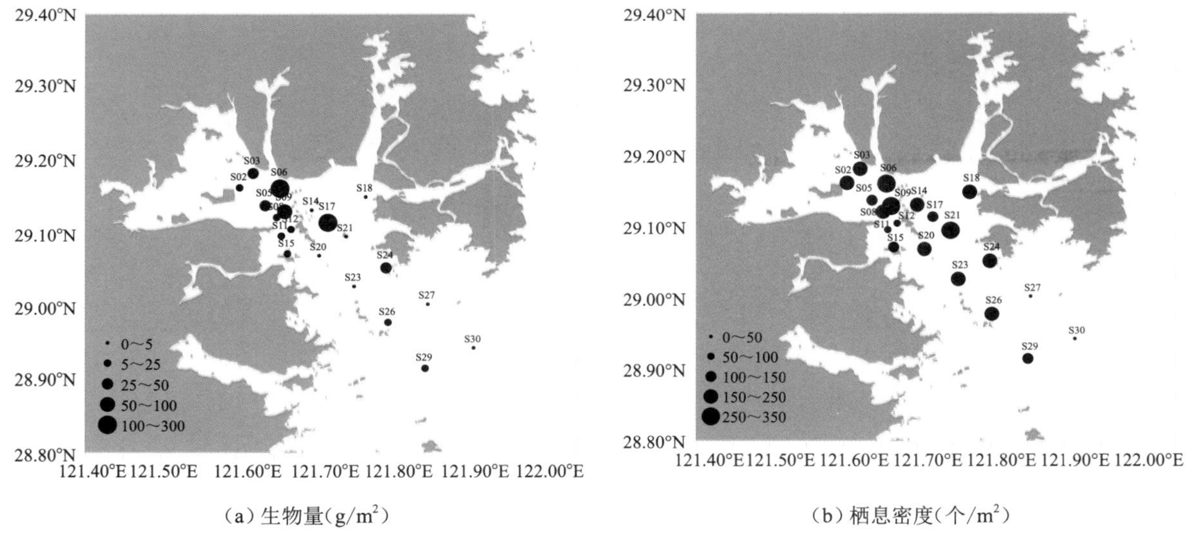

（a）生物量（g/m²）　　（b）栖息密度（个/m²）

图 8. 2. 8　三门湾海域春季底栖生物量和栖息密度平面分布图

夏季：底栖生物平均生物量为 23. 50 g/m²，平均栖息密度为 114 个/m²。生物量较高区域位于猫头山嘴附近海域，最高站达 151. 47 g/m²。夏季高密度区域与生物量分布相似，其中最高可达 340 个/m²，蛇蟠岛附近区域的测站达 185 个/m²，其他区域密度分布较低，如图 8. 2. 9 所示。

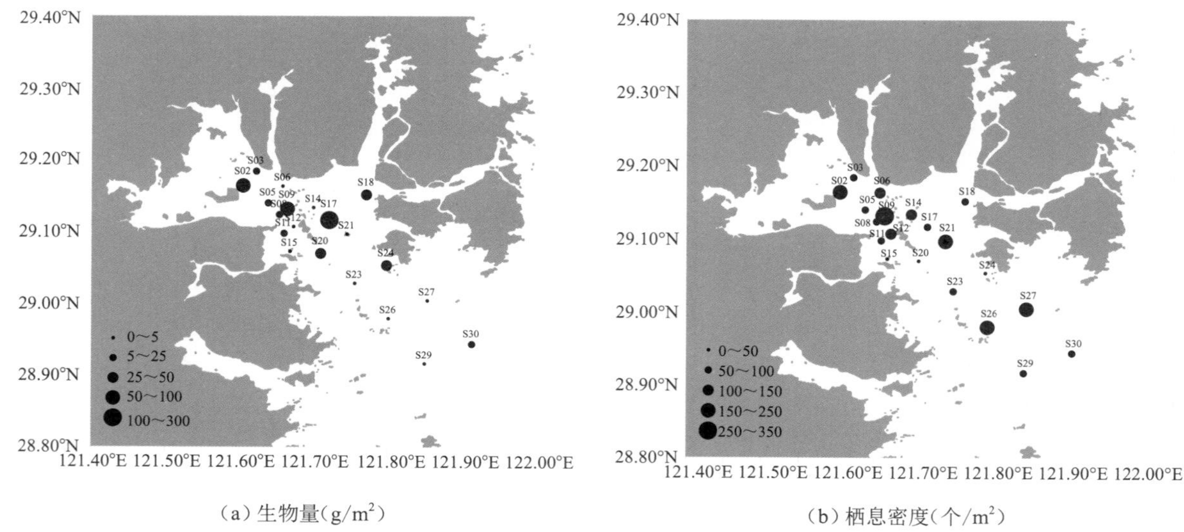

（a）生物量（g/m^2）　　（b）栖息密度（个/m^2）

图 8.2.9　三门湾海域夏季底栖生物量和栖息密度平面分布图

秋季：底栖生物平均生物量为 21.60 g/m^2，平均栖息密度为 116 个/m^2。秋季生物量相对偏低且平均，一般都在 100 g/m^2 以下，最高站 S24 为 91.71 g/m^2。高栖息密度区域则主要集中在湾顶，其中 S12 站高达 360 个/m^2，而湾口区域密度分布相对较低（图 8.2.10）。

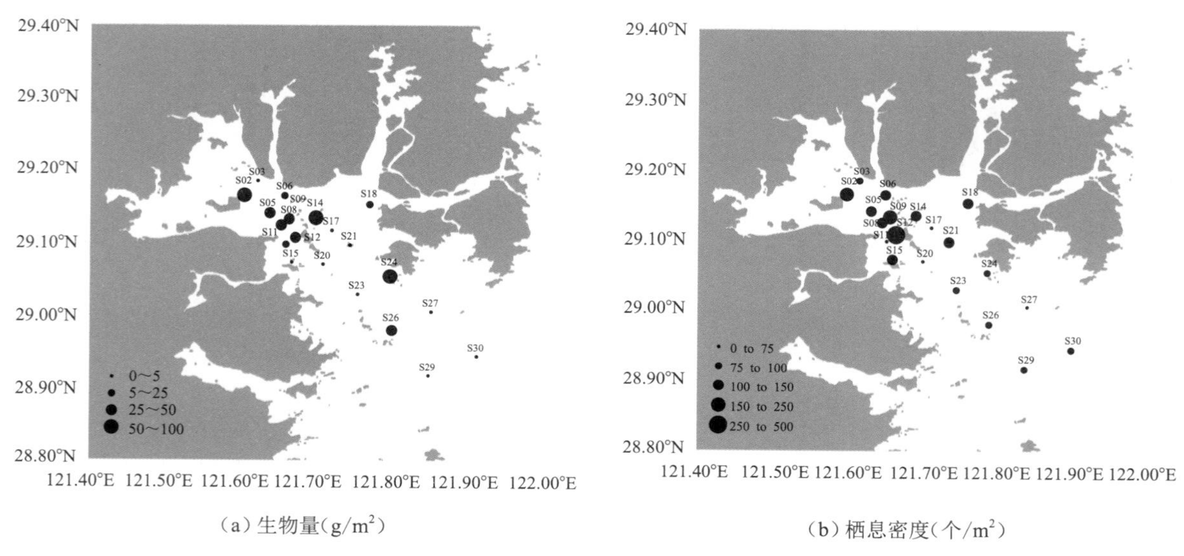

（a）生物量（g/m^2）　　（b）栖息密度（个/m^2）

图 8.2.10 三门湾海域秋季底栖生物量和栖息密度平面分布图

三门湾海域底栖生物数量季节变化的总趋势为冬季（68.57 g/m^2）> 春季 >（34.40 g/m^2）夏季（23.50 g/m^2）> 秋季（21.60 g/m^2）；栖息密度为春季（164 个/m^2）> 秋季（116 个/m^2）> 夏季（114 个/m^2）> 冬季（73 个/m^2）。生物量的季节变化主要与棘皮动物和软体动物的季节变化有关；而栖息密度的季节变化则主要和多毛类及软体动物的季节变化有关。

综上分析表明：底栖生物的分布与底质沉积物类型、海流等环境因子密切相关。根据 2013 年调查资料分析表明：高生物量和密度主要分布于湾顶区域，这主要与三门湾顶部海域水交换速率较慢，局部范围形成了较稳定的环境有关，在相对稳定的环境中，其种类和数量分布较为丰富。此外，湾顶区域有较多的陆源营养物质输入，导致生物量和密度高于湾中部和湾口区域。

8.2.4.5　生物多样性

(1) 多样性

三门湾海域底栖生物四季的多样性指数平均为 2.07，属于中等水平。表 8.2.13 为三门湾海域各站四季多样性指数，由表可见，其范围介于 0.64～2.98 之间，猫头山嘴附近海域 S08 和 S09 两站最高，四季平均分别为 2.48 和 2.39，最低则在湾中部区域的 S20 站，为 1.67。猫头山嘴附近海域种类多，生物量和密度也相对较大，是该区高生物多样性的主要原因。各季底栖生物多样性指数与年平均多样性指数基本一致。生物多样性指数季节变化不大，总体而言，春、秋两季多样性指数略高，平均值分别为 2.25 和 2.24，夏季为 1.92，冬季最低(1.89)。

表 8.2.13　三门湾海域底栖生物各季节多样性指数 H' 表

站位	冬季	春季	夏季	秋季	站位平均值
S02	1.39	2.42	2.36	2.73	2.22
S03	2.21	2.29	1.69	1.90	2.02
S05	2.04	2.69	2.28	2.56	2.39
S06	1.84	2.26	2.06	2.50	2.17
S08	2.10	2.77	2.51	2.55	2.48
S09	1.93	2.34	2.33	2.98	2.39
S11	1.59	1.93	2.18	1.98	1.92
S12	2.13	2.22	1.93	2.00	2.07
S14	1.61	2.48	1.08	2.52	1.92
S15	2.16	2.45	0.64	2.59	1.96
S17	2.38	2.16	2.37	1.79	2.18
S18	1.91	1.95	1.62	2.59	2.01
S20	1.10	2.21	1.91	1.47	1.67
S21	2.16	2.45	2.04	2.29	2.24
S23	2.10	2.25	2.10	2.29	2.18
S24	1.55	2.24	2.20	1.89	1.97
S26	1.93	2.29	1.72	2.14	2.02
S27	1.75	1.61	1.77	1.64	1.69
S29	1.75	2.48	1.77	2.27	2.07
S30	2.24	1.48	1.79	2.14	1.91
季平均	1.89	2.25	1.92	2.24	2.07

（2）均匀度

三门湾海域底栖生物四季均匀度平均为0.90，种类之间分布较均匀，四季均匀度介于0.41～1之间，均匀度指数最高值同样出现在猫头山嘴附近海域的S08站（四季平均$J'=0.95$），均匀度最小出现在S12和S14站（$J'=0.81$）。各季底栖生物均匀度变化较小，冬、秋两季较高，均匀度分别为0.94和0.91，春、夏两季略低，分别为0.88和0.86，如表8.2.14所示。

表8.2.14　三门湾海域底栖生物各季节均匀度指数J'表

站位	冬季	春季	夏季	秋季	站位平均值
S02	1.00	0.85	0.87	0.93	0.91
S03	0.92	0.85	0.81	0.86	0.86
S05	0.89	0.97	0.95	0.95	0.94
S06	0.89	0.78	0.86	0.95	0.87
S08	0.95	0.94	0.98	0.94	0.95
S09	0.93	0.89	0.94	0.96	0.93
S11	0.82	0.88	0.91	0.95	0.89
S12	0.89	0.93	0.78	0.66	0.81
S14	1.00	0.86	0.41	0.96	0.81
S15	0.98	0.88	0.92	0.94	0.93
S17	0.86	0.90	0.95	0.92	0.91
S18	0.98	0.81	0.67	0.94	0.85
S20	1.00	0.89	0.92	0.91	0.93
S21	0.98	0.88	0.98	0.92	0.94
S23	0.95	0.83	0.95	0.92	0.92
S24	0.96	0.83	1.00	0.91	0.93
S26	0.93	0.87	0.78	0.89	0.87
S27	0.98	1.00	0.77	0.92	0.91
S29	0.98	0.94	0.91	0.92	0.93
S30	0.87	0.92	0.86	0.93	0.90
季平均值	0.94	0.88	0.86	0.91	0.90

8.2.4.6　与历史资料比较

2013年调查期间三门湾海域的大型底栖生物数量(37.02 g/m^2、117个/m^2)与历史资料的比较(表8.2.15)，表明：除20世纪80年代海岛海岸带调查资料外，近10年来其他几次调查的生物量、密度和优势种相差较小，但值得注意的是三门湾养殖容量调查[7-2]中的主要优势种白沙箸近年来呈显著下降趋势，该物种2005年调查时三门湾海域平均生物量和密度分别为3.35 g/m^{2}和42个/m^2。自从2005年后白沙箸的数量逐年减少，到2013年调查时，仅在冬、夏两季一个站上采到，这可能与近10年来三门湾顶部区域大范围、大规模的围填海工程有关。海湾是人类活动的密集地带，随着工业化程度的提高、城市化进程的加快，人类活动对海湾生态系统的影响日益加剧，大型底栖生物作为海洋生态系统的重要组成部分，其群落容易受到频繁的扰动。由于研究时空尺度的差异，对大型底栖生物群落起主要影响的环境因子也不尽相同。因此，对于三门湾海域底栖生物的群落变化特征需作更进一步的深入研究。

表 8.2.15 三门湾海域2013年调查底栖生物与历史资料比较表

调查区域和时间	底栖生物丰度（个/m²）	底栖生物生物量（g/m²）	主要优势种	资料来源
三门湾（1981.12～1982.10）	89.3（33.7～192.5）	5.51（0.67～9.22）	—	浙江省海岸带和海涂资源综合调查报告编写委员会 1985[8-7]
三门湾（2002.08～2003.05）	169（117～284）	24.69（11.28～41.07）	多鳃卷吻沙蚕、不倒翁虫、日本强鳞虫、纳加索沙蚕、缩头节节虫、小头虫、绯拟沼螺、西格织纹螺、秀丽织纹螺、圆筒原盒螺、薄云母蛤、脆壳理蛤、凸镜蛤、滩栖阳遂足、光滑倍棘蛇尾、洼颚倍棘蛇尾、棘刺锚参、白沙箸等	宁修仁等[7-2]，2005
三门湾（2005.04～2006.01）	98（81～119）	26.78（14.79～42.59）	多鳃卷吻沙蚕、双鳃内卷沙蚕、不倒翁虫、须鳃虫、小头虫、棒锥螺、红带织纹螺、纵肋织纹螺、秀丽织纹螺、圆筒原盒螺、彩虹明樱蛤、凸镜蛤、棘刺锚参、滩栖阳遂足、光滑倍棘蛇尾、白沙箸等	胡锡钢等[7-3] 2006
三门湾（2006.10～2007.07）	73（50～114）	17.37（9.32～36.16）	双鳃内卷齿蚕、海稚虫、异足索沙蚕、小头虫、不倒翁虫、奇异稚齿虫、后指虫、织纹螺、凸镜蛤、小荚蛏、近辐蛇尾、白沙箸等	曾江宁等[8-3]，2011
三门湾（2013.02～2013.11）	117（73～164）	37.02（21.60～68.57）	不倒翁虫、多鳃卷吻沙蚕、后指虫、梳鳃虫、双鳃内卷齿蚕、双形拟单指虫、索沙蚕 sp、西方似蛰虫、小头虫、异蚓虫、棒椎螺、薄云母蛤、马丽瓷光螺、圆筒原盒螺、棘刺锚参、日本倍棘蛇尾、屠氏拟海笔等	2013 年调查[7-1]

8.2.5 潮间带生物

潮间带是陆地与海洋的交汇区域，生活着众多生物，其中一些经济物种常是沿海大众的美味佳肴。潮间带生物相对较易受到人为因素的干扰，周围环境因子的变化常会引起其种类、数量及群落结构改变，个别种类可能因某些环境因子的激烈变化而起异常波动。沿海大型工程的建设对当地地形地貌及水动力条件的改变，可能会对潮间带生物产生一定程度的影响。这里主要依据2013年三门湾及其邻近海域进行的四季潮间带生物调查资料[7-1]及相关参考资料文献[8-8～8-9]，分析三门湾海域潮间带生物的种类、数量的组成与分布，并与历史调查资料进行对比分析，论述近年来潮间带生物的种类与数量的变化以及三门湾内大面积围垦造地等人类活动给潮间带生物带来的不良影响。

8.2.5.1　材料与方法

（1）采样方法

在三门湾猫头山嘴附近布设5条（T1、T2、T3、T4、T5）潮间带断面。其中泥滩断面3条，岩礁断面2条，每条断面设置3个站，断面布设见图8.1.1。

潮间带生物采样分别于2012年冬季和2013年春季、夏季、秋季三门湾猫头山嘴附近海域大涨汛低潮或退潮期间进行。泥滩定量样品采用25 cm × 25 cm正方形取样框，岩礁用10 cm × 10 cm正方形取样框，每站采集4框。泥滩定量样品在每个测站点随机抛投取样框，先拾取框内滩面上的底表生物，再挖至50 cm深的底泥，经孔径0.5 mm筛网分选出底内生物；岩礁定量样品采集样框内全部生物。泥滩和岩礁定性样品在各断面周围广泛采集，所获样品现场固定带回实验室分析。由于腔肠动物、苔藓动物、鱼类等生物出现种类及数量不多，故将它们列在其他类生物中统计。样品野外采样、室内分析、称重、计算和资料整理均严格按照《海洋调查规范》（GB/T 12763—2007）和《海洋监测规范》（GB 17378—2007）进行。

（2）数据处理

为减小种间差异对分析结果的影响，将物种的栖息密度和生物量进行四次方根转化后计算。

优势种：　　　　　　　　　　优势度 $Y = (n_i/N) f_i$

式中：N为各断面中所有底栖动物的栖息密度；n_i为物种i的栖息密度；f_i为物种i在各断面的出现频率。Y大于0.02时为优势种。

使用以下3个多样性指数来表征大型底栖动物群落的多样性：

Shannon-Wiener 多样性指数：

$$H' = -\sum_{i=1}^{s}(p_i)(\ln p_i)$$

Pielou 均匀度指数：

$$J' = \frac{H'}{\log_2 S}$$

Marglef 丰富度指数：

$$d = \frac{S-1}{\log_2 N}$$

式中，S——采集生物的总种类数；

p_i——第i种生物的生物量占总生物量的比例。

8.2.5.2 种类组成、分布及季节变化

(1) 种类组成

三门湾海域附近潮间带大型底栖生物共鉴定出165种，以生境可分为泥滩种类94种，岩礁种类71种。从物种角度可分为：大型藻类9种，多毛类24种，软体动物63种，甲壳动物49种，棘皮动物6种，其他类14种。三门湾猫头山嘴潮间带的生物组成以软体动物、甲壳动物和多毛类为主，三者分别占种类总数的38%、30%和15%。

(2) 种类分布

根据潮间带4季生物采样调查，结合种类的出现频率和数量统计表明：猫头山嘴附近区域主要分布种为多鳃卷吻沙蚕、智利巢沙蚕、短拟沼螺、尖锥拟蟹守螺、纵肋织纹螺、半褶织纹螺、马丽亚瓷光螺、婆罗囊螺、矮拟帽贝、短滨螺、小结节滨螺、粗糙拟滨螺、齿纹蜒螺、疣荔枝螺、近江牡蛎、密鳞牡蛎、橄榄蚶、彩虹明樱蛤、青蚶、缢蛏、泥螺、鳞笠藤壶、日本笠藤壶、白脊藤壶、弧边招潮蟹、伍氏厚蟹、粗腿厚纹蟹、鲜明鼓虾、光亮倍棘蛇尾、滩栖阳遂足、棘刺锚参、弓形革囊星虫、弹涂鱼、须鳗虾虎鱼、红狼牙虾虎鱼、纽虫等。

潮间带经济种分布较多，泥滩相经济种又多于岩礁相。岩礁相主要有齿纹蜒螺、疣荔枝螺、近江牡蛎、密鳞牡蛎、青蚶、龟足等种类。

泥滩相主要有智利巢沙蚕、长吻沙蚕、泥螺、珠带拟蟹守螺、尖锥拟蟹守螺、缢蛏、太平洋长臂虾、棘刺锚参、弓形革囊星虫、须鳗虾虎鱼和红狼牙虾虎鱼等。

(3) 种类季节变化

根据三门湾区域附近岩礁和泥滩两种底质潮间带生物统计表明：种类季节变化为夏季(90种)＞春季(78种)＞秋季(60种)＞冬季(37种)。

8.2.5.3 优势种

泥滩断面高潮带以岩石或人工堤坝为主，坑凹处间有淤泥分布。根据岩礁和泥滩两种底质的潮间带生物优势度计算可知：高潮带以岩礁相生物为主，优势种为粗糙拟滨螺(0.29)(括号内为该物种优势度，下同)、齿纹蜒螺(0.11)、短拟沼螺(0.06)、短滨螺(0.04)、近江牡蛎(0.04)、白脊藤壶(0.03)和黑口滨螺(0.03)；中潮带的优势种为弓形革囊星虫(0.12)、短拟沼螺(0.09)、弧边招潮蟹(0.07)、伍氏厚蟹(0.06)、智利巢沙蚕(0.04)、长吻沙蚕(0.03)和宁波泥蟹(0.02)；低潮带以多毛类居多，优势种为智利巢沙蚕(0.09)、棘刺锚参(0.05)、裸盲蟹(0.03)、橄榄蚶(0.02)、光亮倍棘蛇尾(0.02)和新三齿巢沙蚕(0.02)。T3、T5断面的中潮带生长着成片的大米草，其根部为星虫的主要栖息地。

岩礁断面高潮带暴露在空气中的时间较长，多数生物为防止体内水分流失过多，群居或聚集在岩缝及阴暗面生活，以滨螺等耐旱种为主，优势种为短滨螺(0.38)、粗糙拟滨螺(0.31)、小结节滨螺(0.24)和齿纹蜒螺(0.07)；中潮区以牡蛎和藤壶的分布为主，优势种为近江牡蛎(0.16)、鳞笠藤壶(0.11)、齿纹蜒螺(0.10)、黑荞麦蛤(0.08)、白脊藤壶(0.07)、日本笠藤壶(0.06)、疣荔枝螺(0.05)、青蚶(0.03)、矮拟帽贝(0.03)和史氏背尖贝(0.03);中潮区的部分优势种分布区域向下延伸,在低潮区同样占据优势,低潮区的优势种为鳞笠藤壶(0.16)、近江牡蛎(0.09)、疣荔枝螺(0.08)、黑荞麦蛤(0.08)、日本笠藤壶(0.07)、青蚶(0.04)、齿纹蜒螺(0.03)、密鳞牡蛎(0.03)和泥藤壶(0.02)。

8.2.5.4 数量组成、分布及季节变化

(1)数量组成

三门湾区域潮间带大型底栖生物四季平均生物量为770.89 g/m^2、平均密度为653个/m^2。各类群数量组成见表8.2.16,由表可见,生物量甲壳动物居首位,约占总生物量的53%;软体动物居第二,占46%;另外4个类群所占比例很低,总计约占1%。密度为软体动物最高,约占总密度的58%;其次为甲壳动物,占38%;多毛类和其他类动物均约占2%。可以看出,软体动物和甲壳动物这两个类群在调查区域潮间带生物的生物量和密度中占绝大多数,是调查区域生物数量的主要构成者,同时,也是潮间带生物资源量的主要代表。

(2)空间分布

1)平面分布

泥滩数量:调查区域泥滩断面大型底栖生物平均生物量为59.41 g/m^2,平均密度为177个/m^2。由图8.2.11可见:泥滩生物量分布普遍较低,都在80 g/m^2以下,但T2、T5断面均达到70 g/m^2以上,高于T3断面(不足30 g/m^2);密度分布T2断面最高,达到200个/m^2以上,其次是T5断面,T3断面最低,不足150个/m^2。

表8.2.16 三门湾猫头山嘴附近潮间带生物类群数量组成表

数量	藻类	多毛类	软体动物	甲壳动物	棘皮动物	其他类	合计
生物量(g/m^2)	2.77	0.84	350.87	411.00	2.19	3.23	770.89
密度(个/m^2)	/	12	381	248	1	11	653

岩礁数量:岩礁断面的生物数量明显高于泥滩,平均生物量为1 838.11 g/m^2,平均密度为1 367个/m^2。两条岩礁断面生物数量分布见图8.2.12,由图可见,生物量T4断面高于T1断面,而密度T1断面高于T4断面。

调查区域潮间带断面生物量分布趋势为T4岩礁断面(1 900.15 g/m^2)> T1岩礁断面(1 776.06 g/m^2)> T2泥滩断面(76.74 g/m^2)> T5泥滩断面(74.42 g/m^2)> T3泥滩断面(48.28 g/m^2)。密度分布趋势为T1岩礁断面(1 515个/m^2)> T4岩礁断面(1 221个/m^2)> T2泥滩断面(204个/m^2)> T5泥滩断面(178个/m^2)> T3泥滩断面(148个/m^2)。

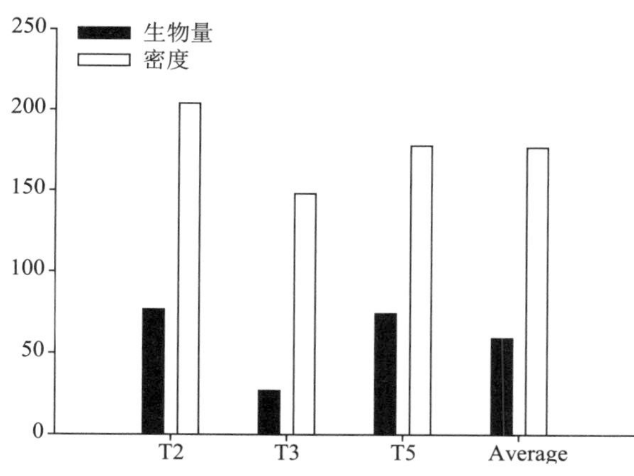

图 8.2.11　泥滩生物量(g/m²)和密度(个/m²)

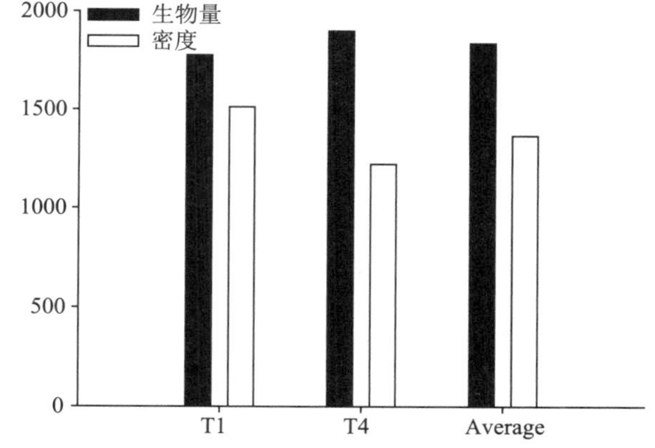

图 8.2.12　岩礁生物量(g/m²)和密度(个/m²)

2）垂向分布

三门湾区域潮间带生物数量垂向分布见表 8.2.17。其中泥滩生物量垂直分布为：高潮带(125.74 g/m²) > 中潮带(31.95 g/m²) > 低潮带(18.54 g/m²)；密度垂直分布为：高潮带(379 个/m²) > 中潮带(120 个/m²) > 低潮带(31 个/m²)。T2 断面、T5 断面的生物量垂直分布变化一致，均为高潮带高于中潮带，高于低潮带；T3 断面中潮带略高于高潮带，高于低潮带。三条泥滩断面的个体密度垂直分布变化趋势相一致，均为高潮带高于中潮带，高于低潮带，各潮带间差异明显。

岩礁生物量垂直分布为：低潮带(2 765.29 g/m²) > 中潮带(2 700.24 g/m²) > 高潮带(48.80 g/m²)；密度垂直分布：中潮带(1 869 个/m²) > 低潮带(1 641 个/m²) > 高潮带(591 个/m²)。两条岩礁断面中、低潮带的生物量差别不大，均远高于高潮带。密度 T1 断面由高潮带向下延伸而递增，T4 断面中潮带要远高于高、中潮带。

表 8.2.17　三门湾猫头山嘴附近潮间带生物数量垂向分布表

数量	潮带	T2 泥滩	T3 泥滩	T5 泥滩	泥滩均值	T1 岩礁	T4 岩礁	岩礁均值
生物量(g/m²)	高潮	189.37*	31.24*	162.61*	125.74	48.65	48.95	48.80
	中潮	23.06	39.12	33.67	31.95	2 405.56	2 994.91	2 700.24
	低潮	17.79	10.85	26.98	18.54	2 873.98	2 656.59	2 765.29
密度(个/m²)	高潮	481	256	400	379	588	594	591
	中潮	101	159	100	120	1 506	2 231	1 869
	低潮	31	29	34	31	2 444	838	1 641

* 高潮带为岩礁或人工堤坝。

(3) 季节变化

三门湾潮间带生物的季节变化明显，泥滩生物量夏季远高于其他三季，变化趋势为夏季(159.10 g/m²) > 春季(39.27 g/m²) > 秋季(24.05 g/m²) > 冬季(15.21 g/m²)；泥滩密度季节变化为春、夏两季高于秋、冬两季，变化趋势为夏季(307 个/m^2) > 春季(209 个/m^2) > 秋季(111 个/m^2) > 冬季(80 个/m^2)。

岩礁生物量秋季最高，其他三季较接近，季节变化趋势为：秋季(2 582.99 g/m^2) > 夏季(1 832.14 g/m^2) > 冬季(1 524.11 g/m^2) > 春季(1 399.35 g/m^2)；岩礁密度的季节变化与生物量类似，秋季最高，其他三季较接近，季节变化为秋季(1 904 个/m^2) > 冬季(1 304 个/m^2) > 春季(1 179 个/m^2) > 夏季(1 079 个/m^2)。

(4) 主要经济种数量分布

三门湾猫头山嘴邻近潮间带分布着一些个体较大，具有较高经济价值的种类，这些种类通常是沿海渔民赶海的主要对象。由于有些种类仅出现于定性样品中，其资源分布难以确定。因此，这里仅对定量样品中出现率较高的种类进行阐述。

1) 泥滩主要经济种

智利巢沙蚕：调查区域泥滩主要为多毛类，可作饵料，平均数量为 0.53 g/m^2 和 3 个/m^2，最高可达 2.57 g/m^2 和 14 个/m^2。织纹螺：是浙中以南广泛食用的贝类，本区泥滩中有纵肋织纹螺、红带织纹螺、半褶织纹螺和秀丽织纹螺等分布，平均数量为 1.71 g/m^2 和 4 个/m^2，最高可达 8.35 g/m^2 和 16 个/m^2。弓形革囊星虫：星虫门中数量比较高的种群，可食用，当地有做沙虫冻即星虫冻的食用风俗。主要分布于中潮区大米草的根部，平均数量为 3.41 g/m^2 和 13 个/m^2，在中潮区最高可达 15.84 g/m^2 和 65 个/m^2。

2) 岩礁主要经济种

齿纹蜒螺：为三门湾岩相潮间带分布最广的种类之一，主要分布于高、中潮带，平均数量为 21.69 g/m^2 和 38 个/m^2，最高可达 51.08 g/m^2 和 113 个/m^2。疣荔枝螺：俗称辣螺，岩相潮间带主要的腹足类生物之一，主要分布于中、低潮带，平均数量为 35.23 g/m^2 和 26 个/m^2，最高可达 81.94 g/m^2 和 56 个/m^2。青蚶：广泛分布于中、低潮带的石缝中，平均数量为 32.23 g/m^2 和 14 个/m^2，最高可达 121.70 g/m^2 和 31 个/m^2。近江牡蛎：本区潮间带分布数量最高的物种，也是岩相潮间带中、低潮区的主要物种，平均分布数量为 614.19 g/m^2 和 308 个/m^2，最高分布数量为 1 558.33 g/m^2 和 794 个/m^2。

8.2.5.5 生物多样性

(1) 平面分布

三门湾猫头山嘴邻近各潮间带断面的生物多样性分布见图 8.2.13。各泥滩断面的多样性指数 H' 变化范围介于 3.36～3.79 之间，其平面分布为 T2(3.79) > T3(3.44) > T5(3.36)；均匀度指数 J' 变化范围介于 0.92～0.95 之间，平面分布为 T2(0.95) > T3(0.94) > T5(0.92)；丰富度指数 d 变化范围介于 10.10～13.9 之间，平面分布为 T2(13.99) > T3(10.66) >T5(10.10)。

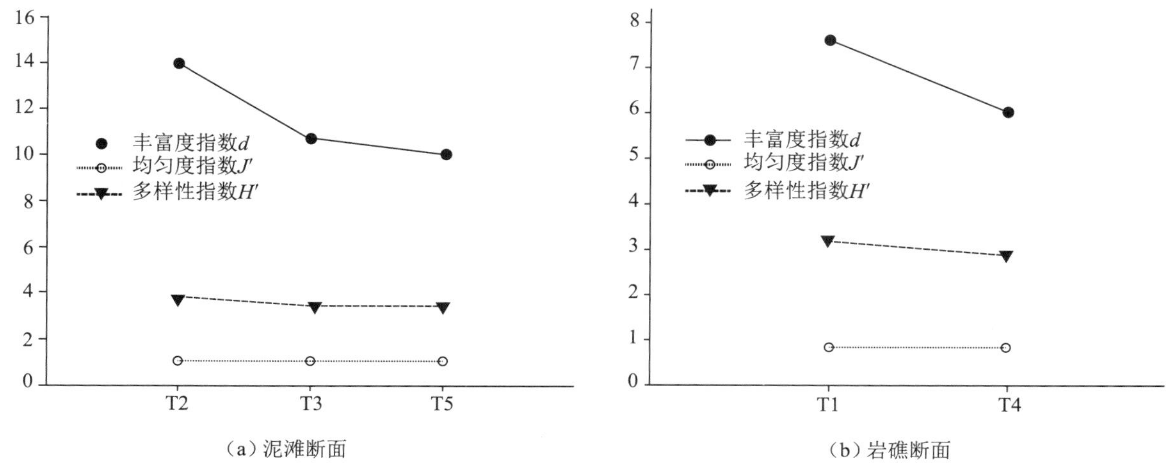

图 8.2.13 泥滩断面和岩礁断面多样性指数平面分布图

岩礁断面的多样性指数 H′、均匀度指数 J′ 和丰富度指数 d 均低于泥滩断面。岩礁断面的多样性指数 H′ 平面分布为 T1(3.17) > T4(2.90);均匀度指数 J 平面分布为 T1(0.90) > T4 (0.88);丰富度指数平面分布为 T1(7.47) > T4(6.00)。

(2) 垂向分布

三门湾猫头山嘴邻近泥滩断面多样性指数H′、均匀度指数J和丰富度指数d见图8.2.14(a)。泥滩断面的生物多样性指数垂向分布均为沿高潮带向低潮带逐级升高,其中各潮带间丰富度指数 d 的差异最为明显,多样性指数 H′ 的差异不甚明显,均匀度指数 J′ 的差异相对较小。多样性指数 H′ 的变化范围介于 2.66～3.71 之间,其垂向分布为低潮带(3.71) > 中潮带(3.42) > 高潮带(2.66);均匀度指数 J′ 变化范围介于 0.85～0.96 之间,其垂向分布为:低潮带(0.96) > 中潮带(0.91) > 高潮带(0.85);丰富度指数 d 变化范围介于 5.9～13.44 之间,其垂向分布为低潮带(13.44) > 中潮带(11.36) > 高潮带(5.90)。

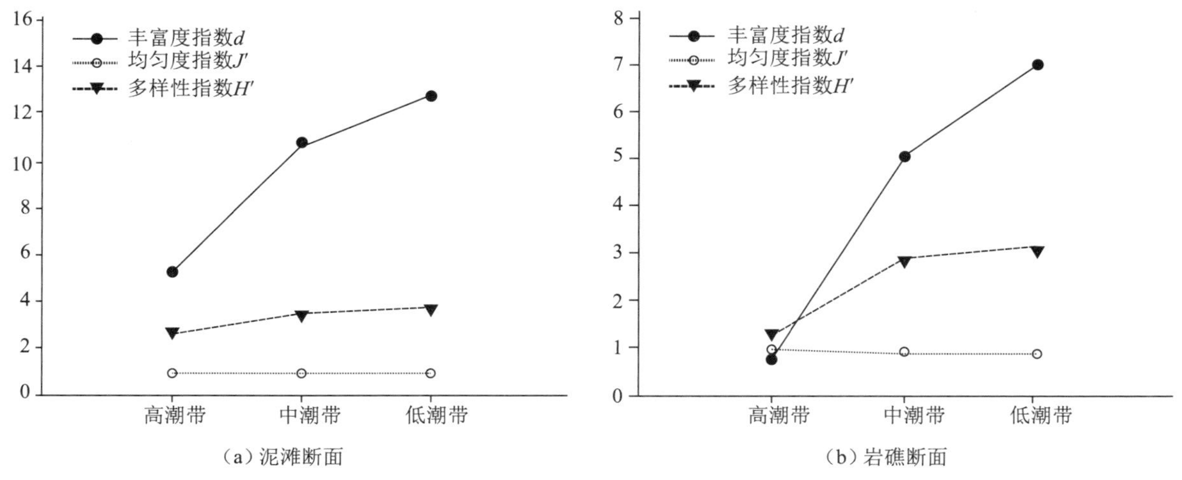

图 8.2.14 泥滩断面和岩礁断面生物多样性指数的垂向分布

岩礁断面的生物多样性指数垂向分布与泥滩断面的类似［图8.2.14(b)］，沿高潮带向低潮带逐级升高。其中多样性指数 H' 和丰富度指数 d 各潮带间的差异明显，均匀度指数 J' 的差异相对较小。多样性指数 H' 变化范围介于1.26～3.12之间，其垂向分布为低潮带(3.12)＞中潮带(2.84)＞高潮带(1.26)；均匀度指数 J' 变化范围介于0.88～0.91之间，垂向分布为低潮带(0.91)＞中潮带(0.89)＞高潮带(0.88)；丰富度指数 d 变化范围介于0.81～7.00之间，垂向分布为低潮带(7.00)＞中潮带(5.02)＞高潮带(0.81)。

(3) 季节变化

图8.2.15为三门湾猫头山嘴邻近泥滩断面和岩礁断面的生物多样性指数的季节变化。其中泥滩断面多样性指数 H' 的四季变化范围介于2.88～3.67之间，多样性指数的季节变化为春、夏两季高于秋、冬季两季，总体变化趋势为夏季(3.67)＞春季(3.52)＞秋季(3.01)＞冬季(2.88)；均匀度指数 J' 介于0.93～0.96之间，均匀度水平的季节变化为夏季最高，秋季最低，即夏季(0.96)＞春季(0.95)＞冬季(0.94)＞秋季(0.93)；丰富度指数 d 介于11.76～17.21之间，其季节变化为春、夏两季明显高于秋、冬两季，即夏季(17.21)＞春季(16.65)＞秋季(12.07)＞冬季(11.76)［图8.2.15(a)］。

岩礁断面的生物多样性指数季节变化见图8.2.15(b)。其中多样性指数 H' 的四季变化范围介于2.80～2.88之间，季节变化较小，总体变化趋势为春季(2.88)＞夏季(2.87)＞秋季(2.85)＞冬季(2.80)；均匀度指数 J' 的变化范围介于0.90～0.93之间，季节变化也较小，变化趋势为春季(0.93)＞冬季(0.92)＞夏季(0.91)＞秋季(0.90)；丰富度指数 d 的变化范围介于6.40～7.53之间，其季节变化较大，春、夏两季明显高于秋、冬两季，即夏季(7.53)＞春季(7.17)＞秋季(6.76)＞冬季(6.40)。

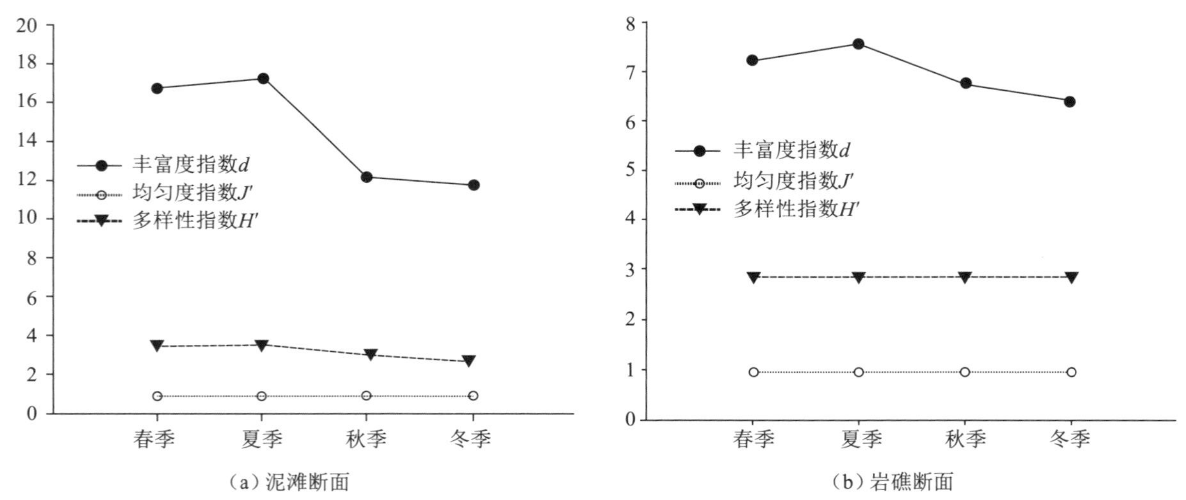

图8.2.15 泥滩断面和岩礁断面生物多样性指数的季节变化

8.2.5.6 种类数量分布与生境关系

潮间带受潮汐、波浪、阳光、气温及人为干扰等诸多因素的影响，生活在该地带的生物分布变

化较大，即使是相同的底质类型也有一定的差异。

岩礁相断面T1、T4均为陡崖，开敞程度极高，两者低潮区的生物量类似，而密度T1断面远高于T4断面，这主要是由于T1断面为朝东南向，而T4断面为朝北向，故T1断面受潮汐和波浪冲刷较T4断面剧烈，一些喜浪性的蔓足纲种类如糊斑藤壶、泥藤壶等在T1断面的密度要远高于T4断面，且这些种类由于个体较小，对生物量的差异影响有限，故两条断面的生物量差异不大。

泥滩相潮间带中的T2断面、T5断面高潮带的堤坝和碎石中有大量的藤壶、牡蛎、滨螺分布，而T3断面由于受三门核电厂施工影响，扰动较大，高潮带生物数量较少，故反映为T2断面、T5断面高潮带的生物量和密度都远高于T3断面；T3断面、T5断面的中长有大米草，根系部有一定数量的星虫分布。因此，反映为这两个断面中潮带的生物量要高于T2断面。

8.2.5.7　与历史资料比较

（1）种类组成与历史资料对比

2012～2013年种类组成与2005～2006年的比较表明：潮间带生物种类从201种下降至165种，主要是多毛类和软体动物种类数下降，分别从42种和75种降至24种和63种（图8.2.16）。多毛类主要分布于三门湾泥滩的低潮带，由于近10年来三门湾顶部区域大范围的围填海造地工程和三门核电厂的施工建设，导致湾内水动力条件的变化，泥滩向外淤积，改变了低潮带的空间位置和底质环境，多毛类种类大为减少可能与这些因素有关。

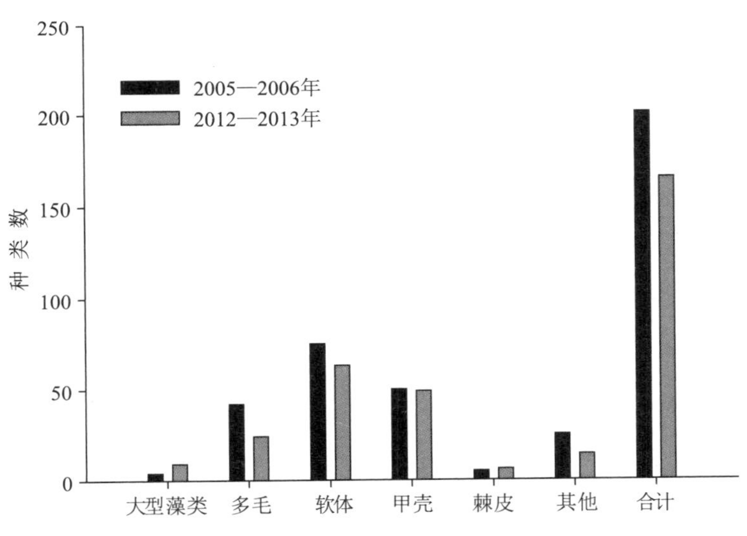

图8.2.16　种类组成的历史变化图

（2）数量分布与历史资料对比

泥滩断面高潮带2012～2013年的生物量（125.74 g/m^2）和密度（379个/m^2）远高于2005～2006年的调查结果（15.17 g/m^{2}和104个/m^2），主要由于三门核电厂施工过程中产生的大量石块及建造的海堤位于高潮带，为藤壶、牡蛎、滨螺等生物的附着和生存提供了有利条件，这些生物的存在极大提升了原本生物数量较匮乏的泥滩高潮带的生物量和密度。泥滩中、低潮带的密度有所降低，但生物量却略有升高。除上文所阐述的泥滩淤积外，泥滩中、低潮带的生物数量还受渔民采捕、人工养殖等影响，情况较为复杂，故生物量与密度的变化趋势并不相同，三条断面（T2、T3、T5 断面）的生物数量变化规律并非一致。

岩礁断面高潮带的生物量和密度没有较大改变，而中、低潮带则都有较大幅度的下降：2005～2006 年中潮带生物量为 5 523.48 g/m^2、密度为 6 469 个/m^2 降至 2012～2013 年的 2 700.24 g/m^2 和 1 869 个/m^2；低潮带由 4 996.21 g/m^2、2 713 个/m^2 降为 2 765.29 g/m^2、1 641 个/m^2。相对泥滩断面，岩礁断面直接受人为扰动的程度较轻，主要是受三门湾内的一系列围垦工程的影响，湾内泥沙含量升高，改变了水体的透明度、颗粒悬浮物等理化参数，同时三门核电厂工程建设的施工也产生了短期的类似效应，从而对岩礁生物的摄食、繁殖及幼虫的附着等生命活动产生不良影响。中、低潮带由于受海水覆盖时间较长，物种衰退情况较为明显。

综上分析表明：三门湾内围垦造地等人类活动对潮间带生物产生了一定程度的不良影响，2013 年相对于 2005～2006 年调查期间潮间带生物的种类与数量均有所减少。

8.2.6 污损生物

海洋污损生物可附着在船底、浮标、输水管道、冷却管、沉船、海底电缆、木筏、浮子、浮桥等海中一切设施表面，对海洋工程的运行和安全造成危害。

国家重大工程三门核电厂位于三门湾猫头山嘴沿岸，核电厂冷却水系统的取排水管道和取排水口将受到海洋污损生物的影响。当污损生物侵入并附着于核电厂取排水管道表层生长时，会增加管道内壁的粗糙度，缩小管道直径，增加水流阻力和能耗，影响供水或冷却效果。此外，管内污损生物还存在死亡脱落，阻塞阀门，局部腐蚀管壁，造成穿孔等危害。因此，了解三门湾海域的污损生物的数量及分布，在核电厂取排水工程设计时采取有效的防污损生物措施，对核电厂正常运行具重要意义。这里主要引用 2013 年三门湾及其邻近海域进行的全年污损生物挂板资料[7-1]及参考相关资料文献[8-10～8-12]，分析三门湾海域污损生物的种类数量、生物量及主要分布种，并与历史调查资料进行对比分析，论述近年来三门湾海域污损生物种类、数量和群落的变化状况。

8.2.6.1 材料与方法

（1）挂板方式

根据《海洋生物调查规范》第 6 部分（GB/T 12763.6—2007），采用挂板法进行调查。挂板分高潮带、中潮带、低潮带三个潮带进行，每个潮带分别有季板、半年板和年板。以季节、半年期和年期依次回收污损生物试板。

（2）挂板材料与地点

挂板材料选用环氧酚醛玻璃布层压板，规格为 15 cm × 8 cm。挂板地点选择在三门核电厂

重件码头上，高潮带、中潮带、低潮带三个潮带的挂板均系在一根尼龙绳上，调试好各个潮带的位置后，尼龙绳再系在码头边的钢管上，每个潮带分别挂2组板。

（3）挂板与收板时间

挂板时间从2012年12月起至2013年12月止。

季板（2012年12月放板，冬季1～3月；春季4～6月；夏季7～9月；秋季10～12月）。各个潮带放2组板，每季6块，共24块。

半年板（2012年12月放板，2013年6月取板、挂板；2013年12月取回最后一批半年板）。各个潮带放2组板，每半年6块，共12块。

年板（2012年12月放板，2013年12月取板）。各个潮带挂2组板，共6块。

（4）资料处理

苔藓动物、腔肠动物和扁形动物等污损生物出现数量较少，列在其他类中一并统计。由于高潮带的所有挂板均未附着污损生物，所以仅将中潮带、低潮带两个潮带的污损生物进行阐述。挂板试验和室内标本鉴定、分析处理均严格按规范进行，挂板上的污损生物拍照保存。

8.2.6.2 种类组成、分布及季节变化

（1）种类组成

根据全年挂板所获污损生物的鉴定，共鉴定出46种污损生物，其中多毛类5种、软体动物21种、甲壳类13种、其他类7种。污损生物大多为中国近岸广布种，各类群百分比见图8.2.17。污损生物主要种有纵条肌海葵、侧花海葵、独齿围沙蚕、近江牡蛎、黑荠麦蛤、泥藤壶等，其中纵条肌海葵、近江牡蛎、黑荠麦蛤、泥藤壶的出现率最高。

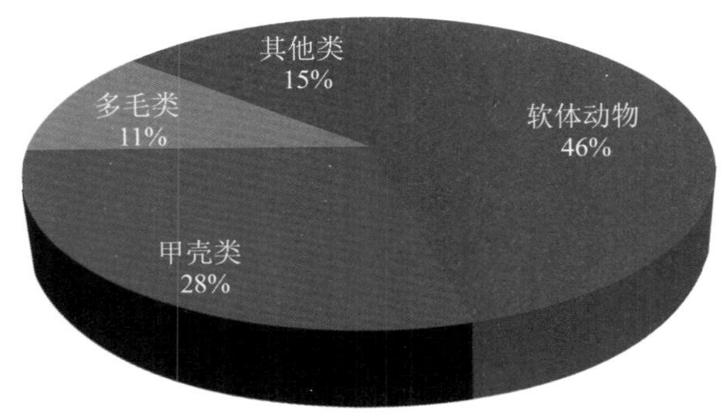

图8.2.17 污损生物种类数百分比

（2）垂向分布

污损生物种类垂向分布呈现为低潮带多于中潮带。中潮带附着生物的主要分布种为甲壳类的泥藤壶、软体动物的黑荠麦蛤，腔肠动物分布很少；低潮带的附着生物种类及数量明显增多，呈现出泥藤壶、海葵、牡蛎及苔藓动物为主的分布特征。

(3) 季节变化

根据春、夏、秋、冬四季的收板样品分析表明:污损生物季节变化显著,其中春季污损生物生长最为丰富,共出现各类生物 9 种,其次夏季为 4 种,秋、冬两季未见污损生物附着。污损生物半年板为上半年板(7 种) > 下半年板(3 种)。年板中共鉴定出污损生物 18 种(包含绳子上的附着生物)。根据三门核电厂工程附近海域污损生物季节附着情况分析可知,挂板区污损生物的主要附着期出现于春、夏两季,半年板和年板中的污损生物种类大多为春、夏季附着种。

8.2.6.3 数量组成、分布及季节变化

(1) 数量组成

季板:污损生物的数量组成见表 8. 2. 18。季板的污损生物平均生物量为 3 146. 08 g/m^2,密度为 12 896 个/m^2。生物量组成中甲壳类占据明显优势,约为总生物量的 89. 1%,其次为软体动物,约占 10. 5%,其他几类污损生物的生物量所占比例很低。季板的污损生物密度仍以甲壳动物为最大,约占总密度的 79. 5%,其次为软体动物,约占 20. 1%。

半年板:污损生物的平均生物量为 5 391. 63 g/m^2,密度为 29 520 个/m^2。上半年板污损生物附着类群明显多于下半年。上半年污损生物的生物量最高为甲壳动物,占上半年总数的 95. 1%,其次为软体动物,占总数的 4. 8%。密度为甲壳动物最高,约占总密度的 78. 6%,其次为软体动物,占 21. 1%。其他几类污损生物所占比例很低。下半年板污损生物附着生物类群较少,仅出现甲壳动物和软体动物,种类较单一。

年板:污损生物的平均生物量为 13 760. 83 g/m^2,密度为 14 763 个/m^2。甲壳类的生物量具明显优势,约占年生物量的 78. 1%,其次为软体动物,约占 21. 8%,其他几类的生物量相对较低,密度组成与生物量相似,甲壳类和软体动物分别占年密度的 54. 2%和 43. 8%,是污损生物数量的主要代表类群。

季板、半年板、年板中的污损生物主要分布类群为软体动物和甲壳类,这两个类群污损生物是三门核电厂取排水口邻近区域污损生物的主要构成类群。

表 8. 2. 18 污损生物的生物量和密度组成表

数量	试板	多毛类	软体动物	甲壳类	其他类	合计
生物量(g/m^2)	季板	1. 34	330. 08	2 803. 45	11. 21	3 146. 08
	半年	0. 12	635. 47	4 755. 65	0. 39	5 391. 63
	年板	10. 93	3 003. 67	10 743. 42	2. 81	13 760. 83
	平均值	4. 13	1 323. 07	6 100. 84	4. 80	7 432. 85
密度(个/m^2)	季板	35	2 590	10 257	14	12 896
	半年	14	6 382	23 041	83	29 520
	年板	208	6 472	8 000	83	14 763
	平均值	86	5 148	13 766	60	19 060

(2) 垂向分布

季板：污损生物生物量垂向分布为低潮带(9 239. 49 g/m^2) > 中潮带(198. 78 g/m^2) > 高潮带(0 g/m^2)。密度的垂向分布为低潮带(36 655 个/m^2) > 中潮带(2 031 个/m^2) > 高潮带(0 个/m^2)。春、夏两季污损生物的生物量和密度的垂向分布均为低潮带远高于其他潮带。秋、冬两季未发现污损生物附着，如表 8. 2. 19 所示。

表 8. 2. 19　季板污损生物的生物量和密度的垂向分布表

数量	潮带	春季	夏季	秋季	冬季	平均
生物量(g/m^2)	高潮带	0	0	0	0	0
	中潮带	763.72	31.42	0	0	198.78
	低潮带	32 787.36	4 170.62	0	0	9 239.49
	平均	11 183.69	1 400.68	0	0	3 146.09
密度(个/m^2)	高潮带	0	0	0	0	0
	中潮带	7 750	375	0	0	2 031
	低潮带	112 995	33 624	0	0	36 655
	平　均	40 248	11 333	0	0	12 895

半年板：污损生物平均生物量为低潮带(15 629. 02 g/m^2) > 中潮带(545. 89 g/m^2) > 高潮带(0 g/m^2)，上半年板的生物量明显高于下半年。半年板平均密度低潮带(83 143 个/m^2) > 中潮带(5 416 个/m^2) > 高潮带(0 个/m^2)，上半年板的密度显著高于下半年(表 8. 2. 20)。

年板：污损生物生物量的垂向分布为低潮带(36 882. 94 g/m^2) > 中潮带(4 399. 53 g/m^2) > 高潮带(0 g/m^2)，年板的生物量各潮带均高于半年板平均数的分布特征。年板密度则呈现低潮带(34 249 个/m^2) > 中潮带(10 041 个/m^2) > 高潮带(0 个/m^2)的分布趋势(表 8. 2. 20)。

表 8. 2. 20　半年板和年板污损生物的生物量和密度的垂向分布表

数量	潮带	上半年板	下半年板	半年板平均	年板(1～12 月)
生物量(g/m^2)	高潮带	0	0	0	0
	中潮带	1 088. 33	3. 46	545. 89	4 399. 53
	低潮带	27 669. 48	3 588. 56	15 629. 02	36 882. 94
密度(个/m^2)	高潮带	0	0	0	0
	中潮带	10750	83	5 416	10 041
	低潮带	153 244	13 041	83 143	34 249

(3) 季节变化

季板：污损生物生物量季节分布差异明显，春季(11 183. 69 g/m^2) > 夏季(1 400. 68 g/m^2)，秋、冬两季均未见污损生物附着。春、夏两季中甲壳动物生物量明显高于其他几个类群的生物(表 8. 2. 21)。密度分布仍为春季(40 248 个/m^2) > 夏季(11 333 个/m^2)。甲壳动物在春、夏两季密度中占据主导地位，是三门湾污损生物密度分布的主要类群。

半年板：半年板中，上半年生物量(9 585.94 g/m^2)明显高于下半年(1 197.34 g/m^2)，相差约8倍之多；栖息密度与生物量分布一致，上半年(54 664个/m^2)明显高于下半年(4 375个/m^2)，两者相差约11倍之多。表明上半年污损生物附着的数量大，但个体则相对小一些。

表 8.2.21 污损生物生物量和密度分布比较表

数量	试板	月份	多毛类	软体动物	甲壳类	其他类	合计
生物量(g/m^2)	季板	1～3	0	0	0	0	0
		4～6	5.36	713.43	10 420.04	44.86	11 183.69
		7～9	0	607	793.77	0	1 400.68
		10～12	0	0	0	0	0
		平均值	1.34	330.11	2 803.45	11.22	3 146.09
	半年板	1～6	0.25	464.72	9120.19	0.78	9 585.94
		7～12	0	806.23	391.11	0	1 197.34
		平均值	0.13	635.48	4 755.65	0.39	5 391.64
	年板	1～12	10.93	3 003.67	10 743.42	2.81	13 760.82
密度(个/m^2)	季板	1～3	0	0	0	0	0
		4～6	139	7 958	32 096	56	40 248
		7～9	0	2 403	8 930.20	0	11 333
		10～12	0	0	0	0	0
		平均值	35	2 590	10 257	14	12 895
	半年板	1～6	28	11 513	42 957	167	54 664
		7～12	0	1 250	3 125	0	4 375
		平均值	14	6 382	23 041	84	29 520
	年板	1～12	208	6 472	8 000	83	14 763

年板：污损生物平均生物量为13 760.82 g/m^2，平均密度为14 763个/m^2。生物量为半年板平均的约2.5倍，但密度分布小于半年板平均数。这表明随挂板时间的增加，污损生物个体的增大，生物量呈现较快增长，但由于挂板面积的有限，密度有所降低。

8.2.6.4 污损生物覆盖率

季板：春季板，中潮带挂板的污损生物覆盖率为30%左右，低潮带挂板的覆盖率为80%左右，中潮带挂板的附着生物仅有藤壶和牡蛎，低潮带的附着生物主要为藤壶和牡蛎，并附有多毛类、小型的螺类和矶海葵等。夏季板，中潮带挂板的覆盖率为10%左右，低潮带挂板的覆盖率为50%左右，中潮带附着生物只有藤壶和牡蛎，低潮带附着生物主要为藤壶和牡蛎，并附有黑荞麦蛤。

半年板：由于冬季挂板没有污损生物附着，所以上半年板污损生物的附着状况与春季板相似。下半年，中潮带挂板的污损生物覆盖率为5%左右，低潮带挂板的覆盖率为40%左右，中潮带挂板的附着生物仅有藤壶,低潮带的附着生物仅有藤壶和牡蛎。

年板:中潮带挂板污损生物覆盖率约为 50%,低潮带挂板的覆盖率为 95%左右;中潮带挂板的附着生物主要为藤壶和牡蛎,附有淡路齿口螺和黑荞麦蛤,低潮带附着生物主要为藤壶、牡蛎和黑荞麦蛤,并附有多毛类、小型的螺类和海葵等。

8.2.6.5　污损生物主要种类分布

泥藤壶:该物种春、夏两季在中潮带和低潮带均有附着。根据冬季板、夏季板和半年板附着种类个体大小不一的情况分析推测,该物种附着时间最早可能从 4 月开始,附着面积占污损生物的 80%～90%。季板中,春季板泥藤壶的数量明显高于夏季板,春季泥藤壶的生物量和密度低潮带(30 501. 36 g/m^2, 90 330 个/m^2)明显高于中潮带(758. 76 g/m^2, 5 958 个/m^2),夏季板的数量减少,但同样是低潮带(2 350. 36 g/m^2, 26 499 个/m^2)高于中潮带(30. 96 g/m^2, 292 个/m^2)。可能由于夏季水温较高影响了部分污损生物的附着,尤其是中潮带的影响更为明显。半年板中,上半年板泥藤壶的数量明显高于下半年板,上半年的生物量和密度低潮带(26 279. 87 g/m^2, 121 162 个/m^2)明显高于中潮带(1 079. 62 g/m^2, 7 458 个/m^2),下半年板的数量减少,同样是低潮带(1 169. 87 g/m^2, 9 291 个/m^2)高于中潮带(3. 46 g/m^2, 83 个/m^2)。而年板中的泥藤壶数量并不高,但也是低潮带(671. 19 g/m^2, 386 个/m^2)高于中潮带(102. 03 g/m^2, 186 个/m^2)。泥藤壶的生物量和密度分别占本区污损生物总数的 81. 6%和 66. 2%,是三门湾海域最主要的污损生物种类。

近江牡蛎:该物种的数量仅次于泥藤壶,并且在春、夏季的中潮带和低潮带均有附着。季板中,春季板近江牡蛎的数量(1 061. 65 g/m^2, 11 395 个/m^2)明显高于夏季板(909. 82 g/m^2, 3 500 个/m^2)。半年板中,近江牡蛎的密度上半年(15 020 个/m^2)高于下半年(1 875 个/m^2),生物量则为下半年(1 209. 35 g/m^2)高于上半年(689. 45 g/m^2)。而年板中的近江牡蛎平均生物量和密度分别为 4 370. 74 g/m^2 和 6 500 个/m^2。近江牡蛎是三门湾海域除泥藤壶以外的另一主要污损生物物种。

8.2.6.6　污损生物群落特征

三门湾海域中潮带和低潮带为污损生物的密集分布区,但不同潮带的分布也有差异;高潮带挂板则未发现污损生物附着。

(1) 中潮带为泥藤壶-近江牡蛎生物群落

中潮带挂板中污损生物的种类数很少,季板和半年板均仅附着泥藤壶和近江牡蛎,年板中除了泥藤壶和近江牡蛎以外,还附着了淡路齿口螺和黑荞麦蛤,但数量极少。

(2) 低潮带为泥藤壶-近江牡蛎-黑荞麦蛤群落

低潮带挂板中同样以泥藤壶和近江牡蛎为优势附着生物,另外黑荞麦蛤在低潮带分布也较多。数量上低潮带附着度远高于中潮带,尤其是泥藤壶覆盖率达 80%～90%。此外低潮带群落附着生物种类数也远高于中潮带，独齿围沙蚕、杂色伪沙蚕、东方缝栖蛤、布尔小核螺、特异扇蟹、斑点相手蟹、纵条矶海葵、侧花海葵等种类分布在藤壶间的空隙内。

猫头山嘴（三门核电厂）邻近海域污损生物春、夏两季附着种类和数量明显多于秋、冬两季，垂向分布为低潮带的附着生物种类和数量均明显高于其他潮带，表明该海域污损生物种类及数量的主要附着期为春、夏两季，春季是污损生物高附着期，夏季水温升高后，附着生物逐渐减少。而低潮带的附着生物覆盖率较高，密集的生物群落在相对小的空间内提供了更多的空间异质性，为其他生物提供了很好的生境条件，因此在种类和数量上均高于其他潮带。

8.2.6.7 与历史资料比较

（1）种类数量

2005 年污损生物挂板试验共鉴定出 61 种，其中多毛类 11 种，软体动物 19 种，甲壳类 18 种，其他类 13 种。2013 年挂板试验与 2005 年资料比较结果表明（图 8.2.18）：该海域污损生物种类的总数由 2005 年的 61 种降低至 2013 年的 46 种。各类群中，除软体动物的种类数增加外，其他类群的污损生物种类数均有所降低。

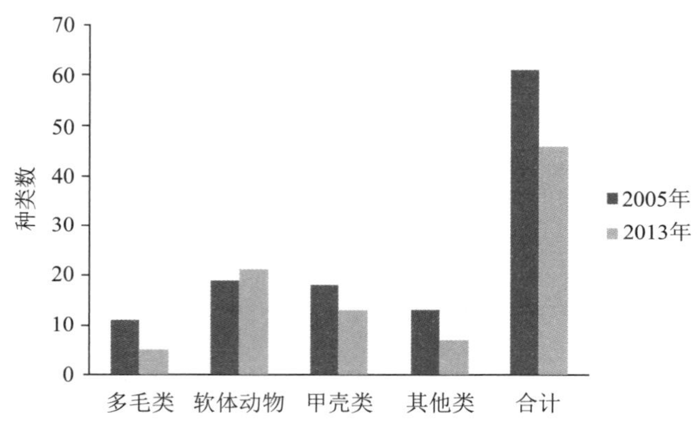

图 8.2.18　污损生物种类数与历史资料比较

（2）主要分布种

2005 年主要分布种有纵条肌海葵、太平洋侧花海葵、曲膝薮枝螅、双齿围沙蚕、僧帽牡蛎、近江牡蛎、泥藤壶等，其中泥藤壶、僧帽牡蛎、纵条肌海葵、曲膝薮枝螅的出现率最高。2013 年挂板试验的主要分布种有纵条肌海葵、侧花海葵、独齿围沙蚕、近江牡蛎、黑荞麦蛤、泥藤壶等，其中纵条肌海葵、近江牡蛎、黑荞麦蛤、泥藤壶的出现率最高。与 2005 年相比，海葵、牡蛎、藤壶依然为该海域的主要污损生物分布种，但是黑荞麦蛤取代了曲膝薮枝螅，成为新的主要种之一。

（3）生物量

2005 年季板污损生物的平均生物量为 1 896.72 g/m^2，平均密度为 8 909 个/m^2。半年板污损生物的平均生物量为 4 556.18 g/m^2，平均密度为 10 160 个/m^2。年板污损生物的平均生物量为 10 881.18 g/m^2，平均密度为 11 085 个/m^2。2013 年挂板试验结果与 2005 年相比，季板、半年板和年板污损生物的平均生物量和平均密度均明显增加，如图 8.2.19 所示。

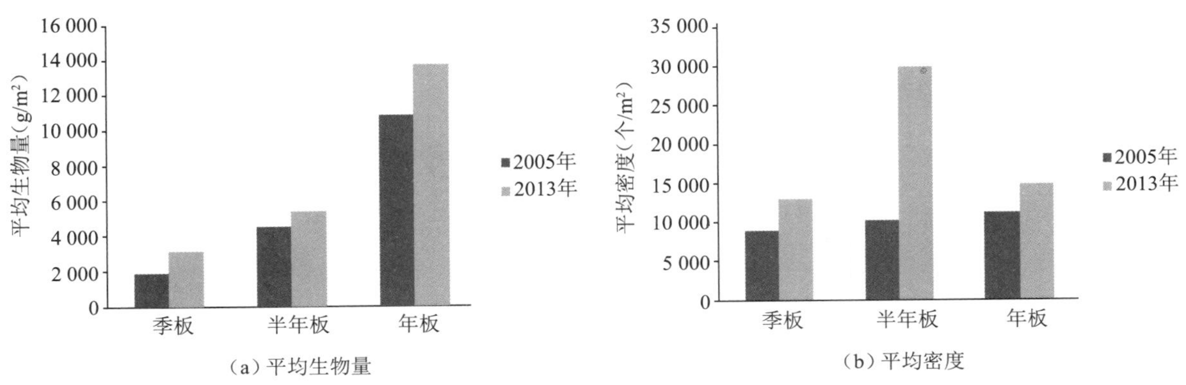

图 8.2.19 污损生物平均生物量和平均密度与历史资料比较

根据挂板污损生物附着的季节变化分析表明：季节变化明显。2005 年季板污损生物的数量为夏季(5 446.03 g/m^2，24 138 个/m^2) > 春季(2 131.33 g/m^2，11 305 个/m^2) > 秋季(9.5 g/m^2，195 个/m^2)，冬季无污损生物附着。2013 年挂板试验结果表明，季板污损生物的数量春季(11 183.69 g/m^2，40 248 个/m^2) > 夏季(1 400.68 g/m^2，11 333 个/m^2)，而秋、冬两季无污损生物附着。

根据不同潮带污损生物群落分析可知，2013 年挂板试验与历史资料相近。2005 年中潮带为泥藤壶-僧帽牡蛎-黑荞麦蛤群落；低潮带为藤壶-海葵-薮枝螅群落。中潮带以下为污损生物密集分布区，藤壶是最密集分布的种群，其他有海葵、牡蛎和水螅等种类。2013 年挂板试验为，中潮带为泥藤壶-近江牡蛎生物群落；低潮带为泥藤壶-近江牡蛎-黑荞麦蛤群落，中潮带以下为污损生物密集分布区，藤壶是最密集分布的种群，其他有牡蛎和黑荞麦蛤等种类。

综合上文分析表明：调查海域污损生物的种类、数量和群落均呈现出年际差异。这可能与相关种类的生物学特性和人类开发活动造成的周围海域物理和环境条件变化等因素有关。

8.2.7 生物体质量

8.2.7.1 材料与方法

生物体质量分析站位从生物生态站中选择，春、秋两季每季选择 12 个站进行采样，采样方法按照《海洋调查规范》第 6 部分：海洋生物调查所规定的底栖拖网在设定站位附近进行拖网，以 2～3 节的船速持续 20 分钟。此外在项目所设潮间带中广泛采集可用于分析的生物，进行生物体质量分析。所获生物样品立即冰鲜保存、带回实验室后称重消解，采用表 8.2.22 中的分析方法进行测定。

表 8.2.22　生物体质量调查项目分析方法表

检测要素	检测方法	仪器名称	检出限($\times 10^{-6}$)	执行规范
石油烃	荧光分光光度法	荧光分光光度计	0.2	《海洋监测规范》GB 17378.6—2007
铜	无火焰原子吸收分光光度法	原子吸收光度计	0.4	
铅	无火焰原子吸收分光光度法	原子吸收光度计	0.04	
镉	无火焰原子吸收分光光度法	原子吸收光度计	0.005	
锌	火焰原子吸收分光光度法	原子吸收光度计	0.4	
总铬	无火焰原子吸收分光光度法	原子吸收光度计	0.04	
汞	原子荧光法	原子荧光光度计	0.002	
砷	原子荧光法	原子荧光光度计	0. 2	

8.2.7.2　评价标准

生物体质量的评价标准，由于国家未规定鱼类、甲壳类和软体动物（非双壳类）的标准限量值。因此，生物体的重金属参照《全国海岛资源综合调查简明规程》（1993 年）中“海洋生物内污染物评价标准”的规定进行评价，而石油烃则参照《海洋生态环境监测技术规程》中的规定进行评价，双壳贝类的重金属与石油烃评价采用《海洋生物质量标准》（GB 18421—2001），详见表 8. 2. 23。

表 8. 2. 23　海洋生物质量标准值　（单位：mg/kg）

生物种类		铜	铅	锌	铬	镉	总汞	砷	石油烃
鱼类		20	2	40	2	0.6	0.3	5	20
甲壳类		100	2	150	2	2	0.2	8	20
软体动物（非双壳贝类）		100	2	150	2	2	0.2	8	20
软体动物（双壳贝类）	Ⅰ类	10	0.1	20	0.5	0.2	—	1	15
	Ⅱ类	25	2	50	2	2	—	5	50
	Ⅲ类	50	6	100	6	5	—	8	80
评价标准		鱼类、甲壳类和软体动物（非双壳贝类）的重金属评价采用《全国海岛资源综合调查简明规程》（1993 年）中“海洋生物内污染物评价标准”的规定，石油烃评价采用《海洋生态环境监测技术规程》，双壳贝类的重金属与石油烃评价采用《海洋生物质量标准》（GB 18421—2001）							

8.2.7.3　海洋生物质量现状调查结果

海洋生物体质量春、秋两季调查采样站各为 14 个（海域 12 个和潮间带 2 个），其中春季采集样品 26 个（甲壳类 10 个、鱼类 12 个、软体类 4 个）；秋季采集样品 32 个（甲壳类 12 个、鱼类 15 个、软体类 5 个)。对生物体中的铜、铅、锌、镉、总汞、砷、铬以及石油烃的残留量进行了测定分析,测试分析结果如表 8.2.24 和表 8.2.25 所示。

表 8.2.24　春季调查生物体质量分析结果　(鲜重,单位:mg/kg)

站位	生物种名	类别	铜	铅	锌	铬	镉	总汞	砷	石油烃
S02	中国毛虾	甲壳类	14.60	0.58	11.35	0.85	0.75	0.054	1.67	12.0
S02	细螯虾	甲壳类	12.85	0.28	21.90	0.82	0.06	0.093	0.49	12.0
S03	龙头鱼	鱼类	3.54	0.88	8.35	0.66	0.37	0.002	1.58	14.0
S03	鳀鱼	鱼类	3.96	1.17	11.61	0.15	0.49	0.053	1.91	14.0
S05	银鲳	鱼类	4.48	0.33	11.36	0.90	0.15	0.055	1.14	13.0
S05	中国毛虾	甲壳类	3.23	0.74	54.80	0.73	0.50	0.029	0.95	8.8
S06	鳀鱼	鱼类	2.87	0.06	18.00	0.30	0.28	0.062	2.16	8.0
S06	六丝矛尾虾虎鱼	鱼类	4.14	1.37	12.80	0.28	0.05	0.012	3.61	10.0
S08	棘头梅童鱼	鱼类	0.65	0.77	16.33	0.59	0.12	0.025	3.35	9.4
S08	毛蚶	软体类	6.93	0.35	14.01	0.38	0.22	0.039	1.32	41.0
S11	焦氏舌鳎	鱼类	3.52	0.38	10.59	0.91	0.45	0.045	1.89	16.0
S11	鳀鱼	鱼类	1.63	0.76	19.33	0.09	0.11	0.094	1.40	15.0
S14	安氏白虾	甲壳类	4.75	0.84	24.77	0.61	0.82	0.083	2.37	9.6
S14	中国毛虾	甲壳类	15.19	0.04	27.09	0.02	0.60	0.073	0.80	8.0
S15	长蛸	软体类	8.28	0.87	6.55	0.39	0.06	0.004	2.71	19.0
S15	口虾蛄	甲壳类	7.25	0.14	48.80	0.18	0.54	0.060	1.82	12.0
S17	鲻鱼	鱼类	3.81	0.66	5.92	0.45	0.07	0.064	2.49	12.0
S17	锯缘青蟹	甲壳类	16.11	0.68	56.96	0.29	0.54	0.081	2.52	8.8
S20	龙头鱼	鱼类	0.04	0.29	15.72	0.27	0.32	0.031	3.29	10.0
S20	中华管鞭虾	甲壳类	2.76	0.05	41.97	0.23	0.87	0.035	2.19	9.2
S23	口虾蛄	甲壳类	19.99	0.88	48.69	0.71	0.82	0.004	0.78	8.8
S23	中国毛虾	甲壳类	15.31	0.18	27.93	0.77	0.00	0.091	1.84	8.2
S26	龙头鱼	鱼类	0.00	0.33	16.81	0.01	0.24	0.012	2.43	6.9
S26	棘头梅童鱼	鱼类	3.73	0.39	19.35	0.39	0.27	0.011	3.40	9.8
T2	缢蛏	软体类	2.96	0.10	12.56	0.09	0.67	0.041	1.38	13.2
T4	近江牡蛎	软体类	7.56	0.09	19.34	0.18	0.12	0.040	1.02	14.1

表 8.2.25 秋季调查生物体质量分析结果 （鲜重，单位：mg/kg）

站位	生物种名	类别	铜	铅	锌	铬	镉	总汞	砷	石油烃
S02	鲻鱼	鱼类	0.74	0.12	7.90	0.33	0.12	0.017	1.41	11.0
S02	尖头黄鳍牙［鱼或］	鱼类	2.26	0.89	11.27	0.05	0.37	0.012	2.83	10.0
S03	鲈鱼	鱼类	2.19	1.12	17.43	0.41	0.18	0.013	2.16	9.3
S03	斑鰶	鱼类	2.13	0.83	18.17	0.79	0.31	0.005	1.28	11.0
S03	青蟹	甲壳类	0.53	0.02	45.12	0.26	0.72	0.029	1.44	8.5
S05	虾蛄	甲壳类	10.10	0.64	46.84	0.68	0.72	0.071	1.80	17.0
S05	青蟹	甲壳类	12.59	0.33	35.69	0.16	0.66	0.013	0.45	7.4
S06	舌鳎	鱼类	1.39	0.01	16.39	0.41	0.04	0.002	3.64	16.0
S06	黑鲷	鱼类	1.25	0.90	13.79	0.51	0.45	0.068	0.12	6.8
S08	虾蛄	甲壳类	7.35	0.67	14.78	0.79	0.31	0.036	2.42	10.0
S08	长蛸	软体类	9.81	0.41	7.26	0.89	0.16	0.044	2.06	10.0
S08	黑鲷	鱼类	4.80	0.24	18.65	0.10	0.06	0.089	3.39	12.0
S11	青蟹	甲壳类	8.18	0.43	26.91	0.56	1.04	0.008	2.54	7.8
S11	舌鳎	鱼类	1.75	0.72	20.98	0.73	0.24	0.069	0.86	7.9
S14	斑鲟	鱼类	1.22	0.57	14.84	0.70	0.43	0.001	2.01	12.0
S14	双斑蟳	甲壳类	4.99	0.24	48.29	0.00	1.03	0.019	2.27	8.5
S14	青蟹	甲壳类	18.25	0.06	39.77	0.70	1.08	0.067	2.28	8.4
S15	长蛸	软体类	9.95	0.48	8.41	0.65	0.27	0.019	1.44	16.0
S15	虾蛄	甲壳类	2.77	0.45	10.28	0.43	0.37	0.045	0.34	13.0
S17	双斑蟳	甲壳类	16.50	0.47	21.97	0.58	0.17	0.029	2.96	11.0
S17	梅童鱼	鱼类	2.65	0.13	22.70	0.97	0.10	0.094	0.21	10.0
S17	海鳗	鱼类	1.92	1.32	24.20	0.97	0.17	0.022	2.64	15.0
S20	斑鲟	鱼类	0.14	0.73	17.84	0.50	0.32	0.076	0.17	12.0
S20	双斑蟳	甲壳类	11.66	0.56	32.70	0.76	0.02	0.041	2.56	9.1
S20	凤鲚	鱼类	1.78	1.20	10.93	0.24	0.23	0.032	1.80	18.0
S23	尖头黄鳍牙［鱼或］	鱼类	4.33	0.65	17.06	0.48	0.48	0.015	3.73	14.0
S23	海鳗	鱼类	3.43	1.18	21.76	0.63	0.17	0.054	2.40	16.0
S26	长蛸	软体类	4.40	0.09	6.27	0.68	0.12	0.046	2.59	9.9
S26	双斑蟳	甲壳类	5.00	0.76	31.72	0.28	0.49	0.024	2.73	4.8
S26	中华管鞭虾	甲壳类	15.89	0.61	12.29	0.33	0.91	0.029	2.90	6.4
T1	牡蛎	软体类	4.10	0.07	22.02	0.04	0.17	0.060	0.86	13.1
T2	缢蛏	软体类	15.00	0.09	23.10	0.06	0.11	0.052	0.96	5.5

8.2.7.4　评价结果

参照上述评价标准，对不同生物类型的生物体重金属及石油烃残留量进行单因子标准指数评价。评价结果表明：在所获取的生物样品中，除双壳贝类毛蚶（采用《海洋生物质量标准》进行评价）外，其他生物样品的重金属残留量均未超出《全国海岛资源综合调查简明规程》（1993 年）中“海洋生物内污染物评价标准”中规定的限量标准，石油烃的残留量均未超出《海洋生态环境监测技术规程》中所规定的限量标准。对于软体类，在春季生物样品中，海域中毛蚶的铅、镉、砷、石油烃含量以及潮间带的近江牡蛎和缢蛏中的砷含量，略超出海洋生物质量Ⅰ类标准，但均符合Ⅱ类标准。秋季潮间带的生物样品中，牡蛎的锌含量以及缢蛏的铜、锌含量，略超出Ⅰ类标准，但均符合Ⅱ类标准。其他生物样品的各参数调查结果均符合Ⅰ类标准。调查海域生物体质量总体良好。

参考文献

[8-1] 寿鹿，曾江宁，薛斌，等. 浙江沿岸生态环境及海湾环境容量[M]. 北京：海洋出版社，2015.

[8-2] 任文伟，郑师章. 人类生态学[M]. 北京：中国环境科学出版社，2004.

[8-3] 曾江宁，潘建明，梁楚进，等. 浙江省重点海湾生态环境综合调查报告[M]. 北京：海洋出版社，2011.

[8-4] 沈国英，施并章. 海洋生态学[M]. 北京：科学出版社，2002.

[8-5] 刘镇盛，蔡昱明. 三门湾秋季浮游植物现存量和初级生产力[J]. 东海海洋，2003，21(2)：30-36.

[8-6] 刘镇盛、张经. 三门湾夏季浮游植物现存量和初级生产力[J]. 东海海洋，2003，21(3)：24-33.

[8-7] 浙江省海岸带资源综合调查队. 浙江省海岸带资源综合调查专业报告(之九). 海洋生物[R]. 1985.

[8-8] 范明生，邵晓阳，蔡如星，等. 象山港、三门湾潮间带生态学研究(Ⅰ)：种类组成与分布[J]. 东海海洋，1996(4)：27-34.

[8-9] 邵晓阳，蔡如星，王海明，等. 象山港、三门湾潮间带生态学研究(Ⅱ)：数量组成与分布[J]. 东海海洋，1996(4)：35-41.

[8-10] 曾地刚，蔡如星，黄宗国，等. 东海污损生物群落研究(Ⅰ)：种类组成和分布[J]. 东海海洋，1999，17(1)：49-51；54-56.

[8-11] 曾地刚，蔡如星，黄宗国，等. 东海污损生物群落研究(Ⅱ)：数量组成与分布[J]. 东海海洋，1999，17(1)：57-60.

[8-12] 曾地刚，蔡如星，黄宗国，等. 东海污损生物群落研究(Ⅲ)：群落结构[J]. 东海海洋，1999，17(4)：47-50.

第9章　海湾资源概况及开发利用现状

三门湾海域岛屿众多，水道纵横，潮滩发育，海域开阔，拥有丰富的深水岸线资源、港口航道及锚地资源、渔业资源、海涂资源、海岛资源、旅游资源和海洋能等多种海洋资源，是集多种资源于一体的多功能性海湾。潮滩主要分布于三门湾港汊之间的水动力流影区，形似舌状，最大潮滩为宁海县的下洋涂；港口航道主要为湾内的港汊和水道，风浪较小，水深相对较深；港区主要为三门湾南部的健跳港和东北部的石浦港；海岛遍布于湾内，岛周边生态环境良好；渔业资源以三门县的青蟹最负盛名；海洋旅游资源主要分布于湾内海岛和三门核电站；海洋能资源主要分布于健跳港附近海域。三门湾具有建港、海水增养殖、发展临港工业和滨海旅游业等多种功能。

9.1　海洋资源

自然资源是指在一定时间条件下，能够产生经济价值以提高人类当前和未来福利的自然环境因素的总称。

联合国环境与发展大会重要文件《21世纪议程》[9-1]郑重说明：海洋是全球生命支持系统的一个基本组成部分，是一种有助于实现可持续发展的宝贵财富。海洋蕴藏着丰富的自然资源与能源，被誉为“蓝色的聚宝盆”。而海湾是一个丰富的资源库，从低级的微生物细菌到高级的鱼、贝、虾、蟹应有尽有，形成了完整的生物链和生物群落，为人类社会提供了丰富的资源。

9.1.1　深水岸线资源

三门湾为一典型的半封闭强潮型海湾，湾内风浪较小，多潮流通道，是建设港口的理想区域，各岸段资源特征和开发利用现状如表9.1.1所示。三门湾猫头山嘴沿岸附近岸段主要为基岩海岸，水深9～12 m，具备建万吨级以上深水泊位的自然条件，近期可开发的深水岸线约为3 km。健跳港深水岸线长约10 km，水深介于9～30 m之间，港域水体含沙量较低，深槽稳定，深水岸线资源是三门县的优势资源。全县大陆岸线和岛屿岸线总长314.7 km，其中大陆岸线长165 km。岸线前沿水深大于5 m的岸段主要分布在健跳港口内、外，其中黄门峡至高湾山嘴、龙山、洋市涂、牛山嘴、五子岛和三门岛岸段可开发深水港，发展临港工业和休闲旅游。

表 9.1.1 深水岸段资源、环境特征和开发利用现状一览表

岸段名称	长度(km)	资源环境特征	开发利用状况
大黄礁至赤头山嘴	4.0	水深大于 5 m，猫头山北侧水深大于 10 m，通航能力 5 000 吨级	已建三门核电 5 000 吨级重件码头
龙山岛	7.1	健跳港口门龙山岛，水深为 7～12 m，乘潮通航 35 000 吨级	待开发公共泊位。
健跳港北岸(黄门峡至猫儿屿)	6.8	健跳港北岸，前沿水深为 3～6 m，乘潮通航 2 000～3 000 吨级	船舶工业码头、二级渔港码头，1 000 吨级码头 6 座
健跳港南岸(健跳大桥至高湾山嘴)	3．2	水深大于 5 m，乘潮通航 3 000～5 000 吨级	已建 5 000 吨级码头，七市塘为船舶工业基地
洋市涂	1.3	岬角外水深大于 5 m，岬角间潮滩发育，乘潮通航 10 000 吨级	洋市涂岬角间潮滩已进行区域农业围垦造地
后坑涂	1.3	岬角外水深大于 5 m，岬角间潮滩发育，乘潮通航 10 000 吨级	待开发临港工业
牛山涂(茅栏嘴至南嘴头至草头村)	2.5	岬角处水深大于 7 m，草头村外滩涂发育，乘潮通航 30 000 吨级	电力工业，浙江浙能台州第二发电厂
五子岛岸段	1.9	位于三门湾口五子岛，前沿水深 5 m，乘潮通航 5 000 吨级	开发休闲旅游
三门岛岸段	3.0	位于三门湾口三门岛，前沿水深大于 5 m，乘潮通航 5 000 吨级	待开发休闲旅游

9.1.2 港口航道和锚地资源

三门湾港口航道资源丰富，按其地理区域及承载功能，分为健跳港口航道资源区和石浦港口航道资源区。三门湾为半封闭型港湾，环境隐蔽，是避风待泊的理想之地，沿岸现有锚地 4 处。

(1) 健跳港口航道资源

健跳港是台州组合港的深水港区之一，位于三门湾西南，距三门县和甬台温铁路约 20 km，甬台温沿海高速公路贯穿港区，是浙东最便捷的出海通道之一。港域口门有龙山岛和小狗头山等岛屿作屏障，使健跳港成为天然避风良港，港口开发前景广阔。航道主要有蛇蟠、猫头、满山和健跳等 4 条航道(表 9.1.2)。蛇蟠航道介于大陆岸滩与蛇蟠半岛之间(由于蛇蟠岛周围的围垦造地，目前蛇蟠岛已与大陆相连，故称为蛇蟠半岛)，蛇蟠航道呈东西走向，长约 11 km，最窄处约 1.5 km，水深 4.5～10.0 m，可通航 8 千吨级以下船舶；猫头航道位于三门湾南侧，由田湾岛和下万山岛与满山航道相隔，北端接蛇蟠水道，呈西北—东南走向，长约 9.5 km，宽约 3.0 km，水深 5.0 m 以上，可乘潮通航万吨级以下船舶，是出入海游港、正屿港、旗门港、沥洋港和胡陈港的主航线；三是满山航道：西北侧为五屿门岛，西南侧为田湾岛和下万山岛等岛屿，呈西北—东南走向，长约 9.0 km，宽约 2.7 km，可通航 5 千吨级以下船舶；四是健跳航道：位于健跳港，是米筛门、长杓门和狗头门航道的统称，其中米筛门航道和长杓门航道均位于健跳港口，分别呈南北走向和

东西走向，长约 1 km；狗头门航道位于健跳港口门外，呈西北—东南走向，长约 3.0 km，可通航（3.5～5.0）万吨级船舶，是贯通健跳与三门湾的咽喉要道。

表 9.1.2　三门湾健跳港航道资源表

航道	位置	长度（km）	宽度（km）	最浅水	可通航船舶吨级（DWT）
猫头航道	三门湾南侧	9.5	3.0	5.0	乘潮 10 000
满山航道	猫头航道北侧	9.0	2.7	4.5	乘潮 5 000
蛇蟠航道	大陆与蛇蟠半岛之间	11.0	1.5	4.5	乘潮 8 000
健跳航道	米筛门、长杓门和狗头门航道	4		5.4	乘潮 30 000

近期将重点开发建设对区域经济发展有重大影响的枢纽港区，重点建设一批进港道路、进港航道等重要基础设施，启动三门健跳港区进港航道整治工程[9-2]。通过对健跳港区进港航道局部浅水段进行疏浚整治后，使满足通航 3.5 万吨级和 5 万吨级散货船舶乘潮进出健跳港区的要求，健跳港区进港航道及锚地规划示意图见图 9.1.1。

（2）石浦港口航道资源

石浦港区包括石浦水道、珠门港等潮汐通道。石浦水道是三门湾东部连接外海的主要通道，西口与白礁水道的口门相连。石浦港区长 18 km，岸线长 26 km，宽 0.35～3 km。港区水域面积为 27 km^2，水深 4～33 m，平均水深 13 m，是东南沿海著名的避风良港和对台接待的重要口岸。2002 年经农业部批准，石浦港由原来的一级群众渔港上升为国家级中心渔港，成为浙江省唯一的国家级中心渔港。珠门港是三门湾东南连接外海的主要航道，北口与白礁水道口门相连。

（3）锚地资源

三门湾为半封闭型港湾，岛屿罗列，港汊众多，环境隐蔽，是避风待泊的理想之地。三门湾沿岸健跳港区现有锚地 4 处，分别为猫头水道小轮锚地、三门湾蛇蟠水道避风锚地、三门湾驳载锚地和大甲山锚地，锚地水深一般介于 8～12 m 之间，锚地总面积约 12.5 km^2。其中三门湾驳载锚地水深为 11～18 m，位于猫头山嘴以东海域，长 1.6 km，宽 1.3 km，面积约 2.204 km^2，是万吨轮驳载锚泊避风的理想之地；猫头水道小轮锚地水深为 8～10 m，面积约 3.06 km^2，可避 7 级东北及西南风；大甲山锚地位于花岙岛南部，面积约 6.5 km^2，水深 9～12 m，可供万吨级船舶锚泊避风，锚地现状见图 9.1.2。由于蛇蟠水道避风锚地位于蛇蟠水道，与三门湾大桥和六敖至蛇蟠三条管线存在选址冲突。因此，根据《台州市水路交通运输“十二五”发展规划》[9-2] 和《台州港沿海航道与锚地调整方案通航安全影响论证报告》[9-3]：调整方案取消了三门湾蛇蟠水道避风锚地（图 9.1.1）。

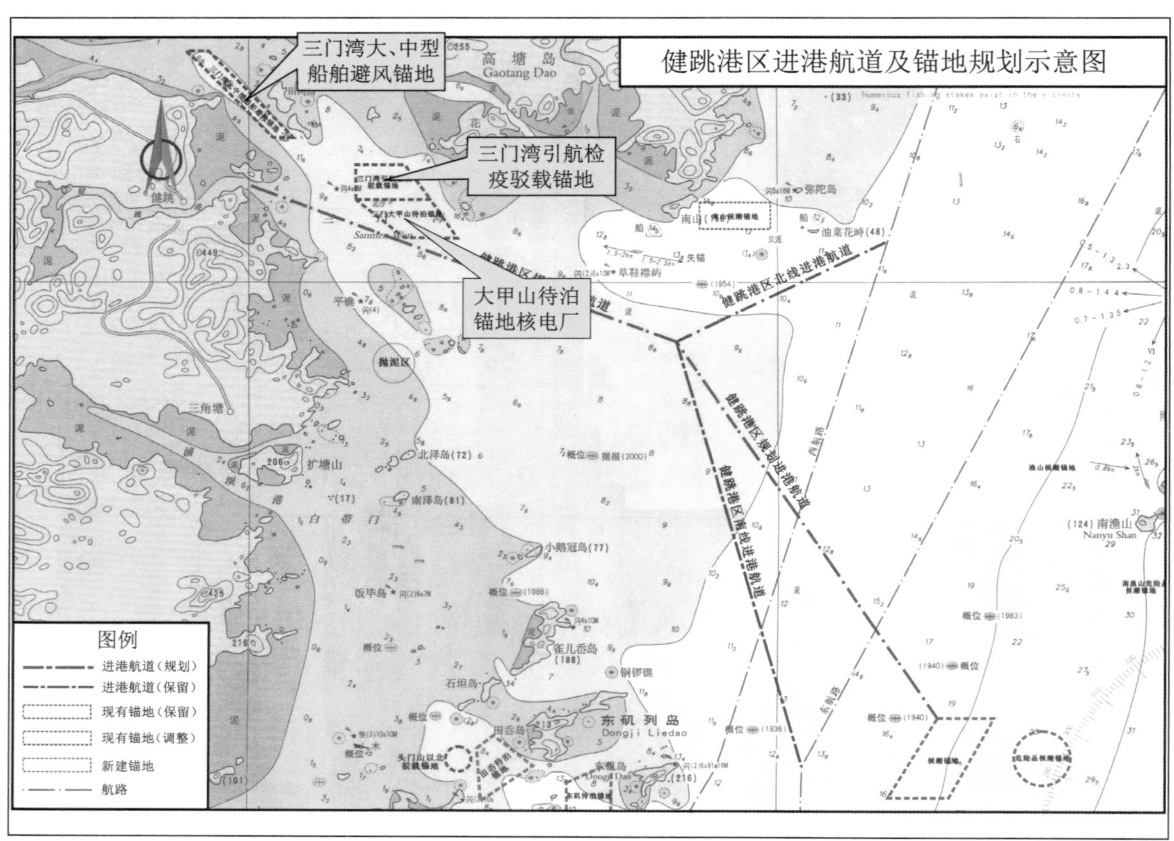

图 9.1.1 健跳港区进港航道及锚地规划示意图

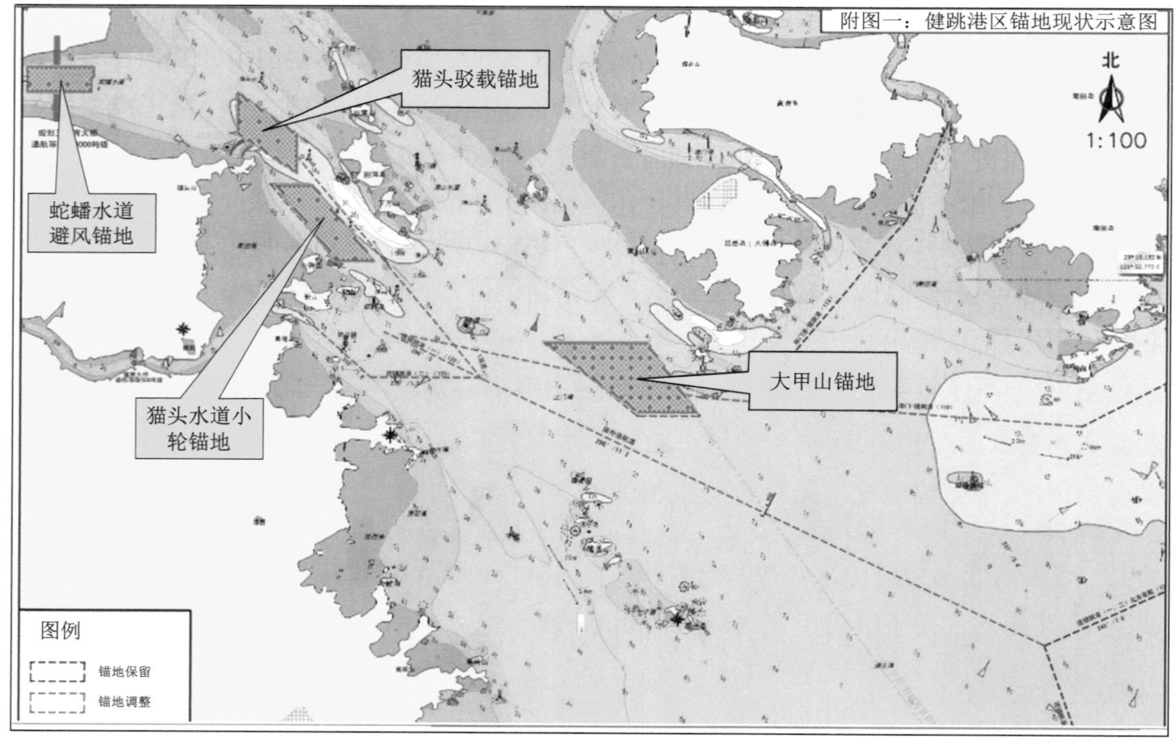

图 9.1.2 健跳港区锚地现状示意图

9.1.3　海洋渔业资源

三门湾是浙江省三大养殖港湾之一，亦是浙江省三大海水增养殖基地之一。海域潮流畅通，海水盐度适宜，水质肥沃，自然饵料丰富，适宜鱼、虾、贝、藻类繁衍生长，海洋生物种类繁多、海洋渔业资源丰富，属于富生物型海区。三门湾紧邻的鱼山渔场(28°00′～29°30′N，125°00′E 以西)是多种经济鱼类生长、繁育的优良场所。该渔场鱼类区系组成主要以暖水性种类占优势，暖温性种类次之。据 1997～2000 年调查，东海南部近海鱼类 192 种，甲壳类 71 种，头足类 24 种，合计 287 种。鱼山渔场渔期一般为 9 月至翌年 5 月，以 10 月至翌年 3 月最好。主要渔获物还有绿鳍马面鲀、白姑鱼、鲳鱼、鳓鱼、金线鱼、方头鱼、鲐鲹鱼、乌贼、剑尖枪乌贼等。该渔场水域的沿海和近海是带鱼、大黄鱼、乌贼、鲳鱼、鳓鱼、鲐、鲹和剑尖枪乌贼的产卵场和众多经济幼鱼的索饵场等。

海洋渔业资源主要根据 2013 年在三门湾及其附近海域实施的海洋渔业资源调查资料成果[9-4]，分析三门湾海域的海洋渔业资源现状。

9.1.3.1　资料与方法

(1) 调查时间、站位布设和调查内容

游泳动物和鱼卵、仔鱼调查时间为 2013 年 1 月 11～14 日(冬季)、5 月 1～9 日(春季)和 9 月 16～20 日(秋季)。分别设 12 个拖网站位、2 个张网站位和 15 个鱼卵、仔鱼调查站位，站位布设如图 9. 1. 3 所示。调查内容包括拖网渔获物种类组成、资源密度(重量、尾数)、优势种、渔获物生物学特征和物种多样性等，鱼卵、仔鱼种类组成、数量分布和优势种等，以及近三年渔业生产和海水养殖情况，周边水域保护性水生生物和保护区分布等。

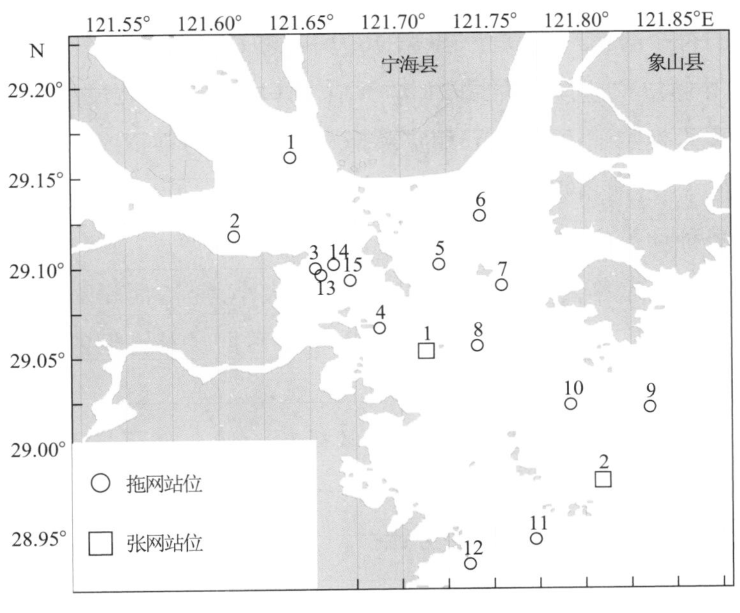

图 9. 1. 3　三门湾海域渔业资源调查站位示意图

（2）调查方法

2013 年 1 月和 5 月调查使用单拖网(6.0 m 宽 × 4.0 m 高)，网目范围为 2～5 cm，其中网囊网目 2 cm，每网拖曳约 1.00 h，平均拖速 2.7 节；秋季调查使用单拖网(10.0 m 宽 × 4.0 m 高)，网目范围为 2～5 cm，其中网囊网目 2 cm，每网拖曳约 1.00 h，平均拖速 2.7 节。对渔获物进行分类群渔获物重量和尾数统计，记录网产量，并对每个种类进行生物学测定(体长、体重、成幼体等)。依据三门湾海域物种分布和经济种类等情况，2013 年三门湾海域渔获物主要分为鱼类、甲壳动物类和头足类 3 大类群进行分别描述，其中，甲壳动物类又分为虾类、蟹类和口足类，其中在计算资源密度时将口足类归入虾类进行统计分析。

鱼卵、仔鱼调查定量采用浅水 Ⅰ 型浮游生物网，由底至表进行垂直拖网，滤水量使用流量计。定性采用大型浮游生物网，水平拖网 10 分钟。所获样品经福尔马林固定，带回实验室进行种类鉴定，以 ind. /m^3 为单位进行计数、统计和分析。

成鱼定义：根据殷名称(1993)自性腺初次成熟开始，即进入成鱼期。有些性腺成熟较晚的大中型鱼类，达到食用规格时，尽管性腺尚未成熟，已经具有商业价值，本报告将上述鱼类均定义为成鱼，其他的为幼体。

（3）资料处理

1）渔业资源密度(重量、尾数)估算方法

根据《建设项目对海洋生物资源影响评价技术规程》(SC/T 9110—2007)，设定拖网网具鱼类、甲壳动物类和头足类尾数、重量逃逸率均为 0.5。渔业资源密度以各站拖网渔获量(重量、尾数)和拖网扫海面积来估算，计算式为

$$\rho_i = C_i / a_i q$$

式中，ρ_i——第 i 站的资源密度(重量：kg/km^2；尾数：×10^3 ind. /km^2)；

C_i——第 i 站的每小时拖网渔获量(重量：kg/h；尾数：ind. /h)；

a_i——第 i 站的网具每小时扫海面积(km^2/h)［网口水平扩张宽度(km) × 拖曳距离(km)］，拖曳距离为拖网速度(km/h)和实际拖网时间(h)的乘积；

q——网具捕获率(可捕系数 = 1 − 逃逸率)，其中 q 均取 0.5。

2）渔业资源优势种计算方法

优势种的确定需要考虑鱼类季节分布特点和个体大小差异，而相对重要性指数能较好地刻画鱼类优势种特征。所谓优势种，应具有数量和重量上占据显著比例的成分属性。相对重要性指数计算公式如下：

$$IRI = (N\% + W\%) \times F\%$$

式中，IRI——相对重要性指数；

$N\%$——某一物种尾数占总尾数的百分比；

$W\%$——该物种重量占总重量的百分比；

$F\%$——该物种出现的站数占调查总站数的百分比(既出现频率)。

为便于与历史资料比较和控制优势种种类数，本书中各类群的优势种以该类群渔获物占总渔获物的 *IRI* 指数前五位的为主要优势种。

3）物种多样性计算公式

游泳动物现状评价采用物种多样性、均匀度、丰富度和单纯度等四个指标。

香农-威纳（Shannon-Weaner）多样性指数：

$$H' = -\sum_{i}^{s} P_i \log_2 P_i$$

式中，H'——物种多样性指数值；

S——样品中的总种数；

P_i——第 i 种的个体丰度（n_i）与总丰度（N）的比值（n_i/N）。

一般认为，正常环境，该指数值高；环境受污染，该指数值降低。

均匀度指数：

$$J' = H'/\log_2 S$$

式中，J'——均匀度指数值；

H'——物种多样性指数值；

S——样品中的总种数。

丰富度指数：

$$d = (S - 1)/\log_2 N$$

式中，d——丰富度指数值；

S——样品中的总种数；

N——群落中所有物种的总丰度。

一般而言，健康的环境，种类丰富度高；污染环境，种类丰富度较低。

单纯度指数：

$$C = \mathrm{SUM}(n_i/N)^2$$

式中，C——单纯度指数值；

N——群落中所有物种丰度或生物量；

n_i——第 i 个物种的丰度或生物量。

9.1.3.2 鱼卵和仔稚鱼

（1）种类组成和优势种

2013 年 3 个航次调查共采集到鱼卵 5 目 5 科 8 种，斑鰶（206 枚）和鲻科种类（178 枚）的鱼卵数量相当高，为优势种类；共采集到仔稚鱼 5 目 8 科 9 种，龟鲮的丰度最高（8 尾），虾虎科的物种数最高（4 种）。

2013 年 1 月调查定性和定量样品中均未采集到鱼卵、仔稚鱼。5 月样品中共鉴定出鱼卵 4 种，尚有未定种鱼卵 2 种，共 6 种，采集到仔稚鱼 3 种。定量样品中鱼卵的主要优势种是斑鰶和鲻科，分别占总数50.00%和43.20%；仔稚鱼中龟鲹数量较多，占仔稚鱼总数66.67%。9月定性和定量样品鉴定出鱼卵2种，均为定性样品，采到仔稚鱼6种，各种数量比例相差较小，见表9.1.3。

表9.1.3　三门湾海域鱼卵、仔稚鱼定量样品数量组成一览表

种名	5月鱼卵		5月仔稚鱼		9月鱼卵		9月仔稚鱼	
	数量（枚）	百分比（%）	数量（尾）	百分比（%）	数量（枚）	百分比（%）	数量（尾）	百分比（%）
斑鰶	206	50.00	2	16.67	—	—	—	—
侧带小公鱼属 sp.	—	—	—	—	—	—	1	12.50
龙头鱼	—	—	—	—	—	—	2	25.00
鲻科 sp.	178	43.20	—	—	—	—	—	—
龟鲹	—	—	8	66.67	—	—	—	—
鲷科 sp.	7	1.70	—	—	—	—	—	—
普氏缰虾虎	—	—	—	—	—	—	2	25.00
大弹涂鱼	—	—	—	—	—	—	2	25.00
虾虎科 sp. 1	—	—	2	16.67	—	—	—	—
虾虎科 sp. 2	—	—	—	—	—	—	1	12.50
鳎亚目 sp.	1	0.24	—	—	—	—	—	—
未定种1	16	3.88	—	—	—	—	—	—
损坏	4	0.97	—	—	—	—	—	—

注：—表示未出现。

（2）密度分布

2013年3个航次鱼卵密度均值为11.04 ind./m^3，仔稚鱼密度均值为0.49 ind./m^3。其中1月未采集到鱼卵、仔稚鱼，5月三门湾海域鱼卵密度均值最高，为33.13 ind./m^3（0～167.50 ind./m^3）；仔稚鱼密度均值相对较低，为0.896 ind./m^3（0～2.50 ind./m^3）；9月定量样品中没有采集到鱼卵，仔稚鱼密度均值为0.57 ind./m^3（0～3.33 ind./m^3）。丰度高值区位于六敖镇沿岸海域（图9.1.4）。

（3）与历史资料比较

2013年三门湾共采集到鱼卵8种，鱼卵密度均值为11.04 ind./m^3，优势种为斑鰶和鲻科种类；采集到仔稚鱼9种，密度均值0.49 ind./m^3，龟鲹的优势相对较大。而2007～2008年调查期间[9-5]，三门湾仅在2008年6月采集到仔鱼，密度为3.88 ind./m^3，优势种为虾虎鱼科。2005年5月鱼卵密度均值为9.00 ind./m^3，青鳞鱼鱼卵数量最多；2005年7月仔鱼密度均值为4.10 ind./m^3，凤鲚和康氏小公鱼各2 ind./m^3，采集到虾虎鱼科1 ind./m^3。与历史资料比较表明：由于2013年调查期处于鱼类产卵盛期的5月，所以鱼卵密度较历史资料略有增加。

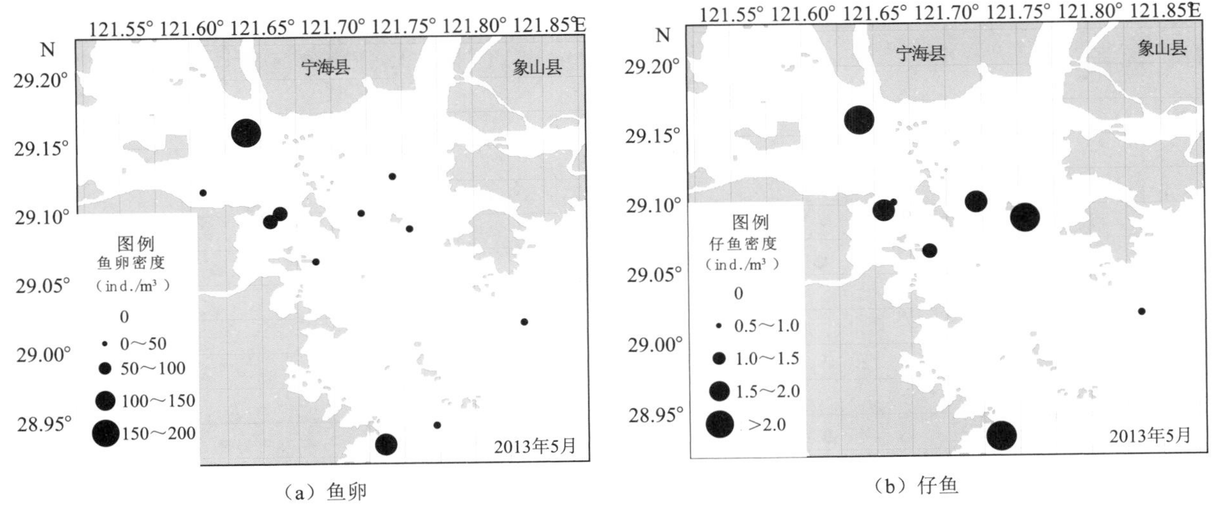

（a）鱼卵　　（b）仔鱼

图 9.1.4A　三门湾海域 5 月鱼卵和仔鱼密度平面分布图

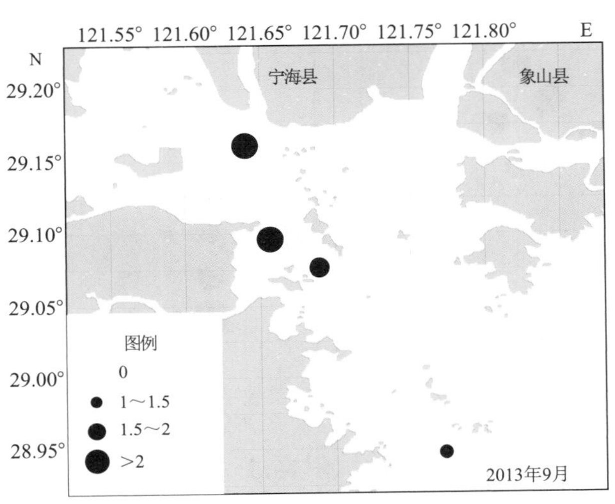

图 9.1.4B　三门湾海域 9 月仔鱼密度平面分布图

9.1.3.3　游泳动物

(1) 种类组成及平面分布

2013 年 3 个航次调查共出现游泳动物 78 种。其中鱼类 45 种，占总种数的 57.69%；虾类 18 种，占总种数的 23.03%；蟹类 12 种，占总种数的 15.38%；头足类 3 种，占总种数的 3.85%。拖网调查共出现 75 种(鱼类 43 种，虾类 18 种，蟹类 12 种，头足类 2 种)；张网调查共出现 26 种(鱼类 14 种，虾类 8 种，蟹类 3 种，头足类 1 种)。

2013 年 1 月调查期间共出现游泳动物 31 种。其中鱼类 17 种，虾类 10 种，蟹类 4 种，各站间种类数差异较大，其地理分布为湾内种类数大于湾口(图 9.1.5)。

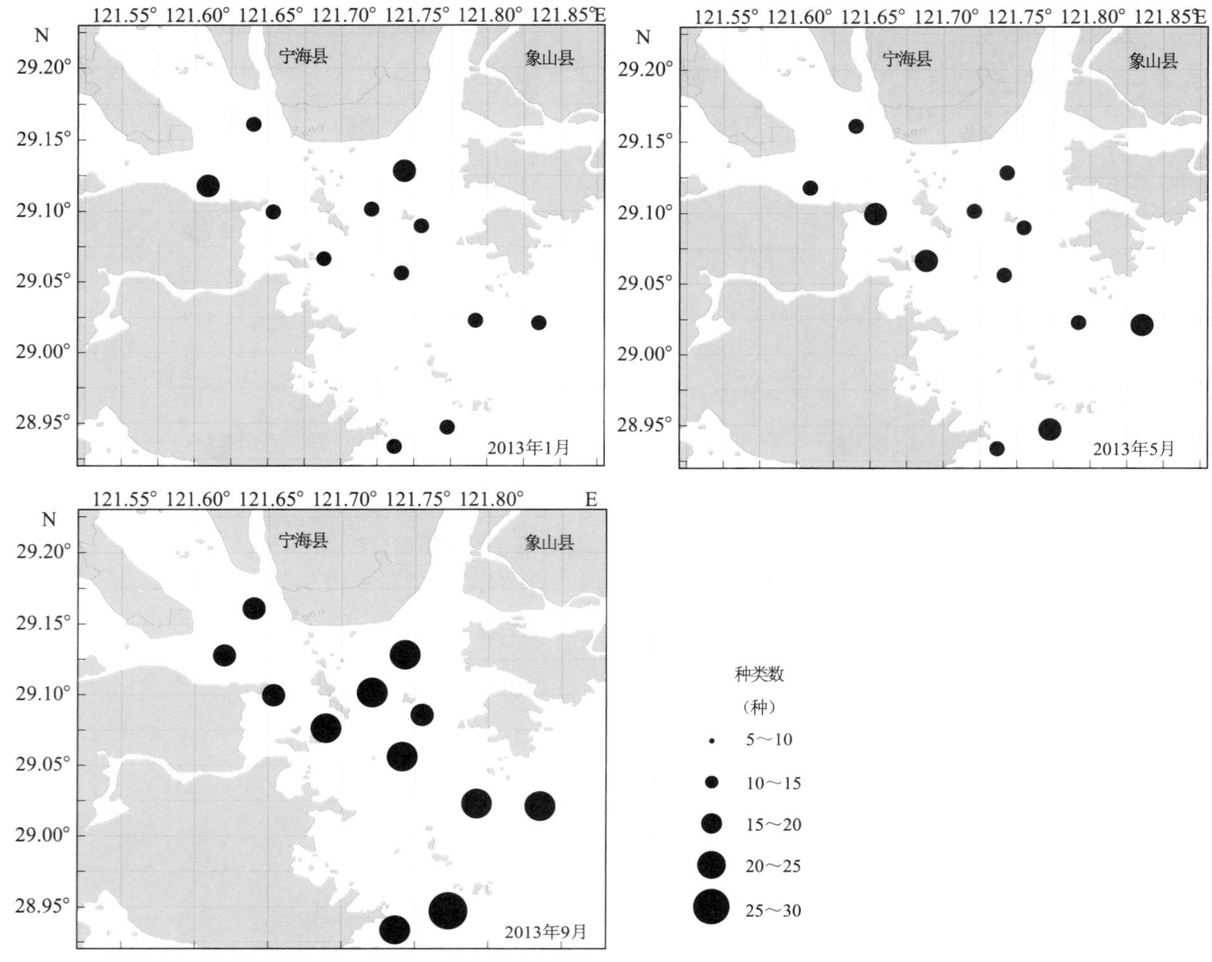

图 9.1.5 渔获物种类数平面分布图

2013 年 5 月调查共出现游泳动物 39 种。鱼类、虾类、蟹类和头足类分别出现 21 种、12 种、5 种和 1 种，分别占总种数的 53.85%、30.77%、12.82%和 2.56%。其中拖网出现鱼类、虾类、蟹类和头足类分别为 17 种、12 种、5 种和 1 种，占拖网总种数的 48.57%、34.29%、14.29%和 2.86%；张网出现鱼类 11 种，虾类和蟹类各 2 种(表 9.1.4)。各站间种类数差异较大，其中最高有 18 种，最低仅 10 种。

2013 年 9 月张网和拖网调查共鉴定出游泳动物 53 种，其中鱼类、虾类、蟹类和头足类分别为 28 种、14 种、9 种和 2 种，分别占总渔获物的 52.83%、26.42%、16.98%和 3.77%。其中拖网出现鱼类、虾类、蟹类和头足类分别为 28 种、13 种、9 种和 1 种，占拖网总种数的 54.90%、25.49%、17.65%和 1.96%；张网出现鱼类 6 种，虾类 8 种，蟹类 2 种和头足类 1 种(表 9.1.4)。拖网各站位间种类数差异不大，主要集中在 20～25 种之间，湾口种类数要大于湾内(图 9.1.5)。

(2) 渔获物(重量、尾数)分类群组成

3 个航次调查渔获物重量和尾数分类群百分组成如表 9.1.5 所示。鱼类、虾类、蟹类和头足类尾数分类群百分比分别占 42.29%、54.17%、3.46%和 0.07%；重量分类群百分比分别占 56.58%、19.42%、23.78%和 0.21%。

表 9.1.4 三门湾海域拖网渔获物种类(N)组成及百分比(P%)

类群	2013 年 1 月		2013 年 5 月						2013 年 9 月						总计	
	拖网		拖网		张网		合计		拖网		张网		合计			
	N	P	N	P	N	P	N	P	N	P	N	P	N	P	N	P
鱼类	17	54.84	17	48.57	11	73.33	21	53.85	28	54.90	6	35.29	28	52.83	45	57.69
虾类	10	32.26	12	34.29	2	13.33	12	30.77	13	25.49	8	47.06	14	26.42	18	23.08
蟹类	4	12.90	5	14.29	2	13.33	5	12.82	9	17.65	2	11.76	9	16.98	12	15.38
头足类	—	—	1	2.86	—	—	1	2.56	1	1.96	1	5.88	2	3.77	3	3.85
合计	31		35		15		39		51		17		53		78	

表 9.1.5 拖网渔获物(重量、尾数)分类群百分比表

类群	1 月(冬季)		5 月(春季)		9 月(秋季)		平均	
	尾数(%)	重量(%)	尾数(%)	重量(%)	尾数(%)	重量(%)	尾数(%)	重量(%)
鱼类	47.64	87.11	25.31	42.46	53.92	40.18	42.29	56.58
虾类	45.48	8.52	74.52	20.67	42.52	29.08	54.17	19.42
蟹类	6.88	4.37	0.14	36.37	3.36	30.61	3.46	23.78
头足类	—	—	0.03	0.51	0.19	0.13	0.07	0.21

（3）渔业资源密度（重量、尾数）

3 个航次调查海域渔业资源尾数和重量密度均值分别为 27.45 × 10^3 ind. /km^2 和 172.29 kg/km^2，如表 9.1.6 所示。

表 9.1.6　渔业资源平均密度表（重量 *W*：kg/km^2；尾数 *N*：× 10^3 ind. /km^2）

类群	1 月（冬季）		5 月（春季）		9 月（秋季）		平均	
	尾数	重量	尾数	重量	尾数	重量	尾数	重量
鱼类	5.51	82.89	8.09	88.47	22.74	90.82	12.11	87.39
虾类	5.26	8.10	23.82	43.06	14.98	60.30	14.69	37.15
蟹类	0.80	4.16	0.05	75.78	1.03	61.77	0.63	47.24
头足类	—	—	0.01	1.06	0.10	0.45	0.04	0.50
合　计	11.56	95.15	31.96	208.37	38.84	213.34	27.45	172.29

（4）资源密度（重量、尾数）平面分布

2013 年 1 月渔获物总重量密度与总尾数密度分布较均匀，重量密度最大值出现在 2# 站，为 167.18 kg/km^2，最小值出现在 8# 站，为 25.33 kg/km^2；尾数密度最大值出现在 6# 站，为 22.24 × 10^3 ind. /km^2，最小值出现在 8# 站，为 3.04 × 10^3 ind. /km^2。5 月渔获物重量密度最大值出现在 12# 站，为 435.00 kg/km^2，最小值出现在 9# 站，为 101.70 kg/km^2；尾数密度最大值出现在 4# 站，为 77.89 × 10^3 ind. /km^2，最小值出现在 8# 站，为 9.97 × 10^3 ind. /km^2。9 月渔获物总重量密度与总尾数密度平面分布差异较大，重量和尾数密度最大值均出现在 12# 站，为 478.53 kg/km^2 和 108.25 × 10^3 ind. /km^2，最小值均出现在 7# 站，分别为 64.08 kg/km^2 和 4.82 × 10^3 ind. /km^2（图 9.1.6）。

（5）渔获物优势种

2013 年 1 月渔获物中鱼类优势种为棘头梅童鱼、焦氏舌鳎、刀鲚、矛尾虾虎鱼、孔虾虎鱼（*IRI* 指数前五）。虾类优势种有脊尾白虾、日本鼓虾、细指长臂虾、细巧仿对虾、口虾蛄，蟹类仅四种。5 月渔获物中鱼类优势种为孔虾虎鱼、棘头梅童鱼、斑鰶、焦氏舌鳎、刀鲚（IRI 指数前五）。虾类优势种有鲜明鼓虾、口虾蛄、细螯虾、日本鼓虾、细巧仿对虾，蟹类仅五种。9 月渔获物中鱼类优势种为龙头鱼、六指马鲅、棘头梅童鱼、孔虾虎鱼和海鳗（*IRI* 指数前五）。虾类优势种有口虾蛄、中华管鞭虾、脊尾白虾、哈氏仿对虾和窝纹网虾蛄，蟹类优势种为三疣梭子蟹、拟穴青蟹、日本蟳、锈斑蟳和绒毛细足蟹。

棘头梅童鱼：俗名黄皮，为辐鳍鱼纲鲈形目石首鱼科梅童鱼属的鱼类。该鱼分布于西太平洋区域，包括朝鲜半岛西海岸、日本、中国台湾、菲律宾以及中国大陆沿海等，属于暖温性鱼类。该物种的模式产地在中国海。栖息于沙泥底质中下层水域，肉食性，以小型甲壳类动物为食。在 1 月调查中，其重量占总渔获物重量比例最高，重量密度达到 293.77 kg/km^2；5 月达 182.47 kg/km^2，仅次于矛尾虾虎鱼。

刀鲚：俗称长江刀鱼、毛花鱼、野毛鱼、梅鲚等，为洄游性鱼类，平时生活在海里，每年2～3月亲鱼由海入江，并溯江而上进行生殖洄游。每年春季3、4月进入生殖季后，产卵群体沿长江进入湖泊、支流或就在长江干流进行产卵活动。产卵后亲鱼分散在淡水中摄食，并陆续缓慢地顺流返回河口及近海，继续肥育。长颌鲚的幼鱼也顺水洄游至河口区肥育，肥育生长到第二年再回到海中生活。冬季，刀鲚不做远距离洄游，而聚集在近海深处越冬。

脊尾白虾：甲壳纲，十足目，游泳亚目，真虾族，长臂虾科，白虾属。中国沿海均有产，尤以黄海和渤海产量较多。脊尾白虾为近岸广盐广温广布种，一般生活在近岸的浅海中，盐度不超过29的海域或近岸河口及半咸淡水域中，经过驯化也能生活在淡水中。脊尾白虾对环境的适应性强，水温在2 ℃～35 ℃范围内均能成活，在冬天低温时，有钻洞冬眠的习性。脊尾白虾是我国近海重要经济虾类。

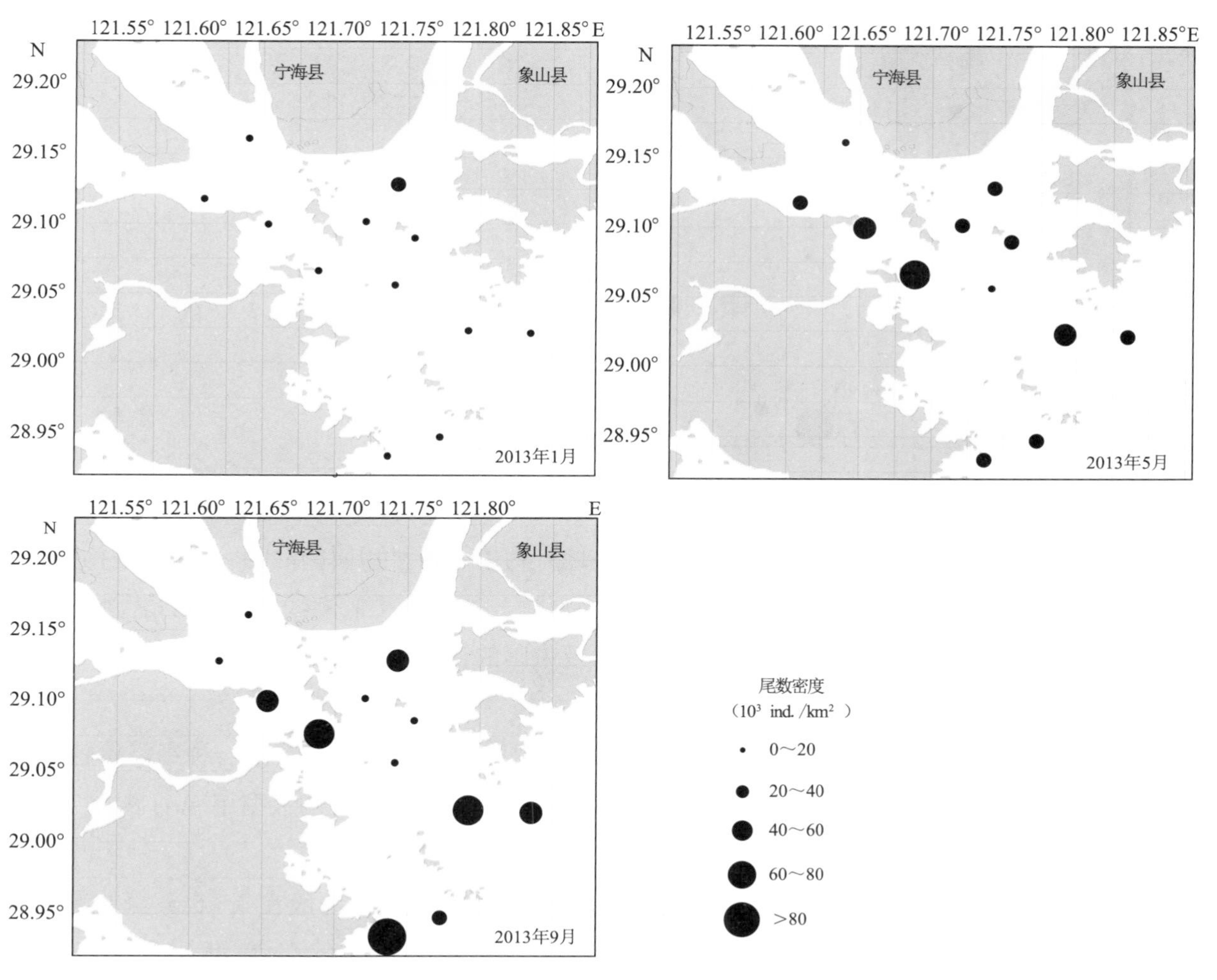

图9.1.6A 渔获物总尾数密度平面分布

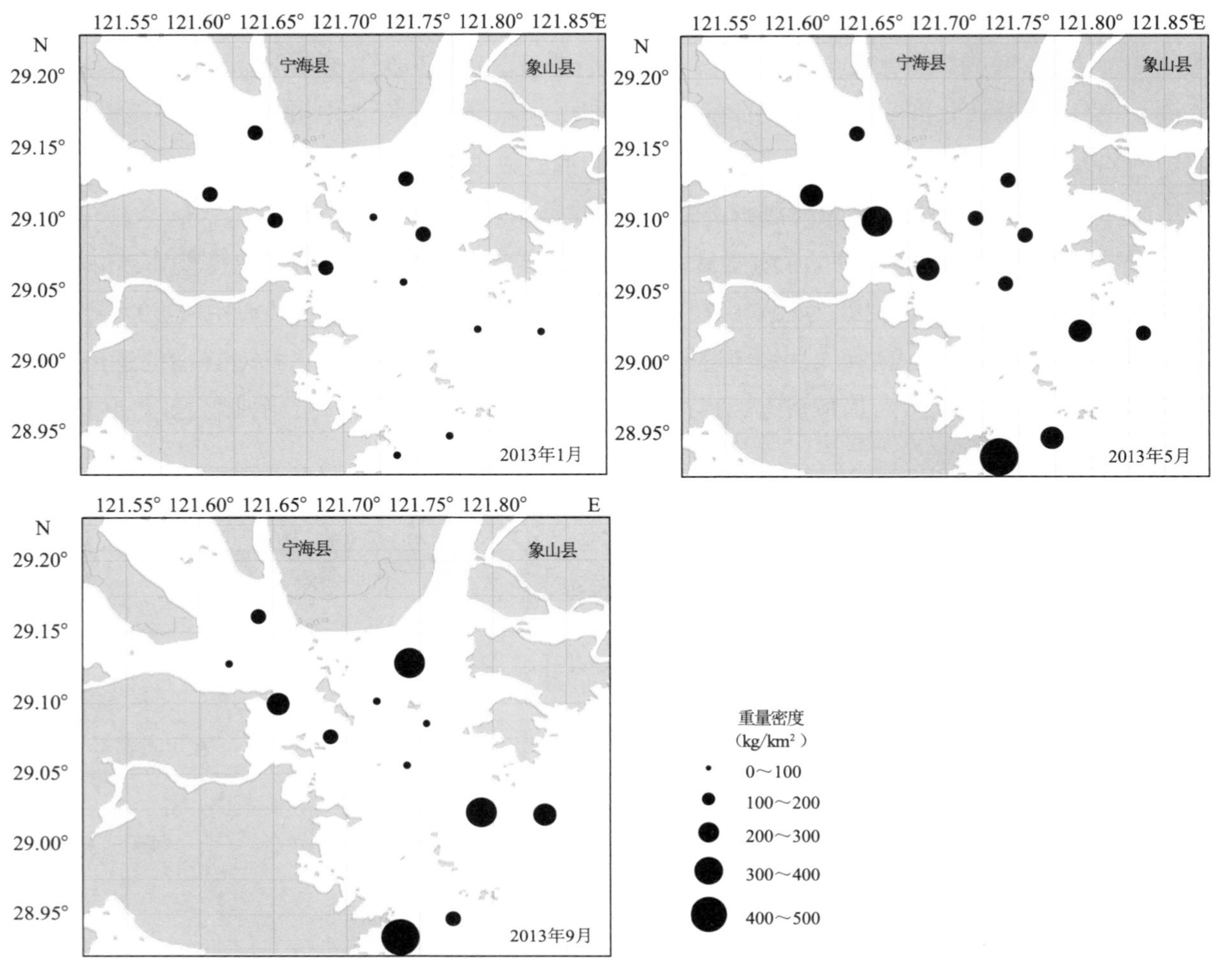

图 9. 1. 6B 渔获物总重量密度平面分布

日本蟳：别名石钳爬、海鲟、石蟹、靠山红、石杂蟹。为梭子蟹科蟳属的动物。头胸甲呈横卵形，表面隆起，体灰绿色，甲宽 6～10 cm。生活环境为海水，一般生活于低潮线、有水草或泥沙的水底或潜伏于石块下。分布于日本、马来西亚、红海以及中国的台湾岛、广东、福建、浙江、山东半岛沿海。

口虾蛄：别名虾蛄、虾拨弹、虾救弹。属于口足类，虾蛄科，口虾蛄属。是一种经济价值较高的海产品，个体较大，肉味鲜美。口虾蛄是一种广分布、暖温性、多年生的大型甲壳动物。广泛分布于我国渤海、黄海、东海、南海及朝鲜、日本近海，在潮间带也是常见种。

三疣梭子蟹：俗称梭子蟹、白蟹，属十足目，梭子蟹科，梭子蟹属，一般在 3～5 m 深的海底生活及繁殖，喜在泥沙底部穴居，杂食性动物，喜欢摄食贝肉、鲜杂鱼、小杂虾等，也摄食水藻嫩芽，生长迅速，肉质细嫩、洁白，富含蛋白质、脂肪及多种矿物质，养殖利润丰厚，是中国沿海的重要经济蟹类。

(6) 渔获物体重、体长和幼体比例

2013 年 1 月、5 月和 9 月三门湾海域鱼类、虾类、蟹类和头足类的平均幼体比分别为

44.30%、45.81%、82.88%和 50.00%。

2013 年 1 月三门湾海域拖网鱼类、虾类和蟹类的平均幼体比分别为 14.73%、43.40%、83.82%。鱼类平均体重 13.98 g（0.40～540.80 g），虾类 1.58 g（0.20～10.50 g），蟹类 5.37 g（0.40～28.50 g）。

2013 年 5 月三门湾海域拖网鱼类、虾类、蟹类和头足类的平均幼体比分别为 36.54%、40.73%、89.83%和 0.00%。鱼类平均体重 11.10 g（0.10～1 482.30 g），虾类 1.84 g（0.10～28.10 g），蟹类 11.27 g（0.20～128.90 g），头足类仅出现一尾，体重 106.10g。

2013 年 9 月三门湾海域拖网鱼类、虾类、蟹类和头足类的平均幼体比分别为 81.63%、53.29%、75.00%和 100%。鱼类平均体重 4.77 g（0.10～324.6 g），虾类 4.38 g（0.10～29.80 g），蟹类 58.27 g（0.10～87.40 g）和头足类 4.44 g（0.60～10.50 g）。

（7）渔获物物种多样性分析

2013 年 3 次调查渔获物重量多样性指数（H'）均值和尾数多样性指数（H'）均值均为 2.70。1 月渔获物重量多样性指数（H'）均值为 2.60（1.55～3.00）；丰富度指数（d）均值为 1.88（1.42～2.18）；均匀度指数（J'）均值为 0.71（0.45～0.89）；单纯度指数（C）均值为 0.24（0.15～0.55）。尾数多样性指数（H'）均值为 2.86（1.96～3.50）；丰富度指数（d）均值为 0.89（0.73～1.24）；均匀度指数（J'）均值为 0.78（0.55～0.94）；单纯度指数（C）均值为 0.20（0.12～0.42）。各站多样性指数差异不大，如表 9.1.7 所示，三门湾海域渔获物尾数密度多样性平面分布如图 9.1.7 所示。

表 9.1.7　2013 年 3 次调查拖网渔获物多样性指数一览表

	重量密度多样性（1 月）				尾数密度多样性（1 月）			
	C	H'	J'	d	C	H'	J'	d
均值	0.24	2.60	0.71	1.88	0.20	2.86	0.78	0.89
幅度	0.15～0.55	1.55～3.00	0.45～0.89	1.42～2.18	0.12～0.42	1.96～3.50	0.55～0.94	0.73～1.24
	重量密度多样性（5 月）				尾数密度多样性（5 月）			
均值	0.27	2.43	0.66	1.63	0.32	2.14	0.54	1.02
幅度	0.14～0.56	1.46～3.00	0.44～0.81	1.03～2.25	0.29～0.38	1.78～2.41	0.44～0.60	0.84～1.30
	重量密度多样性（9 月）				尾数密度多样性（9 月）			
均值	0.18	3.08	0.71	2.67	0.19	3.09	0.71	4.39
幅度	0.12～0.35	2.25～3.71	0.56～0.78	1.84～3.50	0.10～0.36	2.38～3.69	0.52～0.87	3.35～7.93

5 月渔获物重量多样性指数（H'）均值为 2.43（1.46～3.00）；丰富度指数（d）均值为 1.63

(1.03～2.25)；均匀度指数(J')均值为0.66(0.44～0.81)；单纯度指数(C)均值为0.27(0.14～0.56)。尾数多样性指数(H')均值为2.14(1.78～2.41)；丰富度指数(d)均值为1.02(0.84～1.30)；均匀度指数(J')均值为0.54(0.44～0.60)；单纯度指数(C)均值为0.32(0.29～0.38)。5月各站多样性指数差异不大。

9月渔获物重量多样性指数(H')均值为3.08(2.25～3.71)；丰富度指数(d)均值为2.67(1.84～3.50)；均匀度指数(J')均值为0.71(0.56～0.78)；单纯度指数(C)均值为0.18(0.12～0.35)。尾数多样性指数(H')均值为3.09(2.38～3.69)；丰富度指数(d)均值为4.39(3.35～7.93)；均匀度指数(J')均值为0.71(0.52～0.87)；单纯度指数(C)均值为0.19 (0.10～0.36)。各个站位多样性指数差异为0。

(8) 渔业资源评价

根据2013年渔获物重量多样性指数统计分析表明：2013年渔获物重量多样性指数(H')均值和尾数多样性指数(H')均值都为2.70。1月渔获物重量多样性指数(H')均值为2.60，尾数多样性指数(H')均值为2.86；5月渔获物重量多样性指数(H')均值为2.43，尾数多样性指数(H')均值为2.14；9月渔获物重量多样性指数(H')均值为3.08，尾数多样性指数(H')均值为3.09。综

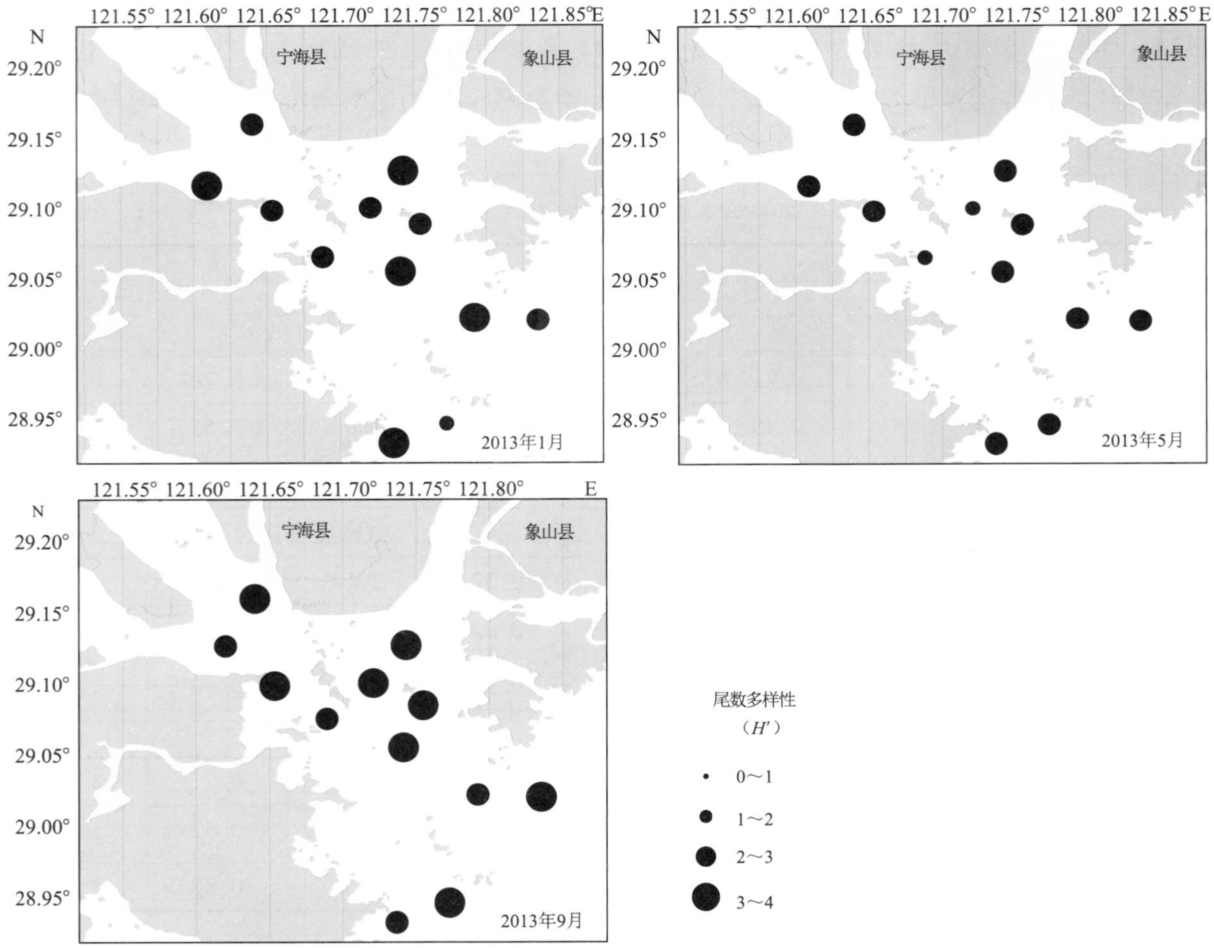

图9.1.7A　尾数密度多样性平面分布图

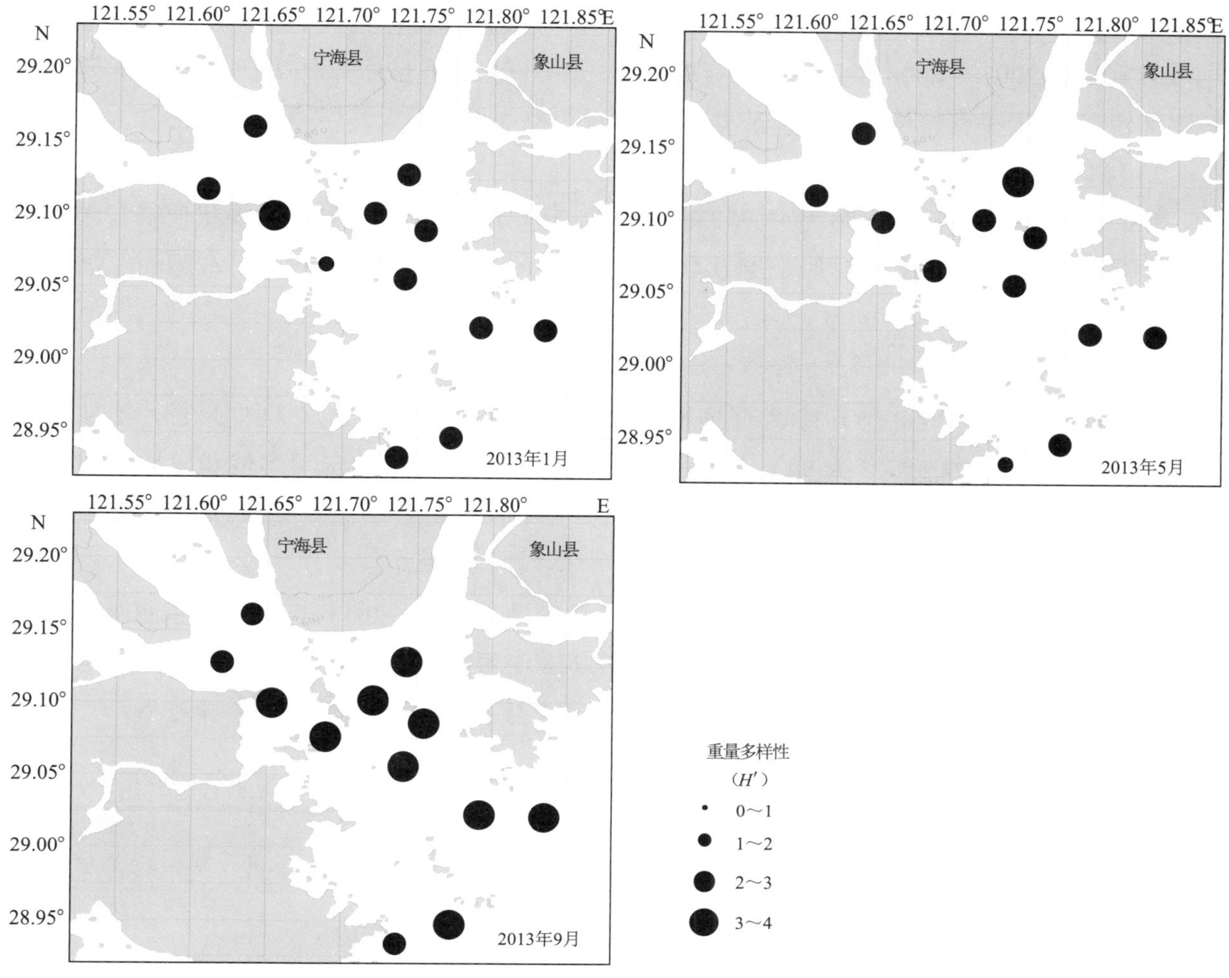

图 9.1.7B 重量密度多样性平面分布图

合分析各项生态指标表明：三门湾海域渔业生态环境质量良好，渔业资源生物物种丰富，资源密度较高，大部分测站优势种优势度低，种间分布较均匀，群落结构稳定，适合资源生物繁殖、育幼和生长。

历史资料和本次调查期间，三门湾海域均没有发现珍稀或濒危海洋生物物种，也没有其他保护性水生生物。但由于近年来过度捕捞，使鱼类资源特别是大型经济鱼类资源明显衰退。因此，保护近海渔业资源迫在眉睫。

(9) 与历史资料比较

2007 年 12 月和 2008 年 6 月曾在三门湾海域进行了游泳动物调查[9-5]，这里将与 2013 年三门湾海域游泳动物调查资料[9-4] 进行简要比较分析。

1）种类组成

2007～2008 年拖网和张网共鉴定出 95 种，高于 2013 年的调查结果(78 种)。根据重量和尾数密度分析表明：2013 年三门湾海域渔业资源重量和尾数密度均值分别为 172.29 kg/km^2 和 27.45×10^3 ind./km^2，2007 年 12 月和 2008 年 6 月调查海域渔业资源平均密度(重量、尾数)均值分别为 133.55 kg/km²、34.99× 10³ ind./km² 和 770.64 kg/km²、95.38× 10³ ind./km²，资源尾数和重量较 2007～2008 年调查期间有所下降。由于 2008 年 6 月调查属于禁渔期，重量和尾数密度较高，而历史资料冬季航次调查与 2013 年调查密度相差不大。

2）优势种

2007～2008 年调查优势种类组成和 2013 年调查差异较小。历史调查与现状调查有许多共同优势种，如矛尾虾虎鱼、孔虾虎鱼、棘头梅童鱼、龙头鱼、脊尾白虾、口虾蛄、日本蟳和三疣梭子蟹等。

3）多样性组成

2007 年 12 月和 2008 年 6 月调查拖网渔获物重量多样性指数(H')平均值分别为 2.39(1.54～3.18)和 3.36(1.67～3.94)；2013 年渔获物重量多样性指数(H')均值和尾数多样性指数(H')均值均为 2.70。除 2008 年 6 月禁渔期间调查多样性指数明显较高，其余航次调查差异较小。

综合上文分析：2013 年与 2007～2008 年调查资料结果相比，2013 年调查种类、重量和尾数密度及物种多样性较历史调查资料略有下降(表 9.1.8)。可能是 2008 年 6 月调查在禁渔期进行，使该航次调查物种和密度较丰富的原因，而 2007 年 12 月航次与 2013 年调查差异较小。

表 9.1.8　2013 年与历史调查资料的比较表

比较内容		种数(种)	重量密度(kg/km²)	尾数密度(×10³ ind./m³)	尾数多样性指数值 H'
平均	2007～2008 年	95	452.1	65.19	2.88
	2013 年	78	172.29	27.45	2.70
冬季	2007 年	52	133.55	34.99	2.39
	2013 年	31	95.15	11.56	2.86
春季	2013 年	39	208.37	31.96	2.14
夏季	2008 年	64	770.64	95.38	3.36
秋季	2013 年	53	213.34	38.84	3.09

9.1.3.4　主要经济物种“三场一通”分布

三门湾紧邻鱼山渔场(28°00′～29°30′N，125°00′E 以西)，依靠半封闭型海湾及其岛屿众多的优势，三门湾是多种经济鱼类生长、繁育的优良场所，特别是湾内的猫头洋，是大黄鱼重要的产卵场。紧邻三门湾外侧的海域，也是经济鱼类小黄鱼、银鲳和银姑鱼等的产卵场。

(1) 大黄鱼

主要栖息在 34°N 以南的中国近海，为暖水性近海鱼类。东海大黄鱼产卵场主要是吕泗洋、岱衢洋、大目洋、猫头洋和洞头洋，索饵场主要位于江苏南部大沙渔场到浙江北部的长江渔场禁

渔线的外侧。5～6 月索饵群体首先在浙江北部和江苏南部近海形成，逐渐向北移动，7～8 月前锋移至江苏南部近海，9 月，前锋移至江苏中部近海，10 月随着冷空气开始南下。此外在产卵场外侧有部分小范围的索饵场。大黄鱼越冬场位置变化较大，主要位置有两处：一处为长江口渔场和舟山渔场的东部或江外和舟外渔场西部。因此可认为 30 °N～32 °N，124 °′E～126 °′E 水域是外海大黄鱼主要的越冬场。另一处则是位于浙江和福建近海的越冬场。

1）产卵洄游路线

浙江中南部和福建北部近海越冬的群体直接进入邻近的大目洋、猫头洋、洞头洋等水域产卵（图 9.1.8）。

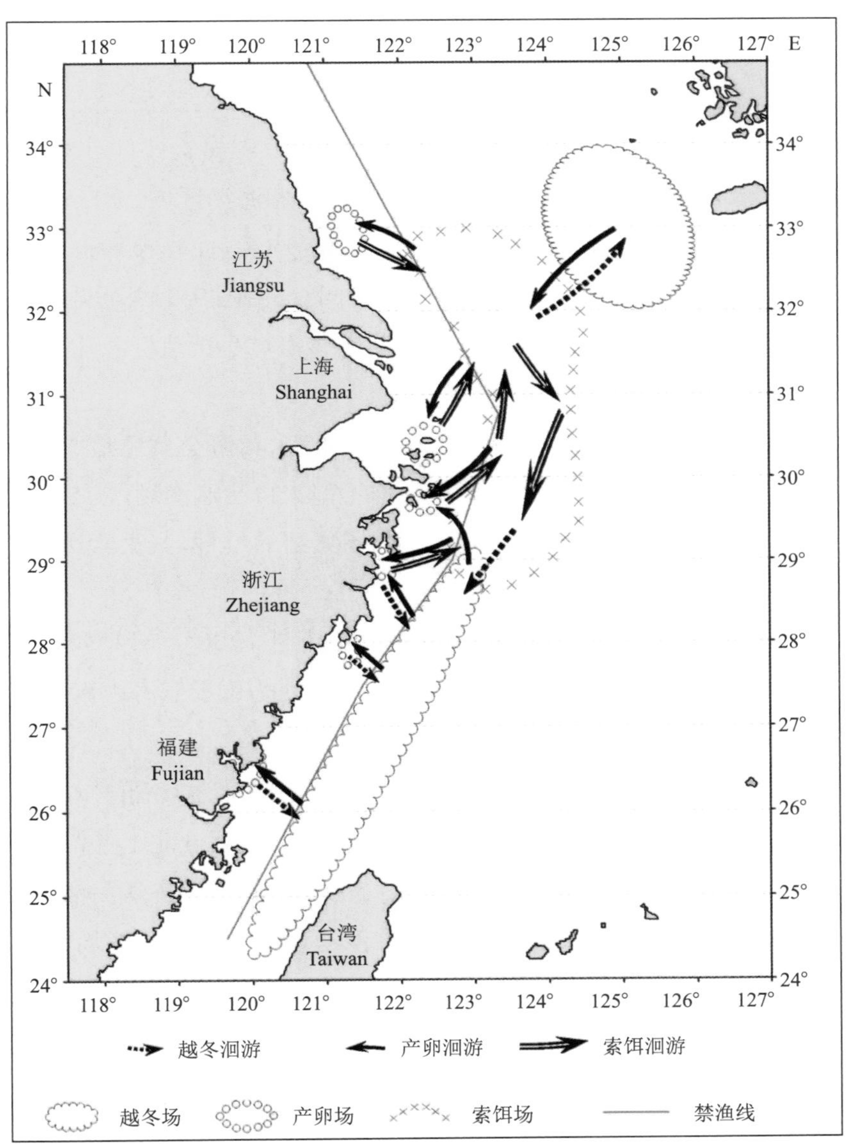

图 9.1.8　大黄鱼洄游路线示意图（徐兆礼等，2011）

2）索饵洄游路线

浙江中南部和福建北部沿海产卵群体在禁渔线内侧附近索饵。

3）越冬洄游路线

在冷空气作用下，江苏中南部近海索饵的鱼群开始向南越冬洄游，10 月到达长江口海域。11～12 月到达浙江中部近海，1 月回到浙江南部近海越冬场。另一部分鱼群在此游向外海越冬场。原来分散在从浙江到福建北部禁渔线内侧附近索饵的鱼群在 10～11 月游向禁渔线外侧深海越冬，次年回到附近产卵场产卵，形成当地水域较短的洄游路径[9-6]。由图 9. 1. 8 可看出，三门湾附近海域曾为大黄鱼产卵场。这里需指出的是：根据近几年的渔业资源调查资料分析表明，2007 年底调查发现大黄鱼，2007 年 6 月发现小黄鱼，而 2013 年三个航次的渔业资源现状调查均无大、小黄鱼的渔获物存在。三门湾附近的猫头洋水道曾是我国传统的大黄鱼四大产卵场之一，但由于近年来渔业资源的衰退，目前该海域大黄鱼资源几乎不再出现。

（2）小黄鱼

1）产卵场的位置

东海小黄鱼的产卵场散布在东海沿岸、岛群周围、河口和海湾区域，而在长江以南，3 月则在沿岸水域就发现有产卵群体，因此，东海禁渔线以西水域是小黄鱼的产卵场。2013 年调查期间未采集到小黄鱼，而小黄鱼也是三门湾海域重要的经济种类。由图 9. 1. 9 可见，三门湾曾距小黄鱼产卵场较近，距小黄鱼产卵场最近距离约 37 km，但目前该海域小黄鱼资源几乎不再出现。

2）小黄鱼索饵场的位置

在长江以南，岛群和海湾外侧，大沙渔场西部是整个东、黄海小黄鱼最大的索饵场。此索饵场在黄海南部，禁渔线以东。大沙渔场的小黄鱼鱼群不但来自吕泗渔场，在 5～6 月，整个东海沿岸禁渔线外侧的小黄鱼索饵群体有一个向长江口渔场集结的过程，其后索饵群体进一步向大沙渔场集中。

东、黄海群体小黄鱼的越冬场主要有 2 处，其一位于外海 30° ～ 34°N，124°30′～127°00′E 水域，也就是大沙渔场东部，沙外、江外和舟外渔场。另一处是位于东海中南部禁渔线外侧水域，中心位置是台州—温州外海水域。

小黄鱼产卵洄游路径：东海南部越冬的小黄鱼产卵洄游路径为，该群体小黄鱼沿禁渔线外侧越冬，春季大部分就近进入沿岸、海湾、河口和岛群间产卵。但部分北上并沿禁渔线外侧进入舟山渔场，与外海来的产卵群体汇合，沿禁渔线内侧，经由长江口渔场进入吕泗渔场。产卵后鱼群在产卵场外侧索饵，或回到禁渔线外侧附近，北上大沙渔场索饵。大沙渔场是东、黄海小黄鱼的主要索饵场，索饵群体肥育后，部分可以就近进入外海的越冬场，另有部分南下进入东海中南部近海的越冬场。在东海南部沿岸产卵的小黄鱼就近在附近的禁渔线外侧越冬。次年回到附近产卵场产卵，形成当地水域较短的洄游路径[9-7]。

（3）银鲳

东海银鲳每年 5 月上旬后，鱼群进入披山海域浅水区生殖，喜欢在浅海岩礁、沙滩水深 10～20 m 一带河口处产卵。产卵后分散在产卵场附近索饵，秋后游向外侧海域进行越冬洄游（图 9. 1. 10）。过冬后随着暖流增强，鲳鱼向近岸浅滩作产卵索饵洄游。在东海银鲳为近海洄游性中上层鱼类，平时分散栖息于潮流缓慢的浅海海区。冬季在东海水深 80～100 m 的弧形海沟内越冬，栖息水深一般不超过 130 m。越冬场有 2 处：一为济州岛南水域，水温 10 ℃～17 ℃，盐度 33～34.6；另一处为温、台外海，水温 12 ℃～19 ℃，盐度 34～34.8。2013 年调查期间未捕获银鲳，三门湾海域距银鲳最近产卵场约为 35 km。

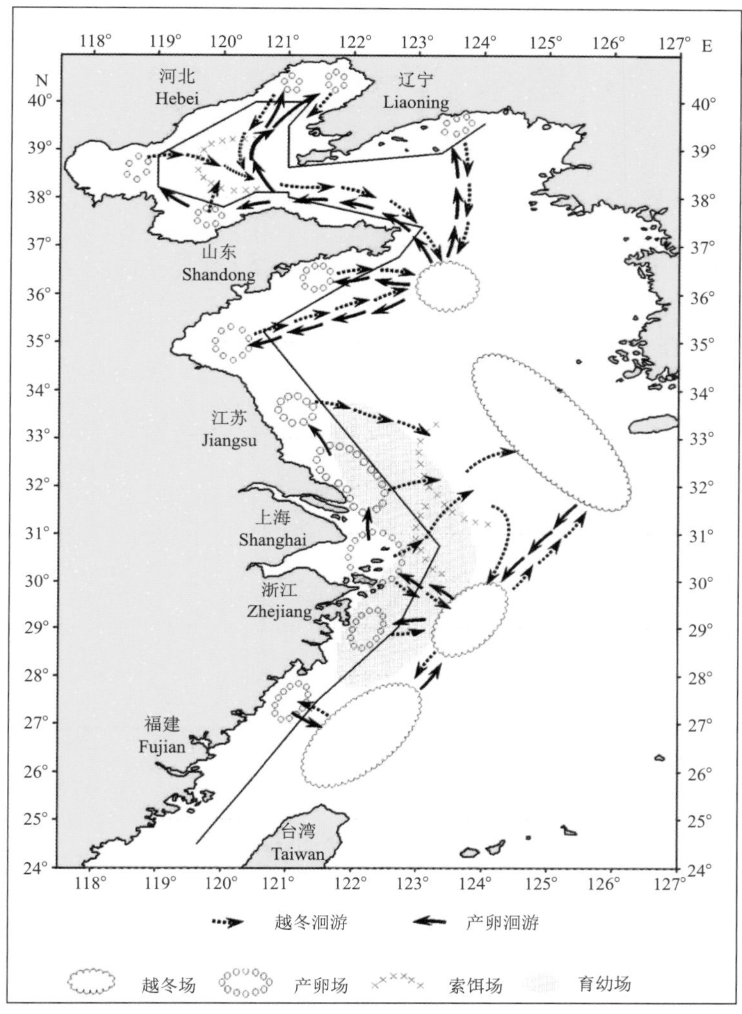

图 9.1.9　小黄鱼洄游路线示意图（徐兆礼等，2009[9-7]）

（4）银姑鱼（白姑鱼）

银姑鱼是石首鱼科的一个重要的经济鱼类。依据徐兆礼等人的研究结果[9-8]，银姑鱼是东海水域最重要的经济鱼类之一。

1）银姑鱼产卵场和索饵场

银姑鱼产卵场主要在东海禁渔线以西水域，海湾、河口和浅滩。银姑鱼索饵场位于江苏南部到浙江中部近海禁渔线外侧，主要位置有两块，一块是东海外海的江外渔场和舟外渔场，另一块是浙江中部和南部近海。

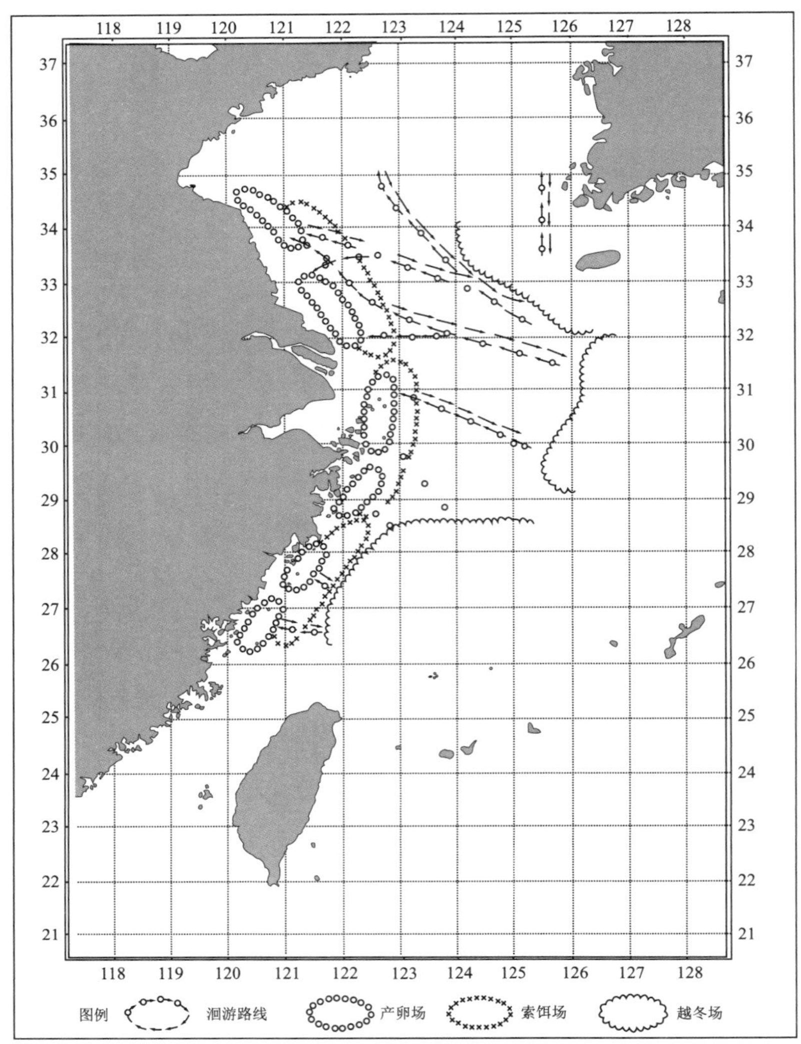

图 9.1.10　银鲳洄游路线示意图（程家骅等，2005）

2）银姑鱼洄游路线

浙江中、南部近海越冬的群体具有北上趋势，产卵后形成的索饵群体也有北上索饵洄游的趋势。因此 5 月在浙江中、北部形成较大的索饵群体，该群体在 6～9 月继续北上最终前锋可到江苏中部近海。10 月后索饵群体南下形成越冬群体。到达长江口后分散，一部分游向外海越冬场，一部分游向中南部的近海越冬场。部分在东海沿岸产卵的银姑鱼部分就近索饵，到了冬季，就近在禁渔线外侧越冬。次年回到附近产卵场产卵，形成当地水域较短的洄游路径（图 9.1.11）。

9.1.3.5　保护性水生动物

2013 年调查期间和历史调查资料均未捕获和发现珍稀或濒危生物物种，除了中华鲟外，没有发现其他保护性水生生物。在 2013 年 1 月 14 日在健跳镇狗头山附近海域当地渔民意外捕获中华鲟一尾，中华鲟俗称鲟鱼、鳇鱼，属鲟形目、鲟科、鲟属。1988 年被列为国家一级保护动物。中华鲟是一种适应于水温范围相当广的温水性鱼类，在人工养殖条件下，中华鲟的生存水温介于

0～37 ℃之间，生长适宜水温介于 13 ℃～25 ℃之间，最佳生长水温为 20 ℃～22 ℃。

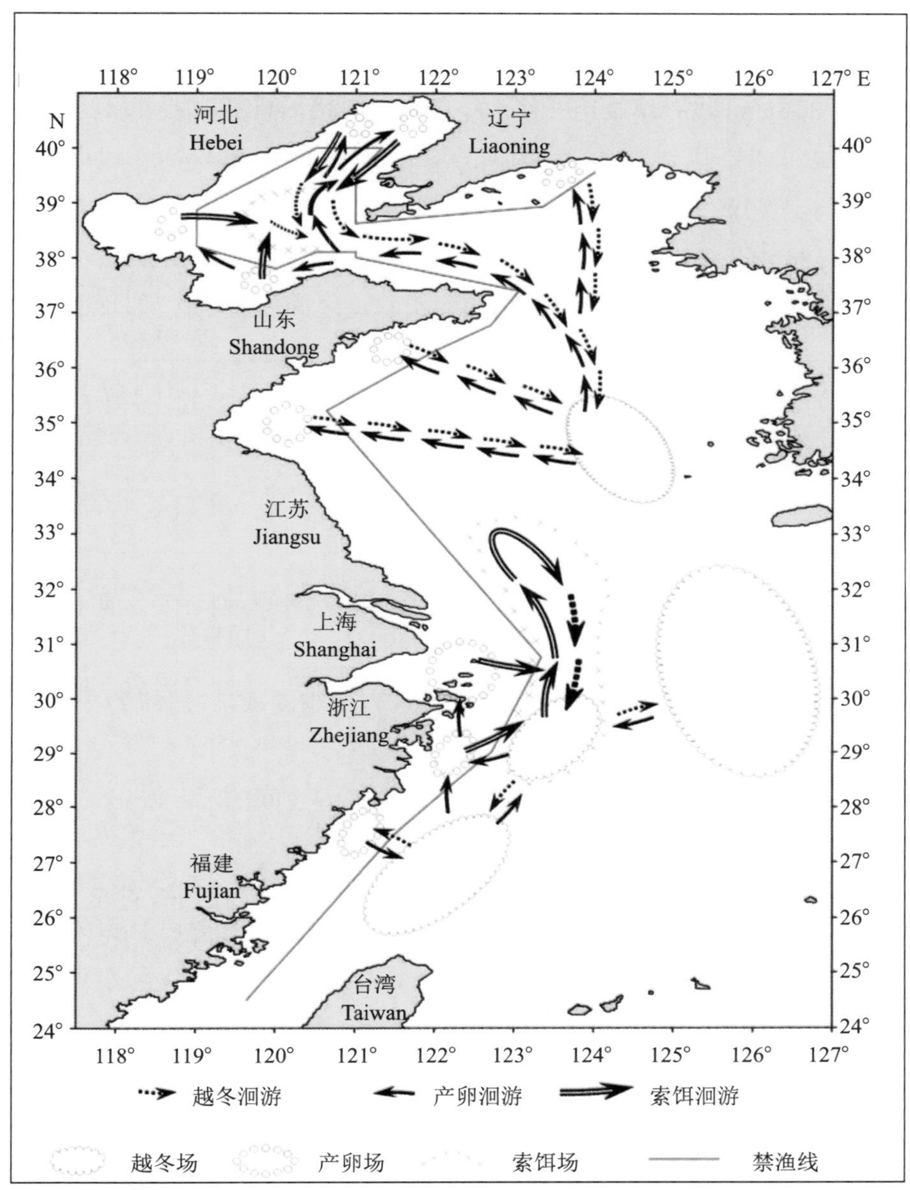

图 9. 1. 11　银姑鱼洄游路线示意图(徐兆礼等，2010)

9.1.4　滩涂资源

沿海滩涂：海洋行政主管部门将滩涂界定为平均高潮线以下低潮线以上的海域；国土资源管理部门将沿海滩涂界定为沿海大潮高潮位与低潮位之间的潮浸地带。滩涂在地貌学上称为“潮间带”，主要由粉砂和淤泥组成。滩涂是陆地生态系统和海洋生态系统的交错过渡地带，是沿海地区重要的后备土地资源。

三门湾是我国典型的淤泥质港湾之一，其形状犹如伸开五指的手掌，众多港汊呈指状深嵌内陆，港汊之间则发育了蛇蟠涂、下洋涂等舌状潮滩，见图 6. 1. 1。滩面平坦宽广，涂质细软肥沃，滩涂资源丰富。三门湾海域总面积约 775 km^2，潮滩面积为 295 km^2，约占三门湾海域面积的 38%。其中高潮滩面积 30 km^2，中潮滩面积 140 km^2，低潮滩面积 125 km^2，是浙江省滩涂资源较为集中的分布区之一。滩涂主要为淤泥滩，总趋势处于淤涨状态。根据相关资料统计计算表明：三门湾滩涂平均年淤高约 3.5 cm，浅滩岸线年外移 10～20 m，低滩不断淤积成中、高滩涂。三门湾滩涂面积较大的主要有以下 8 个区块。

① 下洋涂：位于三门湾北部，介于白礁水道、满山水道之间的舌状潮滩，潮间带生物资源丰富，面积为 5 173.33 hm^2（7.76 万亩），为三门湾顶部区域纳潮量最大的潮滩。

② 蛇蟠涂：位于三门湾西部，介于青山港和蛇蟠水道之间的舌状潮滩，面积为 2 200.00 hm^2（3.30 万亩）。

③ 晏站涂：位于花鼓岛西侧，介于海游港和正屿港之间的舌状潮滩，面积 1 273.33 hm^2（1.91 万亩）。

④ 洋市涂：位于健跳港口南侧，为三门湾口门汊道处发育的口袋状潮滩。面积 400.00 hm^2（0.60 万亩）。

⑤ 三山涂：位于三门湾西北部，介于沥洋港和青山港之间的舌状潮滩，面积为 3 006.67 hm^2（4.51 万亩）。

⑥ 双盘涂：位于三门湾西北部，处于三山涂西侧、青山港的顶部，面积为 2 146.67 hm^2（3.22 万亩）。

⑦ 花岙涂：位于花岙岛西北部，介于满山水道和珠门港之间的舌状潮滩，是岛屿流影区形成的潮滩，与下洋涂相向而望。

⑧ 高泥塊涂：位于猫头山嘴（三门核电厂址）南侧，呈南北向展布，直至健跳港口北侧，长约 6 km，宽约 2～3 km，中段与龙山岛西北侧潮滩连为一体，合称高泥塊涂，面积约 1 370.00 hm^2（2.06 万亩）。

阔宽的滩涂是缓冲海浪对海岸和护堤冲击以及保持重要生物资源“三场一通道”、维持海湾生存的重要区域，是海洋生物资源栖息的重要场所，也是海洋生态环境的重要组成部分。因此，滩涂资源是极其稀缺、极其珍贵的资源。

9.1.5 海岛资源

浙江省是一个海洋大省，在广阔的海域内分布着数千个岛礁，这些大大小小、星罗棋布的岛礁，像一颗颗璀璨的明珠，镶嵌在蓝色的大海上，成为我国锦绣版图上闪闪发光的瑰宝。海岛作为对外开放的桥头堡、壮大海洋经济的重要基地和保障国防安全的战略前沿，在促进沿海经济社会可持续发展、维护国家权益、拓展发展空间等方面的作用日益凸现。

三门湾位于浙江沿海中部，湾内岛屿众多，形态各异，风光旖旎，环境优美，生态独特，资源丰富。根据 2014 年第二次全国海域海岛地名普查成果[9-9]：三门湾拥有大小岛、礁数百个。这里需说明的是：2014 年第二次全国海域海岛地名普查成果所界定的三门湾地理范围要远大于 1998 编制《浙江海岛志》时所界定的三门湾，且海岛调查技术规程[1-7] 和海岛界定技术规程[1-8] 也与

1998年海岛调查与界定的规程不同。

三门湾内近三门县沿海的三门岛、五子岛、龙山岛、扩山塘岛等大小岛屿呈弧形排列于三门湾内及湾口。其中三门岛、五子岛生态价值十分重要，需加强保护；龙山岛深水岸线资源丰富，且离大陆较近，可发展港口；蛇蟠岛（现由于围垦造地已与大陆相连而形成半岛）既有风景旅游资源，又有一定的岸线资源。而无居民海岛面积虽较小，岩石裸露，但岛屿周围均具一定的水深，水质清澈，饵料丰富，是鱼虾类索饵、栖息和繁殖的理想场所，具有发展浅海增殖和海珍品养殖所必备的自然环境条件。三门湾内的海岛将是振兴三门湾渔业生产、滨海旅游业和港口航运业的宝贵财富。

9.1.6 滨海旅游资源

三门湾群山环抱，岛屿罗列，山川秀丽，海天雄奇，三门湾境内有着无数自然胜景和人文景观。旅游资源有三大优势，即生态资源优势、海岛海滨资源优势和核电工业资源优势。主要旅游资源可概括为“一寺一飘一沙滩，一谷多岛三门湾”，即多宝讲寺，亭旁浙江红旗第一飘；草头木杓沙滩，湫水大峡谷，蛇蟠岛、五子岛、扩塘山岛等。主要景点有：湫水日出、湫水云瀑、湫水白帘、滴水岩、原始次生阔叶林、龙游洞、玉溪潭、红板滩、丹峰云雾、饭蒸峰、天门、仙岩洞、清风洞、猫儿洞、观音洞、十里礁石长廊、命门、好望角、小踏道岛、猫头山岛、三门岛群、清定上师舍利塔、大雄宝殿、亭旁起义纪念馆、杨家板龙、木杓沙滩、天鹅戏水等，为三门湾发展滨海观光休闲旅游提供了资源支撑。

（1）蛇蟠岛观光休闲旅游区

蛇蟠岛位于蛇蟠水道的北部，面积约20 km^2，为台州第一大岛。蛇蟠岛盛产江南名石蛇蟠石，自宋朝以来的大规模采石使岛上遗有大小岩洞1 300余个（图9.1.12），奇洞异穴密布，故有“千洞岛”之美称，洞内怪石嶙峋，是我国规模最大的海岛洞窟景区。岛上风光奇异，集雄、幽、奇、秀等自然美景于一体，具有果鲜，洞奇，风景秀丽，环境幽静，生态环境良好的特征，气候宜人，是避暑旅游胜地。

（2）木杓沙滩海滨休闲基地

木杓沙滩位于浬浦镇木杓村，沙滩背山面海，海域开阔，沙滩平缓，长300 m，宽146 m，呈弯月状，沙质澄黄，沙粒粗细均匀，水质清澈，是天然的海滨浴场（图9.1.13）。木杓沙滩周边环境幽静，海产珍品丰富，可开发成海水浴场和渔家乐为一体的旅游胜地。

（3）五子岛生态观光休闲区

五子岛位于三门湾口中部，由鸡笼山、青土豆岛等5个岛和7个礁组成，陆域面积0.72 km^2，海岸海蚀地貌发育（图9.1.14），风景奇异，生态环境好。青土豆岛以栖集大量海鸟而闻名；鸡笼山全岛礁石景观可称一座袖珍海上石景公园，是不可多得的海上旅游胜境，宜开发岛屿观光旅游。

图 9.1.12 三门湾蛇蟠岛景区照片

图 9.1.13 木杓沙滩景观照片

图 9.1.14 五子岛景观照片

(4) 扩塘山岛景区

位于沿赤乡沿海，岛上岛礁奇异，海蚀地貌十分独特，号称“中国礁石博物馆”。岛的东北面有近十里长的礁石群和洞穴，被誉为海上十里画廊。另有小蒲滴水岩双折瀑布和海游镇的石城飞瀑等旅游景点，构成了三门湾以“奇山秀水、金沙碧海”为特点的滨海旅游资源景观。

(5) 三门核电工业旅游示范基地

三门核电厂依托先进的第三代压水堆核电技术 AP1000，打造了公司展厅、观景平台、北海堤等景点，设计了两条旅游线路，将工业旅游与科普宣传紧密结合，向公众展示现代化的核电工业文明，宣传核电的安全性和低碳性，每年吸引上万名游客前来观光、学习，获得了较好的社会、经济和生态效益，于 2012 年 11 月，被浙江省旅游局和经信委授予“首批浙江省工业旅游示范基地”的称号。

9.1.7 海洋能资源

能源是人类生存和经济社会发展的基础，20 世纪 70 年代两次石油危机后，西方工业化国家过分依赖石油的能源机制受到冲击，开始出现寻找替代能源的热潮。进入 20 世纪 80 年代以后，人们认识到长期推动人类文明发展的常规化石燃料能源必然越来越少，并逐趋枯竭和昂贵。同时化石燃料燃烧排放对大气环境造成很大压力，在当下越来越重视地球温室效应、气候变化的形势下，为了人类社会的可持续发展，国际社会对减少化石燃料能源的依赖，加速开发利用有利于人类社会可持续发展、数量巨大、清洁的可再生能源已形成共识。

作为可再生能源之一的海洋能，自 20 世纪 70 年代开始就受到各沿海国家，特别是发达国家的高度重视。各国有关专家相继对各地的海洋能资源储量开展了大量的调查研究和分析评估工作。我国海洋科学家在海洋能资源储量和开发利用环境条件调查研究方面进行了大量的工作，取得了丰硕成果。

9.1.7.1　海洋能类型

海洋能通常是指海洋中所特有的依附于海水的可再生自然能源，即潮汐能、潮流能、波浪能、温差能和盐差能[9-10]。按能量储存形式分类，海洋能可分为机械能和热能：如潮汐能、海流能、潮流能、波浪能为机械能；温差能为热能；盐差能为物理化学能。除潮汐能和潮流能是月球和太阳引潮力作用产生的以外，其他均产生于太阳辐射。

(1) 潮汐能和潮流能

在月亮和太阳引力作用下产生的地球表面海水周期性的涨、落运动，一般统称潮汐。这种运动包括两种运动形式：一种是海水的垂直升降，称为潮汐；一种是海水的水平流动，称为潮流。海水的涨、落潮运动所携带的能量也由两部分组成，前者为势能，即潮汐能；后者为动能，即潮流能。涨潮时，随着海水逐渐向岸边流动，岸边水位逐渐升高，动能变为势能；而落潮时，随着海水逐渐离岸流去，岸边水位逐渐下降，势能变为动能。潮汐能的能量与潮水量和潮差成正比，或者说与潮差的平方和水库面积成正比；潮流能的能量与流速的平方和流量成正比，或者说与流速的立方成正比[9-10]。

(2) 波浪能

波浪是海洋表层海水在风的作用下产生的波动，波浪中所储存的能量称为波浪能。其能量与波高的平方和波动水面的面积成正比。

(3) 海流能

海流是海洋中由于海水温度、盐度的分布不均而形成的密度和压力梯度，或海面上风的作用等原因产生的海水定向流动。海流中所储存的动能称为海流能。其能量与流速的平方和流量成正比，或者说与流速的立方成正比。

(4) 温差能

在低纬度海洋中，由于海洋表层和深层吸收太阳辐射热量的不同，以及大洋环流的经向输送而形成表层水温高，深层水温低的现象。以表、深层海水温度差的形式所储存的热能，称为温差能。其能量与具有足够温差(通常要求不小于 18 ℃)海区的暖水量和温差成正比。

（5）盐差能

在海洋的沿岸河口地区，由流入海洋的江河淡水与海水之间的盐度差（溶液浓度差）所储存的物理化学能称为盐差能，亦称浓差能。最引人关注的盐差能是淡水通过半透膜向海水渗透时以渗透压形态表现的势能。其能量与渗透压和淡水量（渗透水量）成正比。

海洋能广泛地存在于占地球表面积71%的海洋中，其总蕴藏量巨大。根据联合国教科文组织出版的《海洋能开发》认为，全球各种海洋能的理论可再生功率约为7.66×10^{10} kW。其中各类海洋能的数量级以温差能和盐差能最大，各为10^{10} kW，波浪能和潮汐能居中，各为10^{9} kW，海流能最小，为10^{8} kW。由于海洋将永不间断地接受太阳辐射及月亮和太阳引潮力的作用，所以海洋能是可再生的能源，可谓取之不尽，用之不竭。

9.1.7.2　海洋能资源储量

根据《第二次全国沿岸潮汐能资源普查》[9-11]和《中国沿海农村潮汐能资源区划》[9-12]成果分析表明：全国沿岸可开发装机容量200～1 000 kW的潮汐能资源坝址共242处，总装机容量为12.3×10^{4} kW，年发电量为3.05×10^{8} kWh。总体而言，中国沿岸可开发的潮汐能资源较为丰富。但全国潮汐能资源主要集中在东海沿岸，资源能量密度最高，开发利用条件最好的是福建、浙江两省。福建、浙江两省合计装机容量为$1\,925 \times 10^{4}$ kW，年发电量为551.0×10^{8} kWh，占全国总量的88.3%。就地区而言，福建省海坛岛至浙江省的三门湾沿岸能量密度最高，开发利用条件最优越，可作为全国的重点开发利用区，其中三门湾沿岸潮汐能资源见表9.1.9。

综合上述海洋能资源分析表明：三门湾沿岸岸线蜿蜒曲折，水道纵横交错，潮大、流急，平均潮差均在4 m以上，最大潮差达7.52 m。三门湾沿岸是全国海洋能资源能量密度最高，开发利用条件最优越的地区之一。其中健跳港已被国家科技部和浙江省选作中型潮汐电站的理想厂址。

表9.1.9　三门湾沿岸潮汐能资源统计表

序号	电站（坝址）名称	坝长（m）	平均水库面积（km^2）	潮差（m）		装机容量（kW）	年发电量（MWh）	电网有无到达
				最大	平均			
1	岳井洋	2 500	38.9	6.38	4.0	42 600	110 000	
2	牛山一南田	13 500	484	5.90	4.5	1 940 000	5 340 000	
3	海游港	2 200	21.0	4.3	4.16	72 800	182 000	
4	健跳港	600	2.35	7.2	4.2	8 300	21 000	
5	东主头	550	0.08		4.2	273	550	有
6	牛头山	320	0.07	5.2	4.0	224	450	有
7	风动岩	350	0.09	5.2	4.0	282	560	有
8	狮子山	340	0.07	5.2	4.0	218	440	有
9	白带门	3 400	49.0	5.2	4.0	156 000	430 000	

9.1.7.3　规划中的潮汐电站

健跳港位于浙江省沿海中部三门湾的西侧，为近东—西走向的狭长型潮汐通道，港口门朝东北，全长约 17 km，总面积约 20 km^2，水域面积约为 11.4 km^2，港面宽为 300～500 m，最窄处位于黄门峡，约为 170 m。港内大部分水深在 5 m 以上，水深以 10～30 m 最多，港域海水清澈。平均潮差 4.2 m，最大潮差 7.2 m。

1999 年，在浙江省科委组织领导下，相关专家对健跳港潮汐电站进行初步可行性研究，选择沙木渡为坝址，开发装机容量 $4 \times 0.5 \times 10^4$ kW，年发电量 $5\,100 \times 10^4$ kWh。主要水工建筑物采用浮运预制沉箱法施工，施工期为 3.5 年。研究结论认为，健跳港潮汐能电站是我国当前条件下适合开发的最佳潮汐电站站址之一。

9.2　开发利用现状

三门湾是一个相对独立的海域自然地理单元，拥有港口、滩涂、海岛、滨海旅游、海洋渔业和海洋能等优势资源。三门湾沿岸分布的三门、宁海、象山 3 个县，行政管辖隶属于宁波和台州两市，海洋资源开发利用在一定程度上难以充分协调发展。因此，与浙江沿海毗邻的象山港、乐清湾和温州湾等其他海湾相比，三门湾海洋资源开发利用略显滞后，三门县沿岸尤甚。近年来，三门湾海洋资源开发利用得到高度重视，目前重点发展临港产业，特别是三门核电厂和浙能台州第二发电厂的建设发展，使得三门湾的海洋资源开发利用得以蓬勃发展。

9.2.1　港口锚地开发利用现状

（1）港口开发利用现状

1）健跳港

健跳港是台州港的一个港区，该港区分为下沙塘作业区、龙山深水港作业区、七市塘作业区、洋市涂作业区和牛山作业区。目前港口开发主要集中在健跳港海域内，现有客、货、渔、油码头泊位 9 个，泊位总长 347 m，其中千吨级泊位 2 个，其余为 300～500 吨级泊位，最大吨位为 5 000 吨级军民两用码头。健跳江内为国家二级群众渔港，在健跳黄门峡西侧建有 500 吨级和 300 吨级渔业码头各一座，港内可停泊 2 500 艘渔船。健跳港内七市塘、下沙塘作业区，有健跳船舶修造、华龙造船、台州海滨船舶修造、皓友造船和金茂船业有限公司等企业，拥有万吨级船坞、5 000 吨级船台及 5 000 吨级舾装码头(图 9.2.1)；另外蒲西港口区有 300 吨级客货码头 3 座，方山港口有 500 吨级码头；三门核电厂区北侧的核电厂有 5 000 吨级重件码头(图 9.2.2)

图 9.2.1　船厂 5 000 吨级舾装码头照片

图 9.2.2　三门核电厂 5 000 吨级重件码头照片

2）石浦港

石浦港区是我国十大渔港之一，国家级中心渔港之一，对台经济服务窗口，全国二类对外开放口岸。中心线长 18 km，宽 0.35～3.0 km，前沿水深 12 m 以上，水域面积 28 km^2。已建各种泊位 20 多座及 3 000 吨级的对台专用码头。三门湾沿岸海洋经济的崛起，离不开港口的发展。就三门湾港口现状而言，多为中小吨级的码头，尚无万吨级深水泊位。

（2）锚地开发利用现状

根据《台州港沿海航道与锚地调整方案通航安全影响论证报告》[9-3]：蛇蟠水道避风锚地因与三门湾大桥和六敖至蛇蟠三条管线用海冲突，调整方案取消了三门湾蛇蟠水道避风锚地；原猫头水道驳载锚地位于猫头水道的北端，由于三门核电厂取水口及取水口防撞设施建设的需要，将该锚地迁出猫头水道至大甲山锚地北侧，并增加健跳港区的引航检疫功能，更名为三门湾引航检疫驳载锚地。调整后的锚地面积为 9.7 km^2，水深 4～8 m，可停泊万吨级船舶 22 艘左右，功能为引航、检疫。锚地的调整满足了三门核电取水口建设的需要。三门湾沿岸现有猫头水道锚地、健跳港锚地、三门湾驳载锚地和大甲山锚地 4 处锚地。

9.2.2　渔业资源开发利用现状

海洋渔业是三门湾沿岸区域的传统支柱产业和重要的基础产业之一，开发利用方式主要有滩涂养殖、围塘养殖、浅海养殖和海洋捕捞等类型。三门湾沿岸港汊众多，滩涂发育，涂质肥沃，潮滩生物量较高，是发展浅海、滩涂养殖的理想区域。养殖以滩涂、围塘养殖为主，浅海养殖较少。养殖方式以虾贝混养、蟹贝混养、虾蟹混养、鱼虾贝混养等方式最常见。主要养殖品种有鱼、虾、蟹、贝和藻类等五大类近 20 多个品种。而青蟹是三门县海水养殖的主导产业，蛇蟠岛南侧区域是省级锯缘青蟹养殖示范基地和省级锯缘青蟹良种场，“三门湾牌”锯缘青蟹获浙江名牌和中国著名品牌称号，三门县成为闻名的“中国青蟹之乡”。三门湾是浙江省三大养殖港湾之一，而三门县海水养殖产量跃居浙江省首位，列全国第 10 位。海洋捕捞由于近 20 年来近海渔业资源衰退，可捕渔场逐渐缩小。为此要严格控制近海捕捞强度，养护、增值近海渔业资源，大力发展远洋捕捞。

(1) 渔业生产人员

据2010～2012年三门湾沿岸3个县从事海洋渔业生产人员的统计表明:象山县渔业户数和渔业人口最多,其次为三门县,宁海县渔业生产人员最少(表9.2.1)。2010～2012年近3年来各县海洋渔业户数及从业人员基本没变化。

表9.2.1　三门湾各县从事海洋渔业生产人员表

年份	海洋渔业户数(户)		
	三门县	宁海县	象山县
2010	9 692	5 403	20 532
2011	9 679	5 398	20 598
2012	9 668	5 407	20 526
年份	海洋渔业从业人员(人)		
	三门县	宁海县	象山县
2010	25 635	14 805	59 206
2011	25 442	14 787	55 697
2012	25 386	14 812	55 832

(2) 海水养殖业

2010～2012年三门湾周边各县海水养殖面积和产量见表9.2.2。由表可见,三门县养殖总产量最高,象山县最少;养殖面积宁海县最大,象山县最小。3年来各县海水养殖总产量和海水养殖总面积基本没有变化。三门湾的养殖品种:三门县养殖品种主要有青蟹、泥蚶、蛏、脊尾白虾、牡蛎、海带、龙须菜、鲍鱼和网箱养鱼等;宁海县养殖品种主要有青蟹、泥蚶、蛏、鲈鱼、大黄鱼和美国红鱼等;象山县养殖品种主要有三疣梭子蟹、拟穴青蟹、泥蚶、缢蛏、毛蚶、大黄鱼、鲈鱼和美国红鱼等。

表9.2.2　三门湾沿岸各县海水养殖产量和面积表

年份	县	海洋养殖总产量(t)	海水养殖面积(hm^2)
2010	三门县	180 872	12 862
	宁海县	126 961	15 249
	象山县	115 189	10 774
2011	三门县	188 042	12 862
	宁海县	130 296	15 192
	象山县	119 105	10 833
2012	三门县	188 042	12 862
	宁海县	130 913	15 190
	象山县	111 657	10 833

但目前三门湾近岸海域生态环境逐渐趋向恶化，部分养殖水域受污染较为严重，制约着养殖业的长足发展，因此，要重视保护海洋生态与环境。

（3）海洋捕捞业

三门湾海域有猫头洋渔场，渔场位于三门湾内田湾岛至五子岛连线与大陆岸线间的海域。海域渔业资源丰富，但由于20世纪70年代以来捕捞强度远超过渔业资源的再生能力，主要经济鱼类资源受到严重破坏，如大黄鱼、小黄鱼、鲳鱼、鳓鱼、带鱼、墨鱼、马鲛鱼、海鳗、鲥鱼、鲨鱼和马鲅等传统渔业资源已衰退而无法形成鱼汛。目前以捕捞甲壳类和张网捕捞小杂鱼为主。为此捕捞业已从近海向远洋发展。三门湾周边各县的海洋捕捞分作业产量和海洋捕捞分类群产量见表9.2.3和表9.2.4所示。由表可见，象山县海洋捕捞产量最高，其次是三门县，宁海县最少，2010～2012年3年各县海洋捕捞产量总体变化不大。

表9.2.3 三门湾周边各县海洋捕捞分作业产量表 （单位:t）

年份	单位	拖网	围网	刺网	张网	钓业	其他	小计
2010	三门县	1 029		1 912	1 788	145	11 391	16 265
	宁海县	882		2 077	845	30	5 427	9 262
	象山县	425 569	5 720	13 527	1 500		1 505	447 821
2011	三门县	1 051		1 901	1 824	148	11 467	16 391
	宁海县	1 120		1 833	820	35	6 089	9 897
	象山县	424 489	14 400	12 399	2 352		2 390	456 030
2012	三门县	1 012		1 869	1 757		11 649	16 287
	宁海县	1 225		1 697	902	68	6 201	10 093
	象山县	417 453	14 383	13 421	2 558		2 048	449 863

表9.2.4 三门湾周边各县海洋捕捞分类群产量表 （单位:t）

年份	单位	鱼类	虾类	蟹类	贝类	头足类	其他类	海洋捕捞总产量
2010	三门县	4 385	2 555	8 363	243	563	151	16 265
	宁海县	2 277	921	2 908	2 729	161	266	9 262
	象山县	317 253	57 150	5 922	1 156	36 597	29 743	447 821
2011	三门县	4 436	2 531	8 331	243	686	151	16 391
	宁海县	2 968	887	2 427	3 030	345	240	9 897
	象山县	357 529	53 389	6 666	1 365	36 031	1 050	456 030
2012	三门县	4 429	2 509	8 264	235	673	149	16 287
	宁海县	3 128	934	2 305	3 165	298	263	10 093
	象山县	350 453	54 143	6 513	2 306	35 436	1 012	449 863

(4) 海洋渔业总产值

三门湾沿岸各县紧紧围绕渔业可持续发展和渔业增效、渔民增收目标，狠抓渔业产业结构的调整力度，加快从传统渔业向现代渔业的迈进步伐，大力发展效益渔业，渔业生产综合实力明显增强。三门湾周边各县3年来海洋渔业总产值如表9.2.5所示。可见象山县海洋总产值最高，其次为三门县，宁海县最低。近年来海洋渔业呈现稳定增长的趋势。

表9.2.5 三门湾周边各县海洋渔业总产值表 (单位：万元)

年份	类型	三门县	宁海县	象山县
2010	海洋捕捞	14 423	12 034	297 271
	海水养殖	154 880	130 374	159 244
	其他	12 339	7 452	5 500
	合计	181 642	151 712	488 483
2011	海洋捕捞	15 162	13 378	321 125
	海水养殖	168 815	151 596	171 504
	其他	11 625	8 388	4 950
	合计	195 602	175 419	526 022
2012	海洋捕捞	15 921	13 851	336 865
	海水养殖	183 265	161 865	178 046
	其他	11 106	9 181	5 050
	合计	210 292	189 079	547 072

9.2.3 临海工业开发利用现状

近年来，三门湾沿岸，特别是三门县沿岸海洋资源开发利用得到高度重视，海洋经济日益成为三门县国民经济的重要组成部分。随着三门核电厂、浙能台州第二发电厂的建设发展以及三门县三港三城建设，使得三门湾沿岸大型临港工业得以蓬勃发展。

9.2.3.1 三门核电厂

(1) 地理位置和规划容量

1) 地理位置

三门核电厂址位于浙江省沿海中部的三门湾西侧三门县健跳镇北约6 km的猫头山嘴半岛，该半岛向海延伸约2 km，三面环海，西侧有山体形成天然屏障(图9.2.3)，地理条件优越(图9.2.4)。厂址区域周边人口密度低，交通便利；厂址区不占用农田，核电厂循环冷却水源取自三门湾猫头洋海水，温水亦排入猫头洋，三门核电厂址各项条件均得天独厚，是一处难得的核电好厂址。

图 9.2.3　三门核电厂址原貌照片

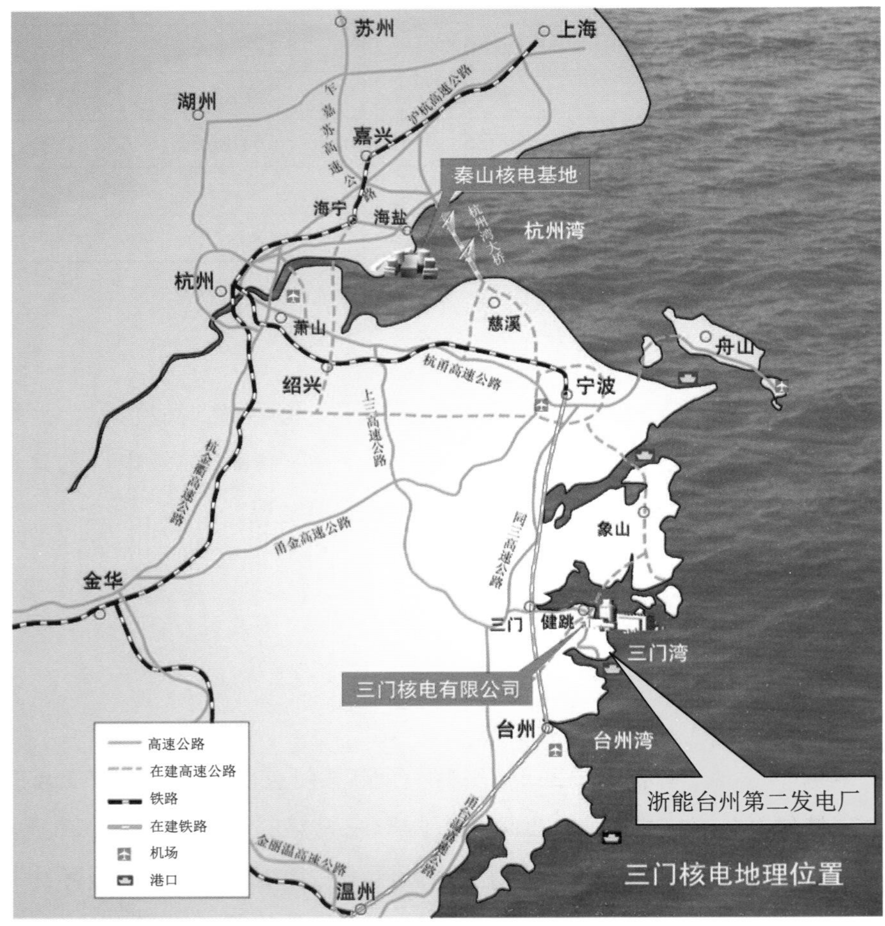

图 9.2.4　三门核电地理位置示意图

2）规划容量

三门核电工程是国务院批准实施的我国首个核电自主化依托项目，规划容量为六台百万千瓦级（6 × 1 250 MWe）压水堆核电机组，三门核电厂鸟瞰图如图 9. 2. 5 所示。三门核电一期工程（1、2 号机组）作为国家核电技术自主化依托项目，技术路线采用目前国际上最先进的第三代压水堆核电机组 AP1000，单机容量为 1 250 MWe。其中 1 号机组是全球首台 AP1000 示范工程，一期工程（1、2 号机组）已于 2009 年 4 月 19 开工建设，1 号机组于 2018 年 9 月已具备投入商业运行条件。

图 9. 2. 5　三门核电厂鸟瞰图

（2）总平面布置

总平面布置：三门核电项目规划建设容量的六台机组（6 × 1 250 MWe），以厂区西端为固定端，自西向东依次排列，核电厂取排水方案采用“北取南排”方案。其中 1、2 号机组取排水采取“北取南排（明排）”方案，3～6 号机组取排水采取“北取南排（深排）”方案，核电厂总平面布置见图 9. 2. 6。

核电厂主厂房建筑群 1、2 号机组主厂房位于乌龟山；3、4 号机组主厂房位于狮子山；5、6 号机组主厂房位于娘娘殿岗。核电厂址区占地面积约 215 hm^2，占用岸线约 4 950 m，满足 6 台机组工程建设用地。厂区与核安全有关的区域场坪设计标高为 12. 0 m（1985 国家高程基准），核岛场坪设计标高 12. 30 m。

（3）涉海工程及用海特点

1）涉海工程

核电厂全部涉海工程包括：满足核电厂址区域总平面布置需求的护岸及内侧部分填海造地；

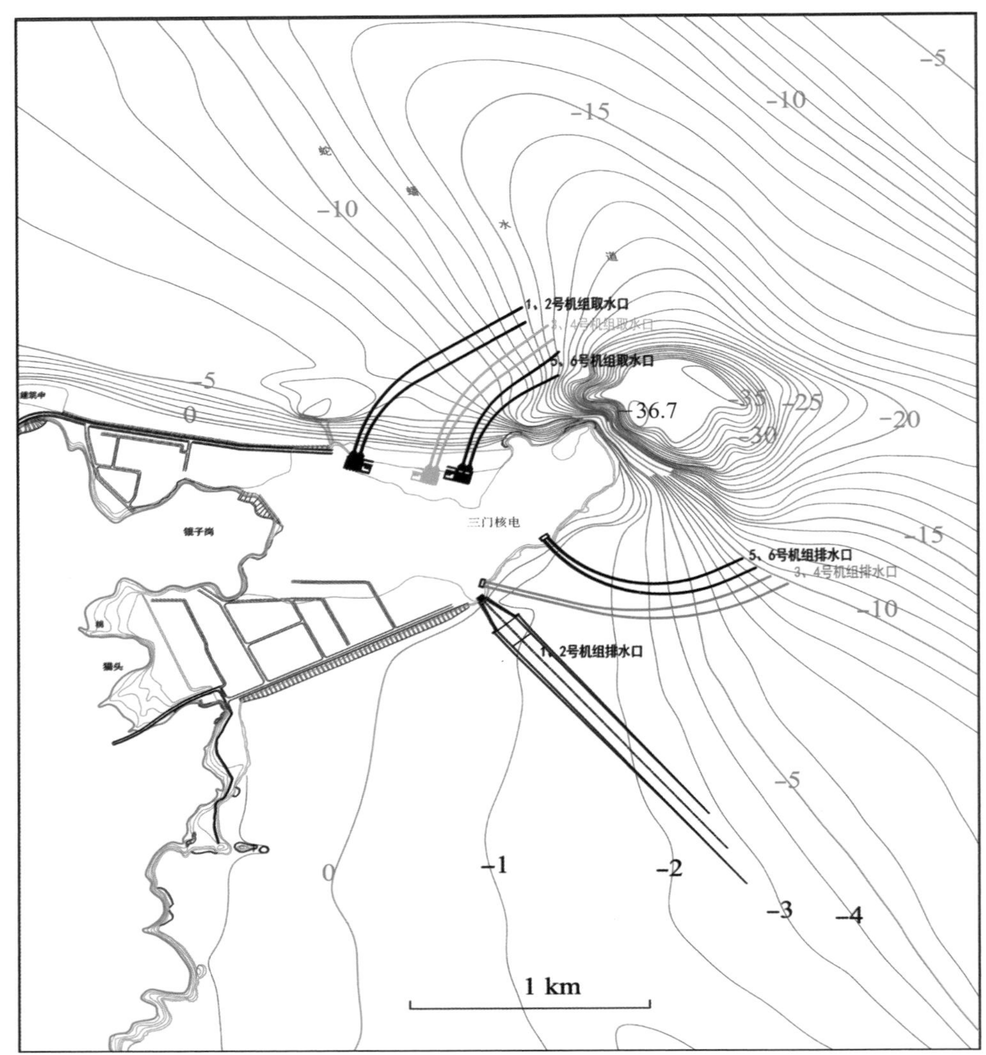

图 9.2.6 三门核电厂总平面布置方案图(北取南排,深排方案;2013 年水下地形)

5 000 吨级重件码头一座;6 台机组的取、排水工程以及温排水用海。其中 6 台机组取水均为管道取水,排水一期工程(1、2 号机组)采用明渠排水,二、三期工程 4 台机组(3～6 号)均采用管道深排,取排水管道内径均为 6.2 m。每期工程 2 台 AP1000 机组的循环冷却水量约 155.32 m^3/s。

2)用海特点

① 三门核电工程的设计标准、核安全、工程安全等级均很高,需重点关注三门湾及其周边海域自然环境的极端条件及其组合情形;厂区护岸和填海造地工程、取排水工程等,将有可能影响三门湾沿岸海域的流场结构,从而将引起局部区域的岸滩冲淤变化。

② 三门核电涉海项目工程量大、施工面广、施工期较长,对三门湾临近海域的海洋生态与环境、生物资源和海水养殖业将造成一定程度的影响。

③ 三门核电 6 台机组营运期循环冷却水中的水生物在通过取水系统时,将会受到取水系统的卷吸撞击效应及氯化物影响。一般取水产生的卷吸效应将对通过取水系统滤网的鱼卵、仔鱼、仔虾、浮游生物及其他游泳类生物幼体产生明显的伤害,将对海域的生物和渔业资源造成明显

影响。

④ 6 台机组在运行过程中，其含氯温排水、放射性液态流出物的长期排放，导致周围水体有一定温升。如环境水体升温后超过水生生物生长的适宜温度，尤其是炎热的夏季，可能导致水生生物的生长受到抑制或死亡，对海洋生态与环境、海水养殖业等有一定影响。

⑤ 放射性液态流出物的长期连续排放，在一定程度上改变了海域水体的理化性质，进而对海洋生态与环境构成一定影响，通过生物体的累积效应作用，将有可能造成生物多样性、遗传多样性等方面发生一定变化。

（4）取排水工程方案比选优化

核电厂涉海工程的平面布置主要为取、排水工程的平面布置，核电厂取、排水工程不仅要满足核堆冷却循环水的安全运行要求，满足循环水的取排水量要求，而且要尽量减少温排水对生态与环境及其水域温升等方面的影响，满足工程海域生态与环境保护的要求。为此，早在 20 世纪 90 年代中期，三门核电有限公司就已初步开展了三门核电工程海水取排水方案比选工作。经过 20 多年的发展，随着工程项目的推进和深化，三门核电项目取、排水方案优化与比选工作主要分两个阶段进行，即第一阶段为 6 台（1～6 号）机组取排水方案的比选；第二阶段为 4 台（3～6 号）机组的取排水方案比选。

1）取排水工程方案优化与比选（第一阶段）

三门核电有限公司委托进行了三门核电厂海水取排水工程岸滩稳定性研究[9-13～9-15]和三门核电厂海水取排水工程温排水及低放废液排放数模计算、物模试验项目研究[9-16]等多个相关专题计算研究。岸滩稳定性研究主要按照“北取南排”和“北取东排”两个取排水方案，大深潭取水、敞开式排水进行了泥沙冲淤局部动床的物理模型试验和数值模拟计算预测分析。通过数模计算和物模试验，分析、阐释工程海域周围大范围人类活动（围填海、蓄水）和核电厂建构筑物（码头、取排水口）对猫头山水道，特别对拟布置取排水工程处大、小深潭的影响；论证核电厂取排水工程近区海床的冲淤面貌；计算试验研究工程前后大、小深潭冲淤变化趋势；分析淤积量、淤积形态、淤积范围和淤积强度等，从而推荐合理的取排水工程布置方案。

温排水及低放废液排放数模计算、物模试验研究主要分析、预测、论证和比较核电厂多种取排水布置方案的温排水条件，对循环水取排水工程布置方案进行优化，尽量减小温排水对海洋生态与环境的影响和取水的热影响，同时节约投资，保护海洋生态环境。研究项目采用大域平面二维数值模拟和全潮小变态物理模型试验为主，小域平面二维和局部正态物理模型为辅，相互结合，互为补充的综合研究方法，对取排水工程布置的 22 种方案，对应（2～6）× 1 000 MW 机组、（2～6）× 1 200 MW 机组、（2～6）× 1 500 MW 机组各类型，在典型大、小潮和半月潮等各种潮型条件下，开展了数模预测和物模试验；以夏季温排水条件下的温升影响面积和取水口温升指标作为各方案的优选条件。通过对不同取排水方案组合分析比较，阐明了各种取排水布置方案的基本特性、取水温升和温排水影响范围，从而推荐合理的取排水工程布置方案。历经 3 年时间，经大量预测分析和试验、综合分析研究与多次专家评审后，取排水工程采用“北取南排（明排）”方案，如图 9.2.7 所示。

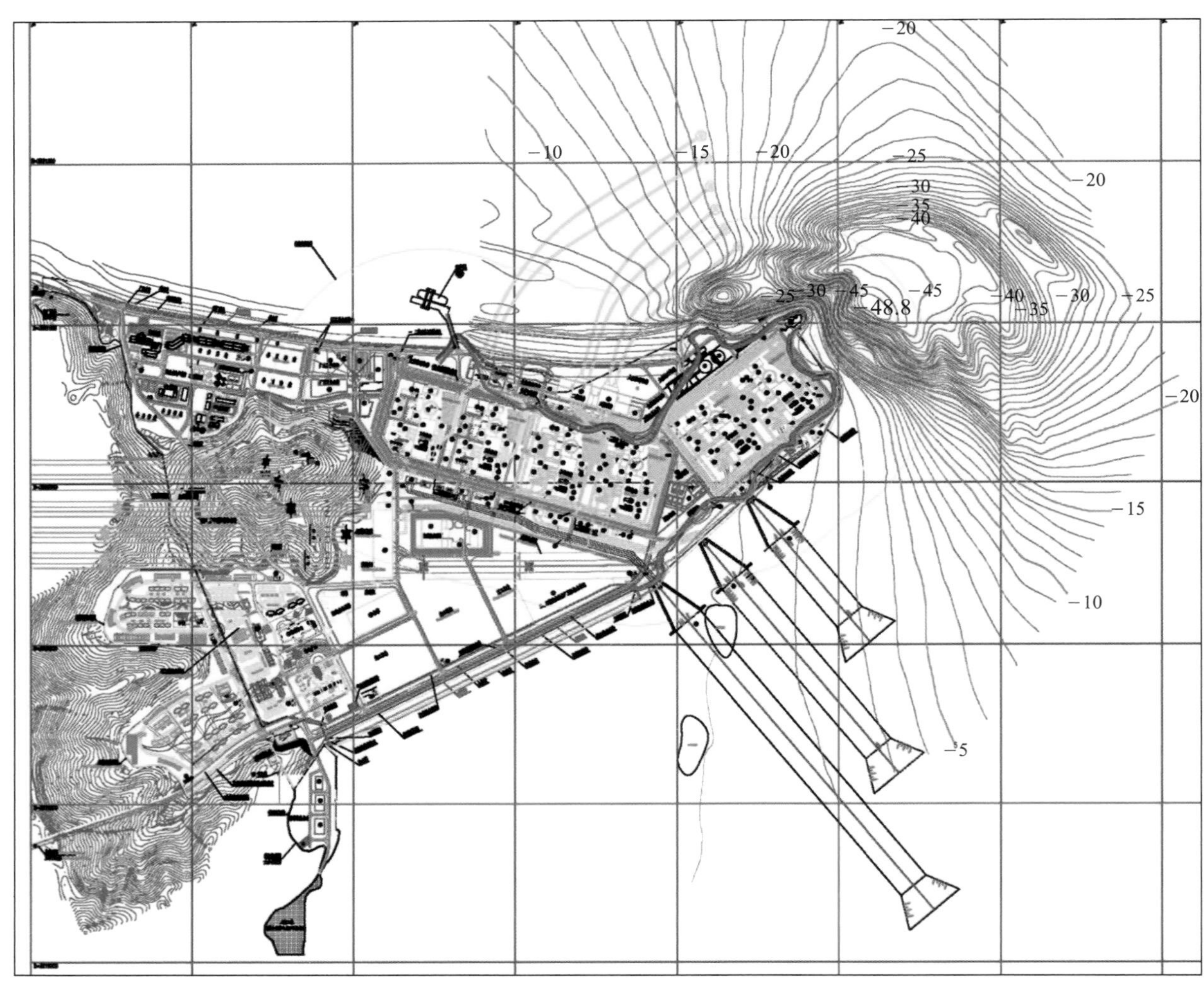

图 9. 2. 7　三门核电厂总平面布置方案图（北取南排，明排方案；2003 年水下地形）

2）取排水工程方案优化与比选（第二阶段）

三门核电一期工程取排水方案（北取南排，明渠排水）为近岸排放，主要问题是 4 ℃温升区影响海域的范围过大，对海洋生态与环境和海水养殖影响相对较大，特别是对厂址南侧海域的滩涂、浅海养殖业影响相对较大，放射性液态流出物的累计影响也过大。为减小温排水影响范围以及温排水对周边海域生态与环境的影响，三门核电有限公司又进一步优化取排水工程方案。进行了三门核电 3、4 号机组工程可行性研究设计温排放方案比选等相关专题[9-17～9-18]研究，研究成果增加了 3 种不同温排水方案的综合比选论证。

① 直流供水“深排”方案：循环冷却水系统仍采用直流冷却方式，最终循环水温排水通过深埋排水管道排入厂址附近海域。

② 直流供水 + 冷却塔散热方案：即在原直流冷却方案的排水处增加环保散热塔，将循环水温排水温度降低，然后循环排水仍通过原南排明渠排水方案排出。

③ 循环供水方案：即以循环冷却水方案代替直流冷却方案。

经过多种冷却方案、温排水方案的工程可行性研究和生态与环境影响、海域使用可行性等专题综合研究、比选论证，并经几次专家论证评审后，排水方案确定采用直流供水“深排”方案，见核电厂总平面布置图 9. 2. 6。从合理开发利用滨海核电厂址这一稀缺资源，实施海域资源可持续开发利用角度出发，排水方案采用“深排方案”科学合理，能最大限度地减小对海域生态环境的影响。

(5) 核电建设是落实国家清洁能源示范省的战略部署

2014 年，浙江省委、省政府提出了率先创建“国家清洁能源示范省”决策部署，浙江省将成为国家重要的清洁能源综合示范基地、清洁能源科技创新基地以及能源体制机制改革实践基地。而核电是一种安全、可靠、清洁、经济的能源，具备资源消耗少、环境影响小和供电能力强等优点，在世界能源结构中有着重要地位。目前在国家强调经济转型升级的情况下，从化石能源逐步枯竭和昂贵的趋势及气候与环境承载力情况分析，核能在增加无碳污染电力中占重要地位，发展核电是优化能源结构，保护生态环境不可替代的选择之一。因此，三门核电厂工程建设是落实国家清洁能源示范省的战略部署，而核能是满足经济社会发展的绿色能源。随着科学技术的发展和世界形势的变化，核能的和平利用越来越受到世界各国的高度重视，发展核电是我国能源发展的必由之路，对保障社会经济可持续发展具有重大意义。

9.2.3.2　浙能台州第二发电厂

(1) 地理位置和建设规模

浙能台州第二发电厂位于三门县健跳港南侧的牛山嘴，距离三门核电厂约 11 km。台州第二发电厂 2 × 1 000 MW 机组“上大压小”新建工程，是关停浙江全省小火电机组异地建设的“上大压小”电源项目。台州第二发电厂一期工程建设装机容量为 2 × 1 000 MW 超超临界国产燃煤发电机组，同步建设全烟气脱硫、脱硝装置，是目前国内设计最环保的百万千瓦级火力发电厂，以 500 千伏等级电压接入浙江电网，被列为浙江省“十二五”规划重点建设项目。项目于 2012 年 8 月 16 日获国家发改委核准，2012 年 9 月 26 日打响开山平基第一炮。工程动态总投资约 84 亿元，其中环保投资 10 亿余元，占工程总投资的 11. 90%。

(2) 涉海工程和总平面布置

浙能台州第二发电厂涉海工程主要有厂址和灰场填海造地，填海面积为 108. 364 4 hm^2；3. 5 × 10^4 吨级卸煤码头泊位 1 个和 3 000 t 重件运输码头 1 个，取排水口各 1 个。电厂采用自然通风冷却塔二次循环冷却方式，取水口取水流量为 2. 37 m^3/s，排水量 1. 33 m^3/s，初始温升 1 ℃[9-19]。台州第二发电厂总平面布置经多方案比选优化，最终总平面布置方案见图 9. 2. 8。该工程是三门湾打造长三角绿色能源基地的重要实施项目，工程已于 2015 年底建成投产。

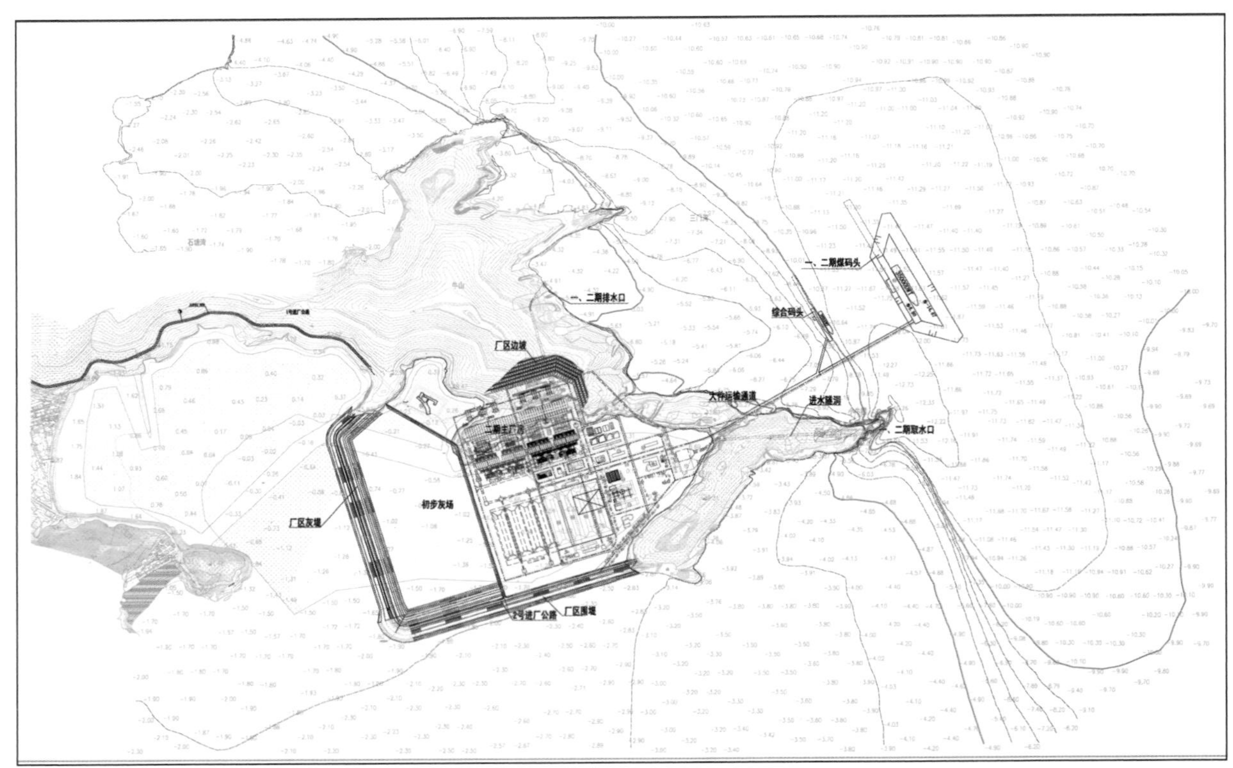

图 9.2.8　浙能台州第二发电厂总平面布置图

9.2.4　滩涂资源开发利用现状

为获得富饶又廉价的土地资源和抵御台风对沿海人民生命财产安全的威胁，历代沿岸人民就非常注重修筑海塘、围涂造田。三门湾早在唐、宋，元、明已有涂田、盐田记载。新中国成立后陆续开始高滩围垦和港汊围堵，至 2014 年三门湾已围涂面积（包括堵港的水面面积）222. 36 km^2（33. 36 万亩），占三门湾海域总面积的 28. 69%，占总潮滩面积的 75. 38%。

特别是近 10 年（2004～2014 年）来，三门湾顶部海域开展了大规模、大面积的滩涂围垦工程，围涂面积高达 67. 87 km^2（10. 18 万亩），占已围涂总面积的 30. 52%。近 10 年来的围垦主要有下洋涂围垦工程、蛇蟠涂围垦工程和晏站涂围垦工程等。工程实施后蛇蟠岛已和大陆相连，正峙港与海游港之间的花鼓岛也已与大陆连接，围垦已使蛇蟠岛和花鼓岛两大岛屿消失。健跳港口南侧的洋市涂围垦面积为 406. 54 hm^2（0. 61 万亩）。这是 60 年来三门湾海域围垦规模和围垦面积增加最快的时段。三门湾海域大面积围垦工程主要有以下几项。

(1) 下洋涂围垦工程

下洋涂围垦工程位于三门湾顶东北部区域，涉及宁海县的长街、力洋两个乡镇。整个围区东临白礁水道，南临满山水道，西接胡陈港（图 1. 3. 3），北靠青珠农场和长街盐场海塘。围堤堤线西端起自胡陈港水库船闸，向东经小壳岛，跨越五屿山，从孝屿与大柴门岛中间穿越向南，再折北与长街盐场海塘相接，堤线总长 17 347 m，海堤按 50 年一遇标准设计，以提高区域整体抵御风暴潮的能力，同时配套 8 座挡潮闸、5 座节制闸。围垦面积高达 3 586.667 hm^2(5.38 万亩)。工程于 2006 年启动至 2010 年竣工，概算投资 14.84 亿元。围区内近期主要发展种植和海水养殖。

下洋涂围垦工程获 2013～2014 年度中国水利工程优质(大禹)奖，这是全国水利工程行业优质工程的最高奖项，是以工程质量为主，兼顾工程建设管理、工程效益和社会影响等因素的优秀工程，海堤工程现状见图 9.2.9。下洋涂围垦工程的建成，补充了土地资源，为宁波市乃至浙江省拓展了新的发展空间，尤其是为宁波南部滨海新区的建立创造了发展空间。

图 9.2.9　宁海县下洋涂围垦工程海堤

(2) 蛇蟠涂围垦工程

蛇蟠涂围垦工程跨宁海、三门两县，南临旗门港、蛇蟠水道，西靠宁海一市镇，北界双盘涂、青山港(图 1.3.3)，大部分面积在宁海境内，工程于 2004 年开工建设至 2007 年竣工。工程建设南北两条海堤。南海堤西端始于宁海东沙友谊塘，向东伸展与三门蛇蟠三期海堤相接，堤长 3 976 m；北堤西端起始于双盘山脚，向东伸展与三门蛇蟠三期海堤相接，堤长 2 390 m。建设水闸 4 座，分别为闸 1#4 孔 * 4 m、闸 2#3 孔 * 4m、闸 3#2 孔 * 2.5 m 和闸 4#2 孔 * 2.5 m。围垦面积为 1 384.133 hm^2(2.076 2 万亩)。围区以国家湿地公园、蛇蟠涂现代生态农渔业园区为基础，重点发展企业化养殖等产业。

(3) 晏站涂围垦工程

晏站涂围垦工程北临旗门港，南靠海游港，工程于 2008 年 7 月竣工。工程建设海堤 6 751 m，水闸 7 座。围垦面积 1 266.67 hm^2（1.9 万亩）。工程后使花鼓岛和晏站涂、烂漫涂相接并与大陆相连，形成 2 000 hm^2（3.0 万亩）以上土地，主要用于三门县滨海新城建设用地。

（4）洋市涂和牛山火电厂围垦工程

该工程为三门湾健跳港口南侧的洋市涂区域农业围垦用海和牛山火电厂围垦工程，其中洋市涂区域农业围垦面积为 406.541 3 hm^2（6 098 亩），主要建筑 1 条海堤、2 条堵坝，堤坝总长为 1 923 m；2 座排水闸，其一为东嘴头排水闸，闸孔总净宽 9 m，共设 3 孔，每孔净宽 3.0 m，孔口 3.0 m × 4.5 m，最大下泄流量为 46.1 m^3/s；其二为柴爿花嘴排水闸，闸孔总净宽 15 m，共设 5 孔，每孔净宽 3.0 m，孔口 3.0 m × 4.5 m，最大下泄流量为 76.8 m^3/s。围区内近期主要发展种植和海水养殖，远期则作为工业城镇建设用地。

牛山火电厂围垦工程一是作为厂址建设用地，二是用于废弃物处置的填海造地，围垦面积为 108.364 4 hm^2（1 625 亩）。

（5）即将实施的围垦工程

三门湾顶部即将实施的三山涂围垦工程，围垦面积 1 788 hm^2（2.682 万亩）；双盘涂二期围垦工程，围垦面积为 1 039 hm^2（1.558 5 万亩）。

综合上文分析表明：三门湾内近 10 年来已围工程和即将实施的围垦工程总面积已高达 100 km^2（15 万亩）以上，且主要集中于三门湾顶部区域，湾中部的洋市涂和牛山火电厂围垦面积仅为 513.33 hm^2（0.77 万亩）。

海涂资源，特别是中、高滩的开发具有多宜性，既可用于水产养殖和种植业等，也可作为临海工业及城镇建设等用地，是沿海地区重要的后备土地资源。但广阔的滩涂是缓冲海浪对海岸和护堤袭击及保持海湾纳潮容量、维持海湾生态生境的重要区域，是海洋生物资源栖息的重要场所，是保持重要生物资源“三场一通道”、维持海湾生存的重要区域，是人类赖以生存、极其稀缺和极其珍贵的资源。因此，海涂资源的开发利用不仅要注重经济效益，更应重视社会效益、生态与环境效益，还应考虑代际公平原则。海涂资源的开发利用必须根据可持续发展要求：按照滩涂资源的分布、涂面的形成速率、生态与环境特点，严格遵循滩涂资源的再生能力和自然环境的适应能力，科学、合理地开发利用海涂资源，实现海洋生态文明建设的目标，实现资源效益、经济效益、社会效益和生态环境效益相统一，科学地处理好海涂资源的开发与保护，使海湾滩涂资源保持永续利用。

9.2.5 海岛资源开发利用现状

三门湾海岛开发利用状况主要表现为四个特点：

① 由于围填海工程，导致海岛属性发生改变，使海岛成为堤连岛或者堤内岛，或者完全成为陆地，永久改变了海岛的自然属性，作为滨海新城和临港工业的建设和发展用地；

② 以海岛为依托开发渔业生产活动；

③ 以海岛为依托开展海岛旅游活动；

④ 建设灯塔和航标等[9-20]。海岛的几种开发活动中对海洋生态环境影响最大的是填海连岛工程。例如蛇蟠岛：原来为大蛇山、小蛇山两个岛，两岛相距 3. 4 km，潮涨若离，潮退即连。经人工围垦后于 1978 年合成一岛，后又经过蛇蟠涂多期围垦，现已与大陆相连。花鼓岛：南北介于海游港与正屿港之间，距离大陆最近点巡检司约 600 m。该岛原系涛头山、正屿山和连槌山三个小岛，1966 年至 1969 年经人工围垦连成一岛，后又几经围垦，现与大陆相连，图 9. 2. 10 为蛇蟠岛和花鼓岛两个岛屿填海前、后的地形概貌。可见，由于围填海工程两个海岛都已与大陆相连，而成为半岛。

9.2.6 海洋能资源开发利用现状

根据前文分析可知：三门湾沿岸是全国海洋能资源能量密度最高，开发利用条件最优越的地区之一，其中健跳港已被国家科技部和浙江省选作中型潮汐电站的理想厂址。研究结论认为，健跳港潮汐能发电站是我国当前条件下适合开发的最佳潮汐电站站址之一。但目前建设潮汐能发电站最成熟，也是最传统的形式为建坝式，即在海湾或海潮河口建筑堤坝、闸门和厂房，将海湾或河口与外海隔开围成水库，安装机组进行发电。建坝式潮汐能发电技术的最大缺陷是需要在海湾或河口建设截流大坝。因而将会给海湾的生态环境以及航运等其他开发活动带来负面影响。

针对建坝式潮汐能发电技术的缺陷，近年来全球兴起了不建坝的潮汐能发电技术，即潮流能发电技术：在开阔的强潮流海域布置开放式的水轮机，利用潮流水平方向流动的动能进行发电，不建坝潮汐能（潮流能）发电的水轮机有水平轴、垂直轴、摆式等多种形式。这一潮汐能开发方式在欧美国家得到了大力支持。近年来，我国科学家提出了利用海湾内外的潮波相位差进行潮汐能发电的开发技术，其原理是利用海湾地形导致潮波变形和延时，使得海湾内外的潮波形成相位差，导致湾内、外存在动态水头，可作为发电水头。该新型潮汐能（潮流能）发电技术不需要建设堤坝[9-21]，既有利于改善海湾的水交换环境，且不影响海湾的通航及其他海洋开发活动。综上所述，随着科学技术的进步，海洋能源开发利用技术将会出现突破，海洋能资源开发利用前景广阔。

9.3 海域使用概况

9.3.1 海域使用现状

本书统计分析了三门湾 2003～2013 年海域使用现状，其中确权用海资料主要采用省、市、县海洋与渔业局海域管理处提供的资料。据不完全统计：三门湾海域确权用海面积为 5 875. 382 1 hm^2（不包含公共用海资料）。按照《海域使用分类(HY/T123—2009)》标准，对三门湾海域使用现状进行了分类。三门湾海域使用共分为 4 种一级类型用海（7 种二级类型用海），即渔业用海（围海养殖用海、开放式养殖用海）、工业用海（船舶工业用海、电力工业用海、其他工业用海）、交通运输用海（港口用海）和海底工程用海（电缆管道用海）。

三门湾海域各用海类型以渔业用海面积最大，为 5 184. 203 8 hm^2，占三门湾海域确权用海总面积的 88. 23%；其次，工业用海面积为 666. 187 9 hm^2，占确权用海总面积的 11. 34%；最后，

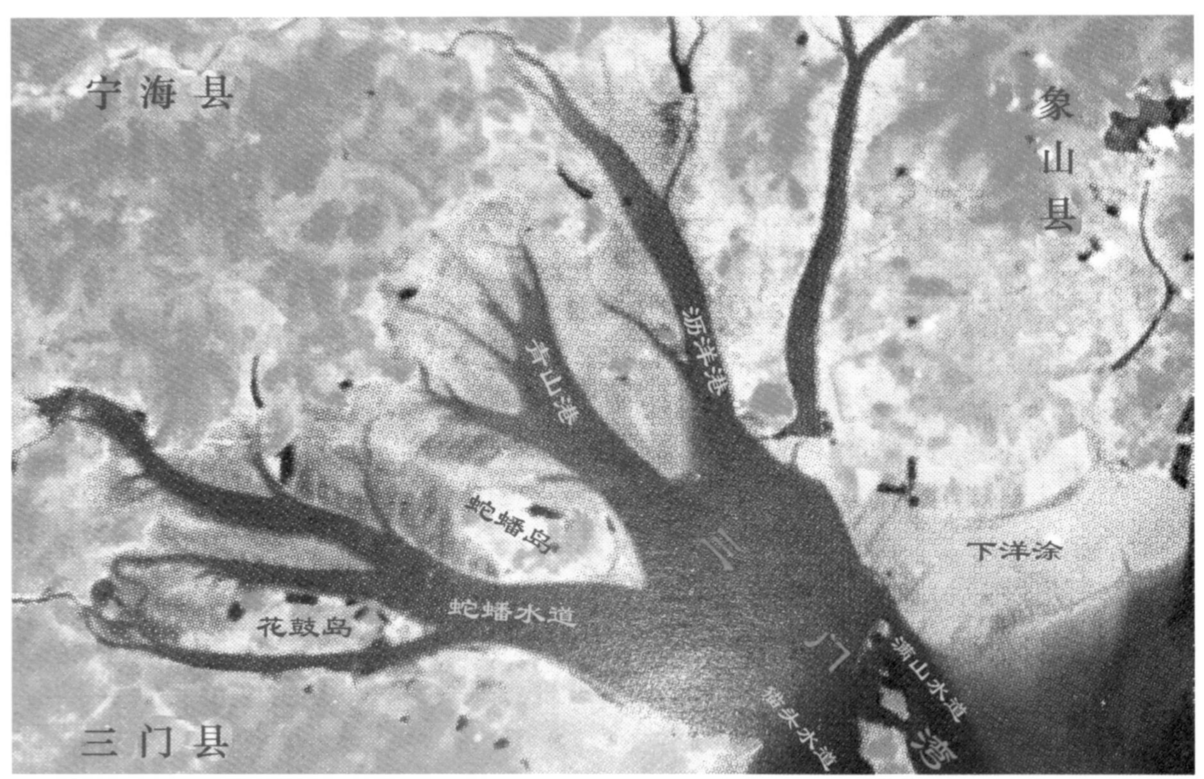

图 9.2.10A　三门湾顶部蛇蟠岛和花鼓岛两个岛屿围填海前的地形概貌(20 世纪 80 年代)

图 9.2.10B　三门湾顶部蛇蟠岛和花鼓岛两个岛屿围填海后的地形概貌(2014 年)

交通运输用海面积为18.787 6 hm^2，占确权用海总面积的0.32%；海底工程用海面积最少，仅占0.11%。三门湾海域使用类型、面积与分布见表9.3.1、表9.3.2和图9.3.1、图9.3.2。

表9.3.1 三门湾海域用海类型及面积一览表

用海类型	用海宗数(宗)	用海面积(hm^2)	占比(%)
渔业用海	16	5 184.203 8	88.23
工业用海	22	666.187 9	11.34
交通运输用海	6	18.787 6	0.32
海底工程用海	3	6.202 8	0.11
合 计	47	5 875.382 1	100.00

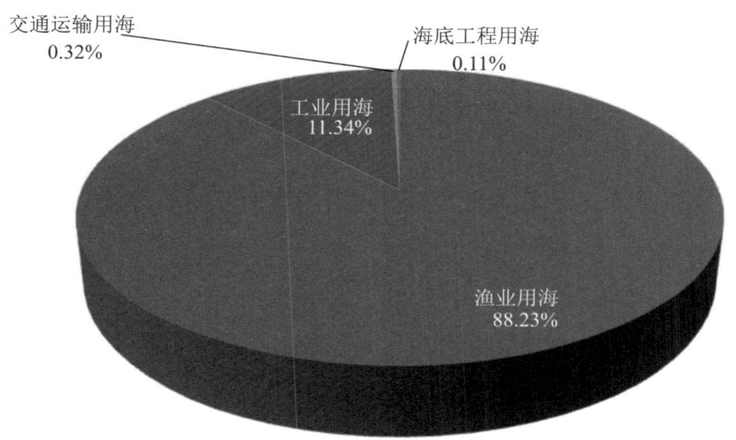

图9.3.1 三门湾用海类型面积及分布图

这里需指出的是，随着《中华人民共和国海域使用管理法》的实施及海洋经济的高速发展，海洋开发活动强度与日俱增，众多的经营性用海活动逐步被确权，海域管理日趋完美，逐步走向规范化、科学化。但由于海洋管理权限和范围等原因，依然有众多的用海活动未能被确权，公益性用海和特殊用海等也未被确权。这里所指的公共用海面积主要是指航道、锚地和倾倒区所占用的海域。

通过分析三门湾海域使用现状概况，可为三门湾海域使用从空间和时序上进行规划布局提供依据，使海域使用不仅符合三门湾沿岸海洋经济发展的合理用海需求，且能最大限度地减少海洋资源的浪费。通过严格控制用海强度和规模，对海域开发利用、保护在时间和空间上做出统筹安排，实施总量控制，以提高三门湾沿海区域经济社会可持续发展的保障能力，达到科学用海、规范管理和持续性用海，使海湾资源得到永续利用。

9.3.2 海域使用存在的问题

根据《中华人民共和国海域使用管理法》(下称《海域法》)有关规定，海域属国家所有，任何单位和个人在中华人民共和国内水、领海持续使用特定海域3个月以上的排他性用海活动，必须

表 9.3.2　三门湾沿岸海域使用权属一览表(2003～2013 年)

序号	项目名称	海域使用权人	用海面积(hm^2)	用海类型 (二级类)	用海方式 (二级方式)	起止时间
1	厂址建设填海造地 三门核电一期工程	三门核电有限公司	14.961 0 289.869 7	电力工业用海	建设填海造地:14.961 0 港池:1.516 4 透水构筑物:0.464 4 海底电缆管道:6.111 0 取排水口:5.338 9 取排水口:20.215 2 开放式:256.223 8	2006.04.06 至换发土地证为止 2010.12.27～2060.12.26
2	3 000 吨级杂货码头项目	三门赤头码头有限公司	1.993 9	港口用海	建设填海造地:1.993 9	2011.01.12～2061.01.11
3	浙江九洲船业有限公司造船项目	浙江九洲船业有限公司	21.151 9	船舶工业用海	建设填海造地:21.151 9	2007.10.30～2057.10.30
4	浙江通达船业有限公司造船项目	浙江通达船业有限公司	21.233 0	船舶工业用海	建设填海造地:21.233 0	2010.09.10～2060.09.09
5	台州航兴船业有限公司建成年产 20 万载重吨船舶制造项目	台州航兴船业有限公司	24.944 8	船舶工业用海	建设填海造地:24.944 8	2010.11.03～2060.11.02
6	浙江中达船业有限公司船舶制造项目	浙江中达船业股份有限公司	20.554 0	船舶工业用海	建设填海造地:20.554 0	2010.12.04～2060.12.03
7	浙江成洲船业有限公司船舶制造项目	浙江成洲船业有限公司	16.087 3	船舶工业用海	建设填海造地:16.087 3	2010.09.08～2060.09.07
8	浙江百祥船舶修造有限公司年产 20 万载重吨船舶制造项目	浙江百祥船舶修造有限公司	13.694 0	船舶工业用海	建设填海造地:13.694 0	2011.01.04～2061.01.03

续表 9.3.2

序号	项目名称	海域使用权人	用海面积(hm^2)	用海类型 （二级类）	用海方式 （二级方式）	起止时间
9	三门县博兰园海水养殖专业合作社猫头洋浅海养殖项目	三门县博兰园海水养殖专业合作社	127.894 2	开放式养殖用海	开放式养殖:127.894 2	2013.09.05～2023.09.04
10	俞海潮浅海养殖	俞海潮	20.000 0	开放式养殖用海	开放式养殖:20.000 0	2011.02.25～2020.02.25
			13.333 3		开放式养殖:13.333 3	2011.01.11～2016.01.11
11	浙江台州第二发电厂“上大压小”新建工程	浙江浙能台州第二发电有限责任公司	147.948 3	电力工业用海	废弃物处置填海造地:53.901 9 建设填海造地:49.582 2 港池、蓄水等:38.931 透水构筑物:2.730 0 取排水口:1.876 9	2013.03.31～2063.03.31
12	三门海洋养殖专业合作社浅海紫菜养殖	三门县连心海水养殖专业合作社	17.637 9 19.261 3	开放式养殖用海	开放式养殖:17.637 9 开放式养殖:19.261 3	2011.03.17～2016.03.17
13	台州天安沙石有限公司码头工程项目	台州天安沙石有限公司	2.607 4	港口用海	港池、蓄水等:2.143 3 透水构筑物:0.464 1	2012.08.14～2032.08.14
14	追加船舶修造项目	浙江金茂船业有限公司	5.200 0	船舶工业用海	建设填海造地:5.200 0	2008.02.18～2058.02.18
15	船坞、码头用海	浙江金茂船业有限公司	23.415 3	船舶工业用海	港池、蓄水等:23.415 3	2008.07.27～2023.07.27
16	货运码头	台州鑫捷码头沙石开发有限公司	1.320 0	港口用海	港池、蓄水等:1.314 7	2004.04.30～2034.04.30
17	台州海滨船舶修造有限公司扩建工程	台州海滨船舶修造有限公司	1.455 0	船舶工业用海	建设填海造地:1.455 0	2007.02.28～2057.02.28

续表 9.3.2

序号	项目名称	海域使用权人	用海面积(hm^2)	用海类型（二级类）	用海方式（二级方式）	起止时间
18	台州海滨船舶修造有限公司填海工程	台州海滨船舶修造有限公司	1.840 0	船舶工业用海	建设填海造地：1.840 0	2005.01.13～2055.01.13
19	临海工业用海	台州海滨船舶修造有限公司	5.462 0	船舶工业用海	港池、蓄水等：5.462 0	2004.12.20～2024.12.20
20	浙江皓友造船有限公司填海工程	浙江皓友造船有限公司	2.615 0	船舶工业用海	建设填海造地：2.615 0	2005.01.13～2055.01.12
21	浙江皓友造船有限公司修造船	浙江皓友造船有限公司	11.331 0	船舶工业用海	港池、蓄水等：11.331 0	2004.11.10～2024.11.10
22	年产 200 艘渔船修造项目	三门金港渔船制造有限公司	0.681 1	船舶工船用海	建设填海造地：0.681 1	2010.12.27～2060.12.27
23	年产 28 万载重吨船舶制造项目	台州东极正扬船业有限公司	2.165 0	船舶工业用海	建设填海造地：1.324 0 建设填海造地：0.841 0	2010.02.08～2060.02.07
24	水产码头	三门县健跳水产冷冻有限公司	1.432 0	港口用海	港池、蓄水等：1.432 0	2001.12.31～2051.12.30
25	万吨级码头及配套设施项目	浙江健跳造船有限公司	0.997 8	船舶工业用海	建设填海造地：0.997 8	2008.12.23～2058.12.22
26	改扩建项目(船坞船台及码头用海)	浙江健跳造船有限公司	7.290 0	船舶工业用海	港池、蓄水等：7.290 0	2008.07.16～2023.07.15
27	1000 吨级散货运码头项目	奔牛科技集团有限公司	5.425 1	港口用海	建设填海造地：5.425 1	2009.05.31～2059.05.30
28	船台区用海	三门县健跳港船舶修造有限公司	2.850 0	船舶工业用海	港池、蓄水等：2.850 0	2008.08.24～2028.08.24

续表 9.3.2

序号	项目名称	海域使用权人	用海面积(hm²)	用海类型（二级类）	用海方式（二级方式）	起止时间
29	海带养殖	叶表利	13.333 3	开放式养殖用海	开放式养殖:13.333 3	2007.12.30～2020.12.30（2011 年变更）
30	三门县蛇蟠三期续围工程	三门县蛇蟠海涂围垦有限公司	94.300 0	围海养殖用海	围海养殖:94.000	2002.09.09～2027.08.19
31	海带养殖	叶表利	13.333 3	开放式养殖用海	开放式养殖:13.324 9	2007.12.20～2020.12.20
32	三门六敖 1000 吨级车渡码头及交通码头工程	三门县交通局	4.126 3	港口用海	港池、蓄水等:3.666 2 透水构筑物:0.460 1	2013.09.05～2053.09.04
33	三门县晏站涂促淤工程透水构筑物项目	三门县三门湾滩涂围垦开发有限公司	16.570 9	其他工业用海	透水构筑物:16.570 9	2011.11.30～2019.11.30
34	港口用海	中石化三门石油支公司	1.882 9	港口用海	港池、蓄水等:1.882 9	2002.01.01～2051.12.31
35	台州新龙门船业有限公司填海工程	台州新龙门船业有限公司	13.870 8	船舶工业用海	建设填海造地:13.870 8	2010.12.31～2060.12.30
36	海底电缆管道	浙江省电信公司三门电信局	4.531 7	电缆管道用海	海底电缆管道:2.460 0	2002.01.01～2051.12.31
37	蛇蟠岛海底光缆工程 1	三门广播电视台 1	0.891 9	电缆管道用海	海底电缆管道:0.891 9 海底电缆管道:0.779 2	2006.11.10～2016.11.10
38	蛇蟠岛海底光缆工程 2	三门广播电视台 2	0.779 2			
39	三门县蛇蟠海水养殖工程	三门县蛇蟠海涂围垦有限公司	180.225 5	围海养殖用海	围海养殖:180.225 5	2006.12.29～2021.12.29

续表 9.3.2

序号	项目名称	海域使用权人	用海面积(hm^2)	用海类型（二级类）	用海方式（二级方式）	起止时间
40	宁海县蛇蟠涂围塘养殖工程	宁海县蛇蟠涂海洋开发有限公司	678.382 5	围海养殖用海	围海养殖:678.382 5	2003.12.27～2023.10.13
41			178.854 8	围海养殖用海	围海养殖:178.854 8	2003.12.28～2023.10.14
42	宁海县下洋涂围塘养殖工程	宁海县蛇蟠涂海洋开发有限公司	1306.666 7	围海养殖用海	围海养殖:1306.666 7	2005.12.31～2018.12.31
43	宁海县下洋涂围塘养殖工程	宁海县城关天寿东路169号	694.600 0	围海养殖用海	围海养殖:694.600 0	2006.11.22～2021.11.22
44	宁海县下洋涂围塘养殖工程	宁海县下洋涂海洋开发有限公司	690.600 0	围海养殖用海	围海养殖:690.600 0	2006.09.07～2021.09.06
45	宁海县下洋涂围塘养殖工程	宁海县双盘涂水产养殖有限公司	696.300 0	围海养殖用海	围海养殖:696.300 0	2006.09.07～2021.11.22
46	高塘长大涂围涂工程	象山县高塘岛乡人民政府	148.751 0	围海养殖用海	围海养殖:141.463 0 透水构筑物:7.288 0	2007.05.21～2022.05.20
47	象山高塘岛乡花岙二期围涂工程	象山县高塘岛乡人民政府	290.730 0	围海养殖用海	围海养殖:290.730 0	2007.05.21～2022.05.20
48	三门县洋市涂区域农业用海工程	三门县人民政府	406.541 3	农业填海造地用海	农业填海造地	2012.04.11～

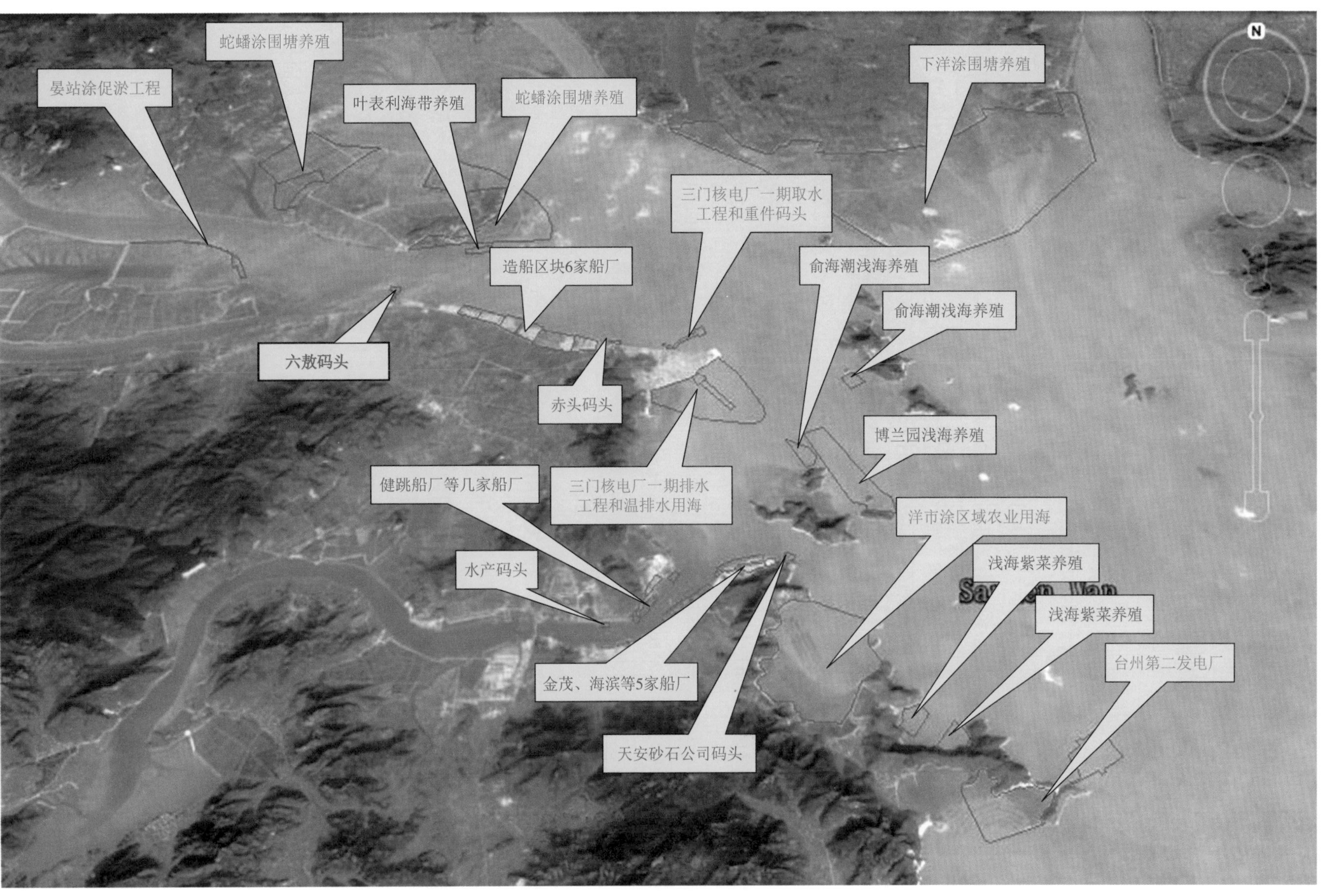

图 9.3.2　三门湾沿岸海域使用确权分布示意图(2003～2013 年)

依法取得海域使用权。随着《海域法》的实施，海域使用逐步走向有序、有度、有偿使用阶段，海域也逐步得到较合理利用。但随着三门湾沿岸工业的发展，特别是临港工业建设用地、滨海城市发展用地需求增大，填海造地活动不断增加，导致部分海域不能科学、合理地开发利用，海域资源得不到优化配置。值得指出的是，个别地方无序、无度、甚至违法使用海域的现象仍有存在，造成部分海域资源浪费。因此，有些矛盾及问题亟待解决，以达到科学用海、规范管理和持续性用海，使海洋资源得到永续利用。三门湾海域使用存在的问题主要包括以下几个方面。

（1）海湾面积逐渐减小，影响海域生态与环境

海湾生态系统与大洋生态系统相比，其环境因子复杂多样，生态系统多样性更高。海湾又是陆地所环抱的水域，与陆地生态系统密切相关。而近 10 多年来，人类加大了海洋的开发力度，特别是在三门湾顶部区域实施了大规模、大面积的围填海，占用了相当大部分的海湾面积，海湾面积逐渐减小。从而使湾内的纳潮量减小、水动力条件及水体交换能力减弱，导致海湾的淤积加重，进而造成水质、底质环境质量的逐渐恶化；而小型海湾，如三门湾健跳港南侧的“洋市涂区域农业围垦用海”工程，为节省投资，截湾取直，导致洋市涂小型海湾灭失，海湾功能丧失，对海域生态环境造成了不可逆的影响，严重影响了海域的生态与环境。

（2）部分港口设施落后，造成港口岸线资源浪费

三门湾港口航道资源丰富，但港口航道资源在开发过程中仍有岸线利用和组合布局不合理，占用深水岸线和航道锚地，公用码头和货主码头的发展不平衡，深水泊位比例偏低，部分码头泊位分散、规模小，港口配套设施不够完善，港口服务功能单一等问题；部分企业码头建设未能按照港口总体规划布局，造成港口岸线资源的浪费。

（3）缺乏地区、部门产业间综合开发利用协调

三门湾海洋资源丰富，近 10 多年来，海洋资源开发利用程度相对较高。尤其是三门湾沿岸的象山、宁海和三门 3 个县隶属于宁波和台州两市管辖。导致资源的开发利用大多以地区、行业、部门组织进行，缺乏地区、产业间综合开发利用的统筹安排与协调，缺乏三门湾海洋资源的综合开发利用、生态环境治理保护、海域产业协调发展的总体规划。这不仅造成部分海洋资源的浪费，而且使地区、部门和行业间存在一定的用海矛盾，使地区、行业和部门利益不能从三门湾乃至全省的整体利益考虑，存在局部利益难以服从整体利益的现象。如三门湾近年来大范围、大面积的围填海项目，导致湾内海水纳潮量锐减，淤积速度加快，可能会对三门核电厂的取水造成一定的影响，从而间接影响核电厂的安全运行。

（4）相关产业规划有待深化完善

根据三门湾沿岸海域使用现状分析可知：渔业用海面积最大，其次为工业用海。表明三门湾沿岸临港工业，主要是电力工业和船舶工业用海发展相对较快，而现代海洋高新技术产业和海洋服务业发展相对滞后。存在部分区块开发利用过度，特别是船舶工业用海，如三门核电厂西侧六敖北塘沿岸的多家船厂，填海造地后抛荒现象较为严重，致使海洋资源得不到优化配置，难以有序、适度、合理的开发利用。据此，海洋渔业产业结构有待调整优化，临港产业及滩涂围垦等海洋产业规划有待深化完善，特别是空间布局有待优化调整，以提高海域使用效率。

（5）海域开发供需矛盾日益显现

随着社会经济的高速发展，港口、能源和船舶等大型临港工业不断向沿海聚集，现有近岸海域空间资源已难以满足新增建设项目的用海需求，难以保障国家及地区发展战略的有效实施。此外，沿岸部分涉海工程的陆源污染不能得到有效控制、近岸海域海水养殖超容量发展，使养殖海域富营养化程度加重，近海海域污染日趋严重，海水水质下降，海洋生态环境遭到一定程度的破坏，对近岸海域资源的可持续利用构成严重威胁，并且增大了赤潮等生态灾害的发生概率。因此，要加强依法用海，严格限制三门湾内、特别是湾顶区域的围填海造地活动，有效控制陆源污染，遏制海洋生态环境恶化、改善海洋环境质量，实现海湾资源的合理开发和可持续利用，满足国民经济和社会发展对海洋资源的需求。

（6）提高抵御自然灾害能力

三门湾沿海是海洋灾害频发的地区，而热带气旋是影响三门湾沿海最主要的灾害性天气系统，受其影响时常伴有狂风暴雨、巨浪和风暴潮，给沿岸人民的生命财产造成重大损失，因此，要提高三门湾沿岸区域的高标准海塘建设，特别是重点涉海工程，必须加强高标准海塘建设，以有效抵御或减少风暴潮、海啸等灾害。

参考文献

[9-1] 联合国环境与发展大会重要文件．二十一世纪议程［R/OL］．1992.

[9-2] 台州市港航管理局．台州市水路交通运输“十二五”发展规划［Z］．2011.

[9-3] 上海海事大学．台州港沿海航道与锚地调整方案通航安全影响论证报告［R］．2014.

[9-4] 徐兆礼，沈晓民，陈佳杰，等．三门核电3、4号机组工程海洋渔业资源调查专题报告［R］．2014.

[9-5] 徐兆礼，沈晓民．三门核电一期工程临近海域渔业资源和渔业生产现状补充调查与评价专题报告［R］．2008.

[9-6] 徐兆礼，陈佳杰．东黄海大黄鱼洄游路线的分布［J］．水产学报，2011，35(3)：429-439.

[9-7] 徐兆礼，陈佳杰．小黄鱼洄游路线分析［J］．中国水产科学，2009，16(6)：931-940.

[9-8] 徐兆礼，陈佳杰．依据大规模捕捞统计资料分析东黄渤海白姑鱼种群划分和洄游路线［J］．生态学报，2010，30(23)：6442-6430.

[9-9] 潘国富，来向华，胡涛俊，等．第二次全国海域海岛地名普查［R］. 2014.

[9-10] 王传崑，卢苇．海洋能资源分析方法及储量评估［M］．北京：海洋出版社，2009.

[9-11] 水电部水电规划设计院，水电部华东勘测设计院上海分院．中国沿海潮汐能资源普查［R］．1985.

[9-12] 水电部科技司，国家海洋局科技司．中国沿海农村潮汐能资源区划［Z］．1988.

[9-13] 俞月阳，林洁，李志永，等．三门核电厂海水取排水工程岸滩稳定性问题物理模型试验报告［R］．2005.

[9-14] 伍冬领，谢亚力，唐子文，等．三门核电厂海水取排水工程岸滩稳定性数值模拟计算报告［R］．2005.

[9-15] 王敏，伍冬领，林洁，等．三门核电厂海水取排水工程岸滩稳定性问题研究总报告［R］．2005.

[9-16] 韩新生，李瑞生，郝瑞霞，等．浙江三门核电厂海水取排水工程温排水及低放废液排放数模计算、物模试验项目综合分析报告［R］．2006.

[9-17] 蒋海洲，储剑锋，郑培钢，等．三门核电项目3、4号机组工程可行性研究设计温排放方案比选专题报告［R］．2014.

[9-18] 韩新生，杜晓丽，王志玉，等．三门核电项目3、4号机组工程可行性研究设计温排水数值模拟计算报告（方案比较）［R］．2014.

[9-19] 李伯根，杨辉，周鸿权，等. 浙江浙能台州第二发电厂“上大压小”新建项目海域使用论证报告[R]. 2011.

[9-20] 王小波，蔡廷禄，杨义菊，等. 三门湾海洋资源综合保护与利用研究报告[R]. 2011.

[9-21] 许雪峰，等. 利用海湾内外潮波相位差潮汐能发电可行性研究—理论计算与数学模型研究报告[R]. 2013.

第 10 章　海湾资源保护与可持续利用

如果我们还打算给后代留下自然界的生命气息，就必须学会尊重这个精美细致但又十分脆弱的自然生命之网，以及网络上的每一个联结。

——《寂静的春天》

海洋是全球生命支持系统的一个重要组成部分，是全球生命共有的生态源泉，也是一种有助于实现可持续发展的宝贵财富。

随着人类社会经济的快速发展，人口膨胀、资源短缺和环境污染日益突出，特别是生态与环境的恶化、气候逐渐变暖等已引起各个国家的高度重视。如何理解以及正确处理人与人、人与自然的关系，已经成为当今人类保护地球资源和社会未来可持续发展的一个重要挑战。目前，世界上有 100 多个国家把开发利用海洋作为基本国策，作为加快经济发展、增强国家实力的战略选择。而开发利用海洋资源，保护海洋生态环境，建设海洋生态文明，实现可持续发展是当代人类面临的双重使命。开发利用海洋必须坚持保护海洋资源，促进经济发展必须强化生态与环境保护意识。实施可持续发展战略，是人类经历无数痛苦的经历，总结正反两方面的经验教训得出的，应当成为人类海洋资源开发与保护必须遵循的客观规律。发展经济绝不能以牺牲生态与环境为代价，必须坚持用可持续发展观念来实施可持续发展战略，这样才能更加健康合理地开发利用海洋，使海洋资源可持续利用，造福于子孙后代。

10.1　可持续发展理论

可持续发展是一个内涵极为丰富的概念，其核心则是正确处理人与人、人与自然之间的关系。公认的可持续发展的定义是："既满足当代人的需要，又不损害子孙后代满足其需求能力的发展。"其他许多有关定义基本上都由此演绎而来[10-1]。

10.1.1　可持续发展基本理念

可持续发展的基本理念可概括为以下 6 个方面。

(1) 可持续性

目前，人类发展的经济、社会和资源环境三大要素中，主要限制因素是发展的基础——资源与环境。人类的经济和社会发展必须维持在资源与环境的承受能力范围内，以保证发展的可持续性，资源的永续利用，是人类社会可持续发展的首要条件。可持续发展要求人类根据可持续性的条件调整自己的发展和生活方式，在生态系统可能支撑的范围内确定自己的消耗方式标准，及时补偿从生态系统中索取的东西，使自然生态系统与过程保持完整的秩序和良性循环。

（2）公平性

“可持续发展”的概念本身包含了“代内公平”和“代际公平”。为了实现代内公平和代际公平，世界环境和发展委员会建议通过国际法来解决资源合理利用和生态与环境保护问题。

（3）共同性

人类共同居住在同一个星球上，保护地球的完整性和人类的相互依赖性决定了人类有着共同的根本利益。地球上不同时代的人生存基础相同，即有相同的资源、生态和环境。而资源、生态和环境的有限性又决定了若我们当代人不珍惜资源，破坏和污染环境，我们的后代将因失去资源、生态和环境而难以生存和发展。为此，人类必须本着同一命运，同一使命，通力合作，共同研究，保护我们及我们的子孙后代共同的生态和环境，管理好我们共同的资源，谋求人类共同的发展[10-2]。

（4）协调性

人类社会与自然资源和环境的协调、人类社会各系统之间的协调、人口数量和增长率与不断变化的生态系统生产潜力的协调、国家或地区社会经济各领域的协调、国际范围内协调等是可持续发展的关键。可持续发展是一种动态过程，在这个过程中，资源的开发、发展方向、技术的选择，以及国际间的合作都应是相互和谐与协调的。可持续发展的协调性要求人类正确处理好利益分配，避免大规模利益冲突而发生战争，以便在和平友好的氛围中，解决矛盾，达到人类社会共同繁荣的目标。

（5）需求性

人类需求应由社会和文化条件所决定，应是主、客观因素相互作用、共同决定的结果，并且与人的价值观和动机有关。对于发展中国家来说，可持续发展首先要实现长期稳定的经济增长，在满足民众基本需求的基础上再进一步提高生活水平，满足高层次的需求。另外，发展目标、方式不但要满足当代人的需求，还应满足后代人的需求。

（6）限制性

没有限制就不可能持续，可持续发展不应损害支持地球生命的自然生态系统。人类经济和社会发展不能超过资源、生态与环境的承载能力。对可再生资源的利用率不能超过其再生和自然增长的限度，以避免资源的枯竭，人类对不可再生自然资源的耗竭速率应考虑其源的临界性[10-3]。

10.1.2 理论指导实践

(1) 理论来源于实践

西方现代工业革命和20世纪巨大物质文明引发的世界性人口膨胀、资源危机和生态与环境恶化已成为影响社会发展、威胁人类生存的三大难题，并有进一步加剧的态势。开发利用海洋，无疑是解决这些困境的重要途径，"21世纪是海洋的世纪"已成为人们的普遍共识。然而，近20多年的实践证明，沿海国家或地区在海洋开发与保护方面，开发力度有余，而保护投入不足，使近海水环境质量下降，污染范围逐渐扩大，生态环境遭到破坏，已成为国际社会关注的重大生态与环境问题之一。因此，寻找一条既能发展经济又能保护环境，并与社会进步相统一的发展道路、发展战略和理论已刻不容缓。"可持续发展论"作为一种新的发展思维或模式已普遍被世界各国所接受。它源于对资源利用和环境保护工作的反思，其核心思想就是通过改变人的观念，调整人与人之间的关系，协调人与资源、生态与环境的关系，实现人与自然长久和谐的发展。

根据上述公认的"可持续发展的定义"：从这一立论理解"可持续发展论"应包括"自然资源、生态与环境的可持续发展、经济的可持续发展和社会的可持续发展"三个层次的问题，即"以自然资源的可持续利用和良好的生态与环境为基础，以经济可持续发展为前提，以谋求社会的全面进步为目标"[10-4]。它不仅涉及当代的一个地区或国家之间的人口、资源、生态环境与经济社会发展的协调，还涉及后代的一个地区或国家之间的人口、资源、生态环境与发展之间的矛盾冲突。

我国作为发展中国家，面临的人口、资源、生态环境问题更加严峻，保障生态、环境和资源的可持续利用是中华民族生存和发展的基本条件，而海洋经济发展与海洋生态、环境的和谐是社会经济发展的重要组成部分。但是，近年来随着海洋经济的高速发展，在为人类创造了巨大经济效益的同时，由于海洋资源的不合理开发，产生了一系列破坏海洋生态环境的问题。如近海渔业资源捕捞过度导致渔业资源的逐渐枯竭；大范围的围填海使得湿地面积减少，导致生物多样性下降；入海污染物不断增加使海域环境污染加剧，导致生态环境趋于恶化等。因此，人类社会发展必须走生态文明建设的可持续发展道路，这是人类经历无数痛苦的磨难、总结正反两方面的经验教训得出的，应当成为人类社会发展与进步必须遵循的规律。

(2) 理论指导实践

用可持续发展理念统领和实施可持续发展战略，并在实践中不断完善是理论指导实践的必由之路。开发利用海洋资源、发展海洋经济，绝不能以牺牲生态和环境为代价。在资源有限的基础上，应秉承可持续发展理念，即对资源、生态和环境的利用应限制在资源、生态与环境的承载能力范围内，对不可再生自然资源的耗竭速率应考虑其源的临界性与代际公平。为此，我们必须遵循自然规律，按照海洋功能区划的功能定位，对资源的开发利用在可持续发展理论的指导下，充分考虑每一个生态系统的自身恢复功能，在开发中保护，保护中开发，尽一切可能将对资源、生态和环境的不利影响降到最低程度，使海洋资源可持续利用，促进海洋经济有序、健康与和谐发展，保障代内不同地区的人和代际不同辈的人能够享受到共同的资源、生态与环境。

10.2　发展条件

三门湾区域处于我国大陆海岸线中部，是一个相对独立的经济地理单元。整个区域包括宁波的宁海、象山两县和台州的三门县部分乡镇，是浙江省第二大海湾。三门湾作为浙江省“三湾一港”的重要组成部分，其区位条件优越，生态环境良好，海洋资源丰富，区域经济发展迅速，产业优势突出，在浙江沿海海洋经济发展战略中具有重要地位。

10.2.1　区位条件优越

三门湾地处我国大陆海岸线和长江黄金水道“T”形交汇处，位于长三角南翼环杭州湾产业带和温台产业带的节点。同时，紧临国际主航道，海相、陆相腹地广阔，是浙江对外开放的前沿地带。随着象山港大桥和三门湾大桥的建成通车及一批交通项目的建设竣工，三门湾区域有望成为长三角南翼地区的重要交通节点，区位优势不断提升。

10.2.2　生态环境良好

三门湾地处亚热带季风气候区，三面环山，一面临海，依山傍水。区域内山体、水系生态资源丰富，生态环境良好。三门湾为强潮型海湾，海域水动力、水交换条件良好，环境容量相对较大。区域高等植物种数达 1 550 种以上，是鸟类迁徙的重要中转地带，拥有各类候鸟百余种。2014 年，渔山列岛被列为国家级海洋生态特别保护区，这是浙江省第四个国家级海洋特别保护区，特别保护区的建立可以有效保护海岛和海洋珍稀资源，进一步改善海岛的海洋生态与环境。

10.2.3　海洋资源丰富

三门湾拥有丰富的港、渔、涂、岛、景、能等海洋资源，资源组合优势明显。三门湾为一半封闭型强潮海湾，湾口有众多的岛屿作屏障，湾内风浪较小，多潮流通道，其中深水岸线约 10 km，是建设港口的理想区域。三门湾是浙江省三大养殖港湾之一，亦是浙江省三大海水增养殖基地之一。海域潮流畅通，海水盐度适宜，水质肥沃，自然饵料丰富，适宜鱼、虾、贝、藻类繁衍生长，海洋生物种类繁多、海洋渔业资源丰富，属于富生物型海区。其中“三门湾牌”锯缘青蟹获浙江名牌和中国著名品牌称号，三门县已成为远近闻名的“中国青蟹之乡”，三门青蟹驰名天下；石浦中国水产城水产品近年年交易额突破 30 亿元，已成为全国最主要的水产品交易市场之一。三门湾是我国典型的淤泥质港湾之一，其形状犹如伸开五指的手掌，众多港汊呈指状深嵌内陆，港汊之间潮滩发育，滩面平坦宽广，潮滩面积约为 295 km^2，约占三门湾海域面积的 38%。湾内岛屿罗列，拥有大小岛、礁近 400 个，岛、礁形态各异，环境优美，生态独特。三门湾群山环抱，山川神秀，海天雄奇，在湾境内留下了无数自然胜景和人文景观。旅游资源主要有生态资源优势、海岛海滨资源优势和核电工业资源等三大优势。湾内海洋能资源储量丰富，全国潮汐能资源主要集中在东海沿岸，资源能量密度最高，开发利用条件最好的是浙江和福建两省。两省合计装机容量为 $1\,925 \times 10^4$ kW，年发电量为 551.0×10^8 kW·h，占全国总量的 88.3%。就地区而言，福建省海坛岛至浙江省的三门湾沿岸能量密度最高，开发利用条件最优越，是全国的重点开发利用区，其中三门湾南侧健跳港已被国家科技部和浙江省选作中型潮汐电站的理想厂址。三门湾具有开发成为全省经济发展重大平台的潜力和优势。

10.2.4 产业优势突出

经过近 40 年的发展，三门湾区域经济发展取得了显著成效。初步形成了模具、数控、船舶修造、汽车配件、新能源和海洋渔业等为主导的特色产业，新能源、数控装备、海洋生物医药等新兴产业和滨海旅游等产业快速发展，特别是三门核电厂和浙能台州第二发电厂的建设，为区域经济快速发展注入了新的活力，逐步形成了区域经济发展的重要支撑。

10.3 发展定位与目标

10.3.1 发展定位

根据《浙江省海洋功能区划（2011～2020 年）》[10-5]，海洋开发与保护战略布局为：坚持以海引陆、以陆促海、海陆联动、协调发展，注重发挥不同区域的比较优势，优化重点海域的基本功能区，构建“一核两翼三圈九区多岛”的海洋开发与保护总体布局，科学高效有序地推进海洋开发和资源保护。

根据浙江海洋开发与保护的总体战略布局和海域地理状况、自然资源、自然环境特点以及开发利用的实际情况，将浙江全省管理海域划分为九个重点海域。三门湾为浙江省的重点海域之一，三门湾海域基本功能为：“主要为滨海旅游、湿地保护和生态型临港工业等”。控制围填海造地，严格管理区域内排污口设置，控制污染物排放总量，保护区域生态环境；严格控制对基本功能有明显不利影响的产业；逐步推进生态化海湾建设、生态修复与生态化养殖，加强养殖污染整治；电厂及临港产业布局要相对集中，尽量减少对区域生态环境的不利影响；探索建立跨行政区协调管理机制，保持较好的生态环境。

2011 年浙江海洋经济发展上升为国家战略举措，《浙江海洋经济发展示范区规划》[10-6] 将三门湾列为全省十大海洋产业集聚区之一，有望建成高水平的海洋经济大平台。根据浙江海洋经济发展示范区规划，三门湾发展定位为：控制围填海造地，探索建立跨行政区协调管理机制，保持较好的生态环境，形成滨海旅游、湿地保护、生态型临港工业等基本功能。

《三门湾规划》[10-7] 将三门湾发展定位为“生态港湾，蓝海产业，宜居新城”，形成“一节点二高地五区”的海湾城镇集群。“一节点”为浙江沿海南北两翼新节点；“二高地”分别指海洋新型产业集聚高地和滨海新区建设高地；“五区”分别为浙江省海洋经济重点发展区、浙江省新型城市化实验区、浙江省区域合作示范区、浙江省海湾综合保护与开发先行区和海湾型宜居新城区。

《宁波三门湾区域发展规划》[10-8] 对三门湾的功能定位：立足特色化的资源禀赋优势和产业基础，着眼浙江海洋经济发展的使命和要求，探索宁波海洋经济发展的新模式。按照“经济发展—生态传承—模式创新—两岸交流”四位一体的发展思路，力争将三门湾区域发展成为产业复合型、生态友好型、滨海风情型的全国海湾生态经济试验区、国家海洋生物多样性保护示范基地、国家现代农渔业基地、长三角海洋新兴产业基地、海峡两岸交流合作示范基地。

国家海洋生物多样性保护示范基地：坚持开发与保护并重，强化滩涂湿地与生态保护区建设，加强对渔业资源，特别是濒危生物等物种的保护，保护海洋生物群落与生态链完整性，构建国家海洋生物多样性保护示范基地。

全国海湾生态经济试验区：顺应海洋经济发展的新要求，着眼海湾经济发展的国际视野，坚持生态优先的理念，立足海湾核心资源，把握三门湾区域作为相对独立的经济单元对内协同性、对外开放性的发展新视角，在强化区际海陆联动、培育海洋新兴产业、建设滨海风情小镇、促进海峡两岸合作交流、谋求体制创新等方面，率先探索沿海经济后发地区，以及生态保护要求较高地区发展的全新途径，努力将三门湾建设成为全国海湾生态经济试验区，为浙江及全国海湾经济开发建设积累经验、提供示范。

国家现代农渔业基地：充分发挥区域的农渔业资源优势，大力发展生态农业、休闲农业、高效农业和安全农业，提升渔业养殖水平，积极发展远洋捕捞，完善鲜活水产品流通体系，大力发展水产品冷链物流，建设国家现代农渔业基地。

长三角海洋新兴产业基地：立足浙江海洋经济示范区国家战略，着眼区域经济发展的阶段性，紧紧把握全球产业转移的新趋势，依托区域产业基础，协调与周边地区的产业分工，大力发展生态友好型的装备制造、海洋电子信息、新能源、海洋科技、海洋生物医药、综合物流、国际商贸服务等高附加值，二、三产业联动的海洋新兴产业，加快发展滨海度假、生态旅游等新兴旅游业态，紧密结合城镇发展，形成若干在长三角乃至全国具有较强竞争力的现代产业集群，重点培养一批影响力大、带动性强的龙头企业和知名品牌。

10.3.2　发展目标

将海湾分割转变为海湾融合，将资源优势转变为发展优势。以建设环境优美、经济发达、社会和谐的城镇集群为总目标，逐步建设定位明确、布局合理、设施完善的沿海新节点，使海湾地区的海洋经济协调发展。

10.4　海湾开发的生态与环境效应

三门湾海洋资源丰富，资源组合优势明显。近年来三门湾开发利用取得了骄人的业绩，同时也产生了较大的生态与环境问题。生态兴则文明兴、则社会兴，生态衰则文明衰、则社会衰。古今中外，这方面的事例众多。正如恩格斯在《自然辩证法》一书中深刻指出："我们不要过分陶醉于我们人类对自然界的胜利，对于每一次这样的胜利，自然界都报复了我们。"本节试图对三门湾重点开发利用领域，即围填海工程产生的海湾环境问题加以论述，促使人们更加珍爱和保护极其宝贵、极其稀缺且不可再生的海湾资源。

海湾面积减小是海湾环境的首要问题。如前文所述，三门湾早在唐、宋、元、明已有涂田、盐田记载，新中国成立后陆续开始高滩围垦和港汊围堵。据不完全统计：至2014年三门湾已围涂面积（含堵港水面的面积）为222.36 km^2，占三门湾海域总面积的28.69%，占总潮滩面积的75.38%。特别是近10年来，在三门湾顶部区域实施了大范围、大规模的围填海工程，使海湾面积大幅度减小；堤坝连岛工程使三门湾内蛇蟠岛和花鼓岛两大海岛消失，导致三门湾的大小与形态发生了很大变化，且这种变化在大多数情况下是不可逆转的。其导致的诸多负面影响主要体现在以下几个方面。

10.4.1 围湾造地湿地面积减少，海湾湿地的生态功能逐渐消失

湿地是处于陆地生态系统与水生生态系统之间的过渡带，它结合了陆地生态系统与水生生态系统的属性，是地球上三大生态系统之一。

（1）湿地定义

由于地理学家、土壤学家、水文学家及社会经济学家等对湿地研究的着眼点不同，使湿地的确切定义至今仍有争议，但总体可以分为两大类——广义定义和狭义定义。狭义定义认为湿地是陆地与水域之间的过渡地带；广义定义则把地球上除海洋外的所有水体都当作湿地[10-9]。

目前，国际比较公认的湿地定义是《国际湿地公约》[10-10]中的定义："不问其为天然或人工、长久或暂时性的沼泽地、泥炭地或水域地带，静止或流动的淡水、半咸水、咸水体，包括低潮时水深不超过6 m的水域。"该定义范围很广，不仅限于沼泽、泥炭地、盐沼、红树林，还包括湖泊、河流和水深6 m以内的滨海水域，也包括人工湿地[10-11]。

（2）湿地资源价值

湿地为具有巨大经济、文化、科学及娱乐价值的资源，湿地能调节气候、涵养水源、净化和调节大气和水中污染物，防护海岸，是生物的避难所，从而保证了地球生物的多样性。因此，湿地被称为"地球之肾"，"生物乐园"，是自然界富有生物多样性、维持区域生态平衡，减轻干旱和洪涝，具有高生产力的生态系统，并具较高的生态价值和经济价值，湿地资源的损失将不可弥补。

① 生态价值：湿地的生态价值其一是调蓄水量和调节气候，二是净化污水。在调蓄水量方面：湿地含有大量持水性的植物和泥炭土及质地黏重的不透水层，是蓄水防洪的"天然海绵"，具有巨大的蓄水能力，可以调蓄洪水，起到防洪作用。沿海的滨海湿地可以抵御海浪和风暴潮的冲击，防止对海岸的侵蚀。在调节气候方面：由于湿地表面的蒸发和强烈湿生植物的蒸腾作用，沼泽蒸发量大于水面蒸发量1～2倍[10-12]，湿地的蒸腾和蒸发作用可保持当地的湿度。在净化污水方面：湿地是自然生态系统中自净能力最强的生态系统。当污水流经湿地时，流速会大幅度减慢，有利于颗粒污染物质的沉淀和排除。湿地中生长的植物、微生物和细菌等通过湿地生物化学过程的转换，包括物理过滤、生化吸收和化学合成与分解等，将生活污水和工业废水中的污染物及有毒物质吸收、分解或转化，吸收、固定、转化为土壤和水中的营养物质，降解污染物质，消减环境污染，使流经湿地的水体得到净化。根据相关资料统计表明：欧美国家已建有近万座处理城市污水的人工湿地，我国也已建有100余处人工湿地污水处理系统。

② 经济价值：一是湿地能够提供丰富的动植物产品，二是能提供矿物资源。

③ 社会价值：一是景观旅游价值，二是教育与科研价值。湿地是一种独特的生态系统，有多种多样的动植物群落、大量宝贵的濒危物种，因而湿地在科学研究中有重要地位。另外，有些湿地也是大自然的过去自然环境变化的档案与信息库，记录了过去的气候、植被、水文与环境的变化过程，这对于研究古生物、古地理环境的演化有着重要的参考价值[10-13]。

(3) 围湾造地使湿地面积减少，湿地的生态功能逐渐消失

围湾造地首先围垦的是滩涂，当滩涂面积不能满足项目用海需求时，便要围垦部分浅海水域，而这部分被围垦的滩涂和浅海便是海湾湿地。而潮滩在自然界中和人类社会中均起着极其重要的作用，它是海洋与陆地之间的缓冲带，是海洋生态和陆地生态的过渡带，它是陆地污染物质向海排放的减缓带和分解自净带。广阔的滩涂是缓冲海浪对海岸和护堤袭击及保持海湾纳潮量、维持海湾生态生境的重要区域，是海洋生物资源栖息的重要场所，是保持重要生物资源“三场一通道”、维持海湾生存的重要区域，是人类赖以生存、极其稀缺和极其珍贵的区域地带。

如上所述，至 2014 年，三门湾已围面积（含堵港水面的面积）达 222.36 km^2，占三门湾潮滩总面积的 75.38%。已围面积统计分析表明：三门湾滩涂和浅海湿地面积的消失速度非常惊人。因围湾造地使湾内湿地面积大幅度减少，从而导致湾内湿地的生态功能逐渐消失。

10.4.2　围湾造地导致海岛灭失，海湾大小形态发生改变

三门湾内近期已消失 5 个海岛，均由填海造地所致[1-14]。三门湾内海岛的消失主要发生在 2001～2008 年期间，三门湾顶部区域近 10 年来的大规模围填海造地、海岛消失呈现出加快的态势。其中蛇蟠岛和花鼓岛两个岛屿已消失。如前所述，蛇蟠岛原为大、小蛇山两个岛，两岛相距 3.4 km，潮涨若离，潮退即连。经人工围垦后于 1978 年合成一岛，称蛇蟠岛，为三门湾内最大的岛。后又经蛇蟠涂多期围垦，现已与大陆相连。花鼓岛南北介于海游港与正屿港之间，该岛原系涛头山、正屿山和连槌山三个小岛，于 1966 年至 1969 年经人工围垦连成一岛，后又几经围垦，现已与大陆相连。由于两个岛屿的消失，导致三门湾海域的大小与形态发生了很大变化（详见第一章：自然形态演变）。

10.4.3　围湾造地导致海湾纳潮量减少，水动力条件降低

围湾造地使海湾面积缩小，湾内的纳潮量减少，湾内的水动力条件发生明显变化，涨、落潮流流速减缓，导致湾内水交换周期延长。

根据三门湾海域 2013 年和 1994 年夏季测流资料对比分析表明：2013 年夏季水文测验期间，大潮当日潮差比 1994 年大 13%情况下（键跳水文站：1994 年 7 月 23～24 日，潮差 606 cm；2013 年 7 月 24～25 日，潮差 686 cm），2013 年大部分站最大落潮流速反而小于 1994 年的最大落潮流流速，而最大涨潮流速 2013 年则略大于 1994 年。虽然目前三门湾海域的落潮流速仍然大于涨潮流速，但落潮流速大于涨潮流速的幅度呈现出减小的趋势。健跳潮位站历年的涨、落潮历时

见表 10.4.1，由表可见：1975～2000 年，涨潮历时长于落潮历时 10 min，到了 2004～2005 年，落潮历时长于涨潮历时 1 min，而 2012 年则落潮历时长于涨潮历时 10 min。分析表明：从 2000 年前的涨潮历时长于落潮历时 10 min，到 2012 年转变为落潮历时长于涨潮历时 10 min。这说明三门湾海域的水动力条件降低了，潮流场结构在发生变化。

表 10.4.1　健跳潮位站历史涨、落潮历时统计表　（单位：h：min）

1975～2000 年		2001 年		2002 年		2003 年		2004 年		2005 年		2006 年		2012 年	
涨潮历时	落潮历时	涨潮历时	落潮历时	涨潮历时	落潮历时	涨潮历时	落潮历时	涨潮历时	落潮历时	涨潮历时	落潮历时	涨潮历时	落潮历时	涨潮历时	落潮历时
6：18	6：08	6：14	6：11	6：13	6：12	6：10	6：14	6：12	6：13	6：12	6：13	6：09	6：16	6：07	6：17

三门湾海域潮流场结构的变化及水动力条件的降低与湾内大范围、大面积的围填海造地相对应，2010 年三门湾顶部区域的下洋涂围垦工程（围垦面积 5.38 万亩）的海堤堵口合拢，使湾内的涨、落潮历时发生了明显的变化。

根据三门湾内围垦工程实施后对三门湾海域潮流场、纳潮量和水交换影响的数模计算分析研究表明：围垦工程实施后使漫滩区面积减小、纳潮量减小，从而导致漫滩区域潮流动力减弱，涨、落潮流流速减弱。特别是在围堤前沿的浅滩区域，漫滩潮流流速减弱明显，涨、落潮流流速减小幅度均达 40%～50%左右。最终导致海湾水交换周期延长（详见 3.6 节：纳潮量和水交换）。

10.4.4　围湾造地导致海湾淤积，海湾的正常功能减弱

海湾围垦的直接效应就是减少了海湾面积，从而导致纳潮量的减少和由纳潮量多寡决定的潮流流速减小，进而导致海湾某些部位因流速减小而产生淤积[10-14]。

三门湾属于强潮型海湾，海域潮大流急，最大潮差达 7.75 m，且落潮流流速大于涨潮流流速，这种水动力特征决定了泥沙运动特征和岸滩地貌的发育，使得三门湾内的舌状潮滩顺落潮流方向发育。同时又因湾顶区域腹地大，因而纳潮量也大，使得港汊保持良好的水深条件。但由于近 10 余年来在湾顶区域大范围、大面积的围填海，使漫滩区域潮流动力减弱，涨、落潮流流速减弱，促使湾顶区域的舌状潮滩淤涨速度加快，且湾内深水区域淤积更为严重。由围湾造地导致三门湾的淤积状况详见第六章：岸滩稳定性。

10.4.5　围湾造地导致生态与环境恶化，生物多样性降低

海湾的开发利用，无论是围湾造地，水产养殖，港口建设，盐场晒盐或是旅游活动等，都或多或少地改变了海湾的大小和形态，或轻或重地影响了海湾的生态与环境[10-14]。

三门湾是浙江省的重要养殖基地，围塘养殖、滩涂养殖、浅海网箱养殖都具有相当大的规模，养殖密度也较大，海域养殖自身污染严重。近年来工农业生产快速发展，陆域污水排放加大。三

门湾顶部区域大规模的围湾造地，彻底改变了填海区海洋生物原有的栖息环境，特别是底栖生物，除了少量活动能力较强的底栖生物逃往别区而存活外，大部分底栖生物被掩埋、覆盖而死亡，对潮间带生物和底栖生物群落的破坏是不可逆转的，其中包括很多重要的经济贝类。此外，高浓度悬浮物同样会造成底栖生物的间接损失。

三门湾顶部区域大规模的围湾造地直接影响湾内的潮流运动特性，填海造地使湾内纳潮量减小，潮流流速减小，水动力条件降低，水交换周期延长，海水的自净能力减弱，减小了水环境容量和污染扩散的能力，使污染了的水体中污染物积累更高，从而导致三门湾海域污染日趋严重，海域生态与环境逐渐恶化，生物多样性降低。三门湾海域生态环境变化详见第八章：海洋生态。

10.5 科学开发和保护海湾资源

湾区是海岸带地区一种特定的地域单元，通常包括一个或若干个海岸线向内陆凹陷的海湾、与海湾接壤的陆域地区以及相邻岛屿共同组成的区域[10-15]。海湾资源是人类宝贵的自然资源，需坚持海湾开发与保护并重，科学开发和保护海湾是海湾资源永续利用的关键。

10.5.1 正视海湾资源稀缺性，尽最大努力保护海湾资源

自然资源是人类生存和发展的必要条件，自然资源的稀缺和冲突历来是经济增长和社会发展中的核心问题[10-16]。自然资源的有限性与人类需求无限膨胀的矛盾表现为人与自然之间的矛盾，表现为人对自然资源的无限依赖与掠夺，这种表现折射出人与人之间存在的社会关系的矛盾，体现在所有制、生产、分配、流通、消费和道德、法律等问题上[10-17]。

我国海湾数量有限，《中国海湾志》正文中记录的海湾为99个（不含河口湾），加上附录中的3个海湾，共计102个。虽然还有一些海湾没有入志，但入志海湾占了中国面积大于10 km^{2}海湾的绝大部分。仅就入志海湾而言，我国每1 000 km海岸线仅有5.45个海湾，沿海省、市、自治区的海湾均数仅为9个。其中天津市、河北省、上海市没有一个海湾，可见我国海湾数量之少[10-14]。而浙江省入志海湾共为18个[1-1;10-18]，为沿海省、市、自治区海湾均数的2倍。相对而言浙江省为我国沿海的多海湾区域。

海湾虽然有次生的，如河口侧湾、连岛坝湾等，但这些海湾的形成需要一定的条件。其中就包括原始海岸形态，离岸一定距离的海岛，一定强度、不同形式的沉积输移和与之相应的水动力条件等。自从末次冰期高海面基本稳定以来，虽不能说所有的海湾都已经诞生了，但可以说新生海湾的概率相当小。因此，可以断言，我国海湾数量在近数个世纪内几乎是没有增加的可能。

海湾不仅担负着发展社会、经济和连通海内外的重任，还对维护海岸带区域的生态环境起着重要作用。海湾的消亡，不仅是损失一片水域，而是意味着海湾周边的社会经济、文化和生态环境都随之改变，甚至一个港湾城市也随之消亡。因此，河口、海湾的变迁直接关系到滨海城市的兴衰，中外都不乏其例。本书以福建的泉州市为例，泉州位于泉州湾之畔，是我国古代海上丝绸之路的重要起点。在唐朝时泉州就是我国南方四大贸易港口之一，北宋元祐三年设立市舶司，到

了元朝泉州湾与亚非107个国家和地区有贸易往来，成了东方大港中的交流中心。泉州市也因此十分繁荣，世界上有多国居民在此定居，到目前为止，泉州仍保存众多的南洋人、阿拉伯人和犹太人的文化遗存。泉州当时之繁荣是因为泉州湾中的后渚湾是泉州湾内的优良港湾，在当时的条件下，后渚湾港可以说是水深、水域宽阔、避风条件优越的深水良港，大型船舶可以进出后渚港。但后来由于围湾造地，使后渚湾的海域面积不断减小，水动力条件减弱，从而引起后渚湾严重淤积。泉州市也因后渚湾的衰败而逐渐萧条。改革开放后，为了恢复昔日泉州港的景象和泉州市的繁荣，加快了泉州港的建设。但泉州湾内的后诸港已再不适宜建设大型港口，不得不将港址选在湄州湾内。这一例子充分说明了海湾资源的宝贵，它关系到相关地区的社会发展与生消。同时也表明我国仅有102个较大的海湾，对我国这样的海洋大国而言实在是太少了，而且每个海湾都存在着因海湾开发利用而引起的生态与环境问题。

如前文所述，至2014年，三门湾围填海面积已占三门湾潮滩总面积的75.38%。由于大范围的围填海，导致三门湾内诸多方面的生态与环境问题。因此，必须正视海湾稀少与人们无限需求的矛盾，尽最大努力保护和开发好珍稀的三门湾资源，正视三门湾开发中出现的问题，改变开发模式，加强对三门湾资源的保护，才能使三门湾资源得以永续利用。

10.5.2 改变传统发展模式，落实科学发展观

三门湾内风光旖旎，景色秀美，海洋资源丰富，素有“三门湾，金银滩”之美誉，自古以来，三门湾人民就用勤劳的双手演绎着千年的渔农文明。但由于三门湾近几十年来海湾开发过程中传统发展模式占主导，为了追求利益最大化，对海湾进行掠夺式的开发。首先是为了解决经济发展中土地资源的不足，不断实施围填海湾的滩涂与浅水海域，使海湾面积不断缩小，导致纳潮量减少，水动力条件降低，水交换周期延长。其次为了获得最大利益，几乎占领了所有具有优势的海湾水域、滩涂和海岸，导致海湾中的优势自然空间所剩无几，从而破坏了海湾的自然生态过程，也就改变了海湾的生态与环境。再次在沿海湾陆域发展的过程中，将海湾变成了排污池，导致海湾污染日趋严重。第四在海湾渔业生产中，网具越来越细，导致海湾中的经济鱼类和仔稚鱼大大减少，有的甚至达到绝迹的地步。由于传统的发展模式存在的严重的缺欠，破坏了海湾的生态环境。据此，必须改变传统的发展模式，全面落实科学发展观。

党的十八大报告指出:“必须更加自觉地把全面协调可持续作为深入贯彻落实科学发展观的基本要求，全面落实经济建设、政治建设、文化建设、社会建设、生态文明建设五位一体总体布局，促进现代化建设各方面相协调，促进生产关系与生产力、上层建筑与经济基础相协调，不断开拓生产发展、生活富裕、生态良好的文明发展道路。”习近平总书记在大力推进生态文明建设时指出:“建设生态文明是关系人民福祉、关乎民族未来的大计，是实现中华民族伟大复兴中国梦的重要内容。我们既要绿水青山，也要金山银山，宁要绿水青山，不要金山银山，而且绿水青山就是金山银山”。这生动形象地表达了我们党和政府大力推进生态文明建设的鲜明态度和坚定决心。面对资源约束趋紧、环境污染日趋严重、生态系统退化的严峻形势，要按照尊重自然、顺应自然、保护自然的生态文明理念，贯彻节约资源和保护环境的基本国策，努力建设美丽中国。习近平总

书记强调："良好生态环境是最公平的公共产品，是最普惠的民生福祉。"生态文明是人类社会进步的重大成果。人类经历了原始文明、农业文明、工业文明，而生态文明是工业文明发展到一定阶段的产物，是实现人与自然和谐发展的新要求。建设生态文明，是要以资源环境承载能力为基础，以自然规律为准则，以可持续发展、人与自然和谐为目标，建设生产发展、生活富裕、生态良好的文明社会。

三门湾资源的开发利用必须更加深入地贯彻落实科学发展观，改变传统发展模式。按照习近平总书记在大力推进生态文明建设时的要求，改变过去疯狂的、掠夺式的开发利用，取而代之的是文明地、科学地开发利用海湾资源，使三门湾资源得到充分利用，为地方国民经济发展和社会文明发展做出贡献，以达到海湾生态环境良好，人和海湾和谐相处。

10.5.3　改变开发模式，实施蓝色海湾整治

近年来由于过度开发，三门湾湿地面积缩减，海水自然净化及修复能力不断下降，海湾的纳潮量减少，水动力条件降低，水交换周期延长，海湾淤积，自然岸线减少，海湾的正常功能减弱，陆源污染严重，富营养化加剧，生物多样性降低，海洋生态环境形势严峻，生态系统受到威胁。因此，需改变愚昧落后的开发模式，采用科学先进的开发模式，全面落实蓝色海湾整治行动，不断改善海湾环境质量，使受损岸线逐渐得到修复，严格控制三门湾内的围填海造地活动，逐渐增加滨海湿地面积，遏制生态环境恶化的趋势。湾内海岛要以改善海岛生态环境质量和功能为核心，修复受损岛体，促进生态系统的完整性，提升海岛综合价值。逐步实现"水清、岸绿、滩净、湾美、岛丽"的海洋生态文明建设目标。同时按照三门湾规划的发展定位，努力将三门湾建设成为全国海湾生态经济试验区。

10.5.4　发展高端产业，打造清洁能源海湾

浙江省委、省政府于 2014 年提出了率先创建"国家清洁能源示范省"的决策部署，浙江省将成为国家重要的清洁能源综合示范基地、清洁能源科技创新基地以及能源体制改革实践基地。加快发展清洁能源，优化能源结构，努力创建国家清洁能源示范省，将浙江省打造为我国海洋生态文明和清洁能源示范区。

三门湾区域地理位置独特，沿海、沿湾区域均可发展电力能源产业。三门核电厂位于三门湾，三门核电工程是国务院批准实施的我国首个核电自主化依托项目，规划容量为六台百万千瓦级（6 × 1 250 MWe）压水堆核电机组，分三期实施，每期建设 2 台机组。技术路线采用国际上目前最先进的第三代压水堆核电机组 AP1000，单机容量 1 250 MWe，其中 1 号机组是全球首台 AP1000 示范工程，于 2018 年 9 月已具备商业运行条件。宁海县的茶山抽水蓄能电站正在开展前期工作；三门县的泗淋、宁海县的下洋涂、象山县的檀头山均可以作为风力发电场的理想场址，目前正在开展测风收集数据等前期工作；三门县健跳港沙木渡是潮汐发电的理想场址，正在开展前期工作。如全部建成后，总装机容量可达 3 000 万千瓦以上，可将三门湾打造成为浙江省的海洋生态文明和清洁能源示范海湾。

10.5.4.1 安全高效发展核电

核电是一种安全、可靠、清洁、经济的能源，由于其具备资源消耗少、环境影响小和供应能力强等优点，已成为与火电、水电并列的世界三大电力供应支柱，在世界清洁能源结构中有着重要地位。在我国加快发展核电，逐步提高核电在能源供应中的比例，已成为我国重要的能源发展战略。目前大力发展火电越来越受到环境保护和交通运输条件的制约，特别是二氧化碳已成为国际气候公约谈判减排的争论焦点。核电作为一种清洁、经济的能源，发展核电已被纳入国家未来的能源发展战略。现在世界公认：核电技术成熟、发电量多、运行安全可靠，发电成本与火电相近、不排放温室气体，是优良的清洁能源，是今后的发展重点，将逐步超过火电成为最主要的发电电源[10-19]。

一座百万千瓦级的燃煤电厂每年产生二氧化碳650万吨、二氧化硫1 700吨、氮氧化物400吨，还有大量灰尘和固体颗粒等。而一座百万千瓦级压水堆核电站，每年只需换原料30吨，其运输量仅是同等规模煤电厂的十万分之一。党的十八大报告强调："大力推进生态文明建设，坚持节约资源和保护环境的基本国策，着力推进绿色发展、循环发展、低碳发展，形成节约资源和保护环境的空间格局、产业结构、生产方式，从源头上扭转生态环境恶化趋势，为人民创造良好生产生活环境，为全球生态安全作出贡献。"在如今越来越重视地球温室效应、气候变化的形势下，积极推进核电建设，以核电替代部分煤电，可减轻环境污染。此外，也没有任何一种可再生能源的效率能与核电站相比。一座占地1 km^2的核电站所能产生的能量相当于一座占地20 km^2的太阳能发电站，或是1 200台风力发电机。因此，安全高效发展核电是电力工业落实节能减排的有效途径之一，也是减缓全球温室效应的重要措施之一，对保护生态环境、促进能源与经济社会的可持续发展将起到积极的推进作用。

三门核电厂位于三门湾西侧三门县健跳镇北约6 km的猫头山嘴半岛，三门核电厂概述详见9.2.3.1节。随着三门核电厂6台机组的建成，可将三门湾打造成浙江沿海最大的核电生产基地，即最大的清洁能源基地，为长三角地区经济发展提供强有力的清洁能源电力支持。

10.5.4.2 科学合理开发利用海洋能源

海洋能源主要包括海洋风能、波浪能、潮汐能、海洋生物能等。由于具有资源丰富、清洁干净、可再生性强、与生态环境和谐等特点，被联合国环境组织视为目前最理想、最有前途的替代能源之一。

（1）海洋能资源能量密度高

三门湾沿岸是全国海洋能资源能量密度最高、条件最优越的地区之一。健跳港已被国家科技部和浙江省选作中型潮汐电站的理想厂址，健跳港潮汐能发电站是我国当前条件下适合开发的最佳潮汐电站站址之一。随着科学技术的进步，海洋能源开发利用技术将会出现突破，三门湾的海洋能资源开发利用前景广阔。

(2) 沿海风能资源丰富

在全球能源短缺和生态环境恶化的今天，开发清洁可再生能源、保护大气环境日趋重要。而风能是一种取之不尽、用之不竭的可再生能源，且不污染环境，因而称它为安全清洁能源。风能作为一种比较有利用价值的可再生能源，其作用和地位也日渐突出。

三门湾属于亚热带季风气候区，沿海风能资源丰富，特别是海岛地区风能资源更为丰富。目前个别有居民海岛还没有通电，岛民用柴油发电机自发电。而风能不需运输，就地可取，在孤岛电网不易到达的地方都可以就地利用。因此，开发利用海岛的风能资源有利于岛民的生产与生活。

10.6 资源可持续开发利用对策措施

海湾是海岸带的重要组成部分，是地球项链上的一颗明珠，是非常宝贵的资源，但它处于地球四大圈层的作用带内，生态环境极为脆弱。改革开放以来，三门湾的开发利用取得了很大成就，为发展三门湾区域经济，尤其是海洋经济做出了巨大贡献。但也不得不看到，在三门湾开发利用过程中，由于缺乏科学指导，生态与环境保护意识淡薄，存在一定程度的盲目性，例如有的开发项目不但没有获得预期的开发效果，而且还在一定程度上浪费了海湾资源，破坏了海湾生态环境。如前所述的三门湾内大范围、大面积的围填海造地，使岛屿灭失，三门湾形态发生较大改变，湿地面积缩减，纳潮水域面积不断减小，海湾纳潮量日益减少，水动力条件减弱，水交换能力逐渐降低，海湾淤积加重，海水污染日趋严重，生态与环境日趋恶化，生物多样性日益降低等。从海湾大力开发利用导致的一系列生态与环境变化中逐渐体悟到——海湾开发需要一个度，即有一个阈值，而这个阈值就是资源、生态和环境承载力，在这个阈值之内的开发活动尚可接受，但一旦超出了这个阈值，就像恩格斯所指出的，海湾对人类的活动将以其独特的方式进行报复。

自然界为人类生存和发展提供了一切资源和条件，但更重要的是赋予人以德为本以及维护资源、生态和环境健康的神圣使命，要在实践中实现生命的最高价值——“与天地和其德，而不是满足不断膨胀的欲望”[10-20]。人和自然一样，都要生存和发展，为了人和自然共荣，人类必须从理性和感性上理解自然、热爱自然、敬畏自然、善待自然。也就是人类自身必须提高生态环境和论理道德水平，以达到人与自然和谐发展，这是人类生存发展的必由之路。在海湾对人类开发活动中一次次的报复中，迫使我们认真思考，总结经验教训，用多种手段和方式来解决海湾开发中存在的问题，科学、合理开发和保护三门湾资源，保证海湾健康，使湾内海域的生态与环境质量得到有效控制，沿岸湿地得到有效保护，生态系统的生态特征和生态功能得到明显提升，海湾生态服务功能得到有效发挥，逐步形成良性循环的三门湾生态系统，构筑起蓝色生态屏障，保障三门湾资源可持续利用，实现人与自然和谐相处，协调发展。

10.6.1 控制湾内围填海造地

根据《浙江省海洋功能区划(2011～2020 年)》，三门湾海域的基本功能为:“主要为滨海旅游、湿地保护和生态型临港工业等基本功能。”应采取严格控制围填海造地的对策，以保持三门湾可持续利用的生态与环境。应严格实施《浙江海洋经济发展示范区规划》对三门湾发展的定位：“控制围填海造地，探索建立跨行政区协调管理机制，保持较好的生态环境，形成滨海旅游、湿地保护、生态型临港工业等基本功能。”

如前所述，海湾是极其稀缺的不可再生资源，用掉一公顷就少一公顷，用掉一个海湾就少一个海湾，以后再寻找这样的海湾就没有了。如果在我们这一代人的手中将海湾资源消耗殆尽、生态损害殆尽，环境污染殆尽，这不仅是对现在生存的一代不负责，更是对子孙后代不负责任，罪莫大焉！

海湾具有资源、用途的多样性和区位的优越性，因此海洋资源的开发重点应首先放在海湾中，而海湾开发的重中之重又是实施围湾填海造地工程。至2014年，三门湾围填海面积已占三门湾潮滩总面积的75.38%。三门湾是浙江省三大半封闭型海湾之一，海水的交换能力与海湾的纳潮量有着直接的关系。由于海湾的围填海造地使海湾湿地面积大为缩减，纳潮量减少，从而使海水交换能力降低，海湾环境容量巨减，导致海湾的污染物不能及时排出，湾内污染将越来越严重。同时纳潮量减少使流速减缓，从而导致海湾淤积更为严重。

综上所述，三门湾海湾资源可持续利用的关键所在是要严格控制湾内的围填海造地，尤其是湾顶区域（滩涂海域）的围填海造地。

10.6.2 建立湾内湿地和生态保护区

海湾湿地和地球上任何湿地一样，具有多种生态功能，其中之一即是能吸附分解各种污染物质，强化海湾的自净能力，从而使海湾减轻污染。海湾湿地保护区的保护对象为滨海滩涂、湿地生态系统及其生态功能。

滨海滩涂是海湾的重要组成部分，也是海湾湿地和生态系统的重要组成部分。滨海滩涂是海湾地貌、沉积过程的重要场所；也是陆域物质——泥沙、化学物质、污水等的第一个接收站、转运站和输出站。滩涂上并不是一片死寂的烂泥，在那里生存着从低等到高等的一系列生物群落，其中包含植物和动物。因此，它是海陆生态系统的过渡带和衔接带，是海陆之间生态系统的重要环节。保护海湾生态环境和资源免遭破坏，是维持海湾可持续利用的关键因子之一。

建立三门湾湿地保护区，按照《浙江省湿地保护条例》[10-21]：开展湿地资源调查，组织编制湿地保护规划。遵照中央全面深化改革领导小组于2016年11月1日审议通过的《海岸线保护与利用管理办法》相关规定：加强湾内海岸线保护与利用，实行三门湾内湿地面积总量控制与管理，推进退化湿地修复，增强湿地生态功能，促进海湾湿地资源自我保护，加强湾内海水的自净能力，保护湾内的海洋生物多样性，防止海湾生态环境继续恶化，将对三门湾功能恢复与健全起着重要作用。

10.6.3 保护湾内生物多样性

三门湾是浙江省三大养殖港湾之一，亦是浙江省三大海水增养殖基地之一。蛇蟠岛南侧区域是省级锯缘青蟹养殖示范基地和省级锯缘青蟹良种场,“三门湾牌”锯缘青蟹获浙江名牌和中国著名品牌称号,三门县据此成为闻名的“中国青蟹之乡”。

三门湾海域潮流畅通,海水盐度适宜,水质肥沃,自然饵料丰富,适宜鱼、虾、贝、藻类繁衍生长,海洋生物种类繁多、海洋渔业资源丰富,属于富生物型海湾。但近 20 多年来,由于过度捕捞,近海渔业资源衰退。为此,要严格控制近海捕捞强度,养护、增值近海渔业资源,坚持开发与保护并重,在强化滩涂湿地与生态保护区建设的同时,加强对渔业资源的保护,保护海洋生物群落与生态链的完整性,将三门湾构建成国家海洋生物多样性保护示范基地。

10.6.4　发展湾内生态渔业

由于海洋渔业捕捞过度和资源的严重衰退,海洋生物资源开发重点从传统的捕捞业转向海水养殖业。三门湾是浙江省的三大养殖港湾,特别是三门青蟹驰名天下。近年来,三门湾海水养殖业的规模急速扩大,产量大幅度增长,海水养殖业已成为极其庞大而重要的产业。由于渔民发展养殖的积极性高,片面追求高产,又缺乏科学管理,忽视了长远的生态效益,致使海湾内养殖发展过度,养殖自身污染加重,导致生态环境恶化,破坏了生态系统的结构与功能,严重影响到海水养殖业的持续、稳定发展。

针对沿海的养殖状况,浙江省提出了大力发展生态渔业的举措。落实发展生态渔业是三门湾传统渔业改造、渔业经济发展方式转变的根本措施。通过开展渔业资源增殖放流,逐步推进生态化养殖,加强养殖污染整治,促进海域生态环境、水生生物资源的修复和保护,维护渔业生态安全。在三门湾构建沿海生态高效渔业发展区,形成自然环境和谐,基础设施优良、渔业结构合理、区域特色鲜明、科学技术先进、运营机制新颖的现代生态渔业发展格局,既保障渔民收入稳定增长,又促进渔业经济和生态环境协调发展。

10.6.5　推进滨海生态旅游

滨海旅游业是以海岸带、海岛以及海洋各种自然景观、人文景观为依托的旅游经营和服务活动。而生态旅游业则是海洋经济社会发展到一定阶段时的必然产物,也是实现海洋资源可持续开发利用的重要条件之一。

三门湾群山环抱,岛屿罗列,山川神秀,海天雄奇,在三门湾境内留下了无数自然胜景和人文景观。湾内旅游资源有三大优势,即生态资源优势、海岛海滨资源优势和核电工业资源优势,三门湾发展生态旅游的条件得天独厚。蛇蟠岛是我国规模最大的海岛洞窟景区,岛上风光奇异,集雄、幽、奇、秀等自然美景于一体,具有果鲜、洞奇、风景秀丽、环境幽静、生态环境良好的特征,气候宜人,是避暑旅游胜地。三门核电依托先进的第三代压水堆核电技术 AP1000,将工业旅游与科普宣传紧密结合,向公众展示了现代化的核电工业文明,宣传核电的安全性和低碳性,已于 2012 年被浙江省旅游局和经信委授予“首批浙江省工业旅游示范基地”的称号。应进一步做好三门湾滨海生态旅游规划,打造以休闲、度假为主,以“沙滩浴场、滨海乐园、海鲜特产、海岛探险、休闲垂钓、海上运动和核电工业科普”为特色的三门湾滨海生态旅游基地。

10.6.6 严格控制陆源污染

根据三门湾海域多次海洋生态环境调查资料分析表明：三门湾海域水体富营养化程度呈现逐年加重的趋势，秋、冬两季尤为严重[7-1]。

治理海湾污染首先治理污染源，是海湾治理最根本、最重要的措施之一。因此，对三门湾产生污染的主要工矿企业的污废水和生活污水禁止直接排海，需建立污水、废水收集管网，使工矿企业的污废水和生活污水集中到污水处理厂进行处理，经过处理的污水达标后，应采用科学利用海域环境容量的方法，管道离岸深水排放入海；各种生产、生活垃圾应集中处理，不得向湾内倾倒，严格控制陆域污染物排放总量，避免或减轻对三门湾的污染，以更好、更有效地治理和保护三门湾的海洋生态与环境。

10.6.7 实施海湾生态修复

生态修复强调对生态系统过程、生产力和服务功能的修复。根据这一概念和理解，海湾生态修复则是指将海湾开发过程中受到干扰和破坏的区域恢复到具有生产力状态，确保该处海湾保持稳定生产力，环境不再恶化，并与周边环境景观保持一致[10-14]。

由上文分析可知，三门湾在以往的开发过程中，最大的开发项目便是围湾造地，而要恢复到海湾的原来状态，使其具有原海湾生产力、海湾景观已难以做到。但有些开发项目，如堵港建库、海湾部分围塘养殖等，这些项目应有可能经过努力将生态恢复到原来类似的状态。再如三门湾有些岸段，目前岸滩为淤泥质海岸，杂草丛生，缺乏整体布局，水质现状较差，零星分布的海水养殖增加了海域污染，破坏了生态环境，山体的基岩岸线也不具备生态和景观功能。这可以依托海湾的自然景观和海岸带的区位优势，对海湾部分岸段进行整治修复。海湾海岸整治内容主要包括岸线整治与改造、标准海塘及防护林建设、养殖海塘和废弃海堤的整治清淤、隔绝陆源污染、建设景观岸线等相关内容。严格保护珍贵的自然岸线资源，整治修复受损岸线，进一步促进人与自然的和谐。降低自然灾害和开发活动对海湾海岸的损害和影响，优化海岸景观环境，保护海岸带资源与生态环境，推进海洋生态文明建设，促进三门湾当地经济社会和海湾资源的可持续发展，实现经济效益、社会效益与生态效益相统一，将是三门湾海湾生态修复的总体目标。

10.6.8 加强海湾综合管理

如前所述，作为地球项链上明珠的海湾，是海岸带的重要组成部分，它有海岸带所具有的一切自然生态与环境特征，但它又与完全敞开的海岸带有以下几点明显的差异[10-14]，即：

① 海湾是具一定封闭度的水域；

② 海湾具有一定独立的水动力系统；

③ 海湾水体的自净能力远低于开阔海域；

④ 海湾具有相对独立的生态系统；

⑤ 海湾的生态与环境更加脆弱；

⑥ 由于海湾具有丰富的功能性资源和物质性资源，其开发程度比开阔的海岸带更高。

由上分析表明：海湾虽然是海岸带的重要组成部分，但它又具有相对的独立性。因此，在研究、开发和管理海湾的过程中，可将其作为独立的自然综合体，制定独立的海洋功能区划和开发利用规划，以保障海湾功能区划和开发利用规划的完整性和统一性。

(1) 海湾综合管理的概念

海湾是海岸带的重要组成部分。因此，海湾管理实质就是海岸带管理。在 1993 年世界海岸带大会上，阐明了海岸带综合管理的明确定义。

海岸带综合管理“是一种政府行为，包括为保证海岸带的开发和管理与环境保护(包括社会)目标相结合，并吸引有关各方参与所必要的法律和机构框架。海岸带综合管理的目的是最大限度地获得海岸带所提供的利益，并尽可能减小各项活动之间的冲突和有害影响。海岸带综合管理开始是一个确定海岸带开发和管理之目标的分析过程。海岸带综合管理应确保制定目标、规划及实施过程尽可能广泛地吸引各利益集团的参与，在不同的利益中寻求最佳的折中方案，并在国家的海岸带总体利用方面实现一种平衡”。海湾综合管理主要体现在以下几个方面[10-22]。

① 海湾的综合管理是一个用综合观点、综合方法对海湾的资源、生态、环境的开发和保护进行管理的过程。在这个过程中要处理好部门与部门之间、陆地与海洋之间、发展与保护之间的关系。

② 海湾综合管理是一种政府行为。这因为海岸带和海湾的法律、法规，海岸带和海湾的管理规划、计划和方案都出自政府和国家立法部门。海岸带和海湾综合管理效果也需要政府实施监督和检验。

③ 海湾综合管理是一个动态的、连续的发展过程。由于自然界处于不断变化之中，生态和环境系统也处于不断变化之中，海岸带和海湾综合管理也因此处于动态的、连续的发展之中。

④ 海湾综合管理是一个统筹兼顾的协调、协商过程；是用政策、规划、项目、资金等手段来实施优化管理。

⑤ 海湾综合管理是一个最大限度地减小对资源、生态和环境的影响，减轻乃至修复受影响的动态过程。

⑥ 海岸带综合管理是一个“自上而下、自下而上”相结合的管理过程。

(2) 海湾综合管理目标

海湾综合管理目标为：通过法律、法规、战略、区划、规划和监督管理手段进行海湾自然条件、海湾资源、生态环境演化趋势分析，克服由于非协调性的海湾开发活动造成的资源、生态与环境退化，保持海湾的生物多样性，防御自然灾害，促进海湾周边地区的国民经济发展，人民生活水平提高，使国家和人民受益，保障海湾的可持续发展[10-14]。

(3) 三门湾综合管理的主要任务

为实现三门湾管理的目标，主要需进行以下几方面的工作。

① 对湾内资源进行有效管理：海湾资源是海湾开发利用的基础，由于海湾资源的珍稀性和多

用途性，更应加强对其进行有效的保护与管理。

② 对湾内生态环境进行有效管理：由于海湾自然环境的特殊性，使海湾生态环境的脆弱性更加突出。控制陆域和海域污染源，保证海湾良好的生态环境，才能保障人类的健康生活和海湾的可持续利用。因此，实施严格的海湾生态与环境管理是海湾综合管理的关键任务之一。

③ 保护湾内的生物多样性：海湾的生物多样性是海湾生态与环境的重要指标，也是海湾开发利用具备可行性的重要指标之一。三门湾是浙江省三大养殖港湾之一，亦是浙江省三大海水增养殖基地之一。三门湾海洋生物种类繁多、海洋渔业资源丰富，属于富生物型海区。因此，保护湾内的生物多样性是三门湾海湾综合管理的重要任务之一。

④ 保护重要生境：三门湾内曾有多种重要生境，如三门湾附近海域曾为大黄鱼产卵场；距离小黄鱼产卵场很近（图 9.1.8、图 9.1.9）。而近年来的多次海洋生态调查资料分析表明，三门湾海域大、小黄鱼资源几乎不再出现。因此，需要对其进行有效管理，促进湾内的重要生境得以逐渐恢复，这是海湾管理的主要任务之一。

⑤ 防御自然灾害：三门湾地处浙江中部沿海，是我国遭受热带气旋影响最为严重的地区之一。需充分估计热带气旋对三门湾沿岸区域的影响程度，对三门湾沿岸的临港工业、海上航运，特别是对三门核电厂工程建设运行具有重要意义。因此，对湾中的海洋灾害进行预测、预报也是三门湾管理的重要任务。

⑥ 协调政府计划，解决开发中影响三门湾资源、生态和环境开发利用不协调行为，建立有效机制监督检查有关方面修复受损的生态生境，保证三门湾资源的可持续利用，实施三门湾海洋生态文明建设，是实现三门湾资源、生态和环境可持续开发利用的必由之路。

参考文献

[10-1] 钟林生,肖笃宁,赵士洞. 乌苏里江国家森林公园生态旅游适宜度评价[J]. 自然资源学报，2002，17(1):71-77.

[10-2] 杨桂华,钟林生. 云南碧塔海自然保护区生态旅游开发模式研究[J]. 应用生态学报，2000，11(6):754-756.

[10-3] 曾江宁,徐晓群,张华国. 中国海洋保护区[M]. 北京:海洋出版社，2013.

[10-4] 于大江主编. 近海资源保护与可持续利用[M]. 北京:海洋出版社，2001.

[10-5] 浙江省人民政府. 浙江省海洋功能区划(2011～2020年)[Z]. 2012

[10-6] 浙江省人民政府. 浙江海洋经济发展示范区规划[Z]. 2011

[10-7] 浙江省城乡规划设计研究院. 三门湾规划[Z]. 2011

[10-8] 宁波市人民政府. 宁波三门湾区域发展规划[Z]. 2013

[10-9] 黄民生,何岩,方如康. 中国自然资源的开发、利用和保护[M]. 北京:科学出版社，2011.

[10-10] 联合国. 水禽栖息地的国际重要湿地公约(简称"国际湿地公约"). 拉姆萨尔[S]. 1982.

[10-11] 刘青松. 湿地与湿地保护[M]. 北京:中国环境科学出版社，2003.

[10-12] 马学慧,牛焕光. 中国的沼泽[M]. 北京:科学出版社，1990.

[10-13] 刘守江. 中国湿地资源的现状、问题与可持续发展研究[J]. 宜春学院学报(自然科学)，2004，26(6):10-12.

[10-14] 吴桑云,王文海,丰爱平,等. 我国海湾开发活动及其环境污效应[M]. 北京:海洋出版社，2011.

[10-15] 中国生态文明与促进会. 我国重点湾区生态文明建设绿皮书[R/OL]. 2016.

[10-16] 蔡运龙. 自然资源学原理(第二版)[M]. 北京:科学出版社，2009.

[10-17] 陈亮. 人与环境[M]. 北京:中国环境科学出版社，2009.

[10-18] 中国海湾志编纂委员会. 中国海湾志第六分册(浙江省南部海湾)[M]. 北京:海洋出版社，1992.

[10-19] 钱正英. 浙江沿海及海岛综合开发战略研究——综合卷[M]. 浙江:浙江人民出版社，2012.

[10-20] 蒙培元. 人与自然[M]. 北京:人民出版社，2004.

[10-21] 浙江省人民代表大会常务委员会公告第79号. 浙江省湿地保护条例[S]. 2012.

[10-22] 鹿守本. 海岸带综合管理—体制和运行机制研究[M]. 北京:海洋出版社，2001.

后　记

《三门湾自然环境特征与资源可持续利用》一书是我们25年来在三门湾海域进行的自然环境调查研究工作的总结。书稿正式付印之前，感慨万分，不时有将25年科学调查研究的心理历程一吐为快的冲动！

曾记得在1992年5月，我们第一次进入三门湾、踏上三门核电厂址海洋站的情景仿佛就在眼前。笔者是三门核电厂址海洋站首批建站、观测团队成员，我们沿着一条刚刚建成的通往海洋站的崎岖狭窄小道，来到坐落在猫头山嘴最东侧黄岩嘴头的海洋站生活、工作用房。海洋站周边只有茫茫大海，渺无人烟，一片荒凉。中国电力工程顾问集团华东电力设计院的王维新教授曾来到海洋站与我们一起工作生活了半个月，他一度担心我们团队中两位女士会被“海盗抢走”。海洋站工作、生活条件非常艰苦，在当时的情况下，观测项目仅小部分采用自动仪器观测，而大部分则为人工观测。我们团队成员团结一致，迎难而上，踏实工作、认真负责，为三门核电工程建设积累了第一批极其宝贵的水文气象资料。原以为三门核电厂址海洋站观测工作完成以后就可能告别三门湾，告别三门核电，没想到却与之结下不解之缘！随后的海洋水文气象、海洋生态等环境调查研究和海域使用论证等工作接踵而至。再回首，原来早已情系三门湾！情系三门核电！

三门湾是浙江省三大半封闭型海湾之一，属于半封闭强潮型海湾。其形状犹如伸开五指的手掌，众多港汊呈指状深嵌内陆，湾内岛屿众多，水道纵横，潮滩发育，海域开阔，拥有丰富的深水岸线资源、港口航道锚地资源、渔业资源、海涂资源、海岛资源、旅游资源和海洋能资源等，是集多种资源于一体的多功能性海湾。三门湾海域面积为775 km^2，其中水域面积约480 km^2，潮滩面积约295 km^2，潮滩面积占三门湾海域面积的38%。近年来在三门湾，特别是三门湾顶部区域实施了大范围、大规模的围填海工程。至2014年，三门湾已竣工的围涂面积(包括堵港蓄淡中的水域面积)已高达222.36 km^2，占三门湾海域面积的28.69%，占潮滩面积的75.38%。根据《浙江省滩涂围垦总体规划(2005～2020年)》，预计到2020年，三门湾围涂总面积将达到263.33 km^2左右，将占三门湾海域面积的33.98%，占潮滩面积的89.26%。这势必将进一步大幅度减小三门湾的海域和潮滩面积，从而导致诸多的负面影响。诸如堤坝连岛工程，使湾内的蛇蟠岛和花鼓岛两大岛屿消失，导致三门湾的大小与形态发生了很大变化。大范围的填海造地使三门湾湿地面积大幅度萎缩，海湾湿地功能逐渐消失；纳潮量减少，水动力条件降低，海湾淤积加剧，海湾的正常功能减弱；并引起海湾生态环境逐渐恶化、生物多样性降低等诸多的生态与环境问题。

本书试图通过对25年来在三门湾海域，即为三门核电工程建设过程中积累的海洋水文气象、泥沙与沉积、地质地貌、岸滩稳定性、海洋化学、海洋生态等领域环境调查研究成果的梳理总结，结合三门湾海洋资源的分布和开发利用现状，分析阐述由于大规模、大面积的填海造地等人类开发活动，造成三门湾海洋资源，特别是海湾滩涂湿地资源的利用超过了其再生和自然增长的限度，导致三门湾自然环境的一系列变化，进而将影响三门湾海洋资源的可持续利用。为了人与自然共荣，人类必须从理性上和感性上理解自然、热爱自然、敬畏自然、善待自然。为了保护和开发好珍稀的三门湾资源，我们必须认真总结以往在三门湾开发过程中的经验教训，正视并用多种手段和方式来解决三门湾开发中存在的问题。

希望《三门湾自然环境特征与资源可持续利用》一书能引起各级政府和各行各业开发利用者对三门湾可持续利用的高度重视。改变传统的开发模式，落实科学发展观，按照尊重自然、顺应自然、保护自然的生态文明理念，科学规划，更加合理、健康地保护与利用三门湾海洋资源，促进三门湾区域经济社会发展和生态文明建设，以实现三门湾生态环境良好，人与海湾和谐相处，协调绿色发展，保障三门湾海洋资源可持续利用，造福于子孙后代，实乃我辈之幸也！

在本书付梓之际，由衷感谢三门核电有限公司长期以来对海洋二所工作的信任与支持，委托海洋二所承担多学科的诸多专题，为本书的出版提供了机缘；感谢各专题兄弟单位的支持和帮助，为本书提供了部分素材；感谢海洋二所各级领导的关心支持和同仁们的辛勤付出，你们长期在三门湾的工作沉淀为本书的出版提供了重要支撑。

感谢潘德炉院士和杨树锋院士的悉心提携！

在本书编写过程中，得到了侍茂崇教授和王健国研究员的悉心指导和审阅；杨万康博士为本书绘制了部分图件；中国海洋大学出版社对编著认真细致的多遍审校、斧正和排版。在此一并表示深深的谢意！！

由于本书涉及多学科、多专业，加上作者知识简浅，水平有限，纰漏和错误在所难免，敬请读者批评指正。

杨士瑛　陈培雄

2018年8月于杭州

杨士瑛简介

杨士瑛，1978年毕业于中国海洋大学（原山东海洋学院）海洋系，国家海洋局第二海洋研究所研究员，主要从事物理海洋学和海洋气象学研究，以及海洋工程环境调查与研究。先后承担自然科学基金和海洋工程前期环境调查研究等项目60余项，发表科学论文和书写研究报告60余篇。其中，《南大洋考察报告（考察海区气象要素基本特征）》获1988年国家科学技术进步二等奖；撰写的《中国海湾志（浙江分册气象章节）》获国家海洋局科技进步一等奖；主持的《浙江省警戒潮位核定研究》获国家海洋局科技进步三等奖。

陈培雄简介

陈培雄，2002年毕业于浙江大学水利与海洋科学系，浙江大学博士在读。国家海洋局第二海洋研究所高级工程师，主要从事海洋资源开发利用与管理研究工作。现任第一届中国太平洋学会海域管理分会副会长、第一届中国地震学会近岸与离岸工程灾害环境保护专业委员会委员、中国太平洋学会蓝色海湾研究分会理事。2017年获海洋工程科学技术二等奖，近年来先后主持自然科学基金等国家和省部级项目数十项，发表科学论文30余篇。